Andrej Sacharow
Mein Leben

Andrej Sacharow

Mein Leben

Aus dem Russischen übersetzt
von Annelore Nitschke, Anton Manzella
und Wilhelm von Timroth

Mit 59 Fotos

Piper
München Zürich

Vorlage für die Übersetzung war das russische Manuskript.

Der Erste Teil wurde übersetzt von Wilhelm von Timroth, die Kapitel I–XIV des Zweiten Teiles von Annelore Nitschke, sämtliche übrigen Texte von Anton Manzella.

Die amerikanische Ausgabe erschien 1990 in zwei Bänden unter dem Titel »Memoirs« und »Gorky–Moscow, and Beyond« bei Alfred A. Knopf, Inc.

ISBN 3-492-03259-1
2. Auflage, 9.–14. Tausend 1991

Gesetzt aus der Sabon-Antiqua
Gesamtherstellung: May + Co, Darmstadt
Printed in Germany

Für Ljusja

Inhalt

ZWEITER TEIL

DRITTER TEIL

ANHANG

Vorwort

Im Sommer 1978 begann ich widerstrebend, gedrängt von meiner Frau Ljusja, die ersten Entwürfe meiner Erinnerungen zu Papier zu bringen. Im November 1978, also noch vor meiner Ausweisung nach Gorkij, wurde ein Teil dieser Skizzen bei einer heimlichen Wohnungsdurchsuchung entwendet. Im März 1981 stahlen KGB-Leute meine Tasche mit Notizblöcken, Dokumenten und Tagebüchern, wobei wieder ein Teil des Manuskripts meiner Erinnerungen verlorenging. 1981 und 1982 habe ich das Verlorene rekonstruiert, meine Arbeit fortgesetzt und einen großen Teil des Textes niedergeschrieben. Heute liegt das Buch vor Ihnen.

(Ergänzung 1987: Ich schrieb diese optimistischen Sätze im September 1982. Doch noch im Oktober desselben Jahres stahl das KGB neunhundert Seiten des fertigen Manuskripts; man durchsuchte Ljusja im Zug und entwendete ihr weitere Seiten. Im April des folgenden Jahres erlitt sie einen Infarkt, und im Mai war sie gezwungen – todkrank und wider alle medizinischen Vorschriften –, nachts das Haus zu verlassen [tagsüber wachten Milizionäre vor der Tür], um die Seiten, die ich unter größter Mühe im Laufe eines halben Jahres neu geschrieben hatte, zur Weitersendung zu übergeben. Dann folgten zweieinhalb Jahre des Kampfes um ihre Reise; der Prozeß gegen Ljusja; die Operation am offenen Herzen; die Niederschrift von Ljusjas Buch; noch ein halbes Jahr später unsere Rückkehr nach Moskau.)

Ich halte die Memoirenliteratur für einen wichtigen Teil des Menschheitsgedächtnisses. Dies ist einer der Gründe, die mich veranlaßt haben, ein solches Buch in Angriff zu nehmen, so wie es viele vor mir taten und wohl auch nach mir tun werden. Aber es gibt noch einen weiteren Grund: Vieles von dem, was über mich, mein Leben, meine Lebensumstände und meine Verwandten geschrieben wird, ist sehr ungenau. Ich möchte dies alles richtigstellen.

Und schließlich ging ich davon aus, daß meine Erinnerungen für einen größeren Personenkreis von Interesse sein können infolge der ungewöhnlichen Umstände meines Schicksals, in dem so verschiedene Episoden aufeinander folgten wie die Arbeit in einem Rüstungsbetrieb während der Kriegsjahre, die wissenschaftliche Forschungsarbeit auf dem Gebiet der Theoretischen Physik, die zwanzigjährige Mitwirkung an der Entwicklung von Thermonuklearwaffen in einer geheimen Stadt (dem »Objekt«), die Beteiligung an der Erforschung der gesteuerten thermonuklearen Reaktion, öffentliche Aktionen, die Teilnahme an der Menschenrechtsbewegung, meine und meiner Verwandten Verfolgung durch die Behörden, die Verbannung nach Gorkij und meine dortige Isolierung.

Ich berichte von Ereignissen und Eindrücken meines Lebens, von mir nahestehenden Menschen und von anderen, die für mich in irgendeiner Weise bedeutungsvoll waren, von Ideen, die mir wichtig waren, und von meiner Arbeit als Wissenschaftler und Erfinder sowie von meinem politischen Engagement. Ich war Zeuge oder Teilnehmer mancher Ereignisse von großer Wichtigkeit und versuche, sie wiederzugeben. Bei der Auswahl des Materials und der Art seiner Darlegung fühlte ich mich ungebunden. Dieses Buch ist keine Beichte und kein belletristisches Werk. Es sind freie Erinnerungen an die Welt der Wissenschaft, an die Welt des »Objekts«, an die Welt der Dissidenten und einfach an das Leben. Sie umfassen die Geschehnisse von meiner Kindheit bis heute.

Moskau
Mai 1989

Von 1984 bis 1986 haben Efrem Jankelewitsch, Edward Kline, Ashbel Green (der Herausgeber der amerikanischen Ausgabe) und – während ihres Aufenthalts in den Vereinigten Staaten – Ljusja an dem Manuskript für dieses Buch gearbeitet, das ich in mehreren Lieferungen in den Westen geschickt hatte. Die Herausgeber hatten keine Möglichkeit, mich in Gorkij, wo ich von der Außenwelt abgeschnitten war, telephonisch oder per Post zu erreichen. Dennoch lag Ende 1986 im Westen ein russischsprachiges Gesamtmanuskript vor; auch eine englische Übersetzung war weitgehend abgeschlossen.

Etwa zur gleichen Zeit, im Dezember 1986, kehrten Ljusja und ich nach Moskau zurück, und ich wollte diese günstige Gelegenheit, mich an den abschließenden Arbeiten an dem Buch zu beteiligen, nicht ungenutzt lassen. Es war das erste Mal, daß ich die Möglichkeit hatte, die Fahnen des vollständigen Manuskripts zu lesen und Korrekturen und Ergänzungen zu berücksichtigen, die sich seit 1983 ergeben hatten.

In den Jahren 1987 (in Moskau) und 1989 (in Westwood und Newton) habe ich mehr als 200 Seiten neuen Materials ergänzt, auf denen ich die letzten drei Jahre des Exils und die darauffolgenden Ereignisse von Januar 1987 bis Juni 1989 schildere. Inzwischen habe ich mich allerdings entschlossen, dieses Material in einem gesonderten Band zu veröffentlichen, und zwar unter dem Titel *Gorky–Moscow, and Beyond* (Gorkij–Moskau und danach).*

Unglücklicherweise hat die Herausgabe und das Übersetzen dieser Memoiren aus den verschiedensten Gründen, hauptsächlich organisatorischer Art, viel zuviel Zeit in Anspruch genommen; teilweise ist der Autor selbst für diese Verzögerung verantwortlich. Aber alles nimmt einmal ein Ende, selbst mühsame und langwierige Dinge ...

Die Mithilfe meiner Frau bei den editorischen Arbeiten in Gorkij, Moskau und den Vereinigten Staaten war von unschätzbarem Wert. Sie hat viele Schwierigkeiten überwunden und zahlreiche Risiken auf sich genommen, um mein Manuskript ins Ausland zu schaffen. Aber wichtiger als alles andere war, daß sie die ganze Zeit über an meiner Seite stand.

Moskau
Dezember 1989

ANDREJ SACHAROW

* Im vorliegenden Buch als Dritter Teil enthalten. (Anm. des Verlages)

Erster Teil

I. Familie und Kindheit

Sicher gibt es viel Wichtiges, was ich über meine Eltern und meine Verwandten nicht weiß. Ich berichte nur von dem, woran ich mich erinnere. Dabei sind gewisse Ungenauigkeiten möglich.

Meine Mutter Jekaterina Alexejewna, die vor ihrer Heirat Sofiano hieß, wurde im Dezember 1893 in Belgorod geboren. Mein Großvater Alexej Semjonowitsch Sofiano war als Berufssoldat bei der Artillerie.

Das Adelsprädikat und den ersten Offiziersrang verdiente er sich, als er General Skobelew[1] im Russisch-Türkischen Krieg einen unschätzbaren Dienst erwies. Er soll bei Plewna unter gegnerischem Feuer ein Pferd am Zaum aus dem Sumpf herausgeführt haben, auf dem Skobelew höchstpersönlich saß.

In zweiter Ehe heiratete Großvater meine Großmutter Sinaida Jewgrafowna. Aus erster Ehe brachte er drei Kinder mit: Wladimir, Konstantin und Anna. Mit Sinaida Jewgrafowna hatte er zwei Kinder: meine Mutter und ihre jüngere Schwester Tatjana (Tante Tusja).

Großvater befehligte einen Truppenteil der Artillerie oder der Infanterie. Im Sommer lebte er zusammen mit seiner Familie in einem Lager bei Belgorod. Daher kannte meine Mutter Soldatenlieder und ukrainische Volkslieder; sie konnte außerdem gut reiten, wie eine erhalten gebliebene Fotografie zeigt. Sie besuchte ein Pensionat für höhere Töchter in Petersburg, eine auch für damalige Zeiten nicht gerade modernen und praxisorientierten Lehranstalt für Privilegierte. Man erhielt dort eher eine gute Erziehung denn eine Ausbildung. Nach Abschluß des Pensionats unterrichtete Mutter einige Jahre lang Gymnastik an einer Lehranstalt in Moskau. Sie war beharrlich, selbstlos, der Familie zugetan, Verwandten gegenüber hilfsbereit, gleichzeitig aber verschlossen, vielleicht sogar in einem gewissen Maße dogmatisch und unduldsam und ähnelte in diesen Charaktereigenschaften sowie rein äußerlich ihrer Mutter – meiner Großmutter Sinaida Jewgrafowna. Von Mutter und Großmutter habe ich das etwas Mongolische meiner Augen (vermutlich hatte meine Großmutter nicht zufällig den »östlichen« Mädchennamen Muchanowa[2]) und wohl auch etwas von ihrem Charakter geerbt: zum einen eine gewisse Hartnäckigkeit und zum anderen mein Unvermögen im Umgang mit anderen Menschen, meine Kontaktarmut, die den größten Teil meines Lebens ein Unglück für mich war.

Mutters Eltern teilten offenbar die herrschende Weltanschauung jener Militär- und Offizierskreise, denen sie selbst angehörten. Ich erinnere mich, wie bei uns zu Hause in den dreißiger Jahren, bereits nach Großvaters Tod, in Großmutters Gegenwart die Rede auf den Russisch-Japanischen Krieg kam (ich las gerade *Tsushima* von Nowikow-Priboj). Großmutter war davon überzeugt, daß die Niederlagen Rußlands durch die antipatriotischen Aktionen der Bolschewiken und anderer Revolutionäre verursacht worden seien. Sie sprach mit großer Bitterkeit darüber. Mein Vater meinte, genau dies sei auch die Einstellung ihres verstorbenen Mannes gewesen. Großvater Alexej Semjonowitsch war nach dem Krieg gegen Japan im Rang eines Generalmajors in den Ruhestand getreten. 1914 trat er wieder in den aktiven Dienst ein und wollte an die Front; er war damals 69 Jahre alt. Doch man teilte ihn dem Brandschutz in Moskau zu, wo er die Stellung eines Kommandeurs innehatte. Er war nie krank und starb 1929 im Alter von 84 Jahren. Dies war der erste Tod eines Verwandten in meinem Leben, doch die Frage des Todes hatte mich schon vorher beunruhigt: Er schien mir die ungeheuerlichste Ungerechtigkeit der Natur zu sein. Mutter war gläubig und orthodox. Sie brachte mir das Beten vor dem Schlafengehen bei – »Vater unser ...«, »Gegrüßet seist du, Gottesgebärerin, Jungfrau, ...« – und nahm mich zur Beichte und zum Abendmahl mit.

Wie viele Kinder, so schuf auch ich manchmal komische sprachliche Gebilde. Eines davon erreichte ein ziemlich hohes Alter. Im Gottesdienst nahm ich die Worte »Heiliger Gott, heiliger, starker« als »heilige Griechen« (d. h. Kirchenväter) wahr[3]. Erst in den siebziger Jahren klärte mich Ljusja über meinen Fehler auf.

Die Mehrzahl meiner Verwandten war ebenfalls gläubig. Väterlicherseits waren das, woran ich mich gut erinnere, meine zutiefst gläubige Großmutter, Vaters Bruder Iwan und seine Frau, Tante Shenja, sowie Tante Walja, die Mutter meiner Cousine Irina. Mein Vater war anscheinend nicht gläubig, aber ich entsinne mich nicht, daß er je darüber gesprochen hätte. Mit etwa dreizehn Jahren beschloß ich – unter dem Einfluß der allgemeinen Atmosphäre und nicht ohne Vaters, wenn auch unmerkliche, Einwirkung –, Atheist zu werden. Ich hörte auf zu beten und ging sehr selten in die Kirche. Mutter war betrübt, machte mir aber keine

Vorhaltungen – ich erinnere mich an kein Gespräch über dieses Thema. Heute weiß ich nicht, was ich in tiefster Seele empfinde; ich glaube nicht an Dogmen, und die offiziellen Kirchen sagen mir nicht zu (schon gar nicht solche, die stark mit dem Staat verwachsen sind oder sich vor allem durch Ritualisierung, Fanatismus und Intoleranz hervortun). Gleichzeitig kann ich mir das Universum und das menschliche Leben nicht vorstellen ohne einen sinngebenden Anfang, ohne eine Quelle geistiger »Wärme«, die außerhalb der Materie und ihrer Gesetze liegt. Wahrscheinlich kann man ein solches Gefühl als religiös bezeichnen.

In meinem Gedächtnis sind die Kirchenbesuche meiner Kindheit lebendig geblieben: der Gesang, die erhabene, reine Ausstrahlung der Betenden, die flackernden Lichter der Kerzen, die dunklen Gestalten der Heiligen. Ich erinnere mich an die in ihrer Art besonders freudige und heitere Stimmung meiner Lieben, meiner Großmutter und meiner Mutter, bei der Rückkehr aus der Kirche nach dem Abendmahl. Gleichzeitig sehe ich die schmutzigen Lumpen und das Flehen der berufsmäßigen Kirchenbettler vor mir, die halb wahnsinnigen alten Weiber, die stickige Luft, die ganze Atmosphäre des byzantinischen oder vorpetrinischen Rußlands – also dessen, wovon die Phantasie abgestoßen wird, als seien der wilde Schrecken, die Lüge und Heuchelei der Vergangenheit in unsere Zeit versetzt worden. In meinem Leben bin ich oft mit diesen Seiten der Religion, deren Kontrast mich immer erstaunte, in Berührung gekommen. Eindrücke aus den letzten Jahren sind der feierliche Gesang strenger Frauen, ihre schwarzen, unter den dunklen Kopftüchern hervorfunkelnden Augen und die asketischen Gesichter am Sarg meines Schwiegervaters Alexej Iwanowitsch Wichirew. Ich erinnere mich an das Treffen mit Mitgliedern der Pfingstgemeinde in Taschkent vor dem Gerichtsgebäude, wo die Verhandlung gegen ihren Pastor W. A. Schelkow stattfand, der später im Lager im Alter von 84 Jahren starb. Es waren reine, aufrichtige und durchgeistigte Menschen. Ähnlich empfand ich bei meinen Begegnungen mit Orthodoxen, Baptisten, Katholiken und Moslems. Gleichzeitig erlebte ich oft Scheinheiligkeit, Heuchelei, Berechnung und erstaunliche Gefühllosigkeit gegenüber den Leiden anderer Menschen und manchmal sogar denen der eigenen Kinder. Doch insgesamt gesehen hege ich große Achtung für gläubige Menschen in unserem Land und in anderen Ländern. Die Rechte religiöser Dissidenten, besonders der nichtkonformistischen Kirchen, werden häufig verletzt und bedürfen des aktiven Schutzes.

Die Familie meines Vaters unterschied sich in vielem von Mutters Familie. Der Großvater meines Vaters, Nikolaj Sacharow, war Geistlicher in einem Vorort von Arsamas, und zwar im Dorf Wyjesdnoje, so wie schon seine Vorfahren mehrere Generationen lang Geistliche gewesen waren, darunter einer Oberpriester von Arsamas. Mein Großvater Iwan Nikolajewitsch war das zehnte Kind der Familie und das einzige, das eine (juristische) Ausbildung an der Hochschule erhielt. Großvater verließ Arsamas zu Fuß, um in Nishnij (Nishnij Nowgorod), das hundert Kilometer von Arsamas entfernt ist, zu studieren. (Meine Ausweisung nach Gorkij schließt gewissermaßen den Familienkreis.) Iwan Nikolajewitsch wurde ein bekannter Advokat, siedelte nach Moskau über und mietete zu Beginn dieses Jahrhunderts die Wohnung, in der ich später meine Kindheit verbrachte. Dieses Haus gehörte der Familie Goldenweiser, die dann Verwandte der Sacharows wurden. Alexander Borissowitsch Goldenweiser[4], der berühmte Pianist, hatte in seiner Jugend Lew Nikolajewitsch Tolstoj nahegestanden und war mit Anna Alexandrowna Sofiano, der Schwester meiner Mutter, verheiratet. Er wurde mein Taufpate.

Mein Großvater I. N. Sacharow war nach damaligen Maßstäben ein Mann mit liberalen Ansichten. Zu den Bekannten der Familie gehörten Menschen wie Wladimir Galaktionowitsch Korolenko[5], den alle meine Verwandten hochverehrten (noch heute, aus der Distanz vieler Jahrzehnte, fühle ich das gleiche), der damals sehr bekannte Advokat Fjodor Nikiforowitsch Plewako und der Schriftsteller Pjotr Dmitrijewitsch Boborykin. Ein persönlicher Brief Korolenkos an meinen Großvater ist erhalten geblieben. Mein Großvater war auch mit dem Schriftsteller Wikentij Wikentjewitsch Weressajew bekannt, wie ich einem seiner Artikel entnahm, aus dem allerdings eine ironische und mißbilligende Einstellung meinem Verwandten gegenüber spricht. Ende der neunziger Jahre oder zu Beginn des Jahrhunderts führte Großvater den Prozeß um das Dampferunglück auf der Wolga, der viel Aufsehen erregte und damals eine gewisse öffentliche Bedeutung hatte. Das Plädoyer meines Großvaters wurde in den unter der Sowjetmacht veröffentlichten Band *Ausgewählte Reden bekannter russischer Advokaten* aufgenommen. Nach der Revolution von 1905 war er Redakteur einer großen Gemeinschaftspublikation, die der damals in Rußland aktuell gewordenen Frage der Abschaffung der Todesstrafe gewidmet war. Zwei Jahre darauf veröffentlichte Lew Tolstoj seinen berühmten Artikel »Ich kann nicht schweigen«, der später auch in den Sammelband mit dem Titel *Gegen die Todesstrafe* aufgenommen wurde und dort wegen der Kraft seiner Gedanken und seines Gefühls einen zentralen Platz hat[6].

Dieses Buch, das ich bereits als Kind las, machte auf mich tiefen Eindruck. Alle Argumente gegen das Institut der Todesstrafe, die ich in diesem Buche fand und die auf Beccaria, Hugo, Tolstoj, Korolenko und andere führende Persönlichkeiten der Vergangenheit zurückgehen, scheinen mir nicht nur überzeugend, sondern auch heute noch erschöpfend zu sein. Ich glaube, daß für meinen Onkel die Mitarbeit an diesem Buch die Erfüllung einer inneren Pflicht und gewissermaßen ein Akt der Zivilcourage war.

Im Alter von etwa dreißig Jahren heiratete I. N. Sacharow die siebzehnjährige Maria Petrowna Dochumowskaja, meine zukünftige Großmutter, die wir Enkelkinder »Babanja« nannten. Sie war Vollwaise und besuchte ein Pensionat bei Smolensk, wo sie den Sommer und den Winter über wohnte. Ich erinnere mich, wie sie sehr lebendig und einfach über ihre Kindheit zu erzählen pflegte. In diesem Pensionat war auch die Tochter Martynows, der Lermontow im Duell getötet hatte. Großmutter erinnerte sich, wie die Mädchen Martynow bei dessen Ankunft mit Schrekken und Neugierde heimlich durch einen Türspalt beobachteten. Dies war in den siebziger Jahren (des vorigen Jahrhunderts). Es hieß, Martynow habe sein ganzes Leben schwer an der Rolle zu tragen gehabt, die er bei dem tragischen und nicht vollständig geklärten Tode Lermontows spielte.

Maria Petrowna (1862–1941) war die Tochter eines verarmten Adeligen aus Smolensk. Ihrem Familiennamen nach zu urteilen, floß in ihren Adern ein gewisser Anteil polnischen Bluts. Sie war ein Mensch mit ganz außergewöhnlichen Seeleneigenschaften, klug, gütig und einfühlsam, hatte Verständnis für die Schwierigkeiten und Widersprüche des Lebens, besaß die Fähigkeit, eine Familie zu schaffen, zu lenken und zu bewahren und ihre Kinder zu gebildeten, mitfühlenden und durchaus modernen, lebensfähigen Menschen heranzuziehen, die ihren Platz im wechselhaften Leben der ersten Hälfte des stürmischen zwanzigsten Jahrhunderts zu finden vermochten.

Großmutter und Großvater hatten sechs Kinder: Tatjana (1883–1977), Sergej (1885–1956), Iwan (1887–1943), Dmitrij (1889–1961), Nikolaj (1891–1971) und Jurij (1895–1920). Dies war sogar für damalige Zeiten keine kleine Familie. Großmutter war die Seele, der Mittelpunkt der Familie (wenn ich es recht verstehe, dann lagen die Interessen meines Großvaters außerhalb des Hauses). Diese Rolle blieb ihr bis zu ihrem Tod erhalten. Und auch außerhalb der Familie gibt es bis heute nicht wenige Menschen, denen das Haus der Sacharows – meiner Großmutter – viel bedeutet hat.

Mein Vater Dmitrij Iwanowitsch Sacharow war das vierte Kind. Er wurde am 19. Februar (am 3. März neuer Zeitrechnung) 1889 in dem Dorf Budajewo im Gebiet Smolensk geboren, wo Großmutter und Großvater ein Haus besaßen, das ihnen von Großmutters Eltern hinterlassen worden war. In früher Kindheit lebte Mitja (so nannte man Vater in der Familie) fast die ganze Zeit über in Budajewo. In meinem Gedächtnis haben sich einige Geschichten über jene Zeit erhalten. Eine davon ist die folgende.

Großvater fuhr in die Stadt (Moskau?) und fragte die Kinder, was für Geschenke er ihnen mitbringen solle.

Mitja sagte: »Ein Tüchlein.«

»Wozu?«

»Damit ich meine Tränen abwischen kann.«

Wie ich mir vorstelle, ging es unter den Geschwistern lustig und laut zu, doch Mitja war ein stiller Junge. Im Sommer liefen die Kinder barfuß herum und badeten im Teich. Am meisten liebte Vater die Natur im mittleren Teil Rußlands, doch als Erwachsener unternahm er auch gern Bergwanderungen, keine Hochgebirgstouren, war einige Male auf der Krim, sehr oft im Kaukasus und zweimal auf der Halbinsel Kola. 1933 kehrte er vom Kaukasus mit einer dreimotorigen Junkers zurück. Damals war das etwas Neues, und er hatte Angst, Mutter davon zu erzählen, weil er ihr nachträglich keinen Schrecken einjagen wollte. Bei einer Wanderung lernte Vater auch I. J. Tamm[7] kennen. Dies trug später gewiß mit dazu bei, daß ich zu Tamm in die Aspirantur[8] kam.

Im Alter von sechs oder sieben Jahren hatte Vater eine für die damalige Zeit schwere Operation unter Vollnarkose zu überstehen. Ein Eitergeschwür wurde operiert, wovon er an der Seite und auf dem Rücken eine lange Narbe zurückbehielt. Um diese Zeit siedelten seine Eltern nach Moskau um. Vater kam in eines der besten Privatgymnasien Moskaus, in der Nähe des Arbat-Tors. (Später führte er mich einige Male in dieses Haus mit seinen sehr hohen Wänden und prächtigen Fenstern.) Der Direktor warnte alle Gymnasiasten davor, den Neuen zu schubsen, da bei ihm sonst eine Naht platzen könne, und alle Jungen hielten sich streng daran (man nannte ihn den »gläsernen Jungen«, ohne es beleidigend zu meinen). Der Gymnasiastenjahrgang Vaters hatte schon kein Griechisch mehr, doch Latein wurde weiter unterrichtet. Vater erzählte viele lustige Geschichten über seine Lehrer und Mitschüler. Der Lateinlehrer, offenbar ein russifizierter Deutscher, ließ einmal den Satz »Cäsars siebte Legion geriet in einen Stachel-Machel-Busch« aus dem Russischen ins

Lateinische übersetzen (dieser Satz wurde in unserer Familie zu einem gebräuchlichen Synonym für eine ausweglose Lage). Vater hielt sein ganzes Leben lang die Verbindung zu einigen Klassenkameraden aufrecht. Trotzdem ergab es sich, daß er jahrzehntelang von seinen engsten Freunden getrennt war. Zwei von ihnen, Rudanowskij und Leperowskij, gingen in die Emigration. Leperowskij, von der Ausbildung her Arzt, wurde in Frankreich orthodoxer Geistlicher und kam kurz vor Vaters Tod mit einer Touristengruppe in die Sowjetunion. In seinen letzten Lebensjahren pflegte Vater viel Umgang mit seinem Klassenkameraden Sergijewskij.

Noch vor seinem Eintritt ins Gymnasium nahm Vater Klavierunterricht und spielte täglich mehrere Stunden. Er wurde in die Gnessin-Musikschule aufgenommen und schloß den Unterricht dort mit der Goldmedaille ab. Der Name Sacharow steht bis heute auf der Marmortafel, auf der die besten, mit Medaillen ausgezeichneten Absolventen verzeichnet sind. Vater hatte starke und sensible Finger, die sehr beweglich und für das Klavier wie geschaffen waren, und besaß zudem das absolute Gehör (er litt lange fast körperlich darunter, daß die Standardstimmung[9] verändert worden war). Er sagte oftmals, daß sich bei ihm Töne und Halbtöne mit Farbtönen identifizierten. Vaters Sympathien und Neigungen in musikalischen Dingen waren von sehr bestimmter Art, er hatte sie sich selbst erarbeitet. Er liebte Beethoven, Bach, Mozart, Chopin, Grieg, Schumann, Skrjabin und Rimskij-Korsakow und spielte sie oft. Großen Respekt hatte er vor Borodin. Voll Verehrung und gar voll »Staunen« sprach er über Wagner, doch dieser war nicht sein Lieblingskomponist. (Für einige andere vortreffliche Komponisten konnte er sich nicht begeistern; manchmal zollte er ihnen jedoch Tribut. Ich kann mich beispielsweise erinnern, wie Vater einmal voll des Lobes über Prokowjew war. Doch ich erinnere mich an keine Äußerung von ihm über den großartigen Schostakowitsch – als existiere dieser Komponist gar nicht.)

Vater wurde nicht Berufsmusiker (in meiner Gegenwart kritisierte und tadelte ihn deswegen ein Jugendfreund, den er zufällig nach vielen Jahren traf), spielte jedoch sein ganzes Leben lang »für sich«, und in der Jugend und in seinen letzten Jahren, nachdem er schon pensioniert war, komponierte er, zum Beispiel Romanzen, eine davon nach Worten von Alexander Blok:

»Du gingst fort ins Gefild, in die Leere.
Dein Name geheiligt sei.

Des Abendrots glühende Speere
Stehn aufgerichtet neu.«

Vater und auch seine Schwester Tanja liebten ihr Leben lang Bloks Verse. Für beide waren sie Ausdruck der geistigen Welt ihrer Jugend.

Ich hörte von Vater, daß er auch Klaviersonaten und manchmal Scherzliedchen komponiert hatte. Leider liegen die Noten der verfaßten Werke nicht mehr vor. Das schmerzt mich, denn in ihnen war ein Teil von Vaters Seele enthalten.

Kurze Zeit vor dem Tode Skrjabins begann Vater in dessen Haus zu verkehren, spielte dort auf dem Flügel, schloß Bekanntschaft mit der Familie, auch mit dessen Tochter, die später Sofronizkijs [10] Frau wurde. In den Nachkriegsjahren wurde Vater gewöhnlich am Todestag Skrjabins in dessen Haus, das man 1922 in ein Museum umgewandelt hatte, eingeladen. Einige Male sprach er dort über seine Erinnerungen an den Komponisten.

Nach dem Gymnasium ging Vater ans Medizinische Institut, studierte recht erfolgreich, wechselte dann jedoch zur Physikalisch-Mathematischen Fakultät der Moskauer Universität über und absolvierte sein Studium im Jahre 1912 oder 1913. Durch den Weggang der besten Professoren – auch Lebedew [11] gehörte zu ihnen – aus Protest gegen eine Anordnung des Ministers Kasso, der Gendarmen während studentischer Unruhen gestattete, das Gelände der Universität zu betreten, war in diesen Jahren das Unterrichtsniveau sehr gesunken.

Im Sommer 1914 fuhr die Familie Sacharow zum erstenmal fast vollständig vereint ins Ausland. Davor war nur Tanja im Ausland gewesen, nämlich in Deutschland, wo sie Philosophie studierte. Der Ausbruch des Ersten Weltkriegs überraschte die Familie in Frankreich. Als Vater am Strand in der Bretagne von der Kriegserklärung erfahren hatte, setzte er sich sofort aufs Fahrrad und langte, nachdem er in der Nacht siebzig Kilometer zurückgelegt hatte, in Liège an, wo Großmutter zur Erholung weilte. Bald darauf fuhren die Sacharows, nachdem sie schlecht und recht an Deck eines kleinen Kohlenfrachters untergekommen waren, in Richtung Heimat, wo schon der Einberufungsbefehl auf Kolja wartete. Bei leichtem Sturm litten alle, besonders Großmutter, an Seekrankheit. Der Kohlenfrachter fuhr bei Nebel, gab keine Signale und hatte die Lichter gelöscht, da man befürchtete, auf deutsche Kriegsschiffe zu stoßen. Und tatsächlich, einmal tauchten im Nebel die gewaltigen Umrisse eines Kriegsschiffes mit Geschütztürmen auf. Dies alles weiß ich von Großmutter.

Kolja kam sofort zur Armee, und bald meldete sich auch Vater als Freiwilliger und wurde als Sanitäter zur kämpfenden Truppe abkommandiert. Er erzählte sehr zurückhaltend und offensichtlich nur ungern von den bedrückenden Erlebnissen bei seinem kurzen, etwa ein halbes Jahr dauernden Einsatz an der Front. Ich weiß, daß er in Galizien und im Gebiet der Masurischen Seen war, also da, wo auch mein zukünftiger Schwiegervater, Klawdijas Vater Alexej Iwanowitsch, kämpfte. Ich kann mich erinnern, daß Vater von einem Offizier gehört hatte, der sich weigerte, seine – die einzige im Zug vorhandene – Gasmaske aufzusetzen, und zusammen mit den Soldaten umkam. Bis zu seinen letzten Lebenstagen bewahrte Vater einen Stahlpfeil mit der Inschrift auf: »Von Franzosen erfunden, von Deutschen hergestellt.« Hunderte solcher Pfeile wurden von deutschen Doppeldeckern, den »fliegenden Kisten«, in den ersten Kriegsmonaten abgeworfen, und sie durchbohrten Reiter samt Pferd, wie man damals erzählte.

Von 1915 bis 1918 unterrichtete Vater Physik sowohl in privaten Anstalten als auch auf Lehrgängen, bei denen Mutter als Gymnastiklehrerin arbeitete. Sie heirateten 1918. Vater war 29, Mutter 25 Jahre alt.

Kurz vor Kriegsausbruch hatten Großmutter und Großvater Sacharow ein Häuschen in Kislowodsk gekauft, das dann lange Zeit leer stand. Anfang 1918 hatte sich Großvater dorthin auf den Weg gemacht; seitdem gab es keine Nachricht von ihm. Großmutter schlug Vater und Mutter vor, nach Kislowodsk zu fahren. Es sollte so etwas wie ihre Hochzeitsreise werden. Nach der Ankunft in Kislowodsk erfuhren Vater und Mutter, daß Großvater an Typhus gestorben war, entweder schon unterwegs oder in Kislowodsk. (Ergänzung 1987: Meine Cousine Katja meint, daß Großmutter und Großvater gemeinsam den Kaukasus erreichten. Er sei auf dem Rückweg, in Charkow, an Typhus gestorben. Großmutter sei zu Tante Shenja nach Saratow gefahren, dort erkrankt und dann nach Moskau gekommen. Wahrscheinlich hat Katja recht.) Zu dieser Zeit wurde der Kaukasus durch den Bürgerkrieg von den zentralen Gebieten Rußlands abgeschnitten, und meine Eltern konnten nicht mehr zurückkehren. Sie lebten in irgendeinem Küstenort, und Vater ernährte sie, indem er im Kino Klavier spielte (es war die Zeit des Stummfilms). Um dieselbe Zeit blieb Tante Shenja (Jewgenija Alexandrowna, geborene Oliger, die Frau von Vaters Bruder Iwan) mit ihren drei Kindern, der älteren Tochter Katja und den beiden jüngeren Knaben, sowie mit Vaters jüngerem Bruder Jurij in Saratow hängen. 1920 starben beide Jungen (Wanetschka und Michalek), sie verhungerten. Als der zweite Junge starb, lag Jurij mit hohem Fieber im Bett, er hatte Typhus. Als er hörte, wie Tante Shenja weinte, stand er auf, um sie zu beruhigen. Dann legte er sich wieder hin – und starb. Schon in meiner Kindheit hörte ich von dieser tragischen Geschichte, sie ist eine meiner ersten Erinnerungen.

Im Jahre 1920 begannen Vater und Mutter, allen Hindernissen zum Trotz, sich nach Moskau durchzuschlagen. Vater sagte, daß ihnen unterwegs vieles widerfahren sei, worüber er nur mit Mühe und unter Qualen berichten könne, und daß »die Zeit dafür noch nicht reif sei«. Ich kann mich dunkel an Vaters und Mutters Erzählungen von einer Übernachtung in einer riesigen Scheune erinnern, die dicht mit Typhuskranken und betrunkenen Rotarmisten gefüllt war, über ausgemergelte Kalmücken, die mit Maschinengewehren erschossen wurden, weil sie mit ihren Kindern und Alten aus einem dem Hungertod preisgegebenen Gebiet hatten entkommen wollen, und über ausgehungerte Menschen, die schließlich in der Steppe erfroren waren.

Ich wurde am 21. Mai 1921 in einem Entbindungsheim unweit des Nowodewitschij-Klosters geboren. Es war eine lange und schwere Geburt. Ich war sehr »lang« und dürr und konnte zunächst den Kopf nicht heben, weshalb ich bis heute einen abgeflachten Hinterkopf habe. Die ersten anderthalb Jahre wohnten wir in der Mersljakow-Gasse, im Kellergeschoß. Vater trug mich in unserer Gasse auf Notenheften spazieren, weil wir keinen Kinderwagen hatten. Ich war ein »kluger« Junge und schlief gleich ein, kaum daß ich aus dem feuchten Keller in die Kälte hinauskam.

In Moskau wohnte Großmutter nach wie vor in der Granat-Gasse im ehemaligen Haus der Familie Goldenweiser, und ihre erwachsenen Kinder befanden sich an verschiedenen Orten der Stadt. Gegen Ende des Jahres 1922 zogen Mitja mit seiner Frau und seinem Sohn Andrej (das bin ich), Kolja mit seiner Frau, meiner Tante Walja, und seiner Tochter Irina sowie der Großmutter Irinas, Sofija Antonowna Bandrowskaja (Kolja ging bald darauf fort zu seiner zweiten Frau, an die ich mich nicht erinnere), und schließlich Wanja mit seiner Frau, meiner Tante Shenja, und seiner Tochter Katja in die Wohnung meiner Großmutter.

Das Haus, in dem wir die folgenden neunzehn Jahre verbringen sollten, war eine Kommunalwohnung. Außer uns Sacharows wohnten dort noch zwei weitere Familien friedlich zusammen. Jede Familie bewohnte ein Zimmer, außer meinen Eltern, denn wir hatten für vier Personen (Vater, Mutter, mein Bruder Jura, der 1925 zur Welt kam, und ich) zwei Räume zur Verfügung. Die Gesamtfläche unserer beiden Zimmer betrug etwas mehr als dreißig Quadratmeter. Eines diente als Schlaf-, Eß- und

Kinderzimmer, das andere, das sehr kleine Durchgangszimmer, als Arbeitszimmer für Papa. Dort stand am Fenster Vaters Arbeitstisch, den er sich selbst hergerichtet hatte und über dem an den Wänden Bücherregale angebracht waren, daneben zwei für die Kleider und das Geschirr bestimmte Schränke, zwischen denen man sich gerade noch zum Kachelofen hindurchzwängen konnte. An der gekachelten Seite des Ofens ging es in unser großes und in Großmutters Zimmer. Wir heizten mit Holz, im Winter täglich. Das Haus war sehr alt, die Decke schadhaft und feucht. Die Küche für sechs Familien war äußerst eng, dort rauschten oft gleichzeitig sechs Petroleumkocher. Im Hause hatten sich die prachtvollen Türen, die mit karelischer Birke verkleidet waren, die breite Treppe und das schöne Geländer erhalten. Die Wohnung befand sich im ersten Stock. Es gab einen geräumigen Flur, der den Kindern als Spielplatz diente; dort stand eine große Truhe, und man konnte mit dem Dreirad herumfahren. Zu unserer Wohnung gehörte auch ein Schuppen am Seitenflügel gegenüber (daneben waren die Schuppen der anderen Wohnungen). Dort wurde Brennholz gelagert und ein Eiskeller angelegt. Jedes Jahr stopften wir ihn gemeinsam mit Schnee und Eis voll, was für uns Kinder sehr lustig war, und im Sommer begaben wir uns treppab in den Keller, um die eingelagerten Lebensmittel zu holen (in dem Maße, wie das Eis schmolz, immer tiefer und tiefer).

Unserem Haus gegenüber stand eine alte Villa mit einem Park, die einst Kutusow [12] gehört haben soll. Dort befand sich das Allunionsinstitut für Metrologie, also das Eichamt. Zu jener Zeit wurden die obligatorischen Aufrufe zu den Feiertagen noch nicht in den Zeitungen publiziert, jede Behörde handelte nach eigenem Ermessen. Während meiner ganzen Kindheit wurde am Gebäude des Eichamts am 7. November und am 1. Mai ein- und dasselbe Plakat ausgehängt: »Die Komintern ist der Totengräber des Kapitals.«

Das Leben war für die meisten Menschen in den zwanziger und besonders in den dreißiger Jahren sehr schwer. Ich kann mich an meine Mutter als Gymnastiklehrerin nicht mehr erinnern. Sie hörte sehr schnell auf, die junge Frau zu sein, die die Fotografien der früheren Jahre zeigen. Doch bis zum Ende ihrer Tage blieb sie sehr aktiv, energisch und selbstlos und bewahrte die Fähigkeit, persönliche oder sachliche Fehler einzugestehen, obwohl ihr das nicht leichtfiel. Mutters Energie war voll und ganz auf die Familie, das Heim, gerichtet; im Unterschied zur Mehrheit der Frauen der damaligen Zeit hat sie während der Ehe nie gearbeitet.

Mama kam mit Großmutter nicht sonderlich gut aus, und so lebten unsere Familien jede für sich. Dabei gab sich Großmutter viel mit ihren Enkeln ab, mit meiner Cousine Irina, mit mir und meinem jüngeren Bruder Jura. Ira und ich wurden häufig auch von meiner Cousine Katja betreut. Katja war sieben Jahre älter als wir. Für uns Enkelkinder war Großmutters Zimmer der Ort, an dem wir uns am ungezwungensten und unbeschwertesten fühlten. Irina und ich nutzten jede Möglichkeit, dorthin zu gelangen. Stundenlang rutschten wir die Rückenlehne des großen Ledersofas wie von einem Berg hinunter und vergnügten uns nach Leibeskräften. Als wir älter geworden waren, las Großmutter uns viel vor: Puschkins *Die Hauptmannstochter* und *Das Märchen vom Zaren Saltan, Ohne Familie* von Malot und *Onkel Toms Hütte* von Beecher-Stowe sind einige der Bücher, die ich mein Leben lang nicht vergessen werde. Dies war meine erste Begegnung mit dem Wunder der Bücher. Sie selbst las damals hauptsächlich englische Romane, die sie irgendwie fesselten. Englisch hatte sie sich selbst im Alter von vierzig oder fünfzig Jahren beigebracht. In der Karwoche las uns Großmutter aus dem Evangelium vor. Ich weiß noch, wie sie sich ärgerte, wenn Irina sagte: »Wie interessant« – als Antwort auf die Worte Jesu Christi: »Ehe der Hahn kräht, wirst du mich dreimal verleugnen«. Für Großmutter war dies keineswegs eine der Unterhaltung dienende Lektüre, und wir wußten das im Grunde auch.

Ich erinnere mich sehr gut an die Einrichtung in Großmutters Zimmer, die wohl typisch war für die Menschen ihrer Zeit und ihrer Kreise. In der Ecke waren ein kleiner Heiligenschrein mit einem ständig brennenden Lämpchen, an der Wand Raffaels Sixtinische Madonna und Ansichten von Venedig und Rom, ein großes Porträt Großmutters und Großvaters aus ihrer Jugend, eine kleine Statue auf dem Schreibpult (Tolstoj sitzt an einem runden Tisch und schreibt; ich versuchte oft, ihn abzuzeichnen), in der Zimmerecke ein Waschbecken mit Marmorplatte, eine Kaffeemühle und an den Fenstern schwere Portieren mit Glöckchen an den Schnüren. Als ich unlängst Sachen ordnete, fand ich ein lithographiertes Porträt von Beethoven, der vor dem Hintergrund einer romantischen Landschaft dargestellt ist. Ich weiß allerdings nicht, welcher meiner Großmütter es gehörte. Als ich 1971 zum erstenmal ins Haus meiner Frau kam, erblickte ich ein ebensolches Porträt Beethovens, das von ihrer Großmutter stammte. Es hängt auch jetzt noch in der Wohnung Ruth Grigorjewnas, der Mutter meiner Frau.

Von einem für mich nicht gerade schmeichelhaften Vorfall aus früherer Zeit hat mir meine Großmutter berichtet. Sie war schwer krank. Ich kletterte ihr auf die Brust, damals war ich etwa zwei Jahre alt.

»Babuschka, kannst du nichts?«

»Ich kann nichts.«

»Aber ich kann dich zerdrücken.«

Und ich fing an, auf ihrer Brust und ihrem Bauch herumzuspringen. Großmutter erschrak wirklich, wie sie mir berichtete, und konnte mich nur mit Mühe von meinen Übungen abbringen. Mama kam hinzu und bestrafte mich – hoffentlich so, wie sich's gehört. Aber sonst war ich für Mama – Katja zufolge, die oft genötigt war, auf mich und Irina aufzupassen und uns »Langweiler« nannte – der »Prinz«. Mama benutzte das nichtrussische Worte »Prinz« und sprach »Kaffee« mit einem ziemlich harten »e« am Ende aus – die in Belgorod verbrachte Jugendzeit ließ sich nicht verleugnen. Das Wort »Prinz« scheint in einem gewissen Sinn die Beziehung wiederzugeben, die meine Eltern zu ihrem recht spät geborenen und damals einzigen Sohn – dem Erstgeborenen – hatten. In den siebziger Jahren fand ich ein von Papa mit der Hand geschriebenes »Tagebuch«, in das er, gewissermaßen in meinem Namen, sorgfältig die Ereignisse der ersten Monate meines Lebens, die ersten von mir gesprochenen Worte usw. notiert hatte: »Heute habe ich den ganzen Morgen geweint, Mama hat sich große Sorgen gemacht, dann habe ich mich beruhigt und aus dem Fenster geschaut. Es ist sehr interessant.« Als der zweite Sohn geboren wurde, begann Papa wieder, Tagebuch zu führen, doch weniger genau. Das bedeutet nicht, daß er Jura weniger liebte, sondern einfach, daß beim zweitenmal nicht alles mehr so neu ist.

Noch zwei Geschichten, die sich abspielten, als ich bereits drei Jahre alt war. Mama wischte mit dem Scheuerlappen Schmutz auf und rief dann: »Ich glaube, ich habe den Scheuerlappen zugrunde gerichtet.« Ich stand dabei und begann sofort, fürchterlich zu heulen. Durch die Schluchzer hindurch konnte Mama die Worte vernehmen: »Warum hast du ihn zugrunde geri-i-chtet...« Darin war vielleicht nicht nur Mitleid mit dem für einen dreijährigen Jungen »beseelten« Scheuerlappen enthalten, sondern auch ein gewisses Element von »Knauserigkeit«. Auch viel später, eigentlich immer, war ich ein Knauser –, daran ist etwas Positives und etwas Negatives.

Eines Tages fand man mich in der Küche, wo ich mich mit dem Rücken gegen die Tür stemmte. Mein Gesicht war sehr ernst und angespannt.

»Was machst du?«

»Dort sind Räuber, ich halte sie fest!«

Den größten Teil seines Lebens war mein Vater Physiklehrer: ganz kurze Zeit in der Schule, in den zwanziger Jahren am Institut der Roten Professur [13], an der Swerdlow-Universität[14], dann etwa 25 Jahre lang am Pädagogischen Bubnow-Institut [15] (später, nach der Verhaftung Bubnows, wurde es in Krupskaja-Institut und danach in Lenin-Institut umbenannt). Aus mir unbekannten Gründen sah sich Vater gezwungen, das Institut in den fünfziger Jahren zu verlassen (anscheinend war er von der Verwaltung schwer gekränkt worden). Die letzten Jahre vor seiner Pensionierung arbeitete er im Gebietsinstitut für Pädagogik. Im Lenin-Institut für Pädagogik leitete Papa Seminare und das physikalische Praktikum. Er arbeitete äußerst gewissenhaft und war bei Studenten und Kollegen sehr beliebt. Langjährige tiefe Freundschaft verband ihn mit den Professoren P. W. Pawscha und N. P. Bene (seit den zwanziger Jahren). Der Leiter des Lehrstuhls, der bekannte Spezialist für Optik und Redakteur der ausgezeichneten Fachzeitschrift *Erfolge der physikalischen Wissenschaften*, Professor E. Schpolskij, war ihm, soviel ich weiß, auch zugetan und in noch größerem Maße Professor N. N. Malow, der ihn abgelöst hatte und zu dem sich engere freundschaftliche Beziehungen entwickelten.

Als ich zwölf bis vierzehn Jahre alt war, nahm mich Vater mehrmals ins Laboratorium des Instituts mit. Er zeigte mir Versuche, die mir wie betörende Wunder vorkamen. Dabei verstand ich alles – wenigstens nahm ich das damals an, und es scheint auch so gewesen zu sein. Bald darauf machte ich selbst »Hausversuche«, doch davon etwas später.

Bereits in den zwanziger Jahren hatte Vater begonnen, populärwissenschaftliche Bücher und Lehrbücher zu schreiben. Sein Stil war ungewöhnlich klar und knapp, komprimiert, sehr genau und leicht verständlich. Doch fiel ihm das ungeheuer schwer. Jeden Satz schrieb er mit seiner kalligraphischen Handschrift mehrmals ab und dachte lange selbstquälerisch über jedes Wort nach. All dies spielte sich vor meinen Augen ab und lehrte mich vielleicht mehr als alles andere, *wie* man arbeiten muß. Und daß man ohne zu arbeiten nicht leben kann, wurde in der häuslichen Atmosphäre als etwas Selbstverständliches angesehen.

Vaters erstes Buch hieß *Der Kampf ums Licht*. In ihm wurden die Physik und die Geschichte der Beleuchtungskörper von der Antike bis in unsere Tage populär dargelegt. Zwei Jahre lang sammelte er das Material dazu, hauptsächlich aus deutschen Quellen. Das Buch war ein Erfolg, sogar nach heutigen Maßstäben, und eines der ersten Bücher der populärwissenschaftlichen historischen Gattung. Es erschien im Verlag

Raduga (Regenbogen), einer Aktiengesellschaft, in einer für die damalige Zeit sehr hohen Auflage von 25 000 Exemplaren. Es war schnell vergriffen und wurde zu einer bibliographischen Rarität. Ihm folgten viele andere Bücher: *Die Physik der Straßenbahn, Versuche mit der elektrischen Lampe, Arbeitsbücher zur Physik,* das heißt Lehrbücher für Erwachsene (das Wort »Lehrbuch« galt als bourgeois). In der Art ihrer Darlegung waren sie sehr originell. Der Gleichstrom wurde darin noch vor der Elektrostatik erörtert, die berühmten Bücher von Pohl wurden praktisch vorweggenommen. Später jedoch schrieb Vater in einer eher traditionellen Art.

In den dreißiger Jahren war Vater an Publikationen zur Methodik des Unterrichts und an einem sehr interessanten Lehrbuch beteiligt, das von Professor G. S. Landsberg herausgegeben wurde, dem späteren Akademiemitglied und bekannten Wissenschaftler, der zusammen mit L. I. Mandelstam die Kombinationsstreuung des Lichts entdeckt hatte; sie wird nach dem Inder Raman, der unabhängig von ihnen die gleiche Entdeckung gemacht hatte, auch Raman-Streuung genannt. Doch Vaters wichtigste Arbeiten waren die *Aufgabensammlung zur Physik*, die dreizehn Auflagen erlebte und bei Lehrern und Schülern sehr beliebt war, und das *Lehrbuch*. Das Schicksal des *Lehrbuchs* war allerdings komplizierter. Anfänglich war es für Erwachsenenschulen bestimmt und stieß auf große Resonanz. Dann wurde es im Zuge der Umstellung des Bildungssystems in das *Lehrbuch für Technika* umgearbeitet. Diese Umarbeitung erfolgte in Zusammenarbeit mit dem erfahrenen Fachschuldozenten Michail Iwanowitsch Bludow. Nach dem Tode meines Vaters schlug mir Bludow vor, an der Modernisierung des Lehrbuchs mitzuwirken. Ich schrieb die beiden letzten Kapitel um (erfolgreich, wie mir scheint). Die umgearbeitete Ausgabe erschien 1964. Für das Jahr 1973 war eine gründlich überarbeitete Neuauflage geplant. Michail Iwanowitsch und ich führten die Arbeit durch. Sie nahm ungefähr drei Jahre in Anspruch. Das Lehrbuch erhielt die Genehmigung des Ministeriums für Bildung, doch dann wurde im Herbst die Kampagne gegen mein politisches Engagement entfacht, und man belegte das Buch mit einem Verbot.

Vaters Arbeit als Fachbuchautor war die Haupteinnahmequelle der Familie. Ihr war es zu verdanken, daß unser Lebensstandard in jenen schwierigen Jahren höher war als der der Gesamtbevölkerung und auch höher als jener der durchschnittlichen Intelligenz, welcher wir im Grunde angehörten. Wir konnten uns leisten, jeden Sommer ein bis zwei Zimmer im Umland von Moskau zu mieten. Vater fuhr jedes Jahr für einige Wochen zum Wandern, was für ihn eine große Freude war. Trotzdem war die

Familie (im buchstäblichen Sinne des Wortes) nicht einfach zu ernähren. Eine teure Anschaffung, zum Beispiel einen Röhrenempfänger oder ein Motorrad – man sagte damals »motocyclette« –, konnte sich Vater nicht leisten. Ein Motorrad hatte sein Bruder Iwan, und den Radioempfänger, ein Detektorradio mit Kopfhörern, baute sich Vater selbst.

Der erste Röhrenempfänger, den ich zu sehen bekam, gehörte unseren Wohnungsnachbarn, den Amdurskijs. Sie waren ein kinderloses Ehepaar, er arbeitete als Ingenieur, sie nähte in Heimarbeit. Ich hörte bei den Amdurskijs die berühmte Rede Hitlers auf dem Nürnberger Parteitag, das wahnsinnige und schreckliche »Heil! Heil! Heil!«, das von den Teilnehmern des Parteitags skandiert wurde. Ich hörte auch die Rede Stalins auf dem VIII. Außerordentlichen Sowjetkongreß der KPdSU im Jahre 1936: »Das Blut, das unsere Menschen reichlich vergossen haben, wurde nicht umsonst vergossen.« Auf diesem Kongreß wurde die sogenannte Stalinsche Verfassung angenommen. Es heißt, daß Bucharin, der sich zum Zeitpunkt des Kongresses bereits in den Händen seiner Henker befand, ihr Autor gewesen sei. Ich hörte dort auch die ausgezeichneten Übertragungen von den Puschkin-Feierlichkeiten im Jahre 1937. Es wurde auch *Der Eherne Reiter* rezitiert und schon damals, auf dem Höhepunkt der Stalinschen Diktatur, spürte ich das gegen die Tyrannei gerichtete kämpferische Pathos und das Tragische dieser Zeilen:

»Schwer ging sein Atem. Sein Gesicht
Sank an das Gitter, und das Licht
Erlosch in seinem Auge. Flammen
Durchzuckten jäh sein wehes Herz.
Er trat vors stolze Bild aus Erz,
Zog knirschend seine Hand zusammen
Und zischte wie in Fieberglut,
Im Banne nachgeborner Schauer:
»Ha, wundertätiger Erbauer!«
Er zitterte in dumpfer Wut:
»Auf ewig sei ...« Jäh sank sein Mut,
Er floh entsetzt ...« [16]

Im Jahre 1937 wurde Puschkin offiziell zum großen nationalen Dichter erklärt. All das waren die Zeichen der Zeit! Unmerklich hatte sich die Ideologie der berühmten Triade aus der Epoche Nikolaus' I. angenähert: »Autokratie, Orthodoxie, Volksverbundenheit.« Puschkin stand für die letztere, der im Mausoleum ruhende Lenin vertrat die kommunistische Orthodoxie [= Marxismus].

Die Tätigkeit als Fachbuchautor verschaffte Vater außer Geld auch Unabhängigkeit und Bekanntheit in wissenschaftlichen und pädagogischen Kreisen. Lange Zeit hatte er jedoch keinen akademischen Grad oder Professorentitel. Erst in den Kriegsjahren verlieh ihm der Akademische Rat des Pädagogischen Instituts, ohne daß er eine Dissertation verteidigt hätte, den Titel eines Kandidaten der pädagogischen Wissenschaften für seine *Aufgabensammlung*.

Viele hatten Vater gern, sowohl ihm nahestehende als auch ihm »fernstehende« Menschen. Er war ein guter, sanfter und prinzipientreuer Mann, ausgestattet mit Weisheit und Mitgefühl für andere. War Vater mit seinem Schicksal zufrieden? Das ist eine schwierige Frage. Ich glaube, er kannte seinen Wert und wußte, daß er seine großen Möglichkeiten nicht voll ausgeschöpft hatte, worüber er gern mit mir sprach. Doch gleichzeitig verfügte er über die Lebensklugheit, die es ihm ermöglichte, echte und tiefe Freude aus dem zu ziehen, was ihm zuteil wurde – eine seltene und glückliche Gabe! Sein Lieblingssprichwort lautete: »Richtig zu leben bedeutet mehr, als nur ein Feld zu überqueren.« Er legte sehr viel in diese Worte – das Verständnis für die Schwierigkeiten und Widersprüche, das Gefühl für das Tragische und die Schönheit des Lebens und die Entschuldigung für jene, die auf ihrem Lebensweg gestrauchelt sind. Vater hatte noch ein Lieblingssprichwort: »Das Gefühl des Maßes ist die höchste Gabe der Götter.« Er wandte es auf die Kunst an – besonders lobte er Beethoven für dessen Schlichtheit, die sich mit ihrer edlen, heroischen Idee an die Menschen richte –, auf den Unterricht, die Wissenschaft (konsequent, ohne Stufen zu überspringen, ohne Wunderkindallüren, die er gar nicht mochte, und ohne Oberflächlichkeiten hatte man zum gründlichen Wissen hinzuführen), auf die Politik (er meinte, daß den Bolschewiki vor allem das Gefühl des Maßes abgehe, und dies war in seiner Sicht eine strenge Verurteilung), auf das Leben überhaupt und auf die persönlichen Beziehungen. Dieses Sprichwort drückte Vaters Verständnis von Harmonie und Weisheit aus. Auf mich machte diese Einstellung großen Eindruck, doch ganz folgen konnte ich ihr nicht. In mir gärte noch anderer Sauerteig, eine innere Widersprüchlichkeit, und der »Ausgleich« fiel mir nicht einfach zu, sondern war ein schwer erreichbares Ziel.

Wenn ich meinen Lebensweg überdenke, sehe ich neben Handlungen, auf die ich stolz bin, auch eine Anzahl falscher, feiger und schmählicher Handlungen; sie beruhten auf Dummheit oder dem Nichterkennen einer

Situation oder auf irgendwelchen, aus dem Unterbewußtsein kommenden Impulsen, über die man am besten nicht nachdenken sollte. Dies gestehe ich hier in allgemeiner Form, habe jedoch nicht vor, im weiteren darauf einzugehen – nicht, weil ich wünschte, daß sich der Leser eine übertrieben ideale Vorstellung von mir macht, sondern weil ich gegen Selbstgeißelung, Selbstzergrübelung und Exhibitionismus bin und außerdem meine, daß noch niemand aus fremden Fehlern gelernt hat. Es ist gut, wenn der Mensch imstande ist, aus seinen *eigenen* Fehlern klug zu werden und den Vorzügen *anderer* nachzueifern. Überhaupt sollen diese Erinnerungen weniger von mir als davon handeln, was mir in meinem sechzigjährigen Leben zu *sehen* und – so hoffe ich – zu *begreifen* vergönnt war. Das ist gewiß auch für den Leser interessanter.

Meine Interessen, meine Begeisterung für die Mathematik, für Versuche und Aufgaben freuten meinen Vater sehr, und es wurde als etwas Selbstverständliches angesehen, daß ich nach der Schule Physik studieren würde, teils wohl auch mit der Hoffnung verbunden, daß ich es weiterbringen sollte, als Vater es auf Grund seiner Lebensumstände gebracht hatte. In weit größerem Maße war es jedoch der Wunsch, daß mir die Arbeit Befriedigung bereiten möge. Bei alledem warnte mich Vater vor jeder Form des Snobismus. Er war zutiefst davon überzeugt und schärfte seinen Kindern ein, daß jede gewissenhaft, professionell und mit Liebe verrichtete Arbeit wertvoll sei.

Um das Bild von meiner Kindheit zu vervollständigen, ist es nötig, über die Familienfeste sowie über das Leben auf der Datscha und im Hof zu berichten.

Kinderfeste fanden sowohl bei uns als auch bei den Kudrjawzews an den Geburts- und Namenstagen der Kinder sowie an Neujahr statt. Es gab Süßigkeiten, selbstgemachtes Eis, Gesellschaftsspiele, Scharaden und Zauberkunststücke. Die Kunststücke führte meist Vater vor: eine Münze, die sich mit dem Besen nicht von der Hand herunterfegen läßt, das in einem Tuch zerbrochene Streichholz, das natürlich ganz bleibt, und ähnliche Tricks, die Kinder begeistern. Die Scharaden waren ein besonders wichtiges Element. Dabei legten vornehmlich die Erwachsenen und die älteren Kinder große Erfindungsgabe an den Tag. Katja und ihre Kameradinnen, aber auch die Jüngeren hatten die Möglichkeit, sich zu produzieren, indem sie Banditen, Bettler, Piraten, Millionäre und sogar Himmelskörper darstellten. Eine traditionelle Nummer war bei allen Feiern der Auftritt des »zeitunglesenden Amerikaners«. Gewöhnlich gab ihn Vater mit einem an einem Stock befestigten Kleiderbügel zum Besten, dem ein

Mantel umgehängt und ein Hut aufgesetzt wurde. Der Amerikaner las zunächst die unteren Zeilen der an der Wand befestigten Zeitung und streckte sich dann bis zur Decke, wenn Vater den Stock unter dem Mantel in die Höhe hob.

Wie bereits erwähnt, machte unsere Familie jeden Sommer in einer Datscha Ferien. Wir mieteten gewöhnlich zwei Zimmer bei Datscha-Besitzern oder direkt im Dorf, meistens im Bezirk Swenigorod, in Dunino. Dort wohnten wir im Hause der großen, einträchtig zusammenlebenden Familie Ulmer; sie hatte die russische Sprache und die russischen Sitten übernommen und setzte sich aus Ärzten, Ingenieuren und Juristen zusammen, die später zum größten Teil verhaftet wurden und in den dreißiger Jahren umkamen. Unsere anderen Datschen hatten wir in Luzino, Kriuschi und Peski.

Die Eindrücke von diesen drei oder vier Monaten waren sehr nachhaltig. Wir Kinder zogen gleich nach unserer Ankunft unsere Schuhe aus und liefen in kurzen Hosen herum. Schon nach einem Monat war ich braun gebrannt. Die Natur in der Umgebung von Moskau, sanft und lyrisch, blieb mir für immer nah. Bis jetzt ist es für mich die größte Freude: mich am Waldrand auf den Rücken zu legen, den Himmel und die Zweige zu beobachten und dabei dem sommerlichen Summen der Insekten zuzuhören, oder umgekehrt, auf dem Bauch liegend, ihrem Treiben zwischen den Grashalmen und den Sandkörnchen zuzuschauen. Ich ging oft für lange Zeit außer Haus und wanderte allein durch den Wald oder am Rain der mit Roggen, Hafer, Klee oder Buchweizen bebauten Felder entlang. Mir war es allein niemals langweilig. Fischfang und Jagd reizten mich nie. Meine Beziehung zum Wasser war schwierig: Ich habe nie richtig schwimmen gelernt, obwohl ich es von Kindesbeinen an versuchte und es 1973 unter der Anleitung von Aljoscha, Ljusjas Sohn, fortsetzte, gerade zu der Zeit, als sich in den Zeitungen die Kampagne meiner »Verurteilung« entfaltete. Solschenizyn schreibt aus irgendeinem Grund in *Die Eiche und das Kalb* über diese Zeit, daß ich nach Moskau hätte zurückkehren wollen, es jedoch nicht gekonnt hätte, weil es keine Fahrkarten gab – dabei wollte ich endlich schwimmen lernen.

Wir wohnten mit Mutter den ganzen Sommer über in der Datscha. An den Sonntagen brachte uns Vater im Rucksack allerlei Lebensmittel mit, bis die Zeit seines Urlaubs kam und er in den Süden oder den Norden fuhr.

Im Jahre 1937 nahm mich Vater auf eine Dampferfahrt von Moskau über Gorkij nach Jaroslawl mit. Wir spielten Schach und sprachen über viele wichtige und unwichtige Dinge. Doch über die an der Anlegestelle gekaufte Zeitung sprachen wir nicht, soweit ich mich erinnere. Sie enthielt Materialien zum Prozeß des vereinigten trotzkistisch-sinowjewschen Zentrums[17] und die wie stets von brutaler, heuchlerischer Rhetorik durchdrungene Rede Wyschinskij[18]. Ich erinnere mich an seine abschließenden Worte in dem ein halbes Jahr später stattfindenden Prozeß gegen das rechtstrotzkistische Zentrum:

> »Auf den Gräbern dieser Verbrecher [das heißt der noch vor ihm sitzenden Angeklagten, die sich unter der Folter zu allen möglichen und unmöglichen Verbrechen bekannt hatten – *A. S.*] werden Disteln und Brennesseln wachsen, und unser Volk wird voranschreiten, der Sonne des Kommunismus entgegen!«

Die andere Fahrt fand 1939 statt. Ich sah zum erstenmal das Meer und die Berge. Wir wohnten im Zelt einer Touristenherberge und wanderten zu den nahegelegenen Bergschluchten, an den Bergflüßchen mit ihrem sprudelnden, frischen Wasser entlang und unterhielten uns wieder über das Leben. Auf dem Rückweg kauften wir uns am Kiosk eine Zeitung, in der die Ankunft Ribbentrops in Moskau mitgeteilt wurde ...

Eine Woche später begann der Zweite Weltkrieg.

Eine große Rolle spielte in meiner Kindheit der Hof. Es waren etwa fünfzehn Jungen und Mädchen, die sich auf dem Platz zwischen den drei Gebäudeflügeln trafen, wo ein ziemlich großer Baum stand und ein bißchen Gras wuchs und im Frühling sogar Löwenzahn blühte. Jetzt ist dort alles asphaltiert, und der Platz wirkt ganz klein. Das Haus, in dem ich meine Kindheit verbrachte, wurde 1941 durch eine deutsche Fliegerbombe zerstört; man errichtete ein neues einstöckiges Haus in Standardausführung, in dem sich ein Milizrevier befindet. Ich ging nach dem Kriege nur zwei- oder dreimal dorthin und empfand jedesmal ein seltsames Gefühl der Entfremdung. Sogar die Gasse heißt jetzt anders, nicht Granat-Gasse, sondern Schtschussew-Straße. Ich weiß nicht, ob die Kinder heute noch die damals von uns so geliebten Spiele wie »Kosaken und Räuber« usw. spielen. Es waren richtige Bewegungs-, Mannschafts- und Glücksspiele, lustig und überhaupt nicht »grausam«. Die Jüngeren vergnügten sich mit »Kästchenhüpfen« und »Versteck« – nur die Abzählreime sind heute andere. Vom »Messerspiel« habe ich am Bein eine Narbe zurückbehalten. Seitdem ist sie, zusammen mit mir, etwa um das Dreifache gewachsen.

Zu Hause und auf der Straße spielte ich sehr viel mit meiner gleichaltrigen Cousine Irina. Bei diesen Spielen war sie weitaus aktiver und erfindungsreicher als ich. Sie zog mich auch zu literarischen Inszenierungsspielen heran; manchmal war ich Dubrowskij [19] oder Kapitän Hatteras [20], meistens aber bekam ich weniger bedeutende Rollen zugeteilt, zum Beispiel Andrij oder Jankel (beide aus *Taras Bulba* von Gogol). Wir beide zogen oft unseren Schlitten durch die schneebedeckte Granat-Gasse. Autos waren so selten, daß sie weder uns noch den Eltern Sorge bereiteten.

Meine Cousine Katja und ihre Freundin Tasja spielten viele Jahre lang »Indianer«. Katja nannte sich Chingachgook, und Tasja war Unkas (nach J. F. Coopers Roman *Der letzte Mohikaner*). Damals war dieses Spiel in unserem Land sehr verbreitet, und die Kinder achteten die stolzen, edlen, kühnen, freiheitsliebenden Indianer. Ich weiß nicht, ob es heute bei uns noch gespielt wird.

Jede Kinderschar spiegelt die Gesellschaft insgesamt wider, und alle Schwierigkeiten und Widersprüche des damaligen Lebens traten natürlich auch in unserem Hof zutage, doch hinderten sie uns nicht, miteinander zu spielen, zu streiten, uns zu prügeln und uns wieder zu vertragen. Heute ist mir klar, daß meine Eltern, die nach dem heutigen Lebensstandard keineswegs als wohlhabend bezeichnet werden können, damals für die meisten Familien in unserem Hof beinahe auf dem Gipfel der sozialen Leiter standen, und dies wurde auch von den Kindern so empfunden.

Waren unter und Kindern in unserem Hof ethnische Vorurteile zu beobachten? Mir scheint, nur in geringem Grade. Manchmal ließ man den jüdischen Jungen Grischa seine Herkunft spüren, doch ohne Haß, eher der Besonderheit wegen. Für mich existierte damals wie auch später die Frage »Jude oder Nichtjude?« überhaupt nicht; ich glaube, daß sich hier der Geist und der Einfluß der Familie auswirkte. Bedauerlicher war manchmal die Einstellung zu einem polnischen Jungen. Vielleicht spielten dabei die Mythen des Bürgerkriegs (von den »Weißpolen«) oder noch frühere russische Mythen eine Rolle. Mit den Kindern der Nachbarschule, der »Kremlschule«, lagen wir in einem harten Wettstreit, der oft in Prügeleien und Überfälle ausartete. Diese Rivalität ging wohl auf den Snobismus der »Kremlkinder« zurück.

Grischa tauchte bei uns im Hof auf, als ich sechs Jahre alt war. Die sehr arme jüdische Familie Umanskij zog in ein Zimmer im Erdgeschoß eines Gebäudeflügels, dessen einziges Fenster auf die Müllgrube hinausging: Der Vater, finster dreinblickend und kränklich wirkend, war Schuster, die Mutter war dick und laut, ihr älterer Sohn, Isja, arbeitete als Friseur (später geriet er aus Zerstreutheit oder weil er betrunken war unter einen Omnibus). Ihr jüngerer Sohn, Grischa, mit riesigen blauen Augen, war mein Altersgenosse. Gleich am ersten Tag hatte ich mit Grischa, als er in den Hof kam, eine richtige Prügelei und versetzte ihm einen Schlag auf die Nase, daß sie zu bluten begann. Das war fast die einzige Prügelei in meinem Leben; ich neige überhaupt nicht zu lauten Streitereien, und man suchte fast nie Streit mit mir. Mit Grischa freundete ich mich bald sehr an. Uns verband die gemeinsame Neigung zum Phantasieren und zur Träumerei. Schon damals zog mich der jüdische Intellekt an. Ich weiß nicht, wie man das nennen kann, vielleicht Geistigkeit, die oftmals sogar in den ärmsten Familien zum Vorschein kommt. Ich möchte damit nicht sagen, daß andere Völker über weniger Geistigkeit verfügen, manchmal ist es auch umgekehrt. Trotzdem enthält die jüdische Geistigkeit etwas Besonderes, Durchdringendes. Wir gingen stundenlang im Hof spazieren, erzählten uns gegenseitig von erstaunlichen Abenteuern, phantastische Geschichten, etwas, das zwischen Science Fiction und Märchen lag. Mit zehn oder zwölf Jahren begann Grischa Violoncello zu spielen, und er tat es mit großer Leidenschaft. Die Eltern hatten ihm ein Instrument gekauft, obwohl ihnen das finanziell sehr schwergefallen war.

Eines Tages spielten wir wie üblich oder unterhielten uns über irgend etwas, als ein alter Jude an uns vorbei ging, der in der Nachbarschaft wohnte und uns selbstverständlich beide kannte. Doch diesmal schien er mich nicht zu bemerken. Er wandte sich an Grischa: »Du lernst jetzt Violoncello spielen, da solltest du dich anständig verhalten und nicht mit jedem dahergelaufenen Jungen spielen.« Dann erst warf er einen strengen Blick auf mich und ging langsam hinkend weiter. Grischa wurde Zahntechniker, nachdem er das Technikum, das nicht weit von unserem Haus entfernt war, abgeschlossen hatte. 1941 kam er an die Front und arbeitete in seinem medizinischen Beruf. Im Jahre 1945, als der Krieg schon zu Ende war, wurde ein Lastwagen, in dem Grischa saß, von einer Bombe getroffen, und er kam ums Leben.

Ich habe ein Foto vor mir, auf dem eine Gruppe Kinder von unserem Hof abgebildet ist. Darunter sind Grischa, Irina, mein Bruder Jura und ich. Von den fünf abgebildeten Jungen meines Alters sind meines Wissens drei während des Krieges umgekommen. Das ist das Schicksal unserer Generation. Walja, in der Mitte des Fotos, war der älteste Sohn in der Familie eines Anstreichers, die bis unmittelbar vor Ausbruch des Krieges im Kellergeschoß wohnte. Er war ein großartiger Mensch, mit starkem Selbstbewußtsein, fürsorglich, mutig und ehrlich. Während des Krieges absolvierte er einen Schnellkurs für Jagdflieger an der Fliegerschule und kam bei einem seiner ersten Luftkämpfe im Jahre 1942 ums Leben.

Als ich zehn Jahre alt war, schenkten mir meine Eltern einen ausländischen »Roller«, wie man damals auch im Russischen zu sagen pflegte. Es war ein Holzroller mit leichtgängigen, kugelgelagerten Rädern. Ich fuhr mit ihm mehrere Jahre lang in der Granat-Gasse spazieren und gab ihn auch gern anderen zum Fahren. Auch Mischka – sein Spitzname war »Schluckspecht« – gehörte zu denen, die mit ihm fahren wollten. Er war etwa siebzehn und trug eine Beinprothese. Sein Bein hatte er verloren, als er in früher Kindheit auf dem Puffer einer Straßenbahn sitzend herumgefahren war. Von ihm sagte man hinter vorgehaltener Hand, er stehe mit einer Bande von Banditen in Verbindung. Den Spitznamen hatte er deshalb, weil er Wodka direkt aus der Flasche trank. Mischka wohnte im Haus Nummer 6, ganz in der Nähe. Jahre später, ich ging schon in die siebte Klasse, kam ich wie gewöhnlich eines Abends – ich besuchte den Nachmittagsunterricht – aus der Schule. Beim Markt umringte mich eine sechsköpfige Gruppe etwa gleichaltriger Jungen, die von mir einen »Fünfer«, ein Fünf-Kopeken-Stück, haben wollten. Ich zwängte mich, ohne zu antworten, durch den Kreis. Einer stellte mir ein Bein, ein anderer schlug mir auf die Wange und aufs Ohr, doch blieb ich auf den Beinen und konnte mich losreißen. Ich war mit mir zufrieden, verlangsamte meinen Lauf, ging wieder im Schritt und näherte mich schon bald unserem Haus. Plötzlich löste sich eine Gestalt vom Zaun und versperrte mir den Weg. Es war ein großer Kerl, etwa 25, bleich, mit einem harten bösen Gesicht und einer bis über die Augen ins Gesicht gedrückten Schiebermütze.

»Hast du 'nen Zehner?«

Ich steckte meine Hand in die Tasche und gab ihm zehn Kopeken. Er aber versperrte mir weiter den Weg.

»Lassen Sie mich vorbei, ich wohne hier.«

»Hier, sagst du? Kennst du Mischka den Schluckspecht?«

»Ja.«

»Wenn du nicht lügst, dann sag doch, wo er wohnt?«

»Im Haus Nummer 6.«

»Na schön, von mir aus. Troll dich, solang dir nichts fehlt.«

Nach einigen Wochen erfuhr ich, daß man nicht weit von uns entfernt, auf der Freitreppe der Georgskirche, eines Morgens die Leiche Mischkas mit ausgestochenen Augen und abgeschnittener Zunge gefunden hatte.

Dies war die Abrechnung für irgendeine Verletzung der »Gaunerehre«. Wahrscheinlich hätten sie Mischka auch ohne meinen Hinweis gefunden, doch wie dem auch sei, die Last dieses Vorfalls liegt mir bis heute auf der Seele. Daß ich in dieser Sache hätte Zeuge sein können, kam mir gar nicht in den Sinn, und wahrscheinlich erzählte ich Vater und Mutter nie davon. Ich habe diese beiden Vorfälle – den Kerl, der mich fragte, wo Mischka wohne, und den Tod Mischkas – erst viel später (1978?) miteinander in Verbindung gebracht.

Die Epoche, in die meine Kindheit und Jugend fiel, war voller Tragik, Grausamkeit und Schrecken. Doch wäre es falsch, seinen Blick darauf zu beschränken. Es war auch die Zeit einer besonderen Geisteshaltung der Massen; sie entstand aus der Wechselwirkung zwischen dem noch nicht erkalteten revolutionären Enthusiasmus und den Hoffnungen, dem Fanatismus, der totalen Propaganda, den gewaltigen realen sozialen und psychologischen Veränderungen in der Gesellschaft, der Massenlandflucht und natürlich dem Hunger, der Bösartigkeit, dem Neid, der Furcht, der Ignoranz, dem Zerfall sittlicher Kriterien nach vielen Jahren des Krieges, der Greuel, der Morde und der Gewalt. Eben unter diesen Bedingungen entwickelte sich das Phänomen, das in der UdSSR die rücksichtsvolle amtliche Bezeichnung »Personenkult« trägt.

Aus Bruchstücken der Gespräche Erwachsener, die nicht bemerken, wie aufmerksam ihnen Kinder zuhören, wußte ich schon zwischen 1930 und 1934 einiges von den sich damals abspielenden Ereignissen. Ich erinnere mich an Erzählungen über Heranwachsende, die aus der vom Hunger erfaßten Ukraine, aus dem Zentralen Schwarzerdegebiet und aus Weißrußland flohen und sich dabei in die Werkzeugkästen unter den Eisenbahnwagen zwängten. Sie wurden aus diesen Kästen oft nur noch tot herausgezogen. Die Hungernden starben direkt auf den Bahnhöfen, und die *besprisornyje*, die verwahrlosten Kinder und Jugendlichen, hausten in Asphaltkesseln und in Hauseinfahrten. Einen solchen Jugendlichen las meine Tante Tanja auf dem Bahnhofsvorplatz auf. Er wurde ihr Adoptivsohn, obwohl sich seine Eltern später auffinden ließen. Dieser Junge, Jegoruschka nannte man ihn, wurde ein hochqualifizierter Elektromeister. In den letzten Jahren hat er bei der Montage aller großen Beschleuniger in der UdSSR mitgearbeitet. Heute ist Jegor Wassiljewitsch längst Großvater.

Damals hörte ich immer öfter die Wörter »Verhaftung« und »Haussuchung«. Die Epoche brachte fast jeder Familie Unglück. Das Schicksal meinte es unter diesen Umständen gut mit Vater und Mutter, doch schon in unserem engsten Kreis der Brüder und Schwestern gestaltete sich alles anders.

Ich habe bereits über den Tod von Onkel Wanjas Kindern während des Bürgerkriegs berichtet. Sein weiteres Schicksal war gleichfalls tragisch, so wie das Schicksal vieler meiner Verwandten. Vater sagte oft, daß Onkel Wanja der geborene Ingenieur sei. Er war überhaupt sehr begabt, jede Arbeit ging ihm gut von der Hand. Dabei war er großzügig, charmant und herzlich. Er war ein hervorragender Zeichner und Erzähler – mit Humor, Phantasie und der Gabe ausgestattet, Leute zu amüsieren. Unter dem Einfluß seiner Kameraden vom Gymnasium, der später so bekannten Bolschewiki N. I. Bucharin und W. W. Ossinskij, ging er nicht an die Fakultät für Ingenieurwissenschaften, sondern wurde Jurist, »um dem Volk zu dienen«. Auf diesem, obwohl für ihn nicht optimalen Gebiet, ging es steil mit ihm »bergauf«. Er wurde Finanzfachmann. Doch bereits damals paßte ihm vieles nicht mehr.

Ende der zwanziger Jahre hörte ich in Großmutters Zimmer nicht nur Onkel Wanjas bilderreiche Geschichten und andere Späße, sondern auch die immer aufgeregteren Gespräche über die Ereignisse im Lande. Erst viel später erfuhr ich, daß Onkel Wanja von Stalin eine Karikatur gezeichnet hatte, auf der dieser mit Hauern und einem unheildrohenden Grinsen dargestellt war. Das war bereits ein äußerst gefährlicher Scherz, doch nicht er führte zu Onkel Wanjas Verhaftung.

In dieser Zeit versuchte Onkel Wanja, einem alten Studienkameraden zur Flucht aus der UdSSR zu verhelfen, und gab ihm dazu seinen Paß (ich kenne die Geschichte nicht besonders gut; nach einer anderen Version wußte er von dem »Fluchtplan«, hatte aber bei der Polizei keine Anzeige gemacht). Wie dem auch sei, Onkel Wanja wurde verhaftet; man leitete eine Untersuchung ein, und er blieb ungefähr zwei Jahre in Haft. Seine Frau setzte sich offenbar bei seinem ehemaligen Mitschüler, dem stellvertretenden Chef der OGPU, Jagoda, für ihren Mann ein. Etwa um dieselbe Zeit nannte die Zeitung *Iswestija*, Jagoda einen »großen Humanisten unserer Zeit«. Das war anläßlich der Kampagne zur Umerziehung der Häftlinge beim Bau von Kanälen und auf anderen Baustellen. Onkel Wanjas Frau, Tante Shenja, war übrigens Papas Lieblingsschwägerin. Als Großmutter in den letzten Jahren sehr geschwächt war, kümmerte sich Tante Shenja am meisten um sie.

Nach seiner Haftentlassung Anfang der dreißiger Jahre durfte Onkel Wanja wegen seiner Vorstrafe nicht mehr an seine alte Arbeitsstelle zurückkehren. Er wurde Heimarbeiter und hatte als technischer Zeichner große Erfolge. Anfänglich führte er äußerst komplizierte Zeichnungen für einige Maschinenbauinstitute aus, später konzentrierte er sich auf ein einzigartiges Fachgebiet: Er zeichnete Nomogramme, Systeme von Kurven mit Skalen, die der graphischen Berechnung verschiedener Funktionen mit einer, zwei und manchmal mit mehreren Variablen dienen. Ich weiß noch, wie er, eine Zigarette nach der anderen rauchend, ganze Nächte hindurch über den Zeichnungen saß und speziell für sie Kurvenlineale anfertigte. Damals begann seine Frau, als Heimarbeiterin Maschine zu schreiben, und Onkel Wanja reparierte und putzte regelmäßig ihre alte Schreibmaschine, lötete Typen um und anderes mehr. Er kaufte sich wieder ein Motorrad und bastelte im Abstellraum stundenlang an ihm herum.

Seine erneute Verhaftung im Jahre 1935 setzte auch diesem Abschnitt seines Lebens ein Ende. Ihr folgte die Verbannung. Zunächst arbeitete er einige Jahre als Schleusenwärter auf der Wolga, dann war er in derselben Gegend Leiter eines Wasserkraftwerks. Während des Krieges wurde er wieder verhaftet und starb 1943 an Entkräftung im Krankenhaus von Krasnojarsk. Seine Frau erhielt einen an ihren Mann abgeschickten Brief mit der Aufschrift zurück: »Empfänger auf den Friedhof verzogen.«

Noch in den dreißiger Jahren brach über unsere Verwandten auch anderes Unheil herein. Als erster kam der zweite Mann von Tante Walja, Irinas Mutter, ums Leben. Sein Familienname war Belhardt. Er war Offizier der zaristischen Armee und der Armee Koltschaks gewesen und wurde, wie die meisten ehemaligen Offiziere der Weißen Armee, verhaftet und Mitte der dreißiger Jahre erschossen. Dann kam Mutters älterer Bruder, mein Onkel Wladimir, um. Er wurde verhaftet und starb im Lager. Mitte der dreißiger Jahre wurde der Großneffe meiner Großmutter Sinaida Jewgrafowna, verhaftet und starb im Lager – er ertrank beim Holzflößen. Er hinterließ eine Witwe und einen Sohn, Jura. Dieser wohnte ein Jahr bei uns in der Datscha, und wir alle gewannen ihn sehr lieb. Ich erinnere mich, wie Jura, als er zum erstenmal ein Kalb erblickte, freudig ausrief: »Ein kleines, kleines Feld!« Anscheinend hatte er den Satz »Die Kühe sind vom Feld gekommen« gehört und unbewußt verdreht. Im Winter 1938 erkrankte Jura an Hirnhautentzündung und starb im Krankenhaus. 1937 verhaftete man Mutters älteren Bruder Konstantin, ihre jüngere Schwester Tatjana (Tusja) und deren Mann Gennadij Bogdanowitsch Sarkissow. Tusja arbeitete als Sekretärin bei einem amerikanischen Korrespondenten. Seinerzeit war das eine äußerst vorteilhafte Arbeit, da sie einen Teil ihres Gehalts in »Gutscheinen« der Torgsin[21] erhielt. Tusja schenkte Mutter ab und zu einige Gutscheine, und dies hatte immer ein Festessen zur Folge, bei dem es Sahne, Zucker und dergleichen mehr gab. Konstantin arbeitete in einem großen Rüstungsbetrieb. Für eine Verhaftung war es wohl mehr als ausreichend, daß einer Familie Personen angehörten, die Beziehungen zu Ausländern und zur Militärtechnik hatten. Verhaftungen wurden damals auch ohne solche Vorwände durchgeführt. Konstantin beschäftigte sich zu Hause mit Fotografie, bastelte anspruchsvolle Radios und baute 1930 sogar selbständig einen Fernseher mit einer mechanischen Bildfeldabtastung, der Nipkow-Scheibe. Für die damalige Zeit war das ein Wunderwerk der Technik. Konstantin starb während der Untersuchung oder kam beim Verhör um. Wir zogen es vor, darüber nicht zu rätseln. Ich nehme an, daß das NKWD nach seinem Tod nicht mehr an einem Prozeß interessiert war. Tusja und ihr Mann wurden für damalige Verhältnisse zu sehr geringen Haftstrafen verurteilt: Tusja bekam fünf und Gennadij Bogdanowitsch zwei Jahre.

War unsere Familie mit ihrer leidvollen Chronik eine Ausnahme? Selbstverständlich waren die einzelnen Bevölkerungsschichten unterschiedlich stark betroffen, doch insgesamt kamen Millionen und Abermillionen Menschen im Verlauf der Entkulakisierung[22] und der Ansiedlung in Sonderkolonien ums Leben, verhungerten nach der Kollektivierung, starben, als der Kampf gegen »Schädlinge«[23] und »Volksfeinde«[24] geführt wurde, die in der Regel die aktivsten Mitglieder der Gesellschaft gewesen waren; sie kamen um infolge der Spionomanie, aufgrund ihrer Religionszugehörigkeit oder wegen grundloser Massenrepressionen, später infolge der Maßnahme gegen Heimkehrer aus deutscher Kriegsgefangenschaft, während des Kampfes gegen den »Kosmopolitismus«[25], wegen aufgelesener »Ähren«, wegen Verletzung der Arbeitsdisziplin – auf einen Nenner gebracht: Ich kenne keine einzige Familie, in der es keine Opfer dieser Repressionen gegeben hätte, und meist waren es noch mehr Opfer als in unserer Familie. Die millionenfachen Menschenverluste im Krieg – jedenfalls der Umfang dieser Verluste – waren letztlich auch durch das Regime und jene Desorganisation bedingt, die das Regime selbst hervorgerufen hatte. Heute sind diese Schrecken Geschichte. Sie haben allerdings unauslöschliche Spuren hinterlassen.

Ich hörte von Vater so gut wie nie eine direkte Verurteilung des herrschenden Regimes. Die einzige Ausnahme war wohl 1950, als er in höchst emotionaler Weise seine Meinung über Stalin zum Ausdruck brachte. Er erregte sich dabei so sehr, daß Mutter fürchtete, ihm könne schlecht werden. Solange ich nicht erwachsen war, hatte Vater vermutlich

Angst davor, daß ich mich in dieser Welt nicht würde einrichten können, wenn ich zuviel verstünde. Und vielleicht ist diese Verheimlichung der Gedanken vor dem eigenen Sohn sehr typisch und charakterisiert am stärksten die Schrecken der Epoche. Indirekt jedoch war die Verurteilung des Regimes in der einen oder anderen versteckten Form immer gegenwärtig.

Anders war Onkel Wanjas Haltung. Er nahm um vieles direkter Stellung zu politischen und wirtschaftlichen Fragen. Bei meiner Schilderung stütze ich mich auf Vaters Aussagen in seinen letzten Lebensjahren, die ich natürlich im Sinne meiner heutigen Einstellung interpretiere. Seiner Ansicht nach war das sozialistische System prinzipiell zu ineffektiv, um die menschlichen Bedürfnisse zu befriedigen, dafür aber außerordentlich gut geeignet, die Macht zu festigen. Eine der Formulierungen dazu habe ich behalten: In der kapitalistischen Welt jagt der Verkäufer hinter dem Käufer her, und das zwingt beide, besser zu arbeiten, im Sozialismus aber jagt der Käufer hinter dem Verkäufer her (gemeint ist, daß an Arbeit überhaupt nicht mehr zu denken ist). Freilich ist dies nur ein Aphorismus, doch mir scheint, er spiegelt einen Teil der tieferen Wahrheit wider.

Nicht weniger wichtig scheint mir, ist das Verhältnis des Systems zu den bürgerlichen Freiheiten, zu den Rechten der Person, also das Problem der realen und nicht der verkündeten Freiheit. Ebenso wie die Unduldsamkeit gegenüber anderen Ideologien, der gefährliche Anspruch auf die absolute Wahrheit. Doch all dies geriet erst viel später in den Kreis meiner Zweifel, und wie auch immer meine Verwandten in dieser Hinsicht denken mochten, ich hätte sie nicht verstanden. Zu dieser Zeit befand ich mich auf der Stufe davor: Ich eignete mir mit großer Sympathie die Ideologie des Kommunismus an. Als ich zum Beispiel im Alter von zwölf Jahren vom Staat der Inkas erfuhr, freute ich mich darüber wie über eine experimentelle Bestätigung der Vitalität der sozialistischen Idee. Viele Jahre später sah Schafarewitsch [26] in denselben Fakten die Bestätigung des Gegenteils.

Ich erinnere mich noch an Großmutters Worte: »Der russische Bauer ist Eigentümer, und darin haben sich die Bolschewiki stark verrechnet.« Und andererseits: »Die Bolschewiki haben immerhin vermocht, Ordnung zu schaffen, sie haben Rußland gestärkt und ihre Macht gefestigt. Wollen wir hoffen, daß jetzt ihre Macht für die Menschen Erleichterung bringt.«

Ich faßte damals und fasse im wesentlichen auch heute diese Worte als Ausdruck von Großmutters Toleranz und Großzügigkeit auf. Doch läßt sich hier auch eine andere Seite, vom Standpunkt unserer Zeit aus, erblikken: Diese Toleranz brachte man einer neuen »Reichsordnung« entgegen, die nach vielen Jahren des Chaos und der »Experimente« geschaffen – oder dem Anschein nach geschaffen – worden war. Nicht zufällig benutzte Großmutter oftmals, so wie auch andere Menschen ihrer Generation, den Ausdruck »zu Friedenszeiten«, das hieß: vor 1914; alles danach war unfriedlich. In dieser Toleranz war somit ein Element der Sehnsucht nach Stabilität und Ordnung enthalten. Heutzutage ist die Sehnsucht nach Stabilität und Ordnung gleichfalls verbreitet, doch nicht nach der vorrevolutionären, sondern nach der Stalinschen *Ordnung*, nach der Ordnung, deren Zeugin Großmutter war und über die eine andere Frau schrieb[27]: »Es war, als nur der Tote lächelte, der Ruhe froh ...« Das Wesentliche an dieser Einstellung ist jedoch die Tatsache, daß Großmutter auf eine allmähliche Milderung des Regimes hoffte und sie sehr herbeiwünschte.

Heute kann man sich nur schwer die Atmosphäre vorstellen, die in den zwanziger und dreißiger Jahren herrschte, nicht nur, was die Propaganda, die Zeitungen und die Versammlungen, sondern auch was den persönlichen Umgang miteinander betrifft. Die Worte »Rußland« und »russisch« klangen fast unanständig, in ihnen spürten sowohl der Hörer als auch der Sprecher selbst eine Nuance der Sehnsucht »gewesener« Menschen. Als dann die äußere Bedrohung des Landes zur Realität wurde (etwa ab 1936) und sich danach – zur Stützung der verblaßten Devise vom Weltkommunismus – alles änderte, nutzte die Propaganda gerade die Ideen des russischen Nationalstolzes verstärkt nicht nur für die Landesverteidigung, sondern auch dafür, die internationale Isolierung des Landes, den Kampf gegen den »Kosmopolitismus« und andere Ziele zu rechtfertigen. All diese offiziellen Schwankungen erreichten kaum das Innenleben unserer Familie. Meine Eltern verstanden sich als Menschen der russischen Kultur. Sie liebten und schätzten die russische Literatur, russische und ukrainische Volkslieder, die ich in meiner Kindheit oft hörte, ebenso wie Schallplatten mit Liedern und Romanzen des 19. Jahrhunderts. All dies gehörte zu meiner geistigen Welt, es verdeckte jedoch keineswegs die Weltkultur. Bei Onkel Wanja trat das »Russische« stärker hervor, es war für ihn charakteristisch, er war nostalgisch, aber auch unbekümmert forsch und sehr emotional.

Vater sprach manchmal, wenn es um den Ersten Weltkrieg und um die noch weiter zurückliegende Vergangenheit ging, mit Begeisterung von den russischen Soldaten und Offizieren und übertrug diese Worte auch auf die heutige Zeit; sogleich jedoch machte er entsprechende Äußerungen über Menschen anderer Nationalitäten. Er brachte das Gespräch auch auf Suworow[28], doch immer in einem höchst interessanten Kontext: daß nämlich Suworow in seinem ganzen Leben nie ein Todesurteil unterschrieben habe. Dies war, nehme ich an, eine Form der Opposition gegen das damalige brutale Regime. (Für mich geriet die Gestalt Suworows ins Wanken, als ich von den Greueltaten, die er in Warschau und auf anderen Feldzügen geduldet hatte, sowie von seiner Beteiligung an der Unterdrückung des Pugatschow-Aufstandes[29] erfuhr.) Einige Male sprach Vater davon, welche Begabung doch russische Emigranten im Ausland an den Tag gelegt hätten, beispielsweise Zworykin, der Erfinder des elektronischen Fernsehens. Die russische Kultur meiner Eltern war zu keiner Zeit nationalistisch. Kein einziges Mal hörte ich eine verächtliche oder abfällige Äußerung über andere Nationalitäten, im Gegenteil, oftmals waren es ausdrucksstarke, mitunter mit Humor gewürzte Charakteristiken der Vorzüge vieler Nationalitäten.

Heute erscheint es nicht mehr unmöglich, daß der russische Nationalismus wieder die offizielle Linie bestimmt. Gleichzeitig verändert er sich – auch in der »dissidentischen« Form – und wird weniger tolerant. All dies bestätigt lediglich meine Haltung, die sich seit meiner Jugend herausgebildet hat.

In einer anderen Epoche, unter anderen Bedingungen und nach einer anderen Philosophie lebend, mit einer anderen gesellschaftlichen Stellung und einer anderen Biographie, sah ich die Dinge globaler, wurde kosmopolitischer und gesellschaftlich aktiver als meine Verwandten. Doch bin ich ihnen zutiefst dafür dankbar, daß sie mir die erforderliche Ausgangsbasis verschafft haben!

II. Lektüre

Unterricht zu Hause und in der Schule. Studium vor dem Krieg

Vor allem Großmutter war es, die mich und Irina mit Büchern bekannt machte, uns vorlas. Doch sehr bald fingen wir an, selbst zu lesen. Günstig wirkte sich aus, daß jede Familie in der Wohnung eine Bibliothek hatte. Es waren hauptsächlich vor der Revolution erschienene Ausgaben, die sich im Familienbesitz befanden. Natürlich lenkten Großmutter, Vater und Mutter sowie Irinas Verwandten unsere Lektüre.

Lesen lernte ich autodidaktisch im Alter von vier Jahren durch Aushängeschilder und Dampfernamen. Dann half mir Mutter, meine Kenntnisse zu vervollkommnen. Ich fasse den Lesestoff mehrerer Jahre zusammen – die Aufzählung bereitet mir heute noch Vergnügen. Puschkin: *Das Märchen vom Zaren Saltan, Dubrowskij, Die Hauptmannstochter;* Dumas: *Die drei Musketiere* (»Athos' Schulter, Prothos' Binde, Aramis' Tuch« ...); *Heimatlos* von Malot; *Der kleine Lausejunge* von Greenwood (dieses wunderbare Buch scheint in seiner Heimat England vergessen zu sein, bei uns aber wurde es, wohl dank Kornej Tschukowskij[1], zu meiner Zeit gelesen); Hugo: *Die Elenden.* Doch besonders liebte ich, zum Teil von meinem Kameraden Oleg beeinflußt, Jules Verne mit seiner Spannung, seinem Humor und der Unmenge geographischer Angaben: *Die Kinder des Kapitäns Grant* und *Die geheimnisvolle Insel*, ein großartiges Buch über die menschliche Arbeit und die Allmacht von Wissenschaft und Technik, *20000 Meilen unter dem Meer.* Und Dickens: *David Copperfield* (»Ich war verwundert, warum die Vögel nicht die roten Wangen meiner Kinderfrau pickten ...«), *Dombey und Sohn* (ein ergreifendes und Dickens' bestes Buch!), *Oliver Twist* (»Bitte, noch eine Portion ...«); den frühen Gogol: Vater mochte ihn sehr und besonders auch Onkel Wanja, der ihn glänzend las und dabei die Intonation und die Mimik der Helden in *Die Spieler, Die Heirat* und den ukrainischen Novellen nachahmte; *Onkel Toms Hütte* von Beecher-Stowe; *Tom Sawyer, Huckleberry Finn* und *Der Prinz und der Bettelknabe* von Mark Twain; *Im Nebel Londons, Die silbernen Schlittschuhe, Hans aus dem Spielzeugtal, Däumelinchen, Die Schneekönigin, Das kleine Mädchen mit den Schwefelhölzchen, Der standhafte Zinnsoldat, Das Feuerzeug* von Andersen (»Großvater Adja, magst du *Das Feuerzeug?*«, so lautete die Frage meiner Enkelin aus dem weit entfernten Newton fünfzig Jahre später. – »Ja!«); Mayne Reid[2]: *Felsenkletterer, Oceola, der Häuptling der Seminolen*; der bitterböse und leidenschaftliche Gulliver aus *Gullivers Reisen* von Jonathan Swift (Epitaph: Hier ruht Swift. Sein Herz hat aufgehört vor Mitleid und Empörung zu zerspringen[3]); Jack London: *Martin Eden, Wanderer zwischen den Sternen,* die Hunderomane; Thompson Seton; *Die Zeitmaschine; Menschen, Göttern gleich* und *Der Krieg der Welten* von Wells; etwas später las ich fast den gesamten Puschkin und Gogol (Puschkins Gedichte habe ich leicht im Gedächtnis behalten) und, wiederum von Oleg beeinflußt, Goethes *Faust,* Shakespeares *Hamlet* und *Othello* sowie Tolstojs *Kindheit, Knabenalter, Jünglingsjahre* – mit Großmutter besprach ich fast jede Seite dieses Werks – und *Krieg und Frieden,* eine Welt für sich, deren Menschen wir »besser kennen als unsere Freunde und Nachbarn«. Mit diesen Büchern überschritt ich die Grenze von der Kindheit zur Jugend.

Ab Herbst 1927 erteilte mir eine Lehrerin, die zu uns ins Haus kam, Unterricht in Lesen, Schönschreiben und Rechnen. Nach den Stunden ging sie mit mir zur Erlöser-Kathedrale[4] spazieren, wo ich gern auf den Geländern balancierte. Dabei erzählte sie mir aus der Geschichte und aus der Bibel. Wahrscheinlich waren ihre Erzählungen nicht immer wahrheitsgetreu, doch dafür höchst interessant. Sie hieß Sinaida Pawlowna und wohnte in der Nachbarschaft. Sie war eine ganz junge Frau, fand sich im Leben kaum zurecht und war gläubig. Ihr Unterricht dauerte bis zum Frühjahr. In den folgenden Jahren suchte sie nicht selten meine Mutter auf und machte dabei einen immer erschrockeneren und unglücklicheren Eindruck. Mutter gab ihr gewöhnlich Geld oder Lebensmittel. Sie hatte ein trauriges Schicksal. Da sie – vor allem aus religiösen Gründen – nicht mehr in der UdSSR leben wollte, versuchte sie, über die Grenze zu kommen, so wie viele Tausende, die in jenen Jahren vor der Entkulakisierung, dem Hunger oder der drohenden Verhaftung flohen. Doch die Grenze war, wie man damals voller Stolz schrieb, »unter Verschluß«, und die meisten kamen ins Lager. Sinaida Pawlowna wurde zu zehn Jahren Haft verurteilt. Davon erfuhren wir aus einer kurzen Postkarte, die wahrscheinlich auf dem Transport weggeworfen worden war und jedenfalls keinen Absender enthielt. Mehr wissen wir nicht über sie, sie scheint umgekommen zu sein.

Auf Wunsch der Eltern ging ich die ersten fünf Jahre nicht zur Schule, sondern wurde zu Hause unterrichtet, in einer Gruppe mit Irina und dem schon erwähnten Oleg. Nach vier Jahren verließen Oleg und Irina die Gruppe und besuchten die Schule, ich aber erhielt noch ein Jahr lang allein Privatstunden. Mein Bruder Jura wurde drei Jahre lang zu Hause unterrichtet. Und Onkel Wanjas Tochter Katja besuchte überhaupt nie die Schule, sondern bekam in einer großen Gruppe von zehn bis zwölf Schülern Hausunterricht. Ich nahm mitunter an ihren Zeichenstunden teil und versuchte mitzuzeichnen (obgleich ich gern zeichnete, habe ich es später nicht weiter betrieben). Einer der Schüler in Katjas Gruppe war Sergej Michalkow, der spätere Kinderbuchschriftsteller und Sekretär des Schriftstellerverbandes.

Vermutlich war Onkel Wanja der eigentliche Urheber des Hausunterrichts; meine Eltern und Tante Walja folgten seinem Weg. Dieses ziemlich schwierige und kostspielige Unterfangen beruhte wohl auf ihrem (teilweise berechtigten) Mißtrauen gegenüber der damaligen sowjetischen Schule und dem Wunsch, ihren Kindern eine qualitativ bessere Ausbildung zukommen zu lassen. In der Tat bietet ein individuell abgestimmter Unterricht grundsätzlich die Möglichkeit, schneller und leichter voranzukommen und sich dabei gründlichere Kenntnisse anzueignen. Er erzieht außerdem zu größerer Selbständigkeit und vermittelt eher die Fähigkeit zum konzentrierten Arbeiten, wie er überhaupt die intellektuelle Entwicklung stärker fördert. Doch legten uns die Eltern mit ihrem Beschluß psychische und soziale Schwierigkeiten in den Weg, deren sie sich wohl nicht ganz bewußt waren. Insbesondere verstärkte dies meine Kontaktarmut, unter der ich später sowohl in der Schule als auch an der Universität und überhaupt fast mein ganzes Leben lang zu leiden hatte. Auch die Hoffnungen auf einen größeren Lernerfolg bestätigten sich nicht ganz, wenn man von einem halben Jahr in der sechsten Klasse absieht, doch das war später. Letztlich steht es mir nicht an, darüber zu urteilen.

Irina, Oleg und ich hatten bei zwei Lehrern Unterricht: bei der Grundschullehrerin Anna Pawlowna Becker (eine Zeitlang nahm Olegs Tante Agrippina Grigorjewna ihre Stelle ein) und bei der Deutschlehrerin Faina Petrowna Kalugina. Der Unterricht dauerte ungefähr drei Stunden und spielte sich abwechselnd bei Oleg und bei uns ab. Deutschunterricht bekam ich später auch noch, aber richtig gelernt habe ich die Sprache nicht (daran ist offenbar meine nur durchschnittliche Sprachbegabung schuld). Immerhin weiß ich bis heute noch einige Dutzend Zeilen klassischer Gedichte auswendig, und – was wichtiger ist – ich habe es geschafft, einige vortreffliche und für mich unentbehrliche wissenschaftliche

Bücher zu lesen. Der wichtigste Vorteile des Hausunterrichts bestand für mich darin, daß ich tagtäglich Umgang mit Oleg, einer außergewöhnlichen Persönlichkeit, hatte.

Olegs Vater war Professor für Mathematik an der Moskauer Universität, lehrte an den nichtmathematischen Fakultäten und war Verfasser mehrerer Lehrbücher. Die Familie Kudrjawzew hatte, so wie wir, zwei Zimmer in einer Kommunalwohnung. Allerdings war das Arbeitszimmer groß, und alle Wände waren mit Bücherschränken vollgestellt, über denen die Porträts berühmter Wissenschaftler, Descartes, Newton, Gauß, Euler, Ampère und anderer hingen. Unter den Büchern befand sich auch das Enzyklopädische Wörterbuch von Brockhaus und Jefron [5], in dem ich stundenlang mit Vergnügen blätterte. Überhaupt war die Bibliothek ausgezeichnet! Olegs Vater, Wsewolod Alexandrowitsch, war ein herzensguter, zerstreuter, immer sehr beschäftigter Mann. Die Mutter, Olga Jakowlewna, war mager und nervös. Sie litt oft unter Migräneanfällen, vermochte aber trotzdem, den Haushalt zu führen. Jedes Jahr war Weihnachten in diesem Haus – wie auch bei uns – eines der großen Ereignisse: Man bereitete sich frühzeitig darauf vor, und bastelte raffinierten Spielzeugschmuck.

Oleg hatte schon als Kind beschlossen, Historiker zu werden. Er las ungewöhnlich viel und prägte sich alles Gelesene, einschließlich der zeitlichen Abfolge, fehlerlos ein. Er fühlte sich zu alten, besonders den antiken Mythen, zur Geschichte und Kultur hingezogen, begeisterte sich auch für Landkarten, Geographie, die Werke Jules Vernes, wie auch ich unter seinem Einfluß, und nannte sich halb spielerisch »wissenschaftlicher Sekretär der wissenschaftlichen Gesellschaft« in Anlehnung an Jacques Paganel in *Die Kinder des Kapitäns Grant*.

Oleg merkte sich mühelos Gedichte und liebte sie. Er brachte auch mich auf den Geschmack. Auswendig deklamierte er lange Abschnitte aus der *Ilias* und der *Odyssee* (damals noch in russischer Sprache, später las er sie im Original), den Anfang des *Faust* – den Prolog, die Szene mit dem Erdgeist, das Erscheinen des Mephisto in Gestalt eines Hundes – und Puschkin, aus *Poltawa* und *Boris Godunow*, wahrscheinlich wegen ihres historischen Hintergrundes. Er war gutmütig und zerstreut wie sein Vater. Wenn ihn andere Jungen dummerweise mit dem Spruch »Fürst Kapuscha hat zu essen aufgehört« hänselten, pflegte er zu antworten: »Ich werde wütend«, und damit hatte dann alles ein Ende. Durch eine Krankheit (Rheuma) verlor er einige Jahre, kam deshalb nicht zur Armee und absolvierte die Historische Fakultät erst während des Krieges. Nach dem Kriege war ich nur einige Male bei ihm und seiner Mutter in der Mochowaja-Straße. Einmal besuchte er mich und meine Frau Klawa in unserer Mietwohnung. Seine Manieren und seine Höflichkeit hatten etwas Altmodisches und sogar Komisches, das jedoch sehr einnehmend war. Er spezialisierte sich auf die Geschichte des Altertums und schrieb eine Dissertation – über 600 Seiten auf der Maschine – über die Außenpolitik Roms im 2. Jahrhundert unserer Zeitrechnung. 1956 starb Oleg im Alter von 35 Jahren während einer Operation. Er hatte Speiseröhrenkrebs.

Oleg übte mit seinen Interessen, Kenntnissen und seiner Persönlichkeit auf mich großen Einfluß aus und brachte viel »Humanismus« in mein Weltverständnis ein, indem er mir ganze Wissensgebiete und Bereiche der Kunst eröffnete. Überhaupt war er einer der wenigen, denen ich mich nahe fühlte. Es ist sehr bitter für mich, daß ich in den folgenden Jahren wenig Umgang mit ihm hatte – in vieler Hinsicht war es meine Schuld, eine unverzeihliche Folge meiner Verschlossenheit, der Konzentration auf meine Angelegenheiten.

Im Jahre 1932 zerfiel unsere Gruppe. Im Winter 1932/1933 nahm ich Unterricht bei zwei bejahrten Lehrerinnen, zwei Schwestern, die in der Skatertnyj-Gasse in demselben Haus wohnten wie mein Taufpate Alexander Borissowitsch Goldenweiser, den ich oft besuchte. Auf der Treppe terrorisierte mich ein Junge namens Rostik, Sohn eines Armeekommandeurs, der sich, verglichen mit mir, einer höheren Rasse zugehörig fühlte. Ich denke mit Schaudern an das Schicksal seines Vaters und der gesamten Familie, das ihnen die »große Säuberung« brachte.

Danach trat ich in die fünfte Klasse der 110. Schule ein, die an der Ecke Mersljakow-Gasse und Skatertnyj-Gasse lag. Da ich jedoch schon fünf Jahre, ohne die Vorbereitungsklasse mitzurechnen, zu Hause Unterricht gehabt hatte, war dies reine Zeitverschwendung, die mich ein Jahr kostete. Die Schule Nr. 110 war keine ganz gewöhnliche Schule. Sie wurde von vielen Kindern höherer Funktionäre besucht, darunter der Tochter Karl Radeks[6]. Es war eine »Schule mit chemischer Orientierung«, die über eine gute Laborausstattung verfügte. Der Direktor, Iwan Kusmitsch Nowikow, genoß gewisse Selbständigkeit. An einem der ersten Tage erlebte ich ihn in einem Unterrichtsgespräch über Liebe und Freundschaft, das für damalige Zeiten nicht trivial war. Einmal in der Woche hielt Nowikow bei uns eine Stunde Sonderunterricht im Fach »Zeitung« ab. Die Schüler gaben der Reihe nach einen Überblick. Ich weiß noch, daß ich über das Autorennen Moskau–Karakorum–Moskau und über den Flug des sowjetischen Stratosphärenballons sprach. Das waren damals die aktuellen Sensationen, die Dosis Opium für das Volk, die es leicht benebelte und ablenkte. Ich wußte natürlich nicht, daß die Autorennstrecke auf ihrer ganzen Länge von Truppen bewacht wurde. Dann folgten neue Spektakel – die Tscheljuskinzen [7], die Flüge zum Nordpol u. a. Und wieder wußten wir vieles nicht. Ich habe zum Beispiel erst vierzig Jahre später aus dem vortrefflichen Buch *The Great Terror* (*Am Anfang starb Genosse Kirow*) von R. Conquest erfahren, daß die UdSSR das Angebot der Amerikaner, die Besatzung des Dampfers »Tscheljuskin« zu retten, abgelehnt hatte, weil sich in der Nähe ein Transportschiff befand, in dessen Laderäumen Tausende von Häftlingen starben, und dies durfte auf keinen Fall bekannt werden [8].

In der zweiten Hälfte der dreißiger Jahre bewegte Spanien am stärksten unsere Gemüter. Was aber schreckliche Realität war, wurde bei uns als unterhaltsames Schauspiel dargeboten. Seltsam, beinahe 45 Jahre sind seither vergangen, doch die innere Unruhe und Bitternis leben in uns, den Jugendlichen jener Jahre, immer noch weiter. Hier spürten wir Romantik, Heldentum, vielleicht auch das Vorgefühl dessen, was uns der Kampf gegen den Faschismus bringen sollte. Damals waren wir sehr empört über die Position der »Nichteinmischung« der westlichen Länder. Heute wissen wir, daß auch die Rolle der UdSSR und ihrer Geheimdienste damals nicht eindeutig war. Erst mit 55 Jahren las ich Hemingways *Wem die Stunde schlägt*, später Orwells *Mein Katalonien* und erst kürzlich K. Chenkins Buch *Der kopfstehende Jäger* [9].

Das Lernen fiel mir leicht, doch war ich nicht fähig, Freundschaften zu schließen oder, umgekehrt, mich auf einen Streit einzulassen. Einige Schwierigkeiten hatte ich im Werkunterricht. Ich kann mich fast nur an diesen Unterricht erinnern. In der fünften Klasse war Tischlerei an der Reihe. Es ist mir immer schwergefallen, etwas mit den Händen herzustellen. Ich brauchte ein Vielfaches der Zeit, die begabtere Jungen aufzuwenden hatten. In einer der ersten Werkunterrichtsstunden wollten zwei ältere Schüler herausfinden, ob ich nicht etwa ein Petzer sei, zogen zu diesem Zweck meine Hand unter die Werkbank und klemmten sie dort fest. Ich überstand diese Prüfung, mußte mir aber die Tränen verkneifen. In der nächsten Stunde bot mir einer der beiden seine Hilfe beim Tischlern an, die mir sehr zustatten kam (ich mühte mich mit der Herstellung eines Schemels ab).

Mit Beginn des neuen Jahres nahmen mich meine Eltern von der

Schule, da sie sich nicht damit abfinden konnten, daß ich ein Jahr verlieren sollte, und organisierten für mich einen Schnellkurs zur Aneignung des Stoffs der fünften und sechsten Klasse, damit ich die Prüfungen ablegen konnte. Es waren angespannte Monate, die auch in geistiger Hinsicht wichtig für mich waren. Vater gab mir Unterricht in Physik und Mathematik. Wir machten einfache Versuche, und er ließ sie mich akkurat ins Heft schreiben und aufzeichnen. Meine Hefte waren sehr sauber, und ich hatte eine gute Handschrift, die Vaters Schrift ähnelte. (Vater bewahrte sich seine Handschrift bis ans Lebensende.) Ich verstand alles sehr rasch, schon eine Andeutung genügte. Vor allem beschäftigte mich die Möglichkeit, die unterschiedlichsten Erscheinungen der Natur auf die relativ einfachen Gesetze der Wechselwirkung von Atomen zurückzuführen, die mit mathematischen Formeln beschrieben werden können.

Ich begriff noch nicht völlig, was Differentialgleichungen waren, doch manches erriet ich schon und geriet in Begeisterung über ihre Allmacht. Vielleicht ist aus dieser Erregung heraus mein Wunsch entstanden, Physiker zu werden. Selbstverständlich hatte ich unermeßliches Glück, einen solchen Lehrer zu haben, wie mein Vater einer war. Lehrerinnen für Chemie, Geschichte, Geographie und Biologie kamen zu uns ins Haus. Die Geographielehrerin, Aglaida Alexandrowna Dometti, wurde zu einer engen Freundin unserer Familie. Zum Russischunterricht (Sprache und Literatur) brachte mich Mutter zu Professor Alexander Alexandrowitsch Malinowskij, der mir Unterricht in seinem Arbeitszimmer erteilte; die Wände waren mit Büchern vollgestellt, die in mir Neid und Respekt hervorriefen. Neben Physik und Mathematik fielen mir von allen Fächern Biologie und Chemie immer am leichtesten, es waren auch meine Lieblingsfächer. Viel Gefallen hatte ich an effektvollen chemischen Versuchen – nicht nur, was ihren Anblick betraf, denn ich verstand schon einiges davon. Man beschloß, daß ich die Schule besuchen sollte, in der Aglaida Alexandrowna unterrichtete. Die Schule galt als ausgezeichnet (damals hieß sie 3. Mustergültige Schule, im darauffolgenden Jahr Schule Nr. 113).

Im Frühjahr 1934 machte ich mit meinen zukünftigen Klassenkameraden die Abschlußprüfung für die sechste Klasse. Nach dem halbjährigen Unterricht zu Hause fiel mir das leicht. Später erzählten die Lehrer meinen Eltern, sie seien weniger von meinen Kenntnissen als von meinem Verhalten, das frei und ungezwungen wie zu Hause war, beeindruckt gewesen. Ich wurde in die siebte Klasse aufgenommen.

Auf Wunsch meines Vaters sollte ich das gewonnene Jahr dazu nutzen, vor dem Besuch der Hochschule als Laborant zu arbeiten, doch 1938 wurde das Einberufungsalter geändert, und der Eintritt in die Hochschule wurde sehr schwierig; dieser Plan kam also nicht mehr in Frage. Die siebte Klasse durchlief ich glatt. Ich versuchte, in einer literarischen Arbeitsgemeinschaft schöpferisch tätig zu werden, doch daraus wurde nichts. Nach dem ersten mißglückten Versuch kam ich zu dem Schluß, daß aus mir kein Schriftsteller oder Journalist werden würde, und ich kehrte der Arbeitsgemeinschaft den Rücken.

Am ersten Dezember 1934 wurde Kirow [10] ermordet. Die Schüler hatten sich in der Aula zu versammeln, und die Direktorin, eine Altbolschewikin, die ihre Tränen kaum zurückhalten konnte, teilte uns die Nachricht mit. Vater sah in der Straßenbahn in der Zeitung eines Nachbarn ein Trauerporträt und glaubte, dort sei Woroschilow [11] abgebildet. Er kam sehr verstört nach Hause, da er Angst hatte, der Rote Terror von 1918 könnte sich wiederholen. Doch er beruhigte sich, als er erfuhr, daß es Kirow war, ein Name, der ihm nichts weiter sagte. Dies zeigt, wie weit unsere Familie von Parteikreisen und Parteiangelegenheiten entfernt war, denn Kirow war der zweite Mann in der Partei. Am nächsten Tag erschienen jedoch in den Zeitungen ein Erlaß über das Verfahren zur Behandlung von Terror und eine große Fotografie von Stalin am Grabe Kirows. Für das Land, das eben erst die Entkulakisierung und Hunger durchgemacht hatte, rückte der Zeitabschnitt des Jahres 1937 heran.

Das Jahr 1937 war der Höhepunkt des millionenfachen GULag-Stroms; für die Bewohner der Städte, die Intelligenz, die Angehörigen des Verwaltungs-, Partei- und Militärapparates – also die Kaderarbeiter – war dies die Zeit der größten Opfer. Sehr wichtig ist, daß von den Opfern des Jahres 1937, gleichgültig, zu welcher Bevölkerungsschicht sie gehörten, die wenigsten Häftlinge aus den Lagern und Gefängnissen lebend zurückkehrten. Gerade damals arbeitete das organisierte System der Massenvernichtung, die Todeslager von Kolyma und anderswo, auf Hochtouren, damals hatte die Formel »Zehn Jahre ohne das Recht auf Briefwechsel« Gültigkeit. Der Weißmeer-Ostsee-Kanal [12] hatte eine Unzahl von Opfern gefordert. Die Nachkriegslager waren furchtbar, doch ihr Zweck war schon ein anderer, größtenteil ein ökonomischer (sklavenhalterischer), und die Sterblichkeit in ihnen war, von einigen Ausnahmen abgesehen, bei weitem nicht so hoch wie in den Lagern der Jahre 1936 bis 1944. Das gleiche gilt – bei all ihrer Unmenschlichkeit – auch für die heutigen Lager. Die Atmosphäre im Land, die allgemeine Furcht, die praktisch die gesamte Bevölkerung in den Städten ergriff und damit auch der übrigen Bevölkerung ihren Stempel aufdrückte, lebt nach beinahe zwei Menschenaltern bis heute versteckt weiter; sie hat ihren Ursprung in dieser Epoche. Nicht nur der gewaltige Umfang und die Brutalität, sondern auch die Irrationalität dieser Repressionen flößte Schrecken ein – diese Alltäglichkeit, die es unmöglich machte zu begreifen, wer weswegen eingesperrt wurde.

Wie wuchsen die Kinder in jenen Jahren heran? Das Schreckliche der Situation war greifbar, und die Jugend stützte ihre geistige Widerstandskraft auf das, was aus Zeitungen, Büchern und aus der Schule zu hören war und bewahrte sich länger den Elan, von dem sich einst die Älteren hatten leiten lassen. Ich schreibe hier über die gesellschaftlich Aktiveren, nicht über mich, denn ich war ein sehr in mich selbst versunkener, in gewisser Weise egozentrischer, krankhaft kontaktarmer Junge. Deshalb habe ich fast nichts über persönliche Kontakte in der Schule zu berichten. In der achten Klasse teilte ich die Schulbank mit einem sehr belesenen Jungen, der sich für Literatur, für Majakowskij [13] und die Kunst begeisterte; heute ist Mischa Schweizer ein bekannter Filmregisseur. Während eineinhalb Jahren vermochte ich nicht, mit ihm vertrauter zu werden. Ein einziges zehnminütiges Gespräch auf der Straße war für mich ein Ereignis. Ich war nie bei ihm und er nie bei mir zu Hause. In der Bankreihe rechts von uns saßen Mädchen; deren Leben war mir völlig unverständlich. Ich schaute schüchtern zu ihnen hinüber, doch kein einziges Mal sprach ich auch nur mit einer von ihnen ein Wort. Gegen Ende der achten Klasse setzte sich Mischa zu dem Mädchen, für das ich mich am meisten interessierte. Ich gab ihr das niemals zu verstehen und sagte überhaupt kein Wort zu ihr. Aus einer Freundschaft mit meinen anderen Banknachbarn wurde auch nichts. Einer von ihnen, Jura Orlow (ein Namensvetter des Bürgerrechtlers [14]), schrieb, wie mir damals schien, ganz gute Gedichte. Er war das einzige Kind einer alleinstehenden Frau, die ihrem Sohn in fast abgöttischer Liebe zugetan war. Jura, dunkelhäutig und schlank, sah einem Griechen ähnlich und zeichnete sich durch große Selbständigkeit aus. Die Lehrer hatten wenig für ihn übrig. Manchmal sagte er Dinge, die für mich völlig unerwartet waren. Zum Beispiel: »Man nennt Lenin ohne jede Berechtigung einen guten Menschen; sein Lieblingsausspruch war: ›Erschießen!‹« Jura machte dabei das schnarrende Zäpfchen-R Lenins nach. Im Jahre 1941 war er bei den Truppen, die in den Iran einmarschierten (er war älter als ich und wurde nach der Schule zur Armee einberufen; er kam in einem Hinterhalt ums Leben.

Gegen Ende der achten Klasse schlug mir einer meiner Klassenkameraden, Tolja Baschun, vor, mit ihm zusammen zu einer Mathematik-Arbeitsgemeinschaft in der Universität zu gehen (davor hatte ich die entsprechende Arbeitsgemeinschaft in der Schule besucht). Dort sah ich meine Altersgenossen, wie sie frei über abstrakte Dinge redeten, über Kombinationslehre, Zahlentheorie, nichteuklidische Geometrie und anderes mehr. All dies war neu und anregend. Unter den aktiven Teilnehmern dieser Arbeitsgemeinschaft ragten auf Grund ihrer Belesenheit und ihrer Brillanz die Zwillingsbrüder Akiwa und Isaak Jaglom besonders hervor. Der eine, Akiwa, begann sein Studium gleichzeitig mit mir an der Physikalischen Fakultät, der andere an der Fakultät für Mechanik und Mathematik, wobei wir Allgemeine Physik gemeinsam hörten. Unsere Lebenswege kreuzten sich später noch viele Male. Mehrmals versuchte ich, an den Olympiaden[15] teilzunehmen, doch stets ohne Erfolg; es gelang mir nicht, mich in der beschränkten Zeit zu konzentrieren. Zu Hause löste ich anschließend einige der Olympiade-Aufgaben, jedoch nicht alle – lange Rechenoperationen stießen mich ab.

Bereits in der siebten Klasse (und auch in den darauffolgenden Jahren) machte ich zu Hause physikalische Versuche; anfänglich nach Vaters Buch *Versuche mit der elektrischen Lampe*, das ich schon genannt habe, später nach Vaters mündlichen Anweisungen und selbständig. Mein Ungeschick im Basteln glich ich durch meine Erfindungsgabe aus. Einmal hielt ich die Kontakte einer Batterie an die Klemmen eines kleinen Motors und zog sie wieder zurück, wobei meine Finger die Klemmen festhielten: Ich erhielt einen starken Stromschlag. Dies war ein unerwarteter und einprägsamer Versuch zur Induktivität. Ich machte natürlich viele Versuche zur Elektrostatik, befaßte mich mit Fotografie und baute nach Vaters Vorbild ein Detektorradio. Von den physikalisch-chemischen Versuchen beschäftigten mich die Liesegang-Ringe am meisten (und dies ist bis heute so geblieben). Von den optischen Versuchen waren es solche mit Polarisationsfiltern, mit Fluoreszenzlösungen und die Newtonschen Ringe. Ich bastelte auch ein Maxwellsches Pendel. Durch das Fernglas beobachtete ich Doppelsterne und die Jupitermonde. Ich ging oft ins Observatorium des Planetariums und lernte dort einen Jungen – Borja Samojlow – kennen, der dort zweimal die Woche arbeitete; er war etwas älter als ich.

Eine wohl noch größere Bedeutung als die Versuche hatten für mich populärwissenschaftliche und unterhaltsame wissenschaftliche Bücher; später, in der neunten und zehnten Klasse, kamen noch einige durchaus wissenschaftliche Bücher hinzu. Das war meine Lieblingslektüre! Ich las immer wieder die Werke des bekannten Autors populärwissenschaftlicher Bücher und Propagandisten der Weltraumflüge J. Perelman (*Unterhaltsame Physik, Unterhaltsame Geometrie, Unterhaltsame Algebra* und andere). Das waren wunderbare Bücher, die mich vieles lehrten und einigen Lesergenerationen Freude bereiteten. Perelman setzte sich mit großem Enthusiasmus für die Verbreitung wissenschaftlicher Erkenntnisse ein. Seine Bücher waren seine größte Leistung; damals organisierte er in Leningrad das »Haus der unterhaltsamen Wissenschaft«. Perelman kam während der Blockade in Leningrad um.

Danach las ich die Bücher von Charles Lesan, dem Erfinder Alexander Ignatjew und anderen. Etwas später die vortrefflichen Bücher von Rademacher und Toeplitz, *Von Zahlen und Figuren*, sowie *The Universe around us* von J. H. Jeans, die auf mich großen Einfluß ausübten. Es folgten von Max Valier *Der Vorstoß in den Weltraum. Eine Möglichkeit*, und in der zehnten Klasse *Analysis* von R. Courant, worin der Stoff sehr originell angeordnet war – die Integralrechnung kam vor der Differentialrechnung –, und vieles andere, was ich nicht alles behalten habe.

Ich las auch wissenschaftliche Bücher zur Biologie. Den stärksten Eindruck machte auf mich das Buch *Mikrobenjäger* von Paul de Kruif. Das war ein sehr lebendig geschriebenes Buch über die Mikrobiologie, angefangen bei Leeuwenhoek, über die gewaltigen Erfolge der Wissenschaft im Kampf gegen die Infektionskrankheiten und die heldenhafte Arbeit der Forscher, die zu diesen Erfolgen führte. Eine Weile dachte ich daran, diesen Beruf zu wählen. Zur selben Zeit erfuhr ich zum erstenmal etwas über die Gentheorie der Vererbung und las mit Befremden und Empörung in der *Prawda* einen gegen Mendel gerichteten Artikel des Philosophen (und späteren Akademiemitglieds) Mitin. Dies war meine erste Begegnung mit der Lyssenkoschen Pseudowissenschaft[16].

Einen Sommer lang sammelte ich intensiv Versteinerungen, nachdem ich ein Buch über Paläontologie gelesen hatte. Noch eines aus der Reihe der biologischen Bücher war die *Unterhaltsame Botanik* von Zinger, dem Verfasser eines bekannten Physikbuches; die Botanik war sein Hobby. Er war ein Bekannter von Vater. Mitte der zwanziger Jahre fuhr er mit seiner Familie ins Ausland, um seine Tuberkulose behandeln zu lassen – damals war das noch möglich. Einige Jahre später verstarb er dort. Zinger hatte Vater zu seinem Sachwalter in verlegerischen Angelegenheiten bestimmt; ich weiß nicht, zu welchen Bedingungen, jedenfalls erinnere ich mich, daß es Vater eine Last war. Zingers Sohn Oleg, ein Maler, wurde als Reklamekünstler bekannt. Er fand an mir, als ich noch ein kleiner Junge war, Gefallen und schickte mir mehrmals seine Alben mit Tierzeichnungen. Vielleicht wollte er sich so Vater erkenntlich zeigen. Diese Alben gefielen mir sehr, einige davon sind bis heute erhalten geblieben.

Ich hatte genügend Zeit für Versuche und zum Lesen, da mir die Bewältigung des Schulstoffs relativ leichtfiel, besonders des der exakten Wissenschaften, der den meisten Schülern Mühe bereiteten. Deutsch war gleichfalls kein Problem, zumal ich in der neunten Klasse wieder zu Hause Unterricht hatte. Allerdings hatte ich Schwierigkeiten mit dem technischen Zeichnen: Ich hockte ganze Sonntage über den Zeichnungen und warf sie am Ende des Tages fort.

Die zehnte Klasse schloß ich als *otlitschnik*, also »mit Auszeichnung«, ab; das war damals der amtliche Terminus (in den Hauptfächern Einsen, in den übrigen Zweien). In unserer Abschlußklasse gab es zwei *otlitschniki*: mich und Kostja Sawischtschew. Nach der Schule ging er an eine militärische Lehranstalt, dann zum militärischen Aufklärungsdienst. Einmal, 1970, sah ich ihn wieder. Bei der Unterhaltung mit ihm schien mir, daß er die Schrecken des Krieges noch nicht verarbeitet hatte. Er bemühte sich immer noch, zu einem friedlichen Leben zurückzufinden.

Als *otlitschnik* hatte ich das Recht, die Hochschule ohne Aufnahmeprüfungen zu besuchen. Im Herbst 1938 begann ich mein Studium an der Physikalischen Fakultät der MGU, der damals wahrscheinlich besten physikalischen Fakultät im Lande. Später hörte ich von meinen Studienkameraden über die Schrecken der Aufnahmeprüfungen und den strengen Wettbewerb. Ich glaube, daß ich diese harte und oft ungerechte Auslese nicht überstanden hätte, zumal dafür psychische Eigenschaften notwendig waren, über die ich nicht verfügte. Unter denen, welche die Aufnahmeprüfung bestanden hatten, waren in unserer Gruppe zwei junge Männer, die vor der Hochschule ungefähr zwei Jahre lang in dem nach Stalin benannten Automobilwerk (heute Lichatschow-Automobilwerk) gearbeitet hatten. Die Berufstätigkeit brachte für sie natürlich einige Vorteile, doch waren beide außerdem sehr begabt, arbeitsam und diszipliniert. Sie hießen Kolja Lwow und Shenja Sababachin.

Mein Studium fällt in zwei Abschnitte: in drei Vorkriegsjahre und in ein Kriegsjahr in der Evakuierung. In den ersten drei Studienjahren nahm ich gierig den Stoff der Physik und Mathematik auf, las viel neben den Vorlesungen und hatte praktisch für nichts anderes mehr Zeit, also auch nicht für schöngeistige Literatur. Mit großer Dankbarkeit erinnere ich mich an meine ersten Professoren Arnold, Rabinowitsch, Norden, Mlodsejewskij (den jüngeren), Lawrentjew (den älteren), Moissejew, Wlassow und andere. Die Vorlesungen von Tichonow zeichneten sich durch Prägnanz und Klarheit aus, waren aber für einen Physiker zu elementar. Viel profitierten wir von den Seminaren bei Kletennik, Elsholz, Schaskolskij und anderen. Ich erinnere mich noch gut an den Dozenten Bawli, der penibel und ein bißchen sonderlich war. Im zweiten Kriegsmonat verließ er eines Tages das Universitätsgebäude, um Lebensmittel einzukaufen. Als er vor einem Kiosk Schlange stand, fiel unerwartet, ohne vorherigen Fliegeralarm, eine deutsche Bombe vom Himmel, zerstörte das danebenstehende Haus und tötete viele Menschen in der Schlange. Auch Bawli kam ums Leben.

Die Professoren gaben uns zahlreiche Literaturhinweise, und ich saß jeden Tag viele Stunden im Lesesaal. Gewöhnlich ging ich nach den Vorlesungen zum Mittagessen kurz nach Hause (ich wohnte nebenan) oder aß in der Mensa. Danach saß ich bis 20 oder 22 Uhr im Lesesaal. Bald begann ich, den langweiligeren Vorlesungen dem Lesesaal zuliebe fernzubleiben – es gab damals noch keine Anwesenheitspflicht. Neben dem Lesesaal entstand ein »Studentenklub«, die einen gingen zum Rauchen hinaus, die anderen, um sich die Beine zu vertreten. Ich unterhielt mich, wenn ich mich recht erinnere, ausschließlich über wissenschaftliche Themen.

Charakteristisch für das Klima dieser Zeit war ein kleiner Vorfall, der beinahe schlimme Folgen gehabt hätte. Bei einer freundschaftlichen Rempelei unter Kommilitonen ging eine Büste Molotows zu Bruch. Daraus entwickelte sich so etwas wie eine politische Angelegenheit mit Kreuzverhören. Nur die Tatsache, daß der »Schuldige« einflußreiche Fürsprecher hatte, bewahrte ihn vor großen Unannehmlichkeiten.

Der Dozent, der das Seminar über Marxismus-Leninismus leitete, hatte einige Lieblingsfragen. Eine davon war: »Sind der deutsch-sowjetische Vertrag und die deutsch-sowjetische Annäherung akzidentieller oder prinzipieller Art?« Die richtige Antwort hatte zu lauten: »Prinzipieller Art. Sie spiegeln die außerordentliche Nähe der Positionen wider.« Darüber schrieben auch alle Zeitungen und Zeitschriften. Später erfuhren wir von dem geheimen deutsch-sowjetischen Zusatzabkommen und vom Häftlingsaustausch[17] zwischen der Gestapo und dem NKWD. Bis heute, so scheint mir, hat jedoch der Westen den Kern dieser Ereignisse nicht hinreichend begriffen.

Von meinem Vater beeinflußt, und weil es schon lange mein Wunsch gewesen war, nahm ich mein Physikstudium auf, ohne mich nochmals kritisch zu prüfen. Mein früherer Traum, Mikrobiologe zu werden wie die Helden Paul de Kruifs, war doch weniger stark gewesen. Wenn ich länger nachgedacht hätte, wäre ich trotzdem zum selben Ergebnis gekommen. In den ersten Studienjahren gefiel mir der Mathematikunterricht am besten. In der Allgemeinen Physik quälten mich und viele meiner Kameraden einige Unklarheiten. Sie rührten wohl daher, daß die theoretische Grundlage komplizierterer Fragen, die einem wahrscheinlich in den ersten Studienjahren unzugänglich sind, nicht ausreichend genug erklärt wurde. Am besten wäre es gewesen, man hätte diese Fragen zunächst einfach weggelassen und nicht versucht, den Anschein zu erwekken, über gesichertes Wissen zu verfügen, das in Wirklichkeit falsch und oberflächlich war. Doch dafür war der Historismus der Darlegung sehr nützlich. Verfügt man über diese Basis, kann man sich mit großem Gewinn und dann raffinierten, logisch geschlossenen und vom Historismus freien Lehrgängen widmen. Ein hervorragender Lehrgang dieser Art war die vielbändige Enzyklopädie der Theoretischen Physik von Landau und Lifschitz. Trotzdem braucht man in dieser Phase auch andere, von »Hilfsgerüsten« nicht befreite Lehrgänge. Ich hatte Glück, da ich rechtzeitig die vortrefflichen Bücher Wolfgang Paulis gelesen hatte. Von den Universitätsfächern bereitete mir nur der Marxismus-Leninismus Unannehmlichkeiten: Ich erhielt anfangs sogar Vieren. Die Ursache war nicht ideologischer Art, denn es kam mir damals gar nicht in den Sinn, am Marxismus, einer Ideologie des Kampfes für die Befreiung der Menschheit, zu zweifeln. Der Materialismus schien mir ebenfalls eine umfassende Philosophie zu sein. Mich verärgerten allerdings die naturphilosophischen Klügeleien, die unverändert auf das 20. Jahrhundert der strengen Wissenschaften übertragen wurden: Engels, mit seiner antigenetischen, lamarckistischen Rolle der Arbeit für die Menschwerdung des Affen, die naive Verwendung von Formeln im *Kapital* und allein schon der Umfang dieses für einen deutschen Professor des vergangenen Jahrhunderts typischen Werkes. Schon damals dachte ich an Jessenins Worte:

»... bei keinem Wetter
Las ich, versteht sich, diese Bücher.«

Ich aber las sie! Die zeitungsmäßig-polemische Philosophie des *Materialismus und Empiriokritizismus* [18] schien mir am Kern des Problems vorbeizugehen. Der Hauptgrund für meine Schwierigkeiten war jedoch mein Unvermögen, anstelle von Ideen *Wörter* zu lesen und zu behalten.

Im zweiten Studienjahr unternahm ich einen Versuch, selbständig wissenschaftlich zu arbeiten. Er war jedoch ein Fehlschlag. Das Thema hatte mir Professor Michail Alexandrowitsch Leontowitsch gegeben. (Vater und er arbeiteten gemeinsam an einem Lehrbuch unter der Leitung von Landsberg, und Vater schickte mich zu ihm.) Das Thema stellte sich als schwierig und zu unbestimmt für mich heraus und »lief nicht«. Es hieß »Die schwache Linearitätsabweichung von Wasserwellen«. Heute weiß ich, daß einige interessante Möglichkeiten in diesem Thema enthalten waren. Seitdem haben sich viele mit der Linearitätsabweichung bei der Lösung von Aufgaben, welche die Turbulenz, das Plasma und auch die Wasserwellen betreffen, beschäftigt; von besonderem Interesse ist die nichtlineare »Flachwasser-Theorie«, eines der Beispiele für eine Aufgabe mit einer unendlichen Zahl genauer Bewegungsintegrale. Einige Jahre später hätte ich vermutlich genügend Routine gehabt, um wenigstens irgend etwas zu erreichen. Doch nachdem ich damals das mir von Leontowitsch empfohlene Buch Sretenskijs[19] gelesen hatte, verstand ich nicht recht, was er von mir wollte. Im großen und ganzen war ich noch nicht weit genug, um wissenschaftlich zu arbeiten. Dennoch muß ich sagen, daß die Zeit, die ich mit dem Ziel wissenschaftlicher Arbeit im Lesesaal, über seriöse wissenschaftliche Bücher (nicht Lehrbücher) gebeugt, verbrachte, sehr wichtig für mich war. Zu wissenschaftlicher Arbeit war ich, und zwar zunächst für mich, für die Schublade, erst 1943 imstande.

In den ersten drei Universitätsjahren knüpfte ich keine engen freundschaftlichen Beziehungen an. Ich war zwar ab und zu bei meinem Studienkameraden Petja Kunin, doch erst in Aschchabad schloß ich engere Freundschaft mit ihm. Später durchliefen wir gemeinsam die Aspirantur.

In meinem letzten Moskauer Jahr (Winter 1940/1941) besuchte ich eifrig mathematische Zusatzkurse in Wahrscheinlichkeitstheorie, Variationsrechnung, Gruppentheorie und Grundlagen der Topologie. Heute wundere ich mich darüber, daß dies alles nicht zum obligatorischen Lehrstoff der Physikalischen Fakultät gehörte. Bedauerlicherweise waren die fakultativen Kurse sehr knapp bemessen. Noch schlimmer war, daß es mir auch später nicht mehr gelang, meine Kenntnisse in dieser Hinsicht und in vielem anderen entsprechend zu vertiefen.

Im Spätherbst 1940 erlitt meine Großmutter einen Schlaganfall und büßte ihr Sprechvermögen ein. Vater zog zu ihr ins Zimmer, wo er schlief und den größten Teil der Tages- und Nachtzeit verbrachte, um ihr jederzeit helfen zu können. In diesen Monaten bat mich Mutter, dieses Zimmer nicht zu betreten, sie verbot es mir sogar. Es fällt mir schwer, dafür und für meine Passivität eine Erklärung zu finden. Der Wunsch, mich vor allem Bedrückenden zu bewahren, hätte eigentlich nicht entscheidend sein dürfen bei der engen Beziehung, die ich zu Großmutter hatte; außerdem war ich erwachsen, wenn Mutter dies vermutlich auch nicht wahrhaben wollte. Zweimal, glaube ich, übertrat ich diese Anordnung. Ich erinnere mich, wie mich Großmutter mit einer Augenbewegung bat, ein Glas Hagebuttentee an ihre Lippen zu setzen, und wie sie ein oder zwei Schluck zu sich nahm. Sonst aß und trank sie nichts mehr. Ich weiß, daß die letzten Wochen schwer für sie waren.

Am 26. März 1941 hielt ich mich wegen eines ebenso interessanten wie lustigen Konzerts von Iraklij Andronikow länger als sonst in der Universität auf. Zum erstenmal hörte ich damals seine »Mündlichen Erzählungen«. Als ich nach Hause kam, lag Großmutter im Sterben. Sie starb am frühen Morgen des 27. März. Zur Beerdigung kam Onkel Wanja aus der Verbannung (zwar unerlaubt, doch es ging gut). Es war das letzte Mal, daß ich ihn sah. Sein vom Leid jener Tage gezeichnetes Gesicht hat sich mir eingeprägt. Großmutter wurde kirchlich beerdigt. Vater sagte später oftmals, es sei ein Glück gewesen, daß Großmutter nicht bis zum Krieg gelebt habe; die Schrecken wären für sie zu groß gewesen.

Mit Großmutters Tod hörte das Heim der Sacharows in der Granat-Gasse gleichsam auf, geistig zu existieren.

III. Die Universität im ersten Kriegsjahr
Moskau und Aschchabad

Am 22. Juni 1941 ging ich zusammen mit anderen Studenten unserer Gruppe vor dem letzten Examen im dritten Jahr zur Studienberatung. Plötzlich rief man uns alle in den Hörsaal. Um 12 Uhr mittags wurde die Nachricht vom Überfall Deutschlands auf die Sowjetunion übertragen. Molotow hielt eine Rede. Er schloß mit den Worten, die Stalin am 3. Juli wiederholte: »Unsere Sache ist gerecht, der Feind wird vernichtet, der Sieg wird unser sein!« (Im Jahre 1950 wiederholte Kim Il Sung [1] unter anderen Umständen das gleiche.)

Der Beginn eines Krieges, der von einem Moment zum anderen das ganze Leben umwälzt, ist immer eine Katastrophe, eine das ganze Volk betreffende Tragödie. Für uns aber kam damals noch ein seltsames Gefühl hinzu: Lange Jahre waren die Menschen bei uns im Lande innerlich auf einen möglichen, ja unvermeidlichen Krieg gegen den Faschismus vorbereitet. Die Ereignisse in Spanien faßte man als Vorspiel auf. Unter diesem Zeichen stand unsere Jugend. Dann aber kamen die Jahre des Bündnisses mit Hitler, des Friedens und der Freundschaft mit dem Faschismus, die in uns Verwirrung auslösten. Die erneute scharfe Kehrtwendung stellte quasi alles wieder an den alten, gewohnten Platz zurück, doch nahm man dies mit noch größerer Unruhe und noch größerer Erschütterung auf.

Heute ist weithin bekannt – und nur Blinde und Taube merken nicht oder tun so, als merkten sie nicht –, daß das Regime und in erster Linie Stalin selbst sowie seine engsten Vertrauten verantwortlich sind für ungeheuerliche Verbrechen, die ohnegleichen in der Geschichte sind, verantwortlich für den Untergang von Millionen von Menschen, für Folterungen, für Hunger in den verwüsteten Dörfern, für die unsinnige Desorganisation der Landesverteidigung unter anderem wegen der Vernichtung führender Militärs vor dem Kriege, für das außerordentlich gefährliche Kokettieren mit Hitler, um die Welt neu aufzuteilen (und nicht nur, um Aufschub zu erhalten, wie die sowjetische Propaganda behauptet – einen Aufschub, der zudem schlecht genutzt wurde). Der Vertrag zwischen

Stalin und Hitler war kriegsauslösend, selbstverständlich zusammen mit dem Münchener Abkommen, das auch auf das Mißtrauen des Westens gegenüber dem Stalinschen Regime zurückzuführen war. Ja, selbst die Machtübernahme Hitlers wurde zum Teil durch Stalins auf die Zerstörung der Sozialdemokratie gerichtete Politik verursacht, vor allem jedoch durch die allgemeine Destabilisierung der Welt, welche die Politik unseres Landes ausgelöst hatte. Von den geheimen Zusatzprotokollen zum deutsch-sowjetischen Vertrag erhielt man erst viel später Kenntnis. Doch schon damals waren wir Zeugen der Teilung Polens zwischen Hitlerdeutschland und der UdSSR, des Überfalls auf Finnland, der Besetzung des Baltikums und Bessarabiens – all dies war ganz offensichtlich durch die »besonderen« Beziehungen zu Hitler, die 1939 bis 1941 Gestalt angenommen hatten, möglich geworden. Wir lasen in den Zeitungen die Ansprachen Molotows, die damals wie heute nicht anders denn als Musterbeispiele des Zynismus aufgefaßt werden müssen. Heute ist klar, daß Stalin 1939 auf Hitler »setzte«, sich mit ihm verband, ihn schätzte, wie ein Gangster den anderen schätzt, annahm, daß Hitler mit ihm den gleichen Weg gehen werde, sich bis zuletzt an diese Illusion klammerte – und sich verrechnete. Jedenfalls war dies die Hauptlinie der Politik; andere »Linien« waren zu schwach entwickelt.

Bezahlen dafür mußte das Volk mit vielen Millionen Opfern.

Vollständig begriffen das damals wahrscheinlich nur wenige. Ich jedenfalls verstand kaum etwas. Dennoch bin ich überzeugt, daß eine Niederlage im Kampf gegen den deutschen Faschismus eine gewaltige Tragödie für das Volk gewesen wäre, eine größere als die, die ihm von den eigenen Henkern zuteil wurde. Zu widerstehen und zu siegen war eine Notwendigkeit. Damals war das etwas so Selbstverständliches, daß man darüber gar nicht nachzudenken brauchte. Den ganzen Krieg über zweifelte ich nicht daran, daß unser Land zusammen mit den Verbündeten siegen würde. Und so dachte und fühlte, davon bin ich überzeugt, die überwiegende Mehrheit der Menschen in unserem Lande. Deshalb wirkten die Worte »Unsere Sache ist gerecht« nicht leer, wer auch immer sie gesagt hätte. Es ist falsch, wenn heute jemand versucht, das Gegenteil zu beweisen.

Damals, im Juni 1941, schien alles erschütternd einfach zu sein. Während eines Bombenangriffs traf ich in einem Hauseingang mit Tante Walja zusammen, deren Mann, wie erwähnt, erschossen worden war. Sie sagte: »Zum erstenmal seit vielen Jahren fühle ich mich als Russin.«

Ich schreibe hier nicht über die Russische Befreiungsarmee (ROA) [2], die

Wlassow-Anhänger, die nationalen, gegen das Imperium gerichteten Ansprachen oder über die Truppenteile, die vollzählig zu den Deutschen überliefen oder teilweise mit ihnen zusammenarbeiteten. Kein einziges kriegführendes Land hatte im Zweiten Weltkrieg so viele zum Feind übergelaufene Soldaten aufzuweisen wie wir. Das ist die härteste Verdammung der Verbrechen des Regimes und nicht etwa eine Verdammung des Volkes. Diese Menschen können wir nicht verurteilen, ihre Lage war schwierig, oft hatten sie keine Wahl, oder die Alternative war der Tod. Zuweilen hofften sie, mit der Zeit einen angemessenen Aktionsplan zu finden, und viele fanden ihn im Kampf um Prag[3] oder an anderen Orten. Die Hoffnungen der meisten erfüllten sich nicht: Für ihre Wahl, für ihren Fehler, sofern es einer war, zahlten sie alle mit ihrem Leben oder ihrem Leid[4].

Der Krieg war für das Volk das schrecklichste Elend; die Wunden, die er schlug, sind immer noch nicht verheilt, obwohl seit Kriegsende beinahe vierzig Jahre vergangen sind. Die Kinder, die damals aufwuchsen, erinnern sich an die Todesnachrichten und die Tränen ihrer Mütter. Es gibt wohl keinen Gedanken, der die Menschen so beherrscht wie der Wunsch nach Frieden: »Wenn es doch bloß keinen Krieg gibt.« Gleichzeitig aber ist die Erinnerung an den Krieg für viele Kriegsteilnehmer das Tiefste, das Wahrste in ihrem Leben, etwas, das ihnen das Gefühl gab, gebraucht zu werden, das Gefühl der Menschenwürde, die beim Durchschnittsbürger im Alltag so sehr niedergedrückt wird, in einer totalitärbürokratischen Gesellschaft mehr als in jeder anderen. Im Krieg wurden wir wieder zu einem *Volk*, was man davor schon fast vergessen hatte und was man heute aufs neue vergißt.

Damals waren die Menschen überzeugt, oder zumindest hatten sie die Hoffnung, daß nach dem Krieg alles gut, alles menschlich werden würde. Doch der Sieg festigte nur das brutale Regime; und die Soldaten, die aus der Gefangenschaft zurückkehrten, bekamen das als erste zu spüren: Die Illusion war zerstört, und das Volk zerfiel in Atome, zerschmolz . . .

Die starken, wahren Gefühle der Menschen – der Haß auf den Krieg und der Stolz auf das im Krieg Vollbrachte – werden heute von der offiziellen Propaganda ausgebeutet, weil es sonst nichts auszubeuten gibt. Diese *Manipulation*, der Kult des großen Vaterländischen Krieges im Dienst politischer Ziele der Gegenwart ist widerlich und gefährlich!

Anfang Juli wurde ein Teil der Studenten unseres Studienjahres (nur die Komsomolzen) zu einem sogenannten »Sondereinsatz« abgestellt. Ich war kein Komsomolze – einfach meiner Passivität wegen, nicht aus ideologischen Gründen, damals noch nicht –, und man sagte mir nicht einmal, was vorging. Als die Mädchen vom Sondereinsatz zurückkehrten, wurde bekannt, daß man an der vermutlichen Verteidigungslinie Panzergräben gegraben hatte. Die Jungen wurden direkt an Ort und Stelle zur Volkswehr eingezogen. Viele von ihnen wurden nach einigen Wochen vom Feind eingeschlossen; viele kamen um, darunter auch Kolja Lwow (einer der ehemaligen Arbeiter des Automobilwerks), einige gerieten in Gefangenschaft; einer meiner Schulkameraden wurde erschossen, weil er, wie ich hörte, einen Befehl seines Kommandeurs nicht ausgeführt hatte.

In jenen Tagen kamen viele meiner Altersgenossen zur Armee, meine Studienkameraden im Anschluß an die Volkswehr; ein Teil von ihnen wurde übrigens wieder entlassen. Manche, die – wie ich – nicht eingezogen wurden, besonders die Mädchen, gingen als Freiwillige zur Armee. (Auch Ljusja, meine künftige Frau, meldete sich in jenen Tagen freiwillig.) Ich weiß nicht mehr, ob auch ich daran dachte. Ich war mir meiner körperlichen Tauglichkeit für den Dienst an der Front nicht sicher. Doch das war nicht das Entscheidende. Ich wußte von dem Leid, das mein Tod meinen Verwandten zugefügt hätte, andererseits wußte ich, daß dies bei allen so war. Ich wollte einfach das Schicksal nicht beschleunigen, wollte allem seinen Lauf lassen, mich nicht nach vorn drängen, aber auch »nicht mogeln«, um in Sicherheit zu bleiben. Mir schien und scheint dies heute noch eine annehmbare Einstellung zu sein. Ich kann ehrlichen Gewissens sagen, daß ich nie den Wunsch verspürt oder den Versuch gemacht habe, mich zu »drücken«; das betrifft sowohl die Armee als auch alles andere. Es ergab sich einfach so, daß ich – im Gegensatz zur Mehrheit meiner Generation – niemals in der Armee war und am Leben blieb, während viele umkamen. Dies war der Lauf der Dinge.

In den ersten Julitagen hatten alle Jungen mit guten Leistungen – ich gehörte dazu – vor einer Ärztekommission zu erscheinen. Man nahm eine Auswahl für die Militärakademie der Luftstreitkräfte vor. Die medizinische Auslese war streng, und ich wurde zurückgestellt. Zunächst war ich sehr gekränkt (mir schien, daß ich an der Militärakademie der Kriegsteilnahme näher wäre), doch dann fand ich, daß ich Glück gehabt hatte, da die Offiziersschüler fast den ganzen Krieg über studierten, während ich zweieinhalb Jahre lang in einer Munitionsfabrik arbeitete und damit wenigstens einen kleinen Beitrag leistete. Unter denen, die genommen wurden, war Shenja Sababachin, der andere ehemalige Arbeiter des Automobilwerks.

Ende Juni oder Anfang Juli begann ich in der Universitätswerkstatt zu arbeiten, die von Professor Pumper für die Reparatur militärischer Funkgeräte eingerichtet worden war. Ich arbeitete mit großem Einsatz, der zum Teil meine schwachen Fertigkeiten ausglich. Auf Vorschlag von Professor Michail Wassiljewitsch Degtjar wechselte ich dann zu der von ihm geleiteten Erfindergruppe. Ich erhielt den Auftrag, die Schaltung für einen Magnetfühler auszuwählen und ein Versuchsmuster dieses Fühlers anzufertigen, mit dem Stahlsplitter im Körper verwundeter Pferde gefunden werden sollten. Den Auftrag hatte die Veterinärverwaltung der Armee erteilt. Ich wählte eine Magnetbrückenschaltung, die mit Wechselstrom des technischen Frequenzbereichs gespeist wurde. Die präzise Fertigung eines Versuchsmusters, dessen Hauptbaugruppe eine Brücke aus zusammengelegten, H-förmig zugeschnittenen Transformatorblechen war, an deren »Querbalken« sich die Meßspule befand, forderte gewaltige Anstrengungen von mir. Das Gerät wurde nicht besonders gut und kam nicht zum Einsatz, da es nicht über die nötige Empfindlichkeit verfügte. Doch die erworbenen Kenntnisse auf dem Gebiet der magnetischen Defektoskopie und der Physik magnetischer und ferromagnetischer Erscheinungen erwiesen sich später als außerordentlich nützlich, als ich in der Munitionsfabrik arbeitete. Für mich selbst, für mein weiteres Schaffen als Wissenschaftler und Erfinder, war diese Arbeit – es war praktisch meine erste selbständige wissenschaftliche Tätigkeit – von großer Bedeutung. Damals trat ich auch in die Reihen des Luftschutzes an der Universität und bei der Hausverwaltung ein. Bei den ersten Luftangriffen auf Moskau beteiligte ich mich am Löschen der, etwa durch Brandbomben verursachten, Brände – eine halb ausgebrannte stellte ich auf meinen Tisch. Von Ende Juli an schaute ich fast jede Nacht von den Dächern auf den unruhigen Moskauer Himmel mit den zitternden Strahlen der Scheinwerfer, den Leuchtspurgeschossen, den Junkers-Maschinen, die im Sturzflug durch die Rauchringe hindurch angriffen.

Einmal tat ich gerade Dienst in der Universität, als ich aus der Gegend der Mochowaja-Straße Explosionslärm hörte. Nach Dienstschluß, bei Tagesanbruch, ging ich dorthin und stand vor dem durch eine Fliegerbombe zerstörten Haus Oleg Kudrjawzews. Das Bett seiner Eltern hing vom vierten Stock herab. In diesem Haus waren viele Menschen umgekommen, doch weder Oleg noch seine Verwandten hatten einen Schaden davongetragen – sie waren gar nicht in der Stadt. Alle aber, die in den Schutzraum des Hauses geflohen waren, waren getötet worden.

Vater war auch bei der Luftschutzbereitschaft der Hausverwaltung.

Wenn nach Angriffen die Entwarnung kam, pflegte ich zu Hause anzurufen, und die Eltern beruhigten sich, wenn sie meine Stimme hörten. Eines Tages, ich hatte dienstfrei, wurde ich im Dampfbad vom Fliegeralarm überrascht. Nachdem ich mich fertig gewaschen hatte, beschloß ich, alle Regeln außer acht lassend, durch die leeren Straßen nach Hause zu gehen. Ich betrachtete den von Leuchtspurgeschossen durchschnittenen und vom Widerschein der Brände erleuchteten Himmel. Plötzlich erhielt ich einen Schlag gegen den Schuh: Es war ein Splitter einer Luftabwehrgranate, der als Querschläger von der Wand abgeprallt war. Mein Schuh hatte nur einen leichten Kratzer abbekommen.

Im Sommer und im Herbst 1941 beteiligten sich die Studenten an den Subbotniks[5]: Sie entluden Züge mit Industrie- und Kriegsgütern (man hatte noch tagelang den bitteren Geschmack irgendwelcher Sprengstoffkomponenten auf den Lippen), gruben Schützen- und Panzergräben. An einem solchen Tag, es war gegen Abend, als alle rechtschaffen müde waren, hielt uns eines der Mädchen eine kleine Ansprache und forderte uns auf, noch einige Stunden zu arbeiten und die restlichen Waggons zu entladen. Das war Irina Rakobolskaja, die dann in einer Frauenfliegereinheit diente und später einen meiner Studienkameraden heiratete; ihr Sohn ist einer der jungen Mitarbeiter der theoretischen Abteilung des FIAN, des Physikalischen Instituts der Akademie der Wissenschaften, wo ich arbeite.

Am 16. Oktober war ich Zeuge der Panik in Moskau – die Deutschen standen vor der Stadt. Durch die Straßen, verstopft mit rucksackbepackten Menschen, mit Lastwagen und Fuhrwerken, die mit Gepäckstücken und Kindern beladen waren, fegte der Wind schwarze Aschewolken – in allen Behörden wurden Dokumente und Archive verbrannt. Irgendwie schlug ich mich zur Universität durch. Dort hatten sich die Studenten eingefunden und wollten unbedingt etwas Nützliches tun. Doch kein Mensch gab uns einen Hinweis, niemand erteilte uns einen Auftrag. Schließlich drangen wir, einige Mann, ins Büro des Parteikomitees vor. Am Tisch saß der Komiteesekretär. Er blickte uns mit wahnsinnigen Augen an, und auf unsere Frage, was zu tun sei, rief er: »Rette sich, wer kann!«

Die Woche des Tohuwabohus ging vorüber. Auf Anordnung der Regierung evakuierte man die Universität. Vater und Mutter verabschiedeten sich von mir am Bahnhof. Während wir auf die elektrische Eisenbahn warteten, erzählte Vater, daß an der Front eine neue Waffe eingesetzt werde, die »Katjuscha«, ein Raketenwerfer, von dem damals niemand etwas Genaues wußte (Das Wort »Katjuscha« kam erst später im Volk auf). Dies war am 23. Oktober 1941. Erst einen Monat danach erfuhr ich, daß unser Haus in der Granat-Gasse am selben Tag von einer deutschen Fliegerbombe zerstört worden war. Dabei kamen einige Menschen ums Leben, doch meine Verwandten blieben unversehrt. Sie und andere Überlebende quartierten sich mit ihrem geretteten Hab und Gut in einer leerstehenden Kinderkrippe in der Nachbarschaft ein.

Wir Studenten gelangten zusammen mit den Lehrern, nachdem wir einige Male umgestiegen waren, nach Murom. Unterwegs trafen wir Studenten einer Ingenieurhochschule. Sie waren gut ausgerüstet, wußten sich zu behaupten und schienen uns überhaupt von ganz anderem Schlag zu sein. Auf die »überaus intelligenten« Universitätsstudenten schauten sie mit einer gewissen Verachtung herab. Im späteren Leben sollten die Rollen noch häufig wechseln ...

Einen Teil der Strecke bis Murom fuhr ich auf einem offenen Güterwagen, der von Soldaten bewachte, zerstörte Panzer in die Reparaturwerke brachte. Nach den ersten Frontberichten, die ich gehört hatte, nahm der Krieg einen ganz und gar nicht zeitungsgemäßen Verlauf: Er war gekennzeichnet durch das Chaos der Rückzüge und der Einkesselungen – Bedingungen, die Lebenstüchtigkeit, Findigkeit und die Fähigkeit erforderten, sich selbst und seine Sache unterschiedlichen Vorgesetzten gegenüber zu behaupten.

In Murom warteten wir zehn Tage lang auf den Transportzug. Diese Tage waren für mich in wissenschaftlicher Hinsicht sehr fruchtbar: Ich las das Buch von Frenkel über die Quantenmechanik (*Wellenmechanik*[6]) und die Relativitätstheorie und begriff auf Anhieb sehr viel davon. Wir waren in einem Haus einquartiert, dessen Besitzerin Verkäuferin in einem Feinkostladen war (»Für die einen ist Krieg, für die anderen ist alles wunderbar«, sagte man damals). Sie ließ viele schon äußerst knappe Lebensmittel nach Hause mitgehen. Die Tochter unserer Hauswirtin pflegte Zucker aus dem Schubfach der Kommode zu nehmen und ihn von der Handfläche in den Mund zu schütten, die Wirtin aber bekam nachts Besuch von – jedesmal anderen – Männern in Uniform.

Nachts gingen wir in die Eisenbahnerkantine, um unseren Hunger irgendwie zu stillen. Dort gab es ohne Lebensmittelkarten Kartoffelpüree. Gegen zwei Uhr nachts fuhren am Bahnsteig Transportzüge mit Verwundeten vor. Man lud sie aus, und sie lagen auf ihren Bahren unter freiem Himmel da und warteten auf den Weitertransport. Die Züge mit Verwundeten liefen immer in der Nacht ein. Alle wußten davon, und die Frauen aus der Stadt und den umliegenden Därfern fanden sich dort ein, erkundigten sich nach ihren Angehörigen, hielten nach ihnen unter den Verwundeten Ausschau, brachten in ihren Bündeln Lebensmittel und Machorka mit.

Am 7. November verfolgten wir im Radio die Parade auf dem Roten Platz und die Ansprache Stalins. Mir war klar, daß es sich um ein gut geplantes Schauspiel handelte. Trotzdem war der Eindruck sehr stark.

Endlich setzten wir uns nach Aschchabad in Bewegung. Dorthin wurde die Universität auf Anordnung der Regierung evakuiert. In jedem Güterwagen, mit doppelstöckigen Pritschen und einem Ofen in der Mitte, waren vierzig Menschen untergebracht. Die Fahrt dauerte einen ganzen Monat, und in dieser Zeit bildete sich in jedem Wagen ein besonderer Zug-Alltag heraus mit Anführern, Schwätzern und Schweigern, Panikmachern, Organisierern, Vielfraßen, Faulenzern und Geschäftigen. Ich war eher wortkarg, las Frenkel, hielt jedoch Augen und Ohren offen für das, was sich um, im und außerhalb des Wagens abspielte und was in dem vom Krieg angeschlagenen Lande vorging, durch das unser Weg führte. In dieselbe Richtung fuhren Züge mit Evakuierten, zerstörtem Kriegsgerät und Verwundeten. In die andere Richtung fuhren Militärzüge. Aus den vorbeirasenden Güterwagen schauten Soldatengesichter heraus, die alle irgendwie angespannt zu sein schienen und einander ähnlich sahen. Im Ural setzte Frost ein, 30 Grad und noch kälter, und wir besorgten jeden Tag Kohlen für unseren kleinen Ofen, die wir von den Haufen für die Dampflokomotiven stahlen. Einmal erblickte ich im Schnee neben der Pumpenanlage einen Lebkuchen, ein Relikt aus einer anderen Welt, den jemand verloren hatte. Ich aß ihn auf der Stelle auf. In der Steppe in Kasachstan kippte zwischen zwei Stationen unser Schornstein um. Draußen herrschte Frost, und es tobte ein Schneesturm. Markow, ein Student des ersten Studienjahres – er war der Sohn eines Generals –, kletterte im Unterhemd durch das Fenster aufs Dach und behob den Schaden. Im Frühjahr wurde er, wie alle Studenten des ersten Studienjahres, zur Armee eingezogen.

In unserem Wagen hatten wir ein eigenes Spiel, die »Haltestellenkunde«, ein Quiz in Anlehnung an die *Zwölf Stühle* und *Das Goldene Kalb* von Ilf und Petrow, mit Fragen etwa folgender Art: »Welche Telegramme hat Korejko erhalten?«, »Wer war der Sohn des Leutnants Schmidt?«[7]. Der Champion dieses Spiels war der Aspirant[8] Iossif Schklowskij, der später ein bekannter Astrophysiker wurde. Viel später warnte er mich vor meiner künftigen Frau (Ljusja), es sei besser, sich nicht mit ihr einzulassen. Er nahm an, daß sie sich gefährlichen Dissidentenangelegenheiten widme und mir dies schaden könne. In seinen (unveröffentlichten) Memoiren erzählt Schklowskij, ich hätte im Zug Walter Heitlers Buch *Quantentheorie* von ihm geborgt und ohne Umstände bewältigt. Leider ist diese Geschichte eine Frucht von Iossifs üppiger Phantasie, denn ich las Heitler erst, als ich schon Aspirant war, nämlich 1945 oder 1946.

Eines Tages verpaßte ich den Zug, und um ihn einzuholen, fuhr ich einen Teil der Strecke auf einem mit Kohle beladenen offenen Güterwagen, auf dem ich ausgestreckt lag, um bei den Brücken nicht hinuntergeschleudert zu werden; den anderen Teil der Strecke fuhr ich auf der geschlossenen Plattform des Salonwagens von Kaftanow[9], dem Minister für Hochschulbildung. Ihn sah ich zwar nicht, doch einer seiner Begleiter kam zum Rauchen heraus, und auf einmal erkannte ich in ihm einen flüchtigen Bekannten meines Vaters. Von ihm erfuhr ich, daß unser Haus in Moskau zerstört worden war.

Unterwegs hatten wir viel Umgang mit jungen Studentinnen; häufig besuchten wir uns gegenseitig. Eine von ihnen zeigte sich mir gegenüber aufmerksam, und man hänselte mich, weil ich mich ihr gegenüber gleichgültig verhielt. Während dieser Reise entfernte ich mich – sehr spät – zum erstenmal wirklich von zu Hause und von meiner Familie und hatte fast zum erstenmal Umgang mit Kameraden und gar mit Mädchen. Nach unserer Ankunft in Aschchabad wurden wir weit weg von den Mädchen untergebracht, und die Kontakte mit ihnen wurden selten.

Am 6. Dezember traf unser Zug in Aschchabad ein. In diesen Tagen begann unsere Offensive bei Moskau. Erst als ich davon erfuhr, begriff ich, welcher seelischen Belastung wir in den letzten Monaten ausgesetzt waren. Andererseits erstarrte ich bei der langen feierlichen Aufzählung der Armeen, Divisionen und der mir noch unbekannten Namen der Generale, wenn ich an die unzähligen lebenden oder schon toten Menschen dachte, die in diesen Listen genannt waren.

Die »Reisepause« war vorüber. Im Zug waren wir nur gefahren und hatten einfach vor uns hingelebt. Jetzt hieß es, zu lernen und zu leben. Wenn ich zurückblicke, sehe ich, daß es eine schwere Zeit war, erfüllt von Sorgen um die Verwandten und wegen des Kriegs sowie vom Gefühl der Verantwortung. Gleichzeitig aber war es eine Zeit, in der wir uns frei und sogar glücklich fühlten. Natürlich auch deshalb, weil wir jung waren.

Wir sollten unser Studium ein Jahr früher als geplant abschließen, das hieß innerhalb von vier Jahren. Deshalb war der ohnehin nicht sonderlich zeitgemäße Lehrstoff sehr stark und im Eilverfahren verkürzt worden. Dies ist einer der Gründe dafür, daß ich auf dem Gebiet der Theoretischen Physik zeit meines Lebens große Lücken hatte. Trotzdem bin ich der Ansicht, daß vier Jahre ernsthafter Arbeit ohne Ablenkungen und der frühe Übergang zu selbständiger Tätigkeit besser sind als ein langes Studium von sieben bis acht Jahren. Freilich war in unserem Fall einfach der Krieg entscheidend. Man brauchte möglichst schnell Fachleute für die Arbeit in der Produktion und in den Forschungsinstituten, und es herrschte großer Mangel an Lehrkräften. Den für mich wichtigen Kurs über Quantenmechanik las Professor A. A. Wlassow – zweifellos ein qualifizierter und talentierter Physiktheoretiker, ein Schüler I. J. Tamms. Die Vorlesungen von Anatolij Alexandrowitsch waren in der Regel gut, manchmal sogar ausgezeichnet, wenn er in ihrem Verlauf brillante Bemerkungen anbrachte, verborgene Aspekte des Gegenstandes aufdeckte und uns so ein tieferes Verständnis ermöglichte; doch mitunter waren sie verworren und unverständlich. Auch seine Art des Vortrags war seltsam. Er bedeckte das Gesicht mit den Händen und sprach monoton Satz für Satz, ohne dabei jemanden anzuschauen. Dies waren Anzeichen einer Krankheit, von der ich damals nichts ahnte. Nach dem Kriege hörte ich M. A. Leontowitsch [10] sagen: »Früher, wenn ich in seiner Nähe war und merkte, daß er zu spinnen anfing, haute ich ihm einfach eine runter, und dann kam er wieder zu sich. Aber ohne mich schnappt er vollends über.« Natürlich war es weniger der Schlag, als vielmehr die Freundschaft mit solchen Männern wie Leontowitsch, die für Wlassow sehr wichtig war.

Leontowitsch, I. J. Tamm und L. I. Mandelstam [11] waren Ende der dreißiger Jahre wegen der gegen sie veranstalteten Hetzjagd gezwungen, die Universität zu verlassen. Das war eine der Folgen jener abscheulichen und destruktiven Kampagnen, von denen damals viele wissenschaftliche Einrichtungen und Lehranstalten im ganzen Lande erschüttert wurden. Bei den Physikern wirkten sie sich nicht so schwerwiegend wie beispielsweise bei den Biologen oder Philosophen aus. An der Universität waren die Angreifer zum Glück nicht so schlagkräftig wie Lyssenko und seine Mannschaft, zumal die Physik damals noch nicht so im Blickpunkt des Interesses stand, »oben« noch nicht so verständlich war.

Die gegen Mandelstam und seine Schüler gerichtete Anklage bezog sich besonders darauf, daß sie Anhänger der »antimaterialistischen Relativitätstheorie« seien (daß diese eine jüdische Erfindung sei, wurde damals in der UdSSR nicht behauptet). Diese Anklage war natürlich viel weniger einleuchtend als die, ein Vertreter des »Weismanismus-Morganismus« zu sein. Einer, der sich aktiv an diesen Angriffen beteiligte, war Professor Timirjasew, der Sohn des bekannten Biologen[12] (bei dem es, wenn ich mich nicht täusche, auch nicht ohne Sünden abgegangen war, als er gegen die aufkommende Genetik »kämpfte«). Timirjasew sah seinem Vater und damit auch dessen Standbild beim Nikitin-Tor verblüffend ähnlich. Wir Studenten nannten Timirjasew hinter seinem Rücken den »Sohn des Standbilds«. Im dritten Studienjahr hielt er gediegene, aber etwas langweilige Vorlesungen über die »Molekulartheorie der Gase« (deren Inhalt dieser altmodischen Terminologie entsprach). Timirjasew wurde vom Dekan, Professor A. S. Predwoditelew, und von den meisten alten Professoren unterstützt – sowie von den jungen Professoren, die hofften, auf diese Weise ihrer Karriere förderlich zu sein. Außerhalb der Universität war Mizkewitsch, Professor an einer der technischen Hochschulen, sehr aktiv. Bei einer Diskussion antwortete Tamm einmal auf eine inkorrekt gestellte Frage, daß sie so sinnlos sei wie die Frage, ob ein Meridian rot oder grün sei. Mizkewitsch sprang auf und rief: »Ich weiß nicht, wie das Professor Tamm sieht, doch für einen Sowjetmenschen ist ein Meridian immer *rot.*«

Damals klang eine solche Bemerkung bedrohlich. In diesen Jahren wurde Witt, einer der besten Schüler Mandelstams, verhaftet, und so erging es auch einigen anderen Physikern, über die ich noch berichten werde. Selbstverständlich sank ohne die »Mandelstam-Leute« das allgemeine Unterrichtsniveau an der Universität ganz erheblich.

Die ersten, sehr interessanten Arbeiten verfaßte Wlassow zusammen mit Furzew. Später ging diese fruchtbare Gemeinschaft in die Brüche. Am bekanntesten sind die Arbeiten Wlassows zum stoßfreien Plasma. Die von ihm eingeführte Gleichung trägt zu Recht seinen Namen. Nach dem Kriege veröffentlichte Wlassow eine Arbeit (oder er versuchte, sie zu veröffentlichen), in der thermodynamische Begriffe für Systeme mit wenigen Freiheitsgraden eingeführt wurden. Viele sprachen damals mit Verdruß über diese Arbeit – sie sei der Beweis für seinen endgültigen Niedergang als Wissenschaftler. Doch vielleicht hatte Wlassow gar nicht so unrecht. Wenn bestimmte Bedingungen der »Bahnenabweichung« erfüllt sind, kann ein System mit einer geringen Anzahl von Freiheitsgraden ergodisch sein. Ohne den Terminus zu erklären, möchte ich nur sagen, daß sich hieraus die Möglichkeit der thermodynamischen Betrachtungsweise ergibt. Ein Beispiel, das ich aus einer Vorlesung von Professor Sinaj kenne, ist die Bewegung einer Kugel auf dem Billardtisch, wenn die Bande zum Spielfeld hin konkav ist.

Wlassow war nach Vater der erste, der annahm, daß aus mir ein theoretischer Physiker werden könnte. Zu den Dozenten in Aschchabad gehörten von 1941 bis 1942 auch Professor Spiwak und Professor Furzew, der bereits in den Reihen der Volkswehr an der Front gewesen und dann demobilisiert worden war. Und das waren schon fast alle! Dafür aber gewöhnten wir uns mehr und mehr daran, aus Büchern zu lernen, was, zusammen mit dem Austausch untereinander, am allerwichtigsten ist. Nicht zufällig gehen bekannte Wissenschaftler immer »päckchenweise«, jeweils zu mehreren, aus einem Studienlehrgang hervor. Unser Lehrgang erwies sich trotz des Krieges als »ertragreich«.

Der Unterricht fand in Keschi, einem Vorort von Aschchabad, statt. Dort waren auch die Verwaltungsdienststellen (»die Regierung Kischi«, wie wir zu scherzen pflegten, in Anklang an die Regierung Vichy im besetzten Frankreich). Wir wohnten jedoch im Stadtzentrum, zuerst in einem Schulraum, später in einem Wohnheim, in ebenerdigen Häuschen mit lehmbedeckten Flachdächern. Zum Unterricht mußten wir wegen der unzureichenden Verkehrsmittel oft zu Fuß gehen. Doch das schlimmste war: Wir litten Hunger. Ich konnte damit infolge meiner konstitutionellen und psychischen Beschaffenheit noch relativ gut zurechtkommen, doch vielen ging es sehr schlecht.

In Aschchabad knüpfte ich mit zwei Studenten enge kameradschaftliche Beziehungen an: mit Petja Kunin und Jascha Zejtlin, der ein Studienjahr unter mir war. Petjas Wege kreuzten sich auch später mit den meinen. Jascha verschwand spurlos aus meinem Leben. Keiner meiner Studienkameraden konnte mir sagen, was aus ihm geworden ist. Vielleicht wurde er 1942, als ich schon in der Fabrik war, oder später zur Armee einberufen und ist gefallen? Er stammte aus der Ukraine, wo damals die Deutschen waren; deshalb wußte er nichts von seiner Familie und litt sehr darunter.

Jascha war ein eigentümlicher Mensch. Er war verletzlich und empfindlich, jedoch auch fähig, der treueste Freund zu sein. Manchmal hörte ich aus seinen Worten Einzelheiten seiner Kindheit heraus, die voller Tragik, Armut, Knappheit und Abgeschlossenheit gewesen war. Was zog mich an ihm am meisten an? Wahrscheinlich das gleiche wie bei Grischa Umanskij: seine innere Reinheit und Verträumtheit und sein spezifisches, so melancholisch und altertümlich wirkendes Taktgefühl.

Mit dem Frühling zog ich aus dem stickigen Zimmer zum Schlafen aufs Dach des Wohnheims, wo ich meine Schlafutensilien ausbreitete. Nachts wölbte sich über mir der südliche Himmel, und in der Morgendämmerung sah ich das wunderbare Schauspiel der von den ersten Sonnenstrahlen erleuchteten Bergkette des Kopetdág. Die rötlich schimmernden Berge schienen gleichsam durchsichtig zu sein! Dies ist für mich einer der stärksten Eindrücke aus jener Zeit geblieben.

In den Straßen Aschchabads wuchsen viele Maulbeerbäume, und wir sammelten eifrig die saftigen Beeren, die für uns ein wichtiger Zusatz zu unserer vitaminlosen Kost waren. Die Einheimischen schauten uns mit einigem Entsetzen an: Sie aßen diese Beeren nicht.

In Aschchabad stieß ich zum erstenmal auf die Feindseligkeit mancher russischer Arbeiter der Intelligenz gegenüber. Ich hörte Bemerkungen wie: »Die wollen sich ein leichtes Leben machen, die sollten mal arbeiten wie unsereiner!« Ich bemerkte die Zeichen des Antisemitismus, der nun unverhohlen zum Ausdruck kam, sich im Krieg um ein Vielfaches verstärkte und auch danach erhalten blieb. Obwohl damals noch nichts Konkretes bekannt war, zeichnete sich der Beginn der jüdischen Tragödie bereits ab. Damals und später hielt man mich zuweilen für einen Juden, wahrscheinlich wegen des in unserer Familie üblichen »Sacharowschen« Zäpfchen-R, von dem ich nicht weiß, woher es kommt. »Wie spät ist es, ihr zwei Juden?« rief man mir und Borja Samojlow zu, der übrigens genausowenig Jude war wie ich. Das war noch harmlos ...

Unser Studienlehrgang absolvierte die Universität im Fach »Wehrmetallkunde«. Dies war im Grunde nur ein Tribut an die Zeit. In Wirklichkeit wußten wir sehr wenig von Metallkunde, von »Wehrmetallkunde« ganz zu schweigen. Es ist völlig unklar, was das überhaupt sein soll. Immerhin hielt Professor Degtjar, der mich im Sommer 1941 als Erfinder hatte bei sich arbeiten lassen, einen kleinen Kurs, in dem ich solche Begriffe wie Austenit, Textur, Versetzung u. a. kennenlernte. Dieser Fachrichtung entsprechend schlug man mir als Thema der Diplomarbeit »Die Suche nach Silberersatz bei Relaiskontakten des Relaisschutzes« vor. Das Thema war natürlich etwas weit hergeholt, denn selbst in Kriegszeiten sollte man nicht da sparen, wo das Risiko besteht, daß sich Verluste ergeben, die in die Tausende gehen. Doch ich hatte mein Diplom zu machen und keine »unnützen« Überlegungen anzustellen. Ich beschloß, daß das Kontaktsilber durch Stahl zu ersetzen sei, ging auf den Markt, kaufte eine Gabel aus rostfreiem Stahl, sägte die Zinken ab (das war das schwierigste) und trieb sie mit einem Hammer in die Buchsen, aus denen ich zuvor das Silber entfernt hatte. Dieses Wunderwerk der Technik legte ich zusammen mit einigen Seiten theoretischer Ausführungen der Prüfungskommission vor.

Anfang Juli begann das Staatsexamen. Die Prüfung in Theoretischer Physik nahm Anatolij Alexandrowitsch Wlassow ab. Wegen der unerträglichen Hitze verlegte er das Prüfungsgespräch mit den Kandidaten in eine Grünanlage bei einem Schwimmbecken, das nach 16 Uhr mit etwas Wasser aufgefüllt wurde. Nachdem Wlassow mir mehr der Form halber einige Fragen gestellt und in die Prüfungsliste eine große Eins eingetragen hatte, sagte er: »Ich habe eine wichtige Sache mit Ihnen zu besprechen. Ich will Ihnen vorschlagen, als Aspirant beim Lehrstuhl für Theoretische Physik zu bleiben. Wenn Sie einverstanden sind, dann reiche ich noch heute die entsprechenden Unterlagen ein.«

Ich war auf dieses Gespräch gefaßt, erwartete es auf Grund bestimmter Anzeichen. Ich dankte Anatolij Alexandrowitsch, lehnte jedoch ab. Mir schien, daß eine Fortsetzung des Studiums während des Krieges nicht richtig gewesen wäre. Ich erklärte Anatolij Alexandrowitsch, daß ich beschlossen hätte, mich einem Rüstungsbetrieb zuteilen zu lassen. Die Einsatzkommission war kurz zuvor bei uns gewesen, aber anscheinend hätte man ihren Beschluß übergehen können, wenn ich mit Wlassows Vorschlag einverstanden gewesen wäre.

Bald händigte mir der Dekan, Prof. A. S. Predwoditelew, das Diplom der MGU aus, die ich (mit Auszeichnung) in der Fachrichtung »Wehrmetallkunde« absolviert hatte, was mich berechtigte, in der Mittelschule als Physiklehrer zu arbeiten. Ich wurde einem Rüstungsbetrieb in der Stadt Kowrow zugeteilt und machte mich auf den Weg zum Bestimmungsort.

Mir scheint, daß für jeden von uns, die wir in Aschchabad studierten, dieser rund sechs Monate dauernde Aufenthalt ein besonders tief empfundener und unvergeßlicher Lebensabschnitt war. Einige Jahre später, im Oktober 1948, hörten wir von dem furchtbaren Erdbeben, das den größten Teil Aschchabads zerstört hatte, darunter auch die Stadtbezirke, in denen wir gewohnt hatten. Augenzeugen berichteten, sie hätten nie etwas Schrecklicheres gesehen, nicht einmal im Krieg. Die genaue Zahl der Opfer wurde nie veröffentlicht, doch war sie sehr hoch. Man sprach von 80 000 oder mehr.

IV. Während der Kriegsjahre im Rüstungsbetrieb

Wieder eine Fahrt durch das vom Krieg gezeichnete Land. Diesmal allein unter Tausenden von Menschen, um mich herum kein einziges bekanntes Gesicht. Mehrmaliges Umsteigen, überfüllte Bahnhöfe und Züge. Ich schlief, auf meinem Koffer liegend, zwischen den Sitzbänken. Nachts die Entlausungsanstalten (in einer wurden mir die Schuhe gestohlen, und mir blieben nur alte Pantoffeln). Überall erschöpfte, oft verwirrte oder besorgte Menschen. Und die endlosen Erzählungen und Gespräche der Menschen, die nicht schweigen können, sich einander mitteilen und von dem Schrecklichen berichten müssen, das sie überströmen läßt. Ende Juli stieg ich nachts im Bahnhof von Kowrow aus dem Zug. Von weit her war Geschützlärm zu vernehmen, der Horizont wurde von den Detonationsblitzen erleuchtet. (Später wurde mir klar, daß Geschütze aus der laufenden Serie in Kowrow erprobt worden waren.) Am Morgen empfing man mich im Personalbüro, quartierte mich bei einer Arbeiterin der Fabrik ein und bat mich, in einigen Tagen wiederzukommen. Ich verlebte etwa zehn Tage in Kowrow. In diesen Tagen machte ich die Bekanntschaft der Wirtsleute und ihrer Freunde; dabei wurde mir ihr angespanntes und schweres Leben bewußt, ihre sehr bedrängten Verhältnisse – um nicht zu sagen: ihr Hungerdasein –, aber ich lernte auch kennen, was man in der Zeitungssprache »Arbeiterstolz« nennt und was hier der Wahrheit entsprach, und ihr Verantwortungsbewußtsein. Später hatte ich die Möglichkeit, sie mit den Arbeitern in Uljanowsk zu vergleichen. Den »Arbeiterstolz« gab es auch dort in vollem Maße. Gleichzeitig fielen einem wichtige Unterschiede auf: die scharfe Trennung zwischen »Vorgesetzten« und »Nichtvorgesetzten«, die starke Niedergedrücktheit der letzteren, bei der man kaum von Verantwortung sprechen kann; die engen Beziehungen zum Dorf mit seinem Elend und die große wirtschaftliche Abhängigkeit vom eigenen Gemüsegarten. Doch vielleicht konnte ich in Kowrow noch nicht alles sehen und begreifen?

Gegen Ende meines Aufenthalts in Kowrow wurde ich zum Leiter des Einstellungsbüros, General G., gebeten. Er begann, mich sehr liebenswürdig nach irgendwelchen Belanglosigkeiten auszufragen. Dann sagte er: »Wir können Ihnen Arbeit im Labor zuweisen. Aber es ist keine feste Stelle.«

Ich antwortete, daß mir dies nichts ausmache, entsprechend meiner Einstellung, allem seinen Lauf zu lassen. Der General hatte offenbar eine andere Antwort erwartet und angenommen, ich würde selbst auf meinen Einsatz verzichten. Deshalb bat er mich, am nächsten Tag ins Einstellungsbüro zu kommen, um die Frage endgültig zu klären. Am folgenden Tag stellte man mir eine Bescheinigung für das Rüstungsministerium in Moskau aus, in der es hieß, daß die Fabrik Nr. Soundso mir keine Arbeit in meiner Fachrichtung zuweisen könne. Es war August 1942.

In Moskau sah ich nach zehnmonatiger Trennung meine Eltern und meinen Bruder wieder. Vater arbeitete an seiner alten Stelle. Von ihm hörte ich, daß es wenig Studenten gebe und ein Teil der Lehrkräfte evakuiert sei. Vater und Mutter sahen müde und abgezehrt aus.

Sie führten offensichtlich ein schweres und kärgliches Leben. Nach dem einigermaßen beleuchteten Aschchabad waren die verdunkelten Fenster, die dunklen Straßen und die blauen Lämpchen in den Hauseinfahrten für mich ungewohnt. In der »Kinderkrippe« war es ziemlich kalt. Jura ging im Winter zur Schule, er war in der dritten Schicht (da viele Schulen in Lazarette umgewandelt waren) und würde bald die zehnte Klasse beschließen. Dann stand ihm die Einberufung zur Armee bevor.

Im Rüstungsministerium wurde mir sofort eine Überweisung zur Munitionsfabrik nach Uljanowsk ausgestellt. Schon bald war ich zum Bestimmungsort unterwegs, nachdem ich mich erneut von meinen Eltern – diesmal für zweieinhalb Jahre – hatte verabschieden müssen. Am frühen Morgen des 2. September stieg ich am Bahnhof in Uljanowsk am rechten Ufer der Wolga aus. Die Fabrik lag am linken Ufer, doch der Arbeiterzug, der mich hätte hinbringen können, war eben abgefahren, und ich entschloß mich, die Fähre zu benutzen. Ich ging in die Bahnhofsbibliothek und lieh mir ein Buch aus. (Es war Steinbecks *Früchte des Zorns*. Ich hatte lange keine Möglichkeit gehabt, schöngeistige Literatur zu lesen, und dies war das erste, dazu noch gute Buch nach einer langen Pause. Bedauerlicherweise verlor ich es, und nur mit großer Mühe konnte ich mit der Bibliothek ins Reine kommen.) Dann hängte ich mir die mit einem Riemen zusammengebundenen Koffer über die Schulter und ging langsam den Bahndamm in Richtung Fähre entlang. Auf dem gegenüberliegenden Flußufer standen riesige Fabrikgebäude, die sich mehrere Kilometer hinzogen. Der Schlot des fabrikeigenen Kraftwerks rauchte. Auch die grauen Arbeiterbaracken, in denen ich wohnen sollte – eine kleine Siedlung mit mehrstöckigen Häusern –, und einige Arbeitersiedlungen, die aus Bauernhäusern bestanden, waren zu erkennen. In einem davon wohnte meine zukünftige Frau zusammen mit ihren Eltern.

Im Personalbüro gab man mir eine Überweisung für die Abteilung des Betriebschefingenieurs, was ganz unsinnig war: Ich hatte überhaupt keine Vorstellung von der Patronenfertigung, hatte noch nie eine Patronenstanzmaschine gesehen und komme überhaupt schlecht mit derartigen technischen Einrichtungen zurecht. Erst viel später gelang es mir, praktisch ohne fremde Hilfe, für meine Kenntnisse und Fähigkeiten das richtige Betätigungsfeld zu finden.

Der Chefingenieur blickte mich nicht einmal an; offenbar war ihm klar, daß ich ihm keinen Nutzen bringen würde, doch er fand einen Ausweg: Ich wurde zur Holzgewinnung abgestellt. Schon bald sägte ich Holz mit einer kleinen Arbeitsbrigade, nicht weit von Melekess entfernt. Das war eine für mich ungewohnte und sehr schwere Arbeit. Mein Partner war jünger, doch weitaus stärker als ich, was ihn sehr verwunderte. Im übrigen lebten wir einmütig zusammen und versuchten nicht, die Arbeit aufeinander abzuwälzen, denn wir hatten es beide schwer; er litt stärker unter der ungenügenden Ernährung als ich. Am Ende des Tages konnten wir uns kaum mehr auf den Beinen halten. Die Kräftigeren begaben sich noch aufs Kolchosfeld, um von der Ernte übriggebliebene Kartoffeln zu sammeln und sich so einen Vorrat für den Winter anzulegen. Für das gemeinsame Abendessen konnten wir, die Schwächeren, genügend Kartoffeln sammeln – das schafften wir gerade noch, doch zu mehr reichte es nicht. Der eine oder andere hatte Wodka. Bei den abendlichen Zusammenkünften am Feuer vernahm ich zum erstenmal eine direkte und offene Verurteilung Stalins. »Wenn er Russe wäre, hätte er mehr Mitleid mit dem Volk«, meinte ein Arbeiter, der das Holz herankarrte und dessen Sohn an der Front gefallen war. Er hatte erst vor kurzem die Todesnachricht erhalten.

Wir wurden in Bauernhäusern einquartiert. Die Erinnerung an das verkommene kleine Dorf im Wald hat sich meinem Gedächtnis nachhaltig eingeprägt, die beängstigende und erschütternde Atmosphäre jener Zeit, die in jeder Äußerung, in den Blicken der sich am Brunnen begegnenden Frauen und bei den ungewöhnlich stillen Kindern zu spüren war. Im Dorf waren nur Frauen, Alte und Kinder zurückgeblieben, die so etwas wie eine große Familie bildeten.

Bei Tagesanbruch wurde meine Wirtin, die eine Kuh hatte, von den

Nachbarinnen geweckt: Die einen baten um ein Glas Milch für ihr Kind, die anderen um ein Schälchen Mehl. Petroleum wurde gespart, die Petroleumlampe nur zum Abendessen angezündet. Die übrige Zeit saß man im Dunkeln. Das Leben im Dorf war schwer, und man fühlte, daß noch schwerere Zeiten kommen würden. Doch nicht dies war wichtig, sondern das Ungeheuerliche, das sich irgendwo im Westen abspielte.

Nach zwei Wochen verletzte ich mich am Arm, es kam zu einer Vereiterung und ich konnte nicht mehr arbeiten. Ich war gezwungen, in die Stadt zurückzukehren: zu Fuß etwa fünfzehn Kilometer bis zur Eisenbahn und von dort weiter mit einem Güterzug. Im Personalbüro erwartete mich schon eine neue Aufgabe: Ich kam als Junior-Technologe in die Abteilung für Rohteilfertigung. Dies war freilich auch nicht »das Wahre«, doch immerhin fiel mir mit Hilfe des Senior-Technologen – dessen Namen ich vergessen habe, er war sehr zuvorkommend mir gegenüber – wieder der Schulunterricht im Fach Technisches Zeichnen ein, so daß ich einiges beitragen konnte. Im Laufe der Arbeit war ich in fast allen Abteilungen, lernte die Produktion und die Arbeitsbedingungen und ein bißchen das Leben der Arbeiter kennen. Es waren sehr starke Eindrücke.

Die Arbeit im Betrieb, wie überall im Lande, erfolgte – ohne freie Tage – in zwei Schichten bei einem elfstündigen Arbeitstag. Formell ergab sich ein freier Tag beim Schichttausch, das heißt, wenn die Arbeiter der Nachtschicht die Tagschicht übernahmen und umgekehrt. Doch die Verwaltung, die zur schnelleren Planerfüllung antrieb, nahm einen Schichttausch nur sehr selten vor, alle paar Monate einmal. Ich arbeitete auch elf Stunden, doch meist tagsüber. Wenn ich nachts arbeitete, kam ich völlig von Kräften und verstand nun, wie hart das war.

In den Hauptabteilungen, den Pressereien, arbeiteten Frauen, die man zumeist in den Dörfern mobilisiert hatte. In den riesigen halbdunklen Werkhallen saßen sie während ihrer Schicht an den polternden automatischen Pressen, zusammengekauert auf ihren Schemeln, die in Holzschuhen steckenden Füße untergeschlagen zum Schutz vor dem kalten Boden. Über den Boden flossen trübe Ströme von Wasser und Schmierflüssigkeit. Die Köpfe hatten sie mit Kopftüchern so verhüllt, daß nicht nur die Haare, sondern auch die Gesichter verdeckt waren; wenn ich sie doch einmal sah, dann erschütterte mich ihr Ausdruck abgestumpfter Müdigkeit. Von Zeit zu Zeit blieb mal die eine, mal die andere Maschine stehen, und die Frauen zogen eilig mit einem Haken die darunter stehende Kiste mit den Produktionsteilen hervor, schütteten die Rohlinge, natürlich von Hand, in den »Beschicker« und wechselten das verschlissene Werkzeug. Bei Schwierigkeiten riefen sie laut nach dem Einrichter.

Noch schlimmer als in der Presserei waren die Arbeitsbedingungen in den »warmen« und den chemischen Produktionsabteilungen. In der Mittagspause erhielten die Arbeiter das sogenannte Stachanowsche Mittagessen[1]: einige Löffel Hirsebrei mit amerikanischem Eipulver. Oft waren weder Teller noch Löffel vorhanden (übrigens wurde in unserer Abteilung eigens die Produktion von Gesenkschmiedelöffeln organisiert, und wir versorgten damit den ganzen Betrieb); der Brei wurde auf Papierblättern ausgelegt, gleich aufgegessen und mit einem an Tee erinnernden Getränk aus Blechdosen hinuntergespült.

Viele Frauen hatten im Dorf ihre Kinder zurückgelassen, und all ihre Gedanken waren dort. Doch entlassen zu werden war fast unmöglich. Wer sich eigenmächtig von der Arbeitsstelle entfernte, mußte laut Verordnung mit fünf Jahren Lager rechnen. Die einzige Möglichkeit war, schwanger zu werden. Jeden Morgen standen vor dem Empfangszimmer des stellvertretenden Direktors für Personalangelegenheiten schwangere Frauen Schlange, die von der gynäkologischen Beratungsstelle eine Bescheinigung erhalten hatten und auf Entlassung und Rückkehr zu ihren Kindern hofften. Sie stellten sich schon in der Nacht an. Bereits zwanzig bis dreißig Minuten nach seinem Eintreffen im Arbeitszimmer beendete der Vorgesetzte, von dem ihr Schicksal abhing, die Sprechzeit, da er angeblich ins Bezirksparteikomitee zur routinemäßigen Sitzung fahren mußte. Man ließ für den Vorgesetzten die Droschke vorfahren, und die Frauen gingen bis zum nächsten Sprechtag, bis zur nächsten schlaflosen Nacht auseinander.

In unserer Produktionsabteilung wurde der Bandstahl vor dem Gesenkschmieden mit Säure geätzt. Diese Arbeit führten Männer aus. Die einzige Ausrüstung waren bis zum Ellenbogen reichende Gummihandschuhe. Wenn ich morgens den Ätzern begegnete, die von der Nachtschicht kamen, erschreckte mich der Anblick ihrer bleichen, blaugelben Gesichter. Bei der Sichtkontrolle waren junge Mädchen beschäftigt, denn nur ihre Augen waren dieser Aufgabe gewachsen, doch mit der Zeit verdarben sie sich natürlich ebenfalls ihre Augen. Eines der größten Probleme für die Mehrzahl der Arbeiter bestand darin, die Brotkarten einzulösen. Von Grütze, Butter, Zucker konnte keine Rede sein, die Marken der Arbeiter verfielen beinahe jeden Monat. Ich spreche hier nicht von den wenigen, die wie ich ihre Marken in der Kantine abgaben, denn dann fehlten einem die Grützemarken sehr, und man kam nicht umhin, schweren Herzens die Brotkarten gegen alle anderen Karten zu tauschen. Die Brotläden wurden nur unregelmäßig beliefert, und wenn es Brot gab, bildete sich eine lange Schlange. Der Nachtschichtarbeiter stellte sich um 8 Uhr morgens an, und wenn es gutging, bekam er am frühen Nachmittag seine Ration; an Schlaf war kaum mehr zu denken, denn um 20 Uhr fing die Schicht an. Und das war keine Schlange, die man auch nur für eine Minute hätte verlassen können. Die müden Menschen standen als dichtgedrängte Masse da, wer sie verließ, kam nicht wieder hinein. Selbstverständlich hatten es diejenigen mit Familie leichter. Auch Alleinstehende taten sich jeweils zu mehreren zusammen. Noch besser hatte es jemand, der mit einer Verkäuferin bekannt war – wie fast alle Einheimischen.

Die zugereisten alleinstehenden Arbeiter lebten im Wohnheim. Auch ich wohnte von September 1942 bis Juni 1943 in einem solchen Heim, einem dieser eingeschossigen, barackenartigen Häuschen. In jedem Zimmer befanden sich dreistöckige Pritschen für insgesamt sechs, neun oder zwölf Mann. Es war nicht laut, die Leute waren viel zu müde, doch mitunter hatte man gesprächige Nachbarn. Übrigens enthielten diese Gespräche durchaus auch Interessantes und Neues. Die Toilette war draußen im Hof, etwa dreißig Schritte von der Tür entfernt. Nachts schafften es viele nicht so weit, und deshalb gab es um das Wohnheim herum immer zugefrorene Urinpfützen. Natürlich gab es Läuse. Kaltes Wasser zum Waschen und heißes, im »Titan«, dem Heißwasserbereiter, abgekochtes Wasser hatte ich stets bei mir. Morgens kamen Frauen aus den Dörfern zum Wohnheim, sie brachten gedämpfte Milch (ich kaufte jeden Tag ein Viertelliter zum Frühstück), Karotten und Gurken.

Eines meiner schrecklichsten Erlebnisse hatte ich mit einem Zimmernachbarn. Er kam gerade von der Schicht, wo er eine Tasse – das konnte er noch sagen – Methylalkohol ausgetrunken hatte. Ein qualvolles Delirium begann, er gebärdete sich wie verrückt. Eine halbe Stunde später kam die von uns alarmierte Erste Hilfe. Danach sahen wir ihn nie wieder, diesen ungewöhnlich starken, blonden Riesen mit den blauen, naiven Augen. So verlief das Leben in Uljanowsk. Später erfuhr ich, daß es an anderen Orten etwas besser stand, doch in manchen Betrieben, zum Beispiel im Ural, war es um vieles schlimmer, schwerer, und es herrschte größerer Hunger. Von Leningrad ganz zu schweigen. Am schwersten hatten es immer die Auswärtigen, die Evakuierten und natürlich die jugendlichen Handwerker.

Ich arbeitete bis Ende Oktober in der Abteilung für Rohteilfertigung und ging unter ziemlich unerfreulichen Umständen von dort weg.

Eines Tages beauftragte mich der Leiter der Werkabteilung, während der Senior-Technologe abwesend war, eine Kiste mit Rohlingen aus einer gerade eingetroffenen Partie Stahl durch die Fließstraße zu schleusen. Der Stahl (Bandstahl mit der Sonderbezeichnung »strips«, also Streifen) war rostig, und man hätte ihn auf direktem Wege zum Umschmelzen geben oder für andere Zwecke verwenden müssen. Doch wollte offensichtlich niemand für eine so unangenehme Entscheidung die Verantwortung übernehmen.

Ich brachte also der Maschinenarbeiterin in unserer Werkhalle einige Bänder. Sie schaute mich mißvergnügt an, schnitt mir aber daraus doch eine Kiste voll »Kappen« (das erste Stadium der Hülsenfertigung). Ich lud mir die Kiste auf die Schulter und trug sie in die nächste Werkhalle. Bereits nach dem ersten und besonders nach dem zweiten Durchzug (die nächsten Arbeitsgänge bei der Hülsenfertigung) sahen die Stahlwerkstücke wie ein Sieb aus und zerkratzten das Werkzeug. Dieser Komödie mußte ein Ende gesetzt werden. Ich brachte die Kiste zum Meister des Fertigungsbereichs und bat ihn, die Werkstücke nicht wegzuwerfen, sie aber auch nicht weiterzuverwenden. Zur Bekräftigung legte ich eine Notiz mit meiner Unterschrift dazu. Es war schon 20 Uhr, und ich beschloß, daß es Zeit sei, nach Hause, also ins Wohnheim, zu gehen. Am anderen Tag entlud sich ein Sturm. In der Werkhalle wurde eine Versammlung abgehalten. Der Meister – seinen Namen, Wrublewskij, habe ich zufällig noch im Gedächtnis – hielt eine Rede ungefähr folgenden Inhalts:

> »Genosse Stalin hat den Befehl erlassen: ›Keinen Schritt zurück.‹ Die sowjetischen Soldaten führen ihn selbstlos aus, sie kämpfen gegen den Feind, ohne ihr Leben zu schonen. In dieser Zeit hat der Technologe Sacharow seinen Gefechtsposten verlassen und einen wichtigen Auftrag nicht erfüllt. An der Front werden Deserteure erschossen. Wir können solche Handlungen in unserem Betrieb nicht dulden.«

Niemand widersprach Wrublewskij, niemand unterstützte ihn. Die Arbeiter und die anderen Meister schwiegen. Ich wurde von niemandem gefragt und schwieg auch. Es blieb bei dem Verweis auf der Versammlung. Vermutlich war »meine« Kiste schon in die Hände der Militärabnahmeingenieure gelangt, und irgend jemand muß für diese Hochstapelei einen Rüffel bekommen haben. Dieser Vorfall war für mich der letzte Anstoß, mir eine andere Arbeitsstelle zu suchen, wo ich nützlicher sein würde. Mit dieser Absicht begab ich mich zum zentralen Werkslabor. Dessen Leiter B. Wischnewskij – ein Verwandter, ich glaube, der Neffe des bekannten Chirurgen und Akademiemitglieds – war über mein Kommen erfreut und meinte: »Vor ein paar Tagen ist Chefingenieur N. N. Malow bei uns im Labor gewesen und hat uns vorgeschlagen, ein Gerät zur Härtungskontrolle zu entwickeln. Mit dieser Aufgabe beschäftigt man sich schon in einem Forschungsinstitut, doch es läuft dort schlecht. Ich schlage Ihnen vor, ins zentrale Werkslabor zu wechseln und die Arbeit zu übernehmen.« Ich stimmte zu. Wischnewskij erledigte rasch alle Formalitäten für meine Versetzung, und am 10. November, gleich nach den Feiern zum Jahrestag der Oktoberrevolution, begann ich an meiner neuen Arbeitsstelle.

Am 10. November 1942, an meinem ersten Arbeitstag im zentralen Werkslabor, begegnete ich zum erstenmal meiner zukünftigen Frau Klawa, Klawdija Alexejewna Wichirewa (1919–1969). Viele Jahre später begingen wir ohne Gäste – es war bei uns leider nicht Brauch zu feiern – unsere Silberne Hochzeit eben an diesem Tag und nicht am 10. Juli, dem Jahrestag unserer Eheschließung im Standesamt des Sawolshsker Bezirks. Ich gehörte zur metallurgischen Abteilung des Labors, in der außer mir einige junge zugereiste Spezialisten arbeiteten. Von mir abgesehen hatten alle eine »Patronenausbildung«. Klawa arbeitete als Laborantin in der chemischen Abteilung, in der nur junge Frauen waren, hauptsächlich Einheimische, mit Ausnahme einer etwas älteren Frau, die Dusja Sajzewa hieß und aus Leningrad evakuiert worden war. Klawa und Dusja unterhielten sich gern über Leningrad; Klawa hatte dort nämlich studiert. Ich erinnere mich an ihre Freude, als die Blockade Leningrads durchbrochen wurde.

In den Maifeiertagen besuchte ich Klawa zu Hause und bot meine Hilfe beim Umgraben des Gartens zum Kartoffelsetzen an. Gleichzeitig grub ich auch für mich eine kleinere Fläche um. Es war Brachland hinter der Fabrikmauer; die Saatkartoffeln hatte ich auf dem Markt gekauft. Die Kartoffeln, es waren nur zwei Sack, ernteten wir dann gemeinsam als Mann und Frau. Alexej Iwanowitsch Wichirew (1890–1975), Klawas Vater, erinnerte sich trotzdem nach vielen Jahren noch an »Andrjuschas Kartoffeln«.

Im Mai fuhren Klawa und ich dreimal mit dem Boot auf der Wolga und ihren Verbindungskanälen spazieren. Ich war nicht sonderlich geschickt und ließ Klawas Schuh fallen, der aber, wenn ich mich recht erinnere, gerettet werden konnte. Klawa fand bei einer Verwandten, ihrer Patentante, Schuhe für mich; sie stammten vom verstorbenen Ehemann der Tante und waren ein Ersatz für die Schuhe, die man mir im Oktober im Dampfbad gestohlen hatte. Damals kehrte ich in Socken über die erstmals leicht vereisten Straßen ins Wohnheim zurück und mußte dann im Winter in Sommerschuhen herumlaufen. Nach und nach begann ein neues Leben. Am 10. Juli heirateten wir standesamtlich. Alexej Iwanowitsch segnete uns mit einer Ikone, bekreuzigte uns und sprach dazu einige begleitende Worte. Dann faßten wir uns an der Hand und gingen über das Feld zum Bezirkskomitee und zum Standesamt. Wir verlebten gemeinsam fast 26 Jahre, bis zu Klawas Tod am 8. März 1969, und hatten drei Kinder: unsere älteste Tochter Tanja (geboren am 7. Februar 1945), unsere Tochter Ljuba (28. Juli 1949) und unseren Sohn Dmitrij (14. August 1957).

Klawa arbeitete nach 1945 nicht mehr. Sie hatte ihre Ausbildung nicht mehr vor dem Krieg abschließen können, und nachher lebte sie ganz auf die Familie bezogen, obgleich die Frauen fast aller meiner Kollegen (jedenfalls meiner Generation) studierten oder berufstätig waren. Für Klawa war diese Situation schwierig, sie verstärkte ihr Unterlegenheitsgefühl, und meine Schuld war es – wenn man in solchen Fällen von Schuld sprechen kann –, daß ich sie nicht zum Studium oder zumindest zur Arbeit bewegen konnte, daß ich die Dringlichkeit dieses Problems nicht erkannte, mir aber auch nicht sicher war, ob sie es schaffen würde. Es gelang mir nicht, ihre Hemmungen in dieser und in anderer Hinsicht zu überwinden sowie eine leichtere, freudigere Atmosphäre in der Familie zu schaffen, die Klawa mehr Lebensmut gegeben hätte. Doch in jeder Familie hängt die Atmosphäre hauptsächlich von der Frau, der Ehefrau, ab. Wären wir freilich in Uljanowsk geblieben, dann hätte Klawa weiterhin gearbeitet, und vielleicht hätte sie es leichter gehabt. Doch unser Umzug ins »Objekt« – eine geheime Stadt – verstärkte ihre Schwierigkeiten. In unserem Leben gab es einen verhältnismäßig kurzen Abschnitt mit materiellen Sorgen (finanziellen, Wohnungssorgen und anderen), besonders in den Jahren von 1945 bis 1947. In den meisten Familien zog sich die materielle Not, vor allem damals, über einen weit größeren Zeitraum, oft über das ganze Leben hin. Doch selbst als später materieller Wohlstand bei uns einkehrte, hatten wir an ihm aus objektiven wie auch aus zumeist subjektiven Gründen wenig Freude und lebten, insgesamt gesehen, bescheiden. Manchmal bedrückt es mich, daß auch unsere Kinder wenig Freude hatten. Ich meine hier natürlich: »im allgemeinen«, denn glückliche Zeitabschnitte gab es auch, und wir bemühten uns durchaus, den Kindern, soweit wir das konnten, das Leben freudvoller zu gestalten, wie auch die Kinder uns viel Freude brachten, freilich nicht ausschließlich, wie das bei allen Kindern eben ist. Alles in allem: In unserem gemeinsamen Leben gab es Phasen des Glücks, manchmal ganze Jahre hindurch, und ich bin Klawa dafür sehr dankbar.

Leider wich ich oft im Privatleben (in meinen Beziehungen zu Klawa und, nach ihrem Tod, zu den Kindern) schwierigen und drängenden Fragen aus, deren Lösung ich mich psychisch nicht gewachsen fühlte; um mich vor ihnen zu schützen, wählte ich den Weg des geringsten Widerstandes, ohne dabei meine physischen Kräfte zu schonen oder mit der Zeit zu knausern. Danach quälte ich mich, fühlte mich schuldig und machte allein deswegen neue Fehler, doch Schuldgefühle helfen nicht weiter. Andererseits konnte ich in diesen mir oft unlösbar scheinenden persönlichen Dingen wenig ausrichten, und indem ich mich von ihnen fernhielt, konnte ich im Leben insgesamt dennoch aktiv sein. Doch zurück zum Jahre 1943.

Klawa bewohnte mit ihren Eltern und ihrer Schwester Sina ein großes Bauernhaus in einer Arbeitersiedlung unweit der Wolga (im Juni zog auch ich dort ein). In dieser Siedlung hatten alle Bewohner große Anwesen, die als Kartoffelfeld und Gemüsegarten genutzt wurden. Dies war eine der wichtigsten Existenzquellen der Familie. Ein Teil des Gemüses wurde auf dem Markt verkauft. Selbstverständlich erforderte ein so großer Haushalt sehr viel Aufwand, und ich arbeitete nach Kräften mit. Alexej Iwanowitsch gab sich mit dem Hofland nicht zufrieden; er pflügte im Frühling 1944 mit meiner Hilfe ein Stück Brachland um, das etwa zwanzig Kilometer von unserem Haus entfernt war, und säte dort Hirse. Im Herbst erntete er sie ab, doch es war sehr schwierig, sie nach Hause zu schaffen. Wir spannten uns zu zweit vor den Wagen und zogen ihn fast die ganze Nacht hindurch, bis wir endlich unser Haus erreichten. Alexej Iwanowitsch nannte mich immer »Andrjuscha«. Er duzte mich, während ich ihn siezte. Er begegnete meiner Arbeit mit großer Achtung und großem Interesse, und bis in seine letzten Lebensjahre erinnerte er sich an Einzelheiten, die ich schon vergessen hatte. Ihm schien, daß man mich nicht genügend schätze. Besonderen Eindruck machte auf ihn aus irgendeinem Grund meine Arbeit über die Kontrolle der Dicke nichtmagnetischer Beschichtungen von Geschoßhüllen. Alexej Iwanowitsch wurde im Jahre 1890, also ein Jahr später als mein Vater, geboren, und zwar in derselben Siedlung, in der ich ihn 53 Jahre später kennenlernte und wo er in diesem halb städtischen und halb ländlichen Milieu aufwuchs. Seine Ausbildung war nicht besonders gut; er nahm das Studium am Technikum sehr spät, in den dreißiger Jahren, auf und führte es nicht zu Ende. Alexej Iwanowitsch erzählte darüber verschiedene Geschichten, doch vermutlich war es ganz einfach: Für einen über Vierzigjährigen ist es schwer, Schulweisheiten zu lernen.

Alexej Iwanowitschs Verhältnis zur sowjetischen Wirklichkeit war gespannt. Die »Obrigkeit« mochte er nicht und erklärte: »Früher gab es im Kreis einen Wachtmeister, der ab und zu was einsteckte, aber wenigstens war er allein.« Oft kam er auf das blindwütige und ungesetzliche Vorgehen in der Epoche der »Ablieferungspflicht«[2] zu sprechen, wie damals das Getreide aus einem »herausgepreßt« wurde. Klawa erzählte, daß ihm im Jahre 1930 oder 1931 ein wunderschöner Hengst, der auf den Namen »Junge« hörte, weggenommen wurde und in den Kolchos kam. Alexej Iwanowitsch verdiente sich damals mit dem Antransport von Material für die Errichtung der zweiten Fabrikbaustufe etwas dazu. »Junge« ging bald darauf ein. Alexej Iwanowitsch weinte damals lange und die Erinnerung an die Geschichte machte ihn auch später noch traurig. Wie alle Einwohner von Uljanowsk sprach er mit großer Bitterkeit von den Gärten, die vor der Kollektivierung auf der berühmten, von Gontscharow beschriebenen »Uferböschung« angelegt waren.[3] Jetzt ist es eine Erdrutschzone, und jedes Jahr werden Unsummen ausgegeben, um mit dieser Gefahr fertig zu werden. Alexej Iwanowitsch machte oft ironische Bemerkungen zu den in Zeitung und Rundfunk verbreiteten Mitteilungen über Arbeitserfolge und dergleichen mehr. »Ah, da reden schon wieder die Schwätzer«, war sein Standardsatz. Vom Hörensagen berichtete er, daß Stalin seine Frau ermordet habe, daß tagtäglich im Kreml ruinöse Gelage abgehalten würden und daß für die Ermordung Trotzkijs Millionen aufgewandt worden seien.

Doch andererseits war Alexej Iwanowitsch mir sehr böse, als ich mich – Ende der sechziger Jahre – mißbilligend über Woroschilow äußerte und ich ihn von der Richtigkeit meines Urteils nicht überzeugen konnte. Alexej Iwanowitsch las fast nichts, das Evangelium ausgenommen, das er meiner Meinung nach mitunter recht eigenwillig interpretierte.

Klawas Mutter (1898–1977) hieß Matrjona Andrejewna, ihr Mädchenname war Sneshkina. Sie war acht Jahre jünger als Alexej Iwanowitsch und weniger freimütig und offen. Solange Alexej Iwanowitsch im Betrieb tätig war, ruhte die meiste Arbeit im Haushalt und in der Wirtschaft – Kochen, Gemüsegarten, Verkauf auf dem Markt – auf ihren Schultern. In den dreißiger Jahren war auch sie als Arbeiterin in der Fabrik beschäftigt gewesen, und sie sprach oft darüber, auch über ihr Treffen mit dem Direktor, der anscheinend ein Verwandter Berijas[4] war und ungeheure Vollmachten besaß. Offenbar war dies die schönste Zeit in ihrem Leben, in der sie größere Unabhängigkeit und den Umgang mit einem breiteren Personenkreis genoß. Sie erwähnte auch einen jungen Mann, der ihr früher den Hof gemacht hatte – vor ihrer Heirat, die vielleicht nur auf Drängen ihrer Verwandten zustande gekommen war.

Damals, als ich sie und Alexej Iwanowitsch kennenlernte, schien mir, daß ihre Beziehung nach gewissen Schwierigkeiten in der Vergangenheit (das wußte ich von Klawa, die in ihrer Kindheit und Jugend auf der Seite ihrer Mutter stand) in reifen Jahren ein gewisses Gleichgewicht erreicht hatten. Doch offenbar durchschaute und wußte ich nicht alles. In den sechziger Jahren nämlich trennten sich Klawas Eltern nach 45 Jahren gemeinsam verbrachten Lebens. Die Ursachen dafür sind mir nicht bekannt. Seit dieser Zeit lebt Matrjona Andrejewna in Leningrad bei der Familie ihrer jüngeren Tochter, die Ärztin ist. Klawa sah sie bis zu deren Tod nicht mehr. Alexej Iwanowitsch blieb in Uljanowsk in seinem Haus wohnen, das nach einer Überschwemmung an eine andere Stelle versetzt worden war. Er starb ganz allein. Eine Nachbarin fand ihn zufällig auf der Treppe vor dem Haus liegen. Beim Begräbnis Alexej Iwanowitschs hielten jene »traditionsbewußten« alten Männer und Frauen die Totenmesse, mit denen er in der letzten Zeit Umgang gepflegt hatte. Man fand Geld bei ihm; er hatte es in Papier eingewickelt und mit der Aufschrift versehen: »Für mein Begräbnis«.

Nach dem erfolgreichen Abschluß meiner Arbeit an dem Gerät zur Härtungskontrolle war ich zum anerkannten Fachmann für magnetische Kontrollmethoden avanciert. Mitte 1943 schlug man mir vor, ich sollte herausfinden, wie die Dicke der Messingbeschichtung von Geschoßhüllen für die automatische Pistole TT ohne Ätzung zu bestimmen sei.

Im Jahre 1944 begann ich, mich an Hand von Lehrbüchern intensiver mit Theoretischer Physik zu beschäftigen. Dies tat ich im Parteikabinett, dem Raum für die politische Schulung – dort war es warm und hell, und ich war der einzige Besucher. Doch offenbar kam die Leiterin bald dahinter, daß ich während der Dienstzeit nicht Lenin und Stalin und nicht einmal Marx und Engels las, sondern etwas Unverständliches. Der Laborchef Wischnewskij war gezwungen, mir einen Verweis zu erteilen. Übrigens tat er das so zurückhaltend, daß man es fast nicht als Verweis ansehen konnte.

Noch einmal zurück, zum Beginn des Jahres 1943. Im Labor war ein teures optisches Gerät eingetroffen, ein Steeloskop, das für die halbquantitative Spektralanalyse von Stahl und anderen Metallegierungen verwendet wird. Da ich der einzige im Labor und im ganzen Betrieb war, der etwas von Optik (rein theoretisch) wußte, wurde ich beauftragt, mich mit diesem Gerät vertraut zu machen. Tatsächlich lernte ich, die Stahlsorten mit dem Steeloskop sehr schnell und fehlerlos zu bestimmen. Sie waren in den Lagern laufend verwechselt worden, und da sollte eben dieses technische Wunderwerk Abhilfe schaffen. Zur Kontrolle der von mir durchgeführten Bestimmungen gab ich eine Anzahl zweifelhafter Proben in das chemische Labor. Einige Analysen wurden Klawa anvertraut. Aus Unachtsamkeit oder weil der Abzugsschrank defekt war, vergiftete sie sich mit Schwefelwasserstoff. Dieser Vorfall trug zu unserer Annäherung im Winter 1942/1943 bei.

Ende Dezember 1944 erhielt ich vom Physikalischen Institut der Akademie der Wissenschaften der UdSSR (FIAN) eine Einladung nach Moskau, wo ich bei dem bekannten Physiktheoretiker Igor Jewgenjewitsch Tamm die Prüfung für die Aspirantur ablegen sollte. Die Einladung war abgeschickt worden, nachdem sich Vater mit einer entsprechenden Bitte an Tamm gewandt und ich ihm meine Arbeiten geschickt hatte. Tamm kannte Vater schon seit den dreißiger Jahren und begegnete ihm mit großem Respekt und Vertrauen. Sie waren sich im Pädagogischen Institut und bei den Sitzungen der touristischen Gesellschaft begegnet; Tamm war ein leidenschaftlicher Wanderer und Bergsteiger. Außerdem kannte er Vater durch Landsberg und Leontowitsch und von seinen Büchern her, was vielleicht den Ausschlag gab. Der Anstoß war für Vater eine Begegnung mit Petja Kunin gewesen, der schon bei Igor Jewgenjewitsch in der Aspirantur war und Vater zuredete, daß auch mein Platz dort sei. Vater beschloß, sich darum zu kümmern. Seit meiner Kindheit hatte er an meine Fähigkeiten geglaubt, und sein Wunschtraum war, daß ich Wissenschaftler werden sollte. Obwohl ich damals in die Aspirantur aufgenommen wurde, verlief mein weiteres Schicksal nicht eindeutig, nicht geradlinig …

Ich war innerlich schon längst gewillt, zu rein wissenschaftlichen Studien überzugehen, und bereitete mich darauf vor, obwohl ich es etwas bedauerte, die erfinderische Tätigkeit, die allmählich Erfolg versprach, aufgeben zu müssen. Doch der Drang zur Wissenschaft war unvergleichlich stärker.

Klawa und Alexej Iwanowitsch waren ebenfalls der Auffassung, daß ich unbedingt nach Moskau gehen solle. Ich stellte bei der Betriebsleitung den Antrag auf Entlassung. Anfang Januar erhielt ich die Bewilligung, und am 12. oder 14. Januar fuhr ich nach Moskau ab. Klawa war im neunten Monat schwanger. Wir hofften, daß sie sich mir bald – bereits mit unserem Kind – anschließen könnte. Die Alltagsprobleme – Wohnung und Finanzen – zeichneten sich dabei nur sehr nebelhaft ab.

Klawa und Alexej Iwanowitsch begleiteten mich zum Bahnhof. Mein Zug fuhr spät abends vom Bahnhof Uljanowsk I ab. Es war eine dunkle Winternacht mit Schneegestöber. Nachdem sie mich an der Station verabschiedet hatten, durchquerten sie zu Fuß die schlafende Stadt und bestiegen um 6 Uhr früh am Bahnhof Uljanowsk II den »Arbeiterzug«, der sie nach Hause brachte.

Unsere erste Tochter, Tanja, kam dreieinhalb Wochen nach meiner Abfahrt zur Welt, am 7. Februar. Im Entbindungsheim war es kalt, man heizte mit Papier. Es war – wie so oft beim ersten Kind – eine schwere Geburt.

V. Aspirantur im FIAN
Die Wissenschaft

Vater und Mutter holten mich am Bahnhof ab. Ich war überrascht, wie sie sich in den vergangenen zweieinhalb Jahren verändert hatten. Sie wohnten jetzt in der Spiridonjewskaja-Straße, wo 1942 die Kinderkrippe gewesen war, also neben der Granat-Gasse. Ein Prozeß mit den ehemaligen Mietern ihres Zimmers, die aus der Evakuierung zurückgekehrt waren, stand ihnen bevor, was natürlich eine juristische Albernheit war. Richtig wäre es gewesen, wenn die früheren Mieter einen Prozeß gegen den Moskauer Stadtsowjet angestrengt und von ihm verlangt hätten, meine Eltern umzusiedeln. Diese Möglichkeit gibt es bei uns jedoch nicht. Die Rückkehrer hatten zwei Zimmer gehabt; nun wurde ihnen das größere zugewiesen, meine Eltern behielten das andere. Vater und Mutter hatten nach der Einberufung Juras zu zweit gelebt, jetzt wohnten wir – bis zur Ankunft Klawas – zu dritt.

Bereits am nächsten Tag betrat ich Igor Jewgenjewitsch Tamms privates Arbeitszimmer in seiner Wohnung in der Tschkalow-Straße. Das Zimmer war genauso eingerichtet, wie ich es dann jahrzehntelang vor mir sah: Alles wurde beherrschte vom Schreibtisch, der von Dutzenden numerierten Blättern mit mir unverständlichen Berechnungen übersät war; über dem Tisch hing eine große Fotografie Leonid Isaakowitsch Mandelstams, des 1944 verstorbenen großen Physikers, als dessen Schüler – in der Physik wie im Leben – sich Jewgenjewitsch bezeichnete. Das waren, davon bin ich überzeugt, nicht nur leere Worte; er spielte øwirklich eine sehr bedeutende Rolle für ihn. An den Wänden standen Schränke mit Büchern in drei Sprachen: Russisch, Englisch und Deutsch. Es waren wissenschaftliche Werke, Nachschlagewerke und ein paar schöngeistige Bücher. Eine lange Reihe bildeten die grünen Exemplare des *Physical Review.* Zu meinem Leidwesen, da ich gegen das Rauchen bin, hingen dichte blaue Rauchwolken über dem Schreibtisch. Tamm konnte ohne Zigaretten nicht arbeiten, obwohl er dabei unter Hustenanfällen zu leiden hatte. Auf einer Karte an der Wand waren die militärischen Operationen markiert. Im Radio wurde gerade der neueste Bericht übertragen, und Igor Jewgenjewitsch steckte die Fähnchen um, was er, wie alles andere auch, mit erstaunlicher Lebhaftigkeit und Genauigkeit bewerkstelligte. Die Januar-Offensive, vermutlich die größte Offensive des gesamten Krieges, war gerade im Gange. Igor Jewgenjewitsch erkundigte sich nach Vaters Gesundheit und kam fast sofort auf die Wissenschaft zu sprechen. Er befragte mich ruhig und voll Taktgefühl, lotete jedoch scharfsinnig mein Wissen genau aus, das zwar sehr begrenzt, aber, wie mir schien, fundiert und nicht oberflächlich war. Ich selbst bewertete mich ohne falsche Bescheidenheit mit einer Formulierung aus dem Wehrpaß: »Tauglich, nicht geschult«. Gegen Ende des Gesprächs wurde er anspruchsvoller, was meiner Meinung nach bedeutete, daß er mich ernst zu nehmen begann. Er meinte, er akzeptiere mich als Aspiranten; die Erledigung der Formalitäten werde einige Tage dauern.

»Wie sieht es bei Ihnen mit Fremdsprachen aus?«

Ich antwortete, daß ich Deutsch lesen könne, doch Englisch überhaupt nicht beherrsche, was ihm sehr mißfiel.

»Sie müssen sich die englische Sprache unverzüglich aneignen. Zunächst so weit, daß Sie den *Physical Review* mit Hilfe eines Wörterbuchs lesen können. Das muß sehr schnell geschehen, ohne Rücksicht auf die formalen Anforderungen an die Aspiranten und unabhängig davon, denn ohne diese Kenntnisse können Sie keinen Schritt tun. Doch vor allem müssen Sie sich bemühen, die Bücher, die ich Ihnen geben werde, wirklich gründlich zu studieren. Es sind vortreffliche Bücher in deutscher Sprache. Die können Sie ja, Gott sei Dank.«

Es waren Paulis Bücher *Relativitätstheorie* – ein bemerkenswerter und gründlicher Überblick mit einem detaillierten historischen und experimentellen Teil, das beste Buch über die Relativitätstheorie, und Pauli hatte es bereits mit neunzehn Jahren verfaßt – und *Quantenmechanik*, gleichfalls ein vortreffliches Buch. Als Ergänzung zu dem letzteren gab Tamm mir das Manuskript von L. I. Mandelstams Artikel »Zur Theorie indirekter Messungen«, der damals noch nicht veröffentlicht war und den man jetzt in den Gesammelten Werken Leonid Isaakowitschs zur Optik, Relativitätstheorie, Quantenmechanik und Elektrodynamik finden kann, ein interessanter Beitrag zur Interpretation der Quantenmechanik, tiefschürfend und glänzend abgefaßt. Viele meinen heute, daß die Interpretation der Quantenmechanik erschöpfend behandelt sei. Doch auch jene sind noch nicht ausgestorben, die »verborgene Parameter« oder noch etwas Unerfüllbareres suchen, wie der große Einstein in der Annahme, daß »Gott nicht würfelt«. Die erste Position kommt vermutlich der Wahrheit näher. Trotzdem glaube ich, daß die Interpretation der Quantenmechanik noch nicht die Geschlossenheit und Klarheit erreicht hat, die in der klassischen Physik, einschließlich der Relativitätstheorie (dem Hauptangriffsobjekt einer ganzen Armee von Bilderstürmern), möglich ist. L. I. Mandelstam vertrat die Ansicht, daß die Quantenmechanik sowohl für »reine« als auch für »gemischte« Zustände mit den Termini, die der Beschreibung von Experimenten mit freien Teilchen dienten, interpretiert werden müsse, also: Massen und Lebensdauer, totaler und differentieller Wirkungsquerschnitt und dergleichen. Alles andere dürfe nicht mehr sein als ein »mathematischer Apparat« und ein bestimmtes System sekundärer Begriffe, die nicht unmittelbar zu definieren seien. Ich halte einen solchen Standpunkt für möglich, jedenfalls reflektiert er gut die äußerst wichtige epistemologische Idee von der Wechselbeziehung zwischen dem mathematischen Apparat und seiner operativen Interpretation, zwischen primären und sekundären Begriffen usw. Doch ist diese Interpretation wohl nicht vollständig. Müssen denn die Zustandsgleichung des kalten Fermi-Gases oder die Eigenschaften suprafluiden Heliums auf Experimente mit freien Teilchen hinauslaufen? Im Lehrbuch von Landau und Lifschitz wird über die Interpretation in quasiklassischen Termini gesprochen, was vermutlich der Wahrheit näher kommt. Endgültige Klarheit wäre wünschenswert.

Die Idee, daß nur freie Teilchen das unmittelbare Objekt der Theorie sein dürfen, erlangte deshalb besondere Popularität, weil es mit der Theorie der freien Teilchen Schwierigkeiten gab. Doch erstens ist die nichtrelativistische Quantentheorie durchaus geschlossen, beschreibt eine ganze Welt von Fakten und muß unabhängig von dem, was sich in der Theorie der Elementarteilchen ergibt, interpretiert werden. Zweitens verläuft die Entwicklung der Elementarteilchentheorie schon seit über fünfzehn Jahren unter dem Zeichen der Rehabilitierung der lokalen Quantenfeldtheorie. Es stellte sich heraus, daß die scheinbar unüberwindbaren Schwierigkeiten in den sogenannten Eichtheorien, besonders in ihren supersymmetrischen Varianten, verschwinden. (Ergänzung 1987: Heute setzt man große Hoffnung auf die sogenannten »Supersaiten«. Dadurch werden die Ideen der Quantenfeldtheorie entscheidend weiterentwickelt, ohne daß man die Quantenmechanik revidieren müßte.) Tatsächlich muß man sich heute nicht über die Schwierigkeiten, sondern über die Erfolge des sogenannten »Standardmodells« wundern. Doch ich bin drei Jahrzehnte vorausgeeilt.

Die Bücher Paulis und den Artikel Mandelstams las ich in etwas mehr als zwei Monaten durch. Mir scheint, daß Tamm gerade mit diesen Büchern eine erstaunlich glückliche Wahl getroffen hat und dadurch mein Studium und meine Arbeit für viele Jahre in die richtigen Bahnen lenkte.

In jenen Tagen begann ich auch, regelmäßig die theoretischen Seminare zu besuchen, die Igor Jewgenjewitsch leitete. Es gab zwei Arten von Seminaren: das allgemeine Moskauer Seminar, das jeweils dienstags im Konferenzsaal stattfand, und das innere Seminar, den »Schwatz«, der sich freitags in Tamms Arbeitszimmer abspielte. Igor Jewgenjewitsch vergab die Referate für diese Seminare selbst. Die Abteilung arbeitete auch kollektiv an einer Monographie über das Meson, das Mü-Meson[1], würde man heute sagen. Doch dieser Überblick war leider zum Zeitpunkt seiner Veröffentlichung schon veraltet, nachdem Powell, Lattes und Occhialini das Pi-Meson entdeckt und sich zudem vorher herausgestellt hatte, daß das Mü-Meson mit den Kernen nur eine schwache Wechselwirkung eingeht, nur langsam von ihnen eingefangen wird und deshalb keine Beziehung zu den Kernkräften hat.

Ich erneuerte meine Freundschaft mit Petja Kunin und knüpfte auch freundschaftliche Beziehungen mit anderen Aspiranten in und außerhalb der Abteilung für Theoretische Physik an. Zu ihnen gehörte Petjas neuer Kamerad Schura Taksar, der aus dem Baltikum stammte. Als Klawa eintraf, schloß sie sich ebenfalls diesem Kreis an. Taksar wohnte mit seiner Frau Tamara in einem Wohnheim, und wir waren oft bei ihnen zu Gast. Schura erinnerte mich irgendwie an meinen verschwundenen Kameraden Jascha, obwohl sie einander gar nicht ähnlich sahen. Das FIAN war damals nicht sonderlich groß, und zum Kreis meiner Freunde gehörten natürlich einige junge Leute aus anderen Abteilungen, darunter Matwej Rabinowitsch, den ich noch von der Universität her kannte und der ein oder zwei Studienjahre über mir war. Matwej – alle nannten ihn Musja – spezialisierte sich unter der Leitung Wladimir Iossifowitsch Wekslers, des Erfinders neuer Prinzipien zur Beschleunigung von Elementarteilchen, auf dem damals völlig neuen Gebiet der Beschleuniger. Er brachte es schnell zu großen Erfolgen, und später stieg er auf die Plasmaphysik und die magnetische thermonukleare Thematik um. Gestern (Juni 1982) habe ich von Matwej Samsonowitsch Rabinowitschs Tod erfahren.

Jefím Fradkin, wir nannten ihn alle Fíma, tauchte Ende 1945, nach seiner Entlassung vom Militär, in der theoretischen Abteilung auf. Die Deutschen hatten seine gesamte Familie getötet und er war ganz allein. Mit siebzehn war er zur Armee eingezogen worden, hatte an den Kämpfen an der Westfront teilgenommen und war bei Stalingrad schwer verwundet worden: Ein Schuß hatte seine rechte Wange, die Zähne, den Kiefer, die Zunge und die linke Wange durchschlagen. Wie einen Reflex verspürte Fíma jedesmal, wenn General W. A. Malyschew[2], der Bevollmächtigte des ZK der KPdSU sowie des Ministerrats, das Zimmer der Theoretiker betrat, den Impuls des Soldaten, aufzuspringen und Haltung anzunehmen. In unserem Kreis kam Fradkin dem Vorbild des hochprofessionellen, in »vorderster Reihe« stehenden Physiktheoretikers, von dem wir alle träumten, am nächsten. Er hat in fast allen neuen wichtigen Bereichen der Quantenfeldtheorie große Erfolge aufzuweisen (Methode der Greenschen Funktionen in der Renormierungstheorie, Eichfelder, Funktionalintegration, einheitliche Theorien der starken, schwachen und elektromagnetischen Wechselwirkung, allgemeine Theorie der Quantisierung von Systemen mit Koppelungen, Supergravitation und anderes). Er entdeckte als erster, unabhängig von Landau und Pomerantschuk, die »Moskauer Null« –, der Nichtphysiker mag die hier nicht weiter erläuterten Termini verzeihen und sie einfach als nebelhafte, wunderbare Bilder ansehen.

Wegen der Schwierigkeiten mit der Quantenfeldtheorie, die besonders in der »Moskauer Null« zum Ausdruck kamen, entwickelte sich Mitte der fünfziger und Anfang der sechziger Jahre eine skeptische Einstellung dieser Theorie gegenüber, und dies wirkte auch nachteilig auf die Arbeiten Fradkins. Einige von ihm erzielte wesentliche Ergebnisse wurden nicht rechtzeitig bemerkt und in der Folge von anderen Autoren aufs neue entdeckt. In manchen wichtigen Fragen brachte Fradkin selbst nicht die nötige Beharrlichkeit auf. Das vielleicht dramatischste Beispiel ist die Erforschung der Gell-Mann-Lowschen Betafunktion in den Nichtabelschen Eichtheorien: In Abhängigkeit vom Vorzeichen der Betafunktion ergibt sich entweder die Schwierigkeit mit der »Moskauer Null« – so war es bei allen bis dahin untersuchten Theorien gewesen – oder aber eine weitaus günstigere Situation, die »asymptotische Freiheit« genannt wird. Fradkin und sein Mitautor Igor Tjutin hatten alles in der Hand, doch sie schenkten dem Vorzeichen der Betafunktion keine Beachtung oder hielten es nicht für so wichtig, weil sie von den rechnerischen Schwierigkeiten in Anspruch genommen waren. Ein ähnliches Mißgeschick ereilte einen Mitarbeiter des Instituts für Experimentelle und Theoretische Physik namens Terenin, der von dem damals mit der »Beerdigung der Quantenfeldtheorie« beschäftigten I. J. Pomerantschuk nicht unterstützt wurde, sowie den Nowosibirsker Physiker I. Chriplowitsch. Die »asymptotische Freiheit« der Eichfelder wurde später von Wilczek, Gross und Politzer entdeckt. Diese Entdeckung war epochemachend für die Theorie der Elementarteilchen. Viele der von Fradkin erzielten Ergebnisse sind als klassisch zu bezeichnen. In methodischen Dingen konnte ihm niemand das Wasser reichen. In den sechziger Jahren wurde er korrespondierendes Mitglied der Akademie der Wissenschaften der UdSSR, aber er ist auch international verdientermaßen ein bekannter Mann. Zwischen 1970 und 1979 reiste Fradkin dienstlich oft ins Ausland. Er war ein »Ausreisender«, wie man solche Leute nennt. Bei all seinen Äußerungen ließ er große Vorsicht walten, um so mehr bei allen Handlungen, die den gesellschaftlichen Bereich betrafen – hier hielt er sich ganz zurück.

Alle Mitarbeiter von Igor Tamm waren verpflichtet, in den Seminaren über die neu eingegangene wissenschaftliche Literatur zu referieren, damals vor allem über den Physical Review; auch die jungen Mitarbeiter, die »gerade erst laufen gelernt hatten«, mußten sich beteiligen, was sie zwang, ihre ganze Kraft dareinzusetzen, galt es doch als sehr ehrenvoll. Anfangs fiel es mir unglaublich schwer. Doch dafür fühlte ich mich beispielsweise beim Referat über die Arbeit Schwingers zum anomalen magnetischen Moment des Elektrons wie ein Götterbote. Ich kann mich heute noch erinnern, wie Pomerantschuk nach meinem Vortrag über diese Arbeit zur Tafel vorschoß und in ungeheurer Erregung, sich an den Haaren zupfend, etwa folgendes sagte: »Wenn das wahr ist, dann ist das äußerst wichtig. Ist es unwahr, dann ist es auch äußerst wichtig ...«

Das war wohl bereits 1948. Ich erreichte nur mühsam das Niveau – was den Umfang der Kenntnisse und das Verständnis betrifft –, das fürs Referieren nötig ist, und als ich später zu militärwissenschaftlichen Forschungen herangezogen wurde, verlor ich sehr schnell das mit soviel Mühe erworbene Wissen und kam auch nie mehr auf das einstige Niveau zurück. Das ist sehr schade. Und trotzdem stützte ich mich bei meiner späteren Arbeit ganz wesentlich auf das Verständnis, das ich in den ersten Jahre am FIAN unter der Leitung von Igor Tamm erworben hatte. Eine andere, ebenso weise Forderung, die er stellte, war die obligatorische Lehrtätigkeit. Ich hielt drei Semester lang Vorlesungen am Moskauer Energiewirtschaftlichen Institut (MEI) und danach noch ein halbes Jahr in der Abendschule für Arbeiter am Kurtschatow-Institut. Leider war ich kein sonderlich guter Lehrer, obwohl ich schnell aus meinen eigenen Fehlern lernte und Unterrichtspraxis erwarb. An der Abendschule mit den ganz anders gearteten Schülern, mußte ich wieder umlernen. Wenn ich die Unterrichtstätigkeit fortgesetzt hätte – und ich wollte es gern –, dann wäre aus mir mit der Zeit vielleicht ein ganz passabler Lehrer geworden.

Im MEI leitete Professor W. A. Fabrikant den Lehrstuhl für Physik. Er war in großer Besorgnis wegen meiner pädagogischen Unerfahrenheit und erteilte mir allerlei nützliche Belehrungen. Damals schlug er zusammen mit seiner Mitarbeiterin Butajewa das Prinzip des Lasers und des Masers vor, also die Ausnutzung des Effekts der induzierten Emission, auf dessen Existenz Einstein als erster im Jahre 1919 hingewiesen hatte. Doch die Freude über die Verwirklichung dieser wunderbaren Idee – und die Berühmtheit – fiel anderen zu. Es heißt, daß sich die schwierige Lage ausgewirkt habe, in der sich viele Juden in jenen Jahren des Kampfes gegen den »Kosmopolitismus« befanden. Aber ich habe keine Informationen aus erster Hand. Vielleicht machte sich einfach die allgemeine Schwierigkeit bemerkbar, unter den an einer Hochschule herrschenden Bedingungen eine wissenschaftliche Arbeit durchzuführen: die Überlastung durch die Lehrtätigkeit und administrativer Aufgaben sowie die äußerst dürftige Versorgung mit Materialien und Geräten. Zwanzig Jahre später wurde W. A. Fabrikant der Wawilow-Preis[3] zuerkannt (ich war Mitglied der Kommission). Ob diese verspätete Anerkennung für den alten und bereits kranken Mann, der am Ursprung einer der bewundernswertesten Erfindungen unserer Zeit gestanden hatte, wenigstens ein gewisser Trost war?

Am Energiewirtschaftlichen Institut hielt ich insgesamt drei Vorlesungsreihen über Kernphysik, Relativitätstheorie und Elektrizität. Danach mußte ich wegen irgendwelcher Personalprobleme gehen, die sich am Lehrstuhl ergaben und wahrscheinlich im Zusammenhang mit dem »Kampf gegen den Kosmopolitismus« standen. Ich las einmal in der Woche für zwei Stunden. Eine Vorlesung vorzubereiten, dauerte einen vollen Tag oder noch länger. Den Text der Vorlesung schrieb ich nicht nieder, sondern machte nur ein Konzept. Nach der Vorlesung fühlte ich mich immer so müde, daß ich zu nichts mehr fähig war.

Aufregend war die Abnahme der Prüfungen. Ich erinnere mich besonders gut an das erste von mir abgenommene Examen, nicht weniger gut als an das erste von mir abgelegte. Anfangs konnte ich keinen meiner Studenten »erwischen«, und es gab nur Einser. Erst beim letzten Prüfungskandidaten hatte ich dann die nötige »Härte«; er konnte eine etwas aus dem Rahmen fallende Frage nicht beantworten, und ich gab ihm eine Zwei. Es war beschämend und ungerecht, und am schlimmsten war, daß wir beide es wußten. Ich fühle mich bis heute diesem jungen Mann gegenüber schuldig. Sein Name ist Markow. Er war einer der Besten der Gruppe. Als ich die Vorlesungen hielt, »lernte« ich selbst Kernphysik (etwa den Stand, der damals in der bekannten Übersicht von Hans

Bethe im *Review of Modern Physics* dargelegt war), Elektrodynamik und Relativitätstheorie (nach den Lehrbüchern von Landau und Lifschitz und der Monographie von Pauli). Ich denke oft daran, wie gut es gewesen wäre, wenn ich Zeit gehabt hätte, alle theoretischen Disziplinen »durchzunehmen«. Hätte ich in den fünfziger und sechziger Jahren Vorlesungsreihen über Quantenmechanik, Quantenfeldtheorie und Elementarteilchen einschließlich der Symmetrietheorie, über statistische Physik (mit den neuen Methoden, die aus der Feldtheorie übernommen worden waren), über Gas- und Hydromechanik und Astrophysik gehalten, dann gäbe es in meinem Wissen nicht die großen Lücken, die sich über Jahrzehnte hinweg bei meiner Arbeit so störend ausgewirkt haben. Doch mein Leben verlief anders.

Was den Unterricht an der Abendschule betrifft, so brachte er mir natürlich keine vertieften Kenntnisse, doch dafür war die pädagogische Praxis von großem Nutzen, und das Geld war es auch. Als ich viele Jahre später meine Schüler wiedertraf, spürte ich, daß sie mir großen Respekt entgegenbrachten, was mir sehr wohl tat.

Freilich, was meinen wissenschaftlichen Aufstieg am meisten förderte, war die eigentliche wissenschaftliche Arbeit, die bis zum Stadium der Veröffentlichung gedieh – nach der berühmten Triade Bohrs: *Work! Finish! Publish!* Darüber weiter unten. Das Aspirantenexamen, dem manche so große Bedeutung beimessen, handhabte Igor Jewgenjewitsch Tamm sehr liberal: Es war beinahe eine bloße Formalität.

Der Unterricht war für mich als Quelle zusätzlicher Einnahmen für das Familienbudget, zur Aufbesserung des damals nicht gerade großen Aspirantenstipendiums, sehr wesentlich. Ich verdiente außerdem noch dazu, indem ich Referate für den *Referatesammelband* und für die Zeitschrift *Erfolge der physikalischen Wissenschaften* [4] verfaßte. Ich glaube, daß ich das nicht schlecht machte. Doch es brachte mir weniger wissenschaftlichen Nutzen als der Unterricht, denn hier fehlte die Systematik, die ein festes Fundament für das ganze Leben schafft.

Das Geld hatten wir sehr nötig. Nicht nur für die Ernährung, um die es nicht zum besten stand; damals galt dies für die Mehrheit, und vielen ging es noch schlechter. Wir hatten drei Lebensmittelkarten für drei Personen: meine, die ich als Aspirant bekam, Klawas, die sie als Unterhaltsberechtigte erhielt, und Tanjas Kinderkarte. Ich möchte keinen falschen Eindruck erwecken: Unsere Schwierigkeiten waren nicht ungewöhnlich – kaum jemand führte in den ersten Nachkriegsjahren ein leichtes Leben. Und die Hauptsache war, daß in unserer Familie alle überlebt hatten.

Nachdem ich meine Dissertation verteidigt hatte, erhielt ich eine weitaus bessere Karte, doch dann wurde das Lebensmittelkartensystem abgeschafft und eine für viele ruinöse Währungsreform durchgeführt. Die Hauptschwierigkeit war das Wohnungsproblem. Wir mußten bei den unterschiedlichsten Leuten ein Zimmer mieten und konnten kaum jemals länger als zwei Monate bleiben, was aber nicht an uns lag. Die Zimmer waren in der Regel schlecht, manchmal unerträglich kalt; unsere kleine Tochter erkältete sich und erkrankte an einer Nierenbeckenentzündung. Einmal wohnten wir in einem kühlen, sehr feuchten Kellerzimmer, an dem die Wirtsleute dauernd vorbeigingen; die Wirtin, die sich das Geld einen Monat im voraus bezahlen ließ, hatte die Angewohnheit, ihre Mieter hinauszuekeln und auf diese Weise zweimal zu kassieren. Sie hatte eine Bescheinigung von der psychiatrischen Fürsorgestelle, so daß man ihr alles durchgehen ließ. Bei uns wirkte diese Masche nicht, wir ertrugen alles. Einen Monat später brachte sie einen Milizionär mit, offensichtlich einen Bekannten, der uns hinauswerfen sollte, und wir mußten schließlich doch ausziehen. Wenn wir keine Wohnung mehr hatten, mußten wir jedesmal zu meinen Eltern zurückkehren, was die ohnehin schon schlechte Beziehung zwischen Klawa und meiner Mutter noch verstärkte. Für uns war das ein großes Übel, an dem wir drei – Klawa, Mutter und ich – gleichermaßen schuldig oder unschuldig waren. Vater jedoch nahm eine sehr vernünftige Position ein.

Im Jahre 1947 gaben wir jede Hoffnung auf, in Moskau ein Zimmer zu finden, denn kaum jemand wollte einer Familie mit Kind etwas vermieten. Also mieteten wir zwei Zimmer in einem Privathaus in Puschkino bei Moskau. (Ins FIAN fuhr ich zweimal die Woche mit der elektrischen Eisenbahn.) Dort richtete ich mir in dem kälteren Raum zum erstenmal in meinem Leben ein Arbeitszimmer ein. Ich legte mir den Pelzmantel um die Schultern und schrieb eifrig an meiner Dissertation. Klawa schickte von Zeit zu Zeit Tanja, die nachschauen sollte, ob ich mich nicht schon in einen Eisblock verwandelte hätte. Tanja spähte durch den Spalt und kehrte dann mit der Meldung zurück: »Papachen lacht.«

Der Vermieter, ein ehemaliger Schuster, war schwerkrank und bettlägerig. Die Familie existierte davon, daß die Wirtin irgendwelche Waren auf dem Markt weiterverkaufte. In der UdSSR nennt man das Spekulation, was strafrechtlich verfolgt wird. Trotzdem leben viele Leute auf diese Weise, indem sie die Miliz oder andere Personen von Zeit zu Zeit schmieren. Wenn sie Pech haben, füllen sie die Reihen der Häftlinge auf. In den ersten Nachkriegsjahren blühte der Schwarzmarkt. Die Wirtin war uns gewogen und führte mit uns offenherzige und sehr konkrete Gespräche. In ihren Erzählungen über verschiedene Frauen, die »ihr Glück« gemacht hatten, tauchte wie ein Refrain der Satz auf: »Sie hatte so-o-o-lche Brüste; er [ihr Mann oder Freund] bot ihr ein Leben ›wie im Märchen‹.« An diesen Refrain habe ich mich später oftmals erinnert. In den letzten Jahren haben Ljusja und ich die Formulierung manchmal ergänzt: »Wie im Märchen, aber einem schrecklichen.«

Im Herbst 1947 mieteten wir über Vermittler ein kleines Häuschen unweit der Metrostation »Dynamo«, das Gerüchten zufolge einem KGB-Oberst gehörte. Wir begannen gerade, uns einzuleben, als während meiner Abwesenheit ein KGB-Vertreter bei Klawa erschien und ihr vorschlug, mit ihm »zusammenzuarbeiten«, ihm von all meinen Begegnungen zu berichten und mich natürlich nicht einzuweihen. Er versprach, in Alltagsangelegenheiten behilflich zu sein. Klawa lehnte ab. Nach zwei Tagen warf man uns aus dem Häuschen – unter dem Vorwand einer »operativen Notwendigkeit«. Ich darf anmerken, daß ich damals noch keinerlei Beziehung zu Arbeiten hatte, die unter irgendeine Geheimhaltungspflicht fielen. Diese Episode war einfach ein ganz gewöhnlicher Knoten jenes Beschattungsnetzes, welches das ganze Land durchzog.

Vater half uns, die Miete zu zahlen, doch das reichte nicht. Im Frühjahr 1947 lieh mir Igor Tamm 1000 Rubel. Ich konnte sie ihm erst nach der Verteidigung der Dissertation zurückgeben. Einmal hatten wir überhaupt kein Geld; wir konnten nicht einmal Milch besorgen, und Klawa versuchte, Bonbons, die sie auf Lebensmittelkarten erhalten hatte, zu verkaufen. Sie wurde als Spekulantin sogleich von der Miliz ergriffen und kam nur mit Mühe wieder frei.

Im Januar 1948 wurde uns auf Gesuch des Instituts im Hotel der Akademie der Wissenschaften ein Zimmer zur Verfügung gestellt. Formal war es ein »Haus für Gastwissenschaftler«, doch die meisten waren solche Gäste wie ich, die überhaupt keine Beziehung zur Akademie hatten. Das Zimmer wurde vom FIAN bezahlt, ob ganz oder nur teilweise, weiß ich nicht mehr. In dieser Angelegenheit ging ich zum Direktor des FIAN, dem bekannten Fachmann für Optik und Akademiemitglied Sergej Iwanowitsch Wawilow[5]. Sergej Iwanowitsch war der Bruder des anderen, noch bekannteren Akademiemitglieds Nikolaj Iwanowitsch Wawilow, des Biologen, der einige Jahre zuvor in der Haft umgekommen war. Diese Geschichte war eines der schrecklichsten Kapitel in der Geschichte der

Biologie der Sowjetunion. Sergej Iwanowitsch wurde bald Präsident der Akademie der Wissenschaften. Er traf sich regelmäßig, mindestens einmal in der Woche, mit T. D. Lyssenko, der dem Präsidium der Akademie der Wissenschaften angehörte und der, das mußte sowohl ihm als auch Wawilow klar sein, einer der Hauptschuldigen am Tod seines Bruders war. Wie diese Treffen vonstatten gingen, kann ich mir nur schwer vorstellen. (Ergänzung 1987: Unlängst erzählte mir ein höherer FIAN-Mitarbeiter folgende Geschichte [sein Gewährsmann war Leontowitsch, der sie direkt von Wawilow gehört haben wollte]: Wawilow erhielt entweder von Stalin selbst oder von einem seiner engsten Berater die Mitteilung: Es gibt zwei akzeptable Kandidaten für das Amt des Akademiepräsidenten – Sie und, falls Sie nicht einverstanden sind, Lyssenko. Wawilow überlegte sich seine Antwort die ganze Nacht über, wobei er mehrere Päckchen Zigaretten rauchte. Dann willigte er ein und rettete dadurch die Akademie sowie die sowjetische Wissenschaft vor einem Skandal, der bei Lyssenkos Amtsübernahme unvermeidlich gewesen wäre. Diese Geschichte – wenn sie der Wahrheit entspricht – zeigt eine weitere schreckliche Seite im Schicksal S. I. Wawilows und der gesamten sowjetischen Wissenschaft.)

Wawilow war ein wohlwollender Mensch und im persönlichen Umgang weich und gutherzig. In seiner Eigenschaften als Deputierter des Obersten Sowjets der UdSSR hatte er viel mit Menschen zu tun, die mit Beschwerden und Bitten zu ihm kamen. Was dabei vor sich ging, kann ich mir auf Grund meiner eigenen Erfahrung im »Menschenrechtskomitee« in den siebziger Jahren leicht ausmalen. In seiner Schreibtischschublade lagen Briefumschläge mit Geld (von seinem Präsidentengehalt) bereit, und da er in der Mehrzahl der Fälle keine Möglichkeit sah, den unglücklichen Menschen wirklich zu helfen, gab er ihnen Geld. Das wurde bekannt, und man versuchte, es ihm zu verbieten. Wawilow war nicht nur Direktor des FIAN, sondern auch noch eines anderen Instituts. Er kam all seinen Verpflichtungen eifrig und aufopferungsvoll nach. In dieser Hinsicht kann ich ihn nur noch mit einem Menschen vergleichen: mit Julij Borissowitsch Chariton, dem wissenschaftlichen Leiter der Behörde, bei der ich später viele Jahre arbeitete. In persönlichen Angelegenheiten ließ Wawilow seinen Mitarbeitern immer besondere Fürsorge angedeihen, seine Liebe zur Wissenschaft war tief und echt, er war ein vortrefflicher Optikwissenschaftler sowie ein guter Didaktiker. In seiner Eigenschaft als Präsident mußte er viele offizielle Reden halten; in einer davon nannte er Stalin eine »Koryphäe der Wissenschaft«. Dieses von ihm in

Umlauf gebrachte Epitheton wurde fast Bestandteil des offiziellen Titels Stalins (man hatte offenbar Gefallen daran gefunden).

Das Schicksal der beiden Brüder – des bei der Beseitigung von Fäkalien im Saratower Gefängnis Hungers Gestorbenen und des mit allen Ehren überhäuften Präsidenten – war ein Paradoxon und sogar zu jener Zeit ein Extrem, das jedoch etwas sehr Kennzeichnendes an sich hatte. Sergej Iwanowitsch Wawilow, der mir auch früher mit Aufmerksamkeit begegnet war, hatte sich mein Wohnungsproblem gut eingeprägt. Tamm sagte mir später, daß dies eine gewisse Rolle für mein weiteres Schicksal gespielt habe.

* * *

In den Jahren 1945 bis 1947 entwickelte Igor Tamm seine Hypothese vom Wesen der Kernkräfte – der starken Wechselwirkungen, würde man inzwischen sagen – weiter. Heute liegt klar zutage, daß dies ein verfrühter Versuch war, der nicht erfolgreich sein konnte. Denn sogar das Pi-Meson, das leichteste der Mesonen, das einen wesentlichen Teil der Kernwechselwirkungen bei kleineren Energien ausmacht, wurde erst gegen Ende dieses Zeitabschnitts entdeckt; seine Quantenzahlen und sein isovektorielles Wesen waren unbekannt; die gesamte knifflige Mechanik der starken Wechselwirkungen ist bis ins letzte immer noch nicht geklärt, obwohl jedes darauf folgende Jahrzehnt neue erstaunliche experimentelle Entdeckungen und tiefschürfende theoretische Ideen brachte.

In der Spezialhypothese Igor Tamms wurde die Existenz eines geladenen pseudoskalaren Mesons und eines neutralen skalaren Mesons vorausgesetzt. Er schlug Petja Kunin vor, die sehr schwierigen relativistischen Berechnungen der Kernwechselwirkungen zwischen zwei Nukleonen durchzuführen, und mir gab er das Thema »Die Erzeugung der Mesonen«. Da das Modell wenig mit der Wirklichkeit gemeinsam hatte, ist von unseren Arbeiten fast nichts übrig geblieben: Bei Petja die von ihm überwundenen methodischen Schwierigkeiten, und was mich betrifft, so bestand mein Hauptgewinn darin, daß ich die Methode meisterte, Berechnungen nach der Störungsrechnung mit Hilfe von Heitlers Quantentheorie anzustellen. Damals, vor Feynmans Arbeiten, war das der Gipfel der Wissenschaft. Diese Kenntnisse kamen mir später sehr zustatten. In meiner Arbeit gab es einiges, was seine Bedeutung unabhängig von der konkreten Form des Tammschen Modells bewahrt hat. Es ist trivial, aber trotzdem wichtig: Ich berechnete, vermutlich bei weitem nicht als erster, die Schwellen der Entstehung von Teilchen im Laborbezugssystem, das heißt in einem System, in dem das Targetnukleon ruht. Ich wies auch darauf hin, daß sich die Schwellen in Richtung auf die kleineren Energien verschieben, wenn man berücksichtigt, daß die Nukleonen im Kern gebunden sind, und bewertete den Querschnitt in diesem vergrößerten Bereich der Energien einfallender Teilchen. Ich untersuchte den Prozeß der Teilchenbildung und der Lichtstreuung in starken Feldern. Das hatte damals keine aktuelle praktische Bedeutung, war jedoch in theoretischer Hinsicht sehr lehrreich. Heute wird die nichtlineare Lichtstreuung bei Laserstrahlen beobachtet. Das ist ein ganzer Wissenschaftsbereich. Für mich hatte damals die Lichtstreuung eher eine illustrative Bedeutung. In der Arbeit ist ein Beispiel angeführt, bei dem die Theorie besonders transparent erscheint: die Streuung zirkular polarisierten Lichtes an einem freien Elektron mit Frequenzverdoppelung. Nach klassischer Vorstellung bewegt sich das Elektron auf einer Kreisbahn, die verdoppelte Frequenz entspricht der Quadrupolstrahlung. In der Sprache der Quanten: Das Elektron absorbiert zwei Photonen und sendet eines aus. Ich schaffte die Arbeit im Laufe weniger Monate im Jahre 1946. Sie wurde 1947 im wichtigsten sowjetischen physikalischen Publikationsorgan, der *Zeitschrift der experimentellen und theoretischen Physik«* (ShEEF), veröffentlicht. Dies war meine erste Veröffentlichung. Die Freude wurde mir jedoch verdorben, weil ich bereits wußte, daß Tamms Theorie falsch war. Die Redaktion ersetzte bei der Veröffentlichung den Titel »Die Erzeugung der Mesonen« durch den ungenauen »Die Generierung der harten Komponenten der kosmischen Strahlung«. Tamm erklärte mir das so: »Sogar Lawrentij Pawlowitsch [Berija] weiß, was Mesonen sind.«

Ich glaube nicht, daß eine tatsächliche Einmischung Berijas gemeint war. Er wird in diesem Satz nur als extremes Beispiel angeführt. Man konnte durchaus die Reaktionen »wachsamer«, weniger hochgestellter Personen erwarten, die für den Autor und den Redakteur gefährlich genug gewesen wären. Kurz zuvor war eine aufsehenerregende Sache passiert: Angeblich waren Informationen über Methoden zur Heilung von Krebs enthüllt worden. (Tatsächlich lag dem eine absolute Lappalie zugrunde, doch das stellte sich erst hinterher heraus. Stalin war jedenfalls in Zorn geraten. In einer normalen Gesellschaft erscheint diese ganze Geschichte absurd, doch waren wir keine normale Gesellschaft.) Damals verschärfte sich die Situation im Verlagswesen, und bald kamen jene unerträglichen Vorschriften über die Veröffentlichung wissenschaftlicher und technischer Artikel, die bis heute gültig sind und alle Regierungswechsel überdauert haben: Jeder Autor muß Bescheinigungen und mehrseitige Fragebögen sowie ein Protokoll der ständigen Sonderkommission der Behörde vorlegen, bei welcher er arbeitet, und wenn der Autor aus dem einen oder anderen Grunde an keiner wissenschaftlichen Einrichtung arbeitet, kann er seinen Artikel überhaupt nicht veröffentlichen. Im Protokoll der Kommission muß vermerkt sein, daß der Artikel keine geheimen Angaben oder patentierte Vorschläge enthält, die eine wichtige praktische Bedeutung haben. Danach werden alle diese Unterlagen an die sogenannte Hauptverwaltung zum Schutz von Staatsgeheimnissen in der Presse geschickt. Abgekürzt heißt diese Behörde Glawlit, eine Zensurbehörde, deren Arbeit von Geheimnissen umwittert ist: Kein normaler Sterblicher darf ihre Mitarbeiter kennen. Die Glawlit hat eine eigene, unermeßlich lange Liste verbotener Themen, nicht nur aus Gründen der Geheimhaltung, sondern hauptsächlich aus »politischen« Überlegungen. So ist beispielsweise die Veröffentlichung von Daten über folgende Gebiete verboten: Kriminalität, Alkoholismus, Epidemien, Zustand des Gesundheitswesens, des Bildungswesens und der Wasserversorgung, Selbstmorde, Vorrat an und Produktion von Buntmetallen, Lebensmittelversorgung, Einkünfte der Bevölkerung, Stand des Umweltschutzes, Naturkatastrophen und andere Katastrophen, wenn keine entsprechende Erlaubnis für den Sonderfall vorliegt, usw. usf. Die Glawlit muß die Veröffentlichung von Werken der schöngeistigen Literatur und überhaupt alles genehmigen, was im Lande publiziert wird, bis hin zur Reklame und zu den Etiketten auf Streichholzschachteln. Erst nach Genehmigung durch den Glawlit gelangt der wissenschaftliche oder technische Artikel in die Redaktion der Zeitschrift. Man kann sich leicht vorstellen, wie sehr dadurch alle Veröffentlichungen verzögert werden, darunter auch solche, die den abstraktesten Themen gewidmet sind, zum Beispiel der Zahlentheorie oder der Astrophysik.

Meine erste Arbeit konnte nicht als Kandidatendissertation vorgelegt werden. Ich suchte mir das Thema der Dissertation selbst aus, nachdem ich – bei der Vorbereitung zu den Vorlesungen über die Kernphysik – auf zwei nicht von Gammastrahlen begleitete Kernübergänge im RaC' und in den Sauerstoffkernen gestoßen war. Mir fiel ein, daß diese Übergänge den kugelsymmetrischen Schwingungen der Kerne entsprechen, wenn die Anfangs- und Enddrehimpulse gleich Null sind. Offensichtlich werden solche Schwingungen einfach kraft ihrer Symmetrie von keiner Strahlung begleitet. Ich führte die entsprechenden Berechnungen durch, Igor Jewgenjewitsch akzeptierte das Thema, und ich schrieb die Dissertation. Sie enthielt außer dem Hauptthema noch einige Nebenlinien, Ausschmükkungen: eine neue Regel zur Auswahl der Ladungsparität und die Berücksichtigung der Wechselwirkung zwischen Elektron und Positron bei der Generierung der Paare (die Wahrscheinlichkeit, daß ein Paar generiert wird, steigt bei den Impulswerten, bei denen die relative Geschwindigkeit des Elektrons und des Positrons sehr gering ist). Dabei stellte sich heraus, daß die Hauptidee der Arbeit nicht originell war. Die strahlungslosen Übergänge waren schon lange vor mir von den japanischen Physikern Jukawa und Sakata untersucht worden. Ich war sehr betrübt, doch Tamm beschloß, daß man das Thema nicht zu ändern brauche; das Vollbrachte sei ausreichend für die Dissertation, besonders die »Ausschmückungen«. Er wünschte sich Landau als einen Opponenten, doch der sagte glücklicherweise ab. Es wäre mir sehr peinlich gewesen, da ich die Mängel der Dissertation kannte.

Opponenten waren die vortrefflichen Physiker A. B. Migdal und I. J. Pomerantschuk, die später beide Akademiemitglieder wurden. Migdal konnte ich lange nicht antreffen und bitten, mir ein Gutachten zu schreiben. Er hatte sich ein Auto gekauft und machte tagelang Fahrübungen auf dem Institutsgelände. Er ist überhaupt ein begeisterungsfähiger Mann, doch seine Hauptleidenschaft ist die Wissenschaft, in der er viel geleistet hat. Endlich schrieb er mir ein äußerst positives Gutachten. Noch schwieriger war es mit Pomerantschuk. Der Tag der Verteidigung rückte näher, aber das Gutachten war immer noch nicht da. Um diese Zeit brockte ich mir selbst etwas ein. Ich hatte noch die Aspirantenprüfung in Philosophie – in marxistischer, versteht sich – abzulegen. Die Examen wurden am Lehrstuhl für Philosophie der Aspiranturabteilung der Akademie von besonderen Prüfern abgenommen, die für alle Institute zuständig waren. Mein Examen fand eine Woche vor der schon festgesetzten Verteidigung statt. Man fragte mich, ob ich irgendwelche philosophischen Werke von Tschernyschewskij [6] gelesen hätte. Schon damals kamen die rein russischen Wissenschaftler und Philosophen, die keinen westlichen Einschlag hatten, in Mode. Ich antwortete mit allzu großer Offenherzigkeit, daß ich nichts von ihm gelesen hätte, doch wisse, worum es bei ihm gehe: Ich bekam eine Vier. Eine Woche später hatte ich alles Verlangte gelesen und legte die Wiederholungsprüfung mit einer Eins ab. Doch es war zu spät, die Verteidigung war auf den Herbst verlegt worden, alles fuhr bereits in Urlaub. Ich geriet in eine finanzielle Notlage, denn es war schwierig, vom Verdienst eines Aspiranten und von Lebensmittelkarten zu leben. Die Aspirantur schloß ich trotz der Verzögerung vorzeitig ab, wenn auch einige Monate später. Im Herbst gelang es mir erst am Tage der Verteidigung, Pomerantschuks habhaft zu werden: Um 7 Uhr morgens suchte ich ihn zu Hause auf. Er setzte sich, nur mit einer Unterhose bekleidet, an ein Tischchen, das neben einem großen, mit Papieren übersäten Schreibtisch stand, schrieb mir ein ausgezeichnetes Gutachten, und eine Stunde später händigte ich es dem Sekretär des Wissenschaftlichen Rates aus. Noch einige Stunden später gratulierte mir Wawilow zur Verleihung des Kandidatengrades. Ich wurde als unterer wissenschaftlicher Mitarbeiter in die theoretische Abteilung des FIAN aufgenommen.

Im Sommer 1947 wohnten Klawa, Tanja und ich in Puschkino. Ich fuhr oft ins FIAN. Die Dissertation war fertig, und ich dachte an meine weitere wissenschaftliche Arbeit. Im Zusammenhang mit der Dissertation dachte ich über alternative Möglichkeiten der Erklärung strahlungsloser Kernübergänge nach, das heißt nicht über die kugelsymmetrischen Übergänge mit den elektromagnetischen Coulomb-Wechselwirkungen zwischen Kern und Elektron, wie Yukawa und Sakata und ich vorgeschlagen hatten, sondern über die hypothetischen nichtelektromagnetischen Wechselwirkungen. Hierbei erinnerte ich mich daran, daß in der Literatur über die Existenz eines anomalen Wasserstoffatoms im optischen Spektrum diskutiert wurde; diese Anomalie stand zu der aus der Theorie abgeleiteten Formel im Widerspruch. Es gab Hinweise (keine besonders konkreten wegen des äußerst geringen Effekts, der an der Grenze der Genauigkeit optischer Methoden der Atomniveauabstrahlung lag), daß von den beiden Energieniveaus des Wasserstoffatoms, die der Theorie nach zusammenfallen mußten, eines etwas höher als das andere war.

Nach einigem Nachdenken kam ich zu dem Schluß, daß die nichtelektromagnetischen Effekte in beiden Fällen nichts damit zu tun hatten, weder bei den strahlungslosen Übergängen noch beim Wasserstoffatom. Die strahlungslosen Übergänge lassen sich nach Yukawa und Sakata zweifellos einfach erklären, davon zeugt das Vorzeichen der Winkelkorrelation bei den Impulsen, des Elektrons und des Positrons. Doch ich hatte mich nun schon an der Anomalie im Wasserstoffatom »festgehakt« und dachte unermüdlich darüber nach. Ich hatte die Idee – einfach ausgedrückt –, daß dies eine Erscheinung dessen sei, was man heute als Strahlungskorrekturen bezeichnet, also der Effekt der Wechselwirkung zwischen dem Elektron und den quantenmechanischen Schwingungen des elektromagnetischen Feldes, oder genauer gesagt: der Unterschied dieser Effekte für das im Atom gebundene Elektron und das freie Elektron.

Bekanntlich gibt es in der Quantenmechanik keine »Ruhe« im Sinne der klassischen Theorie, der Nichtquantentheorie. Jedes beliebige, im Gleichgewicht befindliche mechanische System schwingt gewissermaßen um den Gleichgewichtspunkt, was die Folge des sogenannten Heisenbergschen Unbestimmtheitsprinzips ist. Die genannte Eigenschaft gilt auch für das Vakuum, das ebenfalls als ein bestimmtes mechanisches System mit unendlich vielen Freiheitsgraden betrachtet wird. Es entstehen die Nullpunktschwingungen des Vakuums. In den dreißiger und vierziger Jahren erregte die Wechselwirkung zwischen den Nullpunktschwingungen des elektromagnetischen Feldes im Vakuum und dem Elektron und anderen geladenen Teilchen größte Aufmerksamkeit. Die Energie dieser Wechselwirkung stellte sich bei Berechnungen als unendlich heraus! Konkret: Den unendlichen Anteil zur Wechselwirkung trugen die Hochfrequenzschwingungen bei, das heißt, bei künstlicher Beschränkung der Wechselwirkung durch eine maximale »Abschneidefrequenz« wurde der Effekt formal wieder endlich.

Hierin lag die gewaltige Schwierigkeit der Theorie, im Zeichen derer die gesamte Entwicklung der Quantenfeldphysik über viele Jahrzehnte hinweg verlief. Ich nahm an, daß man den Unterschied der Effekte für das gebundene und für das freie Elektron untersuchen müsse. Da sich der Kopplungseffekt, wie ich richtig annahm, erst bei nicht sehr hohen Nullpunktschwingungsfrequenzen auswirkt, bestand die Hoffnung, daß sich der Differenzeffekt als endlich herausstellen würde. Um der Subtraktion zweier unendlicher Größen einen korrekten Sinn zu geben, kann man sich bei den Berechnungen zunächst auf die Wechselwirkung mit den Schwingungen beschränken, deren Frequenz etwas niedriger ist als eine bestimmte maximale »Abschneidefrequenz«, aber doch so hoch, daß für sie der Kopplungseffekt weniger relevant ist. Danach kann man formal zur Grenze der unendlichen »Abschneidefrequenz« übergehen. Mir war natürlich bewußt, daß diese Idee weit über den Rahmen des Einzelproblems der Anomalie im Wasserstoffatom hinaus von Bedeutung war und besonders für Streuprozesse Gültigkeit haben mußte. Ich war sehr aufgeregt. Mit all dem ging ich im Sommer oder Herbst 1947 zu Igor Jewgenjewitsch Tamm. Leider leistete er mir keinen Beistand und stimmte mir auch nicht bei, es war eher umgekehrt. Er meinte, diese Ideen seien nicht ganz neu und in der einen oder anderen Form wiederholt ausgesprochen worden. Das war tatsächlich der Fall, doch es hätte mich, für sich genommen, nicht aufhalten können, denn ich war davon so begeistert, daß mich die Priorität nicht sonderlich kümmerte, da mich die Sache interessierte. Außerdem behauptete er, daß kein endliches Resultat zu erwarten sei. Dabei bezog er sich auf eine zuvor veröffentlichte Arbeit des amerikanischen Theoretikers Dankow, der Strahlungskorrekturen zum Strahlungprozeß mit einer Methode berechnete, die prinzipiell dem sehr ähnlich war, was ich mit der Niveaudifferenz im Wasserstoffatom zu tun beabsichtigte. Ich suchte mir in der Bibliothek die Arbeit Dankows heraus, und tatsächlich, er erhielt bei seinen Berechnungen kein endliches Resultat (das heißt, ein Resultat, das zu einer konstanten Größe strebte, während die »Abschneidefrequenz« gegen Unendlich strebte). Die Berechnungen Dankows waren sehr kompliziert und verwickelt, da sich all dies noch vor der Arbeit Feynmans abspielte, der sich eine bei weitem kompaktere und überschaubarere allgemeine Berechnungsmethode, die sogenannten Feynman-Diagramme, ausgedacht hatte. Dankow hatte sich einfach geirrt, doch weder Igor Jewgenjewitsch noch ich konnten dies aus dem Stand heraus konkret nachweisen. Wenn uns die Intuition nicht im Stich gelassen hätte, dann hätten wir so lange an der Arbeit Dankows gezweifelt, bis wir den Fehler gefunden hätten, oder, was noch vernünftiger gewesen wäre, wir hätten zeitweilig den entstandenen Widerspruch ignorieren und einfachere Aufgabenlösungen suchen müssen, deren Ergebnis man mit dem Versuch hätte vergleichen können. Genauso handelten bekanntlich scharfsinnigere und mutigere Menschen, die zum Erfolg kamen. Nicht jedoch wir. So ließ ich mir die Möglichkeit entgehen, die wichtigste Arbeit der damaligen Zeit und die für viele Jahre wichtigste Arbeit meines Lebens durchzuführen. Dies war kein Zufall; jeder macht die Arbeiten, derer er würdig ist.

Was auf diesem Gebiet weiter geschah, ist den Physikern gut bekannt. Lamb und Rutherford, später auch andere, maßen den Niveauunterschied im Wasserstoffatom mit der radiospektroskopischen Methode. Sie bestätigten nicht nur die Tatsache der unterschiedlichen Niveaus, woran man früher bei den optischen Methoden zweifeln konnte, sondern maßen den Niveauunterschied mit äußerster Genauigkeit. Auf einer der im Jahre 1947 stattfindenden wissenschaftlichen Konferenzen – ich glaube, in Rochester – legte H. Kramers ein Programm zur Berechnung endlicher Strahlungskorrekturen für beobachtbare Größen mit der sogenannten Idee der Renormierung vor. Damals oder etwas später berichtete Hans Bethe über seine Berechnung des Niveauunterschieds. In der Sache waren die Grundideen den von mir oben beschriebenen sehr nahe. Bethe führte seine Berechnungen auf nichtrelativistische Weise durch, was eine bewußte Übervereinfachung war. Deshalb erhielt er kein endliches Ergebnis, sondern ein logarithmisch ansteigendes, wobei die »Abschneidefrequenz« gegen Unendlich strebte. Doch wie Landau zu sagen pflegte: »Das Huhn ist kein Vogel, und der Logarithmus ist keine Unendlichkeit.«

Bethes Ergebnis bedeutete den eigentlichen Durchbruch in einen neuen Bereich und machte es wahrscheinlich, daß man bei diesen und allen anderen elektrodynamischen Erscheinungen unzweifelhaft endliche Ergebnisse erhalten würde. Das übrige war eine Sache der – sehr schwierigen – Technik. Dann traten Giganten auf, die all diese Probleme überwanden: Tomonaga, Schwinger, Feynman, Dyson, Week, Ward und viele, viele andere. Die erste sukzessive Berechnung der Niveauaufspaltung, die ein endliches Ergebnis in Übereinstimmung mit dem Versuch von Lamb und Rutherford brachte, erfolgte in der Arbeit von Weisskopf und French.

Ich kann mir nicht versagen, eine kurze Schilderung der weiteren Ergebnisse zu geben, an denen ich in keiner Weise beteiligt war.

Im Jahre 1948 fand Schwinger die Strahlungskorrektur zum magnetischen Moment des Elektrons. Bald wurde der gefundene Korrekturwert im Versuch bestätigt (sowohl für das Elektron als auch das Mü-Meson; möglicherweise erhielt man die ersten Daten über das Elektron noch vor Schwingers Arbeit, ich weiß es nicht mehr genau). Die experimentellen und theoretischen Werte wurden danach mehrmals präzisiert. Heute hat man eine Übereinstimmung bis zur neunten oder zehnten Dezimalstelle erreicht. In keinem anderen Bereich der Wissenschaft ist eine solche Genauigkeit der Übereinstimmung zwischen der Theorie und dem Experiment zu verzeichnen wie in der Quantenelektrodynamik. Interessanterweise sind analytische Rechnungen so umfangreich, daß sie maschinell nach einem Sonderprogramm ausgeführt werden müssen. (Analytische Rechnungen betreffen das Umformen von Formeln und nicht das Operieren mit Zahlen, was anfänglich die einzige Aufgabe der Elektronenrechner war.) Die großartige Übereinstimmung zwischen den Berechnungen und dem Experiment bedeutet allerdings noch nicht, daß in der Theorie prinzipiell alles in Ordnung war. Im Jahre 1955 fanden Fradkin, Landau und Pomerantschuk unabhängig voneinander, daß die sukzessive Berechnung der Strahlungskorrekturen zu einer ungeheuerlichen Konsequenz führt: zum völligen Verschwinden der beobachtbaren elektromagnetischen Wechselwirkungen, zur berühmten »Moskauer Null«. Im selben Jahr traf ich Landau auf dem Neujahrsbankett im Kreml. Mit besorgter, ja sogar deprimierter Miene sagte er: »Wir befinden uns alle in einer Sackgasse, es ist völlig unklar, was zu tun ist.«

Aus derselben Zeit stammen Landaus Worte: »Die Lagrange-Dichte ist tot. Sie muß begraben werden, selbstverständlich mit allen einem Verstorbenen gebührenden Ehren.« Die Lagrange-Dichte ist der Grundbegriff der Quantenfeldtheorie und die quantenfeldtheoretische Entsprechung zur Lagrange-Funktion. Landau irrte sich jedoch, denn die Lagrange-Dichte war nicht tot. Viele Jahre betrachtete man die »Moskauer Null« als Hinweis auf die Notwendigkeit, sich in der Hochenergiephysik von der Quantenfeldtheorie loszusagen. Es wurden Versuche unternommen, andere Wege zum Bau einer Elementarteilchentheorie zu finden. Sie stellten sich als ineffektiv heraus. Erst im Jahre 1974 tauchte erneut ein Hoffnungsschimmer auf: Man zeigte auf, daß es in den sogenannten Nichtabelschen Eichtheorien keine »Moskauer Null« gibt, obwohl man nach wie vor mit unendlichen Größen manipulieren muß. Nach einigen weiteren Jahren wurden bei den sogenannten supersymmetrischen Theorien aufschlußreiche, doch vorerst unrealistische, also die reale Welt nicht beschreibende Beispiele gefunden, in denen es überhaupt keine Unendlichkeiten gibt. (Heute, während ich, aus Gorkij zurückgekehrt, dieses Manuskript in Moskau durchsehe, richten sich die kühnsten Hoffnungen auf die »Saiten«: Fäden und Ringe von unvorstellbar kleinen Dimensionen.) Die heroischen Anstrengungen einer ganzen Armee von Wissenschaftlern – Theoretikern und Experimentatoren – gehen weiter!

Denke ich an den Sommer 1947 zurück, dann fühle ich, daß ich weder vorher noch nachher der »großen« Wissenschaft, ihrer vordersten Linie, so nahe gewesen bin. Natürlich ärgert es mich ein wenig, daß ich persönlich diesen Gipfel nicht erreicht habe. Doch von einer etwas großzügigeren Position aus muß ich einfach Begeisterung für den Fortschritt der Wissenschaft empfinden, und wenn ich ihr nicht so nahe gekommen wäre, dann könnte ich dies nicht mit solcher Intensität empfinden.

Alle beschriebenen Ereignisse spielten sich noch vor der Verteidigung meiner Dissertation im Sommer und Herbst 1947 ab. Nach der Verteidigung stellte sich für mich die Aufgabe, eine solide »Thematik« auszuwählen. Ich wußte nicht, daß diese Frage bald für mich gelöst werden sollte, und machte den Versuch, etwas auf dem Gebiet der Plasmatheorie zu unternehmen. Mir schien die kinetische Gleichung mit der »größenordnungsmäßigen« logarithmischen Abschneidung ein Monster zu sein; ich wollte etwas Eleganteres und Genaueres erringen. Die Aufgabe überstieg meine Kräfte, doch sie bereitete mich genauso wie die nächste, über die ich gleich berichten werden, wissenschaftlich auf jene Probleme vor, mit denen ich bei einer Spezialthematik konfrontiert wurde.

Anfang 1948 bat mich ein Mitarbeiter des FIAN, der Optikfachmann Professor S. L. Mandelstam – der Sohn L. I. Mandelstams –, Berechnungen über Nichtgleichgewichtsprozesse im Gasplasma anzustellen, an deren Einzelheiten ich mich jetzt nicht mehr erinnere. Ich führte diese Berechnungen durch, und sie wurden später sogar veröffentlicht. Diese Arbeit war der Anlaß zu einer sehr willkommenen Reise nach Kiew zur Spektroskopiekonferenz: der erste Flug meines Lebens, eine wunderschöne Stadt mit einer hochinteressanten Architektur und Geschichte, ein gewisses Abschalten von all dem, was in Moskau zurückgeblieben war. Ich ging zu einigen Konferenzsitzungen, mehr aus allgemeiner Neugierde denn aus dienstlichen Gründen. Auf der Konferenz kam es zu einer scharfen Auseinandersetzung zwischen den Teilnehmern: Das war der Widerhall der damaligen Diskussionen über die »idealistische Quantenchemie«. Die Kritiker der Quantenchemie behaupteten insbesondere, daß die in dieser Wissenschaft angewandte Vorstellung von der Superposition der Bahnen idealistisch sei. In Wirklichkeit war das, wenn man von einigen damals üblichen Vereinfachungen und der »Sprache der Chemie« absieht, einfach die Übertragung des in der Physik allgemein anerkannten fundamentalen quantenmechanischen Prinzips der Superposition der Zustände in die Chemie. Es wäre interessant zu wissen, was die Kritiker der Superpositionsidee hinsichtlich des Benzolmoleküls sagen könnten, das eine sechszählige Symmetrieachse hat, während es in der Strukturformel eine dreizählige Symmetrieachse ist. Erinnern sich die im Westen lebenden Kollegen unserer Chemiker noch an diese Diskussionen? Zum Glück waren die pseudowissenschaftlichen Attacken – ich erwähnte es schon – in der Chemie und der Physik nicht so stark und erfolgreich wie in der Biologie.

Ich wohnte im Hotel »Ukraina« an der Ecke des Kreschtschatik, der Hauptstraße Kiews. Morgens sangen unter den Fenstern die Nachtigallen. Mein Zimmernachbar war zufällig jener Boris Samojlow, der in den dreißiger Jahren im Observatorium des Planetariums gearbeitet und den die Aschchabader Jungen – ebenso wie mich – für einen Juden gehalten hatten. Samojlow arbeitete jetzt im Institut für Physikalische Probleme und war – im Gegensatz zu mir, für den die Spektroskopie nur eine Nebenepisode war – mit einer sehr interessanten experimentellen Arbeit gekommen. Boris war immer noch genauso laut, rastlos und lustig; er amüsierte mich damals sehr. Danach begegneten wir uns nicht wieder. Ich weiß, daß er ein guter Experimentator wurde, der unter Optikfachleuten bekannt war. Vor kurzem ist er gestorben.

Es ergab sich, daß diese Reise nach Kiew für mich ein »Stück Freiheit« war, das letzte Zwischenspiel vor dem Leben hinter dem Vorhang der Geheimhaltung, das zwanzig Jahre dauern sollte. Erst im Dezember 1971 und im Januar 1972 besuchte ich, zusammen mit Ljusja, erneut Kiew – unter ganz anderen Umständen und in einem ganz anderen Leben.

VI. Atomares und Thermonukleares

Die Gruppe Tamm im FIAN

Von der Entdeckung der Urankernspaltung erfuhr ich zuerst von Vater – noch vor dem Krieg, ich glaube, im Jahre 1940. Er war bei einem Vortrag gewesen und erzählte mir, was er gehört hatte. Etwas später las ich zu diesem Thema eine populärwissenschaftliche Darstellung in *Erfolge der physikalischen Wissenschaften* (Vater abonnierte diese Zeitschrift). Zu meiner Schande sei gesagt, daß ich damals die Wichtigkeit dieser Entdeckung nicht gebührend zu würdigen wußte, obwohl in Vaters Erzählung und in der zusammenfassenden Darstellung die prinzipielle Möglichkeit der Kettenreaktion erwähnt worden war; dabei trennte man anscheinend nicht streng zwischen der gesteuerten Kettenreaktion, die heute in Kernreaktoren verwirklicht wird, und der explosionsartigen Kettenreaktion, die bei der Explosion von Atomwaffen erfolgt.

Bekanntlich wurden die Forschungen sehr energisch im geheimen fortgesetzt. Was mich betrifft, so hatte ich bis zum Jahre 1945 einfach vergessen, daß es ein solches Problem gab. Erst im Februar 1945 las ich in der FIAN-Bibliothek in der Zeitschrift *Der britische Bundesgenosse*, die von der englischen Botschaft in Moskau für sowjetische Leser herausgegeben wurde, von der »heroischen« Operation englischer und norwegischer »Kommandos« (Churchill bezeichnete diese Operation später als eine »Heldentat von historischer Bedeutung«). Sie zerstörten in Norwegen einen Betrieb zur Herstellung schweren Wassers sowie Vorräte, die von den Deutschen für die Herstellung einer *Atombombe* vorgesehen waren, einer explosiven Vorrichtung von ungeheurer Kraft, welche die Spaltung von Urankernen nutzte. Dies war meiner Meinung nach die erste Erwähnung der Atombombe in der Presse. Die Geschichte und die wahre Absicht dieser bemerkenswerten Veröffentlichung sind mir nicht bekannt. Vielleicht verfolgte man den Zweck, auf die Deutschlandpolitik einzuwirken. Wie in Büchern über Spionage geschildert wird, spielte man damals in den Zentren der psychologischen Kriegführung aller Länder ein sehr kompliziertes und normalen Sterblichen nicht immer verständliches Spiel.

Mir fiel damals sofort alles ein, was mir über die Spaltung und die Kettenreaktion bekannt war. In diesen Monaten hörte ich von Zeit zu Zeit Bruchstücke von Gesprächen, denen ich keine besondere Bedeutung beimaß und in denen es um ein Laboratorium Nr. 2 (die »Zwei«) ging; es sei das »Zentrum der Physik« geworden. Die Rede war, das erfuhr ich später, von dem großen, von I. W. Kurtschatow geleiteten Forschungsinstitut, in dem man sich mit Fragen der Atomenergie beschäftigte und das jetzt I.-W.-Kurtschatow-Institut für Atomenergie heißt[1]. Das Atomproblem verschwand wieder aus meinem Gesichtsfeld, weil ich mich mit dem ganzen weiten Gebiet der Theoretischen Physik beschäftigte. Im Mai folgte dann das unvergeßliche Ereignis: der Sieg über den Faschismus und das Ende des Krieges in Europa (wenn auch noch nicht im Pazifik).

Der August des Jahres 1945 brach an. Am Morgen des 7. August blieb ich auf dem Weg zur Bäckerei vor einem Zeitungsaushang stehen. Die Nachricht über eine Erklärung Trumans fiel mir ins Auge: Am 6. August 1945 um 8 Uhr morgens war eine Atombombe mit der gewaltigen Zerstörungskraft von 20 000 Tonnen TNT auf Hiroshima abgeworfen worden. Die Beine versagten mir den Dienst. Ich begriff, daß sich mein Schicksal und das Schicksal sehr vieler, vielleicht aller Menschen plötzlich verändert hatte. Etwas Neues und Furchtbares war in unser Leben getreten, und zwar durch die große Wissenschaft, der ich innerlich huldigte.

In den nächsten Wochen begann *Der britische Bundesgenosse* mit der Veröffentlichung des Smyth-Reports; so hieß der Bericht über die amerikanischen Arbeiten an der Entwicklung der Atombombe: eine ganze Datenbank zugänglich gemachter Informationen über Isotopentrennung, Kernreaktoren, Plutonium und Uran 235 und auch etwas über den Aufbau der Atombombe (in groben Zügen). Ungeduldig riß ich jedes neu eintreffende Heft dieser Zeitschrift an mich und studierte es. Mein Interesse war rein wissenschaftlicher Art, doch ich wollte auch erfinden, dachte mir freilich entweder etwas längst (seit drei Jahren) Bekanntes (nämlich den Blockeffekt bei Reaktoren) oder etwas nicht Praktikables aus (Methoden zur Isotopentrennung, die auf der Knudsen-Strömung in den Spalten zwischen den Drehkörpern beruhten). Mein Kamerad aus Schul- und Universitätsjahren, Akiwa Jaglom, meinte damals: »Andrej findet jede Woche nicht weniger als zwei neue Methoden der Isotopentrennung.«

Als die Veröffentlichung im *Britischen Bundesgenossen* abgeschlossen war, kühlte mein Interesse an diesen Dingen ab, und ich dachte zweieinhalb Jahre fast nicht mehr über sie nach. Unterdessen zog das Schicksal weiterhin um mich seine Kreise (ich denke an die Szene im *Faust*, die einst Oleg gelesen hatte).

Ende 1946 erhielt ich einen seltsamen Brief. Ich wurde gebeten, mich zu einer bestimmten Zeit im Hotel »Peking«, Zimmer 9, einzufinden. Man nannte eine ganz unwahrscheinliche Begründung, an die ich mich nicht mehr erinnere. Das Hotel »Peking« liegt am Majakowskij-Platz, unweit der Wohnung meiner Eltern, und ich ging direkt von ihnen zu der angegebenen Adresse. Der Raum hatte die typische Einrichtung eines Arbeitszimmers: einen T-förmigen Tisch, ein Porträt Stalins an der Wand usw. Der am Tisch sitzende Mann stand zu meiner Begrüßung auf, bat mich, Platz zu nehmen, stellte sich als »General Swerew« vor und sagte:

»Wir [er präzisierte nicht, wer mit ›wir‹ gemeint war] beobachten schon seit langem Ihre Erfolge in der Wissenschaft. Wir schlagen Ihnen vor, nach Abschluß der Aspirantur in unseren Bereich überzuwechseln und sich an der Ausführung außerordentlich wichtiger Regierungsaufgaben zu beteiligen. Bei uns werden Sie alle Möglichkeiten zu wissenschaftlicher Arbeit haben, unter anderem die besten Bibliotheken mit der gesamten wissenschaftlichen Literatur aus aller Welt; außerdem gehören uns alle großen Beschleuniger. Und wir bieten die besten materiellen Voraussetzungen. Wir wissen, daß Sie große Wohnungsprobleme haben. Wenn Sie jetzt gleich ihr grundsätzliches Einverständnis geben, bekommen Sie eine Wohnung in Moskau, die für Sie reserviert sein wird, auch wenn Sie zeitweilig zum Arbeiten an einen anderen Ort geschickt werden.«

Ich dachte mir, daß ich nicht in den letzten Kriegsmonaten von der Fabrik ins FIAN zu Igor Tamm und zur wissenschaftlichen Arbeit in der vordersten Linie der Theoretischen Physik übergewechselt war, um nun alles hinzuwerfen. Ich erwiderte knapp, daß ich meine rein theoretische Arbeit in der Abteilung Tamms fortsetzen wolle. Swerew drückte sein Bedauern aus und äußerte die Hoffnung, daß meine Entscheidung nicht endgültig sein möge. Wie wäre mein Schicksal verlaufen, wenn ich zugesagt hätte? Einige Jahre später traf ich im »Objekt« N. N. Bogoljubows Mitarbeiter D. N. Subarew – gleichfalls ein theoretischer Physiker, der zusammen mit Bogoljubow gekommen war und mit ihm im Jahre 1953 wieder fortging. Er erzählte mir, daß ihn derselbe Swerew etwa zur selben Zeit in dasselbe Zimmer habe kommen lassen. Im Unterschied zu mir sagte Subarew zu. Er hatte ebenfalls Wohnungsprobleme und kam in ein Wissenschaftszentrum am Schwarzen Meer, wo auch deutsche Wissenschaftler arbeiteten[2]. Man setzte zwar große Hoffnungen in sie, doch andererseits vertraute man ihnen nicht besonders. Deshalb wurden auch keinerlei wichtige Arbeiten durchgeführt, und es war sehr langweilig. D. N. Subarew nutzte seine Beziehungen zu N. N. Bogoljubow aus und erreichte, daß man ihn zu uns versetzte (oder, was wahrscheinlicher war, es geschah auf Bogoljubows Initiative).

Im Jahre 1947 hatte ich meine Dissertation bereits abgeschlossen. Man lud mich ein, »bei Kurtschatow« über sie zu referieren, das heißt im Laboratorium für Meßgeräte der Akademie der Wissenschaften (LIPAN, das war die Bezeichnung, die den Namen »Laboratorium Nr. 2« ersetzt hatte). Ich hielt einen Vortrag in einem kleinen Konferenzsaal. Die anwesenden Physiker, auch Kurtschatow, stellten mir viele Fragen. Nach dem Vortrag bat mich Kurtschatow zu sich ins Arbeitszimmer. Es war ein sehr geräumiges Zimmer, in dem man Konferenzen abhalten konnte, mit einem gewaltigen Schreibtisch, der von einem Berg wissenschaftlicher Zeitschriften und einer Unzahl von Telefonen in allen Farben bedeckt war; an den Wänden standen Bücherregale mit Nachschlagewerken und wissenschaftlicher Literatur. Kurtschatow saß am Schreibtisch, unterhielt sich mit mir, strich sich ab und zu den dichten schwarzen Bart und ließ seine großen, sehr ausdrucksvollen Augen blitzen. An der Wand gegenüber hing ein großes Porträt J. W. Stalins in anderthalbfacher Lebensgröße: Er stand, mit Pfeife, vor dem Kreml; es war ein Ölbild, zweifellos ein Original, ich weiß nicht, von welchem Hofmaler. Das war das Symbol für die hohe Stellung, die der Besitzer dieses Arbeitszimmers in der Staatshierarchie einnahm (das Porträt hing auch noch einige Zeit nach dem XX. Parteitag[3] da). Kurtschatow schlug mir vor, nach Beendigung der Aspirantur an sein Institut überzuwechseln und mich mit Studien zur theoretischen Kernphysik zu beschäftigen. Ich wußte bereits, daß die Physiktheoretiker A. B. Migdal und I. J. Pomerantschuk, die meine Opponenten bei der Verteidigung der Dissertation gewesen waren, im LIPAN und in einem anderen, ähnlichen, aber einen Rang niedriger eingestuften Institut, bei Alichanow, an diesem Thema arbeiteten. Kurtschatow hielt es für nötig, alle Möglichkeiten seiner Behörde zu nutzen und die Grundlagenforschung allseitig zu fördern, wobei er von Zeit zu Zeit die entsprechende Produktionsbasis, das heißt, die wissenschaftliche und technische Basis sowie den Intellekt der Wissenschaftler für praktische Aufgaben »umverlagerte«, was er aber immer sehr taktvoll tat, ohne jemanden zu verletzen oder zu »vergewaltigen«. Auf seine Initiative hin baute man ein ganzes Wissenschaftsstädtchen, Dubna, in dem zwei große Beschleuniger errichtet wurden. Offenbar hatte Kurtschatow an meinem Vortrag oder an mir selbst Gefallen gefunden, oder ich war ihm bereits früher von Migdal positiv beschrieben worden, so daß er beschloß, mich zum Wohle seines Instituts »abzuwerben«. Ich lehnte mit der gleichen Begründung wie Swerew gegenüber ab. Bald darauf machte er Pawel Emmanuilowitsch Nemirowskij, der mit mir in der Aspirantur gewesen war, das Angebot, in seinem Institut zu arbeiten.

Somit widerstand ich 1946 und 1947 zweimal der Versuchung, das FIAN und die vorderste Linie der Theoretischen Physik zu verlassen. Im Jahre 1948 forderte mich dann niemand mehr dazu auf.

In den letzten Junitagen des Jahres 1948 bat Igor Jewgenjewitsch Tamm, mit geheimnisvoller Miene, mich und einen seiner anderen Schüler, Semjon Sacharowitsch Belenkij, nach dem Seminar dazubleiben. Es handelte sich um das sogenannte »Freitagsseminar für die Seinigen«, das in Igor Jewgenjewitschs kleinem Arbeitszimmer abgehalten wurde (jetzt hätten dort die Theoriker des FIAN keinen Platz mehr). Als alle gegangen waren, schloß er sorgfältig die Tür und machte eine uns verblüffende Mitteilung. Im FIAN werde auf Verordnung des Ministerrats und des ZK der KPdSU eine Forschungsgruppe gebildet. Er sei zu ihrem Leiter ernannt worden, und wir beide seien Mitglieder. Die Aufgabe der Gruppe bestehe darin, theoretische Arbeiten und Berechnungen durchzuführen und zu prüfen, ob der Bau einer Wasserstoffbombe möglich sei; konkret heiße das, daß die Berechnungen, die im Institut für Chemische Physik in der Gruppe Seldowitsch angestellt würden, von uns überprüft und präzisiert werden müßten. Heute meine ich, daß die Grundidee des Projekts allzu glatt entwickelt war und auf Geheimdienstinformationen basierte. Allerdings habe ich keinen Beweis für diese Vermutung, die mir erst jüngst in den Sinn kam. (Ergänzung Juli 1987: In einem Artikel von D. Holloway in *International Security* [1979/80, Bd. 4, 3] las ich: »Klaus Fuchs informierte die UdSSR bis 1946 über die in Los Alamos stattfindenden Arbeiten an der thermonuklearen Bombe ... Diese Mitteilungen waren eher desorientierend als von praktischem Nutzen, da die frühen Ideen sich als undurchführbar erwiesen.« Das bestätigt meine Annahme!) Einige Tage später hatte sich Belenkij von dem Schock erholt und sagte melancholisch: »Somit besteht unsere Aufgabe darin, Seldowitsch den Hintern zu lecken.«

Belenkij hatte erst kurz zuvor seine Dissertation verteidigt, eine fundamentale Untersuchung im Bereich der Theorie der elektromagnetischen Schauerprozesse in der kosmischen Strahlung. Doch während des Krieges hatte er im Zentralen Aerodynamischen Institut (ZAGI) gearbeitet und sich erfolgreich mit den Prozessen der Überschallströmung bei Strahlflugzeugen beschäftigt. Wahrscheinlich war das der Grund, weshalb er in unsere Gruppe aufgenommen wurde, denn außer ihm hatte sonst im FIAN niemand etwas mit Gasdynamik zu tun. Was mich betraf, so kam mir zu Ohren, daß der Direktor des FIAN, das Akademiemitglied S. I. Wawilow, gesagt haben soll: »Die Sacharows haben große Wohnungsprobleme. Er muß in die Gruppe, dann können wir ihm helfen.«

Wahrscheinlich spielte außerdem noch eine Rolle, daß ich mich konkret mit Kernphysik und der Plasmatheorie beschäftigte und einen Vorschlag zur Mü-Mesonen-Katalyse hatte. Darüber hinaus war Wawilow vielleicht bekannt, daß ich im Jahre 1945 versucht hatte, neue Verfahren zur Isotopentrennung vorzuschlagen. Doch im Jahre 1945 war ich nicht nur an der neuen Entwicklung interessiert, sondern vor allem darüber erschüttert, daß der große wissenschaftliche Erfolg für die Vernichtung von Menschen ausgenutzt wurde! Die hohe Bewertung, die Igor Jewgenjewitsch meiner Arbeit gegeben hatte, war wohl entscheidend für meine Ernennung.

Wawilow hielt sein Versprechen hinsichtlich unseres Wohnungsproblems. Im Mai stellte man mir zwei Zimmer in der Straße des 25. Oktober zur Verfügung. Obwohl sich dieses Haus direkt im Zentrum Moskaus befindet, war es mit seinem Korridorsystem und seiner Holzfeuerung nicht sehr elegant. Eines der beiden Zimmer ließ sich der stellvertretende Direktor der allgemeinen Verwaltungsabteilung im letzten Augenblick für seine Mutter reservieren, eine sympathische, sehr alte Frau, zu der Klawa ein ausgezeichnetes Verhältnis hatte. Unser Zimmer hatte nur eine Fläche von vierzehn Quadratmetern; einen Eßtisch besaßen wir nicht, dafür war kein Platz, wir aßen auf den Hockern oder am Fensterbrett. Längs des Flurs wohnten etwa zehn Familien, mit denen man sich eine kleine Küche teilte. Die Toilette, eine für zwei Familien, war auf dem Treppenabsatz, ein Bad gab es nicht. Doch wir waren über die Maßen glücklich. Endlich hatten wir unsere *eigene* Wohnung, lebten nicht mehr in einem geschäftigen Hotel oder bei launischen Wirtsleuten, die uns jederzeit hinauswerfen konnten. So begann eine der schönsten und glücklichsten Phasen – sie dauerte drei, vier Jahre – in meinem Familienleben mit Klawa. Diese Jahre erscheinen mir in persönlicher und familiärer Hinsicht als etwas Lichtes, sogar als etwas Freudiges. Klawas Verhältnis zu meiner Mutter, das mich so quälte (und ich quälte sie

beide), wurde sanfter und ruhiger. Wir kamen unseren Nachbarn in der Wohnung und in der Datscha näher. Unsere Tochter Tanja wuchs als fröhliches und gutes Mädchen heran. Es tauchten vorerst nicht ernst zu nehmende »Verehrer« unter den Jungen in unserer Wohnung auf. Im Sommer 1948 brachte ich Klawa und Tanja in die Datscha. Wir mieteten eines von zwei Zimmern in einem Bauernhaus in der Siedlung Troizkoje am Ufer des Moskwa-Wolga-Kanals; im anderen Zimmer wohnte die Wirtin, »Tante« Fenja, eine sehr liebe Frau, die im Krieg Witwe geworden war. Jeden Sonntag fuhr ich mit lebensmittelgefüllten Taschen hinaus und verbrachte dort einen Tag und eine oder zwei Nächte. Dieser Sommer ist mir wegen des glitzernden Wassers, der Sonne, des frischen Grüns und der über den Stausee dahingleitenden Schiffe (mich allerdings wies man wegen meiner Ungeschicklichkeit gleich wieder von Bord) in Erinnerung geblieben. Wir freundeten uns mit unseren Nachbarn an, den Obuchows, den Rabinowitschs und den Schabats. Nebenan wohnte ein weiterer Mitarbeiter des FIAN, Moissej Alexandrowitsch Markow, mit seiner Frau Ljuba und seiner Tochter. Meine Beziehung zu Ljuba war ein besonderer Fall, denn wir hatten meist nur etwas spitze Bemerkungen füreinander übrig.
(A. M. Obuchow, ein späteres Akademiemitglied, ist Spezialist für Atmosphären- und Turbulenzphysik; von meinem Kommilitonen M. S. Rabinowitsch habe ich bereits berichtet, M. A. Markow, später ebenfalls Akademiemitglied, ist theoretischer Physiker.)

Nicht weniger als fünf Tage pro Woche verbrachte ich im FIAN, im Zimmer der theoretischen Abteilung, das zum Arbeitszimmer der Spezialgruppe geworden war. Noch zwei Männer waren hinzugekommen: Witalij Lasarewitsch Ginsburg, Doktor der physikalisch-mathematischen Wissenschaften, jetziges Akademiemitglied, einer der talentiertesten Lieblingsschüler Igor Jewgenjewitsch Tamms, und Jurij Alexandrowitsch Romanow, ein junger wissenschaftlicher Mitarbeiter, der erst kurz zuvor in die theoretische Abteilung eingetreten war. Ginsburg war offenbar zu Bedingungen eingestellt worden, die nur seine teilweise Mitarbeit erforderten, denn als die Gruppe im weiteren Verlauf zum »Objekt« versetzt wurde, war er davon nicht betroffen. Obwohl Sommer war, arbeiteten wir alle sehr angestrengt. Die Welt, in die wir uns versenkten, war schrecklich und phantastisch zugleich. Ihr Abstand zum alltäglichen Stadt- und Familienleben außerhalb unseres Arbeitszimmers und auch zu der üblichen wissenschaftlichen Arbeit war gewaltig.

Es ist nun angebracht zu erläutern, wie unsere und auch meine Einstellung zu der moralischen und menschlichen Seite der Sache war, an der wir uns so aktiv beteiligten. Meine Position, die sich bis zu einem gewissen Grad unter Igor Tamms Einfluß, seiner Haltung und jener der mich umgebenden Personen gebildet hatte, veränderte sich im Laufe der Zeit, worauf ich noch eingehen werde. An dieser Stelle möchte ich darlegen, wie sie während der ersten sieben, acht Jahre aussah, vor dem thermonuklearen Versuch des Jahres 1955. Wie aus der bisherigen Schilderung hervorgeht, fragte mich damals, im Jahre 1948, niemand, ob ich an derartigen Arbeiten teilnehmen wolle. Doch für die Anstrengung, die totale Begeisterung und Aktivität, die ich an den Tag legte, war ich selbst verantwortlich. Ich versuche – 34 Jahre danach – dies auch mir selbst zu erklären. Einer der Gründe, nicht der Hauptgrund, war die »gute Physik« – so ein Ausspruch Fermis in bezug auf die Atombombe, den viele für zynisch hielten. Zynismus setzt gewöhnlich Unaufrichtigkeit voraus, ich aber denke, daß Fermi aufrichtig war; ich schließe daneben nicht aus, daß diese Äußerung auch mit dem Versuch zu tun hatte, der ihn beunruhigenden Frage auszuweichen. Denn er sagte: »*Jedenfalls* ist dies eine gute Physik«, das heißt, daß er auch an einen anderen Aspekt dachte. Die Physik der atomaren und der thermonuklearen Explosion ist wirklich ein »Paradies für den Theoretiker«. Mit rein theoretischen Methoden mit relativ einfachen Berechnungen konnte man präzise das beschreiben, was sich bei Temperaturen von mehreren Dutzend Millionen Grad abspielen würde, das heißt unter Bedingungen, die denen im Zentrum der Sterne nahekommen.

Und trotzdem war diese Begeisterung nicht das Wichtigste. Ich sage das aus voller Überzeugung. Ich hätte damals und zu jeder Zeit leicht ein anderes Betätigungsfeld finden können, und ich tat es ebensowenig wie Fermi, – dieser unbescheidene Vergleich sei mir verziehen. Das Wichtigste war für mich und, wie ich annehme, für Igor Jewgenjewitsch und die anderen Gruppenmitglieder die innere Überzeugung, daß diese Arbeit *notwendig* war.

Ich konnte mir nicht verhehlen, mit welchen furchtbaren, unmenschlichen Dingen wir uns beschäftigten. Doch der eben erst zu Ende gegangene Krieg war auch unmenschlich gewesen. Ich war in diesem Krieg nicht Soldat gewesen, doch fühlte ich mich als *Soldat* dieses, des naturwissenschaftlich-technischen Krieges. (Kurtschatow sagte damals manchmal: »Wir sind Soldaten«, und das war nicht nur eine Phrase.) Mit der Zeit hörten oder kamen wir selbst auf solche Begriffe wie strategisches Gleichgewicht, wechselseitige thermonukleare Abschreckung u. ä.

Ich glaube auch heute, daß diese globalen Ideen tatsächlich eine gewisse (vielleicht unvollständige und nicht ganz befriedigende) intellektuelle Rechtfertigung für den Bau von Thermonuklearwaffen und für unsere persönliche Beteiligung daran enthalten. Damals nahmen wir das alles eher auf einer emotionalen Ebene wahr. Die ungeheure Zerstörungskraft, die gewaltigen Anstrengungen, die für diese Entwicklung nötig waren, die Mittel, die dem armen und hungernden, vom Krieg zerstörten Land weggenommen wurden, die Menschenopfer in den gesundheitsschädlichen Produktionsstätten und in den Zwangsarbeiterlagern – all dies zwang uns, so zu denken und zu arbeiten, daß alle Opfer, die als unumgänglich galten, nicht umsonst waren. Dieses Gefühl verschärfte sich noch im »Objekt«. Es war wirklich die Psychologie eines Krieges.

Ich habe gelesen, daß Oppenheimer sich am 6. August 1945 in seinem Arbeitszimmer einschloß, während seine jungen Mitarbeiter im Flur des Labors von Los Alamos herumliefen und Indianerkriegsrufe ausstießen, und daß er später auf dem Empfang bei Truman weinte. Die Tragödie dieses Mannes, der sich bei seiner Arbeit offensichtlich von idealistischen, edlen Motiven leiten ließ, berührt mich zutiefst, noch mehr selbstverständlich die furchtbare Geschichte Hiroschimas und Nagasakis, die sich in seiner Seele widerspiegelte. Bis heute sind Thermonuklearwaffen kein einziges Mal gegen Menschen und im Krieg verwendet worden. Mein sehnlichster Wunsch, der tiefergehend ist als alles andere, besteht darin, daß es nie dazu kommen möge – daß thermonukleare Waffen den Krieg im Zaum halten, doch niemals eingesetzt werden mögen.

Haben wir, oder genauer, haben wir *zusammen* mit den amerikanischen Entwicklern entsprechender Waffen, den Wissenschaftlern, Ingenieuren und Arbeitern, dazu beigetragen, den Frieden zu bewahren? Der dritte Weltkrieg ist nicht ausgebrochen, und vielleicht ist das Gleichgewicht des Schreckens, die gegenseitige Bedrohung durch Nuklearraketen, diese beiderseitig garantierte Vernichtung, einer der Gründe dafür. Doch vielleicht ist es auch nicht so. Damals, in jenen nun weit zurückliegenden Jahren, stellten sich uns solche Fragen nicht.

Heute, nach über dreißig Jahren, wird deutlich, wie unbeständig das Gleichgewicht des Schreckens, wie extrem gefährlich die gegenwärtige Situation ist und welche ungeheuerliche Verschwendung das Wettrüsten bedingt. Thermonukleare Waffen sind dermaßen furchtbar geworden – bei ihrer Anwendung drohen sie die ganze menschliche Zivilisation zu vernichten –, daß schon die Idee ihrer Anwendung irreal erscheint, womit sich ihre zügelnde Kraft verringert und die Gefahr für die Menschheit kolossal steigt, falls sie doch eingesetzt werden sollten. Gibt es einen Ausweg? Das wird die nächste Zukunft zeigen. Unser aller Pflicht ist es, darüber nachzudenken, befreit von ideologischem Dogmatismus, von nationaler und staatlicher Begrenztheit und vom Egoismus, ausgehend von allgemein menschlichen, globalen Positionen, mit Toleranz, Vertrauen und Offenheit.

Ich halte jetzt die Zeit für gekommen, in der das Gleichgewicht der gegenseitigen thermonuklearen Abschreckung zuerst von einem Gleichgewicht konventioneller Waffen und dann – im Idealfall – von einem Gleichgewicht abgelöst werden sollte, das auf weitgehenden politischen Entscheidungen und Kompromissen gründet. Ich weiß, daß ich mit dieser Überzeugung nicht allein stehe. Zudem bin ich überzeugt, daß der Übergang vom Gleichgewicht, das auf atomaren und thermonuklearen Waffen beruht, zum Gleichgewicht konventioneller Waffen sehr vorsichtig und etappenweise erfolgen muß. Diese Darlegung bezieht sich selbstverständlich auf meine jetzigen Ansichten, auf meine Bewertung der jetzigen Situation. Wie später bekannt wurde, versuchte Robert Oppenheimer, der damals den Posten des Vorsitzenden der Atomenergiekommission (AEC) innehatte, etwa zur selben Zeit, als wir mit unseren Berechnungen begannen, in den USA das Programm zur Entwicklung der amerikanischen Wasserstoffbombe zu bremsen, in der Annahme, daß dann auch die UdSSR die Entwicklung ihrer thermonuklearen Superwaffe nicht forcieren würde. Als sein Gegenspieler trat Edward Teller auf. Gestützt auf seine Eindrücke von den ungarischen Ereignissen des Jahres 1919, begegnete Teller dem sozialistischen System mit großem Mißtrauen[4]. Im Grunde genommen behauptete er, daß nur die amerikanische Militärmacht in der Lage sei, das sozialistische Lager an einer ungehemmten, die Demokratien bedrohenden Expansion und an der Entfesselung des dritten Weltkriegs zu hindern. Deshalb hielt es Teller im Gegensatz zu Oppenheimer für unumgänglich, die Entwicklung der amerikanischen Thermonuklearwaffen zu forcieren und die Kernwaffenversuche fortzusetzen, ungeachtet dessen, daß sie infolge genetischer und anderer schwellenunabhängiger biologischer Effekte Menschenopfer kosteten. Dieser Einsatz war zu hoch! (Später widersprach ich Teller hinsichtlich der Versuche.) Aus demselben Grunde trat Teller im »Fall Oppenheimer« als Zeuge auf. Bekanntlich betrachtete ein großer Teil der amerikanischen wissenschaftlichen Öffentlichkeit den Auftritt Tellers und seine Position insgesamt als Verletzung bestimmter ethischer Normen der Scientific community. Eigentlich wurde Teller in den Kreisen der Wissenschaft einer Art Scherbengericht unterworfen, worüber insbesondere Freeman Dyson in seinen Memoiren schreibt.

Mir scheint, wir sollten heute beiden Männern den gleichen Respekt entgegenbringen. Beide waren davon überzeugt, die Wahrheit auf ihrer Seite zu haben, und sie waren um dieser Wahrheit willen moralisch verpflichtet, ihren Weg bis zu Ende zu gehen: Oppenheimer tat das, was man nachher für eine Verletzung seiner Amtspflichten hielt, und Teller verletzte die Traditionen des guten Tons der wissenschaftlichen Gemeinschaft. Soviel ich weiß, wurden hierbei die prinzipiellen Fragen durch Fragen der Technik und der Technikpolitik überlagert. Oppenheimer war offenbar überzeugt – und hatte dafür schwerwiegende Argumente –, daß die Projekte zum Bau einer Wasserstoffbombe irreal, zumindest aber perspektivlos seien. Teller war dagegen der Überzeugung, daß früher oder später rationelle wissenschaftliche und technische Lösungen gefunden werden würden. Vielleicht hatte er selbst schon irgendwelche Ideen. Bekanntlich hat Teller in dieser wissenschaftlich-technischen Hinsicht recht behalten.

Bis jetzt sind die Diskussionen darüber nicht verstummt, wer von den beiden recht gehabt hat. Man kann sehr starke Argumente für Tellers Standpunkt anführen, die auf dem beruhen, was uns über die reale Lage der Welt zu jener Zeit bekannt ist. Die Regierung der UdSSR, vielmehr diejenigen, die an der Macht waren, also Stalin, Berija und andere, wußten schon von den denkbaren Möglichkeiten der neuen Waffe und hätten um keinen Preis auf den Versuch verzichtet, sie zu bauen. Jeder beliebige Schritt der Amerikaner, zeitweilig oder für immer auf die Entwicklung von Thermonuklearwaffen zu verzichten, wäre entweder als raffiniert, als Betrug, als Ablenkungsmanöver oder als Ausdruck der Dummheit und der Schwäche ausgelegt worden. Wie auch immer, die Reaktion wäre eindeutig gewesen: bloß nicht in die Falle geraten, die Dummheit des Gegners aber unverzüglich ausnutzen. Doch auch die Position Oppenheimers war nicht unsinnig. Er ging im Grunde davon aus, daß der Bau einer Wasserstoffbombe sehr schwierig, aber immerhin möglich ist. Er hoffte, daß ein Moratorium der Amerikaner hinsichtlich der Entwicklung einer Thermonuklearwaffe die UdSSR in dem Stadium überraschen würde, in dem wir – die UdSSR – sagen würden: Die Amerikaner haben es nicht geschafft, und auch wir werden nicht unnötig Kräfte vergeuden, und selbst wenn wir es schaffen, so holen uns die Amerikaner im Nu ein und überholen uns, und dann sind wir wieder die Dummen. Deshalb würden wir zum beiderseitigen Vorteil auf weitere Entwicklungsarbeiten verzichten.

Oppenheimer begriff vermutlich, daß für den Erfolg dieses Spiels viele zusätzliche Voraussetzungen nötig waren: Übereinstimmung innerhalb der amerikanischen Administration; diplomatisches Geschick der amerikanischen Repräsentanten; eine Situation in der UdSSR, in der sie bereit gewesen wäre, auf eine Fortsetzung der Entwicklungsarbeit zu verzichten (hier täuschte sich Oppenheimer vermutlich), und die Bereitschaft der amerikanischen Administration zum Risiko. Erwähnt werden muß auch, daß dies die Zeit des maximalen gegenseitigen Mißtrauens, des »Kalten Kriegs«, der Berlin-Blockade, bald darauf des Koreakriegs und, damals wie heute, der Überlegenheit der UdSSR bei herkömmlichen Waffen war. Oppenheimer rechnete wohl kaum damit, daß es ihm gelingen werde, eine Mehrheit von der Richtigkeit seiner Ansicht zu überzeugen. Er entschloß sich, die Frage eigenmächtig, mit Hilfe eines Umgehungsmanövers zu lösen. Wahrscheinlich nahm er von vornherein an, daß die Chancen eines Erfolgs sehr gering waren; am ehesten würde eine triviale Politik die Oberhand gewinnen, die sich weniger gefährlich darstellte, und in diesem Fall war er bereit, sich zurückzuziehen, aus dem Spiel auszuscheiden. Dazu war er moralisch gewiß vollauf berechtigt. Bekanntlich kam es auch so. Oppenheimer hat mein Mitgefühl, und seine persönliche Tragödie, die zur Tragödie der gesamten Menschheit wurde, geht mir sehr zu Herzen. In meinem Schicksal und in meinen Handlungen ergaben sich frappierende Parallelen zu seinem Schicksal und seinen Handlungen, vor allem in den sechziger Jahren; danach ging ich noch weiter. Aber damals, in den dreißiger und vierziger Jahren, ähnelte meine Position eher derjenigen Tellers, spiegelte sie mit entsprechend veränderten Begriffen wider. UdSSR statt USA, Friede und Sicherheit des Landes statt Schutz vor kommunistischer Expansion und kommunistischem Terror u. ä. Wenn ich also Tellers Position verteidige, dann verteidige ich gleichzeitig auch mein Wirken und das meiner Arbeitskollegen in jenem Lebensabschnitt. Dabei mußte ich im Unterschied zu Teller nicht gegen die Strömung schwimmen, und ein Scherbengericht durch meine Kollegen drohte mir nicht. Der Kampf – gemeinsam mit anderen – um eine technische Frage, über den ich in einem der folgenden Kapitel berichte, hatte ganz andere Ursachen als bei Teller und verlief unter ganz anderen Bedingungen.

Wie es dazu kam, daß sich in meinem Leben so unterschiedliche Linien miteinander verbanden, das ist im Grunde genommen eines der Hauptthemen dieses Buches. Wenn meine Vermutung richtig ist, daß die Variante der thermonuklearen Waffe, die Seldowitsch, Kompanejez und andere in den vierziger und fünfziger Jahren entwickelten, ausspioniert worden war, dann stärkt dieser Umstand Oppenheimers Position in prinzipieller Hinsicht. Dann ist es tatsächlich so, daß die Amerikaner den Stein ins Rollen brachten: Ohne sie hätte man sich in der Sowjetunion mit dem militärischen thermonuklearen Problem entweder überhaupt nicht oder aber erst viel später befaßt. Später wiederholte sich diese Situation bei weniger wichtigen Fragen, nämlich bei den atomaren Mehrfachsprengköpfen, den Atomunterseeboten u. a. Ist es nicht endlich an der Zeit, einzuhalten und nachzudenken (der Leser wird erraten, daß ich an SDI denke)? Doch in der damaligen Situation, also bei der Diskussion zwischen Teller und Oppenheimer, war es schon zu spät, darüber nachzudenken, wer angefangen hatte. Die Ereignisse waren außer Kontrolle geraten. Weder die UdSSR noch die USA konnten haltmachen und kamen auf diesem Wege zum heutigen Frieden (zum Glück ließ sich – vorläufig? – der dritter Weltkrieg vermeiden, vielleicht ist dies der gegenseitigen Abschreckung zu verdanken).

Die Einstellung meiner amerikanischen Kollegen Teller gegenüber scheint mir ungerecht (und sogar unehrenhaft) zu sein. Teller nahm in sehr wichtigen Fragen prinzipienfeste Standpunkte ein. Daß er dabei gegen den Strom schwamm, spricht für ihn. Es ist eine Ironie des Schicksals, daß Teller 1945 zusammen mit Szillard annahm, man müsse die Wirkung der Atombombe demonstrieren, nicht jedoch ihre militärische Anwendung, während Oppenheimer ihn zu überzeugen suchte, daß die Lösung dieser Frage den Militärs und Politikern zu überlassen sei (Teller schreibt, er habe sich viel zu leicht überreden lassen).

* * *

Ich führte zwanzig Jahre lang streng geheim Arbeiten durch, die mit der Entwicklung von Thermonuklearwaffen und verwandten Themen zusammenhingen. Von Ende Juni 1948 bis März 1950 arbeitete ich in der Sondergruppe Tamm im FIAN, und von März 1950 bis Juli 1968 (als ich von den geheimen Arbeiten suspendiert wurde) im »Objekt«. Einiges in meinem Leben und meiner Arbeit von 1948 bis 1968 werde ich der Geheimhaltungsvorschriften wegen mit Stillschweigen übergehen. Ich fühle mich zeitlebens an die Verpflichtung gebunden, Staats- und Militärgeheimnisse zu wahren, denn ich ging sie 1948 freiwillig ein, unabhängig davon, wie sich mein Schicksal gestalten sollte.

Die Aufgabe der Sondergruppe Tamm, wie sie Igor Jewgenjewitsch auf Grund der ihm vorliegenden Unterlagen formulierte, lief darauf hinaus, die Berechnungen der Gruppe Seldowitsch an dem konkreten Projekt einer thermonuklearen Vorrichtung, wenn nötig und im Rahmen der Möglichkeit, zu präzisieren, zu verbessern und zu vervollständigen und ein unabhängiges Gutachten über das Projekt insgesamt abzugeben. Zwei Monate lang studierte ich fleißig die Berichte der Gruppe Seldowitsch und erweiterte meine damals sehr kümmerlichen Kenntnisse der Gasdynamik und der Astrophysik – letzteres, weil die Physik der Sterne und die Physik der thermonuklearen Explosion sehr vieles gemeinsam haben. Die Gasdynamik studierten wir damals alle nach dem entsprechenden Band der vortrefflichen mehrbändigen Monographie von Landau und Lifschitz; der ganze Komplex beschäftigte mich damals fast ununterbrochen. Nachdem ich eines Tages bei Landau und Lifschitz etwas über sogenannte automodellhafte Lösungen gasdynamischer Gleichungen (das heißt solche, bei denen die Lösung von Gleichungen mit partiellen Ableitungen auf Gleichungen mit vollständigen Ableitungen zurückgeführt wird) gelesen hatte, ging ich ins Dampfbad. Wir hatten ja in unserer Wohnung kein Bad. Als ich an der Kasse anstand, begriff ich, ausgehend von Ähnlichkeitserwägungen, daß sich das hydrodynamische Bild der Explosion in einem kalten idealen Gas bei der punktförmigen Energiefreisetzung durch Funktionen mit einer Variablen beschreiben läßt. Allerdings stellte sich nachher heraus, daß diese Lösung schon früher von Sedow, dem späteren Akademiemitglied, und noch früher von Taylor gefunden worden war. Doch bald tüftelte ich nach diesem Muster noch einige ähnliche Lösungen aus, die für die qualitative und halbquantitative Beschreibung der uns interessierenden Prozesse nützlich waren.

Nach zwei Monaten machte ich in meiner Arbeit eine Kehrtwendung: Ich schlug ein alternatives Projekt zur thermonuklearen Ladung vor, das sich völlig von dem der Gruppe Seldowitsch unterschied, was die bei der Explosion ablaufenden physikalischen Prozesse und sogar die Hauptenergieerzeugungsquelle betraf. Im folgenden nenne ich diesen Vorschlag »erste Idee«. Bald wurde mein Vorschlag von Witalij Lasarewitsch Ginsburg wesentlich ergänzt, er brachte die »zweite Idee« vor.

Unsere Variante unterschied sich von jener, die Seldowitsch untersuchte, dadurch, daß die Frage der prinzipiellen Machbarkeit ausgeklammert war. Außerdem gab es wesentliche technologische Unterschiede. Zu noch besseren Kennwerten kam unser Projekt durch die »dritte Idee«. Ich war einer ihrer Haupturheber. Endgültige Form nahm die »dritte Idee« nach dem ersten Thermonuklearversuch im Jahre 1953 an – doch dazu später.

Zunächst zurück zum Jahr 1948. I. J. Tamm unterstützte mich sogleich, da er das Projekt als sehr aussichtsreich einschätzte. Das Projekt Seldowitschs hatte bei ihm von Anfang an große Zweifel ausgelöst. Auf seinen Rat hin fuhr ich ins Institut für Chemische Physik. Zuerst traf ich den Stellvertreter Seldowitschs, Alexander Solomonowitsch Kompanejez. Seldowitsch war nicht nur am Institut für Chemische Physik tätig, sondern auch Mitarbeiter des »Objekts« seit seiner Gründung; er spielte eine entscheidende Rolle bei der Arbeit an den ersten Atomsprengladungen. Im »Objekt« leitete er eine andere Forschungsgruppe, die mit (damals) noch geheimeren Konstruktionen und konkreten Berechnungen der Atomsprengladungen zu tun hatte. Kompanejez leitete die Moskauer Gruppe während der langen Dienstreisen Seldowitschs ins »Objekt«, die sich damals sehr häuften, da der erste sowjetische Atomversuch näherrückte. Beim ersten Gespräch griff A. S. Kompanejez meine Ideen nicht sofort auf, äußerte Bedenken, daß ich elementare Fehler bei ihrer Bewertung gemacht haben könnte. Eine Woche später sprach ich mit J. B. Seldowitsch, der meinen Vorschlag augenblicklich ernst nahm. Das war mein zweites Treffen mit ihm, das erste hatte in einem Nebenraum eines physikalischen Seminars stattgefunden. (In diesem Seminar ging es um die Entdeckung einer ganzen Familie von Elementarteilchen. Professor Schalnikow, der bekannte Experimentator aus dem Institut für Physikalische Probleme, fragte boshaft: »Wieviel kostet ein Teilchen?« Der Vortragende antwortete finster: »Viel.« Doch er hätte antworten sollen: »Unendlich viel«, da es um eine Division durch Null ging. Alle Teilchen waren das Ergebnis eines experimentellen Fehlers.) Seldowitsch lud mich zu sich nach Hause ein, er wohnte in der Nähe des Instituts. Als er mich mit seiner Frau bekannt machte, erlaubte er sich einen Scherz: »Das Wichtigste im Leben ist eine Frau mit gutem Charakter.« Seine Frau lächelte, wie mir schien, etwas gezwungen. Dann sprachen wir beide lange über die beiden Projekte. Damals wurde entschieden, daß sich unsere Gruppe ausschließlich mit unserem neuen Vorschlag beschäftigen und seine Gruppe die Arbeit an ihrem Projekt fortsetzen und uns gleichzeitig die nötige Hilfe leisten sollte, da wir noch sehr vieles nicht wußten und konnten. Seldowitsch äußerte mir gegenüber zwar nichts, doch ich nehme an, daß er damals beschloß, der Administration die Frage meiner Versetzung zum »Objekt« vorzutragen. Dies erforderte eine Entscheidung auf allerhöchster Ebene. Ich weiß noch, wie mich bei einem unserer nächsten Treffen seine Fragen nach meiner familiären Situation und meiner Gesundheit (ob ich ein chronisches Leberleiden, eine Nierenkrankheit usw. hätte) hellhörig machten; ich wußte schon damals, worum es ging, und erwiderte, daß ich recht gesund sei (was der Wahrheit entsprach).

Vom ersten Tag unserer Arbeit in der Gruppe Tamm im FIAN an, hatten wir für uns völlig ungewohnte Geheimhaltungsvorschriften zu beachten. Wir bekamen ein Zimmer zur Verfügung gestellt, zu dem außer uns niemand Zutritt hatte. Der Zimmerschlüssel wurde in der geheimen Abteilung aufbewahrt. Alle Aufzeichnungen waren in besonderen Heften mit durchnumerierten Seiten zu machen. Nach der Arbeit hatte man sie in einen Koffer zu legen, der mit einem persönlichen Siegel versiegelt wurde, worauf man in der geheimen Abteilung alles gegen Unterschrift abgab. Wahrscheinlich schmeichelte uns diese feierliche Prozedur anfänglich, dann wurde sie zur Routine, manchmal jedoch nahm sie eine tragische Wendung. Einige Jahre später, ich war damals schon im »Objekt«, schickte mein Mitarbeiter ein Blatt mit einer Aufgabe ans Institut für Angewandte Mathematik, in dem für uns Rechenarbeiten durchgeführt wurden. Allem Anschein nach verbrannte die Stenotypistin dieses Blatt, nachdem sie es verwendet hatte, ohne es jedoch registrieren zu lassen. Zur Untersuchung dieses »besonderen Vorkommnisses« kam aus dem Ministerium der Leiter der geheimen Abteilung, ein Mann, der in mir allein durch sein Äußeres – seinen starren Blick unter den überhängenden Lidern – physisches Entsetzen hervorrief. Früher war er Leiter der Leningrader Abteilung des Staatssicherheitsdienstes gewesen, und zwar während der »Leningrader Affäre«[5], bei der ungefähr 700 führende Funktionäre erschossen worden waren. Er sprach etwa eine Stunde lang mit dem Leiter der geheimen Abteilung des Instituts (der Inhalt des Gesprächs blieb unbekannt); das Ganze fand an einem Samstag statt. Den Sonntag verbrachte der Institutsleiter bei seiner Familie. Seinen Kindern soll er besonders freundlich und zärtlich gegenüber gewesen sein. Am Montag war er fünfzehn Minuten vor Arbeitsbeginn, bevor seine Mitarbeiter kamen, an seinem Arbeitsplatz und erschoß sich. Die Stenotypistin wurde verhaftet, sie war über ein Jahr (vielleicht auch zwei Jahre, ich weiß es nicht mehr) in Haft.

Im Herbst 1948 wurde mein Gehalt erhöht. Ich glaube, damals wurde ich als wissenschaftlicher Senior-Mitarbeiter bestätigt. Etwa zwei Monate, nachdem mein Vorschlag zum anerkannten Thema unserer Gruppe geworden war, wurde ich zum Bevollmächtigten des Ministerrats und des ZK der KPdSU im FIAN, dem General der Staatssicherheit W. A. Malyschew, geladen. Dieser Dienstrang und die entsprechende Bezeichnung wurden damals in allen wissenschaftlichen Einrichtungen, die geheime Arbeiten verrichteten, sowie in vielen Betrieben und Behörden eingeführt. Faktisch vertrat er den Apparat Berijas, der somit eine umfassende Kontrolle über alle militärischen Entwicklungen ausübte. Das nicht große, aber durchaus »solide« Arbeitszimmer Malyschews, mit Safe und der gebührenden Anzahl von Telefonen ausgestattet, lag direkt neben der geheimen Abteilung. Malyschew begann damit, mir für meine Arbeit Komplimente zu machen, und schlug mir vor, in die Partei einzutreten. Nur als Parteimitglied könne man unserem Volke, das den furchtbarsten Krieg in seiner Geschichte durchgemacht habe, und der Bewegung der gesamten Menschheit zur lichten Zukunft hin, in der es keinen Platz mehr für Kriege geben werde, wirklichen Nutzen bringen. Die Parteimitgliedschaft sei kein Privileg, gewähre kein leichtes Leben, sondern sei eine gewaltige Verpflichtung vor den Menschen; sie fordere die Bereitschaft, immer dort zu sein, wo die Partei einen brauche, und das zu tun, was die Partei wolle. Malyschew fügte hinzu, daß er bereit sei, mir eine Empfehlung zu geben.

Ich erwiderte, daß ich auch weiterhin alles tun würde, was in meinen Kräften stehe und zum Erfolg unserer Arbeit beitrüge, aber parteilos bleiben wolle. Ich könne nicht in die Partei eintreten, da mir einige ihrer Handlungen in der Vergangenheit unberechtigt erschienen seien und ich nicht wisse, ob mir in Zukunft nicht neue Zweifel kommen würden. Malyschew fragte, was mir unberechtigt erscheine. Ich antwortete, die Verhaftungen Unschuldiger, die Entkulakisierung.

Malyschew gab zurück: »Die Partei hat die Jeshowschtschina[6] scharf verurteilt, alle Fehler sind ausgemerzt. Was die Kulaken betrifft, was hätten wir denn tun können, als sie mit Gewehrkolben auf uns losgingen?«

Er bat mich, aufs ernsthafteste über unser Gespräch nachzudenken, vielleicht würde ich noch darauf zurückkommen wollen. Im Falle meiner Zustimmung war mir wohl eine große administrative Rolle im System der Atomwissenschaft zugedacht, vielleicht die Position des wissenschaftlichen Leiters des »Objekts« oder eine parallele Stellung. Dies hätte wenig Nutzen gebracht, denn aus mir wäre kein Administrator geworden.

Im Januar oder Februar 1949 wurden Igor Jewgenjewitsch Tamm und ich zum Leiter der Ersten Hauptverwaltung beim Ministerrat der UdSSR (PGU), Boris Lwowitsch Wannikow[7], gebeten. PGU war die Bezeichnung für eine Behörde, die vom Umfang her längst über das Ministerium hinausgewachsen und für sämtliche atomare Fragen zuständig war. Später wurde sie in Ministerium für Mittleren Maschinenbau umbenannt, dann löste man das Komitee für die friedliche Nutzung der Atomenergie aus ihr heraus. Wannikow (er trug ursprünglich einen jüdischen Namen) war eine sehr schillernde Persönlichkeit. Nicht mehr jung, war er schon vor der Revolution Parteimitglied gewesen und hatte sich Verdienste um die Revolution erworben. In den dreißiger Jahren, als dies mit tödlicher Gefahr verbunden war und jeder Fehltritt den Untergang bedeuten konnte, sammelte er viel Erfahrung bei technisch-konstruktiven und wissenschaftlichen Entwicklungsarbeiten im militärischen Bereich. Natürlich war er bei einem solchen Lebenslauf äußerst vorsichtig und klug (und zynisch) geworden. Während des Krieges wurde er verhaftet. Nach ein oder zwei Wochen ließ man ihn jedoch nicht nur frei, sondern berief ihn auf einen sehr hohen Posten in der Rüstungsindustrie.

Wannikow empfing uns in seinem großen Arbeitszimmer. Neben ihm saß ein gewisser Nikolskij, wohl ein Vertreter von Berijas Apparat. Wannikow ging nach einem Scherz zur Sache über: »Sacharow muß zur ständigen Arbeit zu Julij Borissowitsch Chariton versetzt werden [das heißt in das »Objekt«, dessen wissenschaftlicher Leiter Chariton war]. Das ist notwendig für die intensivere Behandlung des Themas.«

Igor Jewgenjewitsch erwiderte sichtlich erregt, daß Sacharow ein sehr talentierter theoretischer Physiker sei, der vieles für die Wissenschaft (vor Aufregung sagte er nicht einmal »sowjetische« Wissenschaft) in vorderster Linie, tun könne. Seine Arbeit ganz auf angewandte Forschungen zu beschränken, sei falsch und liege nicht im staatlichen Interesse. Wannikow hörte anscheinend aufmerksam zu, lächelte dabei aber etwas spöttisch. In diesem Augenblick klingelte der Apparat des »Kremltelefonnetzes«. Wannikow hob den Hörer ab, seine Miene und seine Haltung spannten sich.

Wannikow: »Ja, sie sind bei mir. Was sie machen? Sie sprechen mit mir, haben Zweifel.«

Pause.

»Ja, ich habe verstanden.«

Pause.

»Jawohl, ich richte es ihnen aus.«

Er hängte ein und erklärte: »«Ich habe mit Lawrentij Pawlowitsch [Berija] gesprochen. Er *bittet Sie sehr*, unser Angebot anzunehmen.«

Es gab nichts mehr zu bereden. Als ich mit Igor Jewgenjewitsch nach draußen trat, sagte er zu mir: »Ich glaube, die Sache fängt an, ernst zu werden.«

In Wirklichkeit war die »Sache« schon wesentlich früher ernst geworden.

VII. Das »Objekt«

Im Sommer 1949 mieteten wir bei Moskau an der Oktober-Eisenbahnlinie die Hälfte einer Datscha für zwei Familien. Unsere Nachbarin, eine sehr sympathische jüdische Großmutter, hatte die Angewohnheit, über ihre Enkel, die in Tanjas Alter waren, zu murren: »Sind das denn Kinder? Das sind Teufel und keine Kinder.«

An einem der letzten Junitage hielt ein »Emka«[1] gegenüber der Datscha; ein strammer Offizier stieg aus und bat mich, unverzüglich mit ihm zu Wannikow zu fahren. Das Gespräch mit ihm war sehr kurz:

»Fliegen Sie?«

»Ja.«

»Ich nur ungern. Wir müssen unverzüglich in Julij Charitons Betrieb. Fahren Sie in die ... [er nannte die Adresse], dort wird man Ihnen alles erklären.«

Unter der angegebenen Adresse erblickte ich ein Schild mit der Aufschrift »Gemüse- und Früchtelager«, stieg in einen kellerartigen Raum hinab und ging an einigen Leuten vorbei, die wie Spediteure oder *tolkatschi*[2] aussahen; einer döste im Sitzen, zwei spielten Domino. Im nächsten Zimmer saß am Tisch ein bleicher, nervöser Mann. Als er hörte, daß ich in den »Betrieb« fahren wolle – der hier übrigens anders hieß – und noch nie dort gewesen sei, stellte er mir einen Passierschein aus und erklärte, in welchem Wagen welchen Zuges ich zu fahren hätte.

In den nächsten Jahren bekam ich meinen Passierschein für das Objekt jedesmal auf die gleiche Weise, indem ich persönlich in diesem denkwürdigen »Lager« erschien. Mit der Zeit erwarb ich das exklusive Recht, meine Reisen telefonisch anzumelden. Doch bereits meine Mitarbeiter konnten ein solches Recht bei Urlaubsreisen nach Moskau oder bei Dienstreisen nicht in Anspruch nehmen. Offenbar vermutete man, daß telefonisch auch ein »Fremder«, also ein Spion, eine Reise anmelden könne.

Am Abend kam ich zum Bahnhof und setzte mich in den angegebenen Wagen, nachdem ich mich durch eine Kette von Menschen in Zivil und

Uniform, die den Wagen umringten, gedrängt hatte. Es war der persönliche Wagen Wannikows; außer uns beiden fuhr noch der mir bis dahin unbekannte Mereschtschjakow mit, Schüler Kurtschatows und wissenschaftlicher Leiter beim Bau des Beschleunigers in Dubna, der offensichtlich großes Vertrauen der Führung genoß. Einige Minuten nach Abfahrt des Zuges bat uns Wannikow über den Zugbegleiter zu Tisch. Ich hörte mit Interesse dem Gespräch zwischen Mereschtschjakow und Wannikow zu, in dem mir völlig unbekannte Institutionen, Angelegenheiten und Familiennamen erwähnt wurden (zum Beispiel erklärte man mir, daß mit »Borodín« Kurtschatow gemeint sei). Während der Nacht konnte ich in dem stickigen Abteil nicht schlafen. Ich erinnere mich, daß ich nicht über bewegende Ereignisse in meinem Leben und über meine Fehler nachdachte, wie ich es jetzt öfter bei Schlaflosigkeit tue, sondern über ein neues Problem, das mir in dieser Nacht eingefallen war: die gesteuerte thermonukleare Reaktion. Doch die Schlüsselidee der magnetischen Thermoisolation, die von Igor Jewgenjewitsch Tamm weiterentwickelt und unterstützt wurde, kam mir erst nach einem Jahr.

Am Zielbahnhof stiegen wir in bereitstehende Autos um und fuhren mit rasender Geschwindigkeit in Richtung Objekt. Wir hätten wohl einen Teil der Reise mit dem Flugzeug zurücklegen sollen – das ging aus Fragen Wannikows hervor –, doch auf dem Flugplatz war keine Maschine. Fast die ganze Strecke fuhren wir über Feldwege, und die Schlaglöcher ließen uns hüpfen. Ohne die Geschwindigkeit zu senken, fuhren unsere Autos durch gerade erst erwachende Dörfer. Im bleichen Licht der Morgendämmerung erkannten wir zerfallene, meist mit altem Stroh oder halbverfaulten Schindeln gedeckte Hütten, zerrissene, auf Leinen hängende Lappen und immer noch – obwohl schon Sommer war – mageres und schmutziges Kolchosvieh. Der vor uns fahrende Wagen überfuhr ein Huhn, das über den Weg laufen wollte. Wir sausten, ohne anzuhalten, über Felder und durch verkümmerte Wäldchen. Plötzlich bremste der Wagen scharf ab. Vor uns war die »Zone«[3]: zwei Reihen Stacheldraht auf hohen Pfählen, dazwischen ein aufgepflügter Landstreifen, der »heimatliche Stacheldraht«, wie wir später zu sagen pflegten, wenn wir uns mit dem Auto oder dem Flugzeug der Grenze des Objekts näherten. Der Wagen hielt vor einem geschlossenen Tor, daneben stand ein Gebäude, aus dem zwei Offiziere traten. Im ersten Auto wurden die Passierscheine kontrolliert, die Offiziere salutierten, und es fuhr vorbei. Doch als sie zu uns kamen, ließ Wannikow, der von den Schlaglöchern einige Beulen hatte und nach der schlaflosen Nacht gereizt war, ein paar unflätige Ausdrücke vom Stapel und befahl dem Chauffeur: »Gib Gas!« Die Offiziere sprangen vor dem losschießenden Wagen zurück.

Bald darauf richtete ich mich in meinem Zimmer im Hotel für die Chefs ein; unten war die Chefkantine, das »Generalskasino«, wie man sie nannte. Die Wände waren mit Sternen bemalt. Später erfuhr ich, daß sie von einer Gefangenen gemalt worden waren. Ich rasierte mich schlecht und recht, schnitt mich dabei mit dem mir ungewohnten Rasiermesser, und wollte gerade nach unten gehen, da öffnete sich die Tür gegenüber, und in den kleinen Korridor trat Igor Wassiljewitsch Kurtschatow in Begleitung seiner »Sekretäre« (so hießen die Offiziere der Leibwache). Damals verfügten nur Kurtschatow und Chariton über »Sekretäre«. Ich hatte von 1954 bis 1957 ebenfalls welche, und für sehr kurze Zeit auch Seldowitsch. Es waren Mitarbeiter einer Sonderabteilung des Staatssicherheitsdienstes von ziemlich hohem Rang. Kurtschatow duzte sie und gab ihnen häufig irgendwelche Aufträge. Sie achteten ihn außerordentlich, vielleicht hatten sie ihn sogar gern. – Igor Wassiljewitsch begrüßte mich laut im Vorbeigehen: »Ah, der Mann aus Moskau ist da, willkommen!«, und schritt mit seiner »Suite« zu dem vorgefahrenen »SIS«[4]. Kurz darauf holte Seldowitsch mich ab und fuhr mich in die theoretische Abteilung, um mich mit den Projekten und den Mitarbeitern bekannt zu machen. Zuvor wechselte er mit mir ein paar Sätze unter vier Augen. Die Ankunft Kurtschatows und anderer Chefs – ich sah sie bald alle im »Generalskasino« – hatte mit der bevorstehenden Erprobung des atomaren »Produkts« – so nannten wir atomare und thermonukleare Sprengladungen experimenteller und serienmäßiger Fertigung – zu tun.

»Es wird wichtige Besprechungen der ›Höchsten‹ geben, und Sie dürfen nicht gekränkt sein, daß Sie dazu nicht eingeladen werden. Ich werde auch zu vielen Sitzungen nicht eingeladen, außer zu denen, bei denen man meine Meinung hören will. Sie müssen sich die richtige Einstellung zu diesen Fragen zulegen. Hier ist alles rundherum geheim, und je weniger Unnötiges Sie wissen, desto ruhiger werden Sie es haben. Chariton trägt diese Last, doch er ist ein besonderer Mann. Wir beide werden jetzt in der theoretischen Abteilung viel zu tun haben.«

Nach diesen Worten Seldowitschs über die bevorstehende Erprobung wurden mir der Sinn und die hohe Bedeutung des Dialogs klar, zu dem es bei dem Treffen zwischen Wannikow und dem Objektleiter gekommen war:

»Ist sie da?« – »Ja.« – »Wo?« – »Im Lager.« (Dann folgte der ausdrucksvolle Name des Ortes, den ich hier weglasse.)

In diesem kurzen Gespräch ging es um eine Sprengladung aus spaltbarem Metall (Plutonium oder Uran 235), die wahrscheinlich kurz zuvor aus dem Herstellerbetrieb zum Objekt gebracht worden war. Später sagte mit Seldowitsch, daß er, wenn er diese unauffälligen Metallstücke betrachtete, sich nicht von dem Gefühl lösen könne, daß in jedes Gramm viele Menschenleben »eingepreßt« seien. Damit meinte er die in den Uranbergwerken und -objekten arbeitenden Häftlinge und die künftigen Opfer eines Atomkrieges.

In der theoretischen Abteilung umringten uns alle und schauten mich mit unverhohlener Neugier an. Seldowitsch stellte mir seine nicht sehr zahlreichen damaligen Mitarbeiter vor: David Albertowitsch Frank-Kamenezkij, Viktor Julianowitsch Gawrilow, Nikolaj Alexandrowitsch Dmitrijew und Rewekka Israilewna Israilewa.

»Und das sind«, sagte Seldowitsch, wobei er auf zwei an einem Tisch sitzende junge Männer zeigte, die in einem großen Band geschäftig graphische Pläne markierten, »unsere Hauptleute.«

In einem der »Hauptleute« erkannte ich zu meiner Verblüffung meinen Studienkollegen Shenja Sababachin, dessen Wege sich bei der Kommission der Militärakademie der Luftstreitkräfte von den meinen getrennt hatten. Nach dem Abschluß der Akademie verteidigte er seine Dissertation, die Seldowitsch zu begutachten hatte, und kam dann zum Objekt, wo er seine Kenntnisse der Gasdynamik mit großer Findigkeit einsetzte. Man hatte ihm den militärischen Rang eines Hauptmanns zugewiesen (darauf bezog sich Seldowitschs Anspielung). Der zweite »Hauptmann« hieß Shenja Negin.

Der älteste unter den Mitarbeitern war David Albertowitsch; er begeisterte sich am meisten für die Sache. Seine Ideen waren oft sehr wertvoll, einfach und wichtig, manchmal falsch, doch er war gewöhnlich schnell mit Kritik einverstanden und brachte gleich neue Ideen vor. Er strebte in der Sache und im Leben nach Klarheit und war, wohl mehr als alle anderen, für unseren Kameradschaftsgeist verantwortlich.

Der Jüngste war Nikolaj (Kolja) Dmitrijew. Er war ungewöhnlich talentiert und lieferte damals immer wieder »aus dem Stand« glänzende Arbeiten, in denen seine mathematische Begabung zutage trat. Seldowitsch meinte über ihn: »Kolja hat vielleicht als einziger von uns den göttlichen Funken. Man könnte meinen, daß Kolja ein so stiller und bescheidener Junge ist. Doch in Wirklichkeit zittern wir vor ihm wie vor dem höchsten Richter.«

Die Begabung Koljas machte sich sehr früh bemerkbar. Er war ein

Wunderkind. Mit fünfzehn besuchte er, unterstützt von Kolmogorow, die Universität, legte alle mathematischen Examina gleichzeitig mit dem Schulabschluß ab und begann bei Kolmogorow, der seine Arbeiten für vielversprechend hielt, auf dem Gebiet der Wahrscheinlichkeitstheorie zu forschen. Im Jahre 1950, ich war damals schon im Objekt, schaute ich an meinem Geburtstag bei Kolja vorbei, da man mich nicht nach Moskau gelassen hatte und ich nicht wußte, wie ich die Zeit verbringen sollte. Er hatte gerade geheiratet; seine Frau hieß Tamara. Sie brachten mir zunächst bei, wie man reinen Alkohol trinkt. Bis zu diesem Augenblick hatte ich noch nie etwas Stärkeres als Wodka – immer sehr wenig und zudem nur selten – probiert. Dann hörten wir Musik und unterhielten uns fröhlich über den Sinn des Lebens und die Zukunft der Menschheit. Kolja und Tamara schenkten mir zum Geburtstag das wunderbare Buch *Das mathematische Kaleidoskop* von Steinhaus. Seldowitsch hatte eine starke Abneigung gegen Tamara, er war auf sie fast eifersüchtig. Er pflegte zu sagen, daß sie Kolja mit häuslichen Angelegenheiten, Schnullern, Windeln u. ä. belaste, daß sie ihn zu lange bei sich im Bett behalte und ihn als wissenschaftlichen Mitarbeiter zugrunde richte. Tamara stürzte sich 1955 aus dem vierten Stock, einige Tage, nachdem sie wegen Thyreotoxikose operiert worden war, und ließ Kolja mit zwei Kindern zurück. Einige Jahre später heiratete er wieder. Seine Frau war Mitarbeiterin in unserer mathematischen Abteilung. Kolja war lange Zeit als freiwilliger Helfer der Miliz Mitglied des Ordnungsdienstes, durchstreifte die Stadt und griff Betrunkene auf. Sehr kompliziert war Koljas Schicksal als Wissenschaftler. Ich denke, daß es keineswegs Alltagsprobleme oder persönliche Gründe, sondern tieferliegende Ursachen waren, die den glänzenden Beginn seiner wissenschaftlichen Tätigkeit im weiteren Verlauf etwas verblassen ließen. Im Objekt wurden bald keine in mathematischer Hinsicht »schönen« Arbeiten mehr gebraucht (aber gerade hier war Kolja, von wenigen Ausnahmen abgesehen, stets auf der Höhe). Zu Beginn von Koljas Tätigkeit hatten die »schönen« Arbeiten ein gewisses System gebildet, doch dann war das Objekt zu einer Fabrik geworden. Sein Pflichtgefühl veranlaßte Kolja, gewissermaßen an der Werkbank zu stehen, doch seiner Natur nach war er kein Handwerker, sondern ein Meister der Juwelierkunst. Seldowitsch versuchte, Kolja an die »große« Physik heranzuführen, doch daraus wurde nichts: Kolja gehört nicht zu denen, die auf zwei Stühlen sitzen können. In den letzten Jahren leistete er viel mehr als die meisten Mitarbeiter des mathematischen Sektors, doch stets blieb ein Gefühl der Enttäuschung bei dem Gedanken, daß er auf einem anderen Gebiet nicht nur viel, sondern etwas qualitativ anderes, etwas Außergewöhnliches hätte schaffen können. Kolja interessierte sich dabei immer für allgemeine Fragen philosophischer, sozialer und politischer Art. In seiner Haltung zu diesen Fragen offenbarten sich ganz deutlich absolute intellektuelle Ehrlichkeit und ein scharfer, ungewöhnlicher Verstand. Kolja war einer der wenigen, welcher den Stalinpreis nicht gegen den Staatspreis umtauschte. Dies war Ausdruck seines historischen Bewußtseins. Von seinen Überzeugungen und seiner Grundeinstellung her war Kolja Nonkonformist, er stand der offiziellen Ideologie und meiner Position in gleichem Maße entgegen. Er war der einzige aus dem Objekt, der nach dem Erscheinen von *Gedanken über Fortschritt, friedliche Koexistenz und Freiheit* und danach von *Mein Land und die Welt* offen zu mir in die Tschkalow-Straße kam und mich bat, ihm die Bücher zum Lesen und zur Beurteilung zu geben. Meine Ansichten schienen ihm völlig falsch zu sein, doch er diskutierte ganz sachlich mit mir.

Sehr gut gefiel mir ein anderer Mitarbeiter, Viktor Julianowitsch Gawrilow (der übrigens völlig in Kolja vernarrt war). Sein Schicksal war nicht einfach. Wie ich hörte, war er entweder der Sohn eines deutschen Professors oder eines Industriellen, der während des Bürgerkrieges in die UdSSR gereist war, und einer Russin, die damals in einem Hotel arbeitete und ihn unter schwierigen Bedingungen allein aufzog. Die Mutter war tief religiös. Gawrilows Einstellung zur Religion war zwiespältig; er war wohl Atheist. Er absolvierte die Universität und arbeitete bei dem Astrophysiker Lebedinskij in Leningrad, von wo ihn Seldowitsch zum Objekt holte. Gawrilow arbeitete mit deutscher Gründlichkeit, doch wie viele Menschen plauderte er gern über allgemeine Themen. Seldowitsch und er kamen nicht gut miteinander aus. Bald nach meiner Ankunft im Objekt wechselte er zu dem Posten eines Experimentators über und leitete eine kleinere Abteilung. Er arbeitete an einer Anlage, die offiziell FIKOBYN (schneller physikalischer Kessel) hieß. Sie bestand in der Hauptsache aus den zwei Hälften einer Atomsprengladung, die durch Distanzplatten voneinander getrennt waren, und diente zur Messung der Kerneigenschaften verschiedener Materialien. Die Neutronenquelle befand sich im Zentrum der Sprengladung in einem besonderen Hohlraum. Durch Regelung der Dicke der Distanzplatten konnte man den bei der Kettenreaktion nach außen dringenden Neutronenfluß erheblich verstärken. Ich berichte hier davon, weil ich in diesen Einzelheiten nichts Geheimes sehe. Zudem zeigen sie das Kolorit unserer Arbeit. Im ersten, dem »heroischen« Zeitabschnitt führte ein nicht mehr junger Mitarbeiter namens Schirschow alle

Manipulationen mit den Distanzplatten durch. Er bediente sich dabei einer Handwinde ohne jeglicher Automatik, und alles lief ohne jede Unannehmlichkeit. Doch er tat gern einen Schluck aus der Flasche. Eines Tages wurde er von einem hohen Vorgesetzten, ich glaube, es war Wannikow, bei dieser Beschäftigung direkt an der Sprengladung erwischt und sofort aus der Abteilung gejagt. Mit der Zeit wurde FIKOBYN, der schnelle Kessel, mit Anleitungen und einer Störautomatik ausgestattet, und in diesem Zustand kam er in Gawrilows Hände.

Das Maß der Unterkritizität, also des Abstands des Systems vom »unteren« kritischen Zustand, bei dessen Überschreitung die Kettenreaktion unter Beteiligung der verzögerten Neutronen entsteht, ist die Größe, die der Vervielfachung der Neutronen der Quelle im Inneren der Sprengladung umgekehrt proportional ist. Als Einheit dieser Größe führte D. A. Frank-Kamenezkij, der sich als erster mit der Theorie des FIKOBYN beschäftigt hatte, die lustige Bezeichnung »Schirschi« zu Ehren von Schirschow ein. Gawrilow war auch aktiv an diesen Berechnungen beteiligt, jetzt hatte er es allerdings mit dem »Schirschi« in natura zu tun (»Gib mal eine Platte mit 5 Schirschi« u. ä.). Einmal kam es zu einer Havarie, weil ein Mitarbeiter die Reihenfolge der Platten nicht eingehalten und das System den unteren kritischen Zustand überschritten hatte. Wenn der »obere« überschritten worden wäre, also der kritische Zustand ohne Berücksichtigung der verzögerten Neutronen, wäre es um vieles schlimmer gewesen, doch ist diese Gefahr praktisch ausgeschlossen.

Ein analoger Störfall ist in der bekannten amerikanischen Erzählung von Dexter Masters beschrieben; darin wird über den Tod eines jungen Mitarbeiters des Labors in Los Alamos durch Neutronenstrahlen im Jahre 1945 berichtet, der vermutlich bei der Überprüfung der Unterkritizität einer der ersten amerikanischen Sprengladungen verursacht wurde[5]. Der Erzählung nach ging man in den USA noch waghalsiger als bei uns zu Zeiten Schirschows vor. Bei Gawrilow kam man ohne Todesfälle davon, doch die materiellen Verluste und der allgemeine Schreck waren groß. Gawrilow mußte das Objekt verlassen und wurde ins Ministerium versetzt. Ich berichte später genauer über diesen Zeitabschnitt seines Lebens. Ende der fünfziger Jahre orientierte er sich noch einmal um und wechselte zur Molekularbiologie. Zu jener Zeit richtete Kurtschatow in seinem Institut ein Laboratorium als Gegengewicht gegen den offiziellen Lyssenkoismus ein, was ihm nur seine unabhängige Stellung gestattete. Gawrilows Arbeit und seine Beziehungen zu den Biologen gestalteten sich auf diesem neuen Gebiet schwierig. Damals kam ich Viktor wieder näher. Wir unterhielten uns oft, wenn ich in Moskau war. Eines unserer »allgemeinen« Lieblingsthemen war die Zukunft der Menschheit. Er sagte, er sei dem Schicksal dankbar, nicht im 21. Jahrhundert geboren zu sein. Aus diesen Gesprächen nahm ich besonders ökologische, demographische und andere globale Probleme in mein Gedankengut auf.

Rewekka Israilewna, die einzige Frau in unserer Abteilung, hatte neben ihrer eigentlichen Arbeit noch die Aufgabe, die Berichte, das Gekritzel der Männer, ins reine zu schreiben; das Abtippen war damals noch verboten, und keine der Stenotypistinnen aus den ersten Abteilungen[6] durfte unsere supergeheimen Berichte sehen.

In der theoretischen Abteilung gab es auch eine Gruppe oder Unterabteilung für Mathematik. Sie wurde von Mattes Mendelejewitsch Agrest, einem Invaliden des Vaterländischen Krieges, geleitet, einem sehr sachkundigen und eigenwilligen Mann. Er hatte eine riesige Familie und bewohnte ein ganzes Häuschen. Ich besuchte ihn einige Male. Sein Vater war ein großgewachsener imposanter alter Herr, der mich an die Rembrandtschen Juden erinnerte. Er war wie Agrest tief gläubig. Ich hörte später, daß Seldowitsch ihn grausam beleidigt hatte, als er ihn – möglicherweise aus Unkenntnis – zwang, samstags zu arbeiten. (Allerdings bestritt Seldowitsch diese Darstellung.) Bald mußte Agrest das Objekt verlassen, weil man angeblich in Israel irgendwelche Verwandten von ihm entdeckt hatte. Damals schien dies uns allen, auch mir, durchaus ein triftiger Entlassungsgrund zu sein. Das einzige, was ich für ihn tun konnte, war, daß ich ihm und seiner Familie meine leerstehende Wohnung überließ, bis er eine neue Arbeitsstelle gefunden hatte. In letzter Zeit widmet er sich etwas Neuem: Er trägt aus der Bibel und anderen Quellen Material zusammen, welches belegen soll, daß die Erde in der Vergangenheit von anderen Planeten Besuch erhalten hat – wozu ich eine mehr als skeptische Einstellung habe.

Jakow Borissowitsch Seldowitsch berichtete mir sofort über die wichtigsten Arbeiten auf dem Gebiet der Atomsprengladungen, und als ich später selbst Gruppenleiter war, machte ich mir gewöhnlich ein Vergnügen daraus, neu eintreffenden Mitarbeitern das gleiche zu erzählen, wobei ich etwas über die Herstellung thermonuklearer Sprengladungen hinzufügte und mir die erstaunten Gesichter betrachtete.

Diesmal berichtete ich meinerseits über die Arbeiten der Gruppe Tamm und die voraussichtlichen Kenndaten der Produkte, die auf der »ersten« und der »zweiten Idee« beruhten. Es waren freilich nur vorläufige und in vielem unrichtige Überlegungen. Bei meiner ersten Reise zum Objekt blieb ich etwa eine Woche dort und erfuhr vieles über atomare Sprengladungen, was für uns außerordentlich wichtig und unerwartet war. Außerhalb des Objekts war es nicht einmal erlaubt, über diese Dinge zu sprechen; die Berichte wurden nicht vervielfältigt und nicht nach Moskau geschickt.

Im Gespräch mit Seldowitschs Mitarbeitern und mit ihm selbst außerhalb der Arbeit – im Kasino, beim Morgen- und Abendspaziergang im Wald, der die Siedlung umgab, im Hotel vor dem Schlafengehen – erfuhr ich von der spezifischen Form des Lebens und Arbeitens, die sich unter den wissenschaftlichen Mitarbeitern herausgebildet hatte und die sehr sachlich, kameradschaftlich und ungewöhnlich anstrengend war. Man arbeitete, wenn nötig, fast Tag und Nacht. Ich hörte auch von den Besonderheiten des im Objekt eingeführten »Regimes« und von den Häftlingen, die ich selbstverständlich schon gesehen hatte. Im darauffolgenden Jahr wurde ich zum Objekt versetzt, nicht mehr als »Besucher«, sondern in Dauerstellung; ich lebte dort ungefähr achtzehn Jahre lang, manchmal mit der Familie, manchmal allein. Ich will nun über das Objekt berichten und stütze mich dabei sowohl auf meine Eindrücke beim ersten Besuch als auch auf das, was ich später sah und erfuhr.

Die Stadt, in der wir durch eine Fügung des Schicksals lebten und arbeiteten, stellte ein recht seltsames Erzeugnis unserer Epoche dar. Die Bauern der umliegenden, damals bettelarmen Dörfer sahen den durchgehenden Stacheldrahtverhau, der ein gewaltiges Territorium umfaßte. Wie man sagt, fanden sie für dieses Phänomen eine überaus originelle Erklärung: daß nämlich dort der »Kommunismus auf Probe« eingeführt worden sei. Dieser »Kommunismus auf Probe«, das Objekt, war gewissermaßen die Symbiose aus einem supermodernen Forschungsinstitut, Versuchsbetrieben, Versuchsfeldern und einem großen Lager. Im Jahre 1949 hörte ich noch von der Zeit, als es nichts als ein Lager gewesen war, mit Häftlingen, zu denen auch Gefangene mit den längsten Haftstrafen gehört hatten; wahrscheinlich unterschied es sich wenig von dem »typischen« Lager, das Solschenizyn in *Ein Tag im Leben des Iwan Denissowitsch* beschreibt. Die Häftlinge mußten Betriebe, Versuchsstände, Straßen und Wohnhäuser für die künftigen Mitarbeiter bauen, während sie selbst in Baracken wohnten und unter Bewachung und in Begleitung von Schäferhunden zur Arbeit gingen. Auf diese Zeit bezieht sich die Schilderung eines dramatischen Ereignisses, die ich von Viktor Julianowitsch Gawrilow bei meinem ersten Aufenthalt im Objekt hörte.

Der Vorfall lag etwa zwei Jahre zurück. Eine kleine Gruppe von Häftlingen hob eine Baugrube aus. Unter ihnen befand sich ein ehemaliger Oberst (vielleicht aus der Russischen Befreiungsarmee [ROA]). Einer der Häftlinge beugte sich über ein Rad des Wagens, mit dem man sie hergebracht hatte, als ob er etwas prüfen wolle. Der einzige Wachsoldat beugte sich instinktiv mit hinunter. In diesem Augenblick versetzte ihm ein anderer Häftling mit dem Spaten einen Schlag gegen den Kopf, und der Oberst ergriff die Maschinenpistole, die dem Soldaten aus den Händen geglitten war.

»Mir nach, Jungens!«

Den Chauffeur warfen sie aus dem Wagen. Einer der Häftlinge setzte sich ans Steuer, und der Wagen fuhr los. Der Oberst, der auf der Ladefläche stand, erschoß im Vorbeifahren die Offiziere, die in einem entgegenkommenden Lastwagen saßen. Inzwischen waren die Aufständischen bereits bis an die Zähne bewaffnet. Unvermittelt drangen sie ins Lager ein. Ein Teil der Wachmannschaft wurde erschossen, der andere entwaffnet. Der Oberst entwich mit denen, die sich ihm anschlossen, aus der Lagerzone über die Grenzen des Objekts hinaus. Es waren fünfzig oder mehr Personen, darunter auch alle am Überfall auf die Wachmannschaft Beteiligten. Sie hofften wahrscheinlich, sich weit genug entfernen und sich dann in den Wäldern und umliegenden Dörfern verteilen zu können. Doch unterdessen waren schon drei Divisionen des NKWD alarmiert. Mit Lastwagen und Flugzeugen umzingelten sie ein großes Gebiet und begannen, den Kreis enger zu ziehen. Den letzten Akt der Tragödie kennzeichneten die Rundumverteidigung der Geflohenen, die nach allen Regeln der Kriegskunst organisiert war, und das massierte Feuer von Artillerie und Minenwerfern. Sogar die Luftwaffe griff angeblich ein. Alle Flüchtlinge bis auf den letzten Mann kamen um. Vermutlich erschoß man auch viele Häftlinge, die sich den Flüchtenden nicht angeschlossen hatten. (So war es bei einem anderen mir bekannten Häftlingsaufstand in den fünfziger Jahren in Moskau, zu dem es beim Bau des Ministeriumskrankenhauses nicht weit von unserem Haus gekommen war.) Nach diesem Aufstand änderte man die Zusammensetzung der Gefangenenbelegschaft im Objekt: Häftlinge mit langen Strafen, die nichts zu verlieren hatten, wurden verlegt und durch *ukasniki*, also durch Gefangene ersetzt, die auf Erlaß (Ukas) des Präsidiums des Obersten Sowjets zu kürzeren Haftstrafen verurteilt worden waren. Die typische Haftdauer von einem bis fünf Jahren gab es für Kleindiebstahl, die berühmten »Ähren« (das heißt Strafen für das Sammeln der nach der Ernte auf dem Kolchosfeld verbliebenen Ähren), für leichtes Rowdytum, eigenmächtiges Verlassen der Arbeitsstelle (was besonders häufig in Gruben vorkam), eigenmächtiges Anhalten eines Zuges durch Ziehen der Notbremse u. a.

Zu weiteren Aufständen war es nicht gekommen. Doch der Leitung blieb noch ein Problem: Wohin mit den Entlassenen, die den Standort des Objekts kannten, das als großes Geheimnis angesehen wurde (obwohl ausländische Geheimdienste zweifellos vieles darüber wußten)? Die Leitung löste ihr Problem auf einfache, unbarmherzige und völlig ungesetzliche Weise: Die Entlassenen wurden zur ständigen Ansiedlung nach Magadan und an andere Orte verbannt, wo sie niemandem etwas erzählen konnten. Es gab zwei oder drei solcher Aussiedlungsaktionen, eine davon im Sommer 1950.

In den Jahren 1950–1953 wohnten wir neben diesem Konzentrationslager. Tagtäglich marschierten morgens an unseren Fenstern mit den kleinen Vorhängen graue Kolonnen von Menschen in wattierten Jacken vorbei; neben ihnen liefen Hunde. Man konnte sich damit trösten, daß sie nicht Hungers starben, daß es an anderen Orten – beim Holzfällen, in den Uranbergwerken – viel schlimmer war. Man konnte ihnen mit alten Kleidern, Kleingeld und Essen ein bißchen helfen, allerdings nur einzelnen unter denen, die sich ohne Bewachung bewegen durften. Eines Tages kochte die Hausgehilfin unserer Nachbarn, der Syssins, die sich Hühner zugelegt hatten, den nebenan arbeitenden Häftlingen gleich zwölf Hühner auf einmal – das war schon etwas. Nach der Amnestie im Jahre 1953 gab es im Objekt keine Häftlinge mehr. Sie wurden durch militärische Baubataillone ersetzt. Ebenfalls abhängige Menschen, doch wenigstens keine Häftlinge.

Das Leben der »Freien«, besonders der »Objektleute« (im Gegensatz zu den »Städtischen«, also den Einwohnern des Städtchens, das der Ausgangspunkt für den Bau des Objekts gewesen war), unterschied sich natürlich auffällig vom Leben der Häftlinge. Ich erinnere mich, wie die Pflegerin in dem Krankenhaus, in das ich im Jahre 1952 kam, das Essen ausfuhr und dabei ausrief: »Butter, Brei und Kissel [7] – nur für die Objektleute, für die Städtischen – Brei und Tee [Brei ohne Butter, Tee allerdings mit Zucker].«

Doch auch das Leben der »Freien« wurde vom »Regime« [8], den Vorschriften beherrscht. Niemand durfte ohne Genehmigung der für das Regime zuständigen Abteilung in Urlaub gehen, seine Verwandten besuchen, auch wenn sie schwer erkrankt waren oder im Sterben lagen, zu einer Beerdigung fahren oder eine Dienstreise antreten. Die »Städtischen«

erhielten solche Genehmigungen nur in Ausnahmefällen, das heißt, praktisch nie. Junge Fachleute erhielten sie im ersten Arbeitsjahr nicht; ein junger Mann, der vielleicht zum erstenmal seine Familie verlassen hatte, mußte seinen ersten Urlaub in der Produktionsatmosphäre verbringen. Für die Mehrzahl war das ein großes Unglück. Auch nach Ablauf eines Jahres gab es Genehmigungen für persönliche und alltägliche Angelegenheiten erst nach der ersten Dienstreise. Jede Genehmigung erforderte großen Zeitaufwand, und manchmal wurde sie dann erteilt, wenn man sie schon längst nicht mehr benötigte, beispielsweise, wenn die Verstorbenen schon beerdigt waren. Dabei entschied der Leiter, mit dem man durch das Schalterfenster sprach, selbst gar nichts, und es war deshalb nutzlos, ihn zu bitten oder ihm zuzureden. Alle Entscheidungen traf jemand hinter den Kulissen, nämlich der Bevollmächtigte des ZK und des Ministerrats, den niemand zu Gesicht bekam. Ich mache mich gerade, dreißig Jahre danach, mit der Praxis der Abteilung für Visa und die Registrierung von Ausländern (OWIR[9]) vertraut und erinnere mich dabei an unsere Regime-Abteilung.

Der Fall Boris Smagins charakterisiert die Gefahr des Lebens im Objekt. Ich war Smagin zum ersten Mal in Aschchabad begegnet, wo er zwei Studienjahre unter mir war. Dann schloß er sich der kämpfenden Truppe an. (Aus seinen Fronterzählungen weiß ich, daß er Zeuge der Hinrichtung einer ukrainischen nationalistischen Partisanin – sie wurde erhängt – war. Sie rief im letzten Augenblick aus: »Ich sterbe für die Unabhängigkeit der Ukraine!«) Nach seiner Entlassung vom Militär absolvierte er die Physikalische Fakultät der MGU und wurde ins Objekt geschickt. Kurze Zeit vor meiner Ankunft ernannte man ihn zum Leiter einer kleineren Abteilung, ich glaube, der dosimetrischen. Einer unserer gemeinsamen Bekannten erzählte mit spöttischem Lächeln, daß Smagin sich damals den Lieblingssatz »Kirill und ich haben beschlossen ...« zugelegt habe. (Kirill, das heißt Kirill Iwanowitsch Schtschepkin, war damals Charitons Stellvertreter.) Eines Tages kam ihm ein geheimes Element abhanden, das ich hier nicht näher beschreiben will. Smagin wurde verhaftet. Er flehte, man möge die Kanalisationsabfälle aufgraben, weil er hoffte, daß ihm das Element in der Toilette zufällig aus der Tasche gefallen war. Drei Tage lang trugen Offiziere der Staatssicherheit, nachdem sie den Ort, wo das Kanalisationsrohr an der Uferböschung des Flusses austrat, abgeriegelt hatten, die angeschwemmten gefrorenen Fäkalien Schicht um Schicht mit der Hacke ab. Zum Glück fanden sie das Element. Somit hat sich Smagin nur dessen schuldig gemacht, daß er ein

Loch in der Tasche hatte. Er wurde aus der Untersuchungshaft entlassen, doch seine Arbeit hatte er verloren. Als Träger von Staatsgeheimnissen und eines Lochs in der Tasche durfte er das Objekt nicht verlassen. So lebte er ohne das Recht auf Ausreise, ohne Existenzmittel und auch ohne das Recht, jemanden über seine Lage zu benachrichtigen, über ein halbes Jahr. Was die Benachrichtigung seiner Verwandten betrifft, so war ich daran »schuld«, denn ich übergab seiner Frau in Moskau einen Brief. Nur einer seiner früheren Freunde wagte, weiter mit ihm Umgang zu pflegen, nämlich W. A. Alexandrowitsch, der überhaupt ein ungewöhnlicher Mensch war. (Während des Krieges arbeitete er auf der Krim als Chef einer Tankstelle und brachte es fertig, Juden und Partisanen vor den Deutschen zu verstecken.) Erst viel später gelang es Smagin, als Lehrer an einer Mittelschule Arbeit zu finden und einige Jahre darauf die Gegend zu verlassen. Jetzt arbeitet er bei einer populärwissenschaftlichen Zeitschrift und schreibt Science Fiction.

Ich denke, daß die Umstände im Objekt, seine einseitige Orientierung, auch die Nachbarschaft des Konzentrationslagers und die Unmäßigkeiten des »Regimes« in psychologischer Hinsicht nicht wenig zu der Versenkung in die Arbeit beitrugen, die das Leben vieler von uns bestimmte. Wir sahen uns im Mittelpunkt einer gewaltigen Sache, für die kolossale Mittel zur Verfügung gestellt wurden, und erkannten, daß unser Projekt die Menschen und das Land sehr teuer zu stehen kam. Dies rief wohl bei vielen das Gefühl hervor, daß die Opfer und Schwierigkeiten nicht umsonst sein durften (wenigstens war es bei mir so). Dabei zweifelten wir nicht an der Wichtigkeit, der absoluten Lebensnotwendigkeit unserer Sache. Und es gab nichts Ablenkendes – alles andere war weit weg, hinter zwei Reihen Stacheldraht, außerhalb unserer Welt. Gewiß waren auch der (nach allgemeinen Maßstäben) sehr hohe Verdienst, die Regierungsauszeichnungen sowie andere Privilegien ein wesentliches, positives Element unserer Position. Jahre mußten vergehen, starke Erschütterungen mußten eintreten, bevor diese Haltung von neuen Einsichten durchdrungen wurde.

Bald nach meiner Rückkehr vom Objekt fand in unserer Familie ein wichtiges Ereignis statt: die Geburt unserer zweiten Tochter. Am Morgen des 28. Juli schaffte Klawa es noch, die Wäsche zu waschen. Dann fuhren wir mit der Elektrischen in die Stadt. Am Abend brachte ich sie mit dem Taxi in das nächste Entbindungsheim. Zwei Stunden später gebar sie unsere Tochter Ljuba (den Namen hatte sich unsere ältere Tochter Tanja ausgedacht, die damals viereinhalb war). Solange Klawa mit Ljuba im

Entbindungsheim war, wohnte ich mit Tanja bei meinen Eltern. Im Herbst rief ich auf Seldowitschs Rat hin Kurtschatow an und bat ihn, mir bei der Beschaffung einer Wohnung anstelle unseres vierzehn Quadratmeter großen Zimmers in einem »Flurhaus« behilflich zu sein. Kurtschatow gab mir sein Versprechen, und schon bald zogen wir in eine nach unseren Maßstäben riesige Dreizimmerwohnung am Stadtrand von Moskau ein. Die Fenster gingen auf einen Park hinaus, der allerdings stark durch Abfälle verunreinigt war. Doch eines Tages lief uns von dort ein Hase zu. Nicht nur die Kinder, auch ich freute mich sehr darüber.

Seldowitsch witzelte anläßlich der Wohnungszuteilung, daß dies die erste Nutzung thermonuklearer Energie zu friedlichen Zwecken sei. Im November fuhr ich noch einmal ins Objekt, doch diese Reise ist mir nicht in Erinnerung geblieben.

Anfang März 1950 erhielten Jura Romanow und ich die Anordnung, unverzüglich zur ständigen Arbeit ins Objekt zu fahren. Unsere Trennung vom FIAN war der Form nach eine »längere Dienstreise«. Für mich dauerte sie bis zum Juli 1968. Unser Gehalt bekamen wir natürlich an der neuen Arbeitsstelle; es war ungeheuer hoch. Ich erhielt 20 000 alte (also 2000 neue) Rubel [10]. Später verringerte sich nicht nur mein Einkommen, sondern auch das der meisten anderen im Zuge der »Gehaltssystemregelung« und infolge der gewachsenen Mitarbeiterzahl ein wenig, aber es blieb trotzdem sehr hoch. Wir erhielten ein kleines Arbeitszimmer direkt neben Seldowitschs Abteilung und machten uns gleich ans Werk. Wir, Romanow und ich, wurden zusammen in einem Zimmer des Hotels in der Siedlung für ingenieurtechnisches Personal untergebracht, fünfzig Meter von meinem künftigen Einfamilienhaus entfernt. Damals wohnte dort, wie es der Zufall wollte, eben jener A. N. Protopopow, der sechs Jahre zuvor mit mir in der Fabrik gearbeitet hatte. Protopopow hatte sich umschulen lassen und war Radiochemiker geworden. Bald kehrte er wieder in sein heimatliches Leningrad zurück, wohin es ihn auch 1944 so stark gezogen hatte.

Ich leitete gleich Schritte ein, um Klawa nachkommen zu lassen, doch der Umzug verzögerte sich um ein halbes Jahr. Später erzählte mir Klawas Vater Alexej Iwanowitsch – in der Provinz wird doch alles bekannt –, daß die Verwaltung des Innern [11] von Uljanowsk im Sommer 1950 verstärkt seine verwandschaftlichen Beziehungen untersucht hatte. Bis zum November wohnte ich im Hotel.

Anfang April erhielt Igor Jewgenjewitsch Tamm die Anweisung, ins Objekt zu kommen. Ich erinnere mich, wie wir ihn am Flugplatz abholten. Mit einem Rucksack auf den Schultern stieg er aus dem Flugzeug – in den Händen hielt er Ski, die ihm noch zustatten kamen – und kniff dabei die Augen in der hellen Aprilsonne zusammen. Mit seinem Eintreffen kam starke Bewegung in unser Leben: in unsere Arbeit und unsere Mußestunden. Zwei, drei Monate später erschienen noch zwei große Wissenschaftler, die man zur Unterstützung an unserer Arbeit ins Objekt entsandt hatte: Issaak Jakowlewitsch Pomerantschuk, mein ehemaliger Opponent bei der Kandidatendissertation, und Nikolaj Nikolajewitsch Bogoljubow, der damals noch jung, doch in wissenschaftlichen Kreisen schon sehr bekannt war. Noch vor ihrer Ankunft waren im Objekt drei von Bogoljubows Schülern eingetroffen: Valentin Nikolajewitsch (Walja) Klimow, Dmitrij Wassiljewitsch (Mitja) Schirkow und Dmitrij Nikolajewitsch (Dima) Subarew. Sie wurden gleich in unseren Kreis aufgenommen.

An den Maifeiertagen beschlossen wir, einen Ausflug in den Wald zu machen, der die Siedlung rings umgab. Wir unterhielten uns lebhaft und merkten gar nicht, daß wir die »Zone« erreicht hatten. Offenbar waren wir schon von einem der nächstgelegenen Wachtürme bemerkt worden, denn plötzlich hörten wir hinter uns eine drohende Stimme: »Halt! Stehen bleiben!«

Wir drehten uns um und erblickten eine Gruppe Soldaten, angeführt von einem Offizier der Grenztruppen, mit unmißverständlich auf uns gerichteten Maschinenpistolen. Man brachte uns zu einem Gebäude, neben dem schon ein Lastwagen wartete, und befahl uns, mit ausgestreckten Beinen auf der Ladefläche Platz zu nehmen. Auf das Bänkchen gegenüber setzten sich vier Machinenpistolenschützen. Einer von ihnen drohte: »Wenn ihr einen Fluchtversuch macht oder die Beine anzieht, schießen wir ohne Warnung.« Bei der Fahrt über Wurzeln oder kleine Erdhügel wurden wir hochgeworfen, dabei kämpften wir gegen den Wunsch an, die Beine anzuwinkeln, um so die Stöße zu mildern. Schließlich erreichten wir das Militärlager. Unsere Begleitsoldaten befahlen uns, mit dem Gesicht zur Wand Aufstellung zu nehmen. Sie selbst gingen zu ihren Vorgesetzten, um Meldung zu machen. Ungefähr eine halbe Stunde später, nachdem man Erkundigungen eingeholt und sich vergewissert hatte, daß wir keine entlaufenen Häftlinge waren, entließ man uns gnädig. Tamm war an den Maifeiertagen nicht im Objekt, er hatte die Erlaubnis bekommen, für einige Tage zu seiner Familie nach Moskau zu reisen. Später, im Sommer, fuhr er noch einmal dorthin. Ich durfte erst Ende Oktober zum erstenmal nach Moskau. Dabei gab es keinerlei telefonische Verbindung, auch Briefe und Telegramme durfte man nicht schicken. Später wurde das »Regime« in dieser Hinsicht etwas gelockert. Im Oktober erhielt Klawa die Einreiseerlaubnis fürs Objekt. Wir packten die Koffer, schnürten das Bettzeug in Bündel und fuhren am 9. November mit dem Taxi zum Flugplatz. Klawa trug die einjährige Ljuba und einen Ballen auf den Armen, unsere fünfjährige Tanja schleppte eine kleinere Tasche, und alles andere lastete auf mir – an einen Gepäckträger war gar nicht zu denken. In einer Ecke des Wartesaals fand ich an der Stelle, die man mir am Vorabend genannt hatte, den Expedienten, der für unsere Abfertigung verantwortlich war. Der Expedient machte einen Vermerk in seine Liste und verschwand. Erst eine Stunde später tauchte er endlich wieder auf und erteilte das Kommando: »Das Flugzeug startet. Alles an Bord!«

Wir liefen mit unseren Sachen zu der Maschine, die im entferntesten Winkel des Flugfeldes stand (diese Abfertigungsszene wiederholte sich später unabänderlich bei jedem Flug), ließen uns auf den stählernen Klappstühlen an den Seiten des Rumpfes nieder, und das Flugzeug nahm Kurs aufs Objekt. Nach einiger Zeit – sogar die Kinder waren streng angehalten worden, in Moskau niemandem zu sagen, wie lange man zu fliegen hatte – setzte das Flugzeug zur Landung an. Unter den Tragflächen tauchten die beiden Reihen Stacheldraht mit den Wachtürmen auf, und einige Minuten später waren wir schon zu Hause, im Objekt. Selbstverständlich mußte man noch die Prozedur der Passierscheinkontrolle hinter sich bringen. Doch eine Stunde darauf richteten wir uns schon in den beiden Zimmern ein, die uns vorübergehend zur Verfügung standen, bis unser Einfamilienhaus frei wurde. Zunächst war unser Alltag nicht sehr geregelt; besonders schwierig war es, Milch für die Kinder zu besorgen, doch allmählich spielte sich alles irgendwie ein. Damals hatten nicht nur wir solche Schwierigkeiten.

VIII. I. J. Tamm, I. J. Pomerantschuk, N. N. Bogoljubow, J. B. Seldowitsch

Das Schicksal hatte mich mit vier großen Wissenschaftlern und Theoretikern zusammengeführt, die in unterschiedlichem Maße meine Ansichten sowie meine Arbeit als Wissenschaftler und Erfinder beeinflußten. Besonders wichtig war die Rolle, die Igor Jewgenjewitsch Tamm in meinem Leben spielte, und wenn man von politischen Ansichten spricht, vielmehr von der prinzipiellen Einstellung zu gesellschaftlichen Vorgängen, dann hatte von allen vieren nur er Einfluß auf mich. Natürlich ist das folgende – wie alle Erinnerungen – nicht mehr als skizzenhaft, keinesfalls ist es das vollständige Bild.

Igor Jewgenjewitsch arbeitete von April 1950 bis August 1953 im Objekt. Dies war die Zeit meines engsten Kontakts mit ihm. Ich lernte ihn von einer Seite kennen, die mir früher, in Moskau, nicht zugänglich war (und er lernte natürlich mich kennen). Wir arbeiteten jetzt ununterbrochen den ganzen Tag über zusammen, frühstückten und aßen gemeinsam in der Kantine zu Mittag, nahmen gemeinsam das Abendessen ein und ruhten uns abends und sonntags gemeinsam aus.

1950 war Igor Jewgenjewitsch 55 Jahre alt. Ich kannte natürlich seinen glänzenden wissenschaftlichen Werdegang. (Später leistete er noch einen wichtigen Beitrag durch seine Arbeiten zu den isobaren Resonanzen. Dann folgte das Heldenepos der nichtlokalen Feldtheorie. Heute scheint dieser Weg falsch zu sein, doch wer weiß?) Ich wußte auch, daß Igor Jewgenjewitsch sehr spät aktiv in der Wissenschaft zu arbeiten begonnen hatte. Seine Jugend widmete er dem politischen Kampf, zu dem ihn seine sozialistischen Überzeugungen und die ihm eigene Aktivität drängten. Im Jahre 1917 war er Mitglied der menschewistischen Partei, und auf irgendeinem Parteitag stimmte er als einziger der Menschewiki für den sofortigen Friedensschluß, wodurch er Lenin die Äußerung entlockte: »Bravo, Tamm!«

In den Jahren des Bürgerkrieges führte er viele gefährliche Aufträge aus, überschritt mehrmals die Front und geriet in heikle Situationen. Eine große Rolle spielten für ihn schließlich die Unterstützung und das Beispiel L. I. Mandelstams, dem er zum erstenmal gegen Ende des Bürgerkriegs in Odessa begegnete. Igor Jewgenjewitsch erzählte von seinem Leben und über vieles andere, wenn wir zu zweit im Halbdunkel seines Hotelzimmers saßen oder ruhigen Schrittes im Mondschein auf den stillen Waldwegen spazierengingen (von denen einer unter dem Namen »Allee der Liebe« bekannt war). Wir sprachen die heikelsten Themen an: Die Repressionen, die Lager, den Antisemitismus, die Kollektivierung, die Ideale und das wirkliche Gesicht des Kommunismus. Ich habe mich oben nicht zufällig korrigiert, als ich vom Einfluß der politischen Ansichten Igor Jewgenjewitschs sprach, und darauf hingewiesen, daß es hier um Prinzipien ging. Meine Ansichten unterscheiden sich wahrscheinlich, besonders jetzt, sehr stark von den seinigen. Ich hörte Leontowitsch mit freundschaftlichem Lächeln sagen: »In Igor Jewgenjewitsch ist immer noch das Mitglied des Exekutivkomitees des Sowjets von Jelisawetgrad [1] lebendig.« Selbstverständlich liegt darin nur ein Teil der Wahrheit. Der andere Teil ist der, daß Tamm sehr vieles neu überdenken konnte und sich selbst oft für vergangene Fehler hart strafte. (Von einer solchen Episode, welche die dogmatische Position der Komintern hinsichtlich der Sozialdemokratie betraf, erzählt Jewgenij Lwowitsch Feinberg in seinen vortrefflichen Erinnerungen.[2] Tamm stritt sich darüber in den dreißiger Jahren mit Bohr.) Heute erscheinen mir am wichtigsten und kennzeichnend für Igor Jewgenjewitschs Haltung seine absolute intellektuelle Ehrlichkeit und Kühnheit, die Bereitschaft, seine Ansichten der Wahrheit zuliebe zu überprüfen, seine aktive, kompromißlose Einstellung, die zum Handeln führte, nicht bloß beim Opponieren im engen Kreis stehen blieb. Damals war für mich jedes seiner Worte eine Offenbarung. Er erkannte bereits vieles, dem ich mich erst näherte, sah es klar und verstand es gründlicher, schärfer und aktiver als die Mehrzahl derer, denen gegenüber ich hätte genauso offenherzig sein können. Igor Jewgenjewitsch war auch in den Kellern der Denikinschen [3] Spionageabwehr und in den Kellern der Tscheka gewesen. Ihn hatte wohl einfach nur sein Glück gerettet. Während einer seiner Inhaftierungen deklamierte ein Zellengenosse ununterbrochen die wenig anständigen Dichtungen von Barkow [4] und festigte somit in Igor Jewgenjewitsch den Widerwillen gegen derlei Literatur. Die Tschekisten erschossen damals jeden Morgen sechs, sieben Häftlinge, doch Igor Jewgenjewitsch kam nicht an die Reihe, er wurde auf Befehl von Dsershinskij [5] freigelassen. Der örtliche Tscheka-Chef bemerkte mit unverhohlenem Bedauern: »Und du bist doch ein weißer Spion.« »Wieso?« Der Tschekist holte ein bei der Durchsuchung beschlagnahmtes Schulfoto von Natalja Wassiljewna, Tamms künftiger Frau, hervor; auf der Rückseite war handschriftlich vermerkt: »Wir alle sind deine Agenten.«

In den dreißiger Jahren rettete Igor Jewgenjewitsch außer seinem erneuten Glück die Tatsache, daß er sich nach dem Austritt aus der menschewistischen Partei im Jahre 1917 keiner anderen Partei mehr angeschlossen hatte, auch nicht der bolschewistischen. Möglicherweise spielte auch sein schon damals großes Ansehen eine Rolle, das er in der UdSSR und im Ausland genoß. Wir sprachen viel über die Repressionen jener Jahre, und einer seiner Lieblingsschüler, Schubin, diskutierte mit ihm, ich glaube, im Jahre 1937, und wiederholte die Standardphrase: »Das NKWD verhaftet nicht ohne Grund. Ich, zum Beispiel, tue nichts Antisowjetisches, und ich werde auch nicht verhaftet.« (Was enthielten diese damals von vielen benutzten Worte? Blindheit? Heuchelei? Das Streben nach Selbstbetrug, um psychisch eine Atmosphäre des allgemeinen Schreckens durchzustehen? Den aufrichtigen Irrtum hoffnungsloser Fanatiker?) Das letzte ihrer Streitgespräche fand nachts statt und zog sich fast bis zum Morgengrauen hin. Am folgenden Tag wurde Schubin verhaftet und kam bald darauf im Lager um. Auf die Anfrage nach der Todesursache erhielten wir, was nicht oft passierte, die Antwort: »Unterkühlung der Hautfläche.« Viele andere Physiker wurden damals verhaftet und kamen ums Leben, darunter der schon erwähnte Witt und der junge, talentierte Physiktheoretiker Matwej Bronstein. Seine Arbeiten zur Quantelung schwacher Gravitationswellen, zur Stabilität des Photons u. a. haben ihre Bedeutung bewahrt; letztere ist ein Argument gegen die falsche Erklärung der kosmologischen Rotverschiebung mit der »Alterung« der Photonen.

Als wir in jenen Jahren mit dem »Produkt« beschäftigt waren und im Objekt saßen, wütete in der Presse, in den für Wissenschaft und Kultur zuständigen Institutionen und in der Lehre die von oben inszenierte Kampagne gegen die »Kriecherei« vor dem Westen. Für jede Entdeckung oder Erfindung wurden russische Urheber ausfindig gemacht. »Rußland ist die Heimat der Elefanten«, war ein Witz jener Jahre. Dabei ging es nicht ohne Kuriositäten ab. Die Brüder Wright sollten von Konteradmiral Moshajskij[6] und seinem »Luftfluggerät« abgelöst werden, doch das damals in aller Eile veröffentlichte Porträt Moshajskijs war das seines Bruders, ebenso wie ein Teil seiner Biographie. Der Kampf gegen die »Kriecherei« ging einher mit dem Kampf gegen den »Kosmopolitismus«. Diese Kampagne war im Grunde genommen nichts anderes als Antisemitismus. B. L. Wannikow, selbst Jude, brachte seine hochrangigen Gesprächspartner mit Witzen wie diesem zum Lachen: »Um nicht als Antisemit zu gelten, nenne man den Saujuden – Kosmopolit.«

Zu all dem hatte Igor Jewgenjewitsch seine dezidierte Meinung, die er immer wieder mit Überzeugung vortrug. Für ihn gab es keine »sowjetische«, schon gar keine »russische«, übrigens auch keine »amerikanische« oder »französische« Wissenschaft, sondern nur eine allgemeine Wissenschaft, die nicht nur einen der wichtigsten Bestandteile der Weltkultur und die Hoffnung der Menschheit auf eine bessere Zukunft darstellte, sondern auch Selbstzweck und ein Hauptsinn des Lebens war. Über den Antisemitismus sagte er: »Es gibt ein unfehlbares Verfahren festzustellen, ob jemand zur russischen Intelligenz gehört. Jemand, der wirklich der russischen Intelligenz zugehörig ist, ist niemals Antisemit. Wenn auch nur ein Anflug dieser Krankheit vorhanden ist, dann gehört er nicht mehr zur Intelligenz, sondern ist etwas anderes, etwas Furchtbares und Gefährliches.«

Im Herbst 1956, es war nach Tamms Weggang vom Objekt und nach dem XX. Parteitag, fragte ich ihn, ob ihm Chruschtschow gefalle. Ich fügte hinzu, daß er mir im höchsten Maße gefalle, da er sich so sehr von Stalin unterscheide. Igor Jewgenjewitsch reagierte auf meinen Überschwang ohne den Anflug eines Lächelns: Ja, Chruschtschow gefalle ihm, und natürlich sei er nicht Stalin. Doch wäre es besser, wenn er sich von Stalin noch mehr unterschiede. Bald darauf kam es zu den Ereignissen in Ungarn, aber unsere Treffen wurden zu jener Zeit seltener, und ich erinnere mich nicht, daß wir je darüber diskutiert hätten. Als ich im Jahre 1968 meine *Gedanken über Fortschritt* ... herausbrachte, stand der schon schwerkranke Igor Jewgenjewitsch meinem Artikel, insbesondere der Konvergenztheorie, skeptisch gegenüber. Er vertrat die Auffassung, daß in gesellschaftlicher und wirtschaftlicher Hinsicht nur ein reiner und unverfälschter Sozialismus die globalen Probleme der Menschheit lösen und das Glück der Menschen sichern könne. Hierin blieb er seinen Jugendidealen treu. Der Erörterung dessen, wie in einer antagonistisch geteilten Welt das Problem des allgemeinen thermonuklearen oder des ökologischen Todes zu lösen sei, entzog er sich. Unsere Meinungsverschiedenheiten änderten nichts an der Achtung und – ich wage es zu sagen – der Liebe, die wir füreinander hegten. Ich erinnere mich mit Stolz daran, daß Igor Jewgenjewitsch gerade mir die sogenannte Lomonossow-Vorlesung anvertraute. Im Jahre 1968 verlieh ihm die Akademie der Wissenschaften ihre ehrenvollste Auszeichnung, die Lomonossow-Medaille (gleichzeitig wurde die Medaille dem englischen Gelehrten Powell verliehen, der, wie schon erwähnt, zusammen mit Lattes und Occhialini das Pi-Meson entdeckt hatte). Traditionsgemäß wird die Auszeichnung durch den Präsidenten der Akademie der Wissenschaften in der Vollversammlung überreicht; danach hält der Ausgezeichnete einen wissenschaftlichen Vortrag. Zu dieser Zeit war Igor Jewgenjewitsch nicht mehr in der Lage, an der Versammlung teilzunehmen, da er künstlich beatmet wurde. Er schrieb jedoch seinen Vortrag und besprach ihn mit seinen Schülern, darunter auch mit mir. Es ist charakteristisch, daß sie nicht früheren Verdiensten gewidmet war, sondern den wissenschaftlichen Ideen, die ihn damals gerade beschäftigten. Mit großer innerer Erregung trug ich sie von der Tribüne aus der Vollversammlung vor.

Im August desselben Jahres 1968 rollten sowjetische Panzer durch Prag. Dieses Ereignis erschütterte damals viele in der UdSSR und im Ausland. Ich weiß heute nicht mehr, wer mit dem Vorschlag zu Igor Jewgenjewitsch kam, einen Protestbrief zu unterschreiben. Igor Jewgenjewitsch unterzeichnete. Doch dann zog er die Unterschrift zurück – auf Drängen eines seiner Mitarbeiter und Lieblingsschüler, der argumentierte, die theoretische Abteilung des FIAN, Igor Jewgenjewitschs Lebenswerk, müsse erhalten bleiben. Ich bedauere dies sehr. Mir scheint, daß Igor Jewgenjewitschs Unterschrift gewaltige Bedeutung gehabt und er selbst ein Gefühl tiefer Befriedigung empfunden hätte; es wäre eine weitere großartige Tat in seinem wunderbaren Leben gewesen. Die Befürchtungen über das Schicksal der theoretischen Abteilung des FIAN scheinen mir stark übertrieben – nichts wäre passiert. Doch auch heute führen Menschen ähnliche Motive an, um ihre Untätigkeit in gespannten gesellschaftlichen Situationen zu rechtfertigen.

Ich habe schon über meine anfängliche (von 1948 bis 1956) Einstellung zur Arbeit an Kernwaffen geschrieben. Ich kann mich nicht mit derselben Sicherheit zu Igor Jewgenjewitschs Einstellung äußern, da ich mich an kein detailliertes und bis zu Ende geführtes, zum Kern des Problems vordringendes Gespräch darüber erinnere. Damals schien mir, daß seine Einstellung mit meiner übereinstimme. Eines Tages schilderte er mir, wie einer der führenden sowjetischen Physiker, das Akademiemitglied Pjotr Leonidowitsch Kapiza[7], abgelehnt hatte, sich an der Entwicklung der Kernwaffen zu beteiligen. Nach den Worten Igor Jewgenjewitschs antwortete Kapiza, als man ihn aus Berijas Sekretariat telefonisch einlud, daß er gerade außerordentlich mit wissenschaftlicher Arbeit beschäftigt sei, und wenn es Lawrentij Pawlowitsch für nötig erachte, mit ihm zu sprechen, dann bitte er ihn, ins Institut zu kommen. Ich versuche, mir die Empfindungen, die ich bei Igor Jewgenjewitschs Erzählung hatte, ins Gedächtnis zurückzurufen. Ich erinnere mich nicht, daß sich Igor Jewgenjewitsch damals über die Kühnheit Kapizas begeistert geäußert hätte. Er meinte: »Selbstverständlich ist Berija in Wirklichkeit viel stärker beschäftigt als Kapiza.« Entsprechend meiner damaligen Haltung nahm ich diese Aussage wörtlich, sah sie also als Tadel an Kapiza. Für mich war Berija ein Element des Staatsapparates und in dieser Eigenschaft an jener »überaus wichtigen« Sache beteiligt, der wir uns widmeten. Mir schien selbstverständlich, daß Igor Jewgenjewitschs Position ganz genau die gleiche sein müßte. Heute denke ich, daß in seinen Worten einige mir entgangene Nuancen, etwas versteckte Ironie enthalten war; vielleicht überschätzte er meine Fähigkeit, den verborgenen Sinn seiner Äußerungen zu verstehen, ein wenig.

Etwa um dieselbe Zeit ließ J. B. Seldowitsch in einem Gespräch mit mir die Bemerkung fallen: »Wissen Sie, warum gerade Igor Jewgenjewitsch so nützlich für die Sache war und nicht Dau [Landau]? Tamms moralisches Niveau ist höher!« Moralisches Niveau meint hier die Bereitschaft, alle Kräfte der »Sache« zu widmen. Über L. D. Landaus Position weiß ich wenig. Mitte der fünfziger Jahre kam ich einmal aus irgendeinem Grund ins Institut für Physikalische Probleme, wo Landau die theoretische Abteilung und eine einzelne Gruppe leitete, die sich mit Forschungen und Berechnungen zum »Problem« beschäftigte. Nachdem das Fachgespräch beendet war, gingen Lew Dawydowitsch und ich in den Garten des Instituts hinaus. Dies war das einzige Mal, daß wir ohne Zeugen vertraulich miteinander redeten. Landau meinte zu den Kernwaffen im allgemeinen und seiner Beteiligung an diesen Arbeiten im besonderen: »All das gefällt mir ganz und gar nicht.« »Warum?« fragte ich etwas naiv. »Viel zuviel Wirbel.« Landau lächelte oft und gern und entblößte dabei seine großen Zähne. Doch diesmal war er betrübt, sogar traurig.

In jenen Jahren im Objekt sprach ich mit Igor Jewgenjewitsch natürlich auch über die Wissenschaft. Er wiederholte gern, daß ihn alle Wissenschaften interessierten, außer der Philosophie und der Jurisprudenz. Ich war völlig mit dem zweiten Punkt einverstanden. (Leider zwang mich das Leben später, in dieses vage Gebiet vorzudringen, doch innerlich konnte ich es nicht als etwas »Wahres« akzeptieren.) Was die Philosophie betrifft, so scheint mir, daß Igor Jewgenjewitsch hauptsächlich die Dogmatiker und jene meinte, die, nach einem Ausdruck von Feynman, um die

Wissenschaft »herumscharwenzeln«. Er wollte wohl kaum die Rolle der großen Philosophen der Vergangenheit und jene des philosophischen, generalisierenden und logischen Denkens in der gesamten zeitgenössischen Kultur bestreiten. Damals kam er oft auf die Biologie zu sprechen. Ich teilte völlig seine Auffassung hinsichtlich des Lyssenkoismus und in bezug auf Lepeschinskaja[8], Boschjan[9] und Bykow, um die damals viel Wirbel gemacht wurde; wahrscheinlich bestärkte er mich in dieser Position. Doch seiner These, daß die Erklärung von Lebensvorgängen völlig neue Prinzipien erfordere, vielleicht sogar physikalische, die genauso wesentlich seien wie die der Quantenmechanik, begegnete ich mit gespannter Vorsicht. Ich entgegnete, daß die hierarchisch organisierte Stereochemie, die nach dem Schlüssel-Schloß-Prinzip funktioniert, und die Elektrochemie als Beiwerk eine völlig ausreichende Basis seien, um die Lebensvorgänge zu verdeutlichen, genauso wie das primitivste Alphabet als Basis völlig ausreichend sei, um die kompliziertesten Gedanken zum Ausdruck zu bringen. Mir scheint, daß die Entwicklung der Wissenschaft in den folgenden Jahrzehnten, angefangen von der Dechiffrierung der DNA, meinen Standpunkt vorerst bestätigt hat. Freilich ist die Organisationsstruktur unermeßlich komplizierter, vielseitiger und vielstufiger, als es sich die scharfsinnigsten Geister vor dreißig Jahren vorstellen konnten. Und vorerst ist bei weitem nicht alles klar. Für viele wichtige Fragen gibt es keine präzise Problemstellung, von den konkreten Details gar nicht zu reden. Igor Jewgenjewitsch war überzeugt, daß die wissenschaftliche Entwicklung sich bald von der Physik, die in der ersten Hälfte des 20. Jahrhunderts den fundamentalen Fortschritt gebracht hatte, auf die Wissenschaft vom Leben verlagern würde. In diesem Punkt war ich mit ihm einig. In der Tat war der Anteil der intellektuellen und materiellen Anstrengungen, die auf den Komplex der Wissenschaft vom Leben gerichtet waren – Medizin und Physiologie, Zytologie, Biochemie und Biophysik, Ökologie, konkrete Zoologie und Botanik, die Lehre vom menschlichen und tierischen Verhalten, Selektion und Genetik u. a. –, unzulässig gering und nicht zu vergleichen mit ihrem praktischen und prinzipiellen Wert. Seither steigern sich die auf die Biologie gerichteten Anstrengungen allmählich, doch auch die sogenannten exakten Wissenschaften geben ihre Position nicht auf. Der Strom unerwarteter Entdeckungen von gewaltiger prinzipieller und praktischer Bedeutung reißt in diesen Wissenschaften nicht ab, und dementsprechend läßt die Aufmerksamkeit ihnen gegenüber nicht nach. Die Jugend, die sich der Wissenschaft widmet, muß sich heute wie stets von ihren inneren Neigungen, ihrem Gefühl für das Neue leiten lassen, das in jeder Generation auf geheimnisvolle Weise ersteht. Was jedoch die planenden Organisationen zu tun haben, ist eine besondere Frage, die sehr viele Aspekte hat und die zu diskutieren hier nicht der Platz ist.

Igor Jewgenjewitsch sagte, daß er, wenn er sich noch einmal eine wissenschaftliche Tätigkeit aussuchen könnte, die Biologie wählen würde. Doch seine wahre Leidenschaft, die ihn sein ganzes Leben lang gepackt hielt und seinem Leben einen höheren Sinn gab, war die Grundlagenphysik. Nicht umsonst sagte er einige Jahre vor seinem Tod, als er schon schwerkrank war, daß er davon träume, noch die Schaffung einer wirklich neuen Elementarteilchentheorie, welche die »verdammten Fragen« beantworten könne, zu erleben und zu verstehen. Er sagte nicht, daß er bis zu dem Zeitpunkt zu leben hoffe, an dem das Geheimnis der menschlichen Hirntätigkeit, der embryonalen Zellorganisation und das Geheimnis der Evolution und des Ursprungs des Lebens begreifbar sein werde.

J. L. Feinberg schreibt, daß Igor Jewgenjewitsch mit seiner Erfahrung und seinem Professionalismus, seiner phänomenalen Schaffenskraft und der Fehlerlosigkeit seiner Berechnungen mühelos zu vielen guten und wertvollen Arbeiten imstande gewesen wäre, wenn er sich gestattet hätte, von den schwierigsten Aufgaben in vorderster Reihe abzuschweifen. Das ist an seiner Arbeit am MTR erkennbar, an seiner gesamten anwendungsbezogenen Tätigkeit, an den Arbeiten, die er in Phasen »wissenschaftlicher Depression« durchführte, das heißt, wenn er über die Mißerfolge in vorderster Linie verzweifelt war. Doch so etwas erlaubte er sich fast nie. Ausdruck dieser Leidenschaft war seine Arbeit der letzten Jahre (der Versuch, eine Theorie des gekrümmten Impulsraums in Weiterentwicklung der Ideen von Schneider aufzustellen), die er mit erstaunlicher geistiger und körperlicher Tapferkeit fortsetzte, als er schon an das Beatmungsgerät gefesselt war, sich also in einem Zustand befand, in dem viele verzweifeln, apathisch werden und »verfallen«. Den Anreiz zu dieser letzten Arbeit lieferte die Überzeugung, daß die Renomierungstheorie, die als abgeschlossene und erschöpfende Lösung des Problems der »Ultraviolettdivergenzen« galt, in Wirklichkeit nur ein temporäres und partielles oder auch nur ein phänomenologisches Mittel bei nicht sehr großen Energien sei. Diesen Standpunkt teilten, besonders vor der Entdeckung der »Moskauer Null«, nur wenige. Dirac gehörte zu ihnen. Mir scheint, daß Igor Jewgenjewitsch im Prinzip recht hatte; nicht recht hatte er jedoch darin, daß die Theorie des gekrümmten Impulsraumes zukunftsträchtig sei. Zur

Zeit setzt man große Hoffnungen auf die supersymmetrischen Eichtheorien und die »Saiten«, doch endgültige Klarheit hat niemand.

Zurück zu unserem Leben in den fünfziger Jahren. Wir frühstückten zu dritt und aßen gewöhnlich zu dritt zu Mittag: Tamm, Romanow und ich. Igor Jewgenjewitsch berichtete gewöhnlich über das, was er aus den Nachrichten ausländischer Rundfunksender erfahren hatte. Er hörte regelmäßig die BBC in englischer und russischer Sprache, was damals ziemlich ungewöhnlich war. Es waren Nachrichten aus der Politik und dem Sport oder einfach Kuriositäten. Von ihm erfuhren wir von der Erstbesteigung des Everest im Jahre 1953 durch Hillary und Tenzing. Ich erinnere mich heute daran, weil Teilnehmer einer sowjetischen Expedition, die von Tamms Sohn Shenja angeführt wurde, den Everest bestiegen haben. Damals sagte Igor Jewgenjewitsch, daß er sich verwünsche, weil er in seinem Sohn den Hang zum Bergsteigen geweckt habe, einem faszinierenden, jedoch sehr gefährlichen Vergnügen. Wie bei allem, was Igor Jewgenjewitsch erzählte, war das Wichtigste nicht der Inhalt, sondern seine Haltung – die Haltung eines klugen, leidenschaftlichen und ungewöhnlich großzügigen Menschen. Igor Jewgenjewitsch ließ uns, wie man sagt, nicht »versauern«. Als begeisterungsfähiger und umgänglicher Mensch regte er uns an, unsere Mußestunden aktiv und fröhlich zu gestalten. Wir liebten das abendliche Schachspiel und dessen Modifikationen: das Spiel zu viert, das Spiel ohne Kenntnis der Figuren des Gegners mit Beteiligung eines Sekundanten usw. Tamm zeigte uns die chinesischen Spiele »Go« und »Herausnehmen der Spielsteine«. Dieses Spiel erlaubt eine Algorithmisierung, die auf dem »Goldenen Schnitt« beruht, und wir zerbrachen uns darüber die Köpfe. Wir machten Ski- und Fußwanderungen, und im Sommer fuhren wir zum Baden. (Im letzteren Fall blamierte ich mich völlig, doch Tamm hielt unnötige Kränkungen von mir fern.) Gleichberechtigt mit uns nahm an allem auch der Chauffeur des Abteilungswagens, Pawlik Gurjanow, teil. In den Kreisen, die sich überall um Igor Jewgenjewitsch herum bildeten, war dies ganz natürlich und überhaupt nichts Besonderes. Als ich später mit anderen Vorgesetzten zu tun hatte, konnte ich ganz andere Beziehungen zwischen ihnen und den Untergebenen beobachten.

Viele Jahre seines Lebens hindurch litt Igor Jewgenjewitsch an Geldmangel. Zu einem gewissen Wohlstand brachte er es, nachdem er den Stalinpreis erhalten hatte. Einen Teil davon zweigte er als Hilfe für bedürftige Talente ab. Er bat darum, solche Leute ausfindig zu machen und mit ihm in Verbindung zu bringen, doch sollten sie nicht wissen, woher sie das Geld bekamen. Ich schäme mich sehr, daß mir das gleiche oder etwas Ähnliches nicht in den Sinn gekommen ist. Von dieser Tat, vielmehr mehrerer solcher Taten, erfuhr ich erst nach seinem Tode.

J. L. Feinberg schreibt in seinen von mir schon erwähnten Erinnerungen, und ich stimme ihm völlig zu:

> »... [in Rußland gegen Ende des 19. Jahrhunderts] gab es eine Schicht, die von zentraler Bedeutung war, nämlich die mittelmäßig versorgte arbeitende Intelligenz mit festgefügten geistigen Grundsätzen, aus der die eingefleischten Revolutionäre kamen, die Dichter und praktisch veranlagten Ingenieure, die überzeugt waren, daß es am wichtigsten sei, Aufbauarbeit zu leisten und Nützliches zu tun. Igor Jewgenjewitsch stammt als Persönlichkeit aus eben diesem Milieu; die besten von dieser Intelligenz ererbten Merkmale waren auch seine besten Merkmale, und ihre Mängel waren auch seine Schwächen. Das wohl entscheidende dieser Merkmale war die geistige Unabhängigkeit, im großen und kleinen, im Leben und in der Wissenschaft ...«

Ein Mensch mit genauso hohen Qualitäten war Tamms Frau Natalja Wassiljewna, seine ehemalige Klassenkameradin im Gymnasium, die ihn um genau neun Jahre überlebte. Sie hatte es wahrscheinlich nicht immer leicht. Aber das Leben ist eben keine einfache Sache. Als Natalja Wassiljewna sich einmal mit Klawa unterhielt und sie wegen der Zweifel, die Klawa völlig unbegründet quälten, beruhigen wollte, sagte sie: »Die Männer lieben oft ungleichmäßig. Manchmal nimmt ihre Liebe ab und verschwindet fast. Doch dann kommt sie wieder.« Durch Klawa weiß ich von diesem Gespräch. (Niemand wird behaupten wollen, daß Natalja Wassiljewna von den Beziehungen zu ihrem Mann sprach, doch ihre Worte enthielten reiche Erfahrung und weise Güte.) Im Verlauf der langen Jahre ihres gemeinsamen Lebens unterstützte Natalja Wassiljewna ihren Mann auch in Phasen der Depression, die Igor Jewgenjewitsch, wie alle aktiven und stark empfindenden Menschen, durchlebte.

Über Igor Jewgenjewitsch Tamm ist viel geschrieben worden. Ich hoffe, daß es mir gelungen ist, seinem Porträt einige charakteristische Merkmale hinzuzufügen.

Wahrscheinlich waren die wichtigsten Vorzüge meiner Jugend, daß ich in der Familie der Sacharows geformt wurde, welche die gleichen, von

Jewgenij Lwowitsch Feinberg beschriebenen »ererbten Merkmale« der russischen Intelligenz besaß, und daß ich später auf eine Person wie Igor Jewgenjewitsch treffen durfte.

* * *

Ein ganz anderer Typ, dabei aber ein gleichfalls hervorragender Mensch war Issaak (Jusik, dem Paß nach) Jakowlewitsch Pomerantschuk. Er war damals, im Sommer 1950, äußerst verstimmt über seinen Aufenthalt im Objekt: Wir hatten ihn der »großen« Wissenschaft, das heißt der Theorie der Elementarteilchen und der Feldtheorie, und auch seiner jungen Frau entrissen. Er hatte gerade geheiratet und stand noch ganz unter dem Eindruck dieses Ereignisses. Es war nicht seine erste Ehe, doch anscheinend hielten die früheren ein oder zwei Ehen nicht lange, da ihn seine Frauen aus irgendwelchen Gründen verlassen hatten. Diesmal hatte er einem General die Frau ausgespannt. Er soll ganze Tage und Nächte unter ihrem Fenster gestanden haben, in der Hoffnung auf einen Blick von ihr.

Ich erinnere mich, wie Issaak Jakowlewitsch in dem kleinen Hof seines Einfamilienhauses gemessen einherschritt, seinen blauschwarzen Haarschopf zauste und halblaut vor sich hinsang. Das klang etwa so:

> »Ich wuchs heran und blühte auf, bis daß ich siebzehn war,
> Doch ab siebzehn die Liebe trocknet das Mädchen gar ...« [10]

(Das Mädchen war offenbar er.) Wenn ich mich mit einer Frage an ihn wandte, rief er aus: »Wissen Sie, ich bin vermutlich ein altmodischer Mensch, doch für mich sind solch schreckliche Dinge wie die Liebe immer noch das Wichtigste.«

Ungeachtet all dieser Emotionen löste er die theoretischen Aufgaben, die wir, Tamm und ich, ihm aus der großen Masse der uns bewegenden Probleme vorlegen konnten, schnell und elegant. Seine theoretische Technik war virtuos, und er wußte vieles, was mir unbekannt war. Doch für seine Tätigkeit hatte er nur die allergrößte Verachtung. Schon früher hatte ich gehört, wie er dem Direktor eines großen physikalischen Instituts auf den »Leib zu rücken« und ihn zu fragen pflegte: »Haben Sie einen Beschleuniger mit 600 MeV? So, Sie haben keinen. Dann sind Sie ein Hausverwalter und kein Direktor.« All dies war keine Pose, sondern sein Charakter, seine ihn ganz erfüllende Leidenschaft. Er erarbeitete sich die

Theorie, daß die wesentlichen, die fundamentalen Naturgesetze in »entblößter«, nicht in verfälschter Form in der Kernphysik der maximalen Energie in Erscheinung treten müßten. Die Frage bestehe lediglich darin, welche Größen solche Energien annehmen, und man müsse Versuche mit Teilchen durchführen, die solche Energien besitzen. Die Entwicklung der Wissenschaft in den folgenden dreißig Jahren hat diese Voraussagen offensichtlich bestätigt. Leider erlebte Issaak Jakowlewitsch nur die Hälfte dieses Zeitraums und sah vieles nicht mehr. Und einiges, vielleicht das Wichtigste, werden wir, die heute Lebenden, nicht sehen. Pomerantschuk schmachtete zwischen zwei und vier Monaten im Objekt. Dann begriff die Leitung, daß es besser wäre, ihn ziehen zu lassen. Er kehrte zu seiner Arbeit und zu seiner Frau zurück.

In den sechziger Jahren wurde sein selbstloser Einsatz belohnt. Es gelang ihm, einige bedeutende Ergebnisse in der Hochenergiephysik zu erzielen. Manchmal gibt es doch eine höhere Gerechtigkeit. Wir alle kennen das »Pomerantschuk-Theorem« von der Gleichheit der Streuquerschnitte bei hohen Energien, wenn eines der sich abstoßenden Teilchen (nicht beide, das wäre trivial) durch sein Antiteilchen ersetzt wird. Sein Name ist auch in der Bezeichnung der Regge-Trajektorie mit den Nullquantenzahlen (Pomerantschuk-Trajektorie) festgehalten. Das ist freilich nur ein Bruchteil seiner vielen vortrefflichen Leistungen. Pomerantschuk arbeitete in diesen Jahren viel mit seinen talentierten Schülern Gribow, Okun, Ioffe, Ter-Martirosjan, Kobsarew und anderen zusammen und hatte viel Freude an dieser Kooperation.

Ich sah Pomerantschuk wieder öfter in seinen letzten Lebensjahren, als ich den Versuch unternahm, zur »großen« Wissenschaft zurückzukehren. Er war noch genauso von wissenschaftlichen Plänen erfüllt; mit innerer Bewegung (und Zweifeln) sprach er über die Quarks, die erst unlängst von Gell-Mann und Zweig vorgeschlagen worden waren. Kurz zuvor war seine Frau gestorben. Er selbst erkrankte schwer an Speiseröhrenkrebs. Zum Glück, wenn man dieses Wort verwenden kann, klärte ihn der kluge Arzt, Professor Kassirskij, der verstand, mit wem er es zu tun hatte, über seine Lage auf und riet ihm, an schmerzstillenden Mitteln nicht zu sparen, wenn er das ihm verbleibende Stückchen Leben würdig verbringen wolle. Pomerantschuk befolgte diesen Rat. Er arbeitete bis zu seinem letzten Lebenstag. Seine Schüler besprachen mit ihm noch am Vorabend seines Todes Einzelheiten ihrer letzten gemeinsamen Arbeit, die dann erst nach seinem Tode im Druck erschien. Es ging um das »scaling«, das heißt um die Ähnlichkeitstransformation von Funktionen, welche die Wahrscheinlichkeiten der höchst unelastischen Elektroerzeugung von Hadronen bei genügend hohen Energien der auf das Target fallenden Elektronen beschreibt. Etwa um dieselbe Zeit erschien die berühmte Arbeit von Bjorken über dieses Thema und bald darauf die Arbeit von Feynman. Alle drei wurden durch die sensationellen Ergebnisse der Forschungen im gigantischen Linearbeschleuniger SLAK in Stanford inspiriert. Pomerantschuk war immer noch in vorderster Linie. Als ich ihn zum letztenmal sah, stand es um ihn schon sehr schlecht; er war bis zum äußersten abgemagert und bemerkte zu mir mit einem ironischen Lächeln, daß er nur nachts spazierengehe, um die Leute nicht durch seinen Anblick zu erschrecken. Doch von dieser Bemerkung abgesehen sprach er nur über die Wissenschaft. Alle, die Pomerantschuk kannten, blieb er als Inkarnation des Ritters der theoretischen Grundlagenphysik in Erinnerung.

* * *

Von Nikolaj Nikolajewitsch Bogoljubow hörte ich zum erstenmal im Jahre 1946, und zwar durch meinen Kameraden aus der Mathematik-Arbeitsgemeinschaft in der Schule und späteren Kommilitonen Akiwa Jaglom. Er erzählte, daß da einer aus Kiew nach Moskau gekommen sei, außergewöhnlich talentiert und mit so vielen wissenschaftlichen Ideen, daß er sie nach links und rechts verteile. Dann hörte ich seinen bemerkenswerten Vortrag im FIAN über die Theorie der Suprafluidität. Selbstverständlich war das eine »Modelltheorie«, die außerdem die Störungstheorie ausnutzte. Doch war es die erste theoretische Untersuchung, bei der sich das erstaunliche Phänomen der Suprafluidität nicht aus dem eigens postulierten Spektrum der Elementaranregung ergab, sondern aus den *ursprünglichen* Prinzipien. Leider wurde das damals von einigen Wissenschaftlern nicht entsprechend gewürdigt, woraus sich viele bedauerliche Mißverständnisse ergaben; dabei verhielten sich Bogoljubow selbst und besonders seine Schüler und Mitarbeiter durchaus nicht optimal. Als später, nach zehn Jahren, die Arbeiten von Bardeen-Cooper-Schrieffer über die Supraleitfähigkeit erschienen, hatte Bogoljubow schon einen adäquaten theoretischen Apparat bereit. Und er nutzte ihn brillant.

Im Objekt verlieh Bogoljubow der mathematischen Abteilung größeres Gewicht. Er fand einen neuen Leiter anstelle von Mattes Mendelejewitsch Agrest und dazu eine große Gruppe aktiver und guter Mitarbeiter. Viel Zeit verwendete er offen für seine eigene wissenschaftliche Arbeit, die nichts mit dem Objekt zu tun hatte (viel später tat ich das auch), sowie für die Abfassung einer Monographie über die Theoretische Physik. Hauptsächlich zu diesem Zweck hatte er Klimow, Schirkow und Subarew mitgebracht. Den größten Erfolg hatte er mit dem Jüngsten von ihnen, mit Mitja Schirkow. Ihre gemeinsame Monographie zur Quantenfeldtheorie fand zu Recht große Anerkennung. Diese Monographie wurde – wie auch die Arbeit mit Subarew, die gleichfalls ausgezeichnet ist – in Moskau vollendet. Seine Zusammenarbeit mit Klimow wollte nicht gelingen, und ich nahm diesen nach Bogoljubows Abreise aus dem Objekt in meine Abteilung. Bogoljubow arbeitete auch theoretisch zur Thematik des Objekts, wenn dies seinen Interessen entsprach, und leistete dabei Hervorragendes. Doch technische und experimentelle Arbeiten interessierten ihn überhaupt nicht. Eines Tages geriet er zufällig in eine Besprechung bei J. B. Chariton, und meinte danach mit gespielter Entrüstung: »Ich bin dort in eine Kukille geraten.« (Also in eine Kokille, eine Hartgußform.) Der Ausdruck »in eine Kukille geraten« wurde bei uns zu einem Begriff.

Die außerdienstlichen Beziehungen zwischen Nikolaj Nikolajewitsch, Igor Jewgenjewitsch und mir waren durchaus gut. Tamm und ich suchten ihn manchmal in seinem Hotelzimmer auf. Er empfing uns gastfreundlich, bewirtete uns, bat uns, mit dem fürlieb zu nehmen, »was Gott gegeben hat« (und er gab ihm gute Sachen) und erzählte, indem er im Zimmer auf und ab ging und mit den Händen gestikulierte. Es war immer interessant, sich mit ihm zu unterhalten. Er hatte auf den verschiedensten Gebieten große Kenntnisse, beherrschte mehrere Sprachen ausgezeichnet, verfügte über einen scharfen, originellen Verstand und über Humor. Doch sehr heikle Fragen wurden hier, im Gegensatz zu meinen Privatgesprächen mit Tamm, nicht angeschnitten (obwohl ich annehme, daß er einiges zu sagen gehabt hätte). Mir prophezeite Bogoljubow halb im Scherz, meine Brust werde bald so dicht mit Sternen bedeckt sein, daß darauf kein Platz mehr bleiben werde. Durch Nikolaj Nikolajewitsch erfuhr ich zum erstenmal von den Ideen der Kybernetik[11], den Arbeiten Wieners, Shannons und Neumanns – was mich bei meinen Streitgesprächen mit Igor Jewgenjewitsch über das Wesen des Lebens sehr in meiner Ansicht bestärkte –, und von den gewaltigen Möglichkeiten der Elektronenrechner.

Bogoljubow verließ das Objekt zur selben Zeit wie Igor Jewgenjewitsch, nämlich nach dem Versuch von 1953. Später traf ich ihn nur sporadisch, obwohl wir eine Zeitlang in Moskau Nachbarn waren. Seine Hauptarbeiten zur Quantenfeldtheorie und über die Elementarteilchen sind vortrefflich und in aller Welt gut bekannt; ihr Grundstein wurde, wie mir scheint, in der Zurückgezogenheit seiner Jahre im Objekt gelegt. Bogoljubow hatte in der Physik und Mathematik viele gelehrte Schüler wie auch einfach »Nahestehende«. Er leitete die theoretischen und mathematischen Abteilungen vieler Institute und wurde eine Art »wissenschaftlicher General«. Wozu er das nötig hatte, verstehe ich nicht ganz, doch offenbar war auch dies eine Komponente seines Stils. So hatte er seine Ruhe. Ich ziehe es vor, mich daran zu erinnern, wie sich sein Gesicht, ja seine ganze Gestalt belebte, wenn er etwas wesentlich Neues aus der Wissenschaft hörte und dazu augenblicklich eigene Ideen entwickelte.

* * *

Die längste Bekanntschaft – sie dauert nun schon über 39 Jahre – verbindet mich mit Jakow Borissowitsch Seldowitsch. Ich schreibe darüber mit gemischten Gefühlen. Seldowitsch spielte bei meiner Arbeit als Wissenschaftler und Erfinder in den fünfziger Jahren eine große Rolle und eine noch größere bei meiner wissenschaftstheoretischen Arbeit in den sechziger Jahren. Über viele Jahre hinweg konnte ich annehmen, daß unsere Beziehung eng, freundschaftlich und kameradschaftlich war, und als Ljusja mich 1971 zu Beginn unseres gemeinsamen Lebens fragte, wer meine Freunde seien, nannte ich J. B. Seldowitsch. Ich glaube bis heute, daß Jakow Borissowitsch aufrichtig war, als er mich an meinem fünfzigsten Geburtstag anrief und sagte, daß er mich gern habe. Gleichzeitig erinnere ich mich jetzt an manche sehr weit zurückliegenden Episoden, in denen ich im nachhinein den Anflug einer »utilitaristischen« Einstellung sehe. In den siebziger und achtziger Jahren waren einige Handlungen (oder Unterlassungen) Jakow Borissowitschs ganz und gar nicht mehr kameradschaftlich.

Jakow Borissowitsch ist sieben Jahre älter als ich. Ich weiß nicht, wer seine Eltern waren (sein Vater war anscheinend Buchhalter). In den ersten Jahren unserer Bekanntschaft trug er manchmal einen grünlichen runden Hut mit Krempe, den er von seinem Vater geerbt hatte und der an Fotografien und Filmstreifen aus den ersten Jahren dieses Jahrhunderts und an den jüdischen Alltag innerhalb des Ansiedlungsrayons[12] erinnerte. Ich glaube, daß seine Eltern in sehr beengten Verhältnissen lebten. Er erzählte nie von seiner Kindheit und Jugend, nur einmal erwähnte er einen »Minderwertigkeitskomplex, den er später überwand« – oder den er sein ganzes Leben lang überwinden wollte, wer weiß es schon?

Seldowitsch hat nie eine Hochschule absolviert, er ist in gewissem Sinne Autodidakt. In seiner frühen Jugend arbeitete er als Laborant in verschiedenen wissenschaftlichen Instituten in Leningrad, wohin er um 1930 aus Weißrußland gekommen war. Bald, im Alter von 17 Jahren, begann er, erste wissenschaftliche Arbeiten zu schreiben und zu veröffentlichen. Sie waren sehr originell und hauptsächlich physikalisch-chemischen Problemen gewidmet. In seinen Arbeiten zur Kinetik chemischer Reaktionen sind Ansätze einer Theorie der chemischen Kettenreaktion enthalten. Bald wurde er so bekannt, daß es ihm gelang, die Kandidaten- und die Doktordissertation[13] zu verteidigen, ohne das Diplom einer Hochschule zu besitzen. Das Thema seiner Doktordissertation lautete »Gewinnung von Stickstoffoxiden aus Heizgasen«. Die Physik der Verbrennung, der Detonation und andere chemisch-physikalische Themen haben ihn zeit seines Lebens beschäftigt, und er liefert ausgezeichnete Arbeiten, schreibt Bücher und Berichte. Das Feld seiner wissenschaftlichen Aktivität weitete sich aus, schloß die aktuellsten Gebiete und brennendsten Probleme ein, und überall war er unter den führenden Wissenschaftlern, ob Spaltungskettenreaktion und Atomtechnik, Rückstoßtechnik oder Thermonuklearwaffen; dann wandte er sich der Elementarteilchentheorie zu und zuletzt der Kosmologie und Astrophysik in enger Verbindung mit den Problemen der Elementarteilchen. Es gibt kaum andere Spezialisten, die diesen Themenkreis so beherrschen. »Nebenbei« schrieb er Literaturberichte und Monographien über all diese Probleme und das sehr interessante Buch *Mathematik für Anfänger.* Natürlich waren Mitautoren an der Abfassung der meisten Bücher beteiligt, doch ohne Seldowitsch hätten sie nicht geschrieben werden können. In ihnen allen ist Seldowitschs Hand zu spüren, sind seine Ideen sichtbar. Mit einigen seiner Mitverfasser hatte er später Streit. Wer recht hatte und wer unrecht, weiß ich nicht. Einige seiner Arbeiten werde ich hier und in den nächsten Kapiteln anführen. Im Jahre 1940 erschien die berühmte Arbeit von J. B. Seldowitsch und J. B. Chariton über die Spaltungskettenreaktion. Ein amerikanischer Bericht von 1945 über die Entwicklung der Kernwaffe (der »Smyth-Report«) läßt ihr Gerechtigkeit widerfahren. Während des Krieges arbeitete Seldowitsch auf dem Gebiet der Rückstoßtechnik, und im Jahre 1945 wurde er nach Peenemünde, in das deutsche Zentrum für die Entwicklung der ballistischen V-2-Raketen, abkommandiert, wo er sich mit den deutschen Arbeiten vertraut machen sollte. Er fuhr in der Uniform eines Hauptmanns der Sowjetarmee. Während dieser Reise lud ihn der NKWD-Leiter der Sowjetischen Besatzungszone, der eigentliche Chef dieses Teils von Deutschland, zum Abendessen ein. Seldowitsch erinnerte sich an dieses Abendessen mit einiger Besorgnis, in der, wie mir schien, eine Spur von Begeisterung war – in dieser Hinsicht sündigten wir damals alle in gewissem Maße.

Von seinen Arbeiten der fünfziger Jahre, die der Theorie der Elementarteilchen gewidmet sind, wurde ein gemeinsam mit S. Gerstein verfaßter Artikel am bekanntesten, in dem geladene Ströme eingeführt werden und das Gesetz von der Erhaltung des Vektorstroms formuliert wird. Diese Arbeit nahm die Ideen der »Stromalgebra« vorweg und lieferte die Grundlage für die Formulierung der Theorie der schwachen Wechselwirkungen. Doch den abschließenden und entscheidenden Schritt, die Einführung des die Parität verletzenden Operators in die Lorentz-Kraft, taten sie nicht, sie überließen ihn Marschak und Sudarschan, Gell-Mann und Feynman, und erst viel später gelang es Glashow, Weinberg und Salam, die wohl endgültige Theorie der schwachen Wechselwirkungen aufzustellen. (Ergänzung 1987: Vielleicht ist es übertrieben, von einer »endgültigen Theorie« zu sprechen; vieles ist noch unbekannt: etwa die Masse und andere Eigenschaften der Neutrinos.) Seldowitschs kosmologische Arbeiten und seine Forschung zur Elementarteilchentheorie in den sechziger Jahren waren der Anstoß und der Ausgangspunkt für meine Arbeiten in jener Zeit.

Meine Beziehung zu Seldowitsch wurde, nachdem ich 1950 zum Objekt versetzt worden war, noch enger und sie blieb auch so, bis er das Objekt verließ. Unsere Arbeitszimmer lagen nebeneinander (in den ersten Jahren waren es keine Einzelzimmer; wir waren jeweils zu zweit: ich mit Igor Jewgenjewitsch oder mit Romanow) und wir wohnten auch benachbart. (Von 1949 bis 1950 wohnte Jakow Borissowitsch im Haus von Shenja Sababachin. Seine »Junggesellenbude«, vielmehr ein überdachter Balkon, hieß »Speicher für korrespondierende Mitglieder«.) Im Laufe eines Tages besuchten wir einander mehrmals, um uns eine neue wissenschaftliche Idee oder unsere Zweifel mitzuteilen, um einfach einen Spaß zu haben oder etwas zu erzählen. Wir besprachen nicht nur schwierige wissenschaftliche und technische Probleme, sondern entspannten uns bei der Lösung einfacherer physikalischer und mathematischer Aufgaben für »Steckenpferdreiter«, wie ich sie nannte, und wetteiferten miteinander um die schnellste und scharfsinnigste Lösung. Mir kam gar nicht in den

Sinn, daß es zwischen uns außer einer »wissenschaftlich-sportlichen« noch eine andere Rivalität geben konnte.

Eines Tages, im Frühjahr 1950, ging ich sehr spät nach Hause. Es war eine Mondnacht, der lange Schatten des Glockenturms fiel auf den Platz vor dem Hotel. Plötzlich sah ich Seldowitsch. Er kam, in Gedanken versunken, mit heiterer Miene des Weges. Als er mich erblickte, sagte er: »Wer würde schon glauben, wieviel Liebe in dieser Brust verborgen ist.«

Das Objekt war in mancher Hinsicht ein großes Dorf, wo sich alles vor aller Augen abspielt. So wußte auch ich, daß er ein Liebesverhältnis mit Schirjajewa hatte, einer Gefangenen, die sich ohne Bewachung bewegen durfte. Von Beruf Architektin und Malerin, war sie wegen eines politischen Delikts, das heute vom Paragraphen 70 StGB der RSFSR abgedeckt wird, verurteilt worden (also wegen antisowjetischer Äußerungen). Nach der Verhaftung von Schirjajewa sagte sich ihr Mann von ihr los. So etwas kam damals ziemlich häufig vor. Schirjajewa führte Arbeiten zur künstlerischen Bemalung von Wänden und Decken durch (im »Generalskasino«, im örtlichen Theater, bei den Vorgesetzten) und war vermutlich deshalb ohne Bewachung. Einmal, es war im Sommer, weckte mich Seldowitsch mitten in der Nacht auf; er war sehr aufgeregt und bat mich, ihm Geld zu leihen. Zum Glück hatte ich gerade mein Gehalt bekommen und gab ihm alles, was im Nachtkästchen war. Einige Tage später erfuhr ich, daß die Haftzeit von Schirjajewa abgelaufen war und sie mit anderen vom Objekt »zur ewigen Ansiedlung« nach Magadan abtransportiert worden war. Ich habe diese brutale Ungesetzlichkeit schon erwähnt. Seldowitsch hatte ihr das Geld noch geben können. Einige Monate später brachte sie ein Kind zur Welt. Jakow Borissowitsch erzählte, daß der Boden des Hauses, in dem die Geburt stattfand, mit einer mehrere Zentimeter dicken Eisschicht bedeckt war. Seldowitsch erreichte später eine Erleichterung ihrer Lage, und weitere zwanzig Jahre später sah ich ihn auf einer wissenschaftlichen Konferenz in Kiew, mit seiner in Magadan geborenen Tochter, mit der er mich bekanntmachte: »Darf ich vorstellen, das ist Schurotschka.«

Sie sah der anderen Tochter erstaunlich ähnlich, die er von seiner Frau Warwara Pawlowna hatte. Seldowitsch hatte viele, viel zu viele Liebesgeschichten, von denen die Mehrzahl nicht einwandfrei verlief. Einige dieser Geschichten kannte ich, sie gefielen mir wenig. Jakow Borissowitsch träumte davon, irgendwann einmal all seine Kinder zusammenzubringen. Ich hoffe, daß ihm das gelungen ist oder noch gelingen wird. Die

Zeit heilt und macht vieles wieder gut, allerdings nur bei absoluter Ehrlichkeit.

Mitte der fünfziger Jahre kam eine Kommission ins Objekt, entweder von der Hauptverwaltung oder von anderswo, um das leitende wissenschaftliche Personal zu überprüfen. Wir wurden einzeln vor die Kommission gebeten. Zuerst stellte man mir einige Fragen, an die ich mich nicht mehr erinnere. Dann kam folgende Frage: »Wie ist Ihre Einstellung zur Chromosomentheorie der Vererbung?«

(Das war nach der Sitzung der Allunionsakademie der Landwirtschaftlichen Wissenschaften [WASChNIL] im Jahre 1948, als Stalin die Zerschlagung der Genetik durch Lyssenko sanktioniert hatte. Also sollte mit dieser Frage die Loyalität getestet werden.) Ich antwortete, daß ich die Chromosomentheorie wissenschaftlich für richtig hielte. Die Mitglieder der Kommission tauschten Blicke aus, sagten jedoch nichts. Für mich hatte das keinerlei Konsequenzen. Offenbar waren meine Stellung und meine Rolle im Objekt schon stark genug, und man konnte derartige Sünden meinerseits ignorieren. Einige Wochen später kam Seldowitsch zu mir und meinte, man müsse Altschuler aus der Patsche helfen. Lew Wladimirowitsch Altschuler, Leiter einer der Experimentierabteilungen, war ein alter Bekannter von Seldowitsch. Er spielte eine sehr große Rolle bei der Entwicklung von Atomsprengladungen und der Erforschung physikalischer Prozesse bei hohen Drücken. Wir erfuhren, daß die Kommission Altschuler die gleiche Frage wie mir gestellt hatte und er mit der ihm eigenen Offenheit so geantwortet hatte wie ich. Doch im Unterschied zu mir drohte ihm die Entlassung. Jakow Borissowitsch sagte: »Sawenjagin [14] ist gerade im Objekt. Wenn Sie, Andrej Dmitrijewitsch, sich für Altschuler bei ihm verwenden, dann wird er vielleicht in Ruhe gelassen. Ich habe eben mit Sababachin gesprochen. Am besten ist es, wenn Sie zu zweit gehen.«

Eine halbe Stunde später betrat ich bereits zusammen mit Shenja Sababachin das Arbeitszimmer des Objektleiters, wo uns Sawenjagin empfing, der in meinen Erinnerungen noch öfters vorkommen wird. Awramij Pawlowitsch Sawenjagin war damals Wannikows Stellvertreter, doch von der realen, geheimen Machtverteilung her, und weil Wannikow einen sehr großen Teil seiner Zeit außerhalb der PGU in Führungskreisen zubrachte, entschied und tat Sawenjagin vieles selbständig. Er gehörte noch zur »Ordshonikidse-Mannschaft« [15] und hatte einmal den Magnitstroj [16] geleitet. In den dreißiger Jahren war er gefährdet, wurde jedoch nicht verhaftet, sondern als Leiter des Baukombinats nach Norilsk geschickt. Es ist bekannt, was für eine Baustelle das war: Die Häftlinge mußten mit bloßen Händen mitten in der Tundra arbeiten, unter den Bedingungen des ewigen Frostes, der Schneestürme und den größten Teil des Jahres über in der Polarnacht. Eine Flucht von dort war fast unmöglich. Die verwegensten Kriminellen sollen dennoch die Flucht zu zweit gewagt haben und dabei einen »Nichtkriminellen« mitgenommen haben, um ihn unterwegs totzuschlagen und aufzuessen. Ich glaube nicht, daß es sich nur um eine schreckliche Legende handelte. Die Sterbeziffer war dort nur um weniges geringer als im Gebiet von Kolymá, die Temperatur war etwas höher, lag jedoch auch unter Null. Nach Sawenjagins Tod im Jahre 1956 wurde das Norilsker Kombinat nach ihm benannt. Sawenjagin war ein harter, entschlossener und außergewöhnlich tatkräftiger Chef. Er hörte sehr auf die Meinung der Wissenschaftler, verstand ihre Rolle im Betrieb, versuchte, sich Klarheit zu verschaffen, und schlug mitunter sogar technische Lösungen vor, die meist durchaus vernünftig waren. Zweifellos war er ein Mann von großem Verstand, mit durch und durch stalinistischen Überzeugungen. Er hatte große, schwarze, traurige asiatische Augen, in ihm floß tatarisches Blut. Nach seiner Zeit in Norilsk fror er immer, und sogar in warmen Räumen saß er mit einem über die Schultern gehängten Pelz da. In seinem Verhältnis zu einigen Menschen, später auch zu mir, kam eine Milde zum Ausdruck, die für einen Mann mit einer solchen Biographie überraschend war. Sawenjagin hatte den Rang eines Generalleutnants der Staatssicherheit. Hinter seinem Rücken nannte man ihn »Genlen« oder »Awramij«.

Ich machte mir manchmal Gedanken darüber, was solche Menschen bewegt: Ehrgeiz? Furcht? Betätigungsdrang? Machtgier? Überzeugung? Eine Antwort habe ich nicht. Doch alles, was ich oben geschrieben habe, gibt meine späteren Eindrücke wieder. Damals, im Jahre 1950, sahen wir einfach einen »großen Chef« vor uns. Er hörte mich und Shenja an und sagte: »Ja, ich habe schon von der rowdyhaften Ausschreitung Altschulers gehört. Sie sagen, daß er viel für das Objekt getan hat und auch sehr nützlich für die weiteren Arbeiten sein wird? Wir werden jetzt keine organisatorischen Konsequenzen ziehen. Schauen wir, wie er sich im weiteren verhalten wird.«

Danach fragte er uns über die Arbeiten in unserer Abteilung aus und ließ uns gehen. Er war zufrieden, weil wir alle Zahlen im Kopf hatten, und sagte, daß es Lawrentij Pawlowitschs (Berijas) Lieblingsverfahren sei, nach Zahlen zu fragen, um den beruflichen Stand der Mitarbeiter zu überprüfen. Alles lief glimpflich ab. Doch jetzt, 32 Jahre später, stelle ich mir die Frage: Warum ging Seldowitsch nicht selbst oder mit uns zu ihm? Leider machte sich hier wohl die Tendenz Jakow Borissowitschs bemerkbar, bei Dingen, die zu Unannehmlichkeiten führen können, sogar wenn sie relativ bedeutungslos sind, andere auszunutzen und selbst im Hintergrund zu bleiben, ein Zeichen dessen, was ich oben »utilitaristische Einstellung« genannt habe. In der Sache Altschuler befürchtete er vielleicht, daß Sawenjagin von seinen persönlichen Beziehungen zu Altschuler wußte und dieser Umstand sein Gesuch unwirksam gemacht hätte. Dies mag ein Grund für sein Verhalten gewesen sein, eine Rechtfertigung ist es jedoch nicht. In gleicher Weise schlug er mir einige Jahre danach vor, einen Brief zu schreiben und später für einen Verhafteten einzutreten, der unser gemeinsamer Bekannter war (darüber werde ich noch berichten). Selbstverständlich spielt eine Rolle, daß Seldowitsch Jude ist. Vielleicht scheint ihm, daß er als Jude verletzbarer sei und sein Eingreifen weniger wirksam sein könne. Ich kenne allerdings Juden und Vertreter anderer Nationalitäten, die sich, ohne daß sie eine so hohe Stellung einnehmen und so geschützt sind wie Seldowitsch, ganz anders verhalten, wenn es um die persönliche Verantwortlichkeit in der Gesellschaft geht. Es sind nicht viele, doch es gibt sie, und über einige von ihnen schreibe ich im zweiten Teil meiner Erinnerungen.

Bis zu einem gewissen Zeitpunkt war ich geneigt, diese Verhaltensweisen Seldowitschs nicht als sonderlich schwerwiegend zu betrachten. Jeder tut, was er kann, und auf bestimmten Gebieten leistet Seldowitsch sehr viel, besonders in der Wissenschaft, zu deren Popularisierung er beiträgt und an die er viele junge Leute heranführt. Ich sprach mit Jakow Borissowitsch auch über politische Themen, nur weiß ich nicht, ob er mir gegenüber immer ganz aufrichtig war. Meinte er es ernst, als er sagte, daß ihm das Bild »Der Morgen unserer Heimat« gefalle: Stalin mit einem über den Arm gelegten Regenmantel vor dem grünlich-bläulichen Hintergrund von Kolchosfeldern und Baustellen des Kommunismus? Ich wiederhole, es ist nicht ausgeschlossen, daß er es ernst meinte. Manchmal äußerte sich Jakow Borissowitsch mit Verstand, Aufrichtigkeit und Leidenschaft. Einige Werke des Samisdat sah ich zum erstenmal bei ihm – von *Tjorkin im Jenseits*[17] bis hin zum *Requiem* Achmatowas. In den Worten Jakow Borissowitschs und seinem Verhältnis zu mir fühlte ich oft eine gewisse Herzlichkeit. Um so bitterer waren für mich einige seiner Handlungen in den letzten zehn Jahren. Im Jahre 1973, als in den Zeitungen eine verzerrende Notiz über meinen (sowie Galitschs[18] und Maximows[19]) Brief zur Verteidigung von Pablo Neruda erschien, rief Seldowitsch mich an. Ljusja ging ans Telefon und erzählte ihm gleich von der Geburt unseres Enkelkinds Motja: »Wir hatten ein freudiges Ereignis, es ist ein Junge.« Jakow Borissowitsch unterbrach sie: »Sie sollten lieber auf einen anderen Jungen achtgeben.« Als ich den Hörer nahm, fiel er über mich her mit Beschuldigungen, die genauso schablonenhaft wie unseriös und unaufrichtig waren. Zwei Jahre später, als mir der Friedensnobelpreis verliehen wurde, rief Seldowitsch mich wieder an und verlangte, ich solle diesen Preis, der die pure Provokation sei, nicht annehmen, was ganz im Geiste der Gewerkschaftszeitung *Trud* war, die ihn mit den dreißig Silberlingen (zudem unter Hinweis auf die angeblich jüdische Herkunft meiner Frau) in Verbindung brachte. Jakow Borissowitsch mußte in beiden Fällen wissen, daß unser Telefon abgehört wurde; er schickte mir gleich auch noch einen Brief ähnlichen Inhalts und wußte dabei ganz genau, daß sämtliche Briefe vom KGB durchgesehen wurden. Es ist mir unverständlich, warum er so auffällig seine Loyalität und gleichzeitig meine Isoliertheit demonstrieren mußte. Als ich illegal nach Gorkij ausgewiesen wurde, durfte ich doch wohl Aktionen Seldowitschs und anderer, genauso geschützter Kollegen für meine Rechte erwarten. Im Februar 1981 schickte ich ihm und Chariton einen Brief mit der Bitte, vertrauliche (keine offenen) Gesuche in die Wege zu leiten, um dazu beizutragen, das schreckliche und für mich unerträgliche Geiseldasein meiner Schwiegertochter Lisa Alexejewas zu beenden (dazu später). Aus dem Brief ging klar hervor, wie wichtig diese Sache für mich war und wie ich gerade mit seiner Hilfe rechnete. Jakow Borissowitsch antwortete mit einer Absage und verwies auf die Unsicherheit seiner Stellung (man lasse ihn nicht weiter als bis nach Ungarn außer Landes). Dies schrieb mir ein dreifacher Held der Sozialistischen Arbeit, ein Akademiemitglied, das niemals die Reserven seiner, wie ich meine, sehr sicheren Stellung genutzt hat. Und eigentlich bat ich ihn um nichts, was schwieriger gewesen wäre als der Fall Altschuler. Eine andere Frage ist, ob sein Gesuch etwas genützt hätte. Chariton antwortete mir überhaupt nicht.

Dergestalt sind meine komplizierten und nicht klar definierbaren Beziehungen zu Jakow Borissowitsch Seldowitsch im vierten Jahrzehnt seit unserer ersten Begegnung ... (Ergänzung 1987: Dies alles schrieb ich im Jahre 1982. Damals war meine Bitterkeit über Seldowitschs Passivität in Lisas Sache und über andere unangenehme Ereignisse noch nicht verflogen, was sich natürlich im Ton meiner Darstellung niederschlug. Heute möchte ich zu einer toleranteren Haltung zurückkehren, die alle Aspekte seiner reichen Persönlichkeit und seines Schicksals berücksichtigt. Kürzlich kam Jakow Borissowitsch bei einer Versammlung der Akademie der Wissenschaften auf mich zu und sagte im Vorübergehen (wie immer war er in Eile): »Früher ist alles mögliche geschehen, laß uns die schlechten Zeiten vergessen. Das Leben geht weiter.« Ja, natürlich.)

(Ergänzung Dezember 1987, Januar 1988: Jakow Borissowitsch ist an einem Herzinfarkt gestorben. Wir sind nicht mehr dazu gekommen, uns zu treffen und auszusprechen. Alles Fremde, Kleinliche ist entschwunden. Geblieben sind die Resultate seiner ständigen, wahrhaft unermeßlichen Arbeit, geblieben sind jene, die mit seiner Hilfe zur Wissenschaft fanden. Ich ertappe mich manchmal dabei, daß ich im Geiste mit Jakow Borissowitsch über wissenschaftliche Themen diskutiere.)

IX. Der magnetische thermonukleare Reaktor

Die magnetische Kumulation

Meine Arbeit mit Igor Jewgenjewitsch Tamm am Problem der gesteuerten Kernreaktion fällt in die ersten Jahre im Objekt (1950–1951).

Ich begann, wie ich bereits erwähnt habe, im Jahre 1949 über diese Frage nachzudenken, ohne jedoch vernünftige und konkrete Ideen zu haben. Im Sommer 1950 traf im Objekt ein Brief aus Berijas Sekretariat mit einem Vorschlag des jungen Seemanns der Pazifikflotte, Oleg Lawrentjewitsch, ein. In der Einleitung schrieb der Verfasser von der Wichtigkeit der gesteuerten thermonuklearen Reaktion für die Energiewirtschaft der Zukunft. Im weiteren wurde dann der Vorschlag selbst dargelegt. Der Autor regte an, ein Hochtemperaturdeuteriumplasma mit Hilfe eines elektrostatischen Thermoisolationssystems zu erzeugen.

Anfang August 1950 kehrte Igor Jewgenjewitsch Tamm von einem ihm gewährten Kurzurlaub aus Moskau zurück. Mit großem Interesse griff er meine Überlegungen auf. Die gesamte weitere Entwicklung der Idee von der magnetischen Thermoisolation wurde von uns gemeinsam verwirklicht. Besonders groß war Tamms Beitrag zu allen Berechnungen und Einschätzungen und zur Untersuchung der physikalischen Grundkonzeptionen hinsichtlich der magnetischen Drift, der magnetischen Oberflächen und noch einiger anderer Probleme. Ursprünglich hatte ich vorgeschlagen, unser Thema TTR (toroidaler thermonuklearer Reaktor) zu nennen, doch Igor Jewgenjewitsch dachte sich den allgemeineren und treffenderen Namen MTR (magnetischer thermonuklearer Reaktor) aus. Dieser Name hat sich eingebürgert, er wird auch in bezug auf andere Aufbauschemata mit magnetischer Thermoisolation verwendet.

1950 hofften wir, den MTR innerhalb von zehn, maximal fünfzehn Jahren zu verwirklichen. (Ich spreche von mir, Igor Jewgenjewitsch und einigen Hitzköpfen des LIPAN; Arzimowitsch und Leontowitsch waren zurückhaltender.) Heute liegen 32 Jahre angestrengter Arbeit vieler hundert talentierter Menschen in allen entwickelten Ländern der Erde hinter uns. Zahlreiche Experimente wurden unter den verschiedensten Bedingungen durchgeführt und zahlreiche, häufig sehr gründlich durchdachte theoretische Untersuchungen angestellt. Und erst heute ist anscheinend das Verhalten des Plasmas in inhomogenen magnetischen Feldern und das Verhalten eines Systems wie Tokamak[1] in dem Maße erforscht, daß wir die begründete Hoffnung hegen dürfen, solche Systeme seien realisierbar. Doch eine absolut zuverlässige Antwort wird man erst in einem Demonstrationsexperiment erhalten. Hoffen wir, noch in diesem Jahrzehnt!

Auf der Grundlage des Kommissionsberichtes erließ der Ministerrat eine Verordnung, nach der die weitere Entwicklung des MTR dem Institut für Atomenergie (damals: LIPAN) übertragen wurde. Der verantwortliche Leiter war L. A. Arzimowitsch, der Leiter der theoretischen Arbeiten M. A. Leontowitsch. Die Urheber des Vorschlags, Tamm und ich, wurden als ständige Berater hinzugezogen. (Damit war gemeint, daß die Hauptaufgabe, für die wir verantwortlich waren, nach wie vor in der Entwicklung der thermonuklearen Sprengladung bestand.) Bei allen weiteren Arbeiten spielten Arzimowitsch und Leontowitsch eine sehr wichtige Rolle.

Einige Wochen nach dem Besuch der Kommission wurde ich zu Berija gebeten. Davor war ich einmal und danach viele Male im Kreml im Arbeitszimmer Berijas, das die Nummer 13 hatte. Oft fuhr eine große Gruppe von Mitarbeitern, die von den »Ranghöchsten« B. L. Wannikow und I. W. Kurtschatow angeführt wurde. Jedesmal, wenn man nach Moskau kam, war man erst einmal zur Untätigkeit verdammt, bis dann, manchmal nach einer Woche, aus der Verwaltung ein Signal kam: »Vorladung von oben.« Dann fuhr man zur Verwaltung, und wir alle machten uns in den Kreml auf. Im Büro für Passierscheine händigte man uns Dokumente aus. Danach mußten wir mehrere Kontrollposten durchlaufen. Ein Offizier überprüfte pedantisch Paß und Passierschein, ein anderer schaute uns wachsam an, um einen verdächtigen Gesichtsausdruck zu entdecken. Natürlich wurde die Frage gestellt, ob wir Waffen dabei hätten, doch eine Leibesvisitation fand kein einziges Mal statt.

Diesmal fuhr ich allein. Im Empfangszimmer Berijas erblickte ich jedoch Oleg Lawrentjewitsch, den man aus der Flotte abberufen hatte. Wir sollten zusammen bei Berija erscheinen, der wie immer am Kopfende des Tisches thronte; er hatte einen Zwicker auf und einen hellen Umhang, eine Art Regenmantel, über den Schultern. Neben ihm saß sein ständiger Referent Machnew, der früher Leiter eines Lagers im Gebiet von Kolyma gewesen war. Nach der Beseitigung Berijas wechselte Machnew als Leiter der Informationsabteilung in unser Ministerium. Überhaupt hieß es damals, daß das Ministerium für Mittleren Maschinenbau ein »Naturschutzgebiet« für die ehemaligen Mitarbeiter Berijas sei.

Berija wandte sich an mich und fragte mit schmeichlerischer Freundlichkeit, was ich von dem Vorschlag Lawrentjewitschs hielte. Ich wiederholte meine Stellungnahme. Berija richtete einige Fragen an Lawrentjewitsch und entließ ihn dann. Danach sah ich ihn nicht mehr wieder.

Nachdem Lawrentjewitsch das Zimmer verlassen hatte, erkundigte Berija sich bei mir, wie die Arbeit am MTR bei Kurtschatow vorangehe. Nachdem ich ihm geantwortet hatte, stand er auf und gab damit zu verstehen, daß das Gespräch beendet sei. Doch unvermutet sagte er: »Vielleicht haben Sie noch irgendwelche Fragen an mich?«

Ich war auf ein so allgemeines Ansinnen völlig unvorbereitet und fragte, ohne nachzudenken: »Warum geht es mit unseren Neuentwicklungen nur so langsam vorwärts? Warum bleiben wir dauernd hinter den USA und anderen Ländern zurück und verlieren den technischen Wettbewerb?«

Ich weiß nicht, welche Antwort ich erwartete. Zwanzig Jahre später wird im Memorandum von Sacharow, Turtschin[2] und Medwedjew[3] dieselbe Frage gestellt und die Antwort gegeben, daß dieser Rückstand mit der Unterentwicklung der demokratischen Verwaltungsstrukturen, dem fehlenden Informationsaustausch und der mangelnden intellektuellen Freiheit zusammenhing. Doch damals dachte ich wohl kaum bewußt an so etwas. Berija gab mir eine pragmatische Erklärung. »Weil bei uns die Versuchskapazitäten fehlen. Alles hängt allein an ›Elektrosila‹[4]. Die Amerikaner dagegen haben Hunderte von Firmen mit gewaltigen Kapazitäten.« Diese Antwort war für mich natürlich uninteressant. Er reichte mir die Hand. Sie war rund und weich, etwas feucht und leichenkalt. Erst in diesem Augenblick wurde mir klar, daß ich unter vier Augen mit einem schrecklichen Menschen gesprochen hatte. Zuvor war mir das nicht in den Sinn gekommen, und ich hatte mich völlig ungezwungen verhalten. Am Abend desselben Tages war ich bei meinen Eltern und erzählte ihnen von meinem Treffen mit Berija. Ihre entsetzte Reaktion verstärkte meine Empfindungen.

Leider war ich im folgenden nicht mehr aktiv an der Arbeit am MTR beteiligt. Sehr bald gingen die theoretischen Forschungen weit über den Stand hinaus, auf dem ich mich 1950 und 1951 befand, und ich hätte wirklich nur dilettantische Arbeiten ausführen können.

J. W. Kurtschatow maß den Forschungen am MTR gewaltige prinzipielle Wichtigkeit bei. Fast von den ersten Monaten seiner Arbeit an hielt er es für nötig, sie offen durchzuführen, in enger internationaler Zusammenarbeit, deren Bedeutung ihm völlig klar war. 1956 hatte er die Möglichkeit, diesen Wunschtraum zu verwirklichen. Man plante einen Regierungsbesuch Chruschtschows und Bulganins in England. Chruschtschow reiste formal als Präsidiumsmitglied des Obersten Sowjets und schlug Kurtschatow vor, sie zu begleiten. Kurtschatow sollte einen wissenschaftlichen Vortrag in Harwell, im englischen Atomzentrum, halten. Er suchte sich zwei Themen aus: die sowjetischen Arbeiten zu den Schnellen Brütern (BN) und zum MTR. Die Arbeit am Schnellen Brüter wurde damals schon seit mehreren Jahren von A. I. Lejpunskij geleitet und versprach in nächster Zukunft eine technisch realisierbare Lösung des Breeding (der Nutzung des Uran-Hauptisotops). Obwohl entsprechende Arbeiten in einer Reihe von Ländern durchgeführt wurden, hatten wir doch auf diesem für die Zukunft der Atomenergiewirtschaft wichtigen Gebiet einiges aufzuweisen. Den Vortrag über den MTR bereitet Kurtschatow zusammen mit Arzimowitsch (vielleicht auch mit Leontowitsch und anderen) vor; Tamm und ich wurden auch zu dieser Arbeit hinzugezogen. Grundlage des Vortrags waren die Berichte von Igor Jewgenjewitsch und mir im Jahre 1951 und die zahlreichen theoretischen und experimentellen Berichte des LIPAN, die in den Jahre 1951–1956 erstellt worden waren. Später wurden diese und andere Unterlagen in den Berichten der Ersten Genfer Konferenz über die friedliche Nutzung der Atomenergie veröffentlicht. Der Vortrag Kurtschatows, besonders der Teil, der sich auf den MTR bezog, machte gewaltigen Eindruck auf die Anwesenden und später auf die gesamte wissenschaftliche, und nicht nur die wissenschaftliche, Öffentlichkeit. Anscheinend wurden in einigen Ländern Erkundungsarbeiten auf dem Gebiet der gesteuerten thermonuklearen Reaktion durchgeführt, doch blieben sie alle streng geheim; das Ausmaß der dortigen Arbeiten und die auf sie gesetzten Hoffnungen waren minimal. Als Folge der Initiative Kurtschatows werden heute auf der ganzen Welt alle Arbeiten zur gesteuerten thermonuklearen Reaktion offen, ohne Geheimhaltung und in enger internationaler Zusammenarbeit durchgeführt. Zahlreiche internationale Konferenzen und gegenseitige Besuche von Wissenschaftlern und Ingenieuren fanden statt, Wissenschaftler und Ingenieure führten in den Laboratorien anderer Länder langwierige Arbeiten durch. Diese sehr erfolgreiche internationale Kooperation auf dem Gebiet der gesteuerten thermonuklearen Reaktion war eine Art Musterbeispiel für das weltumfassende System der Zusammenarbeit, das sich in den sechziger und siebziger Jahren herausbildete. Die Wissenschaft ist ihrem Wesen nach international, deshalb nutzten die Wissenschaftler mühelos und gern alle Möglichkeiten, die ihnen die Veränderung des internationalen Klimas bot. Zweifellos hat diese Zusammenarbeit viel zur Entwicklung der Wissenschaft und zur kommenden Lösung der Fragen beigetragen, vor denen die Menschheit unserer sehr schwierigen und für die Zukunft so verantwortungsvollen Zeit steht.

X. Das Jahr 1953

Für alle Menschen dieser Erde war 1953 das Jahr von Stalins Tod und von Ereignissen, die große Veränderungen in unserem Land und in der ganzen Welt mit sich brachten. Für uns im Objekt war es auch das Jahr, in dem die Vorbereitungen für den ersten thermonuklearen Versuch abgeschlossen wurden, und das Jahr des Versuchs selbst.

Die letzten Monate des Lebens und der Herrschaft Stalins waren sehr unruhig, ließen Unheil ahnen. Eines der tragischen Ereignisse jener Zeit war die sogenannte »Ärzteverschwörung«, von der Ende 1952 und Anfang 1953 in allen sowjetischen Zeitungen berichtet wurde. Es ging um eine Gruppe von Ärzten des Kremlkrankenhauses – sie waren fast alle Juden –, die angeblich eine Reihe gut getarnter medizinischer Morde an Partei- und Staatsfunktionären – Schtscherbakow [1], Shdanow [2] und anderen – begangen und die Ermordung Stalins vorbereitet hatten. Der Fall war, wie es hieß, durch einen Brief Lydia Timoschuks, einer Ärztin dieses Krankenhauses, ausgelöst worden (die natürlich geheime Mitarbeiterin der Staatssicherheit war). Fast alle, welche die Kampagnen der dreißiger Jahre erlebt hatten, wußten, daß dies eine breitangelegte antijüdische Provokation war, die Weiterführung des antisemitischen und antiwestlichen chauvinistischen »Kampfes gegen den Kosmopolitismus« und die Fortsetzung solcher antijüdischer Aktionen wie der Ermordung von Michoels [3], der Erschießung von Markisch [4] und anderen. Später erfuhren wir, daß Anfang März Transportzüge für die Deportation der Juden bereitgestellt worden waren und man diese Aktion rechtfertigendes Propagandamaterial gedruckt hatte, darunter auch eine Ausgabe der *Prawda* mit dem Leitartikel: »Das russische Volk rettete das jüdische Volk.« Der Verfasser war angeblich ein gewisser Tschesnokow, der nicht lange vor dem Tode Stalins in das erweiterte ZK-Präsidium der KPdSU kooptiert worden war. Stalin hatte schon damals kein Vertrauen mehr zur alten Besetzung des ZK. Im ganzen Lande kam es zu Kundgebungen, auf denen die »Mörderärzte« und ihre Helfershelfer verurteilt wurden; Massenentlassungen jüdischer Ärzte begannen. Im Objekt war die Entlassungskampagne etwas gedämpft, doch kenne ich einen entsprechenden Fall. Er betraf den Augenarzt Kazenelenson, den Ehemann meiner Studienkollegin Lena Feldman. Vielleicht gab es auch andere Fälle, von denen ich nichts weiß.

Mit jedem Tag wurde die Atmosphäre stärker angeheizt, so daß in naher Zukunft Pogrome zu befürchten waren. Es heißt, sie seien eingeplant gewesen. Zu dieser Zeit kam der Franzose Yves Farge[5], eine Persönlichkeit des französischen öffentlichen Lebens, nach Moskau, um den Stalinpreis in Empfang zu nehmen. Er äußerte den Wunsch, sich mit den in Untersuchungshaft sitzenden Ärzten zu treffen, und als das Treffen zustande kam, fragte er, ob man sie gut behandle. Sie antworteten natürlich, daß die Behandlung sehr gut sei, doch einer von ihnen zog unauffällig den Ärmel hoch und zeigte Yves Farge schweigend die Spuren von Mißhandlung. Er war erschüttert und eilte zu Stalin. Offenbar gab Stalin die Anordnung, den allzu Neugierigen nicht aus der UdSSR herauszulassen. Jedenfalls starb Yves Farge einige Wochen nach Stalins Tod im Kaukasus unter sehr verdächtigen Umständen[6]. (Ich konnte dies zwar nicht auf seine Richtigkeit überprüfen, doch einige Jahre später erzählte ich diese Geschichte im Kreise der Vorgesetzten – Slawskij[7] war auch dabei –, und sie alle hüllten sich in Schweigen.)

Im Januar oder Anfang Februar beobachtete ich folgende Szene. Ich aß im »Generalskasino« zu Mittag. Auf der anderen Seite des Durchgangs saßen der uns zugeordnete MGB-Offizier N. I. Pawlow und Kurtschatow. Im Radio wurde mitgeteilt, daß Unbekannte einen Bombenanschlag auf die sowjetische Vertretung in Tel Aviv verübt hatten. Da sah ich, wie das schöne Gesicht N. I. Pawlows auf einmal triumphierend erstrahlte. »So sind sie halt, die Juden!«, rief er aus. »Überall fügen sie uns Schaden zu. Doch jetzt zeigen wir's ihnen.« Kurtschatow antwortete nicht. Bart und Schnurrbart verhüllten seine Miene vollständig.

Manche meinen, daß die »Ärzteverschwörung« den allgemeinen, breitangelegten Terror in allen Teilen des Staatsapparats, einschließlich der Parteispitze, einleiten sollte, ähnlich dem Terror von 1937, und daß die Kampfgefährten Stalins die ihnen drohende Gefahr spürten. In diesem Fall ist es möglich, daß der Tod Stalins unnatürlich war, daß ihm nachgeholfen wurde. Diese Version wird in einem der Bücher Awtorchanows ausführlich dargelegt[8]. Ich habe keine eigene Meinung darüber, wie Stalin starb. Die Tonart in dem bekannten Bericht Chruschtschows spricht eher für einen natürlichen Tod.

Stalins Tod wurde am 5. März bekanntgegeben. Allerdings wird allgemein angenommen, daß Stalins Tod früher eintrat und einige Tage lang verheimlicht wurde. Es war ein erschütterndes Ereignis. Allen war klar, daß es bald zu einem Wandel kommen würde, doch niemand wußte, welcher Art er sein könnte. Man befürchtete das Schlimmste (doch: Was konnte noch schlimmer sein?). Die Menschen – unter ihnen viele, die sich über Stalin und das System keine Illusionen machten – hatten Angst vor einem allgemeinen Zusammenbruch, einer neuen Welle von Massenrepressionen und sogar vor einem Bürgerkrieg. Igor Tamm kam mit seiner Frau ins Objekt, weil er annahm, es sei besser, in einer solchen Zeit weiter von Moskau entfernt zu sein. Es ist bekannt, daß es in diesen Tagen in Moskau zu spontanen Aufläufen kam. Hunderttausende von Menschen strebten dem Zentrum Moskaus zu, um den Leichnam Stalins zu sehen, der im Säulensaal aufgebahrt war. Die Behörden hatten den Umfang dieses Menschenstroms nicht vorausgesehen und in einer Situation, in der die gewohnten Befehle von oben ausblieben, nicht rechtzeitig die notwendigen Sicherheitsmaßnahmen ergriffen. Hunderte, vielleicht Tausende von Menschen kamen ums Leben. Innerhalb weniger Tage wurde jedoch in den oberen Korridoren der Macht einiges in Ordnung gebracht (wie sich später herausstellte, nur vorübergehend), und wir erfuhren, daß jetzt G. M. Malenkow[9] unser Ministerratsvorsitzender sein würde. Jakow Borissowitsch Seldowitsch sagte dazu: »Solche Entscheidungen werden nicht für ein Jahr getroffen, sondern für etwa dreißig Jahre ...«

Er täuschte sich natürlich. In den Straßen sah man beunruhigte und verstörte Menschen herumirren, ständig wurde Trauermusik gespielt. In diesen Tagen »packte es« mich, wie man so sagt. In einem Brief an Klawa (der natürlich nur für sie allein bestimmt war) schrieb ich:

»Ich stehe ganz unter dem Eindruck des Todes eines großen Menschen. Ich denke an seine Menschlichkeit.«

Für das letzte Wort will ich mich nicht verbürgen, doch etwas in dieser Art war es. Sehr bald begann ich, mich mit geröteten Wangen an diese Worte zu erinnern. Wie kann man sie erklären? Bis zum letzten verstehe ich es auch heute nicht. Denn ich wußte bereits vieles über die schrecklichen Verbrechen: die Verhaftungen Unschuldiger, die Folterungen, den Hunger, die Gewalt. Ich konnte nur mit Entrüstung und Abscheu an die Schuldigen denken. Natürlich wußte ich bei weitem nicht alles und fügte es nicht zu einem Bild zusammen. Irgendwo im Unterbewußtsein hatte sich auch der von der Propaganda suggerierte Gedanke eingenistet, daß Grausamkeiten bei großen historischen Ereignissen unvermeidbar seien (»wo gehobelt wird, da fallen Späne«). Auf mich wirkten natürlich auch die Atmosphäre der allgemeinen Trauer und des Begräbnisses sowie das Gefühl, daß alles dem Tod ausgeliefert sei. Im großen und ganzen war ich für Suggestionen empfänglicher, als ich es von mir erwartet hätte. Und trotzdem war das nicht die Hauptsache. Ich fühlte mich an dem beteiligt, was, wie mir schien, Stalin vollbracht hatte: Er hatte die Macht des Landes aufgebaut, um ihm nach einem schrecklichen Krieg, Frieden zu bescheren. Gerade weil ich dafür schon vieles geopfert und vieles erreicht hatte, schuf ich mir, wahrscheinlich wie jeder Mensch, zu meiner Rechtfertigung unwillkürlich eine Illusion der Welt.

Sehr bald verscheuchte ich Stalin völlig aus dieser Welt. Doch der Staat, das Land und die kommunistischen Ideale blieben. Ich brauchte Jahre, um zu begreifen und zu spüren, wieviel an Spekulation, Betrug und Nichtübereinstimmung mit der Realität in diesen Begriffen steckt. Anfangs war ich trotz allem, was ich im Leben sah, der Ansicht, daß der sowjetische Staat den Durchbruch in die Zukunft darstellt, den – wenn auch noch unvollkommenen – Prototyp für alle Länder (so stark wirkt die Massenpsychologie). Später betrachtete ich unseren Staat als gleichrangig mit anderen – nach dem Prinzip, daß eben alle Staaten ihre Nachteile haben: Bürokratie, soziale Ungerechtigkeit, Geheimpolizei, Kriminalität und die daraus erwachsende Brutalität der Gerichte, der Polizei und der Gefängnisse; Armeen und Kriegsstrategen, Spionage und Gegenspionage, Streben nach Ausdehnung der Einflußsphäre unter dem Vorwand, die eigene Sicherheit gewährleisten zu müssen, Mißtrauen den Handlungen anderer Staaten gegenüber. Dies könnte man als »Symmetrietheorie« bezeichnen.

Alle Regierungen und Regime sind auf den ersten Blick schlecht, alle Völker sind unterdrückt, allen drohen allgemeine Gefahren. Mir scheint dies der am meisten verbreitete Standpunkt zu sein. Und schließlich kam ich dann in meiner Dissidentenzeit zu dem Schluß, daß auch die Symmetrietheorie zu präzisieren sei. Man kann nicht von einer Symmetrie zwischen einer Krebszelle und einer normalen Zelle sprechen. Und unser Staat gleicht eben einer Krebszelle mit seinem Messianismus und Expansionismus, seiner totalitären Unterdrückung Andersdenkender und der autoritären Machtstruktur, bei der die Kontrolle der wichtigsten Entscheidungen in Außen- und Innenpolitik durch die Öffentlichkeit völlig fehlt. Dieser Staat ist ein geschlossener Staat, in dem die Bürger über alles

Wesentliche nicht informiert werden, der von der Außenwelt abgetrennt ist, in dem es keine Freizügigkeit und keinen Informationsaustausch gibt. Dennoch sollen diese Charakterisierungen nicht dogmatisch aufgefaßt werden. Mein Ausgangspunkt ist die »Symmetrietheorie«, denn auch sie enthält ein (großes) Körnchen Wahrheit. Die Wahrheit ist immer mehrdeutig. Welche Schlußfolgerungen ergeben sich aus alledem? Was müssen wir hier, in der UdSSR, und dort, im Westen, tun? Solche Fragen lassen sich nicht schnell und erst recht nicht endgültig beantworten. Doch auch wenn man keine endgültige Antwort formuliert, muß man unablässig über sie nachdenken und so handeln und anderen raten, wie es einem die Vernunft und das Gewissen eingeben. »Gott sei euer Richter«, hätten unsere Großväter und Großmütter gesagt.

Ende März 1953 wurde eine umfassende Amnestie verkündet. Inoffiziell nannte man sie die »Woroschilowsche Amnestie«, da unter dem Erlaß die Unterschrift Woroschilows, des Präsidiumsvorsitzenden des Obersten Sowjets, stand. Natürlich war die Entscheidung darüber kollektiv gefaßt worden. Die Amnestie hatte gewaltige Folgen, da sie die Basis des sklavenhalterischen Systems der Zwangsarbeit verkleinerte. Sie hatte auch negative Auswirkungen, da an einigen Orten die Kriminalität zeitweilig anstieg. Doch ihr entscheidender Nachteil war, daß politische Delikte von ihr nicht betroffen waren. Millionen unschuldiger Menschen, Millionen Opfer des Stalinterrors blieben nach wie vor hinter dem Stacheldraht unzähliger Straflager, im Gefängnis, an den Orten der Verbannung und der zeitlich unbefristeten »Ansiedlung«. Erst einige Jahre später wurde die Mehrzahl der Überlebenden in die Freiheit entlassen. Dies war nur deshalb möglich, weil sich das Land allmählich von den Fesseln der Stalinschen Schreckenszeit hatte freimachen können, wobei viele aus der Führungsspitze verdrängt wurden, die sich feige, zynisch und grausam an den Stalinschen Verbrechen beteiligt hatten. Bekanntlich war dies in erheblichem Maße das Verdienst Chruschtschows und seiner Berater in den fünfziger Jahren (unter denen, wie es heißt, Snegow, ein ehemaliger Gefangener der Stalinschen Lager, eine wichtige Rolle spielte).

Ungefähr eine Woche nach Verkündung der Amnestie gab es noch ein wichtiges Ereignis: Das Verfahren gegen die Ärzte wurde eingestellt. Als erster von uns erfuhr es Igor Jewgenjewitsch, der morgens immer ausländische Radiosendungen auf Kurzwelle zu hören pflegte. Ich erinnere mich, wie er an diesem Tag völlig außer Atem in die Abteilung kam und noch von der Türschwelle aus rief: »Man hat die Ärzte freigelassen!«

Einige Stunden später lasen wir darüber in den sowjetischen Zeitungen:

> Alle Angeklagten sind freizulassen, da der Tatbestand einer strafbaren Handlung nicht vorliegt. Die an der Verletzung der sozialistischen Gesetzlichkeit und an der Anwendung strikt verbotener Untersuchungsmethoden [lies: Folter, Urkundenfälschung, Fälschung, A. S.] Schuldigen, sind streng zur Rechenschaft zu ziehen.

Igor Jewgenjewitsch war tief bewegt und glücklich; er konnte immer nur wiederholen: »Ist es wirklich wahr? Ist es wirklich wahr, daß wir das noch erleben durften?«

Eine neue Ära schien angebrochen. Natürlich freuten sich Igor Jewgenjewitsch und wir alle, wie es oft geschieht, nicht nur über das wirklich großartige Ereignis, sondern wir zogen daraus weitreichende Schlußfolgerungen, die sich nicht voll und durchaus nicht immer sofort bewahrheiteten. Und doch lag das Schrecklichste hinter uns. In jenen Tagen lasen wir außer den offiziellen Mitteilungen auch begeistert die Leitartikel der *Prawda*: »Die Unverbrüchlichkeit der Völkerfreundschaft«, »Die sozialistische Gesetzlichkeit«. So etwas gab es wohl zum ersten- und zum letztenmal. Sehr glücklich war auch Jakow Borissowitsch Seldowitsch. Er erklärte mir damals: »Das hat doch unser Lawrentij Pawlowitsch [Berija] fertiggebracht.« Seine Worte berührten mich etwas peinlich, doch ich antwortete nur: »Das war nicht so schwer, man mußte es nur wollen.«

Es war nun an der Zeit, den letzten, den abschließenden Bericht anzufertigen: mit Angabe der zu erwartenden Kenndaten und der Beschreibung des Produkts, das erprobt werden sollte. Sawenjagin bat, den Bericht so abzufasssen, daß man ihn nicht nur Experten, sondern auch einem »Architekten« oder einem »Elektroingenieur« zeigen könne. Berija war von seiner Ausbildung her Architekt, Malenkow war Elektrotechniker. Doch der Architekt hatte bald andere Sorgen als die um unsere Berichte.

An einem Sommertag beobachteten Bewohner des Objekts, wie das Schild mit dem Namen »Berijastraße« abgenommen und an seiner Stelle ein Pappschild mit der Aufschrift »Kruglowstraße« aufgehängt wurde. (Kruglow war damals Innenminister. Danach wurde diese Straße noch einmal umbenannt.) Eine Stunde später hörten wir im Radio die Meldung von der Absetzung, Entlarvung und Verhaftung Berijas und seiner Mittäter. Der Gang der Ereignisse blieb mir in seinen Einzelheiten unbekannt. Doch hörte ich, daß Berija im Kreml in einer Sitzung des ZK-Präsidiums der KPdSU verhaftet worden war. Armeeoffiziere lösten auf Shukows [10] Befehl eine Stunde vor der Ankunft Berijas die Kreml-Wache ab. Sie ließen das Auto Berijas passieren und »schnitten« den Wagen mit der Leibwache »ab«. Gleichzeitig rückten in Moskau Armeeinheiten ein, blockierten das Gebäude des KGB und die Stationierungsorte der Einheiten von KGB und MWD. Berija wurde von Shukow und Moskalenko [11] verhaftet, die, überraschend für ihn, den Sitzungssaal des Präsidiums betraten. Er wurde im Keller des Verteidigungsministeriums unter Arrest gestellt und blieb dort bis zur Gerichtsverhandlung (unter Vorsitz von Marschall Konjew [12]) bzw. bis zu seiner Erschießung. Ich hörte, daß sich Berija mit einem Gnadengesuch an das Präsidium gewandt habe; darin schrieb er, daß er seine Fehler durch ehrliche Arbeit wiedergutmachen wolle, und berief sich auf seine langjährige Praxis in der Wirtschaftsführung und bei neuen Entwicklungsarbeiten sowie auf seine Verdienste während des Krieges [13]. Er wurde zusammen mit seinen wichtigsten Helfern – unter ihnen Merkulow, Dekanosow, Kobulow und Mieschik [14] – im Dezember 1953 erschossen.

Einige Tage (zwei Wochen?) nach der Verhaftung Berijas bat man mich in das Stadtkomitee der KPdSU, wo man mir einen Brief des ZK zum Fall Berija zur Kenntnisnahme gab. Der Brief wurde an die Parteiorganisationen verschickt (ich weiß nicht, ob an alle, und wenn nicht an alle, nach welchem Prinzip dann die Auswahl erfolgte) und sollte die Gründe für die Verhaftung Berijas erläutern. Ich war zwar kein Mitglied der KPdSU, doch ich nahm eine ziemlich hohe Stellung im Wissenschaftsbetrieb ein, und man hatte offenbar deshalb beschlossen, mir dieses Dokument vorzulegen. Im Jahre 1956 wurde ich auf die gleiche Weise mit dem Text der geheimen Rede Chruschtschows auf dem XX. Parteitag vertraut gemacht.

Der Brief des ZK der KPdSU befand sich in einem roten Einband, darum nannte ich ihn in Gedanken das »Rote Buch«. Hier werde ich ihn auch mit diesem Wort, bei dem man die Farbe des Bluts assoziiert, benennen. Es ist ein interessantes Dokument. Ich versuche, mich zu erinnern und seinen Inhalt wiederzugeben.

Der Brief begann mit der Behauptung, daß Berija ein entartetes bourgeoises Element, ein alter Agent der konterrevolutionären mussawatistischen Spionageorganisation gewesen sei und daß er das Vertrauen des Volkes mißbraucht und schwerste Verbrechen begangen habe. Die angeführten erschütternden Fakten zeugten jedoch nicht nur von den persönlichen, wirklich entsetzlichen Verbrechen Berijas, sondern auch davon, daß er einer der Komplizen Stalins und darüber hinaus einer der Urheber des repressiven Systems insgesamt gewesen war. Was das mit »bourgeois« zu tun hatte, war völlig unklar – ohnehin hätte sich dieser Vorwurf nicht nur auf Berija bezogen. Dann folgte die Beschreibung der Taten Berijas und seiner Komplizen in Georgien, der Massenverhaftungen und Hinrichtungen, der ungeheuerlichen Folterungen. Einige Seiten waren dem Fall Labokas[15], ZK-Sekretär der KPdSU Abchasiens, und seiner Frau gewidmet. Man hatte sie erst nach dem Tode ihres Mannes verhaftet und in den Kerkern des NKWD gefoltert, um ihr ein Geständnis über die Schuld ihres Mannes abzupressen. Doch sie bestritt alles. Da ergriff man ihren vierzehnjährigen Sohn und folterte ihn vor den Augen seiner Mutter und die Mutter vor den Augen ihres Sohnes, um sie zu zwingen, den Toten zu verleumden. Doch beide weigerten sich und wurden erschossen. Ebenso detailliert schilderte das »Rote Buch« die Ermordung des Ersten ZK-Sekretärs Armeniens, Agassi Chandshjan, durch Berija persönlich sowie einige andere Morde. Von den Fällen, welche die Moskauer Tätigkeit Berijas und seiner Komplizen betrafen, ist mir ein Zitat aus einem Brief Eiches[16] in Erinnerung geblieben, den »Bürger Mieschik« gefoltert hatte – eben jener Mieschik, der in unserer Verwaltung Leiter der geheimen Abteilung gewesen war und so friedlich mit einigen unserer Mitarbeiter Schach gespielt hatte. Eiche hatte gebrochene Wirbel – noch von den Verhören durch die zaristische Geheimpolizei –, und Mieschik, der dies wußte, schlug ihm mit einem Stock auf die empfindlichen Stellen.

Im Jahre 1941, einige Tage nach Kriegsbeginn, so hieß es in dem Dokument, legte Berija Stalin eine lange Liste politischer Häftlinge, die erschossen werden sollten, zur Unterschrift vor. Unter ihnen befanden sich ungefähr vierzig bekannte Partei- und Staatsfunktionäre, viele davon Helden der Revolution und des Bürgerkrieges. Sie wurden in geheimen Gefängnissen in Kujbyschew und bei Moskau festgehalten. Insgesamt waren es, wenn mich mein Gedächtnis nicht täuscht, etwa vierhundert Menschen. Stalin unterschrieb diese Liste, und alle darin Verzeichneten wurden erschossen. Zu jener Zeit war die Erwähnung Stalins in einem solchen Kontext noch etwas tief Erschütterndes. (Ich hörte, daß beim Verlesen des Dokuments auf einer Parteiversammlung in einem großen Betrieb an dieser Stelle ein allgemeiner Seufzer durch den Saal gegangen sei, der einem Stöhnen geglichen habe.) Heute wissen wir, daß es in den Vorkriegs- und in den Kriegsjahren viele solcher »präventiven«, absolut ungesetzlichen Massenerschießungen gab. Eine davon war die Erschießung der polnischen Offiziere bei Katyn.

Berijas Stellvertreter Dekanosow, der frühere Botschafter in Deutschland, blieb mir ebenfalls in Erinnerung. Er liebte es, im Auto durch die Straßen Moskaus zu fahren und nach Frauen Ausschau zu halten, die er auf der Stelle direkt in seinem großen Wagen in Gegenwart seiner Wächter und seines Chauffeurs vergewaltigte. Berija selbst war etwas vorsichtiger. Er ging gern zu Fuß bei seinem Haus an der Ecke Malaja-Nikitskaja-Straße und Wspolnyj-Gasse spazieren und wies seine Leibwache, die »Sekretäre«, auf Frauen hin; sie wurden dann zu ihm gebracht, und er zwang sie zum Beischlaf. Nach dem Selbstmordversuch eines seiner Opfer, eines vierzehnjährigen Mädchens, verbrachte er die ganze Nacht an seinem Bett, doch das Mädchen starb.

Die Verhöre politischer Häftlinge wurden oft in Berijas Arbeitszimmer durchgeführt. Er verlangte, daß alle Anwesenden den Verhörten der Reihe nach schlugen – das bei Gangstern übliche Verfahren der wechselseitigen Bürgschaft –, und machte sich über den »Theoretiker« Merkulow lustig, der es ablehnte, sich persönlich an den Mißhandlungen zu beteiligen. Doch dafür lieferte dieser die theoretische Begründung für die Massenrepressionen und die Überwachung, das System der »Siebe« und »Netze« (an diese Begriffe erinnere ich mich, wenn auch nicht mehr an die Einzelheiten). Nach der Verhaftung Berijas wurden in seinem Schreibtisch – in ebendem Zimmer Nr. 13, in dem auch ich mehrere Male gewesen war – zwei Knüppel für die Mißhandlung von Gefangenen gefunden. In seinem vortrefflichen Buch erzählt Jewgenij Gnedin[17], wie ihn Kobulow (der später auf Stalins und Berijas Anordnung die Deportation der Krimtataren und andere furchtbare Aktionen durchführte)[18] in Berijas Gegenwart – vielleicht mit genau diesen Knüppeln – verprügelte. Berija hatte in seiner Behörde, dem »Roten Buch« zufolge, ein »Labor für das Problem der Aufrichtigkeit«. Wahrscheinlich beschäftigte man sich dort mit chemischen Mitteln, die enthemmend wirkten, und vielleicht auch mit Foltermethoden. Der Leiter des Labors war ein Arzt (seinen Namen habe ich vergessen), der nebenberuflich äußerst delikate Aufträge ausführte. Er hatte eine geheime Wohnung in Uljanowsk. Dorthin bat man Personen, deren heimliche Ermordung Berija für notwendig erachtete, die er aber nicht verhaften wollte. Der Arzt brachte seinen Opfern mit einem Spazierstöckchen, an dessen Ende sich eine Ampulle mit Gift befand, einen tödlichen Stich bei. Auf diese Weise tötete er mehr als dreißig Menschen. Als ich im Radio von den Morden an politischen Emigranten aus Bulgarien mit Hilfe einer Regenschirmspitze hörte, fiel mir unwillkürlich diese alte Geschichte wieder ein.[19]

Weiter wurde im »Roten Buch« über einen von Berija inszenierten Anschlag auf Stalin berichtet, durch den Berija versuchte, seine eigene Wichtigkeit zu erhöhen. Ihm wurden auch einige Fehler und Handlungen angelastet, für die er sich wahrscheinlich gemeinsam mit anderen hätte verantworten müssen.

Nach dem Sturz Berijas tauchte bei uns ein neuer »Chef« auf: Wjatscheslaw Alexandrowitsch Malyschew, der zum Stellvertretenden Vorsitzenden des Ministerrats der UdSSR und Leiter der Ersten Hauptverwaltung ernannt worden war. Malyschew leitete neben »unseren«, das heißt den atomaren, Angelegenheiten auch Bereiche der neuen Militärtechnik (Raketen und anderes).

In der anderen Hälfte unseres Hauses war ein Wohnheim für die Frauen aus dem Rechenzentrum. Sie wurden nun alle eilig umgesiedelt, und man richtete dort Malyschew eine Unterkunft ein. Von der Pforte bis zur Haustür wurde ein neuer Fußboden verlegt, und bald darauf sah ich, wie ein kleiner, rotgesichtiger Mann, der aus einem SIL gestiegen war, schnell über diesen Fußboden schritt, ja fast lief, so daß ihm die Objektleiter kaum folgen konnten. Malyschew war gleich nach seiner Ernennung bei uns eingetroffen, und einige Stunden später mußten wir ihm bereits von unserem »Produkt« und vom Grad seiner Erprobungsbereitschaft Bericht erstatten. Malyschew war ein »Mann Malenkows«. Er erzählte später im kleineren Kreis, daß selbst Malenkow als Vorsitzender des Ministerrats vor dem Sturz Berijas nichts über die Arbeiten an thermonuklearen Waffen gewußt habe: Keine Informationen seien aus dem Apparat Berijas hinausgedrungen. Mir war klar gewesen, daß die uns betreffenden »Verordnungen des Ministerrats der UdSSR und des ZK der KPdSU« praktisch Entscheidungen Berijas und seines Apparates gewesen waren, doch hatte ich nicht angenommen, daß sie sogar dem Vorsitzenden des Ministerrats verheimlicht worden waren.

Die Biographie Malyschews, die er selbst bei einem meiner Besuche (ich glaube, Chariton war auch dabei) schilderte, ist bemerkenswert. Er war der Sohn eines Lokomotivführers, studierte an einer Hochschule für Eisenbahningenieure und wurde nach Abschluß des Studiums im Jahre 1937 zur Arbeit in die Lokomotivfabik in Kolomna geschickt. Doch es gab in diesem riesigen Werk keinen einzigen Ingenieur. Alle waren als »Saboteure« verhaftet worden. Der neu eingetroffene junge Mann wurde zum Chefingenieur ernannt. Er zeigte sich dieser Aufgabe, so seltsam das klingen mag, durchaus gewachsen. Während des Krieges hatte Malyschew sehr verantwortungsvolle Ämter in der Leitung der Rüstungsindustrie inne und wurde zum engsten Mitarbeiter Malenkows. Und schließlich erreichte seine Karriere 1953 ihren Höhepunkt. Ich fragte Seldowitsch: »Ob er sich der Höhe und Exklusivität seiner Stellung bewußt ist?« – »O ja, voll und ganz.«

Im Juli 1953 wurden alle Arbeiten zur Vorbereitung des »Produkts« abgeschlossen. Es war Zeit, zur Erprobung aufs Versuchsgelände zu fahren, das sich in der kasachischen Steppe, unweit von Semipalatinsk, befand. Ich durfte nicht fliegen, sondern fuhr in J. B. Charitons Waggon zusammen mit M. W. Keldysch[20], M. A. Lawrentjew und meinem Bekannten vom Objekt, V. A. Davidenko, der damals Leiter der Abteilung für Kernforschung war. (Er wohnte für einige Monate in unserem Haus, nun waren wir im selben Abteil. Er bastelte sich dauernd Angeln und Spinnangeln – nicht, weil er den Fischfang so sehr liebte, sondern weil er es gewohnt war zu basteln. Viktor Alexandrowitsch Davidenko erinnerte sich gern daran, daß er in seiner Jugend die größte Befriedigung in der Arbeit fand, als er in einem Betrieb Universalschlosser war und seine Hände reale Gegenstände produziert hatten.)

Wir waren lange – etwa fünf bis sechs Tage – unterwegs. Mehrere Stunden verbrachten wir in Nowosibirsk, besichtigten diese sibirische Stadt, in der noch viele alte Holzhäuser aus dicken Balken erhalten sind, und badeten in dem warmen, aus dem Süden heranströmenden Ob. Weiter ging es mit der Turkestanisch-Sibirischen Eisenbahn. Die letzten hundert bis hundertfünfzig Kilometer zum Versuchsgelände legten wir in einer für uns bereitgestellten JAK-15-Maschine zurück. Wir flogen im Tiefflug und gingen nur dort auf eine Höhe von zwanzig bis dreißig Metern, wo Fernleitungen unseren Kurs kreuzten. Es war sehr interessant, von oben die kasachische Steppe zu beobachten: die Schaf- und Rinderherden, die kleinen Seen mit den schwimmenden Enten, die bei unserem Erscheinen mit Geschrei aufflogen.

Nachdem wir das Versuchsgelände erreicht hatten, erfuhren wir, daß sich plötzlich eine schwierige Situation ergeben hatte. Vorgesehen war die Erprobung am Boden. Das »Produkt« sollte sich bei der Explosion auf einem besonderen Turm befinden, der in der Mitte des Versuchsgeländes errichtet worden war. Man wußte, daß bei Erdexplosionen eine radioaktive »Spur«, ein Streifen radioaktiven Niederschlags, entsteht. Doch niemand hatte daran gedacht, daß bei einer sehr starken Explosion, wie wir sie erwarteten, die »Spur« weit über den Bereich des Versuchsgeländes hinausgehen und Gefahr für Gesundheit und Leben vieler tausend Menschen mit sich bringen würde, die mit unserer Arbeit überhaupt nichts zu tun hatten und nichts von der Bedrohung wußten.

Wir alle, die wir mit der Vorbereitung oder der Berechnung des »Produkts« selbst oder mit organisatorischen Fragen beschäftigt waren, hatten dies außer acht gelassen: ein weiteres Beispiel dafür, daß in äußerst wichtigen Fragen Versehen nicht seltener, sondern eher häufiger vorkommen als in minder wichtigen! W. J. Gawrilow, der ehemalige Mitarbeiter Seldowitschs, wies auf diese Gefahr hin (er arbeitet jetzt in der PGU in Moskau). Die Vorgesetzten waren sehr beunruhigt. Malyschew erzählte in seiner überschwenglichen Art: »Wir waren zu den Versuchen bereit, alles lief ausgezeichnet. Und da erschien Gawrilow wie ein böser Geist, und es trat allgemeine Verwirrung ein.« Wir nannten W. J. Gawrilow später häufig bei diesem Spitznamen, der etwas von seinem kritischen Charakter widerspiegelt.

Zur Klärung der Lage wurden einige Gruppen gebildet, und wir arbeiteten parallel in unseren Hotelzimmern, ohne uns Ruhe zu gönnen, fast rund um die Uhr; nach einigen Tagen hatten wir mit Hilfe eines amerikanischen Buches über die Wirkung von Atomwaffen – des »Schwarzen Buches«, wie wir es einfach der Farbe seines Einbandes wegen nannten – die notwendigen Schätzungen vorgenommen: hinsichtlich der Explosionsstärke, der meteorologischen Lage, Bodenart und der Turmhöhe.

Einige Worte über das »Schwarze Buch«. Es diente uns lange als Handbuch bei den Versuchen und bei der Diskussion der militärischen Nutzung von Kernwaffen und der Schutzmaßnahmen. Ende der fünfziger Jahre erschien eine russische Übersetzung, die aber nicht in den Verkauf kam, sondern für den Dienstgebrauch bestimmt war, so wie die analogen sowjetischen Nachschlagewerke, die später verfaßt wurden. Einer der Gründe hierfür war natürlich die Eigenart des Gegenstandes. Doch scheint mir etwas anderes nicht weniger wichtig zu sein: Das Buch enthält viel Schreckliches, das in den Menschen ein Gefühl der Hoffnungslosigkeit wecken kann. Und bei uns versucht man das Volk vor zu viel bitterer Erkenntnis zu »bewahren«. Dies gehört wahrscheinlich zur allgemeinen Strategie der psychologischen Mobilisierung. Die Bevölkerung erfährt auch viele andere unangenehme Dinge nicht. Im sowjetischen Fernsehen werden keine Leichen der Opfer von Katastrophen oder Verbrechen gezeigt, es sei denn, es handelt sich um Vorgänge im Ausland.

Das Problem der »Spurbildung« ist folgendes: Eine Erdexplosion oder eine niedrige Luftexplosion zieht eine gewaltige Menge Staubpartikel des Bodens in die Feuerwolke hinein, die radioaktive Spaltprodukte des Urans und des Plutoniums enthält. Die Staubpartikel werden von ihrer Oberfläche her abgeschmolzen und absorbieren hierbei radioaktive Stoffe. Die Atomwolke, die eine höhere Temperatur als die sie umgebende Luft hat, steigt nach oben, vermischt sich dabei mit der Luft und kühlt sich infolge ihrer Ausdehnung ab. Dann bewegt sich die Wolke unter dem Einfluß der Höhenwinde (Stratosphärenwinde) in die eine oder andere Richtung. Die Staubpartikel fallen allmählich auf die Erde, zuerst die größeren, dann die kleineren. Es bildet sich ein langer radioaktiver Streifen, die »Spur«, die mit der Entfernung vom Explosionsort, wenn auch nur ziemlich langsam, breiter wird.

Das Phänomen der »Spur« kann im Falle eines großen thermonuklearen Kriegs sehr wichtig werden, und zwar dann, wenn die kriegführenden Seiten Erdexplosionen oder niedrige Luftexplosionen auslösen. Man kann annehmen, daß die Gegner sie einsetzen werden, um unterirdische Startpositionen interkontinentaler ballistischer Raketen des Gegners und andere feste Ziele zu zerstören. Dabei werden gerade die radioaktiven »Spuren«, die eine gewaltige Fläche einnehmen, eine der Hauptursachen für den Tod von Menschen, für Krankheiten und genetische Schäden sein. Hinzu kommen der Tod von Millionen Menschen im unmittelbaren Bereich der Stoßwelle und der Wärmestrahlung sowie die globale Vergiftung der Atmosphäre, welche Spätschäden hervorruft. Ich dachte in den folgenden Jahren viel darüber nach.

Wir schätzten, in welcher Entfernung vom Ort der Explosion unserer Sprengladung eine Gesamtstrahlungsdosis von 200 Röntgen zu erwarten war. Diese Zahl hatte man als Grenzwert gewählt. Wir gingen davon aus, daß eine Strahlungsdosis von 100 Röntgen manchmal zu ernsthaften Schädigungen bei Kindern und geschwächten Erwachsenen führt und daß eine Dosis von 600 Röntgen in fünfzig Prozent der Fälle den Tod gesunder Erwachsener verursacht. Uns schien die Annahme zulässig, daß in der Zone der radioaktiven Niederschläge niemand der vollen Strahlungsdosis ausgesetzt sein würde, da man die Menschen von dort zusätzlich evakuieren konnte, und sie sich nicht die ganze Zeit im Freien aufhalten würden. Dennoch hielten wir es für unumgänglich, alle Menschen zu evakuieren, die in Windrichtung in einem Sektor wohnten, welcher diesseits der von uns festgelegten 200-Röntgen-Grenze lag. Das wären Zehntausende von Menschen gewesen!

Mit diesem Schluß gingen wir zu den Vorgesetzten, zu Kurtschatow,

Malyschew und dem militärischen Leiter der Erprobungen, Marschall Wassilewskij [21], dem Stellvertreter von Verteidigungsminister Shukow. Sie nahmen unsere Folgerungen sehr ernst und waren beunruhigt. Es gab nur eine Alternative: Entweder mußte man die Erprobung auf der Erde absagen und zur Luftvariante übergehen, bei der das »Produkt« wie eine Fliegerbombe abgeworfen wurde, oder man mußte die Bevölkerung aus dem von uns bezeichneten gefährdeten Sektor evakuieren. Der Übergang zur Erprobung in der Luft hätte eine große Verzögerung, vielleicht um ein halbes oder sogar um ein ganzes Jahr, bedeutet. Doch schon eine weit geringere Verzögerung hielt man für unvertretbar; man entschied sich für die Evakuierung. Die Versuchsleiter wollten sich bis ins letzte von der Zuverlässigkeit unserer Schlußfolgerungen und der Festigkeit unserer Positionen überzeugen. Es gab viele Beratungen und Diskussionen. Eine davon blieb mir besonders im Gedächtnis haften; sie fand nachts, etwa zehn bis zwölf Tage vor der Erprobung, statt. Malyschew eröffnete sie und wies uns dramatisch auf unsere Verantwortung hin, wenn wir Zehntausende von Menschen, unter denen Kranke, Alte und Kinder seien, den Belastungen und Gefahren der schnellen Evakuierung mit Lastwagen durch unwegsames Gelände aussetzten; außerdem sprach er von den unvermeidlichen Opfern bei dieser Aktion. Jeder der Fachleute, Kurtschatow eingeschlossen, mußte seine Überzeugung, daß die Evakuierung notwendig sei, bekräftigen. Malyschew rief uns alle namentlich auf. Der Aufgerufene erhob sich und äußerte seine Meinung. Es herrschte Einmütigkeit. Wassilewskij teilte mit, daß er schon Befehl gegeben habe, siebenhundert Armeelastwagen bereitzustellen (er war gewillt, diesen Befehl zurückzunehmen, wenn auf der Sitzung anders entschieden worden wäre), und daß die Operation unverzüglich beginnen könne. Im kleineren Kreise meinte Wassilewskij: »Sie plagen sich unnötig so sehr ab. Jedes Manöver in der Armee fordert Menschenopfer; zwanzig bis dreißig Menschen kommen um, das gilt als unvermeidlich. Dabei sind ihre Versuche für das Land und seine Verteidigungskraft bei weitem wichtiger.«

Doch wir konnten einen solchen Standpunkt nicht teilen. Selbstverständlich bezog sich unsere Unruhe nicht nur auf das Problem der Radioaktivität, sondern auch auf den Erfolg der Erprobung. Doch um von mir zu sprechen: Diese Sorgen standen im Vergleich mit den Sorgen um die Menschen im Hintergrund. Als ich mich in jenen Tagen zufällig im Spiegel sah, war ich erschüttert, wie ich mich verändert hatte, wie mein Gesicht grau und ich älter geworden war ... Ich erinnere mich an Seldowitschs Worte: »Macht nichts, es wird alles gut. Alles wird gutgehen.

Unsere Aufregung um die Kasachen wird sich in Wohlgefallen auflösen und der Vergangenheit angehören. Es wird alles gut.«

Die weiteren Ereignisse bestätigten, wie notwendig der von uns vorgeschlagene Evakuierungsplan war. Innerhalb des Evakuierungssektors lag die ziemlich große Siedlung Karaul. Die radioaktive »Spur« verlief dann tatsächlich durch diese Siedlung. Bei der Evakuierung hatte man den Bewohnern erklärt, daß sie einen Monat später zurückkehren könnten. Doch wir hatten sie betrogen: Sie konnten erst im Frühjahr 1954 zurückkehren!

Im März 1954 geriet das japanische Fischereischiff »Fuku-Maru« in die Zone radioaktiver Niederschläge, die von einer amerikanischen thermonuklearen Explosion stammten. Die gesamte Ladung Thunfische war radioaktiv verseucht. Eines der Besatzungsmitglieder, der Funker Kuboyama, zog sich schwere Strahlungsschäden zu, die zu seinem Tod führten. Dieser Vorfall wurde weithin bekannt und förderte die weltweite Kampagne für das Verbot der Kernwaffenversuche. Die gesamte Bevölkerung von Karaul hätte in die Lage der Besatzung der »Fuku-Maru« geraten können!

Am 5. August wurde die Sitzungsperiode des Obersten Sowjets der UdSSR eröffnet. Der Vorsitzende des Ministerrats, G. M. Malenkow, hielt einen sehr wichtigen Vortrag über neue Grundsätze der Innen- und Außenpolitik: die Erlaubnis für Kolchosbauern, große Parzellen persönlich zu nutzen, ein verändertes Entlohnungssystem – es trat an die Stelle des Stalinschen Systems der »symbolischen« Entlohnung, das die Dörfer völlig hatte verarmen lassen; die Umleitung der Kapitalinvestitionen zugunsten des Konsums und die Wende in den internationalen Beziehungen auf das hin, was man später Entspannung nannte. Bevor Stalin offen verurteilt worden war, lösten wir uns schon von vielen Besonderheiten seines Erbes. Ich weiß nicht, welche Rolle hierbei Malenkow, Chruschtschow und die anderen ehemaligen »Mitkämpfer« Stalins spielten, doch zweifellos war dies alles historisch unvermeidlich.

Zum Abschluß seines Vortrags gab Malenkow noch eine Erklärung ab, die uns ganz besonders betraf. Er sagte unter dem Beifall der Zuhörer, daß die UdSSR jetzt alles zu ihrer Verteidigung besitze, sie habe eine eigene Wasserstoffbombe! Diese Erklärung wurde zur großen Sensation, und unverzüglich von den Zeitungen in aller Welt gedruckt. Sie wurde am 5. August abgegeben, genau eine Woche vor dem eigentlichen Versuch! Wir hörten den Vortrag Malenkows in der halbdunklen Halle eines kleinen Hotels. Man hatte das Produkt noch nicht auf dem Turm installiert; durch das unwegsame Gelände der kasachischen Steppe wurden auf Hunderten von Lastwagen die Familien der Evakuierten und deren eilig zusammengepacktes Hab und Gut gen Süden, Osten und Westen transportiert...

Die Erklärung Malenkows hätte unsere Aufregung noch steigern können. Doch dies war nicht möglich, sie hatte den Höhepunkt erreicht.

In den ersten Augusttagen wurde die Erprobung des »gewöhnlichen« (d. h. des atomaren) Produkts durchgeführt. Zu einer anderen Zeit wäre das für mich ein Ereignis gewesen, doch jetzt bemerkte ich es kaum, da ich vom Warten auf den thermonuklearen Versuch in Anspruch genommen war. Endlich kam der Tag des Versuchs, der 12. August. Am Vorabend ging ich auf Seldowitschs Rat früh zu Bett, nachdem ich noch ein Schlafmittel eingenommen hatte, was ich gewöhnlich nicht tue. Um 4 Uhr morgens wurden alle, die im Hotel wohnten, durch eine Alarmsirene geweckt. Ich ging zum Fenster. Es war noch dunkel. Ich sah, wie sich am gesamten Horizont Lastwagen mit eingeschalteten Scheinwerfern bewegten, welche die an den Versuchen beteiligten Menschen an ihren Einsatzort brachten. Zweieinhalb Stunden später kam auch ich am Beobachtungsposten an, 35 Kilometer vom Explosionsort entfernt, wo sich schon die jungen Theoretiker unserer Gruppe und die der Gruppe Seldowitschs eingefunden hatten. Bald trafen auch die Versuchsleiter, die Leiter der operativen Gruppen sowie Igor Jewgenjewitsch Tamm ein. Ich hatte zusammen mit den Theoretikern die Explosion zu beobachten; Igor Jewgenjewitsch wurde in den Unterstand der Leitung gebeten. Ich ging zu ihm, um ein Paar Worte der Ermunterung mit ihm zu wechseln. Doch nicht nur wir, auch die Chefs waren sichtlich nervös. Malyschew wandte sich, von der ersten Stufe des Unterstands her, an Boris Lwowitsch Wannikow und bat ihn: »Boris Lwowitsch, ganz schnell einen Witz.«

Der legte sofort los: »Warum bist du so betrübt?« – »Die Präservative sind schlecht.« – »Wieso, platzen sie?« – »Nein, sie biegen sich.«

Malyschew lachte kurz auf. »Sauber, gehen wir.«

Ich kehrte aufs Gelände zurück. Der Vorschrift entsprechend legten wir uns alle bäuchlings auf den Boden, das Gesicht zur Explosionsstelle gewandt. Das quälende Warten zog sich in die Länge. Aus dem Lautsprecher neben uns ertönten die Befehle.

Noch 10 Minuten.

Noch 5 Minuten.

Noch 2 Minuten.

Alles die Schutzbrillen aufsetzen [diese schwarzen Brillen hatten wir in den Taschen].

Noch 60 Sekunden.

50, 40, 30, 20, 10, 9, 8, 7, 6, 5, 4, 3, 2, 1, 0.

In diesem Augenblick blitzte am Horizont etwas auf, dann erschien ein sich sehr schnell vergrößernder weißer Ball – sein Widerschein erfaßte den gesamten Horizont. Ich riß die Brille herunter, und obwohl mich der Wechsel von Dunkel zu Hell blendete, konnte ich noch die sich ausbreitende gewaltige Wolke sehen, unter welcher der purpurrote Staub auseinanderstiebte. Dann löste sich die inzwischen grau gewordene Wolke schnell von der Erde und stieg empor, wobei sie sich ballte, orangefarben blitzte und flackerte. Allmählich bildete sie so etwas wie den »Hut« eines Pilzes, der mit der Erde durch den »Stiel des Pilzes« verbunden war; im Vergleich zu dem, was wir gewöhnlich auf den Fotos von Atomexplosionen zu sehen bekommen, war er unglaublich dick. Unten am Stiel wirbelte nach wie vor Staub auf. Dann erreichte uns die Stoßwelle: ein ohrenbetäubender Schlag und ein Stoß gegen den ganzen Körper, darauf ein dumpfes, langanhaltendes Getöse, das langsam, erst nach vielen Sekunden erstarb. Einige Minuten später verfärbte sich die Wolke bedrohlich schwarzblau und zog sich über den halben Horizont. Man merkte, daß sie allmählich von Höhenwinden gen Süden abgetrieben wurde, in Richtung der nun menschenleeren Berge, Steppen und kasachischen Siedlungen. Eine halbe Stunde später verschwand die Wolke aus dem Gesichtsfeld. Noch früher waren Flugzeuge des Strahlenüberwachungsdienstes in diese Richtung geflogen. Malyschew kam aus dem Unterstand heraus und gratulierte uns zum Erfolg. Es war bereits klar, daß die Stärke der Explosion ungefähr den Berechnungen entsprach, dann sagte er feierlich: »Eben hat der Vorsitzende des Ministerrats der UdSSR, Georgij Maximilianowitsch Malenkow, angerufen. Er gratuliert allen am Bau der Wasserstoffbombe Beteiligten – den Wissenschaftlern, Ingenieuren und Arbeitern – zu diesem gewaltigen Erfolg. Georgij Maximilianowitsch hat mich besonders gebeten, Sacharow zu seinem großen Friedensbeitrag zu gratulieren, ihn zu umarmen und zu küssen.«

Malyschew umarmte und küßte mich. Sogleich schlug er mir vor, gemeinsam mit den anderen Versuchsleitern auf das Versuchsfeld zu fahren und nachzusehen, »was sich dort getan hat«. Ich war natürlich einverstanden, und bald fuhren wir in offenen »Gasiks« am Kontrollpunkt vor, wo man uns staubdichte Overalls mit Dosimetern in den Brusttaschen aushändigte. So gekleidet fuhren wir an den durch die Explosion zerstörten Versuchsgebäuden vorbei. Plötzlich bremste der Wagen scharf neben einem Adler mit versengten Flügeln, der aufzufliegen versuchte, doch er schaffte es nicht. Seine Augen waren getrübt, möglicherweise war er blind. Einer der Offiziere stieg aus dem Wagen und tötete ihn mit einem kräftigen Fußtritt, wodurch er das Leiden des unglückseligen Vogels beendete. Wir mir erzählt wurde, kommen bei jedem Versuch Tausende von Vögeln ums Leben. Sie fliegen beim Explosionsblitz auf, fallen dann jedoch versengt und erblindet zu Boden. Die Wagen fuhren weiter und hielten einige Dutzend Meter vor den Überresten des Versuchsturms. Der Boden war an dieser Stelle mit einer schwarzen glasartigen Schmelzkruste bedeckt, die unter den Füßen knirschte. Malyschew stieg aus und ging zum Turm. Ich hatte neben ihm gesessen und stieg ebenfalls aus. Die übrigen blieben im Wagen. Vom Turm waren nur die Fundamente der Stützpfeiler übrig geblieben; aus einer Stütze ragte das abgebrochene Stück eines Stahlträgers hervor. Nach einer halben Minute kehrten wir zu den Wagen zurück, passierten in umgekehrter Richtung die kleinen gelben Verbotsflaggen und lieferten unsere Overalls zusammen mit den Dosimetern am Kontrollpunkt ab. In der Nacht fand bei Kurtschatow eine Sitzung statt, bei der die Leiter der Versuchsgeländedienste über die ersten vorläufigen Ergebnisse Bericht erstatteten. Vor Beginn der Beratung sagte Kurtschatow: »Ich gratuliere allen Anwesenden. Besonders möchte ich Sacharow gratulieren und ihm im Namen der Leitung für seine patriotische Heldentat Dank aussprechen.«

Ich stand von meinem Platz an der Wand auf und verbeugte mich – was ich dabei dachte, weiß ich nicht mehr. Der Versuch vom 12. August rief überall auf der Welt großes Interesse hervor. In den USA taufte man ihn »Joe 4« (nach dem Vornamen Stalins und der laufenden Nummer des sowjetischen Experiments).

Die Aufarbeitung und Beurteilung der Versuchsergebnisse nahm zwei bis drei Wochen in Anspruch. Die Detonationsstärke und andere Parameter kamen den berechneten sehr nahe – die Vorgesetzten waren begeistert. Uns, den Mitarbeitern des Objekts, war jedoch klar, daß uns noch eine gewaltige und durchaus nicht triviale Arbeit bevorstand. Aber in Wirklichkeit unterschätzten auch wir ihre Ausmaße.

Wenige Tage später, noch auf dem Versuchsgelände, fragte mich Seldowitsch: »Was haben Sie für Pläne, womit wollen Sie sich in Zukunft hauptsächlich beschäftigen?« Und er fügte hinzu, als wolle er mir meine Antwort eingeben: »Wahrscheinlich werden Sie sich jetzt auf den MTR konzentrieren?«

Ich antwortete: »Nein, ich muß die Arbeit am Produkt zu Ende führen.«

Wie aus der folgenden Darlegung ersichtlich sein wird, machte ich bei diesem »Zu-Ende-Führen« zunächst einige Dummheiten, doch insgesamt erwies sich mein Beitrag erneut als sehr wesentlich.

Nach der Haupterprobung hatten die anderen Theoretiker und ich endlich einmal wieder freie Zeit. Wir gingen spazieren und ins Kino. Während der Vorstellungen erschien jedoch manchmal in der Tür des Saals ein Bote, der laut verkündete: »Sacharow, zum Ausgang«, oder »Seldowitsch, zum Ausgang«.

Ich ging einige Male mit Igor Jewgenjewitsch am Ufer des Irtysch spazieren und sammelte in dem sich über Dutzende von Kilometern erstreckenden Gestrüpp aus Heckenrosen süßherbe Hagebutten. Einmal kamen wir mit einem alten Kasachen ins Gespräch, der eine kleine Kuhherde hütete. Er beklagte sich darüber, daß die Milchablieferungen an den Staat sehr schwer zu erfüllen seien, sogar für die Kinder bliebe keine Milch übrig. Ein anderes Mal trafen wir ein etwa vierzehnjähriges kasachisches Mädchen.

»Wie heißt du?« – »Madrisa.« – »Was willst du mal werden?« – »Lehrerin.« (Offenbar war ihre Lehrerin für sie das größte Vorbild.)

In diesen beiden winzigen Episoden scheint sich für mich das widerzuspiegeln, was die Sowjetmacht den Menschen gebracht hat: Es sind die beiden Seiten derselben Medaille. Es wäre falsch, eine der beiden zu ignorieren. Doch im Grunde ist die Realität noch komplizierter und widersprüchlicher, und sie verharrt nicht auf dem Stand von 1953.

Eines Tages schlug mir Sawenjagin vor, mit ihm spazierenzugehen. Er war, wie Pawlow, ein »Mann Berijas«, und nach dem Sturz Berijas bedurfte es einiger Zeit, bis sie ihre früheren Positionen wieder einnehmen konnten. Sawenjagin fragte mich während des Spaziergangs über die Perspektiven des MTR und über die Pläne zur Verbesserung des »Produkts« aus. Ich konnte ihm nur wenig sagen, da ich es selbst nicht wußte. Doch offenbar waren für ihn sogar solche Mitteilungen wichtig, damit er sich ein Bild von dem machen konnte, was er früher als erster erfahren hatte. Zum Abschied schenkte er mir – mit einer herzlichen Widmung – das Buch *Power without Glory* des australischen Schriftstellers Frank Hardy. Ich weiß nicht, ob der Titel des Buches als Anspielung gedacht war.

Malyschew war der Ansicht, daß wir, die wissenschaftlichen Leiter des Objekts und der Stamm der wissenschaftlichen Mitarbeiter, nicht nur über unser Gebiet Bescheid wissen sollten, sondern auch über die angrenzenden Bereiche der neuesten Militärtechnik. Dies war natürlich ein Bruch mit der Tradition der geheimen Arbeit, bei der jeder nur das Mindestmaß an Kenntnissen besitzen darf, die er für seine konkrete Aufgabe braucht. Die Erweiterung des Horizonts ist aber für die schöpferische Arbeit tatsächlich sehr wichtig. Was den möglichen Abfluß geheimer Information betrifft, so erfolgt dieser, soviel ich weiß, nicht über die Erfinder und wissenschaftlichen Mitarbeiter. Die wohl einzige Ausnahme ist die Affäre Fuchs. Doch das ist ein ganz besonderer Fall. (Bekanntlich übergab Klaus Fuchs, Emigrant aus Deutschland, Mitarbeiter der theoretischen Abteilung in Los Alamos, zwischen 1943 und 1945 aus eigenem Antrieb und aus ideeller Überzeugung der UdSSR äußerst wichtige Informationen über die Arbeiten an der Atombombe.)

Nach dem Ausscheiden Malyschews blieb seinen Nachfolgern nichts anderes übrig, als dessen Neuerungen fortzusetzen. Sie versuchten jedoch, die Wissenschaftler und die Technikfachleute von jeglicher Information politischer oder gesellschaftlicher Art fernzuhalten. Aber das lag nicht allein in ihrer Macht, die Zeit war eine andere.

Erst auf dem Versuchsgelände sahen wir neben den Filmen, die bei den vorhergehenden Atomversuchen aufgenommen worden waren, auch einige geheime Filme über andere Bereiche der Militärtechnik. Manches war sehr eindrucksvoll.

Ende August oder Anfang September kehrte ich vom Versuchsgelände zurück. Bald danach organisierte Malyschew für uns eine Reihe von »Exkursionen«, darunter eine Fahrt zu einem Betrieb, in dem ballistische Raketen hergestellt wurden. Wir waren der Ansicht, es mit großen Dimensionen zu tun zu haben, doch dort sahen wir etwas, was um eine Kategorie größer war. Wir waren erstaunt über die mit bloßem Auge sichtbare technische Kultur, die aufeinander abgestimmte Arbeit von Hunderten hochqualifizierter Menschen und ihre fast alltägliche, doch sehr sachbetonte Einstellung zu jenen phantastischen Dingen, mit denen sie sich beschäftigten. Während der Exkursion, die von Filmvorführungen begleitet wurde, gab uns der Chefkonstrukteur Sergej Pawlowitsch Koroljow[22] die fachlichen Erläuterungen. Damals sah ich ihn zum erstenmal. Jetzt, nach seinem Tode, wird sein Name häufig in der Presse erwähnt und ist mit einem beinahe romantischen Nimbus umgeben. Damals war er eine völlig gesichtslose Figur, fast so wie Secondelieutenant Kishe[23]. Doch selbst heute verschweigt man noch, daß Koroljow in den dreißiger Jahren verhaftet, verurteilt und im Kolymagebiet als Häftling bei »allgemeinen« Arbeiten eingesetzt wurde, was früher oder später den sicheren Tod bedeutete. Davor bewahrte ihn ein Ruf Tupolews, der ihn zur Arbeit in seiner berühmten »Scharaschka«[24] anforderte. Es war eben jene »Scharaschka«, in der Berija ein Gespräch mit einem inhaftierten Professor hatte, der ihm zu beweisen versuchte, daß er völlig unschuldig sei. Berija unterbrach ihn: »Ich weiß selbst, mein Lieber, daß du völlig unschuldig bist; fliegt das Flugzeug, fliegst auch du – in die Freiheit.«

Später traf ich Koroljow einige Male. Er war ohne Zweifel nicht nur ein großartiger Ingenieur und Organisator, sondern auch eine herausragende Persönlichkeit. Er hatte vieles mit Kurtschatow gemein. Bei Kurtschatow war die Liebe zur »großen« Wissenschaft ein wichtiges Charaktermerkmal. Bei Koroljow war es der Traum vom Kosmos, den er sich seit seiner Jugend und seiner Arbeit in der Gruppe zur Erforschung der Rückstoßbewegung (GIRD) bewahrt hatte. Ziolkowskij[25] war für ihn, wie ich annehme, kein Spinner wie für manchen anderen. Koroljow hatte wie Kurtschatow einen etwas groben Humor, sorgte sich um seine Untergebenen und Arbeitskameraden, besaß einen gewaltigen Sinn fürs Praktische und verfügte vielleicht über etwas mehr Schlauheit, Härte und Zynismus. Beide waren »Funktionäre« der Rüstungsindustrie und gleichzeitig Enthusiasten!

Die Exkursionen bei Koroljow wurden mehrmals wiederholt. Im Jahre 1961 waren wir kurze Zeit nach der Erprobung der interkontinentalen ballistischen Rakete und am Vorabend eines Sputnikstarts bei ihm. Sergej Pawlowitsch zeigte uns den Sputnik, der die letzten Überprüfungen durchlief, und machte Späßchen, doch dabei spürte man, daß er innerlich sehr erregt war. Ich ließ zum Andenken in meiner Tasche ein geschmolzenes Stückchen Metall verschwinden, das am Aufprallort einer Rakete gefunden worden war (davon gab es Tausende, so daß ich niemanden bestohlen habe).

Kurz vor seinem Tode traf ich Koroljow ein letztes Mal während der Vollversammlung der Akademie. Am Vortag hatte ich aus ausländischen Rundfunkübertragungen erfahren, daß die Amerikaner mit der gigantischen Saturnrakete eine Orbitalstation von 19 Tonnen gestartet hatten. Das war eine Etappe des Fluges zum Mond. Ich konnte mich nicht zurückhalten und fragte Koroljow, ob er davon gehört habe, wobei ich natürlich wußte, daß wir nichts dergleichen besaßen. Sergej Pawlowitsch lächelte, umfaßte mit einem Arm meine Schultern und duzte mich. »Sei nicht betrübt, auch wir werden uns noch von unserer besten Seite zeigen ...«

Die unerwartete Emotionalität seiner Anrede verblüffte mich. Koroljow starb einige Wochen nach unserem Gespräch auf dem Operationstisch.

Ich glaube, daß Koroljow seine Lagervergangenheit nie vergaß. Als Jurij Borissowitsch Rumer – ein theoretischer Physiker, ebenfalls Mitarbeiter der Tupolewschen »Scharaschka« – für die Aufnahme als korrespondierendes Mitglied in die Akademie der Wissenschaften kandidierte, versuchte Koroljow vergeblich, eine Unterstützungskampagne für ihn zu organisieren. In einigen anderen Fällen waren seine Anstrengungen erfolgreicher.

Kurz vor dem Ende unseres Aufenthaltes auf dem Versuchsgelände organisierte die Leitung so etwas wie ein Abschiedspicknick für die »Ranghöchsten«. Dazu wurden Igor Jegenjewitsch Tamm und Julij Borissowitsch Chariton eingeladen. Seldowitsch und ich fielen nicht unter die Kategorie »Ranghöchste«. Bei diesem Picknick wandte sich Igor Jewgenjewitsch mit der Bitte an Malyschew, seine Mission im Objekt als beendet zu betrachten und ihn nach Moskau zu entlassen. Malyschew war einverstanden. Igor Jewgenjewitsch kehrte ins FIAN, in die von ihm geschaffene theoretische Abteilung, zurück. In den folgenden Jahren führten er selbst und seine Mitarbeiter wichtige Arbeiten durch, von denen ich zum Teil schon berichtet habe. Gerade damals wies Tamm darauf hin, daß die Resonanzen als vollgültige Teilchen zu betrachten seien.

Ich übernahm die Leitung einer Abteilung im Objekt. Tamm kam später nur einige Male für kurze Zeit zu uns; meist sahen wir uns während meiner Besuche in Moskau, wobei die Themen des Objekts immer weniger Platz in unseren Gesprächen einnahmen. Der MTR interessierte ihn aber nach wie vor. Zum letztenmal kam Igor Jewgenjewitsch 1964 ins Objekt, zum Jubiläum J. B. Charitons. Er war noch genauso charmant, jedoch körperlich sehr geschwächt. Bei ihm machten sich die ersten Anzeichen jener Krankheit bemerkbar, an der er sieben Jahre später starb.

Die bei dem Versuch erworbene Erfahrung eröffnete (uns allen) nicht nur einen Weg zu weiteren Waffenentwicklungen, sondern zwang mich, mir die menschlichen und moralischen Probleme der Sache, mit der wir uns beschäftigten, tiefer und schärfer bewußt zu machen. Das war freilich erst der Anfang. Doch die weiteren Anstöße ließen nicht lange auf sich warten, und das Nachdenken über diese Themen ließ mich nicht mehr los.

Im Oktober fanden die Wahlen zur Akademie der Wissenschaften statt. Schon im Frühjahr hatte ich, auf Kurtschatows Anweisung hin, die Unterlagen für die Kandidatur als korrespondierendes Mitglied eingereicht. (Das ist die übliche Reihenfolge: Zuerst werden Gelehrte zu korrespondierenden Mitgliedern gewählt, und später wird ein Teil von ihnen Akademiemitglied.) Doch im Herbst, nach dem Versuch, änderte Kurtschatow seinen Plan, und ich kandidierte gleich für die Wahl zum Akademiemitglied.

Die Kandidaten für die Akademie müssen den akademischen Grad eines Doktors der Wissenschaften besitzen. Im Sommer wurde der Wissenschaftliche Rat zu einer dringlichen Sitzung einberufen, bei der mir auf Grund eines Referats der Doktorgrad zuerkannt wurde (Kolja Dmitrijew erhielt den Kandidatengrad). Tanja, meine achtjährige Tochter, freute sich sehr, daß ich Doktor geworden war; sie dachte, daß ich nun Kinder behandeln könne, und war betrübt, als sie begriff, daß ich eigentlich kein »richtiger« Doktor war.

Nachdem man mich in der Abteilung gewählt hatte, rief Kurtschatow mich – es war spät abends – zu Hause an und sagte: »Eben haben die hochbetagten Akademiemitglieder einmütig für Ihre Wahl gestimmt. Ich gratuliere. Ruhen Sie sich aus.« (Das war sein Lieblingsspruch.)

Übrigens kam es später kein einziges Mal vor, daß jemand einstimmig zum Akademiemitglied gewählt worden wäre. Am 23. Oktober wurden alle in der Abteilung Gewählten von der Vollversammlung bestätigt. Formal galt ich von diesem Tag an als Akademiemitglied. Doch bereits kurz vor der Vollversammlung hatte ich zum erstenmal an der Versammlung der Abteilung teilgenommen und viele bekannte Physiker und Mathematiker gesehen, die ich bis dahin nur vom Hörensagen oder von ihren Arbeiten her kannte und hoch verehrte. Damals hatte ich auch zum erstenmal Gelegenheit, die »Akademie-Wahlküche« und die Leidenschaften, die dort entbrennen, zu beobachten.

Gleichzeitig wurden aus unserem Kreis I. J. Tamm, J. B. Chariton, N. N. Bogoljubow, I. K. Kikoin, A. P. Alexandrow[26] (der spätere Präsident), L. A. Arzimowitsch und andere Wissenschaftler zu Akademiemitgliedern gewählt. Leider galt dies nicht für Jakow Borissowitsch Seldowitsch. Das war äußerst ungerecht, betrübte mich und brachte mich in eine unangenehme Lage.

Im November fuhren Chariton und Seldowitsch gleichzeitig in Urlaub. Einige Tage später ließ mich Malyschew zu sich kommen und bat mich, ihm einen schriftlichen Bericht darüber vorzulegen, wie ich mir das Produkt der nächsten Generation, seine Wirkungsweise und seine ungefähren Kenndaten vorstellte. Natürlich hätte ich mich mit dem Hinweis weigern sollen, daß solche Dinge nicht aus dem Stand und von einem einzigen Menschen gemacht werden könnten, daß es nötig sei, sich zu orientieren und nachzudenken. Doch ich hatte eine bestimmte Idee, die nicht sonderlich originell und gelungen war, die mir aber zu diesem Zeitpunkt vielversprechend erschien. Um Rat fragen konnte ich niemanden. Ich schrieb den von mir verlangten Bericht, wohl noch im Gebäude des Ministeriums, und gab ihn Malyschew. Folgende Faktoren spielten dabei eine Rolle: mein Selbstvertrauen, das nach der Erprobung den Höhepunkt erreicht hatte; ein gewisses »Schwindelgefühl« (das schnell vergehen sollte); das Vertrauen Malyschews in mich und mein Talent. Dieses Vertrauen hatten ihm Kurtschatow, Keldysch und viele andere eingegeben und es war durch die erfolgreiche Erprobung sowie meine damalige Verhaltensweise – äußerlich bescheiden, in Wahrheit aber das genaue Gegenteil – verstärkt worden.

Zwei Wochen später wurde ich zu einer Sitzung des ZK-Präsidiums der KPdSU eingeladen (1952 war das Politbüro des ZK umbenannt worden, 1966 wurde wieder der alte Name eingeführt).

Den Vorsitz führte Malenkow. Zuvor hatte mir Malyschew gesagt: »Sie brauchen sich nicht aufzuregen. Bei Georgij Maximilianowitsch ist es überhaupt nicht so wie früher. Er behandelt die Leute gut und respektiert sie.«

Malenkow leitete die Sitzung wirklich sehr ruhig, gelassen und unterbrach die Referenten kein einziges Mal. Er war von stämmiger Gestalt, hatte ein rundes Gesicht und trug eine graue Jacke. Er saß an der Stirnseite des Tisches und schwieg fast die ganze Zeit über. Bei den Sitzungen unter Stalin soll er im Stehen präsidiert haben.

Den Hauptvortrag hielt Malyschew, mir blieben nur einige Erläuterungen. Ich versuchte, mich ganz vorsichtig auszudrücken, mit möglichst vielen Vorbehalten. Doch man nahm mich in dieser Hinsicht nicht ernst, da man wohl der Ansicht war, ich wolle mich absichern, um so mehr, als Malyschew schon alle gefährlichen Versprechungen abgegeben hatte. Der einzige, der mir konkrete Fragen stellte, war Molotow. Mich überraschte sein Äußeres, das seinen Porträts so wenig ähnelte: sein pergamentgelbes Gesicht, der Ausdruck einer ständigen Gespanntheit, als ob ihm in jedem Moment eine tödliche Falle drohte. Nur mit Mühe erkannte ich Kaganowitsch[27], nachdem ich ihn im Geiste mit seinen früher überall aushängenden Porträts verglichen hatte. Er hüllte sich in Schweigen, sagte kein einziges Wort. Die übrigen Mitglieder des Präsidiums habe ich mir nicht eingeprägt.

Das Ergebnis der Präsidiumssitzung – also der Teilsitzung, an der ich, und der anderen Teilsitzung, an der eingeladene Raketenfachleute teilgenommen hatten – waren zwei Beschlüsse, die bald darauf vom Ministerrat und vom ZK der KPdSU verabschiedet wurden. Einer davon verpflichtete unser Ministerium 1954 und 1955 jenes Produkt zu entwickeln und zu erproben, das ich so unvorsichtig angekündigt hatte.

Der andere Beschluß verpflichtete die Raketenbauer, *für unsere Sprengladung* eine interkontinentale ballistische Rakete zu entwickeln. Wesentlich war, daß man beim Gewicht der Sprengladung und folglich auch bei den Abmessungen der Rakete von meinem schriftlichen Bericht ausging. Das legte die Arbeit des gesamten gewaltigen Konstruktions- und Produktionsbetriebs auf Jahre hinaus fest. Diese Rakete war es, die den ersten künstlichen Erdtrabanten, den Sputnik, im Jahre 1957 und das Raumschiff mit Jurij Gagarin an Bord im Jahre 1961 auf eine Umlaufbahn brachte. Jene Sprengladung, für welche dies alles gedacht war, »verflüchtigte« sich jedoch viel früher, und an ihrer Stelle erschien etwas ganz anderes . . . Darüber mehr in den folgenden Kapiteln.

In den ersten Novembertagen wurde ich ernstlich krank. Ich weiß immer noch nicht, was für eine Krankheit es war. Anfänglich diagnostizierten die Ärzte der Akademie »Mumps« und wiesen mich in die Infektionsabteilung des Kremlkrankenhauses ein. Doch es war nicht »Mumps«, eher eine schwere Angina mit 41,3 Grad Fieber, mit Wahnvorstellungen, äußerst starkem Nasenbluten und Veränderungen des Blutbildes. Als die Temperatur gesunken war, »flüchtete« ich aus dem Krankenhaus, ungeachtet der schlechten Analyseergebnisse. Nach einigen Monaten wiederholte sich die Krankheit, diesmal in abgeschwächter Form. Vielleicht war dies eine Folge der Überexponierung bei dem unvorsichtigen Spaziergang auf dem Versuchsfeld, den ich zusammen mit Malyschew unternommen hatte. Ich weiß es nicht.

Ende 1953 verabschiedete das Präsidium des Obersten Sowjets der UdSSR einen Erlaß über die Verleihung des Ehrentitels »Held der Sozialistischen Arbeit« an I. J. Tamm und mich; der Ministerrat verkündete einen entsprechenden Beschluß über die Zuerkennung des Stalinpreises an uns beide in Höhe von jeweils 500000 Rubeln (nach dem alten Kurs, versteht sich). Das war eine riesige Summe, erheblich höher als üblich. Später wurden die Stalinpreise in Staatspreise umbenannt. Über meinen unerwarteten Reichtum verfügte ich schlecht, wie ich noch ausführen werde. Damals wurde auch der Beschluß gefaßt, für jeden von uns eine Datscha in der bei Moskau gelegenen Siedlung Shukowka zu bauen. Davon erfuhr ich viel später. Gleichzeitig mit uns wurden viele andere Mitarbeiter des Objekts und anderer Organisationen des MSM, Angehörige des Ministeriums und der Hauptverwaltung sowie hinzugezogener Organisationen ausgezeichnet. Kurtschatow, Chariton, Seldowitsch und Charitons Stellvertreter erhielten zum zweitenmal den Titel »Held der Sozialistischen Arbeit«.

Die Träger der Medaille »Held der Sozialistischen Arbeit« und andere Ausgezeichnete wurden etwa im Februar zu einer Sitzung des Präsidiums des Obersten Sowjets in den Kreml geladen. Der Präsidiumsvorsitzende, Marschall K. J. Woroschilow, händigte die Auszeichnungen aus. Zu jener Zeit war Woroschilow ein schon älterer, nicht sehr großer, etwas magerer Mann, doch offensichtlich noch kräftig. Als die Reihe an mich kam, erklärte er: »Man hat mir gesagt, daß sich Sacharow besonders hervorgetan hat. Komm, laß dich küssen.«

Woroschilow umarmte und küßte mich, und einer seiner Helfer heftete mir den »Stern« an.

XI. Die »dritte Idee«

Schon in den ersten Monaten des neuen Jahres 1954 wurde uns, den Theoretikern des Objekts, klar, daß meine Vorschläge, welche die Grundlage des Berichts bildeten, nichts Gutes verhießen. Ursprünglich hatte ich besondere Hoffnungen auf einige »exotische« – nennen wir sie einmal so – Besonderheiten der vorgeschlagenen Konstruktion gesetzt. Doch die ersten Berechnungen zeigten, daß diese Besonderheiten sogar bei zu hoch angesetzten Maßnahmen die Stärke des »Produkts« nur unwesentlich erhöhten. Zudem waren sie von der Konstruktion her äußerst unbequem und schränkten die Möglichkeiten, diesen Typ einzusetzen, sehr ein. Wir beschlossen, die »exotischen« Besonderheiten allesamt fallenzulassen. Nach dieser Operation stand fest, daß das Produkt wenig versprach! Die Berechnungen einiger Varianten, die in Moskau in unserem Auftrag durchgeführt wurden, brachten jedesmal ähnliche Resultate und – im Vergleich zu den gewünschten – niedrigere Stärkewerte.

Inzwischen hatten wir eine prinzipiell neue Idee, nennen wir sie die »dritte Idee« (unter der »ersten« und der »zweiten Idee« sind die von mir und Ginsburg 1948 vorgebrachten zu verstehen). In einer bestimmten Form, es war eher ein Wunschtraum, war die »dritte Idee« schon früher diskutiert worden, doch 1954 verwandelten sich die Träume in eine reale Möglichkeit.

Offenbar kamen mehrere Mitarbeiter unserer theoretischen Abteilungen gleichzeitig auf die »dritte Idee«. Ich war einer von ihnen. Vermutlich war ich mir schon in einem frühen Stadium über die wesentlichen physikalischen und mathematischen Aspekte der »dritten Idee« im klaren. Deshalb und dank meiner Autorität war die Rolle, die ich bei der Annahme und Verwirklichung der »dritten Idee« spielte, möglicherweise mitentscheidend. Doch zweifellos hatten auch Seldowitsch, Trutnew und einige andere, welche die Perspektiven und die Schwierigkeiten der »dritten Idee« nicht weniger gut als ich verstanden und erahnten, sehr großen Einfluß. Überhaupt hatten wir, zumindest ich, keine Zeit, über Prioritätsfragen nachzudenken, um so weniger, als es sich um »ungelegte Eier«

gehandelt hätte, und hinterher ist es unmöglich, alle Details der Diskussionen zu rekapitulieren, ja, ist es überhaupt nötig?

Wie dem auch sei, ab Frühjahr 1954 nahm die »dritte Idee« den wichtigsten Platz in der Arbeit der theoretischen Abteilungen ein, die Seldowitsch und ich (nach der Abreise Tamms) leiteten. Die Arbeiten am »klassischen« Produkt wurden mit weit geringerem Kräfteaufwand und vor allem mit weit geringerem geistigen Aufwand durchgeführt. Wir waren überzeugt, daß diese Strategie letzten Endes gerechtfertigt sein würde, obwohl uns klar war, daß wir uns auf ein Gebiet voller Gefahren und Überraschungen begaben. Die Arbeiten am »klassischen« Produkt mit ganzer Energie fortzuführen und gleichzeitig in der neuen Richtung schnell voranzukommen war unmöglich, denn unsere Kapazitäten waren begrenzt, und wir sahen zudem in der alten Richtung keine »Angriffspunkte«. Bald darauf trat auch auf den anderen Sektoren, zum Beispiel bei den Konstrukteuren und Gasdynamikern, eine Wende ein.

In dieser Zeit führte besonders Feoktistowa – ich habe sie im Zusammenhang mit dem MK erwähnt – in unserem Auftrag mit ihren Kollegen eine wichtige Arbeit aus.

Julij Borissowitsch Chariton, der den Theoretikern vertraute und selbst fest von der neuen Richtung überzeugt war, nahm große Verantwortung auf sich, als er die Umorientierung der Tätigkeit im Objekt sowie der Rechenarbeiten, die in seinem Auftrag in Moskau ausgeführt wurden, sanktionierte. Auch Kurtschatow war über die Ereignisse auf dem laufenden.

Bald begriff man im Ministerium, was vor sich ging. Formal war das, was wir taten, ein krasser Fall von Eigenmächtigkeit. Denn der Erlaß der Regierung verpflichtete uns, das »klassische« Produkt herzustellen und nichts anderes. Malyschew traf im Objekt ein. Er befand sich in einer besonders schwierigen Lage, denn er war ja auf Grund meines Berichts der Initiator des Erlasses und der Hauptverantwortliche für dessen Durchführung wie auch für den Raketenerlaß.

Gleich nach seiner Ankunft – er war kaum dem Flugzeug entstiegen – berief Malyschew den Wissenschaftlichen Rat des Objekts ein und verlangte, über den Verlauf der Arbeiten am »klassischen« Produkt unterrichtet zu werden. Er erklärte sofort, daß wir natürlich das Recht hätten, »Erkundungsarbeiten« durchzuführen, auch wenn sie noch so phantastisch anmuteten, allerdings ohne irgendeinen Nachteil für das »klassische« Produkt; dabei erwähnte er das Sprichwort von »dem Spatz in der Hand und der Taube auf dem Dach«. Am Anfang rechnete er mit meiner Unterstützung, da er mich und auch sich selbst für die Verantwortlichen des Erlasses hielt, doch ich rechtfertigte seine Hoffnungen nicht und äußerte mich wie Seldowitsch und Chariton: daß nämlich nur die »dritte Idee« zukunftsträchtig sei; sie schließe ein großes Risiko ein, doch wir seien verpflichtet, vor allem ihre Möglichkeiten zu klären; für das »klassische« Produkt dagegen dürfe nicht viel Mühe aufgewendet werden, es sei als Ersatzvariante zu betrachten. Malyschew konnte uns nicht zustimmen. Er hielt eine leidenschaftliche Rede, die man als brillant bezeichnen könnte, wenn wir nicht in der Sache recht gehabt hätten. Dabei verlor Malyschew immer mehr die Selbstbeherrschung, begann zu schreien, daß wir Abenteurer seien, mit dem Schicksal des Landes spielten usw. Seine Rede war lang, über eine Stunde, und völlig erfolglos. Wir alle blieben bei unserer Meinung. Er konnte und wollte uns die Arbeiten an der »dritten Idee« nicht vollständig verbieten, und welche Anteilnahme – vielmehr welcher Nicht-Anteilnahme – wir dem »klassischen« Produkt gegenüber zeigten, lag außerhalb seiner Kontrollmöglichkeiten. Später wiederholten sich ähnliche Sitzungen, die sich über einen halben Tag hinzogen, noch mehrmals, doch wurden sie immer unbefriedigender und ermüdender.

Kurtschatow stellte sich entschieden auf unsere Seite. Vor allem deshalb war Malyschew machtlos. Schließlich erreichte er, daß Kurtschatow wegen staatsschädigenden Verhaltens (die genaue Formulierung kenne ich nicht) einen strengen Parteiverweis erhielt, der erst ein Jahr später, nach der Entlassung Malyschews und der erfolgreichen Erprobung der »dritten Idee«, getilgt wurde.

Ich möchte betonen, daß Malyschew keineswegs ein für das Neue unempfänglicher »Konservativer« war. Im Gegenteil, in einer großen Zahl von Fällen trat er aktiv und klug dafür ein. Insbesondere die Priorität der Raketentechnik ist in erheblichem Maße ihm gutzuschreiben. Er war auch durchaus in der Lage, den Vorteil der »dritten Idee« zu begreifen, doch im gegebenen Fall waren ihm die Hände, nicht ohne meine Beihilfe, gebunden.

Wahrscheinlich wäre der Konflikt letztlich gelöst worden; Malyschew hätte einen Weg gefunden, sich unserem Lager anzuschließen, jedenfalls nach der Erprobung der »dritten Idee«. Doch Anfang 1955 kam es zu Verschiebungen auf höchster Führungsebene. Malenkow wurde seines Postens als Vorsitzender des Ministerrats enthoben und durch Bulganin[1] ersetzt. Der Sturz Malenkows zog automatisch den Malyschews nach sich, der ein Mann aus seiner »Umgebung« war. Zum

Nachfolger Malyschews wurde Sawenjagin ernannt, der all seine Posten übernahm.

Ein Jahr später starb Wjatscheslaw Alexandrowitsch Malyschew an akuter Leukämie. Wie bei meiner Krankheit kann man natürlich nicht mit Sicherheit sagen, daß die Ursache unser »Spaziergang« im Jahre 1953 war, doch wer weiß? Viele Jahre später erzählte mir die Tochter Malyschews bei einer zufälligen Begegnung, daß die Entlassung ein furchtbarer Schlag für ihren Vater, einen noch nicht alten, energischen und ehrgeizigen Mann, gewesen sei.

Ich war bei der Sitzung des Präsidiums zugegen, in der man auf Grund des Berichts von Sawenjagin den Beschluß faßte, im Herbst 1955 die Erprobung des Versuchsprodukts durchzuführen, um das Prinzip der »dritten Idee« zu prüfen. Das »klassische« Produkt sollte gleichfalls aufs Versuchsgelände geschickt, jedoch nur bei einem Mißerfolg der »dritten Idee« als Reserveprodukt getestet werden.

Der formale Grund für die Entlassung Malyschews war die angeblich unzureichende Beachtung, die er der Organisation des »zweiten Objekts«, einer unserem Objekt entsprechenden Einrichtung mit den gleichen Hauptaufgaben, gewidmet hatte. Die Leitung ging davon aus, daß die Existenz von zwei Organisationen und die Konkurrenz zwischen ihnen zur Entstehung neuer Ideen, zur Berufung neuer Leiter und überhaupt zur Ausdehnung der Forschungsfront führen würde. Im Gegensatz dazu schien Malyschew die Einrichtung eines zweiten Objekts für eine Zersplitterung der Kräfte zu halten. Natürlich machte sich Sawenjagin sofort energisch an die Organisation des zweiten Objekts. Außerdem fuhren Sababachin, Syssin, Romanow und Feoktistowa dorthin.

Die komplizierten Beziehungen zwischen uns und dem zweiten Objekt bestimmten in vieler Hinsicht unseren »Alltag« in den folgenden Jahren. Das Ministerium protegierte ganz offen, besonders unter den Nachfolgern Sawenjagins, das zweite Objekt. Wahrscheinlich war dort die jüdische Schicht in der Leitung bei weitem dünner (bei uns waren es Chariton, Seldowitsch, Altschuler und Zuckerman, über den ich noch schreiben werde, und viele andere). Die Mitarbeiter des Ministeriums nannten das zweite Objekt intern »Ägypten« und wollten damit ausdrücken, daß unser Objekt »Israel« sei; unsere Kantine für die wissenschaftlichen Mitarbeiter und die Chefs (das »Generalskasino«) bezeichneten sie als Synagoge.

Die Beschlüsse über den Zeitpunkt der Erprobung beschleunigten die Arbeit an der »dritten Idee«, die ohnehin sehr angespannt war, noch weiter. Es ergab sich, daß ich vieles auf mich nehmen mußte. Ich arbeitete, ohne die endgültigen Berechnungen abzuwarten und ohne endgültige Klarheit zu haben, technische Aufgaben aus, erläuterte den Konstrukteuren das, was mir besonders wichtig schien, gab die schriftliche »Erlaubnis« für die vernünftige Herabstufung der anfänglich viel zu harten technischen Anforderungen. Überhaupt übernahm ich viel Verantwortung, wobei ich mich nicht nur auf Berechnungen, sondern auch auf meine Intuition verließ. Ich war oft bei den Konstrukteuren, stellte zu ihnen enge, unmittelbare berufliche Kontakte her und schätzte ihre schwierige, detaillierte und spezifische Kenntnisse und Talente erfordernde Arbeit.

Natürlich waren alle Theoretiker, auch ich, viel mit Berechnungen beschäftigt. Noch in einem frühen Stadium der Arbeit gelang es mir, einige angenäherte Beschreibungen der wesentlichen Prozesse, die für die »dritte Idee« spezifisch waren, zu finden. Der mathematischen Form nach waren es sogenannte ähnliche Lösungen partieller Differentialgleichungen. Eine geschlossene mathematische Form verlieh ihnen Kolja Dmitrijew. Ich erinnere mich noch heute daran, daß Seldowitsch anfangs nicht an die Richtigkeit meiner Berechnungen glaubte, was sich erst nach Koljas Arbeit änderte. Ihm unterlaufen nur selten Fehler; er ist ein sehr scharfsinniger Mann.

Doch selbstverständlich reichte für die Berechnung des »Produkts«, das auf der »dritten Idee« beruhte, eine Analyse der einzelnen Prozesse auf Grund vereinfachter Annahmen nicht aus; man benötigte neue Verfahren für die komplizierten numerischen Kalkulationen, die für den Einsatz von Elektronenrechnern geeignet sein mußten. Solche Verfahren wurden von den Mathematikern des Objekts und von speziellen Mathematikergruppen in Moskau ausgearbeitet. Besonders wichtig war die Gruppe, die das korrespondierende Mitglied der Akademie der Wissenschaften, Israil Moissejewitsch Gelfand, leitete. Ich hatte viel mit ihm und seinen Kollegen zu tun, da ich mit ihnen die Aufgaben für die Ausarbeitung der Hauptprogramme zusammenstellte. Es war eine sehr gute, wenn auch nicht immer einfache Kooperation. Manchmal fuhr Israil Moissejewitsch aus der Haut, schrie seine Mitarbeiter und, das kam vor, auch mich an. Nach einem solchen Ausbruch lief er schweigend einige Minuten im Zimmer auf und ab und zerzauste sich dabei das Haar. Sobald er sich beruhigt hatte, setzte er die Arbeit fort und entschuldigte sich manchmal sogar für den Ausfall. In Wirklichkeit hatten ihn seine Mitarbeiter gern, wie es mir schien, und er war wie ein Vater zu ihnen. Gelfand ist ein großer

Mathematiker, der auf wichtigen Gebieten der modernen Mathematik viel geleistet hat. Seine akademische Laufbahn blieb allerdings bei der »korrespondierenden Mitgliedschaft« stecken. Akademiemitglied wurde er nicht, hauptsächlich wegen der spezifischen Bedingungen in der Mathematischen Abteilung der Akademie, und teilweise deswegen, weil er in den sechziger Jahren einen Brief zur Verteidigung des Mathematikers A. S. Jessenin-Wolpin unterzeichnet hatte – doch dazu später. (Ergänzung 1987: Vor ein paar Jahren wurde diese Ungerechtigkeit behoben und man machte Gelfand zum Akademiemitglied.)

Im Frühjahr oder Sommer 1955 kamen wir zu dem Schluß, daß es zweckmäßig sei, für das »Produkt«, das auf der »dritten Idee« beruhte, eine bestimmte neue Materialart zu verwenden. Gewöhnlich nimmt die Organisation jedes neuen Produktionsverfahrens viel Zeit in Anspruch. Ich beschloß, mich mit der Bitte um Unterstützung an den neuen Objektleiter B. G. Musrukow zu wenden, der A. S. Alexandrow auf diesem Posten abgelöst hatte. Alexandrow war, wie es hieß, wegen einer Liebesaffäre mit einer Botschaftsmitarbeiterin, einer angeblichen Spionin, abgelöst worden. In Wirklichkeit war die Frau eine Doppelagentin, die hauptsächlich für das KGB arbeitete, was Alexandrow wußte. Wahrscheinlich war die Ablösung Alexandrows einfach der letzte Akt des Konfliktes zwischen ihm und dem früheren Objektleiter, dem jetzigen Leiter der Hauptverwaltung. Chariton versuchte, Alexandrow zu retten; einige führende Mitarbeiter des Objekts, darunter auch ich, unterschrieben einen entsprechenden Brief, doch alles war umsonst.

Musrukow war eine sehr schillernde Persönlichkeit, einer der größten Wirtschaftsorganisatoren, denen ich begegnet bin. Seine Karriere hatte, wie bei Sawenjagin, anscheinend im Magnitogorsker Hüttenkombinat begonnen. Während des Krieges wurde er dann Direktor des »Uralmasch« (Ural-Schwermaschinenbaubetrieb), der damals ein Konglomerat aus den Swerdlowsker und den evakuierten Betrieben war und einen bedeutenden Teil der Panzer und anderer militärischer Güter für das ganze Land lieferte. Die Lebens- und die Arbeitsbedingungen der hungernden Evakuierten und der Jugendlichen waren furchtbar. Viele von ihnen starben, und an die Häftlinge dachte überhaupt niemand. Diese Arbeit erforderte von den Leitern größte Opferbereitschaft sowie gewaltiges organisatorisches und technisches Können. Musrukow verlor einen Lungenflügel und beendete den Krieg mit dem ersten Stern eines »Helden der Sozialistischen Arbeit«. Dann war er Leiter des Betriebskombinats des MSM – ebenfalls keine leichte Aufgabe –, und 1953 kam er schließlich zu uns ins Objekt – in dem Jahr, das wohl das dramatischste seiner Geschichte war.

Musrukow empfing mich in seinem Arbeitszimmer. In den ersten Minuten verhielt er sich betont offiziell. Doch während ich sprach, änderte sich Boris Glebowitschs Miene: die kalte, fast hochmütige Maske wurde von einem Ausdruck beinahe kindlichen Eifers abgelöst. Er holte einen Notizblock aus seinem Safe und bat mich, kurz die Begründung für meine Forderungen und die ungefähren technischen Bedingungen niederzuschreiben. Ich brachte auf der Stelle einige Seiten zu Papier, er las sie, griff ohne ein Wort zum Trägerfrequenztelefon und wählte eine Nummer. Er redete den Direktor eines weit von uns entfernt liegenden Betriebs mit Namen und Vatersnamen und per Du an, bat ihn, eine Produktionsstraße für die Ausführung eines Auftrags vorzubereiten, und erklärte ihm gleich das Wesentliche seiner Aufgabe. Auf die Frage seines Gesprächspartners nach dem Plan antwortete er: »Versuch's zu schaffen. Schaffst du's nicht, dann helfen wir dir aus. In jedem Fall wird die neue Produktion auf den Plan angerechnet.«

Ich dankte Musrukow. Das Problem war gelöst.

Genauso pragmatisch wurden damals auch andere Fragen bei der Vorbereitung der Versuche bewältigt.

Vor einer der Präsidiumssitzungen, an denen ich im Jahre 1955 teilnehmen durfte, wurde ich Zeuge einer bemerkenswerten Äußerung. Ich berichte hier davon, obwohl sie nichts mit dem Thema dieses Kapitels zu tun hat. Man ließ uns, die Mitarbeiter des Objekts und des Ministeriums, die zur Sitzung des Präsidiums eingeladen worden waren, lange nicht in den Sitzungssaal. Dann kam Gorkin[2] heraus (jedenfalls glaube ich, daß er es war) und sagte: »Man bittet Sie, die Verzögerung zu entschuldigen. Die Beratung über den Bericht Schepilows[3], der gerade von einer Reise nach Ägypten zurückgekehrt ist, wird gleich zu Ende sein. Die Sache ist äußerst wichtig. Man diskutiert eine entscheidende Änderung der Prinzipien unserer Politik im Nahen Osten. Ab sofort werden wir die arabischen Nationalisten unterstützen. Unser Fernziel ist die Zerstörung der arabischen Beziehungen zu Europa und den USA und die Herbeiführung einer Ölkrise. All dies wird Schwierigkeiten in Europa verursachen und es von uns abhängig machen.«

Bei der Wiedergabe dieser Worte nach einem Vierteljahrhundert können einzelne Ausdrücke ungenau sein. Doch für die allgemeine Richtigkeit dessen, was ich, der ich damals noch »eingeweiht« war, zu hören bekam, kann ich mich verbürgen.

Mir scheint, daß diese Erklärung ein sehr wichtiges Zeugnis für die tiefreichenden »Öl-Ursachen« der Ereignisse im Nahen Osten seit jener Zeit und bis in unsere Tage ist. Ich habe schon mehrmals über diese Erklärung Gorkins (oder eines anderen hochgestellten Beamten) geschrieben, doch die Kommentatoren haben dem wenig Beachtung geschenkt. Heute, da in Europa über die Kernenergiewirtschaft und über den Bau der Erdgasleitung debattiert wird, möchte ich dies noch einmal in Erinnerung bringen.

XII. Der Versuch des Jahres 1955

Anfang Oktober wurden das Produkt der »dritten Idee«, das zur Absicherung bestimmte »klassische« Produkt und noch eines, das auch für die Erprobungen vorgesehen war, montiert, in einen Transportzug geladen und gen Osten verschickt. Mitte Oktober machte ich mich wieder mit dem Zug zu den Erprobungen auf den Weg, diesmal mit den »Sekretären«, die mir seit Sommer 1954 zur Seite gestellt waren. Außer ihnen fuhren im Waggon noch zwei ständige Zugbegleiter mit (es war Charitons Waggon). Wie ich bereits erwähnt habe, waren die »Sekretäre« in Wirklichkeit Offiziere des Personenschutzes aus einer Sonderabteilung des KGB. Ihre Aufgabe bestand darin, mein Leben zu schützen sowie unerwünschte Kontakte zu verhindern (letzteres wurde nicht verheimlicht). Meine »Sekretäre« wohnten sowohl im Objekt als auch in Moskau in einem Nachbarhaus. Wenn ich nach draußen ging, war ich verpflichtet, sie durch Druck auf einen Spezialknopf herbeizurufen; dies sollte ich auch im Falle von Gefahr tun. Einer der »Sekretäre«, ein KGB-Oberst, hatte seinerzeit bei den Grenztruppen und später bei der Leibwache Stalins gedient. Im Jahre 1941 bereitete er die Häuser vor, in denen Stalin und sein Apparat während der beabsichtigten Evakuierung in Gorkij wohnen sollten. Später arbeitete er, wie er zu sagen pflegte, »bei den Verhaftungen« im Baltikum, was damals gefährlich war. Er war sehr taktvoll, unaufdringlich und zuvorkommend. Zu jener Zeit dachte er wohl schon daran, in Pension zu gehen. Der zweite, ein Leutnant, war sehr eifrig und beflissen. Ab und zu versuchte er ohne großen Erfolg, mich politisch zu belehren, war Fernstudent an einer juristischen Fakultät. In den Taschen trugen die »Sekretäre« Pistolen vom Typ Makarow, zeigten sie mir jedoch erst auf meine Bitte hin. Sie konnten schießen, ohne die Pistolen aus der Tasche zu nehmen, wie sie mir einmal erzählten. Beide waren verheiratet. Ihre Frauen lebten ständig im Objekt. Klawa und ich begegneten ihnen manchmal im Kino. Oft begleiteten sie ihre Männer zum Bahnhof, wenn ich nach Moskau fuhr; der Oberst hatte eine Tochter. Klawa war durch die ständige Anwesenheit der »Sekretäre« nervlich strapaziert. Ich sah das gelassener. Die »Sekretäre« waren von Sommer 1954 bis November 1957 bei mir. Sie wurden gleichzeitig bei mir und Seldowitsch abgezogen Seldowitsch hatte Chariton um ein entsprechendes Gesuch bei Suslow[1] gebeten, da er sich durch sie sehr belästigt fühlte. Kurtschatow und Chariton behielten ihre »Sekretäre«.

Wir fuhren vom Jaroslawer Bahnhof ab. Unser Waggon wurde an den Moskau-Peking-Expreß angehängt. Auf dem Bahnsteig hatten sich sehr viele Mitarbeiter des KGB in Uniform und in Zivil eingefunden. Die »Sekretäre« machten mich mit ihrem Vorgesetzten, dem Leiter der Abteilung Personenschutz, bekannt. Wir stiegen in den Waggon, das Radio begann »Moskau – Peking, Moskau – Peking« zu spielen (ein Lied über die sowjetisch-chinesische Freundschaft mit dem Refrain »Stalin und Mao Tse-tung, Stalin und Mao Tse-tung«), und der Zug setzte sich nach Osten in Bewegung.

Auf dem Versuchsgelände gab es wieder eine Überraschung, wenn auch keine so dramatische wie zwei Jahre zuvor. Der »böse Geist« Gawrilow war seinem Spitznamen gerecht geworden und hatte wieder ein Problem ausfindig gemacht. Diesmal war die Erprobung in der Flugzeugvariante geplant. Das »Produkt« sollte als Fliegerbombe abgeworfen werden und in einer Höhe explodieren, in der sich keine radioaktive Spur bilden, die von der Erde aufgewirbelten Staubteilchen sich also nicht mit der radioaktiven Wolke vermischen konnten. In dieser Hinsicht gab es keine Probleme, doch Gawrilow hatte diesmal sein Augenmerk darauf gerichtet, daß die Wärmestrahlung, die bei einer mächtigen thermonuklearen Explosion entsteht, eine so starke Erwärmung der Außenhaut des Flugzeugs hervorrufen kann, daß es auseinanderfällt. Auch die Flugzeugfachleute hatten von diesem Problem gewußt und sogar einige Maßnahmen ergriffen: Das Flugzeug war mit einer blendendweißen, reflektierenden Farbe lackiert worden und trug nicht einmal die für die Luftwaffe traditionellen Sterne, da man befürchtete, an diesen Stellen könnten Löcher entstehen. Doch die von uns angenommene Stärke der Explosion kannten sie nicht, und deshalb waren ihre Maßnahmen nicht ausreichend. Die durch Wärmestrahlung verursachten Schäden hängen von der Entfernung zwischen dem Trägerflugzeug und dem »Produkt«, der Fliegerbombe, im Augenblick der Explosion ab. Die Entfernung war geringer als erforderlich, da die abgeworfene Fliegerbombe infolge der Trägheit in Flugrichtung der Maschine weiterschwebt und nur geringfügig durch den Luftwiderstand nach hinten abgetrieben wird. Man beschloß, das zu erprobende »Produkt« mit einem Fallschirm auszustatten (es gibt auch andere Möglichkeiten, das Problem zu lösen, doch darüber werde ich nichts sagen). Auf dem Versuchsgelände trafen Fachleute aus einem Fallschirm-Forschungsinstitut ein (so etwas gibt es also auch). Gemeinsam wählten wir einen passenden Lastenfallschirm aus.

In einer der Nächte auf dem Versuchsgelände konnte ich keinen Schlaf finden, deshalb berechnete ich mit dem Differenzverfahren die Flugbahn unserer Fliegerbombe beim Abwurf mit dem ausgewählten Fallschirm. Eine direkte Notwendigkeit, mich damit zu beschäftigen, gab es natürlich nicht, doch es war wie immer angenehm – gebrauchen wir dieses Wort –, das Ergebnis selbst ermittelt zu haben. In diesem Fall war es die Kalorienzahl pro Quadratzentimeter und die Erwärmung der Außenhaut des Flugzeugs.

In jenen Tagen fügte es sich, daß ich in der Kantine mit einem General der Luftwaffe an einem Tisch saß. Ich bat ihn, mir einen Flug mit dem Trägerflugzeug, von dem das »Produkt« am Versuchstag abgeworfen werden sollte, zu gestatten. Er erwiderte, das sei ausgeschlossen. Erstens sei es überhaupt jedem verboten, mit einem Militärflugzeug zu fliegen, der nicht zur Besatzung gehöre. Außerdem sei bei einem Gefechtsflug die Flugzeugkabine enthermetisiert, die Besatzung benutze Sauerstoffgeräte, und das würde mir sehr schwerfallen, da ich es nicht gewohnt sei.

Anfang November wurde der erste Versuch dieser Serie, der nichts mit der »dritten Idee« zu tun hatte, durchgeführt. Wie der »nebensächliche« Versuch im Jahre 1953 prägte er sich meiner Erinnerung nicht ein.

Das Städtchen, in dem wir uns einquartiert hatten, lag direkt am Ufer des Irtysch. Mitte November sah ich zum erstenmal in meinem Leben den herbstlichen Eisgang. Das ist bei den sibirischen Flüssen, die von Süden nach Norden fließen, die übliche Erscheinung, doch für mich, der ich das ganze Leben im europäischen Teil des Landes verbracht hatte, war es etwas Neues: ein gewaltiges, ungewöhnlich schönes und bezauberndes Schauspiel! Das dunkle, stürmische Wasser des Irtysch trug die hellblaumilchigen Eisschollen gen Norden mit sich fort, drehte sie im Kreise und ließ sie mit Getöse zusammenstoßen. Ich hätte am liebsten stundenlang zugeschaut, bis mir die Augen weh taten und mir schwindelte. Die Natur zeigte ihre elementare Macht, vor der alles von Menschenhand Geschaffene als nichtige Nachahmung erscheint.

Der Tag T (das heißt der Tag der Erprobung – so wurde er in den Dokumenten des Stabes bezeichnet) rückte näher. Am Tag T-2 fand die »Generalprobe« – GP hieß sie in dieser Sprache – statt. Vom Trägerflugzeug wurde ein Modell des »Produkts« mit dem gleichen Gewicht, den gleichen Umrissen und der gleichen Anordnung des Schwerpunkts abgeworfen. Die Auslösung der Automatik zum berechneten Moment und im berechneten Punkt wurde registriert; gleichzeitig prüfte man das Zusammenspiel der gesamten komplizierten Automatik auf dem Versuchsgelände und der dort aufgestellten zahlreichen Geräte, die für die Messung der Explosionsstärke und die Registrierung der ablaufenden Prozesse vorgesehen waren.

Der Versuch war für den 20. November geplant. Das Trägerflugzeug startete mit dem »Produkt« in der Bombenluke vom Flugplatz bei Semipalatinsk. Alle an der Erprobung Beteiligten hatten vorher ihre Plätze eingenommen. Doch eine Stunde vor der Erprobung änderte sich das Wetter, der Himmel überzog sich mit tiefliegenden Wolken. Der Bombenwurf auf ein optisches Ziel und, was als besonders wichtig galt, alle optischen Messungen der Explosionsstärke und der Explosionsprozesse wurden unmöglich. Die Versuchsleitung faßte den Beschluß, den Test zu verschieben. Dabei stellte sich die Frage, ob das Flugzeug mit dem thermonuklearen »Produkt« an Bord in unmittelbarer Nähe von Semipalatinsk landen könne. Seldowitsch und ich wurden in den Gefechtsstand gerufen, und wir gaben eine schriftliche Stellungnahme ab, daß bei einer Notlandung keine großen Unannehmlichkeiten zu erwarten seien. Die endgültige Entscheidung über die Landung mußte jedoch Kurtschatow treffen. Später pflegte er zu sagen: »Noch ein solcher Versuch wie 1953 und 1955, und ich lasse mich gleich pensionieren.«

Zu alledem kam hinzu, daß die Start- und Landebahn vereist war, während sich das Flugzeug in der Luft befunden hatte. Eine bei Semipalatinsk liegende Truppeneinheit wurde alarmiert, und die Soldaten machten die Bahn irgendwie eisfrei, so daß alles gutging.

Die Erprobung des »Produkts«, bei dem zum erstenmal die »dritte Idee« realisiert wurde, fand am 22. November 1955 statt. Die Sicht war an diesem Tag gut, doch es kam zu einer Inversionslage, das heißt, unten war die kältere und oben die wärmere Luft, was dazu führt, daß die Stoßwelle gegen die Erde »gedrückt« wird. Der meteorologische Dienst und die für die Voraussage der Explosionswirkung Zuständigen gaben jedoch ihr Einverständnis zur Durchführung des Versuchs.

Der Versuchsstab befand sich in einem Laborgebäude am Rande des kleinen Städtchens, in dem wir wohnten und arbeiteten. Die meisten Beobachter waren in der sogenannten »Hälfte« verteilt, der Hälfte der Entfernung vom Zentrum des Versuchsfelds bis zum Städtchen. Im Jahre

1953 hatte ich gleichfalls von dort aus die Erprobung beobachtet, doch diesmal riet man mir, Seldowitsch und noch einigen Mitarbeitern, die eventuell gebraucht wurden, uns für alle Fälle in der Nähe des Stabes aufzuhalten. Im Hof des Labors hatte man ein nicht sehr hohes Gerüst aufgestellt, auf dem wir unsere Plätze einnahmen. Gleich hinter dem Zaun, der das Labor umgab, begann die Steppe. Sie war von einer dünnen Schneeschicht bedeckt, aus der hier und da die trockenen Stengel des Steppengrases herausragten.

Eine Stunde vor dem Zeitpunkt der Explosion erblickte ich das Trägerflugzeug, wie es in geringer Höhe über die Stadt hinwegflog und dann eine Kehre machte. Die Maschine war offenbar eben erst gestartet und hatte noch nicht an Höhe gewonnen. Das blendendweiße Flugzeug mit den nach hinten abgeschrägten Flügeln und dem weit nach vorn ragenden Rumpf – die Verkörperung von Tempo und Kampfbereitschaft – machte einen unheilvollen Eindruck. Unwillkürlich dachte ich daran, daß Weiß bei vielen Völkern den Tod symbolisiert (ich hatte darüber gerade in einem vortrefflichen Buch von Propp[2] gelesen).

Es war eine Stunde quälenden Wartens. Dann hörten wir aus dem neben dem Gerüst aufgestellten Lautsprecher die Worte des Dispatchers, wie immer mit feierlicher, fast »Lewitanscher« Intonation[3]: »Achtung! Das Flugzeug befindet sich im Gefechtsanflug. Bis zum Abwurf sind es noch 5 Minuten. 4. 3. 2. 1. 0. Bombe abgeworfen! Fallschirm! 1 Minute! 30 Sekunden! 20, 10, 5, 4, 3, 2, 1, 0!«

Diesmal trug ich entsprechend der Versuchsbeschreibung des amerikanischen »Schwarzen Buchs« keine schwarze Brille, da man nach ihrem Absetzen wegen der Blendung überhaupt nichts mehr und mit Brille schlecht sieht. Statt dessen stellte ich mich mit dem Rücken zum Explosionsort auf und drehte mich schnell um, als die Gebäude und der Horizont vom Widerschein des Blitzes erleuchtet wurden. Ich sah einen sich rasch über dem Horizont ausdehnenden blendend-weißgelben Ball, für Sekundenbruchteile wurde er orangefarben, dann leuchtend-rot. Als er den Horizont erreichte, wurde er von unten her zusammengedrückt. Dann wurde alles von den aufsteigenden Staubwolken erfaßt, aus denen eine sich zusammenballende riesige, grauweiße Wolke emporzusteigen begann, deren gesamte Oberfläche im Feuerschein flammendrot aufleuchtete. Zwischen der Wolke und dem sich ballenden Staub bildete sich allmählich der Stiel des thermonuklearen Atompilzes. Er war noch dicker als beim ersten Versuch. Der Himmel wurde von den in mehrere Richtungen verlaufenden Stoßwellenlinien zerschnitten, aus denen sich milchweiße Flächen bildeten, welche die längliche Form von Kegeln annahmen – dadurch wurde das Bild des Pilzes auf merkwürdige Weise ergänzt. Davor hatte ich im Gesicht Wärme wie aus einem offenen Ofen verspürt, und dies bei Frostwetter, viele Dutzende von Kilometern vom Explosionsort. Dieses Schauspiel entfaltete sich in völliger Stille. Einige Minuten vergingen. Plötzlich wurde in der Ferne, auf dem vor uns bis zum Horizont reichenden Feld, die Spur der Stoßwelle sichtbar. Die Welle bewegte sich rasch auf uns zu, drückte die Halme des Steppengrases gegen die Erde. Ich befahl: »Runter!«, und sprang selbst vom Gerüst. Die meisten folgten meinem Beispiel, außer dem jüngeren der »Sekretäre«, der an diesem Tag Dienst hatte und sich offenbar schämte. Die Welle traf dröhnend auf unsere Ohren und versetzte uns einen Stoß, doch alle, außer dem »Sekretär« auf dem Gerüst, blieben auf den Beinen: Er fiel hin und erlitt Prellungen, die allerdings unbedeutend waren. Die Welle breitete sich weiter aus, und wir hörten Krachen, Gepolter und das Geklirr zerbrochener Scheiben. Seldowitsch kam auf mich zugelaufen und rief: »Es ist gutgegangen! Es ist gutgegangen! Alles hat geklappt!« Er umarmte mich.

Wir alle waren außer uns. Einige Minuten später kamen die Vorgesetzten aus dem Stabsgebäude: der militärische Versuchsleiter und Befehlshaber der Raketentruppen der UdSSR, Marschall M. I. Nedelin[4], Kurtschatow, Sawenjagin, der wissenschaftliche Leiter des Objekts, Chariton, die militärischen Chefs in der Verwaltung und der Partei, darunter auch Serbin, Chef der ZK-Abteilung für Verteidigung, und die Leiter der Versuchsdienste. Sawenjagin rieb sich mit der Hand eine gewaltige Beule auf seinem kahlen Kopf. Durch die Stoßwelle war die Decke im Stabsquartier geplatzt und der Verputz heruntergestürzt. Sawenjagin sah, wie alle, erregt und glücklich aus. Dies sollte der Höhepunkt seiner Karriere sein, denn er starb ungefähr anderthalb oder zwei Jahre später. Nachdem er sich von seiner Frau getrennt hatte, lebte er ganz allein. Als er einen Herzanfall erlitt, kam die Erste Hilfe zu spät – er war schon tot.

Dieser Versuch war der Abschluß langjähriger Anstrengungen und ein Triumph, der den Weg zur Entwicklung einer ganzen Palette von Produkten mit hohen, sehr unterschiedlichen Kenndaten eröffnete (wobei allerdings häufig unerwartete Schwierigkeiten auftreten sollten). Nach einigen Stunden stellte sich heraus, daß die Stoßwelle weit mehr Schaden angerichtet hatte, als nur die Decke im Stab zu beschädigen und eine Beule am Kopf des Ministers zu verursachen. In der »Hälfte« hatten unsere Leute vorschriftsmäßig auf der Erde gelegen, und niemand war zu Schaden gekommen. Allerdings verlor einer von ihnen die Beherrschung und versuchte, vor der Explosion fortzulaufen; er wurde gehörig zu Boden geschleudert. In seiner Nähe lag ein Zug Soldaten im Schützengraben. Der Graben war durch die Explosion zugeschüttet worden, und ein Soldat, ein junger Bursche im ersten Dienstjahr, war ums Leben gekommen. Ein anderes schlimmes Unglück ereignete sich in einer Siedlung außerhalb des Versuchsgeländes, wo es nach allen Berechnungen völlig ungefährlich hätte sein müssen. Die Bewohner hielten sich dort auf Befehl in einem wahrscheinlich etwas primitiven Bombenkeller auf. Als der Blitz den Himmel erleuchtete, nahmen alle an, daß man wieder nach oben steigen könne. Im Bombenkeller blieb nur ein zweijähriges Mädchen zurück, das mit Bauklötzen spielte. Die Stoßwelle brachte den Bombenkeller zum Einsturz und tötete das Mädchen. Ihre Mutter war, wie mir berichtet wurde, eine alleinstehende, unverheiratete Deutsche – eine von denen, die zu Beginn des Krieges gewaltsam nach Kasachstan umgesiedelt worden waren. In einer anderen Siedlung stürzte in einem Dorfkrankenhaus die Decke der Frauenstation ein. Einige Personen, ich glaube, es waren sechs, zogen sich ernsthafte Schäden zu; mehrere alte Frauen brachen sich die Wirbelsäule. Nach meiner Ankunft in Moskau rief ich den Stellvertretenden Minister für das Gesundheitswesen, Awkentij Ignatjewitsch Burnasjan[5], an und bat ihn, Maßnahmen zu ergreifen, um diesen Frauen spezielle Hilfe einschließlich einer Rente aus den Fonds des MSM zukommen zu lassen. Er sagte, daß er sich darum kümmern werde. Leider habe ich nicht überprüft, was tatsächlich getan wurde – vielleicht gar nichts.

Es gab auch weniger tragische Ereignise. In unserer Siedlung war eine Unmenge Glas zu Bruch gegangen. In Semipalatinsk, 150 Kilometer vom Explosionsort entfernt, fielen einige Fensterscheiben im Fleischkombinat in das fertige Hackfleisch. Ganz in der Nähe, in Ust-Kamenogorsk, wurden die Menschen von dem Ruß erschreckt, der aus den Öfen in die Häuser drang. Solche von Stoßwellen verursachten Phänomene kommen ziemlich häufig vor. Bei mehr Erfahrung hätten wir die Temperaturinversion als ausreichenden Grund für eine Verschiebung des Versuchs ansehen müssen. Die Geschwindigkeit der Stoßwelle steigt mit der Temperatur an. Wenn also die Temperatur mit wachsender Entfernung von der Erdoberfläche steigt, dann »schmiegt« sich die Stoßwelle gleichsam an die Erde an und schwächt sich mit größerer Entfernung weniger ab. Doch Voraussagen sind auf diesem Gebiet überhaupt schwierig. Ein Jahr vor dem Versuch von 1955 hatte eine weit schwächere Atomexplosion bei Armeemanövern ebenfalls tragische Folgen. Dort verlief die Stoßwelle unerwartet weit entlang eines *owrag*[6]. In einem Dorf, das am Ende dieser Schlucht lag, schmiegten sich die Kinder an die Fensterscheiben, als sie den hellen Blitz sahen, der den Himmel erleuchtete. Die Stoßwelle ließ die Fensterscheiben zerspringen und schädigte die Augen vieler Kinder. Andererseits riß die Stoßwelle den Generalen, die der Explosionsstelle bei weitem näher waren, nur die Schirmmützen vom Kopf, was Malyschew unbändig lachen ließ. Ich weiß nicht, wie Verteidigungsminister Shukow reagierte, da ich mich nur auf die Erzählungen von Augenzeugen berufen kann. Von ihnen weiß ich auch, daß Shukow und Malyschew miteinander verfeindet waren. Der Grund dafür ist mir nicht bekannt. Einmal war W. J. Gawrilow, wie er mir erzählte, bei einer Beratung Zeuge eines heftigen Zusammenstoßes zwischen den beiden: Sie beschimpften einander nicht nur wüst, sondern drohten sich gegenseitig mit Erschießung. Die Untergebenen der beiden großen Chefs saßen mehr tot als lebendig dabei.

Am 20. November hatte es keine Inversion gegeben. Es ist durchaus möglich, daß alles ohne Opfer abgelaufen wäre, wenn man den Versuch nicht verlegt hätte.

Wie im Jahre 1953 fuhren wir aufs Versuchsfeld, diesmal mit vernünftigeren Absichten, begleitet von einer Gruppe, die Filmaufnahmen machte und die Werte von den Meßgeräten ablas. Wir gingen an den zerstörten und zertrümmerten Gebäuden vorbei, die man eigens auf dem Feld errichtet hatte und an denen die Wirkung der Stoßwelle und der Wärmestrahlung auf Bauwerke geprüft wurde. An vielen Stellen loderten Brände, Wasser sprudelte aus den geplatzten unterirdischen Leitungen, unter den Füßen knirschte das Glas zerschlagener Fensterscheiben, was mich sehr an die Kriegsjahre erinnerte. Noch mehrere Tage lang brannte in einem zerstörten Erdölbehälter das durch die Wärmestrahlung der Explosion entzündete Erdöl, und der dichte schwarze Rauch breitete sich am Horizont aus. Spezialgruppen holten die Versuchstiere vom Feld – Hunde, Ziegen und Kaninchen. Sogar im Kino fiel es schwer, sich ihre Qualen anzusehen.

Einige Stunden nach dem Versuch sagte Seldowitsch zu mir: »Das Produkt [er nannte anstelle dieses Wortes die Kodenummer] ist Sch ... e!«

Er meinte damit, daß einer der gemessenen Werte eines Parameters des Explosionsprozesses, den man uns gerade mitgeteilt hatte, auffallend von dem vorher berechneten Wert abwich. Dies mochte bedeuten, daß wir etwas Wichtiges nicht beachtet hatten, das die Kennwerte erheblich verbessert hätte. In gewisser Weise hatte Seldowitsch recht, was uns allen jedoch zunächst nicht behagte. Damals berührten mich seine Worte unangenehm, sie schienen mir Angeberei, eine Herausforderung des Schicksals, fast eine Lästerung zu sein.

Selbstverständlich wußten wir alle um die gewaltige militärtechnische Bedeutung der durchgeführten Erprobung. Im Grunde genommen war damit die Frage des Baus von thermonuklearen Waffen mit hohen Kenndaten gelöst. Wir waren überzeugt, daß das erprobte Produkt zum Prototyp für thermonukleare Sprengladungen von unterschiedlichem Gewicht, unterschiedlicher Stärke und unterschiedlichem Verwendungszweck werden würde. Wir waren sehr aufgeregt. Doch war es nicht bloß eine freudige Aufregung in dem Bewußtsein, eine Pflicht gut erfüllt zu haben. Uns, mich jedenfalls, beherrschte schon damals eine ganze Reihe widersprüchlicher Gefühle, von denen wohl das wichtigste die Furcht war, die befreite Kraft könne außer Kontrolle geraten und zu unzähligen Katastrophen führen. Die Berichte über die Unglücksfälle, besonders über den Tod des Mädchens und des Soldaten, verstärkten meine Zweifel. Ich fühlte mich nicht konkret schuldig an diesen Todesfällen, doch ich konnte mich auch nicht völlig von jeder Mitschuld frei sprechen.

Am Abend des 22. November lud der Versuchsleiter, Marschall M. I. Nedelin, die führenden Mitarbeiter beider Objekte, des Ministeriums, des Versuchsgeländes und der Streitkräfte aus Anlaß der erfolgreichen Erprobung zu einem Bankett im engen Kreise ein. Nedelin hatte im Krieg an vielen Fronten Artillerietruppen befehligt, möglicherweise war er eine Zeitlang Oberkommandierender der Artillerie gewesen. Er war ein stämmiger, untersetzter Mann, sprach gewöhnlich mit leiser Stimme, aber mit einem festen, keinen Widerspruch duldenden Tonfall. Er machte den Eindruck eines sehr klugen, energischen und kenntnisreichen Mannes. Es hieß, daß er im Krieg ein guter Kommandeur gewesen sei und sich große Verdienste erworben habe.

Auf dem Versuchsgelände war er sehr aktiv und hielt oft Beratungen ab (er war bedeutend aktiver als sein Vorgänger Wassilewskij). An diesen Beratungen nahm manchmal auch ich teil. Einmal lud Nedelin nach einer Beratung etwa zehn Personen, zu denen ich gehörte, in sein Landhaus ein. Seine Ordonnanz, die auch die Funktion eines Filmvorführers hatte, war bei ihm untergebracht. Es war der Lieblingszeitvertreib des Marschalls, sich zu Hause Filme anzuschauen. Diesmal sahen wir uns den französischen Film »Thérèse Raquin« und einen Landschaftsfilm über Indonesien an.

In einem der kleinen Zimmer seines Häuschens war ein Tisch festlich gedeckt. Während die Gäste Platz nahmen, meinte Nedelin zu dem Leiter des Versuchsgeländes, General B.: »Du mußt bei der Beerdigung [des umgekommenen Soldaten] eine Rede halten. Schreib einen Brief an die Eltern des Soldaten. Darin muß stehen, daß ihr Sohn bei der Ausführung einer Gefechtsaufgabe umgekommen ist. Kümmere dich um die Rente.«

Endlich hatten alle Platz genommen. Der Kognak war eingeschenkt. Meine »Sekretäre« sowie die Kurtschatows und Charitons hatten sich an der Wand aufgestellt. Nedelin nickte mir zu und forderte mich damit auf, den ersten Toast auszubringen. Ich nahm das Glas, stand auf und sagte ungefähr folgendes: »Ich schlage vor, darauf zu trinken, daß unsere Produkte immer genauso erfolgreich wie heute über Versuchsgeländen explodieren mögen, doch niemals – über Städten.«

Am Tisch trat Schweigen ein, als ob ich etwas Unanständiges gesagt hätte. Alle waren erstarrt. Doch Nedelin lächelte spöttisch, erhob sich gleichfalls mit dem Glas in der Hand und erklärte:

»Erlauben Sie mir, ein Gleichnis zu erzählen. Der Alte, nur im Hemd, betet vor der Ikone mit dem Lämpchen: ›Lenk und stärke, lenk und stärke.‹ Die Alte liegt auf dem Ofen und läßt sich von dort vernehmen: ›Du, Alter, bitte nur um Stärkung, lenken kann ich selbst!‹ Lassen Sie uns auf die Stärkung trinken.«

In mir krampfte sich etwas zusammen und ich wurde bleich (gewöhnlich lassen mich heftige Empfindungen erröten). Einige Sekunden lang schwiegen alle im Zimmer. Dann begannen alle, unnatürlich laut zu sprechen. Ich trank schweigend meinen Kognak aus und machte bis zum Ende des Abends den Mund nicht mehr auf. Seitdem sind viele Jahre vergangen, doch noch heute habe ich die Empfindung, daß mir damals ein Peitschenschlag versetzt worden ist. Es ist kein Gefühl der Kränkung oder der Beleidigung. Ich bin ohnehin nur sehr schwer zu beleidigen, schon gar nicht, wenn es sich um einen Spaß handelt. Doch das Gleichnis des Marschalls war kein Spaß. Nedelin hielt es für notwendig, meinem unannehmbaren pazifistischen Ausfall zu begegnen, mich und alle anderen, denen etwas Ähnliches in den Sinn kommen könnte, in die Schranken zu weisen. Der Sinn seiner kleinen Geschichte, die halb unanständig, halb gotteslästerlich und deshalb auch peinlich war, erschloß sich mir und allen Anwesenden. Wir, die Erfinder, Wissenschaftler, Ingenieure und Arbeiter, hatten eine furchtbare Waffe gebaut, die furchtbarste in der Geschichte der Menschheit. Doch ihr Einsatz würde außerhalb unserer Kontrolle liegen. Entscheiden – »lenken« hieß es im Gleichnis – würden diejenigen, die an der Macht, an der Spitze der Partei- und Militärhierarchie waren. Natürlich hatte ich das auch schon vorher gewußt, so naiv war ich nicht. Doch es ist eine Sache, etwas zu wissen, und eine andere, es mit ganzer Seele in seiner Bedeutung für Leben und Tod zu empfinden. Die Gedanken und Gefühle, die sich damals herausbildeten und bis heute – trotz vieler anderer Erlebnisse – nicht schwächer geworden sind, führten in den folgenden Jahren dazu, daß sich meine gesamte Einstellung änderte.

Etwa ein Jahr nach dem Versuch von 1955, im September oder Oktober, verabschiedete der Ministerrat einen Erlaß über die Auszeichnung der an der Entwicklung, Herstellung und Erprobung der »dritten Idee« beteiligten Personen. Seldowitsch und Chariton wurden zum drittenmal mit der Medaille eines Helden der Sozialistischen Arbeit bedacht, ich erhielt die zweite Medaille, und viele Theoretiker des Objekts bekamen Orden. Gleichzeitig wurde einigen Beteiligten, darunter auch mir, der Leninpreis zuerkannt, den man eben erst wiedereingeführt hatte (Stalin hatte seinerzeit einen Preis seines Namens geschaffen, und Leninpreise waren nicht mehr verliehen worden). Die Orden, Medaillen und Abzeichen der Preisträger wurden auf einer Sondersitzung von Georgadse[7] überreicht. Während wir auf den Beginn der Zeremonie warteten, unterhielt er sich mit uns über die aktuellen Ereignisse – damals hatten gerade der Ungarnaufstand und der Nahostkrieg von 1956 begonnen. Georgadse äußerte sich: »Nun, in Ungarn schlagen wir natürlich zu. Man müßte auch im Nahen Osten ordentlich zuschlagen, doch der ist zu weit. Schade!«

Am 31. Dezember wurden meine Frau und ich zum Silvesterempfang in den Kreml eingeladen. Auf der Treppe begegneten wir Nedelin, er erkannte mich nicht und reagierte nicht auf meinen Gruß. Vielleicht war es ein Zufall, doch vielleicht »gehörte« ich für ihn nicht mehr »dazu«. Über Nedelin gibt es ein Buch in der Serie *Das Leben bemerkenswerter Menschen*. Dort wird sehr vage über die Umstände seines Todes gesprochen. Tatsächlich starb Nedelin bei der Erprobung einer neuen, interkontinentalen ballistischen Rakete. Obwohl die UdSSR zu jener Zeit (soviel ich weiß, war es 1960) schon eine interkontinentale Rakete hatte, maß man der neuen Waffe große Bedeutung bei, weil sie viele technische und taktische Vorzüge besaß. Nedelin war Versuchsleiter, vermutlich Vorsitzender einer Staatlichen Kommission. Die Rakete war auf der Startrampe aufgestellt. Zu diesem Zeitpunkt hatte man ein Gebiet im Stillen Ozean zur Sperrzone erklärt; dort lag das Ziel der Rakete, genauer gesagt, des Raketenkopfes. Zahlreiche Kriegsschiffe patroullierten am Rande dieser Zone; Spezialschiffe mit telemetrischen Geräten hatten ihre Positionen eingenommen. Bei der Überprüfung der Raketenautomatik lief am Steuerpult ein Signal ein, das eine mögliche Störung der Schaltung anzeigte. Die Leiter der Arbeitsbrigaden, welche die Automatik startklar machten, informierten Nedelin, daß in dieser Situation alle Arbeiten bis zur Entdeckung und Beseitigung der Störung einzustellen seien. Nedelin erwiderte: »Wir dürfen die von der Regierung vorgegebenen Termine nicht überschreiten.« Er befahl, die Startvorbereitungen an der Rakete fortzusetzen.

Auf Anordnung des Marschalls stellte man seinen Stuhl und sein Arbeitstischchen auf der Startplattform direkt unter den Düsen auf. Die Technikerbrigaden widmeten sich wieder ihrer Arbeit auf den verschiedenen Bedienungsbühnen der aufgerichteten Rakete. Plötzlich zündeten die Haupttriebwerke. Die aus den Düsen ausströmenden erhitzten Gasstrahlen trafen auf die Startplattform, stiegen nach oben und erfaßten mit ihrem Feuer die kleinen Bedienungsbühnen, auf denen sich die Techniker befanden. Nedelin kam vermutlich schon in den ersten Sekunden des Unfalls ums Leben. Gleichzeitig mit den Triebwerken wurden die automatischen Filmkameras eingeschaltet, die diese furchtbare Tragödie festhielten. Die Menschen auf den Bedienungsbühnen liefen im Feuer und im Rauch hin und her, viele sprangen hinunter und verschwanden in den Flammen. Einem einzigen gelang es, dem Feuer zu entkommen. Er lief bis zum Stacheldraht, der die Startrampe umgab, und blieb darin hängen. In der nächsten Minute verschlangen die Flammen auch ihn.

Insgesamt kamen etwa 190 Menschen ums Leben.

XIII. Schwellenunabhängige biologische Effekte

In den Jahren, die unmittelbar auf die Erprobung der Prinzipien der »dritten Idee« im Jahre 1955 folgten, wurden sowohl in unserem als auch im »zweiten« Objekt zahlreiche thermonukleare Produkte von unterschiedlichem Gewicht und unterschiedlicher Stärke entwickelt, die für verschiedene Träger bestimmt waren. Diese Entwicklung knüpfte an unseren Erfolg an; allerdings waren dafür erneut große Anstrengungen und viele Versuche erforderlich.

Damals begannen die biologischen Auswirkungen der Versuche mich immer mehr zu beunruhigen. Konfrontiert wurde ich mit diesem Problem durch das Leben selbst, durch meine persönliche Beteiligung an den Kernwaffenversuchen und ihrer Vorbereitung. Dabei (und im weiteren Verlauf) spielte die Abstraktheit meines Denkens und meiner Emotionen eine große psychologische Rolle. Ich erwähne dies, ohne mir selbst Beifall zu zollen oder mich selbst zu verurteilen, sondern nur um eine Tatsache zu konstatieren. Das Besondere der biologischen Folgewirkungen von Kernwaffenexplosionen, vor allem von Luftexplosionen, wenn die radioaktiven Produkte nicht in der Nähe des Explosionsortes niedergehen, sondern sich über den ganzen Erdball (vielmehr über eine Erdhalbkugel) verbreiten, liegt darin, daß man sie *berechnen* und die *Gesamtzahl der Opfer* mehr oder weniger genau bestimmen kann, daß es jedoch praktisch unmöglich ist, die betroffenen Individuen zu kennzeichnen, sie unter der Vielzahl der Menschen zu finden. Und umgekehrt: Wenn wir einen an Krebs gestorbenen Menschen oder ein Kind mit angeborenen Entwicklungsschäden sehen, dann können wir praktisch niemals mit letzter Sicherheit sagen, daß *dieser* Tod oder *diese* Mißbildung eine Folge von Kernwaffenversuchen ist. Die Anonymität, das »Statistische« der tragischen Auswirkungen von nuklearen und thermonuklearen Versuchen erzeugt eine eigentümliche psychologische Situation, welche die Menschen unterschiedlich wahrnehmen. Ich konnte allerdings diejenigen, für welche diese Probleme einfach nicht existieren, niemals begreifen.

Die biologischen Folgewirkungen nuklearer Explosionen haben hauptsächlich mit den sogenannten schwellenunabhängigen Effekten zu tun. Einer dieser Effekte sind genetische Schäden. Im Zusammenhang mit dem Problem der Folgen nuklearer Versuche fiel mir wieder ein, wie sehr ich mich in meiner Jugend für Genetik interessiert hatte. In dieser Wissenschaftsdisziplin hatte sich damals Dramatisches abgespielt. Watson und Crick dechiffrierten die Struktur des DNA-Moleküls als die einer Doppelspirale und bestätigten ihre entscheidende Rolle im Vererbungsmechanismus. In der populärwissenschaftlichen Zeitschrift *Scientific American* las ich den glänzenden Artikel Gamows, in dem er über die Entdeckung Watsons und Cricks berichtete und seine eigenen Ideen über den genetischen Code darlegte, die sich im wesentlichen als richtig erwiesen.

Die Wirkung von Strahlen auf die Vererbung ist experimentell schon seit langem erforscht worden. Selbst die kleinste Strahlendosis kann eine Schädigung des Vererbungsmechanismus, also des DNA-Moleküls, hervorrufen und zu einer Erbkrankheit oder zum Tode führen. Es gibt keinerlei »Schwelle«, das heißt keinen Minimalwert einer Strahlendosis in dem Sinne, daß bei einer noch kleineren Dosis niemals eine Schädigung eintritt. Eine genetische Schädigung ist stets möglich. Dies bedeutet, daß die Wahrscheinlichkeit (die relative Häufigkeit) der Schädigung von der Strahlendosis abhängig ist, nicht jedoch – innerhalb bestimmter Grenzen – der Charakter der Schädigung. Etwas schematisch gesprochen: Wenn ein bei der Bestrahlung entstandenes aktives Molekül, zum Beispiel ein Wasserstoffperoxidmolekül, einen Bereich der DNA verletzt, dann erfolgt eine bestimmte Schädigung; wenn es jedoch keine Verletzung der DNA hervorruft, dann passiert überhaupt nichts.

Die Wahrscheinlichkeit einer Schädigung ist der Strahlendosis (bei einer hinreichend kleinen Dosis) proportional. Strebt also die Strahlendosis gegen Null, dann strebt auch die Zahl der geschädigten Menschen gegen Null, nicht aber das Ausmaß der Schädigung bei denen, die »Pech« hatten. Man kann es auch anders ausdrücken: Die Zahl der Schädigungen wird bestimmt durch die Wirkung der Strahlendosis auf die Zahl der dieser Bestrahlung ausgesetzten Menschen. Verringert man die Strahlendosis um das Hundertfache, vergrößert man jedoch gleichzeitig die Zahl der Bestrahlten um das Hundertfache, dann ändert sich die Zahl der Geschädigten nicht. Ebendies ist die Situation des schwellenunabhängigen Effekts bei genetischen Schädigungen und entsprechend bei anderen Fällen. Die schwellenunabhängigen biologischen Effekte stellen uns vor ein gewaltiges moralisches Problem. Wie ich bereits erwähnt habe, sind sie völlig »anonym«. Dabei haben die in den letzten Jahrzehnten durchgeführten Versuchsexplosionen die allgemeine Sterblichkeit und den allgemeinen Krankenstand *relativ* wenig erhöht. Doch da es auf der Erde sehr viele Menschen gibt und sich ihre Zahl während der Zerfallszeit der radioaktiven Stoffe noch weiter erhöht, werden die *absoluten* Zahlen der zu erwartenden Schädigungen und Todesfälle extrem, ja ungeheuer groß sein. Allerdings muß dabei berücksichtigt werden, daß die Wirkung biologischer, unter dem Schwellenwert liegender Strahlungseffekte bei kleinen Dosen experimentell noch nicht genügend untersucht ist. Sehr große Schwierigkeiten hat man mit der Heterogenität der Strahlung. Die Durchführung eines Kontrollexperiments ist unmöglich, man benötigt weit umfangreicheres statistisches Material. Nicht auszuschließen ist, daß bei geringen Dosen Reparaturmechanismen wirksam werden und daß sich aus diesem und anderen Gründen ein nichtlinearer Effekt ergibt. Es ist auch nicht völlig von der Hand zu weisen, daß sich kleine Strahlenmengen positiv auswirken können. Deshalb sind alle in diesem Kapitel gemachten Aussagen und Bewertungen mit einer gewissen Vorsicht aufzunehmen.

Mich interessierten damals insbesondere Fragen der Genetik, und das in dreierlei Hinsicht: einmal die schwerwiegende Bedeutung genetischer Effekte im allgemeinen Bild der biologischen Wirkung atomarer Waffen, dann der allgemein-philosophische Aspekt und schließlich das Drama, das sich durch die Aktionen der Lyssenko-Mafia in der sowjetischen Biologie abspielte. Mit dem zuletzt genannten Problem kam ich oft in Berührung, ich kannte die Situation durch meine Freunde, besonders Igor Jewgenjewitsch Tamm, und durch die Akademie ziemlich gut.

Im Jahre 1956 nahm mich J. P. Seldowitsch zu N. P. Dubinin [1] mit, der damals einer der in Ungnade gefallenen führenden Wissenschaftler der verfemten Genetik war. Wir besuchten ihn in seiner Wohnung, die auch sein Labor war (in dem Institut, dem er formal angehörte, stand die Genetik unter Verbot). Dubinin zeigte uns Kolonien von Taufliegen (*drosophilae*), mit denen er arbeitete, und dann berichtete er uns in knapper und klarer Form von den gewaltigen wissenschaftlichen und praktischen Erfolgen der Genetik im Ausland und dem sowjetischen Rückstand, von den Perspektiven und den milliardenfachen Anwendungsmöglichkeiten dieser Errungenschaften in der Landwirtschaft und der Medizin. Er machte damals auf mich den Eindruck eines klugen, sachkundigen und geschickten Mannes. Unser Besuch bei Dubinin war nicht bloß eine Exkursion.

Zu jener Zeit schickte sich Kurtschatow an, gleichsam als Mäzen in seinem Institut eine Zufluchtsstätte für in Ungnade gefallene Genetiker einzurichten. Deshalb brauchte er unvoreingenommene Männer, mit denen er sich beraten konnte. Bald nach dem Besuch bei Dubinin rief ich A. N. Nesmejanow[2] an, den damaligen Präsidenten der Akademie, der dieses Amt nach dem Tode S. I. Wawilows übernommen hatte, und fragte ihn, wie er die Ausschreitungen Lyssenkos dulden könne, die so großen Schaden anrichteten. Nesmejanow antwortete, daß seiner Meinung nach Lyssenko jetzt *Rückzugsgefechte* liefere und allmählich seine Positionen aufgebe; die ehrlichen Biologen säßen nicht untätig herum, bald würden sie einen Brief an das ZK schreiben, der die Lage ändern solle. Natürlich beschönigte Nesmejanow die Situation. Der Brief der Biologen mit vierhundert Unterschriften wurde tatsächlich abgeschickt, rief jedoch nur eine negative Reaktion hervor, weil er ein prinzipienloser »Kollektivschrieb« sei. Manche bekamen Schwierigkeiten. Lyssenko aber veröffentlichte in der *Prawda* auf einer ganzen Seite einen neuen »theoretischen« und »problemorientierten« Artikel. Ich fragte mich oft, wie Lyssenko und seine Mafia ihre Positionen in der Ära Chruschtschows zu halten vermochten, als man nicht mehr so erfolgreich Methoden der Denunziation und der Pseudophilosophie anwenden konnte, auf denen ihr Erfolg in den dreißiger und vierziger Jahren beruht hatte. Meiner Ansicht nach gibt es hierfür zwei Gründe.

Erstens hatte Lyssenko immer eine »Idee« parat, die einen gigantischen praktischen Erfolg in der Landwirtschaft *sofort* und fast umsonst versprach. Chruschtschow konnte einer solchen Versuchung oft nicht widerstehen. Und wenn alles fehlschlug, hatte Lyssenko eine neue »Idee«, die genauso vielversprechend war. Doch das war nicht der springende Punkt. Der gesamte landwirtschaftliche Führungsapparat der Partei war von oben bis unten mit Günstlingen der Lyssenko-Mafia durchsetzt. Diese Leute hatten sich schon seit langem, noch unter Stalin, mit der Lyssenko-Demagogie und den Lyssenko-Anhängern verbunden. Für sie war es zu spät, in eine neue Haut zu schlüpfen; deshalb unterstützten sie die neuen Abenteuer Lyssenkos und kämpften verbissen gegen die alte Biologie, deren Sieg ihre Stellung zu gefährden drohte. Eine »zweite Oktoberrevolution« – die Absetzung Chruschtschows im Oktober 1964 – war nötig, damit dieser ganze Personenkreis sich auf einmal umorientierte. Ausländische Sowjetologen und Kreml-Astrologen sollten sich über diese Geschichte Gedanken machen. Sie zeigt meiner Meinung nach vieles vom Führungsmechanismus unseres Staates.

In jenen Jahren kam es auch zu einigen politischen Unternehmungen, in die mich Seldowitsch einbezog; meine Beteiligung daran war jedoch relativ passiv und episodenhaft. Eine dieser Aktionen hatte mit der Pressekampagne gegen das erst kurz zuvor veröffentlichte Stück *Gäste* von Sorin[3] zu tun. Ich erinnere mich nicht mehr, worum es im einzelnen ging, doch das Stück, das auf dem Höhepunkt des »Tauwetters«[4] geschrieben worden war, betraf die neue sowjetische Parteibürokratie, ihren Hochmut, ihren Geiz und bornierten Egoismus, und stellte ihr das »Volk« und die »wahren« Leninanhänger, darunter auch die rehabilitierten »Alten«, gegenüber. Seldowitsch (der selbst im Schatten blieb!) verleitete mich, zur Verteidigung dieses Stückes einen Brief an Chruschtschow zu schreiben. Natürlich hätte ich meine epistolarische Tätigkeit nicht so beginnen sollen – das war »nicht effektvoll« und »nicht zweckmäßig«, ich war einfach der »Verführung« erlegen. Doch andererseits mußte man irgendwie anfangen. Und prinzipiell gesehen war die Aktion gegen die »Neue Klasse« – um einen Terminus von Djilas[5] zu gebrauchen – so schlecht auch wieder nicht. Dies war mein erster Brief an Chruschtschow und überhaupt meine erste Aktion außerhalb meines Fachbereichs. Ich kann mich nur unklar daran erinnern, wie die Sache ausging. Wahrscheinlich kam aus einer Abteilung des ZK ein formelles, nichtssagendes Antwortschreiben.

Eine andere Aktion betraf das Problem der Spezialschulen, und zwar jener mit physikalisch-mathematischen Einschlag. Damals wurde noch diskutiert, ob sie nötig seien und nicht irgendwelchen sozialen und pädagogischen Prinzipien widersprächen. Seldowitsch und ich schrieben gemeinsam eine Notiz an die *Iswestija*, um die Idee solcher Schulen zu verteidigen. (Wir nannten recht überzeugende Argumente »dafür«, drückten uns aber vor der Diskussion mit unseren Gegnern, da wir alle möglichen Einwände unbeantwortet ließen.) Unsere Notiz verursachte eine lebhafte Polemik, zu der auch ein scharfsinniges und boshaftes Feuilleton Nossows[6], des Autors von *Nesnajka*, in der satirischen Zeitschrift *Krokodil* gehörte.

Zurück zum Hauptthema dieses Kapitels, dem Problem der Folgen von Kernversuchen und meinem allmählich immer heftiger werdenden Widerstand.

Im Jahre 1957 schrieb ich den Artikel »Der radioaktive Kohlenstoff nuklearer Explosionen und die schwellenunabhängigen biologischen Effekte« und veröffentlichte ihn 1958 in der Julinummer der Zeitschrift

Atomenergie. Die Arbeit an diesem Artikel war eine wichtige Etappe auf meinem Weg zur Problematisierung der ethischen Seite von Kernwaffenversuchen. Ich kann heute nicht mit letzter Sicherheit die ganze Vorgeschichte dieses Artikels rekonstruieren, doch ich versuche, das darzulegen, was mir gegenwärtig ist.

Anfang 1957 schlug mir I. W. Kurtschatow vor, einen Artikel über die radioaktiven Auswirkungen von Explosionen sogenannter »sauberer« Bomben zu schreiben. (Es ist möglich und wahrscheinlich, daß ich mich selbst zu dieser Arbeit drängte.) Der Vorschlag hatte mit den in der ausländischen Presse veröffentlichten Nachrichten über die Entwicklung einer »sauberen« thermonuklearen Bombe in den USA zu tun, bei der kein Spaltmaterial verwendet werde und es deshalb keine radioaktiven Niederschläge gebe. Man behauptete, daß dieser Umstand einen größeren Einsatz einer solchen Waffe erlaube, als es bei einer »gewöhnlichen« Thermonuklearwaffe der Fall sei, daß man außerhalb der Zerstörungszone keine Schäden durch die Stoßwelle zu befürchten habe und daß sie deshalb in moralischer und militärpolitischer Hinsicht annehmbarer sei. Ich sollte dies für unzutreffend erklären. Somit bestand der ursprüngliche Zweck des Artikels darin, die neue amerikanische Entwicklung zu verurteilen, ohne dabei die »gewöhnlichen« thermonuklearen Waffen anzusprechen. Der Zweck war ein unverhüllt politischer, und deshalb enthielt er das anstößige Element einer gewissen Einseitigkeit. Doch im Verlauf meiner Arbeit an dem Artikel, nachdem ich mich mit der umfangreichen philosophisch-ethischen, politischen und wissenschaftlichen Literatur vertraut gemacht hatte, ging ich weit über den anfänglich geplanten Rahmen hinaus. Unter den wissenschaftlichen Quellen des Artikels möchte ich die Arbeiten von Owsej Lejpunskij (dem Bruder einer der Erfinder des sowjetischen Schnellen Brüters), Libby, Adaschnikow und Schapiro erwähnen. Von der philosophisch-ethischen Literatur nenne ich die Reden Albert Schweitzers, die auf mich großen Eindruck machten. (Fast zwanzig Jahre später sollte ich mich bei der Abfassung meiner Rede für die Nobelpreiszeremonie daran erinnern.) Mir scheint, daß ich die ursprüngliche Einseitigkeit vermeiden konnte. Ich zitiere aus dem Artikel: »Die Zahl der Opfer infolge der zusätzlichen Strahlung wird durch die schwellenunabhängigen biologischen Effekte bestimmt« (das heißt durch solche Effekte, die bei den geringsten Strahlungsdosen wirksam sind und statistisch zu Gesamteffekten mit einer hohen Sterblichkeits- und Krankheitsrate führen, weil der Bestrahlung ungeheure Menschenmassen, praktisch die gesamte Menschheit, im Verlauf vieler Generationen ausgesetzt sind). Weiter heißt es: »Der einfachste schwellenunabhängige Effekt ist die Einwirkung auf die Vererbung ... Für die irreversible Veränderung eines Gens, die sogenannte Genmutation, genügt ein Ionisierungsereignis, deshalb können irreversible Veränderungen bei den geringsten Strahlungsdosen mit einer der Dosis genau proportionalen Wahrscheinlichkeit entstehen.« Der Koeffizient der Wahrscheinlichkeitszunahme von Erbkrankheiten wurde in der Arbeit auf 10^{-4} pro Röntgen (Einheit der Strahlungsdosis) geschätzt. Ich schätzte die entsprechenden Koeffizienten für Krebserkrankungen und brachte die Annahme zum Ausdruck, daß die Abschwächung der immunologischen Reaktionen und die sich daraus ergebenden vorzeitigen Todesfälle schwellenunabhängig seien. Für die Gesamteinschätzung dieser beiden Effekte wurden Daten über die durchschnittliche Lebensdauer von Röntgenologen und Radiologen verwertet, welche bei einer Dosis, die wahrscheinlich während des gesamten Lebens dieser Personen 1000 Röntgen nicht überschreitet, um fünf Jahre verkürzt ist.

Weiter äußerte ich die Vermutung, daß die globale Zunahme der Zahl von Mutationen (unabhängig von deren Ursache) bei Bakterien und Viren sich für diese günstig auswirkt (Beispiele sind die im 19. Jahrhundert aufkommende Diphtherie und die Pandemie der Grippe) und im Falle geringer Strahlungsdosierungen etwa zum gleichen quantitativen Effekt der verkürzten menschlichen Lebensdauer führt, wie ihn das Ansteigen von Krebs- und genetischen Erkrankungen (gleichfalls 10^{-4} pro Röntgen) bewirkt. Der Gesamtstrahlungseffekt wurde aus all diesen Gründen auf 3×10^{-4} pro Röntgen geschätzt (es handelt sich um eine niedrig angesetzte Schätzung, welche die mögliche Ungenauigkeit einiger ihrer Summanden berücksichtigt.) Bei einer durchschnittlichen Lebensdauer des Menschen von 20 000 Tagen verkürzt jedes Röntgen globaler Bestrahlung das Leben um eine Woche! Ist das viel oder wenig? Die Gesamtzahl der Opfer bei einer Explosionsstärke von einer Megatonne schätzte ich in der Arbeit auf 10 000 Menschen. Zwei Drittel dieser gewaltigen Zahl entfallen darauf, daß sich in der Atmosphäre das radioaktive Kohlenstoffisotop C^{14} bildet. C^{14} entsteht durch die Wechselwirkung zwischen den Stickstoffkernen und den Neutronen, die etwa in gleicher Zahl (umgerechnet auf eine Megatonne) bei einer »sauberen« Explosion und durch eine »gewöhnliche« Wasserstoffsprengladung freigesetzt werden. Die Halbwertzeit von C^{14} beträgt 5000 Jahre, deshalb zeigt sich der Effekt langsam, im Verlauf von Jahrtausenden. Bei den Schätzungen wird angenommen, daß die durchschnittliche Bevölkerungszahl in dem für den

Effekt relevanten Zeitraum 30 Milliarden Menschen betragen wird. Ein Drittel der Opfer dagegen wird es in der allernächsten Zeit geben; die Ursache dafür sind die radioaktiven Spaltbruchstücke (das heißt, in der »sauberen« Bombe ist dieser Summand nicht enthalten). Bei den Berechnungen sind von allen Bruchstücken nur Strontium und Caesium berücksichtigt. Für die Mitte der fünfziger Jahre wurde eine Bevölkerungszahl von 2,5 Milliarden Menschen vorausgesetzt. Um 1957 betrug die Gesamtstärke der erprobten Bomben schon fast 50 Megatonnen, was nach meiner Schätzung 500 000 Opfern entsprach! Diese Zahlen stiegen rasch an. Am Ende meines Artikels schrieb ich:

> »Welche moralischen und politischen Schlußfolgerungen hat man aus den angeführten Zahlen zu ziehen? Die Verfechter der Theorie von der Harmlosigkeit der Versuche argumentieren unter anderem, daß die kosmischen Strahlen größere Strahlungsdosen hervorbringen als die Versuche. Doch dieses Argument hebt die Tatsache nicht auf, daß zu den schon in der Welt vorhandenen Leiden und Todesfällen noch zusätzliche Leiden und der Tod Hunderttausender von Opfern hinzukommen, auch in den neutralen Ländern sowie in späteren Generationen. Zwei Weltkriege haben die Sterblichkeitsziffer im 20. Jahrhundert um weniger als zehn Prozent erhöht, doch dies macht den Krieg nicht zu einer normalen Erscheinung.
>
> Ein anderes in der Literatur einer Reihe von Ländern verbreitetes Argument läuft darauf hinaus, daß der Fortschritt der Zivilisation und die Entwicklung neuer Techniken auch in vielen anderen Fällen zu Menschenopfern führen. Häufig wird das Beispiel der Opfer von Autounfällen genannt. Doch die Analogie ist in diesem Fall ungenau und nicht gerechtfertigt. Das Auto als Verkehrsmittel verbessert die Lebensbedingungen der Menschen, zu Unfällen kommt es nur vereinzelt durch die Unachtsamkeit der Menschen, die dafür strafrechtlich verantwortlich sind. Hingegen sind Unfälle, die durch Versuche verursacht werden, die unvermeidliche Folge jeder Explosion. Nach Ansicht des Verfassers besteht die Einzigartigkeit dieses Problems in moralischer Hinsicht darin, daß das Verbrechen völlig ungesühnt bleibt, da bei keinem konkreten Todesfall zu beweisen ist, daß er von Strahlung verursacht wurde, sowie darin, daß unsere Nachkommen unseren Handlungen völlig schutzlos ausgeliefert sind. Die Beendigung der Versuche wird unmittelbar das Leben Hunderttausender von Menschen retten und eine noch größere mittelbare

Wichtigkeit haben, da die internationale Spannung abgebaut und die Gefahr eines nuklearen Krieges, die Hauptgefahr unseres Zeitalters, verringert wird.

Der Verfasser nimmt die Gelegenheit wahr, O. I. Lejpunskij für seinen wertvollen Diskussionsbeitrag zu danken.«

Der Artikel wurde erst veröffentlicht, als Chruschtschow den Posten des Ministerratsvorsitzenden[7] der UdSSR übernommen – was die endgültige Konzentration der obersten Macht in seinen Händen bedeutete – und die einseitige Einstellung aller Kernwaffenversuche in der UdSSR erklärt hatte. Dies war der sehr effektvolle Beginn einer neuen Epoche, allerdings wurden die Versuche schon nach sieben Monaten wieder aufgenommen. Neben dem Beitrag für die wissenschaftliche Zeitschrift schrieb ich auf Kurtschatows Bitte hin einen Artikel, der für eine Veröffentlichung im größeren Rahmen vorgesehen war. Er wurde ins Englische, Deutsche, Französische, Spanische und Japanische übersetzt und in den von sowjetischen Botschaften und Propagandadiensten herausgegebenen Zeitschriften veröffentlicht. Vor mir liegt mein Artikel in deutscher Sprache in der Zeitschrift *Sowjetunion heute*, die von der sowjetischen Botschaft in der Bundesrepublik Deutschland publiziert wird. Der Artikel trägt den Titel »Über die radioaktive Gefahr der Kernwaffenversuche«[8]. Zu Beginn schreibe ich über die historische Bedeutung, welche die Einstellung der Versuche hat, und bekräftige, daß dies ein realer Schritt auf dem Weg zum Verbot von Kernwaffen und zur Verringerung der Gefahr eines nuklearen Krieges ist.

»Dies ist der Hauptgrund dafür, weshalb Hunderte Millionen Menschen in der ganzen Welt den Beschluß der UdSSR begrüßen und von anderen Mächten, die über Kernwaffen verfügen, die Ergreifung ähnlicher Maßnahmen verlangen. Zu einer Zeit, da die Länder des sozialistischen Weltsystems eine Friedenspolitik verfolgen, kann die Fortsetzung von Atomwaffenversuchen durch keine Argumente des Kräftegleichgewichts gerechtfertigt werden.«

Dann lege ich das Wesen der nuklearen Gefahr dar und führe meine Schätzungen aus der Zeitschrift *Atomenergie* an. (Sie wurden jedoch nicht vollständig wiedergegeben. Bei der Redaktion der fremdsprachigen Fassung meines Artikels ließ man in den Fällen, in denen ich die mögliche untere und die mögliche obere Grenze angab, nur die obere Grenze stehen, wodurch meine ohnehin schon hohen Schätzungen der Mehrzahl der westlichen Leser wahrscheinlich als propagandistische Übertreibungen vorkamen.) Ich schließe mit polemischen Anmerkungen zu einigen Aussagen des Buches *Unsere nukleare Zukunft* von E. Teller und A. Latter:

> »Die Verfasser greifen zu unvollständigen und herabgeminderten Einschätzungen der Opferzahl. Dabei nennen sie meistens nicht die absolute Zahl der Opfer, sondern stellen lediglich Vergleiche mit anderen in keinem Zusammenhang damit stehenden Ursachen der Erhöhung von Sterblichkeitsziffern an. Bei einem derartigen Verfahren kann man auch zu der Schlußfolgerung kommen, daß eine Schachtel Zigaretten pro Tag viel gefährlicher als die Auswirkungen der Kernwaffenexperimente sei.
>
> Es ist offenbar, daß wir es hier mit einer glatten sowohl logischen und moralischen als auch politischen Fälschung zu tun haben.«

Dann führe ich ein Zitat aus dem Band an:

> »Man sagte, man dürfe kein einziges menschliches Leben der Gefahr aussetzen. Wäre es aber nicht realistischer und würde es auch nicht mehr den Idealen der Menschlichkeit entsprechen, wenn man ein besseres Leben für die ganze Menschheit anstreben würde?«,

und bemerke dazu:

> »Der letzte Gedanke wäre allerdings richtig, wenn die Verfasser darunter friedliche Koexistenz, Abrüstung und in erster Linie die Einstellung von Kernwaffenversuchen, nicht aber die abenteuerlichen Ideen des bewaffneten Gleichgewichts (d. h. des Wettrüstens) verstehen würden, von denen es nur ein Schritt ist bis zur Idee eines Präventivkrieges.
>
> Zur Gewährleistung seiner Sicherheit sah sich der Sowjetstaat gezwungen, angesichts der Kernwaffenrüstung der USA und Englands seine eigenen Kernwaffen zu entwickeln und zu erproben. Das Ziel der Politik der UdSSR und der anderen Länder des sozialistischen Lagers bildet jedoch nicht das Wettrüsten, sondern friedliche Koexistenz, Abrüstung und Verbot der Kernwaffen – der Massenvernichtungsmittel.«

Die Veröffentlichung sowohl meines wissenschaftlichen wie meines populärwissenschaftlichen Artikels erfolgte mit persönlicher Genehmigung N. S. Chruschtschows. Kurtschatow sprach aus diesem Anlaß zweimal mit ihm und teilte mir einige redaktionelle Korrekturen mit (oder schlug mir sie selbst vor). Damals schienen sie mir nicht prinzipieller Art zu sein, und ich erinnere mich nicht, worum es ging. Chruschtschow stimmte den Korrekturen bereits Ende Juni zu, und sie wurden unverzüglich an die Redaktion weitergeleitet.

Ich habe deshalb so ausführliche Zitate aus den beiden Artikeln angeführt, weil die Frage der Kernwaffenversuche in der Atmosphäre und unter Wasser erstens sehr wichtig ist und weil diese Zitate zweitens meine damalige Einstellung und meine Position, die gerade ein wenig von der offiziellen Position abzuweichen begann, objektiv widerspiegeln. Keine Aufzeichnungen und nachträglichen Überlegungen können das ersetzen, was vor fast 25 Jahren niedergeschrieben wurde (wobei immerhin zu berücksichtigen ist, daß man es auch redigierte).

1959 erschien mein Artikel – ich glaube, es war der wissenschaftliche – in dem Sammelband *Sowjetische Wissenschaftler gegen die nukleare Bedrohung*. All diese Veröffentlichungen blieben meines Wissens im Westen unbemerkt, sowohl von Wissenschaftlern und der Presse als auch von Politikern. Wahrscheinlich deshalb, weil ich noch ziemlich unbekannt war, und meinen Namen mit dem eines Verfassers mehrerer Arbeiten zur gesteuerten thermonuklearen Reaktion in Verbindung zu bringen, von denen Kurtschatow zwei Jahre zuvor gesprochen hatte, dazu reichte bei vielen das Gedächtnis und das Assoziationsvermögen nicht aus. Ich wundere mich auch heute oft darüber – und was ich jetzt sage, bezieht sich nicht nur auf mich –, wie schlecht westliche Journalisten und Rundfunksender mit Archiven, Informationen und dergleichen umzugehen vermögen und wie wenig sie neue Namen interessieren. (Ergänzung 1987: Nachdem man Kernwaffenversuche im Jahre 1963 von der Erdoberfläche verbannt hatte, hörten die meisten – auch ich – auf, sich um die biologischen Effekte radioaktiver Strahlungen Sorgen zu machen. Aber die Katastrophe von Tschernobyl hat solche Effekte wieder auf tragische Weise in den Vordergrund gerückt.)

Ende 1957 besuchte mich G. I. Barenblat, ein junger Mechaniktheoretiker, der zusammen mit Seldowitsch einige Arbeiten verfaßt hatte (und wahrscheinlich von ihm zu mir geschickt worden war), und bat mich um Hilfe. Sein Vater, der bekannte Endokrinologe Isaak Grigorjewitsch

Barenblat, war in die Klemme geraten. Ich kannte Isaak Grigorjewitsch, denn kurz zuvor hatte er meine Frau untersucht. Man hatte ihn verhaftet und klagte ihn an, seinen Patienten Witze über Chruschtschow und die Furzewa[9] erzählt zu haben. Damals war das ein beliebtes Thema. Der Grund hierfür lag wohl weniger in den möglicherweise intimen Beziehungen zwischen dem Parteichef und der Kulturministerin – vielleicht handelte es sich nur um Gerüchte –, sensationell war vielmehr, daß eine Frau ins Politbüro aufgestiegen war.

Es war offensichtlich, daß jemand Barenblat denunziert hatte. Später stellte sich heraus, daß es nicht ein Patient, sondern einer seiner alten Arbeitskollegen gewesen war, den Isaak Grigorjewitsch für seinen Freund gehalten hatte. Ich beschloß, Chruschtschow persönlich einen Brief zu schreiben, was ich mit Hilfe von Barenblats Sohn bewerkstelligte. Ich brachte das Schreiben am selben Tag in die ZK-Abteilung und wartete dann auf Antwort. Etwa nach zwei Wochen, es war bereits Anfang Januar, bat mich der Leiter der allgemeinen Abteilung des ZK zu sich, und nach verschiedenen Manövern und Fragen über meine Beziehungen zu dem Verhafteten und langen Seufzern – »Wie kann man nur so über achtbare Menschen sprechen!« – sagte er, daß Chruschtschow M. A. Suslow beauftragt habe, die Sache mit meinem Brief zu klären. Zwei Tage später bestellte mich Suslow tatsächlich zu sich. Es war schon spät, etwa 20 Uhr, als ich sein riesiges Arbeitszimmer im Kreml betrat. Am Fenster stand ein seltsames geschnitztes Tischchen mit einem Teegedeck für zwei Personen. Wir setzten uns einander gegenüber; auf dem Schreibtisch daneben lagen der Ordner mit der Akte Barenblat und ein Notizblock, in dem sich Suslow ab und zu Aufzeichnungen machte. Suslow unterhielt sich mit mir, trank dabei Tee und aß Gebäck. Ich nahm einige Schlucke aus meinem Glas.

»Ich freue mich, Sie kennenzulernen, Andrej Dmitrijewitsch. Sie verwenden sich für diesen, wie heißt er noch ...?«

»Für Doktor Barenblat. Ich bin überzeugt, Michail Andrejewitsch, daß er nichts getan hat, was eine Bestrafung rechtfertigen könnte. Er ist ein ehrlicher Mann und ein sehr guter Arzt.«

»Ich habe mich mit seinem Fall vertraut gemacht. Er hat unzulässige Dinge gesagt. Er gehört nicht zu uns. Man hat bei ihm 300000 Rubel gefunden, doch in der Mensa hat er Nudeln gegessen.«

Ich wußte nicht, wie ich auf diese Geschichte reagieren sollte, hatte jedoch damals das Gefühl und bin auch heute noch überzeugt, daß sich dahinter ein tieferer psychologischer Sinn verbarg. Vielleicht war es –

und ich lasse jetzt meinen Gedanken freien Lauf – der Haß auf die Unabhängigen zur Zeit des Parteimaximums [10] oder einfach der »klassenbedingte« Haß auf Pfennigfuchser? Ich erwiderte nur, daß 300000 (nach dem neuen Kurs nur 30000) Rubel von einem fleißig praktizierenden, beliebten Arzt durchaus ehrlich erspart werden könnten. Später fügte ich hinzu, daß sich ein großer Staat nicht vor Witzen zu fürchten brauche; Barenblat habe im Krieg gezeigt, daß er unsere Gesellschaftsordnung aufrichtig akzeptiere und verteidige; Taten seien wichtiger als Worte. Suslow hörte mir mit leicht herablassender Miene zu. Er wiederholte mehrmals seinen Satz von der Unzulässigkeit der Äußerungen Barenblats, ohne sie jedoch zu konkretisieren. Ich wiederholte meinerseits, daß Worte eben nur Worte seien. Diese »festgefahrene« Situation begann, gefährlich zu werden. Schließlich meinte Suslow: »Ich schaue mir den Fall noch einmal an. Gehen wir zu einer anderen Frage über. Kennen Sie diesen Beschluß?«

Er legte mir ein Blatt mit einem Beschluß des Politbüros über die einseitige Einstellung von Kernwaffenversuchen durch die UdSSR vor. Es war der mit einer Schere abgeschnittene Teil einer Seite eines maschinengeschriebenen Textes mit dem üblichen roten Stempel an den Rändern, der verbot, Auszüge anzufertigen.

»Wir werden dies während der bevorstehenden Sitzungsperiode des Obersten Sowjets im März verkünden. Wie stehen Sie zu dem Beschluß?«

Ich antwortete äußerst erregt: »Ich habe nichts von diesem Beschluß gewußt. Mir scheint, daß niemand bei uns im Objekt, nicht einmal Julij Borissowitsch Chariton, davon gewußt hat. Ich halte es für sehr wichtig, die Kernwaffenversuche einzustellen. Sie verursachen große genetische Schäden, doch glaube ich, daß es nötig gewesen wäre, uns über einen Beschluß solchen Ausmaßes vorher zu unterrichten, dann hätten wir alle Rückstände aufgearbeitet.«

Suslow fragte erst gar nicht nach dem Sinn meines letzten Satzes. Dies hätte unser Gespräch wohl aus dem Rahmen seiner Wünsche und Vollmachten hinausgeführt. Statt dessen wechselte er erneut das Thema.

»Sie haben von genetischen Folgen gesprochen. Was halten Sie von der Genetik? Kurtschatow richtet gerade ein genetisches Labor ein – ist das eine notwendige Sache, oder kann man ohne so etwas auskommen?«

Meine Antwort war eine kleine »Vorlesung«. Ich sagte, daß die Genetik eine Wissenschaft von gewaltiger theoretischer und praktischer Bedeutung sei und daß ihre frühere Negierung in unserem Land ungeheueren Schaden angerichtet habe. Ursprünglich sei die Genetik aus der Beobachtung der Vererbung und ihrer Veränderungen entstanden, sozusagen auf rein logische und spekulative Weise. Doch jetzt erhalte sie in Form der Molekularbiologie – ich erzählte ihm von der DNA – eine neue, tiefreichende theoretische Grundlage. Und mit dieser Molekularbiologie werde man sich im neuen Labor bei Kurtschatow beschäftigen. Ich hielte dies für ein wichtiges und notwendiges Vorhaben. Es sei unmöglich, ein derartiges Labor in der WASChNIL einzurichten, solange dort Abenteurer und Intriganten den Ton angäben.

Suslow hörte mir sehr aufmerksam zu, stellte Fragen und machte sich Notizen. Ich kann mich nicht mehr erinnern, ob der Name Lyssenko fiel, jedenfalls sprach ich von ihm indirekt mit äußerster Mißbilligung. Mir ist nicht bekannt, ob Suslow bis zum Oktober 1964, vor dem Sturz Chruschtschows, irgendwelche Schritte unternahm, die den Streit zwischen den Lyssenko-Anhängern und den Genetikern betrafen. Doch dafür erinnerte sich Suslow, als dieser Augenblick eintrat, möglicherweise an die theoretischen Informationen, die er sechs Jahre zuvor von mir erhalten hatte, und vielleicht schaute er sogar in seinem kleinen Notizblock nach.

In der Angelegenheit, derentwegen ich gekommen war, gab es keine direkten Ergebnisse. Isaak Grigorjewitsch Barenblat wurde vor Gericht gestellt und zu zwei oder zweieinhalb Jahren Haft verurteilt. Allerdings entließ man ihn nach einem Jahr vorzeitig. Ich möchte hoffen, daß mein Eingreifen dazu beigetragen hat.

Im Objekt waren alle fassungslos, als sie durch mich von dem bevorstehenden Verzicht auf Kernwaffenversuche erfuhren. Man beschloß jedoch, vorerst an den Plänen nichts zu ändern, da man es für durchaus möglich hielt, daß die Versuche nach kurzer Zeit wieder aufgenommen würden. So geschah es auch. Chruschtschows Erklärung über den Verzicht auf die Versuche, die er während der Sitzungsperiode des Obersten Sowjets abgab, als er das Amt des Ministerratsvorsitzenden übernahm, war für die Amerikaner und Engländer eine noch größere Überraschung als für das Objekt. Sie erklärten:

a) die USA und Großbritannien bestünden auf der Fortsetzung der Gespräche darüber, wie die Einhaltung des Abkommens über das Verbot von Kernwaffenversuchen zu kontrollieren sei;

b) sie müßten in jedem Fall die schon früher geplanten Versuche durchführen, was etwa ein Jahr in Anspruch nehmen werde.

Im Sommer 1958 begannen die USA und Großbritannien eine große Serie von Versuchsexplosionen. Gleichzeitig kam es in der Presse zu einer gegenseitigen propagandistischen Beschimpfung. In der UdSSR schrieb man, daß unsere beispiellose Initiative vom Westen wieder nicht »unterstützt« worden sei. Im Westen schrieb man dagegen, daß sich die UdSSR zweifellos auf die Einstellung ihrer Versuche vorbereitet habe (hierin täuschte man sich), daß der Westen überrascht worden sei und deshalb zunächst die vorgesehenen Programme erfüllen müsse; dann erst könne man dem Beispiel der UdSSR folgen. Inzwischen hatte sich herausgestellt, daß die vom Objekt zur Erprobung vorgesehenen Produkte äußerst wichtig waren – in prinzipieller Hinsicht und was ihre quantitativen und konstruktionsmäßigen Kenndaten betraf. Konnte man darauf verzichten, diese fast fertigen Produkte ins Waffenarsenal der UdSSR aufzunehmen? Könnte man wenigstens einen Teil dieser Produkte ohne Versuche übernehmen? Oder wollte man neue Produkte konstruieren, die vielleicht von ihren Kenndaten her nicht so gut wären, jedoch ohne Versuche in den Dienst gestellt werden könnten? Oder wäre die Übernahme von Produkten ohne vorhergehende Versuche in jedem Fall prinzipiell unzulässig? Während wir die Situation (sehr leidenschaftlich) besprachen, traf eine Anordnung von Chruschtschow ein, sich auf die Wiederaufnahme der Versuche vorzubereiten, da die Amerikaner und Engländer unserem Beispiel nicht gefolgt seien. Das heißt, die Frage war unabhängig von technischen Problemen rein politisch gelöst worden. Im Objekt begann eine »Feuerwehraktion« zur Vorbereitung und Durchführung von Versuchen im Spätherbst. Mir schien alles, was sich abspielte, gerade in politischer und ethischer Hinsicht völlig unannehmbar. Ich war der Ansicht, daß dieses Hin und Her – zuerst einseitiger Verzicht auf Versuche, dann nach einem halben Jahr Wiederaufnahme – zu einem völligen Vertrauensverlust der UdSSR gegenüber in dieser ohnehin äußerst verworrenen Frage führen würde. Damals hatte ich bereits errechnet, daß jede Megatonne der Versuchsexplosionen in der Atmosphäre 10000 Menschenopfer kostet (und was ich in dem obengenannten Artikel ausführte). Man mußte befürchten, daß bei einer Wiederaufnahme der Kernwaffenversuche durch die UdSSR der Abschluß eines Abkommens über die Einstellung der Versuche um Jahre verschoben würde, und das bedeutete Dutzende, ja vielleicht sogar Hunderte von Megatonnen, also Hunderttausende oder Millionen neuer Opfer! Selbst wenn meine Schätzungen etwas überhöht waren (was ich nicht ausschloß), ging es um eine ungeheure Zahl von Menschenopfern. Meine Vorschläge waren folgende:

1) In keinem Fall sind vor Ablauf eines Jahres, von der Erklärung Chruschtschows an gerechnet, die Versuche wiederaufzunehmen (im Hinblick darauf, daß ein Jahr der Zeitraum war, der von den Amerika-

nern und den Engländern als für sie ausreichend bezeichnet worden war).

2) Die Konstruktionen der für die Versuche vorgesehenen Produkte sind zu überprüfen; sie müssen so zuverlässig sein, daß sie im Prinzip auch ohne Versuche in Dienst gestellt werden können.

3) Der Doktrin, daß kein Produkt ohne vorhergehende Versuche in Dienst gestellt werden kann, muß abgeschworen werden; diese Doktrin ist zu wenig flexibel und zu dogmatisch, um der Realität einer kommenden »versuchslosen« Epoche zu entsprechen.

4) Es müssen Investitionen zur Verbesserung der Berechnungsverfahren und der Elektronenrechner getätigt werden in der Absicht, Versuche allmählich durch Berechnungen zu ersetzen.

5) Neue experimentelle Modellierungsverfahren ohne vollständige Erprobung der einzelnen Produktfunktionen müssen entwickelt werden.

Mit diesen Vorschlägen fuhr ich zu I. W. Kurtschatow. Mir war klar, daß nur er, wenn überhaupt jemand, auf Chruschtschow einwirken konnte. Gleichzeitig war er der einzige im MSM, der, wie ich hoffte, Verständnis für meine Gedanken an die Opfer dieser Versuchsexplosionen einerseits und an die Möglichkeit, ohne Versuche vorwärtszukommen, andererseits aufbringen würde.

Das Treffen mit Igor Wassiljewitsch fand im September 1958 in seinem Häuschen im Hof des Instituts statt. Ein Teil des Gesprächs verlief auf der Bank neben dem Häuschen unter dichtbelaubten, weitverzweigten Bäumen. Igor Wassiljewitsch nannte es »Försterhäuschen«, wahrscheinlich in Erinnerung an sein Vaterhaus. Nach seiner Krankheit zwei Jahre zuvor hatten die Ärzte seine Arbeitszeit stark eingeschränkt. Er ging häufig nicht ins Institut, sondern spazierte in der Nähe seines Häuschens umher und ließ die Personen, mit denen er sprechen wollte, zu sich kommen. Seine dienstlichen Notizen machte er in ein dickes Heft, das zur »Tarnung«, der Ärzte und seiner Frau wegen, in einem Buchumschlag mit der Aufschrift *Jawaharlal Nehru, Erinnerungen* steckte (wahrscheinlich war auch ein bißchen Spielerei dabei).

Kurtschatow hörte mich aufmerksam an und war im wesentlichen mit meinen Thesen einverstanden. Er sagte: »Chruschtschow ist gerade auf der Krim, er erholt sich am Meer. Ich fliege zu ihm, wenn ich mit den Ärzten zurechtkomme, und setze ihm Ihre Überlegungen auseinander.«

Unser Gespräch dauerte etwa eine Stunde. Gegen Ende kam Perewersew, der »Sekretär« Igor Wassiljewitschs, mit einem Fotoapparat hinzu und fotografierte uns mehrere Male von verschiedenen Stellen aus; auf einigen Fotos ist auch der Hund der Kurtschatows zu sehen, der dauernd vor unseren Füßen herumlief.

Die Reise Igor Wassiljewitschs nach Jalta zu N. S. Chruschtschow war nicht von Erfolg gekrönt. Der dickköpfige Chruschtschow hielt unsere Vorschläge für unannehmbar. Die Einzelheiten des Gesprächs kenne ich nicht, doch hörte ich, daß Chruschtschow mit dem Besuch Kurtschatows sehr unzufrieden gewesen sein soll, und von diesem Zeitpunkt an bis zu seinem Tode anderthalb Jahre später konnte Kurtschatow das frühere Vertrauen nicht wiederherstellen.

Zwei Monate später fanden Versuche statt. Technisch gesehen waren sie in der Tat sehr erfolgreich und wichtig.

Kurtschatow äußerte sich in einer Rede auf dem XXI. Parteitag der KPdSU im Jahre 1959:

> »Sie wissen, daß der Oberste Sowjet der UdSSR wegen der ausweichenden Haltung der Westmächte den Beschluß über die einseitige Einstellung der Erprobung von Kern- und Wasserstoffwaffen in unserem Lande gefaßt hat – in der Hoffnung, daß die Westmächte diesem vernünftigen Beispiel folgen. Sie wissen auch, daß die Vereinigten Staaten von Amerika statt dessen im Frühjahr und Sommer 1958 über fünfzig Versuchsexplosionen durchführten und daß dadurch unser Land gezwungen war, im Herbst seine Versuche wieder aufzunehmen. Nebenbei gesagt, diese Versuche haben sich als sehr erfolgreich erwiesen. Sie haben die hohe Effektivität einiger neuer Prinzipien aufgezeigt, die von sowjetischen Wissenschaftlern und Ingenieuren entwickelt wurden. Die Sowjetarmee hat dadurch noch gewaltigere, noch vollkommenere und noch billigere Atom- und Wasserstoffwaffen erhalten.«

Natürlich unterstützte Kurtschatow bei diesem öffentlichen Auftritt die offizielle Linie, obwohl er noch kurz zuvor vergeblich versucht hatte, sie zu korrigieren. Er war durchaus aufrichtig und hatte recht, als er erklärte, daß die Versuche wichtige Ergebnisse gebracht hätten, was nicht ausschließt, daß man nicht auch ohne sie hätte auskommen können, wenn man zum Beispiel schon damals einen Vertrag wie den von Moskau geschlossen hätte.

In seiner letzten öffentlichen Rede beteuerte I. W. Kurtschatow:

»Ich bin glücklich, daß ich in Rußland geboren wurde und mein Leben der Atomwissenschaft unseres großen Sowjetlandes gewidmet habe. Ich glaube zutiefst und weiß ganz sicher, daß unser Volk und unsere Regierung die Errungenschaften dieser Wissenschaft nur zum Wohle der Menschheit einsetzen werden.«

Zweifellos war Kurtschatow aufrichtig, als er diese Worte sprach; aufrichtig in dem Wunsch, daß es so sein möge. Meiner heutigen Auffassung nach wäre es besser, nicht von der Wissenschaft des Sowjetlandes zu sprechen; für mich ist die Wissenschaft absolut international. Doch man drückte sich eben anders aus, und das war wirklich kein Zufall.

Kurtschatow war einer der Menschen, die große Hochachtung bei mir hervorriefen, obwohl ich weiß, daß unsere Positionen, viele Zielsetzungen, unsere Lebensart und manches andere unterschiedlich waren.

Im Sommer 1959, als Kurtschatow noch lebte (er starb im Februar 1960), ging ich am Ufer unseres Flüßchens im Objekt mit W. A. Davidenko spazieren, der ihn gut kannte. Davidenko meinte: »Igor Wassiljewitsch ist ein sehr guter Mensch. Er ist ein großer Gelehrter und ausgezeichneter Organisator, der die Wissenschaft liebt und sich um ihre Entwicklung kümmert. Kurtschatow ist ein absolut anständiger Mann, der sich warmherzig um das Wohl der Menschen kümmert und seinen Freunden und Kameraden aus der Jugendzeit ergeben ist. Er hat Humor und ist nicht zudringlich. Doch überschätzen Sie seine Freundschaft nicht. Igor Wassiljewitsch ist vor allem ein Funktionär. Übrigens ein Funktionär der Stalinzeit; gerade damals fühlte er sich wie ein Fisch im Wasser.«

In mancher Hinsicht hatte Davidenko recht, doch mir scheint, daß er trotzdem die Spannweite Kurtschatows und seine Fähigkeit, in ungewöhnlichen Situationen zu handeln, etwas unterschätzte. Seine Reise zu Chruschtschow im Sommer 1958 war einer der Beweise dafür.

XIV. 1959–1961

Chruschtschow und Breschnew im Jahre 1959. Der 10. Juli 1961. Meine Notiz und die Rede Chruschtschows. Die große Versuchsserie. Vaters Tod

Im Jahre 1959 erlebte ich N. S. Chruschtschow zum erstenmal in der Rolle des Regierungschefs. Man hatte J. B. Chariton und mich als Vertreter des Objekts zu einer zwischenbehördlichen Beratung über ein militärtechnisches Problem eingeladen. Die Beratung fand im »Ovalen Saal« des Kreml unter dem Vorsitz Chruschtschows statt. Er hielt eine einleitende Rede, in der er die Wichtigkeit des anstehenden Problems betonte und die Leiter vieler Behörden – in erster Linie Ustinow [1], aber auch Jakowlew [2] und Tupolew – scharf wegen ihrer schlechten Arbeit kritisierte. Über Jakowlew urteilte Chruschtschow, daß dieser völlig aufgehört habe, sich mit seinem Fachgebiet zu beschäftigen und »Schriftsteller« geworden sei. Später erfuhr ich, daß Jakowlew seine Memoiren geschrieben hatte, in denen er besondes von Stalin mit großer Ehrfurcht sprach. Ich weiß nicht, ob dies oder etwas anderes für die Unzufriedenheit Chruschtschows eine Rolle spielte. Die Memoiren erschienen, glaube ich, erst nach dem Sturz Chruschtschows. Tupolew wurde von Chruschtschow der Phantasterei und der Gigantomanie beschuldigt. Zu diesem Zeitpunkt wollte Chruschtschow offenbar das Spektrum der militärtechnischen Anstrengungen und der Kapitalinvestitionen begrenzen und sich auf die effektivsten Richtungen konzentrieren. Bei diesem wie auch bei anderen Vorhaben stieß er vermutlich in bestimmten bürokratischen Kreisen auf versteckten Widerstand, fast auf Sabotage. Die Lage wurde dadurch noch komplizierter, daß Chruschtschow mit der gleichen Energie und Dickköpfigkeit seine richtigen wie seine falschen Ideen – von denen er mehr als genug hatte – in die Tat umsetzte. Nachdem er mit den für das Land erforderlichen Reformen, der historischen Rede auf dem XX. Parteitag, die den Stalinismus ins Wanken brachte, und mit der Freilassung der politischen Häftlinge, die in den Tiefen des GULag noch am Leben geblieben waren, begonnen hatte, vermochte er nicht, im Lande Unterstützung zu finden, und war auch nicht konsequent und scharfsinnig genug. Ihm fehlten einfach die Kraft und die Kenntnisse, sich völlig von all jenen Dogmen zu lösen, welche die Grundlage seiner früheren

Tätigkeit gebildet hatten, als er der »Liebling« Stalins war und dessen verbrecherischen Willen erfüllte. Doch immerhin wandte er sich von vielen Dogmen ab; gerade das ist zusammen mit seinem Mutterwitz und dem Wunsch, seiner Aufgabe gerecht zu werden, die Quelle seiner Verdienste, die, wie ich glaube, auf der Waage der Geschichte schwerer wiegen als seine Fehler und sogar seine Verbrechen. Die zweite Hälfte seiner Herrschaft war allerdings reicher an Fehlern und Abenteuern. Hier zeigten sich der Mangel an klugen Beratern, seine Selbstüberschätzung und Dickköpfigkeit sowie der Verlust des Gefühls für die Realität bei scheinbar unbegrenzter Macht. Immerhin macht die Art und Weise, wie Chruschtschow die Kubakrise überwand, die wahre Größe seiner Persönlichkeit deutlich, auch wenn er die Welt in diese gefährliche Situation geführt hatte.

Damals, im Jahre 1959, stand der XXII. Parteitag mit der entschiedenen Verurteilung des Stalinismus noch bevor, ebenso die erneute Verschärfung der Situation in den Lagern, die unheilvollen Abenteuer in der Landwirtschaft, die außenpolitischen Eskapaden, die Berliner Mauer, der Versuch, das Machtmonopol der Partei und der Bürokratie zu brechen, das Bemühen, die Militärausgaben stark zu senken und die Wirtschaft zu entmilitarisieren, die unsinnigen Zusammenstöße mit der künstlerischen Intelligenz, die Rückfälle in den Lyssenkoismus, das »Moskauer« Abkommen über das Verbot von Kernwaffenversuchen in der Atmosphäre, im Weltall und unter Wasser und schließlich die Kubakrise und die Schwierigkeiten bei der Lebensmittelversorgung. Dieses widersprüchliche, schillernde Kaleidoskop zerbrach dann mit dem Sturz Chruschtschows im Oktober 1964, worauf die konservative, von Breschnew personifizierte Parteibürokratie an die Macht kam und gleichzeitig die Rolle des rüstungsindustriellen Komplexes sowie des KGB verstärkt wurde.

Das Benehmen Chruschtschows war 1959 ganz anders als bei den Sitzungen des Politbüros von 1953 bis 1955, die ich hatte beobachten können (übrigens wurde ich nach 1955 kein einziges Mal mehr dazu eingeladen). Damals bemühte er sich ganz offensichtlich, im Schatten zu bleiben. Jetzt aber schob er sich mit sichtlichem Vergnügen in den Vordergrund, stellte den Referenten scharfe Fragen, unterbrach sie manchmal und gab gern zu verstehen, daß er das letzte Wort hatte. Auf mich machte er den Eindruck eines klugen, wahrhaft bedeutenden Mannes, der vielleicht etwas zu sehr von sich selbst überzeugt und für Schmeicheleien zugänglich war (was man im nachhinein leicht sagen kann) und dem es an allgemeinen Umgangsformen mangelte (was ich vielleicht auch erst später begriff).

Bei der oben erwähnten zwischenbehördlichen Beratung sprach nach Chruschtschow Ustinow. Er beschrieb kurz, jedoch konkret und sachkundig, was in den zahlreichen militärwissenschaftlichen und rüstungsindustriellen Organisationen getan und geplant wurde. Dann sagte er: »Ich stimme Ihnen zu, Nikita Sergejewitsch, daß es zu großen Fehlern bei der Festlegung des Vorgehens und der Prioritäten gekommen ist, und ich verspreche Ihnen, mit allen Kräften für eine Korrektur zu sorgen.«

Ustinow sprach mit leiser Stimme, so daß er zeitweilig kaum vernehmbar war und der Eindruck entstand, er wende sich nur an Chruschtschow. Dieser hörte ihm mit undurchdringlicher Miene, aber aufmerksam zu. Ich glaube, daß sich Ustinow nicht einfach wie ein Beamter oder gar wie der höchste Beamte des Apparats verhielt, sondern wie ein Mann, der eine bestimmte übergeordnete Aufgabe verfolgte. Ustinow nahm damals eine zentrale Stellung in der Rüstungsindustrie und der Konstruktion militärischer Güter ein, ohne sich allerdings in den Vordergrund zu drängen, was er Chruschtschow und anderen überließ. Ich durchschaute die Situation und dachte: »Das ist er, unser rüstungsindustrieller Komplex.« Damals war dieser Ausdruck in bezug auf die USA gerade in Mode gekommen. Später dachte ich das gleiche, als ich mit M. Smirnow zusammentraf, einem der Leiter der sowjetischen Rüstungsindustrie. Beide – Smirnow wie Ustinow – waren sehr tüchtig, erfahren und begabt, energisch, hatten große organisatorische Fähigkeiten, waren ihrer Sache, die *zum Selbstzweck wurde*, ganz und gar ergeben und ordneten dieser Aufgabe alles ohne das geringste Zögern unter. Männer dieses Schlages sind sehr wertvoll und manchmal – gefährlich. Nach Ustinow sprachen die Minister und die Chefs der Konstruktionsbüros. Im Unterschied zu ihm beklagten sie sich hauptsächlich über die objektiven Bedingungen und über die Zulieferindustrie.

1959 sah ich auch Breschnew zum erstenmal und ich glaube, es war kurz vor der erwähnten Beratung. Doch ich muß zunächst noch etwas weiter zurückgehen, zu den Ereignissen des Jahres 1957. Nach dem Tode Sawenjagins wurde das Politbüromitglied Perwuchin[3] zum Minister des MSM und Stellvertretenden Vorsitzenden des Ministerrats ernannt, der für den Komplex der neuen Militärtechnik verantwortlich war. Perwuchin begann seine Tätigkeit auf diesem Posten, wie Malyschew vier Jahre zuvor, mit einer Reise ins Objekt. Er traf mit zwei Sonderflugzeugen ein: Im ersten war der Minister mit seinen Referenten und der Leibwache, das zweite war für Dienstleistungen reserviert; es hatte unter anderem mehrere Kühlschränke mit Lebensmitteln an Bord, die für ihn persönlich bestimmt waren. Auf dem Platz vor dem Betriebseingang fand eine Versammlung der Werktätigen des Objekts statt, bei der Perwuchin eine Rede hielt. Dann machte man ihn in einer Reihe von Besprechungen mit den Aufgaben, die im Objekt bearbeitet wurden, mit den Perspektiven und Schwierigkeiten bekannt. Doch er kam nicht dazu, diese Kenntnisse in der Praxis anzuwenden. Zwei oder drei Monate später wurde die sogenannte antiparteiliche Fraktionsgruppe mit Molotow, Kaganowitsch, Bulganin, Perwuchin und »dem zu ihnen gestoßenen« Schepilow entlarvt[4]. Sie wollten Chruschtschow offenbar stürzen, ihre eigene prekäre Lage verbessern und die Wirren im Lande beseitigen, die durch den XX. Parteitag hervorgerufen worden waren. Heute würden wir sie einfach als Stalinisten bezeichnen, doch Chruschtschow vermied diesen Begriff, er war eine viel zu scharfe (und zweischneidige) Waffe. Wie durch ein Wunder gelang es Chruschtschow, mit der ihm und der ganzen Welt drohenden Gefahr fertig zu werden. Eine größere Rolle spielten dabei die Sekretäre der Gebietskomitees, die zuvor aus seiner Hand große Selbständigkeit erhalten hatten, und einige Mitarbeiter des zentralen Apparats. Alle »Fraktionsmitglieder« wurden ihrer Posten enthoben; einige schickte man einfach in Pension. Perwuchin ging als Botschafter in der DDR in die »Ehrenverbannung«, ebenso wie Molotow, der Botschafter in der Mongolei wurde. Nachdem Chruschtschow die Zügel wieder fest in der Hand hielt, begann er energisch, Schlüsselpositionen mit Personen zu besetzen, auf die er sich, wie ihm schien, verlassen konnte. Zu jener Zeit gelangten Ignatow[5], der ehemalige Sekretär des Gebietskomitees von Gorkij, sowie Furzewa, die ihm in den kritischen Momenten im ZK Beistand geleistet hatten[6], und andere ins Politbüro. Er führte auch eine Reorganisation an der Spitze des Apparats durch, was er später häufig und mit immer weniger Erfolg tat. Minister des MSM wurde anstelle von Perwuchin Jefim Pawlowitsch Slawskij – und er ist es immer noch, nach einem Vierteljahrhundert! Slawskij ist ausgebildeter Ingenieur, ich glaube, Hüttenfachmann. Er hat zweifelsfrei große organisatorische Fähigkeiten und verfügt über Arbeitseifer, ist entscheidungsfreudig und mutig, hinreichend einfühlsam, klug und bemüht, sich eine genaue Meinung zu jedem Thema zu bilden. Gleichzeitig ist er dickköpfig, oftmals intolerant; er ist ein Mann, der sowohl sanft und höflich wie sehr grob sein kann. Von seiner politischen und moralischen Einstellung her ist er ein Pragmatiker, der, wie mir scheint, die Chruschtschowsche Entstalinisierung und die Breschnewsche »Stabilisierung« aufrichtig befürwortete; er ist bereit, »zusammen mit der Partei zu schwanken«[7], verachtet Nörgler, Klugredner und Zweifler, begeistert sich für die Sache, der er vorsteht, sowohl für ihren militärischen Aspekt wie auch für ihre friedlichen Anwendungsmöglichkeiten; er war verliebt in die Technik, in Maschinen und Konstruktionen; für solche Lappalien wie die Strahlenkrankheiten des Personals von Atombetrieben und Uranbergwerken oder gar für die namenlosen und unbekannten Opfer von Kernwaffenversuchen, die mir Sorge bereiten, hat er keine rührseligen Gefühle übrig.

Früher war Slawskij der engste Gefährte Jakirs[8] in der Ersten Reiterarmee gewesen. In meiner Gegenwart erinnerte er sich gern an Episoden aus diesem Lebensabschnitt. Dem Charakter Slawskijs entsprach sein Äußeres: groß und stark gewachsen, kräftige Hände und breite Schultern, ein grobgeschnittenes, bronzefarbenes Gesicht und eine laute, feste Stimme. Eines Tages sah ich seine Frau und war überrascht von dem Kontrast der Personen: Sie machte den Eindruck einer kultivierten, ruhigen Frau, hatte einen altmodischen Hut auf und war nicht mehr jung. Er behandelte sie mit betonter Aufmerksamkeit und ungewöhnlicher Sanftheit.

Bei einem unserer letzten Treffen, als ich noch kein »Abtrünniger« war, sagte Slawskij: »Andrej Dmitrijewitsch, Sie machen sich Sorgen über den militärischen Einsatz der Kernwaffen. Widmen Sie Ihre Erfindungsgabe den friedlichen Zwecken der Kernexplosionen. Das ist ein gewaltiges und edles Betätigungsfeld, es dient dem Wohl der Menschen! Was allein die Erzlagerstätte Udakan kostet! Und die Verlegung von Kanälen, der Bau gewaltiger Staudämme, die das Gesicht der Erde verändern werden!«

Als Slawskij 1957 zum Minister des MSM ernannt wurde, wurde er jedoch nicht automatisch Stellvertretender Vorsitzender des Ministerrats wie vor ihm Malyschew, Sawenjagin und Perwuchin. Möglicherweise fehlte ihm dazu die entsprechende Stellung in der Parteihierarchie, oder Chruschtschow wollte keine Konzentration einer solchen Machtfülle in einer Hand. Jedenfalls ging ein Teil der Funktionen, die früher mit dem Amt des Stellvertretenden Ministerratsvorsitzenden verknüpft waren, an einen neuen Mann im zentralen Apparat über, den Chruschtschow von seinem früheren Platz, ich glaube, aus Kasachstan, angefordert hatte: nämlich an L. I. Breschnew[9]. Breschnew war schon früher eng mit Chruschtschow verbunden gewesen und genoß sein volles Vertrauen. Wahrscheinlich hatte Breschnews Einsatz bei der Neulandgewinnung etwas damit zu tun. Und so kam es, daß J. B. Chariton und ich im Frühjahr 1958 zum ersten Treffen mit der neuen Führung in den Kreml mußten.

Uns, der wissenschaftlichen Leitung des Objekts (ich war Stellvertreter des wissenschaftlichen Objektleiters), war bekannt geworden, daß entweder die Abteilung Verteidigung im ZK oder das Komitee für Wehrtechnik (KOT) einen Ministerratserlaß vorbereitete (jetzt geschah das nicht nur der Form nach, wie zu Berijas Zeiten), der uns vom militärtechnischen und militärwirtschaftlichen Standpunkt aus als völlig falsch erschien. Im Falle seiner Bestätigung durch den Ministerrat hätte der Erlaß Gesetzeskraft erlangt, was, wie wir meinten, zur Abzweigung großer intellektueller und materieller Mittel von wichtigeren Dingen geführt hätte (gemeint war der rüstungsindustrielle Bereich, es ging nicht um die Umverteilung von Mitteln für friedliche Zwecke). Chariton beschloß, sich an Breschnew zu wenden, der unter anderem die Entwicklung der neuen Militärtechnik betreute. Mich nahm Chariton »zur Verstärkung«, als junge Kraft, mit.

Breschnew empfing uns in seinem kleinen neuen Arbeitszimmer in demselben Gebäude, in dem ich einst Berija gesehen hatte. Als wir eintraten, rief Breschnew aus: »Ah, die Bombenbauer sind da!«

Während wir uns hinsetzten und uns mit der Umgebung »vertraut machten«, erzählte uns Breschnew, daß sein Vater, ein echter Proletarier, alle, die neue Geschütze zur Vernichtung von Menschen bauten, für große Übeltäter gehalten habe. Man müsse diese bösen Erfinder auf einen großen Berg führen, wo sie von allen Seiten zu sehen seien, und sie zur Abschreckung aufhängen. »Jetzt«, schloß Breschnew, »beschäftige ich mich selbst mit dieser bösen Sache, genauso wie Sie und ebenfalls in guter Absicht. Also, ich höre.«

Wir berichteten Breschnew, was uns Sorgen bereitete. Er hörte uns sehr aufmerksam an und notierte sich etwas. Dann sagte er: »Ich habe Sie völlig verstanden. Ich werde mich mit den Genossen beraten. Sie erfahren dann, was man beschlossen hat.«

Er stand von seinem Platz auf, begleitete uns freundlich zur Tür und drückte jedem von uns die Hand.

Der Erlaß wurde nicht angenommen.

1959, 1960 und in der ersten Hälfte des Jahres 1961 führte kein einziger Staat, der thermonukleare Waffen besaß, Versuche durch. (Mit Bestimmtheit kann ich das von der UdSSR, den USA und Großbritannien sagen. Ob in diesem Zeitraum Frankreich und die Volksrepublik China

Versuche durchführten, weiß ich nicht genau.) Das war das sogenannte Moratorium, der freiwillige Verzicht auf Versuche, der auf einer inoffiziellen Übereinkunft beruhte oder sich *de facto* ergeben hatte. Im Jahre 1961 traf Chruschtschow eine Entscheidung, die, wie immer, jene überraschte, die davon unmittelbar betroffen waren: Er beschloß, das Moratorium zu verletzen und Versuche durchzuführen. Im Juli hielt ich mich mit meiner Frau und den Kindern im Sanatorium auf, genauer gesagt, in der Pension des Ministerrats »Mischor« am Südufer der Krim. Wir hatten dort zum zweitenmal Urlaubsplätze erhalten und waren sehr zufrieden am Meer, in der Sonne und mit den Bedingungen in dieser Einrichtung für Privilegierte. Bald ging unser Urlaub zu Ende. Am Abend des 7. Juli erhielt ich einen Anruf aus dem Ministerium, und am nächsten Tag fuhren wir bereits nach Moskau.

Am Vorabend der Besprechung traf ich mich mit J. B. Chariton. Ich meinte, daß es vielleicht durch das morgige und die folgenden Treffen zur Verständigung mit der Führungsspitze, vor allem mit Chruschtschow, kommen könne. Chariton belächelte meine Naivität und bemerkte ziemlich bissig, daß man mit gegenseitigem Verständnis nicht zu rechnen brauche. Er sollte recht behalten.

Am 10. Juli, um 10 Uhr morgens, betrat ich denselben »Ovalen Saal«, in dem ich Chruschtschow zwei Jahre zuvor beim »Treffen der Partei- und Regierungsführer mit den Atomwissenschaftlern« – so hieß die Veranstaltung, zu der wir damals auf Chruschtschows Anordnung hin gebeten worden waren – gesehen hatte.

Chruschtschow unterrichtete uns sofort von seiner Entscheidung – sie habe mit der Veränderung der internationalen Lage und damit zu tun, daß die Gesamtzahl der von der UdSSR durchgeführten Versuche wesentlich geringer sei als jene der von den USA (und erst recht zusammen mit Großbritannien) durchgeführten Versuche: Im Herbst 1961 sollten die Kernwaffenversuche wiederaufgenommen werden; in ihrem Verlauf werde man unsere Kernmacht wesentlich verstärken und den Imperialisten demonstrieren, wozu wir fähig seien.

Obwohl Chruschtschow weder das Treffen mit Kennedy in Wien noch den bevorstehenden Bau der Berliner Mauer (wovon ich damals noch nichts wußte) erwähnte, war vollkommen klar, daß die Entscheidung über die Wiederaufnahme der Kernwaffenversuche aus rein politischen Überlegungen erfolgte und technische Motive eine noch geringere Rolle spielten als im Jahre 1958. Ein Vorschlag, die Entscheidung zu diskutieren, wurde selbstverständlich nicht gemacht. Nach der Rede Chruschtschows sollten die führenden Mitarbeiter kurz, nicht länger als jeweils zehn bis fünfzehn Minuten, über die Haupttendenz der Arbeiten berichten. Ich war in der Mitte dieser »Parade« an der Reihe, äußerte mich flüchtig über die Arbeiten an der Entwicklung der Waffen und erklärte, daß wir uns meiner Ansicht nach in einer Phase befänden, in der uns die Wiederaufnahme der Versuche in prinzipieller Hinsicht wenig einbringen würde. Dieser Satz wurde zur Kenntnis genommen, rief jedoch bei keiner Seite eine Reaktion hervor. Dann sprach ich über einige »exotische« Arbeiten in meiner Abteilung, wie zum Beispiel über die Möglichkeit, nukleare Explosionen für die Fortbewegung von Raumschiffen zu verwenden (in Analogie zum amerikanischen Projekt »Orion«, mit dem F. Dyson, der berühmte amerikanische Physiktheoretiker, gerade zu dieser Zeit beschäftigt war, wie ich aus seinem Buch erfuhr), und über einige andere Projekte aus dem Bereich der »Science Fiction«. Nachdem ich mich gesetzt hatte, ließ ich mir, da ich kein Papier mitgebracht hatte, von meinem Nachbarn (es war J. Sababachin) einige Blatt Papier aus seinem Notizblock geben. Ich schrieb eine Notiz (von der ich mir leider das Konzept nicht aufbewahrt habe) für N. S. Chruschtschow und gab sie durch die Reihen weiter. Darin hieß es, soweit ich ihren Inhalt nach zwanzig Jahren noch rekonstruieren kann:

> »An den Genossen N. S. Chruschtschow. Ich bin überzeugt, daß die Wiederaufnahme der Versuche vom Standpunkt der relativen Stärke der UdSSR und der USA jetzt unzweckmäßig ist. Nun, nach unseren Sputniks, können die USA die Versuche dazu nutzen, ihre Produkte höheren Anforderungen anzupassen. Sie haben uns früher unterschätzt, wir sind jedoch von der realen Situation ausgegangen.« (Es folgte ein Satz, den ich aus Geheimhaltungsgründen auslassen muß.) »Meinen Sie nicht, daß die Wiederaufnahme der Versuche den Gesprächen über den Versuchsstopp, der gesamten Abrüstung und der Friedenssicherung in aller Welt nur schwer zu behebenden Schaden zufügen wird?«
> Ich setzte meine Unterschrift darunter: »A. Sacharow.«

Nikita Sergejewitsch las die Notiz, warf mir einen Blick zu, faltete sie kreuz und quer zusammen und steckte sie in die obere Außentasche seines Anzugs. Als die Referate beendet waren, stand Chruschtschow auf, richtete einige Dankesworte »an alle Referenten« und fügte dann hinzu: »Jetzt können wir uns alle ausruhen, und in einer Stunde lade ich unsere werten Gäste im Namen des ZK-Präsidiums zum Mittagessen im Nachbarsaal ein, wo gerade alles Nötige hergerichtet wird.«

Eine Stunde später betraten wir alle den Saal, in dem eine große Festtafel für etwa sechzig Personen gedeckt war: Es gab Wein, Mineralwasser, Salate und grünlichen, das heißt sehr frischen, Kaviar. Die Mitglieder des ZK-Präsidiums kamen, nachdem sich die Wissenschaftler auf die ihnen zugewiesenen Plätze gesetzt hatten, als letzte in den Saal. Chruschtschow wartete, ohne sich zu setzen, bis alle zur Ruhe gekommen waren, und nahm ein Glas Wein in die Hand, als ob er einen Trinkspruch ausbringen wolle. Doch sogleich stellte er das Glas ab und begann über meine Notiz zu sprechen, zuerst beherrscht, doch dann erregte er sich immer mehr; sein Gesicht lief rot an, und zeitweilig schrie er beinahe. Seine Rede dauerte mindestens eine halbe Stunde. Ich bemühe mich, sie aus dem Gedächtnis wiederzugeben, doch sind nach zwanzig Jahren große Ungenauigkeiten möglich:

> »Ich habe von Akademiemitglied Sacharow eine Notiz erhalten. Hier ist sie. [Er zeigt sie vor.] Sacharow schreibt, daß wir die Versuche nicht benötigen. Doch ich habe Informationen, wieviele Versuche wir und wieviele die Amerikaner durchgeführt haben. Kann uns denn Sacharow wirklich beweisen, daß wir bei weniger Versuchen wertvollere Erkenntnisse gewonnen haben als die Amerikaner? Sind sie etwa dümmer als wir? Ich kenne die technischen Feinheiten nicht und kann sie auch nicht kennen. Doch die Zahl der Versuche ist wichtiger als alles andere, ohne Versuche ist jede Technik unmöglich. Oder etwa nicht?«

(Chruschtschow las die Notiz nicht vollständig vor, so daß den Hörern meine Argumentation nicht verständlich war.)

> »Doch Sacharow geht weiter. Von der Technik schreitet er zur Politik fort. Damit mischt er sich in Dinge ein, die ihn nichts angehen. Man kann ein guter Wissenschaftler sein und nichts von politischen Dingen verstehen. Denn die Politik ist so wie in dem alten Witz: Zwei Juden sitzen im Zug. Der eine fragt den anderen: ›Sagen Sie, wohin fahren Sie?‹ ›Ich fahre nach Shitomir.‹ ›So ein Schlaukopf‹, denkt der erste Jude, ›ich weiß ja, daß er wirklich nach Shitomir fährt, doch er sagt es nur, damit ich denken soll, daß er nach Shmerinka fährt.‹ Also überlassen Sie die Politik lieber uns Spezialisten

auf diesem Gebiet. Und erproben Sie Ihre Bomben, dabei werden wir Sie nicht stören, sondern Ihnen sogar helfen. *Wir müssen unsere Politik von einer Position der Stärke aus führen.* Wir sagen das nicht laut – aber es ist so! Eine andere Politik kann es nicht geben, eine andere Sprache verstehen unsere Gegner nicht. Wir haben Kennedy zur Wahl verholfen. Man kann sagen, daß wir ihn im vergangenen Jahr gewählt haben. Wir treffen uns mit Kennedy in Wien. Dieses Treffen könnte zum Wendepunkt werden. Doch was sagt Kennedy? ›Stellen Sie mir keine allzu großen Forderungen, bringen Sie mich nicht in eine angreifbare Lage. Wenn ich zu große Zugeständnisse mache, werde ich gestürzt!‹ Der Junge gefällt mir! Er kommt zu einem Treffen, aber tun kann er nichts. Wozu, zum Teufel, brauchen wir ihn dann, sollen wir uns mit ihm nur unterhalten und Zeit vergeuden? Sacharow, bemühen Sie sich nicht, uns Politikern zu diktieren, was wir zu tun und zu lassen haben. Ich wäre ein Schwächling und nicht Vorsitzender des Ministerrats, wenn ich auf solche Leute wie Sacharow hören würde!«

An der schroffsten Stelle unterbrach Chruschtschow sich jäh und sagte:

»Vielleicht reicht es für heute. Trinken wir also auf unsere zukünftigen Erfolge. Ich würde gern auch auf Ihre Gesundheit, liebe Genossen, trinken. Leider erlauben mir die Ärzte nichts außer Borshom-Wasser.«

Alle tranken. Ich drückte mich allerdings davor. Niemand schaute in meine Richtung. Während der Rede Chruschtschows saßen alle unbeweglich und schweigend da. Die einen hatten den Kopf gesenkt, die anderen hatten steinerne Mienen aufgesetzt. Mikojan [10] beugte sich tief über seinen Salatteller und versteckte das über sein Gesicht huschende Lächeln, sein blauschwarzes Haar berührte fast den Tisch. Nach einer kleinen Pause fügte Chruschtschow, der sich etwas beruhigt hatte, hinzu:

»Sacharow hat anscheinend viele Illusionen. Wenn ich das nächste Mal zu Gesprächen mit den Kapitalisten fahre, nehme ich ihn mit. Dann soll er sie und die Welt mit eigenen Augen sehen, vielleicht begreift er dann das eine oder andere.«

Dieses Versprechen hielt Chruschtschow nicht.

Nur einer kam nach der Beratung zu mir her und drückte seine Solidarität mit mir aus. Das war der inzwischen verstorbene J. A. Syssin.

Nach diesem für mich denkwürdigen Tag sah ich Chruschtschow noch zweimal. Das erste dieser Treffen fand noch vor den Versuchen statt, etwa Mitte August (nach dem Bau der Berliner Mauer und dem Flug Titows[11]; ich erinnere mich, daß Chruschtschow Titow erwähnte). Die Vorbereitungen zu den Versuchen liefen auf vollen Touren, und Julij Chariton erstattete darüber einen kurzen Bericht. Doch Chruschtschow kannte die Hauptzüge der vorgesehenen Versuche bereits; insbesondere wußte er von dem »superstarken« Produkt, das wir für die Erprobungen vorgeschlagen hatten. Ich nahm an, daß dieses Produkt in seiner »sauberen Variante«, also bei künstlich verminderter Stärke erprobt werden würde, die dennoch wesentlich größer war als die jedes anderen Produktes, das bisher erprobt worden war. Sogar in dieser Variante überstieg seine Stärke die der Bombe von Hiroshima um mehrere tausend Mal! Die Verringerung des Anteils der Spaltungsprozesse an der Gesamtstärke würde die Zahl der Opfer radioaktiver Niederschläge in den folgenden Generationen auf ein Minimum reduzieren, doch leider traf dies nicht auf die Opfer des radioaktiven Kohlenstoffs zu; ihre Gesamtzahl (über 5000 Jahre hinweg) war riesengroß. Während Charitons Vortrag saß ich schweigend in der Nähe Chruschtschows. Er fragte, wobei er sich eher an Chariton als an mich wandte: »Ich hoffe, Sacharow hat seinen Fehler eingesehen?«

Ich antwortete: »Mein Standpunkt ist unverändert. Mit meiner Arbeit führe ich einen Befehl aus.«

Chruschtschow brummte etwas vor sich hin, das ich nicht verstand. Danach hielt er eine kurze Rede. Ihr Hauptgedanke bestand darin, wie wichtig unsere Arbeit in der jetzigen angespannten Lage sei. Über die Berliner Mauer, den Hauptfaktor für den Anstieg der Spannung jener Tage, äußerte er sich nur beiläufig. Er erwähnte den Besuch eines amerikanischen Senators, der offenbar die Möglichkeiten von Kompromissen sondierte. Chruschtschow habe ihm von den bevorstehenden Versuchen berichtet, auch von der geplanten Erprobung einer 100-Megatonnen-Bombe. Der Senator wurde von seiner erwachsenen Tochter begleitet, die Chruschtschow zufolge in Tränen ausgebrochen sei. (Ergänzung 1988: Möglicherweise handelte es sich um den bekannten Politiker John Mac Cloy, der kein Senator war. Wenn ja, liegt hier ein Irrtum von Chruschtschow oder mir selbst vor.) Ende August fuhr Julij Borissowitsch

Chariton zu Breschnew, um doch noch eine Absetzung der geplanten Versuche zu erreichen. Ich war sehr froh, daß der wissenschaftliche Leiter des Objekts diesmal meinen Standpunkt teilte. Die Einzelheiten ihres Gesprächs sind mir nicht bekannt. Nach dem wenigen zu urteilen, was mir Chariton mitteilte, war die von ihm vorgebrachte Argumentation wohl zu eng gefaßt und zu technisch, als daß sie eine bestehende politische Entscheidung hätte umstoßen können. Seine Bemühung blieb erfolglos.

Die Vorbereitungen zu den Versuchen kamen schnell und leicht voran, da während der drei Jahre des Moratoriums ein großer »Vorlauf« an Ideen, Berechnungen und Entwicklungsarbeiten gesammelt worden war.

Neben den Versuchsexplosionen waren auf Anordnung von Chruschtschow auch Militärübungen unter Einsatz von Atomwaffen geplant (ich glaube, diese Pläne wurden bis auf eine Ausnahme nicht verwirklicht). Einer der Pläne sah folgendermaßen aus: Fünfzig strategische Bomber sollten das ganze Land in Gefechtsformation in der Stratosphäre überqueren, die Luftabwehr der »Blauen« überwinden und einen Bombenangriff auf einen befestigten Raum des »Gegners« fliegen. Dabei sollten 49 Maschinen Bombenmodelle und ein Flugzeug eine thermonukleare Gefechtsbombe abwerfen. Es gab auch »ernsthaftere« Pläne, nach denen ballistische Raketen eingesetzt werden sollten. Chruschtschow war wirklich kein »Feigling«!

Anfang Oktober machte ich mich auf den Weg nach Moskau, um die Berechnungen, vor allem die des »superstarken« Produkts, zu besprechen. Ich traf Gelfand nicht im Institut an und fuhr zu ihm nach Hause. Wir erörterten die dringenden Berechnungen. Während dieses Besuches sah ich nach langer Unterbrechung Israil Moissejewitschs Frau S. Schapiro wieder. Als ich Student war, leitete sie in unserem Studienjahr die Seminarübungen. Kurz vor meinem Besuch war der Familie Gelfand großes Leid widerfahren: Ihr Sohn war an Leukämie gestorben. Israil Moissejewitsch hat mir nie davon erzählt, doch vielleicht ist diese Tragödie die psychologische Ursache für seine langjährige und eifrige Beschäftigung mit den Problemen der mathematischen Biologie.

Am folgenden Tag fuhr ich zu meinen Eltern auf die Datscha. Vater war schon einige Jahre in Pension, machte jedoch zu Hause einige physikalische Versuche, hauptsächlich methodischer Art. Ein Jahr zuvor war in der Zeitschrift *Erfolge der physikalischen Wissenschaften* ein Artikel von ihm veröffentlicht worden, in dem er effektvolle und nicht unbedeutende Versuche zur Polarisierung des Lichts beschrieb. In dieser Zeit begann er wieder, viel auf dem Flügel zu spielen und – nach dreißigjähriger Unterbrechung – zu komponieren.

Mein Besuch kam unerwartet. Mutter machte auf der Terrasse gerade Apfelkonfitüre. Als sie mich erblickte, schlug sie die Hände zusammen und bereitete eilig Tee zu. Die Äpfel waren aus dem eigenen Garten. Vater investierte viel Arbeit in ihn, und zu seinen Lebzeiten brachte er keine schlechte Ernte.

Nach dem Tee zeigte mir Vater seine neuen Versuche. Er interessierte sich dafür, auf welche Weise in Bäumen das Wasser mit den darin gelösten Salzen von den Wurzeln über den Stamm zu den Blättern transportiert wird. Zu dieser Frage gab es damals in der Literatur viele widersprüchliche Theorien. Ich weiß nicht, ob jetzt Klarheit besteht. Auf Vaters Tisch in der Datscha beobachtete ich seinen Versuch: Eine gebogene Gerte, es war wohl eine Haselnußgerte, steckte mit ihren beiden abgeschnittenen Enden in zwei Gläsern. Zunächst war der Wasserstand in beiden Gläsern gleich hoch, doch nach einigen Stunden wurde eine merkliche Menge Wasser über die Gerte von dem einen in das andere Glas gepumpt. Die Pumprichtung entsprach immer der natürlichen Lage der Gerte. Mir scheint, daß dieser Versuch von seiner Einfachheit und seinem Informationsgehalt her als klassisch zu bezeichnen ist. Ich weiß nicht, ob er von noch jemandem in dieser Form gemacht wurde.

Ich fuhr zusammen mit Vater nach Moskau. Unterwegs sagte mir Vater, daß er vor kurzem während eines Spaziergangs heftige Herzschmerzen gehabt, sie jedoch Mutter verheimlicht habe. Er fügte hinzu, daß er sich jetzt wohl fühle, was seinen Kopf und seine geistigen Möglichkeiten betreffe, und im Vergleich mit früher überhaupt keine Veränderungen zum Negativen hin spüre.

Am nächsten Tag kehrte ich ins Objekt zurück.

Die größte Unruhe bereitete mir das »superstarke« Produkt und noch eines, das ich gleichsam »aus eigener Initiative« betreute. Es waren die letzten Tage vor dem Versand des »superstarken« Produkts. Für seine Montage war ein Spezialraum bereitgestellt worden; sie erfolgte direkt auf einem Eisenbahn-Flachwagen. In einigen Tagen sollte die Wand der Werkhalle abgebaut, der Flachwagen (wie immer bei Nacht) an einen Sonderzug angehängt werden und bei grünem Licht die Fahrt dorthin antreten, wo man das Produkt in die Bombenluke eines Trägerflugzeugs laden würde.

Jewsej Rabinowitsch, einer meiner Mitarbeiter, betrat mein Arbeitszimmer. Er lächelte verlegen und bat mich, in sein Arbeitszimmer zu kommen. Dort hatten sich schon alle Mitarbeiter der Abteilung versammelt, darunter auch Adamskij und Feodoritow, die das »superstarke« Produkt »leiteten«. Rabinowitsch begann, seine Überlegungen zu erläutern, denen zufolge das »superstarke« Produkt beim Versuch versagen würde. Er war einige Tage zuvor darauf gekommen, hatte es gerade der gesamten Abteilung, außer mir, mitgeteilt und bei der Mehrheit äußerst starke Zweifel gesät. Ich hatte mit Rabinowitsch seit sieben Jahren sehr eng zusammengearbeitet und schätzte seinen scharfen und kritischen Verstand, seine großen Kenntnisse, seine Erfahrung und Intuition sehr. Nun, da er zum zweitenmal Bericht erstattete, war er sehr präzise und entschieden in seinen Formulierungen. Seine Befürchtungen wirkten durchaus fundiert, ich war aber der Ansicht, daß seine Schlußfolgerung falsch war, was sich jedoch nicht absolut überzeugend beweisen ließ, denn wir verfügten nicht über genaue mathematische Verfahren, die dafür geeignet gewesen wären – zum Teil deshalb, weil wir in dem Bemühen, ein Produkt zu schaffen, bei dem man die Explosionsstärke erheblich erhöhen konnte, von unseren traditionellen Schemata abgerückt waren. Deshalb führten Adamskij, Feodoritow und ich, während wir Jewsej widersprachen, nur Schätzungen an (wie auch er). Schätzungen sind eine gute, allerdings subjektive Sache, und unter dem Eindruck von Emotionen können sie einen durchaus zu einem gravierenden Fehler verleiten. Ich beschloß, einige Änderungen an der Konstruktion vornehmen zu lassen, welche die Berechnungen der feinen Prozesse, von denen Jewsej gesprochen hatte, zuverlässiger machen sollten, und fuhr auf der Stelle in die Konstruktionsabteilung. Wenn ich von D. A. Fischman, dem Leiter der Konstruktionsabteilung, der Julij Borissowitsch Chariton vertrat, kein Wort des Vorwurfs hörte, so nur deshalb, weil die Situation viel zu ernst war. Die Konstrukteure gingen an diesem Tag so lange nicht nach Hause, bis sie die Zeichnungen an die Werkhalle weitergeleitet hatten; am folgenden Tag wurden die Änderungen vorgenommen. Ich beschloß, auch das Ministerium über die letzten Ereignisse zu informieren, und schrieb einen Bericht, der, wie mir schien, sehr durchdacht und vorsichtig formuliert war und, soweit möglich, nur die Beschreibung der Situation ohne eine Bewertung enthielt. Zwei Tage später rief mich Slawskij wutentbrannt an: »Morgen sollen Malinowskij [12] und ich zum Versuchsgelände fliegen. Soll ich jetzt etwa den Versuch absagen?«

Ich antwortete: »Der Versuch braucht nicht abgesagt zu werden. Davon habe ich in meinem Bericht nichts geschrieben. Ich habe es für nötig gehalten, Sie darüber zu unterrichten, daß dieser Versuch neue, potentiell gefährliche Momente birgt und daß unter den Theoretikern keine einheitliche Meinung über die Zuverlässigkeit besteht.«

Slawskij knurrte unzufrieden, war jedoch sichtlich beruhigt und hängte ein. Die Erprobungen des »superstarken« Produkts fielen zeitlich mit einer der letzten Sitzungen des XXII. Parteitags der KPdSU zusammen [13]. Das war natürlich kein Zufall, sondern Bestandteil des psychologischen Programms von Chruschtschow. Zuvor waren auf zwei Versuchsgeländen (in Kasachstan und in Nowaja-Semlja) beinahe so viele vom Verwendungszweck her unterschiedliche Explosionen gezündet worden wie während aller vorausgegangenen Versuche zusammen. Soviel ich weiß, wurde an einem anderen Ort außerdem ein rein militärischer Versuch durchgeführt.

Am Tage der Explosion des »superstarken« Produkts saß ich in meinem Arbeitszimmer am Telefon und wartete auf Nachrichten vom Versuchsgelände. Am frühen Morgen rief Pawlow an und teilte mir mit, daß das Trägerflugzeug sich bereits in der Luft über der Barentssee befinde und in Richtung Versuchsgelände fliege. Niemand war imstande zu arbeiten. Die Theoretiker trieben sich auf dem Korridor herum, kamen ständig in mein Zimmer und gingen wieder hinaus. Um 12 Uhr meldete sich Pawlow. Er rief mit feierlicher Stimme: »Seit über einer Stunde besteht mit dem Versuchsgelände und dem Flugzeug keine Verbindung mehr! Ich gratuliere zum Sieg!«

Der Sinn der Aussage über die Verbindung ist, daß eine starke Explosion Funkstörungen verursacht, da eine ungeheuere Zahl ionisierter Teilchen nach oben geschleudert wird. Die Dauer der Funkstörung charakterisiert qualitativ die Stärke der Explosion. Nach einer weiteren halben Stunde teilte Pawlow mit, daß die Wolke sechzig (oder hundert – nach 26 Jahren erinnere ich mich nicht genau) Kilometer hoch aufgestiegen sei. So etwas hatten wir bis dahin wirklich noch nie erlebt.

Im Zusammenhang mit dem »superstarken« Produkt steht ein Erlebnis, das meine damalige Einstellung gut charakterisiert; sie brachte mich dazu, selbst in den Fragen, mit denen ich mich formal gar nicht zu befassen hatte, Initiativen zu entwickeln und überhaupt gewissenhaft zu arbeiten. Diese Einstellung war sogar dann noch wirksam, als ich in einigen Fragen immer mehr von der vorgegebenen Linie abwich. Die Grundlage dafür war freilich mein Gefühl, daß unsere Arbeit außerordentlich wichtig war, und zur Erhaltung des Gleichgewichts in der Welt im Rahmen der gegenseitigen Abschreckung beitrug. Nach der Erprobung des »superstarken« Produkts beunruhigte mich der Umstand, daß es dafür kein gutes Trägersystem gab (Bomber kamen nicht in Frage, da sie leicht abzuschießen sind), wir also in militärischer Hinsicht ins Leere arbeiteten. Ich gelangte zu der Ansicht, daß als Trägersystem ein großer, von einem Unterseeboot zu startender Torpedo geeignet sei, und gab mich der phantastischen Idee hin, man könne für einen derartigen Torpedo ein atomares Wasser-Dampf-Staustrahltriebwerk entwickeln. Ziel eines Angriffs aus einer Entfernung von einigen hundert Kilometern sollten die gegnerischen Häfen sein. Der Krieg sei nach Zerstörung der Häfen verloren, versicherten uns die Seeleute. Der Rumpf des Torpedos könnte sehr stabil gebaut sein, weder Minen noch Sperrnetze würden ihm etwas anhaben. Die Zerstörung der Häfen wäre sowohl durch eine Überwasserexplosion, bei welcher der Torpedo aus dem Wasser »springt«, als auch durch eine Unterwasserexplosion herbeizuführen. Dies würde sehr viele Opfer kosten.

Einer der ersten, mit dem ich dieses Projekt besprach, war Konteradmiral F. Falin (vormals Gefechtskommandeur und wohl auch Held der Sowjetunion). Er war von meinem »kannibalistischen« Projekt schockiert und merkte an, daß man es bei der Kriegsmarine gewöhnt sei, einen offenen Kampf mit dem bewaffneten Gegner zu führen. Ihm sei der Gedanke an einen solchen Massenmord zuwider. Ich war beschämt und sprach nie wieder über mein Projekt. Jetzt kann ich über all das schreiben, ohne befürchten zu müssen, daß jemand diese Idee aufgreift. Sie ist zu phantastisch, fordert viel zu große Ausgaben, benötigt ein zu großes wissenschaftlich-technisches Potential und entspricht nicht den modernen, flexiblen Militärdoktrinen. Besonders wichtig ist, daß beim heutigen Stand der Technik ein derartiger Torpedo leicht auszumachen und auf dem Weg zum Ziel (beispielsweise durch eine Atommine) zu vernichten wäre. Die Entwicklung eines solchen Torpedos wäre zwangsläufig mit einer radioaktiven Verschmutzung des Ozeans verbunden und allein schon deshalb abzulehnen.

Neben dem »superstarken« Produkt hatte ich mich verstärkt mit einem anderen beschäftigt, das ich in Gedanken das »Initiativprodukt« nannte.

Ich hielt es für erforderlich, diese Versuchsserie völlig auszuschöpfen, damit sie die letzte wäre. Das »Initiativprodukt« erreichte bei einem der Parameter einen absoluten Rekord. Vorerst wurde es ohne »Bestellung« seitens der Militärs angefertigt, doch nahm ich an, daß früher oder später eine solche »Bestellung« eintreffen, dann aber sehr nachdrücklich ausfallen würde. Hierbei konnte eine Situation entstehen, die jener, welche im Jahre 1958 zur Wiederaufnahme der Versuche geführt hatte, analog gewesen wäre. Dies wollte ich um jeden Preis verhindern!

Slawskij mißbilligte dieses »Partisanentum«. In einer der Beratungen meinte er, daß »... die Theoretiker sich immer neue Produkte zur Erprobung ausdenken, während sie auf der Toilette sitzen, und gleich vorschlagen, sie zu erproben, bevor sie noch die Hose zugeknöpft haben ...« Die Theoretiker – damit war ich gemeint. Er nahm wahrscheinlich an, daß noch viele Versuche bevorstünden und man sich nicht zu beeilen brauche. Da das »Initiativprodukt« außerhalb der Erlasse lief, war dafür auch keine Kernladung vorgesehen. Natürlich wäre es leicht gewesen, diese Stoffe aus der Serienproduktion zu beziehen, doch Slawskij hatte keine entsprechende Anordnung unterschrieben.

Das einzige Mal in meinem Leben ließ ich meine Beziehungen spielen und montierte aus Stückchen, die ich mir bei den Mitarbeitern des FIKOBYN ausgeliehen hatte, Bauteile von Plutonium (oder Uran 235). Die Teile wurden mit Epoxidklebstoff zusammengefügt. Zum Glück wirkte sich diese Bastelarbeit in keiner Weise störend aus. Dabei wurde ich von Pawlow unterstützt, allerdings aus Gründen, die sich von den meinen unterschieden. Er war einfach der Ansicht, daß man sich immer voll ausgeben müsse, um bei der nächsten Serie auf einem maximal hohen Niveau zu beginnen. Und ich »gab mich voll aus«.

Am Tag vor der Erprobung des »superstarken« Produkts hatte ich einen sehr beunruhigenden Brief von Mutter erhalten. Sie schrieb, daß Vater anscheinend einen sehr schweren Herzanfall gehabt habe und ins Krankenhaus gebracht worden sei. Ich konnte nicht sofort losfahren und nicht einmal von zu Hause aus anrufen. Während der Erprobung war die Telefonleitung abgeschaltet, doch konnte ich vom Diensttelefon aus den Diensthabenden im Ministerium erreichen, und der verband mich mit Mutter. Vater hatte tatsächlich einen Infarkt gehabt und lag im Krankenhaus; unmittelbare Gefahr bestand nach den Worten der Ärzte nicht.

Am 4. November konnte ich endlich nach Moskau fahren. An diesem Tag wurde das »Initiativprodukt« erprobt. Vom Flugplatz aus rief ich Mutter an. Inzwischen durfte Vater Besuche empfangen. Ich fuhr sofort ins Krankenhaus in Ismajlowo. Doch zuvor rief ich noch Pawlow an und erfuhr, daß die Erprobung des »Initiativprodukts« erfolgreich verlaufen war.

Vater verbrachte anderthalb Monate im Krankenhaus. Wenn ich ihn besuchte, beklagte er sich nicht über seine Krankheit oder die Verhältnisse. Auch hier fand er Möglichkeiten zum Umgang mit interessanten Menschen; manchmal waren es rührende, manchmal einfach komische

Züge, die er an den ihn umgebenden Menschen, den Kranken, Ärzten und Schwestern, entdeckte. Doch mehrmals sprach er mit großer Unruhe davon, was im Falle seines Todes aus Mutter und meinem Bruder werden solle. Über mich meinte er betrübt: »Als du an der Universität studiertest, sagtest du, daß es dir Freude machen würde, die Geheimnisse der Natur aufzudecken. Wir suchen uns unser Schicksal nicht aus. Doch ich bin traurig, daß dein Leben anders verlaufen ist. Ich glaube, daß du glücklicher sein könntest.«

Ich weiß nicht mehr, was ich ihm antwortete. Wahrscheinlich schloß ich mich seinem Gedanken, daß wir uns unser Schicksal nicht aussuchen können, irgendwie an. Was hätte ich ihm an jenem Novembertag im Jahre 1961 sonst sagen sollen? ... Die Wendungen meines Schicksals, die ihn hätten hoch erfreuen – oder tief erschrecken – können, standen noch bevor. Von der erfolgten Erprobung durfte ich ihm nicht erzählen, und das hätte seine Frage ohnehin nicht beantwortet. Ich konnte mit ihm auch nicht darüber sprechen, daß mich das ethische Problem der Versuche bedrückte. Vater wußte von meinen auf friedliche Nutzung gerichteten thermonuklearen Arbeiten und war stolz auf sie. Doch dies war ihm zu wenig, als daß er sich nicht dennoch unbehaglich gefühlt hätte. Ich hätte ihm höchstens sagen können, daß ich mich ernsthaft mit Physik und Kosmologie beschäftigen wollte. Doch auch dies zeichnete sich damals erst sehr nebelhaft ab. Und das Entscheidende war: Ich wollte mir einfach nicht eingestehen, daß diese Gespräche die letzten sein sollten. Hier fühle ich mich schuldig; ich beging einen Fehler, der für viele Menschen typisch ist.

An eine Hinwendung zu politischen Dingen dachte ich damals noch nicht. Zehn Jahre später meinte Vaters Schwester Tanja, die ihn – obwohl sie die Älteste dieser Generation der Sacharows war – um viele Jahre überlebte, anläßlich der *Gedanken über Fortschritt, friedliche Koexistenz und geistige Freiheit*: »Dein Vater wäre stolz auf dich gewesen!«

Am 10. Dezember war ich zum letztenmal bei Vater im Krankenhaus. Er sagte, daß er am Tag zuvor einen Herzanfall gehabt habe, ähnlich dem, der ihn ins Krankenhaus gebracht hatte. Doch er habe beschlossen, diesen Anfall vor seinen Ärzten zu verheimlichen, da er sonst nicht nach Hause kommen würde. Ich versprach, ihn nicht zu verraten. Ich mußte am übernächsten Tag ins Objekt zurückfahren; vorher machte ich mit Mutter aus, daß vier Männer Vater in die Wohnung im dritten Stock tragen sollten; in keinem Fall durfte er allein hinaufsteigen. Doch Vater wollte von diesen angeblich überflüssigen Vorsichtsmaßnahmen nichts wissen, und Mutter, die ihn oben auf dem Treppenabsatz in Empfang nahm, konnte sich nicht einmischen. Ich weiß nicht, ob ich auf ihn hätte einwirken können, wenn ich einer der Träger gewesen wäre, doch der Gedanke quält mich. Man trug den Stuhl neben ihm her, und er ruhte sich auf ihm aus. Vater war zwei Tage zu Hause, und Mutter erinnerte sich, daß er sich immer wieder darüber freute. In der Nacht zum 15. Dezember starb Vater plötzlich. Seine letzten Worte betrafen mich: »Adja braucht noch nicht zu kommen.«

Er nahm an, daß ich noch im Objekt sei. Ich war jedoch schon am Vorabend wieder in Moskau eingetroffen, hatte jedoch nicht angerufen, da ich dies am nächsten Tag zu tun beabsichtigte. Am 17. Dezember wurde Vater auf dem Wwedenskoje-Friedhof in Moskau in demselben Grab wie seine Mutter, meine Großmutter, beigesetzt.

XV. 1962–1963
Gegen den Doppelversuch. Mutters Tod. Der Moskauer Vertrag

Im Februar oder März 1962 kam ein Erlaß des Präsidiums des Obersten Sowjets heraus, demzufolge viele Mitarbeiter der beiden Objekte, des Ministeriums, der Zulieferinstitute, der Versuchsbetriebe und Produktionsstätten sowie der Betriebe mit Serienfertigung und die Mitarbeiter der Versuchsdienste mit Angehörigen der zugeordneten Truppenteile für ihre Mitwirkung an den Versuchen ausgezeichnet wurden. Ich wurde zum dritten Mal mit der Medaille eines Helden der Sozialistischen Arbeit bedacht. Slawskij schickte mir einen ungewöhnlich schmeichelhaften Glückwunschbrief, der auch von seinen Stellvertretern und den Leitern der Verwaltungen unterschrieben war. Einige Mitarbeiter der Objekte und des Ministeriums wurden mit dem ersten oder zweiten Goldenen Stern ausgezeichnet. Chariton, Seldowitsch und Schtscholkin, die jeweils schon drei Sterne besaßen, erhielten Orden. Die Auszeichnungen wurden im Kreml in sehr feierlicher Atmosphäre überreicht, und zwar von Chruschtschow in Anwesenheit der Mitglieder des Politbüros und des Präsidiums des Obersten Sowjets. Ich erinnere mich, daß aus einem kleinen Seitenkorridor L. I. Breschnew herauslief, fast vorschoß, als ich in Richtung Saal ging. Er erblickte mich und begrüßte mich überschwenglich, indem er meine Hände ergriff, sie schüttelte und einige Sekunden nicht losließ.

Chruschtschow heftete mir den dritten Stern neben die beiden anderen und küßte mich. Nach der Zeremonie lud er uns wieder in den Festsaal; mir wurde der Ehrenplatz zwischen ihm und Breschnew zugewiesen, rechts von Chruschtschow saß Chariton. Die Rede, welche Chruschtschow diesmal hielt, war von ganz anderer Art. Er kam auf den Krieg und einige Episoden bei Stalingrad zu sprechen, rief die neben uns sitzenden Marschälle als Zeugen an, dankte uns für unsere Arbeit und sagte, daß sie den Ausbruch eines Krieges verhindern werde. Doch eine Gefahr bestehe noch. In diesem Zusammenhang erwähnte er den Verrat Penkowskijs[1], der nach seinen Worten den ausländischen Geheimdiensten außerordentlich wichtige Informationen übergeben hatte. Penkowskij war Stellvertretender Vorsitzender des Komitees für Wissenschaft und

Technik beim Ministerrat und KGB-Oberst gewesen. Kurz darauf wurde er der Spionage angeklagt und erschossen. Es gingen Gerüchte um, daß sein Fall fingiert sei und den Kampf in der Spitze des KGB und im Lande insgesamt widerspiegele. Doch es gab auch andere Gerüchte, denen zufolge er dem Westen Informationen über die sowjetischen Raketen auf Kuba übergeben habe, was sich bald auf die Kubakrise auswirkte. Penkowskij war der Schwiegersohn des Oberbefehlshabers der Raketentruppen, Nedelin, der kurz zuvor bei einem Raketenversuch umgekommen war.

In einem Artikel Feofanows, eines Gerichtsjournalisten, hieß es, daß Penkowskij nicht bei der Beerdigung seines Schwiegervaters gewesen sei, was als Beweis für seine Hartherzigkeit gegenüber einem Mann gewertet wurde, dessen Protektion er nun nicht mehr benötigte. Mir scheint, daß an dieser Argumentation etwas faul ist.

Am Schluß seiner Rede erwähnte Chruschtschow flüchtig die Episode mit meiner Notiz vom 10. Juli, sagte, daß Chariton und Sacharow gut gearbeitet hätten, und küßte uns der Reihe nach. Dann hielt Breschnew eine Rede, die auch mit Küssen endete. Als dritter sprach Marschall Malinowskij, der Verteidigungsminister. Er beschloß seinen Toast mit meinem Namen. Auf die Trinksprüche antworteten Chariton und A. P. Alexandrow, der spätere Präsident der Akademie, der dem verstorbenen Kurtschatow als Direktor des Instituts für Atomenergie gefolgt war. Alexandrow sprach von den Verdiensten »des teuren Nikita Sergejewitsch, der aus unserem Leben all das entfernt, was unseren Fortschritt behindert, was uns das Leben in der Vergangenheit vergiftete.« Abschließend meinte er, daß »die Verdienste Nikita Sergejewitschs auf dem Gebiet des echten Marxismus so groß sind, daß ich der Meinung bin: Wenn man überhaupt jemanden in die Akademie wählen muß, dann ihn.«

Alexandrow hatte sehr ernst begonnen, sprach dann aber so, daß unklar war, ob er nicht etwa Spaß machte. Chruschtschow griff diesen Ton auf und sagte ebenfalls halb scherzhaft, daß er sich mit den Akademiemitgliedern nicht messen könne und darauf auch keinen Anspruch erhebe.

Jetzt war ich an der Reihe. Ich entschloß mich, so zu tun, als antwortete ich nur auf den dritten Toast, und schlug vor, auf den Vertreter der ruhmreichen Streitkräfte, Marschall Malinowskij, zu trinken.

Direkt vom Kreml fuhr ich zu Mutter in die Alexej-Tolstoj-Straße, wo sie nach Vaters Tod mit meinem jüngeren Bruder Jura wohnte. Als Mutter mich mit allen meinen »Insignien« sah, stieß sie einen Laut der

Verwunderung aus. Das Jahr 1962 aber, das mit dieser so prunkvollen Parade begonnen hatte, wurde zu einem der schwersten meines Lebens.

Schon in den fünfziger Jahren war ich zu der Überzeugung gelangt, daß Kernwaffenversuche in der Atmosphäre ein direktes Verbrechen gegen die Menschheit sind, das sich, zum Beispiel, in nichts von einer heimlichen Verseuchung der städtischen Wasserleitung durch krankheitserregende Mikroben unterscheidet. Mit diesen Gedanken fand ich bei niemandem in meiner Umgebung Unterstützung. Ich sah, wie leicht die Menschen ihre Haltung dem anpassen, was für sie vorteilhaft scheint. Selbst mir sympathische Leute sagten: »Wenn Sie recht haben, dann muß man zuallererst Röntgenuntersuchungen verbieten, denn dabei ist die Dosis größer als bei Ihren Versuchen.«

Wenn ich versuche zu beweisen, daß es um die summarische Dosis für die ganze Menschheit geht, weil sie die Gesamtzahl der Opfer infolge schwellenunabhängiger biologischer Effekte bestimmt, versteht man mich nicht oder hält das für viel zu abstrakt. Die Röntgenuntersuchungen sind ein Problem für sich. Wahrscheinlich sollte man vermehrt zum Bildschirmverfahren übergehen, bei dem die Strahlungsdosen stark herabgesetzt sind. Im Jahre 1962 nahmen die abstrakten Streitgespräche plötzlich eine sehr konkrete Form an. Natürlich mußten der »Demonstrationsserie« von 1961 neue Versuche folgen. Meine Hoffnungen, daß man sich mit dem zufrieden geben könnte, was damals erreicht worden war, stellten sich als sehr naiv heraus. Im Sommer 1962 führten die USA und Großbritannien Versuche durch, und wir unternahmen gewaltige Anstrengungen, um herauszubekommen, was dort konkret vor sich ging; ich hatte an einigen Beratungen zu diesen Fragen teilzunehmen.

In diesem Zusammenhang erinnere ich mich eines Vorfalls, den ich nicht datieren möchte. Man zeigte uns zum großen Teil verzerrte Fotografien irgendwelcher Dokumente – offensichtlich hatte der Fotograf keine Zeit gehabt, seine Mikrokamera richtig einzustellen. Zwischen den Fotographien lag ein entsetzlich zerknittertes Original. Ich fragte naiv, warum das Dokument in einem solchen Zustand sei. »Sehen Sie, man hat es in der Unterhose hinaustragen müssen.«

Eines Tages wurde ich zu meinen Vorgesetzten gerufen, die mich baten, schriftlich einige Fragen zu beantworten. Meine Antworten sollten den Aufklärungsorganen übergeben werden. Unter den Fragen waren etwa solche (ich zitiere aus dem Gedächtnis): Welche Angaben über die amerikanischen Waffen wären für Ihre Arbeit und für die militärtechnische Planung der UdSSR überhaupt besonders wichtig? Worauf sollen sowjetische Wissenschaftler achten, die amerikanische Forschungslabors im Rahmen wissenschaftlicher Kontakte besuchen? Ich bemühte mich natürlich, diesen delikaten Auftrag möglichst gut auszuführen.

In der UdSSR war für den Herbst eine sehr folgenschwere Versuchsserie geplant. Hinsichtlich des radioaktiven Schadens beunruhigte mich vor allem, daß das stärkste (und deshalb auch das »schädlichste«) Produkt in doppelter Ausführung vorlag. Eine Variante des Produkts war von unserem Objekt vorgeschlagen worden, von meinem Mitarbeiter Boris Nikolajewitsch Koslow. Die andere Variante, die sich in ihren taktischen und technischen Kenndaten (Stärke, Gewicht, Kosten) kaum davon unterschied, war vom zweiten Objekt vorgeschlagen worden. Die erwartete Gesamtzahl der Opfer war bei jedem der beiden Versuche sechsstellig. Das Produkt war sehr wichtig, da es für einen sehr zukunftsträchtigen Träger vorgesehen war; bei erfolgreicher Erprobung sollte es in die Serienfertigung gehen und somit einen wesentlichen Teil der gesamten strategischen Stärke des Landes ausmachen. Es kam nicht in Frage, auf die Erprobung dieses Produkts vollständig zu verzichten. Doch zwei parallele Versuche waren überflüssig und durch nichts zu rechtfertigen, und da mir schien, man könne ohne Verluste für die Verteidigungsbereitschaft des Landes einen der Versuche streichen, *mußte* dies unbedingt getan werden. Der Kampf darum wurde dann in den folgenden Monaten zu meiner Hauptaufgabe. Leider geriet ich dabei in den Bereich mächtiger Behördeninteressen, und ich überzeugte mich sehr schnell, daß ich nicht über alle Trümpfe verfügte.

Ich bemühte mich, mir den Beistand J. B. Charitons zu sichern. Er war aus irgendeinem Grunde in unseren Bereich gekommen; ich begleitete ihn bis vor die Tür und legte ihm etwa eine halbe Stunde lang meine Überlegungen dar. Wir gingen auf dem asphaltierten Fußweg hin und her. In der Ferne stand der Wagen, mit dem Chariton wegfahren wollte; sein Chauffeur und sein »Sekretär« warteten. Chariton sagte: »Ich kann mich in diese Sache nicht einmischen. Sie kennen unsere schwierigen Beziehungen zu dem anderen Objekt; jede Einmischung meinerseits würde falsch ausgelegt werden. Dieses Produkt unterscheidet sich von unserem, was die Konstruktion betrifft; von diesem Standpunkt und vom Standpunkt des Ministeriums aus rechtfertigt dies parallele Versuche.«

Ich versuchte, Julij Borissowitsch zu beweisen, daß dies ein Fall sei, in dem solche Überlegungen in den Hintergrund treten müßten, doch ich merkte, daß es zwecklos war. Chariton, der mich in dem sehr scharfen *politischen* Konflikt von 1961 unterstützt hatte, auch wenn er unschlüssig und ineffektiv handelte und vermutlich zu früh den Rückzug antrat, kapitulierte diesmal vollständig. Trotzdem konnte ich dem Gespräch entnehmen, daß er mir Handlungsfreiheit einräumte. Unter anderem teilte ich ihm mit, daß ich die Frage mit Sababachin und Slawskij besprechen wolle. Einige Tage später fuhr ich nach Moskau und traf mich mit Slawskij. Er stimmte mit mir, so schien es, überein, daß für zwei Versuche keine Notwendigkeit bestehe, und falls der erste erfolgreich sei, könne man den zweiten absagen; man müsse aber beide Produkte vorbereiten. Er fragte, welches von den beiden Produkten man als erstes zu erproben habe. Ich antwortete, daß dies nicht sehr wesentlich sei, doch hielte ich unser Produkt von der Konstruktion her für einfacher und zuverlässiger, deshalb sei es vorteilhaft, es als erstes zu erproben. Damit trennten wir uns. Ich flog zum zweiten Objekt, um Sababachin von meinem Plan zu überzeugen. Als er vom Zweck meiner Reise erfuhr, berief er eine kleine Versammlung ein, an der fünf oder sechs Mitglieder des »Braintrusts« des zweiten Objekts teilnahmen. Obwohl ich von der Reise (über zwei Stunden mit dem Flugzeug und dann 100 Kilometer mit dem Wagen) ermüdet war, glaube ich, daß ich sehr plausibel und logisch argumentierte. Doch stärker als alles andere, so meinte ich, mußten die an einer Tafel hängenden farbigen Zeichnungen beider Produkte wirken. Als ich geendet hatte, trat für einige Sekunden Schweigen ein. Dann sagte Sababachin, ohne mir in die Augen zu blicken: »Wenn als erstes unser Produkt erprobt wird, dann können Sie natürlich machen, was Sie wollen. Doch wenn ihr Produkt als erstes erprobt wird, dann werden auch wir auf der Erprobung unserer Variante bestehen. Durch eine besondere Konstruktion kann sie sich als stärker erweisen, und dieser Unterschied mag wesentlich sein.«

»Um wieviel maximal?« fragte ich. »Um zehn Prozent?«

»Das kann ich jetzt nicht sagen.«

»Shenja, was tust du denn«, rief ich plötzlich aus, »das ist doch Mord!«

Sababachin schwieg. Die übrigen Teilnehmer der Beratung unterstützten ihren Vorgesetzten. Weiter gab es nichts zu besprechen. (Ich hätte natürlich unterstreichen sollen, daß in der gegebenen Situation jede noch so geringfügige Änderung der Produktparameter unzulässig sei. Doch mir kam die Möglichkeit solcher Änderungen gar nicht in den Sinn.)

Am nächsten Tag wollte ich nach Moskau zurückkehren. Auf dem Flugplatz von Kolzowo bei Swerdlowsk, von dem ich abfliegen sollte, wäre ich fast steckengeblieben. Alle Flüge auf dem gesamten Territorium der UdSSR waren eingestellt worden, da sich bei Suchumi eine große

Flugzeugkatastrophe ereignet hatte. Doch der Flughafenleiter machte für mich, den dreifachen Helden der Sozialistischen Arbeit, eine Ausnahme und ließ mich von einem Dienstflugzeug mitnehmen.

In Moskau teilte ich Slawskij mit, daß in Anbetracht der Position, die man im zweiten Objekt bezogen habe, dessen Produkt als erstes erprobt werden solle; im Prinzip bleibe unsere Übereinkunft jedoch in Kraft.

Slawskij antwortete: »Gut, ich habe mich ja mit Ihnen einverstanden erklärt.«

Doch als die Erprobungen begannen, brach er unsere Übereinkunft. Allerdings unter veränderten Voraussetzungen, die seiner Ansicht nach wesentlich waren.

Wie beschlossen, sollte das Produkt des zweiten Objekts als erstes erprobt werden. Doch einige Wochen vor dem Versuch wurde bekannt, daß man im zweiten Objekt entschieden hatte, das Gewicht der Konstruktion um etwa zehn Prozent zu erhöhen, um die Zuverlässigkeit des ziemlich »schwächlichen« und etwas sonderbaren Produkts zu steigern. Zweifellos hoffte man, dabei auch die Stärke zu erhöhen. Falls sich diese Hoffnungen erfüllten (natürlich unter Annahme einer merklichen Steigerung der Stärke, sagen wir um zwanzig Prozent), würde das Ministerium wahrscheinlich die Erhöhung des Gewichts »verzeihen«; unser Produkt würde niemanden mehr interessieren. Koslow würde gekränkt sein, und ich würde aufatmen können. Doch in Wirklichkeit kam es anders. Die bei dem Versuch gemessene Detonationsstärke des Produkts vom zweiten Objekt entsprach genau der berechneten Stärke unseres Produkts, das heißt, sie war unter Berücksichtigung des erhöhten Gewichts geringer als die von uns berechnete Stärke und nicht größer, wie man sich erhofft hatte. Damit war die Gewichtserhöhung nicht mehr gerechtfertigt, und das Produkt mit dem erhöhten Gewicht hätte in jedem Falle als zweites, als Ersatzprodukt, erprobt werden müssen. So wäre es auch gekommen, wenn beide Produkte nur einen Herrn gehabt hätten, oder wenn Slawskij *angeordnet* hätte, unser Produkt als erstes zu erproben. Doch Slawskij hatte keine derartige Anordnung getroffen, obwohl ihm als Ingenieur unser Produkt, wie ich annehme, von Anfang an besser gefiel. Er wollte die Beziehungen zum zweiten Objekt, zu »Ägypten«, nicht verderben und wollte abwarten, ob sich dort nicht ein »Wunder« ereignen würde. Das Wunder fand nicht statt.

Dies war die Situation, als Slawskij den Entschluß faßte, unsere mündliche Übereinkunft zu brechen und sieben Tage nach dem Versuch des zweiten Objekts unser Produkt erproben zu lassen. Sein Hauptargument stützte sich auf das geringere Gewicht unseres Produkts, das die taktischen Möglichkeiten, es mit einem bestimmten Träger einzusetzen, geringfügig verbesserte. Praktisch könnte es beispielsweise darum gehen, größere Freiheit bei der Wahl der Ziele für die Raketen der Startrampen zu haben, die am weitesten vom potentiellen Gegner entfernt waren. Dabei hinderte uns doch niemand, die dem Gegner nächstgelegenen Rampen für Fernziele und die weiter entfernten Rampen für Nahziele zu verwenden!

Von der Entscheidung Slawskijs erfuhr ich erst am 25. September, also am Tag vor dem Versuch, als ich mit dem Flugzeug im Objekt eintraf. Ich ging zu Julij Borissowitsch Chariton. Er wiederholte, daß er sich nicht einmischen wolle, obwohl er über die Erhöhung des Gewichts im zweiten Objekt empört war. Die nächsten zwei oder drei Stunden führte ich aus seinem Arbeitszimmer von seinem Trägerfrequenz-Telefon aus Gespräche. Ich wollte keine Zeit verlieren und nicht erst zu mir fahren, und außerdem dachte ich, daß mir Chariton irgendwann nützlich sein könne. Er saß an seinem Schreibtisch über irgendwelchen Papieren. Natürlich hörte er meine Gespräche, unterbrach mich aber nicht. Ich rief Slawskij an und sagte: »Sie haben die Übereinkunft gebrochen. Wenn Sie den Versuch nicht absagen, kommt eine große Zahl von Menschen sinnlos um.« (Ich nannte eine sechsstellige Zahl.)

Slawskij erwähnte das unterschiedliche Gewicht. Ich antwortete: »Sie wissen doch selbst, daß das eine Lappalie ist. Wir haben nie Produkte mit ähnlichen Parametern erprobt, und auch im gegebenen Fall ist es überflüssig. Es ist ein Verbrechen.«

Slawskij antwortete: »Die Entscheidung ist schon gefallen.«

»Wenn Sie sie nicht aufheben, kann ich mit Ihnen nicht mehr zusammenarbeiten. Sie haben mich betrogen.«

Slawskij schrie wütend: »Sie können gehen, wohin Sie wollen! Ich halte Sie doch nicht an der *Gurgel* fest!«

Er legte auf.

Ich beschloß, Chruschtschow anzurufen. Doch unter seiner Nummer im Kreml war er nicht zu erreichen. Sein Referent erklärte mir: »Nikita Sergejewitsch ist heute in Aschchabad und überreicht der Turkmenischen SSR den Leninorden.«

(Ich hätte es in der Zeitung lesen können, doch als ich am Morgen zum Flugplatz fuhr, hatte ich nicht an einem Kiosk angehalten, und später hatte ich andere Sorgen.) Ich rief in Aschchabad unter der Nummer an, die mir der Referent gegeben hatte. Nikita Sergejewitsch war im Theater bei der Festversammlung. Eine Stunde später versuchte ich noch einmal anzurufen.

Chruschtschows Stimme: »Genosse Sacharow, ich höre Sie.«

Ich hatte meine Erklärung vorbereitet, doch als ich sprach, spürte ich, daß sie nicht überzeugend und nicht sehr verständlich war. Die Verbindung war schlecht. Chruschtschow sagte: »Ich habe Sie nicht ganz verstanden. Was wollen Sie von mir?«

»Ich halte den Versuch für technisch sinnlos und überflüssig, er fordert unnötige Menschenopfer. Zwischen mir und Slawskij gibt es Meinungsverschiedenheiten. Ich bitte darum, den für morgen geplanten Versuch zu verschieben und eine Kommission des ZK zur Klärung unserer Meinungsverschiedenheiten einzusetzen.«

Chruschtschow erwiderte: »Ich fühle mich heute unwohl. Ich war sogar gezwungen, das Konzert zu verlassen. Ich rufe gleich den Genossen Koslow[2] an und bitte ihn, die Sache zu klären.«

»Vielen Dank, Nikita Sergejewitsch.«

* * *

Gewöhnlich kam ich gegen 9 Uhr morgens zur Arbeit. Aber am folgenden Tag rief mich meine Sekretärin um 8.30 Uhr mit unsicherer Stimme an: »Ein gewisser Koslow wünscht Sie zu sprechen.«

Fünfzehn Minuten später war ich bereits im Raum mit dem Trägerfrequenz-Telefon, doch erst nach fünfzehn bis dreißig Minuten konnte ich Koslow erreichen. Das Gespräch mit ihm entwickelte sich sofort ungünstig. Ich sagte, daß der geplante Versuch bis zur Klärung der Meinungsverschiedenheiten zwischen mir und Slawskij aufgeschoben werden müsse. Koslow ging nicht darauf ein und bemühte sich, mir weiszumachen, daß ich im Prinzip unrecht hätte: Je mehr starke Versuchsexplosionen wir durchführten, desto schneller würden sich die Imperialisten zur Einstellung der Versuche bereit erklären und desto weniger Opfer würde es geben. Dieses Gespräch war für mich völlig sinnlos. Ich konnte ihn natürlich von nichts überzeugen, und wahrscheinlich glaubte er selbst nicht an die Erwägungen, die er sich gerade ausgedacht hatte. Er wollte einfach keinen Streit mit dem einflußreichen Minister des MSM. Ich wiederholte auch meine Bitte, die Versuche bis zum Zusammentritt der ZK-Kommission zu verschieben. Ohne Erfolg. Schon fast ohne jegliche Hoffnung rief ich Pawlow an, der sich auf dem Flugplatz befand, von dem das Trägerflugzeug starten sollte. Vielleicht war der Versuch wegen ungünstiger

Wetterbedingungen abgesagt worden? Oder vielleicht konnte ich Pawlow überreden, den Versuch um einen Tag zu verschieben? Doch Pawlow teilte mir mit, daß die Versuche auf Slawskijs Anordnung um vier Stunden vorverlegt worden seien, daß das Trägerflugzeug schon die Barentssee überquert habe und sich bald im Zielanflug befinden werde! Offenbar hatte Slawskij befürchtet, daß es mir gelingen würde, Chruschtschow, dessen Handlungen oft schwer vorhersehbar waren, zu überreden oder sonst irgendwie auf die Abläufe einzuwirken, und er hatte beschlossen, sich gegen diese Gefahr abzusichern. Dies war meine endgültige Niederlage. Ein furchtbares Verbrechen gegen die Menschheit hatte sich ereignet, und ich hatte es nicht verhindern können! Ein Gefühl der Ohnmacht, unerträglicher Bitterkeit, der Scham und Erniedrigung erfaßte mich. Ich fiel mit dem Gesicht auf den Tisch und begann zu weinen.

Wahrscheinlich war dies die schrecklichste Lektion in meinem ganzen Leben: Man kann nicht auf zwei Stühlen sitzen! Ich beschloß, daß ich von nun an meine Kräfte hauptsächlich darauf konzentrieren würde, den Plan zur Einstellung der Versuche in der Atmosphäre, auf der Erde und unter Wasser zu verwirklichen. Dies war einer der Gründe, der Hauptgrund, weshalb ich meine Drohung Slawskij gegenüber, das Objekt unverzüglich zu verlassen, nicht wahr machte.

Eine Stunde später erfuhr ich vom vollen Erfolg unseres Versuchs und gratulierte Boris Koslow zu seiner großen Leistung.

Ich komme nun zu dem Bericht über meine Beteiligung am Abschluß des Moskauer Vertrags über das Verbot von Versuchen in der Atmosphäre, im Weltall und unter Wasser. Die Verhandlungen über das Verbot der Kernwaffenversuche zogen sich schon mehrere Jahre hin und waren wegen der Kontrolle unterirdischer Versuche in eine Sackgasse geraten. Es gab keinerlei Schwierigkeiten, die Einhaltung des Abkommens hinsichtlich der Explosionen in der Atmosphäre und auf der Erdoberfläche zu kontrollieren. Innerhalb von ein oder zwei Wochen verteilt der Wind die Explosionsprodukte über die ganze Erdhalbkugel, und wenn man regelmäßig, zum Beispiel in den USA, Luft- und Staubproben nimmt, kann man mit Sicherheit sagen, ob die UdSSR oder ein anderes Land das Abkommen über die Einstellung der Kernwaffenversuche verletzt. Das gleiche gilt für die Versuche im Weltraum und unter Wasser. Doch ganz anders sieht es mit der Registrierung unterirdischer Versuche aus. Sie werden zwar von einer seismischen Welle begleitet. Doch sofort erhebt sich die Frage, wie man eine Kernwaffenexplosion, besonders eine nicht sehr starke, von den ununterbrochen erfolgenden unterirdischen Stößen natürlichen Ursprungs unterscheiden soll. Als Ergebnis der langjährigen Arbeit Hunderter von Fachleuten stellte sich heraus, daß man sie tatsächlich unterscheiden kann, doch bei kleineren Explosionen wird es immer eine gewisse Unsicherheit geben. Und wenn ein Land wirklich eine Täuschung beabsichtigt, dann kann es einen großen unterirdischen Hohlraum vorbereiten und dort die Explosionen durchführen, wonach nichts mehr festzustellen ist. Diese technischen Probleme wurden von politischen überlagert, dem einmal fast verschwundenen, dann wieder heftig aufflammenden gegenseitigen Mißtrauen.

Igor Jewgenjewitsch Tamm gehörte zusammen mit Arzimowitsch und anderen mir bekannten Männern zu der Expertenkommission, die in Genf unter dem Vorsitz des Akademiemitglieds J. K. Fjodorow arbeitete, eines ehemaligen »Papaninzen« [3], der für die genaue Einhaltung der Parteilinie sorgte. Sie sprachen mit bemerkenswerten Menschen, wie dem Physik-Nobelpreisträger Hans Bethe, und gingen am Ufer des Genfer Sees spazieren. Doch einen Ausweg aus der Sackgasse konnten auch sie nicht finden.

Dabei gab es eine Lösung. Noch in den fünfziger Jahren hatten einige Journalisten und Politiker, zu denen auch der Präsident der Vereinigten Staaten D. Eisenhower gehörte, vorgeschlagen, ein Teilabkommen zu schließen und dabei die strittige Frage der unterirdischen Kernwaffenversuche auszuklammern. Die sowjetische Seite war jedoch der Diskussion dieses Vorschlags unter irgendeinem Vorwand ausgewichen. Im Sommer 1962 erinnerte mich Viktor Borissowitsch Adamskij, ein Mitarbeiter der theoretischen Abteilung, an den Vorschlag Eisenhowers und sprach den Gedanken aus, daß jetzt möglicherweise der geeignete Zeitpunkt sei, diese Idee erneut aufzugreifen. Seine Worte machten großen Eindruck auf mich, und ich beschloß, gleich zu Slawskij zu fahren. V. B. Adamskij gehörte schon seit zwölf Jahren zur theoretischen Abteilung und war einer ihrer erfahrensten Mitarbeiter. Er hatte fast gleichzeitig mit mir im Objekt angefangen, zunächst in Seldowitschs Abteilung. Nachdem dieser das Objekt hatte verlassen dürfen, (offiziell im Jahre 1963), wurde Adamskij mein Mitarbeiter. Faktisch war er es jedoch schon wesentlich früher. Er nahm an allen grundsätzlichen Entwicklungsarbeiten teil. Wie die Mehrheit der jungen Theoretiker des Objekts heiratete er ein Mädchen aus der mathematischen Abteilung. Seine Frau Issa und seine Tochter Lenotschka kannte ich gut. Er war sehr gebildet und interessierte sich wie die meisten Theoretiker für allgemeine politische Fragen. Meinen

Gedanken über den Schaden der Versuche begegnete er mit Sympathie, was für mich vor dem Hintergrund des allgemeinen Unverständnisses oder des Zynismus eine Ermutigung war. Ich ging gern in sein kleines Arbeitszimmer gleich bei der Treppe, um mit ihm über Politik, Wissenschaft, Literatur und das Leben zu plaudern. Zum letztenmal sah ich ihn vor zwölf Jahren. Er kam bei mir vorbei, um mir zu meinem fünfzigsten Geburtstag zu gratulieren.

Slawskij hielt sich damals in einem Regierungssanatorium in Barwicha, unweit Moskaus, auf. Ich wurde von einem Ministeriumswagen vor das Tor des Sanatoriums gebracht, entließ den Fahrer, und ging durch den wunderbar blühenden Garten zu dem Häuschen, in dem Jefim Pawlowitsch wohnte. Er begrüßte mich sehr herzlich – das war noch vor den gerade geschilderten Ereignissen im Herbst. Slawskij hatte eben erst eine Magenoperation überstanden, und er erzählte nicht ohne Stolz, daß ihn sein Freund Petrowskij[4], der später Akademiemitglied und Minister wurde, »selbst« operiert habe. Jetzt ruhte er sich aus und erholte sich von der Operation. Ich trug Slawskij die Idee des teilweisen Verbots vor, ohne Eisenhower oder Adamskij zu nennen, sondern sagte nur, daß dies ein politisch günstiger Ausweg aus der Sackgasse sei, in welche die Genfer Verhandlungen geraten seien. Wenn wir einen solchen Vorschlag einbrächten, dann würden ihn die USA fast mit Sicherheit aufgreifen. Slawskij hörte sehr aufmerksam und verständnisvoll zu. Am Ende des Gesprächs meinte er: »Malik[5] ist gerade da. Ich spreche noch heute mit ihm und teile ihm Ihre Idee mit. Entscheiden wird natürlich er selbst [das heißt N. S. Chruschtschow].«

Slawskij begleitete mich bis zur Tür.

Einige Monate nach unserem Konflikt über den Doppelversuch rief mich Slawskij an und meinte sehr versöhnlich: »Was auch immer zwischen uns vorgefallen sein mag, das Leben geht weiter, wir müssen unsere guten Beziehungen irgendwie wiederherstellen. Ich rufe Sie an, um Ihnen mitzuteilen, daß Ihr Vorschlag *oben* großes Interesse hervorgerufen hat, und wahrscheinlich werden von unserer Seite bald Schritte unternommen.«

Ich erwiderte, daß dies für mich eine sehr wichtige Nachricht sei. Einige Monate nach diesem Gespräch schlug die UdSSR den USA einen Vertrag über das Verbot von Versuchen in der Atmosphäre, unter Wasser und im Weltraum vor. Kennedy begrüßte diese Initiative Chruschtschows, und bald wurde der Vertrag in Moskau unterzeichnet[6]. Andere Länder konnten ihm sofort beitreten. Frankreich und die

Volksrepublik China schlossen sich dem Vertrag nicht an. Die von diesen beiden Ländern seit damals in der Atmosphäre vorgenommenen Versuche haben viele hunderttausend Opfer gekostet. Zur Zeit führt Frankreich keine Versuche in der Atmosphäre durch. In China wurde eine Kampagne gegen den Moskauer Vertrag entfacht; man bezeichnete ihn als »Betrug an den Völkern«. Dies war eine der Abgrenzungslinien Mao gegenüber, vielleicht auch gleichzeitig eines der Ziele des Moskauer Vertrags im Rahmen der »hohen Politik«.

Ich bin der Ansicht, daß der Moskauer Vertrag historische Bedeutung hat. Er rettete Hunderttausenden, vielleicht Millionen Menschen das Leben – denjenigen, die bei einer Fortsetzung der Versuche in der Atmosphäre, im Wasser und im Weltall unweigerlich umgekommen wären. Doch vielleicht ist es noch wichtiger, daß dies ein Schritt zur Verringerung der Gefahr eines thermonuklearen Krieges war. Ich bin stolz auf meine Beteiligung am Moskauer Vertrag.

Die Einstellung der Versuche in der Atmosphäre erforderte nach meinem Gespräch mit Slawskij im Sommer 1962 keine Anstrengungen mehr von mir, sie ergab sich gleichsam von selbst. Trotzdem nahm ich an, daß meine Anwesenheit im Objekt in einem kritischen Augenblick von entscheidender Bedeutung hätte sein können. Dies war einer der Gründe, die mich davon abhielten, das Objekt zu verlassen und wie Seldowitsch »in die Wissenschaft« zu gehen. Ich muß jedoch hinzufügen, daß ich mich in den sechziger Jahren weiterhin aktiv auf jenen Gebieten betätigte, auf denen ich bisher erfolgreich gewesen war, und mich daneben bemühte, meine Initiative in einige neue Richtungen zu lenken (hauptsächlich allerdings auf rein theoretische Art). Ab Herbst 1963 begann ich, mich sehr intensiv mit der »großen« Wissenschaft zu beschäftigen – doch dazu später.

Im Frühjahr 1962 hatte ich einen Brief von M. I. Bludow erhalten, der zusammen mit Vater das *Lehrbuch für Technika* verfaßt hatte. Er bereitete eine neue, überarbeitete Auflage vor und fragte mich, ob ich nicht bereit sei, die beiden letzten Kapitel, »Quantenmechanische und optische Erscheinungen« und »Der Atomkern«, neu zu schreiben. Ich sagte zu. Mehrere Monate lang arbeitete ich unter großer Anspannung. Im Jahre 1963 oder 1964 erschien das Lehrbuch. Ich bin bis heute der Ansicht, daß mir mein Beitrag durchaus gelungen ist. Mein Verhältnis zu Michail Iwanowitsch Bludow war gut, und ich denke gern an unsere gemeinsame Arbeit zurück.

Nach Vaters Tod hatte sich Mutters Gesundheit rapide verschlechtert. Sie litt an einem Lungenemphysem. Nur einmal, im Frühjahr 1962, gelang es mir, sie auf den Friedhof zu Vaters Grab zu fahren, später wurden ihr solche Fahrten zu beschwerlich. Den ganzen Sommer 1962 verbrachte sie mit ihrer Nichte Marina auf der Datscha. Wenn ich sie besuchte, fand ich sie sehr auf die Vergangenheit bezogen; sie überschätzte dann manchmal ihre Beziehungen zu einigen Menschen.

Ende März 1963 ging es ihr dann ganz schlecht. Ich brachte sie im Krankenhaus des MSM unter, das sich in der Nähe unseres Hauses befand. Am 14. April, dem ersten Osterfeiertag, war ich zum letztenmal bei ihr. Am 15. April rief man mich früh morgens aus dem Krankenhaus an und bat mich, sofort zu kommen. Als Mutters Schwester Tante Tusja, mein Bruder Jura und ich ihr Zimmer betraten, war Mutter schon ohne Bewußtsein.

Mutter wurde nach kirchlichem Ritus auf dem Wagankowskoje-Friedhof in Großmutters Grab beigesetzt. Daneben ruhen viele Mitglieder der Familie Sofiano, auch der Mann von Mutters Schwester Anna Alexejewna, Alexander Borissowitsch Goldenweiser, und dessen Schwester Tatjana Borissowna.

Mutter hatte Vater genau um ein Jahr und vier Monate überlebt.

XVI. Die Wahlen zur Akademie im Jahre 1964

Die Wahlen zur Akademie der Wissenschaften der UdSSR fanden turnusgemäß im Sommer des Jahres 1964 statt. Diese Wahlen erfolgen, wie ich bereits beschrieben habe, in zwei Etappen: Zuerst werden in den Abteilungen durch mehrmalige geheime Abstimmung so viele Akademiemitglieder und korrespondierende Mitglieder gewählt, wie der entsprechenden Abteilung Vakanzen zugeteilt wurden. Die Vakanzen werden durch Beschluß der Partei- und Regierungsorgane, formell durch den Ministerrat der UdSSR, festgelegt. Anschließend muß die Vollversammlung mit Zweidrittelmehrheit der in der Liste verzeichneten Mitglieder diese Kandidaturen bestätigen (nicht gerechnet werden diejenigen, die krankheitshalber oder wegen einer Auslandsdienstreise nicht an den Wahlen teilnehmen können), wobei das Präsidium der Akademie über jedes Mitglied namentlich eine offizielle Entscheidung trifft. (Zu welcher Kategorie ich jetzt wohl gezählt werde? ... Ich schreibe diese Zeilen in Gorkij.) In der überwiegenden Zahl der Fälle bestätigt die Vollversammlung automatisch die Beschlüsse der Abteilungen: Die Zahl der gegen die Wahl des Kandidaten abgegebenen Stimmen ist gewöhnlich minimal. Hauptsächlich sind es dieselben Akademiemitglieder, die bereits in der jeweiligen Abteilung gegen eine Kandidatur gestimmt haben. Die Mitglieder der anderen Abteilungen vertrauen jedoch traditionsgemäß den Ergebnissen des ersten Wahlgangs.

Während der Versammlung unserer Abteilung erfuhr ich, daß die Biologen ein korrespondierendes Mitglied ihrer Abteilung, N. I. Nushdin, zum Akademiemitglied gewählt hatten. Dieser Name war mir bekannt. Nushdin war einer der engsten Komplizen Lyssenkos, einer der Mitschuldigen an den pseudowissenschaftlichen Abenteuern und der Unterdrükkung der echten Wissenschaft sowie der Verfolgung echter Wissenschaftler. Meine Abneigung gegen Lyssenko wurde wieder wach. Ich erinnerte mich an das, was ich über die Tragödie der sowjetischen Genetik und ihrer Märtyrer wußte. In keinem Falle durfte die Bestätigung der Kandidatur Nushdins durch die Vollversammlung zugelassen werden. Mir kam deshalb der Gedanke, zu dieser Frage vor der Vollversammlung zu sprechen.

In einer Pause zwischen den Abstimmungen in der Abteilung trat ich zu dem Akademiemitglied Arzimowitsch und teilte ihm meine Sorge über die Kandidatur des Biologen Nushdin mit. Lew Andrejewitsch ruhte sich, auf einer Sessellehne sitzend, von den Abstimmungsschlachten aus. Er sagte: »Ja, ich weiß. Man müßte ihn durchfallen lassen. Doch trauen Sie sich, zum Beispiel, in der Vollversammlung das Wort zu ergreifen?«

»Wieso denn nicht?«, entgegnete ich und ging davon.

Die Vollversammlung sollte am nächsten Tag stattfinden. Ich wußte allerdings nicht, daß eine Gruppe Physiker und Biologen sich gleichfalls darauf vorbereitet hatte, das Wort zu ergreifen. Am Vorabend der Vollversammlung fand in der Wohnung des Akademiemitglieds und alten Lyssenko-Gegners W. A. Engelhardt (eines bedeutenden Biochemikers, Mitentdecker der Rolle des Adenosintriphosphats [ATP] bei der Zellenergieübertragung) eine vertrauliche Beratung statt, an der I. J. Tamm, M. A. Leontowitsch und andere teilnahmen. Man beschloß, daß Tamm, Leontowitsch und Engelhardt in der Vollversammlung sprechen sollten; die Redetexte wurden untereinander abgestimmt. Ich wiederhole: Von allem wußte ich nichts.

Die Vollversammlung begann wie üblich. Die Sekretäre der Abteilungen, ebenfalls Vollmitglieder, berichteten nacheinander über die Wahlergebnisse in ihren Abteilungen und gaben eine kurze Charakteristik der wissenschaftlichen Verdienste jedes Gewählten. Niemand stellte Fragen oder bat ums Wort. Die zuvor gewählte Zählkommission bereitete die Wahlzettel vor. Endlich kam die Reihe an den Sekretär der Abteilung Biologie (ich glaube, es war damals Oparin, der in der Vergangenheit Lyssenko unterstützt hatte). Er teilte mit, daß Nushdin in der Abteilung gewählt worden sei, und beschrieb ihn mit einigen Sätzen als einen hervorragenden Wissenschaftler und Biologen. Ich beschloß endgültig, das Wort zu ergreifen. Auf der Umschlagsseite der an die Vollmitglieder verteilten Broschüre, welche die Namen der von den Abteilungen aufgestellten Kandidaten enthielt, skizzierte ich die Thesen meines Redebeitrags (leider haben sich diese Thesen nicht erhalten) und bat ums Wort, indem ich die Hand hob (und damit Tamm, Engelhardt und Leontowitsch zuvorkam). Keldysch bat mich sofort ans Rednerpult. Ich sagte ungefähr folgendes:

»Die Satzung der Akademie stellt sehr hohe Anforderungen an diejenigen, die für würdig befunden werden, den Titel eines Akademiemitglieds zu tragen, sowohl hinsichtlich ihrer Verdienste vor der Wissenschaft als auch hinsichtlich ihrer Stellung in der Gesellschaft. Das korrespondierende Mitglied N. I. Nushdin, das von der Abteilung Biologie zur Wahl vorgeschlagen worden ist, wird diesen Anforderungen nicht gerecht. Zusammen mit dem Akademiemitglied Lyssenko ist er verantwortlich für den schmählichen Rückstand der sowjetischen Biologie, insbesondere auf dem Gebiet der modernen wissenschaftlichen Genetik, für die Verbreitung und Unterstützung pseudowissenschaftlicher Ansichten und Hochstapelei, für die Unterdrückung der wahren Wissenschaft und der wahren Wissenschaftler; für die Verfolgungen, die Entehrung, den Arbeitsentzug, die Entlassung und sogar für die Verhaftung und den Tod vieler Wissenschaftler.

Ich fordere Sie auf, gegen die Kandidatur von N. I. Nushdin zu stimmen.«

Als ich geendet hatte, trat in dem großen Saal für einige Sekunden Stille ein. Dann ertönten Rufe: »Eine Schande!« und gleichzeitig der Beifall des größeren Teils der Anwesenden, insbesondere aus den hinteren Reihen, wo die Gäste der Versammlung und die korrespondierenden Mitglieder saßen. Um das Rednerpult wieder zu verlassen, mußte ich bis zur Mitte der Bühne gehen und die mit einem Teppich ausgelegten Stufen in den Saal hinabsteigen. Während ich zu meinem Platz zurückkehrte und noch einige Minuten danach steigerten sich der Lärm im Saal und der Beifall immer mehr. Nicht weit von mir saß Lyssenko. Mit vor Wut gepreßter Stimme sagte er laut: »Einlochen sollte man solche Leute wie Sacharow! Vor Gericht mit ihm!«

Noch während ich sprach, baten Igor Jewgenjewitsch Tamm, W. A. Engelhardt und M. A. Leontowitsch ums Wort. Lyssenko sprang von seinem Platz auf und forderte in furchtbarer Erregung das Wort. Keldysch ließ zunächst Tamm, Leontowitsch und Engelhardt sprechen. Ihre Beiträge waren sehr gut, logisch und überzeugend. Genau wie ich begründeten sie, weshalb Nushdin nicht würdig war, zum Akademiemitglied gewählt zu werden. Lyssenko bezeichnete dies alles natürlich als empörende Verleumdung und behauptete, daß die Verdienste Nushdins sehr groß seien. Dann ergriff Keldysch das Wort. Er brachte sein Bedauern darüber zum Ausdruck, daß Akademiemitglied Sacharow einige Ausdrücke gebraucht habe, die in einer bedeutenden Versammlung unzulässig seien; er sei der Ansicht, daß Sacharow völlig unrecht habe, und hoffe, daß die Versammlung bei der Abstimmung die Kandidatur des korrespondierenden Mitglieds N. I. Nushdin gelassen, unvoreingekommen und gerecht behandeln und die Meinung der Abteilung Biologie berücksichtigen werde. Keldysch wandte sich an Lyssenko und fügte hinzu: »Ich bin mit Sacharow nicht einverstanden. Doch, Trofim Denissowitsch, jedes Akademiemitglied hat das Recht, im Rahmen der Geschäftsordnung das Wort zu ergreifen, und es steht ihm frei, seinen Standpunkt zu verteidigen.«

Sehr viel später erfuhr ich, daß der im Präsidium sitzende Leiter der ZK-Abteilung Agitation und Propaganda Iljitschow[1] während meiner Rede sehr unruhig geworden war und sich auch zu Wort hatte melden wollen. Er hatte das neben ihm sitzende Akademiemitglied P. L. Kapiza, von dem ich dies erfuhr, gefragt: »Wer spricht da?«

Kapiza antwortete: »Das ist der Vater der Wasserstoffbombe.«

Nach dieser Erläuterung hatte Iljitschow offenbar beschlossen, vorsichtshalber zu schweigen.

Eine Stunde später gingen alle ins Foyer hinaus, wo die Wahlurnen aufgestellt waren. Viele mir völlig unbekannte Menschen drückten mir die Hand und bedankten sich für meine Rede. Auch meine ehemalige Kommilitonin Katja Skubur, die damals Arzimowitschs Sekretärin war, sagte: »Alle von uns [das heißt die anderen Kommilitonen] werden von deiner Rede erfahren!«

Nushdin wurde nicht gewählt.

Meine Einmischung in den Fall Nushdin erwies sich zusammen mit meinem Kampf für die Einstellung der Erdexplosionen – wobei das letztere natürlich wichtiger war – als einer der Faktoren, die meine politische Tätigkeit und mein Schicksal bestimmten. Warum hatte ich mich zu einem solchen Schritt entschlossen, wie es mein öffentlicher Auftritt *gegen* die Kanditatur eines Mannes war, den ich nicht einmal persönlich kannte? Erstens wahrscheinlich deshalb, weil mir die Probleme der Freiheit der Wissenschaft, der wissenschaftlichen Aufrichtigkeit sehr am Herzen lagen: Die Wissenschaft schien mir und scheint mir heute noch einer der wichtigsten Bestandteile der Zivilisation zu sein, und deshalb ist jeder Anschlag auf sie besonders verdammenswert. Eine Rolle spielte auch der Zufall – die Tatsache, daß ich nichts von der Beratung bei Engelhardt gewußt hatte. Die endgültige Entscheidung traf ich impulsiv; vielleicht war es mein Schicksal gewesen.

Einige Tage später suchte mich ein mir persönlich bisher unbekannter, junger Biologe namens Jaurès Medwedjew auf, von dem ich allerdings schon gehört hatte. Er sagte, daß er in einem Forschungsinstitut arbeite und sich mit genetischen Problemen der Gerontologie befasse. Gleichzeitig sammle er seit sechs bis sieben Jahren Materialien zur Geschichte des Lyssenkoismus. Diese Arbeit werde dadurch erleichtert, daß er Zugang zu Archivmaterial habe. Er war sehr beeindruckt von meiner Rede und bat mich, ihm meine Worte möglichst genau zu wiederholen und ihm die ganze Situation zu schildern. All das notierte er sich, um es in seinem Buch aufzunehmen. J. Medwedjew ließ mir das Manuskript seines überaus interessanten Buches zur Ansicht da: es hieß *Die Geschichte der biologischen Diskussion in der UdSSR* oder so ähnlich[2].

Im Juli und August fuhr unsere ganze Familie wie in den vorausgegangenen Jahren in das Sanatorium »Mischor«. Auf dem Flugplatz von Simferopel kaufte ich vor dem Rückflug zufällig die Landwirtschaftszeitung, da es keine anderen Zeitungen gab. Im Flugzeug entfaltete ich sie und erblickte verwundert einen Artikel des damaligen Präsidenten der WASChNIL Olschanskij; darin wurde ich in wenig schmeichelhafter Weise erwähnt:

> »Der Ingenieur Sacharow, der zahlreiche ihm vom Medwedjew zugesteckte Briefe gelesen hatte, erlaubte sich in der Vollversammlung der Akademie der Wissenschaften der UdSSR, die sowjetische biologische Mitschurinsche Wissenschaft[3] und namhafte sowjetische Biologiewissenschaftler zu verleumden, und zerrüttete so die Arbeit der Vollversammlung.«

Der Autor bezeichnete mich wohl deshalb als »Ingenieur«, um meine Inkompetenz in Fragen der Biologie hervorzuheben und vor allem, um die Leser über meine eigene Akademiemitgliedschaft im dunkeln zu lassen. Das Erscheinen dieses Artikels zeigte jedenfalls, daß die Lyssenko-Anhänger zum Gegenangriff übergegangen waren und daß sie starke Unterstützung in den höchsten Partei- und Regierungskreisen fanden (aller Wahrscheinlichkeit nach in der Abteilung Landwirtschaft des ZK und in einigen anderen Abteilungen, im Landwirtschaftsministerium und, wie es hieß, bei Chruschtschow persönlich, dem vermutlich – wie früher Stalin – ihre verlockenden Versprechungen imponierten, daß sie die landwirtschaftliche Lage mit Hilfe der Mitschurinschen Wissenschaft schnell und leicht verbessern könnten). Ich beschloß, Chruschtschow einen Brief zu schreiben und ihm die Augen für die tatsächliche Situation zu »öffnen«. Selbstverständlich reichten meine Kenntnisse nicht aus, das ganze Problem vollständig zu erhellen, doch hoffte ich, daß der Brief dank meiner Stellung und meiner früheren persönlichen Kontakte zu Chruschtschow immerhin nützlich sein würde, zumal, da ich auch eine allgemeine Vorstellung von der Genetik, der molekularen Theorie der Vererbung und von den praktischen Anwendungsmöglichkeiten der Genetik hatte. Ich brauchte etwa eine Woche dazu, den Brief zu formulieren und ihn mit einem Finger auf der Maschine zu tippen. Ich arbeitete daran morgens von 6 bis 8 Uhr, da ich danach an Beratungen des Ministeriums teilnahm. Um den 10. September herum schickte ich meinen Brief an Chruschtschow. Er enthielt außer einem »populärwissenschaftlichen« Teil auch Belege für den Gruppen- und Mafiacharakter des Lyssenkoismus, der viele Partei- und Regierungsbehörden mit von ihm abhängigen Leuten durchsetzt hatte.

Von der Reaktion Chruschtschows auf meine Aktionen in der Biologie weiß ich nur gerüchteweise. Diese Gerüchte erreichten mich von verschiedenen Stellen, was ihre Zuverlässigkeit natürlich noch nicht garantiert. Man teilte mir mit, daß Chruschtschow sehr erzürnt gewesen sei, nachdem er von meiner Rede in der Vollversammlung erfahren hatte, die zusammen mit den Auftritten von Tamm, Leontowitsch und Engelhardt zur Ablehnung von Nushdins Kandidatur geführt hatte; er habe mit den Füßen gestampft und dem Vorsitzenden des KGB (damals Semitschastnyj) den Auftrag erteilt, kompromittierendes Material gegen mich zu sammeln. Angeblich habe Chruschtschow angemerkt: »Früher hat Sacharow die Erprobung der Wasserstoffbombe behindert, und jetzt mischt er sich wieder in fremde Angelegenheiten.«

Chruschtschow war nicht nur über meine Aktionen empört, sondern auch über die Haltung der Akademie insgesamt. Er hatte offenbar vor, sie teilweise zu reformieren und einige Institute anderen Behörden anzugliedern. Diese massive Reaktion ist damit zu erklären, daß Chruschtschow tatsächlich viel von den Vorschlägen der Lyssenko-Anhänger erwartete. Außerdem war er mit Lyssenko-Anhängern verwandtschaftlich verbunden (aber wie ich hörte, übten seine Frau und seine Tochter Rada einen guten Einfluß auf ihn aus). Hauptsächlich war er jedoch einfach deshalb gereizt, weil sich jemand in »seine« Angelegenheiten eingemischt hatte.

Er zeigte meinen Brief den anderen Mitgliedern des ZK-Präsidiums zunächst nicht. Möglicherweise war dies ein Zeichen seiner Verwirrung und seines Zweifels. Der Brief kam den anderen Mitgliedern des ZK-Präsidiums erst kurz vor dem Oktoberplenum des ZK, in dem Chruschtschow abgesetzt wurde, vor Augen. Ich erfuhr, daß zu den vielen Anschuldigungen an die Adresse Chruschtschows, die M. A. Suslow im Namen des Politbüros in seiner Rede vorbrachte, auch der Vorwurf gehörte, daß kein Einvernehmen mit den Wissenschaftlern mehr bestehe und er dem ZK-Präsidium Sacharows Brief zwei Wochen lang verheimlicht habe.

Ich hörte auch Details über den Sturz Chruschtschows. Chruschtschow und Mikojan hatten Urlaub am Schwarzen Meer gemacht und waren dringend zu einer Sitzung des Präsidiums gebeten worden. Auf dem Moskauer Flughafen wurde Chruschtschow von niemandem begrüßt. Verwundert und beunruhigt raste er in den Kreml und betrat den Sitzungssaal des Politbüros. Auf die Frage »Was macht ihr hier?« antwortete Suslow: »Wir behandeln die Frage der Ablösung Chruschtschows von seinen Ämtern.«

»Seid ihr verrückt geworden? Ich werde anordnen, euch alle unverzüglich zu verhaften.« Er lief in den Empfangsraum hinaus und rief Verteidigungsminister Malinowskij an: »In meiner Eigenschaft als Oberkommandierender befehle ich Ihnen, die Verschwörer unverzüglich zu verhaften.«

Malinowskij erwiderte, daß er Mitglied der KPdSU sei und nur einen Beschluß des ZK der KPdSU ausführen werde. Chruschtschow rief den Vorsitzenden des KGB Semitschastnyj an und erhielt eine Absage mit etwa der gleichen Begründung. (Einige Jahre später ersetzte L. I. Breschnew, der neue Führer, Semitschastnyj durch Andropow.)

Der Sturz Chruschtschows bedeutete die endgültige Niederlage Lyssenkos und seiner Anhänger. Einige Jahre lang erhielt ich zum neuen Jahr regelmäßig Glückwunschkarten von dem einst geächteten Genetiker N. P. Dubinin, der nun Akademiemitglied und Direktor des Genetikinstituts der Akademie geworden war. In seinen Postkarten unterstrich er die Bedeutung meiner Aktionen für die veränderte Lage der Genetiker.

Im Jahre 1964 wußte ich noch nichts von der Rolle, die Nushdin möglicherweise für das Schicksal Timofejew-Ressowskijs[4] gespielt hatte. Ich berichte hier trotzdem darüber, allerdings mit der Einschränkung, daß einige meiner Informationen nicht aus erster Hand und deshalb vielleicht nicht exakt sind. Der Biologe und Genetiker Timofejew-Ressowskij, der sich mit der Wirkung von Strahlen auf die Vererbung und mit anderen Fragen der Genetik beschäftigte, war Mitte der zwanziger Jahre nicht aus

Deutschland in die UdSSR zurückgekehrt. Er setzte seine Forschungen in einem der Berliner Laboratorien fort. Zusammen mit ihm waren seine Frau und sein Sohn in Deutschland geblieben. (Während des Krieges kam sein Sohn offenbar in einem Konzentrationslager um.) Bald nach Kriegsende tauchte Nushdin in dem Laboratorium auf, das sich in der Sowjetzone befand. Er verlangte von Timofejew-Ressowskij die Herausgabe des Forschungsmaterials, wobei ihm die Drosophilae-Kulturen und irgendwelche Bakterienstämme besonders wichtig waren. Timofejew-Ressowskij weigerte sich, irgend etwas herauszugeben. Bald darauf wurde er verhaftet, zwangsweise in die UdSSR gebracht und in ein speziell für ihn eingerichtetes Laboratium, eine »Scharaschka« im Ural, gesteckt. Er lebte dort bis Ende der fünfziger oder Anfang der sechziger Jahre als Häftling und mußte mit den ihm zugeteilten Mitarbeitern die Weisungen der Ersten Hauptverwaltung, die später MSM hieß, ausführen. Seldowitsch erzählte mir, daß er 1951 oder 1949 mit Mieschik auf dem Versuchsgelände Schach gespielt und dieser ihm versichert habe, Timofejew-Ressowskij sei während des Krieges an Häftlingsversuchen in deutschen Lagern beteiligt gewesen. Natürlich war das eine glatte Lüge. Mieschik leitete zu jener Zeit die geheime Abteilung der Ersten Hauptverwaltung, er war lange einer der engsten Vertrauten Berijas gewesen und wurde zusammen mit ihm, wie bereits erwähnt, 1953 erschossen.

Bald nach Timofejew-Ressowskijs Freilassung, also Ende der fünziger oder Anfang der sechziger Jahre, erhielt ich einen Brief von seiner Frau. Sie bat mich, zwischen ihr und den Sacharow-Brüdern, besonders Nikolaj, eine Verbindung herzustellen. Damals lebte Vater noch, und ich übergab ihm den Brief. Ich erfuhr, daß die Gebrüder Sacharow sowie Tante Shenja und Tante Tanja mit der Familie von Timofejew-Ressowskijs Frau, ihr selbst und ihren Schwestern gut bekannt waren. Das war eine deutsche Familie, welche die russische Sprache und die russischen Gebräuche übernommen hatte. Einer der Brüder (ich glaube, der jüngste, Jura) war in Timofejew-Ressowskijs (zukünftige) Frau verliebt gewesen, doch sie hatte ihm ihren künftigen Mann vorgezogen. Es waren insgesamt neun Schwestern; eine davon lebte zu Beginn des Krieges in Deutschland, die übrigen in Tula. Eine der Schwestern besuchte uns oft in der Granat-Gasse. Ich kann mich gut an sie erinnern; Vater, Tante Shenja und Onkel Wanja waren mit ihr befreundet. Während der (sehr kurzen) Besetzung Tulas durch die Deutschen bat die älteste Tochter einen deutschen Offizier um Hilfe bei der Suche nach ihrer Schwester, die sich in Deutschland befand, und gab ihm einen Brief für sie mit. Nach dem Einmarsch der sowjetischen Truppen in Tula wurden alle acht Schwestern verhaftet und fielen der Abwehrorganisation SMERSCH in die Hände. Sie wurden wohl alle erschossen. In den folgenden Jahren hielt Timofejew-Ressowskijs Frau die Verbindung mit Tanja Shenja bis zu deren Tod und mit Tante Tanja bis zu ihrem eigenen Tode Ende der siebziger Jahre aufrecht.

Ich möchte nun noch über eine Aktion berichten die in gewisser Weise meine politische Tätigkeit der folgenden Jahre vorwegnimmt, nämlich mein Eintreten für Menschen, die Opfer von Ungerechtigkeit geworden waren. Zu dieser Aktion kam es schon im Jahre 1962, doch halte ich es für angebracht, hier darauf einzugehen.

In der Zeitung *Nedelja* (Die Woche) las ich den Artikel eines Staatsanwalts über ein von ihm aufgedecktes Verbrechen. Die *Nedelja* ist die Wochenendbeilage der *Iswestija*, jedoch nicht im Abonnement enthalten. Es ist die Zeitung, die später über meine Schwiegertochter Lisa Alexejewna, über Ljusja, über mich selbst und weitere Andersdenkende nichts als Verleumdungen brachte. Der Fall, den der Staatsanwalt aufgedeckt hatte, war folgender: Ein alter Mann in einer kleinen Stadt hatte in Heimarbeit bei sich zu Hause im Schuppen einige falsche Münzen hergestellt und sie im Hof vergraben. Für eine dieser Münzen kaufte er sich anscheinend Milch. Offenbar hatte er seinen Freunden geheimnisvolle Andeutungen über einen Schatz gemacht, doch seiner Frau hatte er alles verheimlicht. Einer seiner Freunde erzählte es weiter. Schließlich wurde bei dem Alten eine Haussuchung gemacht, und man fand in seinem Schrebergarten in ein Taschentuch eingewickelte gefälschte Rubel. Der Alte wurde verhaftet, es kam zu einem Schauprozeß, und, so schrieb der Staatsanwalt, man verurteilte ihn auf vielfaches Verlangen der Werktätigen als besonders gefährlichen Verbrecher zum Tode durch Erschießen.

Diese Strafe schien mir in keiner Weise der Schwere des Verbrechens zu entsprechen, das ja eigentlich gar keines war. Der Alte war eher geisteskrank. Ich schrieb einen entsprechenden Brief an die Redaktion der *Nedelja*, unterzeichnete mit allen meinen Titeln und bat, meinen Brief an die Staatsanwaltschaft weiterzuleiten. Dieser Fall war insofern typisch für die sowjetische Justiz, als ein sehr hartes Urteil auf Grund eines gerade erst erlassenen Gesetzes zu erwarten war. Dieses Gesetz sieht die Todesstrafe vor für umfangreiche Entwendungen staatlichen Vermögens, umfangreiche Devisenoperationen (in der UdSSR ist das ein sehr eigentümlicher Begriff, da der Staat selbst den Umtausch der Devisen zu Zwangskursen vornimmt und mit niemandem diese Einnahmequelle teilen will), privatunternehmerische Tätigkeit im großen Umfang und schließlich auch für Falschmünzerei.

Dieses ungewöhnlich strenge Gesetz führte zu vielen Tragödien, furchtbaren Ungerechtigkeiten und zum Tode von Menschen, die nach westlichen Maßstäben oftmals überhaupt kein Verbrechen begangen hatten (zum Beispiel der Organisator eines Untergrund-Kartells, das Kolchosen an das Stromnetz anschloß oder aus Ausschuß Massenbedarfsartikel fertigte). Interessant ist, daß das KGB alle diese Fälle vom Innenministerium (MWD) und von der Staatsanwaltschaft übernahm. Das Gesetz wurde aus einem bestimmten »Anlaß« verabschiedet. Zwei großkalibrige Geschäftemacher namens Rokotow und Fajbyschenko, die mit Juwelierwaren spekuliert hatten, waren bereits zu fünfzehn Jahren Haft verurteilt worden. Das war damals die Höchststrafe für ihr Verbrechen. Jedoch stellte sich heraus, daß die Verbrecher auch Personen aus höchsten Kreisen mit Juwelierwaren versorgt und »geplaudert« hatten. Um sie endgültig zum Schweigen zu bringen, wurde der Erlaß über die Todesstrafe herausgegeben. (Ein Erlaß des Präsidiums des Obersten Sowjets wird formal nach der Bestätigung durch den Obersten Sowjet während seiner Sitzungsperiode zum Gesetz, faktisch jedoch wird er schon vor diesem Zeitpunkt als Gesetz angewandt.) Rokotow und Fajbyschenko kamen zum zweitenmal vor Gericht und wurden wegen eines Verbrechens, das sie vor der Verabschiedung des neuen Gesetzes verübt hatten, und in Abänderung des früher ergangenen milderen Urteils zum Tode verurteilt. Damit wurden wesentliche juristische Normen verletzt. Irgendein Jurist im Westen brachte seine Mißbilligung zum Ausdruck, doch damit hatte die Sache ihr Bewenden.

Der alte Falschmünzer war ebenfalls unter diesen neuen Besen geraten. Zwei Wochen nachdem ich meinen Brief abgeschickt hatte, erhielt ich vom Chefredakteur der *Nedelja*, Pljuschtsch (nicht zu verwechseln mit dem Bürgerrechtler Leonid Pljuschtsch[5]), eine Antwort. Der Redakteur teilte mir mit, daß mein Brief an die Staatsanwaltschaft weitergeleitet worden sei und man die Antwort erhalten habe, daß die Todesstrafe in der UdSSR nur in Ausnahmefällen für besonders schwere Verbrechen verhängt werde (ich hatte geschrieben, daß es nötig sei, bei Verhängung dieser Strafe besondere Vorsicht an den Tag zu legen). Was den alten Mann betreffe, so sei das Urteil bereits vollstreckt worden. In dem Zeitungsartikel, schrieb der Redakteur weiter, habe man leider nicht erwähnt, daß der alte Mann früher wegen Beteiligung an einem bewaffneten Überfall verurteilt worden sei und zwei Jahre Haft verbüßt habe. Das Gericht habe diesen Umstand bei der Urteilsfindung berücksichtigt. Mir war natürlich klar, daß ein Urteil in einem früheren Verfahren, über das, abgesehen von der nach sowjetischen Maßstäben minimalen zweijährigen Haftstrafe, keine Einzelheiten mitgeteilt wurden, nichts an der Ungerechtigkeit des Urteils änderte, das für ein »Falschmünzerei-Spiel« ergangen war. Diese erste Strafsache, mit der ich konfrontiert wurde, hinterließ in mir einen bitteren Eindruck.

Zweiter Teil

I. Vor der Wende

Die Jahre 1965–1967 waren nicht nur eine Periode intensivster wissenschaftlicher Arbeit, sondern auch die Zeit, in der ich mich dem Bruch mit der offziellen Haltung in politischen Fragen näherte, der Wende in meinem Schaffen und meinem Schicksal.

Ich arbeitete in diesen Jahren weiterhin im Themenbereich des Objekts und verbrachte dort einen großen Teil meiner Zeit. Innerhalb dieses Themenbereichs trat jedoch die Entwicklung von Prototypen in den Hintergrund. Die Arbeit ging in neue Richtungen – neue Probleme stellten sich: das des Detonationsbrütens (Gewinnung radioaktiver Stoffe, die sich infolge Neutroneneinfangs in Uran und Thorium gebildet haben, durch Sammeln der Produkte von unterirdischen Detonationen), und das der Verwendung von Kernenergie für Weltraumflüge; diese beiden Projekte habe ich bereits erwähnt. Besonderen Aufschwung nahm die Entwicklung von Spezialsprengsätzen für friedliche Zwecke (bei Abräumbewegungen in Erzlagerstätten, darunter im Kupfererzvorkommen von Udokan, bei der Errichtung von Dämmen zum Bau von Kanälen, bei Sprengungen zur Auslösung von gebundenem Erdöl, das in der Natur reichlich vorhanden ist, und zum Verschließen von Erdöl- und Erdgasausbrüchen infolge eines technischen Defekts). Hinzu kam die theoretische und experimentelle Erforschung möglicher Verfahren zur friedlichen Nutzung von Kernexplosionen. Das erste und das zweite Objekt eiferten auf diesen Gebieten mit verschiedenartigen Projekten um die Wette. Der praktischen Verwirklichung all dessen stand jedoch immer die überaus ernste Gefahr einer radioaktiven Verseuchung des Bodens, des Grundwassers und der Luft entgegen. Auch einige andere Ideen wurden untersucht. Doch bei beiden Objekten verlagerte sich der thematische Schwerpunkt auf die Probleme, welche auf die eine oder andere Weise mit »Operations Research« zusammenhingen. Das erste dieser Probleme betraf die Raketenabwehr beziehungsweise Methoden zu ihrer Überwindung. Es gab viele heiße Diskussionen, in deren Verlauf ich – wie die meisten meiner Kollegen – zu zwei Schlußfolgerungen gelangte, die ihre Bedeutung bis heute behalten haben: 1. Eine effektive Raketenabwehr ist nicht möglich, wenn der potentielle Gegner über ein vergleichbares militärisches und militärökonomisches Potential verfügt. Der Gegner kann immer und mit erheblich weniger finanziellem Aufwand Methoden zur Ausschaltung der Raketenabwehr finden. 2. Die Aufwendung großer Summen für die Raketenabwehr ist nicht nur sehr belastend, sondern auch gefährlich, da sie zum Verlust des strategischen Gleichgewichts auf der Welt führen kann. Der Haupteffekt einer starken Raketenabwehr besteht darin, daß sie die Schwelle des strategischen Gleichgewichts (vereinfacht gesagt, die Schwelle der garantierten gegenseitigen Vernichtung) erhöht. Diese Folgerungen, die wohl auch von amerikanischen Experten geteilt wurden, hatten wahrscheinlich Einfluß auf den Abschluß des »Vertrages zur Begrenzung der Raketenabwehrsysteme« von 1972. Meine Haltung zu den Fragen der Raketenabwehr habe ich in meinenm Buch *Mein Land und die Welt* (1975), in meinem Brief an Drell (1983) und in den Diskussionen über SDI (1987) weiter präzisiert.

In der zweiten Hälfte der sechziger Jahre erweiterte sich das Spektrum der Probleme, denen ich mich widmete. Damals beschäftigte ich mich ausführlich mit einigen wirtschaftlichen und technischen Untersuchungen zur Herstellung und Beförderung von radioaktiven Stoffen und nuklearer Munition; zudem nahm ich an etlichen Besuchen in geheimen Institutionen (die nur als »Postfachnummern« geführt wurden) und an ein oder zwei Informationstagungen über militär-strategische Probleme teil.

Bei alledem bekamen wir zwangsläufig vieles zu sehen und zu hören. Zum Glück blieb mir, trotz der hohen Geheimnisträgerstufe, die für mich galt, weiteres erspart. Doch das, was ich erfahren mußte, reichte völlig aus, um mich das Grauen und die Realität eines großen thermonuklearen Krieges, den Wahnsinn der Menschheit und die uns allen auf unserem Planeten drohende Gefahr mit besonderer Schärfe empfinden zu lassen. Das Undenkbare und Ungeheuerliche wurde in den Berichten und Besprechungen über Probleme der »Operations Research«, auch der Durchführung eines strategischen thermonuklearen Schlages gegen den potentiellen Gegner, auf Skizzen und Karten zum Gegenstand detaillierter Untersuchungen und Berechnungen; es wurde zur Alltäglichkeit, die zwar einstweilen der Phantasie angehörte, jedoch bereits als etwas Mögliches zu erörtern war. Ich konnte nicht umhin, immer klarer zu begreifen, daß es dabei nicht nur und nicht so sehr um technische (militärtechnische, militärökonomische) Fragen ging als vielmehr um politische und ethisch-moralische.

Allmählich, noch ohne mir dessen so recht bewußt zu sein, näherte ich mich dem entscheidenden Schritt, der offenen, umfassenden Stellungnahme zu Fragen von Krieg und Frieden und anderen Problemen von weltweiter Bedeutung. Diesen Schritt tat im Jahre 1968, mit 47 Jahren.

Dem gingen einige unterschiedlich bedeutsame Ereignissen in den Jahren 1966 und 1967 voraus. Eines davon war meine Beteiligung an einem Gemeinschaftsbrief an den XXIII. Parteitag der KPdSU.

Im Januar 1966 brachte unser Nachbar B. Geilikman, ein ehemaliger Mitarbeiter des FIAN, damals am Institut für Atomenergie beschäftigt, einen gedrungenen, energisch wirkenden Mann zu mir, der sich als Ernst Genri, Journalist, vorstellte. Wie sich später zeigte, hatte Geilikman die Bitte seines Freundes, des Akademiemitglieds V. L. Ginsburg, erfüllt, der im Hintergrund zu bleiben wünschte.

Geilikman ging, und Genri schickte sich an, mir sein Anliegen vorzutragen. Er sagte, es bestehe die reale Gefahr, daß der kommende XXIII. Parteitag Beschlüsse zur Rehabilitierung Stalins fassen werde. Einflußreiche Kreise in Militär und Partei strebten dies an. Sie seien erschrocken über die Entideologisierung der Gesellschaft, den Verfall der Ideale und das Scheitern von Kossygins Wirtschaftsreform, was im Lande eine Situation ohne Zukunftsperspektive zu schaffen drohe. Doch die Folgen einer solche »Rehabilitierung« wären verheerend. Viele Angehörige der Partei und ihrer Spitze seien sich darüber im klaren, und es wäre sehr wichtig, wenn prominente Vertreter der sowjetischen Intelligenz diese gesunden Kräfte unterstützten. Genri sagte, er wisse von meiner Schrift zu Fragen der Genetik, kenne meine eminent wichtige Rolle bei der Stärkung der Verteidigungsfähigkeit unseres Landes und meine Autorität. Ich las den von Genri entworfenen Brief durch; seine Unterschrift fehlte (er erklärte, »Prominente« sollten ihn unterschreiben). Ich unterschrieb als einer der ersten dieser »Prominenten«. Vor mir hatten P. Kapiza, M. Leontowitsch und weitere fünf oder sechs Persönlichkeiten unterzeichnet. Insgesamt wurden 22 Unterschriften gesammelt. Ich erinnere mich, daß auch die der berühmten Ballerina Maija Plissezkaja darunter war.

Wenn ich den Text heute wieder lese, finde ich viel »Biertischpolitik« darin, die nicht mit meiner Position übereinstimmt (ich meine nicht die Beurteilung der Stalinschen Verbrechen – hier entspricht der Brief auch meinem heutigen Standpunkt, sie war vielleicht noch etwas zu mild –, sondern die ganze Argumentation). Doch das sehe ich heute. Damals aber waren die Mitunterzeichnung dieses Briefes, die Diskussionen mit

Genri und anderen maßgeblich dafür, daß meine Haltung in gesellschaftlichen Fragen reifte und sich vertiefte.

Genri wies mich darauf hin, daß man die ausländischen Korrespondenten in Moskau von dem Brief in Kenntnis setzen würde. Ich hatte keine Einwände. Abschließend bat er mich, das Akademiemitglied Kolmogorow aufzusuchen, das nicht nur unter Mathematikern hohes Ansehen genoß, sondern auch in Partei- und besonders in militärischen Kreisen. Kolmogorow hatte damals gerade damit begonnen, seine Pläne zur Reform des Mathematikunterrichts an den Schulen in die Tat umzusetzen. Um ein wenig abzuschweifen: Ich halte diese Reform für mißlungen, für »zu ausgeklügelt«. Die Einführung der Mengenlehre und der mathematischen Logik in den Lehrplan der Schulen scheint mir nicht zu einem tieferen Verständnis beizutragen; für Kinder ist das alles verfrüht und ganz und gar nicht vordringlich für die praktische Aneignung der mathematischen Methoden, die im modernen Leben gebraucht werden. Weitaus richtiger erscheint mir die Kombination klassischer Darstellungsmethoden, mögen sie auch nicht dem heutigen »Bourbakismus« [1] entsprechen – viele Generationen sind schließlich mit Euklid groß geworden –, mit dem rein pragmatischen Erlernen der effektivsten und im Grunde einfachsten Methoden, insbesondere was das Verständnis von Differentialgleichungen betrifft. Diesmal jedoch ging es in unserem Gespräch um etwas anderes.

Ich fuhr zu Kolmogorow, nachdem ich mich telefonisch bei ihm angemeldet hatte; er warnte mich vorsorglich, daß er eilig zu einem Termin müsse. Ich sah ihn zum erstenmal in häuslicher Umgebung. Kolmogorow war kein junger Mann mehr, schon ergraut, aber noch schlank, braungebrannt und lebhaft. Sein Benehmen und seine Art zu sprechen waren sanft; er schnarrte das »R« auf aristokratische Weise ein wenig, und er besaß einen leichten Anflug von Distanziertheit. Nachdem er den Brief gelesen hatte, sagte er, er könne ihn nicht unterschreiben. Er berief sich darauf, daß er häufig mit Kriegsteilnehmern, Militärs, sogar Generälen umgehe, und alle höben Stalin in den Himmel für dessen Rolle im Krieg. Ich erwiderte, daß Stalins Rolle im Krieg von seiner hohen Stellung im Staat bestimmt worden sei (und nicht umgekehrt) und daß er viele Verbrechen und Fehler begangen habe. Kolmogorow erhob keinen Einspruch, unterschrieb aber dennoch nicht. Ein paar Wochen später, als die Nachricht von unserem Brief schon von einem ausländischen Sender verbreitet worden war, schloß Kolmogorow sich einer anderen Gruppe an, die einen ähnlich lautenden Brief an den Parteitag schickte, worin sie sich ebenfalls gegen die Rehabilitierung Stalins wandte. Heute vermute ich, daß die Initiative zu unserem Brief nicht nur von E. Genri ausging, sondern auch von seinen einflußreichen Freunden (wo die saßen, im Parteiapparat, im KGB oder sonstwo, weiß ich nicht). Genri besuchte mich noch oft. Er erzählte mancherlei von sich, verschwieg jedoch wahrscheinlich vieles. Sein richtiger Name war Jewgenij Semjonowitsch Rostowskij. Zu Beginn der zwanziger Jahre hatte er sich für irgendeine Untergrundtätigkeit in Deutschland aufgehalten, war, kurz gesagt, ein Agent der Komintern. Aus nächster Nähe beobachtete er den ganzen Irrsinn der Komintern-Politik (d. h. der Politik Stalins), die den offenen Faschismus Hitlers als das kleinere Übel im Vergleich zur Politik der sozialdemokratischen Parteien mit ihrem Pluralismus und ihrer Popularität ansah, da diese Parteien den Dogmatismus, die Einheit des Kommunismus und seinen monopolistischen Einfluß auf die Arbeiterklasse bedrohten. Schon damals meinte Stalin, daß er sich mit Hitler die Einflußsphären teilen und ihn, wenn nötig, vernichten könne; ein liberales Zentrum aber sei etwas Unlenkbares und Gefährliches. Diese Politik war einer der Gründe dafür, daß Hitler 1933 siegen konnte. Rostowskij hatte sich in einer Reihe von Aufsätzen über die Gefahr des Faschismus geäußert; den größten Ruhm hatte ihm sein Buch *Hitler über Europa* eingetragen, das er 1936 geschrieben hatte und das dann unter dem Pseudonym Ernst Genri herauskam. Dieses Pseudonym behielt er später bei.

Genri hatte einen interessanten Samisdat-Artikel über Stalin geschrieben; er zeigte ihn mir, ebenso wie seinen Briefwechsel mit Ehrenburg über dieses Thema. Genri war jedoch keinesfalls ein »Dissident«.

Ende 1966 ereigneten sich zwei Vorfälle, die mich zu politischer Aktivität in noch größerem Rahmen veranlaßten, als es bei dem Aufruf an den Parteitag der Fall gewesen war. Im Oktober oder September kamen zwei Männer zu mir; einer von ihnen war wohl wieder Geilikman, den Namen des anderen habe ich inzwischen vergessen. Sie brachten mir einen auf dünnes Papier getippten Handzettel, einen Appell, in dem es hieß, daß der Oberste Sowjet der RSFSR in Kürze ein neues Gesetz erlassen wolle, welches die Möglichkeit schaffen werde, in größerem Umfang gegen Menschen ihrer Überzeugung und aufklärerischen Tätigkeit wegen vorzugehen, als dies der schon bestehende Artikel 70 gestattete. Im weiteren zitierte man den Text des neuen Artikels 190–1 StGB der RSFSR, der verabschiedet werden sollte, und rief dazu auf, den Appell, der dem Obersten Sowjet gegenüber Sorge ausdrückt, zu unterschreiben.

Ich führe hier den Text des Artikels an, der dann tatsächlich neben

Artikel 70 zum grundlegenden juristischen Instrument für die Verfolgung Andersdenkender wurde (in die Strafgesetzbücher der anderen Unionsrepubliken wurden analoge Artikel aufgenommen):

Artikel 190–1 StGB der RSFSR.

Verbreitung bewußt verleumderischer Erfindungen, die das sowjetische Staats- und Gesellschaftssystem in Verruf bringen.

Die systematische Verbreitung bewußt verleumderischer Erfindungen in mündlicher Form, welche das sowjetische Staats- und Gesellschaftssystem in Verruf bringen, ebenso die Herstellung oder Verbreitung in schriftlicher, gedruckter oder anderer Form von Erzeugnissen gleichen Inhalts

wird mit Freiheitsentzug bis zu drei Jahren oder mit Besserungsarbeit bis zu einem Jahr oder mit einer Geldbuße bis zu 100 Rubeln bestraft.

Zum Vergleich führe ich den Text des Artikels 70 StGB der RSFSR an:

Artikel 70 StGB der RSFSR.

Antisowjetische Agitation und Propaganda.

Agitation oder Propaganda, die zum Zwecke der Unterminierung oder Schwächung der Sowjetmacht oder der Begehung besonders gefährlicher Staatsverbrechen betrieben wird, die Verbreitung verleumderischer Erfindungen, welche das sowjetische Staats- und Gesellschaftssystem zum selben Zweck in Verruf bringen, desgleichen die Verbreitung oder Herstellung oder Verwaltung von Literatur entsprechenden Inhalts zum selben Zweck

wird mit Freiheitsentzug von sechs Monaten bis zu sieben Jahren, mit oder ohne zusätzliche Verbannung von zwei bis fünf Jahren, oder mit Verbannung von zwei bis fünf Jahren bestraft.

Die gleichen Handlungen, begangen von einer wegen besonders gefährlicher Staatsverbrechen vorbestraften Person oder in Kriegszeiten verübt,

werden mit Freiheitsentzug von drei bis zehn Jahren, mit oder ohne zusätzliche Verbannung von zwei bis fünf Jahren, bestraft.

In den Kommentaren zu Artikel 190–1 StGB (herausgegeben vom Verlag »Juriditscheskaja literatura«, Moskau, 1971) steht:

> Bewußt verleumderisch und das sowjetische Staats- und Gesellschaftssystem in Verruf bringend sind Erfindungen von Tatsachen und Sachverhalten, die angeblich stattgefunden haben [...] deren Nichtübereinstimmung mit der Wirklichkeit dem Schuldigen bereits zu dem Zeitpunkt bekannt ist, an dem er seine Erfindungen verbreitet. Die Verbreitung von Erfindungen, deren Unrichtigkeit der Person, die sie verbreitet, nicht bekannt ist, und desgleichen das Äußern irriger Werturteile, Verurteilungen oder Vermutungen stellt kein Verbrechen im Sinne des Artikels 190–1 dar.

Ein fabelhafter Kommentar (den man auch auf analoge Formulierungen des Artikels 70 beziehen sollte)! Indes, die ganze Praxis der Gerichte in den Prozessen gegen Andersdenkende basiert darauf, daß sie diese wegen ihrer *Überzeugung* verurteilen, wegen ihrer mündlich oder schriftlich geäußerten Meinung, wegen der Mitteilung von Tatsachen, die, ihrer Überzeugung nach, wirklich stattgefunden haben oder stattfinden. Mit Ausnahme sehr seltener zufälliger Mißverständnisse handelt es sich um tatsächlich Geschehenes, um Verletzungen der Rechte konkreter Personen oder Personengruppen, zum Beispiel die Deportation der Krimtataren aus der Krim und die Verhinderung ihrer Rückkehr; um ungerechte Urteile, die Bedingungen in den Haftanstalten und psychiatrischen Spezialkliniken oder, ein noch brisanteres Beispiel, um die Existenz geheimer Paragraphen im sowjetisch-deutschen Abkommen von 1939 oder um die Erschießung bei Katyn[2] u. ä..

Meistens versuchen die Gerichte nicht einmal die Unrichtigkeit der zur Last gelegten »Erfindungen« zu beweisen; es genügt, daß sie aus der Sicht des Gerichts »antisowjetisch« sind. Darüber hinaus versucht man bei solchen Verhandlungen gar nicht erst zu beweisen, daß der Angeklagte die Tatsachen bewußt verdreht hat. Artikel 70 unterscheidet sich von Artikel 190–1 durch härtere Strafen und dadurch, daß er das Ziel, die Sowjetmacht zu unterminieren oder zu schwächen oder zu besonders gefährlichen Staatsverbrechen aufzurufen, als Tatbestand des Verbrechens ansieht. Außerdem fehlt die Formulierung, daß verleumderische Erfindungen bewußt falsch seien. Da die Gerichte in den Prozessen gegen Andersdenkende den Angeklagten jedoch niemals subversive Absichten nachweisen, wird auch Artikel 70 faktisch zur Verfolgung von Überzeugung, Nonkonformismus und Informationsaustausch angewendet.

Alles, was ich oben über die gerichtliche Praxis bei der Anwendung von Artikel 190–1 ausgeführt habe, beruht auf meiner Erfahrung bei der Verteidigung der Menschenrechte nach 1966.

Doch auch schon 1966 hatte ich Grund zu der Annahme, daß die Befürchtungen der Verfasser des Aufrufs durchaus berechtigt waren, und unterschrieb ihn. Dabei war mir vollkommen klar, daß die Verfasser des Aufrufs gänzlich in eigener Initiative handelten und nicht nur die Verantwortung dafür auf sich nahmen, sondern auch die Gefahr möglicher Verfolgungen. Ich beschloß, mich nicht auf die Unterschrift unter ein Gemeinschaftsdokument zu beschränken, sondern selbständig aufzutreten. Einige Tage später schickte ich ein Telegramm an Jashow, den Vorsitzenden des Präsidiums des Obersten Sowjets, in dem ich meine Sorge hinsichtlich des Artikels 190–1 StGB der RSFSR ausdrückte und darum bat, auf seine Verabschiedung zu verzichten. Mein Telegramm blieb ohne jede Reaktion.

In den folgenden Jahren wandte ich mich viele Male sowohl in allgemeinen Problemen wie in konkreten Fragen schriftlich an verschiedene hohe Instanzen. Abgesehen von wenigen Ausnahmen erhielt ich nie eine Antwort auf meine Briefe und Telegramme, und kaum jemals trugen meine Appelle greifbare Früchte. Manche halten meine Appelle deshalb für den Ausdruck von Naivität und Seelenschwärmerei und manche sogar für ein »Spiel« eigener Art, gefährlich und provozierend. Derartige Beurteilungen erscheinen mir unberechtigt. Appelle zu allgemeinen Fragen sind, meiner Meinung nach, schon dadurch wichtig, daß sie die Erörterung eines Problems in Gang bringen, einen alternativen Standpunkt zu dem offiziellen formulieren, ein Problem zuspitzen und die Aufmerksamkeit darauf lenken. Dies ist gewiß hauptsächlich für die breite Öffentlichkeit von Bedeutung, jedoch auch für die höchsten Regierungskreise, in denen wir irgendwelche, wenn auch sehr langsame, Prozesse der Standpunkt- und Praxisänderung ebenfalls nicht gänzlich ausschließen können. Was hingegen die Aufrufe zu konkreten Fragen betrifft, zur Verteidigung dieser oder jener Personen oder Gruppen, so lenken sie wiederum die öffentliche Aufmerksamkeit auf das Schicksal dieser Menschen und schützen sie wenigstens in einem gewissen Maße; zudem verhindert eine halbwegs öffentliche Atmosphäre, daß sich die Menschenrechtsverletzungen ausweiten. Und schließlich wendet sich das Schicksal der Verteidigten doch auch hin und wieder zum Besseren.

Besonders wichtig sind in beiden Fällen offene Appelle; auf *Glasnost* kommt es an. Allerdings können *neben* offen geäußerten Meinungen auch nichtveröffentlichte von Nutzen sein.

1966 machte ich eine neue Bekanntschaft, die sich als bedeutsam herausstellen sollte. Jaurès Medwedjews Bruder Roy, den ich bis dahin nicht gekannt hatte, besuchte mich in meiner Moskauer Wohnung. Roy und Jaurès sind eineiige Zwillinge und einander deshalb erstaunlich ähnlich. Roy erklärte, er sei Historiker von Beruf und schreibe schon seit mehr als zehn oder fünfzehn Jahren an einem Buch über Stalin (die Arbeit daran hatte er wohl gleich nach dem XX. Parteitag aufgenommen). Sein Vater sei Mitglied der sogenannten »gewerkschaftlichen« Opposition zu Beginn der zwanziger Jahre gewesen, 1937 verhaftet worden und ums Leben gekommen. Wie man seinen Worten entnehmen konnte, unterhielt Roy enge Verbindungen zu vielen Altbolschewiken, aus deren Erzählungen und unveröffentlichten Erinnerungen er zahlreiche wenig bekannte oder unbekannte historische Fakten zusammentrug.

Roy Medwedjew ließ mir einige Kapitel seines Manuskripts da. Nach diesem ersten Besuch kam er noch oft und brachte mir neue Kapitel im Austausch gegen die alten. Jedesmal berichtete er mir dabei über die Diskussionen unter gesellschaftspolitisch Interessierten, sprach auch von Dissidenten und deren Verfolgung. Das war alles sehr wichtig für mich und eröffnete mir vieles, was mir bislang völlig verschlossen gewesen war. Selbst wenn die Berichterstattung manchmal nicht ganz objektiv war, so kam es mir in der ersten Zeit weniger darauf an als auf die Überwindung meiner Isolation.

Medwedjews Buch über Stalin interessierte mich im höchsten Grade. Ich kannte damals Conquests *The Great Terror* (Am Anfang starb Genosse Kirow) und andere Literatur noch nicht und wußte überhaupt wenig über die ungezählten Verbrechen der Stalinzeit. Roy Medwedjew hatte es verstanden, sich immens viele Informationen zu verschaffen, die damals, 1966–67, noch nirgendwo veröffentlicht waren. Nur ein Beispiel von vielen: In Medwedjews Buch wurden Materialien der unter Chruschtschow gebildeten Kommission zur Untersuchung des Mordes an Kirow angeführt. Seine Schilderung der Mordvorbereitung und der anschließenden Beseitigung sämtlicher Zeugen »nach dem Dominoprinzip« beeindruckte mich sehr. Wie man weiß, spielte die Ermordung Kirows, den Stalin als gefährlichen Rivalen ansah, eine entscheidende Rolle bei der Auslösung der Terrorwelle in den dreißiger Jahren. Doch auch damals schon konnte ich mich mit den Thesen des Buches nicht einverstanden erklären. Obwohl sich Medwedjew formal ebenfalls auf den Standpunkt stellt, man dürfe die tragischen und grandiosen Ereignisse der Epoche von 1920–1950 keinesfalls allein mit Stalins Persönlichkeit in Zusammenhang bringen, tritt doch die Gesamtkonzeption des Buches nicht aus diesem Rahmen heraus. Die adäquate, von Dogmatismus, politischer Tendenz und Voreingenommenheit freie Analyse unserer Geschichte ist eine Aufgabe der Zukunft.

In den folgenden Jahren drifteten Roy Medwedjew und ich in unserer Einstellung immer weiter auseinander. Noch stärker gilt dies für unsere Lebenswege, vornehmlich aus, sagen wir, »subjektiven« Gründen. Nach 1973 hatten wir keinen Kontakt mehr. 1966 brachte mir Medwedjew außer seinem eigenen auch einige fremde Manuskripte, darunter das hochinteressante Buch *Gratwanderung* von Jewgenija Ginsburg (eines der bekanntesten Bücher über die Stalinschen Lager). Bei jenem ersten Besuch berichtete er mir, Pjotr Jakir habe J. B. Seldowitsch mit demselben Anliegen aufgesucht, wie Geilikman es an mich hatte, nämlich mit der Bitte um Unterzeichnung des Aufrufs in Sachen Artikel 190–1. Seldowitsch habe Jakir gefragt: »Und Sie, haben Sie unterschrieben?« Jakir habe verneint. »Unterschreiben Sie, ich unterschreibe nach Ihnen.« Jakir habe unterschrieben, Seldowitsch ebenfalls. Die Zeiten ändern sich. Heute hätte sich Seldowitsch ganz anders verhalten. Im übrigen weiß ich nicht, ob diese Geschichte verbürgt ist.

Am 3. oder 4. Dezember 1966 fand ich in meinem Briefkasten ein Kuvert ohne Adresse; darin steckten zwei Zettel aus dünnem Zigarettenpapier mit einem neuen Aufruf ohne Unterschrift. Der Aufruf bestand aus zwei Teilen. In dem einen wurde die Verhaftung des Malers Viktor Kusnezow und seine Zwangseinweisung in eine psychiatrische Klinik mitgeteilt. Kusnezow hatte mit anderen ein Projekt zur Konzeption einer neuen Verfassung der UdSSR initiiert, welche die demokratischen Rechte und die harmonische Entwicklung der Gesellschaft gewährleisten sollte. Die Initiatoren des Projekts, das sie »Verfassung II« nannten, wollten in dieser Form Fragen der Demokratisierung aufwerfen. Im zweiten Teil stand, daß am 5. Dezember, dem Tag der Verfassung, am Puschkin-Denkmal eine Schweigedemonstration zur genauen Einhaltung der Verfassung und zum Schutz politischer Häftlinge, darunter Kusnezows, stattfinden werde. In dem Appell wurde vorgeschlagen, fünf bis zehn Minuten vor 18 Uhr an Ort und Stelle zu erscheinen und Punkt 18 Uhr zusammen mit den anderen zum Zeichen des Respekts vor der Verfassung die Mütze abzunehmen und mit unbedecktem Kopf schweigend eine Minute zu verharren. Viel später erfuhr ich, daß der Verfasser des Aufrufs, auf den auch Idee und Form der Demonstration zurückgingen, der Mathematiker Alexander Jessenin-Wolpin war, von dem viele andere sehr originelle und nützliche Ideen stammten.

Ich beschloß, an der Demonstration teilzunehmen, und sagte es Klawa; sie hatte nichts dagegen, meinte aber, das sei eine Flause. Ich fuhr mit dem Taxi zum Puschkin-Platz. Rings um das Denkmal hatte sich ein Häuflein Menschen gruppiert; ich kannte keinen. Einige wechselten leise ein paar Worte. Um 18 Uhr nahm etwa die Hälfte von ihnen die Mütze ab, auch ich, und schwieg wie vereinbart. (Wie ich später begriff, bestand die andere Hälfte aus KGB-Leuten.) Als wir die Mütze wieder aufgesetzt hatten, gingen wir noch nicht sofort auseinander. Ich trat auf das Denkmal zu und las laut die Inschrift auf einer Seite des Sockels vor:

Und lange wird liebend mich das Volk im Herzen tragen,
Weil Edles ich erweckt mit meiner Leier Klang,
Weil ich die Freiheit pries in unsern strengen Tagen,
Und Nachsicht mit den Opfern sang.[3]

Dann ging ich mit den meisten anderen davon.

Einige Zeit später berichtete mir Shiwljuk, wobei er sich auf irgendwelche Bekannten bezog, mein »Ausfall« sei von KGB-Leuten auf einen infrarotempfindlichen Film gebannt (es war ziemlich dunkel gewesen) und der obersten Führung gezeigt worden.

Shiwljuk war ein weiterer neuer Bekannter dieses Jahres. Ich entsinne mich nicht, wer uns zusammenbrachte – Medwedjew oder jemand vom FIAN, wo er zu jener Zeit arbeitete. Shiwljuk war ein Mensch, den ich nie ganz verstand, weder damals noch heute. Im FIAN erzählte man mir, er sei Mitte der sechziger Jahre Sekretär der Komsomolbasisorganisation in einem der Labors gewesen. Damals wurde unter der Hand ein gewisses Dokument an die Komsomolzen verteilt, ein Produkt des Komsomol-Samisdat sozusagen (dessen Verfasser wohl Skurlatow hieß). Das Dokument trug den Titel »Kodex der Komsomolzenehre« und war ganz im faschistischen Geist von »Blut und Boden« gehalten. Ob es eine persönliche Initiative Skurlatows oder irgendwelcher hinter ihm stehender Grüppchen war, die einen »Vorstoß« unternahmen, weiß ich nicht. Shiwljuk schrieb einen sehr scharfen Brief über dieses Dokument an das ZK des Komsomol. Die übergeordneten Komsomolorganisationen bestraften beide, Skurlatow und Shiwljuk, offenbar wegen »Nestbeschmutzung«. Später hatte Shiwljuk etwas mit dem ZK des Komsomol zu tun; 1969 wurde er als Korrespondent nach Bratsk in den Norden geschickt. Er erzählte mir viel Interessantes (von den wirtschaftlichen und ökologischen Mißständen, von der allgemeinen Alkoholisierung der einheimischen sibirischen Jägerbevölkerung – die Pelzbeschaffer fliegen mit dem Hubschrauber, der hauptsächlich Wodka an Bord hat, in die Jägersiedlungen; einige Tage später sind die Jäger, ihre Frauen, Kinder und bejahrten Eltern stockbetrunken, und der Hubschrauber fliegt mit einer Ladung Pelze für den Export wieder ab). Ich habe den – vielleicht nicht ganz richtigen – Eindruck, daß Shiwljuk auch zum KGB (zu dessen fortschrittlichen Kreisen, sagen wir es so) Kontakte unterhielt. Von seiner Nationalität her war er Ukrainer und hatte viele Verbindungen zu Dissidenten in der Ukraine. Er machte mich mit Iwan Swetlitschnyj bekannt, einem Aktivisten der Dissidentenbewegung in der Ukraine. Shiwljuk hatte auch Kontakte zu Moskauer Dissidenten, insbesondere zu Andrej Twerdochlebow. In den siebziger Jahren verhedderte sich Shiwljuk offensichtlich in diesem ganzen komplizierten Gewirr und verschwand aus meinem Blickfeld.

Zu Beginn des Jahres 1967 berichtete er mir unter anderem von dem Prozeß gegen Ginsburg, Galanskow, Laschkowa und Dobrowolskij und von der Demonstration Bukowskis und Chaustows im Januar 1967[4]. Diese Ereignisse wurden weithin erörtert, deshalb werde ich sie hier nicht noch einmal schildern. Ich möchte nur sagen, daß sie nach dem noch bekannteren Prozeß gegen die Schriftsteller Sinjawskij und Danijel[5] eine sehr wichtige Etappe für die Bildung eines politischen Bewußtseins wie für die Menschenrechtsbewegung in unserem Land darstellten.

Als ich von dem Prozeß gegen Ginsburg und die anderen erfuhr, erinnerte ich mich, daß Genri bereits Mitte des Jahres 1966 mit einem Artikel aus *Wetschernjaja Moskwa* (Moskau am Abend), der eine Notiz über Ginsburgs »Reuebekenntnis«[6] (oder das Reuebekenntnis selbst) enthielt, zu mir gekommen war. Genri wollte mir offensichtlich suggerieren, daß man mit einem Menschen wie Ginsburg (von dem ich bis dahin nichts gehört hatte) nichts zu tun haben und nicht für ihn eintreten dürfe. Auf wessen Initiative dies zurückging, weiß ich nicht. Doch ich beschloß, diese Warnung zu ignorieren. Im Februar 1967 schrieb ich aufgrund Shiwljuks Informationen einen Brief zur Verteidigung Ginsburgs, Galanskows, Laschkowas und Dobrowolskijs an den Generalsekretär des ZK der KPdSU L. I. Breschnew. Er war persönlicher Art, das heißt, ich gab ihn nicht zur Veröffentlichung und Verbreitung frei, schon gar nicht für ausländische Korrespondenten – das alles lag noch vor mir. Dieser Brief markiert trotzdem einen sehr wichtigen Punkt in meiner Biographie. Es war meine erste Aktion zur Verteidigung konkreter Personen, zum Schutz

Andersdenkender. Als über Sinjawskij und Danijel Gericht gehalten wurde, stand ich noch sehr »abseits«, wußte praktisch nichts von dem Geschehen. Sogar Scholochows[7] Rede auf dem Parteitag, in der er sagte, daß man solche Leute zu »unserer Zeit« erschossen hätte, beachtete ich kaum.

Von meinem Brief erfuhr man im Ministerium. Im März fand eine Parteikonferenz über das »zweite« Objekt statt. Viele meiner Bekannten nahmen daran teil, und einer von ihnen erzählte, Slawskij habe in seiner Rede das »Verhalten des Akademiemitglieds Sacharow« gestreift und geäußert: »Sacharow ist ein guter Wissenschaftler, er hat viel geleistet, und wir haben ihn hoch ausgezeichnet. Aber als Politiker ist er ein Tor; wir werden Maßnahmen ergreifen.«

Man ergriff tatsächlich Maßnahmen: Ich wurde nicht mehr als Abteilungsleiter geführt, obwohl man mir mein Amt als Stellvertreter des wissenschaftlichen Objektleiters beließ. Infolgedessen verringerte sich mein Gehalt von 1000 auf 550 Rubel (zuvor war es schon einmal gesenkt worden). Mein Vorgesetzter Glawka Zirkow (der früher an der MK und anderen Experimenten mitgearbeitet und danach einen administrativen Posten im Ministerium angenommen hatte) stöhnte im kleinen Kreis: »Ich begreife nicht, wie man von dem Geld leben kann.« (Nach normalen sowjetischen Maßstäben war es trotzdem recht viel.)

Im April oder Mai 1967 rief mich das Akademiemitglied Wladimir Kirillin[8] an, damals Vorsitzender des Komitees für Wissenschaft und Technik beim Ministerrat der UdSSR und Stellvertreter Kossygins. Er bat mich zu sich. Zur festgesetzten Stunde versammelten sich etwa zehn Personen – Akademiemitglieder und maßgebliche Ingenieure – bei ihm, unter ihnen W. Ginsburg, Seldowitsch und Ilja Lifschitz. Der große Tisch war zum Tee gedeckt. Kirillin erklärte, daß man sich in den USA viel mit wissenschaftlich-theoretischer Futurologie beschäftige. Manches davon sei platt und trivial, im ganzen sei diese Aktivität jedoch nicht ohne Nutzen und eröffne eine weitere Perspektive, die für die Planung sehr wichtig sei. Er schlug vor, jeder von uns solle in freier Form aufschreiben, wie er sich die Entwicklung der ihm vertrauten wissenschaftlichen und technischen Fachbereiche im nächsten Jahrzehnt vorstelle. Wenn wir wollten, könnten wir auch allgemeinere Fragen anschneiden. In den nächsten Wochen arbeitete ich mit großem Vergnügen und schrieb mit allerhand Phantasie einen nicht sehr umfangreichen Aufsatz. Auf dem Rückflug von unserem Objekt ließ ich Seldowitsch mein Manuskript lesen; er sagte: »Oho!« und zeigte mir seinen Beitrag. Unsere Artikel erschienen in einem Sammelband für den Amtsgebrauch unter dem Titel *Die Zukunft der Wissenschaft*. Für mich hatte die Arbeit an diesem Aufsatz große Bedeutung, da ich meine Gedanken erneut auf Schicksalsfragen der Menschheit konzentrieren konnte. Einige Thesen aus dem Artikel fanden später Eingang in meine Schrift *Gedanken über Fortschritt, friedliche Koexistenz und Freiheit* (1968) und in den Essay »Die Welt in fünfzig Jahren« (1974).

Ein anderer Aufsatz, den ich im selben Jahr schrieb, wurde nicht gedruckt. Folgendes spielte sich ab:

Genri besuchte mich und schlug mir vor, einen gemeinsamen Artikel über die Rolle und Verantwortung der Intelligenz in der heutigen Zeit zu schreiben. Er wollte Fragen stellen, ich sollte antworten – so dachte er sich die Form des Artikels. Ich war einverstanden. Doch was ich schrieb, erschreckte Genri durch seine Radikalität – ich näherte mich in diesem Text bereits den Grundideen der *Gedanken*. Ich brachte einen Teil des Manuskrips nach dem anderen zu meiner Schreibkraft drei Omnibusstationen entfernt, die in der Nähe der Metrostation »Sokol« wohnte. Sie hatte schon seit etlichen Jahren meine wissenschaftlichen und populärwissenschaftlichen Aufsätze ins reine geschrieben. Als ich den letzten Teil unseres Gemeinschaftsartikels von ihr bekam, bemerkte ich, daß sie sehr verstört war. Sie sprach davon, daß sich ihre familiäre oder berufliche Situation verändern werde und sie keine Arbeit mehr von mir annehmen könne. Offensichtlich verheimlichte sie mir irgend etwas. Ich glaube, sie hatte Besuch vom Staatssicherheitsdienst bekommen. Danach ließ ich die *Gedanken* im Objekt ins reine schreiben.

In der Redaktion der *Literaturnaja gaseta* (Literaturzeitung) sagte man Genri, das Manuskript könne nicht ohne Erlaubnis von höherer Instanz gedruckt werden. Ich nehme an, daß es eine vorläufige Genehmigung bereits gab, ich jedoch den vereinbarten Rahmen überschritten hatte. Daraufhin schickte ich das Manuskript über das Ministerium an M. A. Suslow (worum mich Genri gebeten hatte). Nach zwei oder drei Wochen kam ein von Suslows Sekretär unterzeichneter Brief. Er teilte mir mit, daß Michail Andrejewitsch mein Manuskript sehr interessant finde, seine Veröffentlichung zum gegenwärtigen Zeitpunkt jedoch nicht für zweckmäßig halte, da es in dem Artikel einige Thesen gebe, die falsch interpretiert werden könnten. Auf Genris Bitte hin brachte ich ihm das Manuskript (es war das erstemal, daß ich ihn in seiner großen Junggesellenwohnung aufsuchte, die von Büchern und Erinnerungsstücken an Auslandsreisen überquoll) und vergaß die ganze Angelegenheit.

Doch die Geschichte war damit noch nicht zu Ende. Ein paar Jahre später erfuhr ich, daß der Artikel trotzdem in geringer Auflage in dem Sammelband *Politisches Tagebuch* gedruckt worden war. Einige Nummern gelangten ins Ausland. Das Gerücht kursierte, daß dies eine Publikation für das KGB oder ein »Samisdat für die Führungsspitze« sei. Noch ein paar Jahre später erklärte Roy Medwedjew, er sei der Herausgeber des Sammelbandes gewesen. Wie jedoch mein Aufsatz zu ihm gelangte, weiß ich bis heute nicht.

* * *

Im Juni oder Juli 1967 wurde mir auf Bitten M. A. Leontowitschs ein Brief von Larissa Bogoras, der Frau Julij Danijels, übergeben, in dem sie die schwere Lage ihres Mannes, der sich damals in einem mordwinischen Lager befand, schilderte und um Hilfe bat; dem Brief lag ein Artikel bei, eine Art literarische Reportage über ihre Reise zu ihrem Mann ins Lager. Ich war gerade dabei, zum Objekt zu fliegen, und nahm den Brief mit.

Nach meiner Ankunft im Objekt rief ich Andropow über das Sondertelefon aus meinem Büro an. Ich sagte, ich hätte einen Brief bekommen, in dem von Daniels schlimmer Situation berichtet werde, und ersuchte ihn, sich persönlich einzuschalten und etwas für Danijel zu tun. Andropow erwiderte, er sei bereits achtzehnmal in dieser Sache angesprochen worden (schon damals nahm ich diese Worte mit einigem Mißtrauen auf), er werde die Berichte prüfen und bitte mich sehr, ihm das Original des Briefes, der mir zugegangen sei, zu schicken. Ich fragte: »Weshalb?« Er antwortete: »Für die Sammlung.« Ich tat jedoch so, als hätte ich seine Worte nicht verstanden, tippte den Brief noch einmal ab und schickte Andropow die Kopie. Eineinhalb Monate später rief mich der Stellvertretende Generalstaatsanwalt Maljarow in meiner Moskauer Wohnung an (derselbe, der mir im August 1973, wiederum im Auftrag des KGB, eine »Verwarnung« aussprechen sollte). Genosse Andropow habe ihn beauftragt, die Berichte über Danijel zu prüfen. Dies habe er getan. Zum gegenwärtigen Zeitpunkt müsse ich mir weiter keine Sorgen mehr machen, da man zum 50. Jahrestag der Oktoberrevolution eine umfassende Amnestie aussprechen und Danijel ebenso wie Sinjawskij freilassen werde. Ich dankte ihm damals für die Mitteilung, die sich jedoch als falsch erwies. Die Amnestie wurde (wie üblich) nicht auf politische Häftlinge ausgeweitet. Roy Medwedjew versicherte mir danach, daß die Entscheidung, die politischen Häftlinge diesmal auszuschließen, angeblich im letzten Moment gefallen sei, aber ich kenne (wie immer bei Medwedjew) seine Informationsquellen nicht und habe Zweifel.

1967 wurde ich in ein weiteres Problem von großer politischer Bedeutung verwickelt, in das des Baikalsees. Bereits einige Jahre zuvor waren in der *Komsomolskaja prawda*, in der *Literaturnaja gaseta* und anderen Zeitungen immer wieder besorgte Artikel zu diesem Thema erschienen; manche davon waren sehr eindringlich und überzeugend. Es ging um die Bedrohung des Baikalsees durch ein großes Industriebauvorhaben an seinem Ufer und dessen Folgen wie Holzschlag, Holzflößen und Einleitung der Rückstände aus der chemischen Produktion in den See. Der Baikalsee, einer der größten Seen der Welt, ist als Süßwasser-Reservoir von größter Bedeutung. Und: Er ist ein einzigartiges Naturphänomen, der Stolz und die Zierde des Landes, sogar in gewissem Sinne sein Symbol. Meine Beteiligung am Kampf für den Baikalsee brachte keine Ergebnisse, bedeutete für mich persönlich jedoch sehr viel, da ich zwangsläufig mit den Problemen des Umweltschutzes in enge Berührung kam und insbesondere die Aspekte kennenlernte, die er unter den spezifischen Voraussetzungen unseres Landes annimmt. Auf Komarows Buch[9] bin ich in Gorkij gestoßen (der Name des Autors ist ein Pseudonym). Es enthält ungeheuer viel Material zu allen grundlegenden Aspekten des Umweltproblems in der UdSSR, darunter auch über den Baikalsee.

Ich will ausführlicher von meinen Erfahrungen berichten. In einem der ersten Monate des Jahres 1967 kam ein junger Mann zu mir, Student am Moskauer Energetischen Institut und Mitglied des beim Komsomol-ZK gebildeten Komitees zum Schutz des Baikalsees. Er schlug mir vor, an den Sitzungen des Komitees teilzunehmen, mich mit dem Problem vertraut zu machen und mich, wenn möglich, der Initiative zum Schutz des Baikalsees anzuschließen. Die Sache schien seriös, und ein paar Tage später ging ich ins Gebäude des Komsomol-ZK in der Serow-Passage, wo die Sitzungen des Komitees stattfanden, dem unter anderem das Akademiemitglied Petrjanow-Sokolow (der berühmte Erfinder des Petrjanowschen Staubschutzfilters), der Flugzeugkonstrukteur Antonow, der Journalist und Schriftsteller Wolkow (der ehedem viele Jahre in Stalins Lagern verbracht hatte), ein Mitglied des Dachverbandes der Städtischen Bauwirtschaft in der RSFSR, dessen Namen ich leider vergessen habe (er und Wolkow waren die aktivsten und bestinformiertesten Komiteeangehörigen), der Biologe und Limnologe Nikolskij und schließlich ein mir bekannter Student angehörten, der das Komitee nach außen hin vertrat. Man legte mir eine

Fülle erschütternder Dokumente über den Baikalsee sowie über andere ökologische Probleme vor. Petrjanow-Sokolow berichtete insbesondere über die industrielle Luftverschmutzung, auf die er sich spezialisiert hatte. An verschiedenen Stellen sei die Situation katastrophal. Alle Daten über die Luftverschmutzung waren damals geheim und sind es, soviel ich weiß, auch heute noch. Mitarbeiter des staatlichen Bauausschusses berichteten über den ungewöhnlich hohen Schaden beim Bau von Kraftwerken in der Ebene – ein Schaden, der sich aus den Spätfolgen der Nutzlandüberflutung ergab.

Ich meinerseits führte eigene Forschungen an, nachdem ich mich mit Professor Ragosin getroffen hatte, einem Spezialisten auf dem Gebiet der Zelluloseindustrie. Der Bau eines großen Zellulosekombinats aber war das zentrale Thema des Komitees. Und was erfuhr ich?

Schon Ende der fünfziger Jahre hatte Orlow, der Minister für Papierindustrie, die Weisung erteilt, ein großes Zellulosekombinat am Baikalsee zu errichten, das besonders haltbare Viskose für Flugzeugkord (das Grundmaterial für Flugzeugreifen) herstellen sollte. Man nahm an, daß sich bei der Polymerisation in dem reineren Baikalwasser längere Viskosemoleküle bilden und die Fasern entsprechend reißfester würden. Unter Produktionsbedingungen konnte diese Annahme hernach nicht bestätigt werden. Die Flugzeugindustrie verzichtete schließlich auf Viskosekord und tauschte ihn gegen Metallkord ein. Im Endeffekt hatte der Bau des Kombinats ausgerechnet am Baikalsee jeden Zweck verloren, der von Anfang an ohnehin in keinem Verhältnis zu dem verursachten Schaden stand. Doch das Kombinat wurde weitergebaut, und ganze Armeen von Beamten, welche die einstmals gefaßte schädliche und sinnlose Entscheidung – faktisch jedoch die Ehre ihrer Uniform – verteidigten, beharrten weiterhin auf seiner Notwendigkeit für den Staat und die Verteidigungsbereitschaft des Landes, das übliche »Schlußargument«.

Man erzählt sich, Orlow habe den zukünftigen Bauplatz ausgesucht, indem er zusammen mit Vertrauensleuten in einem Motorboot das Ufer abfuhr. Ohne auch nur an Land zu gehen, habe er einfach mit dem Finger in eine bestimmte Richtung gezeigt. Als der Bau begann, machten die Schützer des Baikalsees anhand alter Dokumente ausfindig, daß gerade dies die Stelle war, an der im vorigen Jahrhundert während eines Erdbebens ein ganzes Stück Festland im Umfang von fünfzehn Hektar im Wasser versunken war. Das Kombinat wurde also an einer erdbebengefährdeten Stelle errichtet. Man schickte Telegramme nach Moskau, doch der Bau wurde nicht gestoppt, was die einzig richtige Entscheidung gewesen wäre. Er wurde einem neuen Nebenvertragsnehmer überantwortet, nämlich dem Ministerium für Mittleren Maschinenbau. (Petrjanow-Sokolow sagte: »Wissen Sie, wer der Hauptzerstörer des Baikalsees ist? – Ihr Slawskij.«) Anstelle der alten Kombinatsanlagen plante man jetzt neue, erdbebenfeste Gebäude – bis zu einer gewissen Erdbebenstärke natürlich, die einmal in fünfzig oder hundert Jahren überschritten wird. Die Baukosten stiegen um ein Vielfaches an. Nun waren es mehrgeschossige Gebäude auf tief im Erdreich verankerten Stahlstützen, an denen die Wand- und Deckenkonstruktionen aus funkelndem Aluminium und Glas aufgehängt wurden. Es war ein Wunderwerk der Baukunst – schade nur, daß es von Anfang an schädlich und sinnlos war. Man erlaubte dem Ministerium für Mittleren Maschinenbau zum Dank für diese Großtat, in der Wasserschutzzone des Baikalsees Holz zu fällen. Das Hauptproblem aber war die Reinigung der Abwässer. Die zuständigen Institute entwikkelten ein biologisches Klärsystem, dem zufolge die Abwässer unter Umgehung des Baikalsees über einen Kanal in die Angara geleitet werden sollten. Die Schützer des Baikalsees fanden freilich Schwachstellen in diesem System, und ihre Befürchtungen bewahrheiteten sich später zuhauf. Man gründete eine Expertenkommission der Akademie der Wissenschaften unter Vorsitz des Akademiemitglieds Nikolaj Shaworonkow, die diesen Problemen überaus fernstand, dafür aber bereit war, den Willen des Präsidenten der Akademie auszuführen, und der wiederum fügte sich dem Willen der Staatlichen Planungskommission (Gosplan) der UdSSR.

Das Komitee zur Rettung des Baikalsees besaß umfangreiches Material über die verschiedenen Einflußfaktoren menschlicher Tätigkeit auf den Baikalsee und sein Umland: über die Holzflößerei auf den in den Baikalsee mündenden Flüssen, wodurch die Brut der meisten Fischarten zugrunde ging, darunter auch die der Baikalrenke (1860 war die Renke ein wichtiges Nahrungsmittel für ganz Rußland und konnte es an Bedeutung mit Rindfleisch aufnehmen, heute singen wir nur noch vom »Renkenfaß«), über das durch technische Defekte verursachte Ablassen von Abwässern, das Holzschlagen, Brände und so weiter. Zusammenfassend ließ sich feststellen, daß sich der Baikalsee in einem Zustand befand, in welchem durch nahezu jede Veränderung eine Katastrophe drohte. Das Komitee schlug vor, das Gebiet des Baikalsees zur Sperrzone für die industrielle Nutzung zu erklären und bereits errichtete Unternehmen an andere Standorte zu verlegen (die ausgewiesen wurden, wobei man auch die verschiedenen ökonomischen Faktoren berücksichtigte). Insgesamt war das Projekt nicht allzu teuer, kostete jedenfalls viel weniger, als man bislang schon ausgegeben hatte. Die Dokumente des Komitees wurden mit unseren Unterschriften versehen (außer uns hatte auch ein Sekretär des Komsomol-ZK unterschrieben) und zusammen mit Leserbriefen, die bei der Redaktion der *Literaturnaja gaseta* und der *Komsomolskaja prawda* eingegangen waren (einige wenige von insgesamt 7000), ans ZK der KPdSU geschickt.

Ich beschloß, Breschnew auch persönlich anzurufen (es war mein letztes Gespräch mit ihm). Breschnew war im Ton sehr liebenswürdig und wohlwollend, klagte über äußerste Überarbeitung und meinte, mit dem Problem des Baikalsees beschäftige sich Kossygin; ich solle mich an ihn wenden. Leider tat ich das nicht rechtzeitig, also sofort. Ich hatte nie mit Kossygin zu tun gehabt, kannte ihn nicht persönlich und befürchtete, daß mein Anruf bei ihm ohne Vorbereitung nicht zweckdienlich wäre. Das war zweifellos ein Fehler. Ich kannte das Verhältnis zwischen Kossygin und Breschnew nicht und durchschaute nicht, daß sich Breschnew die unangenehme Sache nur vom Leibe hielt und sie auf einen anderen abschob. Ich dachte auch, mit meinem Anruf bei dem Mann, der an der Spitze der Partei stand, alles Notwendige, ja das Maximum des Möglichen in dieser wichtigen Angelegenheit getan zu haben, und glaubte, daß sie (Breschnew und Kossygin, zwischen denen ich keinen Unterschied sah) bei gutem Willen geeignete Maßnahmen ergreifen würden.

Kurze Zeit später erfuhr ich, daß der Ministerrat auf einer Sitzung die endgültige Entscheidung getroffen hatte. Von der Akademie der Wissenschaften hatten M. W. Keldysch (der Präsident) und wohl auch Shaworonkow (der Vorsitzende der Kommission der Akademie der Wissenschaften zum Problem des Baikalsees, ein Experte für anorganische Chemie) teilgenommen. Während der Sitzung hatte Kossygin Keldysch gefragt: »Wie ist die Meinung der Akademie? Wenn der Schutz unzuverlässig ist, stellen wir den Bau ein.«

Als Antwort referierte Keldysch den Beschluß von Shaworonkows Kommission, daß das System der Abwasserreinigung und das gesamte System zum Schutz des Baikalsees vollkommen zuverlässig seien. Wahrscheinlich war Keldysch aufrichtig oder beinahe aufrichtig, als er kraft seiner persönlichen Autorität den zerstörerischen Beschluß sanktionierte. Wenn es um große Dinge gehe, müsse man immer etwas opfern, das geringere Übel wählen und so weiter. Die ökologische Gefahr war in seinen Augen wahrscheinlich erheblich geringfügiger als in denen der Mitglieder des Komsomolkomitees zum Schutz des Baikalsees. Doch bei alledem bin ich überzeugt, daß sich Keldyschs Position, seine Gedankengänge und seine Empfänglichkeiten für die Argumente der einen oder anderen Seite weitgehend damit erklären lassen, daß die Akademie der Wissenschaften im administrativen Sinn Teil der gigantischen bürokratischen Maschinerie ist, an deren Spitze die Abteilungen des ZK, die Staatliche Planungskommission, die Ministerien u. a. stehen. Von dieser Maschinerie hängen die Zuschüsse für die Wissenschaft, die Ausstattung und anderes mehr ab. Deshalb war es für Keldysch, mithin für das Präsidium der Akademie der Wissenschaften der UdSSR, das Natürlichste der Welt, nicht gegen diese Maschinerie anzugehen und sich möglichst nicht in die Argumente »romantischer Wirrköpfe« zu vertiefen, die man *a priori* für Demagogie, Übertreibung und überhaupt für dummes Zeug hielt.

Zwei Jahre später fotografierte eine Komsomolexpedition das Massensterben der Fische und des Zooplanktons auf dem Baikalsee, das durch (angeblich nicht existierende) Defekte in der Abwasserbeseitigung verursacht worden war. Laut Dienstanweisung wurden solche Defekte nicht im Betriebstagebuch verzeichnet. Wie immer war auf dem Papier alles in Ordnung.

II. 1968: Der Prager Frühling
»Gedanken über Fortschritt, friedliche Koexistenz und geistige Freiheit«

Zu Beginn des Jahres 1968 war ich innerlich fast so weit, daß ich mir der Notwendigkeit bewußt wurde, mit einer offenen Untersuchung der grundlegenden Gegenwartsprobleme an die Öffentlichkeit zu treten. In den vorangegangenen Kapiteln habe ich versucht zu erklären, wie ich, beeinflußt von der Idee einer offenen Gesellschaft, von meinem Schicksal und spezifischen, mir zugänglichen Kenntnissen, auf diesen Entschluß zusteuerte. Zu der Einsicht meiner persönlichen Verantwortung trug vor allem die Tatsache bei, daß ich an der Entwicklung der furchtbarsten, die Existenz der Menschheit bedrohenden Waffe beteiligt war. Darüber hinaus förderten konkrete Kenntnisse vom möglichen Charakter eines thermonuklearen Raketenkrieges, die Erfahrung, wie schwierig der Kampf um das Verbot von Atomversuchen war, und meine Kenntnis der strukturellen Besonderheiten unseres Landes diesen Prozeß. Aus Büchern und in Gesprächen mit Igor Jewgenjewitsch Tamm und einigen anderen lernte ich die Ideen der offenen Gesellschaft, der Konvergenz und der Weltregierung kennen (Tamm stand den beiden letzteren skeptisch gegenüber). Solche Ideen hatten sich als Antwort auf die Probleme unserer Epoche unter der westlichen Intelligenz besonders nach dem Zweiten Weltkrieg herausgebildet. Ihre Verfechter waren Männer wie Einstein, Bohr, Russell und Szilard. Diese Ideen beeindruckten mich tief; ebenso wie die genannten Persönlichkeiten des Westens sah ich darin die Hoffnung, die sich zuspitzende Krise unserer Zeit zu überwinden.

1968 machte ich den entscheidenden Schritt und trat mit meinem Essay *Gedanken über Fortschritt, friedliche Koexistenz und geistige Freiheit* an die Öffentlichkeit – wie es sich fügte, im Jahr des Prager Frühlings.

Ich erfuhr hauptsächlich durch den Rundfunk von den Vorgängen in der Tschechoslowakei. Im Jahr davor hatte ich mir einen VEF-Empfänger gekauft und hörte gelegentlich, wenn auch nicht sehr regelmäßig – mit Ausnahme des Jahres 1968 – BBC und die »Stimme Amerikas«. 1967 erfuhr ich von den dramatischen Ereignissen des Sechstagekrieges.

1968 aber kamen die aufregendsten Nachrichten aus der Tschechoslowakei (ich hörte die Übertragung des historischen Dokuments der »2000 Worte« und vieles andere). In diesen Monaten besuchten mich Shiwljuk und Medwedjew immer häufiger; von ihnen erhielt ich viele wichtige Zusatzinformationen. Es schien, als finde in der Tschechoslowakei endlich das statt, wovon so viele in den sozialistischen Ländern träumten: die sozialistische Demokratisierung (Abschaffung der Zensur, Freiheit des Wortes), die Sanierung des Wirtschafts- und Sozialsystems, die Aufhebung der innerpolitischen Allmacht des Staatssicherheitsdienstes, die bedingungslose und vollständige Offenlegung der Verbrechen und Greuel der Stalinzeit (in der Tschechoslowakei der »Gottwaldzeit« [1]). Sogar aus der Ferne spürte man die Atmosphäre der Erregung, der Hoffnung und Begeisterung, die sich in markanten, emotionalen Formulierungen ausdrückte: »Prager Frühling«, »Sozialismus mit menschlichem Antlitz«.

Mit den ersten Ereignissen in der Tschechoslowakei fielen auch bemerkenswerte Vorgänge in der UdSSR zusammen, freilich von ganz anderer Größenordnung. Es handelte sich um die Kampagne zur Verteidigung Ginsburgs, Galanskows und Laschkowas, die gerade verurteilt worden waren; sie erhielt die Bezeichnung »Unterschriftenkampagne« (und ist in P. Litwinows Buch [2] beschrieben). Mehr als 1000 Unterschriften wurden gesammelt, vorwiegend unter der Intelligenz. In einem Land wie der UdSSR ist das ungewöhnlich viel; noch einige Jahre zuvor wäre an eine Unterschriftensammlung zur Verteidigung »feindlicher Elemente« nicht einmal zu denken gewesen. Und auch danach wurde dieses Niveau nicht wieder erreicht (vielleicht mit wenigen Ausnahmen). Freilich, später sah jeder, der unterschrieb, die Folgen für sich und seine Familie klarer, so daß der Wert einer Unterschrift stieg. Damals aber, 1968, bekam das KGB offensichtlich einen Schreck. Gegen die Unterzeichner wurden harte Maßnahmen ergriffen: Entlassung (mit Eintragung in die »Schwarze Liste«), brutale Kritik und Ausschluß aus der Partei. Die »Unterschriftenkampagne« spielte (mit etlichen gleichartigen Kampagnen zusammen) eine große Rolle als Vorläuferin der heutigen Menschenrechtsbewegung. Sie war so etwas wie ein Miniaturspiegelbild des Prager Frühlings.

Zu meiner Schande muß ich jedoch gestehen, daß die Unterschriftenkampagne ebenso an mir vorüberging wie früher der Prozeß gegen Danijel und Sinjawskij und noch früher der gegen Brodskij [3]. Ich erfuhr davon im nachhinein von Shiwljuk und R. Medwedjew, als ich schon an meinem Essay arbeitete. Weshalb sie vorher geschwiegen hatten, weiß ich nicht.

Bei einem Besuch (wahrscheinlich Ende Januar oder Anfang Februar 1968) ließ Shiwljuk die Bemerkung fallen, ein Essay über die Rolle der Intelligenz in der heutigen Welt wäre sehr nützlich – weshalb und wozu, präzisierte er nicht. Der Gedanke erschien mir beachtenswert und wichtig. Anfang Februar mache ich mich an die Arbeit. Das Thema änderte sich jedoch sehr rasch und weitete sich aus ...

Ich schrieb den Essay hauptsächlich im Objekt, nach Feierabend, etwa zwischen 19 und 24 Uhr. Wenn ich nach Moskau fuhr, nahm ich die Entwürfe mit. Klawa verstand die Bedeutung dieser Arbeit und ihre möglichen Folgen für die Familie; ihre Haltung war zwiespältig. Sie ließ mir aber volle Handlungsfreiheit. Damals verschlechterte sich ihr Gesundheitszustand zusehends, was ihre körperlichen und seelischen Kräfte immer stärker beanspruchte.

Ich betitelte den Essay *Gedanken über Fortschritt, friedliche Koexistenz und geistige Freiheit*[4]. Der Titel entsprach der Aufforderung zur Diskussion durch einen Mann, der kein Experte in politischen Dingen ist; diese Formulierung schien mir damals am besten geeignet zu sein. Der Essay ging weit über Shiwljuks Vorschlag hinaus. Darin wurde ein sehr umfangreicher Themenkreis behandelt, der dann meine gesamte publizistische Tätigkeit in den folgenden Jahren bestimmte, im wesentlichen von denselben Positionen aus. Der Grundgedanke des Essays war: Die Menschheit hat einen kritischen Moment in ihrer Geschichte erreicht, in dem die Gefahren der atomaren Vernichtung, der ökologischen Selbstvergiftung, des Hungers, der nicht steuerbaren Bevölkerungsexplosion, der Entmenschlichung und dogmatischen Mythologisierung über ihr schweben. Diese Gefahren werden durch die Aufteilung der Welt, durch die Gegnerschaft des sozialistischen und des kapitalistischen Lagers um ein Vielfaches verstärkt. In dem Essay verfocht ich die Idee der Konvergenz (Annäherung) des sozialistischen und des kapitalistischen Systems. Die Konvergenz muß meiner Überzeugung nach dazu beitragen, die Teilung der Welt zu überwinden und die der Menschheit drohenden Hauptgefahren zu beseitigen oder zu verringern. Als Ergebnis der ökonomischen, sozialen und ideologischen Konvergenz muß eine regierbare, demokratische, pluralistische Gesellschaft entstehen, welche frei ist von Intoleranz und Dogmatismus, durchdrungen von Sorge für die Menschen und die Zukunft der Erde und welche die positiven Züge beider Systeme in sich vereinigt. Ich schrieb ausführlich (und wie mir scheint, mit Sachkenntnis) über die Gefahren der Atomwaffen, über ihre gewaltige Zerstörungskraft, ihre verhältnismäßig billige und leichte Herstellbarkeit sowie über die Schwierigkeiten der Verteidigung. Der allgemeinen Konzeption des Essays gemäß schrieb ich über die Verbrechen des Stalinismus (nicht verhalten wie in der sowjetischen Presse, sondern sehr eindringlich), über die Notwendigkeit seiner vollständigen Entlarvung, über die entscheidende Bedeutung der Meinungsfreiheit und der Demokratie für die Gesellschaft, über die Lebenswichtigkeit eines wissenschaftlich regulierbaren und die Gefahren eines nichtregulierbaren, chaotischen Fortschritts und über die notwendigen Änderungen der außenpolitischen Prinzipien.

Ich unternahm in meinem Essay den Versuch, ein globales, positives, futurologisches Programm der Menschheitsentwicklung zu umreißen. Dabei sah ich durchaus ein und verhehlte es auch dem Leser nicht, daß es in mancher Hinsicht utopisch war, aber ich hielt diesen Versuch dennoch für wichtig.

Im Unterschied zu meinen späteren öffentlichen Meinungsäußerungen wird in dem Essay kaum das Thema des Schutzes einzelner Menschen vor konkreten Ungerechtigkeiten und konkreter Ungesetzlichkeit angeschnitten. Diese grundlegende Ergänzung brachte das Leben später ein (wobei Ljusja eine große Rolle spielte). Der nächste, sehr wichtige Schritt war die Verteidigung der Menschenrechte generell, der *Offenheit* der Gesellschaft als Basis für internationales Vertrauen, Sicherheit und Fortschritt. Als Motto wählte ich das Zitat aus Goethes *Faust II*:

> »Nur der verdient die Freiheit wie das Leben,
> Der täglich sie erobern muß!«

Die tatkräftige, heroische Romantik dieser häufig zitierten Zeilen ist mir vertraut. Sie entsprechen meinem Weltempfinden: Das Leben ist schön, aber auch bedroht. Ich schrieb in meinem Essay über gravierende und drängende Probleme und rief zur Überwindung des Konflikts unserer Epoche auf. Deshalb wählte ich solch ein optimistisch-kämpferisches Motto und bin bis heute froh über diese Wahl. Viel später erfuhr ich, daß dieses poetische Motto die Aufmerksamkeit meiner zukünftigen Frau Ljusja erregt hatte; es gefiel ihr. Sie, die gar nichts von mir wußte und den Kreisen der Akademie überhaupt sehr fernstand, erblickte in meinem Motto etwas Jünglingshaftes und Romantisches. So stellte es etliche Jahre vor unserer tatsächlichen Begegnung ein gewisses geistiges Band zwischen uns her. Ich möchte ein paar Worte über mein Verständnis der Goetheschen Zeilen hinzufügen. Sie sind eine dichterische Metapher, deshalb enthalten sie keinen Imperativ, keinen Fanatismus. Die andere, mir ebenfalls vertraute und wichtige Seite der Wahrheit ist – um wieder einen Dichter zu bemühen – in den wunderbaren Versen Alexander Meshirows [5] beschlossen:

»Ich liege im beschossnen Graben.
Ein Mensch geht aus dem Frost ins Haus.«

Meshirow meint hier: Kampf, Leid und Heldentat sind nicht Selbstzweck, sie werden nur dadurch rechtfertigt, daß andere Menschen ein normales, »friedliches« Leben führen können. Es ist ganz und gar nicht nötig, daß alle »im Graben« waren. Und genauso wahr und frei von Abstraktion ist Goethes Idee, davon bin ich überzeugt. Nicht *nur* derjenige verdient sich Freiheit und Leben, der in den Kampf geht. Der Sinn des Lebens liegt in ihm selbst, im normalen, »herzlichen« Leben, das indes auch tägliches, unauffälliges Heldentum fordert. Die Zeilen des Mottos werden häufig mit dem Aufruf zum revolutionären Kampf assoziiert. Das ist jedoch eine zu enge Interpretation. In meiner Schrift versuchte ich auf Extreme, auf Unversöhnlichkeit und Intoleranz zu verzichten, welche den revolutionären Bewegungen und dem extremen Konservativismus allzu oft eigen waren; ich bemühte mich stattdessen um den Kompromiß in der Verbindung von Fortschritt mit vernünftigem Konservativismus und Vorsicht. Evolution, nicht Revolution ist die beste »Lokomotive der Geschichte« (Marx schrieb: »Die Revolution ist die Lokomotive der Geschichte«). Der »Kampf«, den ich meine, ist ein friedlicher, evolutionärer.

Ich versuchte, einen möglichst guten Aufbau für meinen Essay zu finden und ihm eine literarische Form zu geben. Deshalb schrieb ich ihn einige Male um. Doch nur der Aufbau kommt mir mehr oder weniger gelungen und der Absicht des Essays entsprechend vor, die Form dagegen ist sehr unvollkommen. Ich hatte damals keinerlei Erfahrung im literarischen Arbeiten, hatte niemanden, mit dem ich mich beraten konnte, und außerdem mangelte es mir stellenweise ganz offensichtlich an Geschmack.

Die *Gedanken* waren im wesentlichen Mitte April beendet. Jaurès Medwedjew schrieb in einer seiner Publikationen, ich hätte meinen Essay von mehreren Schreibdamen der geheimen Abteilung tippen lassen, damit keine von ihnen seinen Inhalt errate. Dieses Hirngespinst, das von meiner Naivität zeugen soll, wiederholt leider auch Solschenizyn. Tatsächlich ließ ich die Arbeit von einer einzigen Schreibkraft der geheimen Abteilung tippen. Ich schloß nicht aus, daß das Manuskript dabei an die für Ideologie zuständigen KGB-Abteilungen gelangen konnte. Wichtiger als alles andere war mir aber, mich nicht von Anfang an mit geheimer Aktivität in Gefahr zu gegeben – bei meiner Position wäre sie ohnehin aufgedeckt worden. Sowohl damals als auch später beschäftigte ich mich grundsätzlich nicht mit geheimer Aktivität. Tatsache ist, wie ich glaube, daß das KGB erst aufmerksam wurde, als das Manuskript unter der Hand in Moskau zirkulierte. Bis dahin hatte wahrscheinlich nur die Spionageabwehr Kenntnis von ihm, und der war es gleichgültig. Erst Ende Mai schlug das KGB im Objekt Großalarm und erhöhte die Wachsamkeit in den Moskauer Zollämtern durch Sondermaßnahmen. Wie man mir sagte, sollen damals insgesamt zwei KGB-Divisionen mit der Operation »Sacharow« befaßt gewesen sein (wahrscheinlich ist das etwas übertrieben), doch ohne Erfolg. Aber ich eile voraus.

Am letzten Freitag im April flog ich zu den Maifeierlichkeiten nach Moskau und hatte in meiner Aktentasche bereits die Reinschrift des Manuskripts. Am selben Abend besuchte mich zufällig Roy Medwedjew; unter dem Arm hatte er einen Pappordner, den er mir daließ, und ich gab ihm mein Manuskript zum Lesen mit. Der Pappordner enthielt die letzten Kapitel seines Stalin-Buches in neuer Überarbeitung. Medwedjew erzählte mir, daß der Leiter der ZK-Wissenschaftsabteilung, S. P. Trapesnikow, sehr ungünstigen Einfluß auf Breschnew und damit auf die gesamte Innen- und Außenpolitik ausübe. Unter dem Eindruck dieser Geschichte nahm ich eine Bemerkung über Trapesnikow in die *Gedanken* auf, was ich bedauere. Der persönliche Ausfall paßte gar nicht zum Stil und Geist meiner Schrift, die zu Vernunft, Toleranz und Kompromißbereitschaft aufrief. Außerdem benutzte ich in diesem Fall eine ungeprüfte Information. Ich zweifle heute, besonders nach meiner Begegnung mit Trapesnikow im Jahre 1970, sehr stark daran, daß R. Medwedjews Informationen über dessen negative Rolle stimmte.

Einige Tage später kam Roy Medwedjew noch einmal. Er habe das Manuskript seinen Freunden gezeigt (was ich ihm erlaubt hatte); alle hielten es für ein historisches Ereignis. Ich gab ihm meine Ergänzung über Trapesnikow und er mir die schriftlichen, aber nicht unterzeichneten Rezensionen seiner Freunde. (Wie ich heute errate, waren J. Gnedin, E. Genri, J. Shiwljuk, J. Ginsburg und ein weiterer Altbolschewik sowie ein Schriftsteller darunter.) Ich änderte und präzisierte das eine und andere und gab es Medwedjew zurück. Er wollte zwei, drei Kopien anfertigen und fragte, ob ich auch damit rechnete, daß das Manuskript bei seiner Verbreitung ins Ausland geraten könne. Ich antwortete, daß ich durchaus damit rechnete (wir verständigten uns mit Hilfe von Zetteln).

Am 18. Mai besuchte ich den wissenschaftlichen Leiter des Objekts, Julij Borissowitsch Chariton, in seiner Datscha. Ich erzählte ihm unter anderem, daß ich einen Essay über die Probleme von Krieg und Frieden, Ökologie und Meinungsfreiheit schriebe. Er fragte, was ich damit vorhätte, wenn er fertig sei. Ich antwortete: »Ich schreibe für den Samisdat.«

Er wurde schrecklich aufgeregt. »Um Gottes willen, tun Sie das nicht.«

»Ich fürchte, es ist schon zu spät, noch etwas daran zu ändern.«

Chariton geriet in noch stärkere Erregung, ging jedoch zu einem anderen Thema über und sagte nichts mehr über den Essay (später tat er so, als habe dieses Gespräch überhaupt nicht stattgefunden, und ich widersprach ihm nicht). In den ersten Junitagen (wahrscheinlich am 6. Juni) reiste ich mit ihm in seinem privaten Eisenbahnwaggon zum Objekt. Wir saßen am Tisch im Salon. (Außer dem Salon gab es ein großes Abteil für Chariton, ein kleines für Gäste, ein Begleiterabteil und eine kleine Küche; wenn mehr als zwei Gäste mitreisten, mußten sie im Salon auf ausgezogenen Stühlen und Klappbetten schlafen; ich selbst bin oft so gereist.) Nachdem Julij Borissowitsch gewartet hatte, bis die Zugbegleiterin nach dem Servieren des Abendbrots hinausgegangen war, begann er ein Gespräch, das ihm sichtlich schwerfiel:

»Andropow hat mich zu sich beordert. Er erklärte mir, seine Leute hätten auf den Tischen und in den Sachen einiger Personen [das heißt, bei heimlichen Durchsuchungen] Sacharows Manuskript entdeckt, das illegal verbreitet werde. Sein Inhalt sei so geartet, daß es im Ausland großen Schaden anrichten könne. Andropow öffnete den Safe und zeigte mir das Manuskript. [Chariton äußerte sich so, daß klar war: Andropow wedelte nur mit dem Manuskript herum und gab es ihm nicht zur Einsicht. Man kann nicht sagen, daß dies ein Ausdruck der Achtung vor einem dreifachen Helden der Sozialistischen Arbeit war.] Andropow bat mich, mit Ihnen zu reden. Sie müssen das Manuskript aus dem Verkehr ziehen.«

»Ich gebe Ihnen den Essay zu lesen, ich habe ihn bei mir.«

Wir trennten uns. Chariton ging in sein Abteil, in dem er einen Schreibtisch und eine Tischlampe hatte; ich kehrte in meines zurück. Wie immer war es in diesem Waggon vorrevolutionärer Bauart sehr schwül, doch ich schlief sofort ein. Am Morgen trafen wir uns wieder.

»Also?«

»Furchtbar!«

»Ist die Form furchtbar?«

Chariton lächelte ironisch. »Von der Form spreche ich nicht. Der Inhalt ist furchtbar.«

»Der Inhalt entspricht meiner Überzeugung, und ich übernehme die ganze Verantwortung für die Verbreitung dieser Schrift. Ich allein. Sie ›aus dem Verkehr zu ziehen‹ ist bereits nicht mehr möglich.«

Der Monat ging ohne besondere Vorkommnisse zu Ende. Ich arbeitete weiter an meinem Essay, fürchte jedoch, daß er dabei nicht besser wurde, sondern nur etwas an Umfang zunahm. Diese leicht überarbeitete Version schickte ich Breschnew (und zeigte sie Jefimow, einem der Initiatoren von »Verfassung II«; er sagte, die neue Version gefalle ihm weniger). Ich wußte nicht, daß damals ein paar Personen bereits den Versuch unternommen hatten, mein Manuskript ins Ausland zu schleusen, und zwar über den Korrespondenten der *New York Times*, der dies jedoch ablehnte, weil er eine Fälschung oder Provokation witterte. Daraufhin übergab Andrej Amalrik das Manuskript Mitte Juni dem Korrespondenten einer holländischen Zeitung.

Am 10. Juli, einige Tage nach meiner turnusmäßigen Ankunft im Objekt und genau sieben Jahre nach dem denkwürdigen Zusammenprall mit Chruschtschow, schaltete ich die Abendsendung der BBC (oder der »Stimme Amerikas«) ein und hörte meinen Namen. Man meldete, in einer holländischen Abendzeitung vom 6. Juli sei ein Artikel des Mitglieds der Akademie der Wissenschaften der UdSSR, A. D. Sacharow, veröffentlicht worden, der, nach Meinung einiger Spezialisten, an der Entwicklung der sowjetischen Wasserstoffbombe beteiligt gewesen sei. Der Artikel enthalte einen Aufruf zur Annäherung der UdSSR und der Länder des Westens und zur Abrüstung; er schildere die Gefahren eines thermonuklearen Krieges, ökologische Bedrohungen, die Gefahr des Dogmatismus, Terrors und weltweiten Hungers, kritisiere scharf die Verbrechen Stalins und das Fehlen von Demokratie in der UdSSR und rufe zu Demokratisierung, Meinungsfreiheit und Konvergenz als Alternative zum allumfassenden Untergang auf. (Ich erinnere mich natürlich nicht mehr genau an den Charakter der Kommentare und schreibe jetzt das, was ich gern gehört hätte und später sehr oft hörte.)

Ich begriff, daß es geschafft war. An diesem Abend empfand ich ein Gefühl tiefster Befriedigung. Am nächsten Tag sollte ich nach Moskau fliegen, doch davor fuhr ich um 9 Uhr zur Arbeit. Als ich mein Büro betrat, sah ich Julij Borissowitsch Chariton am Schreibtisch sitzen (er war zu irgendeiner Besprechung gekommen). Ich sagte: »Mein Essay ist im Ausland erschienen; gestern haben sie's im ausländischen Radio gebracht.«

»Ich hab's gewußt«, brachte Chariton mit betrübter Miene heraus.

Ein paar Stunden später fuhr ich zum Flugplatz. Mein Büro sollte ich nie wieder betreten.

In den letzten Julitagen zitierte mich Slawskij zu sich. Die Übersetzung meines Essays aus der holländischen Zeitung lag vor ihm auf dem Tisch.

»Ihr Artikel?«

Ich sah ihn mir an und bejahte.

»Ist das das gleiche, was Sie ans ZK geschickt haben?«

»Nicht ganz, ich habe es etwas überarbeitet.«

»Geben Sie mir den neuen Text. Vielleicht werden Sie Protest dagegen einlegen, daß eine vorläufige Version ohne Ihre Erlaubnis im Ausland veröffentlicht worden ist?«

»Nein, das werde ich nicht tun. Ich bekenne mich vollständig zu meiner Urheberschaft an dem veröffentlichten Essay, er gibt meine Überzeugung wieder.«

Zweifellos wünschte Slawskij sehr, daß ich wenigstens halbherzig gegen die Publikation meines Essays im Ausland protestierte, und sei es auch nur wegen zweitrangiger redaktioneller Ungenauigkeiten. Zum Glück tappte ich nicht in diese Falle. Mit offenkundigem Mißmut fuhr Slawskij fort: »Heute werden wir nicht über Ihre Überzeugungen diskutieren. Die Sekretäre des Gebietskomitees rufen mich dauernd an und bestürmen mich, ich dürfe in meiner Behörde keine konterrevolutionäre Propaganda zulassen und müsse durchgreifen. Ich möchte, daß Sie darüber und über die Situation, in die Sie uns alle und in erster Linie sich selbst gebracht haben, nachdenken. Sie müssen sich von der antisowjetischen Publikation distanzieren. Ich werde Ihre korrigierte Version durchlesen. In drei Tagen erwarte ich Sie, zur selben Zeit.«

Drei Tage später meinte er:

»Ich habe es durchgelesen. Es ist praktisch das gleiche. In Ihrem Essay herrscht sehr viel schädliche Konfusion. Sie schreiben über die Fehler des Personenkultes in einer Weise, als hätte die Partei ihn nicht schon selbst verurteilt. Sie schreiben über die Privilegien der Führung, aber Sie selbst haben doch diese Privilegien genossen. Menschen, die eine so kolossale Verantwortung tragen, eine so übermäßige Belastung, müssen irgendwelche Vorteile haben. Das ist alles zum Nutzen der Sache. Der Führung stellen Sie die Intelligenz gegenüber. Aber sind denn nicht wir, die Führer, die wahre Intelligenz des Volkes? Ihre Überlegungen zur Konvergenz sind absolute Utopie, dummes Zeug. Es gibt keine Humanisierung des Kapitalismus; weder die sozialen Programme noch die Aktionärsbeteiligung der Kapitalisten hat sozialistische Züge – und es gibt keinen Staatskapitalismus in der UdSSR. Auf die Vorzüge unserer Gesellschaftsordnung werden wir nie verzichten. Unter den Kapitalisten bedeutet Ihre Konvergenz auch nichts. Die Partei hat die Fehler des Personenkults verurteilt, doch ohne harte Hand hätte man so etwas Gewaltiges nicht leisten können: den Wiederaufbau der durch den Krieg zerstörten Wirtschaft, die Aufhebung des amerikanischen Atommonopols – auch Sie haben ja daran mitgearbeitet. Sie haben kein moralisches Recht, unsere – die Stalinsche – Generation ihrer Fehler, der von ihr zugelassenen Härte wegen zu verurteilen. Sie genießen die Früchte unserer Arbeit, unserer Opfer. Konvergenz ist Utopie. Wir müssen stark sein, stärker als die Kapitalisten – dann wird Friede herrschen. Im Falle eines Krieges, im Falle, daß die Imperialisten mit Kernwaffen gegen uns losschlagen, müssen wir unverzüglich und ohne Zaudern unsere ganze Stärke einsetzen – und nicht nur gegen Raketenbasen, sondern gegen alle Objekte, die für den Sieg zerstört werden müssen.«

Soweit ich verstand und mich erinnere, war nur von einem defensiven Kernwaffenschlag die Rede, der jedoch sofort mit maximaler Stärke stattfinden und die Städte und Industriezentren des Gegners einbeziehen sollte. Und vor allem wich Slawskij völlig der Frage aus, was neben unserer Stärke dazu beitragen könnte, einen Krieg zu vermeiden. Es liegt auf der Hand, daß in einer Welt, die voller Widersprüche, Konflikte und Mißtrauen ist, in einer Welt, wo beide Seiten über Durchschlagskraft verfügen, die nackte Stärke eine zu unzuverlässige Garantie für den Frieden und die Vernunft der Politik ist. Slawskij ignorierte meine Überlegungen über die offene Gesellschaft, den Verzicht auf Gegnerschaft und das Bemühen um Annäherung als dummes Zeug. Ich antwortete, daß ich in meinem Essay über die menschheitsbedrohende Gefahr einer derartigen Betrachtungsweise geschrieben hätte, die keine Meinungsfreiheit, keine offene Erörterung der Schicksalsfragen zulasse. Sie würden in der Stille des Arbeitszimmers von Männern entschieden, welche die Last der Verantwortung (und die Privilegien) auf sich genommen hätten. Zum Schluß brachte ich das Gespräch auf die Tschechoslowakei. Ob es eine Gewähr gegen die Intervention in diesem Land gebe; sie wäre eine Tragödie. Slawskij entgegnete, die Frage sei im ZK diskutiert worden; bewaffnete

Einmischung scheide aus, wenn in der Tschechoslowakei keine offenen konterrevolutionären Gewaltakte stattfänden wie seinerzeit in Ungarn. Gespräche, Versammlungen und Erklärungen könnten uns nicht beunruhigen. (Am 21. August stellte sich das alles als Lüge heraus, aber vielleicht wurden die Beschlüsse erst nach unserem Gespräch gefaßt; außerdem wurde Slawskij wahrscheinlich gar nicht zur Lagebeurteilung auf allerhöchster Ebene zugelassen.)

Ich habe mein Gespräch mit Slawskij so ausführlich wiedergegeben, weil es fast die einzige relativ ernsthafte Aussprache über die *Gedanken* mit einem Vertreter der Obrigkeit war.

Einige Wochen später rief mich Chariton zu sich nach Hause und eröffnete mir, Jefim Pawlowitsch (Slawskij) bitte mich, nicht zum Objekt zu fahren. Ich erkundigte mich nach den Gründen.

»Jefim Pawlowitsch befürchtet Provokationen gegen Sie.«

»Das ist dummes Zeug. Von wem aus?«

»Jefim Pawlowitsch sagte, das sei seine Anordnung. Sie müssen in Moskau bleiben.«

Faktisch war das meine Entfernung vom Arbeitsplatz. Ich hatte keine andere Wahl, als mich zu fügen, und blieb in Moskau. Meine Familie lebte seit 1962 ständig in Moskau und kam gewöhnlich im Sommer ins Objekt, doch in diesem Jahr war sie in Moskau.

Am 17. August wurden die *Gedanken* in der *New York Times* abgedruckt. Es war nach der holländischen die zweite Veröffentlichung in der allgemeinen Presse. Im August hatten einige amerikanische Universitäten meinen Essay in ihren Zeitungen gebracht; viele Abdrucke dieser Art sollten noch folgen. Ein Strom von Publikationen, Rezensionen und Diskussionen setzte ein (leider besitze ich nicht einmal einen kleinen Teil dieser Pressestimmen. Und das wenige, was ich besaß, ist mir jetzt ebenfalls unerreichbar). Ich erinnere mich, daß die Gesamtauflage aller Veröffentlichungen der Schrift in den Jahren 1968/69 nach Angabe der Internationalen Buchhandelsvereinigung 18 Millionen Exemplare betrug, an dritter Stelle nach Mao Tse-tung und Lenin und – in jenen Jahren – vor G. Simenon und Agatha Christie.

Hoch bewertet wurden die *Gedanken* in den liberalen Intellektuellenkreisen des Auslands. Sie erblickten in meinem Essay nicht nur eine große Übereinstimmung mit ihren eigenen Ansichten (über die Gefahr eines thermonuklearen Krieges, die Demokratie, die Wichtigkeit der intellektuellen Freiheit, die ökologische Gefahr, das Vorhandensein positiver Züge sowohl im Sozialismus als auch im Kapitalismus usw.), sondern auch eine Bestätigung dessen, daß ihre Hoffnungen realistisch waren! Kam doch die verwandte Stimme von jenseits des Eisernen Vorhangs, von dem Vertreter eines Berufsstandes, der bei ihnen gewöhnlich den »Falken« nähersteht als den »Tauben«. Manche (freilich in der Hauptsache Journalisten) meinten sogar, mein Essay sei ein Versuchsballon der sowjetischen Regierung, die gern einen neuen Schritt zur Aufhebung der Kriegsgefahr machen würde, und ich sei nur ihr Strohmann. Mein Essay gefiel sogar Menschen eher konservativer Geisteshaltung, die aus ihm scharfe Kritik an der in der UdSSR bestehenden Gesellschaft herauslasen. Die ökologischen, humanitären und wissenschaftlich-futurologischen Aspekte meiner Schrift fanden bei allen Zuspruch. Insgesamt wurde sie, was das Ausmaß ihres Einflusses auf die öffentliche Meinung des Westens anbelangt, zu einem Ereignis – bei all ihren Mängeln, die mir schon damals klar waren.

In der UdSSR fand mein Essay ebenfalls weite Verbreitung (es war die Blütezeit des Samisdat) und rief ein begeistertes Echo hervor. Leider mußten in den nächsten Jahren viele Menschen dafür leiden. Von manchen kenne ich die Namen, zum Beispiel von Pawlenkow, Ponomarjow und Nasarow. Unter den Leserurteilen aus meinem Land ist mir P. G. Grigorenkos Brief in Erinnerung geblieben (»... ein gutes Wort zur rechten Zeit«, schrieb er und maß dem Essay und seinen Grundideen sehr große Bedeutung zu). Es gab noch einige ähnliche Rezensionen. A. I. Solschenizyn schickte mir eine ausführliche Zusammenfassung seiner im wesentlichen kritischen Anmerkungen, die er mir gegenüber bei einem persönlichen Treffen geäußert hatte. Es handelte sich im Grunde um einen zweiten Essay, der später in dem Sammelband *Stimmen aus dem Untergrund* erschien[6]. Für die Veröffentlichung änderte Solschenizyn den Titel. In meinem Exemplar lautete er: »Die Qualen der freien Rede.« Von den ausländischen Rezensionen war mir die Max Borns, des berühmten theoretischen Physikers und Mitbegründers der Quantenmechanik, besonders lieb, der mir seine Erinnerungen[7] in deutscher Sprache mit einer sehr herzlichen Widmung schickte. In seinem Begleitbrief schrieb er, er sei von meinem Mut begeistert und teile die meisten meiner Gedanken; ihm scheine jedoch, daß ich den Sozialismus überschätzte – er habe immer gefunden, diese Lehre sei auf Dummköpfe zugeschnitten. Im übrigen wähle er, der in England lebe, die Labour-Party. Max Borns Erinnerungen erschienen in der UdSSR erst nach seinem Tode. Bei der Herausgabe wurden jedoch die Überlegungen des Autors zu gesellschaftlichen, moralischen und philosophischen Themen weggelassen; ohne jeden Hinweis für den Leser strich man ein ganzes Kapitel. Borns Erinnerungen wurden nach seiner Rückkehr in die Bundesrepublik verfaßt, wo er die letzten Jahre seines Lebens verbrachte. Er schreibt, er habe einfach zu den Linden am Rhein zurückkehren müssen (diesen Schritt machte man ihm zum Vorwurf).

In den ersten Monaten nach Erscheinen meines Essays erreichten mich zahlreiche Briefe; dennoch war es wohl nur ein kleiner Teil der an mich gerichteten Korrespondenz. Am 21. August ging ich eine Zeitung kaufen. Auf der ersten Seite stand die Meldung, die Truppen der Länder des Warschauer Pakts seien auf Bitten etlicher Funktionäre der Kommunistischen Partei und der Regierung der ČSSR (die weder damals noch heute genannt wurden – es war eine offensichtliche Fälschung!) zur Erfüllung ihrer internationalistischen Pflicht auf das Territorium der Tschechoslowakei einmarschiert. Die Invasion hatte begonnen. Diese tragischen Ereignisse sind allen geläufig. Es war nicht nur der Zusammenbruch der Hoffnungen, die sich an den Prager Frühling knüpften, sondern in noch größerem Maß die Selbstentlarvung des ganzen Systems des »realen Sozialismus«, seiner Verknöcherung und Unfähigkeit, irgendwelche Veränderungsversuche in Richtung Pluralismus und Demokratisierung auch nur nebenan zu ertragen. Anscheinend waren zwei vom Standpunkt des gesunden Menschenverstandes her höchst natürliche Dinge für dieses System von größter »Verseuchungsgefahr«: die Abschaffung der Zensur und Parteitagswahlen ohne von oben aufgestellte Listen.

Die Folgen der Invasion für das gesamte »Weltsystem des Kommunismus« waren enorm. Die Überzeugung, daß die in der UdSSR verwirklichte Staatsform überlegen und Verbesserungen gegenüber aufgeschlossen sei, zerbröckelte bei Millionen ihrer ehemaligen Anhänger in der UdSSR und in der ganzen Welt.

Zufällig begann am Tag der Invasion die Gerichtsverhandlung gegen Anatolij Martschenko. Anatolij und seine künftige Frau Larissa Bogoras (die frühere Frau Julij Daniels) sind erstaunliche Menschen, mit denen mich das Schicksal zusammenführte. Persönlich begegnete ich ihnen erst später, nach Larissa Bogoras' Entlassung aus der Verbannung und Toljas Haftentlassung. Martschenko war als ganz junger Arbeiter zum erstenmal wegen der Teilnahme an einer Prügelei ins Gefängnis gekommen (er war keinewegs schuldig, aber unsere Gerichte entschieden derlei Dinge oft ohne besondere Skrupel). Martschenko floh, versuchte, die persische Grenze zu überschreiten, und geriet wieder in Haft, nun bereits in einem politischen Lager in Mordwinien, wo Julij Daniel damals einsaß. Der Einfluß dieses Mannes war es, der Martschenkos ganzes Leben veränderte und es auf einen neuen Weg lenkte, den angestrengter innerer Suche, des Zweifels, des Nonkonformismus, der politischen Aktivität und gleichzeitig den der inneren Kämpfe, der Opfer und Leiden. Toljas hervorstechender Charakterzug ist seine absolute innere Ehrlichkeit, eine Prinzipientreue, die zuweilen, fälschlich, für Starrköpfigkeit gehalten wird. Nach seiner Haft schrieb Martschenko, der über »reiche Erfahrung« im Lager- und Gefängnisleben verfügte, das Buch *Meine Aussagen*[8], in dem er äußerst anschaulich und genau von jenem neuen barbarischen System erzählt, das den Stalinschen GULag abgelöst hat. Das Werk ist eine der Quellen unserer Menschenrechtsbewegung. *Meine Aussagen* wurde im Samisdat verbreitet und erschien im Ausland in zwei Auflagen. Die Gerichtsverhandlung im Jahr 1968 hatte einen nichtigen, aber gerade deswegen um so typischeren Anlaß: Martschenko, der seine Frau in Moskau besucht hatte, sei angeblich länger als drei Tage bei ihr geblieben, ohne eine Anmeldebescheinigung in Moskau zu besitzen, und habe damit gegen die Paßregeln verstoßen. Ein anderer wäre mit solchen Verstößen glimpflich davongekommen, nicht jedoch der dem KGB verhaßte Martschenko. Das Urteil: ein Jahr Haft. Doch dem KGB war das noch zu wenig. Im Lager wurde ein neuer Prozeß gegen Martschenko angestrengt. Angeblich habe er in der Badestube auf die Frage, weshalb er so mager sei, geantwortet: »Die Kommunisten haben mir mein ganzes Blut ausgesaugt.« Das Lagergericht verurteilte ihn zu weiteren zwei Jahren Haft. Von Martschenkos weiterem Schicksal werde ich in den nächsten Kapiteln berichten.

Damals, am 21. August 1968, begrüßte Pawel Litwinow alle »Unsrigen«, die sich vor dem Gerichtsgebäude einfanden. (Pawel ist der Enkel Maxim Litwinows, des berühmten Revolutionärs und Volkskommissars für Auswärtiges in den dreißiger Jahren, der auf diesem Posten von Molotow abgelöst wurde, als sich der Annäherungskurs an Hitlerdeutschland durchgesetzt hatte.) Pawel Litwinow sagte zu jedem, der eintrat: »Unsere Panzer sind in Prag!«

Vier Tage später, am Sonntag, den 25. August, hielten Pawel Litwinow, Larissa Bogoras und weitere fünf Personen (Vadim Delannay, Viktor Feinberg, Konstantin Babizkij, Wladimir Dremljuga und Natascha Gorbanewskaja) die berühmte, historisch gewordene Demonstration auf dem Roten Platz gegen den sowjetischen Einmarsch in die Tschechoslowakei ab. Im ganzen Land fanden Veranstaltungen »zur Unterstützung« des Einmarsches statt. Es gehörte großer Mut dazu, einer solchen Veranstaltung fernzubleiben; viele mußten dafür bezahlen. Kaum eine Proteststimme drang in die Außenwelt durch. In diesen Tagen war das öffentliche Auftreten P. Litwinows, L. Bogoras' und ihrer Kameraden wirklich ein Wunder – eine Tat, welche die Ehre des ganzen Landes wiederherstellte. Sie standen keine Minute auf dem Roten Platz. Da stürzten sich auch schon Hilfsmilizionäre auf sie, prügelten auf sie ein, entwanden ihnen das Plakat mit der Aufschrift »Hände weg von der Tschechoslowakei!« und zerrissen es. Alle sieben wurden verhaftet. Doch es war getan. Die Limousinen, in denen Alexander Dubček, Josef Smrkovský und die anderen gewaltsam nach Moskau gebrachten tschechischen Spitzenfunktionäre gefahren wurden, rasten eine Minute nach der Strafaktion über den Platz.

Ich wußte nichts von den Vorbereitungen zu dieser Manifestation. Einer der Demonstranten war am Vorabend zu mir gekommen, hatte mich jedoch nicht angetroffen. Er sagte Klawa nichts über die Absicht seines Besuches. Meine Abwesenheit war möglicherweise nicht ganz zufällig. Eine halbe Stunde vor der Ankunft des Besuchers war Shiwljuk zu mir geeilt und hatte mich gedrängt: »Andrej Dmitrijewitsch, fahren Sie mit mir zu Wutschetitsch[9]. Er erwartet Sie. Es ist sehr wichtig.«

Wutschetitsch hatte Zugang zu einem »Mann von Einfluß«; vielleicht ging diese Zusammenkunft auch nicht auf seine Initiative zurück. Sie konnte viele und vieles retten. Ich dachte mir, daß ich dabei keinesfalls etwas verlieren würde, und fuhr zu ihm. Da ich dem Künstlermilieu und seinen Wechselbeziehungen fernstand, hatte ich nur eine vage Vorstellung davon, wer Wutschetitsch war. (Er war zweifellos ein begabter Bildhauer, der eine extrem rechte, nahezu fanatische Position in gesellschaftlichen Fragen einnahm.)

Auf der Fahrt zu ihm sagte Shiwljuk: »Sie werden Schachmagonow sehen, dessen Manuskript ich Ihnen gebracht habe.«

Wutschetitsch erwartete uns wirklich. Er war ein Mann von mittlerer Größe, mit lauter Stimme und entsprechenden Manieren; allerdings konnte man Spuren eines kürzlich erlittenen Schlaganfalls an ihm wahrnehmen. Bald darauf kam Schachmagonow hinzu. Wutschetitsch und er umarmten einander und küßten sich nach russischem Brauch dreimal auf die Wangen. Wutschetitsch führte mich durch sein Atelier und zeigte mir seine Werke, und zwar solche, die er »im Auftrag«, und andere, die er »zum eigenen Vergnügen« geschaffen hatte. Unter den »Auftragswerken« war eine riesige Plastik der Mutter Heimat, bestimmt für das Mahnmal bei Stalingrad.

Wie man mir mitteilte, war Schachmagonow Scholochows Sekretär und hatte für ihn die Hetzrede ausgearbeitet, die der Schriftsteller auf dem XXIII. Parteitag hielt; er soll KGB-General sein. 1969 suchte er mich mit dem Vorschlag auf, einen thematisch und ideell mit den *Gedanken* verwandten Essay für den Verlag *Sowjetskaja Rossija* zu schreiben. Die Arbeit sollte »passierbar« sein, das heißt, für die sowjetische Zensur akzeptabel. Ich glaube, dies war eine Falle zum Zwecke meiner »Zähmung«. Ich ging in die Redaktion und hinterlegte dort die Thesen des Essays. Ein paar Tage später rief Schachmagonow mich an und sagte, aus der Sache werde offenbar nichts; sogar die Überschrift des Essays, die das Wort »Demokratisierung« enthielt, sei »aufreizend«. Für wen? Wohl für die KGB-Führung.

Am Tag nach der Demonstration auf dem Roten Platz erzählte mir Solschenizyn davon. Es war meine erste Begegnung mit ihm. Schon lange vorher hatte mir eine Mitarbeiterin der wissenschaftlichen Bibliothek des FIAN, Tamara Chatschaturowa, die Witwe eines in den Stalinschen Gefängnissen umgekommenen Ingenieurs und eine Bekannte von Solschenizyns erster Frau Reschetowskaja, einen Vorschlag zu einem Treffen überbracht. Dieses Treffen war jedoch ständig hinausgeschoben worden und fand schließlich am 26. August, während der ersten »tschechoslowakischen« Woche, in der Wohnung eines meiner Bekannten statt. Solschenizyn schreibt in seinem Buch *Die Eiche und das Kalb*, ich hätte bei dieser ersten Begegnung starken Eindruck auf ihn gemacht. Ebenso ging es mir mit ihm. Mit seinen lebhaften, blauen Augen und dem rötlichen Bart, seiner raschen, temperamentvollen Sprechweise (die nahezu zungenbrecherisch war) und seiner ungewöhnlich hohen Stimme, die im Kontrast zu seinen gemessenen, exakten Bewegungen stand, wirkte er wie ein Bündel konzentrierter und zielgerichteter Energie. Zu Beginn unserer Zusammenkunft verhängte Solschenizyn, noch ehe ich das Zimmer betrat, sorgfältig das Fenster, das zum Hof hinausging. Er schreibt, dieses Treffen habe wohl unbemerkt von den Organen der Staatssicherheit stattgefunden. Mir scheint aber, daß er sich hier irrt (wahrscheinlich irre ich mich weit öfter in solchen Dingen; doch wir beide, Ljusja und ich, ignorieren Überwachung und Bespitzelung völlig. Wir haben nichts zu verbergen, befassen uns nicht mit geheimen Aktivitäten und wollen keine psychischen Kräfte damit verschwenden, an die Heerscharen dieser hochbezahlten »Beobachter« zu denken). Der Fahrer des »Taxis« jedenfalls, das ich unmittelbar vor dem Haus nahm, machte etwas ungewöhnliche Bemerkungen: Was für ein Gesindel diese Intellektuellen doch seien, und noch mehr Provozierendes dieser Art.

Ich hatte damals viel von Solschenizyns Schriften gelesen und empfand damals so hohe Achtung vor ihm wie heute. Nach seinem epochalen Werk, dem *Archipel GULag*, stieg meine Achtung sogar noch, obwohl das Leben kompliziert und unsere Beziehung nicht einfach ist; sie konnte ja auch nicht einfach sein bei zwei so ungleichen Menschen, deren Standpunkte sich in einigen wichtigen Fragen als ganz unterschiedlich herausstellten.

Ich hörte im wesentlichen aufmerksam zu, und er sprach – leidenschaftlich und wie immer ohne im geringsten in seinen Beurteilungen und Schlußfolgerungen zu schwanken. Er begann mit Komplimenten für meinen Schritt und seine historische Bedeutung, nämlich dafür, daß ich die Verschwörung des Schweigens unter den Menschen gebrochen hätte, die der Pyramidenspitze nahe seien. Des weiteren formulierte er scharf, worin er mit mir nicht übereinstimmte. Von Konvergenz könne keine Rede sein (hier wiederholte er beinahe Wort für Wort Slawskijs Argumente): Der Westen sei nicht an unserer Demokratisierung interessiert, er habe sich selbst in seinem rein materiellen Fortschritt und seinem Laissez-faire verheddert, und der Sozialismus könne ihn endgültig vernichten. Unsere Führer seien seelenlose Automaten, die sich an Macht und Wohlstand festgebissen hätten; freiwillig würden sie nicht locker lassen. Ich untertriebe Stalins Verbrechen und unterschiede zu Unrecht zwischen Lenin und ihm – es handle sich um einen durchgängigen Prozeß der Vernichtung und Demoralisierung; er habe in den ersten Tagen begonnen und dauere bis heute an. Die Veränderungen in Ausmaß und Form seien nicht entscheidend. Durch Terror, Hunger und Krankheit und deren Folgen seien, nach Angaben von Professor Kurganow, 60 Millionen Menschen umgekommen. Die von mir genannte Zahl (über 10 Millionen) der in den Lagern Umgekommenen sei eine Untertreibung. Es sei falsch, von einem Mehrparteiensystem zu träumen – benötigt werde ein System ohne Parteien, denn jede Partei tue den Überzeugungen ihrer Mitglieder Gewalt an zugunsten der Interessen ihrer Drahtzieher. Auch sei es falsch, von einem wissenschaftlich regulierbaren Prozeß zu träumen. Wissenschaftler und Ingenieure seien eine gewaltige Kraft, doch vor allem komme es auf ein geistiges Ziel an; ohne ein solches Ziel sei jegliche wissenschaftliche Steuerung Selbstbetrug und werde dazu führen, daß man im Rauch und Brandgeruch der Städte ersticke.

Ich gebe diese Thesen aus dem Gedächtnis wieder, dreizehn Jahre später, ohne über Notizen zu verfügen. Wahrscheinlich gibt der erwähnte Artikel aus *Stimmen aus dem Untergrund* Solschenizyns Worte von damals getreuer wieder. Doch der Tenor von Solschenizyns Äußerungen, wie er sich mir heute, nach weiteren Überlagerungen, darstellt, ist wohl richtig beschrieben.

An seinen Anmerkungen, antwortete ich, sei natürlich viel Wahres. Doch mein Essay spiegele meine eigenen Überzeugungen wider. Er sei, wie mir scheine, konstruktiv; daher rührten auch einige Vereinfachungen. Die Hauptsache sei wohl, daß man auf die Gefahren hinweisen und einen möglichen Weg zu ihrer Beseitigung aufzeigen müsse. Ich rechnete dabei mit dem guten Willen der Menschen. Ich erwartete nicht sofort eine Antwort auf meine Schrift, doch ich glaubte, daß sie das Denken beeinflussen würde. Wenn ich etwas nicht ganz treffend ausgedrückt hätte, so hoffte ich das in Zukunft noch korrigieren zu können. Ich müsse indes vieles zuvor überdenken.

Solschenizyn berichtete von der Demonstration am Vorabend; wir beide sorgten uns um das Schicksal der Verhafteten. Einige Tage später rief ich aus diesem Anlaß Andropow an. Irgendwann einmal hatte Kurtschatow die Weisung erteilt, mich jederzeit ohne Passierschein und Formalitäten ins Institut für Kernenergie einzulassen, und seine Sekretärinnen befolgten diese Weisung bis zu dem Zeitpunkt, an dem sie abgelöst wurden. Ich ging ins Büro des Institutsdirektors A. P. Alexandrow und benutzte den Dienstapparat. Ich äußerte Andropow gegenüber meine starke Beunruhigung über das Schicksal der Verhafteten nach der Demonstration am 25. August auf dem Roten Platz. Sie hätten auf ihren Spruchbändern gegen die Vorgänge in der Tschechoslowakei demonstriert, die weltweit große Beachtung fänden, auch in den westlichen kommunistischen Parteien; eine Verurteilung der Demonstranten würde die Situation noch verschärfen.

Andropow erwiderte, er sei angesichts der Vorgänge in der ČSSR äußerst beschäftigt und habe während der letzten Wochen kaum geschlafen; mit der Demonstration befasse sich nicht das KGB, sondern die Staatsanwaltschaft (er meinte offenbar den Artikel über Straßenunruhen, der formaljuristisch in die Zuständigkeit der Staatsanwaltschaft fällt). Doch glaube er nicht, daß die Urteile hart ausfallen würden. (Drei der Demonstranten wurden zu Verbannung verurteilt, zwei zu zwei Jahren Lager, und Feinberg wies man in eine psychiatrische Sonderklinik ein.)

Dies war mein zweites und letztes Gespräch mit Andropow.

III. Klawas Krankheit und Tod

Das Memorandum von Sacharow, Turtschin und Medwedjew. Seminar bei Turtschin. Grigorij Pomeranz

1968 verschlimmerte sich Klawas Gesundheitszustand jäh. Ständig quälten sie Schmerzen in der Magengegend, sie magerte merklich ab. Schon 1964 und 1965 hatte sie starke Magenblutungen gehabt und zweimal das Bewußtsein verloren. Das erste Mal, im September 1964, war ich nicht dabei; Klawa berichtete mir am Telefon davon. Die zweite Ohnmacht trat einige Wochen später ein. Zu diesem Zeitpunkt war ich vom Objekt zurück und stand im Moment der Ohnmacht neben ihr. Ich konnte sie gerade noch auffangen und dadurch Verletzungen beim Fallen verhindern; ich lief sofort in die benachbarte Poliklinik. Eine Schwester eilte herbei und gab ihr eine Spritze gegen Gefäßspasmen, die wahrscheinlich nichts nützte. Klawa wurde ins Kreml-Krankenhaus gebracht, dem ich in den fünfziger Jahren als Sonderberechtigter zugewiesen worden war. (Dies war ein sehr privilegiertes Krankenhaus mit einer fabelhaften Ausrüstung und den besten Medikamenten, doch die Qualifikation vieler Ärzte und besonders ihr Verhältnis zu den Patienten ließen öfters zu wünschen übrig.) Dort wurden bei Klawa Magenblutungen diagnostiziert; man schlug jedoch keine Operation vor, ebensowenig wie sieben Monate später, im April 1965, in der Petrowskij-Klinik, in die sie nach einer neuerlichen, ebenfalls sehr starken Blutung eingewiesen worden war. Weshalb man sie nicht operierte, weiß ich nicht. Vielleicht hätte eine Operation verhindert, daß sie vier Jahre später starb.

Im September 1968 wurde unser Sohn Mitja zum zweitenmal für zwei Monate ins Kindersanatorium des Ministerrats in Shelesnowodsk geschickt, zur Rekonvaleszenz nach einer überstandenen infektiösen Gelbsucht und einer Lambliose. Im Sanatorium wurden die Kinder weiter unterrichtet; er hatte seine eigenen Lehrer und Erzieher. Zu spät erkannten wir, daß in diesem Sanatorium eine ungute Atmosphäre von kindlichem Snobismus, Angeberei mit dem Status der Eltern und grausamer Verfolgung von Kindern aus weniger hochgestellten Familien herrschte.

Ebenfalls im September reiste ich nach vieljähriger Pause zum erstenmal wieder zu einer internationalen wissenschaftlichen Konferenz (bis dahin hatte ich auf solche Reisen verzichtet, denn ich hatte nie freie Zeit und befürchtete, bei meinem Dilettantismus vieles nicht zu verstehen – unnötigerweise natürlich; heute, nachdem mir der Zutritt zu geheimer Arbeit verwehrt ist, habe ich freie Zeit). Es war eine in regelmäßigen Abständen stattfindende Konferenz über die Gravitation, über Grundprobleme der Gravitationstheorie, ihre Anwendung in der Kosmologie und ihren Zusammenhang mit der Theorie der Elementarteilchen. Sehr interessant war für mich der Tagungsort: Tbilissi, die Hauptstadt Georgiens. Ich war vorher noch nie dort gewesen; diese wunderschöne Stadt beeindruckte mich sehr. Von den Referaten während der Tagung profitierte ich erheblich; noch wichtiger waren für mich allerdings die persönlichen Kontakte mit zahlreichen Wissenschaftlern aus der UdSSR und dem Ausland. Bis dahin hatte sich mein gesamter wissenschaftlicher Umgang auf A. B. Seldowitsch und einige andere Leute beschränkt. Schon unterwegs, bei einem Zwischenaufenthalt in Minwody, führte ich viele interessante Gespräche. Unter meinen Reisegefährten war der damals noch junge Theoretiker Boris Altschuler; ein paar Jahre zuvor war ich Gutachter bei der Verteidigung seiner Dissertation gewesen (er war der Sohn L. W. Altschulers, meines Arbeitskollegen im Objekt). Auf einer Tagungssitzung hielt ich ein Referat über Lagranges Nullgleichung des Gravitationsfeldes. Leider stellte ich nicht meine Arbeit über die Baryonen-Asymmetrie vor. Das Thema meines Referates hatte ich auf Seldowitschs Rat hin ausgewählt. Seldowitsch gehörte dem Organisationskomitee der Tagung an und hatte damals eine negative Einstellung zu meiner Arbeit über die Baryonen-Asymmetrie. Wahrscheinlich hätte ich stärker darauf beharren müssen, aber ich wollte auch selbst gern meine letzte Arbeit vorstellen, um so mehr, als sie sich direkt auf das Thema der Tagung bezog.

Unter den ausländischen Teilnehmern war Professor Wheeler (bekannt durch seine Arbeiten über die Gravitation sowie die Gemeinschaftsarbeit mit N. Bohr über die Physik der Kernteilungsprozesse, die er am Ende seiner wissenschaftlichen Tätigkeit verfaßt hatte). Seldowitsch machte mich mit ihm bekannt. Ein paar Stunden lang führten wir beide im Restaurant Sakartwelo ein sehr interessantes Gespräch, das sich meiner Erinnerung eingeprägt hat. Wir sprachen sowohl über die Wissenschaft als auch über politische Themen.

Im Oktober bekamen Klawa und ich die Genehmigung für einen Kuraufenthalt im Sanatorium des Ministerrats in Shelesnowodsk. Im Kreml-Krankenhaus händigte man mir mein Krankenblatt nur sehr ungern aus, da man eine ernsthafte Herz- und Gefäßerkrankung bei mir festgestellt hatte, die es angeblich unmöglich machte, in den Süden zu reisen (obwohl es im Oktober in Shelesnowodsk überhaupt nicht heiß ist). Klawa dagegen wurde für praktisch gesund befunden (wir beide unterzogen uns der obligatorischen Röntgenuntersuchung des Magens und Darms; Klawa hatte zu dem Zeitpunkt bereits Magenkrebs im letzten Stadium). Unser Sanatoriumsbesuch fiel mit dem Ende des Aufenthalts unseres Sohnes im Kindersanatorium zusammen. Wir sahen ihn manchmal auf Spaziergängen. Bei einer unserer ersten Begegnungen führte er uns beiseite und bat uns erregt flüsternd, ihn von nun an nicht mehr Mitja zu nennen, sondern Dima. Ich weiß immer noch nicht, unter wessen Einfluß und weshalb er diesen Entschluß faßte, der mir weh tat (er zerriß ein bestimmtes Band zur Familie der Sacharows; mein Vater Dmitrij wurde von seinen Eltern Mitja genannt, meine Mutter nannte ihren Mann jedoch später Dima).

Ich hatte die Genehmigungen für eine Kur im Sanatorium des Ministerrats mühelos bekommen, wahrscheinlich deshalb, weil man der Wirtschaftsdirektion des Ministerrats meine Statusänderung noch nicht mitgeteilt hatte. Ich hatte dort auch schon früher einige Male über die allgemeine Liste der Mitarbeiter mit »Nomenklatura«-Status, die der Direktion vom Ministerium für Mittleren Maschinenbau zugeschickt worden war, Reisebewilligungen erhalten. 1969, nach Klawas Tod, bekam ich dort noch einmal eine Reiseerlaubnis. 1970 jedoch, nach meinem öffentlichen Auftreten im Falle Jaurès Medwedjews, änderte sich die Situation; ich verlor meine Sonderrechte im Kreml-Krankenhaus, in der Poliklinik und auch in der Apotheke.

Der Oktober 1968 in Shelesnowodsk sollte der letzte ruhige Monat unseres gemeinsamen Lebens sein. Klawa lebte auf und fühlte sich wohler als im Sommer in Moskau. Wir gingen viel spazieren, wie einst in unserer Jugend. In diesen Tagen sollte unsere älteste Tochter Tanja unsere Enkelin Marina entbinden. Natürlich waren wir schrecklich aufgeregt; als alles überstanden war, freuten wir uns sehr.

Mein Aufenthalt im Sanatorium des Ministerrats unter lauter hochgestellten Funktionären war schon damals ein Paradox. Wenn ich in ihre Nähe kam, wurden die Gespräche häufig unterbrochen. Im Sanatoriumsbus hörte ich einmal hinter meinem Rücken eine Unterhaltung mit an, in der es darum ging, daß man den Krimtataren gegenüber, die »es auf die Krim treibe«, keinesfalls »Schwäche« zeigen dürfe. »Die Krim ist ein Gebiet von staatlicher und internationaler Bedeutung.«

Unter ihresgleichen nannten die Funktionäre den wahren Grund für die verübte Willkür beim Namen. Ich hielt es nicht aus, drehte mich zu den Sprechenden um und rief: »Aber das ist doch ihre Heimat!«

Da wandten sich die beiden Gesprächspartner schweigend von mir ab und blieben bis zum Ende der Fahrt stumm. Ein anderes interessantes Gespräch zwischen zwei Mitarbeitern des ZK der KPdSU hörte Klawa. Es handelte sich um den soeben in den Kinos angelaufenen sowjetischen Film *Der 6. Juli* (über den Aufstand der linken Sozialrevolutionäre im Jahre 1918): »So einen Film darf man nicht im Kino zeigen. Da wird Lenin in einem Augenblick des Zweifels, ja fast der Schwäche gezeigt. Das geht einfach nicht.«

Interessant ist an dem Gespräch meines Erachtens, wie empfindlich die Angestellten des ideologischen Apparats der KPdSU auf die kleinsten Merkmale eines »menschlichen Antlitzes« (historisch wahr oder fiktiv, das ist gleichgültig) reagierten, das sich auf dem kanonisierten Bildnis des »Gründers des Sowjetstaates« zeigte. Nicht zufällig rollten im selben Jahr in der Tschechoslowakei Panzerketten über das »menschliche Antlitz«.

In den letzten Tagen in Shelesnowodsk ging es Klawa wieder schlechter, sie litt unter Kapillarverengungen an den Händen. Dies war schon der Anfang vom Ende, was wir aber zum Glück nicht wußten. Ende Dezember wurde Klawa von dem Therapeuten der Ambulanz der Kreml-Poliklinik direkt ins Krankenhaus eingewiesen. Ende Januar des folgenden Jahres sagte man mir, sie habe inoperablen Krebs. Ich nahm sie mit nach Hause, damit sie wenigstens noch ein paar Wochen in ihrer gewohnten Umgebung verbringen konnte. In dieser Zeit gab es für sie sicher auch noch schöne Momente, besonders im Umgang mit ihren Töchtern und ihrem Sohn, der ihr als Jüngster am nächsten stand.

In der zweiten Februarhälfte wurden die Schmerzen unerträglich, Spritzen konnten sie nicht mehr lindern. An einem ihrer letzten Tage zu Hause sah Klawa im Fernsehen einer Meisterschaft im Eiskunstlauf zu; das hatte sie immer interessiert. Auf dem Bildschirm leuchtete das freudig erregte Gesicht der ungarischen Sportlerin Zsuzsy Almasy gleich nach dem Sieg in einer schwierigen Kür, strotzend vor Jugend und Gesundheit. Klawa betrachtete sie mit einem besonderen Ausdruck, so als nehme sie Abschied vom Leben, und machte dann ein Zeichen, daß der Fernseher abgeschaltet werden solle. Die letzte Woche verbrachte Klawa wieder im Krankenhaus.

In meiner Verzweiflung und meinem Kummer über Klawas unabwendbaren Tod griff ich nach dem »letzten Strohhalm«. Irgend jemand hatte mir erzählt, daß eine Frau in Kaluga einen wundertätigen Impfstoff gegen Krebs entwickelt habe; diesen Impfstoff habe Professor N. Emanuel, der berühmte Physio-Chemiker, in seinem Labor getestet und für interessant gehalten. Ich beschloß also, nach Kaluga zu fahren. Die Erfinderin des Impfstoffs war eine von der Richtigkeit ihrer Sache fanatisch überzeugte Frau, eine ausgebildete Ärztin, die ihr Präparat schon seit etlichen Jahren in Heimarbeit herstellte. Sie gab mir eine Schachtel Ampullen und lehnte kategorisch ab, Geld anzunehmen.

»Meine Medizin kostet nichts. Wenn sie nützt, handeln Sie so, wie es Ihnen Ihr Gewissen befiehlt – helfen Sie mir mit Geld. Ich brauche sehr viel Geld für die Anschaffung der Geräte und um meine hervorragenden Helferinnen zu bezahlen, die müssen schließlich auch leben. Sie können mir auch mit Ihrem Einfluß helfen, in der Akademie der Wissenschaften und im Gesundheitsministerium. Dieser Schuft Blochin[1] versucht, vom Ministerium einen Bescheid zu bekommen, der mir meine Versuche untersagt.«

Ich brachte die Ampullen am Tag vor Klawas Tod nach Moskau; man gab ihr eine Injektion. Nach ihrem Tod brachte ich der Kalugaer Ärztin den Rest der Medizin zurück, worum sie mich gebeten hatte.

Am Abend vor ihrem Tod konnte Klawa den Krankenschwestern und Pflegerinnen noch ihre Geschenke zum »Tag der Frau« am 8. März überreichen. Am Morgen des 8. März besuchte ich sie zusammen mit den Kindern. Man teilte mir mit, sie habe einige Stunden zuvor das Bewußtsein verloren. Doch für wenige Minuten kam Klawa zu sich und sagte etwas. Die letzten Worte, deren Sinn ich mir zusammenreimen konnte, waren: »Macht das Fenster zu! Dima erkältet sich.«

Am Abend des 8. März starb Klawa. Ihre Urne ist beigesetzt auf dem Wostrijakow-Friedhof in Moskau, nicht weit von dem Dorf entfernt, in dem wir in den Jahren 1945/46 wohnten.

Die ersten Monate nach Klawas Tod lebte ich wie im Traum, tat weder für die Wissenschaft etwas noch für politische Belange (und verrichtete auch im Haushalt alles mechanisch). Im Mai 1969 rief Slawskij mich zu sich. Er fragte, ob ich nichts dagegen hätte, wenn ich auf Dauer ins FIAN versetzt würde. Ich erwiderte, daß ich sehr froh darüber wäre. D. W. Skobelzyn[2], der Direktor des FIAN und Akademiemitglied, war ein wenig beunruhigt, obwohl er, soviel ich weiß, keinen Einspruch erhob. Bald darauf erhielt das FIAN meine persönlichen Dokumente vom Ministerium: meine Personalakte, das Arbeitsbuch und noch etwas, irgendeinen

Brief. Ich wurde Abteilungsleiter der theoretischen Abteilung; ihr Leiter war damals formell I. J. Tamm, der jedoch, schwer erkrankt, seine Aufgaben im FIAN nicht mehr wahrnehmen konnte. Nach Igor Jewgenjewitschs Tod hieß die theoretische Abteilung offiziell »I.-J.-Tamm-Abteilung«. Mein Gehalt belief sich auf 350 Rubel, zusätzlich zu meinen Bezügen als Akademiemitglied (400 Rubel). Dabei erwartete man offenkundig keinerlei wissenschaftlichen Ertrag mehr von mir; wichtig war nur, mich auf anständige Weise im Objekt loszuwerden. (Ich versuche natürlich, wissenschaftlich zu arbeiten; meine Produktivität befriedigt mich nicht sehr, aber die meisten Wissenschaftler und Akademiemitglieder, die unter wesentlich ruhigeren und normaleren Bedingungen leben als ich, verringern ebenfalls mit den Jahren ihre wissenschaftliche Leistung. Was soll man machen . . .)

Im August gestattete man mir, für einige Tage ins Objekt zu fahren, meine persönliche Habe abzuholen und das Haus zu räumen (genauer, die Haushälfte, in der wir seit Anfang 1951 gewohnt hatten). Bei diesem Aufenthalt tat ich etwas, was ich heute für falsch halte. Während der neunzehnjährigen Arbeit im Objekt, in der wir fast keinen geselligen Umgang pflegten, nicht einmal mit Verwandten, und kaum irgendwohin fortfuhren, hatten wir viel weniger Geld verbraucht, als ich verdient hatte. Ein Großteil dieses angesparten Geldes (auch die mit dem Staatspreis verbundene Summe war dazugekommen) lag auf einem Sparbuch im Objekt. Ich entschloß mich, dieses Geld (130 000 Rubel) zu gleichen Teilen für den Bau einer onkologischen Klinik, für den Fonds der Kinderbetreuungsstätten des Objekts und das Internationale Rote Kreuz zur Unterstützung der Opfer von Naturkatastrophen und Hungerleidenden zu spenden. Doch aus irgendeinem Grunde wurde den Kinderbetreuungsstätten nichts überwiesen.

Der Vorsitzende der Gesellschaft des Roten Kreuzes, Akademiemitglied Miterow, rief mich mit dem Ausdruck der Dankbarkeit an und versicherte mir, das Geld werde genau meinem Wunsch entsprechend »für wohltätige Zwecke« verwendet werden. Auf der Sitzung des obersten Gremiums der Gesellschaft wolle man den Beschluß fassen, mich zum Ehrenmitglied zu ernennen (dafür habe ich keine Bestätigung, aber ich erhielt ein offizielles Dankschreiben). Von den Onkologen erfolgte keinerlei Reaktion. Meine nach außen hin so »großherzige«, edle Tat erscheint mir heute falsch. Ich verlor weitgehend die Kontrolle über die Verwendung des Geldes, nachdem ich es dem »amorphen« Staat vermacht hatte. Ein paar Monate später, noch im Jahre 1969, erfuhr ich von der Existenz eines öffentlichen Hilfsfonds für die Familien von politischen Gefangenen und begann, ihm regelmäßig Geld zu überweisen, doch mein finanzieller Spielraum war sehr begrenzt. Ich hatte die Möglichkeit vertan, einige meiner Verwandten, die es bitter nötig gehabt hätten, und überhaupt weitere Personen außer meinem Bruder und meinen Kindern, finanziell zu unterstützen. Dabei spielte eine gewisse Gefühlsträgheit mit. Und schließlich sollte ich sehr viel in dem mir bevorstehenden Widerstandskampfes gegen den Staat verlieren. Was diesen Kampf betrifft, so konnte ich ihn schon 1969 vorausahnen. Von meiner Weltanschauung her gehörte ich indes noch immer diesem Staat an. Ich war zwar nicht in allem mit ihm einverstanden, verurteilte scharf manche Erscheinungen der Vergangenheit und der Gegenwart und erteilte *Ratschläge* in bezug auf die Zukunft, doch ich tat dies von *innen* her, aus dem Bewußtsein, daß dies mein Staat sei, dem ich doch etwas unermeßlich Größeres gegeben hatte als Geld (zudem eine Summe, die nach staatlichen Maßstäben unbedeutend war).

Ende Oktober 1969 besuchte mich der Physiker M. Gerzenstein. Er brachte eine Arbeit mit, in der er die Unmöglichkeit Schwarzer Löcher zu beweisen versuchte. Ich stimmte seinen Argumenten nicht zu. Doch diese Diskussion führte mich zu wissenschaftlichen Fragen zurück. Ich schrieb eine Arbeit mit dem Titel »Das mehrblättrige Universum« (in einem anderen Sinn des Wortes als in meinen Arbeiten der Jahre 1979–82) und veröffentlichte sie in den Vorabdrucken der Abteilung für Angewandte Mathematik mit einer Widmung für Klawa. Ich war ins Leben zurückgekehrt.

In den ersten Wochen des Jahrs 1970 kam Shiwljuk zusammen mit einem stämmigen jungen Mann zu mir, den er als Valentin Turtschin vorstellte. Ich kannte diesen Namen bereits aus dem Sammelband *Physiker scherzen* und von der ersten Fassung des Samisdat-Essays »Die Trägheit der Angst«. Turtschin hatte als Physiker begonnen, seine Dissertation verteidigt und sich daraufhin für das kybernetische Problem algorithmischer Sprachen begeistert (vielleicht gebe ich das Thema nicht korrekt wieder, ich kenne mich in diesen Dingen schlecht aus). Man hatte schon angefangen, ihn zu »bedrängen«, vorerst jedoch noch nicht sehr stark. Turtschin hatte die Idee, einen Aufruf an die führenden Persönlichkeiten des Landes zu richten, in dem er nur einen Gedanken, dem er aber eine Schlüsselbedeutung zumaß, ausführen wollte, nämlich die Notwendigkeit der Demokratisierung und der intellektuellen Freiheit für den Erfolg des wissenschaftlich-technischen Fortschritts unseres Landes. Er sagte, das Problem der Demokratisierung sei natürlich umfassender, aber gerade solch ein

»pragmatischer« Ansatz könne am ehesten von Erfolg gekrönt sein und als Auftakt zu einem weiter ausgreifenden Dialog mit der Staatsmacht dienen. Turtschin schlug vor, daß wir drei diesen Aufruf gemeinsam abfassen sollten; seiner ursprünglichen Idee zufolge sollte ich ihn zusammen mit anderen bekannten und einflußreichen Menschen liberaler Geisteshaltung unterschreiben: mit Akademiemitgliedern, Schriftstellern, Filmregisseuren u. a.

Die Idee gefiel mir, und bald darauf präsentierten Turtschin, Shiwljuk und ich uns gegenseitig unsere Entwürfe. Wir beschlossen, eine Kombination aus Turtschins Entwurf (den wir als Grundlage nahmen) und meinem herzustellen, wozu ich mich erbot. Ich entwickelte Turtschins Gedanken weiter und schrieb eine, wie ich heute glaube, ziemlich mißlungene Einleitung. Die übrigen Teile der Schrift arbeitete ich später ein paarmal um, doch der Anfang blieb unverändert. Am schwierigsten war es jedoch, einflußreiche, liberale und vor allem hinreichend mutige Leute zur Unterschrift zu gewinnen. Als erstes ging ich zu dem Physiker und Akademiemitglied Lew Andrejewitsch Arzimowitsch, der mir kurz vorher erklärt hatte, wie hoch er und alle, mit denen er in der wissenschaftlichen Welt der UdSSR und des Auslands gesprochen habe (er war gerade von einer USA-Reise zurückgekehrt), meine *Gedanken* schätzten. Arzimowitsch las den »Aufruf« durch, sagte, daß die Arbeit ihm nützlich erscheine, er sie aber nicht unterschreiben könne.

»Ich will offen mit Ihnen reden. Ich habe gerade geheiratet und muß nun zwei Familien unterhalten. Dazu brauche ich viel Geld. Ich kann mir nicht leisten, auch nur einen Teil meines Einkommens einzubüßen. Zu Michail Alexandrowitsch Leontowitsch gehen Sie besser nicht, er wird niemals ein Dokument unterschreiben, das er nicht selbst verfaßt hat. Wenden Sie sich an Pjotr Leonidowitsch [Kapiza].«

Kapiza war die Hauptfigur in der von Turtschin und mir aufgestellten Liste! Bald darauf saß ich in einem weichen Sessel im ersten Stock seines schloßähnlichen Hauses, das im Garten des Instituts für Physikalische Probleme stand. Kapiza, Akademiemitglied, war damals 76 Jahre alt. Er bewahrte sich (bis zum Tode) die Klarheit und Originalität des Denkens und des Ausdrucks. Mit ihm zu reden war ein reines Vergnügen, obwohl ihm Bemerkungen belehrender oder herablassender Art wegen meiner Unerfahrenheit und Naivität entschlüpften. Doch so etwas macht mir nichts aus.

Zu Beginn des Gesprächs bemerkte Pjotr Leonidowitsch, es habe ihn verwundert und gefreut, meine *Gedanken* zu lesen. Ihn habe verblüfft, daß ich, ein Mann aus einer völlig anderen Generation und mit ganz anderer Lebenserfahrung, über vieles genauso dächte und vieles genauso sähe wie er. Ich war etliche Male bei Kapiza, schrieb auf seinen Rat hin einige Stellen des Aufrufs um – und verdarb ihn um des Kompromisses willen. Letzten Endes lehnte er es ab zu unterzeichnen und sagte, er habe sich mit V. Trapesnikow[3] beraten und werde von sich aus etwas schreiben. Trapesnikow meine, wenn man ein solches Dokument verfassen wolle, müsse man den Adressaten, dessen Psyche und Wertsystem besser verstehen. Soviel ich weiß, hat Kapiza nichts dieser Art geschrieben.

Während dieser Begegnungen erzählte mir Kapiza aus seinem Leben. Wenn ich auch manches schon kannte, war doch das sehr interessant, was er zu sagen hatte. Kapiza war in den Westen gereist, nachdem seine erste Frau und zwei seiner Kinder an Grippe gestorben waren. Man schickte ihn zu einem Praktikum; damals, zu Beginn der zwanziger Jahre, wurden viele erfolgversprechende Wissenschaftler auf diese Weise ins Ausland entsandt. Er begann seine Arbeit bei Rutherford. Danach arbeitete er selbständig über ultrastarke Magnetfelder und beschäftigte sich mit Niedertemperaturphysik, wurde weltberühmt, heiratete noch einmal und hatte eigentlich nicht vor, in die UdSSR zurückzukehren. Anfang der dreißiger Jahre begannen auf Stalins persönlichen Wunsch hin Verhandlungen über seine Rückkehr in die Sowjetunion. Kapiza verstand es, sich unerhörte Konditionen auszuhandeln, sowohl für sein zukünftiges Institut, was Satzung (es hatte nicht einmal eine Personalabteilung), Bau, Arbeitsverhältnisse und Lebensbedingungen der Mitarbeiter anbelangte, als auch für sich selbst. Er kehrte zurück, wurde 1939 Akademiemitglied und machte in ebendiesen Jahren die Hauptentdeckung seines Lebens, nämlich die der Ultrafluidität des Heliums, und seine Haupterfindung, die der Expansionsturbine zur Herstellung von flüssigem Sauerstoff (heute verwendet die Sauerstoffindustrie, die so große Bedeutung für die Metallurgie und viele andere Produktionszweige hat, die Expansionsturbine auf der ganzen Welt). In diese Zeit fällt auch Kapizas zivile Heldentat, die Verteidigung L. D. Landaus und W. A. Foks[4], die unter der Anklage konterrevolutionärer Tätigkeit verhaftet worden waren. Ein solcher Schritt war damals lebensgefährlich. Doch für den Erfolg waren außer Mut auch die Kombination hervorragender intellektueller und psychischer Eigenschaften sowie die Ausnahmeposition Kapizas notwendig. Er erzählte mir, was er damals unternommen hatte, und zeigte mir seine Briefe an Stalin aus dieser Zeit, die im rechten Maße diplomatisch, wahrheitsgetreu und scharfsinnig waren. In Sachen Landau sprach Kapiza mit dem allmächtigen Merkulow (der 1953 nach dem Verfahren gegen Berija erschossen wurde). Dieser legte die Untersuchungsakte mit den »furchtbaren Anschuldigungen« vor ihn hin.

»Ich garantiere, daß sich Landau nicht mehr mit konterrevolutionärer Tätigkeit befassen wird«, sagte Kapiza.

»Ist er denn ein sehr großer Wissenschaftler?«

»Ja, von Weltrang.«

Landau wurde, wie zuvor Fok, auf freien Fuß gesetzt. (Hier entsinne ich mich an Himmlers Entscheidung auf die Denunziation, daß Heisenberg ein »weißer« Jude sei. Himmler schrieb: »Heisenberg ist ein zu großer Wissenschaftler, als daß man ihn zugrunde richten oder umbringen dürfte.«) Zu Fok war der Staatssicherheitschef Jeshow persönlich in die Zelle gekommen. Fok, dieser, laut Anklage, »fürchterliche Verschwörer«, sagte: »Ich bin Fok, Akademiemitglied. Mit wem habe ich die Ehre?«

Jeshow, der wahrscheinlich glaubte, alle Welt müsse ihn von seinen Porträts her kennen und beim Anblick seiner grünen Augen in Ohnmacht fallen, war verblüfft.

1946 weigerte sich Kapiza, an der Entwicklung von Atomwaffen teilzunehmen, verlor die Institutsleitung (an seiner Stelle wurde A. P. Alexandrow eingesetzt) und lebte einige Jahre unter dem Damoklesschwert weiterer Gefahren. Kapiza stellte damals nicht seine ideologische Überzeugung in den Vordergrund, sondern seine abweichende Meinung bei Organisationsproblemen und seine Abneigung, sich Menschen unterzuordnen, deren wissenschaftliche Qualifikation seiner eigenen, wie er meinte, unterlegen war. Deshalb wurde er nicht wegen Landesverrat oder Sabotage zur Verantwortung gezogen, sondern wegen mangelnder Disziplin oder – wie es in Berijas Apparat hieß – wegen Rowdytums. Ich glaube indes, daß es sich hierbei nicht nur um eine Taktik Kapizas handelte, sondern um ein Konglomerat aus verschiedenartigen Gründen.

Bei einer unserer Zusammenkünfte zeigte mir Kapiza das Manuskript des UdSSR-Buches der beiden bekannten tschechischen Reiseschriftsteller Hanselka und Siegmund, das ihm die Verfasser zugeschickt hatten. Ihre reich illustrierten Reisebücher über Afrika, Südamerika und andere Länder waren in der UdSSR in großen Auflagen erschienen, aber hier hatten sie eine Schlappe erlitten. Obwohl das Buch mit großer Sympathie für unser Land geschrieben war, erwies es sich für die Zensur infolge vieler offener Bemerkungen und Beobachtungen von Lebensaspekten, die normalerweise nicht ins Blickfeld der Touristen geraten, uns aber vertraut sind, als unannehmbar.

Hanselka und Siegmund schreiben über die unfaßbare Vergeudung, besonders was die Naturvorkommen und die Ergebnisse menschlicher Arbeit anbelangt; unter den Rädern schwerer Lastwagen verwandle sich eine Anthrazitmenge, die für die ganze Tschechoslowakei ausreichen würde, in Staub. Sie gehen auf die Heerscharen von Parteifunktionären und deren Inkompetenz ein. Hanselkas und Siegmunds Reise fiel in die Zeit von Chruschtschows Sturz. Sarkastisch berichten sie, wie »die Beamten zum Treueeid auf die neue Führung Schlange stehen«. Im Grunde schreiben Hanselka und Siegmund über die Isoliertheit unseres Landes, über seine Taubstummheit, was Informationen betrifft. Aus ihrem Buch entlehnte ich den Vergleich unseres Landes mit einem Autofahrer, der gleichzeitig das Gas- und das Bremspedal betätigt.

In den Jahren 1970–72, in denen ich Kapiza in politischen Angelegenheiten um Unterstützung bat, traf ich auf keinerlei Entgegenkommen. Die Motive für seine Weigerung waren aus meiner Sicht unbefriedigend und demagogisch. Soll man einem Mann, der bisher viel Gutes getan hat, nun Vorwürfe machen? Im Verhältnis zu seinen Mitarbeitern, in nerakademischen und editorischen Angelegenheiten soll Kapizas Haltung nicht immer untadelig gewesen sein. M. A. Leontowitsch nannte Kapiza einen »Zentauren«, halb Mensch, halb Tier. Doch er liebte ihn. Ich glaube, das hatte Kapiza verdient.

1987/88, nach der Rückkehr aus Gorkij, erfuhr ich, daß P. L. Kapiza sich mindestens zweimal in Briefen an den KGB-Vorsitzenden J. W. Andropow und an L. I. Breschnew für mich eingesetzt hatte. Der erste dieser Briefe, der am 11. November 1980 an Andropow abgeschickt wurde, enthält die Bitte, meine Situation und die J. F. Orlows zu ändern. Ich möchte ein paar Zitate aus dem sechsseitigen Schreiben anführen.

»Mir und vielen Wissenschaftlern bereitet die Situation und das Schicksal unserer großen Gelehrten, der Physiker A. D. Sacharow und J. F. Orlow, große Sorge. Die heute entstandene Lage ist einfach zu beschreiben: Sacharow und Orlow bringen durch ihre wissenschaftliche Tätigkeit großen Nutzen, doch ihr Wirken als Andersdenkende gilt als schädlich. Nun sind Ihnen Bedingungen auferlegt worden, unter denen sie sich überhaupt keiner Tätigkeit widmen können.« Im weiteren geht Kapiza auf das allgemeine Problem der Rolle von Andersdenkenden im schöpferischen und gesellschaftlichen Leben ein. Er schreibt: »In der Geschichte der menschlichen Kreatur ist es seit den Zeiten des Sokrates häufig zu einer feindseligen Einstellung abweichendem Denken gegenüber gekommen ... Dem Wunsch, schöpferisch zu wirken, muß die Unzufriedenheit mit dem Bestehenden zugrunde liegen ... zudem benötigt man Talent. Das Leben zeigt, daß es nur sehr wenige große Talente gibt, weshalb sie hoch geschätzt und gehütet werden müssen ... Um ein Rennen zu gewinnen, braucht man Traber. Doch preiswürdige Traber sind sehr selten, und gewöhnlich sind sie störrisch ... Es ist einfacher und bequemer, ein gewöhnliches Pferd zu benutzen, aber so gewinnt man natürlich kein Rennen.« P. L. Kapiza schließt: »Wenn die Zwangsmethoden verstärkt werden, so verheißt dies nichts Gutes. Ist es nicht besser, einfach den Rückwärtsgang einzulegen?«

Andropow antwortete am 19. November, also acht Tage später. Mir liegt der Text seiner Antwort nicht vor, aber ich hielt den Brief ein paar Minuten lang in den Händen und werde mich bemühen, den Inhalt wiederzugeben.

Der KGB-Vorsitzende schreibt – ich zitiere im folgenden sinngemäß –, daß ihn Kapizas Brief erbost habe. »Das philosophische Problem des abweichenden Denkens läßt sich nicht auf die Behandlung reduzieren, die Sie ihm angedeihen lassen. Zum Beispiel sind Terroristen ebenfalls Andersdenkende, aber wir unterstützen sie nicht.« »Was Sacharow betrifft, so hat er schon vor langer Zeit den Weg subversiver Tätigkeit eingeschlagen und mehr als zweihundert Dokumente verfaßt, die vorwiegend Verleumdungen enthalten. Er trat für die Terroristen ein, die für die Explosion in der Metro verantwortlich waren, das heißt, im Grunde trat er für den Terrorismus ein.« Äußerte sich der KGB-Vorsitzende nicht etwas zu ausführlich über dieses heikle Thema, hatte er vielleicht irgendein psychologisches Motiv? Wie auch immer, ich habe den Terrorismus niemals unterstützt. »Orlow wurde von einem Gericht wegen verbrecherischer Tätigkeit verurteilt ... Sacharow stattete der Botschaft der USA zahlreiche Besuche ab. Sie wissen, wie sehr man dort auf unsere Geheimnisse erpicht ist. Auch dies wurde bei der Frage von Sacharows Aussiedelung berücksichtigt ... Der Rückwärtsgang, von dem Sie schreiben, kann nicht eingelegt werden.«

Am 4. Dezember 1981, während Ljusja und ich im Hungerstreik waren, um Lisas Ausreise durchzusetzen, schickte Pjotr Leonidowitsch einen Brief an L. I. Breschnew. Hier ist der vollständige Text:

> Hochverehrter Leonid Iljitsch,
>
> ich bin bereits ein sehr alter Mann, und das Leben hat mich gelehrt, daß großmütige Taten nicht vergessen werden. Retten Sie Sacharow. Ja, er hat viele Fehler und einen schwierigen Charakter,

aber er ist ein großer Wissenschaftler unseres Landes. Hochachtungsvoll. P. L. Kapiza

Lisas Ausreise wurde am 8. Dezember genehmigt.

Vielleicht spielte Kapizas Brief neben vielen anderen uns geltenden Bemühungen eine gewisse Rolle.

* * *

Auf der Suche nach Unterzeichnern unseres Dokuments fuhr ich gemeinsam mit Shiwljuk zu dem bekannten Filmregisseur Michail Romm. In den dreißiger Jahren hatte er Filme über Lenin gedreht (ganz im Geist der offiziellen Interpretation; sie werden zuweilen noch heute gezeigt) und in den sechziger Jahren den Dokumentarfilm *Der gewöhnliche Faschismus*. Auf halbem Wege zwischen den beiden Schaffensphasen machte er einen Film über Atomwissenschaftler *Sieben Tage eines Jahres*. *Der gewöhnliche Faschismus* durchlief rasch die Kinos und wurde kaum je wiederholt. Thema des Films waren der Hitlersche Faschismus, seine Verbrechen, seine Erbärmlichkeit und seine Lügen. Die Stärke des Materials und Romms Kunst hatten den Film jedoch zur Anklage und Entlarvung des Faschismus überhaupt, somit auch seiner sowjetischen Spielart werden lassen. Zweifellos waren der Romm des Films *Lenin im Oktober* und der Romm des Films *Der gewöhnliche Faschismus* zwei grundverschiedene Menschen, die ein ganzes Leben voneinander trennte. Mit eben dieser Feststellung begann er das Gespräch:

»Als Kapler und ich die Filme über Lenin machten, waren wir aufrichtig. Aber jetzt haben wir eine andere Zeit; wir sind alle anders geworden.«

Er schwankte und quälte sich sichtlich, bevor er es ablehnte, unseren Aufruf zu unterschreiben. Der technische Fortschritt war nicht seine Sorge; er arbeitete damals gerade an einem Dokumentarfilm über die Menschen seiner Generation, den er für sein Lebenswerk, seine Sühne und Klarstellung hielt. Ich weiß nicht, was aus diesem Film geworden ist. Vielleicht wurde er noch vor Romms Tod fertiggestellt. Vielleicht liegt er (oder seine Fragmente) bis heute in Sonderverwahrung. (Ergänzung 1988: Vor kurzem wurden Teile des Films im sowjetischen Fernsehen gezeigt.)

Zu diesem Zeitpunkt sahen Turtschin und ich die Unmöglichkeit ein, irgend jemanden für die Unterschrift zu gewinnen, und beschlossen, das

Dokument unter unserem eigenen Namen herauszubringen. Von mir ging, soweit ich mich erinnere, die Initiative aus, R. Medwedjew als Dritten heranzuziehen, da mir die Thematik seines Buches über die Demokratisierung (das Roy damals beendet hatte) mit der unsrigen verwandt schien. Turtschin bestärkte mich lebhaft. So erschien das Dokument mit drei Unterschriften. Doch Roy Medwedjew trägt keine Verantwortung für den angeblich »kompromißlerischen« Geist des Dokuments, wie Solschenizyn in *Die Eiche und das Kalb* meint. Es war Turtschins Idee des »Brückenschlags«, die ich übernommen hatte. (Auf Medwedjew geht lediglich eine redaktionelle Korrektur zurück. Er brachte eine – nicht unangefochtene – Änderung in jenem Vergleich von dem Autofahrer an, den ich bei Hanselka und Siegmund entlehnt hatte.) Nachdem wir den »Aufruf« unterschrieben hatten, drückten wir einander die Hand, und ich sagte halb im Scherz, jetzt seien wir fest miteinander verbunden, im Ernstfall würden wir einander aus der Klemme helfen. Zweieinhalb Monate später stand ich in Jaurès' Angelegenheit zu meinem Wort. Doch bald gestaltete sich sowohl mein persönliches als auch mein ideelles Verhältnis zu den Brüdern Medwedjew feindselig. Sie begannen mir ausgesprochen zu mißfallen. Das Verhältnis zu Turtschin war bis zu seiner Emigration im Jahre 1977 gut, danach brach jeglicher Kontakt ab.

Im Jahre 1970 fand in Turtschins Wohnung ein inoffizielles Seminar statt, das ich gelegentlich besuchte. Dessen Idee war folgende: Jetzt, nachdem sich die Hoffnungen des Prager Frühlings zerschlagen hatten, sei es sehr wichtig, Umschau zu halten und das ideologische, historische und philosophische Rüstzeug zu stärken, um in einem gewissen, wenn auch sehr kleinen Kreis den Funken unorthodoxen Denkens zu bewahren (Valentin erwähnte dabei den Sammelband *Meilensteine*[5] und andere Erkundungen in den 900 Jahren russischer Geistesgeschichte). Die Treffen waren ungezwungen und herzlich, wozu die Teilnahme von Turtschins Frau Tanja beitrug. Sie versorgte alle mit Tee und Süßigkeiten, setzte sich danach in eine Ecke und protokollierte die Hauptgedanken der Vorträge, besonders sorgsam die ihres Mannes. Heute, im Jahre 1982, wäre solch ein Seminar wahrscheinlich unmöglich; das KGB würde es nicht zulassen. Am interessantesten und tiefgründigsten waren die Referate von Grigorij Pomeranz; ich begegnete ihm damals zum erstenmal und war tief ergriffen von seiner Belesenheit, der Weite seines Horizonts und seinem »Akademikertum« im besten Sinne dieses Wortes. Pomeranz hielt drei oder vier Referate. Ich erinnere mich nicht, wie ihre

Themen genau lauteten. Doch sie fanden ihren Nachhall in seinen späteren Büchern, den Artikel- und Essaysammlungen, auf die ich den Leser hinweisen möchte[6].

Damals kam auch meine zweite Begegnung mit Solschenizyn, auf dessen Initiative hin, zustande, die wieder von Chatschaturowa organisiert worden war. Ich nahm Turtschin mit, der Solschenizyn für irgendeine gemeinsame Publikation gewinnen wollte. Solschenizyn war über Turtschins Kommen sehr verärgert und lehnte sein Ansinnen kalt ab. (Ich dagegen dankte Shiwljuk im stillen dafür, daß er Turtschin einige Monate vorher unangemeldet zu mir mitgebracht hatte.)

Auf Wunsch Solschenizyns sprachen wir zunächst unter vier Augen miteinander, anschließend unterhielten wir uns mit Turtschin zu dritt. Solschenizyn äußerte sich über unser »Memorandum« wesentlich positiver und vorbehaltloser als über die *Gedanken*; mir schien damals, es müsse eher umgekehrt sein. Ich verstand nicht, daß ein Appell an die eigenen Führer, den unser Memorandum formal darstellte, obwohl dies teilweise ein Kunstgriff war, für ihn akzeptabler schien als der Aufruf zur Annäherung und Konvergenz mit dem »verlorenen« Westen. Aber es gab noch einen anderen, gewichtigeren Grund: Er freute sich, daß ich fest blieb auf meinem Weg des Widerstands.

Ich fragte ihn, ob man irgend etwas tun könne, um Grigorenko und Martschenko zu helfen. Solschenizyn antwortete schroff »Nein! Diese Männer sind zum *Sturm* angetreten, sie haben ihr Schicksal selbst gewählt; sie zu retten ist unmöglich. Jeder Versuch kann ihnen und anderen nur schaden.« Mich fröstelte angesichts dieser Haltung, die so im Widerspruch zu jedem unverfälschten Gefühl stand.

Im Frühling 1970 wurde ich überraschend ins ZK der KPdSU geladen, und zwar zum Leiter der Abteilung Wissenschaft, Sergej Pawlowitsch Trapesnikow – demselben, über den ich in den *Gedanken* geschrieben hatte. Doch als ich zu ihm kam, fiel kein Wort über die *Gedanken*, genauso wenig wie über die kürzlichen Wahlen in der Akademie der Wissenschaften, wo Trapesnikow nicht die nötige Stimmenzahl auf sich vereinigen konnte. Es ging ausschließlich um Sacharows, Turtschins und Medwedjews »Memorandum«. Trapesnikow war sehr liebenswürdig; zu Beginn des Gesprächs rief er seine Sekretärin: »Walja, bring zweimal Tee, wir haben ein Akademiemitglied zu Gast.«

Beim Tee sagte er, ich hätte in vielem recht, wenn ich davon spräche, wie wichtig es sei, den Personenkult zu entlarven und demokratische Prinzipien zu entwickeln. Aber die Partei habe Stalins Fehler bereits vollständig aufgedeckt. Was die Demokratisierung betreffe, so seien weitreichende Maßnahmen geplant. Doch bevor man sich damit befasse, habe man erst eine Reihe nicht aufschiebbarer materieller Probleme zu lösen, denn der Mensch müsse vor allem atmen und essen, und erst danach komme alles übrige. In allernächster Zeit würden überaus wichtige Gesetze über die Bodennutzung, die Reinhaltung der Luft und die Steigerung der landwirtschaftlichen Produktion dem Volk zur allgemeinen Beurteilung vorgelegt. Ich versuchte einzuwenden, daß dies alles natürlich bedeutsam sei, doch dabei handle es sich um die Routinearbeit der mittleren Verwaltungsebene, die Führungsspitze dagegen müsse prinzipielle Fragen entscheiden, damit die Arbeit der mittleren Ebene nicht leerlaufe. Außerdem sei der Personenkult noch nicht vollständig beseitigt, solange man keinen einzigen Rehabilitierten in die Führung berufen habe und solange noch vieles geheimgehalten werde. Ich versuchte, die Frage politischer Repressionen aufzuwerfen, besonders was Grigorenko betraf. Zu dem ersten Thema meinte er, wir seien ohnehin schon weiter gegangen, als zulässig sei, wenn man die Interessen des Staates insgesamt im Auge behalte – man dürfe nicht Leidenschaften entfachen und das Aufgebaute zerstören. Zu dem zweiten Thema, den Repressionen, sagte er: »Der Staat hat das Recht, sich zu schützen!«

»Sogar, wenn er dabei gegen seine eigenen Gesetze verstößt?« Ich bin nicht sicher, ob ich das so offen sagte. Unser Gespräch verlief nicht so gradlinig, es wurde ständig durch Trapesnikows persönliche Abschweifungen und Erinnerungen unterbrochen, die mich sehr interessierten. Er erinnerte sich, wie er zu Beginn der dreißiger Jahre – damals ein blutjunger Komsomolze – zur Bekämpfung der Heuschrecken im Wolgagebiet eingesetzt werden sollte. Er fuhr mit anderen im Auto dorthin. Plötzlich öffnete sich bei hoher Geschwindigkeit die Wagentür; weder er, Trapesnikow, noch der Fahrer hatten vorher geprüft, ob sie auch richtig geschlossen sei. Der Fahrer war der damals ebenfalls noch junge Leonid Breschnew. Trapesnikow stürzte aus dem Auto und zog sich eine schwere Verletzung zu, einen Riß der Rückenmuskulatur. Er lag einige Monate im Krankenhaus, wurde dann entlassen und zum Sekretär eines Bezirkskomitees, wohl im Gebiet Gorkij, berufen. Doch die Krankheit verschlimmerte sich wieder, er mußte sich aufs neue ins Krankenhaus begeben, für zwei Jahre unbeschreiblicher Qualen, wie er sagte. Das rettete ihn. Zwei seiner Nachfolger sowie sein Vorgänger wurden verhaftet und kamen wahrscheinlich ums Leben. Breschnew aber hatte den jungen Burschen nicht vergessen, an dessen Unglück er sich offenbar teilweise schuldig fühlte oder mit dem er einfach Mitleid hatte. In den Nachkriegsjahren zog er Trapesnikow bei jeder Beförderung hinter sich her; der lohnte es ihm natürlich mit absoluter Ergebenheit, so daß beide Seiten davon profitierten (wahrscheinlich das übliche Verfahren in den meisten bürokratischen Strukturen, jedenfalls in der sowjetischen).

Am Schluß der Unterredung sagte Trapesnikow: »Ich stimme Ihnen zu, daß Ihre Vorschläge erörtert werden müssen. Ich werde Rumjanzew anrufen, damit er eine Besprechung in seinem Institut ansetzt.«

»Natürlich, aber an dieser Besprechung müssen Turtschin und Medwedjew teilnehmen.«

Trapesnikow schwieg.

Damals war das Akademiemitglied Alexej Matwejewitsch Rumjanzew Direktor des Instituts für konkrete soziologische Forschungen. Ich war ihm zweimal im Präsidium der Akademie der Wissenschaften begegnet, in dem er damals irgendeinen Posten bekleidete. Ich ahnte nicht, daß Rumjanzews Position damals immer unsicherer wurde; ein Jahrzehnt vorher aufgerückt, zeigte er sich Reformen und Demokratisierungsversuchen gegenüber offenbar zu aufgeschlossen (wahrscheinlich nur in sehr begrenztem Sinne, aber wer weiß). Während der Gespräche mit mir sah er äußerst beunruhigt aus, als schwebe er in Lebensgefahr. Vielleicht war das auch so?

Ich weiß bis heute nicht, weshalb mich Trapesnikow zu sich gerufen hat. Um den Unruhestifter unter die Lupe zu nehmen? Oder um einen »Umerziehungsversuch« zu machen? Oder um meine »schädliche« Rolle bei den Akademiewahlen irgendwie zu neutralisieren? (Übrigens hatte ich mich weder davor noch danach zu Trapesnikows Kandidatur öffentlich geäußert, obwohl ich kein Hehl aus meiner Meinung machte, daß er sich nicht für die Akademie eigne. Als Trapesnikow zum erstenmal durchgefallen war, rief der erschrockene Keldysch Breschnew an. Der soll ganz ruhig geantwortet haben: »Na und? Ich bin schließlich auch nicht Akademiemitglied.«) Wahrscheinlich spielten alle drei Motive eine Rolle. Doch vielleicht steckte noch eine vierte Absicht dahinter, nämlich eine »Mine« unter Rumjanzew zu legen, ihm durch mich »ein Bein zu stellen«. Diesen Gesichtspunkt vertrat Shiwljuk, wobei er sich auf irgendwelche mir unbekannten Informationsquellen bezog. Jedenfalls drückte Rumjanzew sich vor jeder offiziellen Erörterung des »Memorandums« im Rahmen seines Instituts und berief sich dabei darauf, daß er keine offizielle Weisung von seiten Trapesnikows habe.

Ich begegnete Trapesnikow noch eimal, bei der Wiederwahl Keldyschs zum Präsidenten für die nächste Amtszeit. Er kam auf mich zu, drückte mir die Hand und fragte, zum Du übergehend, als sei ich sein Freund, ob ich vorhätte, für Keldysch zu stimmen. Ich bejahte, und er trat zufrieden beiseite.

IV. Die Dissidenten und ihre Welt

Valerij Tschalidse. Der Fall Grigorenko. Ich rette Jaurès

Mitte Mai begegnete ich Valerij Tschalidse, der eine wichtige Rolle in meinem weiteren Schicksal spielen sollte, zum erstenmal. (Ich wußte durch R. Medwedjew von Tschalidse und seiner Samisdat-Zeitschrift *Gesellschaftliche Probleme.*) Er rief mich an, nannte seinen Namen und erkundigte sich, ob er mir bekannt sei. Ich bejahte.

»Das erleichtert das Weitere.«

Wir trafen uns, und er schlug mir vor, mich einer gemeinsamen Aufsichtsbeschwerde in Sachen Pjotr Grigorenko anzuschließen. Eine Aufsichtsbeschwerde ist eine vom Gesetz vorgesehene Form der Beschwerde durch eine Person oder Personengruppe gegen einen Gerichtsentscheid oder einen Gesetzesverstoß; sie ist an die Staatsanwaltschaft zu richten.

Die von Tschalidse abgefaßte Beschwerde wurde von Tatjana Maximowa Litwinowa (der Tochter des früheren Volkskommissars für Auswärtiges M. M. Litwinow), Grigorij Podjapolskij (dem künftigen Mitglied des Menschenrechtskomitees, meinem zukünftigen Freund), Tschalidse und mir unterzeichnet; ich brachte sie dem Adressaten. P. G. Grigorenko hatte ich vor seiner Entlassung aus der psychiatrischen Klinik im Jahr 1974 noch nie gesehen, aber schon vor Tschalidses Anruf viel von ihm gehört. Sein Brief über meine *Gedanken*, den ich 1968 erhielt, hatte mich tief berührt.

Pjotr Grigorenkos Geschichte, das erstaunliche Schicksal eines Mannes von Tapferkeit und Güte, der immensen Einfluß auf die Dissidentenbewegung in der UdSSR ausübte, ist von ihm selbst eingehend geschildert worden. In kurzen Zügen: Der Generalmajor, Teilnehmer am Zweiten Weltkrieg, hielt 1961 auf einer öffentlichen Parteiversammlung eine Rede, in der er Chruschtschows Fehler kritisierte; sie enthielten den Keim eines neuen »Personenkults«. Er wurde 1964 zwangsweise in eine psychiatrische Sonderklinik eingeliefert und verlor seinen Generalsrang. Nach Chruschtschows Sturz wurde er entlassen, jedoch nicht wieder in Rang und Würden eingesetzt. Er schrieb eine berühmte Samisdatschrift über die ersten Kriegsmonate und Stalins Verantwortlichkeit für die Tragödie der Niederlagen und Katastrophen jener Zeit im Zusammenhang mit der Besprechung von A. Nekritschs Buch *22. Juni 1941*.

Dieses Buch und Grigorenkos Arbeit gehören zu den maßgebenden und eindringlichsten Zeugissen in einer alle Menschen unseres Landes bewegenden Frage. Er nahm großen Anteil am Kampf der Krimtataren um die Rückkehr in ihre Heimat auf der Krim. Auf einer Fahrt zum Prozeß gegen Krimtataren nach Taschkent wurde er verhaftet und erneut in eine psychiatrische Sonderklinik eingewiesen (1969). Dies war die Zeit, in die unsere Beschwerde fiel.

1971 erschien im Samisdat ein damals noch anonymes Ferngutachten, das die Tatsache der psychischen Gesundheit Grigorenkos bewies (später wurden diese Ausführungen von namhaften Psychiatern der USA bestätigt). Verfasser des Gutachtens war der junge Psychiater Semjon Glusman, der dafür 1972 verhaftet und zu sieben Jahren Haft und drei Jahren Verbannung verurteilt wurde (formal aufgrund einer anderslautenden Anklage).

1974 wurde Grigorenko unter dem Druck einer weltweiten Protestkampagne freigelassen. Seine Gesundheit hatte stark gelitten, doch er war voller Energie. 1976 wurde er Mitglied der Moskauer Helsinki-Gruppe. Ende 1977 reiste er mit seiner Frau zu einer Operation und einem Wiedersehen mit seinem schon früher emigrierten Sohn in die USA. Einige Monate später wurde Grigorenko die Staatsbürgerschaft und damit das Recht auf Rückkehr in die UdSSR aberkannt. In den folgenden Jahren nahm er weiterhin aktiven Anteil am politischen Leben und schrieb seine vorzüglichen Memoiren[1]. Im Februar 1987 starb Pjotr Grigorijewitsch nach langer, schwerer Krankheit in New York.

Meine Zusammenarbeit mit Valerij Tschalidse, die im Mai 1970 in Sachen Grigorenko begonnen hatte, wurde bald schon im Zusammenhang mit einer Reihe anderer Verfahren fortgesetzt.

Am 29. Mai rief mich Roy Medwedjew in großer Aufregung an und teilte mir mit, sein Bruder Jaurès sei zwangsweise in die psychiatrische Klinik von Kaluga eingeliefert worden. Man habe ihm die Diagnose »Schleichende Schizophrenie« gestellt, wobei die Diagnose auf seine Schriften – sowohl über Biologie als auch Politik – gestützt werde, die angeblich die Spaltung seiner Persönlichkeit bewiesen. (In Wahrheit war dies die Rache der im Apparat immer noch starken Lyssenko-Anhänger für seinen Artikel und sein Buch[2] gegen sie.) Zudem beweise sein gesamtes Verhalten mangelnde soziale Anpassung.

Die Indienststellung der Psychiatrie zu politischen Zwecken war (nach dem Verfahren gegen Grigorenko) ein neues wichtiges Problem für mich, der Kampf gegen die Lyssenko-Anhänger ein altes. Die Angelegenheit war jedenfalls nach dem gemeinsamen »Memorandum« mit Jaurès' Bruder eine Sache der Solidarität. Und so »stürzte ich mich ins Gefecht«.

Ausgerechnet in diesen Tagen fühlte ich mich schlecht. Ich hatte Fieber und sehr starke Schmerzen im Unterleib, die mich von Zeit zu Zeit zwangen, mich hinzusetzen (einen Monat später mußte ich mich einer Bruchoperation unterziehen). Doch mein Verantwortungsbewußtsein für Jaurès Medwedjew sorgte dafür, daß ich mich überwand. (Es kam später noch oft vor, daß Ljusja und ich ungeachtet unserer Krankheiten so handeln mußten.) Schon am folgenden Tag ging ich ins Institut für Genetik, dessen Direktor N. P. Dubinin damals gerade Akademiemitglied geworden war.

An diesem Tag fand dort ein internationales Symposium zu Fragen der Biochemie und Genetik statt. Viele Gäste aus sozialistischen und zwanzig bis dreißig Besucher aus westlichen Ländern waren zugegen. Vor der Sitzung ging ich an die Tafel und schrieb folgende Erklärung darauf:

> »Ich, Andrej Dmitrijewitsch Sacharow, sammle Unterschriften für einen Aufruf zur Verteidigung des Biologen Jaurès Medwedjew, der wegen seiner Publikationen gewaltsam und ungesetzlich in eine psychiatrische Klinik eingewiesen wurde. Ich bin in den Sitzungspausen oder unter meiner Privatadresse erreichbar.« (Ich gab meine Adresse und Telefonnummer an.)

Niemand behinderte mich. Ich ging auf den Korridor hinaus und wartete. Dubinin bemerkte meine Erklärung als einer der letzten, wischte sie aus und bemerkte in seinen einführenden Worten scharf, daß man nicht wie Sacharow Wissenschaft und Politik vermischen dürfe. (Etwa ein Jahr vor den geschilderten Ereignissen hatte Dubinin aufgehört, mir Glückwünsche zum Gedenken an unseren gemeinsamen Kampf zukommen zu lassen.)

In der Pause kamen zwei oder drei Leute zu mir und unterschrieben den Aufruf, zwei weitere kamen aus den Laboratorien. Der Hauptstrom der Unterschriften setzte jedoch zu Hause ein, sowohl bei mir als auch bei Valerij Tschalidse, der dafür seine Wohnung, genauer, sein Zimmer in einem Gemeinschaftsquartier (in dem zwei oder drei weitere Familien wohnten) zur Verfügung gestellt hatte.

An jenem Maitag fand sich die gesamte Dissidentenwelt bei Valerij ein (und wer es nicht schaffte, der kam zu mir nach Hause). So lernte ich auf einen Schlag fast den ganzen damaligen »Kreis« kennen: Tanja Welikanowa, Grischa Podjapolskij und seine Frau Mascha, Sergej Kowaljow (er war natürlich unter den Verspäteten; später erfuhr ich, was für eine gewaltige Bürde er schon damals trug. Er fiel durch eine besondere Gemächlichkeit und Bedächtigkeit auf) und viele andere. Sie alle unterzeichneten den von mir verfaßten Aufruf, Kowaljow unterschrieb zweimal, für sich und für seinen Freund Alexander Lawut, der ihn dazu ermächtigt hatte. Alle hier Genannten wurden später meine Freunde. Doch das Schicksal trennte uns. Grischa Podjapolskij starb sehr früh, im Jahre 1976. Seine Frau Mascha sah ich zum letztenmal im Jahre 1981, als man sie auf dem Bahnhof von Gorkij bei dem Versuch, mich zu besuchen, festnahm. Alle übrigen waren bis zum Jahr 1981 verhaftet, verurteilt und befanden sich in den Lagern von Mordwinien und Perm.

Schon in den ersten Tagen wurde deutlich, daß mein ungewöhnliches Vorgehen die Staatsmacht überraschte und große Beunruhigung auslöste. Bald protestierten auch andere: der Dichter Twardowskij, mit dem R. Medwedjew bekannt war, der Schriftsteller Dudinzew[3] und weitere Künstler und Wissenschaftler. Einige Tage später bestellte mich Keldysch, der Präsident der Akademie der Wissenschaften, zu sich und warf mir unzulässige Handlungen vor. Ich widersprach ihm. Er sagte, er wolle sich mit dem Gesundheitsminister der UdSSR, dem Akademiemitglied B. Petrowskij, beraten. Am 12. Juni wurde ich zu einer Konferenz ins Gesundheitsministerium geladen; ebenfalls zugegen waren die Akademiemitglieder Astaurow und Kapiza, die Medwedjew öffentlich verteidigt hatten. Keldysch wurde auf der Konferenz von Akademiemitglied Alexandrow (dem späteren Präsidenten) vertreten. Petrowskij eröffnete die Sitzung mit den Worten, sie sei der Sache des kranken Medwedjew gewidmet. Der Direktor des Serbskij-Instituts für Gerichtspsychiatrie, G. Morosow, gab einen medizinischen (sehr vorsichtigen) Befund ab; danach redeten Kapiza, wie immer scharfsinnig und vorsichtig, Astaurow und ich (wir beide traten entschieden für Medwedjews Entlassung ein). Nach meinem Vortrag warf Alexandrow die Bemerkung ein, Sacharows Appelle an den Westen zeigten, daß er sich selbst hinsichtlich seiner geistigen Gesundheit behandeln lassen müsse. Petrowskij schloß die Sitzung mit dem Versprechen, die Frage der Gesundschreibung auf dem Dienstwege zu entscheiden. Eine Woche später, am neunzehnten Tag nach seiner gewaltsamen Hospitalisierung, wurde Jaurès Medwedjew freigelassen. Keiner der in psychiatrische Kliniken Eingesperrten vor und nach Medwedjew kam je so rasch wieder frei. Der Fall Medwedjew ist eine absolute Ausnahme.

V. Die Kiewer Konferenz

Der Prozeß gegen Pimenow und Weil. Ljusja. Das Komitee für Menschenrechte. Der Flugzeugentführerprozeß

Im Juli lag ich nach einer Bruchoperation einen Monat im Krankenhaus. Nachdem ich mich erholt hatte, beschloß ich, zur traditionellen internationalen »Rochester«-Konferenz über Elementarteilchenphysik nach Kiew zu fahren. Vor meiner Abreise stattete ich Igor Jewgenjewitsch Tamm einen Besuch ab. Er lebte damals schon seit einigen Jahren mit einem Beatmungsgerät, arbeitete jedoch weiter und pflegte mit vielen Menschen Kontakt. Im Frühling, Sommer und Herbst wohnte er in seinem Sommerhaus in Shukowka (der heutigen Siedlung der Akademie der Wissenschaften in der Nähe Moskaus; 1956 hatten Tamm und ich dort benachbarte Datschen von der Regierung zugewiesen bekommen). Und hier fand dieses Treffen statt, eines unserer letzten. Igor Jewgenjewitsch lag ständig in einem Zimmer im unteren Stockwerk. Als ich eintrat, sah ich, daß er Besuch hatte, und zwar von unserem gemeinsamen Freund Jewgenij Lwowitsch Feinberg, Mitarbeiter der theoretischen Abteilung des FIAN, und dem bekannten ausländischen Wissenschaftler Professor Victor Weisskopf. Weisskopf ist Verfasser einiger in die Geschichte der Wissenschaft eingegangener Arbeiten (besonders über Quantenfeldtheorie) und ein großer Wissenschaftsorganisator; viele Jahre war er Direktor des CERN, der Europäischen Organisation für Kernforschung. Igor Jewgenjewitsch und Weisskopf waren schon seit den dreißiger Jahren miteinander befreundet. Sie begrüßten mich sehr herzlich. Weisskopf zeigte sich erschüttert, Tamm in einem solchen Zustand wiederzusehen. Victor erzählte unter anderm folgende Episode aus der Vergangenheit: Er, in Österreich geboren und aufgewachsen, wurde Ende der dreißiger Jahre zur Schweizer Polizei (die damals eng mit Hitlers Polizei kooperierte) vorgeladen; man eröffnete ihm, er sei ein sowjetischer Spion. Er fragte:

»Wie kommen Sie denn darauf?«

»Sie besuchen Professor Tamm in Moskau, und dem wurde eine neue Wohnung zugeteilt. Bei der Wohnungsnot in der Sowjetunion ist das ein eindeutiges Indiz dafür, daß Tamm Mitarbeiter des NKWD ist.«

Alle Erklärungen fruchteten nichts. Weisskopf mußte die Schweiz verlassen – ohne das Recht, je wieder zurückzukehren. Als er zum Direktor des CERN berufen wurde, war diese Auflage nicht mehr gültig.

Jewgenij Lwowitsch Feinberg, der Weisskopf zu Tamm gebracht hatte, wurde später in der Auslandsabteilung der Akademie der Wissenschaften der UdSSR zur Rede gestellt: »Mit welchem Recht haben Sie eine Begegnung Sacharows mit Weisskopf organisiert?«

»Erstens habe ich nichts organisiert, und zweitens, spielt das etwa eine Rolle? Schließlich fahren Sacharow und Weisskopf in einer Woche nach Kiew, dort können sie sich ohnehin nach Herzenslust miteinander unterhalten.«

»In Kiew muß das KGB der Ukraine dafür geradestehen, aber hier müssen wir es! Sie hätten das hier nicht tun dürfen.«

In Kiew unterhielt ich mich tatsächlich frei mit ausländischen Wissenschaftlern, obwohl man mich, wahrscheinlich um diese Kontakte auf ein Minimum zu reduzieren, fünfzehn Kilometer von den Ausländern entfernt untergebracht hatte. Besonders gut ist mir das halbstündige Gespräch mit Professor M. Goldhaber im Universitätsgarten in Erinnerung, der Interesse an meinen Ansichten über die Lage in der Welt, in der UdSSR und den USA zeigte. Wir unterhielten uns in einem fürchterlichen Kauderwelsch aus Englisch und Deutsch.

Nach Moskau zurückgekehrt, ging ich zu Valerij Tschalidse. Er machte sich Sorgen wegen der bevorstehenden Gerichtsverhandlung gegen zwei Männer, die der Verbreitung von Samisdatschriften und ausländischen Ausgaben russischer Literatur angeklagt waren. Es waren Revolt Pimenow und Boris Weil. Den ersten dieser beiden Namen kannte ich. 1968 war Pimenow während der Konferenz in Tbilissi zu mir gekommen, hatte sich als ehemaliger politischer Gefangener vorgestellt und sein Interesse an meinen *Gedanken* ausgedrückt. Ich erinnere mich auch, daß ich im Mai 1970 einen Brief Pimenows in meinem Briefkasten vorgefunden hatte, in dem er von seiner bedrohlich werdenden Lage, der Durchsuchung seiner Wohnung und seiner Vorladung ins Stadtkomitee berichtete. Diesen Brief hatte, wie ich später erfuhr, Ljusja aus Leningrad (wo Pimenow lebte) mitgebracht und ihn mir auf seine Bitte hin zustellen sollen. Ich hätte sie also bereits ein halbes Jahr vor unserer tatsächlichen Begegnung kennenlernen können. Aber Ljusja hatte beschlossen, nicht selber zu mir zu fahren, und einen ihrer Freunde gebeten, den Brief in meinen Briefkasten zu stecken.

Pimenow war im Juli verhaftet worden. Der andere Angeklagte, Weil, blieb auf freiem Fuß, mußte sich jedoch schriftlich verpflichten, die Stadt nicht zu verlassen. Pimenow, von Beruf Mathematiker, arbeitete bis zu seiner Verhaftung in der Leningrader Abteilung des Steklow-Instituts für Mathematik, Weil am Puppentheater in Kursk. Beide hatten schon früher, Ende der fünfziger Jahre, in ein und demselben politischen Verfahren unter Anklage gestanden. Das war die Zeit, in der Chruschtschow erklärte, bei uns gebe es keine politischen Gefangenen. In der Tat hatte sich die GULag-Kurve einem ziemlich tiefen Minimalstand genähert, jedoch keineswegs Null. Damals wurden viele Menschen durch Amnestie und zum Teil auch Rehabilitierung freigelassen (noch viel mehr konnten ihre Freilassung allerdings nicht mehr erleben); neue politische Verhaftungen gab es tatsächlich wenig. Freilich befanden sich die zu 25 Jahren Haft Verurteilten weiterhin in den Lagern; sie wurden weder von der Amnestie noch von der Revision des Strafgesetzbuchs im Jahre 1958 erfaßt, welche die maximale Haftdauer auf fünfzehn Jahre verringerte. (Entgegen der normalen juristischen Praxis galt die Verringerung der maximalen Haftdauer nicht rückwirkend; dazu war ein vom Obersten Sowjet bestätigtes Sondergesetz erlassen worden. Bekannt sind auch Fälle von Verurteilungen zu 25 Jahren Haft in der Zeit zwischen der Verabschiedung und dem Inkrafttreten der neuen Strafgesetzgebung.)

Der erste Prozeß gegen Pimenow und Weil gehörte zu den wenigen, die damals dennoch stattfanden. Er ist in Pimenows eigenen brillanten Erinnerungen *Die Geschichte eines politischen Prozesses* ausführlich beschrieben. Pimenow verbüßte sechs Jahre Haft; seine vorzeitige Entlassung – er war zu zehn Jahren verurteilt worden – war der Fürsprache des Mathematikers und Akademiemitgliedes A. D. Alexandrow, der Pimenows erste Arbeiten kannte, und des Präsidenten der Akademie der Wissenschaften, M. W. Keldysch, zu verdanken, der ebenfalls Mathematiker von Beruf war. Weil büßte seine Strafe vollständig ab.

Der neuerliche Prozeß gegen Pimenow und Weil war der erste, mit dem ich in enge Berührung kam. Ich werde von ihm ausführlicher als von manchen folgenden erzählen, in denen sich dann dieselben Züge von Rechtswidrigkeit und Heuchelei der Behörden mit unbedeutenden Variationen wiederholten.

Die Gerichtsverhandlung war auf den 14. Oktober in Kaluga anberaumt. Die nicht ganz legale Wahl des Gerichtsstandes – nicht in Leningrad, wo der Hauptangeklagte lebte, sondern in dieser alten russischen Stadt (die für mich so denkwürdig wurde) – war offensichtlich von der Überlegung diktiert, daß man dort weniger öffentliches Aufsehen zu erwarten habe. Eines der Dauerprobleme, das bei politischen Prozessen auftaucht, ist die Beschaffung eines Anwalts. Die Schwierigkeiten dabei hängen mit den Umständen und der Stellung des Anwalts zusammen. Wenn er seine Pflicht der berufsmäßigen Verteidigung ehrlich erfüllt und zudem Sympathie für die Ansichten oder Handlungen des Angeklagten zeigt, drohen ihm große Unannehmlichkeiten, oft die Entlassung, das Ende einer erfolgreichen Karriere, der Ausschluß aus der Partei und anderes. Es liegt auf der Hand, daß nur wenige dazu bereit sind. Deshalb erweist sich der Anwalt oft als ein »zweiter Staatsanwalt« oder bestenfalls als eine Niete. Außerdem jedoch hängen die Schwierigkeiten damit zusammen, daß nur ein geringer Teil der Anwälte berechtigt ist, an einem politischen Prozeß teilzunehmen. Es gibt ein halboffizielles »Zulassungssystem«, und man darf vermuten, daß das entscheidende Wort hierbei nicht vom Anwaltskollegium oder dessen Vorsitzendem gesprochen wird, sondern von eben den allmächtigen Organen des KGB. Dem KGB mißliebige (doch vom Standpunkt der Verteidigung aus gute) Anwälte besitzen häufig überhaupt keine Zulassung oder büßen sie gleich nach der ersten unvorsichtigen Handlung ein.

Damals waren diese Probleme etwas weniger einschneidend als heute. In diesem und einigen anderen Prozessen spielte Valerij Tschalidse, der einige Anwälte kannte, eine große Rolle, darunter auch in dem sogenannte »Leningrader Flugzeugentführerprozeß«, von dem ich noch berichten werde.

Im September und Oktober war ich etliche Male bei Valerij, der mir von Pimenows und Weils Prozeß erzählte. Bei einem dieser Besuche saß eine schöne, sehr sachlich wirkende, ernsthafte und energische Frau bei ihm. Valerij unterhielt sich mit ihr, wobei er auf dem Sofa lag, wie es seine Gewohnheit war. Er machte sie nicht mit mir bekannt, und sie beachtete mich nicht. Doch als die Besucherin gegangen war, sagte er mit einigem Stolz: »Das war Jelena Georgijewna Bonner. Sie hat fast ihr ganzes Leben lang mit Gefangenen zu tun gehabt und hilft vielen!«

Ich fragte aus irgendeinem Grund: »Was macht sie, ist sie von der *Chronik*?« (*Chronik der laufenden Ereignisse*: auf der Maschine getippte Samisdat-Informationszeitschrift; ich werde noch ausführlich auf sie eingehen.)

»Leider nicht. Wenn ein so kluger und disziplinierter Mensch bei der *Chronik* mitmachte, würde es viel besser um die Sache stehen.« (Valerij behauptet, diese Worte nie gesagt zu haben, doch hier trügt ihn sein Gedächtnis. Die erste Begegnung mit Ljusja war ein Ereignis für mich, und ich erinnere mich an alle Einzelheiten.)

Ich glaube, daß Valerij den Herausgebern der *Chronik* gegenüber ungerecht war, doch mir gefiel seine Charakterisierung Jelena Bonners. Ein Jahr darauf wurde Jelena meine Frau. (Ich nenne sie Ljusja, wie sie als Kind genannt wurde und wie alle ihre jetzigen Freunde und ihr Nahestehenden sie nennen.)

Ich beschloß, zur Gerichtsverhandlung gegen Pimenow und Weil zu fahren. Auf Valerijs Rat hin rief ich Keldysch an und bat ihn, mir für meine Anwesenheit bei der Verhandlung Rückendeckung zu gewähren.

»Na, was hat er denn wieder angestellt?«

Ich erklärte ihm, daß ich nichts angestellt hätte, sondern daß es ein »Samisdat-Prozeß« sei. Auf meine Bitte sagte Keldysch weder ja noch nein, aber irgend etwas unternahm er offenbar doch! Vielleicht wurde ich deshalb, bis zum August 1971, zu Gerichtsverhandlungen zugelassen. Ein paar Tage danach kam Seldowitsch überraschend zu mir.

»Ich muß ein ernstes Gespräch mit Ihnen führen. Ich halte viel von Ihrer Schrift und deren konstruktivem Geist. Sie müssen zu Kirillin gehen, damit beim Ministerrat eine Expertengruppe gegründet wird, die dem Land helfen könnte, Technik und Wissenschaft in fortschrittlichem Geist umzugestalten. Das ist etwas, womit Sie sich nützlich machen können, das wäre konstruktiv. Ich weiß, daß Sie vorhaben, zu der Gerichtsverhandlung gegen Pimenow zu reisen. Solch ein Akt wird Sie sofort ›auf die andere Seite‹ stellen. Sie werden niemals mehr etwas Nützliches tun können. Ich rate Ihnen dringend, auf diese Reise zu verzichten.«

Ich antwortete, ich sei bereits »auf der anderen Seite«. Viele, die ganze Akademie könnte Kirillin Ratschläge erteilen. Ich wisse nicht, ob das, was ich vorhätte, nützlich sei. Aber ich hätte diesen Weg bereits unwiderruflich eingeschlagen.

Valerij hielt es für unmöglich, daß ich wie »gewöhnliche Sterbliche« mit der Eisenbahn nach Kaluga führe, ich müsse wie ein »Deus ex machina« dort erscheinen. Er verabredete sich mit einem seiner Bekannten, der ein Auto besaß, und Punkt 4 Uhr morgens fuhren wir los. Gegen 9 Uhr waren wir dort. Wir zwängten uns durch einen engen Korridor, in dem dicht gedrängt die aus Moskau und Leningrad angereisten Freunde und Bekannten der beiden Angeklagten standen, darunter Arbeitskollegen Pimenows vom Institut für Mathematik und viele Moskauer Andersdenkende, die ich schon von Medwedjews Verfahren her kannte. Um die Treppe herum standen Milizbeamte und freiwillige Helfer und ließen niemanden in den ersten Stock hinauf, wo die Verhandlung in Kürze zu beginnen hatte (wie vertraut mir dieses Bild der Ungesetzlichkeit werden sollte!). Ein Milizbeamter fragte mich: »Ihr Name?«

Ein wenig verwirrt antwortete ich: »Sacharow, Akademiemitglied.«

»Sie können passieren.«

Eine in nächster Nähe des Milizbeamten stehende kleine, ein wenig gebeugte, nicht mehr junge Frau streichelte mir zärtlich die Hand. (Diese schlichte, impulsive Geste verblüffte mich. In jener »abstrakten« Welt, in der ich früher gelebt hatte, kam so etwas nicht vor! Diese Frau war Natascha Hesse, eine enge Freundin Ljusjas aus Leningrad. Doch das erfuhr ich alles erst viel später; Natascha wurde auch meine Freundin.)

Valerij ließ man nicht durch. Ich ging allein hinauf. Auf den ersten Bänken im Gerichtssaal saßen die Zeugen, Pimenows Frau und Vater sowie Boris Weil und seine Frau. Alle übrigen Bänke waren von eigens aus Moskau hergeschafften »Bürgern« in einheitlichen Anzügen besetzt; ihre ebenso einheitlichen grauen Hüte lagen in regelmäßigen Reihen auf den Ablagebrettern. Es waren KGB-Leute. Dieses System, nämlich den Saal mit KGB-Beamten sowie einem anderen, speziell dafür ausgewählten und überprüften Publikum aus Betrieben, Behörden, Rayonskomitees usw. zu füllen, ist in allen politischen Prozessen die Regel. Dies erfüllt einen doppelten Zweck: Zum ersten hat man einen Vorwand dafür, die Freunde, Gesinnungsgenossen und manchmal auch Angehörigen des Angeklagten nicht in den Saal zu lassen: »Der Saal ist leider überfüllt, die interessierten Bürger sind früher gekommen.« Zum zweiten will man eine dem Angeklagten feindselige Atmosphäre im Saal schaffen. Sie ist sogar zu spüren, wenn im Saal Schweigen herrscht, erst recht aber an den Zwischenrufen oder einem dümmlichen Auflachen und, was vielleicht die Hauptsache ist, am Beifall zum Urteil. Sogar zu einem Todesurteil! So begrüßt es das »Volk« und schweigt nicht still.

Diesmal kam die Verhandlung nicht zustande (entweder war Weils Anwalt verhindert oder noch nicht bestimmt, ich erinnere mich nicht). Eine Woche darauf (20. Oktober) fuhr ich wieder nach Kaluga, wieder mit dem Auto, doch ohne Valerij. Wieder waren ungefähr dreißig Freunde Weils und Pimenows gekommen, unter ihnen auch Ljusja. Diesmal wußte sie schon, wer ich war, und wir machten uns miteinander bekannt. In der Pause stellte Ljusja für die zur Verhandlung Erschienenen Milch und belegte Brote auf die Fensterbretter. Sie bot auch mir etwas an, doch ich lehnte ab, da ich etwas Warmes vorzog. Ich aß im Imbißraum im ersten Stock zu Mittag (wohin man warmes Essen für die KGB-Leute gebracht hatte; für uns war etwas übrig geblieben), zusammen mit Weil und seiner Frau, die ebenfalls Ljusja hieß. Beide gefielen mir sehr. Am Abend trank ich mit Natascha Hesse im Restaurant Tee; von ihr hörte ich zum erstenmal vom Leningrader Prozeß, der mich tief beunruhigte.

Die Verhandlung dauerte drei Tage. Es war tatsächlich ein typischer »Samisdat-Prozeß«. Er wurde gegen drei Angeklagte geführt, die dritte war eine gewisse S., eine Bekannte Pimenows. Er hatte ihr Samisdatschriften und Lyrik von Lagerdichtern zu lesen gegeben, und sie hatte die Gedichte in ihr Heft übertragen. S. lebte allein. Eines Tages gab es während ihrer Abwesenheit »überraschend« einen Rohrbruch in der Wohnung über ihr. Die »besorgten Männer von der Hausverwaltung« öffneten die Tür zu ihrem Zimmer, fanden aber kein Wasser vor, sondern Samisdatschriften im Bücherregal. So begann der Fall, in den Pimenow sofort verwickelt war und später auch Weil, den S. aus irgendeinem Grund im Auftrag Pimenows besucht hatte. Die vor Schreck halbtote S. unterstützte die Anklage während der Ermittlung und der Gerichtsverhandlung auf jede nur erdenkliche Weise. Insbesondere sagte sie aus, sie habe Djilas' *Die neue Klasse* im Auftrag Weils als Einschreibsendung nach Nowosibirsk geschickt (an wen, daran »erinnerte« sie sich nicht). Sie fügte jedoch hinzu, daß sie sich genau erinnere, *gleichzeitig* mit dem Buch einem ihrer Verwandten oder Bekannten unter einer anderen Adresse eine Strickjacke geschickt zu haben.

Das war der einzige Anklagepunkt gegen Weil. Seinem Anwalt Abuschachmin gelang es in der Zeit darauf (bis zur Berufungsverhandlung), die Posturkunden aufzustöbern, die zweifelsfrei bewiesen, daß nichts dergleichen geschehen war. Im Verzeichnis der Einschreibsendungen fand der Anwalt zwar einen Vermerk über das Päckchen mit der Strickjacke, entdeckte jedoch keinerlei Spuren davon, daß S. irgend etwas nach Nowosibirsk geschickt hätte! In anderen Prozessen ging das KGB vorsichtiger vor, doch damals, 1970, hatte man noch wenig Erfahrung mit Fälschungen; schließlich hatte man ja zur Zeit Stalins überhaupt keine Beweise erbringen müssen.

Laut Gesetz muß das Berufungsgericht das Urteil beim »Auftauchen neuer Sachverhalte« aufheben und eine neue Verhandlung ansetzen. Doch statt dessen ignorierte das Berufungsgericht die Nachforschungen des Anwalts ganz und gar (dies ist einer der augenfälligsten Beweise für die Ungesetzlichkeit des ganzen Verfahrens). Vor der Urteilsverkündung kam der Staatsanwalt im Korridor auf mich zu: Er fragte: »Wie gefällt Ihnen der Prozeß? Meiner Meinung nach hat das Gericht den ganzen Sachverhalt sehr sorgfältig und objektiv geprüft.«

Mir scheint, er erwartete ernsthaft, daß ich mich über das Verfahren und sein Plädoyer zustimmend äußern würde. In den Augen des Staatsanwalts, der natürlich wußte, daß ich als Gleichgesinnter der Angeklagten gekommen war, war ich noch bis zu einem gewissen Grade einer der »Seinen«, und das Lob eines Moskauer Akademiemitglieds wäre schmeichelhaft gewesen. Ich sagte jedoch: »Meiner Ansicht nach ist die ganze Verhandlung eine absolute Gesetzwidrigkeit.«

Er setzte eine finstere Miene auf und entfernte sich.

Das Urteil lautete auf fünf Jahre Verbannung für jeden der beiden Angeklagten. Weil wurde an Ort und Stelle verhaftet, das war furchtbar. Doch nach sowjetischen Maßstäben war das Urteil erstaunlich mild, was vielleicht auch an meiner noch ungewohnten Anwesenheit lag. Vor der Urteilsverkündung trugen die Angeklagten ihr »Schlußwort« vor. Die Rede Pimenows dauerte drei Stunden, war scharfsinnig und durch eine gründliche Argumentation gekennzeichnet. Weil sagte nur einen Satz:

> »Bürger Richter, das Urteil bestimmt das Schicksal des Angeklagten und zeichnet sein ganzes Leben, doch es prägt seinen Stempel auch der Seele derjenigen auf, die es verkünden – seien Sie gerecht!«

Ich wollte schon aus dem Saal gehen, als Pimenows Frau Wilja schrecklich aufgeregt auf mich zukam. Sie schob mir einen grünen Aktenordner in die Hand und flüsterte: »Verstecken Sie das und bringen Sie es hinunter. Darin sind Dokumente, die Revolt [Pimenows Vorname] befreien werden.«

Wie sich später herausstellte, hatte es Pimenow verstanden, ihr beinahe unter den Augen des Begleitpostens den Ordner mit der Anklageschrift, seinen Exzerpten aus der Ermittlungsakte und seinem »Schlußwort« zu übergeben. Unter normalen Umständen wäre daran nichts Geheimes oder Außerordentliches gewesen. Doch unter unseren Bedingungen war der Verlust derartiger Dokumente tatsächlich ein außerordentliches Vorkommnis, und Revolts und Wiljas Handlungsweise war wohl nicht durch die Situation gerechtfertigt und allzu herausfordernd. In diesem Fall bewahrte mich meine noch intakte »Immunität« vor großen Unannehmlichkeiten. Ich steckte den Ordner unter meine Jacke und ging hinunter, an den Milizbeamten und der Gruppe der Unsrigen vorbei, unter denen Ljusja war. Ich war in Begleitung eines jungen Mannes (Dr. Apuchtin), den mir Valerij als Arzt und Leibwächter beigegeben hatte. Wir fuhren schnell zum Bahnhof und stiegen in einen (fast leeren) Waggon. Einige Minuten, nachdem sich der Zug in Bewegung gesetzt hatte, kamen Ljusja und ihr Freund Serjosha Kowaljow, der bald auch mein Freund werden sollte, aus dem hintersten Waggon durch unseren. Sie nahmen mir einen Teil der Dokumente aus dem Ordner ab und gingen weiter. Hinterher erfuhr ich, daß der Verlust des Aktenordners gleich nach meinem Weggehen entdeckt worden war; alle im Gerichtssaal Anwesenden, unter ihnen Wilja, wurden festgenommen. Man verfolgte auch Ljusja und Serjosha, die zum Bahnhof gefahren waren; doch die beiden rannten das letzte Stück Weg auf dem Bahnsteig entlang und konnten gerade noch in letzter Sekunde auf den Zug aufspringen, so daß die automatisch schließende Tür vor der Nase der Verfolger zuklappte.

Um einen Skandal zu vermeiden, mußte der Ordner anderntags unbedingt zurückgegeben werden. Valerij rief mich an und sagte, gleich werde die Tochter »einer Ihnen bekannten Person, Sie werden sie leicht erkennen, die beiden sind einander sehr ähnlich«, zu mir kommen. Bald darauf kam Ljusjas Tochter Tanja zusammen mit einem jungen Mann. (Man hatte befürchtet, ich würde vielleicht nicht wagen, ihm, den ich überhaupt nicht kannte, den Ordner auszuhändigen, aber auf Tanjas Gesicht stand in der Tat geschrieben, wessen Tochter sie war.) Ich gab ihnen den Ordner; am Ende des Tages war er bereits wieder in Kaluga.

Ein paar Wochen vor den geschilderten Ereignissen hatte mich Valerij überraschend besucht (was nicht oft geschah). Er hatte ein »Dankschreiben« anläßlich der von oben verfügten Entlassung einiger junger Frauen und Männer aus psychiatrischen Kliniken, in die sie kurz zuvor aus politischen Motiven eingeliefert worden waren, verfaßt (unter den jungen Leuten waren Ira Kaplun, die unlängst bei einem Autounfall ums Leben kam, und Wjatscheslaw Bachmin, der 1981 verhaftet wurde). Ich unterschrieb dieses Dokument, obwohl ich dachte, die Behörden könnten ein solches »Dankschreiben« für eine noch größere Beleidigung halten als einen Protest. In heftiger Erregung unterbreitete er mir daraufhin auf einem Blatt Papier seine Idee, ein »Komitee für Menschenrechte« zu gründen – eine, wie er schrieb, von den Behörden unabhängige Organisation zur Erforschung und Bekanntmachung der Menschenrechtssituation in der UdSSR. Er schlug vor, die Gründung dieser Organisation in breitem Rahmen bekanntzugeben, insbesondere ausländische Korrespondenten davon zu unterrichten. Ich begegnete dieser Anregung mit Interesse, zugleich jedoch auch mit großen Bedenken. Eine unabhängige Organisation – das war sehr wichtig, das war etwas Neues. Allerdings nicht ganz neu. Ein Jahr zuvor hatten einige Leute eine Initiativgruppe zum Schutz der Menschenrechte gegründet. Die erste Aktion der Gruppe war ein Aufruf an die UNO zum Problem der Menschenrechtsverletzungen in der UdSSR gewesen. Danach verfaßte sie systematisch offene Aufrufe (die nicht mehr an die UNO, sondern an die Öffentlichkeit gerichtet waren). Meiner Meinung nach war es die Bildung der Initiativgruppe, die, zusammen mit den ersten Nummern der *Chronik*, die Menschenrechtsbewegung in der UdSSR so formte, wie man sie heute auf der ganzen Welt kennt, nämlich als Bewegung im Rahmen des Gesetzes, die sich auf Öffentlichkeit stützt und die unabhängig von den Behörden ist. Sogar die Idee des Komitees für Menschenrechte stammte in gewisser Weise von der Initiativgruppe (von ihrem Mitglied A. S. Jessenin-Wolpin). Die anderen Mitglieder der Initiativgruppe waren: G. Altunjan, W. Borissow, T. Welikanowa, N. Gorbanewskaja, M. Dshemiljow, S. Kowaljow, V. Krassin, A. Lawut, A. Lewitin-Krasnow, J. Malzew, L. Pljuschtsch, G. Podjapolskij, T. Chodorowitsch, P. Jakir und A. Jakobson. Einige von ihnen wurden später meine Freunde. Viele gerieten später in Haft.

Von all dem wußte ich nichts oder war nur so oberflächlich darüber informiert, daß ich mich nicht daran erinnerte. Doch nicht deshalb begegnete ich Valerijs wertvoller Initiative mit Vorsicht. Erstens schreckte mich die geplante juristische Ausrichtung der Komiteearbeit; obgleich ich die Wichtigkeit eines solchen Ansatzes neben anderen einsah, hatte ich nicht das Gefühl, daß dies mein Gebiet war. Mir war bewußt, daß ein derartiges Wirken entscheidend und unvermeidlich mit Öffentlichkeitsarbeit, nämlich der Bekanntgabe von Erkenntnissen und Schlußfolgerungen, zu tun hatte. Deshalb befürchtete ich, das Komitee könnte besonders infolge seines reißerischen Namens (daß darin das Wort Schutz fehlte, würde niemand bemerken) zu breite Aufmerksamkeit auf sich lenken und »falsche« Hoffnungen bei Tausenden von Menschen erwecken, die Opfer von Ungerechtigkeiten geworden waren. All das – die ganze Flut der Briefe, Bitten und Beschwerden – würde über uns hereinbrechen. Was würden wir diesen Menschen sagen, was ihnen antworten? Daß wir kein Verteidigungskomitee, sondern ein Forschungskomitee seien? Das wäre nahezu Hohn!

Diese Bedenken teilte ich Tschalidse in jenem ersten Gespräch ganz offen mit. Nebenbei gesagt, sie bewahrheiteten sich später alle tausendfach. Dabei entfiel der »Löwenanteil« auf mich; die Menschen schrieben vor allem an das Akademiemitglied. Im Oktober endete unser Gespräch ergebnislos, doch die Idee hatte sich in mir festgesetzt.

Gleich nach meiner Rückkehr aus Kaluga bestellte mich mein ehemaliger Vorgesetzter J. B. Chariton zu sich. Er übermittelte mir die Bitte des KGB-Vorsitzenden Andropow, ihn umgehend anzurufen. Ich fragte: »Und warum ruft er mich nicht selbst an?«

»Na ja, diese Leute haben eben ihre eigenen Vorstellungen von Autorität und Zeremoniell.«

Chariton gab mir Andropows Dienstnummer in der Stadt. Bevor ich ihn anrief, ging ich zu Tschalidse. Dieser sagte: »Zum Chef geht man nicht mit leeren Händen. Wenn Sie auf meinen Vorschlag zurückkommen könnten: Das Komitee für Menschenrechte wäre ein guter Hintergrund für das Gespräch.« (Ergänzung 1987: Valerij schrieb kürzlich an den Rand des Manuskripts, seine Bemerkung sei eindeutig ein Scherz gewesen.)

Valerij hatte natürlich nicht recht. Ich »ging nicht zum Chef«, sondern Andropow hatte mich aufgrund irgendwelcher »Überlegungen« bitten lassen, ihn anzurufen; einen »Hintergrund« brauchte ich überhaupt nicht. Doch ich stimmte Tschalidse damals zu. Das Komitee schien mir inzwischen eine wichtige Sache, und so beschloß ich, mich über meine Bedenken hinwegzusetzen. Die Satzung des Komitees schrieb Valerij; diese Dinge interessierten mich nicht, ich überließ sie ihm gern, und Valerij widmete sich ihnen mit Genuß.

Anfangs gab es drei Komiteemitglieder; außer uns beiden noch Tschalidses Freund Andrej Twerdochlebow, einen jungen Theoretiker, der erst kurz vorher die Aspirantur hinter sich gebracht hatte und im Institut für Informatik arbeitete. Am 4. November 1970 unterschrieben wir die Satzung; dies ist das Datum der Komiteegründung.

Während der ersten zehn Novembertage rief ich Andropow mehrmals unter der Nummer an, die mir Chariton gegeben hatte. Der Diensthabende erwiderte stets: Genosse Andropow ist gerade nicht da (oder beschäftigt), rufen Sie bitte morgen an. Schließlich sagte man mir: Rufen Sie nicht mehr an, Genosse Andropow wird sich selbst mit Ihnen in Verbindung setzen; aber natürlich setzte sich niemand mit mir in Verbindung. Offenbar hatte sich an seinen Plänen in bezug auf meine Person etwas geändert, oder es war von Anfang an nur ein »Spiel« gewesen.

Eine Woche nach Unterzeichnung der Satzung gaben wir die Gründung des Komitees in so breitem Umfang bekannt, wie es in unseren Kräften stand. Die feierliche Verkündung fand am 11. November bei Tschalidse statt. An diesem Tage versammelten sich dort zahlreiche von Tschalidse geladene Andersdenkende; einige kannte ich schon, doch viele sah ich zum erstenmal. Unter den letzteren waren Pjotr Jakir und seine

Frau. Jakir war zu dieser Zeit einer der bekanntesten Dissidenten. Die Komiteegründung wurde gleich darauf den ausländischen Korrespondenten übermittelt.

Das Echo übertraf alle Erwartungen. Eine ganze Woche lang befaßte sich gut die Hälfte aller Sendungen der »Stimme Amerikas«, der BBC und der Deutschen Welle mit dem Komitee. Als entscheidend daran bewertete man gerade die Tatsache, daß eine von den Behörden unabhängige Gruppe gegründet und öffentlich vorgestellt worden war, welche die einzelnen Aspekte des Menschenrechtsproblems in der UdSSR so objektiv wie möglich untersuchen und die Ergebnisse ihrer Recherchen nach gemeinsamer Diskussion und Bestätigung veröffentlichen wollte.

Die Sitzungen des Komitees fanden einmal in der Woche jeweils donnerstags statt, ebenfalls bei Tschalidse. Inzwischen trafen auch schon zahlreiche Briefe bei mir ein, auf die ich nichts erwidern konnte, wie ich es befürchtet hatte; Besucher stellten sich ein. Die Unmöglichkeit, all diesen Menschen zu helfen, und das Bewußtsein, ich könnte ihre Hoffnungen betrogen haben, quälten mich sehr; ich litt viele Jahre darunter. In einem der letzten Kapitel dieses Buches werde ich von einigen dieser Fälle aus den Jahren 1970–79 berichten. Ich hatte kein sehr klares Bild von den juristischen Aspekten der vom Komitee untersuchten Probleme (obwohl ich deren Studium im Unterschied zu Solschenizyn nicht für sinnlose Zeitverschwendung halte). Natürlich war ich nicht in allem mit Tschalidse und Twerdochlebow einer Meinung, sie dagegen bezogen immer eine gemeinsame Position, die mir manchmal allzu spekulativ erschien; das reizte mich heftig. Ich wiederhole jedoch, daß damals (wie auch heute) nicht die Details ausschlaggebend für mich waren, sondern die allgemeine Ausrichtung der Arbeit des Komitees zum Schutz der wichtigsten Menschenrechte. Die Komiteesitzungen selbst waren in gewisser Weise freundschaftliche Treffen.

Später erfand Ljusja für diese Treffen die scherzhafte Bezeichnung »WTK«, was ausgeschrieben nicht »Wissenschaftlich-Technische Konzeption« hieß, sondern »Wolpin [ein unabkömmliches, sehr wertvolles Mitglied], Tee und Kekse«. Für mich, den durch Freundschaften nicht Verwöhnten, mag gerade dieser Aspekt am wichtigsten gewesen sein. Ljusja fiel das schon damals auf.

Einer der organisatorischen Einfälle Valerijs erwies sich jedoch als völliger Mißgriff, ja sogar als Taktlosigkeit. Tschalidse hatte den Ehrentitel eines korrespondierenden Mitglieds in die Komiteesatzung aufgenommen; er sollte denjenigen verliehen werden, die sich um die Verteidigung der Menschenrechte große Verdienste erworben hatten. Natürlich war das ein schlechter Einfall, schon angefangen bei der Bezeichnung, die der Satzung der Akademie der Wissenschaften entlehnt war, wo sie etwas ganz anderes bedeutete. Noch mißlicher war, daß Alexander Galitsch und Alexander Solschenizyn ausgewählt wurden; alle beide hatte man völlig unzureichend von der beabsichtigten Wahl informiert (Galitsch telefonisch, Solschenizyn hatte ich zu einer Unterredung aufgesucht); letzten Endes wurden sie in eine ganz peinliche und schiefe, für Galitsch sogar gefährliche, Lage gebracht. Faktisch lief es darauf hinaus, daß das Komitee, welches noch nichts Wesentliches geleistet hatte, verdiente Leute zur Reklame für sich selbst in seinen Presserummel hineinzog. Es war zu früh für uns, Ehrentitel zu »vergeben«. Wahrscheinlich war es diese fragwürdige Geschichte, an der ich aus Unüberlegtheit mitschuldig bin, die Solschenizyn schon ganz zu Anfang zu seiner so negativen und in vielem ungerechten Einstellung Tschalidse gegenüber veranlaßte.

Im November 1970 fand nach dem Prozeß gegen Pimenow und Weil eine weitere aufsehenerregende Gerichtsverhandlung statt. In Swerdlowsk wurden der junge Historiker Andrej Amalrik und der Ingenieur Lew Uboshko vor Gericht gestellt. Andrej Amalrik war als Verfasser der geistreichen, bissigen, wenngleich umstrittenen Schrift *Kann die Sowjetunion das Jahr 1984 erleben?*[1] bekannt. Der Autor meint, der durch Starrheit und Dogmatismus verursachte Verfall der sowjetischen Gesellschaft, die zentrifugalen Kräfte der nationalen Randgebiete und andere Ursachen würden das sowjetische Imperium so weit schwächen, daß es eine leichte Beute für die viele Millionen starken Streitkräfte Chinas werden könnte, die noch von ungetrübter ideologischer und nationaler Begeisterung geprägt seien. Amalrik stand mit seinen Prognosen und Befürchtungen nicht allein. Ich zollte in meiner *Stellungnahme* diesen Befürchtungen ebenfalls einigen Tribut, doch schon während ich an meinem »Nachwort« dazu arbeitete (im Sommer 1972), begann ich von ihnen abzurükken. Amalrik schrieb bis zu seiner Verhaftung noch einige andere interessante Essays, z. B. »Die ausländischen Journalisten in Moskau« und »Unfreiwillige Reise nach Sibirien«, die Schilderung seiner Verbannung als »arbeitsscheues Element«. In der UdSSR gibt es ein Gesetz, das gestattet, solche Bürger an abgelegene Orte auszuweisen, welche die Anordnungen der Verwaltungsorgane auf Aufnahme einer Arbeit nicht erfüllen und ein »parasitäres« Leben führen, (das heißt, nicht von »Einkünften aus Arbeit« leben – eine sehr vage Formulierung). Dieses Gesetz, an sich schon ein juristisches Unding, eröffnet ungeheure Möglichkeiten zu Mißbräuchen und Rechtswidrigkeiten jeder Art. Es wird oft gegen Dissidenten, Gläubige, Freiberufler und Heimarbeiter oder einfach zur Begleichung persönlicher Rechnungen angewendet (etwa um sich eine Wohnung anzueignen). Das Verfahren gegen den Leningrader Dichter Iossif Brodskij und das gegen Amalrik gehörten zu den ersten Beispielen, von denen ich erfuhr. (Ergänzung 1988: Tatsächlich wurden Brodskij und Amalrik bereits verbannt, bevor man den entsprechenden Erlaß verabschiedet hatte.)

In den Tagen, die der Verhandlung vorausgingen, lernte ich einen engen Freund von Andrej Amalriks verstorbenem Vater kennen, den Archäologen Mongajt. Er erzählte mir viel von Andrej und dessen Vater (Fronterlebnisse des Vaters, die Geschichte von Andrejs Ausschluß aus der Historischen Fakultät – Amalrik hatte in einer Prüfungsarbeit die vom Standpunkt der sowjetischen Geschichtsschreibung aus ketzerische »normannistische« Version[2] der russischen Staatsgründung verteidigt – und andere Episoden).

Dem Mitangeklagten in Amalriks Prozeß, dem Ingenieur Lew Uboshko, wurde zur Last gelegt, er habe seiner Zimmerwirtin eine Nummer der *Chronik* gezeigt und ein Exemplar von Amalriks Schrift aufbewahrt. Uboshko, der in Swerdlowsk wohnte, war offenkundig in den Prozeß verwickelt worden, damit man einen Vorwand hatte, die Verhandlung gegen den Moskauer Amalrik fern von ausländischen Korrespondenten zu führen. Ich beabsichtigte, nach Swerdlowsk zu fahren, gab dieses Vorhaben aber schließlich auf, da ich wegen meiner Unerfahrenheit in solchen Dingen fürchtete, den Ort der Verhandlung nicht zu finden (der tatsächlich irgendwo an den Stadtrand verlegt worden war), und mich auch einfach nicht rechtzeitig dazu entschlossen hatte. Uboshko war nicht im Gerichtssaal; in einem psychiatrischen Gutachten war er für unzurechnungsfähig erklärt worden, und das Gericht hatte ihn in eine psychiatrische Sonderklinik eingewiesen. Über Amalrik werde ich noch gesondert schreiben. Uboshkos Schicksal ist überaus tragisch. Nach drei Schreckensjahren in der Sonderklinik wurde er in ein allgemeines Krankenhaus verlegt (das bedeutet normalerweise baldige Gesundschreibung). Doch er wartete seine Gesundschreibung nicht ab, floh, wurde wieder festgenommen und aufs neue, nunmehr unbefristet, in eine psychiatrische Sonderklinik gesteckt[3].

Nach dem Treffen in Kaluga sah ich Ljusja an Valerij Tschalidses Geburtstag wieder. Es war sehr eng bei ihm, die meisten konnten sich nicht hinsetzen, doch aus Hochachtung vor mir und meinem Titel eines Akademiemitglieds fand man einen Platz für mich; die Gäste scherzten fröhlich: »Sacharow muß sitzen.« Das nächste Mal sah ich Ljusja im Zusammenhang mit dem »Flugzeugentführerprozeß«; das war bereits eine sehr ernste Begegnung.

Am 15. Juni 1970 waren auf dem Leningrader Inlandflugplatz an der Gangway eines Flugzeugs und in einem Wald nahe dem Städtchen Priosersk zwei Personengruppen verhaftet worden, die das Flugzeug hatten kapern wollen, um damit aus der UdSSR nach Israel zu fliehen. So ist dieser Prozeß im Grunde eine Folge dessen, daß es in der UdSSR kein Recht auf die Wahl des Aufenthaltslandes, keine Emigrationsfreiheit gibt. Der ursprüngliche Fluchtplan einer anderen, weitaus größeren Gruppe, zu der auch der Ingenieur Butman und der ehemalige Pilot der zivilen Luftfahrt Mark Dymschitz gehörten, hatte darin bestanden, sämtliche Flugscheine für eine große Passagiermaschine aufzukaufen und diese anschließend zu kapern. Von diesem Plan hatte man in Israel erfahren; das israelische Außenministerium hatte (über Mittelsmänner, wohl Touristen) die Operation, welche die Idee der legalen Auswanderung in Mißkredit bringen würde, kategorisch verbieten lassen. Butman und die meisten anderen Beteiligten verzichteten auf den Plan, Dymschitz indessen beschloß, dennoch einen Fluchtversuch zu machen, allerdings mit anderen Teilnehmern, zu denen auch Eduard Kusnezow gehörte. Der neue Plan sah vor, die Karten für eine kleinere Maschine einer innersowjetischen Linie, die aus Leningrad ausflog, aufzukaufen, bei der Landung in Priosersk die Piloten zu fesseln und sie auf dem Flugfeld zurückzulassen. Danach sollten einige Fluchtteilnehmer, die im Wald bei Priosersk übernachtet hatten, zu den Passagieren stoßen; alle zusammen sollten dann nach Schweden fliegen und sich dort den Behörden ausliefern.

Zweifellos war dieser Plan überaus riskant und ein Verstoß gegen das Gesetz, für den die Beteiligten nach dem Strafrecht zur Rechenschaft gezogen werden mußten. Aber die Angeklagten hatten kein so schweres Verbrechen geplant, wie es ihnen vor Gericht vorgeworfen wurden. Die Gefahr für die Piloten war minimal, und außenstehende Passagiere, deren Leben durch die Entführung hätte bedroht werden können, gab es überhaupt nicht. Die Kaperung des Flugzeugs sollte auf festem Boden stattfinden, so daß es auch nicht Luftpiraterie gewesen wäre – und schon gar nicht »Landesverrat« (entsprechend Artikel 64 StGB der RSFSR, der eine Bestrafung bis zur Todesstrafe vorsieht; laut Gesetz versteht man unter Landesverrat Handlungen zum Schaden der territorialen Unverletzlichkeit, der staatlichen Unabhängigkeit oder der militärischen Macht des Landes).

In den Jahren 1969–1970 hatten sich mehrere Fälle von Flugzeugentführungen durch palästinensische Terroristen ereignet, und einige Wochen nach der Verhaftung Eduard Kusnezows und seiner Kameraden fanden zwei weitere Flugzeugentführungen in der UdSSR statt. Eine von ihnen erlangte besondere Bekanntheit. Zwei Litauer, Vater und Sohn Brasinskas, welche die UdSSR verlassen wollten, entführten ein Passagierflugzeug, dessen Besatzung sie mit der Waffe bedrohten, in die Türkei. Dabei kam die junge Stewardeß Nadja Kurtschenko tragisch ums Leben, und andere Besatzungsmitglieder wurden verwundet. Ganz ohne Zweifel hatten die beiden Brasinskas ein schweres Verbrechen verübt. Jetzt forderte die UdSSR ihre Auslieferung. Die meisten Sowjetbürger wissen jedoch bis heute nicht, daß die Kurtschenko nicht von den Brasinskas getötet wurde, sondern von der verirrten Kugel eines sowjetischen Wachsoldaten, und daß die Brasinskas in der Türkei vor Gericht gestellt und verurteilt wurden und ihre Strafe voll abgebüßt haben. (Das ist übrigens ein Beispiel für die schlechte Arbeit der Redaktionen westlicher Sender, die Programme für Sowjetbürger in die UdSSR ausstrahlen. Der gewaltsame Tod Nadja Kurtschenkos wird von der sowjetischen Propaganda bis heute breit ausgeschlachtet, die westlichen Rundfunksender aber berichten von »einer Flugzeugentführung, bei der die Stewardeß ums Leben kam«; der sowjetische Hörer »versteht« natürlich, daß die Entführer sie ermordet haben.)

All diese Ereignisse schufen einen psychologischen Hintergrund, der für die »Leningrader Flugzeugentführer« äußerst ungünstig war; nur wenige begriffen, daß deren Fall ganz anders lag.

Unter den an dem neuen Plan Beteiligten war der ehemalige Gefangene Eduard Kusnezow, der zuvor aufgrund einer »fabrizierten« politischen Anschuldigung sieben Jahre verbüßt hatte. Seine Frau Silva Salmanson, die ihre beiden Brüder ebenfalls zu dem Fluchtversuch überredet hatte, zog ihn zu Dymschitz' Projekt hinzu. Kusnezow seinerseits bewog zwei ehemalige Mithäftlinge, Jurij Fjodorow und Alexej Murshenko (ebenfalls politische Gefangene) zur Teilnahme. Fjodorow war Russe, Murshenko Ukrainer, die übrigen zehn Teilnehmer an der geplanten Flucht waren Juden. Kusnezow selbst war seinen Dokumenten zufolge Russe, sein Vater jedoch Jude. Später, schon vor der Berufungsverhandlung, gelang es Ljusja und Telnikow (einem Lagergefährten Weils und Pimenows, der auch zusammen mit Kusnezow im Lager gewesen war), eine Urkunde ausfindig zu machen, die bestätigte, daß Eduards Mutter, die sich von seinem Vater hatte scheiden lassen, ihren und seinen Nachnamen Gerson auf ihren russischen Mädchennamen Kusnezow abgeändert hatte.

Fjodorow und Murshenko hatten nicht lange überlegt. So tauschten sie das unerträglich schwere Leben von ehemaligen politischen Gefangenen gegen das noch schwerere Leben von gegenwärtigen politischen Gefangenen ein. Ljusja hatte Eduard Kusnezow schon in der Zeitspanne zwischen seiner ersten Haft und seiner Verhaftung am 15. Juni 1970 gekannt; Felix Krassawin, einer von Ediks Lagergefährten, hatte den Kontakt zwischen ihnen hergestellt. Edik war oft in ihrem Haus zu Gast. (Einmal übernachtete Kusnezow dort. Ljusjas Sohn Aljoscha las irgendein Buch über die Todesstrafe und rückte Edik damit auf den Pelz, was den zu dem Ausruf veranlaßte: »Laß mich in Frieden, mich interessiert die Todesstrafe nicht.«) Auch Fjodorow war manchmal bei ihr. Sofort nach der Verhaftung Kusnezows und seiner Kameraden flug Ljusja nach Leningrad, wo sie seine Bekannten in völliger Fassungslosigkeit antraf. Sie fuhr allein zum Flugplatz und fand heraus, daß Kusnezow und die anderen tatsächlich an der Gangway des Flugzeugs verhaftet worden waren (der Verhaftung war eine Prügelei zwischen Moskauer und Leningrader KGB-Leuten unmittelbar vorausgegangen, die sich offenbar im Konkurrenzkampf um die Hauptrolle bei der Operation befehdeten). Das erzählte ihr der Mann von der Gepäckannahme. In den nächsten Tagen reichte Ljusja einen Antrag mit der Erklärung ein, daß sie Kusnezows Tante sei, und erhielt auf diese Weise das Recht der »Verwandten«. (Kusnezows Mutter war nicht in der Lage, selbst aktiv zu handeln. Vielleicht wußte das KGB, daß Ljusja keine echte Tante war, drückte jedoch ein Auge zu.) Ljusja brachte in den ersten Wochen sehr viel Energie auf, um Anwälte für Edik und die anderen Angeklagten zu finden. Auf diesem Gebiet sollten ihr in Zukunft noch größere Anstrengungen abverlangt werden – über mehr als zehn Jahre hinweg.

Im Dezember begann die Verhandlung. Als nächste Anverwandte war Ljusja bei allen Sitzungen anwesend; jeden Abend zeichnete sie den Verhandlungsablauf aus dem Gedächtnis auf. Manchmal fuhr sie selbst nach Moskau und kehrte unverzüglich wieder zurück, manchmal fuhren ihre Freunde. In jedem Fall trafen immer die neuesten Informationen vom Schauplatz des Geschehens in Moskau ein, wurden sofort veröffentlicht und an die ausländischen Korrespondenten weitergegeben. Im Frühjahr 1971 war Ljusja ebenfalls in Leningrad; sie wohnte der Gerichtsverhandlung gegen die Gruppe (Butman und andere) bei, die an dem ursprünglichen Plan, ein großes Flugzeug zu kapern, beteiligt gewesen war. In dieser Zeit gab sie ihre Aufzeichnungen (nach Informationen der beim Prozeß anwesenden Verwandten) über den öffentlichen Fernsprecher weiter. An der Telefonzelle versammelten sich KGB-Leute, die ihr auf den Fersen gefolgt waren, schauten demonstrativ durch die Glaswand in ihr Notizbuch, hinderten sie jedoch nicht physisch an ihrem Vorhaben (offenbar hatten sie keinen Befehl dazu). Ljusjas Aufzeichnungen der Gerichtsverhandlung gegen Dymschitz, Kusnezow und ihre Kameraden wurden vollständig veröffentlicht, und zwar als Anhang zu Kusnezows *Lagertagebuch*[4]. Ihre Informationen fanden weite Verbreitung in der UdSSR und im Ausland und trugen sehr zur internationalen Bekanntheit und zum Schutz der Angeklagten bei.

An emotionalen Eindrücken aus dem Gerichtssaal verzeichnete Ljusja die Naivität vieler – natürlich nicht aller – Angeklagter und den unheilvollen Ernst, die starre Feierlichkeit der Gerichtsmaschinerie. Am 24. Dezember verkündete man das Urteil. Mark Dymschitz und Eduard Kusnezow wurden zum Tode verurteilt. Jurij Fjodorow (der die Teilnahme am Untersuchungsverfahren abgelehnt hatte) erhielt als »Rückfalltäter« fünfzehn Jahre Haft, Alik Murshenko (ebenfalls ein »Rückfalltäter«) vierzehn Jahre, beide mit besonders strengem Vollzug. Auch die übrigen Angeklagten wurden zu sehr langen Haftstrafen verurteilt. (Iossif Mendelewitsch zu zwölf, Silva Salmanson zu zehn Jahren, ebenso wie die anderen.)

Als das Todesurteil für zwei der Angeklagten verkündet wurde, ertönte im Saal Beifall der KGB-Leute und des »geladenen« Publikums. Ljusja schrie außer sich: »Ihr Faschisten! Nur Faschisten klatschen einem Todesurteil Beifall!«

Der Beifall verstummte augenblicklich. Für Ljusja hatte dieser Zwischenruf keinerlei sichtbare Folgen.

Valerij Tschalidse und – unabhängig von ihm – auch Ljusja wollten mich nicht zum »Leningrader Flugzeugentführerprozeß« hinzuziehen, da sie ihn für keine reine Bürgerrechtssache hielten. Nach der Terminologie von Amnesty International waren die an dem Flugzeugentführerprozeß Beteiligten keine Gewissensgefangenen, da sie Gewaltanwendung nicht ausgeschlossen hatten. Nachdem ich das Urteil von Valerij erfahren hatte, war ich, wie so viele auf der Welt, empört und aufgebracht. Ohne mich weiter mit ihm zu besprechen, ging ich nach Hause; um 8 Uhr morgens aber, als die Post öffnete, gab ich ein während der Nacht aufgesetztes Telegramm an Breschnew auf mit der Bitte, das Todesurteil gegen Dymschitz und Kusnezow aufzuheben und die Urteile der übrigen Verurteilten zu mildern. Ich unterstrich meine kompromißlose Verurteilung des Gesetzesbruches und wies auf die fehlenden Tatbestände des Landesverrats, der Luftpiraterie und des schweren Raubes hin (das Flugzeug wäre natürlich an die UdSSR zurückgegeben worden).

Damals las ich in sowjetischen Zeitungen von dem Brief sowjetischer Akademiemitglieder, die zugleich Mitglieder amerikanischer Akademien waren, an Präsident Nixon mit der Bitte, auf einen Freispruch für die amerikanische Kommunistin Angela Davis hinzuwirken, die der Teilnahme an dem tragisch endenden bewaffneten Versuch, eine Gruppe von Angeklagten aus dem Gerichtssaal zu befreien, bezichtigt wurde. Ich war ebenfalls Mitglied der Amerikanischen Akademie der Wissenschaften und Künste in Boston, doch an mich hatte sich anläßlich dieses Briefes niemand gewandt. Ich beschloß, selber an den Präsidenten der USA und den Präsidenten der UdSSR, Nikolaj Podgornyj [5], zu schreiben und sie um Nachsicht in zwei Fällen zu bitten: in dem von Angela Davis und dem der Leningrader Flugzeugentführer; insbesondere bat ich um die Aufhebung der Todesstrafe für Kusnezow und Dymschitz. Ich entwarf den Text des Briefes und brachte ihn Tschalidse; der wiederum übergab ihn Ljusja, damit sie ihn tippte und notwendige Präzisierungen mit mir absprach. Am Tag darauf kam Ljusja zu mir. Es war das erstemal, daß sie mich zu Hause besuchte.

Ljusja schilderte mir den Fall (den ich bis dahin nur in groben Zügen kannte) und den Prozeßverlauf ausführlich und sehr klar; in dem Brieftext mußte ich mancherlei Korrekturen vornehmen. Noch am selben Abend schickte sie den Brief an Podgornyj ab und ließ den an Nixon einem ausländischen Korrespondenten durch ihren Bekannten L. Riegerman übergeben. Der Brief an Nixon kam zweifellos an; ein paar Wochen später erhielt ich eine sehr höfliche Antwort, in der es hieß, Angela Davis werde eine schwere Straftat zur Last gelegt, ihre Verhandlung werde öffentlich geführt werden und man wolle mir gern die Möglichkeit geben, dem Prozeß beizuwohnen, wenn ich in die USA kommen könne.

In diesen Tagen machte ich auch den erfolglosen Versuch, unmittelbar mit Breschnew Verbindung aufzunehmen. Ich ging wieder, wie schon zwei Jahre zuvor, mit Hilfe von Alexandrows Sekretär ins Institut für Kernenergie und versuchte, Breschnew über den Kremlapparat direkt anzurufen. A. P. Alexandrow, der zugegen war, fragte mich, in welcher Angelegenheit ich telefoniere. Ich erklärte es ihm, und er rief aus: »Alle diese

Flugzeugentführer sind Luftpiraten, das ist etwas ganz Furchtbares, mit denen darf man keine Nachsicht üben!«

Doch als ich ihm den konkreten Fall detaillierter schilderte, änderte er seine Meinung und stimmte mir zu, daß die Todesstrafe für Kusnezow und Dymschitz zu hart sei. Ich rief Breschnews Sekretär an und wartete darauf, daß mein Anruf gemeldet wurde. Dafür mußte ich mich in das Büro von Alexandrows Stellvertreter Millionschtschikow, ebenfalls Akademiemitglied, begeben, der damals als »gesellschaftliche Arbeit« das Amt des Präsidiumsvorsitzenden des Obersten Sowjets der RFSFR übernommen hatte und deshalb das Begnadigungsrecht besaß. (Ich hatte bereits in den fünfziger Jahren mit Millionschtschikow zu tun gehabt; damals war er an einigen Arbeiten beteiligt, die in meinem Auftrag ausgeführt wurden.) Ich schrieb ihm einen langen, ausführlichen Brief, in dem ich die Quintessenz des Verfahrens darlegte und ihn um Begnadigung der Verurteilten bat. Ich ersuchte ihn ebenfalls, sich mit mir in Verbindung zu setzen, wenn irgendwelche Zweifel bestünden. Millionschtschikow tat jedoch offensichtlich nichts. Breschnews Sekretär rief mich gegen 21 Uhr an und sagte, Leonid Iljitsch sei sehr beschäftigt und könne nicht mit mir sprechen; er bedaure dies und wolle sich irgendwann zu einem günstigeren Zeitpunkt mit mir treffen. Das war wahrscheinlich nichts weiter als eine Höflichkeitsfloskel. Doch ich wollte sie mir zunutze machen und mich nach einiger Zeit wieder mit der Bitte um einen Termin an Breschnew wenden, wobei ich mir einen konkreten Plan für ein Gespräch über allgemeine Probleme zurechtlegte. So wurde die Idee zu meiner Denkschrift an L. I. Breschnew geboren, von der ich im folgenden Kapitel berichten werde.

Gleich nach der Urteilsverkündung besuchte Ljusja Eduard Kusnezow im Gefängnis. Außer ihr bekam niemand eine Besuchserlaubnis. Diese Begegnung war nicht nur für den zum Tode Verurteilten schwer, sondern auch für die Besucherin (Ediks Mutter fühlte sich schlecht und brachte nicht die Kraft auf, nach Moskau zu reisen und ihren Sohn im Gefängnis zu sehen). Edik wurde aus der Zelle für Todeskandidaten ins Büro des Gefängnisdirektors geführt; sie sprachen etwa zwei Stunden lang miteinander. Edik machte sogar einen Witz und Ljusja bewirtete ihn mit mitgebrachten Speisen.

Währenddessen verstärkte sich die internationale Kampagne zur Verteidigung der »Flugzeugentführer«. Zur gleichen Zeit war in Spanien über baskische Terroristen das Todesurteil verhängt worden, und eine ausländische Zeitung brachte folgende Karikatur: Breschnew und

Franco tanzen Ringelreihen um einen Weihnachtsbaum, der nicht mit Kugeln, sondern mit Gehängten geschmückt ist. In vielen Ländern Europas und Amerikas fanden Demonstrationen statt. Am 30. Dezember wurde plötzlich – offenkundig auf Befehl von oben – eine Berufungsverhandlung anberaumt. Wie überraschend diese Verhandlung kam, ersieht man daraus, daß die Berufungsfrist noch nicht abgelaufen war und die Anwälte sie erst in der Nacht vor der Berufungsverhandlung geschrieben hatten. Aus Leningrad waren nur zwei Anwälte erschienen, dazu zwei Anwälte aus Moskau; die meisten Verwandten hatten nicht rechtzeitig eintreffen können. Bei der Verhandlung waren nur Mendelewitschs Schwester, Fjodorows Mutter und Ljusja zugegen. Am Abend des 30. Dezember wurde im Rundfunk gemeldet, daß das Todesurteil gegen die Basken in eine langfristige Haftstrafe umgewandelt worden sei. Uns schien, daß Kusnezow und Dymschitz auf diesem Hintergrund begnadigt werden könnten. Tatsächlich wurde das Todesurteil für jeden in fünfzehn Jahre Haft umgewandelt. Während der Gerichtsverhandlung sah ich Ljusja wieder, und in der Pause erzählte sie mir von den Plänen für ihr weiteres Leben: Wenn sie das fünfzigste Lebensjahr vollendet habe, wolle sie sich pensionieren lassen, wozu sie als Versehrte des Zweiten Weltkriegs (zweite Kategorie) berechtigt sei, und sich der Erziehung ihrer Enkel widmen; ihre Tochter Tanja – dieselbe, die den »grünen Ordner« geholt hatte – habe gerade geheiratet. Große Sorgen bereitete Ljusja die Frage, wo die jungen Leute wohnen sollten – ein in der Sowjetunion übliches Problem.

Den Vorsitz über die Berufungsverhandlung führte L. N. Smirnow, heute Vorsitzender des Obersten Gerichtshofes der UdSSR. Er gefiel uns anfangs durch seine sanfte, intelligente Art, doch dann packte uns das Grauen, als wir eine eigenartige innere Kälte an ihm spürten – eine furchtbare Eigenschaft bei einem Mann, von dem so viele menschliche Schicksale abhängen.

Tschalidse erwartete uns auf der Straße (wie immer hatte man nur wenige in den Saal gelassen). Als wir hinausgingen, kam der Staatsanwalt mit Weihnachtsgeschenken für seine Kinder an uns vorbei.

»Sehen Sie, Ljusja, es sind doch auch Menschen«, sagte Valerij.

Unter der großen Menge, die draußen auf das Ergebnis der Berufungsverhandlung wartete, war ein junger Mann. Seine Augen, die von ungeduldiger Erregung, Erwartung und Hoffnung erfüllt waren, erschütterten mich.

»Was ist?« flüsterte er.

Ich antwortete ihm, und sein Gesicht hellte sich auf. Tschalidse erklärte mir: »Das ist Telnikow, ein Lagergefährte Kusnezows.«

Wir trennten uns und gingen nach Hause. Unmittelbar nach der Verhandlung schickte Ljusja Kusnezow ein Telegramm. Es wurde ihm nicht ausgehändigt, aber der Gefängnisdirektor kam zu ihm in die Zelle und sagte: »Kusnezow, Urteilsänderung für dich.«

Kurz vor 24 Uhr rief Ljusja mich an und wünschte mir Glück im neuen Jahr. Ich wünschte ihr ebenfalls alles Gute. Das Jahr 1971, das für uns beide in persönlicher Hinsicht so wichtig werden sollte, hatte begonnen.

VI. Ljusja wird meine Frau

Im Juli 1971 mietete ich ein Zimmer in der Nähe von Suchumi. Zwei Wochen verbrachte ich mit meiner Tochter Ljuba und meinem Sohn Dima am Schwarzen Meer. Unseren Hund Malysch (eine Mischung aus Dackel und Spaniel) hatten wir Ljusja auf ihren Vorschlag hin in die Datscha gebracht, die sie in Peredelkino gemietet hatte. Sie wohnte dort mit ihrer Mutter Ruth Grigorjewna und ihrem Sohn Aljoscha. Als ich Malysch dorhin brachte, lernte ich Ruth Grigorjewna und Aljoscha kennen, ebenso wie zwei enge Freunde der Familie: Olja Gustavowna Suok, die Frau des im Jahre 1960 verstorbenen Schriftstellers J. K. Olescha[1], und Ignatij Ignatjewitsch Iwitsch, einen Schriftsteller und Literaturwissenschaftler. Beide waren sehr interessante Menschen.

Während unseres Urlaubs im Süden besuchten uns Tanja, Ljusjas Tochter, und ihr Mann Efrem Jankelewitsch auf der Durchreise. Tanja kannte ich bereits von der Geschichte mit dem grünen Aktenordner her, ihren Mann sah ich zum erstenmal (sie hatten knapp ein Jahr zuvor geheiratet). Efrem setzte mich gleich bei unserer ersten Begegnung in Erstaunen. Er sagte mir (Tanja und meine Tochter Ljuba waren gerade fortgegangen), er werde im Frühling seine Ausbildung am Institut für Post- und Fernmeldewesen abschließen; die meisten Absolventen würden in »Postfächern« eingesetzt (die Deckbezeichnung für geheime Institutionen lautete »Postfach Nr. soundso«). Er wolle jedoch nicht für militärische Zwecke arbeiten und hoffe, in die Aspirantur aufgenommen zu werden; wenn dies nicht gelinge, wolle er alles daransetzen, an eine zivile Stelle zu kommen. – Im Frühling war er dann bereits Sacharows Schwiegersohn, dazu gebürtiger Jude, und vorbei war es mit der Aspirantur. Der zuständige Dozent sagte: »Sie verstehen ...«

Aus Suchumi kehrte ich mit einem Zahngeschwür zurück. Ljusja rief an: »Was haben Sie?»

»Einen eitrigen Zahn.«

»Na, daran stirbt man nicht.«

Doch sie kam mit einer schmerzlindernden Spritze. Ich erzähle diese kleine Episode, weil sie für ihre Abneigung gegen Sentimentalität und ihre Hilfsbereitschaft charakteristisch ist.

Den August verbrachte ich wieder in Moskau. Es hatte sich einiges angesammelt, was zu erledigen war. Ich war ein paar Tage bei T.'s Prozeß und zeichnete ihn anschließend auf. Währenddessen bereisten Ljusja und Aljoscha die Orte, an denen ich gerade gewesen war (das war wohl auch eine Form von Fernkontakt). Ich gab Ljusja die Adresse unserer Zimmerwirtin in der Annahme, dies werde ihr und Aljoscha vielleicht die Quartiersuche erleichtern. Als Ljusja sie fand, konnte die Frau lange nicht begreifen, von wem die Rede war. Schließlich rief die Zimmerwirtin aus: »Ach, der stille alte Mann!«

In diesem ganzen Jahr waren Ljusja und ich einander immer vertrauter geworden, hatten aber unter der Unausgesprochenheit unserer Gefühle gelitten. Am 24. August sprachen wir uns endlich aus. Jedes Jahr des Lebens, das nun begann, müßte, wie wir unter uns sagen, dreifach gerechnet werden. Am nächsten Tag brachte mich Ljusja zu ihrer Mutter, Ruth Grigorjewna Bonner, mit der sie zusammenlebte. Auch Ljusjas Kinder, die ältere Tanja mit ihrem Mann Efrem und der jüngere Aljoscha, der gerade in die neunte Klasse gekommen war, lebten bei ihnen. Von dem Vater der Kinder, Iwan Wassiljewitsch Semjonow, hatte Ljusja sich einige Jahre vor den geschilderten Ereignissen scheiden lassen. Er war ihr Kommilitone am Medizinischen Institut gewesen und hatte jetzt den Lehrstuhl für Gerichtsmedizin am selben Institut inne. Die Kinder waren gerade in Leningrad, wo ihr Vater lebte. Ruth Grigorjewna lag krank zu Bett. Obgleich ich sie zuvor nur einmal gesehen hatte, empfand ich sie an diesem Tag bereits als einen mir vertrauten Menschen. Ljusja und ich gingen in die Küche; sie legte eine Platte mit einem Konzert von Albinoni auf. Die wunderbare Musik, die tiefe, innere Erschütterung, die ich spürte – all das verschmolz miteinander, und ich begann zu weinen. Vielleicht war dies einer der glücklichsten Augenblicke meines Lebens.

Nach dem August 1971 vereinten sich Ljusjas und mein Lebensweg; von nun an können sie gemeinsam beschrieben werden. Doch vor der Begegnung mit mir hatten Ljusja und ihre Mutter Ruth Grigorjewna schon einen langen, schweren Weg hinter sich. Manches, was ich aus ihrem eigenen Mund oder von anderen erfuhr, muß ich hier erwähnen.

Von Regina Ettinger, Ljusjas Freundin aus Kinderzeiten, die auch meine Freundin wurde, erfuhr ich besonders viel. Natürlich schreibe ich nicht alles, was ich über Ljusjas Vergangenheit weiß; dies soll ganz und gar keine vollständige Biographie oder Charakteristik von ihr werden. Es erscheint mir jedoch wichtig, etwas ausführlicher die soziale Komponente ihrer Persönlichkeit zu beschreiben und von den Umständen zu erzählen, die sie prägten, da ich sonst über unser gemeinsames Leben nur schwer weiter berichten könnte.

Ruth Grigorjewna Bonner wurde im Jahre 1900 als Kind sibirischer Juden geboren, deren Lebensstil sich von der traditionellen Vorstellung von Juden, wie man sie sich im europäischen Teil Rußlands macht, stark unterschied; er war gekennzeichnet durch größere Selbstsicherheit, ein geschärftes Empfinden für die eigene Würde und durch eine besondere Lebenstüchtigkeit. Ihre Mutter, Tatjana Matwejewna Bonner, war früh verwitwet und stand nach dem Tode ihres Mannes mit drei kleinen Kindern vollkommen mittellos da. Sie begann zu arbeiten und schaffte es, ihren Kindern eine Ausbildung zukommen zu lassen. Sie war einer der Menschen, die Ljusjas Charakter maßgeblich formten. Ruth Grigorjewna nahm, noch ganz jung, am Bürgerkrieg im Fernen Osten teil, studierte an der Kommunistischen Universität der Werktätigen des Ostens und war darauf in Mittelasien, Leningrad und Moskau in der Parteiarbeit tätig. Sie hatte zwei Kinder. Das ältere, meine zukünftige Frau, wurde 1923 geboren; ihr Bruder Igor war viereinhalb Jahre jünger.

Ruth Grigorjewnas Mann Gework Alichanow wurde 1897 in Tbilissi geboren; schon in sehr jungen Jahren kämpfte er in der Revolution mit. Er absolvierte das Lehrerseminar in Tbilissi zusammen mit Anastas Mikojan, war mit ihm in der »Daschnakzutjun«[2] und wurde gemeinsam mit ihm Bolschewik. Er kannte Kamo[3] und Berija; letzterem verpaßte er 1916 eine Ohrfeige, weil er sich einem Mädchen gegenüber schlecht benommen hatte. Er beteiligte sich aktiv an der Kommune von Baku[4] (1918) und 1920 an der Errichtung der Sowjetmacht in Armenien. Von einem Balkon in Jerewan rief er vor versammelter Volksmenge und Einheiten der Roten Armee die Sowjetmacht aus und sandte zugleich das in die Geschichte eingegangene Telegramm über die Errichtung derselben an die »Führer des Weltproletariats Lenin, Trotzkij und Sinowjew« ab. Er war Erster ZK-Sekretär der Allrussischen Kommunistischen Bolschewistischen Partei Armeniens. Während des Aufstandes der Daschnakzutjun zog er mit Einheiten der Roten Armee auf den Semjonowskij-Paß und hielt dort die Verteidigungsstellungen mehrere Monate lang in einem ungewöhnlich kalten Winter. Seit dieser Zeit war er mit Agasi Chandshjan (dem 1936 von Berija umgebrachte ZK-Sekretär Armeniens) befreundet. Er arbeitete mit Kirow zusammen. In seinem letzten Lebensabschnitt war er Mitglied des Exekutivkomitees der Komintern, und zwar Leiter der

Kaderabteilung. Damals war Georgij Dmitrow Generalsekretär der Komintern, arbeiteten Togliatti, Tito, Ibárruri und viele andere, die später zu weltbekannten Persönlichkeiten der internationalen und kommunistischen Arbeiterbewegung wurden, in ihr mit.

Am 29. Mai 1937 wurde Gework Alichanow in seinem Arbeitszimmer im Exekutivkomitee der Komintern verhaftet, mit ihm die meisten seiner Mitarbeiter. Einer der wenigen in Freiheit Verbliebenen war Boris Ponomarjow (in der damaligen Zeit war dies in solchen Fällen ein nahezu untrügerischer Beweis für die Zusammenarbeit mit dem NKWD). Alichanow hatte Ponomarjow kurz zuvor eingestellt, und zwar auf Fürsprache seiner Frau. Ruth Grigorjewna hatte Mitleid mit dem notleidenden und nicht sehr aufgeweckt wirkenden Burschen, den keiner haben wollte. Ponomarjows weitere Karriere ist bekannt[5].

Die wenigen Arbeitskollegen und Mitarbeiter Alichanows, die das Lager überlebten, konnten weder von den dramatischen, geheim gehaltenen Ereignissen aus der Geschichte der Komintern in den dreißiger Jahren erzählen, noch konnten sie über die Umstände seines Ermittlungsverfahrens und seines Todes berichten. In Ljusjas Buch ist die Kopie seiner Sterbeurkunde abgedruckt; sie wurde erst nachträglich bei seiner Rehabilitierung ausgestellt. Der Ort, an dem er starb, ist nicht vermerkt; das angegebene Datum (11. November 1939) und die genannte Todesursache (Lungenentzündung) sind zweifelhaft.

(Ergänzung April 1988: Im Jahre 1987 besuchte uns Igor Pjatnizkij, der Sohn des berühmten Revolutionärs I. A. Pjatnizkij, der in den zwanziger und dreißiger Jahren Angehöriger der Komintern und des ZK der KPdSU war. Schon früher hatten wir uns mit dem von Tschalidse in den USA herausgegebenen *Tagebuch der Frau eines Bolschewiken* vertraut gemacht, das Material über das Schicksal von Pjatnizkijs Vater und Mutter enthält. Pjatnizkij verwahrte sich auf dem ZK-Plenum von 1937 gegen die Resolution über die physische Vernichtung Bucharins und die Erteilung außerordentlicher Vollmachten an Jeshow; er wurde verhaftet und kam um. Das Buch enthält die Aufzeichnung eines Gesprächs, das Igor Pjatnizkij mit Terechow, dem Stellvertreter des Hauptmilitärstaatsanwalts, führte. Es könnte Licht auf die Todesumstände Gework Alichanows werfen. Hier ist ein Zitat aus diesen Aufzeichnungen: »Über A. I. Lanfang. Er war für die Fälle nahezu aller Komintern-Mitarbeiter zuständig und wandte bestialische Methoden an. Beim Verhör ermordete er den Genossen A. – Jeshow zog diesen Banditen noch vor dem Juniplenum des Zentralkomitees heran und ließ durch ihn den Anschein einer trotzkistischen Organisation innerhalb der Komintern schaffen.« Der einzige Komintern-Mitarbeiter, dessen Name mit »A« beginnt, war Alichanow. Ruth Grigorjewna schrieb an den Rand der Buchseite, welche die Aufzeichnung des Gesprächs mit Terechow enthielt: Alichanow. Es war kurz vor ihrem Tod.

Ergänzung Juni 1988: Vor ein paar Tagen gab Igor Pjatnizkij uns die Aufzeichnung eines Berichts, den der frühere Komintern-Mitarbeiter A. G. Krymow am 2. Juni 1988 im Institut für Marxismus-Leninismus vorlegte. Daraus folgt, daß Lanfang in Wirklichkeit den früheren estnischen Revolutionär J. J. Anwelt tötete [oder starb er beim Verhör an einem Infarkt?]. Trotzdem hielt ich es für nötig, das vorhergehende Zitat stehenzulassen.)

Ein halbes Jahr nach ihrem Mann wurde auch Ruth Grigorjewna verhaftet. Da sie die gegen ihren Mann erhobenen Beschuldigungen nicht gelten ließ, was, wie ihr der Untersuchungsrichter mitteilte, zu einem milderen Urteil geführt hätte, wurde sie als Familienangehörige eines Vaterlandsverräters verurteilt. Solch eine rechtswidrige Anklage war in jenen Jahren normal. Acht Jahre verbrachte sie in einem Strafgefangenenlager in Kasachstan unter schwersten Bedingungen; danach kamen Jahre der Verbannung und völligen Rechtlosigkeit: zwei Jahre ohne das Recht auf Korrespondenz, in denen sie nichts von ihren Kindern wußte. Ich erinnere mich an eine Szene ihrer Schilderungen über das Lager: Im Morgengrauen stellen sich die Frauen zum Appell auf. Es ist unerträglich kalt. Wind dringt durch die Kleider. Die Frauen halten sich vor Müdigkeit und Unterernährung kaum auf den Beinen. Die ersten Strahlen der aufgehenden purpurroten Sonne. Ruth Grigorjewna sagt zu ihrer Nachbarin: »Sieh mal, wie schön!«

»Du bist verrückt geworden.«

1955 wurde sie rehabilitiert, wieder in die KPdSU aufgenommen und bekam eine Zweizimmerwohnung in Moskau (dieselbe, in die ich als Ehemann ihrer Tochter einzog und in der ich bis zu meiner Verbannung lebte). In ihrem Zusammenleben mit der Tochter und den Enkeln und danach mit den Urenkeln blieb sie unverändert aufmerksam, rege und gesellig und ertrug dabei geduldig ihre schwere chronische Krankheit, die sich immer weiter verschlimmerte.

In den dreißiger Jahren wohnten Ljusjas Eltern bis zu ihrer Verhaftung in Moskau, in dem »Komintern«-Haus, wo viele Funktionäre dieser Organisation lebten; mit manchen Kindern aus diesem Haus war Ljusja befreundet.

Tatjana Matwejewna Bonner und Ruth Grigorjewnas älterer Bruder, seine Frau und seine Tochter lebten in Leningrad. Nach der Verhaftung der Eltern kamen Ljusja und Igor zu ihnen. Bald darauf wurde Matwej Grigorjewitsch Bonner verhaftet (und starb im Lager). Vielleicht war die Ankunft der Kinder Auslöser für die Verhaftung. Danach wurde seine Frau in die Verbannung geschickt. Tatjana Matwejewna mußte nun für drei Kinder sorgen. Ljusja war vierzehn, Igor zehn und Natascha zwei Jahre alt.

Ljusja beendete die Schule (das Lernen fiel ihr leicht), arbeitete als Putzfrau in einer Hausverwaltung, wusch Wäsche, trieb gleichzeitig Sport – Laufen, Gymnastik, Volleyball (der Schulsport war gut organisiert) – und tanzte. Sehr viel bedeuteten ihr auch die Kurse in dem von Marschak[6] gegründeten Haus zur literarischen Erziehung der Schuljugend. Das Leben ging weiter. Ljusja gehört zu den Menschen, die durch schlimme Erfahrungen stärker, lebenstüchtiger werden.

Zwei Jahre nach ihrer Verhaftung sah Ruth Grigorjewna, der ein brutales Urteil das Recht auf Briefverkehr abgesprochen hatte, bei einer anderen Gefangenen im Lager ein Gruppenfoto von Volleyballspielerinnen. Eine von ihnen war ihre Tochter Ljusja. 1938 fuhr Ljusja einmal im Monat nach Moskau, stellte sich in einer langen Schlange an und reichte so lange unter dem Buchstaben A eine Mitteilung an den Vater und unter B an die Mutter ein, bis sie angenommen wurde. Als Ljusja und Igor so alt waren, daß sie einen Paß erhielten, nahm Ljusja den Nachnamen der Mutter und Igor den des Vaters an. Ljusja suchte sich gleichzeitig den Vornamen Jelena aus, nach Jelena Insarowna Turgenjewa. Das war möglich, da die Eltern sie nicht rechtzeitig ins Geburtenregister hatten eintragen lassen; 1937 stellte sich heraus, daß Ljusja und Igor keine Geburtsurkunde besaßen. Als Tochter von »Volksfeinden« wurde Ljusja aus dem Komsomol ausgeschlossen, doch sie gab nicht nach und erreichte ihre Wiederaufnahme. In den Sommerferien 1938 und 1939 arbeitete sie als Archivarin in einer Fabrik für polygraphische Maschinen, danach studierte sie ein Jahr an der Philologischen Fakultät und schloß ihre Ausbildung als Krankenschwester der Reserve ab.

In den ersten Kriegstagen ging Ljusja zum Kriegskommissariat und kam bald darauf an die Front. Damals schaffte es auch der Freund ihrer Kindheit und Jugend, Wsewolod Bagrizkij, der Sohn des Dichters Eduard Bagrizkij und gleichfalls ein junger Dichter, an die Front abgestellt zu werden[7]. Wsewolods Mutter, Lydia Gustavowna Bagrizkaja, war wie Ljusjas Mutter damals im Lager. Im Februar 1942 fiel Wsewolod.

Ich will in kurzen Zügen über ihr Leben in den Kriegs- und Nachkriegsjahren berichten: 1941 war Ljusja Sanitätsausbilderin und holte Verwundete aus der Gefechtszone heraus. Einen großen Teil des Krieges war sie Krankenschwester und Oberschwester in Militärsanitätszügen (zuerst in PMSZ, provisorischen Militärsanitätszügen; später, nach ihrer Verwundung, in MSZ ohne das Adjektiv »provisorisch«, weil Waggons und keine beheizten Güterwagen im Einsatz waren; die einen wie die anderen waren stets vollkommen überfüllt). Dabei verrichtete sie immer Arbeit, die an den Kräften zehrte: die Verwundeten pflegen, Verbände waschen, Holz hacken. An jeder Station mußte Ljusja einen Kampf mit den Vorgesetzten ausfechten, damit weitere Verwundete mitgenommen wurden; manchmal waren sie ganz in der Nähe der vordersten Linie und des Bombeneinschlags. (1945 war sie beim Minenräumen in Karelien.)

Im Oktober 1941 erlitt sie schwere innere Verletzungen. Sie lag unter Erde verschüttet bewußtlos auf den Geleisen. Nur durch Zufall wurde sie von einer Gruppe Matrosen entdeckt. Ein paar Tage war sie geblendet, betäubt und ohne Sprachvermögen. Wahrscheinlich waren es die Folgen dieser Verwundung, die später zu ihrer Invalidität führten. Später erlitt sie eine weitere Verwundung.

Auf der Suche nach kompromittierendem Material gegen meine Frau verhörten KGB-Beamte vor einiger Zeit mehrere Stunden lang den Leiter des Sanitätszuges, in dem Ljusja gedient hatte. (Der Mann ist jetzt weit über achtzig Jahre alt.) Aber sie erfuhren nichts von ihm, was sie hätten verwenden können: »Wir haben sie alle sehr gern gehabt ...«

Kurz vor Kriegsende versuchte man noch einmal, sie aus dem Komsomol auszuschließen, da sie einem deutschen Kriegsgefangenen ein Stück Seife gegeben hatte. Auf der Versammlung wehrte sie den Versuch mit scharfen Worten erfolgreich ab. Bei Kriegsende war sie Leutnant im Sanitätsdienst und wurde dann wegen Invalidität – eine Sehbehinderung – aus dem Dienst entlassen; die Diagnose lautet auf Linsentrübung und Aderhautentzündung. Gleich nach ihrer Entlassung reiste Ljusja nach Kasachstan zu ihrer Mutter ins Lager; einige Tage verbrachten sie zusammen. Sie kehrte nach Leningrad zurück und begann ein neues – ziviles – Leben; der Anfang war sehr schwer. Sie erzählte, wie sie in Leningrad auf dem Moskauer Bahnhof ausstieg und sich, ihren Rucksack neben sich, einfach auf den Bahnsteig setzte, ohne zu wissen, wie es nun weitergehen sollte.

In der ersten Zeit nach dem Krieg wohnten viele Freundinnen und Freunde bei Ljusja; da sie bei der Armee gewesen war, hatte sie ihr Zimmer behalten können. Ljusja half zahlreichen Verbannten und politischen Gefangenen. Damals bekam sie von Jelisaweta Drabkina den Kosenamen »Allerleuts-Ljusja«. (Man durfte nur Verwandten Pakete senden, und Ljusja gab sich als die Tochter aller aus, denen sie etwas schickte – daher der Kosename; von Jelisaweta Drabkina erzähle ich später.)

1945 prophezeiten ihr die Ärzte die völlige Erblindung nach Ablauf von ein paar Jahren; sie lernte die Braille-Schrift. Das ganze Jahr über lag sie in verschiedenen Augenkliniken und unterzog sich einer sehr schmerzhaften Behandlung. Ihr wurde verboten, mehr als zwei Kilo schwere Lasten zu heben, Kinder zu bekommen, an der Hochschule zu studieren und zu arbeiten. Es gelang ihr jedoch – nach einem heftigen Skandal und nachdem sie den Widerstand der Ärztekommission überwunden hatte –, sich am Medizinischen Institut einzuschreiben.

Im Januar 1953 brach die unselige »Ärzteverschwörung« über das Land herein. Überall wurden Versammlungen abgehalten, auf denen die Werktätigen die Todesstrafe für die Verhafteten fordern, unter denen auch Wassilij Wassiljewitsch Sakussow war, Professor an Ljusjas Institut. Ljusja hatte als aktives Mitglied der Gewerkschaft und des Komsomol den Auftrag, auf der Hauptversammlung zu sprechen. Anstelle der erwarteten Rede rief sie den Versammelten zu: »Leute! Habt ihr den Verstand verloren – die Todesstrafe für Wassilij Wassiljewitsch?!«

Sie wurde aus dem Institut ausgeschlossen. Doch am Tag darauf starb Stalin. Der Ausschluß wurde aufgehoben.

1950 brachte sie gegen den Rat ihrer Ärzte ihre Tochter Tanja zur Welt und 1956 ihren Sohn Aljoscha. Nach dem Studium arbeitete Ljusja als medizinische Bereichsbetreuerin und als Säuglingsärztin in einem Entbindungsheim (sie versorgte Frühgeborene). Sie arbeitete so viel, daß sie zwei Gehälter bezog (die Gehälter der Ärzte sind in der Sowjetunion beschämend niedrig). Ich bin sicher, daß Ljusja eine wunderbare Ärztin war, selbstlos, sorgsam und klug.

1959 wurde Ljusja für ein Jahr ins Ausland geschickt, zu einer Pockenschutzimpfungskampagne in den Irak. (Als die Weltgesundheitsorganisation jetzt die Ausrottung der Pocken bekanntgab, erinnerte Ljusja sich mit Stolz daran, daß auch sie daran beteiligt gewesen war.) Diese erste Auslandsreise bedeutet wieder – wie die Verhaftung der Eltern, die sie vor das Dilemma gestellt hatte, unterzugehen oder Mensch zu bleiben, wie der Krieg mit seiner allgegenwärtigen Not und seinem ständigen Kampf und wie danach das Medizinische Institut und die Arbeit als Ärztin – einen neuen Abschnitt in der Formung ihrer Persönlichkeit. Sie sah etwas,

was den meisten Sowjetbürgern unbekannt bleibt: nämlich, daß das sowjetische System ganz und gar nicht das einzig mögliche ist und in mancher Hinsicht durchaus nicht das beste. Sie unterhielt freien Kontakt zu den Arabern – freieren, als es Sowjetbürgern normalerweise gestattet ist. Unter ihren neuen Freunden und Bekannten waren irakische Kommunisten (viele von ihnen sollten bei dem nächsten Umsturz ums Leben kommen), Industrielle und Ärzte. Doch auch der Ministerpräsident Abdul Karim Kassem[8] war unter ihnen. Zufällig kam ihm Ljusja nach einem Attentat als erste zu Hilfe oder vielmehr nicht ganz zufällig, denn während sie ihn verband, rief jemand vom Krankenhaus das sowjetische Konsulat an und erhielt auf die Frage, ob man Kassem helfen solle, die beispiellose Antwort: »Ja, wenn Gewißheit besteht, daß er am Leben bleibt.«

Ljusja arbeitete einige Monate in Sulāmanīya, dem Zentrum der von Kurden besiedelten Provinz. Sie lernte den Kurdenführer Barsani[9] kennen. Ljusja erzählt, daß er manchmal, wenn sie abends auf der Straße spazierenging, einen Jungen nach ihr schickte, der ihr schon im Laufen zurief: »Frau Doktor, Barsani lädt zum Biertrinken ein!«

Einen Großteil des Geldes, das sie verdiente (nachdem der Staat einen beträchtlichen Teil für sich kassiert hatte), gab Ljusja für Reisen aus. Sie sah Babylon und andere historische Stätten; für ein oder zwei Tage reiste sie in den Libanon. Sie war in Ägypten und hörte Nassers Rede, der mit zum Himmel erhobenen Händen das Verderben über die Juden und Kommunisten beschwor. Nach ihrer Rückkehr aus dem Irak schrieb sie eine Reportage über dieses Land, die in der Leningrader Zeitschrift *Newa* abgedruckt wurde; die Redaktion strich manches, was zu scharf war, doch ihr Bericht »machte sich gut«.

Mitte der sechziger Jahre ließ sich Ljusja von ihrem Mann scheiden und zog mit den Kindern von Leningrad nach Moskau zu ihrer Mutter. Sie begann, als Dozentin für Kinderheilkunde und Praktikumsleiterin am Medizinischen Institut zu arbeiten. Ihr Gehalt war jetzt etwas höher; wichtig war ihr, daß sie es von ihrer Wohnung aus sehr nahe zur Arbeit hatte und viel Urlaub erhielt (damals war Aljoscha krank). Der Umgang mit jungen Menschen gefiel ihr. Deshalb organisierte sie am Institut eine kulturelle Laiengruppe, in der sie junge Mädchen aus Problemfamilien mit Musik und Dichtung bekanntmachte.

In diese Zeit gehören auch ihre publizistischen Arbeiten in der Zeitschrift *Medizinskij rabotnik* (Medizinischer Arbeiter) über sozialmedizinische Themen, darunter der Artikel »Laßt Mama herein«, auf den viele

Leserzuschriften kamen. Darin sprach sie sich dafür aus, daß die Mutter im Krankenhaus bei ihrem Kind sein solle.

1966 wurde Ljusja nach Armenien entsandt, damit sie zum 50. Jahrestag der Oktoberrevolution einen kurzen Bericht über ihren Vater schrieb. (Dieser Auftrag ging wohl auf die Initiative des ZK von Armenien zurück; offensichtlich hatten Ljusjas journalistisches Debüt über den Irak und vielleicht auch ihre Zeitungspublikationen dazu beigetragen, daß gerade sie dafür ausgewählt wurde. Man räumte ihr umfassende Arbeitsmöglichkeiten und beinahe »nomenklaturahafte« Annehmlichkeiten ein.) Sie stöberte einige Monate lang in den Archiven, darunter auch in dem der Tscheka. Der Bürgerkrieg und die Revolution erstanden nicht in dem herkömmlichen romantischen Glorienschein vor ihr (Reiter, die mit gezogenem Säbel unter flatterndem, von Kugeln durchsiebtem Banner über die Kinoleinwand galoppieren), sondern in ihrer unermeßlichen Grausamkeit, in all dem Schmutz, Verrat und Leid – doch Romantik gab es auch. Sie konnte nichts über ihren Vater schreiben, ehe sie all das, was sich ihr eröffnete, bis ins letzte begriffen und innerlich nacherlebt hatte. Eine Zeitlang wollte sie auch über einen Freund ihres Vaters, Kalganow, den Helden des Bürgerkrieges im Kaukasus, schreiben, doch dann kam sie davon wieder ab. Sie kehrte nach Moskau zurück. Bald darauf trat sie in die Partei ein.

Ljusja ist ein tatkräftiger Mensch, sie wollte das Leben verbessern, »die Sowjetmacht verbessern«. Nun läßt sich die Sowjetmacht am ehesten von innen heraus verbessern, von ihrem Herzen her, der Partei, deren Mitglied sie wurde. Eigentlich hatte Ljusja sich seit langem mit den Verbesserungsmöglichkeiten des Systems beschäftigt; ihr Eintritt in die Partei war nicht mehr als ein verspäteter Formalakt. Verspätet, weil die Zeit schon wieder eine andere war, in der man hauptsächlich um der Karriere oder der Privilegien willen in die Partei eintrat, und weil sie selbst bereits eine andere war.

1967 machte Ljusja wieder eine Reise ins Ausland, diesmal als Gast nach Polen. Dort lebten Freunde, ehemalige Mitarbeiterinnen ihres Vaters (die wie Ruth Grigorjewna ebenfalls durch Gefängnisse und Lager gegangen, viel durchgemacht und dabei viel begriffen hatten). Im Vergleich zur Sowjetunion war Polen schon fast ein westliches Land, mit einem hohen Empfinden für die menschliche und nationale Würde. Und eines, das sich nicht mit dem aussöhnt, womit man sich nicht aussöhnen darf. Heute sehen wir die weitere Entwicklung dieser Eigenheiten, doch das letzte Wort ist noch nicht gesprochen. 1968 reiste Ljusja dann nach

Frankreich, wohin viele Verwandte Ruth Grigorjewnas vom Schicksal verschlagen worden waren. Manche waren vor, manche nach der Revolution dorthin gekommen. Ihnen und ihren Freunden begegnete sie zum erstenmal, desgleichen einer aristokratischen Kommunistin in zerschlissenen Jeans mit blitzendem Sportwagen, einem anderen Kommunisten, ZK-Mitglied der französischen KP, der »Angst hatte«, ins Land des realen (entwickelten) Sozialismus zu fahren, um nicht enttäuscht zu werden; Arbeitern, Ingenieuren, Agronomen, Ärzten und Pädagogen, die Franzosen geworden waren und dieses Land lieben gelernt hatten, die jedoch mit gespannter Aufmerksamkeit und voll Sorge den Werdegang ihrer fernen ehemaligen Heimat verfolgten. Ljusja war kurz nach den Maiunruhen nach Frankreich gekommen; die extravaganten Parolen waren noch nicht von den Mauern gewaschen, doch schon galt die ganze Aufmerksamkeit der Tschechoslowakei. Wie würde sich die UdSSR verhalten? Und dann der 21. August. »*Eure* Panzer sind in Prag«, sagte ein Onkel vorwurfsvoll. Ein Neffe, elf Jahre alt, begrüßte sie nicht, denn: »Ich gebe keinem sowjetischen Soldaten die Hand.«

Über die Bildschirme flimmerten unaufhörlich Sendungen über die Vorgänge in der Tschechoslowakei. Von dort, vom Westen aus, wirkte die sowjetische (vom Warschauer Pakt gedeckte) Aktion besonders schrecklich und entlarvend. Schon erschien die Frage nicht mehr aktuell, ob ein Sozialismus mit menschlichem Antlitz im Prinzip möglich oder unmöglich sei; es war nun vielmehr klar, daß die Sowjetunion in ihrem Imperium und seinen Randgebieten nicht den leisesten Schatten von etwas Derartigem dulden würde. Ljusja kehrte in die UdSSR zurück. Sie unterrichtete am Medizinischen Institut, leitete ihre Laiengruppe, kümmerte sich um das Schicksal ihrer Mädchen und jungen Männer. Doch der Parteiausweis in ihrer Tasche war ihr bereits gleichgültig. Schließlich das Jahr 1970. Bei Ljusja zu Hause saß Eduard Kusnezow.

»Edik, du verheimlichst mir irgendwas?«

»Frag nicht, ich kann dir nichts sagen und möchte dir sehr ungern etwas vormachen.«

Sie drang nicht weiter in ihn (später tat ihr das bitter leid). Den weiteren Verlauf der Flugzeugentführeraffäre habe ich bereits geschildert.

Seit dem 24. August 1971 sind Ljusja und ich ein Paar.

Im Herbst 1971 brachte sie mich zu ihren engen Freundinnen Regina Ettinger, Natascha Hesse und Soja Sadunajskaja in Leningrad. Es war unsere erste gemeinsame Reise. Die Freundschaft mit diesen Frauen bedeutete Ljusja sehr viel, sie mußte mich einfach in ihren Kreis einführen.

Damit verdanke ich Ljusja eine weitere Bereicherung. Regina (Inka, wie Ljusja sie nennt) war ihre Schulfreundin in Leningrad. Ihre Freundschaft ging sehr tief, beide brauchten einander, wann immer ihr Schicksal eine neue, unerwartete Wendung nahm – ganze 43 Jahre lang bis hin zu Reginas Tod im Herbst 1980. Sie verstanden und kannten einander sehr gut; so sagte Ljusja immer, Regina wisse mehr von ihr als sie selbst (das erstreckte sich sowohl auf tatsächliche Begebenheiten im Leben, die Ljusja zuweilen vergißt, als auch auf seelische Vorgänge; Regina mit ihrem feinen Einfühlungsvermögen, ihrer Sensibilität und ihrem analytischen Verstand hörte, wie man sagt »das Gras wachsen«). Mitte der sechziger Jahre wurde Regina schwer krank; ein angeborener Herzfehler hatte sich verschlimmert, sie mußte viel liegen, war ans Haus gefesselt und damit faktisch Invalide. Diese Krankheit führte nach siebzehn Jahren zum Tod; doch dank ihrer erstaunlichen Tapferkeit, ihrer inneren Ausgeglichenheit und der hingebungsvollen, unablässigen, selbstlosen Hilfe ihrer Freunde war diese Zeit für Regina erfüllt und in gewissem Sinne sicher schön. Sie fand neue Beschäftigungen und Interessen; die Hauptsache aber war, daß ihre Freunde sie sehr nötig brauchten. Regina, Natascha und Soja wohnten damals zu dritt – jetzt nur noch zu zweit – in der Wohnung in der Puschkin-Straße. Sie sind nicht miteinander verwandt, aber längst nicht jede Familie kann eine so anheimelnde Atmosphäre schaffen. Alle drei waren pensioniert und hatten ein sehr begrenztes Einkommen. Ihre Wohnung wurde zum Treffpunkt für viele Menschen unterschiedlichen Alters dank der besonderen Atmosphäre, dieser Mischung aus innerem Adel, Intelligenz, Kameradschaftlichkeit und Liebenswürdigkeit. Jede der drei Frauen trug etwas Eigenes und Notwendiges dazu bei. Soja Moissejewna Sadunajskaja, die älteste, steuerte vor allem Güte, Sanftmut und Duldsamkeit bei. Sie hatte lange für den bekannten Kinderbuchautor Samuil Marschak gearbeitet und war eine »Marschakianerin«. Gemeinsam mit Natascha hat sie in den letzten Jahren Märchenbücher zusammengestellt. Natascha Viktorowna Hesse war, wie ich bereits schrieb, beim Prozeß gegen Pimenow und Weil in Kaluga. Die energische, tatkräftige, kluge, Menschen, Ereignissen und Ideen aufgeschlossene Natascha war die unverzichtbare Dritte des »Puschkinschen Kleeblatts«. Das also waren Ljusjas beste Freunde, die auch meine wurden ...

Im Oktober 1971 faßten Ljusja und ich den Entschluß zu heiraten. Ljusja hatte ernsthafte Zweifel. Sie fürchtete, unsere offizielle Eheschließung könnte ihre Kinder in Gefahr bringen. Doch ich bestand auf meiner Ansicht, denn ich war der Meinung, daß die Fortführung einer inoffiziellen Ehe noch gefährlicher war. Wer von uns recht hatte, ist schwer zu sagen, ein »kontrolliertes Experiment« gibt es in solchen Dingen nicht. Die Schläge gegen Tanja und später Aljoscha sollten folgen ...

Die offizielle standesamtliche Trauung fand am 7. Januar 1972 statt. Zwei Tage zuvor war die Gerichtsverhandlung gegen Bukowski. Ich muß jedoch zunächst einige Vorkommnisse von Ende 1971 und Anfang 1972 nachtragen, in denen sich Gesellschaftliches und Persönliches für mich eng miteinander verflochten.

VII. Dichter und Schriftsteller

Gespräch mit Tupolew. Der Fall Lupynos. Die Verhandlung gegen Bukowski. Reisen nach Kiew. Neue Verhaftungen. Dissidenten

Im Unterschied zu mir stand Ljusja schon in ihrer Kindheit und Jugend der literarischen Welt nahe. Ich habe Wsewolod Bagrizkij erwähnt, der in ihrem Leben eine große Rolle spielte. In den sechziger Jahren hatten sich ihre Kontakte zu Dichtern und Schriftstellern erneuert, und als wir Mann und Frau wurden, wollte sie mich mit einigen von ihnen bekannt machen. Im Herbst 1971 führte sie mich zu Bulat Okudshawa. Es war nicht meine erste Begegnung mit ihm, doch die erste richtige. Wir waren einander bereits drei Jahre zuvor in Tbilissi während der Gravitationskonferenz begegnet. Er hatte mich damals zusammen mit seiner Frau in meinem Hotelzimmer aufgesucht, doch ein Gespräch war nicht zustande gekommen, und wahrscheinlich machte ich damals überhaupt einen »seltsamen« Eindruck auf die beiden. Genau an diesem Tag hatte mich nämlich Wolodja Tschawtschanidse, ehemals Aspirant im FIAN und 1968 eine angesehene Persönlichkeit in der wissenschafltichen Welt Georgiens, Direktor des Instituts für Kybernetik, zusammen mit seinem Mitarbeiter Mark Perelman ins Restaurant eingeladen und dort unter Alkohol gesetzt; das war wohl das einzige Mal in meinem Leben, daß ich betrunken war.

Okudshawas Werk, seine Lieder, die er zur Gitarre singt, sind mir lieb und teuer (den meisten meiner Altersgenossen waren sie es schon früher, doch ich war ja stark von der Allgemeinheit isoliert gewesen). In Okudshawas Liedern spürte ich etwas, was in der Zeit und in mir selbst tief verborgen ist. Das gleiche empfand Ljusja schon zu Beginn der sechziger Jahre (sie vor allem lehrte mich ja seine Lieder zu verstehen). Am 21. Mai 1971, als wir noch per »Sie« waren, hatte sie mir ein wunderschönes Geschenk gemacht: eine getippte Sammlung von Okudshawas Liedern in einem selbstgemachten grünen Einband mit einer Widmung von ihr. Alle wesentlichen Schöpfungen Okudshawas, die er bis dahin geschrieben hatte, waren in der Sammlung enthalten, vom geheimnisvoll eindringlichen »Tannenbaum« bis zum versonnenen »Mozart«. Ich war ein wenig nervös, als wir uns zu dem Dichter aufmachten, dessen Bild für mich von einem romantischen Nimbus umgeben war. Doch alles ging gut. Es entstand sogar ein gewisser herzlicher Kontakt, dank Ljusja natürlich. Bulat kränkelte und lag halb zu Bett, doch er freute sich sichtlich über unseren Besuch und über Ljusja. Diese freundschaftliche Begegnung hat sich mir eingeprägt. Leider sollte es die letzte dieser Art bleiben. Das Leben ließ uns in verschiedene Richtungen gehen. Als Ljusja Bulat zwei Jahre später zufällig traf, antwortete der auf ihre Frage, wie es ihm gehe (boshaft, wie Ljusja meint): »Gut geht's mir. Ich hab' viel Geld. Wir sind gerade dabei, uns ein Auto zu kaufen.« Kurz vor meiner Verbannung gelang es uns, ein Konzert Okudshawas zu besuchen. Er trug seine Lieder (alte und einige neue) glanzvoll vor.

In jenen Herbsttagen führte mich Ljusja auch zu David Samojlow, einem hervorragenden Lyriker, vielleicht dem besten zeitgenössischen Dichter klassischer Prägung, einem direkten Nachfahren der russischen Poeten des 19. Jahrhunderts. Samojlow wohnte außerhalb der Stadt in einem großen Landhaus. Seine Frau und er empfingen uns freudig; ihre Liebenswürdigkeit mir gegenüber spiegelte deutlich ihr gutes Verhältnis zu Ljusja wider. Samojlow trug seine neuen Gedichte vor, nicht ohne sich zuvor erkundigt zu haben, ob ich einer Rezitation lange zuhören könne. Er rezitiert vorzüglich; seine Stimme klang in der häuslichen Umgebung sogar besser und ausdrucksvoller als auf dem Podium. Er deklamierte damals auch Gedichte, die nicht aus seiner Feder stammten. Hätte ich mir etwas Derartiges noch ein halbes Jahr zuvor vorstellen können?

In den nächsten Monaten lernte ich zahlreiche andere Dichter und Schriftsteller kennen. Unter ihnen war Wladimir Maximow, der später ein großer, treuer Freund von Ljusja und mir werden sollte. Er ist ein Mensch von kompromißloser innerer Aufrichtigkeit und konzentriertem Denken, der einen schwierigen Weg im Leben und in seiner geistigen Entwicklung hinter sich hat. Jetzt lebt er in der Emigration und gibt die bei allen Mängeln, Mißgriffen, extremen Äußerungen und Fehlleistungen vorzügliche, im Ausland erscheinende literarisch-publizistische Zeitschrift *Kontinent* heraus, die für uns alle lebenswichtig ist. Bei jener ersten Begegnung war Maximow sehr zerstreut, vielleicht gar nicht einmal aus konkretem Anlaß. Mir sind seine Worte in Erinnerung: »Dieses Land müßte man unter den Stiefelsohlen mit hinausnehmen.«

Im Dezember 1971 wurde Alexander Galitsch aus dem Schriftstellerverband ausgeschlossen. Bald darauf besuchten Ljusja und ich ihn zu Hause. Für mich war es der Beginn einer tiefen Freundschaft, für Ljusja die Wiederaufnahme einer alten, denn sie kannte ihn schon aus der

Zeit, als Wsewolod Bagrizkij an dem Stück »Die Stadt in der Morgenröte« (1941) mitgearbeitet hatte; freilich war Galitsch damals bei weitem der »Dominierende«. In seiner häuslichen Umgebung entdeckte man an Galitsch »zusätzliche«, dem Auge eines Außenstehenden verborgene Charakterzüge; er wirkte erheblich sanfter und schlichter, in gewissen Augenblicken sogar verstört und unglücklich. Doch keinen Moment verließ ihn die ihm eigene Vornehmheit. Galitsch und seine Frau Angelina Nikolajewna lebten zu zweit in ihrer Wohnung mit den zahlreichen Antiquitäten. Kurz vorher noch hatte er als überaus erfolgreicher Drehbuchautor (»Obdachlos«, »Wahre Freunde« und so weiter) mit Geschmack über seine Honorare verfügen können; jetzt mußte er das eine und andere verkaufen, um sich das Notwendigste zu beschaffen. An der Wand hing ein wunderschönes Bleistiftporträt Angelina Nikolajewnas (ich weiß nicht, wer es gezeichnet hatte – in diese Frau hätte man sich verlieben können), und daneben stand eine Büste Pauls I. Ich wunderte mich ein wenig über diese Zusammenstellung, doch Galitsch meinte: »Wissen Sie, die Geschichte geht mit Paul I. ungerecht um, er hatte einige sehr gute Pläne.« (Unlängst lasen Ljusja und ich Nathan Eidelmans interessantes Buch über die Epoche Pauls I.; in manchem fanden wir darin Galitschs Gedanken bestätigt.)

Ich entsinne mich noch einer weiteren Episode bei diesem Besuch. Sie ist vielleicht nicht sehr bedeutsam, aber ich möchte sie dennoch erzählen. Ich begann über Okudshawas »Mozart« zu sprechen, da ich dieses Lied sehr liebe. Doch Galitsch unterbrach mich abrupt: »Das ist natürlich ein wunderschönes Lied, aber wissen Sie, ich halte absolute Genauigkeit im Detail, in der Geste, für unabdingbar. Man kann nicht die Hand an die Stirn pressen und dabei Geige spielen.«

Ich hätte zur Verteidigung Okudshawas sagen können, daß die alte Geige eine Metapher sei und man Mozart allenthalben als Komponisten und nicht als Geiger kenne. Doch in gewissem Sinne und vom Standpunkt professioneller Strenge aus hatte Galitsch recht, und mir half es zum Verständnis seines eigenen Werkes, das in allem wirklich peinlich genau ist. Den »Mozart« aber und andere Lieder Okudshawas liebe ich deshalb nicht weniger.

Danach waren wir noch viele Male bei Galitsch. Nach seiner Emigration vermißten wir die Möglichkeit, ab und zu in dieser uns so vertraut gewordenen Wohnung an der Metrostation »Flughafen« vorbeizuschauen. Er war auch bei uns zu Gast, meist zu Familienfeiern. Stets sang er gern und ausdauernd seine Lieder, ohne die man sich unsere Epoche gar nicht denken kann. Ich erinnere mich, wie er einmal eine Sekunde zögerte und nicht recht wußte, womit er beginnen sollte, als Jurij Schichanowitsch bat, er möge das »Husarenlied« [1] singen. Sascha strich über die Saiten seiner Gitarre und stimmte an:

»Dreie reiten,
er inmitten,
zwei Gendarmen an den Seiten.«

Seine erstaunliche Stimme erfüllte Ruth Grigorjewnas kleines Zimmer, in dem wir saßen. Für einen Moment verschoben sich die Grenzen, die Schicksale so verschiedener und in ihrer Tragik so ähnlicher Menschen (Alexander Puschkins, Alexander Gribojedows [2], Alexander Poleshajews und Alexander Galitschs) vermischten sich. Bald darauf wurde Jura Schichanowitsch verhaftet. Alexander Galitsch emigrierte im Sommer 1974, drei Jahre später starb er.

Kurz vor seiner Ausreise war Galitsch zu Ljusjas Geburtstag bei uns; er sang unter anderem das ihr gewidmete, nostalgische Liedchen von den Telefonen. Diesmal sang er auch eigene Lieder, die wie ein Vermächtnis klangen: »Glaubt dem nicht, der sagt, er weiß, wie's sein muß«, »Ruft uns nicht, wir kommen selbst«, »Wenn ich zurückkehre ...«

Als Ljusja 1975 auf dem Pariser Bahnhof aus dem Zug stieg, war der erste, den sie sah – Galitsch, elegant, mit roten Rosen in der Hand. Im Jahre 1977 besuchte Galitsch sie in Italien, wo Ljusja am Auge operiert wurde; sie hielt sich dort zusammen mit Tanja, Efrem und den Kindern auf, die kurz vorher zur Emigration gezwungen worden waren. Einige Wochen später starb Galitsch. Die Version, von der die Polizei bei ihren Ermittlungen ausging, ist folgende:

Galitsch kaufte (in Italien, wo sie billiger sind) einen Fernsehapparat mit Fernbedienung, brachte ihn nach Paris und hatte es eilig, ihn auszuprobieren. Vorher verließ er jedoch mit seiner Frau die Wohnung; sie machte irgendwelche Besorgungen, und er kehrte ohne sie in die Wohnung zurück. Ohne den Mantel ausgezogen zu haben, steckte er das Antennenkabel aus irgendeinem Grund nicht in die Antennenbuchse, sondern in eine Öffnung der Rückwand des bereits angeschalteten Geräts, wobei er mit dem Hochspannungsnetz in Berührung kam. Er schlug sofort der Länge nach hin und schloß, da er die Füße gegen den Heizkörper stemmte, auf diese Weise den Stromkreis. Als Angelina Nikolajewna eintraf, war er bereits tot. Ein Unglücksfall aus Unachtsamkeit und Übereiltheit ... Und doch bin ich mir nicht hundertprozentig sicher, daß dies wirklich ein Unglücksfall und kein Mord war. Elfeinhalb Monate vor seinem Tod hatte Alexanders Mutter mit der Neujahrspost einen seltsamen Brief erhalten. Sie war aufgeregt zu uns gekommen. In dem Umschlag steckte ein Kalenderblatt, auf dem mit Schreibmaschine (in einer Zeile mit kleinen Buchstaben) geschrieben stand: »beschluß gefaßt, ihren sohn alexander zu töten.« Wir beruhigten Galitschs Mutter, so gut wir konnten, und sagten, daß niemand solche Warnungen abgebe, wenn er wirklich jemanden umbringen wolle. Doch in der raffinierten Praxis des KGB kommt auch so etwas vor. Es könnte durchaus sein, daß der Fernsehapparat – »aus einer Eingebung heraus« – zur Tarnung benutzt wurde oder daß es sich um eine der Varianten handelte, die das KGB immer auf Vorrat ausheckt.

Ich kehre zu den Ereignissen des Jahres 1972 zurück. Die Gerichtsverhandlung gegen Wladimir Bukowski nahte. (Die Behörden hatten sich nicht für den psychiatrischen Weg entschieden, wie wir zunächst befürchtet hatten.) Ich beschloß, dem berühmten Flugzeugkonstrukteur Andrej Nikolajewitsch Tupolew, Mitglied der Akademie der Wissenschaften, vorzuschlagen, mit mir an der Verhandlung teilzunehmen. Ich glaubte, daß es nicht nur für Bukowskis konkreten Fall, der mir naheging, sondern für die Situation des Landes insgesamt von entscheidender Bedeutung sein könnte, wenn sich zwei bekannte Akademiemitglieder offen gegen die illegalen Repressionen einsetzten, denen unbescholtene Menschen, Bürgerrechtskämpfer und andere ausgeliefert sind. Wenn es zwei wären und nicht nur einer, warum sollte es letzten Endes nicht sogar die Mehrheit sein? Auch heute noch bin ich der Ansicht, daß Tupolews Zustimmung zu meinem Vorschlag ein durchschlagendes Ereignis gewesen wäre.

Der Fall Bukowskis – eines Mannes, der nicht nur in der Sowjetunion, sondern auch im Ausland bekannt war, der sich ohne jeden persönlichen Vorteil eindeutig für andere eingesetzt hatte – war sehr dafür geeignet. Weshalb wandte ich mich nun von allen Akademiemitgliedern ausgerechnet an Tupolew? Erstens wegen seiner enormen Autorität und besonderen Stellung im Staat; sie war viel höher als meine, vergleichbar eher der Position Kurtschatows. Zweitens wußte ich, daß Tupolew selbst 1939 oder 1940 unter Repressionen zu leiden und schwere, zermürbende Verhöre zu ertragen gehabt hatte (er mußte einige Tage lang ununterbrochen vor dem Untersuchungsführer stehen; die Ödeme an seinen Beinen verschwanden bis zu seinem Lebensende nicht). Ich wußte auch, daß Tupolew eine »Scharaschka« geleitet, sich sehr ehrenhaft verhalten und gute

Bedingungen für alle dort arbeitenden inhaftierten Experten ausgehandelt hatte (unter ihnen waren der Flugzeugkonstrukteur S. P. Koroljow, den er aus Kolyma von den »allgemeinen Arbeiten« angefordert hatte, sowie der bekannte theoretische Physiker J. B. Rumer und viele andere, die er damit vielleicht vor dem Tod gerettet hatte).

Ich wußte freilich auch, daß A. N. Tupolew die Nachkriegsjahre hindurch faktisch der oberste Chef einer Firma war und sehr enge Verbindungen zum Parteiapparat, besonders zu den »Verteidigungs«-Referaten, unterhielt, denn ein wesentlicher Teil der Firmentätigkeit galt militärischen Zwecken. Ich wußte auch von Tupolews extremer Vorsicht bei Meinungsäußerungen; Igor Jewgenjewitsch Tamm, der ihn in den vierziger Jahren kannte, hatte mir davon erzählt. Wie auch immer, ich beschloß, es zu riskieren, es war der Mühe wert.

Am 20. Dezember fuhr ich in einem Dienstwagen der Akademie zu Tupolew, der sich in seiner Datscha außerhalb der Stadt aufhielt. Als Akademiemitglied hatte ich das Recht, einen Wagen für dienstliche und – inoffiziell – private Fahrten von der Garage der Akademie anzufordern, und machte seit 1970 reichlich Gebrauch davon. Es empfahl sich jedoch nicht, das Auto lange zu behalten; diesmal brach ich diese Vorschrift. Tupolew, damals schon verwitwet, lebte allein (wahrscheinlich mit irgendeinem dienstbaren Geist, ich sah jedoch niemanden außer dem Pförtner, der mir auf mein Klingeln die Gartentür öffnete) in einem großen Haus, das von einem hohen Zaun umgeben war. Wir unterhielten uns in seinem Arbeitszimmer, auf dessen Schreibtisch ein Modell des Überschallverkehrsflugzeugs TU-144 stand; die Wände waren vollgestellt mit Bücherschränken, in denen Nachschlagewerke, Zeitschriften und wissenschaftliche Literatur untergebracht waren, und bedeckt mit Fotografien der verschiedenen Tupolew-Maschinen – im Flug, beim Start und in der Montagehalle.

Kurz und so überzeugend, wie ich konnte, erläuterte ich ihm den Zweck meines Besuchs. Tupolew hörte mir mit gespannter Aufmerksamkeit zu und schwieg einige Minuten. Dann erschien auf seinem Gesicht ein spöttisches Lächeln, und er begann, mir rasch hintereinander Fragen zu stellen, die er zuweilen selbst beantwortete. Was er sagte, lief im wesentlichen darauf hinaus, daß er keinen Bukowski kenne und kennen wolle, daß er aus meinen Antworten ersehe, daß Bukowski ein Nichtstuer sei, im Leben aber sei die Arbeit wichtiger als alles andere. Außerdem sehe er, daß in meinen Ansichten ein absolutes Chaos herrsche (dies erklärte er, als ich darauf hinwies, daß sowjetische Militärmaschinen, von arabischen Piloten geflogen, in Nigeria Flüchtlingskolonnen bombardierten und damit Völkermord begingen. Ich sagte das am Ende des Gesprächs und wollte damit andeuten: Es ist Zeit, an die Seele zu denken.) Er lehnte es kategorisch ab, zur Gerichtsverhandlung zu fahren und meinte, ich müsse mich dringend in psychiatrische Behandlung begeben. Er sagte jedoch kein einziges Mal, daß er die sowjetische Gerichtsbarkeit für die gerechteste der Welt halte; ich hätte ihn daran erinnern können, daß er selbst (der offiziellen Version zufolge) wegen des Verkaufs von Konstruktionsplänen seines Bombers für 1 Million Zloty an das »feudale« Polen verurteilt worden war. Doch all das interessierte ihn jetzt einfach nicht mehr. So endete mein Versuch mit einem Fehlschlag. Als ich ging, bemerkte er giftig: »Sie haben auf meinen Handschuhen gesessen und sie zerknautscht.«

Ich konnte mir die Entgegnung nicht verkneifen, daß man zerknautschte Handschuhe glätten könne, bei einer zerknautschten Seele sei das schon bedeutend schwieriger.

Einige Tage nach meiner Fahrt zu Tupolew erfuhr ich, daß in Kiew die Gerichtsverhandlung gegen den ukrainischen Dichter Lupynos bevorstehe, ihm drohe das psychiatrische Gefängnis. Ljusja und ich fuhren zum Flugplatz; mit Hilfe meines Ausweises eines Helden der Sozialistischen Arbeit gelang es, Flugscheine zu beschaffen, und am Abend vor der anberaumten Gerichtsverhandlung waren wir in Kiew. Im Hotel gab man uns Betten auf verschiedenen Etagen, denn unsere Eheschließung war in unseren Pässen noch nicht vermerkt (diese Zeremonie stand uns noch bevor); über die Moral aber wird in sowjetischen Hotels streng gewacht. Ein hinter uns stehender Mann, wahrscheinlich ein uns begleitender KGB-Angehöriger, versuchte zu protestieren: Bei einem so verdienten Mann könne man doch eine Ausnahme machen. Er führte dabei natürlich etwas im Schilde, nämlich sich selbst die Beschattung zu erleichtern, doch wollte er sich nicht vor uns zu erkennen geben. Als Ljusja und ich uns am nächsten Morgen »auf neutralem Boden« trafen, stießen noch drei Ukrainer zu uns: I. Swetlitschnyj, den ich schon von früher kannte, L. Pljuschtsch und noch jemand. Gemeinsam machten wir uns auf den Weg zum Gericht.

Unterwegs erzählte uns Swetlitschnyj, worum genau es in dem Prozeß ging. Lupynos war früher schon einmal wegen nationalistischer Propaganda angeklagt und verurteilt worden. Im Lager wurde er schwer krank, konnte sich eine Zeitlang nur im Rollstuhl und später nur mit Krücken bewegen. Im Frühling dieses Jahres 1971 hatte er (zusammen mit anderen Dichtern) am Denkmal von Taras Schewtschenko[3] Lyrik vorgetragen. In seinem Gedicht kam ein Satz über die ukrainische Nationalflagge vor, die zum Putzlumpen geworden sei. Irgend jemand denunzierte diesen »nationalistischen und antisowjetischen« Auftritt, und Lupynos wurde verhaftet. Zu unserem Erstaunen ließ man alle, die gekommen waren, in den Gerichtssaal ein. Doch die Verhandlung wurde nicht eröffnet. Schließlich kam ein Sekretär herein und verkündete, der Richter sei erkrankt (einer von uns hatte ihn jedoch am Morgen gesehen) und die Verhandlung werde verschoben. Das war natürlich auf unsere Anwesenheit zurückzuführen. Zwei Wochen später fand die Verhandlung ganz unerwartet statt; kaum einer, nicht einmal Lupynos' Vater, den wir bei dem ersten Termin gesehen hatten, wußte davon. Lupynos wurde in eine psychiatrische Sonderklinik eingewiesen, und zwar in die von Dnjepropetrowsk, eine der allerschlimmsten. Es war die Klinik, in der Leonid Pljuschtsch von 1972 bis 1975 festgehalten worden war; er erzählte uns viel von dieser Anstalt. *Lupynos ist bis heute dort* (Information von 1979) – das ist seine Strafe für eine einzige Gedichtzeile.

Zu Beginn des Jahres 1972 fuhren Ljusja und ich zu meiner Datscha hinaus, die mir 1956 von der Regierung offiziell geschenkt worden war. Während meiner Arbeit im Objekt hatte ich mit Klawa nicht dort gewohnt, da ich sehr selten in Moskau gewesen war und wir weder die physische noch die gestalterische Kraft aufbrachten, das Haus in Besitz zu nehmen. Jetzt beabsichtigten wir, dort während der Schulferien mit meinem Sohn Dima (zu dem sich wie auch zu meinen anderen Kindern keine Beziehung aufbauen lassen wollte) und mit Aljoscha zu wohnen, der ein Jahr älter als Dima war und ebenfalls noch zur Schule ging. Doch nach zwei Tagen kam ein Bekannter und berichtete, die Verhandlung gegen Bukowski sei auf den 5. Januar anberaumt worden. Wir fuhren sofort nach Moskau.

Das Gericht tagte in Ljublino. Eine dichte Phalanx von unverfroren selbstsicher wirkenden »Hilfsmilizionären« mit roten Armbinden, die einen an die SS-Männer in den zahllosen Kriegsfilmen erinnerten (natürlich waren es KGB-Leute), versperrte uns allen den Weg in den ersten Stock. Insgesamt hatten sich unten etwa sechzig der »Unseren« versammelt. Von Zeit zu Zeit ging ich auf die Männer zu und verlangte, daß der Kommandant herbeigerufen und eine Abordnung von uns hinaufgeführt werden solle, die sich davon überzeugen könne, daß es im Saal tatsächlich keinen Platz mehr gebe (unter diesem Vorwand ließ man uns nämlich nicht passieren). Die KGB-Leute aber schrien mich an: »Wollen Sie etwa ein Sowjetmensch sein, Professor Sacharow?«

Das war nun etwas Neues. Hinterher erfuhren wir von Bukowskis Angehörigen einige Einzelheiten des sich im Saal abspielenden Geschehens. Der Richter fragte einen der Zeugen, einen früher mit Bukowski befreundeten Zolloffizier: »Haben Sie, ein Kommunist, versucht, den Angeklagten irgendwie zu überzeugen, ihn zu beeinflussen?«

»Ja, natürlich.«

»Was haben Sie ihm denn gesagt?«

»Ich habe gesagt, du kannst nicht mit dem Kopf gegen die Wand rennen.«

Bukowski erklärte in seinem Schlußwort: »Ich bedauere, daß ich in den vierzehn Monaten, die ich in Freiheit war, so wenig habe tun können.«

Das Urteil: sieben Jahre Haft und fünf Jahre Verbannung. Wir hatten gehofft, daß Bukowski an uns vorbeigeführt werden würde und wir ihn begrüßen könnten. Doch plötzlich brüllte jemand: »Der Wagen steht schon draußen!«

Wir stürzten auf die Straße, Hilfsmiliz und Miliz versperrten uns den Weg. Ljusja stieß einen Milizionär heftig zur Seite und schrie: »Laß uns durch, du Faschist!«

Jakir konnte zu dem Wagen, in dem Bukowski saß, vordringen und rief: »Wolodja, du Teufelskerl!«

Ein paar Stunden vorher hatte er in großer Aufrichtigkeit gesagt: »Zehn, zwanzig, dreißig solcher Prozesse! Das halt' ich nicht mehr aus! Eine neue Verurteilung ertrage ich nicht mehr, das geht über meine Kräfte.«

Der Staatssicherheitsdienst schrieb sich all das natürlich »hinter die Ohren«.

Am 7. Januar fand im Standesamt unseres Rayons unsere Trauungszeremonie statt. Außer den Trauzeugen (Natascha Hesse und Andrej Twerdochlebow) war kaum jemand dabei; im letzten Moment kam Tanja, Ljusjas Tochter, keuchend angerannt (ich hatte meinen Kindern die bevorstehende Eheschließung aus innerer Schwäche nicht mitgeteilt und verurteile mich heute deshalb selbst; ein solches Verhalten macht das Leben nie leichter). Das KGB schickte seine eigenen Zeugen, ein halbes Dutzend Männer in einheitlichen, vorzüglich geschnittenen schwarzen Anzügen. Normalerweise bemühen wir uns, nicht über die Beweggründe des KGB nachzudenken; es hat ein so anderes Wertsystem, daß wir es selten verstehen können, was ja ohnehin müßig wäre. Doch hier wage ich die Vermutung, daß das KGB sein Mißfallen ausdrücken wollte.

Am Abend desselben Tages flogen Ljusja und ich wieder nach Kiew – diesmal, um uns mit dem bekannten Schriftsteller Viktor Nekrassow zu treffen (dem Verfasser eines der besten Bücher über den Krieg: *In den Schützengräben von Stalingrad*). Wir hatten erfahren, daß er mit dem Chefpsychiater der Sowjetunion, Professor Sneshnewskij[4] (dem Vater der vielfach angezweifelten Theorie von der »Schleichenden Schizophrenie«), über den Fall Bukowski korrespondiert hatte. Wir hofften, diese Briefe für die Kampagne zu Bukowskis Verteidigung nutzen zu können. Vielleicht war dieser Anfang unseres offiziellen Familienlebens symbolisch. Im weiteren zwangen uns Hunderte von gesellschaftlichen Anliegen viele Jahre hindurch beinahe täglich dazu, bis 4 Uhr nachts an der Schreibmaschine zu sitzen und uns mit irgend jemandem heiser zu diskutieren. Doch nicht das machte unser Leben schwer oder gar tragisch.

Nekrassow empfing uns herzlich; wir empfanden sogleich Sympathie füreinander. Er führte uns durch sein heißgeliebtes Kiew. Auf einem anderen Spaziergang an diesem Tag hatte mir Ljusja das Haus gezeigt, in dem die Helden von Bulgakows[5] Roman *Die weiße Garde* (und des Stücks *Die Tage der Geschwister Turbin*) gewohnt hatten. Sie zeigte mir auch den Spalt zwischen den Häusern, in dem Nikolka Turbin seine Waffe versteckt hatte. Leider konnte uns Nekrassow Sneshnewskijs Briefe nicht überlassen; der Briefwechsel war recht persönlich, deshalb fühlte er sich nicht dazu berechtigt. Außer mit dem freundlichen Hausherrn und seiner Frau schlossen wir an diesem Tag auch Bekanntschaft mit Semjon Glusman, dem erwähnten Verfasser des anonymen psychiatrischen Gutachtens über P. G. Grigorenko. Am Abend desselben Tages brachte er uns zum Zug. Ljusja und ich hatten beide von ihm den Eindruck einer besonderen Reinheit und der Bereitschaft, Gutes zu tun. Er arbeitete damals als Psychiater der städtischen Ersten Hilfe, doch die dunklen Wolken zogen sich schon über ihm zusammen (was wir damals nicht ahnen konnten). Im Mai wurde Glusman verhaftet und zu sieben Jahren Lager und drei Jahren Verbannung verurteilt. Im Lager konnte er nicht umhin, sich an dem allgemeinen harten Kampf der politischen Gefangenen um ihre Rechte und ihre Menschenwürde zu beteiligen; Hungerstreiks, Isolationshaft und andere Repressionen lösten einander ab. Glusman schrieb gemeinsam mit Bukowski einen interessanten Aufsatz, den sie hinausschmuggeln konnten: »Handbuch der Psychiatrie für Andersdenkende«.

Später lebte Semjon Glusman im Gebiet von Tjumen in der Verbannung. Ljusja besuchte ihn damals (und nach ihr Lisa, Aljoschas Verlobte, was die Zeitschrift *Nedelja* [Die Woche] umgehend ausschlachtete). Er war sehr viel männlicher, härter, strenger und entschlossener geworden.

Im Januar 1971 war es Ljusja als Kriegsversehrter gelungen, in die Baugenossenschaft des Städtischen Wehrersatzamts einzutreten. Mit Hilfe von Freunden hatte sie es auch geschafft, für ihre Verhältnisse nicht wenig Geld zusammenzubekommen (obwohl die Genossenschaft zu den »billigen« gehörte). Der Bau war rasch (nach unseren Maßstäben) beendet, und im Januar 1972 zogen Tanja und Efrem um. Ljusja hatten die Wohnungsprobleme schon im Dezember 1970 große Sorgen gemacht. Nach meinem Einzug in die Wohnung in der Tschkalowa-Straße war die Wohnsituation für alle Familienmitglieder sehr beengt. Tanja und Efrem traten Ljusja und mir ihr Zimmer ab und zogen auf das Sofa in der Küche um, natürlich nur während der Nacht, tagsüber hatten sie überhaupt keinen Platz für sich. In Ruth Grigorjewnas Zimmer wohnte Aljoscha, der ebenfalls seinen eigenen Winkel verloren hatte (was sich auch nach Tanjas und Efrems Auszug nicht änderte). Nach dem Umzug des jungen Paares renovierte Ljusja die Wohnung »kosmetisch«. Zur Mithilfe beim Umzug und der Wohnungsrenovierung hatte sie eine Gruppe der »Unseren« angeheuert (das heißt: der »Dissidenten«; dieses Wort begann damals gerade erst, in den Sprachgebrauch einzugehen. Es gefällt mir bis heute nicht, doch ich verwende es der Kürze halber). Rasch hatten unsere Freunde alles erledigt. Es war nicht einfach nur kameradschaftliche Hilfe, sondern durchaus auch etwas »Politisches«. Mit ihrer Arbeit bald bei den einen, bald bei den anderen Bekannten sammelten sie Geld für die Unterstützung der Kinder von politischen Gefangenen.

Dies war, wie mir heute scheint, eine Zeit durch nichts getrübter persönlicher und politischer Beziehungen im »Dissidentenkreis«. Natürlich ist der Eindruck der »Ungetrübtheit« in einem gewissen Maß durch die Perspektive bedingt, indessen hat sich seither zweifellos etwas geändert. Die meisten Dissidenten arbeiteten damals noch im Staatsdienst (man hatte sie noch nicht hinausgesetzt) und bezogen einzig und allein daraus die Mittel für ihren Unterhalt. Von ihrem geringen Einkommen vermochten sie Geld für die Unterstützung anderer abzuzweigen, indem sie sich samstags und sonntags noch etwas hinzuverdienten. Um ohne Arbeitsversäumnis bei den Verhandlungen gegen Freunde vor den Türen der Gerichte stehen zu können, spendeten viele Blut; dafür bekam man zusätzliche Freizeit. Keinem wäre es eingefallen, seine Freunde in »Christen«,

»Zionisten« und »Bürgerrechtskämpfer« einzuteilen. Diese Aufgliederung bahnte sich erst später an. Noch war keiner der Dissidenten eine Art »Profi« geworden. Ich möchte damit niemandem Vorwürfe machen, denn die Ursache dieser »Professionalisierung« waren die äußerst grausamen Repressionen seitens der Behörden: Entlassung vom Arbeitsplatz, die rechtlose Lage ehemaliger Häftlinge, erzwungene Emigration und vieles andere. In meiner Erinnerung haftet diesem Zeitabschnitt etwas von Jugend, Reinheit und ethischen Grundsätzen an. Vor der Tür eines Gerichtsgebäudes sagte Tatjana Michailowna Welikanowa zu mir: »Sie [d. h. das KGB und die Behörden überhaupt] müssen einfach unsere moralische Kraft spüren.« Acht bis neun Jahre später, kurz vor ihrer Verhaftung, rief sie einmal zornig: »Es war doch früher nicht so ekelhaft, wie haben sich die vielen Scheußlichkeiten bloß eingeschlichen ...«

Die Worte fielen unter dem Eindruck einer bestimmten unschönen Geschichte, ihrem Empfinden lag jedoch zweifellos ein allgemeines Unbehagen zugrunde. Dennoch möchte ich die im Jahre 1982 an der Dissidentenbewegung Beteiligten nicht scharf verurteilen. Sehr viele sind jetzt in Haft oder anderen Repressionen ausgesetzt. Unter den heutigen Dissidenten gibt es nicht weniger reine, kluge und selbstlose Menschen – sowohl unter den Veteranen als auch unter den Jungen. Es ist heute einfach in mancher Beziehung schwieriger geworden! Und ein schwarzes Schaf findet sich immer und überall.

Bis zum Jahre 1972 hatten sich die Grundprinzipien und -formen des Kampfes um die Menschenrechte bereits herauskristallisiert, waren auch die wichtigsten Ziele und Richtungen definiert. Seit 1968 wurde die *Chronik der laufenden Ereignisse* regelmäßig herausgegeben. Ich habe dieses Samisdat-Periodikum bereits erwähnt, das über Verstöße gegen die Menschenrechte in der UdSSR berichtet, insbesondere was die Freiheit der Meinung, des Glaubensbekenntnisses und der Emigration anbelangt, sowie über Repressionen – Haussuchungen, Verhaftungen und Gerichtsverhandlungen –, die Bedingungen und den Kampf in den Haftanstalten. Große Beachtung finden in der *Chronik* nationale und damit verbundene religionspolitische Probleme, darunter die der baltischen Republiken, der Krimtataren, der Deutschen, Ukrainer, Armenier und Georgier. Das entscheidende Prinzip der Zeitschrift war die reine Information, wobei Wertungen bewußt ausgeklammert blieben. Den äußerst schwierigen Bedingungen bei der Materialsammlung zum Trotz, bemühte sich die Zeitschrift um größte Genauigkeit und Objektivität; wenn doch einmal Ungenauigkeiten nachgewiesen werden konnten, wurden Richtigstellungen gebracht. Als Motto der Zeitschrift (das in jeder Nummer wiederholt wurde) wurde Artikel 19 der Allgemeinen Erklärung der Menschenrechte der Vereinten Nationen ausgewählt:

> Jeder Mensch hat das Recht auf freie Meinungsäußerung; dieses Recht umfaßt die Freiheit, Meinungen unangefochten zu vertreten und Informationen und Ideen mit allen Verständigungsmitteln ohne Rücksicht auf Grenzen zu suchen, zu empfangen und zu verbreiten.

Es liegt auf der Hand, daß ein derartiges Periodikum prinzipiell weder verleumderisch sein noch subversive Ziele verfolgen kann. Indessen ist es der angeblich verleumderische Charakter der Zeitschrift, der im Laufe von über zehn Jahren in den Gerichtsurteilen als Vorwand für grausamste Repressionen gegen Menschen vorgeschoben wird, die zur *Chronik* Kontakt (oft sogar nur ganz entfernten) haben. Die Unterdrückungsorgane fürchteten nichts so sehr wie diese bescheidenen Heftchen aus Papirossapapier. Dies ist der Beweis für die Bedeutsamkeit und Unwiderlegbarkeit der *Chronik der laufenden Ereignisse*. Ich glaube wirklich, daß in der *Chronik* der Geist des Kampfes um die Menschenrechte, seine einzige Methode – nämlich Öffentlichkeit – und seine sittliche Kraft am lautersten zum Ausdruck kamen. Zehn Jahre *Chronik* – das ist ein Wunder! Sie erschien ohne Verweis auf die Herausgeber. Heute kann man einige der ersten nennen: Natalja Gorbanewskaja (sie lebt jetzt in Frankreich) und Anatolij Jakobson (emigrierte nach Israel und starb 1978). Eine außerordentlich große Rolle in der Menschenrechtsbewegung spielte die Initiativgruppe zum Schutz der Menschenrechte.

Das war die Welt der Dissidenten vor sechzehn Jahren. Die Seele der Gruppe war Jurij Alexandrowitsch Schichanowitsch, ein Freund Ljusjas, der auch meiner wurde, von Beruf Mathematiker und Pädagoge, doch er hatte schon damals seine Arbeit an der Universität verloren.

In dem Genossenschaftshaus, in das Tanja und Efrem umzogen (offiziell war die Wohnung auf Ljusjas Namen eingetragen) funktionierte der Lift noch nicht. Der *otkasnik* Wolodja Gerschowitsch, d. h. einer, dessen Ausreiseantrag (nach Israel) abgelehnt worden war (scherzhaft »Recke des jüdischen Volkes« genannt) vollbrachte wahre Wunder an Kraftakten, als er den Kühlschrank allein auf seinen Schultern in den siebten Stock hinaufwuchtete. Ljusja kochte für die »Lastenträger« eine Mahlzeit, auf dem Tisch dampften Kartoffeln und gebratenes Fleisch. Die müden

Arbeitsleute schenkten sich Wodka ein. Sie waren noch nicht gegangen, als jemand mit der alarmierenden Nachricht anrief: In Moskau waren Haussuchungen im Gange; Cronid Lubarsky (einer unserer Freunde) war von der Haussuchung zum Verhör gebracht worden. In der Nacht erfuhren wir, daß man Cronid verhaftet hatte. Damit begann ein neuer, schwieriger Zeitabschnitt im Leben der Dissidenten. In der Folge verbreiteten sich Gerüchte, daß Ende 1971 beschlossen worden sei, die *Chronik* und andere Manifestationen dissidentischer Tätigkeit zu beseitigen. Ich weiß nicht, inwieweit diese Gerüchte stimmten, doch zweifellos brachte das Jahr 1972 die nächste Welle politischer Repressionen. Besonders schwer waren sie in der Ukraine. Dort verhaftete man Swetlitschnyj, Tschornowil, Dsjuba, Stus, Irina Stassiw-Kalynez und ihren Mann, Pronjuk, Schumuk, Strokata und Pljuschtsch. Im Mai wurde Glusman verhaftet; in Moskau neben Lubarksy auch Jakir (im Sommer) und J. Schichanowitsch (September 1972).

VIII. Mittelasien und Baku

Aufrufe zur Amnestie und zur Abschaffung der Todesstrafe. »Denkschrift« und »Nachwort«. Begegnung mit Slawskij. Der Fall Jakir und Krassin

Ende März beschlossen Ljusja und ich, uns so etwas wie eine Hochzeitsreise zu erlauben – nach Zentralasien, wo bereits der Frühling begann. Es waren Schulferien, und wir wollten unsere beiden Schuljungen, meinen Sohn Dima und Ljusjas Sohn Aljoscha, mitnehmen. Wieder hofften wir, unsere Beziehung zu Dima ins Lot bringen zu können (bei Aljoscha bestand dieses Problem im Grunde nicht). Doch leider lehnte Dima unser Angebot unter dem Einfluß seiner Schwestern rundweg ab. Also flogen wir nur zu dritt, zunächst nach Buchara (echtes mittelalterliches Asien, mit Plätzen, Basaren, Wasserbecken und Gäßchen, wunderschönen Moscheen und Minaretten; das Saman-Mausoleum [1] zählt zu den Wundern der Weltarchitektur), darauf nach Samarkand (eine Stadt, in der prunkvolle, großartige Bauwerke, errichtet von Timur und seinen Nachfolgern, erhalten sind) und schließlich nach Duschanbe (Flug über das starre Bergmassiv des Pamirgebirges, Wanderungen durch die Schluchten in der Umgebung der Stadt). Unsere Landung in Duschanbe hatte indes auch ein politisch wichtiges Ziel: Dort wohnten Anatolij Nasarows Angehörige. Nasarow war verhaftet und damals schon zu drei Jahren Gefängnis verurteilt worden, weil er einer Bekannten Aufzeichnungen meiner *Gedanken* geschickt hatte.

Wir sprachen mit seinen Verwandten und einem Anwalt in der Hoffnung, ihm irgendwie helfen zu können. Leider bewirkte unser Kommen genau das Gegenteil: Man verlegte ihn aus einem Lager im Umland von Duschanbe einige hundert Kilometer weiter fort. Nach seiner Entlassung schrieb uns Nasarow, lud uns zu Besuch und zu seiner Hochzeit ein. Wir konnten seinen Einladungen nicht folgen; vielleicht war es auch besser so.

Eindrücke von Wanderungen in der Umgebung Duschanbes: Zu vielen Schluchten ist der Zugang versperrt, die Tore sind an der Unterkante mit Nägeln gespickt, damit kleine Buben nicht unter ihnen durchkriechen könnten. Dort, in den schönsten Winkeln des Randgebirges, liegen die luxuriösen Sommerhäuser der örtlichen Spitzenfunktionäre, dieser heutigen Provinzfürsten. Die sozialen Gegensätze fallen in den nationalen Republiken stärker ins Auge als in Rußland. Doch das heißt nicht, daß es sie in Rußland nicht gäbe; die Zäune sind nur einfach für fremde Augen undurchdringlicher (»grüne Zäune« nennt man sie bei uns).

Einen Monat später bekam ich die Einladung zu einer wissenschaftlichen Konferenz in Baku, welche die Abteilung für Kernphysik der Akademie der Wissenschaften abhielt. Ljusja und mir erschien dies wie eine Fortsetzung unserer Reise nach Mittelasien: viele lebhafte Eindrücke von der südlichen Stadt und ihrer Umgebung; der traditionelle Ausflug zum Heiligtum der Feueranbeter, das als Hauptsehenswürdigkeit gilt. An einem Sonntag eine Fahrt ins Umland, wo vor einiger Zeit erstaunliche Felsenmalereien entdeckt wurden: tanzende Männchen, realistische und sehr ausdrucksvolle Abbildungen von wilden Tieren. Es sind magische Zeichnungen; an dieser Stelle wurden die Tiere an den Rand des Steilhangs getrieben, wo sie zu Tode stürzten. Nicht weit davon ein uraltes Musikinstrument: ein Stein von fünf Metern Durchmesser auf drei punktförmige Stützen gelagert; wenn man ihn anschlug, erklang ein melodisches Donnern. Um das Instrument herum waren Sitze, ebenfalls aus Stein, halbkreisförmig für die Zuhörer angeordnet. Während des Spaziergangs rannte Ljusja plötzlich einen Stein hinauf, der schräg über einem anderen hing. Ich schrie entsetzt: »Ljusja, halt!« Sie blieb abrupt stehen, ein paar Handbreit von einer zwanzig Meter tiefen Steilwand entfernt.

Am letzten Tag der Konferenz veranstaltete die örtliche wissenschaftliche Leitung im Botanischen Garten unter freiem Himmel ein Bankett für »auserwählte« Gäste, bei dem es irgendeinen raren Wein vom Faß und wortreiche östliche Trinksprüche gab. Anschließend fuhr man in einer wilden nächtlichen Jagd ans unruhig gischtende Kaspische Meer. Während des Banketts erkannte Ljusja unter den Gästen plötzlich ihren Milchbruder Andrej Amatuni. Auch sein Vater war 1937 den Repressionen zum Opfer gefallen. Ruth Grigorjewna hatte Andrej als Säugling zusammen mit Ljusjas Bruder Igor gestillt. Später war der Kontakt zu ihm eingeschlafen. Andrej war theoretischer Physiker geworden, hatte eine steile Karriere in der Verwaltung gemacht und scheute den Umgang mit uns. In Jerewan lud er uns anschließend zu sich ein, doch in Moskau brachte er es nicht über sich, uns zu besuchen.

Noch vor dieser Reise hatte eine neue denkwürdige Geschichte begonnen. Im Dezember sollte der 50. Jahrestag der Gründung der Sowjetunion feierlich begangen werden. Tatjana Maximowna Litwinowna, die nun Tschalidses Schwiegermutter war – wir trafen sie manchmal bei Sitzungen des Komitees –, äußerte die Idee, im Hinblick auf dieses Datum einen gemeinsamen Aufruf mit der Bitte um Amnestie für politische Gefangene und um die Abschaffung der Todesstrafe an das Präsidium des Obersten Sowjets zu richten. Diese Idee gefiel mir sehr gut. Ich fand, man müsse zwei getrennte Aufrufe formulieren (da die Kontingente der potentiellen Unterzeichner nicht übereinstimmten), und schrieb die Texte. Die Unterschriftensammlung begann. Zuweilen suchte ich jemanden, dessen Unterschrift ich haben wollte, allein auf, doch meistens zusammen mit Ljusja. Sehr rasch hatten wir die Unterschriften vieler Andersdenkender beisammen. Auch R. A. Medwedjew unterzeichnete beide Aufrufe. Eine unerwartete Komplikation ergab sich mit Tschalidse. Er zögerte mit seiner Unterschrift, da er nicht in Gesellschaft einiger ihm mißliebiger Personen erscheinen wollte. Damit begannen jene Mißverständnisse, die unsere Beziehung leider bald überschatten sollten, wenn auch nur vorübergehend. Zu guter Letzt unterschrieb er doch.

Leichten Herzens unterzeichneten diejenigen, die auf dem Absprung waren; wir bemühten uns sogar, ihre Zahl einzuschränken und denen den Vorzug zu geben, deren Beteiligung uns wichtiger schien. Wer nicht unterzeichnete, war A. I. Solschenizyn; er meinte, dies könne ihn an der Erfüllung der Aufgaben hindern, für die er sich verantwortlich fühlte. Seine Position erschien mir falsch. Ich hielt es für besonders wichtig, möglichst viele Unterschriften von bekannten, angesehenen Vertretern der Intelligenz zu sammeln: von Wissenschaftlern, Schriftstellern, Malern, Ärzten u. a., die nicht zu den Andersdenkenden und nicht zu den Oppositionellen gehörten, jedoch die humanitären Ziele der beiden Aufrufe teilten, daß nämlich Gewissensgefangene freigelassen und die barbarische Einrichtung der Todesstrafe abgeschafft werden müßten. Dabei erlebte ich jedoch eine Enttäuschung. Die Zeiten der »Unterschriftenkampagne« von 1967 (1000 Unterschriften!) waren offensichtlich vorbei, was zeigt, daß auch damals manche nur unterschrieben hatten, weil es »Mode« war und sie nichts kosten würde. Schon in Baku hatte ich von meinen Physikerkollegen ein paar Körbe erhalten. Ein paar Momentaufnahmen sind der Erinnerung wert: Ein Akademiemitglied wehrte aufs äußerste erschrocken ab: »Wo denken Sie hin, wenn die Behörden eine Amnestie für politische Gefangene erlassen wollen und so einen Gemeinschaftsbrief bekommen, dann werden sie sich ärgern und die Amnestie nicht aussprechen!«

Das Akademiemitglied Pjotr Kapiza: »Nicht die Sorge um ein paar politische Gefangene ist die Hauptsache. Die Menschheit hat gewaltige Aufgaben vor sich. Die Hauptgefahr ist die Bevölkerungsexplosion, das ununterbrochene Wachstum der Bevölkerung in den unterentwickelten Ländern, das Millionen Menschen mit dem Hungertod bedroht.«

Das Akademiemitglied Imschenizkij: »Ziehen Sie mich nicht in antisowjetische Machenschaften hinein, ich bin der Sowjetmacht nicht gram, sie hat mich sechsunddreißigmal ins Ausland geschickt.«

Mit Imschenizkij sprach ich wohl aus einem anderen Anlaß, das hat aber in diesem Zusammenhang nichts zu bedeuten. Ich glaube, er war offener als die anderen. Keinem, mit dem ich sprach, hätte im Falle seiner Unterschrift die Verhaftung oder Entlassung oder auch nur die geringste Herabstufung im Amt gedroht. In den letzten Jahren jedoch hat sich eine neue Haltung herausgebildet; außerordentlich hoch im Kurs standen nun eher entbehrliche Güter, die vor dreißig Jahren ein unerreichbarer Luxus waren, wie zum Beispiel Auslandsreisen.

Aber das Leben ist vielschichtig und viele, welche die Aufrufe nicht unterschrieben, hatten schwerwiegende Gründe. Unter ihnen eine Journalistin, die in periodisch erscheinenden Artikeln Gerechtigkeit und Menschenwürde erfolgreich gegen Willkür und Ungesetzlichkeit verteidigte; ein Mitglied der Akademie, das es sich zur Lebensaufgabe gemacht hatte, Denkmäler aus alter Zeit vor den heutigen Neureichen zu schützen; ein anderes Akademiemitglied war sicher, daß ein unbedachter Schritt den Untergang seiner Schule bedeuten würde. Unter denen, die ablehnten, war Jelisaweta Drabkina, vormals J. Swerdlows Sekretärin, die ihr halbes Leben in Lagern verbracht und viel verstanden und durchschaut hatte. Sie wollte sich die Möglichkeit erhalten, jungen Menschen ihre Erkenntnisse weiterzugeben. Natürlich wischte sie die Unterschrift nicht einfach beiseite. Sie war es, die Ljusja einst »Allerleuts-Ljusja« genannt hatte. Von ihr bekamen wir einmal eine Ansichtskarte, auf deren Rückseite sie geschrieben hatte: »Das dumme Ding neben Lenin bin ich.« Im Todeskampf hatte ihr Mann geschrien: »Gebt uns unsere Revolution zurück!« Was hätte er im zweiten Anlauf getan? Ich habe Angst, darüber zu spekulieren. Lisa Drabkina selbst hatte bei einem Vortrag vor jugendlichem Publikum auf den Zwischenruf: »Ihr habt Euch gebrannt an dem Feuer, das Ihr selbst gelegt habt«, bitter geantwortet: »Wir haben es entzündet, aber *Ihr* habt Euch daran verbrannt.« (Etwas Furchtbares ist die Geschichte. Im übrigen hatte Drabkina mit ihrer Replik nicht ganz recht.)

Die beiden Aufrufe wurden zwei Monate vor dem Jahrestag an das Präsidium des Obersten Sowjets geschickt. Natürlich erfolgte keinerlei sichtbare Reaktion. Kurz vor den Feierlichkeiten übergab ich die Aufrufe (zusammen mit den Unterschriftenlisten; es waren etwas über fünfzig Unterschriften unter jedem der beiden Dokumente zusammengekommen) den ausländischen Korrespondenten in Moskau. Bald darauf hörten wir über einige ausländische Sender entsprechende Nachrichten. Trotz der erwähnten Enttäuschungen glaube ich, daß diese Kampagne, die Ljusja und mich viel Kraft gekostet hatte, nicht unnütz war. Unter den neuen Bedingungen kam jeder Unterschrift großes Gewicht zu. Die beiden Aufrufe gaben die Meinung von vielen wieder, und vielleicht veranlaßten sie manchen Rundfunkhörer zum Nachdenken.

Im Hochsommer des Jahres 1972 entschied ich, es sei an der Zeit, die *Denkschrift an L. Breschnew* zu veröffentlichen. Ich hatte ein »Nachwort« dazu geschrieben, in dem ich meine Position zu erläutern versuchte, wobei ich den Themenkreis des Haupttextes etwas weiter zog und Beispiele jüngster Repressionen anführte (der überwiegend von Tschalidse ein Jahr zuvor geschriebene Anhang wurde nicht publiziert). Ich ging in meiner *Denkschrift* auf Befürchtungen einer Bedrohung durch China ein. Diese Befürchtungen hatte auch Solschenizyn in seinem »Offenen Brief an die sowjetische Führung« und an anderer Stelle geäußert, ebenso wie Amalrik in *Kann die Sowjetunion das Jahr 1984 erleben?* Zu dem Zeitpunkt, als die *Denkschrift* und das »Nachwort« erschienen, hatte sich meine Einstellung zu dieser Frage geändert. Ich meine, daß China infolge seines militärtechnischen und wirtschaftlichen Rückstandes und seiner Verstrickung in interne Probleme in den nächsten Jahrzehnten zu keiner Aggression gegen die UdSSR fähig ist, trotz seiner riesigen Bevölkerung. Die Rivalität um den Einfluß auf die unterentwickelten Länder und Südostasien ist Teil umfassenderer, weltweiter Probleme (wozu das der sowjetischen Expansion, der Opposition gegen den Westen und andere gehören), die nach meiner Überzeugung mit friedlichen Mitteln auf dem Weg des Kompromisses und der Toleranz gelöst werden müssen. Ebenso ließen sich territoriale Zwistigkeiten mit China durch Verhandlungen und einige Zugeständnisse lösen.

Fürchten muß man sich eher vor den möglichen Folgen der sowjetischen Expansion in verschiedenen Ländern der Welt. Und vor etwas, worüber ich ungern schreibe, was man aber doch sehen muß: einer möglichen, wahnwitzigen Aktion der sowjetischen »Falken«, die – eine wesentliche Veränderung der innenpolitischen Situation unseres Landes und der gesamten Weltlage natürlich vorausgesetzt – einen Präventivkrieg anfangen könnten. Gegenwärtig wird die »chinesische Gefahr« von der sowjetischen Propaganda stark aufgebauscht, und zwar, wie ich glaube, in gewissem Grade mit innenpolitischen Absichten. Ich bin überzeugt, daß sich die Beziehungen zur Volksrepublik China infolge der positiven Verschiebungen in der gesamten Weltlage ohne weiteres regeln ließen. In vielem hängt dies von der Handlungsweise der Sowjetunion ab. In den letzten Jahren sickerte aus der Volksrepublik China durch, daß auch dort eine Bewegung Andersdenkender entstanden ist, die von den Behörden brutal verfolgt wird. Ich nehme solche Nachrichten mit großem Interesse auf und bewundere unsere chinesischen Gesinnungsbrüder und -schwestern; vor ihnen, wie überhaupt vor dem chinesischen Volk, habe ich hohe Achtung. Leider spiegelten sich diese Gesichtspunkte nicht im »Nachwort« wider; später versuchte ich, dies richtigzustellen.

Pjotr Jakir, einer der aktivsten Moskauer Dissidenten, wurde im Sommer 1972 verhaftet. Ich hatte viel von ihm gehört, obwohl ich ihn persönlich kaum kannte (ich war ihm nur zweimal begegnet). Er war der Sohn Iona Jakirs, des berühmten Truppenführers im Bürgerkrieg, der während der Stalinschen Säuberungen in den dreißiger Jahren erschossen wurde. Iona Jakirs Frau wurde mit ihm zusammen verhaftet; ihr Sohn Pjotr verbrachte achtzehn Jahre in Besserungskolonien für minderjährige Straftäter, Gefängnissen, Lagern und in der Verbannung. Mitte der fünfziger Jahre ließ man Mutter und Sohn frei; die Mutter wurde rehabilitiert und das diente ihrem Sohn offenbar als Schutz. Jedenfalls wurde Pjotr erst nach ihrem Tode verhaftet.

Ich erinnere mich, daß Pjotr Jakirs Vater ein enger Freund Efim Pawlowitsch Slawskijs war, der später Minister für Mittleren Maschinenbau und mein Vorgesetzter wurde. Im Bürgerkrieg diente Jakir mit ihm zusammen in der Ersten Reiterarmee und vertraute ihm (so heißt es) für den Fall, daß ihm etwas zustoßen sollte, die Sorge um seinen Sohn an. Freilich wußte ich auch, daß Slawskij nach der Verhaftung Iona Jakirs nichts zur Rettung von dessen Sohn getan hatte. Dennoch wollte ich einen Versuch unternehmen, Pjotr Jakir zu helfen, und mich zu diesem Zweck an Slawskij wenden. Ich rief Slawskij mit der Bitte um einen Termin für ein persönliches Gespräch an; er nannte die Zeit und gab Weisung, mir einen Passierschein auszustellen. Mit einem seltsamen Gefühl betrat ich das riesige, dreizehnstöckige Haus, in dem sich in den vier Jahren, seit ich zum letzten mal dort gewesen war, nichts geändert zu haben schien. Dieselben Gesichter, derselbe Ausdruck von Dienstbeflissenheit, dieselben weitläufigen Korridore und Teppiche.

Ich wartete in Slawskijs Büro auf ihn und betrachtete dabei mechanisch die Fotos und Architekturmodelle der Stadt Nawoi in Mittelasien, eine der vielen Städte, welche das Ministerium für Mittleren Maschinenbau in Handarbeit zunächst von Gefangenen, später von Baubataillonssoldaten errichten ließ. Das Gespräch mit Slawskij war kurz. Ich schilderte, worum es ging, erzählte kurz von den Bürgerrechtsaktivitäten im allgemeinen und erwähnte, daß Jakirs Vater Slawskijs Freund war und ihm, wie ich gehört hätte, das Schicksal seines Sohnes Pjotr anvertraut habe. Slawskij antwortete, er werde sich keinesfalls in diese Angelegenheit einmischen.

»Wenn Sie schon für diesen Mann, den ich überhaupt nicht kenne, Fürsprache einlegen, dann ist er wahrscheinlich genauso antisowjetisch eingestellt wie Sie.«

Ich nutzte den Besuch bei Slawskij, um ihn in einer weiteren Angelegenheit um Hilfe zu bitten. Es handelte sich um den Arbeiter Bogdanow, der in einem der Werke des Ministeriums für Mittleren Maschinenbau in der Nähe von Moskau tätig war. Zur Verzweiflung getrieben, weil sich die Wohnungszuweisung immer wieder hinauszögerte, war Bogdanow zu Slawskij vorgedrungen und hatte Hilfe von ihm verlangt; der hatte ihn jedoch hinausgeworfen. (Diesen Anfang von Bogdanows Geschichte erfuhr ich erst ein paar Jahre später; bei meinem Gespräch mit Slawskij wußte ich nur das folgende.) Damals entwendete Bogdanow nach seiner Rückkehr ins Werk ein geheimes Bauteil und versteckte es, versprach aber, es im Tausch gegen eine Wohnung wieder zurückzugeben. Ein paar Tage hielt er durch, dann kapitulierte er und gab das Bauteil zurück. (Später erfuhr ich, daß es ein Kadmiumregelstab aus einem Kernreaktor gewesen sei; wenn das stimmt, war die Geheimhaltung geradezu lächerlich; auf der Ausstellung der Errungenschaften der sowjetischen Volkswirtschaft werden solche Stäbe offen gezeigt.) Doch das KGB verzieh ihm den Ärger nicht. Ein paar Wochen später sprachen ihn Männer auf der Straße an und baten um Feuer. Bogdanow gab es ihnen. Einen Häuserblock weiter wurde er festgenommen. Ein Sondergericht verurteilte ihn zu zehn Jahren Haft wegen Landesverrats. Die Männer nämlich, so wurde behauptet, denen er Feuer gegeben hatte, seien Vertreter des argentinischen Geheimdienstes (?) gewesen und er habe versucht, ihnen Informationen zukommen zu lassen. Natürlich war das reine Provokation. Eine sehr interessante Einzelheit in diesem Fall ist das »Sondergericht«. Diese in der veröffentlichten Gesetzgebung nicht vorgesehene Institution sitzt über Menschen zu Gericht, die in irgendeiner Weise zur Geheimhaltung verpflichtet sind. Es gibt ein eigenes Richterkollegium, alle Sitzungen sind Außenstehenden verschlossen. Über die Existenz der Sondergerichte ist niemals etwas in der sowjetischen Presse verlautbart worden, und das nicht zufällig, denn hier liegt ein empörender Verstoß gegen zahlreiche juristische Normen vor: »Glasnost«, Recht auf Verteidigung, gleiche Verantwortlichkeit aller Bürger vor dem Gesetz.

Slawskij notierte sich Bogdanows Namen und versprach, die Sache zu prüfen. Soviel ich weiß, büßte Bogdanow seine volle Strafe ab. Das war meine letzte Begegnung mit Slawskij.

Ich war einige Stunden von zu Hause fort. Ljusja war währenddessen ganz außer sich geraten; sie fürchtete, ich sei vielleicht im Ministerium festgenommen worden.

Die Verhandlung gegen Jakir und seinen Mitangeklagten Krassin fand im Jahr darauf statt. Bereits Ende 1972 und zu Beginn des Jahres 1973 drangen Gerüchte zu uns, sie hätten ihre Einstellung geändert, »bereuten« nun und redeten ihren ehemaligen Kameraden zu, »antisowjetischer Tätigkeit«, welche die Situation verschärfe und neue Opfer fordere, zu entsagen, wobei sie behaupteten, die ganze »Bürgerrechtsbewegung« konzentriere sich auf unwichtige, zweitrangige Fragen. (Sie wurden Zeugen gegenübergestellt, was in derartigen Verfahren an sich schon eine Seltenheit ist.) Vor allem bestanden Jakir und Krassin auf der sofortigen Einstellung der *Chronik der laufenden Ereignisse*, zumal da auf jede Ausgabe Verhaftungen von Dissidenten folgten, die nicht unbedingt etwas mit der *Chronik* zu tun hätten. Es liegt auf der Hand, daß Jakir und Krassin einfach das wiederholten, was ihnen das KGB aufgetragen hatte. Dies war unverhohlene Geiselnahme! Als wir in diesem und ähnlichen Fällen ausländischen Korrespondenten den Sachverhalt klarzumachen versuchten, verstanden sie uns leider nicht ganz; derartige enthüllende und für uns wichtige Mitteilungen gelangten nicht in den Rundfunk und in die Presse. Überhaupt machen sich die Sowjetbürger, die die Geschichte von der »sensationslüsternen«, antisowjetischen, kapitalistischen Westpresse glauben, kaum eine Vorstellung davon, wie sehr diese Presse in Wirklichkeit *alle Spitzen* gegen die *großen* Länder des Sozialismus vermeidet und statt dessen gern und pausenlos die Unzulänglichkeiten in der eigenen Heimat anprangert (letzteres ist natürlich gut und richtig, doch manchmal geht das Gefühl für das richtige Maß verloren).

Anfang 1973 brachte mir ein verlegen wirkender KGB-Leutnant einen persönlichen Brief Jakirs aus dem Untersuchungsgefängnis nach Hause – etwas überaus Ungewöhnliches in der Sowjetunion. Er war in einem Ton geschrieben, als wären wir alte Bekannte, und enthielt dieselbe Ideen wie seine Aussagen während der Untersuchungshaft: Keiner meiner Schritte schütze jemanden, sondern stürze viele nur ins Verderben.

Ankläger Jakirs und Krassins vor Gericht war P. Solonin, doch sie bezichtigten sich selbst nicht weniger heftig (zu dieser so prächtig einstudierten Verhandlung wurden dennoch für alle Fälle keine »Außenstehenden« zugelassen). Anschließend sprachen Jakir und Krassin auf einer Pressekonferenz, die vom Fernsehen übertragen wurde; das Leitmotiv war der Kontakt zum berüchtigten NTS[2]. Unter denen, die vor Gericht aussagten, war der Chefpsychiater der Sowjetunion, Professor Sneshnewskij, der behauptete, in der UdSSR gebe es keinerlei Mißbrauch der Psychiatrie zu politischen Zwecken. Das endgültige Urteil fiel milde aus, was in scharfem Gegensatz zu den normalerweise sehr harten Urteilen für Andersdenkende stand: Verbannung, die sie in der Nähe Moskaus abbüßten, Jakir in Rjasan und Krassin in Kalinin. Bald darauf wurden sie vollends begnadigt. Jakir kehrte nach Moskau zurück, und Krassin ging ins Ausland. Noch in Rjasan unternahm Jakir einen erneuten Versuch, Kontakt zu mir aufzunehmen. Er rief mich an und bat mich, nach Rjasan zu kommen; angeblich müsse er mir etwas mitteilen, was sehr wichtig für mich sei. Ich lehnte ab. Weitere Versuche unterließ er.

Der Prozeß gegen Jakir und Krassin fand bereits zu einer Zeit statt, da die öffentliche Aufmerksamkeit ganz von dem Pressefeldzug gegen Solschenizyn und Sacharow gefesselt war, in einer Phase, in welcher der Westen ungewöhnlich aktiv für beider Verteidigung eintrat. Er ging vor diesem Hintergrund fast unbemerkt über die Bühne, ohne im vollen Umfang die Hoffnungen des KGB zu erfüllen. Nichtsdestoweniger war der allgemeine Eindruck deprimierend; die »Reue« der Angeklagten war für ihre Freunde (und natürlich für sie selbst) ein Drama.

Was war mit diesen Menschen passiert? Zuvor muß gesagt werden, wie hart das in der Sowjetunion etablierte Ermittlungssystem ist: Über viele Monate hinweg sieht man keinen vertrauten Menschen, nicht einmal seinen Anwalt; der Gefangene verkehrt im wesentlichen nur mit den Personen, die die Untersuchung leiten, überaus geschickten, professionellen »Inquisitoren«, die in diesem Kampf alle Vorteile auf ihrer Seite haben: Freiheit, Erholung, Komfort, sämtliche Informationsquellen und, was die Hauptsache ist, keine Angst um ihr Schicksal und das ihrer Angehörigen. Es verwundert nicht, daß die Ermittler unter diesen Bedingungen mit Leichtigkeit Schwachstellen in der Position und Persönlichkeit ihrer Opfer finden. Nach meiner tiefen Überzeugung ist es ein Wunder, daß überhaupt so viele diesen Druck aushalten und bei der Ermittlung und vor Gericht würdevoll auftreten (ich bin stolz darauf, daß meine Freunde unter ihnen sind). Denjenigen aber, die sich als nicht so unglaublich stark und gefestigt erweisen, darf man keinesfalls Vorwürfe machen!

Ein weiterer wichtiger Umstand kommt hinzu: Sowohl Jakir als auch Krassin waren ehemalige Häftlinge; angesichts dieser furchtbaren Erfahrung konnten sie damit rechnen, daß alle ihre Freunde und Verwandten ihr Verhalten als entschuldbares Manöver angesichts der Todesgefahr verstehen würden. In den achtzehn Jahren, die er in Auffangstellen für verwahrloste Jugendliche, Besserungskolonien für minderjährige Straftäter, Gefängnissen, Lagern und in der Verbannung verbrachte, hatte Pjotr Jakir einen Hang zum Alkohol entwickelt. Für die Ermittler war dies eine vortreffliche Möglichkeit, ihn durch Abstinenz »legal« zu foltern, und man darf sicher sein, daß sie diese Folter in vollem Umfang anwandten. Ist das nicht zuviel für einen Menschen, noch dazu einen, der schon vor seiner Verhaftung gebrochen war? Ich habe sein aufrichtiges Schwächebekenntnis während der Verhandlung gegen Bukowski bereits erwähnt.

Kurz vor seiner Verhaftung hatte Jakir so etwas wie ein Vermächtnis geschrieben und es ausländischen Korrespondenten übergeben (mit der Weisung, es nach seiner Verhaftung zu veröffentlichen); darin erklärte er im vorhinein sämtliche Reuebekenntnisse und Aussagen, die ihm während der Untersuchung abgepreßt würden, für ungültig. Er nahm seine Kapitulation gewissermaßen vorweg.

IX. Demonstrationen und Verhaftungen

Demonstration vor der libanesischen Botschaft. Georgien und Armenien. Tanjas Ausschluß aus der Moskauer Universität. Verhandlung gegen Lubarsky. Das erste Interview. Ljusja tritt aus der Partei aus

Im September 1971 reiste Ljusja zu ihrem fälligen Besuch bei Eduard Kusnezow. Bald darauf kehrte sie unverrichteter Dinge zurück. Der Besuchstermin war, wie das in Lagern und Gefängnissen immer wieder vorkommt, abgesagt worden. (Dies ist bei der äußerst begrenzten Anzahl erlaubter Besuche stets ein großer Verlust. Die Gründe dafür sind gewöhnlich: Bestrafung, weil die Leitung irgend etwas auszusetzen hatte, Hungerstreik, Karzerhaft oder, am häufigsten, Nichterfüllung der Norm. Aber es gibt auch Gründe, die nicht von dem Gefangenen abhängen: Quarantäne, Renovierung des Besuchertrakts; doch selbst in diesem Fall läßt sich die Verschiebung des Besuchs durch nichts kompensieren.) Während ihrer Abwesenheit wurde unser Freund Jurij Schichanowitsch verhaftet.

Ich hatte Jurij zum ersten Mal bei Valerij Tschalidse gesehen. Man diskutierte damals über den Prozeß gegen Pimenow und Weil. Jemand sagte, Pimenow halte sich selbst für einen genialen Mathematiker. Ich versuchte, die Peinlichkeit zu überspielen, und scherzte, meiner Beobachtung nach hielten sich alle Mathematiker für Genies. Jurij erhob sich von seinem Platz und flüsterte für alle vernehmlich: »Ich halte mich für einen genialen Pädagogen.«

Damals hatten sich für ihn die Möglichkeiten, seine Genialität zu zeigen, schon stark verringert. Nachdem er den Offenen Brief zur Verteidigung seines älteren Kollegen Jessenin-Wolpin unterzeichnet hatte, wurde er von der Unviersität entlassen. Dieser Fall ist erzählenswert.

Jessenin-Wolpin, Mathematiker, Dichter und einer der ersten Dissidenten, war in eine psychiatrische Klinik zwangseingewiesen worden. Seine Kollegen verfaßten gemeinsam einen Brief, in dem sie baten, ihm die Möglichkeit zur Fortführung seiner wissenschaftlichen Arbeit zu gewähren (mehr nicht; sie forderten nicht einmal Wolpins Entlassung aus der Klinik). Der Brief versetzte die Behörden in gewaltige Unruhe. Gegen die Unterzeichner wurden verschiedene Maßnahmen ergriffen, die ihnen die Hände binden sollten (damit befaßte sich Akademiepräsident Keldysch persönlich; über vier Stunden lang redete er auf seinen Schwager Nowikow ein, der ebenfalls Mitglied der Akademie war, und verschreckte ihn so sehr, daß der schließlich seine Unterschrift zurückzog, unglücklich und erniedrigt nach Hause ging und sich mit einer schweren Herzattacke ins Bett legen mußte). Wolpin wurde nach kurzer Zeit in aller Stille freigelassen.

Einige Monate vor seiner Verhaftung las Jurij Schichanowitsch einen herrenlosen, weißen jungen Hund von der Straße auf. Jin entwickelte eine große Anhänglichkeit ihm gegenüber. Nach Schichanowitschs Verhaftung machte eine Fotografie von den beiden in der gesamten Weltpresse die Runde.

Jemand teilte uns telefonisch mit, daß bei Schichanowitsch eine Haussuchung statt fände. Tanja und ich nahmen ein Taxi und fuhren zu ihm. Wir wurden nicht in die Wohnung eingelassen. Die KGB-Leute trugen bereits säckeweise beschlagnahmte Literatur heraus (wie immer ganz willkürlich zusammengerafft; darunter alles, was es an fremdsprachigen Büchern im Haus gab). Bald darauf führten sie auch Jurij selbst heraus, der betont gefaßt war. Tanja schaffte es, ihn über die Arme der KGB-Männer hinweg zu küssen, und Jurij konnte noch sagen: »Na, bis dann!« Er mußte in einen schwarzen »Wolga« ohne Kennzeichen (wozu solche Tricks?) einsteigen. Jin rannte ihm mit verzweifeltem Gebell ein paar Häuserblocks weit nach, dann kehrte er niedergeschlagen zurück und verkroch sich in eine Ecke.

Nach Schichanowitschs Verhaftung schrieben Ljusja und ich eine sogenannte Bürgschaft und schickten sie an die Staatsanwaltschaft. Die sowjetische Prozeßordnung sieht eine derartige Bürgschaft vor; sie ist eine an die Staatsanwaltschaft gerichtete Bitte um Aufhebung von »Vorbeugemaßnahmen«. Der Angeklagte darf auf dieses Gesuch hin bis zum Prozeß in die Freiheit entlassen werden, und zwar auf Verantwortung der Bürgen (es müssen mindestens zwei sein), die dafür garantieren, daß er sich der Untersuchung und dem Prozeß nicht entzieht und strafbare Handlungen unterläßt. Fast ein halbes Jahr lang gab es keinerlei Reaktion auf unseren Antrag. Dann erst bekam ich eine Vorladung zu Schichanowitschs Ermittlungsleiter Galkin in die Malaja Lubjanka (nur ich allein, Ljusja war nicht erwähnt). Wir gingen natürlich zu zweit dorthin.

Aus dem Passierscheinbüro teilte ich Galkin über das Haustelefon mit, daß wir, da wir zu zweit den Antrag gestellt hätten, auch zu zweit zur Beantwortung geladen werden müßten. Doch Galkin berief sich darauf, daß es technisch unmöglich sei, einen zweiten Passierschein auszustellen, und weigerte sich, den Termin zu verschieben. Zu guter Letzt ging ich allein zu ihm, denn das Ergebnis interessierte uns. Galkin empfing mich in seinem Arbeitszimmer und sagte sofort, unsere Bürgschaft könne nicht angenommen werden, da wir keine vertrauenswürdigen Personen seien (wie es die Prozeßordnung verlangt). Zum Beweis präsentierte er mir über den Tisch hinweg die in der Bundesrepublik Deutschland erscheinende Zeitschrift *Grani* (Possev-Verlag), in der meine Erklärungen und Artikel gedruckt würden. Eine Diskussion war zwecklos. Dies war meine erste offizielle Begegnung mit dem KGB. Als wir wieder zu Hause waren, rief ich H. Smith an, den Korrespondenten der *New York Times*, und bat ihn um einen Besuch. Bald darauf erschien in der größten amerikanischen Tageszeitung ein Artikel über dieses Thema. Der Artikel sowie andere Veröffentlichungen und Erklärungen von Freunden Schichanowitschs, darunter Ljusjas und mein Interview über Jurij, trugen zweifellos dazu bei, die öffentliche Aufmerksamkeit auf sein Schicksal zu lenken. Besonders große Aktivität legten Schichanowitschs Mathematiker-Kollegen aus Frankreich an den Tag.

Schichanowitsch sollte vom KGB auf den psychiatrischen Weg »gelenkt» werden. Da jedoch die Öffentlichkeit aufmerksam geworden war, hielten die Behörden es für ratsam, diese Methode nicht im vollen Umfang zu nutzen. Schichanowitsch wurde »zur Behandlung« in ein allgemeines psychiatrisches Krankenhaus und nicht in eine Sonderklinik eingewiesen. Faktisch war auch dies eine Form der Isolierung, denn man behandelte ihn überhaupt nicht. 1974 wurde er entlassen. Manchmal scheint mir, als habe dabei die Fotografie mit dem Hund eine gewisse Rolle gespielt, anhand derer ein psychiatrisches Ferngutachten erstellt werden konnte.

Im September 1972 verbreitete sich die Nachricht von einem furchtbaren Verbrechen: der Ermordung israelischer Sportler während der Münchner Olympiade. Diese von palästinensischen Terroristen durchgeführte Aktion verstieß gegen das traditionelle Friedensgebot der Olympischen Spiele. Wie ihre Organisatoren behaupteten, sollte die Aktion auf die Lage des palästinensischen Volkes aufmerksam machen und die an dieser Tragödie schuldigen Zionisten bestrafen. Vor allem war sie aber wohl der Beginn eines terroristischen Feldzugs, der von den Geheimdiensten einiger Staaten nach einem zuvor abgesprochenen Plan verwirklicht wurde und das Ziel hatte, die friedliche kapitalistische Ordnung zu zerstören. (Für diese Behauptung habe ich keine direkten Beweise; die Zukunft wird zeigen, ob sie zutrifft.) Ich verurteile den Terrorismus grundsätzlich als äußerst brutale und destruktive Erscheinung, mit welchen Zielen auch immer er sich zu rechtfertigen trachtet. Insbesondere verurteile ich die terroristische Aktion gegen die friedliche Einwohnerschaft des Palästinenserdorfes Deir Yassin während der heftigen arabisch-israelischen Zusammenstöße von 1948/49.

Bald nach der Tragödie von München faßte die israelische Regierung den Entschluß, Terrorakte gegen israelische Bürger mit Gegenschlägen zu erwidern, wahrscheinlich in der Hoffnung, dadurch dem Terror vorzubeugen. Die Bombardierungen der Palästinenserlager im Südlibanon forderte zahlreiche Opfer, auch unter der friedlichen Bevölkerung. Die Terrorakte gingen jedoch weiter. In zehn Jahren kamen (wie ich im Radio hörte) 1300 israelische Bürger ums Leben; unter den Vergeltungsbombardements starb eine vielfach größere Zahl von Palästinensern, die von der PLO-Führung in die Lage von Geiseln gebracht worden waren. Jetzt, während ich dieses Kapitel schreibe, hat die israelische Regierung beschlossen, die Palästinensische Befreiungsorganisation zu vernichten und dazu eine heftige militärische Attacke eingeleitet. Während der Kampfhandlungen kamen wiederum viele friedliche Einwohner – Palästinenser und Libanesen – und Soldaten auf beiden Seiten ums Leben. Das ist schrecklich, doch ebenso schrecklich ist die gesamte Situation, die im Nahen Osten entstanden ist. Man darf außerdem nicht die destabilisierenden internationalen Folgen übersehen, welche das Vorgehen der PLO im Laufe des vergangenen Jahrzehnts und die Verbindung des gesamten weltweiten Terrorsystems mit ihr hervorgebracht haben. Besonders schwer sind die Folgen im Libanon, wo über hunderttausend Menschen im Bürgerkrieg starben. Ich bezweifle, daß sämtliche Möglichkeiten für eine friedliche Lösung ausgeschöpft wurden.

Unzweifelhaft hat jedes Volk ein Recht auf sein eigenes Land – das gilt sowohl für die Palästinenser wie für die Israelis wie für die Krimtataren. Nach der Tragödie der vierziger Jahre waren die Palästinenser ihnen fremden Kräften ausgeliefert und wurden zum Gegenstand von politischer Manipulation und Spekulation. Man hätte die Flüchtlinge seit langem in den reichen arabischen Ländern ansiedeln, sie mit technischem Gerät und Land, Geld und Ausbildung versehen können, statt sie Bombenangriffen – als Reaktion auf sinnlose terroristische Akte – auszusetzen. Auf lange Sicht gibt es verschiedene Möglichkeiten, nun auf friedlichem Weg, die Anatonomie der Palästinenser zu erreichen. Doch Israel kann kein von der UdSSR abhängiges Gebilde innerhalb seines Staates oder neben seinem Staat zulassen. Nur die vorbehaltlose Anerkennung Israels, der Verzicht auf Terrorismus und die Garantie der Unabhängigkeit von äußeren Einflüssen können als echte Grundlage für die Lösung des Palästinenserproblems dienen. Israel und die Palästinenser müssen den Willen zu Verhandlungen und zu einem Übereinkommen deutlich machen, sie müssen die legalen Rechte und Interessen der anderen Seite anerkennen, von gegenseitigen Beschimpfungen (»Terroristen« beziehungsweise »Zionisten« – wobei das letztere, für sich genommen, keine Beleidigung ist) und besonders von bewaffneten Angriffen Abstand nehmen. (Ergänzung 1988: Ich hoffe, daß die Veränderungen in der Innen- und Außenpolitik der UdSSR zu einer Lösung des schmerzlichen Nahostproblems beitragen werden. Auf Dauer sind Nichteinmischungsgarantien der UdSSR und der mit ihr verbundenen Länder möglich und nötig; dadurch würden die Befürchtungen Israels ausgeräumt werden.)

Sofort nach Bekanntwerden des Mordes an den israelischen Sportlern beschlossen Moskauer Juden, vor der libanesischen Botschaft zum Zeichen des Protests eine Schweigedemonstration abzuhalten. Ich entschied mich für die Teilnahme. Ljusja war krank, deshalb begleiteten mich Tanja, Efrem und Aljoscha. Ich hätte ihre Begleitung, die sie in Gefahr brachte, natürlich ablehnen müssen, doch das kam mir nicht in den Sinn. Als wir eintrafen, war kein einziger Demonstrant zu sehen. Sie waren alle auf dem Weg zur Botschaft von KGB-Leuten aufgegriffen und in die sogenannte »jüdische« Ausnüchterungszelle gebracht worden. Auch uns zerrten sie fort und brachten uns in ein Gebäude, das tatsächlich eine Ausnüchterungsanstalt war. Jetzt waren keine Betrunkenen dort, nur festgenommene Demonstranten in zwei oder drei Zimmern. Ein bis zwei Stunden später wurden wir einzeln in ein anderes Zimmer gerufen, in dem ein paar höherrangige Milizbeamte saßen, die uns nach Familiennamen und Arbeitsplatz fragten und dann jeden einzelnen entließen. Als ich aufgerufen wurde, noch vor den jungen Leuten, erwähnte ich nicht, daß sie mit mir gekommen waren, weil ich annahm, daß ihnen meine Gesellschaft nichts nützen würde und sie so vielleicht eher davonkämen. In Wirklichkeit spielte das alles bereits keine Rolle mehr. Das KGB hatte einen Vorwand erhalten, gegen unsere Kinder vorzugehen; diesmal erwählte es Tanja zu seinem Opfer.

Um diese Zeit erhielt ich eine Einladung zur Gravitationskonferenz in Armenien. Ljusja und ich fuhren zusammen, verbrachten zunächst noch ein paar wunderschöne Tage in Georgien, das mir schon 1968 ans Herz gewachsen war, und flogen darauf nach Jerewan. Die Konferenz fand in dem Gebirgslager Zachkadsor statt. Während der wissenschaftlichen Veranstaltungen, die mich interessierten, wanderte Ljusja alleine in der waldreichen, bergigen Umgebung, bis ich mich ihr anschloß. Ljusja machte mich mit Armenien vertraut, mit seinen Bergen und Felsen, seiner einzigartigen Landschaft, die manchmal biblisch anmutet, mit seiner Architektur und seinen Monumenten – alten und neuen, darunter das erschütternde Denkmal für die Opfer des Völkermordes von 1915 [1]. Ljusja sagte, jedesmal wenn sie nach Armenien komme, fühle sie sich plötzlich als »Gework achtschik«, als Tochter Geworks (und Armeniens, versteht sich). Und tatsächlich meinte ich ihre Züge in den Gesichtern der Frauen, welche die Straßen Jerewans füllten, wiederzuerkennen. Auf Empfehlung armenischer Physiker kamen wir mit hervorragenden Malern und Bildhauern zusammen, fuhren an den Sewan-See nach Etschmiadsin, besichtigten die Ruinen des alten Gotteshauses in Garni und das unterirdische Felsenrelief von Gegard. Ljusja zeigte mir den historischen Balkon, von dem aus ihr Vater die Sowjetmacht ausgerufen hatte, und wies mich auf die Erwähnung seines Namens auf der Schautafel im Historischen Museum hin. Wir besuchten auch einen Kampfgefährten ihres Vaters, Karo Kasarjan. Er erinnerte sich an die Verteidigung gegen die Daschnaker auf dem Semjonowskij-Paß. (Ljusja zeigte mir diese Stelle, die so heißt, weil Soldaten des Semjonowskij-Regiments, die im Jahre 1820 gegen ihren Befehlshaber gemeutert hatten, hierher verbannt worden waren). Wir sahen auch einen ganzen Straßenzug von Repatriiertenhäusern; viele von ihnen standen leer, die Einwohner hatten dem »Land ihrer Vorfahren« enttäuscht den Rücken gekehrt.

In Jerewan erfuhren wir von Tanjas Ausschluß aus dem Abendseminar der Journalistischen Fakultät der Universität Moskau. Tanja hatte zufällig ihren Ausschlußbefehl am Schwarzen Brett gesehen (am 16. Oktober, etwa einen Monat nach der Demonstration vor der libanesischen Botschaft). Wir flogen sofort nach Moskau zurück. Die Zeit relativen Wohllebens, die wir uns gegönnt hatten (wohl wissend, daß sie nicht von Dauer sein konnte), war zu Ende. Ein neuer, schwieriger Lebensabschnitt begann. Das schrecklichste daran war, daß die Kinder – Tanja, Aljoscha und Efrem – plötzlich zu *Geiseln meiner gesellschaftlichen Aktivität* wurden. (Später wurden selbst meine Enkel und ebenso Aljoschas Frau als Geiseln mißbraucht). Man verwehrte den Kindern eine vollwertige Ausbildung; sie und mein Schwiegersohn durften nicht arbeiten. Den Kindern, meinem Schwiegersohn und meiner Schwiegertochter drohte gerichtliche Verfolgung und allen miteinander, die Enkel eingeschlossen, physische Gewalt, die Ermordung aus dem Hinterhalt. Dies war nicht die Ausgeburt einer krankhaften Phantasie, sondern die Realität, wie sie sich in ihrer ganzen fürchterlichen Nacktheit vor uns entblößte.

Im Laufe der nächsten Jahre versuchten wir, irgendwelche *annehmbaren* Auswege aus dieser Situation zu finden. Im Lichte dessen muß man viele Handlungen und Schritte sehen, über die ich noch berichten werde. Letzten Endes mußten wir uns jedoch zu dem schweren Entschluß durchringen, die Kinder emigrieren zu lassen.

Im Herbst 1972 war Tanja im letzten Studienjahr, sie hätte nur noch ihre Diplomarbeit zu schreiben und zu verteidigen gehabt (wofür eine bestimmte Zeit eingeräumt wird). Die Relegation von Studenten in dieser Abschlußphase ist etwas äußerst Seltenes und erfordert absolut außergewöhnliche Gründe. Ursprünglich hieß es in Tanjas Ausschlußbefehl: »Als nicht arbeitend ausgeschlossen.« Danach wurde dieser Befehl gegen einen anderen ersetzt, der die raffiniertere Formulierung enthielt: »Als nicht hauptberuflich arbeitend ausgeschlossen.« Den allgemeinen Bestimmungen zufolge sind die Studenten des Abendseminars verpflichtet, während des Studiums in ihrem Beruf zu arbeiten. Tatsächlich vernachlässigen viele diese Regel, wobei normalerweise ein Auge zugedrückt wird. Tanja hatte keine Planstelle, sie vertrat formell eine Frau, die in Schwangerschaftsurlaub gegangen war. Somit erfüllte sie *de facto* die an die Studenten des Abendseminars gestellten Forderungen, besaß jedoch *de jure* nicht die Möglichkeit, gegen die zweite, veränderte Befehlsformulierung zu protestieren. Es war klar, daß man zuerst über ihren Ausschluß entschieden und spitzfindige, wohlinformierte Leute im nachhinein die Formulierung gefunden hatten, die diesen im Grunde diskriminierenden Akt rechtfertigen sollte. »Auf die Straße gesetzt«, begann Tanja schon Ende Oktober mit der Arbeit als Verkäuferin in der Buchhandlung in unserem Haus.

Ende Oktober fand die Gerichtsverhandlung gegen Cronid Lubarsky statt. Lubarsky, von Beruf Astrophysiker, spezialisiert auf die Astrophysik der Planeten, war einmal Vorsitzender der Moskauer Astronomischen Gesellschaft gewesen. Ljusja kannte ihn schon vor seiner Verhaftung im Januar. Ihm wurde im wesentlichen die Verbreitung der *Chronik der laufenden Ereignisse* zur Last gelegt (was seine Rolle sogar ein wenig schmälerte; heute darf man das sagen).

Im Sommer hatten Ljusja und ich den Versuch gemacht, ein Persönlichkeitsgutachten von Leuten, die ihn beruflich kannten, zu bekommen. Das

Gutachten schrieb schließlich Iossif Schklowskij, ebenfalls Astrophysiker und korrespondierendes Mitglied der Akademie der Wissenschaften der UdSSR, den Ljusja und ich unabhängig voneinander gut kannten (Schklowskij war 1941 mein Mitreisender im Militärzug). Dieser Freundschaftsdienst trug ihm kaum Unannehmlichkeiten ein (außer einer vorübergehenden Unterbrechung seiner Auslandsreise-Erlaubnis).

Die Verhandlung gegen Lubarsky wurde in Noginsk abgehalten (einer Stadt im Gebiet Moskaus nicht weit von seinem Wohnort), und zwar, gemessen an anderen Prozessen gegen Andersdenkende, in vielleicht noch gröberer Manier als die gegen Bukowski. Natürlich wurde niemand außer den nächsten Verwandten in das Gerichtsgebäude eingelassen, nicht einmal in den Korridor. Als die KGB-»Vertrauensleute« einen Moment lang nicht aufpaßten, drangen wir zu zehnt oder zwölft in die Hälfte des Korridors ein, die vom übrigen Gebäudetrakt durch eine Tür abgetrennt war. Plötzlich öffnete sich diese Tür krachend und so etwas wie ein Rammbock aus KGB-Leuten wälzte sich auf uns zu. In Sekundenschnelle waren wir alle auf die Straße hinausgestoßen, viele wurden zu Boden geworfen, manchen, darunter auch mir, die Arme verdreht. Auf der Straße ging Ljusja auf den Leiter dieser Operation, der etwas abseits stand, zu und versetzte ihm eine Ohrfeige. In der Mittagspause wurde die Eingangstür von außen mit einem großen Vorhängeschloß versperrt; nach der Pause trat das Gericht wieder zusammen. Formell öffentlich, fand der Prozeß hinter Schloß und Riegel statt! Ein beredtes Symbol für den Gesetzbruch. Cronid Lubarsky wurde zu fünf Jahren Haft verurteilt.

Als Ljusja und ich, müde und erregt, von der Verhandlung nach Hause zurückkamen, erwartete uns dort bereits der Korrespondent der populären amerikanischen Zeitschrift *Newsweek*, Jay Axelbank. Es kam zu einer Art Interview. Ich wollte vor allem von dem Prozeß gegen Lubarsky berichten, antwortete jedoch natürlich auch auf andere Fragen – zu meiner eigenen Person und meinen Ansichten. Bald darauf kam Jay, um mir seinen Artikel (der bereits veröffentlicht war) zu zeigen. An diesem ersten Interview verstimmten mich einige Ungenauigkeiten (eher »Akzentverschiebungen«) und die Tatsache, daß Lubarsky kaum erwähnt wurde, so sehr, daß ich lange nicht einschlafen konnte. In der Folge, als ich mit der Arbeitsweise der Presse besser vertraut war, wurde ich Geringfügigkeiten gegenüber unempfindlicher; es gab stets Gründe, sich über ernstere Probleme zu ärgern. Heute denke ich, daß Axelbanks Artikel erheblich besser war, als er mir damals schien. Später gestaltete sich unser Verhältnis zueinander durchaus gut.

Zehn Tage nach der Verhandlung (am 9. November) erhielt Ljusja eine Vorladung ins Moskauer Stadtkomitee der Partei. Sie hatte vorsorglich ihre Austrittserklärung aus der Partei formuliert, in der es hieß:

> »Im Zusammenhang mit meinen Überzeugungen sowie wegen wiederholter Verstöße gegen die Parteidisziplin meinerseits bitte ich um meinen Ausschluß aus der KPdSU.«

Zu diesem Termin war auch die Sekretärin der Parteiorganisation der medizinischen Lehranstalt geladen, in der Ljusja bis zu ihrer Pensionierung gearbeitet hatte. Sie war im März 1972 entlassen worden, kurz nachdem sie mit fünfzig Jahren das Pensionsalter für weibliche Kriegsversehrte erreicht hatte (laut Paß war sie fünfzig geworden, in Wirklichkeit war sie ein Jahr jünger). Gleich nach unserer Heirat hatte sie Schwierigkeiten mit der Zuweisung von Unterrichtsstunden bekommen.

Sobald Ljusja und die Sekretärin der Parteiorganisation eingetroffen waren, rief man sie vor die Kommission. Am Tisch saßen etliche Personen (vermutlich waren die Hälfte davon KGB-Beamte). Einer von ihnen begann mit der Erklärung, man habe Kenntnis davon erhalten, daß sich Genossin J. G. Bonner vor dem Gerichtsgebäude in Noginsk rowdyhaft benommen und einen Mitarbeiter der Staatssicherheitsorgane geohrfeigt habe. Sie möge ihr Verhalten, das daran zweifeln lasse, ob sie weiterhin Parteimitglied bleiben könne, erläutern. Offenbar wollte man sie mit der Androhung des Parteiausschlusses gefügig machen und vielleicht zu einem Reuebekenntnis und einem Besserungsgelöbnis veranlassen. Ljusja zog ihre Austrittserklärung und ihr Parteibuch aus der Handtasche und legte beides vor die Kommissionsmitglieder. Dies war ein gewaltiger Schlag; sie hatte damit gezeigt, daß man sie auf diese Weise nicht erpressen konnte, daß sich, im Gegenteil, die Kommission mit der sehr seltenen und äußerst unangenehmen Tatsache eines freiwilligen Austritts aus der allmächtigen Partei konfrontiert sah. In diesem Moment flüsterte die Sekretärin der Parteiorganisation Ljusja voller Entsetzen zu: »Was tust du da! Du hast doch Kinder!«

»Laß mich in Ruhe. Was haben denn die Kinder damit zu tun?«

Die Frau hatte es gut mit Ljusja gemeint, und dieser unwillkürliche Einwurf war ehrlicher Besorgnis entsprungen. Nicht zum ersten- und nicht zum letztenmal begegneten wir der Tatsache, daß die Menschen innerhalb des Sowjetsystems nicht besser von ihm denken, sondern sogar schlechter noch als die Dissidenten, die vielleicht noch irgendwelche Illusionen haben.

Ljusja sagte: »Das heißt also, das KGB hat vor dem Gerichtsgebäude gegen das Gesetz verstoßen! Seine Mitarbeiter haben sich dort nicht ausgewiesen!«

Einer der am Tisch Sitzenden versuchte, die Initiative an sich zu ziehen. »Wieso sind Sie der Sowjetmacht gegenüber so feindlich eingestellt, sie hat Ihnen doch alles gegeben: eine Ausbildung und eine interessante Arbeit.«

»Nichts von dem, was ich besitze, habe ich geschenkt bekommen – ich habe gekämpft, fast das Augenlicht verloren und rund um die Uhr gearbeitet.«

Der KGB-Beamte erwiderte: »Sie sagen die Unwahrheit. Daran ist nur Ihre Verstocktheit schuld. Sie erzählen überall herum, Ihr Vater sei erschossen worden. Er ist aber nicht erschossen worden.«

Es war unklar, ob er schlichtweg log oder irgend etwas wußte; darin bestand wahrscheinlich das psychologische Kalkül: Verwirrung stiften, aus der Fassung bringen, zum Sprechen herausfordern. Ljusja schwieg, obwohl sie innerlich kochte. Der KGB-Beamte fuhr fort: »Wir werden Ihren Fall der Kommission des Stadtkomitees vortragen.«

Ljusja antwortete: »Auf Wiedersehen.«

Sie ging hinaus und ließ das Parteibuch und die Austrittserklärung auf dem Tisch zurück. Niemand unterrichtete sie jemals über den weiteren Verlauf dieser Angelegenheit, und Ljusja machte keinen Versuch, sich danach zu erkundigen. Laut Satzung kann nur die Basisorganisation der Partei jemanden auf einer Vollversammlung ausschließen, normalerweise in Anwesenheit des Betreffenden, und das Rayonskomitee der KPdSU bestätigt diesen Ausschluß. Der Ausgeschlossene besitzt das Recht, bei der Parteiaufsichtskommission Einspruch zu erheben. Doch Ljusjas Fall wurde in der medizinischen Lehranstalt wohl kaum besprochen. Wie auch immer, faktisch hatte sie endgültig mit der Partei gebrochen, und die Art, wie diese gegen ihre eigene Satzung verstieß, berührte Ljusja bereits nicht mehr.

Die in diesem Kapitel geschilderten Ereignisse markieren unseren Übergang in einen »neuen Zustand«. In vollem Ausmaß sollte sich dies im folgenden Jahr, 1973, zeigen.

X. Familienangelegenheiten

Tschakowskijs Artikel. Interview mit Ole Stenholm. Kornilows Artikel. Aljoscha wird nicht an die Moskauer Universität aufgenommen

Ich beschloß, den Rektor der Moskauer Universität, Akademiemitglied Iwan Georgijewitsch Petrowskij, um Tanjas Wiederaufnahme zu ersuchen. Ich war I. G. Petrowskij früher schon begegnet. Bis zur Auflösung der Akademieabteilungen im Jahre 1961 waren er und ich sogar Mitglieder derselben physikalisch-mathematischen Abteilung gewesen. Er war ein großer Mathematiker, der zu Beginn der fünfziger Jahre bereitwillig das Amt des Rektors auf sich nahm und dies als Erfüllung einer politischen Pflicht der Jugend und den Dozenten gegenüber ansah. In jenen düsteren Jahren war er zweifelsohne ein Mann von großer Tapferkeit und Standhaftigkeit, der sich schützend vor Dozenten und Studenten stellte. Und dazu gab es manchen Anlaß. Ehrenhafte, begabte Dozenten galt es, gegen die Beschuldigung der Kriecherei vor dem Westen, Juden vor unverhohlenem Antisemitismus in Schutz zu nehmen. Kurz vor Petrowskijs Bestellung zum Rektor erschien einmal eine ganze Gruppe von Studenten nicht zum Unterricht; etwa dreißig Personen waren in einer einzigen Nacht verhaftet worden. Es handelte sich um eine von oben sanktionierte Aktion, gegen die man nichts ausrichten konnte; weder Petrowskijs Vorgänger noch er selber konnten etwas bewirken. Unter den Verhafteten befand sich wohl auch Konstantin Bogatyrjow, von dem noch die Rede sein wird. Die Universität wurde für Petrowskij zum Lebenssinn, obwohl ihn sein Amt gewiß oft sauer ankam (sogar in seiner Hausfakultät, der Mathematischen, gab es eine starke Opposition, die jederzeit bereit war, ihn zu stürzen); dennoch glückte ihm manches.

Vor 1972 hatte ich mich zuletzt im Jahre 1967 mit Petrowskij getroffen. Alexander (Sascha) Zuckerman, der Sohn meines Kollegen im Objekt, W. A. Zuckerman, war auf tragische Weise ums Leben gekommen. Der junge Mann hatte die mündliche Aufnahmeprüfung in Mathematik bei Professor Modenow abgelegt, einem eingefleischten Antisemiten. Modenow gehörte irgendeiner anderen Fakultät an, war aber eigens in die Aufnahmekommissionen eingeschleust worden, da er jüdische Abiturienten sehr geschickt und genußvoll »absägte«; diese Aufgabe war immer aktuell. Bei Sascha Zuckerman wandte er den üblichen Trick an: Er stellte ihm Aufgaben, die in einer mündlichen Prüfung sehr schwer zu lösen waren, unterbrach und verwirrte ihn, und als sich Sascha dennoch – ziemlich rasch – an die richtige Antwort herantastete, erklärte er die Prüfung für beendet und erteilte die Note »Unbefriedigend«. Sascha kam mit unerträglichen Kopfschmerzen nach Hause, eine schwere Gemütskrankheit verschlimmerte sich, und nach einer Woche war er tot.

Obwohl das tragische Ende wahrscheinlich durch die Prüfungsvorgänge nur beschleunigt worden war, rief der Vorfall doch große Bestürzung hervor, um so mehr, als Willkür und Ungerechtigkeit bei Aufnahmeprüfungen so häufig waren. Ich berichtete Petrowskij von Sascha (er wußte bereits davon) und unterbreitete ihm den Vorschlag, den mir der Vater des verstorbenen Jungen mitgegeben hatte, daß unter den gegenwärtigen Bedingungen die einzig richtige Form der Aufnahmeprüfung, bei der alle Kandidaten in der gleichen Situation wären, ein schriftliches Examen sei. Die mündlichen Prüfungen mußten abgeschafft oder durch schriftliche ersetzt werden. Petrowskij stimmte mir zu und sagte, daß er über das Ministerium und das ZK alles Menschenmögliche unternehmen werde, um eine derartige Änderung der bestehenden Vorschriften zu erreichen. Ich glaube, er meinte es ernst. Doch weder ihm noch irgendeinem anderen gelang es, auch nur ein Jota zu ändern. Schon damals wirkte Petrowskij müde und krank, er hatte ein Herzleiden.

1972 waren meine Verhandlungen mit ihm für uns beide sehr mühsam. Leider war er mir gegenüber nicht ganz und gar aufrichtig; kein einziges Mal sagte er, daß er in meinem Fall nichts tun könne, obwohl er einsehe, daß Tanja zu Unrecht ausgeschlossen worden sei. Hätte er dies gesagt, wäre es unter uns geblieben, und ich hätte gewußt, was zu tun und womit zu rechnen war. Doch statt dessen versuchte er, mich irgendwie zu überzeugen, daß man bei Tanja nach den für alle geltenden Regeln vorgegangen sei (was in meinen Augen pure Heuchelei war), und deutete gleichzeitig an, daß er vielleicht etwas für mich tun könne. Das veranlaßte mich, ihn immer wieder aufs neue aufzusuchen, wobei ich immer nervöser wurde. Während unserer vorletzten Unterredung rief er den Dekan der Journalistischen Fakultät, Professor Sassurskij, zur Verstärkung herbei; er war offener und sagte, Tanjas Ausschluß sei von arabischen Studenten gefordert worden (in ihrem Kurs war nur ein Afrikaner, mit dem Tanja befreundet war, Araber gab es nicht). Dies war aber immerhin ein indirekter Hinweis auf den wahren Grund: die Demonstration.

Zum letzten Termin lud Petrowskij den Sekretär der Parteiorganisation und den Prorektor hinzu, dessen KGB-Zugehörigkeit unverkennbar war. Im Gespräch mit ihnen – sie heuchelten empörend und sprachen zugleich (versteckte) Drohungen aus – wurde ich heftiger, als ich es gewöhnlich bin, und schlug zweimal mit der Faust auf den Tisch. Petrowskij nahm an dem Gespräch so gut wie gar nicht teil und saß nur betrübt und schweigend am Ende des Tisches. Die Zusammenkunft war wieder ergebnislos. Am selben Tag starb Iwan Petrowskij ganz plötzlich. Man erzählte mir später die Umstände seines Todes. Er war zu einer Besprechung mit Trapesnikow, dem Leiter der Wissenschaftsabteilung, ins ZK gefahren (unterwegs hatte er eine Mitarbeiterin der Universität in seinem Privatwagen mitgenommen und mit ihr gescherzt). Im ZK sollte die Übertragung irgendwelcher Bereiche der Aspirantenausbildung von den Provinzuniversitäten auf die Universität Moskau erörtert werden. Petrowskij maß dem Thema große Bedeutung zu und hatte eigens ein Memorandum dazu geschrieben. S. P. Trapesnikow hingegen verwarf das Memorandum und sagte ihm bei der Besprechung seine Meinung, vielleicht, wie er das oft tat, in ironischer Form. Petrowskij verlor die Fassung, ging in den Hof des ZK hinaus, fiel dort hin und war tot.

Bald darauf gab man mir die Schuld an seinem Tode. Zunächst erhielt ich einen Brief mit diesem Vorwurf von einer der Sekretärinnen Petrowskijs; danach erfuhr ich von der Rede des Akademiemitglieds Pontrjagin (ebenfalls Mathematiker) vor dem Präsidium der Akademie, in der er forderte, ich müsse wegen meiner Handlungen, die Petrowskijs Tod herbeigeführt hätten (Faustschläge auf den Tisch und so weiter), zur Verantwortung gezogen werden. Dann bekam ich den Brief eines anderen Mathematikers (des bekannten Topologen und Akademiemitglieds P. S. Alexandrow) mit denselben Anschuldigungen. Ich antwortete ihm mit einem ausführlichen Brief, in dem ich den ganzen Sachverhalt darlegte, und auch auf Tanjas Fall einging. Der Sekretärin konnte ich nicht anworten; auf ihrem Brief stand, soweit ich mich erinnere, kein Absender. Natürlich war mir diese ganze Geschichte sehr unangenehm. Um Iwan Georgijewitsch tat es mir aufrichtig leid, ich hatte für ihn eine gewisse Sympathie empfunden, trotz seines zwiespältigen Verhaltens in Tanjas Fall.

Nachdem der Dekan von Tanjas Fakultät bei unserer vorletzten Zusammenkunft gegangen war, hatte Iwan Georgijewitsch, offenbar in dem Wunsch, die Atmosphäre zu entspannen, über andere Themen mit mir zu sprechen begonnen. Er erzählte, er habe G. I. Barenblat (den ich schon im Zusammenhang mit seinem Vater erwähnt habe) in der Mechanisch-Mathematischen Fakultät untergebracht, wobei er den erbitterten Widerstand seitens der Antisemiten in der Fakultät habe überwinden müssen. Ich beschloß, mich auch in anderen Angelegenheiten an ihn zu wenden. Petrowskij war Abgeordneter und Präsidiumsmitglied des Obersten Sowjets. Das Präsidium ist in der Zeit zwischen den Kongressen des Obersten Sowjets offiziell das höchste Regierungsorgan im Land. Seine Erlasse haben Gesetzeskraft, es kann alle übrigen Gesetze nicht nur ergänzen, sondern auch abschaffen, zudem besitzt es das Begnadigungsrecht. Freilich hatte Petrowskij durchblicken lassen, daß die Rolle der »Durchschnittsmitglieder« des Präsidiums im wesentlichen rein formal sei; sämtliche Dokumente bereite der Apparat vor, sie bestätigten sie nur noch. Nichtsdestoweniger konnten sie bei gutem Willen doch manches bewirken.

Ich berichtete ihm von der Verstärkung der politischen Repressionen in der Urkaine. Er bemerkte, er sei schon seit Petljuras [1] Zeiten, als er Zeuge von Judenpogromen war, ukrainischen Nationalisten gegenüber auf der Hut. Ich hingegen äußerte die Meinung, daß jetzt dem demokratischen Flügel der Andersdenkenden, ob Ukrainer oder Nichtukrainer, ein besonders starker Schlag versetzt werde, und bat ihn, seinen Einfluß im Fall Semjon Glusmans geltend zu machen. Petrowskij willigte gern ein und versprach, die Akte Glusmans aus der Ukraine anzufordern. Während unserer Unterhaltung schenkte er sich, verschmitzt lächelnd, ein Gläschen schwarzen Kaffees nach dem anderen aus einer Thermosflasche ein. Seine Verschmitztheit rührte daher, daß ihm die Ärzte verboten hatten, viel Kaffee zu trinken, und die Sekretärinnen, die ihm sehr herzlich zugetan waren, darauf achteten; er führte sie jedoch an der Nase herum. Ich weiß nicht, ob es Petrowskij gelang, im Fall Glusman irgend etwas zu unternehmen. Wahrscheinlich nicht.

* * *

Ende 1972 reiste Valerij Tschalidse in die USA aus. Zwei Monate vor seiner Abreise war er aus dem Komitee für Menschenrechte ausgetreten. Im Dezember trat Andrej Twerdochlebow, ohne seine Motive zu erklären, ebenfalls aus. Der Grund dafür war möglicherweise eine Mißbilligung meiner Stellungnahme zu Tschalidses Abreise. Neues Komiteemitglied wurde Grigorij Sergejewitsch Podjapolskij, Physiker, Geophysiker und langjähriger aktiver Mitstreiter in der Bürgerrechtsbewegung.

In den Jahren 1973 und 1974 fanden die Sitzungen des Komitees regelmäßig in unserer Wohnung in der Tschkalow-Straße statt, mit drei Teilnehmern: Schafarewitsch, Podjapolskij und mir. Wir verfaßten ein paar respektable Dokumente und veröffentlichten sie. Doch wir alle spürten, daß sich das Komitee in seiner damaligen Form überlebt hatte. Im Grunde erstellten wir »normale« Bürgerrechtsdokumente, die dadurch, daß sie Dokumente des Komitees für Menschenrechte hießen, herzlich wenig hinzugewannen. Unsere Treffen nahmen allmählich den Charakter eines blosen Informationsaustausches an. Die »Hausfrau« bei diesen Zusammenkünften war natürlich Ljusja. Grigorij erschien immer in Begleitung seiner Gattin Mascha (Maria Gawrilowna Petrenko-Podjapolskaja), die bei allen hausfraulichen Dingen kräftig zupackte. Ljusja und ich (auch Ruth Grigorjewna) waren bald mit beiden sehr eng befreundet. Was hingegen das Komitee betrifft, so kamen wir immer seltener auf seine Existenz zu sprechen. Schließlich war auch Schafarewitsch ausgetreten.

* * *

Ljusja und mir wurde mit der Zeit klar, daß eine Lösung des Ausbildungsproblems unserer Kinder in ihrer Emigration bestand. Doch der Gedanke an ihre Ausreise auf Dauer, die unausweichlich die Trennung von ihnen bedeuten würde, nahezu ohne Hoffnung, sie irgendwann einmal wiederzusehen, fiel uns schwer. Wir konnten uns zu diesem Schritt nicht entschließen, der unter den in unserem Lande herrschenden Bedingungen praktisch unwiderruflich ist, ohne uns vorher nicht wenigstens um einen zeitlich begrenzten Studienaufenthalt im Ausland bemüht zu haben (wir träumten von ein paar Jahren, während derer sich vielleicht irgend etwas an der Situation ändern könnte). Wir glaubten kaum an eine derartige Möglichkeit, aber wir mußten es dennoch probieren. In diese Zeit gehört der Ausspruch des fünfzehnjährigen Aljoscha: »Ich bin innerlich eher bereit, nach Mordwinien ins Lager zu gehen als in die Emigration.« Man muß den wortkargen, sich präzise ausdrückenden und ein wenig skeptischen Aljoscha kennen, der so gar keinen Hang zur Pose hat, um diese Worte und ihren ganzen Ernst würdigen zu können.

Auf Anraten und mit Hilfe meines Kollegen und Freundes J. L. Feinberg aus dem FIAN knüpfte ich eine Verbindung zu Professor Victor Weisskopf vom Massachusetts Institute of Technology (MIT, Boston, USA), zu demselben Mann, den ich im Sommer 1970 bei Igor Jewgenjewitsch Tamm getroffen hatte. Im Frühling 1973 kam die erste Einladung für Tanja, Efrem und Aljoscha vom MIT, unterschrieben vom Präsidenten des MIT, Jerome Wiesner. Danach wurden diese Einladungen mehrmals wiederholt, einige davon waren vom Außenministerium der USA beglaubigt; mit der Unterschrift und dem persönlichen Siegel Kissingers. Nun begannen langwierige – und fruchtlose – Versuche, die Reiseerlaubnis für die Kinder zu bekommen.

Im Frühjahr 1973 geschah noch etwas, dem ich damals keine besondere Bedeutung beimaß, das aber später großes öffentliches Aufsehen erregte und zahlreiche Stellungnahmen auslöste. Ich wurde aus Amerika von Vertretern der Universität Princeton angerufen (damals waren Auslandsgespräche mir noch möglich). Sie machten mir den Vorschlag, für das Studienjahr 1973/74 nach Princeton zu kommen und eine Vorlesungsreihe über Theoretische Physik zu halten, (die Einladung ging wohl auf die Initiative Professor Wheelers zurück, der sich wahrscheinlich von Tbilissi her an mich erinnerte). Ich fand, daß ich jedenfalls nichts verlöre, wenn ich den Vorschlag nicht sofort ablehnte – Princeton abzulehnen, wo Einstein seine letzten Jahre verbracht hatte, wäre taktlos gewesen. Ich rechnete dabei in erheblich geringerem Maße mit der Möglichkeit einer solchen Reise als im Falle der Kinder (wegen meiner »Geheimnisträgerschaft« bis 1968); ich rechnete so wenig damit, daß ich kein einziges Mal darüber nachdachte, was ich dort vortragen würde. (Natürlich hätte ich über meine Arbeit von 1966 zur Baryonenasymmetrie des Weltalls lesen müssen; diese Arbeit war damals im Ausland so gut wie unbekannt, und meine Vorlesung hätte den Gang des wissenschaftlichen Prozesses beeinflussen können. Aber leider ...) Tatsächlich begannen damals viele meiner Kollegen, zu Seminaren und Konferenzen, Vorlesungssemestern und so weiter ins Ausland zu reisen (darunter auch einige, die wie ich »Geheimnisträger« gewesen waren), so daß an meiner Reise formal nichts Außergewöhnliches gewesen wäre. Ich wiederhole jedoch, ich hielt sie für äußerst unwahrscheinlich. Zugleich konnte ich aber eine derartige Möglichkeit nicht gänzlich ausschließen, wobei ich mir *sicher* war, daß man mir keinesfalls wie Tschalidse die Staatsbürgerschaft entziehen würde. Damit verlören die Behörden ja die Kontrolle über mich und liefen Gefahr, daß ich mich von der Verpflichtung, Staatsgeheimnisse zu hüten, frei fühlen würde. (In Wirklichkeit ist die Möglichkeit, daß ich während meines Verbleibens in der Sowjetunion gegen diese Verpflichtungen verstoßen könnte, um nichts geringer, doch ich hatte und habe das nicht vor!) So dachte ich im Herbst 1973 und auch danach – etwa im Zusammenhang mit der Nobelpreiszeremonie und der Einladung von 1977 zum

Kongreß des amerikanischen Gewerkschaftsbundes AFL-CIO. Einige Monate nach dem Telefongespräch kam die offizielle Einladung nach Princeton.

Im März 1973 erschien in der *Literaturnaja gaseta* ein Artikel ihres Chefredakteurs Alexander Tschakowskij. Darin wurde mein fünf Jahre alter Essay *Gedanken über Fortschritt* ... untersucht. Bekanntlich dient diese Zeitung, obwohl sie sich auf der Titelseite als Organ des Sowjetischen Schriftstellerverbandes bezeichnet, oft als Sprachrohr des Zentralkomitees; Tschakowskij selbst galt als Vertrauter Breschnews und war angeblich einer der Verfasser von dessen Memoiren. In seinem Artikel charakterisierte mich Tschakowskij als naiven, geltungssüchtigen Menschen, der »kokett mit dem Ölzweig wedle« und utopische und deshalb schädliche Ideen der sogenannten Konvergenz propagiere. Der Artikel schlägt eher einen herablassenden Ton über meine Unwissenheit in politischen Fragen an als einen »anprangernden«. Sacharow sei nicht bei seinen Leisten geblieben und habe sich in einfachen Dingen verheddert. So wurde die »Verschwörung des Schweigens« mir gegenüber gebrochen. Warum das ausgerechnet damals, im Jahre 1973, geschah, weiß ich nicht.

Ende Juni oder Anfang Juli 1973 gab ich der ausländischen Presse mein zweites Interview. Es stellte sich als sehr wichtig heraus, sowohl in seinem Gehalt, da grundsätzliche Fragen berührt wurden, als auch in seiner Wirkung. Das Interview erfuhr weite Verbreitung, rief eine scharfe Reaktion des KGB hervor und übte großen Einfluß auf mein Schicksal aus. Ich gab es dem Korrespondenten des norwegischen Rundfunks und Fernsehens, Ole Stenholm. Wie zu Jay Axelbank hatten wir damals auch zu ihm ein herzliches und freundschaftliches Verhältnis entwickelt. Ole hatte einige Zeit vorher um ein Interview zu allgemeinen Themen gebeten und seine Fragen skizziert, damit ich mich vorbereiten konnte (das war mir eine große Hilfe). Schließlich war ich bereit. Wir gingen in Ljusjas und mein Zimmer. Ole setzte sich mir gegenüber auf das Bett (und ich mich in den Sessel), griff nach dem Mikrofon und hielt es mir vor den Mund.

»Was denken Sie über ...?«

Das Interview begann. Die Fragen berührten meine generelle Einschätzung des Sowjetsystems, die Möglichkeiten seiner Veränderung, den möglichen Einfluß der Dissidenten darauf, das Verhalten der Behörden ihnen gegenüber und die Situation hinsichtlich der Menschenrechte. Ich sprach zunächst über allgemeine Themen auf Band; das fand ich schwierig, doch verlor ich nach und nach die Furcht, mich zu wieder holen, und wurde gelöster. Ich glaube, das Interview war ein Erfolg. Eine Woche später wurde es von ausländischen Sendern ausgestrahlt und im Laufe der beiden folgenden Wochen mehrmals wiederholt. Danach aber brach das Donnerwetter los! Wieder wurde die *Literaturnaja gaseta* benutzt. Sie brachte einen Artikel ihres Kommentators Jurij Kornilow (Mitarbeiter der Nachrichtenagentur APN, die angeblich unabhängig, in Wirklichkeit aber eines der Hauptinstrumente des KGB ist). Besonders scharf verurteilte Kornilow meine Charakterisierung der in der Sowjetunion errichteten Gesellschaft als Staatskapitalismus mit einem extremen parteilichen und staatlichen Monopol in den Bereichen Wirtschaft, Ideologie und Kultur (er verwendete keine genauen Zitate, so daß nicht ganz klar war, worum es ging). Die Heftigkeit der Reaktion zeigte, daß ich »ins Schwarze getroffen« hatte. Kornilows Artikel enthielt Verweise auf das österreichische, kommunistische Blatt *Volksstimme.* In den folgenden Tagen druckten die *Literaturnaja gaseta*, die *Iswestija* und weitere sowjetische Zeitungen diese und andere »Anti-Sacharow-Glossen« nach. (Viel später stellte sich heraus, daß diese ganze Nachdruckepidemie bei einem Artikel ebendieses Kornilow ihren Ausgang genommen hatte, so daß er sich in der *Literaturnaja gaseta* selbst zitierte.) In Erinnerung an die dreißiger Jahre fürchtete Ruth Grigorjewna, daß auf die Pressekampagne etwas Schlimmeres folgen könnte. Tatsächlich bekam ich bald darauf eine Vorladung zum Stellvertretenden Generalstaatsanwalt der UdSSR, Maljarow. Doch davor geschah noch etwas Einschneidendes und Betrübliches: Aljoscha wurde nicht in die Universität aufgenommen.

Ljusjas Sohn Aljoscha hatte seit der achten Klasse gern und mit Erfolg eine mathematische Schule besucht. Ihm gefiel dort die freie, intellektuelle Umgebung, die sich stark von jener in den meisten anderen Schulen unterschied. (In die mathematische Schule war er eingetreten, nachdem er unter die Preisträger der mathematischen Olympiade aufgerückt war; drei Mathematikschulen hatten ihm Einladungen geschickt; wir hatten die nächstgelegene, nämlich die Zweite, für ihn ausgewählt.)

Das sowjetische Schulsystem ist ein eigenes, sehr ernstes Thema, obwohl es vielleicht in mancher Hinsicht sogar besser als das allgemeinbildende Schulsystem in einigen anderen Ländern ist. Die Situation der Lehrer ist alarmierend: niedriges Gehalt, Demütigung und übermäßige Belastung. Das Kreuz der sowjetischen Schulen sind die riesigen Lehrpläne, die nicht einmal halbwegs vernünftig zu erfüllen sind und zur Überlastung der Schüler führen. Natürlich ist das andere Extrem noch schlechter: das Fehlen hoher intellektueller Anforderungen an die Schüler, was in der Tat häufig ist, besonders in Dorfschulen. Überfüllte, stickige Klassen, andere Mißlichkeiten und Armut prägen das Bild der meisten Schulen. Die sozialen Probleme der heutigen Sowjetgesellschaft, die durch die Familie auf die Kinder projiziert werden – besonders nationale Zwietracht, die sich zum Rassismus steigert, Alkoholismus, Zynismus und allgemeine Frustration –, sind außerordentlich ernst zu nehmen, denn nichts kann einen Menschen so leicht verkrüppeln wie eine schlechte Schule (und eine schlechte Familie). Die Zweite Mathematikschule, die Aljoscha besuchte, stellte eine Ausnahme dar. Sowohl die Lehrer als auch die allgemeine Atmosphäre waren dort anders. Freilich begann sich gegen Ende von Aljoschas Zeit dort vieles zum Schlechteren zu ändern. Und heute hat man die Zweite Mathematikschule überhaupt ganz »geschlossen«, offensichtlich, weil sie dem »Zeitgeist« nicht entspricht – ein krasser Zug der gegenwärtigen Periode (heute ist dort eine Schule mit sportlicher Ausrichtung).

Einige Monate vor Schulschluß begann man, auf Aljoscha mit der Forderung, er solle sich von mir distanzieren, immer stärkeren Druck auszuüben. Man verlangte von ihm, er solle unbedingt in den Komsomol eintreten, sozusagen um seine Distanzierung zu bestätigen. In Aljoschas Klasse wurde (wie im Land allerorten) sogenannter »Lenin-Unterricht« abgehalten. Die Tatsache, daß man bei diesem Unterricht anwesend war, bedeutete an sich schon den Eintritt in den Komsomol. Ich sagte Aljoscha, daß ihm eine derart undifferenzierte, automatische Aufnahme keinerlei moralische Verpflichtungen auferlege, und riet ihm, sich das Leben wegen dieses reinen Formalakts nicht zu zerstören und zum Unterricht zu gehen. Aljoscha antwortete: »Andrej Dmitrijewitsch, Sie selbst erlauben sich, ehrlich zu sein, weshalb raten Sie mir etwas anderes?« (Einige Jahre später sagte Efrem aus einem anderen Anlaß das gleiche zu Ljusjas und mir. Beide Male schämte ich mich sehr.)

Im selben Jahr wurde mein Sohn Dima in den Komsomol aufgenommen. Der einzige Ausweg bei Aljoschas Aufrichtigkeit und Standhaftigkeit war, von der Mathematikschule abzugehen. Deshalb schloß Aljoscha seine Schulzeit in seiner alten »normalen« Schule ab. Er absolvierte sie als Klassenbester und reichte seine Unterlagen zur Immatrikulation an der Mathematischen Fakultät der Universität Moskau ein (wie auch viele seiner ehemaligen Kameraden von der Mathematikschule). Die Aufnahmeprüfungen begannen im Juli, als gerade der Artikel über mich in der *Literaturnaja gaseta* erschien. Zweifellos waren die Mitglieder der Aufnahmekommission im Bilde, wer Aljoscha war und in welcher Beziehung er zu mir stand. Er wurde sofort Opfer einer gezielten Diskriminierung, was für ihn besonders erschütternd war – an der Schwelle zur Universität, die er innerlich als etwas Achtens- und sogar Begeisternswertes empfand. Schon in der mündlichen Mathematikprüfung nahmen sie Aljoscha »dran«. Laut Prüfungsordnung wird dem Abiturienten nach der mündlichen Prüfung seine schriftliche Arbeit ausgehändigt; damit hat er die Möglichkeit, die Note der Korrektoren anzufechten.

Aljoscha bemerkte einen bei der Korrektur übersehenen Fehler und wies seine Prüfer mit der ihm eigenen Aufrichtigkeit darauf hin, ohne deren feindselige Gesinnung ihm gegenüber zu erfassen. Die Prüfer nutzten dies sofort aus und setzten seine mündliche Note herunter. Trotz dieser Ränke und Kniffe brachte es Aljoscha auf die Mindestpunktzahl, und bei der letzten Prüfung – schriftlich über Literatur – hatte er ausreichend Punkte, um auf die Note Drei zu kommen. Man gab ihm die Note »Unbefriedigend«. Gegen die allgemeinen Regeln verstoßend, hatte man seine Arbeit zweimal korrigiert; bei der ersten Korrektur war sie mit »Gut«, bei der zweiten mit »Mangelhaft« bewertet worden. Gewöhnlich erfolgt die zweite Korrektur auf Bitten des Abiturienten, wenn bei der ersten eine unbefriedigende Note erteilt worden ist. Später erfuhren wir über Aljoschas zukünftige Schwiegereltern, daß die Korrektorin den unverblümten Befehl erhalten hatte, die Arbeit mit »unbefriedigend« zu benoten (»dieser Junge wird sowieso nicht genommen werden, und Sie sind sonst Ihre Arbeit los«). Sie hatte eine schlaflose Nacht, war jedoch gezwungen, sich unterzuordnen. Eine Zweitkorrektorin fand in Aljoschas Arbeit angeblich eine Menge stilistischer Fehler; es war einfach eine pingelige Krittelei. Außerdem hatte man die Gesamtfehlerzahl ganz offenkundig gefälscht. Dies anzufechten war jedoch unmöglich, weil man uns die Arbeiten nicht in die Hand gab!

Im selben Jahr trat Aljoscha in die Mathematische Fakultät des Pädagogischen Instituts ein. Das Niveau des Unterrichts und der Studenten war dort erheblich niedriger. Indes, auch diese Hochschule konnte Aljoscha nicht beenden. Seiner zukünftigen Frau aber gelang die Immatrikulation an der Universität trotz allem. Aljoschas Geschichte ist keine Ausnahme an dieser und den meisten anderen Hochschulen, die einigermaßen gut und angesehen sind. Viel ist schon über Diskriminierungen von jüdischen Abiturienten geschrieben worden. Hier liegt wirklich eine schreiende Ungerechtigkeit vor, die alljährlich Tausenden oft sehr fähiger Jungen und Mädchen das Leben verdirbt. Es gibt alle möglichen Formen der Diskriminierung den Kindern von Dissidenten und Gläubigen gegenüber:

1. Obwohl die schriftlichen Arbeiten anonym unter einer Nummer geschrieben wurden, war der Aufnahmekommission der Zusammenhang zwischen der Nummer und dem Familiennamen bekannt. An der Universität Moskau bestimmte eine Ziffer der zugeteilten Nummer, ob deren Träger »unerwünscht« war.

2. An der Universität Moskau wurden die Abiturienten für die Prüfungen in Gruppen aufgeteilt. Wenn man zu einer bestimmten Gruppe gehörte, so stand im voraus fest, daß alle ihre Mitglieder in den mündlichen Prüfungen durchfallen würden.

Als ein junger Jude die sich vor dem Examen versammelnden Angehörigen seiner Gruppe erblickte, rief er aus: »Will man uns von hier etwa direkt nach Auschwitz bringen?«

Da Willkür bei mündlichen Prüfungen grundsätzlich eher möglich ist, wird die Rolle der schriftlichen Prüfungen künstlich verringert (entgegen Petrowskijs Versprechen, sie zu der Haupt- oder sogar einzigen Prüfungsart zu machen). Ein Trick ist, Aufgaben zweierlei Art zu stellen: die Hälfte der Aufgaben extrem leicht, so daß alle Abiturienten mit Ausnahme der völlig unvorbereiteten sie lösen können, die andere Hälfte extrem schwer, so daß keiner der Abiturienten, wie fähig er auch sei, sie lösen kann. Aus ebendiesem Grund lösen alle Abiturienten außer den ganz schwachen dieselbe Zahl von Aufgaben und erhalten eine Drei. Was aber die Aufgaben betrifft, welche die »zum Scheitern verurteilten« Abiturienten in der mündlichen Prüfung innerhalb von fünfzehn Minuten lösen müssen, so habe ich mich im Laufe einiger Jahre hin und wieder selbst an ihnen versucht. Gewöhnlich brauchte ich dafür etwa zwei Stunden (und das bei unvergleichlich größerem Kenntnisstand als dem eines Abiturienten), und manchmal wurde ich damit überhaupt nicht fertig. Eine von Aljoschas Klassenkameradinnen rief, als sie diese ganze Misere sah, in jugendlichem Ungestüm: »Leute, das ist unmöglich, da muß man doch was tun!« (Sie selbst war Russin, und man hatte sie gerade aufgenommen.)

Die Diskriminierung der Juden beim Eintritt in die Hochschulen ist zweifellos Bestandteil einer bewußten Politik, die sie allmählich aus der intellektuellen Elite des Landes verdrängen soll (und nicht nur das Ergebnis des persönlichen Antisemitismus irgendwelcher Menschen in den Aufnahmekommissionen, Personalabteilungen, Institutsleitungen und so weiter). Von Jahr zu Jahr sinkt der Anteil der Juden, die in die Akademie der Wissenschaften aufgenommen werden. Der damalige Präsident der Akademie der Wissenschaften der UdSSR, Keldysch, soll im ZK gefragt worden sein, wann es in der Akademie keine Juden mehr geben werde, und geantwortet haben, für die Lösung dieser Aufgabe brauche man ungefähr zwanzig Jahre. Man muß hinzufügen, daß er in den von ihm geleiteten Instituten die jüdische Zwischenschicht ganz und gar nicht zu vermindern trachtete und persönlich wohl überhaupt kein Antisemit war. Ich wiederhole: Die Diskriminierung der Juden ist wichtiger Bestandteil einer umfassenden, zielgerichteten Politik, welche die allgemeine Intellektuellenfeindlichkeit und Kastenstruktur der heutigen sowjetischen Gesellschaft widerspiegelt. Redlichen Menschen ist diese grausame und für die Zukunft der Wissenschaft verderbliche Diskriminierungspolitik natürlich eine große Sorge. Im Samisdat sind mehrmals überzeugende und entlarvende Beiträge über die Diskriminierung der Juden bei der Immatrikulation an der Universität Moskau erschienen. Unlängst wurde ein Moskauer Hochschuldozent verhaftet. Offenbar beschuldigte man ihn der Urheberschaft an einigen dieser Beiträge.

XI. Die Anti-Sacharow-Kampagne von 1973

Vorladung zu Maljarow. Die Pressekonferenz vom 21. August 1973. Die Zeitungskampagne. Brief von Maximow, Galitsch und Sacharow zur Verteidigung Pablo Nerudas. Erklärungen Ljusjas und Barabanows

Am 16. August folgte ich der schriftlichen Vorladung zu Maljarow, dem Stellvertretenden Generalstaatsanwalt der UdSSR, in die Staatsanwaltschaft der Sowjetunion (Puschkinskaja 15; noch zweimal mußte ich danach in diesem Gebäude erscheinen). Ich benutzte einen Dienstwagen der Akademie; Ljusja begleitete mich und wartete besorgt und aufgeregt, während ich mit Maljarow redete. Als ich herauskam, gesund, munter und unverhaftet, bat sie mich, nichts zu sagen, sondern das ganze Gespräch zu Hause aus dem Gedächtnis aufzuzeichnen. (Ljusja hatte während des »Flugzeugentführerprozesses« bereits entsprechende Erfahrungen gesammelt.) Es war ein guter Rat. Mein Bericht wurde in der *New York Times* (mit einer Illustration, die ein Fallbeil darstellte) und offenbar auch in einigen anderen ausländischen Publikationen veröffentlicht. Um die gegen mich vorgebrachten Anschuldigungen zu beantworten, beschloß ich außerdem, eine große Pressekonferenz abzuhalten. Sie sollte unter anderem meine Entschlossenheit demonstrieren, nichts an meiner Handlungsweise, die ich für richtig und notwendig hielt, zu ändern; so wollte ich mich auch weiterhin mit ausländischen Korrespondenten treffen – gegen Maljarows Drohung, man könne dies als Verstoß gegen die Vorschriften zur Geheimhaltung von Staatsgeheimnissen ansehen. Desgleichen wollte ich die Linie weiterverfolgen, die ich im Interview mit Stenholm eingeschlagen hatte: Erläuterungen allgemeiner Probleme und Verteidigung Unterdrückter. Es war meine erste Pressekonferenz; sie erregte großes Aufsehen.

Etwa dreißig Personen fanden sich zu der Konferenz in unserem kleinen Zimmer ein: die Korrespondenten aller westlichen Presseagenturen und vieler großer Zeitungen; die meisten von ihnen sah ich zum erstenmal. Alle hatten Notizblock und Tonbandgerät bei sich, viele auch ihren Fotoapparat. Ich eröffnete die Pressekonferenz mit einer vorbereiteten Erklärung über meine Vorladung zu Maljarow und meinem persönlichen Kommentar dazu und verteilte den Text zusammen mit meiner Aufzeichnung des Gesprächs an die Korrespondenten. Danach beantwortete ich ihre zahlreichen Fragen. Ich sprach so leicht und frei, wie mir das selten gelingt, und, wie mir schien, ziemlich überzeugend (das »mündliche Genre« liegt mir im allgemeinen sehr wenig). Die Hauptfragen waren: Wie verhielte ich mich zur Entspannung, wie schätzte ich die Zukunftsaussichten der Bürgerrechtsbewegung und die Perspektiven für demokratische Veränderungen in der Sowjetunion ein, wie beurteilte ich die jüngsten Repressionen gegen Andersdenkende? Zum Thema Entspannung sagte ich, daß ich sie sehr hoch einschätzte, doch müsse der Westen beim Eintritt in diese neuen und komplizierten Beziehungen mit der Sowjetunion Vorsicht, Einigkeit und Festigkeit an den Tag legen. Die UdSSR sei eine geschlossene totalitäre Gesellschaft, ein »Land hinter der Maske«, wie ich improvisierte, dessen Handlungen unerwartet und außerordentlich gefährlich sein könnten. Der Westen müsse alles unterlassen, was dazu führen könne, daß die Sowjetunion militärische Überlegenheit erlange. Ebenso müsse der Westen die Geschlossenheit der Sowjetgesellschaft planmäßig abbauen. Nur unter diesen Bedingungen werde die Entspannung die internationale Sicherheit fördern. In meinen Antworten auf andere Fragen betonte ich, soweit ich mich erinnere, den moralischen Charakter der Dissidentenbewegung und den großen Konservatismus und die hohe Stabilität des sowjetischen Systems, das wenig Anlaß gebe, rasche Veränderungen zu erwarten (jedenfalls habe ich diese Gedanken, in verschiedenen Versionen, auf vielen Pressekonferenzen in den folgenden Jahren vorgebracht).

Sobald ich die Pressekonferenz für beendet erklärt hatte, rannten die Korrespondenten fast ohne Abschied im dichten Pulk die Treppe hinunter zu ihren Autos; jeder war bestrebt, als erster seinen Fernschreiber und sein Telefon zu erreichen. Bereits zwei Stunden später brachten alle westlichen Rundfunksender die Berichte ihrer Korrespondenten über Sacharows erste Pressekonferenz. Am nächsten Tag standen ausführlichere Berichte in den Zeitungen und wurden erneut von den Sendern gebracht. Von allen meinen Pressekonferenzen hatte diese erste wahrscheinlich das größte Echo.

Gleich danach reisten Ljusja, Aljoscha und ich in den Süden. Wir wollten Aljoscha Armenien zeigen, danach ans Meer fahren, baden und ausruhen und zum Unterrichtsbeginn am Pädagogischen Institut wieder zurückkehren. Nach ein paar Tagen rief Aljoscha vom Hotelzimmer aus seine zukünftige Frau Olja Lewschina an, die ihm aufgeregt erzählte, daß in den Zeitungen ein Offener Brief von Akademiemitgliedern abgedruckt worden sei, in dem Sacharow verurteilt werde.

Am Morgen besorgte Ljusja eine Zeitung, und wir konnten mit eigenen Augen die berühmt-berüchtigte Erklärung der vierzig Akademiemitglieder mit Präsident Keldysch an der Spitze lesen. Später hörte ich allerlei Geschichten darüber, wie die Unterschriften gesammelt worden seien. Einige Unterzeichner erklärten, man habe sie glauben gemacht, ein derartiger Brief sei die einzige Möglichkeit, mich vor der Verhaftung zu retten. Kapiza habe die Unterschrift verweigert. Seldowitsch habe man den Brief nicht vorgelegt. Akademiemitglied Alexandrow (der zukünftige Präsident) habe sich vor der Unterschrift gedrückt. Als man bei ihm zu Hause anrief und ihm antrug, er möge sich dem Brief anschließen, habe einer der Familienangehörigen gesagt: »Anatolij Petrowitsch kann nicht kommen, er hat einen Quartalsrausch.« Die Begründung ist durchaus volkstümlich, aber vielleicht handelt es sich auch um ein Lügenmärchen. Einigen, die unterschrieben hatten, machte ihr Vorgehen schwer zu schaffen, andere gerieten in heftigen Konflikt mit ihren Kindern.

Wir begriffen, daß die Sache sehr ernst war, beschlossen aber, unsere Pläne nicht zu ändern. Nebenbei bemerkt, wir hatten keinerlei Schwierigkeiten bei der Beschaffung von Flugscheinen, der Ausweis des Helden der Sozialistischen Arbeit tat durchaus noch seine Wirkung, sogar bis Januar 1980. Von Jerewan reisten wir nach Batumi (am Schwarzen Meer); dort hörten wir am Strand, wie die Nachbarn laut über den Abtrünnigen Sacharow diskutierten. In den Tagen darauf suchten wir uns außerhalb Batumis Quartier, und Aljoscha brachte mir das Schwimmen bei.

Mit dem Brief der Akademiemitglieder begann die »Zeitungskampagne«; er war das Startsignal. In jeder Nummer jeder zentralen Zeitung erschien eine eigene Spalte, in der Briefe der Werktätigen gedruckt wurden, und zwar Kollektivbriefe (von wissenschaftlichen Forschungsinstituten, Schriftstellerverbänden, Künstlern u. a.), Briefe von Behörden und Unternehmen, aber auch von Einzelpersonen (Vertretern der Intelligenz, also Schriftstellern, Wissenschaftlern und Ärzten) sowie von Repräsentanten des »Volkes« – Kriegsveteranen, Stahlkochern, Bergleuten und Melkerinnen ... In vielen Briefen wurde nicht nur ich sondern auch Solschenizyn »verurteilt«. Schon seit mehreren Jahren war er das Objekt des glühenden Hasses seitens der Parteibürokratie und des KGB wegen seiner vorzüglichen, ungewöhnlich wichtigen und wahrhaftigen literarischen Schöpfungen und scharfen publizistischen Arbeiten. Die Briefe richteten an uns vor allem den Vorwurf, wir seien Verleumder, wir verunglimpften unsere sowjetische Wirklichkeit – Recht auf Arbeit, kostenlose medizinische Betreuung und das beste Bildungssystem der Welt; vor allem aber seien wir Feinde der Entspannung, verübten also einen Anschlag auf das Allerwichtigste, das mit dem Blut von Millionen Gefallener Erkämpfte, nämlich auf den Frieden. Gerade diese schwere und heimtückische Beschuldigung wurde auch in allen folgenden Kampagnen als zentrale Anklage erhoben; sie berührt wirklich auf tragische Weise eine Frage, in der meine Einstellung ohne weiteres verzerrt dargestellt werden kann und Menschen unbegreiflich ist, die an die unbezweifelbare Friedensliebe der sowjetischen Außenpolitik glauben, an die uneigennützige Bruderhilfe für die nationalen Befreiungsbewegungen und die Arglist der Imperialisten, die uns von allen Seiten her mit ihren militärischen Basen umzingeln.

In der Tat, wenn *wir* für den Frieden sind, so heißt das, je mehr Raketen, thermonukleare Sprengköpfe und Nervengasgeschosse wir haben, desto sicherer sind unser Volk und alle anderen. Es ist nicht leicht für einen Menschen, dem der Zugang zu allen außer den offiziellen sowjetischen Informationsquellen verwehrt ist, zu begreifen, daß diese Überlegung genausogut auf der Gegenseite gilt und damit *ad absurdum* geführt wird. Noch schwieriger zu begreifen ist für diese Menschen,daß in der Realität der sich ständig ausweitenden sozialistischen Einflußsphäre (der sozialistischen Expansion) die Verantwortung für die gefährliche Weltlage in bedeutendem Maße bei der Sowjetunion und ihren Verbündeten liegt. Es ist schwer, Menschen, die vorbehaltlos an die Vorzüge unserer Staatsordnung glauben, klarzumachen, worin die Gefährlichkeit einer geschlossenen Gesellschaft besteht, weshalb es nötig ist, die Wahrung der Bürgerrechte, die Freiheit der Meinung, des Informationsaustauschs und der Emigration durchzusetzen ... Um sich der Unzulänglichkeit der von unseren Führern (sogar aufrichtig, wie ich glaube) verkündeten Friedensparolen bewußt zu werden, muß man eine globale und historische Perspektive haben, die der Mensch nur allmählich erwirbt. Meine Schriften tragen zur Entwicklung einer pluralistischen, die ganze Welt einbeziehenden Betrachtungsweise dieser Kardinalfragen bei und sind der Sache des Friedens deshalb nicht hinderlich, sondern förderlich. Das hoffe ich jedenfalls!

Mir schien, ich müsse unbedingt etwas auf die »Zeitungskampagne« entgegnen, und veröffentlichte am 5. September, bald nach unserer Rückkehr nach Moskau, einen Brief. Ich übergab ihn den ausländischen Korrespondenten, und schon am nächsten Tag wurde er im Rundfunk gesendet. Am 8. und 9. September hielt ich zwei weitere Pressekonferenzen ab, auf denen ich meine Erklärung vom 5. September weitergab, sie und meine Einstellung generell erläuterte und besonders auf das Zwangsmittel der psychiatrischen Repressionen einging, auf den Mißbrauch von Haloperidolum und anderen Neuroleptika im Zusammenhang mit den Berichten aus den psychiatrischen Kliniken von Leningrad, Dnjepropetrowsk, Kasan, Oriol und anderen Städten. Damals appellierte ich zum erstenmal an das Internationale Rote Kreuz, die Erlaubnis zur Inspektion der sowjetischen Lager und Gefängnisse und insbesondere der psychiatrischen Kliniken zu erwirken.

Die »Zeitungskampagne« rief eine sehr starke öffentliche Reaktion sowohl in der Sowjetunion wie auch im Ausland hervor. In den ersten Septembertagen stärkte mir Valentin Turtschin mit einer großen, trefflich argumentierenden, logischen und entschiedenen Erklärung den Rücken. Diese öffentliche Meinungsäußerung kam ihm teuer zu stehen. Hatten seine früheren politischen Aktivitäten Arbeitsplatzwechsel notwendig gemacht – zuerst aus Obninsk [1] in die Abteilung für Angewandte Mathematik, wo er sich begeistert mit der algorithmischen Sprache RIFAL befaßte, danach in irgendeine Gruppe zur Erforschung von Steuerungsproblemen –, so verlor er diesmal seine Arbeit gänzlich und endgültig. In den folgenden Jahren lebte Turtschin von Nachhilfestunden (und vom Gehalt seiner Frau) und nahm aktiv (wenn auch nicht als offizielles Mitglied) an der Arbeit der Moskauer Helsinki-Gruppe teil. Er war Vorsitzender der sowjetischen Gruppe von Amnesty International. Nach der Verhaftung seines Freundes Jurij Orlow im Jahre 1977, und wiederholten Drohungen gegen ihn selbst, emigrierte er. Im Westen war er einer der Initiatoren des Wissenschaftsboykotts zur Verteidigung Jurij Orlows und anderer verfolgter Bürgerrechtskämpfer.

Was Orlow selbst betrifft, so nahm er in diesen Tagen ebenfalls in einem Artikel Stellung, in dem er – in Form zugespitzter Fragen – wichtige Probleme unseres Lebens zur Sprache brachte, von der Wirtschaft über den wissenschaftlichen Fortschritt bis hin zu psychiatrischen Anstalten. Auch Orlow verurteilte die »Zeitungskampagne« und setzte sich damit energisch für meine Verteidigung ein. Wie Turtschin wurde er fristlos entlassen. Damals machte ich die Bekanntschaft dieses außergewöhnlichen, mutigen, aktiven und begabten Mannes.

Solschenizyns Artikel »Friede und Unterdrückung [2]« war, wie er in *Die Eiche und das Kalb* schreibt, lange vor den Ereignissen des Jahres 1973 verfaßt worden, und zwar als Ergänzung zu seiner Nobelpreisrede. Sein Hauptanliegen bestand darin, dem Westen Ausmaß und Tiefe der vom

Staat ausgehenden Gewalt in der Sowjetunion vor Augen zu führen. Im September 1973 fügte Solschenizyn einen Satz ein, in dem er die Verleihung des Friedensnobelpreises an mich als Kämpfer gegen ebendiese Gewalt erwähnt. Erst als der Artikel schon zur Veröffentlichung freigegeben war, legte er ihn mir vor. Deshalb konnte ich Solschenizyn nicht bitten, irgend etwas darin zu ändern – was mir ohnehin äußerst schwergefallen wäre. Ich möchte niemanden in seiner Freiheit einengen, und in diesem Fall hätte Alexander Issajewitsch wohl kaum auf meine Einwände gehört, die ich zudem damals nicht klar formulieren konnte. Es war eher das vage Empfinden einer gewissen Übertriebenheit und schiefen Bewertung, obwohl ich mich für die Kraft des Gedankens und des Gefühls sowie die Wahrhaftigkeit insgesamt begeisterte. Solschenizyns Artikel goß noch mehr Öl in das Feuer, das vorher schon zum Himmel loderte. Der Westen hatte bereits auf meine Pressekonferenz ungewöhnlich stark reagiert; nach dem Brief der vierzig Akademiemitglieder und der »Zeitungskampagne« verstärkte sich seine Reaktion noch mehr. Zeitungen und Sendungsmitschnitte aus dieser Periode stehen mir nicht zur Verfügung, ich kann deshalb keine dokumentierte Schilderung der Ereignisse vorlegen. Meine Erinnerung (mit Hilfe von Solschenizyns *Die Eiche und das Kalb*) vermittelt mir den Eindruck einer Lawine öffentlicher Erklärungen – des österreichischen Bundeskanzlers, des schwedischen Außenministers, des ehemaligen Botschafters von Großbritannien, des Schriftstellers Günter Grass und vieler, vieler anderer. Besonders wichtig war der Brief des Präsidenten der National Academy der Vereinigten Staaten (zwei Jahre davor war ich zu ihrem ausländischen Mitglied ernannt worden), Dr. Philipp Handler, an den Präsidenten der Akademie der Wissenschaften der UdSSR, Keldysch. In diesem Brief verurteilte Handler scharf die Angriffe auf mich und warnte, daß »... wenn die Verfolgungen Sacharows andauern, es den amerikanischen Wissenschaftlern schwerfallen wird, ihre Verpflichtung der Regierung gegenüber zur Zusammenarbeit mit der UdSSR zu erfüllen.«

Mitte September wurde in der *Iswestija* Keldyschs Antwort abgedruckt (der Inhalt von Handlers Brief war knapp zusammengefaßt worden). Keldysch wiederholte die Unterstellungen der vierzig. Gleichzeitig versicherte er, daß »... Sacharow keinerlei Beschränkungen unterworfen war und wird.« Die Leserbriefkampagne hörte am 8. oder 9. September abrupt auf, belebte sich jedoch bald wieder, wenn auch etwas flauer, im Zusammenhang mit dem gemeinsamen Brief von Galitsch, Maximow und mir zur Verteidigung des chilenischen Dichters und Kommunisten

Pablo Neruda, der sich nach Pinochets Staatsstreich todkrank unter Hausarrest befand. Der Brief sollte die tragische Situation in diesem Lande mildern helfen und drückte unsere aufrichtige Hochachtung für Neruda und unsere Sorge um sein Schicksal aus. Er war in normalem, höflichem Ton abgefaßt und enthielt den Verweis auf die »von Ihnen [das heißt der neuen Regierung von Chile] verkündete Epoche der Wiedergeburt und Konsolidierung Chiles«. Aus dem Kontext ging klar hervor, daß die Verfasser des Briefes der neuen Regierung ihre Reverenz zur formalen Bekräftigung ihrer Bitte und als Höflichkeitsfloskel erwiesen, nicht aber aus innerer Überzeugung, wobei sie sich zudem der *eigenen* Beurteilung der Lage in Chile und der Absichten seiner Regierung enthielten. In der sowjetischen und prosowjetischen Presse jedoch wurde diese Passage des Briefes gewissenlos aus dem Zusammenhang gerissen und zum angeblichen Beweis dessen zitiert, daß ich Pinochets blutiges Regime unterstützte und lobpries. Diese unredliche Beschuldigung wurde 1973 und noch viel später, bis in die jüngste Zeit hinein, immer wieder gegen mich erhoben – offensichtlich, weil Argumente für die Diskussion um das Wesentliche mit mir fehlten. Galitsch und Maximow wurden in der sowjetischen Presse überhaupt nicht erwähnt; *ich* sollte in Verruf gebracht werden. Bald nach dem Erscheinen der Artikel über meine angebliche Unterstützung Pinochets in der sowjetischen Presse klingelte bei uns das Telefon:

»Ich rufe aus Madrid an, im Auftrag der neuen Regierung Chiles. Sie drückt Ihnen ihre Dankbarkeit für Ihre Unterstützung aus.«

»Danke, aber ich betone, daß unser Brief rein humanitären Charakter und keinerlei politische Ziele hatte«, erwiderte ich.

»Ja, das wissen wir.«

Dies war wahrscheinlich eine Provokation des KGB.

Unsere Fürsprache für Neruda hatte ich über den *otkasnik* Kirill Chenkin weitergegeben, einen klugen Mann, der in seinem Leben viel gesehen hatte. Kirill dolmetschte mich brillant auf den Pressekonferenzen und trug damit viel zu ihrem Erfolg bei; er korrigierte nach Absprache mit mir, die mißverständliche Formulierung, was sich jedoch als unzureichend erwies, weil der ursprüngliche Text damals wohl schon an die Korrespondenten weitergeleitet worden war.

Im September verfaßte Ljusja eine schriftliche Erklärung, die westlichen Korrespondenten übergeben wurde, in der sie die Verantwortung für die Weitergabe von Eduard Kusnezows *Lagertagebuch* auf sich nahm. Sie hatte das Manuskript tatsächlich weitergeleitet. Ich werde kurz die damit zusammenhängende Geschichte schildern, soweit das derzeit möglich ist.

Ende Dezember 1972, ich war gerade allein zu Hause, klingelte es plötzlich an der Tür. Ich öffnete, auf der Schwelle stand eine mir unbekannte Frau. Ich bat sie in die Wohnung. Sie trat schweigend in Ljusjas und mein Zimmer und legte eine fingergroße, sorgfältig in Stoff eingenähte Rolle auf den Tisch. Ohne ein Wort zu sagen, ging die Frau gleich wieder. In der Rolle befand sich das Manuskript des nachmals berühmten *Lagertagebuchs* von Kusnezow und ein an Ljusja adressierter Begleitbrief des Autors, in dem er ihr das Schicksal seines Werkes anvertraute. Kusnezow hatte sein Buch im Lager geschrieben, es dabei sorgsam vor den Aufsehern und unbefugten Blicken verborgen gehalten und vor zahlreichen Zellendurchsuchungen versteckt. Das *Lagertagebuch* war, wie viele andere aus den Lagern hinausgelangte Zeugnisse, mit winzig kleinen Buchstaben auf dünnes Zigarettenpapier geschrieben, das zu einem Röhrchen gedreht war. Das Manuskript im Lager zu schreiben und aufzubewahren war schwierig und gefährlich – wirklich eine Heldentat; es jedoch aus der Lagerzone hinaus in die Freiheit zu bringen, war nicht leichter. Viele Menschen hatten daran teil, die ich nicht alle nennen kann. Einer von ihnen war, wie das KGB später herausfand, der inhaftierte ukrainische Künstler Pjotr Ruban. Das KGB zahlte es ihm grausam heim. Die winzigen Buchstaben konnte man nur mit Hilfe einer ganz starken Lupe entziffern, und auch nur mit gesünderen Augen, als wir sie haben. Ljusja bat einen Bekannten, das Manuskript zu entziffern und ihr zurückzugeben, wobei sie selbstverständlich damit rechnete, daß der Kreis der Eingeweihten auf ein Minimum beschränkt bleiben würde. Leider wurde gegen diese Bedingung verstoßen, was schwere Folgen hatte.

Als Ljusja das entzifferte Manuskript wieder in Händen hatte, leitete sie es selbst in den Westen weiter. Im Sommer 1973 wurde das *Lagertagebuch* veröffentlicht, zunächst in italienischer, danach in russischer Sprache und vielen Übersetzungen. Durch das erschütternde Tatsachenmaterial und das Talent des Autors zog es große Aufmerksamkeit auf sich. Als Anhang war dem *Lagertagebuch* Ljusjas im Dezember 1970 fortlaufend geführte Aufzeichnung des Prozesses gegen die »Leningrader Flugzeugentführer« beigegeben.

Ljusja hatte ihre Erklärung abgegeben, um damit die Gefahr für andere zu mindern, darunter für den 1973 verhafteten Viktor Chaustow (der schon früher mit Bukowski zusammen wegen der Demonstration zur Verteidigung Ginsburgs und Galanskows verurteilt worden und bis zu seiner zweiten Verhaftung Arbeiter in einer Fernseherfabrik war), für den Literaturwissenschaftler Gawriil Superfin sowie für Jewgenij Barabanow. Barabanow kam mit einer Erklärung zu uns, in der er mitteilte, er habe das Manuskript des *Lagertagebuches* in den Westen geschleust und nehme die Verantwortung für diese Tat auf sich. Offenbar hatte er ein anderes Exemplar des entzifferten Manuskripts weitergegeben; wir hatten davon nichts gewußt. Bevor er seine Erklärung abgab, war Barabanow mehrfach zum KGB vorgeladen worden; er sollte insbesondere über Superfin aussagen. Barabanows Lage war bedrohlich. Ljusjas und seine Erklärung wurden gleichzeitig in unserer Wohnung ausländischen Korrespondenten ausgehändigt und bald darauf gedruckt. Ljusjas Statement (vielleicht nicht nur dieses allein) führte dazu, daß man sie zu Verhören in der Ermittlungsabteilung des KGB im November 1973 vorlud.

Wie Solschenizyn in *Die Eiche und das Kalb* schreibt, blieb die Reaktion der Behörden auf Barabanows mutigen Schritt in diesem »Begegnungsgefecht« – so nennt Alexander Issajewitsch das Gesamtgeschehen des Jahres 1973 – auf dessen Entlassung beschränkt. Allerdings erwähnt er Ljusjas Erklärung nicht, was meiner Ansicht nach den Ablauf des Geschehens jener Tage verfälscht.

XII. Erklärung zum Jom-Kippur-Krieg

Der »Schwarze September« in unserer Wohnung. Erklärung zum Jackson-Vanik-Amendment. Ljusjas Vorladungen zu Verhören im Lefortowo-Gefängnis. Gesuch um die Reise nach Princeton. Verfälschte Publikation. Das Krankenhaus der Akademie der Wissenschaften

Im Oktober begann im Nahen Osten der sogenannte »Jom-Kippur-Krieg«; an diesem höchsten jüdischen Feiertag fielen plötzlich ägyptische und syrische Truppen in Israel ein in der Absicht, für die Niederlage im Jahre 1967 Revanche zu nehmen. Zunächst gelang es ihnen, die israelischen Streitkräfte zurückzudrängen; den Israelis gelang es jedoch um den Preis schwerer Verluste, die Initiative an sich zu reißen und über den Suezkanal überzusetzen. Ende Oktober rollten israelische Panzereinheiten unaufhaltsam auf Kairo und Damaskus zu. Da begann Kissinger seine »Pendeldiplomatie«. Schon in den ersten Kriegstagen gab ich eine öffentliche Erklärung ab, in der ich zu einer friedlichen Lösung des Nahostkonflikts aufrief. Einige Tage darauf kam ein Mann zu mir, der sich als Korrespondent einer Beiruter Zeitung ausgab. Er stellte mir einige Fragen zu den Problemen des Nahen Ostens. Ich bat ihn, ein paar Stunden später wiederzukommen. Am Abend desselben Tages beantwortete ich ihm (obwohl er keine Sympathie in mir weckte) seine Fragen auf Band, einschließlich etlicher neuer, mich überraschender Fragen, die er während des Interviews hinzufügte. (Diese Fragen waren in gewissem Maß provozierend, jedenfalls schärfer als die zuvor gestellten.) Noch ein paar Tage später, am Morgen des 18. Oktober, eines Sonntags, klingelten plötzlich zwei Männer an der Wohnungstür, dem Aussehen nach Araber. Obwohl mir ihr Benehmen irgendwie ungewöhnlich erschien, ließ ich sie in die Wohnung ein und führte sie in unser Zimmer.

Ljusja kam aus der Küche zu uns. Außerdem war noch Aljoscha in der Wohnung. Ruth Grigorjewna war zu Tanja gefahren, um ihren ersten Urenkel zu besuchen, der noch nicht einmal einen Monat alt war. Einer der Besucher trug keinen Mantel, er setzte sich neben Ljusja aufs Bett. Ich saß gegenüber auf dem Stuhl. Der zweite, klein und untersetzt, nahm im Mantel, den er nicht ablegte, zwischen uns in dem Sessel Platz, der etwas seitlich gegenüber dem Telefon stand. Die Unterhaltung bestritt ausschließlich der Hochgewachsene (in korrektem Russisch, doch mit merklichem Akzent), der Kleine sprach kein Wort. Ljusja fragte den »Großen« zu Beginn des Gesprächs, wo er so gut Russisch gelernt habe.

Er antwortete: »Ich habe an der Lumumba-Universität studiert.« Das stimmte wahrscheinlich. Er fuhr fort: »Sie haben eine Erklärung veröffentlicht, die der arabischen Sache schadet. Wir sind von der Organisation ›Schwarzer September‹. Sagt Ihnen dieser Name etwas?«

»Ja.«

»Sie schreiben jetzt auf der Stelle eine Erklärung, in der Sie Ihre Inkompetenz gegenüber Nahostfragen eingestehen und sich von Ihrer früheren Erklärung vom 11. September distanzieren.«

Ich zögerte einen Augenblick mit meiner Antwort; währenddessen griff Ljusja nach dem Feuerzeug, das neben dem Telefon lag, um sich eine Zigarette anzuzünden. Sie hatte es jedoch noch nicht in der Hand, als ihr der kleine Besucher mit einem blitzartigen, katzenhaften Sprung den Zugriff zum Telefon verwehrte. Ich erwiderte: »Unter Druck werde ich nichts schreiben oder unterschreiben.«

»Das werden Sie bereuen.«

Wahrscheinlich zu Anfang, noch vor dem »Ultimatum«, hatte ich gesagt: »Ich strebe gerechte Kompromißlösungen an. Sie müßten wissen, daß ich für das Recht der Krimtataren auf Rückkehr in ihre Heimat eintrete – sie wenden in ihrem Kampf legale, friedliche Methoden an.«

Der Große entgegnete: »Die inneren Angelegenheiten Ihres Landes interessieren uns nicht. Unser Land ist geschmäht worden, Sie verstehen mich – es geht um die Ehre unseres Landes!« Seine Stimme klang hysterisch. »Wir kämpfen für seine Ehre, und keiner darf sich uns in den Weg stellen.«

Ljusja fragte: »Was wollen Sie mit uns tun, uns töten? Das drohen uns auch schon viele andere an.«

»Ja. Aber wir können nicht nur töten, sondern noch Schlimmeres tun. Sie haben Kinder und einen Enkel.«

(Wie bereits gesagt, war unser Enkel damals noch keinen Monat alt; wir hatten keine Geburtsanzeige aufgegeben.) Während des Gesprächs war Aljoscha ins Zimmer gekommen und hatte sich auf die andere Seite neben Ljusja gesetzt. Sie hielt die ganze Zeit sein Knie fest – aus Angst, er könne sich durch sein hitziges, kühnes Temperament zu einer tätlichen Auseinandersetzung hinreißen lassen, um uns zu schützen. Hinterher sagte Aljoscha, der Kleine habe unter seinem Mantel irgend etwas verborgen, wohl eine Pistole. Tatsächlich hielt er ständig seine rechte Hand mit dem Mantel bedeckt.

Unterdessen kam jemand an die Tür und klingelte – bald darauf erfuhren wir, daß es die Podjapolskijs – Grischa und seine Frau Mascha – und Tatjana Chodorowitsch gewesen waren. Die Araber gerieten in Unruhe, befahlen uns, zu schweigen und in das andere, von der Wohnungstür weiter entfernt gelegene Zimmer hinüberzugehen. Dort drohte der Große weiter: »Der ›Schwarze September‹ handelt ohne Vorwarnung. Bei Ihnen machen wir eine Ausnahme. Aber eine zweite Warnung wird es nicht geben. Folgen Sie uns nicht aus dem Zimmer!«

Damit verschwanden sie plötzlich blitzartig und lautlos aus der Wohnung. Wir stürzten ans Telefon, konnten es jedoch nicht benutzen; im Fortgehen hatten die Besucher mit irgendeinem Instrument die Leitung gekappt.

Wenig später füllte sich unsere Wohnung mit Menschen; Tatjana Chodorowitsch und die Podjapolskijs kamen zurück. Sie hatten Stimmen durch die Tür gehört und als auf ihr Läuten niemand öffnete, gefolgert, daß bei uns eine Haussuchung stattfinde. Sie gingen zu einer Telefonzelle und riefen Ruth Grigorjewna, Tanja, Efrem und diejenigen unserer Freunde an, die sie erreichen konnten. Ruth Grigorjewna kam zwanzig Minuten später zusammen mit Tanja und Efrem in höchster Eile angefahren. Tanja hielt dabei den kleinen Matwej im Arm. Bald kamen auch die anderen. Als Twerdochlebow hörte, daß uns der »Schwarze September« besucht hatte, rief er aus: »Und ich dachte, es war der ›Rote Oktober‹«!

Es war unangenehm gewesen, mit bewaffneten Terroristen zusammensitzen und sich ihre Drohungen anhören zu müssen. Doch das Schrecklichste an diesem Besuch war die Erwähnung unserer Kinder und unseres Enkels. Offenbar waren unsere Besucher wirklich palästinensische Araber, vielleicht sogar wirklich vom »Schwarzen September«. Doch ihre Aktion ging zweifellos unter strengster Kontrolle und vermutlich auf Initiative des KGB vonstatten, was sie möglicherweise nicht einmal wußten. Ich unterrichtete die ausländischen Korrespondenten sofort von dem Besuch und erstattete einige Stunden später Anzeige bei der Miliz, ohne mir irgendwelche Hoffnungen zu machen. Nach ein paar Tagen lud uns der Ermittlungsleiter des Rayonsmilizreviers vor und bat uns, anhand etlicher Dutzend Fotografien unsere Besucher zu identifizieren. Ljusja und ich konnten keinen angeben. Das Ganze war wohl eher »zum Schein« inszeniert worden. Ein paar Monate später bekamen wir eine Postkarte aus Beirut, auf der es in englischer Sprache hieß:

> »Danke, daß Sie die Sache der Araber nicht vergessen. Wir Palästinenser vergessen unsere Freunde [lies: Feinde] auch nicht.«

Die Karte mit ihrer raffinierten Sinnverdrehung war offenkundig eine Drohung. Auf die Bitte des Ermittlungsleiters hin überließen wir sie der Miliz. Sie wurde uns vermutlich zurückgegeben (und später, 1978, bei einer illegalen Haussuchung gestohlen).

Die Morddrohungen gegen unsere Kinder und unseren Enkel, die wir zum erstenmal von den (echten oder unechten) Palästinensern im Oktober 1973 gehört hatten, wiederholten sich in den darauffolgenden Jahren mehrmals. Ende August oder im September (an das genaue Datum erinnere ich mich nicht) schrieb ich an den Kongreß der Vereinigten Staaten einen Brief, in dem ich das Jackson-Vanik-Amendment[1] unterstützte. Dies war einer meiner wenigen Anrufe an die legislativen und exekutiven Organe eines fremden Staates. Ich schrieb bereits über die grundlegende Bedeutung, die meiner Meinung nach der Auswanderungsfreiheit zukommt. Als Senator Henry Jackson seinen Zusatzantrag zur Unterstützung des Rechts auf Emigration einbrachte, bezeichnete er dieses Recht als »erstes unter gleichen«, da das Vorhandensein oder Fehlen dieses Rechts die Verwirklichung aller übrigen zivilen und wirtschaftlichen Bürgerrechte aufs stärkste beeinflusse. Dieser Gedanke erscheint mir richtig (ich wiederhole, es ist notwendig, über ein in der Gesetzgebung verankertes und von der Praxis bestätigtes Recht auf Auswanderungsfreiheit zu sprechen). Der Offene Brief zum Jackson-Vanik-Amendment wurde zu einer meiner bekanntesten und wirksamsten Publikationen. Nicht zufällig erwähnt Kissinger in seinen *Memoiren*[2] meinen Namen nur im Zusammenhang mit diesem Brief – in reichlich mißbilligendem Ton, denn offenbar meinte er, das Jackson-Vanik-Amendment beeinträchtigte die Entspannung. In Wirklichkeit stellte es die Entspannung auf eine gesündere Basis, wenn auch in unzureichendem Maße!

Die sowjetische Propaganda warf mir pausenlos vor, mit diesem Brief hätte ich eine fremde Regierung zur Einmischung in die inneren Angelegenheiten unseres Landes aufgerufen. Dazu möchte ich bemerken: Erstens, die Freiheit, in dem Lande der eigenen Wahl zu leben, ist von der UdSSR in vielen internationalen Abkommen anerkannt worden, insbesondere in den Konventionen der Vereinten Nationen, die von der Sowjetunion ratifiziert wurden, und somit bei uns Gesetzeskraft erlangten, sowie in der Schlußakte von Helsinki. Also berührt das Jackson-Vanik-Amendment die Frage, ob die Sowjetunion ihre internationalen Verpflichtungen in einem Bereich erfüllt, der von erstrangiger internationaler (und nicht nur innenpolitischer) Bedeutung für die Offenheit der Gesellschaft und für das internationale Vertrauen ist. Wenn die Sowjetunion ihre internationalen Verpflichtungen erfüllt, erledigt sich diese Frage von selbst. Wieso soll das eine Einmischung in die inneren Angelegenheiten der UdSSR sein? Zweitens handelt es sich um ein *amerikanisches* Handelsgesetz. Ich glaube, daß es die innere Angelegenheit der USA ist, mit wem sie Handel treiben, unter welchen Bedingungen sie es tun und wem sie Kredite geben. Wiederum kann von einer Einmischung in die inneren Angelegenheiten der Sowjetunion keine Rede sein. Und daß ich, der ich kein amerikanischer Staatsbürger bin, an den Kongreß schreibe, ist mein Recht, das Recht des Kongresses aber ist es, meinen Worten Gehör zu schenken oder nicht. Auf Solschenizyns Kritik an meinem Brief von einer ganz anderen Warte aus komme ich später.

* * *

In den ersten Novembertagen bekam Ljusja eine Zeugenvorladung ins Lefortowo-Gefängnis (wo die Untersuchungsabteilung des KGB untergebracht ist; dort ist auch das Untersuchungsgefängnis, in der Amtssprache der Untersuchungs-»Isolator«), und zwar zu Ermittlungsleiter Gubinskij. Vor dem Verhör sprach ein gewisser Sokolow mit ihr (wie wir heute annehmen, war er einer der Chefs der KGB-Abteilung, die sich uns widmete; später begegneten wir ihm mehrere Male in Gorkij). Ljusja wurde jedoch nicht von Gubinskij verhört, sondern von einem anderen Ermittlungsleiter, nämlich Oberstleutnant Syschtschikow, berüchtigt wegen seiner Kunst, die Standhaftesten »kleinzukriegen«.

Als Ljusja fragte: »Wo ist denn Gubinskij, ich sehe ihn nicht...«, antwortete Syschtschikow: »Wieso, das war doch der junge Mann, der Sie zur Toilette begleitet hat.«

(Vielleicht log er auch; Gubinskij ist ein bekannter »Dissidenten«-Ermittlungsleiter.) Das Verhör betraf den Fall Chaustows und Superfins, die unter anderem im Zusammenhang mit Kusnezows *Lagertagebuch* unter Anklage standen. Der Ermittlungsleiter versuchte, Ljusja zu *beliebigen* Aussagen zu verleiten, wie sie sofort begriff (schließlich hatte sie Erfahrung mit anderen Prozessen). Was sie auch sagte, konnte vor Gericht genutzt werden; diese Verhandlungen sind bürokratische Spektakel bar jeder Logik. Deshalb hatte Ljusja von vornherein beschlossen, keinerlei Aussagen zu machen. Die Verhöre verfolgten natürlich auch das Ziel, auf sie und mich psychischen Druck auszuüben und uns mit einer ihr drohenden Verhaftung einzuschüchtern (wir konnten nicht wissen, welchen Realitätsgehalt die Drohung hatte).

Syschtschikow war tatsächlich eine bemerkenswerte Gestalt, dazu ziemlich furchterregend. Ständig »schauspielerte« er, redete in einem fort, als wolle er sein Gegenüber durch den Klang seiner tiefen, eindringlichen Stimme einlullen: »Vertrauen Sie mir, und ich werde Sie leiten wie Ihr eigener Vater. Seien Sie offen, schließlich haben Sie die Verantwortung für das Schicksal dieser jungen Leute, nur Sie können ihnen helfen.« (Er meinte Chaustow und Superfin.) Doch er setzte auch ausgiebig Gebrüll und Drohungen ein, und war dabei wahrhaft fürchterlich. Ljusja hatte beschlossen, nur auf die Fragen nach ihren Personalien zu antworten, doch bei ihrer fünften oder sechsten Antwort merkte sie plötzlich, daß sie schon mitten im Verhör war, und erwiderte danach auf alle Fragen, unabhängig von deren Inhalt: »Auf die von Ihnen gestellte Frage verweigere ich die Antwort.«

Als Syschtschikow sie am Ende des ersten Verhörs fragte: »Stimmt es, daß Ihre Freunde Sie Ljusja nennen?«, gab sie ihrer eingeschlagenen Taktik entsprechend die Standardantwort. Das führte bei Syschtschikow zu einem Wutanfall: »Ich rufe sofort die Wache, Sie verspotten mich.«

Später wiederholten sich diese Wutanfälle immer öfter.

Zwei Wochen lang lud Syschtschikow Ljusja beinahe jeden Tag vor. Ich begleitete sie nach Lefortowo und wartete unten, im Passierscheinbüro, da man mich nicht einließ. Mit jedem Mal wurde die Situation gespannter. Vom dritten oder vierten Verhör an ließ Syschtschikow sie auf dem Platz (der Bank) des Untersuchungshäftlings sitzen, wahrscheinlich im Glauben, damit zusätzlichen psychischen Druck auf sie auszuüben. Ljusja mit ihren schlechten Augen sah dabei aus der großen Entfernung das Gesicht des Ermittlungsleiters nicht mehr, das sich beim Schreien furchterregend verzerrte, und so empfand sie sogar eine gewisse Erleichterung. Schließlich, nach dem sechsten oder siebten Verhör, weigerte sie sich, die Vorladung zum nächsten Verhör anzunehmen, wobei sie wieder Gebrüll und Drohungen aushalten mußte; es war ein Zweikampf eigener Art. Danach wurden uns die Vorladungen nach Hause zugestellt, doch Ljusja verweigerte wiederum die Annahme. Als ich schließlich einmal den Amtsboten mit seinem Zustellbuch im Treppenhaus antraf, nahm ich die Vorladung entgegen und sagte, ich würde sie meiner Frau nicht geben, sie sei krank; ich wolle die Verantwortung dafür tragen, daß sie nicht mehr käme, und ihm das in sein Buch schreiben. Doch der Amtsbote rannte auf der Stelle davon. Ljusja ärgerte sich über mich. Die Flut der Vorladungen aber hörte danach auf. Ljusja konnte indes immer noch in ernster Gefahr schweben. (In jenen Tagen erfuhren wir, daß das KGB etwas von Ljusjas Rolle bei der Weitergabe von Kusnezows *Lagertagebuch* ins Ausland wußte.)

* * *

Während der ganzen »Zeitungskampagne« quälten mich die ausländischen Korrespondenten mit Fragen wie: Was ich von Emigration hielte, ob ich vorhätte, die Einladung zur Vorlesungsreise nach Princeton anzunehmen. Diese hartnäckigen Fragen hingen, wie mir klar wurde, damit zusammen, daß viele Menschen im Westen »mehr Ruhe« hätten, wenn sie mich dort sähen. Doch ich konnte nicht mit völliger Bestimmtheit antworten. Ich wußte ja nicht, wie die Behörden die entstandene brisante Situation zu entschärfen gedachten, und konnte nicht gänzlich ausschließen, daß ich mit meiner Frau und den Kindern doch nach Princeton reisen, dort ein oder eineinhalb Jahre verbringen, Tanja, Efrem und Aljoscha in den USA zum Studium zurücklassen und so die unerträgliche Situation ihrer Geiselnahme beseitigen würde. Natürlich wäre das alles zu schön gewesen, um wahr zu sein; ich wollte mir diese (oder eine gleichartige) Chance jedenfalls nicht verbauen. Ich dachte zudem, daß schon allein die Erörterung der Reisefrage – auch wenn ich keine Erlaubnis bekäme – in für mich unzugänglichen Sphären etwas über den toten Punkt hinausbewegen und indirekt zur Reise der Kinder beitragen könnte. Ich schloß, wie gesagt, aus, daß man mir die Staatsbürgerschaft entziehen würde.

Die Korrespondenten berichteten jeder nach eigenem Gutdünken über die Frage; bei manchem, was ich hörte, konnte ich mir nur an den Kopf greifen. Ende November beschloß ich, mir endlich Klarheit über die Situation und über die Pläne der Behörden zu verschaffen, indem ich formale Schritte für die Reise einleitete. Ich ging zum Direktor des FIAN (tatsächlich sprach ich mit seinem Stellvertreter, einem früheren Mitarbeiter der theoretischen Abteilung des Objekts, was unter glücklicheren Umständen von Bedeutung hätte sein können) und erbat eine Beurteilung. Dies bedeutete, daß die gesamte bürokratische Maschinerie in Gang kam, bis hin zum KGB. Eine Antwort erhielt ich nicht, was auch eine Form der Ablehnung war. Ich informierte die ausländischen Korrespondenten über meinen Versuch und gab gleichzeitig, um überflüssiges Gerede über angebliche Emigrationsabsichten meinerseits zu vermeiden, eine Erklärung ab, daß ich zum gegenwärtigen Zeitpunkt nicht emigrieren wolle und dies für mich persönlich als unzulässig ablehne. Die Erklärung wurde bald vom ausländischen Rundfunk gesendet, doch ohne den Schlußabsatz, um dessentwillen ich sie eigentlich geschrieben hatte. Ich weiß bis heute nicht, wie es dazu kam.

In der Folge stieß ich viele Male auf ausgesprochen schädliche Verdrehungen und Kürzungen der Dokumente, die ich freigegeben hatte; häufig wurde dadurch ein wichtiger Bestandteil des Inhalts verfälscht und ich stand als Tölpel da. Ich kann es nicht beweisen, aber ich habe den Verdacht, daß nur ein Teil dieser Verdrehungen auf die übliche Hetzjagd in den Zeitungs- und Rundfunkredaktionen, auf Inkompetenz, Unverantwortlichkeit u. a. zurückzuführen war (was ebenfalls schlecht und verwerflich ist), der andere Teil aber auf bewußte Eingriffe der sowjetischen Fünften Kolonne.

Im Falle der Erklärung zu meinen angeblichen Emigrationsabsichten gelang es mir, ein paar Wochen später mit Hilfe W. J. Maximows noch einmal den vollständigen Text weiterzugeben; er wurde daraufhin ohne Entstellungen verlesen. Doch in den Köpfen hatte sich die erste Fassung festgesetzt.

Im Dezember lagen Ljusja und ich im Krankenhaus. Mir war seit langem geraten worden, mein Herz untersuchen zu lassen, und Ljusja mußte dringend eine krankhafte Überfunktion der Schilddrüse behandeln lassen. Dank meiner Privilegien als Akademiemitglied wurden wir zusammen in einem eigenen Krankenzimmer untergebracht. Es war mehr ein Sanatorium als ein Krankenhaus, was wir damals sehr nötig hatten. Ich arbeitete, Ljusja korrigierte den Text, gab gute Ratschläge dazu und tippte ihn auch. So entstand ein gutes, knappes autobiographisches Vorwort zu einem in den Vereinigten Staaten geplanten Sammelband meiner Schriften[3]; ich halte diese wenigen Seiten noch heute für gelungen. Wir hatten auch Besucher. Ein alter Freund Ljusjas, der Dichter und Übersetzer Konstantin Bogatyrjow, kam in Begleitung des bekannten Dichters, Alexander Meshirow. Auch ihn kannte Ljusja seit langem. Konstantin erzählte, wie immer überschwenglich und heftig gestikulierend, irgendeine Episode aus seiner Lagervergangenheit (unter Stalin). Ich hielt, in welchem Zusammenhang weiß ich nicht mehr, so etwas wie einen Vortrag über die Grundlagen der Quantenmechanik. Auf Meshirow, der zu kniffligen Gedankenkonstruktionen neigt, machte das wohl Eindruck.

Ein paarmal schaute Maximow herein, im nagelneuen, karierten Anzug, freundlich lächelnd, mit funkelnden blauen Augen. Jedesmal brachte er irgendeine kleine Gabe mit, einmal eigenartigen geräucherten

Fisch, und immer brandaktuelle Nachrichten. Eine große Freude für uns war der gemeinsame Besuch Galitschs, Nekrassows und Kopelews; es existiert noch eine in der Eingangshalle des Krankenhauses aufgenommene Gruppenaufnahme. Auch Angehörige des FIAN besuchten mich: J. L. Feinberg und V. L. Ginsburg, der Leiter der theoretischen Abteilung. Ginsburg berichtete, für alle Institute der Akademie sei eine Stellenplankürzung verfügt worden:

»Die theoretische Abteilung muß ihr Personal um eine Stelle kürzen. Das ist eine sehr schmerzliche Operation, aber unvermeidlich. Nach eingehender Beratung haben wir beschlossen, daß es die Stelle Jurij Abramowitschs [Golfands] sein soll. In den letzten Jahren hat er überhaupt nichts Wissenschaftliches publiziert, hat eigentlich nichts getan. Dazu kommt, daß er den Doktortitel hat; er wird leichter eine neue Stelle finden als jemand ohne Doktortitel.«

Ich fragte, ob man das nicht irgendwie »verschleppen« könne, und bekam eine trockene, verneinende Antwort. Persönlich konnte ich leider nichts zur Verteidigung Golfands vorbringen. Ich wußte nicht, daß Golfand (zusammen mit Lichtman) ein paar Monate zuvor eine Arbeit geschrieben und auf einem Seminar des FIAN referiert hatte, die zu einem klassischen Werk werden sollte; zum erstenmal war hier die Supersymmetrie eingeführt worden. Die Arbeit war nicht aus dem Nichts heraus entstanden; über supersymmetrische Transformationen hatte bereits der begabte Moskauer Wissenschaftler Felix Alexandrowitsch Beresin geschrieben. Golfand und Lichtman waren die ersten, welche die Supersymmetrie als Prinzip zur Aufstellung der Elementarteilchentheorie untersuchten. Das war ein großartiger Gedanke. In den folgenden Jahren wurden die Ideen von der Supersymmetrie in Hunderten vorzüglicher Arbeiten weiterentwickelt. Dabei wurde klar, daß die Supersymmetrie den natürlichsten und realsten Weg zur Gewinnung einer einheitlichen Feldtheorie darstellt, welche die Bosonenfelder (mit ganzzahligem Spin) und die Fermionenfelder (mit halbzahligem Spin) zu gleichen Rechten vereinigt. Freilich, manche meinen, daß in einer einheitlichen Feldtheorie nur Fermionenfelder als Primärfelder auftreten dürften, doch auch hier ist eine Supersymmetrie der elementaren »Erregungen« der Fermionen-»Flüssigkeit« nicht ausgeschlossen, die sowohl Fermionen als auch Bosonen sein können. Die Supersymmetrietheorien haben auch noch andere hoffnungsvolle Eigenheiten. Eine davon ist der natürliche Zusammenhang mit der Gravitation. Eine andere, nicht minder wichtige, ist die Lösung des Problems der »ultravioletten« Infinitäten. (Ergänzung 1987:

Die Supersymmetrietheorie geht als unerläßlicher Bestandteil in die »Saitentheorie« ein.)

Einige Zeit später stellte sich heraus, daß man in allen übrigen Abteilungen des FIAN verstanden hatte, die Stellenplankürzung hinauszuzögern. Golfand gelang es nirgendwo, Arbeit zu finden; er war zwar Doktor, dafür aber Jude. Als er uns im Krankenhaus besuchte, riet Ljusja ihm: »Man hat Sie entlassen, dann reisen Sie eben aus!« Einige Monate darauf stellte er einen Ausreiseantrag nach Israel, doch der wurde unter dem haltlosen Vorwand abgelehnt, daß er zwanzig Jahre zuvor an den geheimen Arbeiten der Gruppe Tamm beteiligt gewesen war. In Wirklichkeit hatte Golfand damals sehr »abstrakte« Arbeit geleistet, ohne etwas von den realen Prototypen zu wissen. Im Objekt war er nie. Im Sommer 1980 wurde er wieder von FIAN eingestellt. Die Wiedereinstellung eines *otkasnik* ist ein absoluter Ausnahmefall.

XIII. »Der seltsame Ballon«

In A. I. Solschenizyns Buch *Die Eiche und das Kalb* ist viel von den Ereignissen des Jahres 1973, von mir und meiner und – manchmal indirekt – von Ljusjas Haltung die Rede; manches wird verschwiegen. Acht Jahre habe ich die Bürde der Eindrücke dieses Buches mit mir herumgetragen, jetzt möchte ich mich dazu äußern. Ich beginne mit einigen Zitaten[1]:

> »Ein Wunder im sowjetischen Staat war das Erscheinen von Andrej Dmitrijewitsch Sacharow – mitten in der korrupten, prinzipienlosen, technischen Intelligenz.«
>
> »Aufgenommen in jenen engen Kreis, innerhalb dessen es kein ›*Nein*‹ gibt (worum es sich auch handeln mag) ... spürte er, daß der ganze üppige Wohlstand ... nichts als Staub ist, die Seele aber Wahrheit sucht.«
>
> »Von dieser bestimmten Grenze an wird nur allzu deutlich, daß sie [die thermonukleare Waffe] nur zum Angriff, nicht zum Schutz unseres Volkes dient.«

Mir erscheint die Beurteilung meiner Person völlig falsch und unangemessen, allzu exaltiert! Ich bin kein Engel, kein Politiker und kein Prophet. Meine Taten und meine Entwicklung wurden nicht durch ein Wunder bewirkt, sondern durch den Einfluß des Lebens, auch den der Menschen neben mir und um mich herum, die Solschenizyn als »korrupte, prinzipienlose, technische Intelligenz« bezeichnet, und durch den Einfluß von Ideen, die ich in Büchern entdeckte. Mag sein, daß dies eine Besonderheit meines Charakters ist, doch ich habe niemals in üppigem Wohlstand gelebt; ich weiß nicht, was das ist. Und wie viele »Neins« gab es im Objekt! Die letzte und allerwichtigste These trifft im wesentlichen zu, indes enthalte ich mich solcher kategorischen Bestimmtheit. Das Leben geht verschlungene Wege – ich werde nicht müde, das zu wiederholen. In diesen großen Honigtopf meiner Charakterbeschreibung wird danach nicht wenig Pech gegossen. Solschenizyn, der die Verteidigung der Menschenrechte formal gebührend würdigt, stellt sie in Wirklichkeit doch als etwas Zweitrangiges dar, als etwas, das die Hauptsache (welche, ist mir nicht ganz klar) eher behindert. Wichtig war mir seine hohe Einschätzung der *Denkschrift* und des »Nachworts«. Doch Solschenizyn fügt hinzu, daß dieses Dokument

> »... wesentlich weniger Aufsehen [erregte], als es seiner wahren Bedeutung nach verdient hätte, vermutlich, weil die Unterschrift des Verfassers durch ihre Häufigkeit entwertet worden war.«

Er spielt indirekt auf den Fall eines jüdischen *otkasnik* an, in den ich mich (erfolgreich) eingeschaltet hatte. Aus meinen Ausführungen geht klar hervor, daß die Verteidigung einzelner, konkreter Menschen grundlegende Bedeutung für mich hat; dies ist und bleibt der stabile Kern meiner Einstellung. Was die »programmatischen« Schriften betrifft, so betrachte ich sie als Diskussionsmaterial; wer will, kann sie durchlesen und darüber nachdenken. Ich selber sehe zuweilen das eine oder andere durch und präzisiere es. Ob sie von größerer Bedeutung sind, das ist eine untergeordnete Frage. Beharrlich betont Solschenizyn meine Naivität, mein unpraktisches Wesen, mein Unvermögen, eine Situation zu erfassen, meine Anfälligkeit für negative Einflüsse. Ich könne keine Fahrkarten auftreiben und raste ziellos durch Batumi, gäbe ein Manuskript stückweise verschiedenen Schreibdamen zum Abtippen, ohne zu begreifen, daß die es sofort auf den Tisch des zuständigen KGB-Beamten legten und so weiter.

Von denen, die verderblichen Einfluß auf mich ausübten und sich an diesen »seltsamen ... Ballon [anhängten], der ohne Motor und ohne Benzin in die Höhe schwebt«, nennt Solschenizyn ganz unverblümt Roy Medwedjew und Valerij Tschalidse. Ich habe mein Verhältnis zu diesen sehr verschiedenen Menschen bereits beschrieben und werde hier nicht darauf zurückkommen. Doch die Hauptspitze ist, wenn auch verborgen, gegen meine Frau gerichtet. Hier muß ich für Klarheit sorgen. Ich zitiere wieder:

> »Obwohl Sacharow und ich uns weiterhin trafen, kam es nicht zu gemeinsamen Projekten. Das lag zum größten Teil daran, daß wir nun überhaupt keine Möglichkeit mehr hatten, unter vier Augen zu sprechen, und ich befürchtete, alle Einzelheiten würden sich sofort in dem wirren Knäuel der ›demokratischen Bewegung‹ verbreiten.«

Das bezieht sich eindeutig auf Ljusja, die meine Frau geworden war. Aber nichts davon trifft zu. In jener Zeit sprach ich mit Alexander Issajewitsch immer unter vier Augen. Einmal gingen wir ungefähr eine Stunde lang zu zweit im Wald bei Shukowka spazieren, wo Rostropowitsch und ich Datschas besitzen. Er schlug mir vor, mich an dem Sammelband *Stimmen aus dem Untergrund* zu beteiligen, aber ich konnte mich damals aus dem vagen Gefühl heraus, meine Selbständigkeit zu verlieren, nicht dazu entschließen. Auch früher war es zu keinerlei gemeinsamen Projekten gekommen – weder bei unserer ersten Begegnung im Jahre 1968 noch bei der zweiten im Jahre 1970. Zu dem »wirren Knäuel« (und den »Dissidentensalons«, ein Ausdruck Solschenizyns an anderer Stelle) hatten weder ich noch meine Frau irgendeine Beziehung. Uns beide zog es nie in große, lautstarke Gesellschaft, zu Besuchen hier und dort und dem ständigen Umgang mit uns wenig bekannten Menschen. Die Gelage, die so oft die Basis eines solchen Umgangs bilden, kamen für Ljusja und mich nicht in Betracht, sie interessierten uns nicht. Den Einfluß meiner Frau auf mich sieht Solschenizyn darin, daß sie mich zur Emigration und zum Rückzug von meiner gesellschaftlichen Pflicht drängte und mich überhaupt veranlaßte, mich zum Schaden anderer, wichtiger Fragen verstärkt dem Problem der Emigration zu widmen. Solschenizyn nennt die Gesamtheit der Ereignisse des Jahres 1973 ein »Begegnungsgefecht«. Er wirft mir vor, das »Begegnungsgefecht« habe nicht zu den Ergebnissen geführt, die man schon fast mit Händen habe greifen können, weil ich unter Ljusjas verderblichem Einfluß zu lange mit dem Thema Emigration – sowohl in persönlicher als auch in allgemeiner Hinsicht – gespielt hätte. Ich halte den Terminus »Begegnungsgefecht« an sich schon für nicht gelungen; er erscheint mir nicht angemessen. Und welche kardinalen pragmatischen Ergebnisse hätte man denn damals (und viel später) von unseren Aktionen erwarten können? Solschenizyn schreibt darüber nichts, sondern bezieht nur Stellung zu Mills' Korrekturvorschlag[2]. Meiner Ansicht nach konnte es derartige Ergebnisse gar nicht geben. Ich bitte, mir die nachfolgenden langen Zitate zu verzeihen (die Hervorhebungen stammen von mir):

> »In den Interviews vom August, die er während der Kampfhandlungen gab, tauchte das destruktive Motiv der Auswanderung immer wieder auf. Wir hören, daß er sich *freuen* würde, nach Princeton zu reisen.
>
> Das Motiv der Auswanderung ist in einem Land, wo die Öffent-

lichkeit den Kampf von jeher verloren hat, einfach nicht wegzudenken. Man kann es niemandem vorwerfen. Ich, der ich im vorletzten Kapitel meine eigenen Zweifel beschrieben habe, am allerwenigsten. Nur: es gibt Privatpersonen – und deren Entscheidungen sind Privatsachen. Es gibt aber auch Personen, die eine exponierte und entscheidende Stellung in der Öffentlichkeit einnehmen – und die Entscheidungen solcher Personen können nur in »Ruhepausen« privater Natur sein, auf die sie in Zeiten gesteigerter Aufmerksamkeit der Öffentlichkeit *kein Recht* haben. Und *gegen dieses Gesetz hatte Andrej Dmitrijewitsch* verstoßen, er wechselte oft die Gangart, indem er es einmal erfüllte, einmal mißachtete, und es war bitter, daß er nicht aus Überzeugung gegen dieses Gesetz verstieß (sich vor der Verantwortung drücken, das russische Schicksal nicht auf sich nehmen – solche Regungen warem ihm völlig unbekannt!) –, sondern aus *Rücksicht auf die Wünsche seiner Nächsten* und nur, um *ihre Pläne nicht zu durchkreuzen.* Sacharows monatelange Bemühungen um das Problem der Auswanderung aus der UdSSR waren in hohem Maße von den *Wünschen und Plänen seiner Nächsten* bestimmt. [Das ist geradezu dämonisch, fast wie die Protokolle der Weisen von Zion! – *A. S.*] Und derselben *Schwäche*, die von Beobachtern kaum bemerkt wurde, obwohl sie den Ausgang des Gefechts negativ beeinflußte und *uns um den wirklichen Erfolg brachte,* unterlag Andrej Dmitrijewitsch Mitte September, ein bis zwei Tage nach der Einstellung der Störsendungen, als wir schon fast nach dem Gesetz der Schwerkraft vorwärtsrollten. Eine Gruppe von etwa neunzig Juden richtete eine Petition an den amerikanischen Kongreß mit einer – wie üblich – nur sie selbst betreffenden Bitte: der Kongreß möge in die Bedingungen des Handelsvertrages mit der UdSSR nicht einwilligen, solange das Problem der jüdischen Auswanderung nicht gelöst sei. Diese neunzig Menschen, die *im Land fremd* waren [an wen erinnert mich diese Terminologie? – *A. S.*] und keinen anderen Wunsch kannten, als herauszukommen, brauchten an die gesamte Entwicklung nicht zu denken. Aber um ihrer Petition das nötige Gewicht zu geben, kamen sie zu Sacharow und baten ihn, denselben Text gesondert zu unterschreiben ... aus Tradition und Interesse für dieses Problem unterschrieb Sacharow, zwei oder drei Tage nach dem Korrekturvorschlag von Wilbur Mills, ohne daran zu denken, daß er dadurch die Front aufbrach, bereits besetzte Positionen aufgab, Mills' Korrekturvorschlag auf das Jackson-Amendment redu-

> zierte und die allgemeinen Menschenrechte gegen das bloße Recht auf Auswanderung eintauschte. ... Und der Kongreß *stimmte* dem Jackson-Amendment *zu*. Wenn wir selbst um nichts anderes als um das Recht auf Auswanderung bitten, warum sollte dann der amerikanische Senat sich um mehr bemühen? ... Ich war wie versengt. Am 16. 9. schrieb ich Andrej Dmitrijewitsch von außerhalb einen Brief...«

Mills' Korrekturvorschlag wurde in jedem Fall nie so ernsthaft erörtert und besaß nie solche Erfolgsaussichten wie das Jackson-Vanik-Amendment, das juristisch von erheblich besseren Argumenten gestützt wurde und politisch stichhaltiger war. Bei der Sachlage über Mills' Korrekturvorschlag zu schreiben, hätte bedeutet, sowohl Mills' als auch Jacksons Amendment zu Fall zu bringen. Ich aber halte, im Gegensatz zu Solschenizyn, das Jackson-Vanik-Amendment für prinzipiell wichtig! Ich hatte also keineswegs die Front durchbrochen. Solschenizyn stellt die Ereignisse des Herbstes 1973, wie mir scheint, einseitig dar. Ich schrieb bereits, daß er Ljusjas Erklärung über die Weitergabe von Kusnezows *Lagertagebuch* nicht erwähnt. Ebensowenig erwähnt er mein Interview mit Stenholm, das erste Glied in der Kette dieser Ereignisse. Auf Princeton bin ich schon ausführlich eingegangen. Daß meine Erklärung in verkürzter Form publiziert wurde, wußte Alexander Issajewitsch, doch er schreibt nichts davon. Insgesamt ist die Princeton-Geschichte, selbst wenn man sie mit meiner Erklärung in Zusammenhang bringt, eine geringfügige Episode. Solschenizyn spielt sie ohne jeden Grund ins Prinzipielle hoch. Zu Mills' Korrekturvorschlag: Ich hatte den Text nicht, doch scheint mir, daß er nicht die Menschenrechte im allgemeinen betraf, sondern speziell Sacharow und Solschenizyn. In diesem Fall war es natürlich nicht meine Sache, darüber zu sprechen (nicht unsere Sache, warum debattieren wir die ganze Zeit darüber, was *ich* unterließ; was tat denn Alexander Issajewitsch? Trat er für Mills' Korrekturvorschlag ein, wenn er ihm eine solche Bedeutung zumaß?).

Nach meiner Erklärung zum Jackson-Vanik-Amendment schickte mir Solschenizyn, wie er schreibt, einen Brief. Darin ging er auf Mills' Korrekturvorschlag ein (ungefähr mit den gleichen Worten wie in *Die Eiche und das Kalb*) und bat mich, bei seiner Frau Natalja Swetlowa (Alja, wie er sie nennt) vorbeizuschauen. Ljusja und ich erfüllten diese Bitte. Das Gespräch fand ohne Alexander Issajewitsch statt. Alja fragte, wie ich nur das Jackson-Vanik-Amendment unterstützen und dem Problem der Auswanderung überhaupt soviel Bedeutung zumessen könne, wo doch Auswanderung Landesflucht und Rückzug aus der Verantwortung sei, während es so viele weitaus wichtigere Probleme gebe, die weitaus mehr Menschen angingen. Insbesondere sprach sie davon, daß Millionen Kolchosbauern faktisch Leibeigene seien und kein Recht hätten, ihre Kolchose zu verlassen und an einem anderen Ort zu leben und zu arbeiten. Was unsere Besorgnis um die Ausbildung unserer Kinder betreffe, so hätten Millionen Eltern im russischen Volk keine Möglichkeit, ihren Kindern überhaupt irgendeine Bildung angedeihen zu lassen. Aufgebracht über den schulmeisterlichen Ton, in dem mir Natalja Swetlowa ihre »Standpauke« hielt, rief Ljusja aus: »Das russische Volk kann mir gestohlen bleiben! Schließlich kochen Sie den Grießbrei auch bloß für Ihre Kinder und nicht für das ganze russische Volk!«

Solche Worte über das russische Volk mochten in diesem Hause »lästerlich« klingen. Doch von der Sache und vom Gefühl her hatte Ljusja ein Recht darauf, ist sie doch selbst zeit ihres Lebens Teil dieses »russischen Volkes«. Im Jahre 1973 waren wir noch einmal bei Solschenizyns; es war unsere letzte Begegnung mit Alexander Issajewitsch vor seiner Ausweisung. Ich zitiere weiter:

> »Am 1. Dezember besuchten uns die Sacharows, wie immer zu zweit. Seine Frau war krank [Ljusja hatte damals wegen ihrer Schilddrüsenüberfunktion tatsächlich einen Puls von 120. – *A. S.*], erschöpft durch die Verhöre und die *allgemeine Nervosität*: ›Ich [d. h. Ljusja – *A. S.*] werde spätestens in zwei Wochen eingesperrt, mein Sohn ist Kandidat für Potma, mein Schwiegersohn wird in einem Monat wegen Parasitismus ausgewiesen, und meine Tochter ist arbeitslos.‹ – ›Aber wollen wir es uns trotzdem nicht noch einmal überlegen ... ich würde ja sofort zurückkommen, ich möchte nur sie [die Kinder seiner Frau] wegbringen. Ich denke gar nicht daran, auszureisen ...‹ ›Aber man wird Sie nicht mehr reinlassen, Andrej Dmitrijewitsch!‹ ›Aber wie wollen die mich denn nicht mehr reinlassen, wenn ich direkt an der Grenze stehe?‹ (Er konnte ehrlich nicht begreifen – *wie*?)«

In diesem Abschnitt ist Ljusja das hysterische Dämchen ohne »Nerven« – was ihr ganz und gar nicht ähnlich sieht. Ich aber bin ein vor ihr erzitternder »Pantoffelheld« und außerdem ein ausgemachter Dummkopf. In Wirklichkeit haben weder sie noch ich diese Worte gesagt, die uns hier in den Mund gelegt werden. Tanja war nicht arbeitslos (zwei Monate davor hatte sie ihren Sohn zur Welt gebracht und war gesetzlich beurlaubt), mein Schwiegersohn arbeitete damals ebenfalls (er wurde nach der Gerichtsverhandlung gegen Sergej Kowaljow im Dezember 1975 auf die Straße gesetzt), war infolgedessen kein »Parasit«, und ich war nicht so naiv.

Was Aljoscha anbelangt, der ein »Kandidat für das [mordwinische Lager] Potma« sein sollte, so war hier offensichtlich etwas falsch aufgefaßt worden, was Ljusja bei diesem oder einem der vorhergegangenen Treffen über Aljoscha erzählt hatte, daß er nämlich eher bereit sei, nach Mordwinien zu gehen, als zu emigrieren. Ich glaube, daß Alexander Issajewitsch diese Geschichte mit Sicherheit nicht vergessen hatte – trotzdem schrieb er leider etwas völlig anderes. Aber wie verlief das Gespräch wirklich? Tatsächlich machten uns Alexander Issajewitsch und Alja bei diesem Besuch Vorwürfe wegen nachteiliger Verlautbarungen über unsere bevorstehende Abreise; sie sprachen von der Reaktion einiger Leute, die meine Erklärung so aufgefaßt hätten, als sei darin von meiner eigenen Emigration die Rede. Ich stellte damals sofort klar, daß die Erklärung verfälscht wiedergegeben worden war, und erläuterte meine Einstellung zu dieser Frage. Ich sagte unter anderem, daß die Reise nach Princeton, was die Situation der Kinder betreffe, ein guter Ausweg wäre, daß ich es aber für sehr unwahrscheinlich hielte, die Erlaubnis für eine derartige Reise zu bekommen, und für ganz ausgeschlossen, daß mir die Staatsbürgerschaft entzogen würde (allerdings ohne genauere Begründung meiner Annahme). Es kränkt mich, daß Alexander Issajewitsch, getrieben von seinem Ziel, seiner übergeordneten Aufgabe, so vieles nicht verstand, vielmehr nicht verstehen wollte, was nicht nur die Ausreise, sondern auch was unsere Haltung zu den Menschenrechten und Ljusja in ihrer wahren Gestalt und ihrer Bedeutung für mein Leben angeht.

Ende 1974 überreichte mir ein deutscher Korrespondent im Auftrag Solschenizyns ein Exemplar von *Die Eiche und das Kalb* mit einer sehr herzlichen und schmeichelhaften Widmung. Ich hatte es zuvor schon von einem Freund ausgeliehen und gelesen. Als ich das Geschenk annahm und in Gegenwart des Korrespondenten die Widmung laut las, konnte ich mir die Bemerkung nicht verkneifen: »In diesem Buch hat mich Alexander Issajewitsch schwer gekränkt.«

Der Korrespondent antwortete schmunzelnd: »Ja, sicher. Aber das versteht er nicht.«

XIV. Solschenizyns Ausweisung

Ljusjas Operation. Der *Archipel GULag*. Mein Artikel »Über Alexander Solschenizyns Offenen Brief an die sowjetische Führung«

Ljusjas Krankheit – die besagte Überfunktion der Schilddrüse – war, wie schon erwähnt, einer der Gründe, weshalb wir im Dezember 1973 beide ins Krankenhaus gingen. Ihr Zustand gab Anlaß zu großer Besorgnis. Leider schenkten ihr die Ärzte der Heil- und Kurabteilung der Akademie der Wissenschaften nicht die nötige Beachtung und bemühten sich nicht allzusehr, die Krankheit zu diagnostizieren und zu bekämpfen. Gleich nach der Entlassung aus dem Krankenhaus fuhren wir daher zur Konsultation zu Ljusjas altem Bekannten Alexander Raskin, Professor für Endokrinologie, nach Leningrad. Nach ein paar Tagen klinischer Untersuchung ordnete Raskin die Operation an, zog jedoch offenbar nicht die möglichen, in Ljusjas Fall sehr gefährlichen Folgen für das Glaukom in Betracht. Der Augenarzt tat Ljusjas Bedenken ebenfalls ab. Wir waren uns sogleich einig, daß ein guter Bekannter Natascha Hesses Ljusja operieren sollte (der an Natascha kurz vorher die gleiche Operation vorgenommen hatte), nämlich Doktor B. Wir kehrten nach Moskau zurück, Ljusja bereitete sich mittels Medikamenten auf die Operation vor. Ich holte mir in der Sanitätsabteilung der Akademie einen Operationsschein und ging damit zum Gesundheitsminister Petrowskij, der ihn bestätigen sollte, denn ohne diese Bestätigung hätte Ljusja nicht in Leningrad ins Krankenhaus aufgenommen werden können. Petrowskij versprach es. Doch als wir in Leningrad ankamen, erwartete uns eine böse Überraschung. Doktor B. ließ uns durch Natascha Hesse ausrichten, er könne Ljusja nicht operieren. Er müsse demnächst seine Doktordissertation verteidigen und wenn er Sacharows Frau operierte, würde man seine Arbeit nicht annehmen. Desgleichen bat er, wir sollten ihn nicht aufsuchen und überhaupt keinen Kontakt zu ihm aufnehmen. Wir sahen uns in einer sehr schwierigen Lage. Auf die Operation zu verzichten oder sie auch nur aufzuschieben war unmöglich: Ljusja hatte die medikamentöse Operationsvorbereitung bereits abgeschlossen. Deshalb mußten wir sofort einen anderen Chirurgen suchen. Zum Glück erinnerte sich Ljusja an ihren ehemaligen Professor am Institut, Doktor Stutschinskij. Sie war einmal bei genau der gleichen Operation, wie sie ihr nun bevorstand, dabeigewesen und hatte ihm sogar assistiert. Der Professor willigte ein. Er operierte sie am 27. Februar, und zwei Wochen später kehrten wir nach Moskau zurück.

Unmittelbar vor ihrer Entlassung stieg der Augendruck plötzlich stark an, so daß umgehend Maßnahmen getroffen werden mußten. Dies war nur der Anfang des großen Leidens, das über sie hereinbrach.

Im März arbeitete ich – zunächst in Leningrad, dann in Moskau – an meinem Artikel »Über Alexander Solschenizyns Offenen Brief an die sowjetische Führung«. Dazu muß ich weiter ausholen. Anfang Januar tauchte Solschenizyns Adoptivsohn, der dreizehnjährige Mitja aus Natalja Swetlowas erster Ehe, überraschend bei uns auf. Es war gerade Frühstückszeit, Ljusja rief ihn in die Küchte und bot ihm ein Glas Tee an. Er lehnte jedoch ab. Eine gewisse besondere Feierlichkeit auf seinem Gesicht hatte mich vom ersten Moment an in Erstaunen gesetzt; seine Augen glänzten verwegen, ernst, glücklich und stolz. Der Junge ging ins Badezimmer, zog ein gebundenes Buch heraus und überreichte es uns. Es war der erste Band von *Der Archipel GULag*. Bereits zehn Minuten später lasen wir beide dieses große Buch (über das die sowjetische Presse schon seit mehr als einer Woche erbost und gehässig herzog und über das im westlichen Rundfunk täglich berichtet wurde). Im Unterschied zu den meisten Menschen im Westen und vielen im eigenen Land waren uns die zahllosen Fakten der Grausamkeit und Willkür in der Welt des GULag wohlvertraut; wir hatten eine Vorstellung vom Umfang dieser Verbrechen. Und dennoch erschütterte uns Solschenizyns Buch. Schon auf den ersten Seiten des zornigen, leiderfüllten, ironisch-sarkastischen Erzählwerks erstand vor uns die düstere Welt der grauen, stacheldrahtumzäunten Lager, der grell erleuchteten Verhörräume und Folterkammern, der Häftlingswaggons, der eisigen Abbaustätten in Kolyma und Norilsk, die den sicheren Tod bedeuteten – erstand vor uns das Schicksal vieler Millionen unserer Mitbürger. Dies ist die Kehrseite jener frohen Einmütigkeit und jenes Arbeitselans, über die man Lieder sang und welche die Zeitungen täglich beschworen.

Einige Tage darauf schloß ich mich einer Erklärung an, in welcher *Der Archipel GULag* und das tragische Schicksal seiner Helden, der Gefangenen, gebührend gewürdigt und gefordert wurde, Solschenizyn vor Angriffen und Verfolgungen zu schützen. Auch Maximow und Galitsch gehörten zu den Verfassern dieser Erklärung. In den folgenden Tagen gab ich etliche Interviews (mehr als zehn) über das Buch und Solschenizyn, darunter telefonisch einer Schweizer Zeitung und einer deutschen Zeitschrift. Viel später erfuhr ich, daß man diese Interviews (jedenfalls größtenteils) gedruckt hatte.

Am 12. Februar, gegen 19 Uhr, klingelte es bei uns: Solschenizyn war gewaltsam außer Haus geschafft worden. Ljusja und ich liefen sofort auf die Straße, besorgten uns ein Auto und betraten schon fünfzehn Minuten später Solschenizyns Wohnung in der Kosizkij-Gasse. Die Wohnung war voller Menschen, manche kannte ich nicht. Bleich und bekümmert erzählte Natascha jedem Neuankömmling die Einzelheiten des Banditenüberfalls, riß sich dann los, stürzte sich in irgendeine Tätigkeit – sortierte Papiere, verbrannte irgend etwas. In der Küche standen zwei Teekannen, viele tranken nervös Tee. Bald stellte sich heraus, daß Solschenizyn nicht bei der Staatsanwaltschaft war, wohin er bestellt worden war, sondern daß man ihn verhaftet hatte. Von Zeit zu Zeit läutete das Telefon, manche Anrufe kamen aus dem Ausland. Ich beantwortete ein oder zwei dieser Anrufe; anscheinend hatten die nervliche Erschütterung und das Bewußtsein der Bedeutung und Tragik des Vorgefallenen meine übliche, trockene, ungewandte Redeweise verdrängt; ich sprach in einfachen, starken Sätzen.

Am Tag darauf versammelten wir uns in der Tschkalow-Straße, in der Küche, verfaßten und unterzeichneten den »Moskauer Aufruf« mit der Forderung, Solschenizyn freizulassen und ein internationales Tribunal zur Erforschung der Tatsachen zu gründen, deren Enthüllung sein Buch *Der Archipel GULag* gewidmet ist. Erst als der Aufruf bereits den ausländischen Korrespondenten übergeben war, erfuhren wir, daß man Solschenizyn ausgewiesen hatte; das Flugzeug war gerade in der Bundesrepublik Deutschland gelandet. Wir riefen Natascha an und teilten ihr diese Nachricht mit; sie war sehr aufgeregt, hatte es schon von jemand anderem gehört, wollte es jedoch erst glauben, wenn sie Alexander Issajewitschs Stimme gehört hatte. Eine Stunde später rief sie an; sie hatte gerade mit ihrem Mann gesprochen. Der »Moskauer Aufruf« fand weite Verbreitung. In der Bundesrepublik etwa, wurden dafür etliche zehntausend Unterschriften gesammelt. Kurz vor Nataschas Abreise mit ihrer Mutter Jekaterina Ferdinandowna und ihren Kindern zu ihrem Mann gab sie einen Abschiedsabend bei sich zu Hause. Ljusja und ich waren dort; viele gute Menschen waren gekommen und sangen gute, schöne, russische Lieder. Vor diesem Abend hatte ich Natascha einmal allein besucht, und sie hatte mir ein Exemplar von Solschenizyns »Offenem Brief an die sowjetische Führung« gegeben. Ich las ihn und hatte das Gefühl, unbedingt dazu Stellung nehmen zu müssen. Mit zu vielem, was darin stand und was logisch aus dem Geschriebenen folgte, war ich nicht einverstanden.

Ich verstehe, daß mein Artikel Solschenizyn sehr konsternierte und verärgerte; das geht aus seinem Antwortartikel in *Stimmen aus dem Untergrund* hervor, doch ich konnte nicht anders handeln. In den folgenden Jahren äußerte ich mich nicht mehr öffentlich zu meinen Meinungsverschiedenheiten mit Alexander Issajewitsch. Hier möchte ich dennoch versuchen, in kurzen Zügen noch einmal auf diese Meinungsverschiedenheiten einzugehen, wobei ich nicht nur den »Offenen Brief an die sowjetische Führung« im Sinn habe, sondern auch andere Publikationen Solschenizyns, insbesondere seine berühmte Harvard-Rede. Ich möchte aber noch einmal betonen, wie hoch ich A. I. Solschenizyn, sein künstlerisches Talent, seine großen, wahrhaft historischen Verdienste bei der Aufdekkung der Verbrechen unseres Staates und seine langjährige, selbstlose Arbeit achte. Mich begeistert seine leidenschaftliche Unversöhnlichkeit dem Bösen gegenüber, die Klarheit und Schärfe seines Denkens. In seinen publizistischen Arbeiten lese ich sehr vieles, womit ich mich innerlich einfach solidarisieren muß. Indes, auch wenn ich mit vielen von Solschenizyns Grundgedanken übereinstimme, mißfällt mir doch oft der kategorische Charakter seiner Meinungen und Urteile, das Fehlen von Nuancen und seine mangelnde Toleranz den Ansichten anderer gegenüber. Dabei ist mir bewußt, daß diese Mängel eng mit jenen Vorzügen verknüpft sind, die ich eben hervorhob: mit Solschenizyns Leidenschaftlichkeit und Zielbewußtsein. Auch wenn ich ihn so nehme, wie er ist, und ihn bewundere, so meine ich doch, daß man die Mängel seiner Publikationen nicht verschweigen und sich einer offenen Diskussion nicht entziehen soll. Für notwendig halte ich dies auch deshalb, weil manche prinzipiellen Grundlagen von A. I. Solschenizyns Position anfechtbar sind.

Mir scheint, er unterschätzt die Wichtigkeit einer weltweiten, die ganze Menschheit einbeziehenden Auseinandersetzung mit der Kardinalfrage der Gegenwart und legt eine gewisse »Antiwestlichkeit« an den Tag. Damit verbunden sind ein »prinzipieller Isolationismus«, die unzulängliche Beachtung der Probleme und Schicksale anderer – nichtrussischer und nichtukrainischer – Völker sowohl in unserem Lande wie im Ausland, hin und wieder Elemente des russischen Nationalismus, die Idealisierung des russischen Nationalcharakters, der Religion und der russischen Lebensweise, wovon es nicht mehr weit ist zu feindseliger Geringschätzung anderer Völker. In meinem Artikel schreibe ich, daß die den Ideologen nachfolgenden praktischen Politiker gewöhnlich brutaler und dogmatischer sind als diese selbst. Laut Solschenizyn ist der Westen (sprich die USA, Europa und Japan) bereits dabei, die Schlacht gegen den allerorts angreifenden Totalitarismus zu verlieren. Inkonsequent, geschwächt und uneins erliege er den Versuchungen der Konsumgesellschaft, der Libertinage, der Areligiosität und Ungeistigkeit im historischen Augenblick des Widerstands gegen die Kräfte des Bösen; er zerstöre sich gedankenlos selbst im Gasdunst der Städte und im Getöse hysterischer Musik. In A. I. Solschenizyns Worten steckt tatsächlich sehr viel bittere Wahrheit. Auch ich kann nicht umhin, über die Uneinigkeit des Westens zu schreiben, über seine gefährlichen Illusionen, seine laienhafte Politik, die Kurzsichtigkeit, Feigheit und den Egoismus einiger Politiker, über seine Anfälligkeit für alle möglichen subversiven Aktionen. Ich schreibe mit großer Sorge darüber, doch auch voller Hoffnung, denn ich halte die Gesellschaft, die sich im Westen herausgebildet hat, in ihrem Kern dennoch für gesund und dynamisch, für fähig, die Schwierigkeiten zu meistern, welche das Leben ununterbrochen mit sich bringt.

Die Uneinigkeit ist für mich die Kehrseite des Pluralismus, der Freiheit und der Achtung des Individuums, dieser wichtigsten Quellen für die Kraft und Elastizität einer Gesellschaft. Insgesamt und besonders in der Stunde der Prüfung ist es weitaus wichtiger, davon bin ich fest überzeugt, diesen Prinzipien die Treue zu halten, als eine »Kaserneneinigkeit« zu besitzen, die natürlich zur Expansion taugt, historisch aber unfruchtbar ist. Letztlich wird das Lebendige siegen. Solschenizyns Mißtrauen dem Westen, der Wissenschaft und Demokratie und insgesamt dem Fortschritt gegenüber stößt ihn meines Erachtens auf den Weg des russischen Isolationismus, der Romantisierung der patriarchalischen Lebensform und anscheinend sogar der Handarbeit, der Idealisierung des orthodoxen Glaubens u. a. Den unberührten Nordosten des Landes nennt er das »Klärbecken der russischen Nation«, wo sie von den moralischen und physischen Schäden genesen könne, die ihr der Terror und die irrwitzigen Experimente des teuflischen, vom Westen gekommenen Kommunismus zugefügt hätten. Solschenizyn sieht bereits heute deutlich sichtbare Anzeichen für eine nationale und religiöse Wiedergeburt des Volkes; das russische Volk sei der sozialistischen Staatsordnung von jeher feindlich gesinnt und habe in den Kriegsjahren sogar eine defätistische Haltung eingenommen.

Alle diese Auffassungen, die ich vielleicht etwas vereinfacht dargestellt habe, kommen mir unrichtig und mythenbildend vor. Sollten sie vom Volk und seinen »Führern« Besitz ergreifen (nebenbei, wer kann für die Resistenz eben dieser »Führer« gegen solche Ideen – unter gewissen Bedingungen – bürgen; beim Volk bin ich gelassener), könnte dies zu tragischen Abenteuern führen.

Nekrassow schrieb von den russischen Gebeinen an einer neugebauten Eisenbahnlinie [1]; die Erschließung des Nordostens ohne die heutige Technik würde nicht weniger Gebeine über die dortigen Sümpfe verstreuen. In Solschenizyns Werken entdecke ich eine andere Sichtweise der Demokratie und des Pluralismus sowie der Rolle der Religion in der Gesellschaft, als ich sie habe (ich halte den Glauben für eine rein innerliche, intime und freie Angelegenheit des Individuums, ebenso wie den Atheismus); er steht anders zu den Perspektiven einer Annäherung – der Konvergenz – des sozialistischen und des westlichen Systems, denn ich erkenne in beiden, im Unterschied zu Solschenizyn, neben Mängeln auch gesunde Basen. Was aber die Hauptsache ist, ich sehe in der Konvergenz die Chance zur Rettung der Menschheit vor einer Konfrontation, die sie mit dem Untergang bedroht!

Daneben bemerke ich bei Solschenizyn eine andere Einstellung zum Fortschritt. Die großen ökologischen und sozialen Gefahren, die der Fortschritt mit sich bringt, sind mir durchaus bewußt. Aber der Fortschritt führt doch in erster Linie zur Verbesserung der Lebensbedingungen *aller* Menschen auf der Erde, mildert – alles in allem – die Schärfe der sozialen, geographischen und ethnischen Gegensätze, vermindert die Ungleichheit in lebensnotwendigen Dingen und führt zur Linderung des immer noch millionenfach verbreiteten Leidens an Hunger, Armut und Krankheit. Und wenn die Menschheit insgesamt ein gesunder Organismus ist, woran ich glaube, dann werden Fortschritt, Wissenschaft und kluge Wachsamkeit entstehenden Problemen gegenüber helfen, die Gefahren zu überwinden. Die Menschheit, die schon vor einigen Jahrtausenden den Weg des Fortschritts eingeschlagen hat, kann und darf nicht auf diesem Wege stehenbleiben, davon bin ich fest überzeugt.

Besonders wesentlich ist die Differenz zwischen meinem Wertesystem und demjenigen Solschenizyns: Die Verteidigung der Menschenrechte – der Meinungsfreiheit, des Rechts auf freien Informationsaustausch, der Emigrationsfreiheit, der Offenheit der Gesellschaft – werden von uns unterschiedlich bewertet. Ich halte diese Rechte für die Grundlage eines gesunden Lebens der ganzen Menschheit, für die Grundlage internationaler Sicherheit und des Vertrauens der Völker. Der persönliche Einsatz für leibhaftige Menschen ist etwas, an dessen Sinn und Nutzen ich nicht zweifle! Solschenizyn leugnet natürlich nicht die Bedeutung der Verteidigung der Menschenrechte, doch tatsächlich hält er sie offenbar für etwas relativ Untergeordnetes, was zuweilen sogar von Wichtigerem ablenkt (wovon, weiß ich nicht). Ich begann meine Publikationstätigkeit damit, daß ich die Vernichtungsgefahr für die Menschheit in einem thermonuklearen Krieg erörterte. Eben diesem Problem gebe ich die Priorität vor allen übrigen, die sich der Menschheit stellen. (Ergänzung 1988: Natürlich will ich es nicht anderen globalen Problemen gegenüberstellen: dem Schutz der Menschenrechte, der Überwindung wirtschaftlicher und gesellschaftlicher Stagnation, dem Schutz der Umwelt; die vielfältige ökologische Gefahr ist, besonders auf Dauer, am bedrohlichsten. Diese Klarstellungen scheinen mir heute nötig.) Solschenizyn hat sich zu dieser These nicht geäußert.

Solschenizyns Ansichten und Positionen finden meinen Respekt, obwohl sie mir in manchem unrichtig erscheinen. Nachdem mir der Unterschied zwischen unseren Ansichten und Positionen bewußt geworden war – besonders nach der Lektüre des »Offenen Briefes an die sowjetische Führung« –, hielt ich es für unabdingbar, präzise zu formulieren, worin unsere Differenzen bestehen, und meine Gedanken dazu zu veröffentlichen. Das war das Ziel meines Artikels. Bis heute glaube ich, daß er durchaus eine gewisse politische Bedeutung hatte.

XV. Der erste Hungerstreik
»Die Welt in fünfzig Jahren«. Ljusjas Augen. Silva Salmanson und Simas Kudirka

Anfang April 1974 ließen Ljusja und ich alles hinter uns und reisten in den Süden, um ein paar Wochen Urlaub zu machen. Zuerst flogen wir nach Suchumi, wo wir Quartier in einem Hotel fanden. Wir wanderten im Umland der Stadt oder ruhten uns einfach aus. Ein Abstecher zur Amchel-Schlucht ist mir in Erinnerung geblieben: die klare Bergluft, die deutlichen Umrisse der fernen Berge, das Rauschen des schäumenden, trüb-blauen Wassers auf dem Grunde der Schlucht. Es waren herrliche, unbeschwerte Tage. Am Ende unseres Aufenthalts in Suchumi wurde mein »Inkognito gelüftet«, und Besucher stellten sich ein. Wir beschlossen, uns nach Sotschi aufzumachen, weil wir vermuteten, daß es dort ruhiger sein würde – was auch zutraf.

Während unseres Aufenthalts im Süden schrieb ich im Auftrag der amerikanischen Zeitschrift *Saturday Review* einen Artikel, der den Titel »Die Welt in fünfzig Jahren« [1] trug. Die Redaktion hatte für eine Jubiläumsnummer ähnliche Artikel bei vielen anderen bekannten Autoren in Auftrag gegeben, die erläutern sollten, wie sie sich die Zukunft im Jahre 2024 vorstellten. Ich ließ meiner Phantasie freien Lauf, da die Festlegung auf ein halbes Jahrhundert – jedenfalls für mich – relativ ist. Ich übernahm zwar einiges aus dem von Kirillin herausgegebenen Sammelband und aus den *Gedanken*, doch im wesentlichen schrieb ich eine neue Arbeit. Ljusja las das Geschriebene wie gewöhnlich durch und machte einige Bemerkungen. Mich würde sehr interessieren, was man von meinem futurologischen Bild in fünfzig oder hundert Jahren halten wird. Vorläufig gefällt es mir noch ganz gut.

Dieser Artikel kostete sehr viel Mühe, und das Honorar von 500 Dollar war keineswegs zu hoch. Damals konnte man ausländische Währung noch in Form von Zertifikaten für »Berjoska«-Geschäfte (Devisenläden, hauptsächlich für sowjetische Beamte, die im Ausland arbeiten) bekommen. Diese Deviseneinkünfte – meine ersten – kamen uns sehr gelegen. Ljusja hatte von ihren früheren Auslandsreisen noch einiges übrig behalten. Für dieses Geld kauften wir in einer Lebensmittel-»Berjoska«

Fleischkonserven und andere Nahrungsmittel für Pakete in die Lager, für Besuche und zur Weitergabe – und zwar kistenweise! Die Angestellten der »Berjoska« wußten übrigens, wer ich war und weshalb ich diese Einkäufe machte. Tanja stand etwas abseits, und eine Verkäuferin deutete auf mich und sagte zu ihr: »Sieh mal, das ist das Akademiemitglied Sacharow.« (Sie hatte offenbar nicht bemerkt, daß Tanja mit mir gekommen war.)

Ende April waren Tanja und Motja, damals gerade sieben Monate alt, in Sotschi eingetroffen. Wir machten ein paar aufregende Stunden durch, da das Flugzeug des Wetters wegen in Minwody gelandet war und die Fluggesellschaft »Aeroflot«, wie üblich, nicht mitteilte, wo die Maschine war und was sich ereignet hatte. Wir verlebten zusammen zwei, drei Wochen; ich gewann Motja lieb, und auch er begann, mir gegenüber Vertrauen zu zeigen.

Mitte Mai mußte ich nach Moskau fliegen, während Ljusja und Tanja noch zwei Wochen in Sotschi blieben; Tanja hatte eine Kurkarte und wurde ärztlich behandelt. Zu dieser Zeit verschlechterte sich Ljusjas Sehvermögen erheblich. Das Glaukom hatte sich durch die Operation ja schon in Leningrad verschlimmert. Die Krisen erhöhten Drucks im Innenauge waren immer heftigere und häufiger geworden, fast ohne helle Zwischenstadien. Das gewohnte Medikament – Pilokarpin – half schon nichts mehr, und auch »stärkere« Mittel brachten kaum Erleichterung. Auf dem Moskauer Flughafen, wo ich sie abholte, führte Tanja mich beiseite und sagte: »Mutter ist ganz blind geworden.«

Im Laufe des Monats Juni suchte Ljusja, deren Zustand sich weiter verschlechterte, mehrere Augenärzte auf. Im Moskauer Augenkrankenhaus arbeitete ihre Kommilitonin Soja Rasshiwina aus dem Medizinischen Institut, die sich auf Ophthalmologie spezialisiert hatte. Schon während der Studienjahre hatte sie Ljusjas Augen häufig untersucht und an ihnen, wie Ljusja sagte, sämtliche Augenkrankheiten kennengelernt. Ljusja ging ins Krankenhaus in Sojas Sprechstunde. Sie konnte Soja, die hinten in ihrem Zimmer stand nicht erkennen. Dann untersuchte Soja Ljusjas Augen und begann zu weinen. Zwei Tage später ließ Ljusja sich ins Augenkrankenhaus einweisen in der festen Absicht, sich einer Operation zu unterziehen. Es kam jedoch anders: Sie verbrachte einen Monat in Erwartung der Operation im Krankenhaus und meldete sich dann in demselben Zustand wie zuvor ab. Von Anfang an waren die Ärzte, darunter auch ihre Freundin (die auf einer anderen Station arbeitete), offenbar so eingeschüchtert, daß sie keine Behandlung vornahmen. Und damit nicht genug.

Über das Krankenhaus wurde eine Quarantäne verhängt, obwohl es dafür keine ersichtlichen Gründe gab. Die Stationsleiterin, die ein gutes Verhältnis zu Ljusja hatte, wurde ohne jeden Anlaß als behandelnde Ärztin abgelöst; die Behandlung übernahm nun der stellvertretende Chefarzt. Schließlich erhielt Ljusja eine vertrauliche Mitteilung: »Wir wissen nicht, was man mit Ihnen vorhat. Aber Sie müssen sich unbedingt ganz schnell abmelden, unter jedem beliebigen Vorwand!« Am folgenden Sonntag, als keiner der vorgesetzten Ärzte anwesend war, meldete Ljusja sich ab.

Einige Monate später, nach neuen Enttäuschungen, waren wir zu der Entscheidung gezwungen, uns um Ljusjas Ausreise zu bemühen, damit sie ihre Augen im Ausland behandeln lassen konnte.

In den Tagen von Ljusjas Krankenhausaufenthalt hielt ich meinen ersten Hungerstreik ab. Sein Ziel bestand darin, auf das Schicksal der politischen Gefangenen aufmerksam zu machen: zum Beispiel auf Wladimir Bukowski, von dessen schwieriger Lage mir seine Mutter kurz zuvor berichtet hatte; auf Valentin Moros und Igor Ogurzow; auf die Deutschen, die wegen Teilnahme an einer Demonstration für das Recht auf Auswanderung verurteilt worden waren; auf die Häftlinge psychiatrischer Anstalten, darunter Leonid Pljuschtsch. Mein Hungerstreik fand statt, während der amerikanische Präsident Richard Nixon sich in Moskau aufhielt, wodurch meine Aktion mehr Publizität erhielt, als dies sonst möglich gewesen wäre. Die Nixon begleitenden Korrespondenten und Fernsehreporter kamen zwei- oder dreimal in unsere Wohnung, und ich gab ihnen Fernsehinterviews (Tanja dolmetschte). Die Reporter versuchten, eines dieser Interviews gemäß der für Nixons Besuch getroffenen Absprache direkt aus Ostankino – dort liegt das Fernsehzentrum – zu senden. Aber diese Sendung wurde von unserem »Produzenten« (dem Zensor) zerhackt, und die halbe Welt sah mehrere Minuten lang anstelle Sacharows nur leere Bildschirme. Man teilte mir mit, daß der Eindruck sehr stark gewesen sei.

Sechs Tage nach Beginn des Hungerstreiks verschlechterte sich mein Zustand. Ich entschied, daß meine Ziele erreicht waren, und brach den Hungerstreik ab. Er war mir, trotz seiner relativen Kürze, schwergefallen, vor allem deshalb, weil ich während seiner gesamten Dauer arbeitete und Interviews gab, darunter auch die große Konzentration erfordernden Fernsehinterviews. In diesen Tagen starb meine Tante Shenja (Jewgenija Alexandrowna, die Frau von Vaters Bruder Iwan), die ich sehr liebte. Es war mir noch gelungen, sie im Krankenhaus zu besuchen, und später, ebenfalls während des Hungerstreiks, fuhr ich zu ihrer Beerdigung.

Ljusja machte sich während des Hungerstreiks große Sorgen um mich. Sie schaffte es fast jeden Tag, ungeachtet der »Quarantäne«, sich im Morgenmantel aus dem Krankenhaus zu schleichen, nachdem sie dem Wächter einen Rubel gegeben hatte, und im Taxi zu uns nach Hause zu fahren. So war sie auch in der Tschkalow-Straße, als mich zwei amerikanische Physiker besuchten; sie nahmen in Moskau an irgendeiner internationalen Konferenz teil. Einer der beiden war Victor Weisskopf, der andere war Sidney Drell, ein junger, doch ebenfalls schon sehr bekannter Physiker.

Während des Hungerstreiks achtete Dr. Vera Fjodorowna Liwtschak – Mascha Podjapolskaja, Grischas Frau, hatte uns zusammengebracht – auf meinen Gesundheitszustand. Danach freundeten wir uns alle, die ganze Familie, sehr eng mit Vera Fjodorowna an.

Im Herbst 1974 wurden Silva Salmanson, eine der Beteiligten an der »Leningrader Flugzeugentführeraffäre«, Eduard Kusnezows Frau und der litauische Seemann Simas Kudirka unerwartet aus der Haft entlassen. Beide waren zu zehn Jahren verurteilt worden, und ihre Strafe wäre erst 1980 abgelaufen. Wahrscheinlich war ihre Entlassung das Ergebnis irgendeiner Geheimdiplomatie.

Wir konnten Silva gerade noch auf dem Weg zum OWIR (der Paßbehörde) abfangen; sie glaubte dem KGB, daß man, wenn sie sofort ausreise, ihren Mann freilassen werde, und hatte schon begonnen, die Ausreisedokumente auszufüllen. Wir überredeten sie, eine Erklärung zu schreiben (genauer gesagt, eine von uns verfaßte Erklärung zu unterschreiben), daß sie erst ausreisen werde, wenn man ihr ein Treffen mit ihrem Mann ermögliche. Als die Behörden die Erklärung bekommen hatten, gaben sie sofort nach. Man brachte Kusnezow mit einem Personenzug nach Moskau. Er wurde, mit Handschellen an einen Wächter gefesselt (die gewöhnliche Methode, eine Flucht zu verhindern), über den Bahnsteig geführt, zum großen Entsetzen der Passanten. Man arrangierte Eduards und Silvas Begegnung noch am selben Tag hastig im Arbeitszimmer des Gefängnisdirektors! Ich war der Meinung, daß Silva sich auch um ein Treffen mit ihren beiden Brüdern bemühen solle, die ebenfalls in derselben Sache verurteilt worden waren. Aber in dieser Hinsicht blieben alle meine Bemühungen, Silva zu überzeugen, ergebnislos. Sie glaubte den KGB-Leuten aufs Wort und weigerte sich schroff, einen neuen Antrag einzureichen (einen früher aus diesem Anlaß geschriebenen zog sie zurück). Wir zerstritten uns ernsthaft, sie ging hinaus und schlug die Tür hinter sich zu.

Andrej Sacharows Ururgroßvater

Die Urgroßmutter

Die Großeltern väterlicherseits um 1885, kurz nach ihrer Hochzeit

Familie Sacharow um 1907: Die Großeltern Iwan und Maria mit ihren Kindern Sergej, Tatjana, Iwan Dmitrij, Nikolaj und Georgij

Alexej Sofiano, der Groß-vater mütterlicherseits (um 1900)

Sinaida Sofiano, die Großmutter mütterlicherseits

Dmitrij Sacharow, Andrej Sacharows Vater, als Student, 1909

Jekaterina Sofiano, Sacharows Mutter, 1909

Andrej Sacharow mit seiner Cousine Katja, 1924

Die Großeltern Sofiano in ihrer Datscha, um 1925

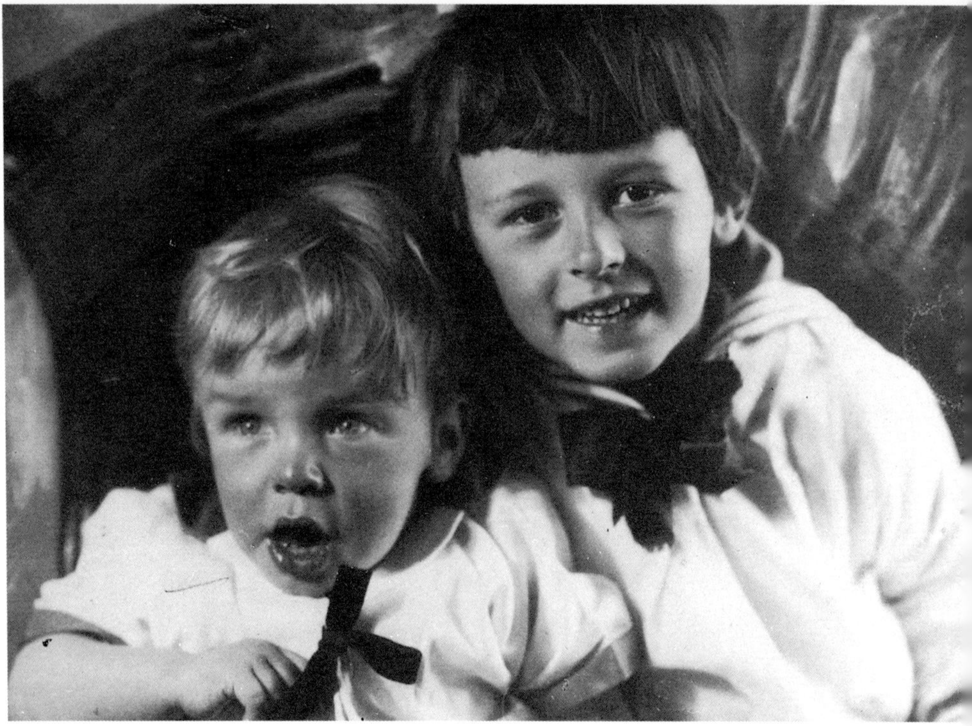

Andrej mit seinem jüngeren Bruder Jura, 1927 (oben), 1930 (unten links), 1932 (unten rechts)

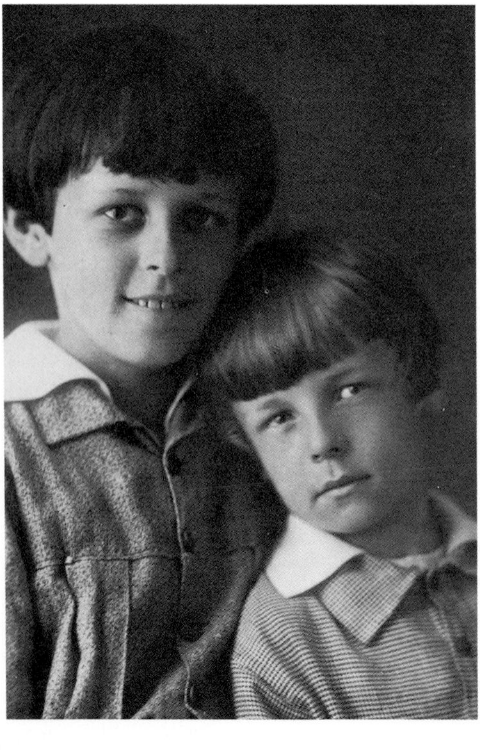

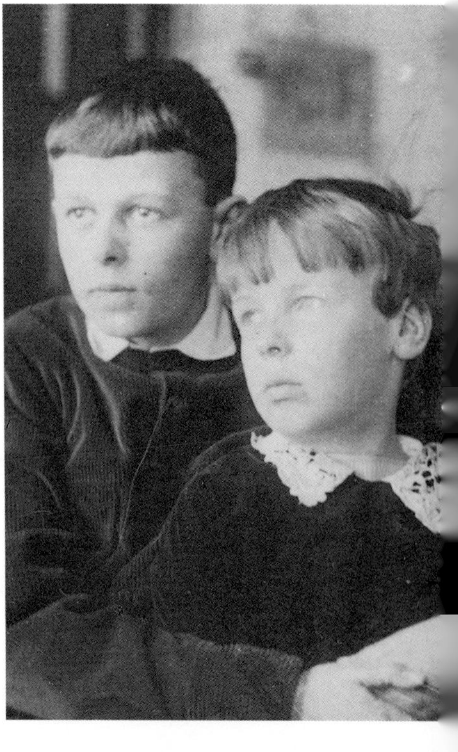

Andrej und Jura 1932 (oben) und 1945 (unten)

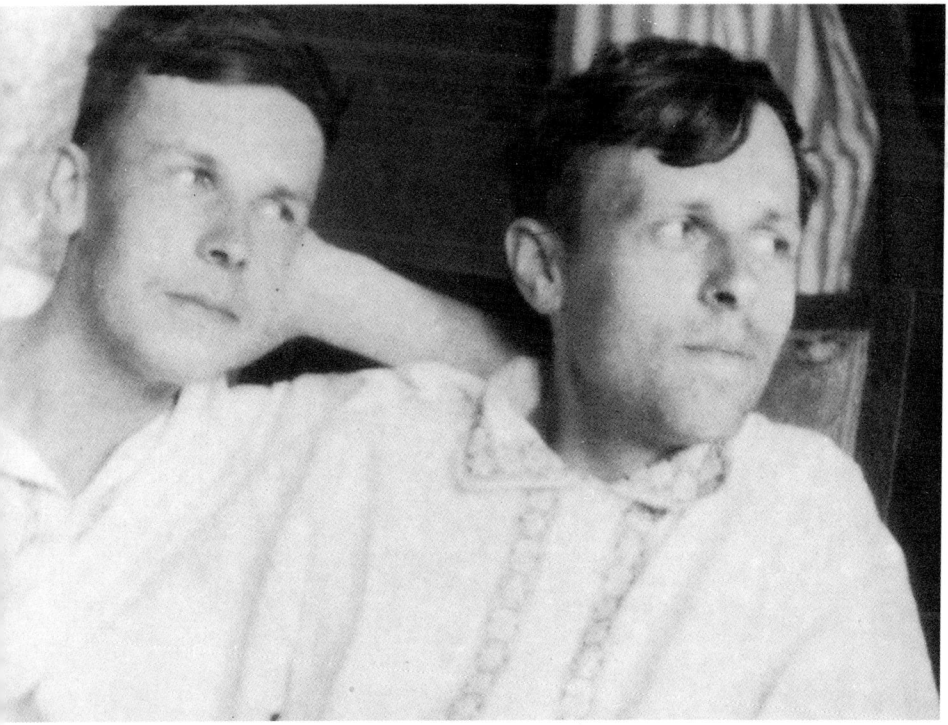

Im Schulhof Granatny Str. 3, links: Katja, Andrej und Jura Sacharow. Sitzend, dritter von links: Grischa Umanskij. Stehend in der zweiten Reihe: Kina Sacharow (außen links) und Kolja Segal (außen rechts)

Die Mitschüler. Vorderste Reihe, außen rechts: Lena Feldman. Zweite Reihe, vierter von rechts: Jurij Orlow. Außen rechts: Andrej Sacharow

Klawdija , Sacharows erste Frau

Andrej Sacharow 1943

Andrej und Klawdia Sacharow, Juli 1943

Andrej und Klawdia mit ihrer Tochter Tatjana (Tanja), 1948

Sacharow und seine Tante Tatjana Jakuschin, 1946

Sacharows Tanten Tatjana (Tante Tanja) und Jewgenija (Tante Shenja)

Dmitrij Sacharow, um 1949

Dmitrij Sacharow

Sacharows Töchter Tanja und Ljuba, 1956

Andrej Sacharow, 1950

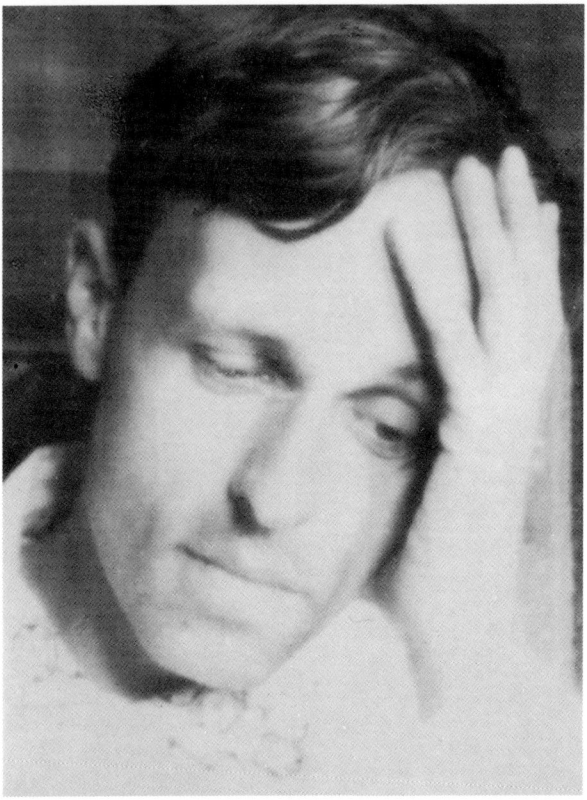

Sacharow und Igor Kurtschatow im Gelände des Instituts für Atomenergie im Sommer 195

Jekaterina und Dmitrij Sacharow, 1959

Dmitrij Sacharow

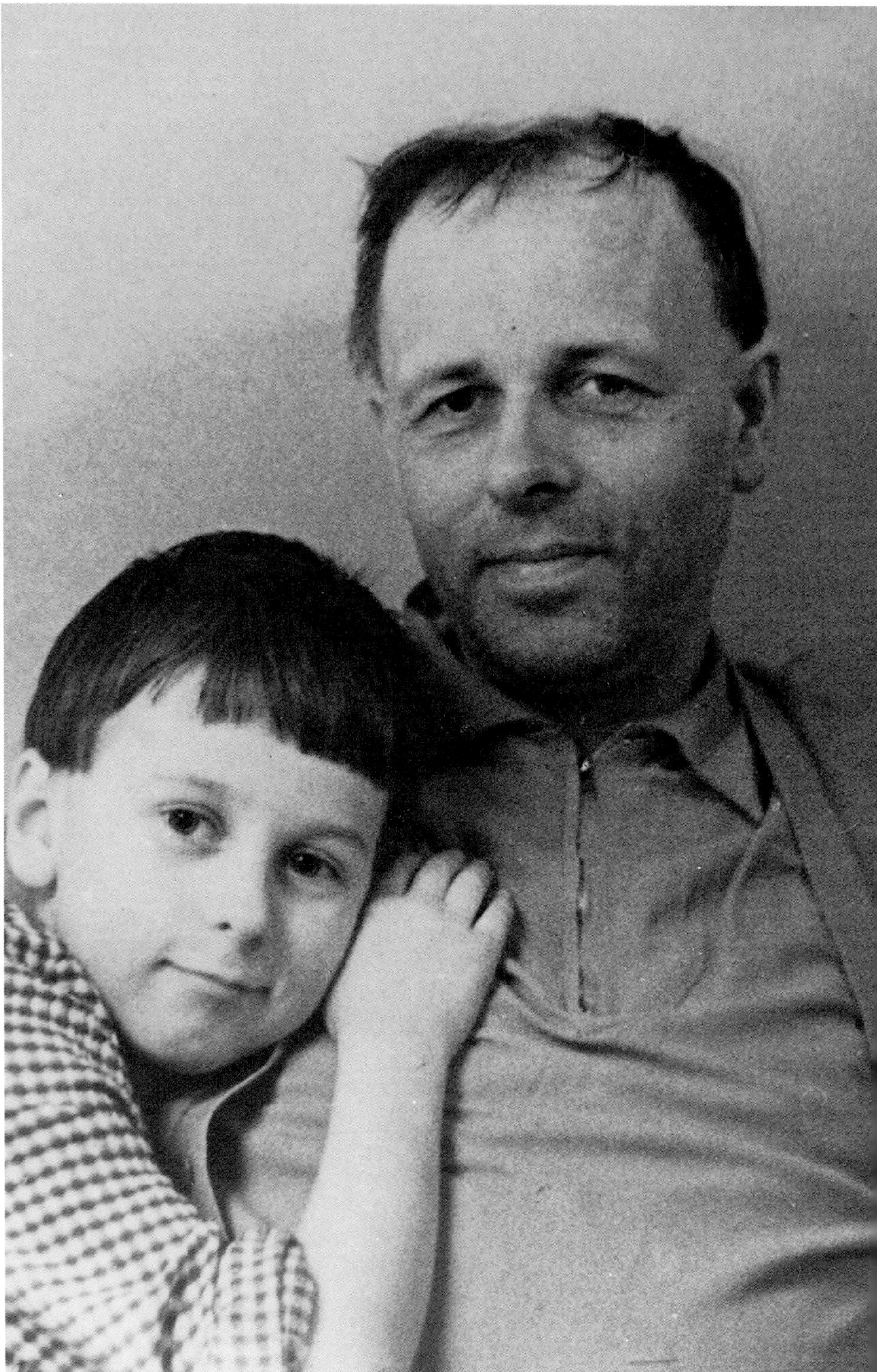

Andrej und sein Sohn Dmitrij (Dima), 1970

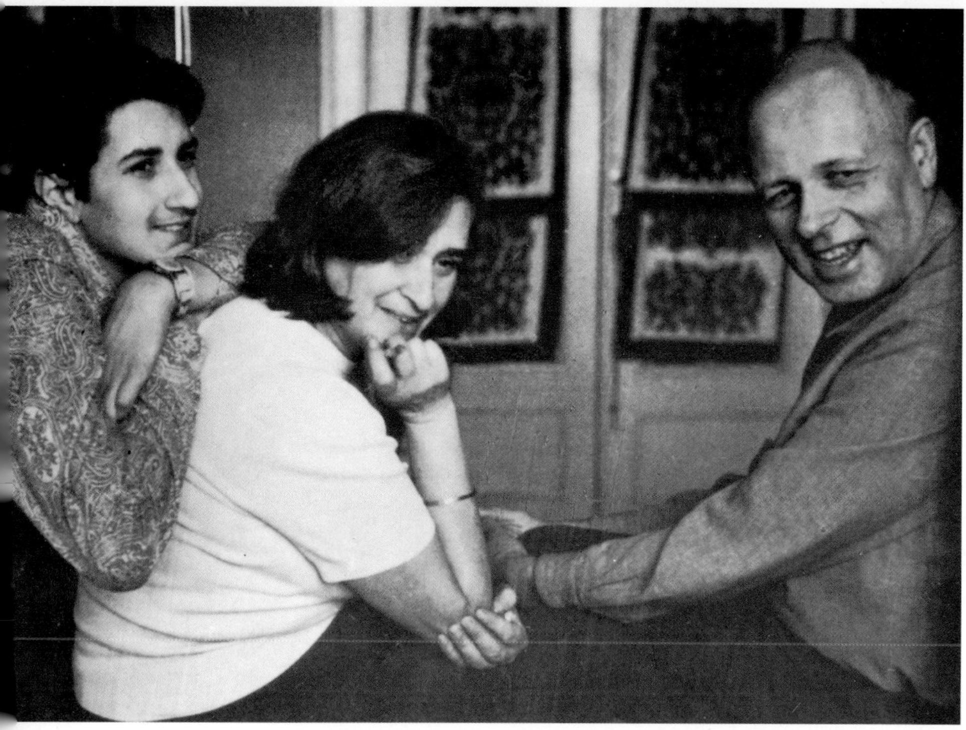

lexej Semjonow mit Sacharow und Jelena Bonner am Tag ihrer standesamtlichen Trauung

Im Vordergrund: Efrem Jankelewitsch; hinter ihm von links nach rechts: Ruth Bonner, Tanja Semjonow (Jankelewitsch), Jelena Bonner, Sacharow; ganz hinten: Alexej Semjonow im Dezember 1972

Das »Puschkinsche Kleeblatt«; oben: Soja Sadunajskaja und Natalja (Natascha) Hesse

Natascha Hesse mit unbekanntem Mann

Soja Sadunajskaja

Regina (Ina) Ettinger

Natascha Hesse

Sacharow und Jelena Bonner in der Lobby des Akademie Hospitals, in dem sich beide aufhielten. Hinter ihnen stehen Viktor Nekrassow (links) und Lew Kopelew, Dezember 1973

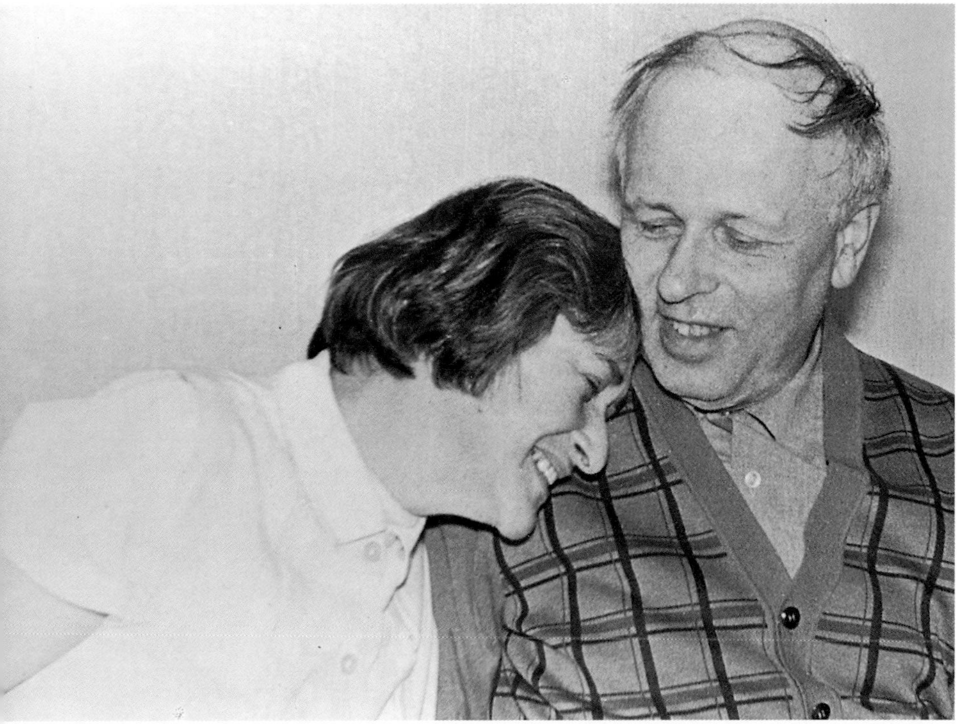

Sacharow und Jelena Bonner, 16. März 1974

Sacharow und Jelena Bonner, 1973

Ruth Bonner und Sacharow bei Jurij Tuwim

Demonstration auf dem Puschkin-Platz am 5. Dezember 1975

Jelena Bonner und Aase Lionaes, Vorsitzende des Nobelpreiskomitees, bei der Zeremonie am 10. Dezember 1975

Jelena Bonner mit Tim Greve, dem Direktor des norwegischen Nobel-Instituts, bei der Pressekonferenz in Oslo am 11. Dezember 1975

Am Tag der Verurteilung von Sergej Kowaljow in Vilnius (10. Dezember 1975). Dritter von links: Jurij Golfand; vierter von links: Jurij Orlow;

zweiter von rechts: Ejtan Finkelstein; dritter von rechts: Efrem Jankelewitsch; fünfter von rechts: Sacharow; sechster von rechts: Mart Niklus.

Sacharow vor dem Gerichtsgebäude während der Verhandlung über Jurij Orlow im Mai 1978 · Die Sacharows mit Wladimir Slepak, um 1978 (unten)

Jelena Bonner und Sacharow in Gorkij im Januar 1980

Sacharow in Gorkij, 1982

Der Ausblick von der Wohnung in Gorkij

Sacharow in Gorkij, 1985

Bonner von Sacharow fotografiert, 1984

Tanja und Efrem Jankelewitsch, Alexej und Lisa Semjonow, Ruth Bonner in Newton, Massachussetts im Sommer 1985

Andrej Sacharow mit Matwej und Anna Jankelewitsch, Moskau, Juni 1987

Das Ehepaar Sacharow in Moskau, 4. Februar 1989

Andrej Sacharow, Februar 1989

Ein Jahr später, als schon klar war, daß man mich nicht zur Nobelpreisverleihung reisen lassen würde, überraschte mich ein nächtlicher Anruf aus den USA (um 4 Uhr morgens). Der Vertreter eines der amerikanisch-jüdischen Komitees redete mir zu, ich möge Silva Salmanson als sowjetische Dissidentin bevollmächtigen, mich bei der Feier zu vertreten. Ich erwiderte, daß ich diese Aufgabe meiner Frau übertragen hätte.

Kudirkas Geschichte ist folgende. Er war Seemann auf einem Handels- oder Fischereischiff. Im Jahre 1970 flüchtete er während einer Auslandsfahrt und erreichte schwimmend ein amerikanisches Kriegsschiff, wurde jedoch ausgeliefert. Der Kapitän des sowjetischen Schiffes belog den amerikanischen Kommandeur und gab vor, daß Kudirka etwas gestohlen habe. Man verprügelte Kudirka sofort vor den Augen der Amerikaner und verurteilte ihn später. Lügen sowjetischer Vertreter im Ausland sind nichts Ungewöhnliches, aber westliche Menschen beißen immer wieder auf diesen Köder an. Eine direkte und unverfrorene Lüge paßt nicht in ihre Vorstellungen.

Als man Kudirka unvermutet zum Gefängnisdirektor beorderte und dann freiließ, hatte er große Angst, daß dies irgendein Trick sei und man ihn unterwegs ermorden werde. Ohne irgend jemanden in Moskau aufzusuchen, fuhr er sofort zu seiner Mutter in ein litauisches Dorf. Aber kurz darauf durfte er gemeinsam mit seiner Mutter in die USA ausreisen. Einen großen Verdienst daran und an Kudirkas Freilassung selbst hatte Sergej Kowaljow. Es konnte bewiesen werden, daß Simas Kudirka ein Recht auf die amerikanische Staatsbürgerschaft hatte, da seine Mutter in den USA geboren war. Sergej mußte in dieser Angelegenheit nicht wenig Mühe aufwenden; er war mehrere Male im amerikanischen Konsulat, obwohl bei uns jeder derartige Besuch eines gewöhnlichen Bürgers fast als Hochverrat angesehen wird und äußerst folgenschwer sein kann. Zweimal nach dem Besuch des Konsulats wurde Kowaljow festgenommen und durchsucht.

XVI. Begegnungen mit dem Ausland

Der Cino-del-Duco-Preis. Meine öffentliche Tätigkeit in den Jahren 1974 und 1975: Wins, Davidowitsch; »Über das Recht, in der Heimat zu leben«; zur Verteidigung der Kurden. Begegnung mit Heinrich Böll. Der Tag des politischen Häftlings. Bedrohung von Kindern und Enkeln. Sergej Kowaljow

Im Jahre 1974 wurde mir der Cino-del-Duco-Preis verliehen. Es handelt sich um eine der in Frankreich vergebenen Auszeichnungen für Verdienste auf humanitärem Gebiet; die Verleihung war eine große Ehre für mich. Es war ein Geldpreis, was meiner Frau die Möglichkeit gab, ihre Idee eines Hilfsfonds für die Kinder politischer Häftlinge zu verwirklichen. Ich übertrug einen Teil des Preises auf ihren Namen, und diese Summe lag dem von ihr gegründeten Fonds zugrunde. Meine Bank leitete das Geld direkt an Frauen politischer Häftlinge mit Kindern weiter. Diese Art der Hilfe war sehr zweckmäßig. Gegen Ende 1976 wurden solche Überweisungen unmöglich, aber der Fonds war auch schon, trotz einiger neuer Einkünfte, weitgehend ausgeschöpft. Später wurde eine gewisse Summe für die Unterstützung der Kinder politischer Häftlinge in die Tschechoslowakei überwiesen; diese Gefangenen waren überwiegend für ihre Beteiligung an der Charta 77 verurteilt worden.

In den Jahren 1974 und 1975 setzte ich mich – wie schon zuvor und auch später – für eine Vielzahl öffentlicher Angelegenheiten zum Schutz von Menschen ein, die Opfer einer Ungerechtigkeit geworden waren. Im Jahre 1974 verwandte ich mich für den Baptistenpastor Georgij Wins, einen der Führer des nonkonformistischen Flügels der Baptistenkirche. Drei Generationen der Familie Wins waren schon Verfolgungen ausgesetzt gewesen. Georgij Wins' Vater, der mit einer Predigermission in die UdSSR gekommen war, hatte einen großen Teil seines Lebens in Haft verbracht, ebenso wie Georgij selbst und seine Frau; später war auch Georgijs Sohn Pjotr in Haft. Ein anderer Fall betraf mehrere jüdische Offiziere aus Minsk, Kriegsveteranen, die sich um die Erlaubnis zur Ausreise nach Israel bemühten. Ihre Anträge wurden mehrfach abgelehnt, und man setzte sie Diskriminierungen und Verfolgungen aus. Unter ihnen war Oberst Jefim Davidowitsch. Im Jahre 1976, kurz vor seinem Tode, wurde ich mit diesem bemerkenswerten Mann bekannt; davon werde ich in einem der nächsten Kapitel erzählen. Eine Gruppe von Litauern – ehemalige politische Häftlinge – berichtete mir von früheren politischen Gefangenen der baltischen Republiken, die nach der Entlassung nicht in ihre Heimat zurückkehren durften. Dieses Problem ist verbreitet und sehr traurig für alle politischen Häftlinge; es ist ein Teil des allgemeinen Problems der Freizügigkeit. Im Jahre 1974 verfaßte ich den Aufruf »Über das Recht, in der Heimat zu leben«.

Einige meiner Aufrufe und Briefe jener Jahre sind der Emigration der Deutschen gewidmet. Anfang der siebziger Jahre hatten die Deutschen begonnen, Verzeichnisse von Ausreisewilligen aufzustellen. Man führte auch friedliche Demonstrationen für das Emigrationsrecht durch. Die Behörden beantworteten diese völlig legalen Handlungen mit strengen Repressionsmaßnahmen. In den Jahren 1974 und 1975 und auch später setzte ich mich für den Schutz der von diesen Maßnahmen Betroffenen ein.

Von der Internationalen Liga für Menschenrechte, die mir ihre Materialien schickte, und von Amnesty International erfuhr ich von der schwierigen Lage der meisten politischen Häftlinge in Indonesien. Im wesentlichen handelte es sich um Menschen chinesischer Nationalität. Nach dem mißglückten kommunistischen Umsturzversuch von 1965 wurden Hunderttausende von Menschen – wiederum hauptsächlich Chinesen – ermordet, einen beträchtlichen Teil der Überlebenden sperrte man in Konzentrationslager, häufig ohne Verhandlung und Ermittlungen, einfach aufgrund ihrer ethnischen Zugehörigkeit. 1975, zehn Jahre später, waren sie immer noch dort. Ich bat in einem Brief an den indonesischen Präsidenten Suharto um eine Amnestie. Eine Antwort wurde mir nicht zuteil. Im Jahre 1977 wurde in Indonesien unter dem Eindruck der unablässigen und sehr kraftvollen internationalen Kampagne, in der Amnesty International und die Liga für Menschenrechte eine hervorragende Rolle spielten, eine teilweise Amnestie durchgeführt.

Eine weitere internationale Angelegenheit, in die ich versuchte einzugreifen, betraf das Schicksal der Kurden. Bekanntlich haben die Kurden, die eine beträchtliche, zudem äußerst aktive Schicht von Erwerbstätigen und häufig besser Gebildeten in vielen Ländern des Nahen Ostens und Asiens ausmachen, seit vielen Jahren energisch für ihre nationalen Rechte, für Selbstbestimmung und Autonomie gekämpft. Dieser Kampf ist bis heute nicht beendet. Besonders traurig sind die Verhältnisse im Iran, wo Chomaini und seine fanatischen Anhänger grausame Strafexpeditionen gegen die Kurden und sogar Massenerschießungen durchführen ließ. 1974/75 löste vor allem die irakische Regierung mit ihren Aktionen – sie waren in einer Reihe von Fällen so brutal, daß sie an Völkermord grenzten – Unruhe aus. Ich verfaßte zwei öffentliche Aufrufe zum Schutz der irakischen Kurden: im Herbst 1974 und im Frühjahr 1975. Im Zusammenhang damit erhielt ich einen Dankesbrief von Mustafa Barzani, dem berühmten Kurdenführer, der kurz darauf in der Emigration starb.

Im Dezember 1974 richtete ich aus Anlaß des Jackson-Vanik-Amendments einen Aufruf an den Kongreß der USA. Dies ist einer meiner wichtigsten an Gesetzgebungsorgane gerichteten Appelle. Meine prinzipielle Position zu dieser Frage habe ich bereits dargelegt.

Im Februar 1975 traf ich zum erstenmal mit Heinrich Böll zusammen. Bölls Werke wurden in der UdSSR seit Mitte der fünfziger Jahre gedruckt und hatten – neben den Büchern Remarques, Falladas und anderer deutscher Schriftsteller –, dank ihrer tiefen und sehr »modernen« Menschlichkeit und ihrer Opposition gegen den Faschismus in all seinen Erscheinungsformen, großen Einfluß auf die Angehörigen meiner Generation. Wir konnten uns nicht verhehlen, daß der Stalinismus, der in vieler Hinsicht die Atmosphäre unserer Jugend bestimmt hatte, auch bei uns vieles zerschlagen hatte.

Böll besuchte uns in der Datscha gemeinsam mit seiner Frau Annemarie, dem Dichter und Übersetzer Konstantin Bogatyrjow und dem Maler Boris Birger, Freunden Bölls, welche die Rolle hochqualifizierter Dolmetscher übernahmen. Ljusja und ich warteten voller Aufregung auf dieses Treffen mit Böll. Ljusja hatte ein »Galadiner« zubereitet, wobei sie berücksichtigte, daß Böll an Diabetes litt, und nur das gekocht, was er vertragen konnte. Ich habe noch keine Gelegenheit gehabt, Ljusjas Kochkünste zu rühmen. Sie selbst ist darauf wahrscheinlich stolzer als auf vieles andere. Sie kocht rasch, mit Vergnügen und scheinbarer Leichtigkeit, in Wirklichkeit aber »mit voller Konzentration«.

Zur Zeit von Bölls Besuch war Tomar Fejgin, Efrems Mutter und Motjas Großmutter, bei uns zu Gast. Natürlich saß Motja selbst mit am Tisch, und er benahm sich sehr anständig.

Das Gespräch mit Böll war nicht einfach – und alles andere als oberflächlich. Trotz gemeinsamer, wie mir schien, innerer Voraussetzungen, trotz gegenseitiger Sympathie, trotz der Böll eigenen Toleranz stellte sich heraus, daß sich unsere Bewertungen, Befürchtungen und die Priorität unserer Ziele in vieler Hinsicht unterschieden. Das überrascht natürlich nicht, wenn man in Betracht zieht, wie unterschiedlich heute die Welten sind, in denen wir leben: der pluralistische, bewegliche, individualistische Westen, der – zumindest, was Europa betrifft – auf einem kleinen Fleckchen der Erde zusammengedrängt ist, der seinen materiellen Wohlstand und seine geistigen Werte schätzt (den ersteren häufig stärker, und damit auf Kosten der letzteren) und deren Unsicherheit spürt, der über eine umfassende, traditionsreiche Demokratie und eine freie Presse verfügt, die im Leben der Gesellschaft eine gewaltige positive Rolle spielt, manchmal allerdings prinzipienlos ist; und unser Land mit seinem Partei- und Staatsmonopol in allen Lebensbereichen, mit seiner Abgeschlossenheit, seinem überall wirksamen Mangel an Informationsfreiheit, der von Scheinheiligkeit und Brutalität verdeckt wird, mit seiner inneren Mattigkeit, seiner Massentrunksucht, die zur Erniedrigung des Volkes, zu Korruption und Verantwortungslosigkeit führt; ein Land aber auch ungeheurer Größe und gewaltiger Reserven, einer riesigen Bevölkerung, seiner Vielfalt von Menschen und Natur, seinen aus der Vergangenheit ererbten humanistischen Traditionen der Intelligenz (diese Traditionen sind zwar recht konfus, reichen aber auch über den Kreis der Intelligenz allein hinaus); ein Land, in dem alles möglich ist und in dem man sich, um mit Saltykow-Schtschedrin[1] zu sprechen, »nicht langweilt«; ein Land, das zum Sammelpunkt, zum Knotenpunkt der Weltprobleme geworden ist – ebenso wie die USA am Gegenpol!

Bei dieser ersten Begegnung diskutierten wir leidenschaftlich über die Frage der Emigration von Deutschen. Ich machte seinen Landsleuten in der Bundesrepublick – der Regierung, der Presse, den Bürgern – zum Vorwurf, daß sie diesem Problem zu wenig Aufmerksamkeit schenkten, und sprach davon, wie tragisch das Schicksal der Deutschen in der UdSSR, wie ungesetzlich die von ihnen empfangenen Absagen und die Verfolgungen derjenigen seien, die sich repatriieren lassen wollten. Böll dagegen sprach von den Anpassungsschwierigkeiten der aus der UdSSR Kommenden, die ganz andere Verhaltens-, Arbeits-, Alltagsnormen gewöhnt seien, und davon, daß viele von ihnen sich im Westen überflüssig fühlten. Doch am Ende des Gesprächs sagte er: »Das Leben im Westen ist schwierig, aber bei Ihnen ist es unmöglich!«

Bei unserer zweiten Begegnung einige Jahre später sprachen wir über die Kernenergie, über den Automobilkult und anderes. In beiden Fällen waren die privaten Themen vielleicht die »Spitze des Eisbergs«; sie verdeckten eine allgemeinere Thematik, zu deren Formulierung wir noch nicht vordringen konnten. Dabei wäre es, meiner Meinung nach, darum gegangen, das in der Tiefe ruhende Fundament unserer Positionen freizulegen.

Eines der Ergebnisse unserer Begegnung von 1975 war ein gemeinsamer Aufruf zum Schutz Wladimir Bukowskis, aller politischen Häftlinge und Gefangenen von psychiatrischen Anstalten, insbesondere der Kranken und Frauen. Dieses Dokument brachte unsere Beunruhigung, unseren Wunsch, die Ungerechtigkeit zu beenden, zum Ausdruck. Das persönliche Ergebnis meines zweiten Treffens mit Böll bestand darin, daß sich meine tiefe Sympathie für diesen vortrefflichen Menschen festigte.

Am 30. Oktober 1974 fand, auf Initiative vieler politischer Häftlinge hin, zum erstenmal der »Tag des politischen Häftlings« statt, der in den folgenden Jahren zu einer Tradition wurde.

An diesem Tag halten die politischen Häftlinge der sowjetischen Lager und Gefängnisse einen Hungerstreik ab und fordern die Verwirklichung ihrer Rechte; währenddessen geben die Bürgerrechtler in Moskau eine Pressekonferenz, auf der sie den ausländischen Korrespondenten von den Rechtsverletzungen Häftlingen gegenüber, von Repressionen, Hungerstreiks und den Forderungen der politischen Gefangenen berichten.

Im Jahre 1974 (und häufig auch später) fand diese Pressekonferenz in unserer Wohnung statt. Die Konferenz war von Sergej Kowaljow, Tatjana Chodorowitsch, Tanja Welikanowa, Malwa Landa und Sascha Lawut organisiert worden – sie alle, außer Tatjana Chodorowitsch, sind jetzt (1983) selbst politische Gefangene.

Ich gab bei der Konferenz eine einleitende Erklärung ab und verlas auch meinen Aufruf. Danach legten Sergej Kowaljow und die anderen Initiatoren Mitteilungen und Dokumente vor (viele davon waren geheim; man hatte sie unter großen Schwierigkeiten und Gefahren aus Gefängnissen und Lagern herausbefördert).

Offiziell, laut sowjetischer »Besserungsarbeitsgesetzgebung«, gibt es in der UdSSR keine politischen Häftlinge. Sie alle gelten als wegen krimineller Delikte Verurteilte (zu diesen Delikten gehört zum Beispiel »die Verbreitung verleumderischer Erfindungen, die das sowjetische Staats- und Gesellschaftssystem in Verruf bringen«; ich habe schon oft geschrieben, daß hier faktisch eine abweichende Meinung verfolgt wird, aber gerade dies wollen die Behörden nicht zugeben). Wenn sich irgend jemand in einer Beschwerde an die Vorgesetzten oder sogar in einem persönlichen Brief als politischer Häftling bezeichnet oder diesen Begriff auch nur verwendet, so gilt dies seinerseits als verleumderische Äußerung und zieht strengste Repressalien nach sich.

Die politischen Gefangenen teilen mit allen Häftlingen der UdSSR Lebensbedingungen, die den Anforderungen der Humanität und den modernen, in der Mehrheit der demokratischen Länder akzeptierten Normen nicht gerecht werden. Das entscheidende Dokument, welches die Lage der Gefangenen bestimmt, ist das »Besserungsarbeitsgesetzbuch«. Schon sein Studium läßt zum Beispiel folgende Haftmerkmale erkennen: obligatorische Arbeit, das heißt Zwangsarbeit, strenge Reglementierung der Zahl und Länge von Besuchen, Einschränkungen der Korrespondenz und des Empfangs von Lebensmittelpaketen, Bestrafung durch Arrest. Die Lage der Gefangenen wird durch zahlreiche geheime Instruktionen verschlechtert, und die Praxis ist noch grausamer und schmählicher.

Die obligatorische Arbeit der Gefangenen ist gewöhnlich sehr schwer und oft gesundheitsschädlich, da die erforderlichen Maßnahmen der Produktionshygiene nicht beachtet werden. Nicht nur Arbeitsverweigerung, sondern auch Nichterfüllung der (oft unrealistischen) Arbeitsnormen hat Repressalien zur Folge: Verbot von Besuchen und Korrespondenz, Entzug des Geldes für den Lebensmittelladen, das heißt Verschlechterung der ohnehin kargen Ernährung, Arrest. Erlaubt sind überhaupt nur Besuche von Verwandten; ihre Zahl und maximale Dauer ist streng reglementiert. Jede Begegnung, besonders eine lange persönliche, wird zu einem Ereignis, auf das man sogar im besten Falle monatelang warten muß, und die Leitung verfügt über das Recht, beim kleinsten Unmut über das Verhalten eines Gefangenen – oft absolut willkürlich – das Besuchsrecht zu streichen. Zu diesem Mittel greift man auch, wenn in der Zone etwas geschehen ist, wovon keine Informationen in die Freiheit durchsickern sollen, zum Beispiel ein Hungerstreik der Häftlinge. Deshalb kommt es nicht selten vor, daß Gefangene jahrelang keinen Besuch erhalten. Die willkürliche Kürzung der Besuchsdauer ist üblich; dies ist immer ein großes Unglück und ein psychisches Trauma für den Gefangenen und seine Verwandten – seine Frau oder seine Mutter –, die Hunderte von Kilometern zurückgelegt haben. Die Verwaltung beendet »lange« Besuche zuweilen nicht nach den festgesetzten drei Tagen, sondern schon nach einem Tag – während dieser Zeit ist es nicht einmal möglich, den Gefangenen »aufzufüttern«. Ein »kurzer« Besuch kann weniger als eine Stunde dauern!

Die Korrespondenz ist ebenfalls streng reglementiert, eingeschränkt und der Zensur unterworfen; die willkürliche Beschlagnahme von Briefen ist häufig. Bei vielen mir bekannten politischen Gefangenen beschlagnahmte man monatelang alle Briefe, und sie (unter ihnen Cronid Lubarsky und Sergej Kowaljow) kämpften angestrengt für das Recht auf Korrespondenz. Die als Strafmaßnahme benutzte Inhaftierung in verschiedenen Arten des Arrests ist im Grunde nichts anderes als eine illegale Folter durch Hunger und Kälte. Dem muß hinzugefügt werden, daß sogar im »Normalfall« die Verpflegung der Gefangenen gerade ausreicht, um sie am Leben zu erhalten; sie ist äußerst arm an Vitaminen und Eiweißen, hat kaum Nährwert und ist erst recht nicht schmackhaft. Lebensmittelpakete ins Lager (die während der zweiten Hälfte der Gefangenschaft in streng reglementiertem, geringem Umfang möglich sind) können den Mangel an Vitaminen und vielem anderen Allernotwendigsten nicht ausgleichen.

Die Situation der politischen Häftlinge unterscheidet sich von jener der gewöhnlichen Gefangenen insbesondere dadurch, daß sie faktisch ihrer Überzeugungen wegen verurteilt wurden. Die übliche Formulierung »Hat nicht den Weg der Besserung beschritten« mit allen sich daraus ergebenden Folgen bedeutet nichts anderes, als daß sie ihren Überzeugungen *treu* geblieben sind. Also »zerbrechen« Lager und Gefängnis die politischen Gefangenen unter dem Vorwand der »Umerziehung«, und zwar brutal und systematisch. Deshalb fordern die Betroffenen, für sie ein von jenem der Kriminellen getrenntes »Statut der politischen Gefangenen« zu schaffen, dessen Hauptidee besagt: Respektiert unsere Überzeugungen. Es genügt doch, daß wir ihretwegen in Haft sind.

Eine entsetzliche Geißel der sowjetischen Lager und Gefängnisse sind die Verurteilungen zu immer neuen Strafen durch Lager- oder Gefängnisgerichte (bei politische Gefangene größtenteils wegen sogenannter verleumderischer Erfindungen aufgrund von Aussagen anderer Häftlinge, die zu freiwilligen oder – häufiger – gezwungenen Denunzianten und falschen Zeugen werden). Zusammen mit den nochmaligen Urteilssprüchen »in der Freiheit« verwandeln diese Maßnahmen Menschen in ewig Eingekerkerte.

Man hat Vertretern unvoreingenommener internationaler Organisationen, etwa der UNO-Menschenrechtskommission, des Roten Kreuzes, der Weltgesundheitsorganisation, der Internationalen Liga für Menschenrechte, von Amnesty International u. a., nie Zugang zu den Haftanstalten der UdSSR – Lager, Gefängnisse, psychiatrische Sonderanstalten – gewährt. Doch sogar die Mehrheit der Länder, die in der sowjetischen Presse wegen ihrer Verletzung der Menschenrechte der schärfsten Kritik unterworfen werden, hat immer wieder gestattet, daß Kommissionen unvoreingenommener internationaler Organisationen ihre Haftstätten besuchen. Allein die Tatsache, daß man keine fremden Beobachter zuläßt, ist ein Indiz dafür, daß es etwas zu verbergen gibt! Auch noch so lautstarke Dementis sowjetischer Offizieller werden niemanden eines Besseren belehren.

Indessen muß ich anmerken, daß die gegenwärtigen sowjetischen Lager, im Unterschied zu denen Stalins und Hitlers, trotz allem keine Vernichtungslager sind. Die uns bekannten Todesfälle politischer Gefangener (Dandaron, Galanskow, Kukk, Schelkow und andere) sind ungeheure Tragödien und gehen häufig auf Verbrechen der Behörden zurück, aber trotzdem stellen sie Ausnahmen dar. (Ergänzung 1987: Ich möchte noch folgende Namen erwähnen: Tichy, Stus, Valerij Martschenko, Litwin, Anatolij Martschenko.)

Zu der Pressekonferenz am 30. Oktober kamen viele ausländische Korrespondenten (die Mehrheit mit Tonbandgeräten und Fotoapparaten). Wir brachten sie mit Mühe in Ruth Grigorjewnas kleinem Zimmer unter – dem größeren unserer beiden –, aus dem wir das Mobiliar, das heißt Schrank und Betten, entfernt und durch Stühle ersetzt hatten. Einige von uns standen in der Tür und auf dem Flur. Die Konferenz fand ein merkliches Echo in der Presse. Was das KGB betrifft, so maß es ihr auch den gebührenden Rang zu: Die Organisation dieser und anderer Pressekonferenzen am »Tage des politischen Gefangenen« sowie die Teilnahme an ihnen wurde unweigerlich in Anklagen und Urteilssprüchen als belastendes Moment angeführt.

1974–75 kam es im Zusammenhang mit meiner politischen Tätigkeit zu neuen Drohungen gegen meine Verwandten: meine Kinder, meinen Schwiegersohn, meine Enkel. Ende 1974 wurde das Jackson-Vanik-Amendment im amerikanischen Kongreß erörtert. Um den 20. Dezember fanden wir in unserem Briefkasten einen Umschlag mit einem Ausschnitt aus der Zeitung *Iswestija*, worin von der Erörterung des Amendments im Kongreß berichtet wurde. Außerdem enthielt der Brief ein Blatt mit folgendem auf der Maschine geschriebenen Text: »Diese Erörterung hängt mit Ihrer Tätigkeit zusammen. Falls Sie sie nicht einstellen, werden wir Maßnahmen ergreifen, die sich, wie Sie verstehen, zunächst gegen die Jankelewitschs – den älteren und den jüngeren – richten werden.« Die Unterschrift lautete: ZK der Russischen Christlichen Partei.

Der »jüngere Jankelewitsch«, mein Enkel Matwej, war damals fünfzehn Monate alt. Es gab nicht den geringsten Zweifel daran, daß diese banditenhafte Drohung vom KGB ausging. Uns blieb nichts anderes übrig, als sie äußerst ernst zu nehmen. Einige Zeit später nahm Efrem (der »ältere Jankelewitsch«) Urlaub und fuhr für zwei Wochen zu sejner Mutter Tomar Fejgin, die unweit Moskaus in der Siedlung Petrowo-Dalneje lebte und arbeitete. Tanja besuchte ihn an den beiden Sonntagen.

Einmal, als Efrem den Abfalleimer zur Müllgrube brachte, kamen zwei Männer auf ihn zu und versperrten ihm den Weg. Einer sagte: »Denk daran, wenn dein Schwiegervater nicht mit seiner sogenannten Tätigkeit aufhört, wirst du mit deinem Sohn bald irgendwo in einer Müllgrube liegen!«

Ich erstattete bei der Untersuchungsabteilung des MWD Anzeige wegen dieser Bedrohung meines Schwiegersohns. Nach einiger Zeit wurde ich zu dem Ermittlungsleiter Lewtschenko vorgeladen (Ljusja begleitete mich). Er war liebenswürdig und ausweichend und äußerte die »Vermutung«, daß mein Schwiegersohn vielleicht »selbst mit kriminellen Elementen zu tun hat, die ihn erpressen«. Diese Vermutung war in Wirklichkeit ebenfalls eine Drohung, die bald in die Tat umgesetzt werden sollte.

Kurz darauf kam es auch zu anderen alarmierenden Ereignissen, was Efrem und Aljoscha anging. Ich will von dem Vorfall berichten, der Aljoscha betraf. Er war gerade auf dem Heimweg vom Institut, als ihn in der U-Bahnstation ein Blinder (oder jemand, der sich für einen Blinden ausgab) bat, ihn nach Sokolniki zu begleiten. Diese Fahrt ging in eine ganz andere Richtung, aber da Aljoscha eine augenkranke Mutter hat – und überhaupt von seinem ganzen Charakter her –, konnte er in solchen Fällen nicht nein sagen. Damit hatte man wahrscheinlich gerechnet. Der Blinde führte ihn in eine einsame Gasse und verschwand. Dann stürzte sich eine Gruppe junger Männer auf Aljoscha; es kam zu einer Prügelei, Aljoschas Brille wurde zerschlagen, aber er konnte fliehen. Mehrere Stunden wurde er verfolgt und mußte sich in Gräben und hinter Büschen verstecken. Während dieser ganzen Zeit wurden wir fast wahnsinnig vor Sorge darüber, wo er sein mochte; auf den Milizrevieren erklärte man uns: »Wahrscheinlich ist er zu Freunden gegangen, um zu trinken.« Niemand glaubte uns, daß dies unmöglich war. Aljoscha hatte sich schon mit neun Jahren fest vorgenommen, keinen Alkohol anzurühren, und er hat diesen Vorsatz nie gebrochen.

Am 27. Dezember 1974 wurde unser Freund Sergej Kowaljow verhaftet, ein bemerkenswerter Mann, der eine sehr große Rolle für den Schutz der Menschenrechte in der UdSSR gespielt hat.

Ich begegnete Kowaljow zum erstenmal im Jahre 1970, als er zu uns kam, damit wir den Aufruf zum Schutz Jaurès Medwedjews unterschrieben. Ljusja hatte ihn etwas früher kennengelernt. Damals war er schon ein solider Biologe, der viele interessante Arbeiten über das Nervensystem und verwandte Probleme im Grenzgebiet von Biologie und Kybernetik durchgeführt hatte. Insgesamt hatte er rund sechzig Arbeiten veröffentlicht, und er hatte noch weitere wissenschaftliche Pläne. Aber schon zu jener Zeit wurde seine wissenschaftliche Karriere stark erschüttert. Er mußte die Universität und die biologisch-mathematische Gruppe I. Gelfands[2] verlassen, weil er einen Brief zum Schutz Jessenin-Wolpins unterzeichnet hatte. Im Jahre 1969 gehörte Kowaljow zu den Mitgliedern der Initiativgruppe. Gemeinsam mit anderen steht er am Anfang der Menschenrechtsbewegung und nahm an der Ausarbeitung ihrer Grundsätze teil: prinzipielle Ablehnung von Gewalt, Nutzung von »Glasnost« als einziger Waffe, Legalität, Bemühen um absolute Präzision, Vollständigkeit und Zuverlässigkeit von Informationen.

Im Mai 1974 erklärte Kowaljow gemeinsam mit anderen, daß er die Verantwortung für die Herausgabe der *Chronik der laufenden Ereignisse* übernehmen wolle. Die Behörden verziehen ihm diesen kühnen Schritt nicht, und offenbar wurde damals die Entscheidung über sein Schicksal getroffen. Aber es gelang ihm, in den ihm noch verbleibenden sieben Monaten sehr viel zu schaffen, unter anderem für Kudirka und für die Organisation des »Tages des politischen Gefangenen«.

Im Sommer entlieh einer von Kowaljows Kollegen bei ihm Solschenizyns *Archipel GULag*, um es im Labor eines Bekannten fotokopieren zu lassen. Kowaljows Buch wurde beschlagnahmt, man lud die in den »Fall« Verwickelten zu Verhören und bedrohte sie. Einer von ihnen, Maressin, wurde zu Zwangsarbeit verurteilt, weil er sich weigerte, eine Aussage zu machen. Mehrere (wie später auch Efrem) wurden entlassen; mit einem von ihnen war unsere ganze Familie freundschaftlich verbunden.

Während der Verhöre sagte der Ermittlungsleiter: »Wir wissen ganz genau, daß es bei Ihnen eine ganze antisowjetische Organisation gibt. Aber Jankelewitsch werden wir nicht vorladen. Das hätte uns gerade noch gefehlt, daß sich die ganze Welt über Sacharows Schwiegersohn aufregt.«

Es war wahrscheinlich ein Spiel mit dem Zweck, neue Aussagen über Efrem und Kowaljow, die gut miteinander befreundet waren, hervorzulocken. Wir machten uns natürlich keine Illusionen über Efrems »Unantastbarkeit«.

Im Herbst 1974 schrieb Sergej Kowaljow dem KGB-Vorsitzenden Andropow einen Brief, in dem er sein Recht verteidigte, ein ihm gehörendes

Buch zu geben wem er wolle, und die Rückerstattung seines Eigentums forderte. Ein paar Tage später fand er diesen Brief in höchst unansehnlichem Zustand auf der Hintertreppe: Der Umschlag war zerrissen, das Blatt mit dem Text zerknüllt und verschmutzt. So gab das KGB zu verstehen, daß Kowaljow schon nicht mehr alle Bürgerrechte genieße und sich außerhalb des Gesetzes befinde. Das KGB liebt diese »symbolische Sprache«.

Ende Dezember wurde Sergej wieder einmal zu einem Verhör geladen, bei dem man einen scharfen, drohenden Tonfall anschlug. Nach dem Verhör gab der Ermittler ihm seinen Paß nicht zurück. Kowaljow solle ihn zwei Tage später, am Morgen des 27. Dezember, abholen. Dies bedeutete voraussichtlich seine Verhaftung.

Den Abend des 26. Dezember verbrachte Sergej bei uns in der Tschkalow-Straße. Vor ihm waren schon Sascha Lawut, Tanja Welikanowa und Efrem gekommen. Sergej trat ein, als alle schon Tee getrunken hatten, und war hungrig. Er bat Ljusja: »Laß mich zum Schluß noch mal *schtschi* (Kohlsuppe.) essen.« Der ihm zufällig entschlüpfte Ausdruck »zum Schluß« ließ erkennen, was er erwartete.

Ljusja gab ihm *schtschi* und noch einiges andere, was er gern aß.

Wir saßen in der Küche, Sergej auf seinem gewohnten Platz, mit dem Rücken zur Balkontür, die übrigen um den Tisch herum, entweder auf dem Sofa oder auf Stühlen. Wir unterhielten uns über Verschiedenes, manchmal halb scherzhaft, aber manchmal tauchten plötzlich lebenswichtige, prinzipielle, auch philosophische Themen auf. Alle spürten, daß dieses Gespräch vielleicht das letzte vor einer sehr langen Trennung sein würde. Gegen Mitternacht bat Sergej, ihm Papier zu bringen. Er war sehr beunruhigt über den Brief, den wir ein paar Tage zuvor erhalten hatten, die Drohung gegen »den älteren und jüngeren Jankelewitsch« vom Zentralkomitee der Russischen Christlichen Partei. Wie immer dachte er mehr an andere als an sich selbst. Sergej skizzierte einen Aufruf aus Anlaß des Briefes; aber er war mit dem Entwurf nicht sehr zufrieden, und die Zeit verging. Schließlich, schon gegen 3 Uhr nachts, sagte er: »Na gut, ich gehe jetzt. Muß nach Hause.« (Dabei klang mit: bis zur Verhaftung am nächsten Tag.)

Alle begleiteten ihn hinaus auf den Flur und küßten ihn. Er ging fort. Am nächsten Morgen wurde Sergej Kowaljow verhaftet.

Das Ende des Jahres 1974 war für uns nicht nur durch Verhaftungen und Drohungen denkwürdig, sondern auch durch ganz andere Geschehnisse.

Im Dezember 1974 malte Boris Birger ein Doppelporträt von mir und Ljusja. Dieses Bild gefällt nicht allen Betrachtern, aber mir scheint, daß es gelungen ist, daß es etwas Tiefes und Wichtiges widerspiegelt: Ljusja und ich sind darauf mit unserem gemeinsamen Schicksal, unserem gemeinsamen Glück und unserer gemeinsamen Sorge abgebildet. Ich grüble, bin vielleicht in Zweifeln, in Gedanken versunken. Ljusja ist für den Moment mit einer Papirossa erstarrt, doch sie drückt mit ihrem ganzen Wesen Bereitschaft zum Handeln, zum Helfen aus (das romantische Element, wie Birger sagte). Wenn ich mir das Porträt – jetzt eine Reproduktion – ansehe, habe ich den seltsamen, aufregenden Eindruck der schon vergangenen physischen und materiellen Existenz jener konkreten Zeit, die auch nach unserem Tode immer weiter vergehen wird, doch daneben habe ich den Eindruck von etwas Ewigem, Unvergänglichem, Innerlichem.

Leider geben Reproduktionen (schwarzweiße und sogar bunte) die Farbkomposition von Birgers Bildern, den überschäumenden, sprühenden Charakter seiner Malerei nur schlecht wieder. Birger ist kein modernistischer Künstler, er malt in fast traditioneller Manier, die vielleicht – wenn man an die großen alten Meister denkt – entfernt an Rembrandt mit seinem Helldunkel und seinem Psychologismus erinnert.

Die Sitzungen nahmen den größten Teil des Monats Dezember in Anspruch; jede von ihnen war für uns wie eine Feierlichkeit. Birger setzte uns in Positur und begann mit der Arbeit. Dabei erzählte er gewöhnlich etwas, zum Beispiel über sein Leben, das wirklich bemerkenswert war. Während des Krieges hatte er bei der Aufklärung gedient. Danach war er ein überaus erfolgreicher, früh Berühmtheit und Anerkennung genießender Maler, Mitglied des sowjetischen Künstlerverbandes; aber schon sein Zusammenstoß mit Chruschtschow bei der Ausstellung in der Manege verhieß nichts Gutes [3]. Dann folgte der Ausschluß aus dem Verband, weil er den Aufruf für Ginsburg unterschrieben hatte und sich weigerte, Reue zu zeigen. Damit begannen große materielle Schwierigkeiten. Man hatte ihm jedoch sein Atelier gelassen, er arbeitete wie nie zuvor und erreichte mit jedem neuen Bild ein höheres Niveau (natürlich gibt es in der Kunst keinen einheitlichen Maßstab, und manchem werden die früheren Werke besser gefallen als die späteren, doch wichtig ist die Bewegung, das Fehlen von Stagnation und Wiederholung des künstlerischen Schaffens).

Nach der Sitzung oder in einer Pause gab es auf dem Herd gekochten Tee, der kräftig gezogen hatte und in dickwandige Gläser gegossen wurde; dazu Quarkkuchen mit Rosinen, den Ljusja vorher gebacken und von zu Hause mitgebracht hatte.

Unsere Freundschaft mit Boris Birger, die damals begann, setzte sich auch später fort. Jedes Neujahr (bis 1980) lud er uns zu seiner »Vernissage« ein. Dabei zeigt er die während des Jahres angefertigten Arbeiten, stellte natürlich aber auch ältere aus, darunter unser »Doppelporträt«.

XVII. Der Nobelpreis

1975. Der Kampf um Ljusjas Reise. »Mein Land und die Welt«. Motjas Krankheit. Ljusja in Italien. Die Verhandlung in Vilnius

Ljusjas Augenkrankheit ist, wie erwähnt, die Folge einer Kontusion im Oktober 1941, die von Blutungen im Bereich des Augenhintergrundes, zeitweiliger Blindheit und Taubheit begleitet war. Während des Krieges erlitt sie noch weitere Verletzungen, aber vor allem die Kontusion löste langjährige Verfallsprozesse aus. Im Jahre 1945 wurde Ljusja wegen Invalidität aus der Armee entlassen. Sie ist Kriegsversehrte der zweiten Kategorie. Im Jahre 1966 operierte man ihr rechtes Auge und entfernte die Linse, die in einem Zitterzustand (Tremulation) war. Während dieser Zeit kam zu der chronischen Bindehautentzündung, die in den Nachkriegsjahren ohne Erfolg behandelt worden war, ein Glaukom hinzu (Erhöhung des Augeninnendrucks, begleitet vom Absterben der Netzhaut). Nach der Operation (Entfernung der Schilddrüse) ließ sich das Glaukom nicht mehr durch Medikamente korrigieren, und eine neue Operation wurde unvermeidlich. Die langjährige Bindehautentzündung hatte auch zu einer Strukturzerstörung des Glaskörpers geführt. Schon vor 1974 war Ljusjas Sehvermögen sehr schlecht, und nur ihre außerordentliche Anpassungsfähigkeit ermöglichte ihr, ein normales Leben zu führen.

Nach Ljusjas Abmeldung aus dem Augenkrankenhaus unternahmen wir noch mehrere gewaltige Anstrengungen erfordernde, doch ergebnislose Versuche, sie behandeln zu lassen. Im August 1974 beschlossen wir, daß sie sich unbedingt um die Genehmigung zu einer Reise ins Ausland bemühen müsse, um behandelt und operiert zu werden. Diese Entscheidung drückte nicht Mißtrauen den sowjetischen Ärzten, der sowjetischen ophthalmologischen Schule gegenüber aus. Aber in unserer außerordentlichen Situation (wie sie sich im Augenkrankenhaus, davor in Leningrad und danach in Moskau dargestellt hatte) war eine Behandlung im Ausland die einzige Möglichkeit. Als wir diese Entscheidung trafen, waren wir uns ihrer Tragweite und ihrer Unumkehrbarkeit bewußt. Wir konnten nicht mehr zurückweichen. Indessen bedeutete jeder Monat Verzögerung – und es wurden dann sehr viele Monate, fast ein Jahr! – neue Erhöhungen des Augeninnendrucks sowie ein weiteres Absterben der Netzhaut und eine Verringerung des Blickfeldes. Das Endstadium eines weder operierten noch behandelten Glaukoms ist die Blindheit. Wir nahmen einen Kampf auf, dessen Einsatz Ljusjas Sehvermögen war!

Im August rief Ljusja ihre italienische Freundin Nina Charkewitsch an und bat sie, ihr eine Einladung zur Behandlung und Operation in Italien zu schicken (damals, vor Dezember 1974, hatten wir noch die Möglichkeit, internationale Telefonverbindungen zu benutzen). Nina und Maria Michaelles und noch eine andere Freundin Ljusjas in Italien, gingen zielstrebig vor, und Ende September erhielt Ljusja schon die Einladung und begann, sich um die Ausreisedokumente zu kümmern.

Ljusja hatte Maria Wassiljewna Michaelles (Olsufjewa) in der ersten Hälfte der sechziger Jahre und durch sie, etwas später, auch Nina Adrianowna Charkewitsch kennengelernt. Maria Wassiljewna, in Rußland geboren, gehörte der in der russischen Geschichte berühmten Grafenfamilie Olsufjew an und ging mit ihren Eltern ins Ausland. Ihr Leben war, wie das Nina Charkewitschs, nicht einfach und sehr arbeitsreich. Maria Wassiljewna war eine sehr gefragte Übersetzerin aus dem Russischen ins Italienische; sie übertrug viele bekannte zeitgenössische Autoren (auch einige Werke, die in der UdSSR nicht herausgegeben werden) und erhielt einen bedeutenden Übersetzerpreis. Sie starb im Jahre 1988. Nina Adrianowna Charkewitsch wurde in Italien geboren. Sie ist die Enkelin eines Priesters, der Ende des 19. Jahrhunderts nach Florenz entsandt wurde, um dort die orthodoxe Gemeinde zu leiten. Nina ist Medizinerin; sie arbeitet, obwohl sie bereits über siebzig ist, noch heute als Ärztin. Früher unterrichtete sie Anatomie an der Akademie der Künste (auch sie selbst beschäftigt sich mit Malerei und verfaßt Gedichte). Zwischen Ljusja und diesen beiden bemerkenswerten Frauen entwickelte sich eine tiefe Freundschaft. 1971–72 machte sie auch mich mit ihnen bekannt.

Nachdem sie die Einladung erhalten hatte, begann Ljusja, die erforderlichen Bescheinigungen zu sammeln. Die Formalitäten für eine Auslandsreise sind äußerst kompliziert. Ende September brachte Ljusja ihren Antrag zum Rayons-OWIR, dazu Ninas Einladung (die in einem offiziellen Büro im Laufe von zwei Wochen aus dem Italienischen ins Russische übersetzt worden war), ausgefüllte Formulare mit Dutzenden von Fragen auf vier Bögen (in doppelter Ausfertigung), eine Bescheinigung vom Ehemann (das heißt von mir), daß er keine Einwände habe (diese Bescheinigung konnte ich nur mit Mühe an meinem Arbeitsplatz beglaubigen lassen), und sechs Paßfotos. Da Ljusja schon im Ruhestand war, benötigte sie keine Bescheinigung vom Arbeitsplatz. Ein Mitarbeiter des Rayons-

OWIR nahm die Dokumente entgegen und machte sie darauf aufmerksam, daß der genaue Arbeitsplatz ihres früheren Mannes nicht verzeichnet sei. Sie mußte wieder nach Hause gehen – die Entfernung war recht groß – und das Fehlende mit der Schreibmaschine eintragen, denn Handschriftliches wird nicht anerkannt. Aber dann bemerkte der Mitarbeiter, daß der Todesort ihres Vaters nicht angegeben war. Ljusja brauchte zwei Tage, um in einem Notariat eine beglaubigte Kopie von der Sterbeurkunde Gework Alichanows, die Ruth Grigorjewna nach der Rehabilitierung ihres Mannes ausgehändigt worden war, anfertigen zu lassen. Diese Fotokopie ist ein sehr seltsames Dokument. Als Todesdatum ist das Jahr 1939 verzeichnet; die Urkunde wurde von dem Standesamt irgendeines Moskauer Rayons 1954 ausgestellt, das heißt fünfzehn Jahre nach dem Tode, wenn das Todesdatum zutrifft. Ort und Ursache des Todes sind nicht angegeben – diese Spalten wurden durchgestrichen. Dem jungen OWIR-Mitarbeiter fielen beim Anblick des Dokuments fast die Augen aus dem Kopf. Ihm mußte erklärt werden, daß so Bescheinigungen aussehen, die nach *postumer Rehabilitierung* ausgestellt wurden (davon hatte er bisher nur gehört).

Lange Monate des Wartens begannen, dann kam der aktive Kampf um die Genehmigung. Während dieser ganzen Zeit verschlechterte sich Ljusjas Sehvermögen ständig. Im April 1975 wurde Ljusja ins städtische OWIR geladen. Ich begleitete sie. Der stellvertretende Leiter Solotuchin teilte ihr mit, daß ihr Antrag abgelehnt sei. Begründung: Sie könne ihre Augen in der UdSSR behandeln lassen; ihr stünden alle Möglichkeiten zur Verfügung. Davon unterrichteten wir, noch im Saal der Behörde selbst, die ausländischen Korrespondenten, die mit uns gekommen waren. In den nächsten Tagen fuhr ich zu M. W. Keldysch, damals Präsident der Akademie der Wissenschaften der UdSSR, dem ich vorher einen schriftlichen Antrag geschickt hatte, aber er weigerte sich, mir zu helfen, wobei er ebenfalls auf die sowjetische Medizin verwies. Damit blieb nur noch ein Weg: der Appell an die Weltöffentlichkeit. Am 3. Mai hielten wir wiederum eine Pressekonferenz ab, bei der wir den Korrespondenten unsere (das heißt Ljusjas und meine) schon vorbereiteten Aufrufe an die Weltöffentlichkeit und an die Teilnehmer des Zweiten Weltkriegs (da Ljusjas Sehvermögen während des Krieges beeinträchtigt worden war) aushändigten. Dieses Dokument hatte Ljusja folgendermaßen unterzeichnet: Reserveleutnant, Versehrte des Vaterländischen Krieges, zweite Kategorie. Daneben hatten wir einen Aufruf an die Staatsmänner des Westens verfaßt. Wir berichteten von Ljusjas Krankengeschichte und davon, daß eine Behandlung in der UdSSR aufgrund unserer spezifischen Situation praktisch unmöglich sei. Bei der Pressekonferenz erklärten wir, daß wir beide an den dreißigsten Jahrestagen des Sieges – also am 8., 9. und 10. Mai – einen Hungerstreik abhalten würden, um auf die nun entstandene bedrohliche Situation aufmerksam zu machen. Wenige Stunden vor dem Beginn der Pressekonferenz war plötzlich ein Kurier aus dem Gesundheitsministerium erschienen. Er überbrachte einen offiziellen Brief – ich weiß nicht mehr, mit wessen Unterschrift –, in dem mitgeteilt wurde, daß der Bürgerin J. G. Bonner hinsichtlich ihrer Augen jede Form der medizinischen Hilfe geleistet werden würde. In dem Brief wurde auch die Möglichkeit erwähnt, zu Ljusjas Behandlung Spezialisten aus dem Ausland hinzuzuziehen, und zwar auf Kosten des Staates. Der Brief wurde zusammen mit vielen anderen Dokumenten jener Zeit im Jahre 1978 bei einer heimlichen Durchsuchung gestohlen.

Wir verzichteten darauf, uns an das Gesundheitsministerium zu wenden. Bei dem Vorschlag handelte es sich offensichtlich um eine neue Maßnahme des KGB. Aber der Behandlungen nach Art des KGB waren wir seit langem überdrüssig. Während der Pressekonferenz berichteten wir auch von diesem Brief. Ich bin bis heute davon überzeugt, daß nichts Gutes für Ljusjas Augen herausgekommen wäre, wenn wir uns auf den Vorschlag eingelassen hätten. Man wollte uns nur von dem eingeschlagenen Weg abbringen, mehr nicht.

Die Reaktionen auf unseren Appell waren sehr hilfreich. Ich kenne nicht alle Einzelheiten und kann mich nicht an alles erinnern (leider schreibe ich aus dem Gedächtnis). Sehr bedeutsam waren jedenfalls das Eingreifen der Federation of American Scientists (FAS), die in einem Brief an Breschnew darauf hinwies, daß das inhumane Verhalten Sacharows Bitte gegenüber wissenschaftliche Kontakte erschweren werde; die Fürsprache der Königin der Niederlande und Kanzler Willy Brandts bei ihren Besuchen in der UdSSR, der Kriegsversehrtenorganisationen vieler Länder und zahlreicher Privatpersonen, die Briefe an die sowjetischen Führer richteten.

Im Laufe des Sommers 1975 zeigten periodische Untersuchungen von Ljusjas Augen, daß ihr Blickfeld sich mit jedem Monat verringerte und daß sich die tote Zone auf der Netzhaut dem Sehgelb näherte, dem für das Sehvermögen wichtigsten Bereich mit den meisten Rezeptorzellen und folglich mit der stärksten Trennschärfe.

Ende Juli klingelte unerwartet das Telefon in der Datscha, wo wir während dieser Zeit wohnten. Eine Mitarbeiterin des OWIR bat, mit Ljusja sprechen zu dürfen. Sie sagte, daß Ljusjas Reise nach Italien endgültig abgelehnt sei, daß man ihr aber alle Möglichkeiten einer Behandlung in der UdSSR geben werde (bekanntlich gehören Fragen medizinischer Behandlung keineswegs in die Kompetenz des OWIR).

Ljusja antwortete sehr scharf (ich mildere ihre Formulierung hier ab): »Es ist Ihre Schuld, wenn ich erblinde, aber ich werde nicht zu hiesigen Ärzten gehen.«

Damit war das Gespräch beendet. Ruth Grigorjewna machte Ljusja ihrer Schroffheit wegen Vorwürfe. Einen Tag später, schon gegen Ende der Bürozeit, rief dieselbe Mitarbeiterin erneut an und teilte mit, daß Ljusja unverzüglich wegen der Reisegenehmigung vorbeikommen solle. Das vorhergehende Gespräch war offenbar der letzte Versuch des KGB gewesen, Ljusjas Widerstand zu brechen und seinen Willen durchzusetzen. Die Genehmigung war wahrscheinlich schon fertig gewesen. Ljusja gab zurück: »Aber es ist schon spät, ich schaffe es nicht bis zum Ende der Bürozeit.«

»Macht nichts, man wird auf Sie warten.«

Als Ljusja eintraf, empfing die OWIR-Mitarbeiterin sie in der Vorhalle und führte sie am Arm in die erste Etage. Im Arbeitszimmer des Leiters erwarteten sie tatsächlich mehrere Personen, darunter auch der Chef des Moskauer OWIR, Fadejew. Er wiederholte, daß man Ljusja erlaube, zur Behandlung ihrer Augen nach Italien zu reisen, und daß sie das Visum zwei Tage später erhalten könne. In dem sich daran anschließenden kurzen Gespräch sagte jemand, der neben Fadejew saß, plötzlich: »Aber Sie wissen, daß Ihr Mann niemals zu Ihnen ins Ausland reisen kann.«

Ich weiß nicht, was der Zweck dieser gewiß nicht zufälligen Bemerkung war. Vielleicht wollte man einfach Ljusjas Reaktion prüfen. Sie antwortete: »Ja, das weiß ich. Ich hatte früher viele Möglichkeiten, im Ausland zu bleiben, aber ich bin schließlich keine sowjetische Funktionärin. Ich fahre, um mich behandeln zu lassen.«

Ljusja rief mich an und berichtete mir von der Genehmigung, sobald sie zu Hause in der Tschkalow-Straße war. Aber noch vorher hatte man mich in der Datscha von der Agentur Reuter angerufen. Man sei gerade informiert worden, daß Jelena Bonner die Ausreiseerlaubnis erhalten habe. Der Agenturmitarbeiter erkundigte sich, ob diese Information zutreffe. Zweifellos hatte das KGB bei Reuter angerufen.

In der ersten Hälfte des Jahres 1975 arbeitete ich an einer Schrift, der ich den Titel *Mein Land und die Welt*[1] gab. Die Entstehungsgeschichte dieses Buches ist folgende: Ende 1974 besuchte mich der amerikanische

Senator James Buckley, einer der ersten hohen Politiker, die sich entschlossen, zu mir zu kommen. Die sowjetische Presse beschreibt ihn zuweilen als Mann mit äußerst rechten, reaktionären Ansichten. Auf mich machte er den Eindruck eines denkenden Menschen, der sich um die Grundprobleme der Gegenwart sorgt und frei ist von der üblichen Schwäche vieler Politiker im Westen, die um jeden Preis progressiv scheinen wollen (vielleicht ist gerade das eine »reaktionäre Einstellung«?). Allerdings glaube ich keinesfalls, daß unsere Meinungen in allen Fragen übereinstimmen. Unser Gespräch war sehr ausführlich, viele prinzipielle Probleme wurden angeschnitten: Abrüstung und strategisches Gleichgewicht, die Schwierigkeiten des Kampfes für eine offene Gesellschaft, insbesondere für die freie Wahl des Aufenthaltslandes, und das Jackson-Vanik-Amendment. Während dieses Treffens erinnerte Ljusja mich an die Liste der mehr als 6000 Deutschen, die auswandern wollten. Buckley nahm diese Liste entgegen und gab sie etwas später an die Regierung der Bundesrepublik Deutschland weiter – was einem Senator wahrscheinlich wenig Mühe macht, aber wie viele sind zu etwas Ähnlichem bereit?

Nachdem Buckley gegangen war, dachte ich weiter über unsere Unterhaltung nach, über alles, was gesagt wurde, und auch über das, was ich nicht mit hinreichender Klarheit hatte ausdrücken können.

In diesen Monaten traf ich mich auch mit den Mitgliedern einer Delegation amerikanischer Wissenschaftler – geleitet von Professor Panofsky –, die zur Erörterung von Abrüstungsproblemen in die UdSSR gekommen waren. Während dieser sehr herzlichen Begegnung bei uns in der Tschkalow-Straße diskutierten wir dieselben uns bewegenden Fragen. Danach begleiteten Ljusja und ich unsere Gäste bis zu ihrem Hotel. Wir gingen zu Fuß durch die nächtlich leeren Straßen Moskaus und setzten unsere Erörterungen fort. Die Ansichten des Delegationsleiters Panofsky kamen meinen eigenen besonders nahe. Natürlich war auch nach diesem Treffen noch vieles ungesagt, und sehr Wichtiges war ungeklärt geblieben.

Ljusja schlug mir vor, einen langen Offenen Brief an Buckley zu schreiben, in dem ich gründlich auf die Fragen eingehen könnte, die bei beiden Begegnungen angeschnitten worden waren. Zunächst hatte ich Zweifel, aber sie konnte mich überzeugen, daß ich mich zu den Grundproblemen äußern müsse. Ich begann mit der Arbeit und beschloß in ihrem Verlauf, keinen Brief zu schreiben sondern eine längere Abhandlung. So entstand das Buch *Mein Land und die Welt.* Ich arbeitete von Januar bis Juli daran, etwa sieben Monate lang. Der Prozeß des Schreibens ist für mich immer schwierig und qualvoll – doch keine Arbeit war je so schwierig wie diese. Ich beendete das Buch, während ich im Bett lag, denn im Juni hatte ich einen Herzanfall erlitten. Die Ärzte, erschreckt von Kardiogrammen und Analysen, hatten mir strenge Bettruhe verordnet. Gegen Mitte Juli hatte ich mich mehr oder weniger erholt, aber der frühere Zustand war nicht wiederherzustellen; zum Beispiel fiel es mir sehr schwer, Treppen hinaufzusteigen.

Das Buch *Mein Land und die Welt* knüpft in vieler Hinsicht an meine sieben Jahre zuvor geschriebene Arbeit *Gedanken über Fortschritt, friedliche Koexistenz und geistige Freiheit* an und entwickelt ihre Ideen weiter, insbesondere die Ideen von der Notwendigkeit der Konvergenz, der Abrüstung, der Demokratisierung, der Öffnung der Gesellschaft und pluralistischer Reformen. Aber am intensivsten habe ich das Thema des strategischen Gleichgewichts bearbeitet (ich mache kritische Bemerkungen über SALT-I, wobei ich die Tatsache der Verhandlungen selbst im allgemeinen positiv bewerte, doch betone, daß die Raketenabwehr und die Mehrfachgefechtsköpfe unter bestimmten Bedingungen destabilisierend sein können); im Zusammenhang mit den Menschenrechten und der Öffnung der Gesellschaft gehe ich auf das Jackson-Vanik-Amendment ein, und ich erörtere die Position und Handlungsweise der linksliberalen westlichen Intellektuellen (im Buch nenne ich sie einfach »liberal«, aber »linksliberal« wäre präziser) – dieses Kapitel scheint mir eines der gelungensten des Buches zu sein. In der Frage der Reformen schließt sich die Arbeit besonders eng an die *Denkschrift an L. Breschnew* an. Ich erlaube mir, ein langes Zitat anzuführen:

> »Welche inneren Reformen in der UdSSR erscheinen mir also notwendig, um unser Land aus dem ewigen Zustand einer allgemeinen Krise herauszuführen und damit die mit ihr verbundenen Gefahren für die ganze Menschheit zu beseitigen ...?
>
> 1. Erweiterung der Wirtschaftsreform des Jahres 1965 ... – völlige Selbständigkeit der Betriebe in Fragen der Wirtschaft, der Produktion und in Personal- und Sozialfragen.
>
> 2. Teilweise Entstaatlichung aller Arten wirtschaftlicher und sozialer Tätigkeit, mit Ausnahme vielleicht der Schwerindustrie, des Schwertransportes und des Verkehrs ...
>
> 3. Völlige Amnestie für alle politischen Gefangenen ...
>
> 4. Ein Gesetz, das das Streikrecht, die Freiheit, die Arbeit niederzulegen, wirksam garantiert.

5. Eine Reihe legislativer Maßnahmen, die wirkliche Freiheit der Weltanschauung, des Gewissens, der Information gewährleisten. Abschaffung jener Artikel des Strafgesetzbuches, welche diesen Grundsätzen widersprechen.

6. Gesetzliche Sicherstellung der Öffentlichkeit und der öffentlichen Kontrolle der wichtigsten Regierungsbeschlüsse ...

7. Ein Gesetz, das die Freiheit der Wahl des Aufenthaltsortes und des Arbeitsplatzes innerhalb der Grenzen des Landes sichert.

8. Gesetzliche Garantie der Freiheit der Ausreise aus dem Land (Emigration, Reisen zu verschiedenen Zwecken, freie Rückkehr).

9. Beseitigung aller Formen von Partei- und Behördenprivilegien, die nicht in Erfüllung von Dienstpflichten unmittelbar erforderlich sind. Gleichberechtigung aller Bürger als grundlegendes Staatsprinzip.

10. Gesetzliche Bestätigung des Rechtes der Unionsrepubliken auf Loslösung und des Rechtes, die Frage der Loslösung zu diskutieren (Sezessionsrecht).

11. Eine Währungsreform im Hinblick auf freie Konvertierbarkeit: freier Austausch des Rubels gegen ausländische Valuta. Beschränkung des Außenhandelsmonopols.«

(Ergänzung 1988: Es ist sehr interessant, diese Punkte dreizehn Jahre später, im vierten Jahr der »Perestroika«, zu lesen. Einige von ihnen sind zu offiziellen Parolen geworden, aber von der Anerkennung der meisten anderen können wir nur träumen. Punkt 10 würde ich heute durch die Idee eines »Unionsvertrags« ergänzen oder ersetzen, wie sie von den Volksfronten der baltischen Republiken vorgebracht wird.)

Zum Abschluß schrieb ich:

»Ich betone, daß ich überzeugter Evolutionist und Reformist und ein prinzipieller Gegner gewaltsamer, revolutionärer Veränderungen der sozialen Ordnung bin, die immer zur Zerstörung des Wirtschafts- und Rechtssystems, zu Leiden für die Massen, zu Gesetzlosigkeit und Schrecken führen.« [2]

Mein Land und die Welt erregte im Westen beträchtliches Aufsehen, teilweise deshalb, weil das Buch in vielen Ländern erschien, nachdem mir schon der Nobelpreis verliehen worden war, oder unmittelbar davor.

Ljusja stellte das Buch am 2. Oktober auf einer Pressekonferenz in Italien vor – ein weiterer Grund, weshalb man es zur Kenntnis nahm.

Ljusja hatte wegen des Zustandes ihrer Augen Bedenken, direkt nach Italien zu fliegen. Sie beantragte im französischen Konsulat ein Transitvisum (mit Hilfe der Korrespondentin von France-Press, Anne Wahl. Damals wußte man im Konsulat noch nicht, wer Jelena Bonner, und anscheinend auch nicht, wer Andrej Sacharow ist). Ljusja kaufte sich eine Eisenbahnfahrkarte nach Paris für den 9. August.

Der Zug fuhr abends ab, und wir beschlossen, uns schon morgens alle zusammen von der Datscha aus auf den Weg zu machen: Ruth Grigorjewna, Ljusja und ich, Tanja mit ihrem Mann Efrem und unserem Enkel Matwej (Motja). (Aljoscha hatte im November 1974 seine Kommilitonin Olja Lewschina geheiratet; seine Frau und er wohnten nicht bei uns.) Am Morgen entdeckte Tanja, daß Motja erkrankt war. Sie dachte, es handelte sich um eine gewöhnliche Kinderkrankheit: erhöhte Temperatur, Unwohlsein und Weinerlichkeit. Aber außerdem hatte er ein seltsames, fast krampfartiges Zittern in Armen und Beinen, das Ljusja sehr beunruhigte. Der 9. August 1974 war ein Samstag, an dem nicht gearbeitet wurde, und ich konnte keinen »Wolga« aus der Garage der Akademie anfordern. Deshalb rief Ljusja Aljoscha an, bat ihn, zu uns zu kommen und unterwegs irgendein Auto aufzutreiben, damit wir in die Stadt fahren konnten. Nach eineinhalb Stunden traf Aljoscha mit einer riesigen »Tschajka« ein; der Chauffeur irgendeines hohen Funktionärs hatte sich bereit erkärt, uns mitzunehmen, um sich etwas dazuzuverdienen. In diesen Wagen paßten wir alle hinein. Zu Hause bat Ljusja die Ärztin Vera Fjodorowna Liwtschak, die wir im Zusammenhang mit meinem Hungerstreik kennengelernt hatten, in unsere Wohnung zu kommen. Sie untersuchten Motja gemeinsam und gingen in ein anderes Zimmer, um sich zu beraten. Tanja blieb allein mit dem Kind zurück. Plötzlich hörten wir sie aufschreien. Wir liefen zu ihr. Ein schreckliches Bild bot sich uns: Motja lag bewußtlos da, gespannt wie eine Saite und gleichsam in einem heftigen Krampf erstarrt; aus seinem fest geschlossenen Mund trat Schaum hervor, seine Augen waren verdreht. Ljusja nahm ihn auf die Arme und trug ihn zum geöffneten Fenster.

Vera Fjodorowna, die zum Glück die Beherrschung bewahrt hatte, gelang es, mit einem Löffel Motjas Mund zu öffnen und seine Zunge herunterzudrücken, damit sie nicht zurückfiel. Tanja rief die Unfallhilfe für Kinder an, die fast sofort einen Wagen schickte; Efrem und ich warteten auf der Straße. Die Ärztin der Unfallhilfe war sehr geschickt und energisch und tat sofort alles Notwendige. Die Spritzen zur Krampflösung halfen zwar nur teilweise, aber ohne diese Spritzen wäre Motja aller Wahrscheinlichkeit nach gestorben. Nach einer halben Stunde vergeblicher Versuche, den allgemeinen Krampf zu lösen, beschloß die Ärztin der Unfallhilfe, Motja, der immer noch bewußtslos war, in ein Kinderkrankenhaus zu bringen. Der Wagen rollte mit eingeschalteter Sirene über den Mittelstreifen und fuhr davon. Tanja und Efrem begleiteten Motja ins Krankenhaus. Sie hörten, wie die Ärztin der Unfallhilfe in der Aufnahme sagte: »Kümmert euch um den Jungen, er ist es wert!«

Motja war damals ein Jahr und elf Monate alt. Ljusjas Abreise wurde natürlich verschoben; Vera Fjodorowna und ich fuhren zum Bahnhof und gaben die Fahrkarte zurück. Wir alle machten uns große Sorgen; zwar sprach keiner darüber, aber jeder dachte bei sich, daß Motja das Leben verlieren könne.

Am nächsten Tag, am Sonntag, teilte uns der diensthabende Arzt mit, daß das Kind Jankelewitsch zu sich gekommen und die Lebensgefahr vorüber sei. Ljusja, die nicht wußte, ob sie seinen Worten glauben sollte, fragte ihn noch einmal mit irgendwie veränderter Stimme: »Doktor, Sie sprechen doch die Wahrheit?«

»Ja, natürlich.«

Im Laufe des Tages durften wir Motja ein kleines Päckchen überbringen lassen, darunter auch einen ausländischen Schnuller, an den er gewöhnt war (sowjetische Schnuller haben eine andere Form). Die Krankenschwester kehrte zurück und sagte, daß Motja beim Anblick des Schnullers geflüstert habe: »Mama ...«

Ljusja rief erleichtert: »Genau das wollte ich hören.«

Dieses Wort bewies, daß die Assoziationen des Kindes intakt waren, das heißt, sein Gehirn war nicht beeinträchtigt, wie man hätte fürchten können.

Woran litt Motja? Man weiß, daß bei kleinen Kindern, besonders bei solchen, die durch die Geburt (Motjas Geburt war schwer gewesen und hatte zu Asphyxie geführt) oder aus anderen Gründen geschwächt sind, im Fall von erhöhter Temperatur manchmal derartige Krampferscheinungen auftreten können. Alles, was ich bisher beschrieben habe, steht völlig mit dieser Erklärung im Einklang. Aber es gab noch andere Umstände, von denen ich jetzt berichten werde und die zu ganz anderen Gedanken Anlaß geben.

Es gibt noch etwas, das darauf hindeutet, daß Motjas Krankheit ihren

Symptomen nach nicht ganz alltäglich war. Um Mitternacht rief uns plötzlich der diensthabende Arzt von der Intensivstation an und fragte, ob Motja Zugang zu Medikamenten gehabt habe, die Krämpfe auslösen oder eine solche Nebenwirkung haben können. Ljusja verneinte, aber die Frage machte uns sehr betroffen. (Wir erinnerten uns auch an die Drohungen des »Zentralkomitees der Russischen Christlichen Partei«, die wir acht Monate zuvor erhalten hatten.)

Daraufhin erinnerten wir uns an einen seltsamen Vorfall, der sich ungefähr zwei Tage vorher, am Morgen des 7. August, ereignet hatte. Die Erwachsenen waren in der Küche zusammengekommen und wollten Tee trinken, während Motja in der Diele spielte, die direkt auf den Hof führte. Wir konnten ihn nicht sehen. Plötzlich schrie er auf und kam weinend in die Küche. Wir erkundigten uns, was geschehen sei, und er zeigte mit dem Finger auf seinen Mund. Wir dachten, daß ihn eine Wespe gestochen habe, konnten aber keine Spuren eines Stiches oder einer Schwellung entdecken. Vielleicht hatte sich der Junge einfach zufällig erschreckt? Aber vielleicht kann es auch sein, daß jemand in die Diele gekommen war und ihm mit Gewalt eine Substanz, die Krämpfe auslöste, in den Mund gesteckt hatte (ohne daß man vorhatte, den Jungen wirklich umzubringen). Warum? Um Ljusjas Abreise zu verhindern? Wie erwähnt, wurde Ljusjas Abreise tatsächlich verzögert. Vera Fjodorowna nutzte ihre Verbindungen zum Russakow-Krankenhaus, wohin man Motja gebracht hatte, und rief in der Intensivstation an.

Der diensthabende Arzt antwortete gereizt: »Bitte, rufen Sie die Intensivstation nicht mehr an. Gerade hat sich jemand gemeldet, der sich auch als Arzt bezeichnete und sich nach Jankelewitschs Zustand erkundigte.«

Da außer Vera Fjodorowna niemand von uns angerufen hatte, konnte es sich nur um das KGB handeln, das Erkundigungen eingezogen hatte. Wozu? Vielleicht, um nachzuprüfen, ob man übers Ziel hinausgeschossen war. Dann hätte es Scherereien gegeben.

Eine indirekte Bestätigung dessen, daß es sich um einen Versuch des KGB gehandelt hatte, Ljusjas Abreise zu verhindern, war auch der Umstand, daß das KGB eine Woche später, als Ljusja sich trotzdem entschlossen hatte abzureisen, neue Einschüchterungsmaßnahmen ergriff (und diesmal ganz unzweifelhaft). Die Abreise war nun auf den 16. August festgelegt worden, doch am Morgen des 15. kam mit der Post angeblich aus Norwegen ein Brief, der schreckliche Fotografien enthielt, wahrscheinlich aus der Reklame von Horrorfilmen ausgeschnitten. Alle Fotografien hatten direkt oder indirekt mit Augen zu tun. Sie zeigten zum Beispiel, wie Augen mit einem Dolch ausgestochen wurden.

Mit Hilfe von Korrespondenten aus Norwegen konnten wir herausfinden, wer den Brief abgeschickt hatte. Es war ein Mann aus Litauen, dessen Frau sich noch in Norwegen aufhielt. Er hatte sich mit einer Bitte um Familienzusammenführung an Breschnew gewandt und mir eine Kopie seiner Petition geschickt. Offensichtlich hatte das KGB seinen Brief aus dem Umschlag genommen und die entsetzlichen Bilder hineingelegt.

Mit ähnlichen Unterschiebungen (welche die Verletzung des Briefgeheimnisses durch das KGB anschaulich demonstrieren) hatten wir es danach noch viele Male zu tun. In die Umschläge von Weihnachtsbriefen hatte man Fotos von Autozusammenstößen, Gehirnoperationen, von Affen mit ins Hirn eingeführten Elektroden hineingelegt – viele Dutzende solcher Briefe kamen im Laufe von ein, zwei Tagen an. Zwischen den Seiten einer wissenschaftlichen Zeitschrift entdeckte ich den Artikel eines gewissen Tetenow. Ein Mann dieses Namens hatte sich einige Jahre zuvor lange und erfolglos um die Ausreisegenehmigung aus der UdSSR bemüht und sich wiederholt mit der Bitte um Hilfe an mich und andere Dissidenten gewandt; schließlich war es ihm doch noch gelungen, mit seiner Familie auszureisen – natürlich auf eine Einladung nach Israel hin. Der Artikel »Der Blindenführer« beginnt mit den Worten:

> »Die Weltjudenpresse ist wegen der Ausweisung des Akademiemitglieds Sacharow in gellendes Gebrüll ausgebrochen.«

Auch im Mai 1981 erhielt ich als »Glückwunsch« zu meinem sechzigsten Geburtstag einen solchen untergeschobenen Brief: den Abzug eines Artikels aus einer ausländischen Zeitschrift, der mir, nach Meinung des KGB, unangenehm sein müßte.

Eine der Besonderheiten von Motjas Fall ist die juristische Unbeweisbarkeit des Verbrechens, wenn es stattgefunden hat (wovon wir nicht überzeugt sein können). Mit derartigen Situationen werden wir es noch häufig zu tun haben – das ist einer der »Vorteile« einer staatlichen Organisation – natürlich nur einstweilen, bis zu den »Nürnberger Prozessen«. Während der Motja betreffenden Ereignisse war Tanja im letzten Monat schwanger. Am 1. September brachte sie ihr zweites Kind zur Welt, ihre Tochter Anna (Anja). Am 6. Oktober wurde Oljas und Aljoschas Tochter Katja geboren. Ljusja sah ihre Enkelinnen erst Ende Dezember.

In den ersten Septembertagen wurde Ljusja von Professor Frezzoti in einer Klinik in Siena in Italien operiert. Er beendete den zerstörerischen Angriff des Glaukoms auf dieses Auge, aber das, was verloren war, ließ sich natürlich nicht wiederherstellen. Zwei Tage nach der Operation erhielt ich eine gefälschte Mitteilung – angeblich aus Siena über Paris – darüber, daß die Operation mißlungen sei. Zweifellos hatte das KGB eines seiner »Späßchen« gemacht.

Im September gab ich eine Reihe neuer Erklärungen zu verschiedenen aktuellen Fällen heraus: zum Schutz Leonid Pljuschtschs und Semjon Glusmans in Verbindung mit der bevorstehenden Konferenz in Paris, zum Schutz Wladimir Ossipows und zum Schutz des Geistlichen Vassyl Romanjuk, der sich damals in einem mordwinischen Lager befand (Ljusja hatte seine Frau in Potma kennengelernt).

Am 2. Oktober hielt Ljusja, die unterdessen das Krankenhaus verlassen hatte, in Florenz (im Hause Maria Wassiljena Michaelles-Olsufjewas) eine Pressekonferenz ab, auf der sie meine Position im Zusammenhang mit dem Erscheinen des Buches *Mein Land und die Welt* erläuterte. Diese Pressekonferenz trug viel zu meiner Popularität im Westen bei.

Am 9. Oktober erfuhren Ljusja in Italien und ich in Moskau gleichzeitig, daß mir der Friedensnobelpreis verliehen worden war. Ich war zu diesem Zeitpunkt mit Ruth Grigorjewna bei unserem Freund Jurij Tuwim (der bald darauf in die USA emigrierte) zu Besuch. Einige ausländische Korrespondenten hatten meine Fährte aufspüren können (vorher waren wir zu den Kopelews gefahren) und trafen gemeinsam mit Lew Sinowjewitsch Kopelew bei Tuwim ein. Sie nötigten mich, ein paar Worte ins Mikrofon zu sagen; man nahm diese Erklärung auf Videoband auf, die Bänder wurden sofort zu einer in den Westen fliegenden Maschine gebracht und noch am selben Tag – zusammen mit einem Videofilm, der mich mit Tanja während des Hungerstreiks eineinhalb Jahre zuvor zeigt – von den europäischen Fernsehanstalten gesendet. Ich sagte in meiner improvisierten Rede:

> »Es ist eine große Ehre nicht nur für mich, sondern für die gesamte Bürgerrechtsbewegung. Ich bin der Meinung, daß ich diese Ehre mit den Gewissensgefangenen teile, die für den Schutz anderer Menschen durch öffentliche gewaltlose Methoden das Wertvollste geopfert haben: ihre Freiheit. Ich hoffe, daß sich das Schicksal der politischen Gefangenen in der UdSSR erleichtern wird, ich hoffe auf eine weltweite politische Amnestie!«

Ljusja probierte an diesem Tag Kontaktlinsen an. Als man ihr von der Preisverleihung berichtete, sagte sie, wie sie mir später erzählte, fast das gleiche wie ich und mit fast den gleichen Worten. Kurz darauf sah sie mich im Fernsehen und erhielt Glückwünsche aus der ganzen Welt, wie auch ich in Moskau. Diese Ereignisse veränderten ihren Aufenthalt in Italien nachhaltig, der im Grunde rein medizinischer Art hätte sein sollen; zahlreiche Dinge stürmten auf sie ein, darunter schließlich auch ihre Teilnahme – in meinem Namen – an der Nobelpreiszeremonie.

Als Ruth Grigorjewna und ich nach Hause kamen, hörten wir das Klingeln des Telefons schon auf der Treppe. Bekannte und Unbekannte aus Moskau und anderen Orten der UdSSR wollten uns gratulieren; sehr viele Glückwünsche kamen aus dem Ausland (nach Ljusjas Abreise war unsere Telefonverbindung mit dem Ausland vorübergehend wiederhergestellt worden); ich führte zahlreiche Gespräche mit ausländischen Korrespondenten und gab ihnen Erklärungen, die im wesentlichen meine erste Stellungnahme variierten.

Am nächsten Tag setzten sich die Anrufe und Besuche vom frühen Morgen bis in die späte Nacht hinein fort. Viele Glückwunschtelegramme trafen ein, darunter auch eines von Ljusja, das sie sofort nach der Nachricht über die Preisverleihung abgeschickt hatte. (Zu meiner Schande verlegte ich dieses Telegramm gleich darauf; Ljusja fand es vor kurzem wieder. Sogar der Telegrammstil kann die Ljusja eigene Vitalität nicht unterdrücken.) Im Zusammenhang mit diesem Telegramm beging ich noch eine weitere Dummheit. Als Ljusja mich nach ihrer Rückkehr fragte, ob ihre Glückwünsche eingetroffen seien, verneinte ich aus irgendeinem Grunde. Sie war betrübt. Danach brachte ich nicht den Mut auf, ihr zu sagen, daß ich mich einfach verhaspelt hatte.

Am Morgen kamen auch Vertreter der norwegischen Botschaft, mit einem Ersten Sekretär an der Spitze; sie überbrachten mir einen Glückwunschbrief des Botschafters und herrliche Rosen in einer schönen Vase.

Nach einem weiteren Tag dieses »verrückten Lebens« sagte Ruth Grigorjewna, daß es so nicht weitergehen könne, und verlangte, daß wir alle (sie selber, Tanja und Efrem mit den Kindern und unbedingt auch ich) sofort in die Datscha übersiedeln sollten. Ich konnte mich nicht durchsetzen, obwohl dieser Schritt eigentlich nicht richtig war, denn die Datscha konnte man aus dem Ausland – was ja auch Ljusja betraf – nicht anrufen. Und überhaupt hätte ich selbst die Bürde der Preisverleihung tragen müssen und sie nicht auf andere abwälzen dürfen. Aber trotzdem kamen Korrespondenten noch zwei-, dreimal pro Tag dorthin. Darunter auch eine

Fotoreporterin, die eine Aufnahme für eine französische Illustrierte machte. Mit Hilfe eines der ausländischen Gäste, welche die Datscha besuchten, konnte ich einen wichtigen Brief über die Situation der Kirchen in der UdSSR (von Jakunin und Regelson) ins Ausland befördern; er war an eine internationale Religionskonferenz in Nairobi gerichtet und hatte große Resonanz. Diesen Brief hatte mir mein Freund B. A. überbracht – zufällig ein paar Stunden, bevor der Gast die UdSSR verließ.

Unter den Dutzenden von Glückwunschbriefen war auch ein sehr liebenswürdiger von Roy Medwedjew. Als ich dieses Schreiben erhielt, konnte ich mir leider den Gedanken an seinen Bruder Jaurès nicht verkneifen, der ein Jahr zuvor behauptet hatte, daß Sacharow niemals der Friedensnobelpreis verliehen werden könne, weil er die Wasserstoffbombe entwickelt habe. Jaurès selbst war kurz vorher in den Westen gereist, und man hatte ihm etwas später die sowjetische Staatsbürgerschaft aberkannt. Außerdem fiel mir ein, daß Ljusja in Italien von sehr seltsamen Briefen erfahren hatte, mit denen Jaurès verschiedene Personen bedacht hatte. In einem Brief, den Maria Olsufjewa Ende August erhielt, teilte Jaurès mit, daß Ljusja sich anscheinend vor der Ausreise fürchte und die Krankheit ihres Enkels übertreibe, um einen Vorwand zur Verzögerung zu haben. Überhaupt habe die Reise wenig Sinn, um ihre Augen stehe es nicht so schlecht, denn sie sei häufig mit ihrem Mann im Theater (woher hatte Jaurès diese Informationen in England bekommen – von seinem Bruder Roy oder vom KGB?). Zudem seien sie und ihr Mann Patienten des Kreml-Krankenhauses. In Wirklichkeit hatte man mich im Jahre 1970 von der Liste des Kreml-Krankenhauses gestrichen, gerade nachdem ich mich für Jaurès eingesetzt hatte. In einem zweiten Brief warnte er vor Ljusjas schlechtem Charakter; sie werde sich als »arm« ausgeben, aber man brauche sie nicht finanziell zu unterstützen, denn in Wirklichkeit habe Sacharow Zehntausende von Dollars durch seine Bücher verdient. (Anscheinend wußte Jaurès nicht, daß Ljusja lange vor mir mit Maria Olsufjewa bekannt war. Er dachte wohl, Maria werde Ljusja nur als »Frau Sacharows« ansehen.) Ein dritter Brief war an den englischen Publizisten Lord Nicholas Bethell, eine Persönlichkeit des öffentlichen Lebens, gerichtet; darin hieß es, daß Ljusja auf der Pressekonferenz vom 2. Oktober ständig gelogen habe und daß es am besten sei, sich wegen korrekter Informationen an ihn, Jaurès, zu wenden.

Die offizielle Reaktion der UdSSR auf die Verleihung des Friedensnobelpreises an mich war sehr gereizt und nervös. Leider verfüge ich nicht mehr über eine Auswahl der Pressestimmen – das alles ging durch die

Diebstähle des KGB verloren. Von neuem erschienen viele Artikel – wie schon im Jahre 1973 –, in denen meiner Tätigkeit »der Nimbus genommen«, meine Veröffentlichungen karikiert und verspottet wurden und in denen man die Entscheidung des Nobelpreiskomitees als feindseligen und provokatorischen Akt bewertete. Die *Iswestija* brachte eine neue Kollektiverklärung mit der Unterschrift von Akademiemitgliedern, korrespondierenden Mitgliedern und Direktoren von Forschungsinstituten der Akademie der Wissenschaften, entsprechend dem Brief, den vierzig Akademiemitglieder zwei Jahre zuvor unterzeichnet hatten.

Ende Oktober erschien in der Zeitung *Trud* (einem Organ mit hoher Auflage, das formal vom Gewerkschaftsverband der UdSSR herausgegeben, faktisch aber in demselben Maße kontrolliert wird wie all unsere übrigen Zeitungen) ein gehässiges und dreistes Feuilleton, das meiner Frau und mir gewidmet war. Es war mit dem jüdischen Namen »Asbel«, dem bezeichnenden Pseudonym irgendeines KGB-Mannes, unterzeichnet und trug den Titel »Chronik eines aristokratischen Lebens«:

> »Man hat uns mitgeteilt, daß ... in Italien eine erfolgreiche Operation am rechten [in Wirklichkeit am linken – *A. S.*] Auge von Frau Bonner, der Gattin des Akademiemitglieds Sacharow, durchgeführt wurde. Wir freuen uns für Frau Bonner, die endlich Augenchirurgen gefunden hat, welche ihrem sozialen Status gerecht werden ... Angenehm ist auch, daß Frau Bonner sich einen sehr günstigen Moment aussuchte, um die Welt mit klarerem Blick zu betrachten, denn in diesem Herbst schlug die Berühmtheit ihres Gatten im Westen hohe Wellen. [Den Moment hatte das KGB »ausgesucht«. Nun grämte es sich – *A. S.*]
>
> Sacharow hat beschlossen, seine fortschreitende wissenschaftliche Impotenz durch einen kühnen Schlag auf einem anderen Gebiet wettzumachen ... Schon in den ersten Zeilen machte er vor Buckley einen krummen Buckel – so krumm, daß die Nase des Intellektuellen den Fußboden vor dem ›selbstzufriedenen Kaufmann‹ berührte.«

Es folgen Zitate aus *Mein Land und die Welt*, die etwa die Hälfte des Feuilletons einnehmen. Damit sollte gezeigt werden, daß ich »den reaktionärsten Politikern noch voraus bin«.

> »Er beharrt darauf, daß der Westen zum Tausch für die Entspannung alles in allem fordern solle: teilweise Reprivatisierung aller Arten

des wirtschaftlichen und sozialen Wirkens, teilweise Entkollektivierung, sofortige Abtrennung der Unionsrepubliken.«

Hier vermengte der Feuilletonschreiber bewußt ganz ungleichartige Dinge: meine Meinung (und nicht nur meine), daß unser Land auf wirtschaftlichem und sozialem Gebiet Reformen benötigt, die ich allerdings für eine spezifisch innere Angelegenheit der UdSSR und auf keinen Fall für den Gegenstand äußeren Drucks halte; die Frage der Menschenrechte, deren internationalen Schutz die UdSSR, insbesondere in der Schlußakte von Helsinki, für notwendig erklärt; und die Abtrennung der Unionsrepubliken, von der ich nirgends geschrieben habe, daß ich sie für erforderlich, zweckmäßig oder berechtigt hielte. Aber ich meine, in Übereinstimmung mit der Verfassung der UdSSR, daß die Bürger dieser Republiken das Recht haben, sich über ihre weitere Existenz im Verband der UdSSR schlüssig zu werden und diese Frage zu erörtern, daß es jedoch ungesetzlich und verfassungswidrig ist, Menschen zu verhaften und zu verurteilen, die eine Abtrennung als notwendig erachten. Das Feuilleton endet mit den Worten:

»... das Almosen wurde unter der Rubrik ›Friedensnobelpreis‹ verteilt. Sacharow wurden mehr als 100 000 Dollar versprochen. Es ist schwer zu sagen, inwieweit dies dem Wechselkurs von dreißig Silberlingen im alten Judäa entspricht. Eine qualifizierte Antwort auf diese Frage könnte höchstwahrscheinlich Frau Bonner geben, die auf diesem Gebiet sehr beschlagen ist.«

Dies ist ein typisch antisemitischer Schluß, der die niedrigsten Instinkte – Neid, Haß, Pogromraserei – wecken soll. Nicht zufällig werden die dreißig Silberlinge mit meiner Frau und ihrem nichtrussischen Familiennamen in Verbindung gebracht. Eine vortreffliche Antwort auf diesen Artikel von *Trud* schrieb Raissa Borissowna Lert.

Von nun an wurde Ljusja, die auch früher schon – seit den ersten Tagen unseres gemeinsamen Lebens – den Haß des KGB erregt hatte, zur Hauptzielscheibe seiner Attacken. Der Druck auf sie, die Verleumdungen und Provokationen verstärkten sich immer mehr und haben nun, während ich diese Zeilen im Herbst 1983 schreibe, einen Höhepunkt erreicht.

Kurz nachdem man mir den Nobelpreis zuerkannt hatte, rief Jakow Borissowitsch Seldowitsch an. Er empfahl mir, den Preis auszuschlagen.

Auf meine Antwort hin, daß ich dies nicht tun würde, erklärte er gereizt: »Ich werde Ihnen schreiben.« Seldowitsch wußte natürlich, daß meine Telefonate abgehört wurden, und er konnte erst recht keinen Zweifel daran haben, daß auch meine Post kontrolliert wurde. Der Anruf und vor allem der Brief machten auf mich den deprimierenden Eindruck einer absichtlichen Demonstration untertäniger Gefühle.

Vielleicht der stärkste Druck auf mich wurde in diesen Tagen durch den Fall Brunow ausgeübt, auf den ich im nächsten Kapitel eingehen werde.

Im November ereignete sich ein großes Unglück. Das Kind meiner Tochter Ljuba starb bei der Geburt an Sauerstoffmangel. Wie immer bei solchen Tragödien stellt sich der quälende Gedanke ein, ob dieser Ausgang wirklich unvermeidlich war.

Ich beschloß, den Antrag für die Reise zur Nobelpreiszeremonie in Norwegen einzureichen. Natürlich war mit einer Ablehnung zu rechnen, aber nach meiner Antragsstellung würde man zumindest die Möglichkeit haben, die Zeremonie durchzuführen. Wenn ich überhaupt nicht gehandelt hätte, wäre das Nobelkomitee in einer sehr schwierigen Lage gewesen. Daß man mich nicht zurückkehren lassen würde, hielt ich für ausgeschlossen. Am 20. Oktober schickte ich also meinen Antrag an das OWIR und begann, das Weitere gelassen abzuwarten.

Unterdessen ereignete sich in Italien einiges, was auf eine gehörige Verwirrung der Behörden – stets ein sehr gefährlicher Zustand – schließen ließ. In den ersten Novembertagen kam Pachomow, der sowjetische Botschafter in Italien, unerwartet in Ljusjas Abwesenheit zu N. A. Charkewitsch, bei der Ljusja wohnte. Er war extra zu diesem Zweck von Rom nach Florenz gekommen. Pachomow bat, ihm Ljusjas Auslandspaß zu geben. Nina Adrianowna Charkewitsch hatte zwar nie in der UdSSR gelebt und war nicht an die Heimtücke sowjetischer Funktionäre in solchen Fällen gewöhnt, spürte aber, daß hier etwas nicht mit rechten Dingen zuging, und händigte ihm den Paß nicht aus.

Danach lud man Ljusja ins Konsulat und verlangte wiederum ihren Paß. Sie weigerte sich jedoch und beantragte eine Verlängerung ihres Aufenthalts in Italien aus medizinischen Gründen. Nach etwa zwei Wochen wurde ihrem Antrag stattgegeben.

Während dieser Zeit war offenbar die Entscheidung getroffen worden, Ljusja nach Norwegen reisen zu lassen und dadurch die Situation so weit wie möglich zu entschärfen (wahrscheinlich hatte man schon früher beschlossen, mich nicht ausreisen zu lassen). Eine Zeitlang hätten die

Behörden Ljusja unbedachterweise ihre sowjetische Staatsbürgerschaft entziehen können, doch dann wäre ihnen jeder Schritt zurück verbaut gewesen. Ljusja und Nina hatten sich genau richtig verhalten. Was mich betrifft, so hätte ich die ganze Angelegenheit fast verdorben. Darüber etwas später.

Am 14. November wurde ich ins Moskauer OWIR geladen. In dem Zimmer im Erdgeschoß, in dem gewöhnlich der stellvertretende Leiter sitzt und abschlägige Bescheide erteilt, befand sich diesmal der Chef selbst, Fadejew. Er schien mir sehr nervös zu sein und eröffnete mir, daß man meine Reise nach Norwegen abgelehnt habe, weil ich »eine Person« sei, »die über Kenntnis von Staatsgeheimnissen« verfügt. Ich erwiderte, daß ich die Entscheidung anfechten würde.

Interessanterweise war eine Woche zuvor in der englischen Zeitung *Evening News* ein Artikel von Victor Louis erschienen, in dem es hieß, daß man mir mit genau dieser Argumentation, unter Hinweis auf irgendwelche anonymen Verantwortlichen, ein Visum verweigern werde. Offensichtlich war mit diesem Artikel getestet worden, wie stark die Reaktion der öffentlichen Meinung sein würde. Victor Louis, sowjetischer Staatsbürger und Korrespondent einer englischen Zeitung (eine beispiellose Kombination), erfüllt häufig solche und andere delikate Aufgaben. Ich werde noch Gelegenheit haben, über ihn zu schreiben. Zuvor, am 7. November, war im italienischen Fernsehen gemeldet worden, ich hätte die Erlaubnis, zur Zeremonie zu reisen. Daraufhin bestellte Ljusja einen Frack für mich. Später mußte sie die Bestellung rückgängig machen.

Nachdem ich Fadejew verlassen hatte, berichtete ich den ausländischen Korrespondenten, die mich auf der Straße vor dem OWIR erwarteten, sofort von der Ablehnung.

Wie erwähnt, war nach Ljusjas Abreise die Telefonverbindung mit dem Ausland, die man im Dezember 1974 unterbrochen hatte, zeitweilig wiederhergestellt. Offenbar wollten die Behörden einen zusätzlichen Skandal vermeiden; allerdings war es häufig nicht leicht für Ljusja, mich in Moskau, und für mich, sie in Florenz oder Rom anzurufen.

Mir schien es ganz selbstverständlich, daß Ljusja, der mir am nächsten stehende Mensch, mich nun bei der Nobelpreiszeremonie vertreten müsse. Am Tag der Ablehnung (oder einen Tag später) rief Ljusja mich aus Rom an, und ich informierte sie von meinem Auftrag. Aber ein paar Tage später hätte ich fast einen großen Fehler gemacht, denn bei unserem nächsten Telefonat nahm ich die Bitte zurück. Ich hatte der Besorgnis nachgegeben, daß man sie nicht in die UdSSR zurückkehren lassen oder daß sie zum Racheobjekt des KGB werden könnte. In diesen Tagen übte Ruth Grigorjewna sehr starken Druck auf mich aus; sie hatte auch einen sehr scharfen Brief an Ljusja geschrieben. Trotzdem hatte sie nicht recht, und ich hätte ihr nicht zustimmen dürfen. Natürlich war es nicht ganz auszuschließen, daß man Ljusja die Rückreise verwehren würde, aber andererseits wollten die Behörden in jenen Tagen bestimmt jeden weiteren Skandal vermeiden.

Während des unglückseligen Telefonats waren nur Efrem und ich in Moskau in der Tschkalow-Straße, Ruth Grigorjewna, Tanja, Motja und Anja hielten sich in der Datscha auf. Ljusja rief aus Florenz an, und ich teilte ihr mit, daß sie nicht zur Nobelpreisverleihung reisen solle; ich wolle jemand anderen damit beauftragen (wobei ich Galitschs Namen nannte). Dadurch hätte ich die gesamte Zeremonie ruiniert, ihre Bedeutung »verwischt«, das heißt, etwas Entsetzliches angerichtet.

Ljusja sagte mit tonloser Stimme: »Ich habe dich verstanden. Aber du verhältst dich falsch.«

Das Telefon stand in der Küche, Efrem wusch neben mir Geschirr ab und hörte das ganze Gespräch. Als ich den Hörer aufgehängt hatte, sagte er: »Andrej Dmitrijewitsch, ich glaube, daß Sie unrecht haben.«

Efrem sprach, wie immer, mit leiser Stimme und äußerst zurückhaltend, aber er erklärte mir präzise und unmißverständlich, weshalb ich seiner Meinung nach keinen anderen als Ljusja mit meiner Vertretung beauftragen dürfe. Eine halbe Stunde später sah ich meinen Fehler völlig ein und faßte mir an den Kopf. Zum Glück gelang es mir zwei Stunden später, eine Verbindung mit Florenz zu bekommen (Ljusja erschrak über meinen nächtlichen Anruf). Ein schrecklicher Gedanke, wieviel ich verdorben hätte, wenn Efrem nicht gewesen wäre.

Im Laufe des Monats November gab ich eine Vielzahl von Interviews, unter anderem auch einer japanischen Zeitung. In diesem Interview benutzte ich die Formulierung *Frieden, Fortschritt, Menschenrechte*, die dann den Titel meiner Nobelpreisrede bilden sollte. Mir scheint, daß diese Worte meine Position tatsächlich gut wiedergeben.

Ich schrieb die Nobelpreisrede mühelos, mit Elan. Darin kamen nicht nur meine gesellschaftlichen Ansichten zu den Problemen der Friedenserhaltung, zur Notwendigkeit einer Annäherung zwischen dem sozialistischen und dem kapitalistischen System, zur Abrüstung und zum strategischen Gleichgewicht, zum Fortschritt, zur Öffnung der Gesellschaft und zu den Menschenrechten, sondern in gewissem Grade auch meine psychische und gefühlsmäßige Haltung zum Ausdruck. Schlechter stand es um den Text meiner Rede zur Nobelpreiszeremonie – dabei ging mir einfach das »Pulver« aus. Ljusja erhielt den Text ein paar Stunden vor dem Flug von Italien nach Norwegen und redigierte ihn. Dies ist nahezu das einzige Mal, daß sie irgend etwas in meinen Veröffentlichungen änderte, ohne sich mit mir abzustimmen – aber es gab keinen anderen Weg. Die Rede wurde dadurch klarer, schlüssiger, bewegender. Eine wichtige Unterlassung wollte Ljusja allerdings ohne mich nicht beheben (obwohl sie es sich sehr gewünscht hätte): auf frühere Träger des Friedensnobelpreises eingehend, nannte ich nur einen Namen: den Albert Schweitzers. In der Tat schätze ich Schweitzer, sein heldenhaftes Wirken und die Philosophie der Ehrfurcht vor dem Leben, die er in seinen Büchern entwickelt, sehr hoch ein. Seine Gedanken darüber, daß es unzulässig sei, die Menschheit durch nukleare Experimente zu vergiften, bildeten einen der Anstöße zu meiner öffentlichen Tätigkeit in den fünfziger Jahren. Aber unzweifelhaft hätte ich auch anderen sehr würdigen Menschen Tribut und Achtung zollen müssen. Dadurch, daß ich nur einen einzigen Namen nannte, wurde indirekt gleichsam ein Schatten auf alle anderen geworfen, was ich keineswegs beabsichtigte. Insbesondere hätte ich Carl von Ossietzkys und Martin Luther Kings und ihres tragischen Todes für hohe Ideale gedenken müssen. Vielleicht kann meine verspätete Anerkennung die Worte ergänzen, die bei der Preisverleihung von der Tribüne erklangen.

Ljusja flog am Morgen des 9. Dezember nach Oslo, um am 10. Dezember an der Zeremonie teilzunehmen. Ein paar Stunden vorher waren Efrem und ich mit dem Zug nach Vilnius (Wilna) gefahren, wo am nächsten Tag im Gebäude des Obersten Gerichts der Litauischen Republik die Verhandlung gegen Sergej Kowaljow begann. Dies war wahrscheinlich kein zufälliges Zusammentreffen, die Behörden verfolgten dabei gewisse Ziele. Für uns hatte dieses Zusammentreffen der Verhandlung und der weltweit beachteten feierlichen Zeremonie erregenden, symbolischen Charakter.

Im Zug begleiteten uns einige Freunde, die ebenfalls zu der Verhandlung unterwegs waren, aber manche von denen, die hätten fahren sollen, fehlten. Wie sich herausstellte, hatte man sie in Moskau zurückgehalten, indem man sie in ihren Wohnungen regelrecht blockierte. Auf dem Hof des Hauses, in dem Tanja Welikanowa wohnte, stand ein Autobus mit KGB-Leuten, und jedesmal, wenn sie einen Versuch machte, das Haus zu verlassen, versperrten ihr ein Dutzend Burschen den Weg. Auf ähnliche Weise hielt man Malwa Landa und wohl noch andere zurück. Wir staunen immer wieder darüber, wie viele Mitarbeiter das KGB für so unwichtige Angelegenheiten freistellen kann. Als ob es nicht gleichgültig wäre, wo Tanja Welikanowa der Verhandlung gegen ihren engsten Freund *nicht* beiwohnt – in Moskau oder in Vilnius vor dem Gerichtsgebäude. Aber dem KGB ist es anscheinend nicht gleichgültig. Vermutlich schätzt es die Aktionen von Bürgerrechtlern, ihre Position, die psychologischen Folgen ihres Wirkens höher ein, als es, zum Beispiel, manche ausländische Korrespondenten und Presseorgane tun.

Auf dem Bahnhof wurden Efrem und ich von niemandem abgeholt (wie sich später herausstellte, hatte man die Litauer, die uns empfangen wollten, festgenommen und mehrere Stunden bei der Miliz festgehalten). Wir gingen zu der Wohnung unseres Freundes Ejtan Finkelstein. Er ist einer der ältesten jüdischen *otkasniki*; man hält ihn schon seit dreizehn Jahren unter dem stark übertriebenen Vorwand, daß er Geheimnisträger sei, in der UdSSR zurück. Leider ist Finkelsteins Name im Westen wenig bekannt – vielleicht deshalb, weil er kein Moskauer ist. (Ergänzung 1987: Vor einigen Jahren durfte Finkelstein endlich aus der Sowjetunion nach Israel ausreisen.) Wir ließen unsere Koffer bei ihm zurück und gingen zum Gerichtsgebäude. Natürlich konnte keiner der Ankömmlinge, von Sergejs Verwandten abgesehen, in den Gerichtssaal vordringen. Im Saal befanden sich schon zahlreiche KGB-Leute und sorgfältig ausgewählte Vertreter der Behörden von Vilnius. Die »Wache« aus KGB-Leuten und das »sich herumtreibende« Publikum waren so zahlreich, wie ich es zuvor noch nie hatte beobachten können. Ich machte trotzdem, eher der Form halber, zunächst beim Richter und dann beim Staatsanwalt der Republik den Versuch, eine Genehmigung für den Aufenthalt im Saal zu bekommen. Zu beiden drang ich vor, indem ich den Sekretärinnen auswich, und forderte die Einhaltung des Gesetzes. Ein Teil dieser Dialoge, bei denen der Richter und der Staatsanwalt eine gewisse Verwirrung zeigten, welche die Schwäche ihrer Position verriet, konnte auf Tonband aufgenommen werden.

Diesen ganzen Tag, die erste Hälfte des nächsten und den gesamten dritten Tag der Verhandlung verbrachten wir in der Gebäudevorhalle des Obersten Gerichtes der Litauischen SSR. Neben den aus Moskau angereisten Freunden Sergejs warteten dort sehr viele Litauer nicht nur aus Vilnius, sondern auch aus anderen Orten der Republik. Sie kamen zu uns und machten sich mit uns bekannt; wir spürten, welch tiefes Mitgefühl sie für Kowaljow empfanden und wie empört sie über die Verhandlung gegen ihn in ihrer geliebten Stadt waren. Von Zeit zu Zeit mischten sich KGB-Angehörige in unsere Gespräche ein, und es kam zu kurzen Streitigkeiten mit ihnen. Sie bemühten sie vor allem, Efrem zu kränken (wir trennten uns in diesen Tagen nicht). Tanja hatte ihm seine Handschuhe an die Ärmel genäht, damit sie nicht verlorengingen. Die KGB-Leute zeigten mit gespielter Verwunderung darauf und brüllten höhnisch: »Hau doch nach Israel ab und schüttel da deine Handschuhe!«

Gegen Abend erfuhren wir von Kowaljows Frau und Sohn, wie der Prozeß verlief. Kowaljow verteidigte sich selbst, da keiner der Rechtsanwälte (darunter Sophia Kalistratowa), die er und seine Verwandten sich ausbaten, zugelassen worden war. Man warf ihm die Redaktion, Herstellung und Vervielfältigung der von Mai bis Dezember 1974 erschienenen Nummern der *Chronik der laufenden Ereignisse* vor, die angeblich verleumderische Erfindungen enthielten. Die Anklage griff sich nur sehr wenige Behauptungen von ungefähr sechshundert in diesen Nummern enthaltenen (nach Schätzung Kowaljows) heraus, um den verleumderischen Charakter der *Chronik* zu demonstrieren. Später teilte Kowaljow mit, daß er aufgrund der Ermittlungsmaterialien geringfügige faktische Ungenauigkeiten ohne prinzipielle Bedeutung in sieben Behauptungen gefunden hatte (also etwa ein Prozent, was überraschend wenig ist, besonders wenn man die Arbeitsbedingungen der Redakteure der *Chronik* berücksichtigt). Die Anklage fand noch weniger:

1) In einer aus der *Chronik der litauischen katholischen Kirche* übernommenen Meldung war von einer Durchsuchung, der Beschlagnahmung von Gebetbüchern und der Verprügelung eines gläubigen Arbeiters die Rede. Der aber sagte in der Verhandlung aus, daß er nicht verprügelt worden sei. Dieser einzige vor Gericht nachgewiesene Irrtum der *Chronik* (wenn der Arbeiter nicht unter Druck falsches Zeugnis abgelegt hatte) kann nicht als Beweis ihrer Böswilligkeit gelten. Schließlich waren alle ursprünglichen Informationen auch von demselben Arbeiter ausgegangen.

2) Die *Chronik* hatte mehrere Male über die unzumutbaren Verhältnisse in der psychiatrischen Sonderanstalt von Dnjepropetrowsk berichtet. In der Verhandlung trat Doktor Ljubarskaja, eine Ärztin dieses Krankenhauses, als Zeugin auf. Aber ihre gegenteiligen Aussagen waren nicht sehr überzeugend, bezogen sich nur auf Einzelheiten und ließen das allgemeine entsetzliche Bild im wesentlichen unverändert. Später schilderte Leonid Pljuschtsch, der in der Sonderanstalt von Dnjepropetrowsk mehrere Jahre verbracht hatte, vieles, was die Beschreibungen der *Chronik* bestätigte und ergänzte. Nichtsdestoweniger sollte Ljubarskaja noch häufig als Zeugin in Prozessen gegen Andersdenkende auftreten.

3) Die Behauptungen der Anklage, daß die *Chronik* die Bedingungen in Haftanstalten *verleumderisch* für schwer erkläre, blieb ebenfalls unbewiesen.

Wenn ich tagsüber mit dem Bus fuhr, konnte ich mich davon überzeugen, was die Litauer von den Russen üblicherweise halten. Sobald ich neben einem Litauer oder einer Litauerin Platz nahm, wandten sie sich demonstrativ ab oder setzten sich auf einen anderen Platz. Dazu haben sie zweifellos ein Recht, denn die Statistik der Repressionen, die in den vierziger Jahren in Litauen stattfanden, ist entsetzlich. Dort erinnert man sich noch an die Worte des Parteiideologen Suslow, die bei einer geschlossenen Versammlung, wohl im Jahre 1949, fielen: »Wir brauchen Litauen, selbst wenn es ohne Litauer sein sollte.«

Ich konnte weder an diesem noch an den nächsten Tagen in Oslo anrufen: Entweder war »die Leitung defekt«, oder man machte andere Ausflüchte. Meine Verbindung mit Ljusja wurde durch die Berichte des internationalen Rundfunks aufrechterhalten – und es gab eine seelische Verbindung, unsere gemeinsame Begeisterung über das Außergewöhnliche des Geschehens.

Am 10. Dezember 1975, dem Tag der Nobelpreisverleihung und dem zweiten Tag der Verhandlung gegen Sergej Kowaljow, kehrten Efrem und ich nach der Sitzungspause nicht zum Gericht zurück. Einige Litauer hatten uns zu sich eingeladen. Im Hause eines von ihnen – es war Viktoras Petkus, ein Bekannter Sergejs – kamen Freunde zusammen, um gemeinsam die Übertragung aus Oslo anzuhören und die Überreichung des Preises zu feiern. Petkus hatte früher vierzehn Jahre in Haft verbracht, weil er Gedichte geschrieben hatte, die man als nationalistisch bezeichnete. Viktoras ist Philologe und ein großer Kenner von Vilnius, seiner Geschichte und seiner bedeutenden Menschen. Im Jahre 1977 wurde er von neuem verhaftet und zu zehn Jahren Haft und fünf Jahren Verbannung verurteilt.

Die Transistorempfänger sind eingeschaltet. Wir hören Fanfarenstöße. Man bittet Frau Bonner-Sacharowa, die ihren Mann bei der Zeremonie vertritt, ihren Platz zur Verleihung des Friedensnobelpreises einzunehmen. Es spricht die Vorsitzende des Nobelpreiskomitees, Aase Lionaes. Sie verkündet die Entscheidung des Nobelpreiskomitees, den Friedenspreis für 1975 an Andrej Sacharow zu verleihen. Ich höre Ljusjas Schritte, sie geht die Stufen hinauf. Und dann beginnt sie zu sprechen. Auf den Inhalt ihrer Worte achte ich erst später, nach einigen Minuten. Zuerst nehme ich nur den Klang ihrer Stimme wahr, so nahe und vertraut und zur selben Zeit gleichsam entrückt in eine andere, feierliche und glänzende Welt. Eine tiefe Stimme, die einen Moment lang vor Aufregung bebt!

Nach dem Ende der Übertragung gingen wir alle in ein anderes Zimmer, in dem eine festliche Tafel gedeckt war. Etwa fünfzehn Menschen hatten sich versammelt – Litauer, die ich am Vortag schon alle an der Tür des Gerichtssaals gesehen hatte. Man brachte Grußworte und Trinksprüche auf mich aus, auf Ljusja, auf Sergej und alle, die nicht bei uns waren . . . Wir zollten der litauischen Küche Tribut, besonders einer wunderbaren litauischen »Gebildtorte«.

Plötzlich klingelte es an der Tür. Wir gingen in die Diele: Ljusja Bojzowa, Sergejs Frau, und mehrere Begleiter kamen direkt aus dem Gerichtssaal. Ljusja war schrecklich aufgeregt und zitterte am ganzen Leibe. Noch in der Tür rief sie: »Man hat Serjosha aus dem Saal geführt – er hat das Gericht als Sauhaufen bezeichnet!«

Allmählich kam heraus, was geschehen war.

Zu Beginn der Sitzung hatte Kowaljow sich an das Gericht gewandt und gefordert, man möge seine Freunde, die extra zur Teilnahme an der Verhandlung angereist seien, in den Saal lassen. Er sagte: »Ich verlange, daß Andrej Dmitrijewitsch Sacharow, Tatjana Michajlowna Welikanowa, Alexander Pawlowitsch Lawut [er nannte noch fünf, sechs weitere Namen] eingelassen werden.«

Bevor der Richter antworten konnte, waren aus dem Saal Gelächter, Ausrufe und eine Art Grunzen zu hören. Der Richter erklärte wie im Scherz: »Sie sehen ja selbst: Ich kann Ihre Bitte nicht erfüllen . . .!«

Kowaljow brauste auf und schrie: »Vor einer Schweineherde werde ich nicht sprechen! Ich verlange, daß man mich aus dem Gerichtssaal führt!«

Die meisten Menschen, die mit Kowaljow zu tun hatten, schätzten ihn als sehr zurückhaltend, untadelig korrekt und höflich ein. Das trifft durchaus zu. Aber Sergej gehört zu den gewöhnlich sanften und höflichen Menschen, die zwar schwer, aber letzten Endes doch aus der Fassung zu bringen sind, wenn eine Gemeinheit etwas Prinzipielles berührt. Der Gerichtsvorsitzende brüllte: »Angeklagter, Sie haben das Gericht beleidigt! Posten, führen Sie den Angeklagten aus dem Saal!«

Die Posten sprangen auf Sergej zu und führten ihn aus dem Saal, womit sie sowohl seiner Forderung wie dem Befehl des Richters gehorchten. Sergej konnte noch rufen: »Allen Freunden meine Dankbarkeit und Liebe. Andrej Dmitrijewitsch Sacharow meine Glückwünsche und meine Liebe!«

Das Publikum raste von neuem: man lachte dröhnend, kreischte, schrie Beleidigungen, die ironisch sein sollten.

Nachdem Kowaljow hinausgeführt worden war, ging die Sitzung noch etwa eine halbe Stunde lang weiter. Dann verkündete der Vorsitzende eine zehnminütige Pause und fügte hinzu: »Die Zeugen können gehen.«

Im Saal waren nur Zeugen »unserer Seite« zurückgeblieben: M. I. Litwinow, J. F. Orlow, V. F. Turtschin und andere; alle übrigen hatten sich schon längst, ohne diese »Genehmigung« abzuwarten, entfernt. Da sie (nicht ohne Grund) fürchteten, daß man sie nach der Pause nicht wieder in den Saal lassen würde, beschlossen die »Unsrigen«, nicht hinauszugehen. Aber ein paar Minuten später stürmten »freiwillige Helfer« (KGB-Leute) und Milizionäre in den Saal; sie riefen: »Verlassen Sie den Raum!« und begannen, die Zeugen in die Vorhalle zu stoßen und zu schleppen. Den kleingewachsenen Orlow packte man an den Achseln und trug ihn so aus dem Saal. Über einige – Orlow, Litwinow, Turtschin – wurde ein Protokoll wegen Störung der öffentlichen Ordnung angefertigt, und man hielt sie mehrere Stunden lang auf der Milizwache fest.

Am Abend gelang es mir, Tanja in Moskau anzurufen, und ich berichtete ihr von den Ereignissen des Tages. Eine halbe Stunde später meldete sich Ljusja aus Oslo bei ihr. Die ersten Worte, die sie von Tanja hörte, waren: »Mamotschka, schreib auf ...«

Ljusja hatte nicht einmal Zeit, sich nach den Kindern – zwei neugeborenen und einem ebenfalls noch kleinen – zu erkundigen, was die Norweger, die dem Gespräch beiwohnten, sehr verblüffte.

So endete der 10. Dezember 1975, der Tag Sergej Kowaljows, Jelena Bonners und Andrej Sacharows.

In den nächsten Tagen wurde Sergej nicht in den Sitzungssaal gebracht, alles weitere verlief ohne ihn und ohne einen Rechtsanwalt, der ja von Anfang an gefehlt hatte. Es gab bei dem Prozeß also keine Verteidigung, was natürlich ganz und gar nicht rechtens ist. Kowaljow wurde nicht einmal zur Urteilsverkündung hereingebracht, man hatte es »vergessen«. Das ist ein besonders ernster Verstoß gegen das Gesetz, der die formale Grundlage für die Aufhebung des Urteils schafft.

Sergej Kowaljow bedauerte sehr, daß er sich nicht beherrscht hatte, »geplatzt« war und dadurch, wie er meinte, einen Vorwand geliefert hatte, ihn von der Teilnahme an der Verhandlung auszuschließen. Er hatte sich ein ganzes Jahr lang auf den Prozeß vorbereitet und wohlüberlegte Argumente vorbringen wollen, um die Haltlosigkeit der Untersuchung und des Urteils zu entlarven und nicht nur sich selbst, sondern auch die Bürgerrechtsbewegung als ganze zu verteidigen. In Wirklichkeit hätten das Gericht und das ihm den Rücken stärkende KGB natürlich auch ohne den Vorfall vom 10. Dezember einen Anlaß und eine Methode gefunden, diese Pläne zu vereiteln. Und vielleicht war die Abwicklung des Prozesses ohne Angeklagten und ohne Verteidigung nicht weniger entlarvend, als es Sergejs Erklärungen gewesen wären.

Am 12. Dezember, dem Tag der Urteilsverkündung, versammelten sich in der Vorhalle des Gerichtsgebäudes alle aus Moskau angereisten Freunde Sergejs und sehr viele Litauer, die für die Sache des Angeklagten waren. Gleichzeitig versammelten sich mehrere Dutzend KGB-Angehörige in der Halle; sie bezogen an den Türen des Sitzungssaales, in den man uns natürlich nicht hineinließ, und an den Wänden Stellung. Wie immer in den gespannten Augenblicken vor einer Urteilsverkündung versuchten die KGB-Leute, uns durch Zurufe und spöttische Bemerkungen zu provozieren. Wir beherrschten uns, schwiegen oder antworteten manchmal mit ein, zwei kurzen Sätzen.

Hinter der Tür ertönte Applaus. Offenbar war das Urteil verlesen worden und wurde vom »Publikum« begrüßt. Die Türen wurden weit geöffnet, und die Zuschauer, die den Saal gefüllt hatten, kamen rasch heraus, ohne uns anzusehen und ohne auf unsere Fragen nach dem Urteil zu antworten. Endlich erschienen Sergejs Verwandte, und jemand – ich glaube, sein Sohn Wanja – sagte: »Sieben plus drei.«

Neben mir stand Efrem. Von der Seite sah ich sein Gesicht; es war grau und wie versteinert, und unter den Augen lagen tiefe Schatten. An meiner anderen Seite stand Antanas Terleckas, einer unserer litauischen Bekannten. Die Stimme eines KGB-Mannes – offenbar des Chefs, der die ganze »Operation« befehligte – drang in mein Bewußtsein vor. Er sagte, an mich gewandt: »Na, haben Sie gesehen, wie die Litauer, das litauische Volk, dem Urteil zustimmen?«

Ich rief: »Sie lügen, das litauische Volk ist nicht im Saal!«

Damit drehte ich mich zu Antanas um, legte ihm einen Arm um den Hals (er ist größer als ich) und drängte mich mit ihm und Efrem zum Ausgang. Die KGB-Leute umringten uns, schrien und machten Possen; einige gingen vor uns in die Hocke, sprangen wie Affen umher und schnitten Grimassen, andere quiekten. Es war abscheulich und erschreckend. So erreichten wir die Garderobe. Plötzlich beugte sich die hinter ihrem Tresen stehende litauische Garderobenfrau zu uns vor und sagte laut, so daß es alle – unsere Freunde wie die KGB-Leute – hören konnten: »Möge Gott Dr. Kowaljow und seinen Freunden helfen!«

Mir liefen Tränen über die Wangen, ich berührte ihre Hände, die auf dem Tresen lagen, und eilte hinaus. Es war eine nicht mehr junge Frau mit regelmäßigen Zügen und einem schmalen Gesicht. Ich kenne ihren Namen nicht und weiß nicht, was sie zu ihrem Verhalten veranlaßte, aber noch heute kann ich nicht ohne Rührung an sie denken, wenn ich mich an ihre Worte erinnere.

Die Materialien der Verhandlung gegen Sergej Kowaljow sind fast vollständig veröffentlicht worden. Sein Sohn Iwan hat ein Gedächtnisprotokoll der Verhandlung geschrieben. Später kam Iwan selbst, ebenso wie seine Frau Tatjana Ossipowa, wegen bürgerrechtlicher Tätigkeit und Mitgliedschaft in der Moskauer Helsinki-Gruppe in Haft. So gab es in einer einzigen Familie plötzlich drei Gefangene. (Sie wurden 1986 vorzeitig entlassen und emigrierten 1987 in die USA.)

Besonderes Verdienst an der Systematisierung und Veröffentlichung der Verhandlungsmaterialien hatte Efrem. Er leistete zusammen mit anderen innerhalb weniger Wochen eine wirklich immense Arbeit! Efrem selbst wurde sofort nach der Rückkehr aus Vilnius nach Moskau entlassen und blieb bis zu seiner erzwungenen Ausreise aus der UdSSR arbeitslos. Es wäre aber für ihn undenkbar gewesen, nicht zu der Verhandlung zu fahren. Dafür bedeutete ihm Sergej Kowaljow – ein Freund, der zu einem der Lehrer seines Lebens geworden war – allzuviel.

Das Schicksal Sergej Kowaljows und das über ihn gefällte grausame und ungerechte Urteil führten zu einer heftigen Reaktion der Weltöffentlichkeit. Um die Empörung zu dämpfen, brachte die Zeitschrift *Nowoje wremja* (Neue Zeit) ein Interview mit dem damaligen Justizminister der UdSSR, Terebilow, aber er hatte natürlich keine stichhaltigen Argumente vorzuweisen.

Inzwischen hat Sergej seine Haft hinter sich gebracht (im Lager und fast zur Hälfte im Gefängnis, was eine zusätzliche Repression war). Nach den Berichten vieler Zeugen bewies er in all diesen Jahren Würde, Kameradschaftlichkeit, Verstand und Festigkeit. Er genoß die Achtung seiner Mithäftlinge. Dafür war er unangenehmen Sticheleien und brutalen Zwangsmaßnahmen von seiten der Verwaltung unterworfen. Seine Gesundheit litt in diesen Jahren besonders; er verlor alle Zähne und mußte sich 1977 operieren lassen, was erst nach langen Bemühungen unter erträglichen Umständen möglich wurde. Schwer wurde ihm die Zeit aber auch seines Alters und einer bestimmten Charaktereigenschaft wegen, seiner Bedächtigkeit und dem Bedürfnis, auch einmal für sich zu sein.

Ende 1981, nach Ablauf von sieben Jahren Haftzeit, schickte man ihn in die Verbannung, ins Gebiet von Magadan. Vielleicht werden ihm die drei Jahre Verbannung noch schwererfallen: ohne Gefährten in der Nähe, in der Gemeinschaftsunterkunft der »Chemiker« (der halbfreien Zwangsarbeiter), wo ständig gelärmt, getrunken und die Luft durch Rauch vernebelt wird, wo man keine Möglichkeit hat, auch nur eine Minute für sich allein zu verbringen, mit der harten obligatorischen Arbeit und dem schädlichen Klima. Wird er, dessen Gesundheit schon angeschlagen ist, diese Verbannung überstehen?[4]

Während der Verhandlung in Vilnius erlebte Ljusja in Oslo angestrengende und unvergeßliche Tage – sie erlebte diese Tage gleichsam für uns beide!

Am 12. Dezember nahm Ljusja von den zur Zeremonie eingeladenen Gästen in einem Café Abschied. Alexander Galitsch zog sich verschiedene Kleidungsstücke aus, damit Ljusja sie den in der UdSSR Gebliebenen zum Geschenk machen könne: »Das ist für deine Mutter und das [eine Strickjacke] für Andrej.« Ljusja gab scherzend vor, daß sie fürchte, er werde sich völlig ausziehen. Galitschs Strickjacke leistet mir bis heute gute Dienste; Alexander selbst ist schon nicht mehr unter den Lebenden.

Am 20. Dezember wurde Ljusja von mir, Tanja, Efrem, Aljoscha, sogar Motja (er rief über die Absperrung hinweg: »Baba Ljolja! Baba Ljolja«) und sehr vielen Freunden am Moskauer Flughafen empfangen. In irgendeinem Film singen Seeleute ein scherzhaftes Lied, in dem das patriotische Sentiment der Ankunft abgewandelt wird:

> »Womit beginnt die Heimat?
> Mit der Durchsuchung deiner Kiste!«

Für sowjetische Bürger, die aus dem Ausland zurückkehren, ist diese Durchsuchung alles andere als ein Scherz (in unserem Fall kamen natürlich noch »spezifische Umstände« hinzu). Ljusja und ich mußten noch einmal zum Flugplatz fahren, denn man wollte die in Italien erworbenen Pelzjacken (es waren mehr als zwei, womit das offizielle Limit überschritten wurde) nicht freigeben und versuchte, ein Exemplar der ersten in Italien erschienenen Ausgabe meines Buches *Mein Land und die Welt* zu beschlagnahmen. Ljusja entriß das Buch einem Zollbeamten. Mehrere

Stunden lang durften wir das Zollamt nicht verlassen. Unterdessen betrachteten wir das »Zollmuseum«, eine Ausstellung beschlagnahmter Gegenstände, die man illegal hatte exportieren wollen: Gold in einem Stück Seife u. ä. Unter jedem Objekt stand penibel der Name des Zollbeamten, der entdeckt hatte. Mehrere Male stießen wir auf den Namen des Beamten, dem einst beim Prozeß gegen Bukowski die denkwürdigen Worte entschlüpft waren, Bukowski sei »mit dem Kopf gegen die Wand gerannt«.

Dieser Nervenkrieg endete zu unseren Gunsten: Wir fuhren mit dem italienischen Buch davon und stellten es aufs Regal. (Allerdings nahm man uns einige andere Bücher und Tonbänder ab; manche der Tonbänder tauchten später in der Verhandlung gegen Ljusja wieder auf.)

Endlich waren wir wieder zusammen. Das Jahr 1975 mit seinen großen Unruhen und unvergeßlichen Ereignissen war zu Ende gegangen. Das anbrechende Jahr sollte nicht einfacher werden; es brachte viel Schweres, auch den Verlust uns nahestehender Menschen. Aber bevor ich darauf eingehe, möchte ich in einem separaten Kapitel von zwei tragischen Fällen berichten.

XVIII. Jewgenij Brunow und Alexander Jakowlew

Am 5. November 1975 – also in den turbulenten Tagen, als über meine Reise nach Oslo entschieden wurde – kam ein Besucher zu mir, der sich als Jewgenij Brunow vorstellte, ein sehr groß gewachsener junger Mann mit fast kindlicher Miene. Er hatte früher in Leningrad studiert und als Justitiar gearbeitet. (Alle folgenden Mitteilungen stammen von Brunow oder seiner Mutter.) Dann hatten sich, offenbar seiner religiösen Einstellung wegen, Konflikte mit den Behörden ergeben, und er beschloß, Leningrad zusammen mit seiner Mutter und seiner Tante zu verlassen. Sie ließen sich in Klin (einer unweit von Moskau gelegenen Kleinstadt) nieder, wo sich die Konflikte jedoch fortsetzten und verschärften. Man steckte ihn mehrmals in ein psychiatrisches Krankenhaus und verprügelte ihn in dunklen Gassen (später erzählte seine Mutter, daß er einmal aus einem fahrenden Zug geworfen worden sei und sich das Bein gebrochen habe). Er bat mich, ihn mit ausländischen Journalisten bekannt zu machen, damit sie über seine Leiden und die ihm zugefügten Gesetzwidrigkeiten berichteten; er besitze viele interessante Aufzeichnungen (später sagte seine Mutter, daß er während eines Gesprächs beim KGB eine kompromittierende Tonbandaufnahme angefertigt und KGB-Angehörigen zu verstehen gegeben habe, daß sie »in seiner Hand« seien). Natürlich weigerte ich mich kategorisch, ein Treffen mit ausländischen Korrespondenten für ihn zu arrangieren. Dazu bin ich aus Prinzip nicht bereit – mit Ausnahme absolut eindeutiger und dringender Fälle –, und außerdem hatte ich diesmal sehr ernste Bedenken. Ich wollte gerade zur Datscha fahren (wo Ruth Grigorjewna und die Kinder zu der Zeit wohnten), und Brunow bot sich an, mich zu begleiten; er half mir, indem er eine Tasche mit Lebensmitteln trug. In der Metro redete er mir weiterhin zu, ihn mit ausländischen Journalisten bekannt zu machen; dabei nahm seine Stimme einen flehenden Tonfall an. Die Unterhaltung mit ihm lenkte mich ab, so daß ich die Station »Belorusskaja« verpaßte und an der nächsten Haltestelle aussteigen wollte. Schon vorher hatte ich bemerkt, daß einige neben uns stehende Männer mittleren Alters, offensichtlich KGB-Angehörige, unser Gespräch belauschten.

Einer von ihnen wandte sich an mich: »Alterchen, was redest du denn mit dem, der ist doch erledigt.«

Ich erwiderte: »Mischen Sie sich nicht in unser Gespräch ein, wir brauchen Ihre Hilfe nicht!«

Als ich ausgestiegen war, blickte ich mich um und sah durch die Glastür Brunows große, leicht hervorstehende, blaue und naive, fast kindliche Augen, die wehmütig und ängstlich auf mich gerichtet waren. Einen Monat später, in den ersten Dezembertagen, kam eine Frau zu uns; sie sagte, sie sei Jewgenij Brunows Mutter. Ihr Sohn sei am Tage seines Besuches bei mir gestorben. Man habe ihn aus einer elektrischen Eisenbahn gestoßen. Ihre Erzählung enthielt einige unwahrscheinliche Einzelheiten und ein paar Ungereimtheiten, aber ich will sie vollständig wiedergeben:

»Ich wußte, daß Shenja zu Ihnen gegangen war, und wartete die ganze Nacht auf ihn. Ich war zum Zug gegangen, um ihn abzuholen, aber er kam nicht. Dann hörte ich, wie sich zwei Männer, die aus dem Zug ausgestiegen waren, unterhielten. Der eine sagte: ›Weshalb wurde er denn auf die Plattform hinausgerufen? Er störte doch keinen, saß ganz ruhig da. Und plötzlich dieser entsetzliche Schrei. Ich stürzte zur Plattform, aber man versperrte mit den Weg. Dort hätte ich nichts zu suchen.‹ Ich begriff nicht, daß von meinem Sohn die Rede war, behielt das Gespräch aber im Gedächtnis. Am nächsten Morgen fand ich im Briefkasten eine Mitteilung – ohne Unterschrift – auf einem Papierfetzen: ›Gehen Sie zum Revier der Eisenbahnmiliz, dort erfahren Sie Näheres über Ihren Sohn.‹ Aber dort wußte man nichts. Erst gegen Mittag erfuhr ich, daß die Leiche meines Sohnes am Morgen neben den Gleisen gefunden worden war. Den Körper zeigte man mir nicht. Am 11. November brachte man uns den Sarg mit meinem Sohn zur Beerdigung. Das Gesicht meines Sohnes war verbunden und von Gips bedeckt, so daß seine Stirn, seine Nase, seine Augen und seine Wangen nicht zu sehen waren. Man verbot uns, die Verbände abzunehmen, aber mein Bruder hatte im Leichenschauhaus – nur er durfte dorthin – gesehen, daß man Shenja die Augen ausgedrückt hatte.«

Sie weigerte sich, uns die Adresse oder den Namen ihres Bruders zu geben, da sie in einem erbitterten Streit mit ihm liege; er sei Mitarbeiter des MWD und werde ohnehin mit keinem von uns sprechen. Tatjana Maximowna Litwinowa begleitete Brunows Mutter nach Hause bis in ihre Wohnung. Dort herrschte schreckliche Armut, die Familie hatte nichts, nicht einmal eine Brotrinde. Tatjana Maximowna sah den Winkel in der Vorratskammer, wo Jewgenij Brunow und seine Mutter ausländische Sender gehört hatten; sie hatten große Angst, dabei ertappt zu werden. Über Jewgenijs Bett hingen eine Ikone, Porträts von Sacharow, Solschenizyn und Kaiser Haile Selassie. Auf dem Milizrevier hatte man Brunows Mutter ein stark zerknittertes Foto übergeben, das in seiner Tasche gefunden worden war. Es zeigt, wie Ljusja und ich voneinander Abschied nehmen, als Ljusja am 16. August vom Belorussischen Bahnhof aus nach Italien fuhr; wir beide sind darauf gut zu erkennen. Dieses Bild hatte eingerahmt bei uns gestanden, und mehrere Abzüge waren noch im Schreibschrank. Brunow hatte mich gebeten, ihm das Bild zur Erinnerung zu geben, was ich ihm, soviel ich weiß, abschlug, aber ich bin mir nicht mehr ganz sicher. Im Januar stellte ich einen Antrag an die Ermittlungsabteilung der Miliz von Klin, in dem ich schrieb, daß ich Brunow als letzter gesehen hätte, und darum bat, zu den Ermittlungen über die Todesursache herangezogen und über das Ergebnis unterrichtet zu werden. Einen Monat später teilte man mir mit, daß ich mich an die Eisenbahnabteilung des Innenministeriums wenden müsse, da sich J. W. Brunows Unfall auf einer Zugfahrt ereignet habe. Dort aber weigerte man sich, überhaupt mit mir zu sprechen.

Was war mit Jewgenij Brunow geschehen? War es der Unfall eines Geistesgestörten (der auch eine geistesgestörte Mutter hatte), der im Verfolgungswahn unterwegs ausstieg und unter den Zug geriet? Oder war es Selbstmord infolge von Geisteskrankheit? Oder wurde er von verbrecherischen Rowdys ermordet? Oder ermordeten ihn KGB-Leute, die keine Lust mehr hatten, sich mit ihrem »Schutzbefohlenen« abzuplagen (für diese Version spricht, daß sie ihn anscheinend schon einmal aus einem Zug geworfen hatten. Diese vierte Version mag mit der fünften zusammenhängen). Oder war es ein Mord, der mir »das Leben verderben« sollte, weil er angeblich bewies, daß meine politische Tätigkeit tragische Folgen hatte? Für diese fünfte Version sprechen der Zeitpunkt des Vorfalls – kurz nach der Verleihung des Nobelpreises –, die Unterhaltung in der Metro mit den KGB-Leuten und schließlich die Tatsache, daß auch ein anderer Mensch, der »von der Straße« zu mir gekommen war, verschwand oder umkam (wenn auch auf etwas andere Weise).

Diese zweite Episode ereignete sich zwar viel später, aber ich will sie hier schildern. Im Frühling 1977 kam ein mir unbekannter Besucher namens Alexander Jakowlew zu mir in die Tschkalow-Straße. Sein Anliegen war ganz alltäglich. Er hatte als Chauffeur in irgendeinem Fuhrpark in

Swerdlowsk gearbeitet, und es war zu Reibereien mit der Verwaltung gekommen – zunächst deshalb, weil er bei Versammlungen sprach und auf einige, sehr verbreitete Verstöße hinwies. Daraufhin hatte man ihn an einen weniger einträglichen Posten versetzt. Er hatte gekündigt und war nach Moskau gekommen, um sein Recht beim Zentralrat der Gewerkschaften und bei noch irgendeiner anderen Behörde zu erkämpfen – doch ohne Erfolg. Nun fragte er mich um Rat, ob er den Kampf fortsetzen und sich vielleicht an die ausländischen Journalisten oder an die Staatsanwaltschaft wenden solle. Oder solle er die ganze Sache aufgeben und nach Charkow fahren, wo seine Mutter lebte und er leicht Arbeit bekommen könne? Ljusja nahm an dem Gespräch teil. Wir rieten ihm direkt nach Charkow zu fahren. Er ging fort. Mehrere Stunden später kam eine Frau zu uns, die sich als seine Mutter bezeichnete. Sie habe ihren Sohn auf dem Kursker Bahnhof (zehn Minuten zu Fuß von uns entfernt) erwartet; er habe ihr für alle Fälle unsere Adresse hinterlassen. Ihr Sohn sei nicht aufgetaucht, und sie wisse nicht, wo sie ihn suchen solle. Wir erklärten ihr, welche Stellen sie anrufen müsse. Am nächsten Tag kam sie noch einmal völlig verzweifelt zu uns. Da sie kein Geld hatte, statteten wir sie mit einer gewissen Summe aus und versuchten selbst, die Milizreviere und Leichenschauhäuser anzurufen – ohne Ergebnis. Ein paar Tage später rief uns eine Frau, die sich Jakowlewa nannte, in der Datscha an. Sie habe ihren Sohn in einem Leichenschauhaus in Balaschicha (einer Stadt im Moskauer Gebiet) gefunden; man habe ihr mitgeteilt, er sei von einem Auto überfahren und nach Balaschicha gebracht worden. Man habe ihr den Sarg mit dem Körper ihres Sohnes ausgehändigt, und heute wolle sie ihn zur Beerdigung nach Charkow bringen lassen.

Ljusja und ich beschlossen, einige Punkte dieser Erzählung zu überprüfen. Ich erkundigte mich in unserem Milizrevier, ob es an dem entsprechenden Tag irgendwelche Unfälle gegeben habe. Dort hörte ich, daß sich kein Unfall ereignet hatte, und erfuhr außerdem, daß alle Leichen der Opfer von Unfällen auf der Tschkalow-Straße in ein anderes Leichenschauhaus gebracht würden; nach Balaschicha gelangten nur die Leichen der Opfer von Katastrophen auf den Straßen außerhalb Moskaus. Wir befragten auch die Schuhputzerinnen und Zeitungsverkäuferinnen auf dem Weg von unserer Wohnung zum Kursker Bahnhof. Niemand hatte etwas gesehen. Einige Tage später fuhren wir mit einem Wagen der Akademie nach Balaschicha, gaben einer dort arbeitenden Reinmachefrau ein »Trinkgeld« und erfuhren, wann der Pathologe eintreffen würde. Wir riefen ihn dann an, und er erzählte uns, daß ein Mann namens Jakowlew nicht im Leichenschauhaus gelegen habe und sich überhaupt kein derartiger Unfall abgespielt habe. Ein halbes Jahr später übermittelte man mir auf Umwegen eine Notiz, in der stand, daß Jakowlews Leichnam tatsächlich in Balaschicha gelegen habe, der Pathologe uns aber habe belügen müssen. Noch ein paar Tage später rief mich eine Frau an, die sagte, daß sie Iwanowa heiße und im Leichenschauhaus von Balaschicha arbeite. Sie wiederholte den Inhalt der Notiz.

Brunows Mutter besuchte uns ein oder zwei Jahre nach dem Tod ihres Sohnes noch einmal. Jakowlews Mutter ließ nie wieder von sich hören; ihre Adresse in Charkow kenne ich nicht.

Was soll man über diese Angelegenheit sagen? Vielleicht wurde Jakowlew, nachdem er unsere Wohnung verlassen hatte, wirklich von KGB-Leuten ergriffen und ermordet (oder er starb zufällig an den Schlägen oder beim Versuch, Widerstand zu leisten). Aber genausogut kann es sich bei alledem um eine Inszenierung gehandelt haben: Jakowlew wurde nicht ermordet, und die Frau, die zu uns kam, war nicht seine Mutter. Das Ziel dieser Inszenierung wäre es gewesen, den psychischen Druck auf mich zu erhöhen.

XIX. In Memoriam

Jefim Davidowitsch. Pjotr Kunin. Grigorij Podjapolskij. Konstantin Bogatyrjow. Igor Alichanow

In den letzten Tagen des Jahres 1975 und in den beiden ersten Monaten des Jahres 1976 wohnten Ljusja und ich in Nowogirejewo, in der Genossenschaftswohnung, die Ljusja für Tanja und Efrem gekauft hatte.

Dort schrieb ich meine kurze Autobiographie für den Sammelband mit Beiträgen der Nobelpreisträger. Dort besuchten uns auch – als Gäste in privaten und in offiziellen Angelegenheiten – mein alter Kommilitone Pjotr Kunin und Jefim Davidowitsch, der Oberst und *otkasnik* aus Minsk. Dies waren unsere letzten Begegnungen, denn bald darauf starben Kunin und Davidowitsch eines frühen Todes.

Während seines Besuches berichtete Davidowitsch detaillierter als sonst von sich selbst, von seinem Leben.

Alle Verwandten von Davidowitsch waren zur Zeit der Massenmorde an Juden in Minsk in den Jahren 1941–1942 umgekommen. Er diente damals in der Armee und war, wie ich überzeugt bin, ein geschickter und kühner Kommandeur. Bei Kriegsende hatte er den Rang eines Oberst. Anfang der siebziger Jahre faßte Davidowitsch, wie auch einige andere jüdische Offiziere aus Minsk, den Entschluß, nach Israel zu emigrieren. Er erhielt eine Absage, und gleichzeitig begannen zahlreiche Repressionen gegen ihn wie auch gegen seine Kameraden, welche die gleiche Entscheidung getroffen hatten. Davidowitsch beharrte und begann das, was seinem Wesen nach als politische Tätigkeit zu bezeichnen ist: Er kämpfte für das Gedenken an die Opfer des faschistischen Völkermordes – während die offizielle Linie besagt, daß so wenig wie möglich von den jüdischen Opfern gesprochen werden soll –, und er kämpfte auch gegen die Erscheinungsformen des heutigen Antisemitismus. Einer der erschütterndsten Vorfälle, die bekanntzumachen er sich bemühte, war die Ermordung von Grischa Tumanskij in Minsk. Eine Gruppe Heranwachsender hatte einem jüdischen Jungen, der aus irgendeinem Grunde ihren Haß erregte, eine »Lektion« erteilen (oder ihn vielleicht sogar ermorden) wollen. Sie legten einen Hinterhalt, aber dieser Junge tauchte nicht auf. Statt dessen sahen sie den Ski fahrenden Grischa (er war vierzehn Jahre alt und hatte seine Eltern um Erlaubnis gebeten, eine Stunde Ski zu fahren). Die Heranwachsenden sagten sich: »*Dann bringen wir eben ihn um, schließlich ist er auch Jude.*« Sie warfen sich auf ihn und prügelten ihn zu Tode. Grischa war der einzige, spätgeborene Sohn seiner Eltern. Sein Vater und seine Mutter hatten als Menschen schon reiferen Alters am Partisanenkampf in Belorußland teilgenommen; beide Familien waren von den Nazis umgebracht worden. Grischas Eltern freundeten sich im Partisanenlager miteinander an und heirateten nach dem Krieg. An dieser entsetzlichen Geschichte ist das kennzeichnendste, mit welcher unmenschlichen Leichtigkeit im Plan – auch und gerade – der Jugendlichen ein jüdischer Junge durch einen anderen ersetzt wurde.

Davidowitsch kam mit dem Entschluß zu uns, zum Zeichen des Protests gegen den sich erhebenden Antisemitismus, gegen die ungesetzliche Ausreiseverweigerung, demonstrativ alle militärischen Auszeichnungen zurückzugeben. Wir erörterten mit ihm, wie dies zu tun sei, damit dieser bedeutende Schritt in der Welt nicht unbemerkt blieb. Am nächsten Tag setzte Davidowitsch die Beratungen mit seinen Moskauer Freunden fort. Einen Tag später kam eine »Verlautbarung von TASS« heraus (sie wurde mit den Fernschreibern von TASS nur an die ausländischen Agenturen im Westen übermittelt, jedoch nicht in der UdSSR veröffentlicht; wir stoßen häufig auf diese selbstentlarvende Art der Verbreitung propagandistischer Nachrichten, insbesondere was viele »gegen Sacharow gerichtete« Materialien betrifft). Die Verlautbarung trug den Titel »Das neue antisowjetische Spektakel von Frau Bonner«. Die Rede war von einer Pressekonferenz Davidowitschs, die wir erwogen hatten. Diese Verlautbarung stützte sich unverhohlen auf bei uns oder bei den Freunden Davidowitschs abgehörte Aussagen und war grob und unflätig. Auffallend war besonders der persönliche Haß des KGB auf meine Frau: Es konnte Ljusja die Rolle nicht vergeben, die sie in meinem Leben spielte; auch ihren Triumph in Oslo konnte es nicht vergessen. Aber diese Angriffe auf Ljusja hatten noch ein anderes Ziel, das »pragmatischer« und folgenschwerer war, was uns erst viel später völlig bewußt wurde: Ljusja sollte in den Augen der Welt zur Hauptschuldigen an meinem »Verfall« gemacht werden. Darüber werde ich in den nächsten Kapiteln schreiben.

Davidowitschs Pressekonferenz kam nicht zustande. Er starb, ohne die Genehmigung zur Ausreise nach Israel erhalten zu haben. Diese Genehmigung wurde dann seiner Frau und seiner Tochter erteilt; sie reisten ein paar Monate nach seinem Tode aus und nahmen die Asche Jefim Davidowitschs mit. Er wurde mit militärischen Ehren auf israelischem Boden beigesetzt. Zwei Jahre später faßte Davidowitschs Frau (die russischer Herkunft war) den Entschluß, in die UdSSR zurückzukehren.

Am 25. Februar starb Pjotr Efimowitsch Kunin. Vielleicht hatte auch er sich angeschickt, das Land zu verlassen, wo ihm Leben und Arbeit immer schwerer wurden und wo ihm immer weniger Freunde blieben (zwei Jahre zuvor war sein engster Freund Schura Takser, ebenfalls mein Kommilitone während der Aspirantur, ausgereist). Aber Pjotr hatte keine Zeit mehr, seine Pläne zu äußern ...

Ich hatte Pjotr seit ungefähr 38 Jahren gekannt, war aber erst im letzten halben Jahr unseres Umgangs in der Lage gewesen, ihn gebührend zu schätzen. Vielleicht war ich unter Ljusjas Einfluß irgendwie kontaktfreudiger und mitfühlender geworden. Eines seiner Charaktermerkmale bestand darin, daß er sich ständig mit den komplizierten und mühevollen Angelegenheiten seiner zahlreichen Freunde beschäftigte und dadurch häufig nicht genug Zeit für seine eigenen Probleme hatte. Ein Wendepunkt meines Lebens war die Übersiedlung nach Moskau und die Aufnahme der Aspirantur im Jahre 1945 gewesen. Inzwischen ist es schwierig geworden, die Hintergründe zu klären, aber jedenfalls hat Pjotr mich dabei unterstützt oder mir zumindest seinen Rat zuteil werden lassen.

Ich erinnere mich gern an unser freundschaftliches und vom Hunger gezeichnetes Leben im Aschchabad der Kriegsjahre. Die Schwierigkeiten der Arbeitsbeschaffung, besonders für einen Juden, zwangen Pjotr am Ende der vierziger Jahre, sich gemeinsam mit seinem Freund Schura Takser nach Riga zu begeben, wo der letztere irgendwelche Möglichkeiten hatte. Etwa zwanzig Jahre lang arbeitete Kunin dort als Lehrer, anscheinend mit Erfolg. In diesen Jahren wählte Kunin sich sein wissenschaftliches Betätigungsfeld: die Anwendung von naturwissenschaftlichen und kybernetischen Methoden auf die medizinische Diagnostik. Hier erzielte er respektable Ergebnisse, gewann Ansehen und nahm schließlich die Arbeit in einem der Moskauer Institute auf.

Er starb zu früh, während eines freundschaftlichen Gesprächs mit D. Tschernjawskij, einem Mitarbeiter der theoretischen Abteilung des FIAN, der sich ebenfalls mit der Anwendung physikalisch-mathematischer Methoden auf die Medizin beschäftigte. Tschernjawskijs fünfzigjähriges Jubiläum näherte sich. Pjotr hatte die Verse zu einer Grußbotschaft verfaßt (was ihm immer ausgezeichnet gelang) und Tschernjawskij angerufen, um irgendwelche Einzelheiten in Erfahrung zu bringen. Plötzlich merkte Tschernjawskij, daß es am anderen Ende der Leitung still geworden war. Man fand Pjotr neben dem Telefon auf dem Boden liegend; er war tot.

Am 8. März starb ein anderer meiner Freunde, Grigorij (Grischa) Sergejewitsch Podjapolskij. Unsere Lebenswege hatten sich zuerst im Jahre 1970 gekreuzt. Damals hatte ich meine bürgerrechtliche Tätigkeit gerade begonnen. Grigorij Podjapolskij dagegen hatte sich schon wichtige Verdienste auf diesem Gebiet erworben: Er war Angehöriger und einer der Gründer der Initiativgruppe zum Schutz der Menschenrechte.

Grigorij besaß einen originellen Geist, der oft unerwartete Ideen hervorbrachte. Charakteristisch war seine Unversöhnlichkeit allen Verletzungen der Menschenrechte gegenüber und gleichzeitig seine außergewöhnliche Toleranz, was die Menschen, ihre Überzeugungen und sogar ihre Schwächen betraf. Die letztere Eigenschaft brachte ihn manchmal in Schwierigkeiten, aber irgendwie gelang es ihm stets, sich Problemen ehrenvoll, ohne Makel zu entziehen. Podjapolskij, ein sanfter und gutmütiger Mann, war hartnäckig und hielt jedem Druck stand, wenn es um die Verteidigung seiner Überzeugungen ging. Zahlreiche Verhöre und andere Versuche, seinen Willen zu brechen, ihn einzuschüchtern, zu verwirren oder in die Irre zu führen, blieben ohne Ergebnis.

Von seiner Ausbildung her war er Physiker, Spezialist für die Anwendung physikalisch-mathematischer Methoden auf geophysikalische Probleme. Seine Forschungen waren äußerst ertragreich. Außerdem schrieb er Gedichte. Ich kann nicht sagen, daß sie mir gefallen hätten – das ist eine Sache des Geschmacks –, doch waren sie originell. Nach seinem Tode erschienen seine Erinnerungen im Westen. Zwar hatte er keine Zeit, das Buch zu beenden, doch das, was vorliegt, ist sehr interessant und zeugt von Begabung.

Grigorij starb im Alter von 49 Jahren an einer Gehirnblutung. Er befand sich gerade auf einer Dienstreise, auf die man ihn eilig noch vor dem Parteitag der KPdSU geschickt hatte. Solche Maßnahmen dienten dazu, Moskau von unerwünschten Elementen zu säubern (sachliche oder dienstliche Erwägungen spielen bei solchen Reisen überhaupt keine Rolle, was man im Westen vermutlich für seltsam halten wird). Grigorij Podjapolskij wurde in Moskau bestattet.

Anderthalb Monate später ereignete sich ein weiteres Unglück. Ende April wurde der Dichter und Übersetzer Konstantin Bogatyrjow am ersten Ostertag auf dem dunklen Treppenabsatz vor seiner Wohnungstür von unbekannten Verbrechern durch einen Schlag auf den Kopf verletzt; zwei Monate später starb er im Krankenhaus an den Folgen dieses Überfalls. Ich war Konstantin Bogatyrjow mehrere Male begegnet. Einmal war er zusammen mit Meshirow zu mir und Ljusja ins Krankenhaus gekommen, bei anderen Gelegenheiten besuchte er uns in der Tschkalow-Straße. Er war gewöhnlich ernst, manchmal ein wenig exaltiert, sprach jedoch klar und bildhaft, was eine disziplinierte und unabhängige Psyche widerspiegelte. Die Hauptarbeit seiner letzten Jahre waren neue Rilke-Übersetzungen, die er uns zum Lesen gab.

Ljusja hatte Bogatyrjow sehr gut und seit langem gekannt. Sein Sohn hatte mit seiner Mutter, Bogatyrjows früherer Frau, in einer Datscha in Peredelkino neben Ljusja gewohnt. Aljoscha und der kleine Kostja freundeten sich an und waren einander fast wie fürsorgliche Brüder zugetan. Bogatyrjows Vater war in früher Jugend, in der Stalinzeit, verhaftet worden und hatte viele Jahre in Lagern verbracht; später rehabilitierte man ihn.

Vom Moment der Verletzung Bogatyrjows an und bis zu seinem Tode – und auch danach griff dieser Eindruck immer weiter um sich – waren viele zutiefst davon überzeugt, daß das KGB einen Mordanschlag auf ihn unternommen hatte. Nicht zufällige Zechgenossen – sein freies und »unbeschwertes« Leben hatte ihm auch solche beschert –, sondern entsandte Mörder hätten nach einem Plan gehandelt. Welche Beweise gibt es dafür? Welche Motive hatte man? Dazu ist ohne Umschweife zu sagen, daß diese beiden Fragen sich nicht eindeutig klären lassen. Ljusja und ich vertreten hier unterschiedliche Positionen. Sie ist geneigt, einen Streit mit betrunkenen, falschen Freunden anzunehmen, solange es keine direkten Beweise für eine Schuld des KGB gibt. Ich dagegen halte intuitiv – und wenn ich die Fakten betrachte – eine Beteiligung des KGB für *fast* unleugbar. Mit Sicherheit weiß ich jedoch folgendes: Es ist *unmöglich*, alle uns bekannten Fälle von Morden, Verletzungen und Unfällen in unserer Umgebung mit zufälligen rowdyhaften oder verbrecherischen Handlungen durch »Menschen von der Straße« zu erklären, denn das würde bedeuten, daß die Kriminalität in der UdSSR jene von Dallas oder der Slums von Hongkong um das Vielfache überschreitet!

Was zwingt mich zu der Annahme, daß gerade Konstantin Bogatyrjow eines der Opfer des KGB war? Zur Zeit des Mordes war die sonst ständig im Hauseingang anwesende Pförtnerin aus irgendeinem Grunde nicht da, und das Licht war ausgeschaltet. Der Schlag auf den Kopf, der zur Todesursache wurde, erfolgte, nach den Angaben eines Gutachtens, mit einem schweren Gegenstand, der in Stoff eingewickelt war. Dies deutet auf einen vorbedachten, von einem professionellen Verbrecher verübten

Mord hin, nicht auf einen Streit unter Zechkumpanen. Die Untersuchung des Verbrechens begann mit großer Verspätung, nämlich erst, als es schon anstößig gewesen wäre, sie nicht durchzuführen, und sie verlief rein formal und oberflächlich. Der Wunsch, jenen Faden zu finden, der zu den Verbrechern führte, war nicht zu entdecken. Natürlich fand man weder die Verbrecher noch ihre möglichen Hintermänner.

Zu den denkbaren Motiven für die Ermordung Bogatyrjows: Er war ein sehr auffallender Angehöriger der schriftstellerischen Welt, der das KGB in unserem ideologisierten Staat besonderes Augenmerk widmet – nicht zufällig bezeichnete Stalin die Schriftsteller als »Ingenieure der menschlichen Seele«. Sein Benehmen war für diese Welt allzu frei; vor allem erbitterte das KGB Bogatyrjows ständiger, offener und die Behörden provozierender Umgang mit den ausländischen Korrespondenten in Moskau. Fast jeden Tag kam er mit deutschen Korrespondenten zusammen, man sprach über alles mögliche – über das Leben, die Poesie, die Liebe –, und man trank natürlich auch. Für einen Dichter und Germanisten, der ebensogut deutsch wie russisch sprach und der nicht die üblichen Vorurteile des sowjetischen Bürgers über den Umgang mit Ausländern hatte, war dies ganz natürlich. Das KGB dagegen hielt es für gefährlich; es mußte unbedingt unterbunden werden, damit anderen die Lust an einem solchen Verhalten verging. Sehr wichtig ist, daß Bogatyrjow ein früherer, wenn auch rehabilitierter politischer Häftling war. Für das KGB existiert eine solche Rehabilitierung nicht. So einer gehört nicht »zu uns«, das heißt, er ist überhaupt kein Mensch, und ihn zu töten ist nicht einmal ein Vergehen. Daneben ist zu beachten, daß Bogatyrjow kein Dissident war, obwohl er sich ab und zu mit Sacharow unterhielt. Nicht also wegen Dissidententums, sondern wegen eines Benehmens, das für einen sowjetischen Schriftsteller unannehmbar ist, mußte er sterben. Damit dies endgültig klar wurde, warfen »unbekannte Personen« wenige Tage nach dem Überfall auf Bogatyrjow einen schweren Stein in die Wohnung eines anderen Schriftstellers und Germanisten, nämlich Lew Kopelews, der ebenfalls häufig und vorbehaltlos mit deutschen Korrespondenten in Moskau verkehrte, im wesentlichen mit denselben wie Bogatyrjow. Kopelew und Bogatyrjow waren Freunde. Übrigens hätte der Stein, der die Fensterscheibe der Kopelews zertrümmerte, im »Erfolgsfall« auch jemandem den Schädel zertrümmern können.

Natürlich reicht all das nicht aus, um das KGB vor Gericht zu bringen. Es wäre ja auch seltsam, damit zu rechnen, daß diese allmächtige Organisation, die praktisch das Land beherrscht, Indizien hinterlassen würde, wenn sie dies nicht beabsichtigt. Von einer Gerichtsverhandlung ist keine Rede, aber meine Ausführungen dürften genügen, wenn sich jemand eine eigene Meinung bilden will.

Bogatyrjows Beisetzung fand am 20. Juni, einem Sonntag, in Peredelkino statt. Viele Freunde des Verstorbenen – Dichter und Schriftsteller – kamen zusammen. Es war ein klarer, sonniger Tag, und die Beerdigung wirkte irgendwie besonders feierlich, weil der Sarg über einen Pfad durch hohes Gras getragen wurde, ringsum die vielen frischen, von der Sonne beleuchteten, stark duftenden Wiesenblumen. Nicht weit entfernt war Pasternaks [1] Grab.

Dieses Jahr brachte uns noch ein weiteres, rein persönliches, großes Unglück. Am Tage der Beerdigung Bogatyrjows starb unerwartet Ljusjas jüngerer Bruder Igor Alichanow. Er war nicht einmal 49 Jahre alt geworden. Igor fuhr zur See, als Steuermann eines Hochseeschiffes. Er war während einer Seereise in Bombay gestorben, und der Sarg konnte erst mehrere Tage später nach Moskau überführt werden. Igor hatte von Kindheit an vom Meer, von exotischen Ländern, vom Beruf des Seemanns geträumt. Und es war ihm gelungen, seinen Traum zu verwirklichen, all jene Orte zu besuchen, welche die Jungen der ganzen Welt faszinieren. Aber der Weg dorthin war nicht leicht gewesen. Die Bindung zwischen Ljusja und Igor war, wie ich weiß und spüre, um einiges tiefer als die gewöhnliche Beziehung zwischen einer älteren Schwester und einem jüngeren Bruder. Nach 1937, als die beiden ohne Eltern zurückblieben, und in den schwierigen Kriegs- und Nachkriegsjahren, war Ljusja für ihn nicht nur eine ältere Schwester, sondern fast so etwas wie eine Mutter, fast die einzige Stütze in einer feindlichen und schrecklichen Welt. Und sie nahm diese Verantwortung auf sich. Sie half ihm in zahlreichen schwierigen Situationen, in die er aus eigener Schuld und durch die Grausamkeit des Lebens geraten war, und sorgte letzten Endes dafür, daß er den richtigen Weg beschritt. Während des Krieges gelang es ihr, den jungen, heranwachsenden Igor, der damals in ein sibirisches Städtchen evakuiert worden war, wo er in einer kleinen Fabrik arbeitete und an Hunger und Unterernährung fast zugrunde ging, mit in den Sanitätszug zu nehmen und ihn offiziell als Sanitäter auszugeben. Igor begann, bei den am allerschwersten Verletzten zu arbeiten, und sie beruhigten sich, ihnen war leichter zumute, wenn der magere, kleingewachsene Junge mit den aufmerksamen, durchdringenden schwarzen Augen bei ihnen war; vielleicht erinnerte er sie an ihre eigenen Kinder, die in einem Dorf bei Smolensk oder in Sibirien zurückgeblieben waren. Bei jeder Bombardierung wurde Ljusja von größter Sorge um Igor gepackt, wenn er nicht in ihrer Nähe war.

Ruth Grigorjewna bestand darauf, daß ich nicht mit Igor zusammenkam, und er selbst besuchte uns nie in der Tschkalow-Straße, nachdem ich dort eingezogen war. Sie fürchteten nicht ohne Grund, daß man ihm die Erlaubnis, ins Ausland zu reisen, entziehen könnte – also das, was seine Arbeit und den Sinn seines Lebens ausmachte. Igor war verheiratet und hatte eine Tochter, die damals noch zur Schule ging. Wenn er zwischen seinen Reisen in Moskau war, fuhr Ruth Grigorjewna zu ihnen und blieb jeweils mehrere Tage dort. Jeder dieser Ausflüge war ein Ereignis. Eines Tages beschlossen Ljusja und ich, Ruth Grigorjewnas Verbot zuwiderzuhandeln, aber natürlich ohne ihr Wissen. Unser Vorwand war, daß wir Igors Frau Vera irgendwelche Kleidungsstücke oder Lebensmittel bringen mußten. Wir fuhren mit einem Wagen der Akademie zu ihrem Haus. Die Tür wurde von einem untersetzten Mann mit festen, ostarmenischen Gesichtszügen geöffnet; er war Ljusja erstaunlich ähnlich, obwohl die jüdischen Züge bei Ljusja etwas stärker ausgeprägt sind. »Das ist Andrej«, sagte Ljusja. Igor blickte mich unverwandt an – neugierig und, wie mir schien, mit Sympathie. Er drückte mir kräftig die Hand.

XX. 1976

Amnesty International. Verhandlung gegen Mustafa Dshemiljow in Omsk. Andrej Twerdochlebow. Jakutien. Die Helsinki-Gruppe. »Die Russische Stimme«. Die »gelben Schreiben«. Interview mit Krimsky. Der Fall Sossimow. Tel-Saatar. Bukowskis Austausch. Feuer bei Malwa Landa

Im Jahre 1974 hatten Twerdochlebow und Turtschin die sowjetische Sektion von Amnesty International organisiert.

Ich habe schon von dieser sehr wichtigen internationalen Organisation gesprochen. Das Hauptziel von Amnesty International besteht darin, die Gewissensgefangenen auf der ganzen Welt zu befreien. Der Begriff »Gewissensgefangener«, der sehr große prinzipielle Bedeutung hat, wurde von Amnesty International geprägt. Ein Gewissensgefangener ist, nach der Terminologie von Amnesty, ein Mensch, der sich wegen seiner Überzeugungen, wegen seines Nonkonformismus und seiner gewaltlosen Aktionen für diese Überzeugungen in Gefangenschaft befindet (obwohl er auf Gewaltanwendung verzichtet und nicht zu ihr aufgerufen hat). Der Begriff ist also erheblich enger gefaßt als der des »politischen Gefangenen«. Amnesty International bemüht sich um politische Unvoreingenommenheit und setzt sich in der ganzen Welt für Gewissensgefangene ein, in Ländern von unterschiedlichster politischer und ideologischer Struktur; die Organisation strebt die Befreiung der Gefangenen an und erweist ihnen und ihren Familien jegliche Hilfe. Mehr als fünftausend Gewissensgefangene stehen auf der ganzen Welt unter dem Schutz von Amnesty, davon etwa zehn bis zwanzig Prozent in der UdSSR und in allen sozialistischen Ländern. Der größte Teil der Gewissensgefangenen ist in den Entwicklungsländern, in Lateinamerika und in Südafrika zu finden. Deshalb ist es einfach unsinnig, Amnesty International eine speziell antisozialistische oder antisowjetische Haltung zu unterstellen. Doch genau dies tut die sowjetische Propaganda, um Verletzungen der Menschenrechte in der UdSSR zu »verschleiern«. Andererseits ist die sowjetische Propaganda mit der Tätigkeit von Amnesty vollauf zufrieden, wenn sie sich auf den Schutz der Menschenrechte außerhalb des sozialistischen Lagers richtet. Valerij Tschalidse sagte häufig, daß dem sowjetischen Leser zwei unterschiedliche Organisationen präsentiert würden: die

»gute« *Meshdunarodnaja Amnistija* und die »schlechte« Amnesty International.

Amnesty beschränkt sich im wesentlichen auf die Verteidigung von Gewissensgefangenen und unterstützt weder jene, die einen bewaffneten Umsturz vorbereiten oder mit Waffen gegen ihre Regierung kämpfen, noch Terroristen – unabhängig von deren Zielen. Diese Beschränkung trägt, meiner Meinung nach, erheblich zu der hohen moralischen Autorität bei, die Amnesty International genießt. Sie stimmt völlig mit meiner eigenen Position überein, daß man nach einer stufenweisen friedlichen Entwicklung, nach friedlichem sozialen und wissenschaftlich-technischen Fortschritt streben muß – mehr noch, sie stimmt überein mit der Position der überwiegenden Mehrheit aller Andersdenkenden in der UdSSR. Einen wichtigen Platz im Programm und im Wirken von Amnesty International nimmt der prinzipielle Kampf gegen Todesstrafe und Folter ein. All das liegt auch mir am Herzen.

Turtschin und Twerdochlebow stellten Verbindungen zur Zentrale von Amnesty her und zogen eine Reihe von Menschen zur Mitarbeit heran. Etwa ein Jahr lang nahm auch Ljusja an der Arbeit der Sektion teil.

Ein großer Teil der nationalen Organisationen von Amnesty wurde in westlichen Ländern gegründet. In jeder dieser Organisationen gibt es Gruppen, welche bestimmte Gewissensgefangene in einem anderen Land »adoptieren«. Nach Absicht der Leitung von Amnesty International soll auch dies die politische Unvoreingenommenheit widerspiegeln und fördern. Die Übertragung all dieser Prinzipien auf unsere Tätigkeit erwies sich als sehr schwierig und widersprüchlich und vielleicht sogar als nicht ganz sinnvoll. Schon die Aufrechterhaltung der Verbindungen mit der Zentrale war unter unseren Verhältnissen mühsam, unsicher, gefährlich. Die materiellen Möglichkeiten, Gefangenen in anderen Ländern zu helfen, waren praktisch gleich Null. Ljusja und andere Mitarbeiter der sowjetischen Abteilung von Amnesty International schrieben hauptsächlich Postkarten an iranische, pakistanische und andere Gefangene sowie Briefe zu ihrer Verteidigung.

Ich will durchaus nicht sagen, daß die Tätigkeit der sowjetischen Sektion sinnlos ist. Es ist wichtig, daß sich unsere Bürgerrechtler in die internationale Arena begeben. Aber infolge der Besonderheiten unseres Staates hat diese Tatsache im wesentlichen leider nur symbolischen Charakter.

Nach Twerdochlebows Verhaftung übernahm – auf Turtschins Initiative hin – der bekannte Schriftsteller Georgij Wladimow die Leitung der sowjetischen Sektion von Amnesty (Turtschin selbst emigrierte im Jahre 1977). Wladimow ist meines Erachtens einer der besten zeitgenössischen sowjetischen Schriftsteller. Ich halte sehr viel von seinem Roman *Drei Minuten Schweigen*, der Ende der sechziger Jahre in der UdSSR veröffentlicht wurde, und seine Novelle *Die Geschichte vom treuen Hund Ruslan*, die im Westen herauskam, ist ein Musterbeispiel nichtzensierter Literatur. Zu meinem sechzigsten Geburtstag widmete Wladimow mir ein Theaterstück, *Der sechste Soldat*, das ebenfalls nur im Westen erschien.

Die Behörden waren stets sehr beunruhigt über die Existenz der sowjetischen Sektion von Amnesty; ihre Mitglieder und ihr Leiter waren ständig großen Bedrohungen ausgesetzt. Im Jahre 1983 reiste Wladimow mit seiner Frau in den Westen, und ihnen wurde die sowjetische Staatsbürgerschaft aberkannt.

Twerdochlebow wurde im März 1975 verhaftet, kurz nach der Durchsuchung seiner Junggesellenwohnung in der Ljalin-Gasse, ganz in unserer Nähe; er hatte zwei Zimmer in einem großen Kommunalquartier. Als ich von der Haussuchung erfuhr, schickte ich Tanja als »Kundschafterin« voraus und eilte dann selbst dorthin. Diesmal ließ man mich und andere Freunde Twerdochlebows in die Wohnung, und wir konnten die ganze deprimierende Prozedur mehrere Stunden lang beobachten.

In jenen Tagen fand auch bei Valentin Turtschin eine Haussuchung statt, bei der ich ebenfalls zugegen war. Turtschin versuchte, ein Manuskript der neuen Fassung seines berühmten Samisdat-Buches *Die Trägheit der Furcht* zu retten. Sein Sohn warf eine Aktentasche mit dem Manuskript durch das Fenster auf den Hof, aber auch dort standen KGB-Männer und nahmen die Aktentasche sofort an sich.

Für den 6. April waren gleichzeitig zwei Verhandlungen angesetzt: gegen Andrej Twerdochlebow in Moskau und gegen Mustafa Dshemiljow in Omsk. Dies war gewiß kein Zufall: Das KGB versuchte, allen Interessierten die Teilnahme an beiden Verhandlungen unmöglich zu machen. Ich entschied, daß es wichtiger war, nach Omsk zu reisen. In Moskau waren damals noch viele Menschen, die zum Schauplatz der Verhandlung gegen einen der bekannten Dissidenten kommen würden, und in Moskau gab es ausländische Journalisten. Von alledem konnte in Omsk keine Rede sein. Man mußte befürchten, daß fast überhaupt keine Informationen über den Prozeß in Omsk an die Öffentlichkeit gelangen würden, oder jedenfalls nur sehr langsam. Ich gab meine Entscheidung bekannt und flog mit Ljusja nach Omsk. Die Flugkarten hatten wir mit Hilfe meines »Heldenausweises« – wenn auch diesmal nicht ohne Mühe – gekauft.

Mustafa Dshemiljow, gegen den die Verhandlung in Omsk anstand, ist einer der Aktivisten der Krimtatarenbewegung für eine Rückkehr auf die Krim. Er wurde während des Krieges geboren und im Alter von zwei Jahren zusammen mit allen Krimtataren (Frauen, alten Leuten und Kindern – die Mehrheit der Männer war an der Front) aus der Krim deportiert. Natürlich erinnert er sich nicht an die Schrecken der Evakuierung und die ersten Jahre seines Lebens in Usbekistan. Aber die Erzählungen darüber und über die ferne, herrliche Heimat auf der Krim schufen jene geistige Atmosphäre, in der er und seine Altersgenossen aufwuchsen. Im Jahre 1967 verabschiedete das Präsidium des Obersten Sowjets der UdSSR einen Erlaß, der die summarische Diskriminierung aufhob, daß die Krimtataren den Staat verraten und mit den Deutschen kollaboriert hätten. Hunderte von Familien legten diesen Erlaß auf ihre eigene, menschliche Weise aus, ließen in Usbekistan und anderen Orten der Diaspora alles stehen und liegen und kehrten auf die Krim zurück. Dort aber wurden sie wiederum Opfer brutalster Verfolgungen und Diskriminierungen. Man verweigerte ihnen die amtliche Anmeldung, die Registrierung von Hauskäufen, die Arbeit – ungeachtet des Mangels an Arbeitskräften – und siedelte sie schließlich rücksichtslos und ohne Rechtsgrundlage aus.

Mustafa widmete sich vollständig dem Kampf für die Rechte seines Volkes. Die Behörden reagierten darauf mit unbarmherzigen Repressionen. Im Jahre 1976 lief wieder eine Haftstrafe ab, die er in einem Lager unweit von Omsk verbüßte. Ein halbes Jahr vor dem Ende der Haft leitete man ein neues Verfahren wegen »bewußter Verleumdung des sowjetischen Staats- und Gesellschaftssystems« gegen ihn ein.

Von der Einleitung des Verfahrens an war Mustafa in Hungerstreik getreten, was uns sehr beunruhigte. Bei der Verhandlung erschienen – außer uns – der Rechtsanwalt Schwejskij aus Moskau, Mustafas Verwandte (seine Mutter, sein Bruder, seine Schwestern) und andere Krimtataren aus Taschkent. Schwejskij hatte früher Wladimir Bukowski und Andrej Amalrik verteidigt, und wir wußten, daß er in der Lage war, den nötigen Mittelweg zwischen den Forderungen seiner Berufsethik (er ist ein hervorragender Anwalt) und den realen Bedingungen der Arbeit eines sowjetischen Verteidigers im Prozeß gegen einen Andersdenkenden zu finden. Natürlich gefiel uns nicht alles an diesem Mittelweg, aber es handelte sich nur um Kleinigkeiten. Sofort nach unserem Eintreffen wurde die Verhandlung unter irgendeinem Vorwand – angeblich, weil es im Untersuchungsgefängnis zu einem Wasserrohrbruch gekommen war – vertagt. Offenbar hofften die Behörden, daß wir abreisen und nicht mehr zurückkehren würden, was nur die Richtigkeit meiner Wahl bestätigte.

Die Vertagung machte uns vor allem deshalb Sorgen, weil wir nicht wußten, in welchem Zustand der hungernde Mustafa war. Obwohl es beschwerlich und teuer war, die lange Reise ein zweites Mal zu machen (nicht nur für mich und Ljusja, sondern für alle zur Verhandlung Gekommenen), hatten wir den festen Vorsatz, nicht nachzugeben, und flogen am 18. April von neuem nach Omsk. Bei der Anmeldung im Hotel gab es eine amüsante Episode. Als die Empfangschefin meinen Namen im Paß las, warf sie mir das Dokument mit einer nervösen Bewegung zu und rief: »Einem solchen Lumpen wie Ihnen würde ich kein Stück Brot geben, von einem Zimmer gar nicht zu reden.«

Hinter uns im Foyer standen schweigend Krimtataren, die ebenfalls Zimmer bestellt hatten. Sie waren es gewohnt, derartige an sie gerichtete Beleidigungen zu ignorieren, und warteten nun ab, was mit mir geschehen würde. Plötzlich wurde die Empfangschefin unruhig und sagte: »Ach, ich habe mich so aufgeregt, daß mir das Herz weh tut. Hat vielleicht irgend jemand Validol?«

Die Tataren standen weiterhin schweigend da. Ich antwortete: »Validol haben wir nicht, aber, Ljusja, wir müßten Nitroglyzerin haben.«

»Nein, davor habe ich Angst.«

Wir gingen zusammen mit den Tataren in deren Zimmer, um uns zu besprechen. Eine halbe Stunde später tauchte die Empfangschefin auf und erklärte: »Genosse Sacharow, hier sind Ihre Zimmerschlüssel. Wenn Sie Zeit haben, gehen Sie bitte nach unten und füllen Sie das Anmeldeformular aus.«

Zweifellos hatte man mir das Zimmer auf Geheiß des KGB gegeben, das einen Skandal vermeiden wollte, und die vorhergehende Episode war die persönliche Initiative eines »wahrhaft sowjetischen Menschen« gewesen.

Am nächsten Tag begann die Verhandlung. Neben einem ausgewählten Publikum und den KGB-Leuten ließ man anfangs alle Verwandten Mustafas – seine Mutter, seinen Bruder Assan und seine Schwestern – in den Saal. Die Atmosphäre im Gerichtssaal – und infolgedessen auch draußen – wurde rasch äußerst gespannt. Mustafa, der seinen Hungerstreik fortgesetzt hatte, konnte sich kaum auf den Beinen halten. Der Richter unterbrach ihn bei jedem Wort und gab ihm praktisch keine Möglichkeit, sich zu äußern. Wasfije, eine der Schwestern Mustafas, wurde aus dem Saal geschleppt, weil sie versucht hatte, ihm auf tatarisch zu verstehen zu geben, daß Sacharow in Omsk sei. Am zweiten Verhandlungstag wurde schließlich auch Mustafas Mutter aus dem Saal geführt. Als man sie nach der Sitzungspause nicht wieder hineinließ, begann sie zu weinen und schlug die Hände vors Gesicht. Ich rief: »Laßt die Mutter durch! Schließlich wird gegen ihren Sohn verhandelt!«

Die an der Tür stehenden KGB-Angehörigen reagierten mit Spötteleien und stießen uns von der Saaltür zurück. In diesem Moment versetzte Ljusja einem in Zivil gekleideten kräftigen Burschen, der die »Parade« leitete, einen kräftigen Schlag ins Gesicht, und ich seinem Gehilfen (beide gehörten zweifellos zum KGB). Sofort stürzten sich Milizionäre und Hilfsmilizionäre auf uns, die Tataren brüllten und kamen uns zu Hilfe – ein allgemeines Handgemenge entwickelte sich. Man schleppte mich und mehrere Tataren auf die Straße und warf uns in bereitstehende Polizeiwagen. Ich saß neben einer jungen Tatarin und einem der Milizionäre, die mich aus dem Gebäude gezogen hatten. Wie sich herausstellte, war er ein Tatar aus Kasan, und das Mädchen machte ihm sofort laute Vorwürfe. Der Milizionär wischte sich verlegen das Gesicht ab, das nach dem Handgemenge schweißnaß war.

Ljusja hatte man sehr grob hinausgeschleift und sie geschlagen, so daß ihre Arme von blutunterlaufenen Stellen und blauen Flecken bedeckt waren. Ich selbst wurde auf ein Milizrevier gebracht, wo man versuchte, mich zu verhören. Ich weigerte mich jedoch und forderte, meine Frau zu sehen. Man entließ mich eine oder eineinhalb Stunden später und brachte Ljusja unterdessen auf dasselbe Revier. Nun verlangte Ljusja sofort, daß man mich holen möge, und man schickte einen Wagen hinter mir her (ich hatte schon das Gerichtsgebäude erreicht). Endlich sahen wir einander wieder. Ljusja forderte einen Arzt, der bezeugen sollte, daß sie geschlagen worden war. Man zitierte zwei Mitarbeiter aus einer Poliklinik herbei, die jedoch erklärten (was man ihnen offensichtlich eingeschärft hatte), daß sie medizinische Hilfe leisten, aber keine Bescheinigungen ausstellen könnten.

Während man Ljusja und mich entließ und warnte, daß gegen uns ein Verfahren eingeleitet werden könnte, wurde Mustafa Dshemiljows Urteil schon verkündet: zweieinhalb Jahre Haft.

Am selben Tag übermittelte TASS einen Bericht ins Ausland, in dem genußvoll eine Schlägerei beschrieben wurde, die das Akademiemitglied Sacharow und seine Frau im Saal des Omsker Gerichts, wo wir nie gewesen waren und wohin man schließlich nicht einmal die Mutter des Angeklagten gelassen hatte, angezettelt hätten. Diese Mitteilung sowie das Fehlen jeder Nachricht von uns lösten auf der ganzen Welt große Aufregung aus. Es gab deshalb keine Nachrichten, weil man die Fernleitungen der Stadt Omsk, insbesondere nach Moskau, ausgeschaltet hatte. Bei uns gibt es die Redensart »Die Firma scheut keinen Aufwand«, aber das ist in diesem Fall wohl noch schwach ausgedrückt. Insgesamt hatten wir, wie ich glaube, unsere Aufgabe – die Weltöffentlichkeit auf den Prozeß gegen Dshemiljow aufmerksam zu machen – erfüllt.

Während der Verhandlung hatte der Richter ein gutes Beispiel eines die Gesetze verleugnenden Staates gegeben. Er hatte erklärt: »Dshemiljow behauptet also, daß sich Krimtataren auf der Krim nicht niederlassen können. Na und? Ich kann mich in Moskau nicht niederlassen – und beklage mich nicht darüber.«

Der Vertreter des Gesetzes rechtfertigte eine Gesetzlosigkeit durch eine andere. Ich hatte während meines ersten Aufenthalts in Omsk mit dem Richter gesprochen und (vergeblich) versucht herauszufinden, weshalb die Verhandlung vertagt wurde. Der Richter wirkte wie ein ganz »normaler« Mensch, mit Stärken und Schwächen; er war Kriegsteilnehmer, Frontoffizier, gewesen, hatte eine Familie und glaubte bestimmt, sein Leben einer notwendigen und schwierigen Sache zu widmen. Aber was für eine Rolle spielte er im Fall Dshemiljow und vielleicht auch in manchen »gewöhnlichen« Strafprozessen? Mir will kein passendes Wort einfallen ...

Am Tag nach der Urteilsverkündung beschlossen Dshemiljows Verwandte, sich um ein Treffen mit ihm zu bemühen. Ich schrieb Mustafa einen Brief, in dem ich ihm zuredete, seinen Hungerstreik zu beenden, der schon neun Monate (mit künstlicher Zwangsernährung) dauerte. Vielleicht war es gerade auf diesen Brief zurückzuführen, von dessen Existenz die Obrigkeit wußte, daß man den Verwandten ein Treffen ermöglichte. Mustafa entschied, den Hungerstreik abzubrechen, worüber ich sehr froh war.

Aus dem Fenster unseres Hotels beobachteten wir zweimal brutale Schlägereien zwischen irgendwelchen Gruppen; es dauert nicht lange, bis bei solchen Schlägereien ein Mensch umgebracht wird. Aber in der Nähe war keine Miliz zu entdecken. Dafür stand eine ganze Schar von Milizionären zwei Tage lang vor dem Gerichtssaal!

Wir gingen durch einige Omsker Geschäfte. Ljusja sah auf einem Regal etwas, das Butter ähnelte und fragte: »Haben Sie Butter?«

Man betrachtete sie wie eine Verrückte (es war kombiniertes Fett).

Ebensolche Blicke warf man uns in einem Restaurant zu, wo wir um Fisch gebeten hatten – in Omsk, das am Ufer des Irtysch liegt. Übrigens gab es in dem Restaurant auch kein Fleisch.

Am nächsten Tag kehrten wir nach Moskau zurück. Die Verhandlung gegen Twerdochlebow war ebenfalls beendet. Man hatte Andrej zu fünf Jahren Verbannung verurteilt.

Im Juli oder Anfang August erfuhren wir von Andrejs Eltern, mit denen wir uns sehr gut verstanden, den Verbannungsort: das Dorf Njurbatschan in Jakutien. Sie zeigten uns ein paar Fotos, die Andrej geschickt hatte. Auf einem war ein Ofen abgebildet, den man auf dem Hof aus einem Automobilrad gebaut hatte, auf einem anderen Andrej selbst. Als Ljusja dieses Foto sah, beunruhigte sie etwas in Andrejs Gesichtsausdruck, irgendeine scharfe Trauerfurche, etwas mit Worten schwer Auszudrückendes. Sie sagte: »Besuchen wir ihn. Es muß sein.« (Vermutlich schrieb sie diese Worte auf ein Stück Papier, denn wir fürchteten, daß das KGB unsere Reisepläne durchkreuzen könnte. Daß all unsere Gespräche abgehört werden, daran haben wir nie gezweifelt und tun es auch jetzt nicht.)

Wir machten uns reisefertig und fuhren direkt von der Datscha zum Flughafen, zuerst mit einer am Abend halbleeren elektrischen Eisenbahn, dann vom Bahnhof aus mit dem Taxi, ohne nach Hause zurückzukehren. Unsere Reise hätte ausgesehen wie ein Abstecher von der Datscha in die Stadt – wenn man uns nicht ständig bei jeder Bewegung, sogar in der Moskauer Wohnung, beobachtet hätte!

Auf der Fahrt zum Flughafen kam es zu einem scheinbar zufälligen Unfall. Ein Wagen mit einer Diplomatennummer rammte unser Taxi heftig von hinten. Wir hatten nach dem Stoß beide starke Hals- und Kopfschmerzen, stiegen jedoch sofort in ein anderes Taxi um und kauften bald darauf mit Hilfe meines »Heldenausweises« Flugkarten nach Mirnyj, einer Stadt in Jakutien, von wo wir mit einer Kolbenmotor-Maschine vom Typ IL 14 in die Siedlung Njurba (600 Kilometer) fliegen und dann mit den Autobus bis Njurbatschan (25 Kilometer) weiterfahren mußten. In Mirnyj saßen wir erst einmal fest: Rund 24 Stunden lang gab es keine Maschine nach Njurba. Zweifellos hatte uns das KGB schon in Mirnyj oder vielleicht auch schon früher »eingefangen«. Mirnyj ist eine neue Stadt, das Zentrum der Diamantenförderung, seitdem man in Jakutien gewaltige Diamantenvorkommen entdeckt hatte.

Während unseres erzwungenen Aufenthalts gingen wir in der Nähe des

Flugplatzes spazieren. In der Ferne waren Halden aus bläulichem Gestein – eine ganze Hügelkette – zu sehen. Wie man uns erklärte, handelte es sich um dürftigeres Diamantgestein als jenes, das heute in die Aufbereitungsfabriken geht. Man hatte es weggeräumt, um die reicheren Schichten freizulegen. Doch auch die Halden enthalten Diamanten, man bewacht sie und läßt niemanden an sie heran; vielleicht wird man sich mit der Zeit auch ihnen widmen. Auf dem Spaziergang begegneten wir einem Vertreter der sogenannten *bitschi*, so heißen in Sibirien »freie« Menschen, die meist von schwerer und wenig qualifizierter Gelegenheitsarbeit leben; die Mehrheit von ihnen hat keinen ständigen Wohnort, keine Familie und häufig keine Dokumente; manche sind mit dem Gesetz in Konflikt geraten; sie leben, ohne allzusehr an den nächsten Tag zu denken, von der Hand in den Mund. Die Existenz der *bitschi*, die von beinahe allen Formen staatlicher Einbindung frei sind, erscheint natürlich paradox in unserer streng reglementierten und straff organisierten Gesellschaft. Aber einstweilen findet man sich, wegen des starken Mangels an Arbeitskräften in den östlichen Gebieten des Landes, damit ab.

Die Nacht verbrachten wir auf Bänken im Wartesaal, und am nächsten Tag flogen wir schließlich doch nach Njurba, wo uns eine neue Überraschung erwartete: Die Autobusfahrt nach Njurbatschan war gestrichen worden (unseretwegen, wie nun schon feststand). Wir versuchten zunächst in Njurba selbst, dann außerhalb der Siedlung irgendeinen der vorüberfahrenden Wagen anzuhalten, aber ohne Erfolg. Einer der örtlichen Fahrer erklärte uns endlich, daß die Miliz ein paar hundert Meter vor uns alle Autos anhalte und den Fahrern verbiete, uns mitzunehmen. Schließlich ließ uns ein Milizmajor in seinen Wagen einsteigen, doch plötzlich wendete er und brachte uns zu dem Milizgebäude, an dem wir zwei Stunden zuvor vorbeigegangen waren. Angeblich wollte er etwas holen, aber er kam nicht zurück. Auf dem Milizrevier sprachen wir mit dem Diensthabenden – vielleicht war es einfach ein KGB-Mann –, der provozierend höflich war und uns »Andrej Dmitrijewitsch« und »Jelena Georgijewna« nannte. Auf meine Bitten, uns einen Wagen zu geben, antwortete er, daß die Miliz überhaupt keine Autos habe.

»Dann transportieren Sie uns doch mit einem Motorrad [mit Beiwagen]. Dort stehen einige.«

»Aber Sie könnten sich erkälten, Andrej Dmitrijewitsch ...«

Wir beschlossen, zu Fuß zu gehen.

Unserem Eindruck nach, den wir im Laufe mehrerer Stunden in Njurba gewannen, gibt es in dieser relativ kleinen jakutischen Siedlung eine ungeheure Zahl von Milizionären. Überhaupt ist die Rayonsmiliz in der Provinz, besonders in jenen der nationalen Minderheiten, das wichtigste Machtorgan.

Als wir Njurba verließen, begann es dunkel zu werden. Aber das schreckte uns nicht. Wir legten den größten Teil des Weges bei Nacht (zum Glück schien der Mond) zurück. Es war ein ganz menschenleerer Waldweg, und wir atmeten die feuchte, frische Luft ein, die wir in der Stadt schon nicht mehr gewohnt waren. Manchmal legten wir eine kurze Rast ein, aßen Brot mit Käse und tranken Kaffee aus einer Thermosflasche. Ich trug eine Tasche mit den Dingen, die wir Andrej mitbringen wollten, auf der Schulter. Diese nächtliche Wanderung hinterließ ein tiefes Glücksgefühl: Wir waren zusammen, allein im Wald, und wir taten etwas, wie uns schien, Gutes, Grundsätzliches! Gegen 5 Uhr morgens erreichten wir Njurbatschan. Auf einem der Höfe waren die Menschen schon aufgestanden, aber sie wollten uns nicht erklären, wo der Verbannte wohnte. Offenbar waren sie zu Tode erschrocken. Ljusja erkannte das Haus, in dem Twerdochlebow untergebracht war, an dem aus einem Autorad hergestellten Ofen im Hof. Wir klopften an die Tür und weckten Andrej, der über unsere Ankunft freudig überrascht war und immer nur wiederholen konnte: »Also, so was!«

Wir verbrachten den ganzen folgenden Tag, den 15. August, mit ihm und sprachen über die uns beunruhigenden Neuigkeiten. Andrej teilte uns einige Einzelheiten aus der Verhandlung gegen ihn mit, die wir nicht gekannt hatten.

Ich muß jedoch gestehen, daß wir, mit Ausnahme einiger »herzlicherer« Momente bei diesem Gespräch, eine unerklärbare innere Distanz verspürten. Später, nach Andrejs Rückkehr aus der Verbannung, vergrößerte und vertiefte sie sich immer mehr, bis wir schließlich ganz den Kontakt zueinander verloren. Die Gründe sind mir bis heute nicht klar. Wenn ich in Gedanken zu der Zeit unserer Freundschaft zwischen 1970 und 1975 zurückkehre, sehe ich jetzt auch in dieser Periode gewisse Symptome der späteren Entwicklung. Nichtsdestoweniger ist dies alles sehr traurig.

Gegen Mittag brachte Andrej uns herrliche, schäumende Milch. Wir erfuhren während dieser Reise, daß Pferdefleisch einen wichtigen Platz in der Ernährung der Jakuten einnimmt. Die Pferdeherden weiden das ganze Jahr hindurch völlig frei, ohne Hirten; die klugen Tiere finden ganz allein ihr Futter.

Am Abend machten wir gemeinsam einen Spaziergang zu einem schönen See, an dessen Ufer Jakutengräber liegen. Der Weg führte durch einen niedrigen Birkenwald. Während wir weiter vordrangen, stießen wir immer wieder auf ganze Kolonien hervorragender Pilze. Sie wurden hier praktisch von niemandem gesammelt, und man konnte so viele pflücken, wie man wollte. Schon am Vorabend hatte ich mir den rechten Fuß leicht verstaucht. Während unseres Spaziergangs entlang des Seeufers stürzte ich in eine tiefe Wurzelgrube, die von Gras verdeckt war, und verrenkte mir den linken Fuß, diesmal sehr schwer. Ljusja renkte mir das Gelenk ein, an dem sich eine Schwellung bildete. Andrej holte von zu Hause eine Elastikbinde und schnitzte mir aus einem Stock eine Krücke, mit deren Hilfe ich schlecht und recht zurückhumpelte. Jeder Schritt war eine Qual. Am nächsten Tag brachte uns der Mechaniker, bei dem Andrej wohnte, mit dem Auto nach Njurba (offenbar wollte die Obrigkeit nicht, daß wir in der Siedlung steckenblieben). Am Flugplatz legte ich mich mit plötzlichen Herzschmerzen auf eine Bank, Ljusja holte rasch heißes Wasser und verabreichte mir ein Senfpflaster.

Aus Njurba flogen wir – diesmal ohne Verzögerung – nach Mirnyj. Unter den Tragflächen des Flugzeugs glitt wieder die endlose, menschenleere Sumpftaiga dahin, bewachsen mit niedrigem Wald und durchbrochen von den Flecken der von Grün bedeckten Seen. Ich dachte: »Das ist doch der Nordosten, den Solschenizyn als ungenutzte Reserve der Entwicklung des russischen Volkes, als ›Klärbecken der russischen Nation‹ ansieht . . . Noch ist die Zeit sehr fern, in der man diese Landschaft für ein intensives, produktives Leben nutzen kann, vorausgesetzt natürlich, daß man auf diesen sumpfigen Boden nicht Millionen unfreiwilliger Opfer verpflanzt, wie es Stalin früher tat.«

Im Mai 1976 wurde auf Initiative von Jurij Fjodorowitsch Orlow in Moskau die »Förderungsgruppe zur Erfüllung der Beschlüsse von Helsinki in der UdSSR« gegründet. Die Helsinki-Gruppe ist das wohl berühmteste Produkt von Orlows unruhigem, aktiven Geist; eine große Rolle spielte dabei aber auch Andrej Amalrik. Mit der ersten Idee, eine solche Gruppe (damals nannte er sie noch Komitee) zu schaffen, und mit dem Vorschlag, daß ich ihr Mitbegründer sein solle, war Jurij zwei Monate früher, ungefähr im März, zu mir gekommen. Weder damals noch im Mai war ich bereit, mich der Gruppe anzuschließen. Ich war der Ansicht, daß individuelle Aktionen, bei denen ich nach Inhalt und Ausdrucksweise völlig frei war, bei meiner stark hervorgehobenen Position am günstigsten seien. Damals war ich auch sehr froh darüber, daß das Komitee für Menschenrechte nicht mehr an mir »hing«, und wollte nicht schon wieder ähnliche Verpflichtungen auf mich nehmen.

Natürlich stimmte ich gern zu, manche Dokumente der Gruppe – die wichtigsten und mir sympathischsten – zu unterzeichnen, was ich später auch häufig tat.

Nach der Moskauer Gruppe entstanden analoge Gruppen in den Unionsrepubliken (in der Ukraine, im Baltikum, in Armenien und Georgien) sowie im Ausland (unter etwas anderen Bedingungen und mit anderen Aufgaben). Dabei gab es eine unzweifelhaft innere Parallelen zur tschechoslowakischen Charta 77.

Genaugenommen tat die Moskauer Helsinki-Gruppe, wie die entsprechenden Gruppen in den Republiken, das, was auch die Initiativgruppe, die *Chronik der laufenden Ereignisse* und individuell auftretende Bürgerrechtler getan hatten: Sie sammelte Fälle von Menschenrechtsverletzungen und machte sie bekannt, um sie der sowjetischen und der Weltöffentlichkeit zu Gehör zu bringen. Aber die von Orlow unterstrichene Verbindung mit der Helsinki-Schlußakte, die auch in der Bezeichnung der Gruppe zum Ausdruck kam, verlieh dieser Tätigkeit zusätzliche Bedeutung, größeres Gewicht.

An und für sich war es eine gute Idee, die Helsinki-Gruppe zu konstituieren. Damit wurde die große Bedeutung genutzt, welche die KSZE-Schlußakte für die UdSSR – genauer gesagt für ihre Führung – hat; ebenso konnte man darauf zurückgreifen, daß in der Akte die Verbindung zwischen internationaler Sicherheit und Menschenrechten verkündet worden war. Die Anerkennung einer solchen Verbindung in einem internationalen Abkommen spielt tatsächlich eine prinzipielle Rolle. Aus ebendiesen Gründen reagierten die Behörden empfindlich auf die Aktivitäten von Bürgerrechtlern, welche die Helsinki-Schlußakte als »Stütze« benutzten. Das heißt nicht, daß die Behörden hieraus positive Schlüsse gezogen hätten. Im Gegenteil! Ihre Mitgliedschaft vor allem in den republikanischen Gruppen setzte die Menschen starkem Druck aus. Darin sehe ich die negative und tragische Seite ihrer Gründung.

Nachdem ich es abgelehnt hatte, mich der Gruppe anzuschließen, schlug Orlow Ljusja vor, der Gruppe beizutreten, da er meinte, daß ihre Mitgliedschaft mein Fehlen in gewisser Weise kompensieren würde. Ljusja zögerte lange, erklärte sich aber letzten Endes einverstanden. Sie hatte den Eindruck, daß ihre Teilnahme jenen Angehörigen der Gruppe, die der Gefahr eines Angriffs ausgesetzt waren, einen gewissen Schutz bieten könnte; dabei dachte sie insbesondere an Alexander Ginsburg und an Jurij Orlow selbst. Allerdings behielt sie sich das Recht einer rein formalen Mitgliedschaft, ohne konkrete Arbeit, vor. In den nächsten Kapiteln berichte ich von den Repressionen, die über die Moskauer Helsinki-Gruppe hereinbrachen (natürlich hätte weder Ljusja noch irgend jemand anders dies verhindern können), und von der Arbeit der Gruppe. Ljusjas ursprünglichen Absichten zum Trotz mußte sie einen beträchtlichen Teil der Arbeit übernehmen, besonders nach Jurij Orlows Verhaftung.

* * *

1976/77 wurde das KGB besonders aktiv, um Ljusjas Ruf zu schmälern. Anfang 1976, wenn mich mein Gedächtnis nicht trügt, erhielt Ljusja einen Brief, der mit »Semjon Slotnik« unterzeichnet war. Der Autor behauptete, ein Neffe von Moissej Slotnik zu sein; sein Onkel habe ihm vor seinem Tod viel von Ljusja und ihrer Anteilnahme erzählt und ihm empfohlen, sich an Ljusja zu wenden, wenn er in eine schwierige Situation geraten sollte. Der Neffe bat Ljusja, ihm 6000 Rubel zu überweisen, und machte vage Andeutungen, daß er im Fall einer Weigerung irgend etwas ausplaudern könne. Es handelte sich um unverhüllte Erpressung, und Ljusja beantwortete den Brief nicht. Sie hatte Moissej Slotnik und, davon unabhängig, seine künftige Frau gekannt. Slotnik war ein Schwager ihrer engen Freundin Regina Ettinger. Während des Krieges hatte man ihn verhaftet und wegen Mordes an seiner Frau verurteilt. Der Ermittlungsleiter hatte Ljusja zum Verhör geladen, doch vor Gericht mußte sie nicht erscheinen, da deutlich war, daß sie mit der Sache nicht das geringste zu tun hatte. Das Mordmotiv blieb ungeklärt; vielleicht beruhte es auf den sehr ernsten Bandenräubereien, in die Moissej Slotnik verwickelt war. Zwei Monate nach Semjon Slotniks Brief, der angeblich aus Kalinin abgeschickt worden war, traf ein neuer ein, diesmal angeblich aus der Grenzstadt Brest. Der Verfasser teilte mit, daß gute Menschen ihm geholfen hätten und er nach Israel ausreisen werde. Aber er sei erschüttert über Ljusjas Hartherzigkeit und habe die feste Absicht, Material über sie und ihre schmutzige Vergangenheit zu sammeln (er verwandte den Ausdruck »Halbweltdame«).

Weitere zwei Monate später erhielten zahlreiche Personen in Moskau, die irgendeine oder auch gar keine Beziehung zu uns hatten – meine Wissenschaftlerkollegen, ausländische Korrespondenten, unsere Freunde und Bekannten, viele Schriftsteller und Künstler usw. –, dicke Umschläge mit einem neuen Brief von Slotnik, in dem er seinen Ärger über Ljusja ausdrückte und ankündigte, sie bloßzustellen; daneben enthielten die Umschläge die Fotokopie einer Erzählung von Lew Schejnin (einem Schriftsteller und früheren Ermittlungsleiter in besonders wichtigen Angelegenheiten). Die Erzählung behandelte den Mord von Moissej Slotnik an seiner Frau; Slotnik trägt den Namen Glotnik, und eine junge Frau – Ljusja B. – wird erwähnt, doch ihr wird nichts Kriminelles angelastet. Die Erzählung folgt den Umständen des Falles Slotnik nicht genau; viele Einzelheiten und Tatmotive sind verändert. Als Absender stand ein gewisser Sanders aus Wien auf dem Umschlag. Die Umschläge waren aus bestem gelbem Papier, weshalb wir die ganze Operation unter uns als »gelbe Schreiben« bezeichneten. Auch einige unserer Bekannten in Leningrad und im Ausland erhielten sie. Insgesamt wurden mehrere hundert oder sogar tausend Schreiben verschickt.

Einige brachten uns die Briefe, die sie erhalten hatten. Manche der Empfänger waren nicht mit uns bekannt, und wir hörten durch Dritte von ihnen. Fast alle Schreiben, von denen wir erfuhren, waren identisch, doch in einem (an B. G. Saks gerichtet) wurde Ljusja vorgeworfen, daß sie am Tod noch einer weiteren Frau, der Gattin Wsewolod Bagrizkis, schuldig sei. In Wirklichkeit war Wsewolods Ehe sehr kurz gewesen, er hatte sich fast sofort scheiden lassen; Ljusja hatte seine Frau nie gesehen und erst von der Ehe erfahren, als diese schon nicht mehr existierte. Sie hatte nie irgendeinen Kontakt zu Wsewolods Frau gehabt.

Es war klar, daß die Herstellung von tausend Kopien und die Versendung von tausend Umschlägen mit der internationalen Post über die Kräfte eines armen Emigranten ging, wie sehr er auch von einem Gefühl der Beleidigung verzehrt sein mochte. Wir konnten feststellen, daß kein Sanders unter der auf dem Umschlag angegebenen Adresse in Wien wohnt. Was noch interessanter ist: In der Familie Slotnik gab es keinen Semjon. Wir besitzen eine von Regina Ettinger handschriftlich hergestellte Notiz mit einer detaillierten Aufzeichnung aller wirklichen Familienangehörigen. Nun war unbestreitbar, daß es sich bei »Semjon Slotnik« einfach um das Pseudonym irgendeines Lügners beim KGB handelte (es gibt sogar Hinweise auf die Person). Aber wir hatten es 1980 und 1983 jeweils noch einmal mit dieser wahrhaft mythischen Gestalt zu tun.

Die ganze Sache mit den Briefen war offenbar ersonnen worden, um Ljusjas Namen mit einer finsteren Geschichte in Zusammenhang zu bringen, um sie zu kompromittieren und vage Zweifel bei denen zu säen, die sie schlecht oder überhaupt nicht kannten – und mit viel Glück auch bei denen, die sie gut kannten.

Die Operation »gelbe Schreiben« erstaunte mich durch das eindeutige Mißverhältnis zwischen den gewaltigen Anstrengungen und Mitteln, die aufgebracht worden waren, und den äußerst dürftigen Resultaten. Aber wahrscheinlich hat das KGB andere Maßstäbe und Vorstellungen, was seine Resultate betrifft. Und seine finanziellen – staatlichen (also dem Volk gehörenden) – Mittel sind unbegrenzt.

Ungefähr gleichzeitig mit den »gelben Schreiben« erhielten einige unserer Bekannten Umschläge (angeblich aus dem Ausland) mit dem Exemplar einer ausländischen Zeitung in russischer Sprache; sie heißt *Russkij golos* (Russische Stimme) und erscheint in New York. Auch uns wurde ein Exemplar, wie im Falle der »gelben Schreiben«, geschickt. Ein Artikel der Zeitung trug die Überschrift: »Ist Madame Bonner Sacharows böser Geist?« Die Frageform in der Titelzeile war offenbar nötig, damit man sich rein formal vor einer möglichen Verleumdungsklage schützte, denn der ganze Artikel war mit Verleumdungen nur so gespickt. Es wurde behauptet, daß Ljusja habsüchtig sei und sich die für mich bestimmten Spenden, die es natürlich nicht gab, aneigne; daß sie mit schriller Stimme von einem Balkon in Oslo hinuntergeschrien und eine Tasche an sich gedrückt habe, deren Inhalt sie mehr interessiere als ihr in der UdSSR zurückgelassener Mann. Außerdem gab es durchsichtige Anspielungen darauf, daß Ginsburg und andere junge Dissidenten ihre Liebhaber seien – die Details der übrigen Behauptungen habe ich schon vergessen. Ich will mich mit all dem nicht aufhalten, sondern nur anmerken, daß es sogar bei blühendster Phantasie schwierig ist, die Stimme meiner Frau als schrill zu bezeichnen.

Wir zeigten Ruth Grigorjewna diesen Artikel nicht, um sie nicht zu beunruhigen. Als sie einmal nachts allein in ihrer Wohnung in der Tschkalow-Straße war, wurde sie durch die Türklingel geweckt. Sie ging zur Tür, öffnete sie aber nicht. Jemand rief mit Grabesstimme: »Haben Sie den Artikel über Ihre Tochter in *Russkij golos* [Russische Stimme] etwa nicht gelesen?«

Ruth Grigorjewna konnte den Rest der Nacht nicht mehr schlafen, was wahrscheinlich der Sinn der Aktion war.

Auf unserem Exemplar der Zeitung war New York als Publikationsort angegeben. Keiner der amerikanischen Korrespondenten wußte von der Existenz einer Zeitung mit diesem Namen, jedoch fanden wir später heraus, daß sie tatsächlich existiert und anscheinend sogar über ein kleines

Kontingent von Lesern verfügt. Aber natürlich erscheint sie nicht ohne Unterstützung von jenseits des Ozeans (d. h. aus der UdSSR). Zu einem gewissen Zeitpunkt hatte ich vor, die Redaktion wegen Verleumdung zu verklagen, aber man brachte mich davon ab.

Ich erinnere mich nicht mehr an all meine öffentlichen Aktionen des Jahres 1976, mit Ausnahme von drei Beispielen: den Fall Sossimow, die Verteidigung der Verurteilten im Palästinenserlager Tel-Saatar und das Interview mit Krimsky.

Im Herbst 1976 landete eine sowjetische MIG-25 mit dem fahnenflüchtigen Piloten Belenko an Bord in Japan. Belenko bat um politisches Asyl, allerdings nicht in Japan, sondern in den USA, und es wurde ihm sofort gewährt. Das neueste sowjetische Überschallflugzeug wurde zum Studienobjekt der amerikanischen Spezialisten. Aber in Moskau gingen in jenen Tagen hartnäckige Gerüchte darüber um, daß Belenko in Wirklichkeit entsandt worden sei, um die Amerikaner irrezuführen und die Geheimnisse ihrer Luftfahrt zu erkunden. Sein Flugzeug sei eine »Fälschung«, eine bewußt verschlechterte Version, mit deren Hilfe die Wachsamkeit der Amerikaner geschwächt werden sollte. Es ist durchaus möglich, daß diese Gerüchte vom Desinformationsdienst des KGB ausgestreut wurden, um die amerikanische Aufklärung zumindest ein bißchen zu verwirren.

Zwei oder drei Wochen nach der Flucht Belenkos kam es zu einer weiteren Desertion, die weniger erfolgreich war und sehr tragisch endete. Der Pilot Sossimow überflog die sowjetisch-iranische Grenze in einem leichten Militärpostflugzeug und stellte sich den iranischen Behörden. Im Gegensatz zu Belenkos MIG-25 war Sossimows Maschine keineswegs ein Wunder der Militärtechnik und schien niemandem interessant. Sossimow bat ebenfalls um politisches Asyl, aber es wurde ihm nicht gewährt. Um die Auslieferung Sossimows an die sowjetischen Behörden zu verhindern, wandten P. G. Grigorenko und ich uns mit einer entsprechenden Bitte an die Internationale Flüchtlingsorganisation, den Schah des Iran und, wie ich glaube, an den UNO-Generalsekretär. Diese Bitte brachte kein direktes Ergebnis: Die Regierung des Iran lieferte der UdSSR Sossimow sowie das sowjetische Flugzeug aus, mit dem er geflüchtet war. Danach sandten Ljusja und ich dem Schah des Iran einen Brief, in dem wir ihn baten, er möge die sowjetische Regierung um Nachsicht ersuchen und sie von der Verhängung der Todesstrafe abbringen. Wir beschränkten uns nicht darauf, diesen Brief den ausländischen Korrespondenten zu übergeben, sondern baten um ein Gespräch in der Botschaft (oder, genauer gesagt, im Konsulat) des Iran.

Diese Begegnung fand statt; der Konsul, einer der Botschaftssekretäre und ein Dolmetscher unterhielten sich mit uns. Wir saßen in einem Zimmer, an dessen Wand ein großes Porträt von Schah Reza Pahlewi in voller Paradeuniform hing; er trug eine Riesenmenge irgendwelcher Orden, Sterne und Bänder, die vor Gold und Brillanten glänzten. Ähnliche Porträts sahen wir auch in den Nachbarzimmern. Das Gespräch selbst machte auf uns einen deprimierenden Eindruck, da nur hochtrabende und ausweichende Erklärungen gegeben wurden. Auf unsere Frage, welche formale Grundlage die Auslieferung Sossimows gehabt habe, erhielten wir zur Antwort, sie sei auf der Grundlage der Konvention über Maßnahmen zum Kampf gegen die Entführung von Zivilflugzeugen erfolgt, welche die UdSSR und der Iran unterzeichnet hätten. Das war natürlich an den Haaren herbeigezogen, denn Sossimows Maschine war kein Zivilflugzeug, und er selbst war kein Luftpirat, sondern ein Flüchtling. Man versprach uns, unseren Brief an den Schah den entsprechenden Behörden zu übergeben. Es war die Zeit, als die UdSSR mit dem Schah »flirtete«, vielleicht auch schon das Ende dieser Zeit. In der Zeitschrift *Sa rubeshom* (Im Ausland) konnte man einen sehr teilnahmsvollen Artikel über die »weiße Revolution« lesen, das heißt über die Versuche des Schahs, den Iran, seine Wirtschaft, Kultur und Gesellschaftsstruktur mit Hilfe der Einkünfte aus dem Erdölverkauf zu modernisieren. Die wirtschaftlichen Beziehungen entwickelten sich zügig. Ende 1974/Anfang 1975, als die UdSSR ihre amerikanischen Kredite infolge des Jackson-Vanik-Amendments einbüßte, stellte der Iran der UdSSR einen sehr erheblichen Kredit zur Verfügung. Andererseits gab es hartnäckige Gerüchte darüber, daß die UdSSR dem Iran geflüchtete Rebellen ausliefere, daß also Aserbaidschaner, Kurden und Araber direkt in die Hände des Geheimdienstes SAVAK gerieten. Sossimow wußte vermutlich nichts von diesen einerseits offensichtlichen, andererseits geheimen Dingen, sonst hätte er sich wohl kaum entschlossen, ausgerechnet in den Iran zu flüchten; andererseits bot seine kleine Maschine wahrscheinlich keine andere Möglichkeit.

Immerhin hoffe ich, daß unsere Intervention im Fall Sossimow vielleicht dazu beitrug, daß er der Todesstrafe entging: Er wurde zu zehn Jahren Haft verurteilt. Die Wichtigkeit unseres Eingreifens wird durch eine beispiellose Brieflawine bestätigt, von der ich im Laufe der nächsten zwei Monate überhäuft wurde; ich erhielt mehrere (bis zu zehn) Briefe pro

Tag, die unser Eintreten für einen Verräter »erbittert verurteilten«. Wahrscheinlich handelte es sich dabei wenigstens zum Teil um reale, nicht fingierte Briefe, aber da alle an mich gerichtete Post den Filter des KGB durchläuft, kann ich sie als Ausdruck des Standpunktes und der Beunruhigung dieser Organisation betrachten.

Zur selben Zeit setzten Ljusja und ich uns für die im Palästinenserlager Tel-Saatar Belagerten ein. Dies war eine der grausamsten Seiten in der entsetzlichen Geschichte der vieljährigen nahöstlichen Katastrophen. Die Belagerung dauerte mehrere Monate, und die belagerten Palästinenser verteidigten sich mit dem Mut der Verzweiflung. Unter ihnen waren viele Frauen, sehr alte Menschen und Kinder. Die Situation wurde auch noch durch den Wassermangel im Lager verschlimmert; die Menschen begannen zu verdursten. Alle Versuche, die Belagerten mit Wasser zu versorgen, wurden von den Truppen ihrer Gegner, die das Lager umzingelt hatten, unterbunden, um den Willen der Verteidiger zu brechen. Unsere Sympathien waren bei dieser Tragödie auf seiten der Leidenden und heldenhaft Kämpfenden. Dabei spielte überhaupt keine Rolle, was wir von der politischen Situation der Palästinenser und der PLO-Führung halten. Ich erinnere mich lebhaft an Ljusjas Bedrücktheit in jenen Tagen. Unser Brief mit dem Aufruf zu Humanität, besonders gegenüber den Frauen und Kindern in der belagerten Siedlung, wurde veröffentlicht und mehrmals im Rundfunk verlesen. Ich weiß nicht, ob er in jener konkreten Situation wenigstens eine gewisse reale Wirkung hatte. Bei der Erbitterung, die von beiden Seiten Besitz ergriffen hatte, war damit kaum zu rechnen. Trotzdem halte ich diesen Brief in prinzipieller Hinsicht für wichtig. (Diese Zeilen wurden 1981 zu Papier gebracht.)

In den letzten Monaten des Jahres 1976 bereiteten uns auch die Schwierigkeiten, die Alexander Ginsburg hatte, gewisse Sorgen. Ein Jahr zuvor, als Ljusja in Italien war, hatte Valentin Turtschin mich überredet, Ginsburg zu meinem Sekretär zu machen, um ihn irgendwie vor dem ihm drohenden Unheil zu schützen (natürlich handelte es sich um eine rein formale Stellung; wirkliche Sekretärsarbeit, vor allem in meinem Fall, hätte Eigenschaften und eine Nähe zu meiner Position gefordert, über die Alexander Ginsburg nicht verfügte). Wenn Alik zum Beispiel ohne mich zur Datscha fuhr, wurde er immer wieder systematisch festgenommen, und ich mußte zum nächsten Milizrevier eilen, um ihm herauszuhelfen. Unangenehm war auch, daß Alik sich mit Dingen beschäftigte, zu denen ich überhaupt keine Beziehung hatte. Immer häufiger riefen in unserer Wohnung Menschen an – manchmal versuchten sie auch, uns zu besuchen –, mit denen wir absolut nichts zu tun haben wollten. All das ändert natürlich nichts daran, daß Alik uns und unseren Enkeln in menschlicher Hinsicht nahestand; er ist das, was man einen »umgänglichen Menschen« nennt, wir gewannen ihn lieb, und er uns. Der persönliche Umgang mit ihm war zu keiner Zeit beschwerlich.

Ende 1976 gab ich George Krimsky, dem Korrespondenten der amerikanischen Presseagentur AP, ein längeres Interview. George war einer der wenigen Journalisten, zu denen wir, auch Efrem und Tanja, enge persönliche Beziehungen entwickelt hatten. Wahrscheinlich begann man aus diesem Grunde, ihn in der sowjetischen Presse anzugreifen und ihn allen möglichen Schikanen auszusetzen. Mehrere Male beschädigte man ihm, wie auch einigen anderen ausländischen Korrespondenten, das Auto und durchstach die Reifen. Im Herbst kamen George, seine Frau und sein kleines Kind als Gäste von Tanja und Efrem in die Datscha. Sofort brach die Miliz ins Haus ein, zerrte George, seine Frau und das Kind gewaltsam aus dem Haus und brachte sie zum Milizrevier, wo ein Protokoll angefertigt wurde. Man gestattete ihnen nicht einmal, das Kind zu füttern und die Botschaft anzurufen. Der Vorwand für die Aktion bestand darin, daß meine Datscha sich in einem für Ausländer verbotenen Gebiet befände. Dabei waren sie früher oft zu mir und meinen Nachbarn gekommen. Anfang 1977 wurde George Krimsky durch einen Erlaß des Außenministeriums der UdSSR gezwungen, das Land zu verlassen.

Ich würde mich freuen, wenn die Vorgesetzten der in Moskau akkreditierten ausländischen Korrespondenten begriffen, daß solche Ausweisungen nicht nur kein Beweis professioneller Inkompetenz sind, sondern im Gegenteil zeigen, daß der Korrespondent auf außergewöhnliche und würdige Weise gehandelt hat.

In dem Interview mit Krimsky sprach ich über die Aufgaben und die Situation der Bürgerrechtsbewegung in der UdSSR, wobei ich die Rolle der Helsinki-Gruppen besonders hervorhob; über die Notwendigkeit dessen, daß der Westen in seinen Beziehungen zur UdSSR von nichtkonjunkturellen Zielen ausgeht, unter denen die Probleme der Menschenrechte und der Öffnung der Gesellschaft einen besonderen Platz einnehmen; über die Notwendigkeit westlicher Einheit; über die sowjetisch-chinesischen Beziehungen. Insgesamt war dies eines meiner Interviews, die, wie ich glaube, allgemeine Bedeutung haben.

Mitte Dezember 1976 spielten sich gleichzeitig zwei Ereignisse ab, von denen das eine gleichsam eine Bilanz der vorhergehenden Etappe des Schutzes der Menschenrechte in der UdSSR, also auch meiner Bemühungen, zog; das zweite war dagegen ein Vorbote neuer Leiden, Repressionen, Widerstände. Das Zusammentreffen dieser beiden Ereignisse war meiner Ansicht nach kein Zufall. Es handelte sich einerseits um den Austausch Wladimir Bukowskis gegen den chilenischen Kommunisten Luis Corvalan, andererseits um einen Brand in Malwa Landas Zimmer.

Bukowskis Austausch wurde ermöglicht durch die vieljährige internationale Kampagne zu seinem Schutz und durch seine hohe und wohlverdiente moralische Autorität, die er als einer der standhaften Vertreter der gewaltlosen Bürgerrechtsbewegung genoß. Andererseits hatte es eine umfassende internationale Kampagne – unterstützt auch von der sowjetischen Presse – für die Freilassung des Sekretärs der chilenischen Kommunistischen Partei, Luis Corvalan, gegeben, den Pinochet im Jahre 1973 verhaftet hatte. Als diese beiden Probleme auf Initiative mancher westlicher Repräsentanten – darunter anscheinend auch solche aus dem Komitee der Sacharow-Hearings in Dänemark, dazu später – »zusammenstießen«, willigten die sowjetischen Behörden in den Austausch ein. In der damals entstandenen Situation konnten sie Corvalan nicht in Chile in Haft lassen, obwohl er ihnen in propagandistischer Hinsicht dort vielleicht nützlicher gewesen wäre.

Über diesen Austausch, wie überhaupt über das Prinzip des Austausches, kamen danach heiße Diskussionen in Gang. Insbesondere die Leitung von Amnesty International sprach sich gegen jeden Austausch aus, weil sie meinte, daß dies dem Prinzip einer allgemeinen Amnestie für Gewissenshäftlinge zuwiderlaufe, gleichsam die kategorische moralische Notwendigkeit einer Amnestie für alle verfälsche.

Ich selbst vertrete in dieser Frage eine andere Position. Ich freue mich aus tiefstem Herzen und ohne jedes Zögern über jede Befreiung von Menschen, die für ihre Überzeugung leiden! Mich freut die Freilassung sogar eines einzigen Menschen, eines einzigen Gewissensgefangenen, in diesem Falle Wladimir Bukowskis, und ich verstehe absolut nicht, wieso dies dem Schicksal anderer Gewissensgefangener geschadet haben soll. Eine Amnestie von Gewissensgefangenen in der UdSSR (und in der Mehrheit anderer Länder, in denen es Gewissensgefangene gibt) wird nur infolge tiefgreifender Wandlungen, die ein Austausch keineswegs beeinträchtigen kann, möglich sein. Und über Luis Corvalans Freilassung freue ich mich aus rein menschlichen Gründen! Der Standpunkt der von mir hochverehrten Amnesty International scheint mir in dieser Frage allzu abstrakt, allzu scholastisch.

Wir hatten schon ein paar Tage zuvor (über seine Mutter) von Bukowskis Austausch und seiner bevorstehenden Ausreise aus der UdSSR erfahren. Mehrere Dutzend Moskauer Andersdenkende waren auf dem internationalen Flughafen Scheremetjewo eingetroffen; sie hofften, Wladimir wenigstens aus der Ferne zu sehen, ihn von weitem grüßen zu können. Viele ausländische Journalisten waren eingetroffen und – wie immer – nicht weniger KGB-Leute. P. G. Grigorenko und ich gaben den Korrespondenten, die uns umringten, ein improvisiertes Interview. Wir beide drückten die Hoffnung aus, daß dieser humane Akt des Austausches nicht der einzige sein möge, daß die Freilassung anderer Gewissensgefangener folgen und es früher oder später zu einer allgemeinen politischen Amnestie kommen werde. Wir erklärten, daß die Freilassung weiblicher politischer Gefangener sowie kranker politischer Häftlinge besonders dringlich sei, und nannten viele Namen. Während des Interviews waren die KGB-Angehörigen etwas weiter entfernt, sie bildeten einen zweiten äußeren Ring um die Journalisten und Dissidenten.

Wir verbrachten zwar mehrere Stunden in Scheremetjewo, verpaßten aber alles. Ein Militärtransportflugzeug brachte Bukowski nämlich von irgendeinem anderen Flugplatz aus in den Westen. Zu diesem Flugplatz fuhr man auch seine Mutter, seine Schwester und Bukowskis kranken Neffen auf einer Tragbahre. Bis zur Grenze mußte Bukowski im Flugzeug Handschellen tragen.

In der sowjetischen Presse waren seit 1971 Artikel erschienen, in denen man Bukowski als Rowdy bezeichnete. Nach dem Austausch fand folgendes Gedichtchen weite Verbreitung:

> Man tauschte einen Hooligan
> Gegen Luis Corvalan.
> Wo findet sich ein solches Schwein,
> Das gegen Breschnew tauscht man ein?

Malwa Landa war mit uns in Scheremetjewo gewesen. Von dort kehrte sie zu sich nach Hause zurück, wo einige Stunden später ein Feuer ausbrach.

Landa ist von Beruf Geologin. Damals war sie schon pensioniert und lebte allein in einem Zimmer einer Kommunalwohnung der Moskauer Satellitenstadt Krasnogorsk. Ich halte sie für eine der besten Vertreterinnen der Bürgerrechtsbewegung, die der Idee von Gerechtigkeit und Humanität uneingeschränkt ergeben ist; sie ist von Mitgefühl für alle Leidenden erfüllt und verurteilt kompromißlos Illegalität und Ungerechtigkeit. Kaum jemand kennt so gut wie sie die Prozesse, die Familienverhältnisse, die Schwierigkeiten, den Charakter, die Krankheiten Hunderter politischer Gefangener und von neuem Verhafteter, gegen die noch ermittelt wird. Jedem von ihnen bringt sie lebhaftes Mitgefühl und Verständnis entgegen.

Im Mai 1977 nahm ich an der Verhandlung gegen Malwa teil, in der sie angeklagt wurde, aus Fahrlässigkeit einen Brand verursacht zu haben, der dem persönlichen Eigentum ihrer Nachbarn und dem Staatseigentum großen Schaden zugefügt habe. Ich bin jedoch überzeugt, daß es sich nicht um ein Feuer aus Fahrlässigkeit, sondern um eine bewußte Brandstiftung gehandelt hat. Das Feuer brach aus, als Malwa für einen Moment in die Gemeinschaftsküche gegangen war, um den Teekessel aufzusetzen, wobei sie die Tür zu ihrem Zimmer offenließ. Als sie zurückkehrte, loderten Flammen im Zimmer, auf dem Tisch und auf dem Fußboden brannten dort ausgebreitete Papiere, die sie hatte ordnen wollen. Sie stürzte in die Küche, um Wasser zu holen, doch als sie zurückkam, versperrte ihr ein unbekannter Mann den Weg ins Zimmer. Das Handgemenge zwischen ihnen dauerte mehrere Minuten, und es gelang ihr nicht, das Zimmer zu betreten. Weder Malwa noch irgendeiner der Nachbarn kannten diesen Mann. Das Gericht und die Staatsanwaltschaft machten nicht den geringsten Versuch, ihn zu finden. Ich bin überzeugt, daß es ein KGB-Angehöriger war, wahrscheinlich der Brandstifter. Während der Untersuchung versuchte man nicht zu klären, ob es Spuren der Verwendung von leicht entzündlichen Stoffen gab, obwohl das Bild des Brandes darauf hindeutete. Das Gericht übertrieb zudem den Schaden, den das Feuer angerichtet hatte. In Wirklichkeit war Malwa selbst die Hauptleidtragende, denn ihre gesamte Habe war verbrannt. Malwa hatte natürlich keine Ersparnisse; sie lebte wie die Mehrheit der Ruheständler in der UdSSR: von Rente zu Rente.

Weitere Details: Zwar war die Feuerwehr benachrichtigt worden, aber jemand schickte den Wagen zu einer falschen Adresse, so daß er sehr spät eintraf. Jemand anderes verhinderte, daß die Elektrizität ausgeschaltet wurde. Das Gericht ignorierte all diese Einzelheiten. Malwa Landa hatte einen guten Rechtsanwalt, aber, wie immer bei Verhandlungen gegen Dissidenten, konnte er nichts tun, um das Urteil abzuändern. Malwa wurde zur Zahlung von Schadenersatz und zu zwei Jahren Verbannung verurteilt. Ende 1977 oder Anfang 1978 wurde sie aufgrund einer Amnestie freigelassen, verlor aber das Recht, in Krasnogorsk (sowie in Moskau) zu wohnen. Sie mußte sich eine halbe Wohnung jenseits einer Hundertkilometerzone kaufen. Bei ihren kurzfristigen Besuchen in Moskau wurde sie häufig festgenommen.

Im Frühjahr 1980 verhaftete man Malwa Landa von neuem, diesmal aufgrund einer unverhohlen politischen Anklage nach Artikel 190–1. Sie lebte bis Ende 1984 wieder in der Verbannung.

XXI. Sacharow und Carter

Explosion in der Moskauer Metro. Carters Inaugurationsrede. Erklärung des amerikanischen Außenministeriums und Carters Replik. Verhaftung von Ginsburg und Orlow. Die Sache mit dem Wohnungstausch. Verhaftung Schtscharanskijs. Verhaftungen in der Ukraine, im Baltikum, in Georgien und Armenien

In den ersten Januartagen fanden Haussuchungen bei Jurij Orlow und anderen Mitgliedern der Moskauer Helsinki-Gruppe statt. Dies war sehr beunruhigend und ließ noch ernstere Repressionen gegen alle Helsinki-Gruppen ahnen. Die Haussuchungen selbst waren verheerend (außer Dokumenten beschlagnahmte man bei allen Durchsuchungen Geld und Sachen des Hilfsfonds für politische Häftlinge und ihre Familien, persönliche Habseligkeiten und finanzielle Mittel sowie natürlich Schreibmaschinen, Tonbandgeräte und Rundfunkempfänger), und sie wurden von verschiedenen Gesetzesbrüchen begleitet, bis hin zur Unterschiebung kompromittierender Gegenstände. Im Zusammenhang mit diesen Haussuchungen schrieb und publizierte ich einen Aufruf an die Staatschefs, deren Regierungen das Helsinki-Abkommen unterzeichnet hatten. Wenn diese Staaten in irgendeiner, und sei es auch in der mildesten Form auf die damalige Bedrohung der Helsinki-Gruppen reagiert hätten, wären die sowjetischen Behörden vielleicht vor jener Welle von Repressionen zurückgeschreckt, die kurz darauf folgten, oder diese Repressionen wären eingeschränkt worden. Aber die Durchsuchungen und mein Aufruf wurden im Ausland kaum zur Kenntnis genommen.

Am 9. Januar erfuhren wir von einem tragischen Ereignis des Vortages: In einem Wagen der Moskauer Metro hatte es eine Explosion gegeben, bei der Menschen ums Leben gekommen waren. Der ausländische Rundfunk teilte widersprüchliche Einzelheiten mit, während die sowjetische Presse in den ersten Tagen überhaupt nichts dazu veröffentlichte. Am 11. Januar erfuhren wir aus einer westlichen Rundfunksendung, daß Victor Louis, der Moskauer Korrespondent der englischen Zeitung *Evening News*, einen Artikel veröffentlicht hatte, in dem er die Meinung sowjetischer Funktionäre zitierte, daß Dissidenten für dieses Verbrechen verantwortlich seien. Victor Louis ist, wie weiter oben schon angedeutet, seit vielen Jahren aktiver KGB-Agent, der äußerst heikle und oft auch provokatorische Aufgaben erfüllt. Seine Zusammenarbeit mit dem KGB soll im Lager begonnen haben, wohin es ihn vor langer Zeit verschlagen hatte. Das KGB bezahlt ihn auf sehr originelle Weise, indem es ihm allerlei Schiebereien mit Bildern, Ikonen und harter Währung gestattet, für die ein anderer schon längst schwer bestraft worden wäre. Mit Hilfe von Victor Louis' Artikel sollte offenkundig die Reaktion des Westens sondiert werden. Wenn es keinen Widerstand gab, konnte danach ein Schlag gegen die Dissidenten folgen, dessen Stärke wir nicht abschätzen konnten. Außerdem ist nicht auszuschließen, daß die Explosion selbst eine Provokation war, die sich vielleicht direkt gegen die Andersdenkenden richtete.

Ich entschied, daß es nötig war, an die Öffentlichkeit zu treten. Am 11. und 12. Januar schrieb ich einen Brief, in dem ich alles mitteilte, was ich über die Umstände der Explosion und über Victor Louis' Beitrag wußte. Ich erinnerte an die illegalen Handlungen der Behörden und die streng loyalen, sich auf Öffentlichkeit und Gewaltverzicht gründenden Aktivitäten der Bürgerrechtler in der UdSSR. Unter den Verbrechen, in die das KGB möglicherweise verwickelt war, erwähnte ich den Tod Brunows, Jakowlews und Bogatyrjows und eine Reihe anderer entsetzlicher Taten, denen Andersdenkende zum Opfer gefallen waren. Am Ende des Briefes schrieb ich:

> »Ich kann mich des zwingenden Eindrucks nicht erwehren, daß der Sprengstoffanschlag in der Moskauer U-Bahn mit seinen tragischen Todesfällen eine neuerliche Provokation der Kräfte der Unterdrückung ist, die gefährlichste in den letzten Jahren. Eben diese Empfindung und damit auch die große Sorge, daß diese Provokation einen Wechsel des innenpolitischen Klimas im Lande bewirken könnte, haben mich zu diesem Artikel veranlaßt. Ich wäre überglücklich, wenn sich meine Befürchtungen als unbegründet erweisen sollten.
> Auf jeden Fall hege ich die Hoffnung, daß dieser verbrecherische Akt der Unterdrückungsorgane weder Anzeichen einer neuen Taktik sind, die darauf abzielt, den Volkszorn gegen die Regimekritiker zu mobilisieren, noch darauf schließen lassen, daß diese Taktik von oben offiziell gebilligt wurde. Vielmehr würde ich gern glauben, daß dies nur die kriminelle Entgleisung gewisser Kreise war, die ihre eigene Macht, und ihren Einfluß zu vergrößern suchen, aber unfähig sind, eine Kontroverse auf ehrliche Art argumentativ auszutragen.

> Ich rufe die Weltöffentlichkeit auf, offizielle Nachforschungen über den Moskauer Sprengstoffanschlag vom 8. Januar unter Beiziehung ausländischer Experten und Juristen zu fordern ...« [1]

Während ich an dem Brief arbeitete, war mir und auch Ljusja bewußt, daß er unvermeidlich zu einer Reaktion des KGB führen würde, deren Opfer nicht nur wir beide, sondern auch andere Mitglieder unserer Familie, besonders die Kinder, werden könnten. Aber ich war der Ansicht, daß ich in der nun entstandenen Lage keine Wahl hätte und – aufgrund meiner Position – zu dem Versuch verpflichtet sei, mich gegen die drohende Gefahr zu stemmen. Ljusja verstand meine Haltung. Unabhängig von mir bereitete die Helsinki-Gruppe ein ähnliches Dokument vor, allerdings in milderer Form. Beide Dokumente wurden gleichzeitig westlichen Korrespondenten übergeben. Mein Brief rief besondere Aufmerksamkeit hervor.

Ungefähr am 16. Januar kam morgens, während wir frühstückten, ein unerwarteter Besucher zu uns. Er stellte sich als amerikanischer Rechtsanwalt vor und überbrachte mir die Bitte (wobei nicht klar war, von wem diese Bitte ausging – vielleicht von ihm selbst; jedenfalls hatte ich damals den Eindruck, daß er die neue Regierung meinte), für Carter eine Liste von rund zehn politischen Gefangenen aufzustellen, auf deren Freilassung alle Bemühungen konzentriert werden müßten. Unten wartete ein Auto auf den Gast, da er zwei Stunden später in die USA fliegen mußte. Während Ljusja ihm Spiegeleier briet, entwarf ich auf einem Blatt Papier einen Brief an Carter, in dem ich bat, auf die Freilassung von sechzehn Menschen (mit zehn Namen kam ich einfach nicht aus!) hinzuwirken; ebenso machte ich den designierten Präsidenten darauf aufmerksam, daß die Explosion in der Moskauer Metro möglicherweise provokatorischen Zielen gedient habe oder für solche Ziele ausgenutzt werden könne. Ich fügte auch an dieser Stelle hinzu, daß ich erleichtert wäre, wenn diese Befürchtungen sich als unbegründet erweisen sollten. Da wir sehr wenig Zeit hatten, schrieben Ljusja und ich jeweils eine der beiden Seiten neu ab und übergaben sie unserem Besucher, der sich sofort verabschiedete und nach nicht einmal halbstündigem Aufenthalt bei uns abfuhr. Nach sämtlichen Umständen des Gesprächs war ich überzeugt, daß mein Brief nur für den Adressaten bestimmt war und nicht veröffentlicht werden würde, und in diesem Sinne faßte ich das Schreiben auch ab. Schließlich konnte ich öffentliche Appelle auch ohne solche Vermittler herausgeben. Aber anscheinend hatte ein Mißverständnis vorgelegen. Mein Brief erschien kurz darauf in der *New York Times*. Ich habe keine Informationen darüber, ob er an Carter geschickt oder ihm übergeben wurde, und weiß erst recht nicht, ob er irgendwie für offene oder geheime diplomatische Aktionen verwendet wurde (was ich allerdings nicht ausschließe). Wahrscheinlich hatte die Publikation keine negativen Auswirkungen, und vielleicht machte sie einmal mehr auf das Schicksal unserer Gewissensgefangenen aufmerksam.

Am 20. Januar fand die offizielle Amtseinführung des neuen Präsidenten der USA statt. Carter hielt die traditionelle Inaugurationsrede, in der er den internationalen Schutz der Menschenrechte zur moralischen Grundlage der amerikanischen Politik machte. Natürlich war diese Erklärung von einer gewissen Rhetorik geprägt, wie sie nicht nur Politikern der Vereinigten Staaten eigen ist. Aber trotzdem war sie zweifellos aufrichtig und ernst gemeint und spiegelte die Überzeugung Carters wider; wichtiger noch, sie reflektierte das neue moralisch-psychologische Klima in der Welt, in der immer mehr Menschen der verschiedensten politischen Einstellung sich der Bedeutung und Rechtmäßigkeit der internationalen Menschenrechtsbewegung bewußt wurden. In der praktischen Durchführung einer Politik zum Schutze der Menschenrechte zeigte die Regierung jedoch einige Schwächen und Inkonsequenzen, was ernste negative Folgen hatte, vor allem für die Andersdenkenden in der UdSSR. Zu bedauern ist Carters mehrere Monate nach seinem Amtsantritt abgegebene Erklärung darüber, daß die USA zwar den Schutz der Menschenrechte fortsetzen, sich aber nicht in konkrete Fälle einmischen würden. Nichtsdestoweniger läßt sich die tiefe und unvergängliche Bedeutung von Carters Inaugurationsrede – wenn wir sie heute betrachten – nicht verhehlen. Es war das erste Mal, daß das Oberhaupt eines der größten und mächtigsten Staaten der Erde so unzweideutig das Prinzip des internationalen Schutzes der Menschenrechte unterstützte und bekräftigte.

Am 24. Januar wurde ich zu dem stellvertretenden Generalstaatsanwalt der UdSSR, Gussew, vorgeladen (in die Puschkin-Straße 15, das heißt dorthin, wo ich mich zweieinhalb Jahre zuvor mit Maljarow, einem anderen Stellvertreter, getroffen hatte). Der Zweck dieser Vorladung bestand darin, mir eine offizielle Warnung hinsichtlich der Strafbarkeit meiner Erklärung über die Explosion in der Moskauer Metro und überhaupt hinsichtlich meiner öffentlichen Tätigkeit zu erteilen.

Ich begriff, daß man die Verfolgungen verstärken würde, und fürchtete vor allem, daß meine Verwandten zur Zielscheibe werden könnten. Am selben Tag berichtete ich den ausländischen Journalisten auf einer Pressekonferenz über die Vorladung in die Staatsanwaltschaft und übergab ihnen eine Aufzeichnung des Gesprächs; Mitteilungen darüber wurden in vielen Zeitungen veröffentlicht und vom Rundfunk gesendet. Ein paar Tage später gab TASS eine Erklärung heraus (für das Ausland, das heißt über Fernschreiber), in der man mich bewußt der Verleumdung bezichtigte und versuchte, meine Position falsch darzustellen. Der Text war von J. Kornilow (einem der Verantwortlichen für die Anti-Sacharow-Kampagne von 1973) verfaßt. Am 28. Januar, wenn ich mich richtig erinnere, veröffentlichte das Außenministerium der USA eine Verlautbarung, in der Sorge über die Bedrohung des Akademiemitglieds Sacharow geäußert wurde. Am nächsten Tag, als Carter wegen irgendeiner dringenden Angelegenheit Washington verließ, wurde er vor dem Abflug von Journalisten »abgefangen« und gefragt, wie er zu dieser Verlautbarung des Außenministeriums stehe. Mit einem Fuß schon im Hubschrauber – so wurde dieses Interview in irgendeinem Artikel beschrieben – antwortete Carter (ich zitiere wieder aus dem Gedächtnis):

> »Ich bin besorgt über die Verfolgungen, denen das Akademiemitglied Sacharow ausgesetzt ist. Aber ich meine, daß das Außenministerium derartige Erklärungen nicht herausgeben sollte, ohne sie vorher mit dem Büro des Präsidenten abzustimmen.«

Diese fast beiläufig hingeworfene Bemerkung des Präsidenten hatte schwerwiegende Folgen. In der UdSSR und sogar in den westlichen Ländern sah man sie als Desavouierung der Worte des Außenministers an. Eine englische Zeitung veröffentlichte einen Artikel mit der in großen Lettern gesetzten Überschrift, die auf Carters Erdnußfarm anspielte: »Carter speiste Sacharow mit Erdnüssen ab.«

Möglicherweise war es Carter um nichts anderes gegangen als um die formale Notwendigkeit, daß das Außenministerium seine Statements mit dem Präsidenten abstimmte, aber es war falsch, darauf in der Öffentlichkeit hinzuweisen.

(Ich möchte für einen Moment abschweifen und mir folgende Bemerkung erlauben: Wenn wir im Rundfunk hören, wie westliche Politiker sich gegenseitig lächerlich machen, wie sie jeden Streit „nach draußen“ tragen oder – schlimmer noch – ihre Position zu Fragen von internationaler Wichtigkeit nach innenpolitischen und manchmal innerparteilichen [für uns ist das alles das gleiche] Erwägungen festlegen, werden wir oft von Entsetzen oder, im besten Falle, von Befremden gepackt: Begreifen sie denn wirklich nicht, daß jedes derartige Zeichen von Meinungsverschiedenheiten, Inkonsequenz, Naivität oder Zynismus auf der anderen Seite der Welttrennungslinie nicht unbemerkt bleibt, sondern sorgfältig analysiert und ausgenutzt werden? Die Situation auf der Welt ist äußerst kompliziert; der Westen und seine Politiker können sich nicht den Luxus erlauben, so zu handeln, als gebe es auf diesem Planeten nichts anderes als die westlichen Länder. Vielleicht geht meine Bemerkung etwas über den Rahmen des konkreten Anlasses hinaus, aber ich halte es für notwendig, sie – hier oder an anderer Stelle – zu machen.)

Die sowjetischen Behörden reagieren sehr präzise auf jede »Schlappheit«. Man darf annehmen, daß auch dieses Beispiel ihnen nicht entging, und daß Carters Inkonsequenz in den Augen der sowjetischen Regierung als »Schlappheit« galt. Während des Wahlkampfes schickte Carter an Wladimir Slepak, einen Aktivisten der jüdischen Ausreisebewegung und Angehörigen der Moskauer Helsinki-Gruppe, ein Telegramm, in dem er Slepak seine Solidarität bekundete, bei dem eine Haussuchung stattgefunden hatte. Aber nachdem er Präsident geworden war, und man bei Slepak wieder eine Haussuchung durchführte, ihn einem Verhör und Drohungen aussetzte, kam keine Reaktion auf diese neue Ungesetzlichkeit. Wahrscheinlich hatte man die Entscheidung über Ginsburgs und Orlows Verhaftung schon lange vor Carters Replik getroffen, ebenso wie die Entscheidungen über jene gegen meine Familie gerichteten Aktionen, von denen ich im folgenden berichte. Doch daß diese Entscheidungen gerade Anfang Februar, eben nach Carters Replik, in die Tat umgesetzt wurden, braucht kein Zufall zu sein. Was die Aktionen gegen mich betrifft, so ist der Zusammenhang mit meiner Erklärung über die Explosion in der Metro und der Vorladung zu Gussew unzweifelhaft. Vielleicht machten Carters Berater ihn auf sein Versäumnis aufmerksam, oder er bemerkte es selbst. Jedenfalls sandte mir Carter wohl nicht von ungefähr gerade in jenen Tagen einen persönlichen Brief. Dies war eine völlig beispiellose und sehr wichtige Handlung, die eine noch größere Rolle hätte spielen können, wenn sie von einer Reihe anderer Schritte begleitet und die Menschenrechtspolitik insgesamt konsequenter gehandhabt worden wäre.

Carters Schreiben an mich wurde am 5. Februar abgesandt. Schon zwei Tage vorher kam es zu einem Ereignis, das den Beginn einer Verhaftungswelle gegen die Mitglieder der Helsinki-Gruppe anzeigte: Alexander Ginsburgs Verhaftung. Man verhaftete ihn auf der Straße, als er hinausgegangen war, um ein Gespräch über ein öffentliches Telefon zu führen (sein eigenes Telefon war abgeschaltet). Möglicherweise hätte man ihn schon fast einen Monat früher verhaftet, aber damals wohnte er bei uns in der Tschkalow-Straße, und danach hatte Ljusja ihn zur Untersuchung in einem Krankenhaus unterbringen können. So war die Verhaftung hinausgeschoben worden. Wir hatten zwar gehofft, daß das Unglück diesmal vorübergehen würde, wie es manchmal geschieht. Doch Ginsburg war ein »Wiederholungstäter«: Seine vorherige Verhaftung zusammen mit Galanskow, Laschkowa und Dobrowolskij hatte im Jahre 1967 die berühmte Unterschriftenkampagne ausgelöst. Nun drohte ihm ein Lager »mit Sondervollzug« – und genauso kam es. Ginsburgs Schicksal macht uns große Sorgen. Am 4. Februar, dem Tag nach seiner Verhaftung, fuhren Ljusja und ich zu Igor Rostislawowitsch Schafarewitsch; ich wollte zusammen mit ihm einen Aufruf zum Schutz Ginsburgs herausgeben. Das gemeinsame Formulieren ist immer sehr schwierig und qualvoll. Wir arbeiteten mehrere Stunden lang daran. Erst spät am Abend verließen Ljusja und ich erschöpft Schafarewitschs Wohnung, tranken hastig Kaffee in der nächstgelegenen Konditorei und stellten, nach Hause zurückgekehrt, gegen 3 Uhr nachts die Endfassung des Appells her. Am nächsten Tag unterschrieb Schafarewitsch ihn nach einigem Zögern.

Eine Woche nach Ginsburg wurde Jurij Fjodorowitsch Orlow verhaftet. Orlow ist korrespondierendes Mitglied der armenischen Akademie der Wissenschaften, ein Gelehrter mit großem Namen. Es gab eine gewisse Hoffnung, daß seine Bekanntheit ihn schützen würde. Aber nachdem die Behörden sich einmal zur Verhaftung entschlossen hatten, gingen sie besonders brutal mit Orlow um.

Am 3. Februar – dem Tag, als Ginsburg verhaftet worden war – erfuhren wir, daß uns ein Wohnungstausch verweigert wurde. Ich werde hier näher darauf eingehen, zumal die sowjetische Praxis des Wohnungstausches viele eigentümliche Details enthält, die aufzeigen, in welchem Grade die legalen Interessen des durchschnittlichen Bürgers wirklich geschützt sind.

Wir alle (sieben Personen, wenn man Motja und Anja mitrechnet) lebten damals in Ruth Grigorjewnas Zweizimmerwohnung, und im Sommer in der Datscha. Die Wohnung, die Ljusja früher einmal für Tanja und Efrem vorgesehen hatte, konnten sie nicht benutzen. Es wäre entsetzlich gewesen, Tanja und Efrem dort mit den kleinen Kindern, deren Gefährdung wir keine Sekunde lang vergaßen, allein zu lassen; eigentlich wäre sogar nur Tanja dort gewesen, denn Efrem arbeitete außerhalb der Stadt und kehrte erst spät abends nach Hause zurück. Auch für Ljusja und mich wäre es sehr ungünstig gewesen, ständig dort zu wohnen – wir wären zu weit von allen anderen, auch von den ausländischen Korrespondenten, entfernt gewesen. So lebten wir sehr gedrängt auf 35 Quadratmetern, was sogar nach sowjetischen Maßstäben als äußerst eng gilt und nach westlichen einfach unvorstellbar ist. Deshalb beschlossen wir, unsere beiden Wohnungen gegen eine Vierzimmerwohnung einzutauschen.

Etwa ein Jahr lang oder sogar noch länger stellten wir, vor allem Ljusja, die Varianten des Tausches zusammen (wobei wir das monatliche Informationsblatt für Tauschanzeigen nutzten, das auch unsere Anzeige enthielt), sahen uns Wohnungen an und ließen unsere beiden eigenen Quartiere von anderen besichtigen. Schließlich wurde ein Ringtausch für gut befunden, der den Anforderungen und den Interessen aller am Tausch Beteiligten – insgesamt siebzehn Familien – genügte. Danach wurden unsere Anträge zusammen mit einer Vielzahl von Dokumenten der Wohnungskommission beim Bezirksexekutivkomitee vorgelegt. Die Kommission traf eine positive Entscheidung, was gewöhnlich ausreicht. Allerdings nicht in unserem Fall. Am 3. Februar teilte man uns mit, daß das Bezirksexekutivkomitee die Entscheidung der Wohnungskommission nicht bestätigt habe. Der offizielle Grund: Eine der Teilnehmerinnen an dem Tausch, eine alleinstehende Frau, die zusammen mit drei anderen Familien in einer Vierzimmerwohnung mit Räumen von jeweils sechzehn Quadratmetern lebte und nach den Tauschbedingungen eine kleine Einzimmerwohnung in einem Genossenschaftshaus bekommen sollte, hatte angeblich kein Recht auf die Erweiterung ihres Wohnraums, denn sechzehn Quadratmeter übersteigen die Moskauer Norm von neun Quadratmetern. Diese Frau war die Tochter eines an der Front Gefallenen; die Wohnungsgenossenschaft, der die Wohnung gehörte, hatte ihre Aufnahme bestätigt. Eine entsprechende Mitteilung war dem Antrag beigelegt. Doch das Rayonsexekutivkomitee hatte die Entscheidung der Wohngenossenschaft als angeblich illegal umgestoßen. Ich muß erklären, daß eine Wohngenossenschaft über Wohnraum verfügt, der ganz allein mit dem Geld der Sparer gebaut wird. Man sollte meinen, daß das Rayonsexekutivkomitee überhaupt nichts mit deren Entscheidungen zu tun hätte, aber bei uns liegen die Dinge anders! Alle Teilnehmer an dem Tausch waren durch den Mißerfolg völlig niedergeschmettert, einige noch stärker als wir. Unter ihnen war ein junger Vater, kurz zuvor verwitwet, der kleine Kinder aufzuziehen hatte; wenn der Tausch zustande gekommen wäre, hätte er neben seinen Eltern gewohnt.

Wir beschlossen, vor Gericht zu gehen, und nahmen einen Anwalt, der sofort feststellte, daß die Entscheidung des Rayonsexekutivkomitees dem Gesetz und den Kommentaren des Obersten Gerichtshofes der UdSSR zu gleichartigen Fällen widersprach. Er schrieb eine Eingabe ans Gericht, in der Protest gegen die Entscheidung der Wohnungskommission erhoben wurde (womit das Rayonsexekutivkomitee gemeint war, aber es ist aus formalen Gründen unmöglich, ein Machtorgan anzuzeigen!). Das Rayonsgericht weigerte sich ohne jedes Argument, den Fall zu untersuchen. Wir brachten eine Klage gegen die Entscheidung des Rayonsgerichtes beim Moskauer Gebietsgericht vor. Ende Februar erschienen alle Teilnehmer des Tausches zur Verhandlung. Unser Rechtsanwalt legte die Umstände äußerst überzeugend dar, aber das Moskauer Gebietsgericht wies die Klage zurück.

Nach der Verhandlung fragte eine der Frauen – ihre Hoffnung, aus einer Kommunalwohnung ausziehen zu können, war zerschlagen worden – den Richter verzweifelt: »Warum schützt das Gericht die legalen Interessen der Bürger nicht?«

Der Richter antwortete würdevoll: »In Amerika ist es Aufgabe des Gerichts, die Interessen der Bürger zu schützen. Ein sowjetisches Gericht hat andere Aufgaben!«

Am selben Tag erschien ein TASS-Kommentar »Über eine neue Provokation des Akademiemitglieds Sacharow« (wiederum nur im Ausland). Darin heißt es in pathetischem Tonfall, daß Sacharow ungezwungen auf 35 Quadratmetern lebe, sich jedoch entschlossen habe, den Wohnraum um ein Vielfaches zu erweitern und diesen Plan zu einer juristischen Provokation auszubauen. Zur Klärung: Bei diesen 35 Quadratmetern handelte es sich um Ruth Grigorjewnas Zweizimmerwohnung, wo wir faktisch mit sieben Personen lebten. Der Kommentar machte deutlich, daß auch das Scheitern unseres Wohnungstausches vom KGB arrangiert worden war.

Ungefähr einen Monat nach Orlows Verhaftung wurde am 15. März 1977 ein weiteres Mitglied der Moskauer Helsinki-Gruppe inhaftiert: Anatolij Schtscharanskij, der sich für die jüdische Ausreisebewegung engagiert hatte. Seine Verhaftung – das war von Anfang an klar – hatte den Zweck, die jüdische Ausreisebewegung und ihre Verbindungen zur allgemeinen Bürgerrechtsbewegung zu erschüttern. Schon bevor er der Helsinki-Gruppe beigetreten war, hatten wir Anatolij gut gekannt; er war häufig aus verschiedenen politischen Anlässen bei uns gewesen. Er hatte länger als ein Jahr bei meinen Pressekonferenzen als Dolmetscher fungiert. Wir achteten und liebten ihn seines Geistes und seiner inneren Aufrichtigkeit, seiner Energie und Freundlichkeit wegen. Hätten wir ahnen können, welches Schicksal ihm bevorstand? Man hatte Anatolij die Ausreise aus Gründen »studentischer« Geheimhaltung (sie wurde gewissen Gruppen in seinem Institut automatisch zugewiesen) verwehrt. Von seiner Verhandlung berichte ich später.

Die Verhaftungen von Mitgliedern der Helsinki-Gruppen griffen rasch auf die Ukraine, Georgien, Armenien und das Baltikum über. Wie immer waren die Repressionen besonders schwer in der Ukraine, wo man den Vorsitzenden der ukrainischen Helsinki-Gruppe, Mykola Rudenko, und die Mitglieder Oleksa Tichy, Miroslaw Marinowitsch und Mykola Matussewitsch verhaftete. In der Folge wurden viele andere Mitglieder der ukrainischen Gruppe verhaftet, manche, zum Beispiel Lukjanenko und Stus, fast sofort nach ihrem Eintritt in die Gruppe. In den Urteilen wurde in der Ukraine und im Baltikum stets die Höchststrafe ausgesprochen. Das bedeutet, daß die nicht Vorbestraften sieben Jahre Haft und fünf Jahre Verbannung und die »Wiederholungstäter« (darunter Tichy, Lukjanenko, Stus, Kandyba, Petkus, Niklus) zehn Jahre Haft und fünf Jahre Verbannung erhielten. In den nächsten Jahren verhaftete man auch Oksana Meschko sowie die Ehefrauen von Rudenko und Matussewitsch. Von den in der Ukraine und im Baltikum Betroffenen waren mir Rudenko (Ukraine), Kandyba (Ukraine), Petkus (Litauen) und Mart Niklus (Estland) persönlich bekannt. Der Ornithologe Niklus gehörte keiner Helsinki-Gruppe an.

Das KGB gab sich viel Mühe, Rudenkos Willen im Lager zu brechen und ihn einzuschüchtern. Eine der Methoden bestand darin, ihn mit »heimlichen« Falschinformationen darüber zu versorgen, daß seine Frau ihn betrüge. Inzwischen ist Raja Rudenko selbst im Lager, so daß man gezwungen ist, andere Methoden anzuwenden. (Ergänzung 1988: 1988 ließ man Mykola und Raja Rudenko frei; sie emigrierten.)

Alexej (Oleksa) Tichy, der fast gleichzeitig mit Rudenko verhaftet wurde, war früher Physiklehrer. Seine erste Verurteilung lieferte eines der vielen Beispiele dafür, daß die Machtorgane ungesetzliche Methoden – zum Beispiel die Öffnung von Privatbriefen und das Abhören von Telefonen – benutzen. (Wie ich gelesen habe, führt die Aufdeckung solcher Praktiken in den USA manchmal zum Freispruch des Angeklagten.) Auf der Post hatte man angeblich rein zufällig einen Brief Tichys gelesen, in dem er sich mißbilligend über N. S. Chruschtschow äußerte (damals fanden dessen Handlungen nur bei wenigen Anklang). Tichy wurde zu sieben Jahren Haft verurteilt. Nach seiner neuen Verhaftung (als er sich der Helsinki-Gruppe angeschlossen hatte) war Tichy schon ein »Rückfalltäter« und wurde nach dem zweiten Teil von Artikel 70 (in der Ukraine ist es offenbar Artikel 62) zu zehn Jahren Haft in einem Lager mit Sondervollzug (!) und fünf Jahren Verbannung verurteilt. Dabei spielte es nicht die geringste Rolle, daß Chruschtschow längst aus den Reihen der unfehlbaren Führer gestrichen, daß sein Name – mit allem Wichtigen und Guten, das er geleistet hatte, und allen sogenannten »voluntaristischen« Fehlern (die tatsächlich höchst überflüssig waren) – dem offiziellen Vergessen anheimgefallen war und daß das Volk ihn ganz gefahrlos verfluchte, wenn es sich Luft machen wollte. Der Repressionsapparat wird ganz automatisch in Betrieb gesetzt: »Rückfalltäter« bekommen das Höchstmaß.

Präsident Carters Inaugurationsrede über den Schutz der Menschenrechte auf der ganzen Welt rief in den höchsten sowjetischen Regierungskreisen großen Unmut hervor. Die sich anschließende Inkonsequenz der Aktionen und Erklärungen des Präsidenten gab ihnen jedoch die (wahrscheinlich trügerische) Hoffnung, daß man Carter in gewissem Maße »lenken« könne. In dieser Situation kam der amerikanische Außenminister Vance im Frühjahr 1977 mit verschiedenen, sehr weitgehenden Vorschlägen zu Abrüstungsfragen nach Moskau. Natürlich brachten die Verhandlungen kein Ergebnis. Man wies Vance einfach die Tür. Kurz darauf sprach A. Gromyko, der Außenminister der UdSSR, im sowjetischen Fernsehen. Die Hauptidee seiner Rede bestand darin, daß die UdSSR selbst seit langem alle möglichen Abrüstungsvorschläge gemacht habe und daß nun die Westmächte am Zug seien; sie hätten sich zu unseren Vorschlägen zu äußern und nicht Gegenvorschläge mit dem Ziel einseitiger militärischer Überlegenheit – das übliche Argument der sowjetischen Propaganda – zu machen. In diesem Zusammenstoß von Vance und Gromyko trug die amerikanische Seite den Sieg davon, aber es war traurig, daß keine konkreten Resultate hinsichtlich der Abrüstung erzielt werden konnten. Vielleicht wirkte sich Carters Zaudern in der Frage der Menschenrechte auch auf diesem Gebiet aus. Diese Mißerfolge drückten zahlreichen späteren Ereignissen ihren Stempel auf.

XXII. Ausreisen und Reisen
Aljoscha und seine Angelegenheiten. Reise nach Mordwinien

Anfang Frühjahr 1977 war deutlich geworden, daß Ljusja eine neue Operation benötigte, diesmal am rechten Auge. Im April stellte sie wiederum einen Antrag auf eine Reise nach Italien. Sie erhielt die Reiseerlaubnis im August, zur gleichen Zeit wie Tanja und Efrem, was wohl kein Zufall war. Efrem und Tanja hatten ihren Antrag im Juli gestellt. Sie entschlossen sich zu diesem Schritt unter dem Druck vieler Faktoren, die sich in den vorhergehenden Jahren angesammelt hatten; sie begriffen, daß das KGB auf sie als Geiseln meiner politischen Tätigkeit immer neuen Druck ausüben würde. Im Jahe 1977 war zu den früheren Gefahren die direkte Bedrohung eines Strafprozesses gegen Tanja und Tomar (Efrems Mutter) hinzugekommen, weil beide ein arbeitstechnisch vorteilhaftes, jedoch nicht legales Arrangement getroffen hatten, bei dem Tanja Tomar über einen Engpaß hinweghalf. Efrem selbst drohte eine Verhaftung; man hatte ihn zur Staatsanwaltschaft vorgeladen und unverhohlen gewarnt. Gleichzeitig wurden vage, doch gefährliche Vorwürfe wegen angeblich krimineller Vergehen gegen ihn erhoben: Er habe irgenwann einen Autounfall vertuscht und mit Büchern spekuliert – alles natürlich ohne jede Grundlage. Weder die jungen Leute noch wir konnten auch nur für eine Sekunde die Gefahren vergessen, die unseren Enkeln drohten, und immer wieder fiel uns Motjas rätselhafte und schreckliche Krankheit im Jahre 1975 ein. Im tiefsten Inneren war uns die Ausweglosigkeit der Situation wohl auch damals schon klar. Ich erinnere mich wieder an mein Gespräch über dieses Thema mit Efrem im Hof des Russakow-Krankenhauses, als wir erfahren hatten, daß die unmittelbare Gefahr vorüber war. Aber diese schwierige Entscheidung war immer wieder hinausgezögert worden. Efrem meinte, in Moskau nützlicher sein zu können, indem er Kowaljow, dessen Freunde und dessen Sache unterstützte. Und natürlich war es aus persönlichen, menschlichen Gründen sehr schwer, sich zu diesem Schritt zu entschließen, denn die Ausreise bedeutete die Trennung der Familie. Es würde schwierig sein, eine Verbindung aufrechtzuerhalten. Heute, da seit der Ausreise der Kinder fast vier Jahre (ich schreibe diese Zeilen im Juni 1981) vergangen sind, scheint mir, daß wir troz allem uns nicht ganz darüber im klaren gewesen waren, wie schwerwiegend dieser Schritt für uns alle werden würde.

Nach Tanjas und Efrems Ausreise spielte offenbar Aljoscha die Rolle der Geisel. Ich habe schon erwähnt, daß Aljoscha, nachdem man ihn im Jahre 1973 (mit Hilfe einiger Manipulationen) nicht in die Moskauer Universität (MGU) aufgenommen hatte, ins Pädagogische Institut eingetreten war. Dort lernte er mühelos, war einer der besten Studenten, doch dieses Institut wurde seinen Fähigkeiten nicht völlig gerecht. Ich wandte mich an den Rektor der MGU, das Akademiemitglied R. W. Chochlow, mit der Bitte, Aljoschas Übertritt an die MGU zu unterstützen. (Vorher hatte Rem Chochlow, der Nachfolger von Iwan Georgijewitsch Petrowskij auf dem Rektorenposten, dafür gesorgt, daß Tanja in die Fakultät für Journalistik eintreten konnte.) Aber dabei kam nichts heraus. Chochlow sagte mir, daß er Erkundigungen eingezogen habe; Aljoscha sei tatsächlich ein ausgezeichneter Student, und man könne ihn ausnahmsweise an die MGU übernehmen, doch das Hemmnis bestehe darin, daß er kein Komsomolze sei, was als Ergebnis meines Einflusses angesehen werden könne (ich habe oben dargelegt, daß mein Einfluß hierbei unerheblich war). Ich bin Chochlow, der inzwischen verstorben ist, sehr dankbar für seine offene Erklärung, die uns weitere nutzlose Bemühungen ersparte.

Aljoscha studierte also weiterhin am Pädagogischen Institut, aber er konnte sein Studium nicht beenden. Im Herbst 1977 erhielt er eine unbefriedigende Zensur in Militärkunde und wurde aus dem Institut ausgeschlossen. Damit brach man die bestehende Vorschrift, der gemäß ein Student, welcher das Fach Militärkunde nicht bestanden und keine Prüfung im Ausbildungskurs für Militärdienstpflichtige abgelegt hat, entweder nach einem Jahr die Prüfung wiederholen kann oder nach Absolvierung des Instituts nicht den Leutnantsrang erhält und als gemeiner Soldat in die Armee eintritt. Die Militärkunde steht nicht in direkter Beziehung zum Abschluß des Studiums, sie ist nicht im Lehrprogramm des Instituts enthalten. Aber Aljoscha war trotzdem relegiert worden, und ihm stand nun die sofortige Einberufung zur Armee bevor. Wir entschieden, daß Aljoscha in unserer besonderen Notlage keinesfalls zur Armee gehen dürfe, wo alle möglichen Exzesse denkbar sind; und für Unfälle, die, vom KGB organisiert, einem Soldaten zustoßen, ist niemand verantwortlich zu machen. Es hat viele entsetzliche Beispiele gegeben, von denen Baptisten und andere Gläubige betroffen waren. Was die Sicherheit betrifft, ist sogar ein Lager bei weitem vorzuziehen (obwohl auch dort organisierte Prügeleien u. ä. vorkommen). Wir gelangten zu dem (vielleicht voreiligen) Schluß, daß Aljoscha die Einberufung zur Armee verweigern und vor Gericht gehen solle, was praktisch drei Jahre Lager bedeutet. Gleichzeitig bemühten wir uns um eine Einladung aus Israel, damit Aljoscha, gemeinsam mit seiner Frau Olja Lewschina und seiner Tochter Katja (die wie Anja gerade zwei Jahre alt geworden war), einen Antrag auf Emigration aus der UdSSR stellen konnte. Natürlich wußten wir nicht, ob sie die Genehmigung erhalten würden. Doch der Versuch war unbedingt nötig, weil ihm sonst nur das Lager als Alternative zur Armee blieb.

Die Einladungen trafen Anfang Dezember ein. Aber in diesen Tagen hatte sich aus ganz anderen Gründen die Situation noch einmal dramatisch zugespitzt: Um den 10. Dezember herum teilte Aljoscha Ljusja völlig unerwartet mit, daß er seine Frau Olja nicht liebe und sich von ihr trennen werde. Davon unterrichtete er Olja am selben Tag. Wenn das Problem der Ausreise nicht gewesen wäre, hätte Aljoscha sein Geheimnis vielleicht noch einige Zeit für sich behalten, aber nun war die Lage äußerst akut geworden, so daß er sich nicht mehr für berechtigt hielt zu schweigen. Trotzdem reichten Aljoscha und Olja ihren Ausreiseantrag gemeinsam ein. Später überlegte Olja es sich anders, und Aljoscha fuhr allein. Olja bat ihn, ein Jahr lang nicht die Scheidung zu beantragen, womit Aljoscha einverstanden war. All das geschah, nachdem eine neue Person in dem Drama aufgetaucht war: Lisa Alexejewa, Aljoschas Kommilitonin aus dem Pädagogischen Institut; aus der Freundschaft mit ihr war Liebe geworden. Lisa war faktisch Aljoschas Frau geworden, konnte aber nicht zusammen mit ihm ausreisen, da er juristisch Olja Lewschinas Mann war. In den folgenden Jahren bemühten Lisa und Aljoscha sich um die Zusammenführung ihrer Familie. Nach einiger Zeit merkten wir, daß dieses Drama vom KGB ausgenutzt wurde – Lisa war zur Geisel geworden!

Am 15. Dezember wollte sich Ljusja nach Mordwinien aufmachen, um wieder einmal Eduard Kusnezow zu besuchen. Kurz zuvor hatte sie einen Brief von ihm erhalten. Kusnezow hoffte, daß man das Treffen diesmal, nach einer langen Unterbrechung, genehmigen würde. Ich begleitete Ljusja. Sie rechnete damit, daß man die Begegnung eher erlauben würde, wenn ich dabei war. Für diesen Fall nahm sie allerlei Lebensmittel mit. Auch Aljoscha begleitete uns als »Träger«.

Für Ljusja war dies ja keineswegs die erste Reise in die mordwinischen Lager: Seit 1971 war sie zwei-, dreimal im Jahr zu Eduard gefahren, allerdings häufig ohne Erfolg. Doch ihre »Bekanntschaft« mit dem Lager geht schon auf das Jahr 1945 zurück, als sie Ruth Grigorjewna dort besuchte. Ich selbst hatte das Lagerleben vorher nur aus einiger Distanz (im Objekt) beobachtet, während Aljoscha die Lagerwelt überhaupt zum erstenmal sah. Die mordwinischen Lager geben vielleicht nicht das beste, aber unzweifelhaft auch nicht das schlechteste Beispiel dieser Welt. In Gebieten mit drückenderem, kühlerem und feuchterem Klima – und der größte Teil des GULag liegt in solchen Gebieten – ist das Leben weitaus schwerer. Wie schon wiederholt dargestellt wurde, erreichen alle – sowohl die Häftlinge wie ihre Verwandten, die zu Besuch kommen, wie auch die »Leitung« – die mordwinischen Lager über den Bahnhof Potma. Wenn man den Schnellzug von Moskau nach Taschkent verlassen hat, steigt man in einen wackeligen und schmuddeligen Waggon der Schmalspurstrecke Potma–Baraschewo um (Baraschewo ist der Endpunkt des Lagerlandes, dort liegt das Krankenhaus).

Man spürt sehr bald, daß man die Welt auf unerklärliche Weise mit anderen Augen betrachtet. Die Farben der Umgebung sind blaß geworden, statt heller überwiegen plötzlich trübgraue und braune Töne; die Stimmen der Menschen wirken schriller, boshafter – und vielleicht ist es tatsächlich so. An beiden Seiten der Strecke liegt ein Lager (im Lagerjargon »Zonen« oder »Lagerpunkte« genannt) neben dem anderen. Sie haben große Ähnlichkeit mit den deutschen Vernichtungslagern, die wir aus den Fotos jener Jahre und aus Filmen kennen. Ich wurde an A. Wajdas rückhaltlosen und leidenschaftlichen Film *Landschaft nach der Schlacht* (1970) erinnert. Jedes Lager steht auf einem großen, rechteckigen Stück Land, das von einem durchgehenden, hohen grauen Zaun mit Stacheldraht auf nach innen ragenden Holzbohlen eingefaßt ist. An den Ecken stehen Wachttürme, auf denen die Gestalten der Wächter mit Maschinenpistolen zu sehen sind. Innerhalb des Zaunes ist die »verbotene Zone«, ein Streifen umgepflügter Erde mit noch einer Linie Stacheldraht, und in der Mitte stehen mehrere Reihen von langen und geduckten Baracken; sie sind ebenfalls grau, einstöckig, mit Bohlen verkleidet und haben wenig Ausblick bietende schwarze Fenster. Alles ist von dem grellen, leblosen Licht mächtiger Scheinwerfer erhellt, die auf hohen Pfeilern angebracht sind. Die Menschen sind nachts und sogar tagsüber kaum zu sehen und zu hören, doch ihre Anwesenheit hinter den Barackenwänden läßt sich erahnen. Von Zeit zu Zeit vernimmt man das heisere Bellen eines Schäferhundes. Hier wird deutlich, daß die gängige Redensart von dem Hund als »bestem Freund« des Menschen nicht immer gerechtfertigt ist – schon gar nicht, wenn der Mensch die graue, wattierte Jacke oder die gestreifte Kleidung eines Häftlings im Sondervollzug trägt.

Eduards Lager – mit Sondervollzug – befand sich in der Siedlung Sosnowka, etwa im Zentrum des mordwinischen Lagerbereiches. Dort gab es außerdem ein sehr großes Lager nur für Kriminelle und mehrere Dutzend Häuser, in denen die Aufseher, die Leitung und das Dienstpersonal mit ihren Familien wohnten. Wir wurden in einem Hotel für Reisende (wobei das Wort »Hotel« nach westlichen Maßstäben kaum angemessen ist) untergebracht. Dies war gleichzeitig ein Wohnheim für Aufsichtsoffiziere, die meist keine Familie hatten und sich mit mehreren anderen ein Zimmer teilten.

Wir quartierten uns schlecht und recht in einem kalten Zimmer mit nicht zu öffnenden Fenstern und feuchten Betten ein; neben uns waren der allgemeine Waschraum und die Toilette; natürlich war von einer Dusche keine Rede, allerdings gab es einen Boiler mit heißem Wasser für den Tee. Am Morgen gingen Ljusja und ich zum Lagerleiter, um ihn um ein Treffen mit Kusnezow zu bitten. Doch hier erwartete uns eine Enttäuschung. Der Leiter lehnte unser Ersuchen kategorisch ab, da wir keine Personen seien, die günstigen Einfluß auf den Häftling ausüben könnten. Auch Ljusja allein wurde der Besuch nicht gestattet. Wir schickten Telegramme an den Leiter der mordwinischen Lager in Jawas (dem Lagerverwaltungszentrum) und an den Chef der GUITU (Hauptverwaltung der Besserungsarbeitsanstalten – so nennt sich der GULag in unseren zivilisierten Tagen), in denen wir die beiden baten, uns einen Besuch zu ermöglichen, und begannen zu warten. Wir hofften, daß der Leitung unsere Anwesenheit, über die natürlich überall Gerüchte umliefen, unangenehm sein würde. Das traf zu, aber man genehmigte uns trotzdem keinen Besuch. Nach zehn Tagen baten wir Eduards alte Freundin Bela Kowal zu uns, weil wir hofften, daß man wenigstens ihr einen Besuch gestatten würde. Gleichzeitig forderte Kusnezow, der von unserer Ankunft erfahren hatte, seinerseits ein Treffen und begann einen Hungerstreik. Alles blieb ergebnislos. Ende Dezember kehrten wir, um die Atmosphäre zu entspannen, wieder nach Moskau zurück. Etwas später stellte auch Kusnezow seinen Hungerstreik ein.

Während unseres zweiwöchigen Wartens konnten Aljoscha und ich das Lagerleben zum erstenmal aus der Nähe beobachten. Es hinterließ tiefe Eindrücke. Die sich am schnellsten abwechselnden Bewohner unseres Hotels waren die Verwandten von Häftlingen, die zu einem Besuch gekommen waren. Sie wirkten äußerst eingeschüchtert und betrachteten sogar jede Reinmachefrau als hohe Funktionärin, ganz zu schweigen von denen, die ihnen ein Treffen gestatten konnten, sie vorher und nachher durchsuchten oder ihnen das Treffen aus jeder Laune heraus verwehrten.

Andere Bewohner, die sich manchmal mehrere Wochen lang im Hotel aufhielten, waren Dienstreisende, die meist aus wirtschaftlichen und betrieblichen Gründen gekommen waren. Das Lager liefert billige Arbeitskräfte. Die Häftlinge arbeiten für verschiedene Betriebe in Werkabteilungen, sowohl innerhalb der Zone wie auch außerhalb, wo sie gewöhnlich sehr schwere Tätigkeiten verrichten. Es handelt sich um obligatorische Arbeit, das heißt Zwangsarbeit; die Nichterfüllung der Norm wird grausam bestraft; die Arbeitsbedingungen sind bedrückend und häufig sehr gesundheitsschädlich (in Mordwinien mußten die Häftlinge ohne Schutz vor Splittern und Staub Glas schneiden, Lacke ohne Belüftung auftragen u. ä.). Aus den Gesprächen der Dienstreisenden ging hervor, daß die wirtschaftliche Zweckmäßigkeit der Lagerarbeit, so unmenschlich sie ist, bezweifelt werden muß. Die Qualifikation der Gefangenen ist äußerst niedrig, ihnen fehlt praktisch jede Motivation und ihre Produktivität ist sehr gering. Ein Dienstreisender aus Gorkij erzählte, daß die Produktivität einer Genossenschaft blinder Invaliden (!) in Gorkij um das Mehrfache höher sei als bei der entsprechenden Tätigkeit im Lager, wo sechshundert Häftlinge das gleiche leisteten wie fünfzig bis hundert Invaliden, und auch die Arbeitsqualität der Invaliden sei erheblich höher. Das alte Problem der Sklavenarbeit!

Aljoscha erhielt von den Aufsehern mehrere Kristallschalen für Kronleuchter, die in dem Lager mit Sondervollzug angefertigt wurden, zum Geschenk.

Ungeachtet meiner bisherigen Bemerkungen ist die Zwangsarbeit von Häftlingen eine Realität, die sich nicht aus unserem Leben entfernen läßt, wenn sie auch keine so große Rolle spielt wie zu Zeiten des Sklavenhalterimperiums im GULag. Ljusja und ich sahen einmal ein Plakat mit der sozialistischen (!) Verpflichtung: Während des nächsten Fünfjahresplans werden wir die Warenproduktion um hundert Prozent erhöhen! Da eine solche Erhöhung der Arbeitsproduktivität nicht möglich ist, wird deutlich, daß es sich einfach um die geplante Vergrößerung der Häftlingszahl handelt, was ich für schamlos halte. Aber in Jawas ist man eben unter sich.

Die ständig im Hotel wohnenden Gäste schließlich sind, wie schon erwähnt, Aufseher, Kolonnenführer u. ä. (höhere Vorgesetzte haben separate Unterkünfte). Wir begegneten ihnen ständig im Klubraum, im

Waschraum oder am Boiler. Einmal kamen zwei von ihnen zu uns, um sich bekannt zu machen und sich mit uns zu unterhalten (offenbar aus Neugier). Beide hatten nach der Armee eine MWD-Schule besucht. Ihre jetzige Arbeit reizte sie durch das höhere Gehalt und den längeren Urlaub; außerdem sei es leichter, in ein Sanatorium des MWD eingewiesen zu werden etc. Beide waren Kolonnenführer, aber von ganz unterschiedlichem Naturell.

Der eine, nennen wir ihn Kolja, war schmächtig, nervös. In seinen Erzählungen über seine Arbeit schwang, unbewußt für ihn, ein gewisses Entzücken über seine Macht mit, fast Sadismus, jedenfalls Haß und Verachtung seinen Untergebenen gegenüber. Er berichtete, daß ein alter Mann, der Krankheit simuliert habe, zur allerschwersten Arbeit geschickt worden sei, nämlich zum Entladen von Kohle bei Frost. Er habe geweint, gefleht, ihn von dieser Arbeit freizustellen, sei hingefallen und habe sich verletzt; daraufhin sei er in die Arrestzelle gesteckt worden, weil er sich vor der Arbeit gedrückt habe. Der zweite Aufseher bemerkte an dieser Stelle: »Aber es war unnötig, ihn zu bestrafen.« Kolja antwortete nicht, sondern ging einfach zu irgendeiner anderen Episode über.

Die Erzählungen des zweiten Aufsehers, nennen wir ihn Wanja, waren anderer Art. Eine betraf eine Frau, anscheinend vom Lande, die versuchte, ihrem Mann zehn Rubel zuzuschmuggeln. Das Geld wurde bei der Leibesvisitation gefunden. Der Frau drohte ein Besuchsverbot für dieses und vielleicht auch das nächste Mal. Wie Wanja berichtete, sei sie weinend vor ihm auf die Knie gefallen.

»Ich sagte ihr: ›Diesmal werde ich dir verzeihen. Hier ist dein Geld, aber nimm dich beim nächstenmal in acht – zweimal kann ich dir nicht verzeihen.‹«

Sogar auf einem so »extremen« Posten sind die Menschen unterschiedlich, verhalten sich nicht einheitlich, sehen fremdes Leid mit verschiedenen Augen ...

Abends sahen wir uns im Klubraum Filme an, darunter auch Rjasanows [1] sehr amüsante Komödie *Ironie des Schicksals*. Die Aufseher brachten aus ihren Zimmern Stühle herbei, schauten sich den Film ebenfalls an und warfen uns gelegentlich interessierte Blicke zu – Sacharows Ankunft war in diesem Winkel des Landes schließlich doch ein Ereignis. Die Gesichter einiger von ihnen waren übrigens schon gerötet; offenbar hatten sie bereits ihre »Portion« Alkohol konsumiert. Später, in unserem Zimmer, hörten wir Schreie, Flüche, das Geräusch einer Prügelei und eines

Menschen, der an den Beinen hinausgeschleift wurde – der Alkohol tat sein tägliches Werk.

An einem der letzten Tage vor unserer Abreise stellten Ljusja und ich tagsüber den Fernsehapparat an. Man zeigte eine Rezitation von David Samojlow. Er trug leidenschaftlich ein Gedicht nach dem anderen vor, darunter auch solche über Puschkin. Eines enthält die Verse:

Dank sei dem Schöpfer,
Du bist frei – in Rußland,
In Boldino [2], in Quarantäne.

Manchmal denke ich, daß diese Verse als inneres Motto – nur für mich selbst – meiner »Erinnerungen« dienen könnten.

Neben uns saß Wanja, der einen dienstfreien Tag hatte. Unseren Bemerkungen entnahm er, daß wir den Dichter, der sein Werk im Fernsehen vortrug, persönlich kannten. Dies erschütterte ihn zutiefst. Die Welt, in der man Gedichte schreibt und vorträgt, und die Welt, in der man einander erniedrigt, Wodka trinkt, wüst flucht, sich prügelt, tagsüber den Rükken beugt und sich nachts in schwerem Schlaf verliert, in der die Regale der Geschäfte leer sind, in der die Filmstreifen reißen – diese beiden Welten waren in seinem Bewußtsein unendlich weit voneinander entfernt. Plötzlich aber waren sie in unserer Person gleichsam zusammengerückt. Es mag manchem naiv und oberflächlich erscheinen, aber wenn ich an Wanjas Gesichtsausdruck an jenem Tage denke und wenn ich mich an einige andere Menschen erinnere, mit denen mich das Leben zusammenbrachte, will es mir so vorkommen, als sei dieses unglückliche, eingeschüchterte, demoralisierte und dem Trunk ergebene Volk, das eigentlich im wahren Sinne des Wortes schon gar kein Volk mehr ist, trotz allem noch nicht ganz verloren, noch nicht völlig untergegangen. Die Größe des historischen Weges der Nation, die Wiedergeburt der orthodoxen Kirche, die Teilhaftigkeit am revolutionären Internationalismus – all das ist nicht entschieden, all das ist eine Illusion, wenn man von dem Volk als Ganzem spricht. Aber das einfache menschliche Gefühl, das Mitleid mit einem fremden Schicksal, der Drang nach etwas Höherem, das die Seele zufriedenstellt – diese Fünkchen sind noch da, sind noch nicht endgültig erloschen. Was soll aus ihnen werden? In allgemeiner Hinsicht kann ich die Frage nicht beantworten, aber kommt es darauf an? In persönlicher, menschlicher Hinsicht bin ich jedenfalls überzeugt, daß die Funken brennen werden, solange Menschen existieren.

Nach Moskau zurückgekehrt, gaben wir eine Erklärung zum Fall Kusnezow ab, trafen uns mit Korrespondenten und erzählten ihnen von unseren Eindrücken, insbesondere von unseren Gesprächen mit den beiden Aufsehern. In mehreren westlichen Zeitungen erschienen Artikel, in denen es etwa hieß:

> »... bei ihrem Besuch in Mordwinien entdeckten die Sacharows, daß das Leben der Aufseher ebenso schwer ist wie das Leben der Gefangenen ...«

Das entsprach natürlich nicht unseren Worten und schon gar nicht dem, was wir den Korrespondenten hatten vermitteln wollen. Es wäre zynisch, die Lebensbedingungen der Gefangenen und ihrer Aufseher gleichzusetzen. Das Leben der Häftlinge steht unter äußerem Zwang und ist unendlich mühsam. Die Aufseher dagegen haben Macht über die Gefangenen und nutzen dies häufig sehr brutal aus. Wir hatten sagen wollen, daß auch das Leben der Aufseher freudlos, grau und ärmlich ist, was sich indirekt auf die allgemeinen Normen des Lebens und der Moral im Lager auswirkt. Einmal sprachen wir über etwas sehr Simples: die schlechte Qualität des Brotes, das man den Gefangenen gibt. Daraufhin sagte einer der Aufseher: »Dann sehen Sie doch mal, was für ein Brot in dem Geschäft in Sosnowka verkauft wird.«

XXIII. 1978

Aljoschas Ausreise. Verhandlungen gegen Orlow, Ginsburg, Schtscharanskij. Urlaub in Suchumi. Heimliche Durchsuchung

Aljoscha und seine Frau Olja erhielten die Ausreisegenehmigung drei Tage, nachdem sie die Dokumente eingereicht hatten. Olja blieb mit der gemeinsamen Tochter Katja in Moskau. Sie gab Aljoscha die vom OWIR geforderte Bescheinigung, daß sie bezüglich einer Trennung keine materiellen Ansprüche an ihn stelle (wir hatten ihr eine vereinbarte Summe überwiesen). Die Frage der Scheidung sollte, gemäß ihrer Absprache mit Aljoscha, ein Jahr später entschieden werden. Vor meiner Verbannung nach Gorkij waren Ljusja und ich mehrere Male mit Oljas Erlaubnis in ihrer Wohnung, die sie nach Aljoschas Abreise behalten hatte, und verbrachten dort jeweils ein paar Stunden mit unserer Enkelin Katja. Mir gegenüber verhielt sich Katja herzlich und zutraulich, Ljusja gegenüber war sie weniger aufgeschlossen. Dies war offenbar die Folge irgendwelcher Unterhaltungen, die sie aufgeschnappt hatte.

Aljoscha reiste am 1. März 1978 aus. Am Vorabend – oder, genauer gesagt, schon in der Nacht auf den 1. März – verabschiedete er sich der Reihe nach von allen, die zurückblieben: Ruth Grigorjewna, seine Mutter, seine Freundin und spätere Frau Lisa Alexejewa und mir. Auf dem Weg zum Flugplatz bat Aljoscha, am Puschkin-Denkmal anzuhalten. Er allein stieg aus dem Wagen und legte Blumen am Sockel des Denkmals nieder. Das war sein Abschied von dem Land, das er gegen seinen eigenen Willen verließ, der Abschied von dem, was er an ihm liebte.

Seine Maschine startete schon frühmorgens und flog direkt nach Italien. Vor dem Abflug gab es noch eine besondere Posse.

Aljoscha hatte einige Fotos ihm teurer Menschen bei sich, die in Moskau blieben oder, wie seine Großmutter und sein Großvater väterlicherseits, schon gestorben waren. Man gestattete ihm nicht, auch nur eines dieser Fotos mitzunehmen (dies war die reine Willkür, die kleinliche Rache des KGB). Ljusja und ich protestierten lautstark; die KGB-Beamten am Zoll schienen nachzugeben, führten Aljoscha dann aber zur Leibesvisitation. Er begann, sich auszuziehen, und sah in diesem Moment, wie die Zollbeamten die Fotos wiederum zur Seite legten – sie wollten ihn übertölpeln. Er warf sich auf sie, versetzte irgend jemandem einen Schlag, riß die Fotos und eine Flasche Wodka an sich, die er zwar nicht benötigte, die man jedoch ebenfalls nicht durchlassen wollte, drückte all diese Trophäen an seinen Körper und sprang halb angezogen hinaus zum Flugzeug. Drei Stunden später war er schon in Italien. Im Mai traf er in den USA ein.

Im Frühjahr 1978 hatten wir ein erfreuliches Ereignis: Meine Tochter Ljuba, die im Jahre 1973 geheiratet hatte, brachte einen Jungen, einen weiteren Enkel, zur Welt. Er erhielt den Namen Grigorij (Grischa). Leider hat sich mein Leben so gefügt, daß ich seit seiner Geburt nicht direkt Anteil an seiner Erziehung nehmen konnte, da ich ihn nicht sehr häufig sah (seit dem Moment der Verbannung kein einziges Mal). Während ich diese Zeilen schreibe, geht er schon seinem vierten Geburtstag entgegen!

In jenen Tagen begann in Moskau die Verhandlung gegen den Gründer der Moskauer Helsinki-Gruppe, das korrespondierende Mitglied der armenischen Akademie der Wissenschaften, Jurij Fjodorowitsch Orlow. Gleichzeitig wurde in Tbilissi der Prozeß gegen die Mitglieder der georgischen Helsinki-Gruppe, Swiad Gamsachurdia und Merab Kostawa, eröffnet.

Ich beabsichtigte zunächst, einen Teil der Zeit in Moskau und einen Teil in Tbilissi zu verbringen. Ljusja und ich fuhren am Ende des ersten Tages sogar zum Flugplatz, doch auf die Mitteilung hin, daß einer der Angeklagten in Tbilissi (Gamsachurdia) während der Verhandlung seine bürgerrechtliche Tätigkeit verurteilt habe, verzichtete ich auf die Reise. Offenbar waren die Agenten des KGB mit dieser Entscheidung nicht zufrieden. In den nächsten Tagen riefen mich dauernd irgendwelche Personen an, angeblich Georgier (was stimmen mag, aber zweifellos gehörten sie zum KGB), und machten mir Vorwürfe, daß ich in Moskau sei, während ich doch georgisches Schaschlik essen könnte, und daß ich dort fehlte, wo gute georgische Kameraden in Not seien. Was das Schaschlik betrifft, waren sie falsch informiert: Ich hatte es in Georgien nie gegessen, da ich es nicht sehr gern mag. Zu Gamsachurdia und seiner Position während der Verhandlung sowie einem späteren Auftritt im Fernsehen, bei dem er ebenfalls die Irrigkeit seiner öffentlichen Aussagen und seiner Kontakte zu ausländischen Diplomaten einräumte, will ich ein paar Bemerkungen machen.

Ich habe schon oft geschrieben, daß ich es nicht für richtig halte, jemanden wegen eines derartigen Rückzugs zu verurteilen. Die Kräfte eines Menschen sind begrenzt, wenn sie auch oft von vielen überschätzt werden, und manchmal stellen sich unvorhergesehene Umstände ein. In solchen Fällen machen sich diese Menschen selbst die schwersten Vorwürfe. Um so höher müssen wir die Standhaftigkeit und den Mut jener einschätzen, die nicht nachgeben. Viele von ihnen werden in diesem Buch erwähnt. Merab Kostawa, Gamsachurdias Mitangeklagter, gehört zu ihnen. Er war nach Gamsachurdias Schuldbekenntnis auf sich allein gestellt, aber er wich nicht zurück. Auch im Lager verhielt Merab sich mutig, und er nahm die Verbannung in einem kalten, für den Südländer ungünstigen Klima würdig auf sich. Die Verbannung endete im Jahre 1981, doch das KGB organisierte eine neue Provokation gegen ihn. Von seinem weiteren Schicksal werde ich noch berichten.

Viele – darunter auch ich – glaubten, wie erwähnt, daß die Behörden sich nicht entschließen würden, das korrespondierende Akademiemitglied Jurij Orlow zu verhaften, und als sie ihn verhaftet hatten, glaubten wir, daß man ihn nicht zu einer Lagerstrafe, sondern schlimmstenfalls zur Verbannung verurteilen würde. Wir hatten uns geirrt. Orlow wurde zur höchsten Strafe verurteilt, die Artikel 70–1 zuläßt, nämlich zu sieben Jahren Lager und fünf Jahren Verbannung. Später, in der Haft, wurde er ständig den raffiniertesten Schikanen ausgesetzt, die seine Gesundheit, sogar sein Leben bedrohten. Später schloß das Präsidium der armenischen Akademie der Wissenschaften ihn in einer *geheimen* Sitzung – dies ist ein empörender Bruch des Statuts – aus der Akademie aus.

Die Verhandlung gegen Orlow fand in Ljublino statt. Zu ihr kamen sehr viele Freunde des Angeklagten, zahlreiche ausländische Korrespondenten und Vertreter einiger ausländischer Botschaften. Aber diesmal wurde keiner von uns auch nur bis zum Verhandlungsgebäude vorgelassen; durch spezielle Absperrungen und Milizstreifen gehindert, konnten wir uns ihm nur auf fünfzehn bis zwanzig Meter nähern. Während der Verhandlung durchsuchte man Orlows Frau und seine Söhne zweimal unter Anwendung grober physischer Gewalt und zerriß ihnen die Kleidung: Man suchte Tonbandgeräte mit Aufnahmen dieses formal öffentlichen Prozesses. Sogar gegen den Verteidiger wandten die entfesselten KGB-Leute Gewalt an; sie sperrten ihn während der Verhandlung für einige Zeit in ein Zimmer neben dem Sitzungssaal.

Am letzten Tag des Prozesses, vor der Urteilsverkündung, als ich laut verlangte, daß die anwesenden Freunde des Angeklagten in den Saal gelassen werden sollten, und mich durch die Menge zu drängen begann, kam es, ähnlich wie in Omsk, zu Handgreiflichkeiten. Man zog mich und dann auch andere in nebenan stehende Milizwagen; ich schlug einen der KGB-Männer, einer von ihnen versetzte Ljusja einen sehr kräftigen und professionellen Hieb gegen die Kehle, und sie setzte sich zur Wehr. Während wir in den Wagen gestoßen wurden, traf Ljusja den Chef der örtlichen Milizabteilung rein mechanisch und unabsichtlich mit einem Schlag. Man ließ uns bald frei, schickte uns dann aber eine schriftliche Vorladung vor Gericht. Die Anklage lautete: rowdyhafte Ausrufe während einer Gerichtsverhandlung. Ich wurde mit fünfzig, Ljusja mit vierzig Rubeln Geldstrafe belegt.

Während der Verhandlung gegen uns sagte Ljusja: »Den KGB-Mitarbeiter habe ich absichtlich geschlagen, und ich bereue es nicht. Den Chef der Milizabteilung dagegen habe ich versehentlich geschlagen, und ich bitte ihn, dies zu entschuldigen.«

Ihre Worte wurden überhaupt nicht zur Kenntnis genommen – man hatte damals nicht vor, uns wegen Handgreiflichkeiten zu verurteilen. Im Saal waren viele Milizbeamte anwesend; wahrscheinlich waren sie mit Ljusjas Worten zufrieden. Zwei der gleichzeitig mit uns Festgenommenen wurden »zu fünfzehn Tagen« verurteilt. Ich fühle mich ihnen gegenüber etwas schuldig.

Eineinhalb Monate später fanden noch zwei weitere Verhandlungen statt, wiederum gleichzeitig und an verschiedenen Orten; anscheinend gefiel dem KGB dieses System der »Zersplitterung« unserer ohnehin schwachen Kräfte. Es waren die Prozesse gegen Alexander Ginsburg in Kaluga und gegen Anatolij Schtscharanskij in Moskau. Ljusja und ich versuchten, bald gemeinsam, bald einzeln, – sie in Moskau, ich in Kaluga –, an beiden Verhandlungen teilzunehmen – auf der Straße natürlich. Der Prozeß gegen Alik Ginsburg war durch umfassende Aussagen halbpolitischer, halbkrimineller Nutznießer des Gefangenenhilfsfonds – viele hatten versucht, sich an Ginsburg als dem Verwalter des Fonds heranzumachen – sowie große Aktivität des vor dem Gerichtsgebäude zusammengetriebenen Publikums gekennzeichnet (Ljusja glaubt, daß es sich um gewöhnliche sowjetische Bürger handelte; ich meine, daß sie sich irrt). Es kam zu vielen provokatorischen Gesprächen, Ausrufen und Possenreißereien. Ginsburg wurde zu acht Jahren Lager mit Sondervollzug verurteilt. Ich fuhr zweimal mit den Wladimows in deren Auto nach Kaluga.

Der Prozeß gegen Anatolij Schtscharanskij erregte noch mehr Aufmerksamkeit. Schtscharanskij war der Spionage angeklagt – es handelte sich um eine sowjetische Variation der Dreyfus-Affäre. Der Kern der Sache läßt sich folgendermaßen beschreiben: Schtscharanskij und andere

Anhänger der jüdischen Ausreisebewegung nach Israel hatten eine Umfrage bei einigen Juden durchgeführt, denen die Ausreise unter dem Vorwand ihrer Geheimnisträgerschaft verweigert worden war, obwohl die Behörden, denen sie angehörten, offiziell nichts mit Geheimnissen zu tun hatten. Diese Angaben wurden einem amerikanischen Korrespondenten übermittelt, der sie in seiner Zeitung veröffentlichte. Schtscharanskijs Handlungen hatten keinerlei illegalen Charakter. Bezeichnenderweise wurde keine der von Schtscharanskij befragten Personen wegen Verbreitung von Geheimmaterial belangt. Das war die ganze Spionage; übrigens erklärte auch der amerikanische Präsident offiziell, daß Schtscharanskij nicht das geringste mit dem amerikanischen Geheimdienst zu tun habe.

In diesem Prozeß verfolgte das KGB ein zentrales Ziel: Es wollte die ausreisewilligen Juden einschüchtern und einen Keil zwischen Juden und Andersdenkende treiben. Bei Tolja Schtscharanskij hatte es sich jedoch verrechnet. Er widerstand während der fünfzehnmonatigen Untersuchungshaft in völliger Isolation, mit wiederholten Drohungen, ihn zu erschießen, und Versprechungen, ihn freizulassen, wenn er Reue zeige, stärkstem psychischem Druck und hielt sich auch während der Verhandlung sehr tapfer, zu der nicht einmal seine Mutter zugelassen wurde (unter dem Vorwand, daß sie sich geweigert habe, als Zeugin aufzutreten).

Während der Verhandlung gegen Schtscharanskij gab ich ausländischen Journalisten, die zusammen mit uns auf der Straße standen, ein Interview. Die »Stimme Amerikas« sendete das Interview mit dem empörenden Zusatz: »Sacharow drückte die Hoffnung aus, daß man Schtscharanskij bald austauschen wird.« Ich hatte nichts derartiges gesagt! Leider war ich in jenen angespannten Tagen nicht in der Lage, Maßnahmen zur Klärung dessen einzuleiten, wie dieser Zusatz zustande gekommen war, der den bedrohlichen Aspekt der Situation gleichsam unterdrückte. Schtscharanskij wurde zu dreizehn Jahren Haft, davon drei im Gefängnis, verurteilt. Auch zur Urteilsverkündung wurde seine Mutter nicht zugelassen. Die KGB-Beamten führten sie immer wieder irre und versprachen, sie hineinzulassen – sogar als das Urteil schon verlesen war. Nach der Urteilsverkündung kam Anatolijs Bruder Ljonja heraus. Es war ihm gelungen, das Schlußwort des Angeklagten im Gedächtnis zu behalten und es niederzuschreiben. Er las uns diese erstaunlichen Sätze, die von gewaltiger emotionaler Kraft durchdrungen waren, mit lauter Stimme vor. Danach entblößten alle Anwesenden das Haupt und stimmten die israelische Nationalhymne an. Es begann zu regnen. Die Menschen sangen weiter und weinten; ihre Tränen vermischten sich mit den Regentropfen, die an den Gesichtern hinunterliefen. Auch ich sang und weinte wie alle anderen. Die Bewohner der benachbarten Häuser öffneten die Fenster und hörten zu. Die KGB-Leute (es waren sehr viele) konnten sich nicht entschließen einzugreifen. Das Häufchen der an dem Gitter stehenden Menschen war für einen Moment stärker als der ganze ungeheure Repressionsapparat des Staates, den viele schon nicht mehr als ihre Heimat ansahen. Nach der Verhandlung kamen Anatolijs Mutter, sein Bruder und dessen Frau Raja mit zu uns. Sie besuchten uns zum erstenmal, doch innerlich waren wir schon miteinander vertraut. Auch danach, in den ersten Jahren von Toljas schwerem Weg durch Gefängnisse und Lager, hielten wir die Verbindung aufrecht.

Die Verhandlungen des Jahres 1978 erregten in der ganzen Welt heftige Empörung und trugen viel zur Einsicht in die wahre Situation der Menschenrechte in der UdSSR bei. Unter den vielen Organisationen, die damals im Ausland zur Verteidigung der Gewissensgefangenen in der UdSSR gegründet wurden, möchte ich besonders das Komitee amerikanischer Wissenschaftler SOS *(Save Orlov Schtscharanskij)* hervorheben. Später machte dieses Komitee auch meinen Schutz zu einer seiner Hauptaufgaben: Der erste Buchstabe stand nun für Sacharow.

Im Frühjahr 1978 erfuhr ich, daß Natalja Lebedewa, eine mir unbekannte Frau, die an Krebs litt und im Krankenhaus der Akademie im Sterben lag, mir ihre persönlichen Ersparnisse zur Unterstützung politischer Gefangener und ihrer Familien vermacht hatte. Lebedewa war eine alleinstehende Frau, eine frühere Gefangene der Stalinschen Lager und wissenschaftliche Mitarbeiterin in einem der Institute der Akademie. Nach ihrem Tod stellte sich heraus, daß sie anscheinend keine Zeit gehabt hatte, ein schriftliches Testament zu machen, oder es dem im Krankenhaus gerufenen Notar nur ohne Zeugen diktiert hatte. Dieses Dokument, wenn es denn je existiert hat, war verschwunden. Der Notar leugnete dessen Existenz. Alle Ersparnisse Lebedewas (rund 5000 Rubel) gingen in die staatlichen Bestände über.

Mitte September machten Ljusja und ich zwei Wochen Urlaub in Suchumi, wo es noch warm war. Wir badeten, gingen spazieren, und ich arbeitete angestrengt im Hotelzimmer; abends gingen wir ins Kino. Sehr interessant war ein Ausflug zu den Höhlen von Nowyj Afon. Wir besuchten sie (wie gewöhnlich auch das Kino) gemeinsam mit den Kopelews, Raissa und Lew, sowie unserem Freund X., mit dem Motja uns schon im Jahre

1977 bekannt gemacht hatte. Den Kopelews, die hier ebenfalls Urlaub machten, waren wir unerwartet an der Strandpromenade von Suchumi begegnet. Lews Gutmütigkeit, Mitgefühl, Toleranz und Großzügigkeit, seine Lebenslust und Intellektualität bereicherten unser Leben; diese Eigenschaften sind in meiner Erinnerung unverbrüchlich mit seiner Erscheinung, dieser großen, kräftigen, herzlichen Gestalt mit schwarzen, auf kindliche Art erstaunt wirkenden Augen verbunden.

Unser Aufenthalt in Suchumi wurde durch die plötzliche Verschlechterung des Zustandes von Ljusjas Augen verdüstert. Sie hatte starke innere Blutungen in einem Auge, während sie im Meer badete und irgendeine jähe Bewegung machte. Nach der zweiten Operation in Italien hatte sie im Frühling einen Antrag auf eine dritte Reise eingereicht, denn sie mußte unbedingt wieder von Frezzoty untersucht werden und eine neue Brille bekommen (man hatte ihr im Jahre 1977 sehr sorgfältig und mit viel Sachverstand eine Brille ausgesucht, doch der Zustand ihrer Augen hatte sich nach der Operation rasch verändert). Wir dachten, daß möglicherweise eine weitere Operation durchgeführt werden müsse. Der Antrag war immer noch nicht beantwortet worden.

Nach unserer Ankunft in Moskau unternahm ich eine Reihe von Schritten, um die Antwort zu beschleunigen: Ich rief den Stellvertretenden Innenminister Schumilin, der für OWIR-Angelegenheiten zuständig war, mehrere Male an und schickte Breschnew einen Brief. In dem Brief erinnerte ich daran, daß 1975 eine prinzipielle Entscheidung getroffen worden war, der zufolge meine Frau das Recht hatte, ihre Augen, die durch eine Verwundung an der Front während des Zweiten Weltkriegs in Mitleidenschaft gezogen worden waren, im Ausland behandeln zu lassen.

An diesem Tag traf es sich, daß unsere Wohnung in der Tschkalow-Straße für eine gewisse Zeit (etwa eineinhalb Stunden) leer war. Dies vermieden wir gewöhnlich, und wenn wir alle gemeinsam die Wohnung verließen, nahmen wir für alle Fälle die wichtigsten Dokumente mit. Das hatten wir diesmal versäumt. Gegen 13 Uhr fuhren Ljusja und ich mit einem Wagen der Akademie in ein Büchergeschäft, und kurz darauf machten Ruth Grigorjewna und Lisa sich zur internationalen Fernsprechstelle auf. Lisa wohnte damals schon bei uns und war zu einem Mitglied unserer Familie geworden. Es war unmöglich, über das Telefon in unserer Wohnung mit den USA, mit unseren Kindern und Lisas Mann zu sprechen (der Anruf wurde sofort von dem KGB-Techniker unterbrochen, der ständig unsere Leitung überwachte. Diese Unmöglichkeit, Kontakt mit unseren Verwandten aufzunehmen, nicht die Tatsache, daß wir abgehört wurden, war unser Unglück; natürlich wurden wir dauernd am Telefon und auch einfach in der Wohnung abgehört, was unangenehm war, aber schließlich hatten wir nichts zu verbergen).

Im Jahre 1978 war es Ruth Grigorjewna und Lisa mehrmals gelungen, von der Fernsprechstelle aus anzurufen, aber diesmal kehrten sie unverrichteter Dinge heim. Gleichzeitig kamen auch Ljusja und ich zurück. Kurz darauf ertönte Lisas Stimme aus dem Badezimmer: »Wo ist mein Bademantel? Ich kann ihn nicht finden.«

Dann entdeckten wir, daß noch weitere Sachen fehlten. Man hatte eine sehr seltsame Auswahl getroffen: Es handelte sich um abgetragene Kleidungsstücke von Ljusja und mir (darunter die Hose, die ich gewöhnlich zu Hause anhatte, und meine blaue Lieblingsjacke) sowie meine Brille. Wertvollere Sachen von Ljusja, die offen dalagen, hatte man zurückgelassen.

Am nächsten Tag kam Lydia Kornejewna Tschukowskaja und bat mich, ihr etwas bestimmtes zu zeigen, was ich geschrieben hatte. Jetzt merkte ich, daß in der Schachtel mit den Dokumenten nicht mehr alle Schriftstücke vorhanden waren. Der Brief an Breschnew war verschwunden, ebenso wie der maschinengeschriebene und handgeschriebene Text der ersten Fassung dieser Erinnerungen – also das, was ich in den ersten fünf Monaten meiner Arbeit zu Papier gebracht hatte. Dies war der erste Diebstahl oder die erste Beschlagnahmung (man kann es nennen, wie man will) in der langjährigen Geschichte meiner »Sisyphusarbeit«. Aber im Gegensatz zu dem Schicksal dieser Figur aus der Mythologie blieb bei mir jedesmal ein Stückchen des Steins, den ich unter solchen Qualen nach oben gerollt hatte, auf der Bergspitze zurück.

Aus der Schachtel waren auch eine Auswahl von mehreren Dutzend an mich adressierten Briefen mit der Bitte um Hilfe und die Entwürfe meiner Antwort auf einige von ihnen verschwunden; die meisten dieser Briefe hatte die Anwältin Sofja Wassiljewna Kalistratowa zusammengestellt. Daneben fehlten zahlreiche Briefe mit der Drohung, mich und meine Verwandten umzubringen oder zu Krüppeln zu machen, sowie Kopien vieler meiner öffentlichen Aufrufe aus verschiedenen Anlässen und Abschriften anderer Dokumente, die meist (außer dem Brief an Breschnew) schon veröffentlicht waren. Statt dessen hatte man die Schachtel sorgfältig mit der gleichen Anzahl anderer, weniger wichtiger und interessanter Briefe und Dokumente aufgefüllt, die vorher in einem unteren Fach meines Schreibschranks gelegen hatten. Zweifellos hatte das KGB seine Hände im Spiel. Der Diebstahl der Kleidungsstücke sollte wahrscheinlich der Vertuschung dienen.

Dies war faktisch eine *geheime Haussuchung!* Vier Jahre später wurde Ljusja im Zug aufgrund einer offiziellen Genehmigung durchsucht; bis dahin jedoch wandte das KGB nur »schamhaft verkappte« Methoden an.

Es versteht sich von selbst, daß unsere Wohnungstür abgeschlossen war, als wir fortgingen, und sich bei unserer Rückkehr ebenfalls als sorgfältig abgeschlossen erwies. Ein Schlüsselproblem hat es für das KGB noch nie gegeben, es verfügt über hinreichend viele Experten.

Wir gaben eine Erklärung über den Verlust der Dokumente, meiner Erinnerungen und auch des Briefes an Breschnew heraus. Zudem erklärten wir, daß die Überprüfung von Ljusjas Antrag auf eine Reise nach Italien ohne Rechtfertigung verzögert werde, daß wir es, wenn bis zum 3. Januar keine Antwort vorliege, als Ablehnung betrachten und einen unbefristeten Hungerstreik beginnen würden. Boris Altschuler besorgte uns nicht ohne Mühe, denn es handelt sich um eine »Mangelware«, vierzig Flaschen Mineralwasser der Marke »Borshomi« und brachte sie in zwei Einkaufstaschen zu uns. Da wir wenig Platz haben, verstauten wir sie unter dem Schrank und unter dem Bett.

Kurz vor Neujahr rief der stellvertretende Leiter des Moskauer OWIR, Sotow, an und teilte mit, daß Ljusja die Reise antreten dürfe. Er erwartete, daß sie das Visum unverzüglich abholen würde (wahrscheinlich wollte er damit die Rechnungsführung des Jahres abschließen), doch Ljusja rief: »Wie kommen Sie denn darauf, bei der Kälte!«

Damals herrschten 30 bis 35 Grad Frost, und an einzelnen Tagen war es noch kälter. Die beispiellose Kälte des Winters 1978/79 schuf in Moskau große Not – und noch größere an anderen Orten.

XXIV. 1979

Ljusjas dritte Reise. Die Situation der Krimtataren spitzt sich von neuem zu. Der Fall Satikjan, Bagdassarjan und Stepanjan. Meine Appelle an Breschnew. Ein neues Verfahren gegen Mustafa Dshemiljow. Die Adventisten. Wladimir Schelkow

Ljusja flog am 15. Januar ab. Professor Frezzoti und der hervorragende amerikanische Ophtalmologe Dr. Skennens hielten eine weitere Operation für unmöglich und waren gezwungen, sich auf erhaltende Behandlung und die Verschreibung einer neuen Brille zu beschränken, die dem veränderten Zustand der Augen entsprach. Ljusja flog zur Konsultation bei Dr. Skennens in die USA und konnte sich an Ort und Stelle davon überzeugen, wie unsere Kinder und Enkel in der neuen und ihnen fremden Welt lebten und sich zurechtfanden. (Bis heute haben wir niemanden wissen lassen, daß Ljusja in den USA war; sogar in Skennens' Klinik kannte niemand außer ihm selbst ihren wirklichen Familiennamen. Aber ich glaube, daß Ljusjas Reise zum Moment der Publikation dieser Erinnerungen nicht mehr geheimgehalten werden muß. Ergänzung 1987: Das KGB wußte von Ljusjas Reise, und wir wußten, daß es davon wußte. Im Mai 1980 wurde diese Karte in der *Iswestija* aufgedeckt, so daß ich jetzt darüber schreiben kann.) Ljusja brachte starke und vielfältige, vielleicht auch widersprüchliche Eindrücke mit nach Hause.

Während Ljusja sich im Ausland aufhielt, spielten sich bei uns dramatische politische Ereignisse ab, an denen auch ich beteiligt war. Einige dieser Ereignisse hatten mit der Situation der Krimtataren zu tun, die sich wiederum zugespitzt hatte. Im Sommer 1978 nahm der Ministerrat der UdSSR die Resolution Nr. 700 an, die den MWD-Organen neue weitreichende Vollmachten gab, die Krimtataren aus der Krim auszusiedeln wie auch ihre Rückkehr auf die Halbinsel zu behindern. Diese Resolution galt offiziell als geheim, doch auf der Krim zitierte man sie den Tataren gegenüber unverhohlen und drohend bei der Miliz und in anderen sowjetischen Behörden. Der Resolution gemäß wurden spezielle MWD-(oder KGB-)Unterabteilungen geschaffen, die brutale Aussiedlungsaktionen – man zerstörte Häuser, mißhandelte Personen und zettelte Pogrome an – durchführten. Die amtliche Meldung und der Arbeitsantritt von Tataren sowie der Verkauf von Häusern an sie wurde kategorisch verboten.

Ich rief Albert Iwanow an, der im Zentralkomitee für die Funktionen des MWD (Emigration und Reisen, die Situation der Lager, amtliche Anmeldungen u. ä.) zuständig war, und fragte ihn, ob die Informationen über die Resolution Nr. 700 wahr seien. Er bejahte. Auf meinen Vorwurf, daß dies eine nationale Diskriminierung der Krimtataren und eine Ungerechtigkeit einem Volk gegenüber sei, das schon 35 Jahre zuvor zum Objekt der Verbrechen Stalins und seiner Verwaltung geworden war, ging er nicht ein, sondern sagte nur: »Wie dem auch sei, die Krimtataren haben auf der Krim nichts zu suchen. Ihr Platz ist dort besetzt. Wir können die Ukrainer nicht aussiedeln.«

Meinen Einwand, daß niemand die Aussiedlung der Ukrainer verlange – es gebe auf der Krim nicht weniger Platz als in jedem anderen Gebiet –, daß es einzig und allein darauf ankomme, die nationale Diskriminierung zu beenden, beantwortete Iwanow ebenfalls nicht.

Die Aussiedlungen der Krimtataren gingen weiter. Sie hatten auch schon vor der Annahme der Resolution Nr. 700 stattgefunden. Im Sommer 1978 hatte sich eine Milizeinheit dem Haus des Krimtataren Mussa Mamut genähert. Zum Zeichen des Protestes gegen die Verfolgung der Krimtataren übergoß Mussa sich mit Benzin und zündete sich an. Als die Milizionäre die Tür aufgebrochen hatten, erblickten sie eine lodernde menschliche Fackel. Auf der Fahrt ins Krankenhaus sagte Mamut unter entsetzlichen Qualen: »Irgend jemand mußte es tun!«

Mussa Mamut starb im Krankenhaus.

Ich schrieb einen langen Brief über das Schicksal der Krimtataren in der UdSSR, über ihre nationale Diskriminierung und den Traum des ganzen Volkes, auf die Krim zurückzukehren, für den es sich mit gesetzlichen und gewaltlosen Methoden einsetze. Diesen Brief schickte ich an UNO-Generalsekretär Kurt Waldheim und an den amerikanischen UNO-Botschafter Andrew Young. Ich sandte die Briefe über die Botschaft der USA. Auf keines der beiden Schreiben erhielt ich eine Antwort.

Im Januar 1979 (schon nach Ljusjas Abreise) kamen wieder mehrmals Krimtataren zu mir und teilten mir neue empörende Beispiele von Willkür und Diskriminierung mit, die auf der Grundlage der Resolution Nr. 700 stattgefunden hatten. Ich beschloß, mich hinsichtlich des Problems der Krimtataren an Breschnew zu wenden, und bereitete ein entsprechendes Dokument vor. Bevor ich es jedoch abschicken konnte, hatte ich mit einer weiteren tragischen Angelegenheit zu tun; so kam es, daß ich Breschnew gleichzeitig zwei Aufrufe schickte.

Schon im Sommer 1978 hatte Malwa Landa uns mitgeteilt, daß in Jerewan Gerüchte über die Verhaftung des früheren politischen Gefangenen Stepan Satikjan umgingen, welcher der Miturheberschaft an der Explosion in der Moskauer Metro vom Januar 1977 bezichtigt werde. Man übe in verschiedenen Lagern Druck auf andere armenische politische Häftlinge aus, die bestätigen sollten, daß Satikjan für Terrorakte verantwortlich sei. Malwa war sehr aufgeregt, aber ich beabsichtigte nicht, mich auf der Grundlage dieser Information in irgendeiner Form zu äußern, da ich sie für allzu unbestimmt und bruchstückhaft hielt. Um den 25. Januar 1979 herum kam A. Twerdochlebows Schwester Jula Saks zu mir und berichtete (genauer gesagt, sie schrieb es auf ein Stück Papier), daß drei Armenier, Satikjan, Stepanjan und Bagdassarjan, wegen der Durchführung eines terroristischen Aktes – der Explosion in der Moskauer Untergrundbahn – zum Tode verurteilt worden seien. Niemand wisse, wann und wo die Verhandlung stattgefunden habe und wie sie verlaufen sei; niemand, nicht einmal die Verwandten der Angeklagten, seien benachrichtigt worden. Bekannt sei nur, daß man die Verwandten der Angeklagten zwei Tage zuvor eilig nach Moskau befördert und sie dort über das schon gefällte Urteil unterrichtet habe. Das letzte Treffen zwischen den Verwandten und den Angeklagten sei für den nächsten Tag vorgesehen. Jula schrieb auch – was uns beiden damals von entscheidender Wichtigkeit schien –, daß Satikjan sich zur Zeit der Explosion in Jerewan aufgehalten habe; dafür gebe es eine Vielzahl von Zeugen und schriftlichen Bestätigungen, das heißt, er besitze ein Alibi.

Am nächsten Morgen (einem Montag), rief ich die ausländischen Agenturen an und teilte ihnen meine Informationen mit. Das tat ich immer, wenn ich etwas Wichtiges erfuhr – im Grunde fast jede Woche. Ebenfalls am Montag oder am Dienstag morgen kam Kevin Rowan, der BBC-Korrespondent in Moskau, zu mir, um weitere Einzelheiten zu erfahren. Er erzählte seinerseits, daß ihn ein paar Tage zuvor einer seiner ständigen Informanten (der seiner Meinung nach mit dem KGB in Verbindung stand, aber für ausländische Journalisten können auch solche Leute nützlich sein) angerufen und ihm berichtet habe, am 15. Januar habe irgendwo in der Nähe von Moskau ein großer Prozeß gegen eine Gruppe von Terroristen – Armenier und Juden – begonnen, die für den terroristischen Anschlag in der Moskauer Metro verantwortlich seien. Insgesamt handle es sich um hundert Personen! An dieser Mitteilung war vieles unwahrscheinlich und unbegreiflich (auch heute noch), aber das genannte Datum des Verhandlungsbeginns schien mir Aufmerksamkeit zu verdienen.

Am Dienstag abend verfaßte ich dazu einen Appell an Breschnew. Ich bat ihn, auf die Aussetzung der Exekution und die Anberaumung eines neuen Gerichtsverfahrens hinzuwirken. Vor allem führte ich meine Informationen an, die mich zwangen zu bezweifeln, daß die Angeklagten jenes entsetzliche, keine Rechtfertigung verdienende Verbrechen verübt hätten. Mein Hauptargument lautete, daß bei der Verhandlung nicht die Öffentlichkeit und Publizität gewährleistet gewesen sei, durch die sich prozessuale Fehler und Ungerechtigkeiten vermeiden ließen, da niemand von dem Ereignis gewußt habe: weder die Allgemeinheit noch auch nur die Verwandten der Angeklagten. Ich beendete die Abfassung des Dokuments und wollte mich schlafen legen. In diesem Moment rief Kevin an. Er sagte, daß man gerade über Fernschreiber von der Verurteilung von drei Armeniern wegen der Explosion in der Untergrundbahn berichtet habe; das Urteil sei schon rechtskräftig.

Völlig erschüttert schrie ich fast in den Hörer: »Das ist Mord! Zum Zeichen der Trauer erkläre ich einen eintägigen Hungerstreik.«

Kevin entgegnete: »Andrej, weshalb tun Sie das? Das sind doch Terroristen!«

»Ihre Schuld ist nicht nachgewiesen. Wie kann man sie als Terroristen bezeichnen?«

Am nächsten Morgen machte ich mich auf den Weg, um die beiden Briefe weiterzuleiten (ich gab sie wie immer in der Briefannahmestelle des Präsidiums des Obersten Sowjets im Kutafij-Turm ab). Unterwegs las ich in einer ausgehängten Zeitung einen Bericht unter der Überschrift »Im Obersten Gerichtshof der UdSSR«. Er war sehr seltsam, höchst ungewöhnlich für einen Artikel dieser Art. Man teilte mit, daß der Oberste Gerichtshof der UdSSR einen Fall gegen Angeklagte verhandelt habe, denen die unter Menschenopfern erfolgte Explosion in der Moskauer Untergrundbahn zur Last gelegt worden sei, aber es gab keinen Hinweis darauf, wann der Prozeß stattgefunden hatte, unter wessen Vorsitz, wie das Gericht zusammengesetzt war und wer die Verteidigung vertrat. Weiter hieß es, daß die Verbrecher – der Rückfalltäter Satikjan und seine beiden Komplizen – zur Höchststrafe, also zum Tode, verurteilt worden seien und daß das Urteil rechtskräftig sei. Die Namen der offenbar ebenfalls zum Tode verurteilten Bagdassarjan und Stepanjan wurden nicht einmal genannt. Die Auslassungen in dieser Mitteilung sind einer der Faktoren, die meine Zweifel an der Sache bestätigen.

Ich unterrichtete die ausländischen Korrespondenten und Agenturen telefonisch von meinem Brief an Breschnew. Ein oder zwei Stunden später begannen die Anrufe in unserer Wohnung. Die Anrufer sagten gewöhnlich, daß sie an der Verhandlung gegen die Terroristen, die ich verteidigte, teilgenommen hätten, und drückten ihre Empörung darüber aus, daß ich mich für Mörder einsetzte. Die Form dieser Äußerungen war ganz unterschiedlich: Manchmal handelte es sich nur um Mitleid mit meinem Mangel an Information und meiner Naivität, manchmal um Ironie und Spott (was, psychologisch betrachtet, in der gegebenen Situation sehr seltsam war), manchmal um erbitterten Zorn und Drohungen, mit mir selbst abzurechnen. Ich versuchte diesen Personen, die angeblich an der Verhandlung teilgenommen hatten, Fragen zu stellen, doch ich erhielt kaum eine Antwort (etwa auf die Frage, wann der Prozeß stattgefunden habe und unter wessen Vorsitz).

Einige Fragen wurden immerhin beantwortet:

»Warum waren die Verwandten der Angeklagten nicht bei der Verhandlung anwesend?«

»Damit es nicht zu Ausschreitungen von seiten der Verwandten der Getöteten kam.«

»Worin besteht Satikjans Schuld? Schließlich ist bekannt, daß er nicht in Moskau war.«

»Er war der Drahtzieher des Verbrechens.«

(Bis dahin hatte ich nicht mit einer solchen Möglichkeit der Mittäterschaft gerechnet, ebensowenig wie Jula Saks.)

Nach der erwähnten ersten Mitteilung wurden keine weiteren verantwortlichen Erklärungen oder auch nur Gerichtsreportagen (die übliche Form der Berichterstattung in der sowjetischen Presse) veröffentlicht. Aber in der *Iswestija* erschien um den 8. Februar herum ein Brief im Namen eines Mannes, der mit einem bei der Explosion umgekommenen Jungen verwandt war und, seinen eigenen Worten zufolge, an der Verhandlung teilgenommen hatte. Ich erfuhr, daß dieser Mann als Chauffeur bei einem der Moskauer Theater arbeitete. Er habe lange geschwankt, bevor er die Unterschrift geleistet habe. Kurz darauf habe er eine Wohnung erhalten. Der Brief trug die Überschrift »Schande den Verteidigern der Mörder« und war direkt gegen mich gerichtet. Vermutlich wäre der Kern der Sache für die Mehrheit der Leser weit interessanter gewesen als eine Polemik gegen mich. Doch auch zum Wesentlichen wurde recht viel mitgeteilt.

Die Verhandlung sei angeblich in Anwesenheit mehrerer hundert Vertreter der sowjetischen Öffentlichkeit durchgeführt worden. Satikjans Komplizen (ihre Namen wurden wiederum nicht genannt) hätten berichtet, daß sie im Auftrag Satikjans eine Sprengvorrichtung in einem U-Bahnwagen hinterlassen hätten. Die gleiche Vorrichtung habe man für eine Explosion im Kursker Bahnhof verwenden wollen. Auf dem Uhrenglas dieser zweiten Vorrichtung seien die Fingerabdrücke von Satikjan entdeckt worden. Eine Haussuchung bei Satikjan habe einen von ihm angefertigten Schaltplan eines Sprengapparates zutage gefördert.

Als ich Malwa Landa nach dieser Zeichnung fragte, erwiderte sie, man habe in Jerewan tatsächlich gewußt, daß sich bei der Haussuchung ein Schaltplan gefunden hatte; wahrscheinlich sei es der Schaltplan »irgendeiner Türklingel« gewesen. Ich konnte ihr nicht beipflichten, denn der Schaltplan einer Sprengvorrichtung und der einer Türklingel unterscheiden sich erheblich. Fraglich ist allerdings, weshalb Satikjan eine ihn derartig kompromittierende Zeichnung ein Jahr nach der Herstellung des Sprengapparates hätte aufbewahren sollen; einen so unkomplizierten Schaltplan hätte er sich mühelos einprägen können, wenn das Schema nicht überhaupt völlig trivial war. Und weshalb hatte man begonnen, in Jerewan Gerüchte über den gefundenen Schaltplan auszustreuen?

Trotzdem ist die Entdeckung des Schaltplans, wenn man die Hypothese einer gewissenhaften Untersuchung akzeptiert, ein ernstes Indiz. Doch gerade die Gewissenhaftigkeit der Untersuchung, die Objektivität des Gerichts und die Exaktheit der Angaben im Brief des Verwandten (für die er nicht die geringste Verantwortung trägt) müssen mit äußerster Vorsicht betrachtet werden.

Der Brief in der *Iswestija* endete mit der Behauptung, daß Satikjan sich während der Verhandlung boshaft gezeigt, sich antisemitische Ausrufe erlaubt und Hitler gepriesen habe (der Autor hatte hinzugefügt: »Wenn Sacharow das gehört hätte!«).

Einige Tage nachdem der Brief in der *Iswestija* erschienen war, tauchten zwei unerwartete Besucher in unserer Wohnung auf. Ich öffnete ihnen die Tür und fragte, da sie irgendwie erregt wirkten und, wie es schien, verweinte Augen hatten: »Haben Sie irgendeinen Kummer?«

»Ja, wir sind mit den Opfern der Explosion in der Metro verwandt. Und wir möchten Sie fragen, weshalb Sie die Mörder verteidigen?«

Der eine der beiden war ein großer, etwas gebrechlich wirkender Mann mit einem blassen, pockennarbigen Gesicht und unsteten Augen. Er holte ständig sein Taschentuch hervor und betupfte seine Augen, ja rieb sie sogar. Der andere war untersetzt, kräftig und gebräunt, er hatte böse schwarze Augen und schob sich von Zeit zu Zeit vor den anderen, als wolle er zuschlagen. Und trotzdem war der erste, der offenbar »Ranghöhere«, bedrohlicher. Es handelte sich zweifellos um KGB-Beamte. Ich versuchte zu erklären, daß die Schuld eines Angeklagten nicht ohne offene Verhandlung nachgewiesen werden könne. Auf die Frage, weshalb die Verwandten nicht benachrichtigt worden seien, erhielt ich die mir schon bekannte Antwort, die man anscheinend allen KGB-Leuten eingeschärft hatte: »Wir hätten sie in Stücke gerissen. Schließlich ist es ihre Schuld, daß sie solche Mörder aufgezogen haben.«

Ich sprach bewußt gemessen, während die beiden immer lauter und erregter wurden. Der Kleinere trat schreiend auf mich zu und hielt mir die geballte Faust nahe vors Gesicht. Ich bemühte mich um Ruhe und Gefaßtheit und setzte meine Argumente fort.

Lisa und Malwa Landa, die in der Wohnung waren, wurden durch den Lärm veranlaßt herbeizulaufen. Einer der Besucher sagte gehässig zu Malwa: »Sie, Malwa Nojewna, haben hier nichts zu suchen. Sie schreiben höchstens wieder eine Verleumdung!« Durch diese Bemerkung verriet er endgültig seine Zugehörigkeit zum KGB.

Die Schreie wurden noch lauter, und das Gefuchtel mit den Händen noch heftiger. Die Situation spitzte sich immer mehr zu. Lisa begann, sich zwischen mich und die KGB-Beamten zu drängen, um mich zu schützen. In diesem Moment versetzte einer der beiden ihr – unbemerkt für mich – rasch einen, wie sie später zugab, kräftigen und schmerzhaften Schlag in den Magen, doch Lisa verzog keine Miene. Die »Besucher« wichen unter weiterem Gezeter allmählich zur Haustür zurück und verschwanden endlich, nachdem sie zu guter Letzt noch versprochen hatten, mit allen Verwandten der Opfer wiederzukommen und endgültig mit mir abzurechnen.

Danach setzte eine Flut von Briefen ein; insgesamt wohl um die vierzig mit Beleidigungen, Vorwürfen (weshalb verteidigst du die Mörder, nicht die Opfer? Schämst du dich nicht? ...) und Drohungen. Etwa fünfzehn Briefe enthielten unverhüllte Morddrohungen. In einem wurde gedroht, man werde mir den Kopf abschneiden und ihn vor die amerikanische Botschaft legen. Die Verfasser vieler Briefe teilten mit, daß sie schon einige Strafen abgesessen hätten und bereit seien, noch länger einzusitzen, wenn sie nur einen solchen Lumpen wie mich bestrafen könnten. Diese Drohungen setzten sich zwei Monate später, während meiner Reise nach Taschkent, fort.

Man kann wirklich sagen, daß das KGB in dieser Angelegenheit große »Nervosität« an den Tag legte, und nicht nur mir gegenüber. Gleichzeitig gingen Drohbriefe auch an andere Moskauer. Jelena Sirotenko, deren

Verlobter Parujr Ajrikjan früher der NOP (Nationale Vereinigte Partei Armeniens) angehört hatte und eine zweite Haftstrafe ableistete, erhielt einen Brief etwa folgenden Inhalts:

> »... [obszöne Anrede], deinetwegen sind unsere Kameraden, unsere prächtigen Kämpfer, umgekommen. Aber freue dich nicht zu früh, [obszöne Anrede], an unserem nationalen Feiertag [der Tag eines Völkermords ist alles andere als ein Feiertag – *A. S.*] werden wir unsere Feinde abschlachten, und dich werden wir nicht vergessen.
>
> Unterschrift: Eine Gruppe von Armeniern«

Mitte Februar brüllte jemand in einem Moskauer Kino während der Vorstellung im Dunkeln: »Es lebe das unabhängige, freie Armenien! Ruhm sei unseren toten Helden!«

Niemand nahm den Schreier fest.

Es soll noch andere ähnliche Episoden gegeben haben. Meiner Meinung nach waren dies eindeutig Aktionen des KGB. Niemand anders wäre dazu fähig gewesen. Im Februar verbreitete man in mehreren Moskauer Einrichtungen (u. a. in großen Fabriken) während der Politinformation, daß die Attentäter in der Untergrundbahn Armenier gewesen seien; sie hätten aus »brutalem Haß« auf das russische Volk gehandelt und würden aufgehängt werden (also nicht erschossen; eine grausamere Hinrichtung ruft heftigere Haßgefühle hervor!). Dies widersprach der anscheinend ebenfalls vom KGB verbreiteten Erklärung, daß man Bagdassarjans und Stepanjans Namen auf die Bitte »armenischer Genossen« hin nicht genannt habe, um keine antiarmenische Hysterie im Lande auszulösen. Vermutlich gab es dafür irgendwelche anderen Gründe.

Zwei Tage nach der Bekanntgabe des Urteils kamen zwei junge armenische Arbeiter zu mir. Sie sagten, daß die Belegschaft des elektrotechnischen Werkes in Jerewan, wo Satikjan, Bagdassarjan und Stepanjan (Satikjan als Meister, die beiden anderen als Arbeiter) beschäftigt gewesen waren, sie entsandt hätten. Sie sollten die Hinrichtung ihrer Kollegen irgendwie verhindern oder hinauszögern. Sie meinten, das Urteil sei, ungeachtet der Vollzugsmeldung, noch nicht vollstreckt worden. Dies hielt auch ich für möglich, als ich meinen Brief an Breschnew schickte. Deshalb wollten die Arbeiter Unterschriften für eine Petition bei prominenten Armeniern in Moskau sammeln. Ich rief in Anwesenheit meiner Gäste eines der Akademiemitglieder – er war armenischer Herkunft – an, doch er weigerte sich kategorisch, irgend etwas zu unterschreiben oder sich auch nur mit den aus Jerewan eingetroffenen Arbeiterdelegierten zu treffen.

Zwei Tage später kamen die Delegierten von neuem zu mir; niemand unterstützte sie. Sie waren erschüttert und verstört. Der Anwalt eines der Verurteilten hatte gesagt: »Wir [das heißt die Verteidigung] mußten die Hände heben, denn die Beweise der Anklage waren allzu überzeugend.« (Diese Formulierung – »die Hände heben« – hatte ich früher schon einmal in anderer Sache von einem Rechtsanwalt gehört.)

Die offiziellen Angaben zu diesem Fall reichen keineswegs aus. Einige Informationen erhielt ich »auf privatem Wege«, und ich werde anführen, was man mir übermittelte, obwohl auch diese Informationen in einer Reihe von Punkten Zweifel aufkommen lassen, zumal sie einander teilweise widersprechen. Eine der Mitteilungen stammt angeblich von einem Mann, der an dem Gutachten über die Splitter der Sprengvorrichtung mitgewirkt und an der Verhandlung teilgenommen hatte. Die Information wurde mir »per Stafette« übergeben; als ich versuchte, einige Dinge zu präzisieren, und meine eigenen Fragen (elf Fragen, unter anderem nach dem Datum der Verhandlung) zurückschickte, erhielt ich keine Antwort. Der Experte berichtete:

1. Am 8. Januar 1977 ließ man zwei Vorrichtungen explodieren: eine in der Untergrundbahn (wobei viele Menschen, auch Kinder, umkamen) und eine andere in einem Abfallgefäß (ein Mann starb, und eine Frau erlitt eine Frühgeburt, die das Kind nicht überlebte).

2. Rund zehn sogenannte »Gänsebratpfannen« waren gekauft worden. Zwei von ihnen hatte man benutzt, die dritte sollte im Oktober 1977 im Kursker Bahnhof verwendet werden. Aber Bagdassarjan und Stepanjan flüchteten bei Überprüfung ihrer Dokumente und ließen eine Tasche mit der Sprengvorrichtung in der Bahnhofshalle zurück. Man verhaftete sie im Zug von Moskau nach Jerewan.

3. Bagdassarjan und Stepanjan erklärten während der Verhandlung, daß ihre ursprünglichen Aussagen darüber, daß Satikjan der Initiator des Verbrechens sei und die Sprengvorrichtung hergestellt habe, nicht auf Wahrheit beruhten. Satikjan sei nicht an der Sache beteiligt gewesen!

Die zweite Mitteilung stammt angeblich von einer Frau, die beim Obersten Gerichtshof der UdSSR arbeitete. Mitte Januar habe man viele Angestellte des Gerichtsapparates eingeladen, an der Verhandlung über die Explosion in der Untergrundbahn teilzunehmen. Es sei eine Berufungsverhandlung gewesen, das Gericht der ersten Instanz habe schon früher getagt. Dies widerspricht den Angaben der sowjetischen Presse und allen übrigen Mitteilungen. Der Verhandlungsvorsitzende sei Smolenzew gewesen, der Stellvertretende Vorsitzende des Obersten Gerichtshofes (tatsächlich gibt es einen Mann dieses Namens und dieser Funktion). Während des Prozesses hätten alle drei Angeklagten ihre Schuld eingestanden (in Wirklichkeit nehmen die Angeklagten an einer Berufungsverhandlung nicht teil).

Weiter gibt es mehrere Aussagen von Bekannten und Verwandten der Verurteilten. Es sind Behauptungen der Art: Satikjan ist kein Mann, der den Weg des Terrors beschritten haben könnte; das widerspricht seinen Prinzipien ganz und gar. Satikjan war Mitglied und einer der Gründer der sogenannten Nationalen Vereinigten Partei Armeniens (NOP), einer brutal verfolgten Gruppe armenischer Nationalisten (das Wort »Partei« klingt hier übertrieben). Sie traten für die Schaffung eines unabhängigen, vereinigten Armenien ein, unter Angliederung der zur Türkei gehörenden Gebiete. Als ersten Schritt betrachteten sie die Durchführung eines Plebiszits darüber, ob Armenien von der UdSSR abgetrennt werden solle. Auf welche Weise sie die zur Türkei gehörenden Gebiete angliedern wollten, weiß ich nicht. Meiner Ansicht nach ist dieses Programm utopisch und gefährlich. Aber ich erkenne das Recht der Menschen an, solche Meinungen zu vertreten und zu verbreiten, solange sie keine Gewalt anwenden und nicht dazu aufrufen. Die Urteile gegen Angehörige der NOP sind unverhältnismäßig streng; ich habe mich wiederholt für die Verteidigung einiger von ihnen (Ajrikjan und andere) eingesetzt. Satikjan war ebenfalls in Haft gewesen (weshalb man ihn in der offiziellen Verlautbarung als Rückfalltäter bezeichnet hatte). Nach seiner Entlassung löste er sich von der NOP, heiratete, hatte drei Kinder und ging seiner Arbeit nach. Kurz vor dem Verbrechen, dessen man ihn bezichtigte, begann er, sich um die Ausreise zu bemühen. Was sich hinter diesen äußeren Konturen verbirgt, kann ich nicht sagen.

Bei einem Besuch nach dem Urteil (dem einzigen Besuch nach der Verhaftung) führte Satikjans Bruder ihn beiseite und fragte ihn, ob er des Verbrechens schuldig sei.

Stepan Satikjan antwortete: »Ich habe keine Schuld auf mich geladen, nur die, daß ich meine Kinder zu Waisen gemacht habe.«

Im Unterschied zu Malwa Landa meine ich, daß dieser Satz eine gewisse, vielleicht nicht beabsichtigte Zweideutigkeit enthält. Denn im Prinzip ist denkbar, daß ein überzeugter Terrorist den Terror nicht für ein Verbrechen hält, jedoch bedauert, daß seine Kinder infolge seiner Taten zu Waisen werden. Aber der direkte Sinn ist: Ich bin unschuldig.

Während desselben Besuches wurde Stepanjan gefragt: »Wie verlief die Verhandlung?«

Er erwiderte angeblich: »Es gab keine Verhandlung. Man brachte uns einfach her und verlas das Urteil.«

Einige Monate später las ich in dem von Cronid Lubarsky herausgegebenen *Westnik* (Bote), daß im März 1979 ein Henker des KGB (mit einem armenischen Familiennamen) in Jerewan die Strafe gegen Stepan Satikjan vollstreckt habe. Über Bagdassarjan und Stepanjan habe ich keine Informationen.

Die mir bekannten Andersdenkenden verhalten sich sehr unterschiedlich zum Fall Satikjan, Bagdassarjan und Stepanjan. Einige sind davon überzeugt, daß die ganze Sache nichts als eine Fälschung des KGB sei, die in erster Linie das Ziel habe, mit allen Andersdenkenden abzurechnen, oder einen anderen provokatorischen Zweck verfolge; als sich dies als Fehlschlag erwiesen habe, sei die Sache zum Vorwand geworden, um gegen die NOP vorzugehen. Die Vertreter dieses Standpunktes meinen, daß alle materiellen Beweise vom KGB fingiert worden seien und daß Bagdassarjan und Stepanjan mit dem KGB entweder nur im Stadium der Untersuchung oder sogar während der Durchführung des Verbrechens zusammengearbeitet hätten; man habe versprochen, ihr Leben zu schonen, und ebendeshalb seien ihre Namen nicht in der Presse genannt worden. Möglicherweise habe die eine oder andere Seite die Übereinkunft später gebrochen. Einen Prozeß habe es, in Übereinstimmung mit Stepanjans Aussage, nicht gegeben (deshalb habe niemand die Daten der Verhandlung nennen können, und deshalb seien die Verwandten nicht eingeladen worden).

Andere meiner Freunde glauben, daß Satikjan und seine Kameraden typische Nationalisten seien – wie die Basken, die Angehörigen der IRA u. ä. – und daß es überhaupt nicht überraschen könne, wenn jemand in der UdSSR zum Terroristen werde. Die Schuld der Angeklagten sei unwiderlegbar erwiesen; der Ausschluß der Öffentlichkeit entspreche der Tradition politischer Prozesse in der UdSSR, und in diesem Falle habe das KGB noch zusätzlich fürchten müssen, eine Kettenreaktion des Terrorismus auszulösen.

Was mich betrifft, so sehe ich schwache Stellen in diesen beiden extremen Auffassungen. Meine Haltung liegt in der Mitte, genauer gesagt, sie ist unbestimmt. Ich halte meinen Brief an Breschnew immer noch für gerechtfertigt, weil ich der Ansicht bin, daß ein solcher Fall nur unter wirklicher Teilnahme der Öffentlichkeit objektiv untersucht werden kann, zumal das KGB als alternativer Angeklagter in Betracht kommt.

Damit erschöpft sich das, was ich über diese verworrene und finstere Angelegenheit sagen wollte, die sich auf seltsame Weise mit meinem eigenen Schicksal und dem Schicksal der mir Nahestehenden verflocht.

Anfang 1979 wurde mir bekannt, daß man ein neues Verfahren gegen Mustafa Dshemiljow, der gerade aus der Haft entlassen worden war, angestrengt hatte. Man hatte ihn von neuem verhaftet, diesmal offiziell wegen einer Verletzung der »Überwachungsregeln« (in Wirklichkeit wurden die permanenten Repressionen seiner politischen Tätigkeit wegen fortgesetzt). Mustafas Bruder Assan teilte mir das Verhandlungsdatum aus Taschkent mit, und ich flog dorthin, um dem Prozeß beizuwohnen. Der Flug von Moskau nach Taschkent dauert etwa fünf Stunden. Ich traf gegen 1 Uhr nachts (Ortszeit) in Taschkent ein und fand mühelos Assans Wohnung; seine Frau und er leben in einem großen, neuen Mehrfamilienhaus, das nach dem letzten Erdbeben gebaut worden war. Sie warteten noch auf mich. Am nächsten Morgen gingen wir zum Gerichtsgebäude, doch man verschob die Verhandlung unter dem Vorwand, daß es im Gefängnis keine Transportmittel für den Verhafteten gebe. Eine Woche später wurde die Verhandlung überraschend anberaumt, so daß viele Verwandte nicht an ihr teilnehmen konnten. Mustafa wurde zu fünf Jahren Verbannung verurteilt.

Während dieses Aufenthalts schloß ich mit vielen Anhängern der Krimtatarenbewegung, die in Taschkent wohnten, Bekanntschaft. Die meisten von ihnen hatten mehrere Jahre Haft hinter sich. Es waren interessante Menschen, mit ganzem Herzen der Idee ergeben, daß die Krimtataren auf die Krim, mit der sie Tausende historischer Bande verbinden, zurückkehren müßten. Sie verhehlten mir nicht, welch scharfe Auseinandersetzungen und Meinungsverschiedenheiten sie über die Taktik ihres Kampfes und ihre realen Perspektiven hatten. In einer Hinsicht stimmten alle überein: daß nur legale, gewaltlose Methoden im Rahmen der bestehenden staatlichen Struktur zulässig und gerechtfertigt seien. Strittig war insbesondere die Frage, wie man sich zur allgemeinen Bürgerrechtsbewegung verhalten sollte. Manche meinten, daß Kontakte zu uns die gradlinige und offensichtliche Sache der Krimtataren mit einer Vielzahl anderer komplizierter Probleme in Zusammenhang bringen und sie dadurch erschweren würden. Anscheinend fürchteten sie dabei, daß die Schläge der Repressionen, welche auf die Bürgerrechtler einhagelten, auch sie treffen könnten. Andere (die Mehrheit) glaubten, daß die Sache der Krimtataren ein organischer Bestandteil des allgemeinen Komplexes der Menschenrechte in der UdSSR sei – der Freizügigkeit, der Informations-

und der Meinungsfreiheit – und daß wir nur gemeinsam etwas erreichen könnten.

Zwei Wochen später mußte ich wiederum nach Taschkent fliegen, diesmal zu dem Prozeß gegen die Adventisten. Der Hauptangeklagte war das dreiundachtzigjährige geistliche Oberhaupt der Adventistenkirche, Wladimir Alexejewitsch Schelkow.

Die »Adventisten des Siebenten Tages« (so lautete die vollständige Bezeichnung) wurden schon unter Pobedonoszew [1] verfolgt, doch die Verfolgungen sind unter der Sowjetmacht unvergleichlich brutaler. Die Ursache liegt darin, daß sie prinzipiell von der Obrigkeit unabhängig sein wollen. Sie weichen der Einberufung zur Armee zwar nicht aus, weigern sich jedoch, den Eid abzulegen und eine Waffe in die Hand zu nehmen. Schelkow selbst war vor seiner letzten Verhaftung 25 Jahre lang der Freiheit beraubt gewesen; während des Krieges wurde er zum Tode durch Erschießen verurteilt, jedoch einige Monate später begnadigt.

Sehr viele Adventisten leben illegal unter falschem Namen, ihre amtlichen Ehen sind fiktiv und spiegeln die wahren Familienverhältnisse nicht wider – all das, damit sie ihrer religiösen Lehre treu bleiben können. Die Behörden entlarven dauernd irgendwelche ihrer Vertreter, es kommt zu Verhaftungen und Urteilen. Eine solche Situation stehen nur sehr standhafte, verläßliche Charaktere durch. Diese Haltung kennzeichnet die Adventisten, denen wir in unserem Leben begegneten. Schon in Moskau hatte uns einer von ihnen besucht, Rostislaw Galezkij, der Ljusja und mir sehr gut gefiel. Nun aber hatte ich diese Menschen zahlreich vor mir.

Grigorij Pomeranz schreibt über die Realität der Intelligenz und des Volkes in unserem Lande, wo es dem Anschein nach doch schon kein Volk und keine Intelligenz mehr gibt:

> »... Aber muß man vielleicht die unsterbliche Seele des Volkes in Gedanken von seinem Fleisch trennen? ... Was für eine Realität? Ich weiß es nicht. Ich spüre einfach, wie sie sich windet ... und sich in den Unterschriften zur Eröffnung einer Kirche, in sektiererischen Gemeinden offenbart.«

Ich bin dieser Realität mehrere Male in meinem Leben von Angesicht zu Angesicht begegnet; eines dieser Beispiele lieferte Taschkent, und ich bin sehr froh darüber, daß es mir gelang, die lebendige Welt des Volkes zu berühren.

Das Flugzeug landete sehr früh, noch vor Morgengrauen, in Taschkent. Ich ging mehrere Stunden lang am Ufer des Karakum-Kanals spazieren und betrachtete das grünlich-trübe, geheimnisvoll lebendige Wasser, das sein Aussehen in dem Maße änderte, wie die Sonne am Horizont aufging und immer höher am Himmel emporstieg. Ich bedauerte wieder einmal, daß ich diese beste Zeit des Tages kaum je außer Haus, sondern meist im Bett verbringe.

Endlich begann der Arbeitstag, und nach einigen Mißverständnissen fragte ich mich zum Gebäude des Gebietsgerichtes von Taschkent durch, wo die Verhandlung gegen Wladimir Schelkow und seine Gefährten stattfand; sie waren etwa ein Jahr zuvor bei einer plötzlichen Razzia von Miliz und KGB in einer konspirativen Wohnung der Adventisten verhaftet worden. Das Gerichtsgebäude war einstöckig und sehr unansehnlich.

Um die Außentreppe standen und saßen rund zwei Dutzend Männer und Frauen, Adventisten. Sie wurden natürlich nicht in den Gerichtssaal hineingelassen, abgesehen von zwei oder drei Personen, die mit Hilfe von Dokumenten ihre enge Verwandtschaft mit den Angeklagten beweisen konnten. Ich verbrachte den ganzen Tag mit den Adventisten, hörte ihren Gesprächen untereinander zu – einige unterhielten sich auch mit mir – und teilte die Speisen, nämlich Brot und Äpfel, mit ihnen, die sie bei sich hatten, um sich nicht von der Verhandlung entfernen zu müssen. Ich erinnere mich nicht mehr an Einzelheiten der Gespräche, nur an meinen allgemeinen Eindruck: ihre tiefe Überzeugung, daß ihre Sache moralisch gerecht sei, ihre Ehrfurcht vor dem Großvater (Schelkow), ihre Geistigkeit – und das alles gepaart mit »bäuerlichem« Sinn für das Praktische und gesundem Menschenverstand (wahrscheinlich waren durchaus nicht alle von ihnen Bauern, vielleicht kein einziger, aber ich weiß nicht, wie ich ihr geistiges Erscheinungsbild genauer wiedergeben könnte).

Die Worte einer bejahrten Frau sind mir im Gedächtnis geblieben: »Wir glauben mit ganzer Seele, so daß unser ganzes Leben für den Glauben da ist – denn nur wenn man so glaubt, hat es einen Sinn!«

Von den brutalen Verfolgungen, denen die Obrigkeit sie aussetzte, berichteten sie erstaunlich nüchtern, ohne jede Affektiertheit oder Ausschmückungen, ohne Erbitterung. Es war etwa so, als sprächen sie von Naturerscheinungen.

Ich konnte nur einen Tag in Taschkent verbringen und das Ende der Verhandlung nicht abwarten. Von dem Urteil erfuhr ich erst in Moskau. Schelkow und alle übrigen Angeklagten wurden zu langen Haftstrafen verurteilt. Für Wladimir Alexejewitsch Schelkow war dieser letzte Richterspruch seines Lebens ein Todesurteil: Er starb weniger als ein Jahr später im Lager, im Alter von 84 Jahren. Ich war damals schon in Gorkij, doch manchmal konnten noch Besucher zur mir vordringen (die Milizionäre, die am Hauseingang wachten, kannten noch nicht alle Bewohner, und manchmal kam jemand unbemerkt an ihnen vorbei). Zwei Adventistinnen, eine Mutter und ihre ungefähr achtjährige Tochter, kamen zu mir, um mich von W. A. Schelkows Tod zu unterrichten. Die Mutter war erschüttert. Wie hätte ich ihnen helfen können? Ich küßte beide und riet ihnen, sich rasch zu entfernen, bevor man sie festnahm. Danach sah ich sie nicht mehr wieder.

Während der Verhandlung gegen die Adventisten hatte ich mich einmal etwas vom Gerichtsgebäude entfernt und stand allein. Ein Mann »orientalischen« Typs machte sich das zunutze und kam auf mich zu. Er begann sofort mit allen Anzeichen von Empörung auf mich einzureden.

»Ich bin mit den Opfern in der Metro verwandt. Hier gibt es viele von uns, und wir lassen nicht zu, daß ein Verteidiger der Mörder über den Boden von Taschkent geht!«

Ich wollte etwas über die Notwendigkeit einer öffentlichen Verhandlung einwerfen, aber es war unmöglich, dem Schwall seiner Worte, die er mit kehliger Stimme hervorstieß, Einhalt zu gebieten. Dabei verdrehte er wütend die Augen; mir kam es so vor, als habe man ihn gerade wegen dieser außergewöhnlichen Fähigkeit zu mir geschickt.

Er endete mit unheilvollem Flüstern: »Wenn du dich nicht heute sofort wieder nach Moskau davonmachst, kann ich für nichts garantieren. Ich hab' schon mal gesessen – einmal mehr macht mir nichts aus.«

Ich mußte tatsächlich am selben Tag abfliegen, da ich ein Seminar im FIAN nicht versäumen wollte, aber davon sagte ich dem KGB-Mann nichts. Jetzt näherte sich einer der Adventisten. Er hatte ein paar Gesprächsfetzen gehört und war sehr besorgt. Die Adventisten wollten mich zum Flugplatz begleiten, doch ich bat sie, darauf zu verzichten, weil ich genug darüber gehört hatte, wie das KGB von Taschkent mit ihnen umspringt.

Die Flugkarten nach Moskau waren ausverkauft. Ich ging zum Administrator und zeigte ihm mein »Heldenbüchlein«. Er versprach, mir zu helfen.

Kurz darauf rief man über Lautsprecher aus: »Genosse Sacharow, bitte zur Kasse.«

An der Kasse fragte mich ein Mann: »Sind Sie Sacharow?«

»Ja.«

»Gehen wir auf den Balkon, ich muß Ihnen verschiedenes sagen.«

Sein Gesicht schien mir bekannt – ob er einer meiner früheren Kollegen war? In Wirklichkeit war er ein KGB-Beamter, und ich hatte ihn tatsächlich schon oft gesehen. Ich ging auf den Balkon hinaus, was natürlich ein Fehler war. Dort stand ein weiterer KGB-Angehöriger. Sie verstellten mir den Weg vom Balkon zurück und begannen eine neue psychologische Attacke. Diesmal handelte es sich nicht um Drohungen, sondern um beredte Argumente. Das Thema blieb unverändert: Wie hatte ich soweit herabsinken können, daß ich Mörder verteidigte. Ich widersprach matt. Schließlich riß ich mich los, verließ den Balkon und stieg die Treppe hoch – wie immer meines Herzens wegen langsam. Die KGB-Beamten rahmten mich ein und setzten ihren »Vortrag« fort. Plötzlich blieb ich stehen. Einer der beiden fragte gehässig: »Wieso bleiben Sie stehen – wollen Sie etwa den Flug verpassen?«

Ich entgegnete: »Wenn Sie einen solchen Auftrag übernehmen, sollten Sie wenigstens vorher Ihre Abzeichen ablegen.« Sie sahen einander an – jeder trug das KGB-Abzeichen am Revers – und liefen rasch die Treppe hinauf.

Das KGB widmete meinem Einsatz in der Angelegenheit Satikjan, Stepanjan und Bagdassarjan gewaltige Aufmerksamkeit, doch die Reaktion im Westen war minimal. Die wohl einzige Unmutsäußerung, von der ich damals hörte, war eine Demonstration Sartres (ganz allein) vor dem Gebäude der sowjetischen Botschaft in Paris.

Am 15. April fuhr ich mit unserem Privatwagen zum Flugplatz, um Ljusja abzuholen. Am Steuer des Wagens saß unser Freund Ari Misjakin; er blieb auf meine Bitte hin beim Auto, während ich am Ausgang der Zollkontrolle auf Ljusja wartete. Er verließ seinen Posten nur für einen Moment, um beim Tragen der Koffer zu helfen. Das wurde von KGB-Angehörigen ausgenutzt, die einen Reifen durchstachen.

Die Zollkontrolle wurde diesmal sehr rasch abgewickelt, und Ljusja freute sich – doch zu früh: Die Zollbeamten (ebenfalls KGB-Angehörige) hatten ihr sehr viele kleinere und größere Gegenstände gestohlen, insgesamt im Wert von 500 bis 600 Rubeln.

Anfang 1979 erschien ein mir unbekannter Besucher bei uns. Nachdem ich ihn ins Haus gelassen hatte, erkundigte er sich, ob ich Sacharow sei, und sagte, daß er meine Adresse von W. bekommen habe; er selbst sei Zbigniew Romaszewski aus Polen, vom Komitee zur Gesellschaftlichen Selbstverteidigung (KOR), und würde gern mit mir sprechen. Ich traf mich zweimal mit ihm. Das zweite Gespräch, am nächsten Tag, wurde in

Anwesenheit von Tanja Welikanowa geführt, die gleichzeitig mit Romaszewski eingetroffen war.

Zbigniew Romaszewski war ein mehr als mittelgroßer Mann, schlank, straff, mit klaren, energischen Gesichtszügen; er trug einen nach europäischer Art gutsitzenden Anzug. Er sprach nicht sehr schnell russisch, aber ohne jeden Fehler, mit präzise formulierten Sätzen. Romaszewski interessierte sich für die Situation unserer Dissidenten und zeigte sich über sie so unterrichtet, wie es bei Ausländern gewöhnlich nicht der Fall ist (aber eigentlich war er für mich auch kein Ausländer). Seinerseits erzählte er kurz, aber informativ von der Lage in Polen, von den Stimmungen im Lande und den Zielen des KOR. Er sagte, daß die Arbeiter in ihrer Gesamtheit sehr entschlossen seien und man häufig Sätze folgender Art hören könne: »Jetzt, wo ihr [das heißt die Intellektuellen] zu uns gekommen seid, werden wir es denen [das heißt der Parteispitze] zeigen! Wir bringen die Wahrheit ans Licht!«

Die Angehörigen des KOR müßten die Arbeiter ständig von allzu übereilten Aktionen abhalten und mögliche Ausschreitungen verhindern.

Romaszewski machte auf mich und Tanja Welikanowa großen Eindruck durch seine Intelligenz, seinen Geist, sein Verantwortungsgefühl und seine Informiertheit. Dieser Begegnung habe ich es zu verdanken, daß ich die Ursprünge der Gewerkschaft »Solidarität« besser verstehe.

XXV. Briefe und Besucher

Im Laufe dieser Jahre habe ich zahlreiche Briefe erhalten: mit dem Ausdruck der Unterstützung (ich glaube, daß die Mehrheit solcher Briefe beim KGB landete und daß nur ein sehr kleiner Teil von ihnen bei mir ankam), mit Kritik und mit Drohungen. Die Briefe der beiden letzten Kategorien trafen auf sehr merkwürdige Art ein: Entweder gab es überhaupt keine, oder ich erhielt sie – gewöhnlich nach irgendeiner meiner öffentlichen Aktionen – bündelweise. Meiner Meinung nach stammten die Drohbriefe im wesentlichen direkt vom KGB, während die Schreiben, in denen meine Einmischung in diese oder jene Angelegenheit verurteilt wurde, teilweise vom KGB stammten, meist jedoch von wirklich empörten Bürgern; diese Schreiben hat das KGB einfach aus der großen Zahl von Briefen anderen Inhalts ausgewählt.

Aber von all diesen Kategorien, so wichtig sie an sich sind, soll in diesem Kapitel nicht die Rede sein. Es ist Briefen und Besuchern gewidmet, die mich um Hilfe baten. Briefe mit der Bitte um Hilfe trafen sofort nach der Bekanntgabe der Gründung des Menschenrechtskomitees im November 1970 ein. Damals erschienen auch die ersten Besucher, zuerst in der Schtschukin-, dann in der Tschkalow-Straße. In den etwas mehr als neun Jahren (bis zu meiner Deportation nach Gorkij) waren es viele hundert Briefe und Hunderte von Besuchern! Und in jedem Brief, von jedem Besucher wurde eine reale große Sorge, ein kompliziertes Problem vorgetragen, das die sowjetischen Behörden unbeachtet ließen. Wenn sie beinahe jede Hoffnung aufgegeben hatten, wandten sich die Menschen voller Verzweiflung an mich. Aber ich konnte fast nie und fast niemandem helfen. Das wußte ich von Anfang an, aber die Menschen vertrauten dennoch auf mich. Ich kann nur schwer wiedergeben, wie mich das alles quälte und deprimierte. Leider wählte ich allzu häufig (aus Unkenntnis, aus Unorganisiertheit oder aus Überlastung durch andere dringende Angelegenheiten) den einfachsten und schlechtesten Weg: Ich verschob die Beantwortung eines Briefes von einem Tag auf den anderen, von einer Woche auf die andere; später ging der Brief verloren, oder es war nach all der verflossenen Zeit schon sinnlos geworden, ihn zu beantworten, doch keiner der Briefe hörte je auf, mich zu bedrücken. Es wären noch viel mehr Briefe ohne Antwort geblieben, wenn nicht die unschätzbare Hilfe von Sofja Wassiljewna Kalistratowa [1] gewesen wäre. Vor ihr hatte mir ein sowjetischer Journalist seine Unterstützung angeboten, aber ich konnte nicht rechtzeitig darauf eingehen. (Ich will den Namen nicht nennen, aber der Mann, den ich meine, wird verstehen, daß von ihm die Rede ist, wenn diese Erinnerungen jemals in seine Hände gelangen. Ich nutze die Gelegenheit, ihm meine Dankbarkeit auszudrücken.)

Sofja Wassiljewna ist eine bemerkenswerte Persönlichkeit. Sie hat anderen viel Gutes getan hat, ist gerecht, klug und gutherzig. Diese Eigenschaften kommen nur selten zusammen, aber hier ist es der Fall. Sofja Wassiljewna ist Juristin, Rechtsanwältin. Mehr als zwanzig Jahre lang verteidigte sie Angeklagte in Strafprozessen, und dieser Tätigkeit widmete sie sich rückhaltlos; darin drückte sich ihr Streben nach Gerechtigkeit aus, ihr Wunsch, den ihr anvertrauten Menschen sowohl in der Sache wie moralisch zu helfen. Es war unmöglich, ihren Erzählungen unbeteiligt zuzuhören. Für sie war das allerwichtigste stets das Schicksal des lebendigen, konkreten Menschen, der vor ihr stand.

Eines Tages verteidigte sie den jungen Soldaten M., dem die Teilnahme an einer Vergewaltigung vorgeworfen wurde. Die Indizien reichten offenkundig nicht aus; er war nach Sofja Wassiljewnas Überzeugung unschuldig, wurde jedoch zum Tode verurteilt. Sie suchte in dieser Angelegenheit irgendeinen hohen Funktionär auf, der ihr recht unbedacht – schließlich wußte er nicht, mit wem er es zu tun hatte – darzulegen begann, daß die Disziplin in der Armee erschüttert sei, daß es zahlreiche Vergehen und Verbrechen innerhalb des Militärs gebe und daß das strenge Urteil gegen M. sehr nützlich für die Hebung der Disziplin sei; deshalb sei an eine Annullierung nicht zu denken.

Sofja Wassiljewnas leidenschaftliche Reaktion verblüffte ihn. Sie schrie den hohen Funktionär an: »Wollen Sie durch den Tod, mit dem Blut dieses Jungen die Disziplin festigen und Ihre Untergebenen belehren?«

Sie brachte alles vor, was gesagt werden mußte. Ihre Stimme war so laut und energisch, daß der Funktionär offensichtlich eingeschüchtert war. Letzten Endes gelang es ihr, eine Revision des Urteils zu erreichen.

In einem anderen Fall konnte sie darauf hinwirken, daß ein Urteil über fünfzehn Jahre Haft für zwei Angeklagte, die sie für unschuldig hielt, in zehn Jahre Haft umgewandelt wurde. Als sie, nach Verkündung des Urteils, erschüttert ihre Unterlagen ordnete und hinausgehen wollte, kamen die Beisitzer des Berufungsgerichts auf sie zu und fragten: »Na, Genossin Rechtsanwalt, sind Sie mit dem Ergebnis zufrieden?«

»Wie könnte ich zufrieden sein? Es gibt keine Beweise für die Schuld der Angeklagten, und dennoch wurden sie zu einer Haftstrafe verurteilt!«

Ein wenig erstaunt über diese Logik sagte einer der Beisitzer: »Wenn es Beweise gegeben hätte, hätten wir dann das Urteil abgewandelt?«

Eine der Einsichten, die sich für Sofja Wassiljewna aus ihrer juristischen Erfahrung ergeben, ist ihre Abscheu vor der Todesstrafe, die sie für eine unmenschliche, ungeheuerliche und sozial schädliche Einrichtung hält.

Sie übertrug ihr leidenschaftliches Verlangen nach Gerechtigkeit, das sie in ihrer Rechtsanwaltstätigkeit viele Jahre lang leitete, auf die Verteidigung der Personen, die ihrer Überzeugung wegen angeklagt wurden, also der Gewissensgefangenen. Diese ihr einzig mögliche Haltung veränderte ihr ganzes Leben, ihre eigene Stellung in der Gesellschaft. Letzten Endes führte dieser Weg sie zur Teilnahme an offenen politischen Aktionen, zur Helsiniki-Gruppe und dann dazu, daß sie selbst verfolgt, verhört und Haussuchungen unterzogen wurde.

Sofja Wassiljewna verteidigte unter anderem Pjotr Grigorenko und Natalja Gorbanewskaja. Wenn man die Unterlagen dieser lang zurückliegenden Prozesse durchliest, wird deutlich, wie klug und kühn sie die Verteidigung gestaltete. Aber für die Angeklagten war ihre Herzlichkeit bei den Begegnungen mit ihr, die Verbindung zur Außenwelt, die dadurch wiederhergestellt wurde, nicht weniger wichtig.

Nachdem Sofja Wassiljewna sich bereit erklärt hatte, mir bei der Korrespondenz zu helfen, brachte ich ihr eine Tasche mit an mich gerichteten Briefen nach der anderen. Sie beantwortete die Briefe und gab juristische oder einfach das Alltagsleben betreffende Ratschläge, die auf ihrer reichen Erfahrung beruhten. Dann unterzeichnete ich diese Schreiben (nach der Erörterung mit ihr), und Sofja Wassiljewna schickte sie ab. Natürlich war auch sie nicht fähig, Wunder zu vollbringen. Wir konnten fast niemandem wirkliche Hilfe leisten, aber jedenfalls blieben die Briefe nicht mehr unbeantwortet. Das war in moralischer Hinsicht wenigstens etwas. Sofja Wassiljewna behielt die Briefe und die Durchschläge der Antworten. Doch dieses ganze Archiv fiel ein paar Jahre später dem KGB in die Hände – es wurde bei einer der Haussuchungen beschlagnahmt. Deshalb kann ich nur schildern, was ich im Gedächtnis behalten habe.

Mehr als die Hälfte meiner Besucher waren Menschen, die das Land verlassen wollten. Von der Erfahrung ausgehend, die mir diese Fälle vermittelten, habe ich schon häufig über die vielfältigen Gründe, die bei den Menschen Emigrationswünsche auslösen, und über die fast unüberwindlichen Hindernisse geschrieben, auf die viele von ihnen stoßen.

Zusätzlich zu den schon geschilderten Fällen will ich noch zwei, ebenfalls in mancher Hinsicht typische Beispiele anführen.

Eines Tages kamen zwei junge Rumäninnen zu uns. Sie trugen der Jahreszeit unangemessene leichte Kleidung und wirkten ziemlich verstört. Sie lebten in Moldawien. Während des Krieges, noch als ganz kleine Mädchen, waren sie nach Rumänien verschlagen worden, dort aufgewachsen und hatten begonnen, als Friseusen zu arbeiten. Vor etwa zwei Jahren waren sie einer Einladung von Verwandten nach Moldawien gefolgt. Sie brachten mehrere Koffer mit allen möglichen Habseligkeiten mit, die sie während ihrer Arbeit in Rumänien angesammelt hatten. Eine Zeitlang ging alles gut. Aber allmählich verschlechterten sich die Beziehungen zu den Verwandten, die Arbeitsbedingungen und das Einkommen waren nicht so, wie sie erwartet hatten. Sie beschlossen, nach Rumänien zurückzukehren, doch ihr Antrag wurde abgelehnt. Nun begann das wirkliche Unglück, das sie zu ihrem Besuch bei uns veranlaßt hatte. Sie hatten keine Arbeit mehr, und ihre Verwandten hatten sie einfach auf die Straße gesetzt, dabei jedoch die meisten ihrer Sachen, sogar warme Kleidungsstücke, zurückbehalten. So erklärte sich ihr »sommerliches Äußeres«.

Hier zeigte sich, daß die Emigration in sozialistische Länder noch schwieriger und häufig noch hoffnungsloser ist als die Auswanderung in kapitalistische Staaten oder nach Israel, denn es gibt niemanden, auf den man einwirken könnte. Im Falle der beiden Rumäninnen konnte Ljusja helfen, indem sie ihnen eine Einladung nach Israel verschaffte; ein halbes Jahr später konnten sie, glücklich und dankbar, ausreisen.

Weitaus schwieriger gestalteten sich die Dinge für die Familie des Piloten der Zivilluftfahrt Jewsjukow, die sich zur Emigration entschlossen hatte. Es handelte sich meinem Eindruck nach um ehrliche, kluge und tapfere Menschen, die ihre Entscheidung bewußt getroffen hatten und sich völlig darüber klar gewesen waren, welche Probleme sich daraus ergeben könnten. Jewsjukow erhielt eine Ablehnung nach der anderen. Der Zeitpunkt der Einberufung seines Sohnes rückte heran. Der Sohn verweigerte den Wehrdienst, da dieser gewöhnlich eine Klassifizierung als Geheimnisträger (und damit die Unmöglichkeit der Ausreise) nach sich zieht, und wurde zu zweieinhalb Jahren Haft verurteilt.

(Ergänzung 1987: Im Frühjahr 1986 wurde Jewsjukow senior von einem KGB-Vertreter empfohlen, den Ausreiseantrag zurückzuziehen. Dadurch könne er all seine Probleme lösen; andernfalls müsse er sich selbst die Schuld an allem weiteren zuschreiben; schon vorher war auch mit seiner Frau ein solches Gespräch geführt worden. Jewsjukow folgte dem »Rat« nicht. Einen Monat später lud man Jewsjukow junior, der seine Strafe verbüßt hatte, zur Einberufungsstelle und verhaftete ihn von neuem, nachdem er den Wehrdienst wiederum verweigert hatte. Er wurde verprügelt und in Handschellen ins Gefängnis gebracht. Das Gericht verurteilte ihn zu drei weiteren Jahren Haft, die er in einem der schlimmsten Kriminellenlager ableisten mußte. Die Wände in den Isolierzellen waren, wie er berichtete, stets feucht, offenbar weil man dem Mörtel absichtlich Salz beigemischt hatte. Sadistische Wärter ließen die Zellen »abkühlen«, so daß die halbnackten Häftlinge vor Kälte zitterten, manche sogar umkamen.

Jewsjukow senior wurde im Herbst 1986 in eine psychiatrische Anstalt eingeliefert. Erst im Jahre 1987 verbesserte sich die Situation dieser Familie. Man entließ Jewsjukow senior aus der Anstalt, und später, im Juli, auch den Sohn aus der Haft. Im Juli 1987 stellten die Jewsjukows erneut Ausreiseanträge. Ljusja spielte eine entscheidende Rolle dabei, daß den Jewsjukows allgemeine Aufmerksamkeit zuteil wurde. Viele Jahre hindurch nutzte sie jede Gelegenheit, jeden Kontakt, um die Familie in Erinnerung zu bringen: sowohl in der UdSSR bei ausländischen Journalisten als auch – 1986 – während ihrer Auslandsreise bei hohen Politikern und Vertretern der Massenmedien. Im Jahre 1987 schloß auch ich mich diesen Bemühungen an. Im August 1987 durften die Jewsjukows ausreisen.)

Die zweitgrößte Gruppe der Besucher waren Menschen, die wegen irgendwelcher Konflikte mit Vorgesetzten in Not geraten waren, die man illegal entlassen hatte und ähnliches. Diejenigen, die zu mir kamen, hatten oft viele Jahre lang vergeblich versucht, ihr Recht bei verschiedenen zentralen Institutionen durchzusetzen. Bei einigen dieser zentralen Institutionen – zum Beispiel in den Empfangsstellen der Staatsanwaltschaft der UdSSR und des Obersten Sowjets – gibt es die Methode, besonders hartnäckige Besucher in ein Spezialzimmer zu schicken, wo sie direkt in die Hände von Pflegern einer psychiatrischen Klinik geraten. Allerdings muß angemerkt werden, daß unter meinen Besuchern dieser Kategorie zweifellos einige psychisch Kranke waren.

Die dritte Gruppe bestand aus älteren Menschen, Rentnern und Invaliden. Ihre Erzählungen enthüllten mir die bedrückenden Lebensbedingungen, die nackte Armut jener, die vom System der Sozialfürsorge abhängen. Die Renten sind in der UdSSR äußerst niedrig, ausgenommen für Militärs und Personen, die ein hohes Einkommen hatten. Besonders Wohnungsprobleme machen den Rentnern zu schaffen. Leider konnte ich keinem in irgendeiner Weise helfen.

Und schließlich waren sehr viele Besucher mit Verurteilten und Untersuchungshäftlingen verwandt.

Die gleichen Kategorien waren in den Briefen zu finden, nur in umgekehrter Reihenfolge: Die überwältigende Mehrheit bildeten Briefe der Verwandten von Häftlingen und der Häftlinge selbst. Es ist eine schreckliche, deprimierende Lektüre über Verfahrensfehler, die durch das niedrige juristische und moralische Arbeitsniveau der gerichtlichen Institutionen verursacht wurden, über Voreingenommenheit des Gerichts und der Ermittlungsbehörde, insbesondere Vorbestraften gegenüber, über Willkür an den Haftorten, über Schläge und Folterungen während der Ermittlung, über die Abhängigkeit der Gerichtsorgane von den örtlichen Partei- und Verwaltungsorganen, über die völlige Hoffnungslosigkeit einer Urteilsrevision, über die Nutzlosigkeit von Anträgen an die Staatsanwaltschaft und die Berufungsinstanzen, die durch endlose nichtssagende Antwortschreiben jede Verantwortung abweisen. Man kann annehmen, daß ein Teil der Briefe von Menschen geschrieben wurde, die tatsächlich schuldig waren, die aber versuchten, »auf die Tränendrüsen zu drücken« und mich hinters Licht zu führen. Aber dies war zweifellos nur ein kleiner Teil der Briefe. In den meisten Fällen habe ich das Gefühl, den Mitteilungen völliges Vertrauen schenken zu können – denn sie waren allzu entsetzlich, als daß sie von jemandem ersonnen worden wäre. Die Sprache dieser Briefe war so einfach, sogar unverstellt, daß Fälschungen mir ganz ausgeschlossen schienen. Natürlich war es denkbar, daß Sofja Wassiljewna und ich uns irrten, doch nur in einzelnen Fällen.

Ich möchte aus dem Gedächtnis ein paar Beispiele schildern; es sind nicht unbedingt die typischsten, sondern die, an welche ich mich erinnere.

Zwei oder drei Briefe erhielt ich von einem Häftling in einem Lager der Autonomen Sozialistischen Sowjetrepublik (ASSR) Komi (dies ist eine Gegend mit besonders strengem Klima; dort konzentrieren sich viele Lager, die bei den Gefangenen berüchtigt sind). Die Briefe gelangten, wie auch in einigen anderen Fällen, auf »unorthodoxe« Weise zu mir. Der Häftling schrieb, daß man ihn wegen eines Wirtschaftsverbrechens zu mehreren Jahren verurteilt habe. Er habe den Vorschlag, zu einem der Lagerspitzel zu werden, abgelehnt. Daraufhin habe man ihn zur Wache geführt, ihm Handschellen angelegt (die gewöhnliche Methode) und ihn brutal verprügelt. Gleichzeitig sei ein Lagervergehen gegen ihn fingiert worden, dem zufolge er versucht haben soll, die Aufseher anzugreifen. Man habe ihn zu weiteren neun Jahren Haft verurteilt; er rechne nicht damit, seine Entlassung zu erleben.

Ein anderer Gefangener, ebenfalls aus der Komi-ASSR, berichtete, daß man in der Stadt Otschamtschiri (nicht weit von Suchumi) gegen ihn ermittelt habe. Er habe sich selbst durch eine falsche Aussage belastet, und zwar aus Furcht vor den Folterungen, die in diesem Untersuchungsgefängnis bekanntlich durchgeführt werden. Ich kann nicht an der Wahrhaftigkeit dieses Berichts zweifeln, denn ich besitze Informationen (übermittelt von Gamsachurdia, noch bevor er verhaftet wurde und seine eigene Tätigkeit verdammte) über viele Beispiele von Folterungen im Untersuchungsgefängnis von Otschamtschiri.

Eines Tages öffnete ich die Tür, nachdem es geklingelt hatte. Eine Frau lief die Treppe hinunter, und im Briefkasten lag ein großer, umfangreicher Brief. Er enthielt die Darstellung des Falles Rafkat Schajmuchamedows und entsprechende Unterlagen. Der junge Arbeiter Schajmuchamedow war zwei Jahre zuvor zusammen mit zwei anderen jungen Leuten verhaftet worden; man hatte sie angeklagt, einen Raubmord an der Verkäuferin eines Lebensmittelgeschäftes begangen zu haben. Schajmuchamedow wurde zum Tode durch Erschießen, die beiden anderen zu geringen Haftstrafen verurteilt. In den Berufungsanträgen der Rechtsanwälte aus Frunse und Moskau wurden gewichtige Argumente für Schajmuchamedows Unschuld angeführt: Zeugenaussagen, die ihm ein Alibi versicherten, sowie ein Gutachten darüber, daß die Blutgruppe der Ermordeten nicht mit einem auf seiner Jacke gefundenen Blutfleck übereinstimmte. Seine Mutter teilte in einem Brief mit, daß Staatsanwalt Bekbajew von ihr sofort nach der Verhaftung eine riesige Bestechungssumme verlangt habe, die sie verweigert habe. Dann sei sie mit ihrem Mann nach Moskau gefahren, um Beschwerde einzulegen. Der Vertreter der Staatsanwaltschaft der UdSSR habe es abgelehnt, ihre Beschwerde anzunehmen, und gedroht, sie beide in ein psychiatrisches Krankenhaus einweisen zu lassen.

Schajmuchamedow verbrachte ein Jahr oder mehr in der Todeszelle. Er erklärte einen Hungerstreik und forderte die Revision seines Falles. Der Staatsanwalt versprach ihm eine Milderung seiner Strafe, wenn er den

Hungerstreik einstelle, doch er weigerte sich. Der Brief der Mutter enthielt einen Zusatz, in dem es hieß, daß der Stellvertretende Generalstaatsanwalt der UdSSR, Maljarow, das Todesurteil bestätigt habe und Rafkat Schajmuchamedow erschossen worden sei. Nun sei Rafkats Bruder laut einer gefälschten Anklage wegen Überfalls verhaftet worden. Staatsanwalt Bekbajew lud Rafkats Mutter vor, unterrichtete sie von der Erschießung ihres Sohnes und fügte hinzu: »Wir brauchen das Haus deines Sohnes. Verkaufe es [selbstverständlich zu einem sehr niedrigen Preis]. Ich habe einen deiner Söhne erschießen lassen, und ich kann dafür sorgen, daß auch der zweite erschossen wird.«

Ein Brief aus Jakutien. Ein Gefangener teilte mit, daß er eine zweite Strafe abbüße. Er sei unschuldig, doch die Richter seien ihm als Vorbestraftem gegenüber voreingenommen gewesen. (Dieses Motiv kehrt in zahlreichen Briefen wieder; es handelt sich um eine der heikelsten Fragen unserer Rechtsprechung, wie ich schon erwähnt habe. Doch die allerheikelste Frage betrifft das niedrige Bildungs- und moralische Niveau der Richter, und dies spiegelt die allgemeine Situation im Lande wider.) Mein Korrespondent schrieb weiter, daß man ein neues Lagerdelikt mit langer Haftstrafe für ihn »zusammenschustere«.

Der Brief einer Buchhalterin, die zu elf Jahren Haft verurteilt wurde – nach ihren Worten wegen eines Verbrechens, das ihr Vorgesetzter begangen habe.

Ein Brief aus Kasachstan von der Mutter eines Jungen, der während der Ermittlungen bei einer Schlägerei umgekommen war. In ihrem Städtchen finden bei der Verabschiedung der Wehrpflichtigen regelmäßig brutale Prügeleien zwischen Russen und Kasachen statt, die, wie sie schreibt, ihren Haß auf die Russen abreagieren – ein Indiz für den Stand der Nationalitätenprobleme in der UdSSR. Nach der Prügelei waren russische und kasachische Heranwachsende verhaftet worden. Der tote Junge war Russe. Die kasachischen Ermittler prügelten auf ihn ein, um ihm das erforderliche Geständnis abzupressen.

Der Brief der Frau eines jungen Burschen, den man wegen einer im Rausch begangenen Schlägerei verurteilt hatte. Sie und er waren Zöglinge eines Waisenhauses, und ihr Leben war bisher sehr schwer. Der Brief ist rührend naiv, aufrichtig, von Liebe durchdrungen. Gerade habe ihnen das Glück gelächelt, sie liebten einander. Das Saufgelage sei ein Zufall gewesen; Kolja, ihr Mann, habe zunächst abgelehnt, doch dann sei er überredet worden. Er sei zwar beteiligt gewesen an der Schlägerei, aber nicht in demselben Maße wie die anderen, und dennoch sei seine Strafe viel höher. – Neben diesem gibt es unverhältnismäßig viele Briefe früherer Zöglinge von Kinderheimen. Dies deutet auf ein ernstes, soziales Problem und auf das Unvermögen der Gerichte hin, das nötige Feingefühl walten zu lassen.

Das Thema Trinkerei und Wodka taucht in vielen Briefen auf. Die Trunksucht ist eine große nationale Tragödie, die das Familienleben zur Hölle macht und geschickte Arbeiter in Nichtstuer verwandelt; sie ist die Ursache zahlreicher Verbrechen und mit ihnen verbundener Tragödien.

Koljas Tragödie ist eine von ihnen. Die Zunahme der Trunksucht im Lande ist gekennzeichnend für die Krise der Gesellschaft und die Schuld des Staates, der den Alkoholismus nicht wirksam bekämpfen will und kann. (Geschrieben 1983; jetzt besteht Hoffnung, daß sich etwas ändern wird.) Der bissige Humor des Volkes hat zahlreiche Bezeichnungen für billige, mit Spiritus verschnittene Weine gefunden, die zum Hauptmittel der Alkoholisierung und der Beutelschneiderei geworden sind.

Dies sind die unfrohen Gedanken, die sich bei der Lektüre der an mich gerichteten Briefe (genauer gesagt, bei der Erinnerung an sie) einstellen.

XXVI. Afghanistan. Gorkij

Im Dezember 1979 ließ die UdSSR ihre Truppen in Afghanistan einmarschieren. Eine Spezialabteilung des KGB erschoß den Staatspräsidenten Chafisullah Amin und die Zeugen dieser Aktion. Babrak Karmal rief über Radio Taschkent eine neue Regierung aus. Die sowjetischen Truppen nahmen den Kampf gegen die Partisanen auf; damit begann ein Krieg, der sich im Grunde gegen das afghanische Volk richtete. Worin bestand das Ziel der Invasion, und was sind ihre Folgen? In zahlreichen sowjetischen Erklärungen heißt es, daß die sowjetischen Truppen auf Bitten der legalen Regierung nach Afghanistan eingerückt seien, um die Errungenschaften der April-Revolution vor den von Pakistan entsandten Banditen zu schützen. Diese Erklärungen sind haltlos.

Staatspräsident Amin konnte den Einmarsch der Sowjets, die ihn dann ermordeten, nicht erbeten haben. Faktisch strebte Amin nach der nationalen Unabhängigkeit Afghanistans, und genau deshalb war er den sowjetischen Führern mißliebig. Seine Innenpolitik stieß tatsächlich auf großen Widerstand; er glaubte aber offensichtlich, diesen mit nationalen Kräften überwinden zu können. Der bewaffnete Kampf gegen die Politik Tarakis (des von Amin ermordeten Vorgängers) und gegen Amin selbst gründete sich bis Dezember 1979 fast ausschließlich auf inneren Widerstand, war häufig nahezu ein Stammesgefecht; erst nach dem sowjetischen Eingreifen erfaßte der Widerstand die gesamte Nation, und dann erfuhr er einige Unterstützung von außen, die sehr unbedeutend war, und dies bis heute ist. Für die große Masse der afghanischen Bevölkerung verwandelte sich die sowjetische Invasion in die Tragödie des Krieges, in eine ungeheure Katastrophe.

Der wahre Grund des Einmarsches ist in der sowjetischen Expansionspolitik zu suchen. Die sowjetischen Führer waren offenbar besorgt darüber, daß Afghanistan nach dem mit Hilfe des KGB vollbrachten blutigen Sturz von Daud nicht leichter, sondern schwerer zu lenken war; zudem war die Situation in Afghanistan, wie ich glaube, eigentlich nicht der Grund, sondern der *Anlaß* der Invasion, die weitreichende geopolitische und strategische Ziele verfolgte. Afghanistan wurde anscheinend als strategischer Brückenkopf für die Errichtung der sowjetischen Herrschaft in dem umfassenden angrenzenden Gebiet betrachtet.

Weniger als zwei Monate vor der Invasion waren sogenannte revolutionäre Studenten in Teheran in die amerikanische Botschaft eingedrungen und hatten Geiseln genommen, wodurch sich die amerikanisch-iranischen Beziehungen aufs äußerste zuspitzten. Das alles war überaus günstig für die Pläne eines »friedlichen« oder militärischen Vordringens der UdSSR in den Iran – so günstig, daß man die Beteiligung sowjetischer Agenten an der Geiselnahme vermuten muß. Einige in der ausländischen Presse veröffentlichte Einzelheiten scheinen diese Vermutung zu bestätigen. Wahrscheinlich rechneten die sowjetischen Führer nach dem Einmarsch mit einem raschen Sieg. Aber es kam ganz anders. Afghanistan, das sich in der Vergangenheit weder von England noch vom zaristischen Rußland hatte einschüchtern lassen, gab auch diesmal nicht nach. Die sowjetischen Truppen sahen sich dem Widerstand des ganzen Volkes gegenüber. Die Armee des Regimes Karmal löste sich durch massenhafte Desertionen und Überläufe zu den Partisanen zur Hälfte auf. Gleichzeitig nahm der Krieg einen immer brutaleren Charakter an.

Voller Entsetzen und Scham über unser eigenes Land erfahren wir durch westliche Rundfunksender, daß Dörfer, die den Partisanen als Stützpunkte dienen, bombardiert und von Hubschraubern aus beschossen wurden; daß Napalm eingesetzt wird; daß man in großem Umfang Saaten vernichtet und dadurch die Bevölkerung weiter, von Partisanen kontrollierter Gebiete zu Hunger und Tod verurteilt; daß Gebirgspässe von Hubschraubern aus vermint werden; daß man Minenfallen und sogar Giftgas einsetzt! Mehr als vier Millionen Afghanen sind vor den Schrecken des Krieges nach Pakistan und in den Iran geflohen. Das ist ein Viertel der Bevölkerung des Landes. Die Lage dieser Menschen ist ebenfalls äußerst elend. Es handelt sich um die größte Zahl von Flüchtlingen in unserer heutigen Welt. Können die Afghanen all diese ihnen zugefügten Leiden und den Tod ihrer Angehörigen je verzeihen?

In den ersten Kriegsmonaten schossen KGB-Angehörige (wie man im Rundfunk sagte) auf den Straßen von Kabul demonstrierende Schülerinnen nieder. Solche Verbrechen prägen sich dem Gedächtnis der Menschen ein und werden nie vergessen. Man hörte von Fällen, in denen in Gefangenschaft geratene Partisanen, darunter auch Verwundete, bei lebendigem Leibe verbrannt und Bauernfamilien, die den Partisanen geholfen hatten, erschossen wurden. Natürlich begehen auch die Partisanen viele Grausamkeiten. Wie einer ihrer Vertreter mitteilte, haben sie keine Möglichkeit, Gefangene in Gewahrsam zu halten und zu ernähren, und erschießen sie deshalb. Auch auf dieser Seite wird mit Gefangenen und Afghanen, die mit dem Regime Karmal zusammengearbeitet haben, äußerst brutal verfahren.

Die UdSSR und Karmal weigern sich stets, Gefangene auszutauschen. Es kam vor, daß man von sowjetischen Hubschraubern aus in eine Umzingelung geratene sowjetische Soldaten erschoß, damit sie sich nicht gefangengeben konnten.

Insgesamt sind in den ersten drei Kriegsjahren, nach Angaben des ausländischen Rundfunks, mehr als 15 000 sowjetische Soldaten und Offiziere gefallen (die Verwundeten und die Verluste der afghanischen Regierungstruppen nicht mitgerechnet).

Die internationalen Folgen der afghanischen Ereignisse sind sehr weitreichend. Der Einmarsch nach Afghanistan verletzte den Status dieses »blockfreien« Landes und erschütterte dadurch das ganze System der »Blockfreiheit«. Die Invasion rief den starken Unmut aller islamischen Länder hervor. China sah in den Aktionen der UdSSR eine starke Bedrohung; dadurch entstand ein weiteres bedeutendes Hindernis für die Verbesserung der Beziehungen zwischen der UdSSR und der Chinesischen Volksrepublik. Die weiteren Folgen der nun veränderten Kräfteverteilung in der weltpolitischen Arena können sich als katastrophal für die ganze Erde erweisen. Die westlichen Länder, insbesondere die USA und Japan, betrachteten die Invasion als gefährliches Zeichen des sowjetischen Expansionismus.

Dies alles sowie sich gleichzeitig abspielende andere Ereignisse untergruben das Vertrauen in die Sowjetunion, in ihre Politik, in ihre Beteuerungen, sie strebe nach Frieden und internationaler Sicherheit, ganz erheblich. Eine indirekte Folge dieser Wandlungen waren die Annäherung des Westens und der Chinesischen Volksrepublik, die Revision der Rüstungsprogramme des Westens und der internationalen Politik insgesamt, die Weigerung des amerikanischen Kongresses, das SALT-II-Abkommen zu ratifizieren. Die UNO-Generalversammlung verurteilte den Einmarsch mit überwältigender Stimmenmehrheit (104 Stimmen!) als Bruch des Völkerrechts. Nur ihr »Veto« im Sicherheitsrat rettete die UdSSR vor Sanktionen. Ich bin davon überzeugt, daß der Einmarsch sowjetischer Truppen nach Afghanistan einer der größten Fehler der sowjetischen Führung war. Aber wir wissen nicht einmal, von wem und wann die Entscheidung zum Einmarsch getroffen wurde, wer die persönliche Verantwortung trägt.

Hier offenbarte sich neuerlich die Gefahr, die von einer geschlossenen totalitären Gesellschaft für andere Länder ausgeht. Früher machten ebendiese Besonderheiten unserer Gesellschaft den Einmarsch nach Ungarn und in die Tschechoslowakei möglich, gar nicht zu reden von dem sowjetisch-deutschen Abkommen von 1939 und dem sich anschließenden Hitler-Stalin-Pakt.

Der Beginn des Jahres 1980 stand im Zeichen des Krieges, zu dem die Gedanken ständig zurückkehrten. Vermutlich erhielt das KGB ungefähr zu dieser Zeit stärkere Vollmachten – entweder in Zusammenhang mit dem Krieg oder mit den bevorstehenden Olympischen Spielen. Diese Vollmachten zeigten sich in einer Reihe neuer Verhaftungen und in meiner Deportation. Ich sehe eine große potentielle Gefahr, wenn die Rolle der Repressionsorgane derartig verstärkt wird; schließlich leben wir in einem Lande, in dem die Ereignisse des Jahres 1937 möglich waren!

Was die Geschehnisse betrifft, die unmittelbar mit meinem persönlichen Schicksal und dem meiner Familie zu tun hatten, so entwickelten sie sich folgendermaßen.

Am Morgen des 3. Januar waren wir gerade dabei, das Haus zu verlassen, als Sora anrief, die Frau Dietrich Mummendeys, des Korrespondenten der deutschen Zeitung *Die Welt*. Sie fragte im Auftrag ihres Mannes, was ich in Zusammenhang mit dem Einmarsch sowjetischer Truppen nach Afghanistan von einem Boykott der Moskauer Olympischen Spiele hielte.

Ich antwortete: »Nach einem alten olympischen Brauch werden Kriege für die Dauer der Spiele eingestellt. Ich meine, daß die UdSSR ihre Truppen aus Afghanistan abziehen sollte. Dies ist äußerst wichtig für die Welt, für die ganze Menschheit. Andernfalls sollte das Internationale Olympische Komitee sich weigern, die Spiele in einem Land abhalten zu lassen, das Krieg führt.«

Am nächsten Tag las mir Sora am Telefon den Text des Artikels vor, den Dietrich für seine Zeitung geschrieben hatte. Ich hatte irgendwelche Einwände (wie ich heute begreife, waren sie unwesentlich, am Ausmaß des Geschehens gemessen). Ich bat, den Artikel zu verschieben; Sora entgegnete, daß dies schon nicht mehr möglich sei. Am 4. Januar (wenn mich mein Gedächtnis nicht täuscht) rief Tony Austin an, der Korrespondent der amerikanischen Zeitung *New York Times*. Er bat, mich zu einem Interview besuchen zu dürfen. Ich war einverstanden. Tony informierte mich über einige Neuigkeiten aus Afghanistan und stellte mir Fragen über meine Einschätzung der Situation und über Wege zu ihrer Verbesserung. Während Ljusja ihn mit Tee bewirtete, sah ich die Seiten durch und korrigierte meine Antworten sowie deren Interpretation durch den Interviewer. Angesichts der außerordentlichen Wichtigkeit des Themas war diese Redaktion für mich sehr wesentlich. Ich war Austin sehr dankbar dafür, daß er mir die Möglichkeit dazu gab; gewöhnlich versäumen die Korrespondenten diesen Arbeitsgang, weil das journalistische Arbeitstempo ihn nicht gestattet, und dann raufe ich mir die Haare. Ich weiß nicht, ob der ausländische Rundfunk den Artikel aus der *Welt* wiedergab, doch Austins Artikel wurde viele Male von dem amerikanischen Sender »Die Stimme Amerikas« verlesen und machte offenbar Eindruck.

Am 7. Januar erhielt Ruth Grigorjewna die Erlaubnis, ihre Enkel und Urenkel in den USA zu besuchen. Der Zeitpunkt war wohl nicht ganz zufällig gewählt, denn es konnte sein, daß sie irgendwelche Pläne des KGB störte.

Am 8. Januar wurde ein Erlaß angenommen, mir die staatlichen Auszeichnungen zu entziehen. Von diesem Sachverhalt erfuhren wir am 22. Januar, während uns das Datum der Verabschiedung des Erlasses sogar noch später bekannt wurde.

Am 14. Januar bat mich der Korrespondent der amerikanischen Fernsehgesellschaft ABC, C. E. Bierbauer, um ein Interview und übergab mir seine Fragen. Am 17. Januar fand das Interview statt. Wie immer in solchen Fällen kamen mehrere Techniker der Fernsehgesellschaft mit ihren Apparaturen; sie verlegten Kabel und richteten ihre grellen Scheinwerfer auf mich. Sie sollten den fertigen Film und die Magnetaufzeichnungen, darunter ein Videoband, sofort zum Flugplatz bringen. Da ich Unannehmlichkeiten von seiten des KGB für sie fürchtete, begleitete ich sie zu ihrem Auto, das auf dem Parkplatz gegenüber unserem Haus stand. Die große Zahl von KGB-Angehörigen im Hauseingang und auf dem Platz überraschte mich; irgendwie lag eine besondere Atmosphäre – teils von Feindseligkeit, teils von Schadenfreude – in der Luft. Zwei Wagen mit KGB-Beamten standen dicht neben dem Auto der Fernsehleute. Ich sagte: »Na, die sind von uns.«

»Allerdings«, bestätigte einer der KGB-Angehörigen laut und betont herausfordernd (wahrscheinlich wußten sie schon von dem Beschluß über meine Deportation). Es kam jedoch zu keinen Zwischenfällen, und die Amerikaner fuhren ungehindert ab.

Am Abend des 21. Januar kam Georgij Nikolajewitsch Wladimow mit seiner Frau Natascha zu uns, um ein paar Fragen zu diskutieren, die mit einer Erklärung der Helsinki-Gruppe über Afghanistan zu tun hatten; er schloß sich dem Inhalt dieses Dokuments ebenso an wie Bachmin und ich. Wladimow berichtete von Gerüchten, die in Moskau über die afghanischen Ereignisse umliefen, insbesondere über die Umstände der Ermordung Amins und des Selbstmordes eines der höchsten MWD-Offiziere. Gegen 22 oder 23 Uhr fuhren Wladimow und seine Frau ab. Um ein Uhr nachts ertönte das Telefon: Es war Wladimow, völlig außer sich. Einer seiner Freunde habe gerade an irgendeiner Konferenz für politisches Schulungspersonal teilgenommen, und dort habe ein Referent gesagt, daß man den Bescheid gefaßt habe, Sacharow aus Moskau auszusiedeln und ihm all seine Auszeichnungen abzuerkennen.

Nachdem Ljusja (sie war ans Telefon gegangen) mich informiert hatte, bemerkte ich: »Vor einem Monat hätte ich eine solche Mitteilung nicht ernst genommen, nun aber, da wir in Afghanistan sind, ist alles möglich.«

Am nächsten Tag kamen Ljusja und ich nicht mehr auf dieses Thema zurück; Wladimows Mitteilung beschäftigte uns nicht weiter. Später bemerkte Georgij Nikolajewitsch einmal zu Ljusja, daß ich an jenem unheilvollen 22. Januar schon früh morgens hätte irgendwohin fahren sollen, dann wäre vielleicht alles vorübergegangen. Das glaube ich nicht, und er in Wirklichkeit wohl auch nicht.

Der 22. Januar 1980 war ein Dienstag, Seminartag in der theoretischen Abteilung des FIAN. Ich forderte wie immer einen Wagen aus der Garage der Akademie an und verließ das Haus um 13.30 Uhr. Vor dem Seminar wollte ich noch beim Bestelldienst der Akademie vorbeifahren, Lebensmittel abholen und sie von dem Fahrer nach Hause bringen lassen. Aber wir kamen nur bis zur Krasnocholmskij-Brücke. Dort überholte uns plötzlich ein Wagen der Staatlichen Autoinspektion. Der Inspektor bedeutete uns durch ein Zeichen, daß wir anhalten sollen, und blieb selbst vor uns stehen. Mein Fahrer murmelte erstaunt, daß er keine Verkehrsregel übertreten habe, stieg aus und ging dem Inspektor entgegen. Dieser grüßte und begann, die Papiere zu prüfen. Ich saß vorn und beobachtete die Vorgänge. Plötzlich hörte ich, wie die Autotüren geöffnet wurden, und drehte mich um. Zwei Männer stiegen von rechts und links ein, zeigten mir mit den Worten »MWD« ihre roten Ausweise (es waren natürlich KGB-Beamte) und befahlen: »Folgen Sie dem Wagen der Inspektion zur Staatsanwaltschaft der UdSSR, Puschkinskaja 15!«

Der Chauffeur gehorchte schweigend. Wir setzten uns langsam in Bewegung. Mir fiel noch auf, daß außer unserem kein anderes Auto auf der

Brücke war; anscheinend hatte man den Verkehr zu beiden Seiten gesperrt. Wir bogen in eine Gasse ein. Als wir an einer Telefonzelle vorbeikamen, bat ich den Fahrer, einen Moment anzuhalten, damit ich Ljusja anrufen konnte. Die Reaktion der KGB-Männer war blitzschnell: Der eine bedeckte mit einer raschen Handbewegung den Türgriff, der andere befahl dem Chauffeur: »Nicht anhalten, weiterfahren!« Dann wandte er sich an mich: »Sie können von der Staatsanwaltschaft aus anrufen.«

Der Wagen rollte in den Hof der Staatsanwaltschaft. Ich bat den Chauffeur, bei mir zu Hause vorbeizufahren und die Einkaufstasche abzugeben, da wir doch nicht mehr rechtzeitig zum Bestelldienst kommen würden (die KGB-Angehörigen schwiegen). Ich stieg aus dem Auto. Sofort umgab mich ein dichter Ring von KGB-Leuten; sie führten mich ins Gebäude und brachten mich dann mit dem Lift nach oben, wiederum in die dritte Etage, wo ich im Jahre 1973 mit Maljarow und im Jahre 1977 mit Gussew »geplaudert« hatte. Diesmal führte man mich zu einer Tür, an der ein Schild mit der Aufschrift »Stellvertretender Generalstaatsanwalt der UdSSR A. M. Rekunkow« angebracht war.

»Treten Sie ein! Dorthin müssen Sie.«

Ich ging durch die Doppeltür in ein großes Zimmer. Am Schreibtisch gegenüber der Tür saß ein Mann, der mich bat, Platz zu nehmen. Es war Rekunkow. An sein Gesicht kann ich mich nicht mehr erinnern. Links von mir, an einem anderen Schreibtisch, saßen noch einige Männer, die während des ganzen nun folgenden Gesprächs schwiegen.

Ich fragte: »Weshalb schicken Sie mir keine Vorladung, sondern wenden eine so ungewöhnliche Methode an? Ich leiste Vorladungen zur Staatsanwaltschaft immer Folge.«

Rekunkow erwiderte: »Ich habe angeordnet, Sie in Anbetracht der außergewöhnlichen Umstände und der großen Dringlichkeit vorführen zu lassen. Ich bin beauftragt, Sie über einen Erlaß des Präsidiums des Obersten Sowjets der UdSSR in Kenntnis zu setzen.«

Er verlas den Text des Erlasses vom 8. Januar 1980 über die Aberkennung all meiner staatlichen Auszeichnungen – soweit ich mich erinnere, war es ganz genau der Text, der später in den Mitteilungen des Obersten Sowjets der UdSSR veröffentlicht wurde:

> »Angesichts der Tatsache, daß A. D. Sacharow systematisch Handlungen begeht, die ihn als Träger von Auszeichnungen herabsetzen, und unter Berücksichtigung zahlreicher Vorschläge der sowjetischen Öffentlichkeit *verfügt* das Präsidium des Obersten Sowjets

der UdSSR auf der Grundlage von Artikel 40 der ›Allgemeinen Verordnung über Orden, Medaillen und Ehrentitel der UdSSR‹:

Andrej Dmitrijewitsch *Sacharow* werden der Titel eines Helden der Sozialistischen Arbeit sowie alle von ihm geführten staatlichen Auszeichnungen der UdSSR aberkannt.

Der Vorsitzende des Präsidiums des Obersten Sowjets der UdSSR, L. Breschnew
Der Sekretär des Präsidiums des Obersten Sowjets der UdSSR, M. Georgadse.«

Ohne eine Pause zu machen, fuhr Rekunkow fort: »Es ergeht der Beschluß, A. D. Sacharow aus Moskau an einen Ort auszuweisen, der seine Kontakte mit ausländischen Bürgern unterbindet.« An dieser Stelle hob er den Kopf und sagte: »Als derartiger Ort ist die Stadt Gorkij, die für ausländische Besucher gesperrt ist, ausgewählt worden. Bitte, unterschreiben Sie, daß Sie mit dem Erlaß vertraut gemacht worden sind.«

Er gab mir einen maschinegeschriebenen Bogen, auf dem ich die letzten Worte des Erlasses, die ebenfalls mit der Maschine geschriebenen Unterschriften Breschnews und Georgadses, aber kein Datum sah. Gleichzeitig erklärte Rekunkow: »Laut der Verfügung über Orden und Medaillen sind Personen, denen staatliche Auszeichnungen aberkannt werden, verpflichtet, sie dem Präsidium des Obersten Sowjets der UdSSR zurückzugeben.«

Das gleiche stand auf dem vor mir liegenden Bogen. Dadurch wurde ich von vielen anderen Fragen abgelenkt und schrieb etwa folgendes:

»Ich weigere mich, die mir verliehenen Orden und Medaillen zurückzugeben, da ich der Meinung bin, daß sie mir meinen Verdiensten gemäß zuerkannt wurden.«

Ich fragte, weshalb auf dem Erlaß das Datum und die eigenhändigen Unterschriften Breschnews und Georgadses fehlten.

Rekunkow führte irgendwelche technischen Gründe an und setzte hinzu: »Hier ist ein Vertreter des Präsidiums des Obersten Sowjets [er präzisierte nicht, wer dies war und welche Funktion er hatte] zugegen. Er kann bestätigen, daß alles seine Richtigkeit hat.«

Einer der links am Tisch Sitzenden erhob sich schweigend ein wenig von seinem Stuhl und machte eine halbe Verbeugung in meine Richtung.

Schon vorher, als Rekunkow die Stadt Gorkij erwähnte, hatte ich nachgefragt: »Stimmt es, daß Gorkij für Ausländer geschlossen ist? Das ist wichtig.«

»Ja, natürlich.«

In Wirklichkeit war dies durchaus nicht meine Sorge, und ich hätte mich nicht danach zu erkundigen brauchen. Statt dessen versäumte ich, viele äußerst wesentliche Fragen zu stellen. Ich fragte weder, welche Instanz und wer persönlich die Entscheidung über meine Deportation getroffen hatte, noch auf welcher formalen Grundlage. Darauf verzichtete ich, weil meiner Ansicht nach *alle* Vorgänge völlig ungesetzlich waren und es sinnlos schien, sich mit Gesetzesbrechern auf juristische Streitigkeiten einzulassen. Außerdem war mir gleichgültig, wer die Entscheidung formal getroffen hatte: das Präsidium des Obersten Sowjets auf Anraten des KGB oder das KGB mit Duldung des Präsidiums. Doch dieses Verhalten, das sich auch in Gorkij in den ersten Wochen fortsetzte, erweckte den Eindruck, daß ich mit der Ungesetzlichkeit einverstanden sei. Schlimmer noch: Bei einer derart passiven Haltung ist es leicht möglich, daß man kampflos mehr »opfert«, als die Situation erfordert. Diese falsche Einstellung hatte noch weitere negative Folgen.

Rekunkow machte keine Einwände gegen meine die Orden betreffende Bemerkung und sagte: »Nun müssen wir uns ein paar praktische Fragen überlegen. Sie müssen sofort nach Gorkij reisen. Ihre Frau kann Sie begleiten.«

»Darf ich nach Hause fahren?«

»Nein, aber Sie können Ihre Frau anrufen.«

»Wo kann ich mich mit ihr treffen?«

»Das kann ich Ihnen nicht sagen, aber man wird sie abholen. Wieviel Zeit braucht sie für die Vorbereitungen?«

»Ich weiß nicht. Vielleicht zwei Stunden.«

»Also gut. Zwei Stunden nachdem Sie sie angerufen haben, wird man sie abholen.«

Auch in diesem Stadium der Unterhaltung ließ ich eine Reihe wichtiger Fragen ungestellt: nach den Vollzugsbedingungen in Gorkij (es wäre wahrscheinlich besser für mich gewesen, wenn Rekunkow sie mir mitgeteilt hätte) und danach, ob sich irgendwelche Beschränkungen auch auf Ljusja erstreckten. Ich bemühte mich nicht um genauere Einzelheiten, weil ich glaubte, daß sich allmählich ein gewisser Status quo herausbilden würde und es sich nicht lohne, die Ereignisse zu beschleunigen – vielleicht hätte ich noch zusätzliche Maßnahmen heraufbeschworen. In dieser Hinsicht hatte ich wahrscheinlich recht.

Ich ging hinaus ins Empfangszimmer, wo zahlreiche Telefone standen. An den Wänden drängten sich etwa zehn KGB-Beamte. Die Sekretärin zeigte mir das Stadttelefon. Ich wählte unsere Nummer und hörte Ljusjas normale Stimme (der Chauffeur hatte sie natürlich noch nicht erreicht).

»Ich spreche von der Staatsanwaltschaft aus. Man hat mich auf der Straße festgenommen.«

»Wa-a-as?«

»Die Autoinspektion hielt den Wagen an, KGB-Beamte stiegen ein und befahlen, zur Staatsanwaltschaft zu fahren. Hier teilte mir der Stellvertretende Generalstaatsanwalt Rekunkow mit, daß man mir alle staatlichen Auszeichnungen entzogen hat und ich in die Stadt Gorkij ausgesiedelt werde, die für Ausländer gesperrt ist.«

»Kommst du noch nach Hause?«

»Nein, ich muß direkt von hier aus reisen. Man hat mir zu verstehen gegeben, daß du mit mir reisen kannst.«

(Mit den Worten »du kannst« wollte ich betonen, daß es Ljusja freistehe, mit mir zu reisen oder nicht. Aber sie verstand mich anscheinend nicht richtig.)

»Wo kann ich dich sehen?«

»Man wird dich in zwei Stunden abholen.«

Ich hörte, wie Ljusja jedes meiner Worte laut für Ruth Grigorjewna und Lisa wiederholte. Die Ankündigung, daß man sie in zwei Stunden abholen werde, klang fast so, als habe man vor, sie zu verhaften. Ich hängte den Hörer ein und murmelte vor mich hin: »Das wär's also ...«

Dann forderte man mich auf, zu Rekunkow zurückzugehen. Er fragte: »Haben Sie sich verabredet?«

»Ja.«

»Gibt's weitere Fragen an mich?«

»Nein.«

(Wahrscheinlich hätte ich nun meine »juristischen« Fragen stellen sollen, doch ich tat es nicht.)

»Auf Wiedersehen.«

»Auf Wiedersehen.«

Ich drehte mich um und ging hinaus. Vor der Tür blieb ich stehen. Von allen Seiten umgaben mich KGB-Angehörige; zwei von ihnen berührten »symbolisch« meine Ellbogen. Wir gingen nach unten zu einem Kleinbus. Einer der KGB-Beamten trug meine Einkaufstasche. Offenbar war sie dem Chauffeur abgenommen worden, sobald ich das Gebäude betreten hatte. Wir nahmen unsere Plätze in dem Kleinbus ein, der verhängte

Fenster hatte. Ich setzte mich auf den Rücksitz, links und rechts neben mir ließ sich ein KGB-Mann nieder. Wir fuhren los. Vor uns fuhr ein Wagen der Städtischen Autoinspektion mit Blaulicht und Sirene, hinter uns irgendein Personenwagen. Mir gegenüber hatte ein Mann Platz genommen, der erklärte, daß er Arzt sei und ich ihn »als solchen ansehen sollte«. Er fragte mich dauernd, ob ich nicht Baldriantropfen (er hatte angeblich eine ganze Flasche bei sich) oder ein Kopfschmerzmittel benötigte und ob mir nicht kalt sei. Ich verneinte alles.

So erreichten wir mit einer Ehreneskorte – als habe jemand einen Anschlag auf mich vor – den Flughafen Domodedowo. Dort führte man mich in irgendeinen Dienstraum, der wohl der Miliz gehörte. Nach zwei bis zweieinhalb Stunden des Wartens sagte einer der KGB-Beamten: »Ihre Frau kommt gerade. Wir gehen gleich.«

Bei Ljusja hatte sich, wie sie erzählte, folgendes ereignet. Sobald ich angerufen und den Hörer eingehängt hatte, war unser Telefon abgeschaltet worden (und in diesem Zustand ist es auch heute noch). (Ergänzung 1987: Bis Januar 1987.) Ljusja begann, eilig unsere Sachen zu packen, und schickte Lisa sofort aus dem Haus, damit sie von einem öffentlichen Telefon aus unsere Freunde und die ausländischen Korrespondenten anrufe. Die nächsten Apparate in der Umgebung unseres Hauses waren abgeschaltet, aber Lisa lief weiter zu einem funktionierenden Telefon und konnte irgendeinen der ausländischen Journalisten und Natascha Podjapolskaja anrufen. Dann wurden auch dieses Telefon und – einige Minuten später – jenes der Podjapolskijs abgeschaltet, aber Natascha hatte sich noch mit Ira Kaplun in Verbindung setzen können, die weitere ausländische Korrespondenten anrief.

Als Lisa zurückkehrte, war das Haus schon dicht von Miliz- und KGB-Beamten umsäumt. An der Wohnungstür standen zwei Milizionäre. Wenn Lisa etwas länger gewartet hätte, wäre sie wahrscheinlich gar nicht mehr hinausgelassen worden. Kurz darauf trafen die ausländischen Korrespondenten und unsere Freunde ein. Aber keiner von ihnen war noch in der Lage, die Umzingelung zu überwinden. Jemand von der Miliz oder – wahrscheinlicher – vom KGB »deutete an«, daß ich nach Scheremetjewo, dem internationalen Flughafen, gebracht worden sei. Daraus ergab sich das Gerücht, daß ich ausgewiesen werden solle, und bald gab es Mitteilungen darüber, daß man mich in Wien erwarte. Aber diese Berichte wurden als völlig unbestätigt bezeichnet. Was in diesen Stunden über alle Fernschreiber und Rundfunkstationen lief, was in Sondersendungen des Fernsehens und in rasch gedruckten Zeitungssonderausgaben wiedergegeben wurde und buchstäblich die ganze Welt in Erregung versetzte, war in erster Linie Lisas und Iras Mitteilung über meine Festnahme, die Aberkennung meiner Auszeichnungen und meine Deportation nach Gorkij; außerdem gab man bekannt, daß meine Frau zusammen mit mir Moskau verlassen werde.

Zweieinhalb Stunden nach meinem Anruf klingelte es an der Tür. Auf dem Treppenabsatz standen mehrere Milizoffiziere. Sie fragten Ljusja: »Sind Sie fertig?«

Ljusja antwortete: »Ja, treten Sie ein.«

Sie lehnten ab.

»Dürfen Ruth Grigorjewna und Lisa mich begleiten?«

»Ja, natürlich.«

Man führte Ljusja, Ruth Grigorjewna und Lisa durch den Hintereingang und setzte sie in einen auf dem Hof bereitstehenden Kleinbus mit verhängten Fenstern, ähnlich dem, mit welchem ich zum Flughafen gebracht worden war (vielleicht war es sogar derselbe). Der Bus hatte auch die gleiche »Eskorte«. Ljusja bestand darauf, neben Ruth Grigorjewna und Lisa zu sitzen; sie lüftete den Vorhang ein wenig und sah, daß der Bus nach Domodedowo abbog. In diesem Moment dachte keiner von ihnen daran (sie hatten anderes im Kopf), daß man in der leerstehenden Wohnung nun eine illegale Durchsuchung vornehmen und alles, was man für nötig hielt, beschlagnahmen würde. (An diesem Tag verschwanden die Manuskripte meiner schon in Druck gegebenen Artikel in russischer und englischer Sprache und wahrscheinlich vieles andere; möglicherweise wurde an diesem Tag auch meine Nobelpreisurkunde gestohlen.)

Gegen 18 Uhr führte man mich aus dem Milizraum auf das Flugfeld und zu dem Kleinbus, in dem ich meine Frau, Ruth Grigorjewna und Lisa erblickte. Wir umarmten und küßten einander. Fünf Minuten später befahl ein Offizier: »Bitte beeilen, die Maschine ist startbereit.«

Ljusja und ich verabschiedeten uns von Ruth Grigorjewna und Lisa und gingen, mit den von Ljusja innerhalb von zwei Stunden geschickt gepackten Taschen in den Händen, zur Gangway des Flugzeugs. Es stand ganz in der Nähe. Einige Minuten später nahm die TU-154 Kurs auf Gorkij, während Ruth Grigorjewna und Lisa in demselben Kleinbus nach Hause gefahren wurden, wo Freunde und ausländische Korrespondenten schon auf sie warteten und nun endlich die langersehnten Informationen erhielten. Eine Stunde später war die ganze Welt unterrichtet.

In dem Flugzeug befanden sich außer uns noch etwa zehn KGB-Angehörige (darunter, wie man uns sagte, ein Arzt und eine Ärztin). Später hörte ich, daß gleichzeitig noch ein Flugzeug nach Gorkij geflogen sei, zu dessen Passagieren auch der damalige Stellvertretende KGB-Vorsitzende S. Zwigun gehört habe. Für die Richtigkeit dieser Aussage kann ich nicht garantieren.

Wir waren so erleichtert darüber, endlich zusammen zu sein (sollte man uns doch bis ans Ende der Welt bringen!), daß wir diesen Flug fast wie einen Moment des Glücks empfanden. Die Stewardeß brachte uns etwas zu essen. Gewöhnlich müssen die Passagiere bei solchen Kurzflügen auf jeden Imbiß verzichten, doch man bewirtete uns, als seien wir ausländische Besucher oder – wahrscheinlicher – hohe Funktionäre. Dies kam uns sehr gelegen, da wir beide seit dem Morgen nichts gegessen hatten. Die Landung verzögerte sich etwas: Das Fahrwerk war festgeklemmt, und das Flugzeug beschrieb mehrere Kreise über Gorkij bis der Pilot es schließlich schaffte, die Räder auszufahren.

Auf dem Flugplatz setzte man uns wieder in einen Kleinbus, der voll von Menschen war, und brachte uns fort. Wir waren lange unterwegs. Ljusja fragte: »Wohin fahren wir?«

»Nach Hause«, sagte einer unserer Begleiter grinsend.

Endlich bog der Bus vom Gagarin-Prospekt (wie wir später erfuhren) zu einem zwölfstöckigen Hochhaus ab. Wir betraten eine Wohnung im Erdgeschoß. Ich wurde sofort in ein großes Zimmer geführt, wo mehrere Männer um einen Tisch saßen. Wahrscheinlich hätte ich darauf bestehen sollen, daß auch Ljusja zu dem Gespräch hinzugezogen würde. Aber ich wollte den offiziellen Teil so schnell wie möglich hinter mich bringen und lud mir allein diese Bürde auf.

Einer der am Tisch sitzenden Männer stellte sich vor: »Perelygin, stellvertretender Staatsanwalt des Gebiets Gorkij. Ich bin beauftragt, Sie mit den für Sie festgelegten Vollzugsbedingungen bekanntzumachen.«

(Ich fragte nicht, wer diese festgelegt hatte und auf welcher Rechtsgrundlage, da mir ohnehin klar war, daß es sich um das KGB handelte und es keine Rechtsgrundlage gab. Diese Taktik halte ich, wie ich wiederholen muß, heute nicht mehr für die beste. Ich verlangte nicht einmal, irgendwelche Dokumente über die Vollzugsbedingungen zu sehen, und fragte nicht, weshalb mir dauernd »Überraschungen« bereitet wurden, nachdem mir Rekunkow am Morgen desselben Tages seine Erklärung abgegeben hatte, denn jedes Wort erschien mir als Zeitverschwendung.)

Perelygin fuhr fort: »Ihnen ist verboten, die Stadtgrenzen von Gorkij, wo Sie unter öffentlicher Aufsicht angesiedelt sind, zu überschreiten. Ihnen ist verboten, sich mit ausländischen Bürgern und verbrecherischen

Elementen zu treffen oder irgendeine Beziehung zu ihnen zu unterhalten. Sie sind verpflichtet, auf Geheiß des MWD in regelmäßigen Abständen in dessen Verwaltung zu erscheinen, um sich bei Genosse Glossen unter der Adresse Gornaja-Straße, Haus Nummer 3, registrieren zu lassen. Sollten Sie dieser Vorschrift nicht Folge leisten, können Sie einer Zwangsvorführung unterzogen werden. Im Zusammenhang mit allen sich für Sie ergebenden Fragen können Sie sich an die Mitarbeiter des Komitees für Staatssicherheit [KGB], Major Jurij Petrowitsch Tschuprow und Hauptmann Nikolajewitsch Schuwalow, wenden. Schreiben Sie ihre Telefonnummer auf.«

Ich verzichtete auf jede Äußerung darüber, ob ich mit Perelygins Worten einverstanden war oder nicht. Er und seine Begleiter gingen hinaus. Ljusja hatte sich unterdessen mit der Frau unterhalten, die als »Hauswirtin« dieser Hotelwohnung bezeichnet wurde, und sich die Unterkunft angesehen. Es war tatsächlich eine Art Hotelsuite mit vier Zimmern, Küche und Bad, wobei eines der Zimmer die »Hauswirtin« bewohnte; wir erfuhren erst ein halbes Jahr später, was ihre wirkliche Aufgabe war. Die »Hauswirtin« erzählte Ljusja, daß sie die Witwe eines KGB-Offiziers sei und die Kollegen ihres Mannes ihr diese Arbeit verschafft hätten. Danach schloß sie sich in ihrem Zimmer ein (im weiteren war sie nachts und meist auch am Tage abwesend; sie kam tagsüber nur für zwei oder drei Stunden und saß ohne sichtbare Aufgabe in ihrem Zimmer).

Wir blieben zu zweit zurück. Ljusja machte mir sofort Vorwürfe wegen meines Verhaltens bei dem Gespräch und auch, weil ich bereit gewesen war, die Unterhaltung ohne sie zu führen. Sie hatte in ihren zwei Stunden des Packens das Wichtigste nicht vergessen: unseren Transistorempfänger, ein Geschenk Aljoschas. Wir schalteten ihn ein. Die Verbannung Sacharows war, in gleichem Umfang wie Afghanistan, an diesem Abend und vielen folgenden eines der Hauptthemen. Zwei Wochen lang wurde eine Auswahl aus meinen Artikeln gesendet, die eine recht umfassende Vorstellung von meinen Ansichten und meiner gesellschaftlichen Tätigkeit vermittelte. Man sendete Proteste von Politikern, Schriftstellern und – was besonderes Gewicht hatte – Wissenschaftlern, darunter von Philip Handler, Jeremy Stone, Sidney Drell und vielen anderen. Handler hatte sich schon im Jahre 1973 im Namen der Akademie und der amerikanischen Wissenschaftler für meine Verteidigung eingesetzt. Die Aufrufe sofort nach meiner Verbannung und die zahlreichen folgenden Proteste fanden ein weites Echo und spielten eine große Rolle für die Entstehung der »Sakharov Defense Campaign«, die, wie ich überzeugt bin, nicht nur für mein persönliches Schicksal wichtig ist. Ich schließe nicht aus, daß die Aktionen Philip Handlers, des Präsidenten der National Academy, und anderer prominenter Wissenschaftler die sowjetischen Behörden beeindruckten und sie von neuen Maßnahmen gegen mich abhielten.

Leider äußerten sich meine Kollegen in der UdSSR wiederum – wie schon im Falle Jurij Orlows und einer Vielzahl anderer – überhaupt nicht, ausgenommen die Akademiemitglieder Fjodorow und Blochin, die mich öffentlich angriffen und damit wahrscheinlich ihre Instruktionen ausführten. Indessen meine ich, daß eine öffentliche Stellungnahme von einigen geachteten verdienten Akademiemitgliedern großen Einfluß gehabt und nicht nur mein eigenes Schicksal, sondern auch – was weitaus wichtiger ist – die Situation im Lande insgesamt hätte ändern können. Dabei hätte für diese Personen, was auch wesentlich ist, keine Gefahr bestanden: Sie wären weder deportiert noch verhaftet worden, noch hätten sie ihren Arbeitsplatz oder ihre Position in der wissenschaftlichen Hierarchie verloren. Man hätte höchstens (höchstens!) ihre Auslandsreisen für einen begrenzten Zeitraum eingeschränkt. Mehr nicht! Ihr Protest hätte unvergleichliche positive Folgen für das ganze Land, auch für die Wissenschaft und ihre eigene Autorität sowie für ihr persönliches Prestige gehabt, während sie nur ein minimales Risiko eingegangen wären. Doch solche Menschen sind in der wissenschaftlichen Spitze der UdSSR heute nicht zu finden. Ich weiß nicht, weshalb, aber es ist eine äußerst beschämende und traurige Tatsache. Ist unsere Intelligenz seit den Zeiten Korolenkos und Lebedews wirklich so sehr zerbröckelt? P. N. Lebedew liebte die Wissenschaft nicht weniger als ihre heutigen Repräsentanten, war aber weniger eng mit der Universität verbunden, als er sich – wie erwähnt – zum Rücktritt entschloß, nachdem Volksbildungsminister Kasso entschieden hatte, daß Gendarmen auf das Gebiet der Universität gelassen werden dürften; wie viele KGB-Beamte sich heute auf dem Gebiet der Moskauer Universität aufhalten, weiß wahrscheinlich nur der Chef dieser Behörde. Trotzdem möchte ich annehmen, daß die Menschen ihre Möglichkeiten und die gesamte Situation einfach noch nicht durchschauen. In diesem Falle gäbe es noch einige Hoffnung.

Im Februar 1980 schrieb Ljusja einen Appell an die sowjetischen Physiker. Sie stimmte ihn vor der Veröffentlichung nicht mit mir ab, da sie befürchtete, daß dies uns beiden die Hände binden würde. Im März oder April 1980 richtete Anatolij Martschenko einen Offenen Brief an das Akademiemitglied P. L. Kapiza. In diesen beiden Dokumenten wird – von verschiedenen Standpunkten aus, von verschiedenen Aspekten her –

der gleiche Gedanke über die Verantwortlichkeit der Wissenschaftler in der heutigen Zeit entwickelt.

In den ersten Tagen in Gorkij hatten wir ein Erlebnis, das uns sehr naheging: Wir hörten im Rundfunk Tanjas Stimme. Sie verlas einen Aufruf aus Anlaß der Verbannung. Ihre Stimme schien so nahe, klang so herzlich und dabei so aufgeregt, daß uns unwillkürlich Tränen in die Augen traten. Die Veränderung meiner Situation wirkte sich sehr stark auf die Kinder in Boston aus, denn nun stürmten neue Sorgen und neue, nicht aufzuschiebende Angelegenheiten auf sie ein. Dadurch wurde es ihnen noch schwerer gemacht, im Ausland Fuß zu fassen. Dies ist eine der Folgen meiner Ausweisung, die mich am stärksten bedrücken.

Die sowjetische Presse teilte am 23. Januar mit, daß ich ausgewiesen worden sei und man mir alle Auszeichnungen aberkannt habe.

In den Mitteilungen des Obersten Sowjets der UdSSR wurde der schon genannte Erlaß über die Aberkennung meiner Auszeichnungen veröffentlicht. Bemerkenswert ist sein Datum: der 8. Januar. Anscheinend sah sich das KGB durch ihn ermächtigt, jede Rücksicht mir gegenüber aufzugeben, und entwickelte die Operation der Ausweisung.

Man erzählt sich, daß die Sitzung, auf welcher der Erlaß angenommen wurde, in einem engen Kreis unter Vorsitz Tichonows, des zukünftigen Ministerratsvorsitzenden der UdSSR, abgehalten worden sei; Breschnew habe daran nicht teilgenommen, und Zwigun habe im Namen des KGB Bericht erstattet.

In den ersten Wochen nach der Deportation erschienen in der sowjetischen Presse mehrmals Artikel, in denen meine Tätigkeit verurteilt wurde; der bekannte Kommentator Jurij Shukow äußerte sich im Fernsehen. Ein für diese Kampagne typischer Artikel trug der Titel »Cäsar wurde nicht gekürt«; er erschien in der *Komsomolskaja Prawda* und wurde im *Gorkowskij rabotschij* und wahrscheinlich in anderen Zeitungen nachgedruckt.

Am 25. Januar, drei Tage nach unserer Ankunft in Gorkij, wollte Ljusja nach Moskau reisen. Sie fuhr zum Bahnhof und nahm eine Erklärung von mir mit, in der ich von meiner Deportation und den festgesetzten Vollzugsbedingungen berichtete sowie meine prinzipielle Position erläuterte. Aber zwei, drei Stunden später kehrte sie zurück. Als sie schon im Zug Platz genommen hatte, war ein Milizoffizier zu ihr gekommen und hatte sie gebeten, mit ihm auf den Bahnsteig hinauszukommen.

»Habe ich etwa keine Reiseerlaubnis?«

»Doch, aber es gibt Neuigkeiten über Ihre Mutter.«

Die aufgeregte Ljusja stieg aus.

»Ihre Mutter ist mit Natascha Hesse und Lisa im Auto nach Gorkij unterwegs.«

»Wer hat sich denn das ausgedacht?« fragte Ljusja unwillkürlich.

»Wahrscheinlich Natascha«, sagte der Beamte nicht ohne Hohn.

Tatsächlich hatten sich Ruth Grigorjewna, Natascha und Lisa, weil sie von uns keine genauen Nachrichten hatten (unsere Anrufe vom Postamt aus wurden unterbrochen, in Telegrammen hatten wir nur unsere Adresse und sehr wenig Informationen mitteilen können), zu der Reise entschlossen. Unser enger Bekannter Emil Schönberg brachte sie nach ganztägiger Fahrt unter schwierigsten winterlichen Bedingungen gegen Abend nach Gorkij. Dies war natürlich, subjektiv betrachtet, eine heldenmütige Aktion, besonders was die schwerkranke Ruth Grigorjewna betraf. Sie war im Jahre 1980 achtzig geworden, doch sie schöpfte gerade in schwierigen Situationen immer wieder neue Kraft, wenn sie meinte, ihren Familienangehörigen zu Hilfe kommen zu müssen. Aber Ljusja und ich empfingen die Besucher mit Vorwürfen, was natürlich ungerecht und hartherzig war, doch man muß auch unseren Ärger verstehen, da unsere Pläne zunichte gemacht worden waren.

Ruth Grigorjewna erzählte von den Verhältnissen in Moskau. Am Abend des 22. Januar hatten Ruth Grigorjewna und Lisa eine improvisierte Pressekonferenz gegeben, was wir schon wußten. Nicht nur an diesem Tag, sondern auch an den nächsten war die Wohnung in der Tschkalow-Straße vom frühen Morgen bis zum späten Abend voll von Menschen: von ausländischen Journalisten, die vergeblich neue Informationen begehrten, von Freunden, einfach nur Bekannten und ganz Unbekannten – es war ein »Tollhaus«, wie Natascha sich ausdrückte. Sie selbst war am Abend des 22. Januar mit dem Zug nach Moskau gefahren, sobald man in Leningrad gehört hatte, was uns zugestoßen war.

Am Tag vor ihrer Ankunft bei uns war Ruth Grigorjewna zu Bekannten gefahren und hatte von dort aus das Akademiemitglied P. L. Kapiza angerufen (da unser Telefon, wie erwähnt, abgeschaltet war). Sie forderte ihn auf, einzugreifen, aber Kapiza wich, wie alle anderen »Namhaften«, jeder Aktion aus.

(Ergänzung 1988: 1987/88 erfuhr ich, daß Kapiza sich zweimal für mich verwendet hatte. – Ein paar Worte über die Position der Akademie und ihres Präsidiums: Immer wieder ist zu hören, daß die Akademie dem Druck der Behörden, die meinen Ausschluß forderten, Widerstand geleistet habe. Dies entspricht laut den mir zugangenen Berichten nicht den

Tatsachen. Mein Ausschluß wurde auf einer Präsidiumssitzung von zwei oder drei besonders »eifrigen« Akademiemitgliedern verlangt. Der Präsident der Akademie, Alexandrow, antwortete, daß sich diese Frage nicht stelle, woraus deutlich hervorgeht, daß weder die Wissenschaftsabteilung des Zentralkomitees noch das KGB auf meinen Ausschluß drängten.)

Ljusja fuhr am Sonntag zusammen mit Lisa nach Moskau und kehrte eine Woche später zurück. Sie gab meine Erklärung auf einer Pressekonferenz bekannt und fand damit ein sehr starkes Echo. Außerdem wurde sie zweimal zur Staatsanwaltschaft vorgeladen. Dort forderte sie eine Begründung meiner Deportation und die Lösung von Lisas Problemen, die immer noch keine Erlaubnis hatte, zu Aljoscha, ihrem Verlobten, auszureisen.

Am Montag fuhr auch Ruth Grigorjewna mit Emil Schönberg nach Moskau zurück. In der folgenden Woche war Natascha bei mir. Leider machte ich während dieser Woche eine Reihe ernsthafter Fehler, was mein Verhältnis zu den Behörden betraf. Wenn ich jetzt, eineinhalb Jahre später, auf diese Zeit zurückblicke, scheint mir, daß ich damals die falsche psychische Einstellung hatte, wie ich schon nach meinem Gespräch mit Rekunkow erwähnte. Vielleicht zeigte sich hier ein allgemeiner Schockzustand, unter dem ich litt, obwohl ich es mir äußerlich nicht anmerken ließ und es selbst nicht wahrnahm; hinzu kamen meine charakterlichen Besonderheiten: mangelnde Aggressivität und eine langsame Reaktion im Gespräch. In dieser Beziehung, wie in vielen anderen, hebt sich Ljusja vorteilhaft von mir ab. Im großen und ganzen ergänzen wir einander sehr gut, aber sie war ja während dieser Zeit in Moskau.

In den ersten Tagen meines Aufenthalts in Gorkij besuchten mich mehrere Personen, die in Gorkij wohnten und auf die eine oder andere Weise meine Adresse erfahren hatten (sie wurde insbesondere von ausländischen Rundfunksendern bekanntgegeben). Unter ihnen war Felix Krassawin, den wir – Ruth Grigorjewna und Ljusja und später auch ich – seit langem kannten. Die übrigen waren Fremde, mit Ausnahme des Physikers Mark Kowner, eines jüdischen *otkasnik* aus Gorkij, dem ich irgendwann bei einem jüdischen Seminar in Moskau flüchtig begegnet war. Andere Besucher waren Ponomarjow, der an den politischen Prozessen in Gorkij teilgenommen hatte, sowie die erwähnte Adventistin mit ihrer Tochter, die uns vom Tode Schelkows berichteten. Mit Kowner kamen zwei seiner Bekannten und noch einige Personen, an die ich mich nicht mehr erinnere. Wenn die Besucher unsere Wohnung verließen, hielt sie ein Milizionär an und führte sie zu einem in der Nähe gelegenen »Stützpunkt zur Überwachung der öffentlichen Ordnung«, so stand auf einem Schild, das noch aus früheren Zeiten stammte; es wurde später abgenommen. Dort hielt man sie mehrere Stunden lang fest, überprüfte ihre Dokumente und versuchte, sie einzuschüchtern; viele hatten Unannehmlichkeiten. Ein paar Wochen später änderten die Behörden ihre Taktik und ließen niemanden mehr zu mir, abgesehen von denen, die das KGB zu einem »erzieherischen Gespräch« abgeordert hatte. Noch ein paar Monate später hörten auch die »erzieherischen Gespräche« auf. Ponomarjow und einige andere erkundigten sich, was ich benötigte, und boten ihre Hilfe an. Da ich aber große Schwierigkeiten für sie befürchtete, erwiderte ich, daß ich mit allem versorgt und es sicherer sei, sich von mir fernzuhalten und am besten überhaupt nicht zu mir zu kommen. Ich fürchte, daß meine Worte den einen oder anderen beleidigt haben könnten, doch das wollte ich nicht.

Zurück zu jenem Montag morgen, der Abreise Ruth Grigorjewnas. Bald darauf kam ein Offizier und forderte mich auf, mit ihm zur MWD-Verwaltung zu gehen. Ich fragte ihn nicht – was das erste Mal gewesen war –, nach einer Vorladung, sondern fuhr kurz darauf mit Natascha zur Gornaja-Straße und betrat ein Zimmer, das man mir bezeichnet hatte. Dort saßen zwei Männer in Zivil am Schreibtisch. Sie stellten sich als Major Tschuprow und Hauptmann Schuwalow vor.

Sie begannen das Gespräch mit einem Vorwurf: Ausländische Sender teilten unter Bezugnahme auf einen Anruf von mir aus Gorkij mit, daß ich Zusätze zu einem sogenannten Dokument der Helsinki-Gruppe gemacht hätte. Damit hätte ich die mir auferlegten Vollzugsbedingungen verletzt.

Ich erwiderte: »Das ist ein Mißverständnis.«

»Würden Sie das aufschreiben?«

»Natürlich.«

Ich nahm ein Blatt Papier und schrieb:

> »Ich habe nicht in Moskau angerufen, denn all meine Versuche, ein Telefonat zu führen, werden auf illegale Weise vereitelt. Ich habe in keinem Dokument der Helsinki-Gruppe Korrekturen und Zusätze angebracht, da ich kein Mitglied der Gruppe bin. Mitteilungen über diesen Sachverhalt beruhen auf einem Mißverständnis. Ich stelle mich aber hinter den Inhalt des Dokuments.«

Tschuprow fuhr fort: »Sie brechen die Vollzugsbedingungen auch dadurch, daß Sie Personen empfangen, mit denen Ihnen der Umgang verboten ist. Krassawin hat eine Haftstrafe verbüßt, Kowner wurde wegen der Teilnahme an einer illegalen Demonstration zur Verantwortung gezogen, und Ponomarjow war ebenfalls in Haft.«

Ich antwortete: »Mir ist unverständlich, worauf Sie hinauswollen. Ich gehe mit Personen um, die meine Bekannten sind. Felix Krassawin ist unser langjähriger Bekannter, seine Vorstrafe ist längst getilgt, er arbeitet in Gorkij, und der Kontakt mit ihm war und wird, wie ich glaube, rein persönlicher Art sein. Ich weiß, daß Sie Menschen wegen des Umgangs mit mir Unannehmlichkeiten machen können; davon unterrichte ich alle Besucher, auch Ponomarjow [dieser Zusatz war höchst überflüssig!]. Aber das ist völlig ungesetzlich, entbehrt jeder Grundlage und bringt Ihnen nichts ein.«

Wenn ich mich an diesen und den vorhergehenden Teil des Gesprächs erinnere, bin ich sehr unzufrieden mit meinem passiven, alles andere als aggressiven Verhalten, denn ich verteidigte aktiv allein Felix' Recht, mit mir umzugehen, und machte den KGB-Leuten keine Vorwürfe.

Ich fuhr fort: »Nun habe ich eine Reihe von Bitten an Sie. Ich weiß, daß alle mich betreffenden Fragen auf hoher Ebene gelöst werden. Deshalb bitte ich Sie, sich meine Fragen aufzuschreiben und sie Ihren Vorgesetzten mitzuteilen:

1. Eine äußerst wichtige und dringende Frage, deren Lösung dazu beitragen würde, die Situation insgesamt zu mildern, betrifft die Angelegenheit Lisa Alexejewas, der Verlobten meines Sohnes. Sie hat bis jetzt keine Genehmigung erhalten, zu ihm auszureisen; es ist ungesetzlich, sie zum Verbleiben in der UdSSR zu zwingen.

2. Einige wissenschaftliche Mitarbeiter des FIAN müssen in die Lage versetzt werden, Dienstreisen zu mir zu unternehmen. Dies ist notwendig, damit ich meine wissenschaftliche Arbeit fortführen kann.

3. Ich bin Patient der Poliklinik der Akademie der Wissenschaften. Man muß mir unbedingt die Möglichkeit geben, weiterhin die Dienste meiner Ärzte in Anspruch zu nehmen.

4. Es ist notwendig, das Telefon meiner Schwiegermutter in Moskau wieder einzuschalten. Sie ist eine schwerkranke Frau, und das Fehlen eines Telefons erhöht die Gefahr für sie.

5. Es ist notwendig, ein Telefon in der Wohnung anzuschließen, in der ich untergebracht bin. Ich bin Akademiemitglied und habe das Recht auf ein Privattelefon.«

Tschuprow antwortete, daß er meine Bitten weitermelden werde.

»Was das Telefon betrifft, so können Sie sich selbst ans Postamt wenden. In der Frage der medizinischen Versorgung können Sie bei jeder beliebigen Poliklinik vorsprechen.«

Ich sagte, daß sich auf dem Postamt niemand mit mir auch nur unterhalten würde, denn ich sei nicht in der Stadt Gorkij gemeldet und offiziell Moskauer Bürger.

»Sie können sich anmelden.«

»Das kommt gar nicht in Frage. Ich halte die Deportation nach Gorkij für ungesetzlich. Was die medizinische Versorgung angeht, so habe ich nicht vor, meine Ärzte zu wechseln. Das ist mein Recht.«

Ich wandte mich zum Gehen. Tschuprow bat mich, noch einen Moment zu warten und meinen Besuch schriftlich zu bestätigen. Ein Mann in Uniform trat ein. Er hatte ein Heft unter dem Arm, und Tschuprow nannte seinen Namen: Glossen. Da ich einmal gekommen war, schien es mir lächerlich, die Bestätigung zu verweigern. Ich hatte noch nicht den festen Entschluß gefaßt, die Registrierung um jeden Preis abzulehnen, da ich mir alle Möglichkeiten meiner Situation noch nicht klar vor Augen geführt hatte. Am Abend desselben Tages kam es zu einem weiteren Vorfall. Die Klingel ertönte. Ich ließ zwei Männer ein. Beide waren betrunken oder täuschten, wie ich glaube, Trunkenheit vor.

»Wir wollten mal sehen, wer dieser Sacharow ist!«

»Ich bin Sacharow.«

»Weshalb treten Sie für den Boykott der Olympiade ein?«

»Weil die UdSSR kriegerische Handlungen in Afghanistan durchführt.«

»Weshalb verteidigen Sie die Banditen, die eine Stewardeß ermordet haben?«

»Ich habe mich nie für die Verteidigung Brasinskas' und seines Sohnes eingesetzt. Sie haben ihre Strafe für die Flugzeugentführung nach dem Urteil eines türkischen Gerichts abgebüßt. Aber sie waren nicht die Mörder Nadja Kurtschenkos – sie wurde versehentlich von einem sowjetischen Wachsoldaten erschossen.«

Mein bewußt ruhiger Tonfall blieb ohne Wirkung auf sie. Die beiden gerieten immer mehr in Wut und begannen, immer sinnlosere Anklagen zu brüllen. Einer von ihnen zog plötzlich eine Makarow-Pistole aus der Tasche und begann, mit ihr zu »spielen«; er drehte sie nach rechts und links und warf sie in die Luft. Dabei zielte er nie genau auf mich, aber sehr dicht an mir vorbei – rechts, links, über den Kopf.

Er sagte: »Es ist unmöglich, daß ein Wachsoldat jemanden aus Versehen tötet. Ich habe selbst als Wachsoldat gearbeitet und schieße fehlerlos aus jeder Lage: stehend, sitzend, liegend.«

Der andere tat so, als beruhige er den »Schützen«, und bestätigte dabei, daß dieser tatsächlich hervorragend mit der Waffe umgehe.

Ich fragte: »Was ist das, eine Pistole oder ein Feuerzeug?«

Sie lachten gekünstelt. »Das ist ein Feuerzeug – eins, mit dem man jemandem ein Loch in den Pelz brennt!«

Der »Schütze« regte sich unterdessen schrecklich auf und schrie: »Ich werde Ihnen Afghanistan zeigen! Jetzt mache ich aus der ganzen Wohnung ein Afghanistan!«

Dann legten sie plötzlich eine andere Platte auf und begannen, gleichsam vertraulich zu sprechen. »Sie werden nicht lange hier wohnen. Bald bringt man Sie in ein Sanatorium, wo es gute Medikamente gibt: Dort werden Menschen schnell zu Idioten gemacht!«

Währenddessen hielten sich Natascha und die Hauswirtin, die sich Tee kochte, in der Küche auf. Natasche verfolgte die Vorgänge und das Spiel mit der Pistole entsetzt durch die offene Tür und beschloß, daß es nötig sei, irgendwie einzuschreiten. Sie flüsterte der Hauswirtin zu: »Gehen Sie mit dem Eimer hinaus, als wollten Sie den Müll wegbringen. Sprechen Sie mit einem Milizionär und sagen Sie ihm, daß Betrunkene mit einer Pistole bei uns sind.«

Die Hauswirtin ging und blieb sehr lange draußen, obgleich der Müllschlucker gleich nebenan ist. Als sie zurückkehrte, fragte Natascha: »Haben Sie Bescheid gesagt?«

Die Frau tat so, als habe sie nicht verstanden. Natascha schickte sie noch einmal hinaus. Ein paar Minuten später traten mehrere Milizionäre ein. Sie erkundigten sich: »Was geht bei Ihnen vor?«

»Nichts Besonderes«, erwiderte ich.

Dann führten sie die »Betrunkenen« ab.

Am Abend setzte ich mich hin, um mein Tagebuch zu schreiben, das ich seit Januar 1977 führe. An jenem Abend notierte ich alle Ereignisse, die sich am 22. Januar und in den folgenden Tagen abgespielt hatten.

Am nächsten Tag kam Glossen frühmorgens zu uns. Er sagte: »Ich benötige Ihren Paß.«

Ohne lange nachzudenken, ging ich in das andere Zimmer und brachte ihm den Paß. Glossen warf keinen Blick darauf und legte ihn in eine Mappe. Nun kamen mir doch Zweifel: »Wozu brauchen Sie den Paß?«

»Meine Vorgesetzten haben mir befohlen, Ihnen den Paß abzunehmen. Wir werden Sie aus Moskau ab- und ständig in Gorkij anmelden.«

Ich erschrak, beschloß aber, mich würdevoll zu verhalten, wie es sich für ein Akademiemitglied gehört.

»Das ist ausgeschlossen. Ich gebe Ihnen den Paß höchstens für eine vorübergehende Anmeldung.«

Glossen erwiderte: »Ich werde es meinen Vorgesetzten melden.«

Vielleicht hätte ich den Paß zurückfordern sollen, aber das wäre wahrscheinlich völlig zwecklos gewesen. Oder ich hätte versuchen können, ihm den Paß zu entreißen, aber dazu wäre ich nicht in der Lage gewesen. Jedenfalls bedauere ich, daß ich ihn nicht bat, mir den Paß zurückzugeben – so hätte ich wenigstens meinen Wunsch deutlich gemacht. Die wichtigste Frage ist jedoch: Warum übergab ich ihm meinen Paß ohne jeden Widerstand? Das begreife ich auch heute noch nicht völlig – und damals schon gar nicht. Mir scheint, daß hier mehrere Faktoren eine Rolle spielten: eine allgemeine Neigung, die Bitte eines anderen zu erfüllen – ein Verhalten, das sich auf eine gewisse innere Achtung vor den Menschen gründet; die lange (jahrzehntelange) Unabhängigkeit von Dokumenten jeder Art, so daß ich nicht gewohnt war, sie ernst zu nehmen. Diese beiden Faktoren hätten natürlich in meiner neuen Situation nicht wirksam werden dürfen, aber die Gewohnheit ist häufig stärker als jede Vernunft. Der verborgene Schock, unter dem ich stand, verstärkte noch ihre Wirkung in meinem Unterbewußtsein. Und schließlich der dritte Faktor: Ich hatte, wie erwähnt, noch keine klare Linie für mein Verhalten insgesamt entwickelt.

Am nächsten Tag (dem 30. Januar) kam ein unbekannter Milizoffizier auf der Straße, während ich gerade ein Geschäft betrat, auf mich zu und sagte, daß ich beim Stellvertretenden Staatsanwalt des Gebiets von Gorkij, Genosse Perelygin, zu erscheinen hätte. Er wollte mir die Adresse nennen, doch ich unterbrach ihn: »Ich gehe nur, wenn ich eine schriftliche Vorladung erhalte.«

Im Laufe der nächsten Stunde kamen mehrere Offiziere zu mir ins Haus und forderten mich mündlich auf, bei Perelygin zu erscheinen. Ich verlangte wiederum eine schriftliche Vorladung. Endlich brachte man eine hastig angefertigte Vorladung. Ich fuhr, von Natascha begleitet, zur Staatsanwaltschaft. Diese Vorladung war eine Reaktion auf Ljusjas Pressekonferenz vom Montag. Ich betrat Perelygins Arbeitszimmer. Er war allein, was bei solchen Gesprächen selten ist.

Perelygin hielt mir vor: »Ihre Frau hat in Moskau eine Pressekonferenz für ausländische Journalisten abgehalten. Sie verlas eine von Ihnen verfaßte Erklärung, die lügenhafte, verleumderische Erfindungen enthält. Diese Handlungen bedeuten einen Bruch der für Sie festgesetzten Vollzugsbedingungen, mit denen ich Sie am 22. Januar bekannt gemacht habe.«

»Von wem festgelegt, auf welcher Grundlage?« fragte ich. »Ich sollte ein Dokument in Händen haben, das die Rechtsgrundlagen meiner Ausweisung und ihre Bedingungen nennt. Mündliche Formulierungen kann ich nicht im Gedächtnis behalten, und sie verpflichten mich zu nichts.«

»Zu dieser Frage kehren wir später zurück. Lassen Sie mich jetzt das zu Ende führen, was ich Ihnen mitzuteilen habe. Ich muß Sie warnen, daß sich, wenn Sie die für Sie festgesetzten Vollzugsbedingungen verletzen, die Frage nach Maßnahmen erheben wird, die solche Verletzungen ausschließen. Insbesondere wird sich die Frage stellen, ob der Ort Ihrer Aussiedelung zu ändern ist. Außerdem teile ich Ihnen mit, daß Personen, die als Vermittler der Ihnen verbotenen Kontakte mit Ausländern fungieren, zur Rechenschaft gezogen werden. Man wird sie Maßnahmen unterziehen, die solche Handlungen unmöglich machen. Sie müssen eine Erklärung über die von Ihnen begangenen Verstöße schreiben.«

Ich nahm mehrere Bögen Papier und schrieb etwa folgendes (leider habe ich keine Kopie mehr):

> »Meine Frau J. Bonner gab auf meine Bitte hin auf einer Pressekonferenz in Moskau eine Mitteilung von mir bekannt, in der ich meine Position erläutere und meine jetzige Lage beschreibe. Ich bin ganz allein für ihren Inhalt und ihre Verbreitung in der Weltpresse und im Rundfunk verantwortlich. Ich halte mich für berechtigt, mich auch weiterhin zu diesen oder jenen Fragen der Gegenwart zu äußern, Informationen über meine Lage herauszugeben und diese Äußerungen zu veröffentlichen. Die Erklärung des Staatsanwalts des Gebiets von Gorkij, Perelygin, der zufolge ich durch solche Handlungen gegen die mir auferlegten Vollzugsbedingungen verstoße, entbehren jeder Grundlage. Diese Handlungen stehen in Einklang mit meinen gesetzlichen Rechten. Völlig ungesetzlich und unzulässig sind jedoch die Drohungen und Anklagen in Perelygins Erklärung, die den Vermittlern bei der Verbreitung meiner Dokumente gelten, insbesondere meiner Frau Jelena Bonner. Schon das Wort ›Vermittler‹ hat in diesem Zusammenhang nicht den geringsten juristischen Sinn. Ich selbst veröffentliche meine Dokumente ohne Vermittler und gemäß meinem Recht auf Meinungs- und Informationsfreiheit; niemand außer mir kann dafür irgendeine Verantwortung übernehmen.
>
> 30. Januar 1980
>
> Andrej Sacharow, Mitglied der Akademie der Wissenschaften der UdSSR.«

Perelygin las meine Notiz durch, grinste und murmelte: »Sehr unzweideutig ausgedrückt ...« Dann wandte er sich an mich: »Zur Bestätigung unseres Gesprächs und der abgegebenen Erklärung bitte ich Sie, dies zu unterzeichnen.«

Er reichte mir ein Blatt Papier, das weniger als eine halbe Seite Umfang hatte; darauf war folgendes getippt:

> »Heute, am 30. Januar 1980, erklärte mir der Justizrat und Stellvertretende Staatsanwalt des Gebiets von Gorkij, Perelygin, daß sich bei weiteren Verstößen gegen die mir auferlegten Vollzugsbedingungen die Frage einer Änderung, insbesondere die Änderung meines Ausweisungsortes, erheben kann; daneben wurde mir mitgeteilt, daß Vermittler bei der Herstellung von Kontakten mit Ausländern wegen des Verstoßes gegen die Vollzugsbedingungen zur Verantwortung gezogen werden können.«
>
> Datum, Platz für die Unterschriften

Ich entgegnete: »Ja, Sie haben mir all das tatsächlich erklärt, und ich habe Ihnen meine Einstellung dazu erläutert.«

Damit unterschrieb ich den Text.

»Wie ich sehe, wollen Sie schon wieder gegen die Vollzugsbedingungen verstoßen.«

»Natürlich. Ich halte sie für ungesetzlich, und ich habe geschrieben, weshalb.«

Damit verließ ich das Arbeitszimmer. Ich ging mit Natascha hinunter auf die Straße und erzählte ihr von den entscheidenden Punkten des Gesprächs, wobei ich völlig mit mir zufrieden war. Erst mehrere Stunden später fiel mir auf, daß der von mir unterzeichnete Text ein Dokument war, das mit meiner Notiz überhaupt nichts zu tun hatte und als Bestätigung gelten konnte, daß man mich gewarnt hatte. Mit einiger Übertreibung konnte man es sogar als gewisses Einverständnis meinerseits mit der Warnung ausgeben, und Juristen verstehen sich ausgezeichnet auf solche Übertreibungen. Ich wurde unruhig und schrieb Perelygin noch am selben Abend eine »Erläuterung zur Unterschrift«, in der ich unterstrich, daß meine Unterschrift nur als Bestätigung dafür zu verstehen sei, daß ich seine Erklärung zur Kenntnis genommen hatte; dagegen sei meine Auffassung über die Illegalität seiner Behauptungen und Drohungen in meiner Notiz formuliert. Ich schickte diese »Erläuterung« mit der Post ab und erhielt zwei Wochen später eine Empfangsbestätigung.

Ich habe ausführlich über die Ereignisse vom 22. bis zum 30. Januar berichtet, die erste Woche meiner neuen Situation, und über meine Fehler in diesen Tagen. Wenn ich daran zurückdenke, vergleiche ich meine Lage unwillkürlich mit der von Verhafteten, die unter viel stärkerem Druck stehen und zudem noch völlig isoliert sind. Aber natürlich sehe ich in meinem Verhalten in diesen und den folgenden Tagen nicht nur Fehler. Ich hatte meine Position zu prinzipiellen Fragen kompromißlos gewahrt und in mir Kräfte für das Leben und die äußerst konzentrierte Arbeit in der neuen Situation gefunden. Daß mir dies möglich wurde, dazu hat – wie zu allen Zeiten – Ljusja entscheidend beigetragen.

XXVII. Leben in Gorkij

Das Haus in Schtscherbinki. Die »Vollzugsbedingungen«. Einbrüche und Haussuchungen. Politische Aktivitäten. Wissenschaftliche Arbeit. Ljusja in diesen Jahren

In den ersten Monaten des Jahres 1980 bildeten sich die äußeren Konturen meiner Situation in Gorkij heraus; sie war durch absolute Illegalität gekennzeichnet und irgendwie paradox. Zuweilen beging das KGB neue Ungesetzlichkeiten und störte den Status quo. Sehr wichtige Ereignisse (wichtig sowohl ihrem Wesen nach wie auch für meine Weltanschauung) hatten mit Lisas Fall zu tun. Darauf gehe ich im nächsten Kapitel ein. Innerhalb dieser Konturen setzte ich meine politische Tätigkeit und, mehr oder weniger, die Versuche wissenschaftlichen Arbeitens fort.

Man hatte mich, wie erwähnt, im Erdgeschoß eines zwölfstöckigen Hochhauses in einem der neuen Randgebiete Gorkijs mit der etwas seltsamen Bezeichnung »Schtscherbinki« untergebracht. Der Name stammte offenbar von einem Dorf, das einst hier gelegen hatte.

In den ersten Tagen sah ich aus jedem Fenster, an jeder Ecke charakteristische Gestalten in Zivil, gar nicht zu reden von einem ständig, Tag und Nacht, im Hauseingang wachenden Milizionär. Später drängten sich diese Figuren nicht mehr so unverschämt in den Vordergrund, mit Ausnahme »besonderer« Fälle, etwa meines Geburtstags. Aber das bedeutet natürlich nicht, daß sich die Zahl und die »Wachsamkeit« der mich beobachtenden Personen verringert hätten; von Zeit zu Zeit machten sie sich bemerkbar. Als Perelygin mir die »Vollzugsbedingungen« darlegte, hatte er gesagt, daß es mir verboten sei, mit Ausländern und »verbrecherischen Elementen« umzugehen. Sehr bald stellte sich heraus, daß das KGB den letzteren Begriff sehr weit faßte und mir überhaupt die Möglichkeit nahm, mit irgend jemandem außerhalb eines sehr beschränkten Personenkreises Kontakt aufzunehmen. Nur meine Frau, Ruth Grigorjewna und meine Kinder konnten ungehindert zu mir kommen. Auch drei Bürger von Gorkij durften mich besuchen: Felix Krassawin und seine Frau (jedoch nicht ihr Sohn im Schulalter) und Mark Kowner. Zweifellos hatte man Felix und Mark die Genehmigung nicht »aus Schwäche« erteilt; vielmehr waren damit bestimmte Erwartungen verbunden, die den beiden und uns unbekannt blieben und über die wir nur Vermutungen anstellen können. Sie wurden von Zeit zu Zeit vom KGB »zum Gespräch« vorgeladen.

Möglicherweise hing eine der Absichten des KGB damit zusammen, daß Felix Krassawins Frau Maja Internistin ist. Gewöhnlich kommt Felix ohne sie, doch zwei- oder dreimal, als sich meine Herzkrankheit oder meine Venenentzündung verschlimmerte, brachte er sie mit, damit sie einen Blick auf mich warf. Und als jemand an A. P. Alexandrow, den damaligen Präsidenten der Akademie der Wissenschaften, die Frage richtete, weshalb man Sacharow die medizinische Versorgung entzogen habe, rief Alexandrow: »Was heißt entzogen? Diese Maja kümmert sich doch um ihn.«

In Wirklichkeit waren Majas Besuche rein persönlicher Art und ganz unregelmäßig; sie konnten auf keinen Fall eine ernsthafte medizinische Versorgung ersetzen. Und woher wußte er überhaupt von den Besuchen der Frau Krassawins, die er so ungeniert beim Vornamen nannte? Die Frage ist rein rhetorisch: Hier spielte das KGB mit Sicherheit eine Rolle.

Meiner Schwiegertochter Lisa hat man, während ich diese Zeilen – im Mai 1980 – schreibe, verboten, mich in Gorkij zu besuchen. In den ersten Monaten ließ man nur Unbekannte zu mir, von denen man überzeugt war, daß sie versuchen würden, mich »umzustimmen«. Dann hörten auch diese Besuche auf. Alle übrigen hält unweigerlich der diensthabende Milizionär zurück; der Posten ist seit März 1980 unmittelbar vor unsere Eingangstür verlegt worden. Nachts schlummert der Diensthabende manchmal, streckt jedoch derart die Beine aus, daß es unmöglich wäre, auf ein Klingeln hinauszugehen, ohne ihn aufzuwecken. Der Milizionär führt alle Festgenommenen in einen speziell abgeteilten Raum im Haus gegenüber, wo die entsprechenden höheren Ränge sofort zum Verhör auftauchen. Wenn es sich bei den Festgenommenen um unbekannte Personen handelt, die Mitleid mit mir haben oder hoffen, Schutz vor irgendwelchen Drangsalierungen zu finden (weshalb sie häufig von sehr weit herkommen), dann ist es durchaus möglich, daß ich nie von ihrem Besuch erfahren werde. Wenn sie nicht aus Gorkij stammen, bringt man sie häufig sofort aus der Stadt hinaus. In allen Fällen haben diese Menschen Unannehmlichkeiten, manchmal sogar ganz erhebliche. Dies geht bis zu mehrmonatigen Einweisungen in psychiatrische Krankenhäuser; später erfuhr ich von drei solchen Fällen.

Eines Tages drangen zwei Schuljungen zu einem Gespräch mit uns durch. Man faßte sie, als sie hinausgingen, und führte ein etwa dreistündiges »Verhör«. Wir warteten die ganze Zeit hindurch am Fenster darauf, daß sie wieder herauskamen. Endlich kam einer der Jungen herau und winkte uns zu. Wir begriffen voll Erleichterung, daß der Widerstan der Jungen nicht gebrochen worden war (so etwas wirkt sich manchma auf das ganze Leben aus!). Einen Monat später kamen die Eltern der Jun gen, Angestellte in einer der Fabriken von Gorkij, zu uns. Sie hatten Un annehmlichkeiten gehabt und versuchten, uns Vorwürfe zu machen, wei wir uns mit den Kindern unterhalten hatten. Die Eltern sagten uns, da man auch die Schule von der Tat der Kinder unterrichtet habe.

Was mir bekannten Personen zustößt, erfahre ich natürlich. Unter de Festgenommenen waren ein aus Leningrad angereister Arzt, eine achtzig jährige Tante und eine bejahrte Schriftstellerin. Einer der ersten derarti gen Fälle ereignete sich im Februar 1980, an Ljusjas Geburtstag. Sie wa am Vortag in Moskau gewesen und sollte zusammen mit unserem Freun Jurij Schichanowitsch eintreffen. Am Morgen klingelte Ljusja an der Tü und rief aufgeregt: »Sie haben Jurij geschnappt!«

Drei im Flur wachende Milizionäre (offenbar hatte man ihre Zahl ex tra erhöht) hatten ihn festgenommen, ihn gezwungen, seine Sachen in Flur zurückzulassen (Jurij war mit Lebensmitteln beladen, die er fü Ljusja getragen hatte), und ihn abgeführt. Wir liefen hinterher. Damal hing an den Räumlichkeiten, in die man Festgenommene führte, noch das Schild mit der Aufschrift »Stützpunkt der Miliz«. Wir gingen hinein Jurij wurde offenbar im Hinterzimmer festgehalten; wir sahen ihn nicht doch uns gegenüber saß ein Hauptmann in MWD-Uniform namen Sneshnizkij. Er ist stellvertretender Milizchef in unserem Bezirk und for mal für meine Überwachung verantwortlich (das KGB hält sich, wie im mer, offiziell im Hintergrund, aber vielleicht ist Sneshnizkij auch de KGB-Vertreter in »unserem« Milizrevier).

Wir verlangten von Sneshnizkij eine Antwort auf die Frage, wo Schi chanowitsch sei und was man mit ihm anstelle. Davon hatte er sehr bal »die Nase voll«, und er befahl den Milizionären, uns hinauszubefördern Diese führten den Befehl mit Genuß und professioneller Geschicklichkei aus. Wir erhielten ein paar heftige Stöße und fanden uns vor der Tür wie der: Ich lag der Länge nach auf dem Boden, Ljusja hatte einen Schlag aufs Auge bekommen und sie hatte blaue Flecke am Arm. In diesem Mo ment wurde Schichanowitsch herausgeführt; es gelang ihm – alle Ach tung –, uns seine Rückfahrkarte über die Köpfe der Milizionäre hinwe zu reichen, und wir lösten die Karte an der Kasse ein. Wie wir späte durch ein Telegramm Schichanowitschs erfuhren, brachte man ihn mi dem Flugzeug nach Moskau.

Ungefähr bis August 1980 nötigte das KGB mich, zum Milizrevier zu gehen und mich »registrieren« zu lassen. Ich erhielt rund fünfzig Vorladungen, auf die ich mit der immer gleichen Weigerung reagierte (und mit der Forderung, mir eine Schreibmaschine, auf die ich als Akademiemitglied Anspruch hatte, zukommen zu lassen). In den Vorladungen wurde häufig damit gedroht, mich »vorführen« zu lassen, und einmal machte man den Versuch, die Drohung zu verwirklichen. Mitte März war das Schloß an unserer Wohnungstür beschädigt. Am nächsten Tag erschienen zwei Milizleutnants und erklärten, daß ich unverzüglich mit ihnen zur »Registrierung« fahren müsse. Sonst werde man mich, auf Befehl Hauptmann Sneshnizkijs, gewaltsam vorführen lassen. Ich ging mit ihnen auf die Straße hinaus, wo ein Kleinbus stand. Ich sagte, daß ich unbedingt ein Telegramm aufgeben müsse, und schlug den Weg zur Post ein. Die Milizionäre liefen hinter mir her, packten mich an den Armen und zogen mich zunächst auf den Kleinbus zu. Ich widersetzte mich, so daß meine Beine durch den Schnee schleiften, und schrie irgend etwas über die Post und über die Registrierung. Einige Passanten begannen auf uns aufmerksam zu werden. Die Milizionäre schleppten mich in den Hauseingang und ließen mich dort plötzlich los. Ich lief zur Tür und legte die Kette vor.

Am nächsten Tag fand sich ein mir unbekannter Milizhauptmann ein. Ein paar Minuten vor ihm war ein Schlosser gekommen, der das Schloß auswechselte. Der Hauptmann forderte wiederum, daß ich zur Registrierung erscheinen solle, und als ich mich weigerte, fertigte er ein Protokoll »über einen Verstoß gegen die Anordnung eines Milizangehörigen« an; der Schlosser mußte als Zeuge unterschreiben. Offenbar war genau dies die Aufgabe des Schlossers gewesen – weshalb es überhaupt nötig war, das Schloß zu beschädigen und auszuwechseln, weiß ich bis heute nicht. Weitere Folgen blieben diesmal aus.

In all diesen Jahren folgen mir sofort KGB-»Beobachter«, wenn ich das Haus verlasse. Viele von ihnen kenne ich vom Sehen. Im Wald folgen mir manchmal ein Mann und eine Frau, die sich als »Liebespärchen« geben. Zuweilen ist es ein Beobachter, der sich wenige Schritte von uns entfernt hinter einem Baumstamm zu verbergen sucht, sobald wir ihn bemerken; wenn er sich nirgends verstecken kann, läuft er zügig davon. Als Ljusja und ich im Jahre 1981 begannen, mit dem Auto zu fahren, fuhren die KGB-Beamten ebenfalls hinter uns her, zuweilen in zwei Wagen. Manchmal versuchten sie, uns einen Schrecken einzujagen, indem sie einen Unfall vortäuschten (auf die »Autogeschichten« komme ich noch zurück). Sowohl die Wagen wie die Fußgänger werden im Verlaufe einer einzigen

Fahrt oder eines einzigen Spaziergangs ausgewechselt. Überhaupt scheut man sich nicht, die Mittel des Staates – oder, besser gesagt, des Volkes – auszugeben. Was verspricht man sich davon? Man läßt mich nicht von einem öffentlichen Telefon aus in Moskau oder Leningrad oder sonstwo anrufen. Meine »Begleiter« laufen zu jedem Postamt an meinem Weg und befehlen offensichtlich, den Apparat abzuschalten, so daß er sich als »funktionsunfähig« erweist; in der Wohnung haben wir kein Telefon und auch unser Telefon in der Tschkalow-Straße in Moskau und sogar in der Datscha ist seit dem 22. Januar 1980 abgestellt.

Es gelingt mir – oder Ljusja, auf welche diese Machenschaften ebenfalls ausgeweitet werden – nur selten, der Überwachung ein Schnippchen zu schlagen. Zum Beispiel ging ich kürzlich, als ich mir Sorgen über Naschas Gesundheit machte, mit dem Mülleimer aus dem Haus, ließ ihn am Müllkasten stehen und lief, ohne in die Wohnung zurückzukehren, zur Post. (Seitdem [bis zum 16. Dezember 1986] begleitete ein Milizionär Ljusja oder mich zum Müllkasten.)

Ein anderes Ziel besteht darin, die Möglichkeit von Kontakten zu Leuten auf der Straße zu unterbinden. Ob man fürchtet, daß ich den Versuch machen könnte, eigenmächtig nach Moskau zu reisen? Kaum, denn meine Bewacher kennen ihre »Möglichkeiten« (und ich ebenfalls). Einmal hielten sie es für nötig, mir diese Möglichkeiten zu demonstrieren. Es war vor der Vollversammlung der Akademie der Wissenschaften im März 1980. Die Vollversammlung findet laut Statut alljährlich statt; dabei geben der Präsident und der Wissenschaftliche Sekretär Rechenschaftsberichte über die Arbeit der Akademie und ihrer Mitglieder während des vergangenen Jahres ab. Man erörtert diese Berichte und organisatorische Fragen, von denen viele eine Abstimmung und ein Quorum erfordern. Laut Statut ist die Teilnahme der Akademiemitglieder an der Vollversammlung ein Recht und eine Pflicht; jede Streichung eines Namens aus der Teilnehmerliste (zum Beispiel aus Krankheitsgründen oder wegen einer Auslandsreise) wird vom Präsidium der Akademie einzeln vorgenommen.

Ich schickte dem Präsidium ein Telegramm mit der Bitte, mir eine Einladung zur Vollversammlung zu senden (normalerweise geht allen Akademiemitgliedern eine Einladung zu, aber ich erhielt sie diesmal – und die folgenden Male – nicht). Mein Telegramm blieb lange unbeantwortet. Ich schickte eine zweite Anfrage und erhielt jetzt erst eine beispiellose Antwort: »Ihre Teilnahme an der Vollversammlung ist nicht vorgesehen.«

Den ausländischen Journalisten, die den Vorfall veröffentlichten, war die sprachliche und situationsbedingte Besonderheit des Telegrammes vielleicht nicht ganz deutlich. Wodurch war meine Teilnahme nicht vorgesehen? Durch das Statut? Aber das Statut besorgt genau das Gegenteil. Das Telegramm machte mir klar, daß die Akademie der Wissenschaften völlig an der Leine des KGB liegt und sogar ihr eigenes Statut verletzt.

Am Abend vor der Vollversammlung fuhren Ruth Grigorjewna und Lisa (die man damals noch nach Gorkij reisen ließ) ab. Ljusja und ich begleiteten sie zum Bahnhof. Aber als ich Ruth Grigorjewnas Koffer zum Zug bringen wollte – sie selbst war schon auf dem Bahnsteig –, fand ich mich plötzlich einer Reihe bewaffneter Männer gegenüber, die so die Arme miteinander verschränkten, daß ich nicht durchgehen konnte. Einer von ihnen hatte die Pistole aus der Pistolentasche gezogen. Ich verabschiedete mich aus einiger Entfernung von Ruth Grigorjewna. Lisa erzählte später, daß Ruth Grigorjewna während der Fahrt Tränen in den Augen gehabt habe. Man muß sie kennen – sie weint nie und gestattet sich nicht einmal in den schwierigsten Situationen, Schwäche zu zeigen –, um ihre Gemütsbewegung voll einschätzen zu können. So demonstrierte das KGB nachdrücklich das an mich gerichtete Verbot, Gorkij zu verlassen.

Als wir am selben Tag in die Wohnung zurückkehrten, wurde Ljusja und mir eine weitere Überraschung zuteil. Es war unmöglich, Rundfunksendungen über unsere Transistorempfänger zu hören. Aus beiden Empfängern erklang ein durchdringendes Heulen. Offensichtlich war irgendwo in der Nähe ein »individueller Störsender« eingerichtet worden. Danach hörten wir Radio, indem wir uns fünfzig bis hundert Meter vom Haus entfernten.

Während der Vollversammlung der Akademie wurde auch vor der Tür von Ruth Grigorjewnas Wohnung ein Milizposten aufgestellt, und auch zu ihr wurden nur sehr wenige Besucher durchgelassen. Weshalb man diese zweifellos illegale Aktion durchführte und wovor sich das KGB fürchtete, ist mir bis heute unbegreiflich.

Das KGB überwacht und isoliert mich hier in Gorkij nicht nur, sondern widmet sich auch einigen noch »delikateren« Handlungen. Seit den ersten Wochen unseres Aufenthalts in Gorkij bemerkten wir die – nicht immer harmlosen – Spuren von fremden Personen, die in unsere Wohnung eingedrungen waren. Die Tonbandgeräte und die Transistorempfänger waren dauernd beschädigt (wir reparierten sie während dieses Zeitraums viele Male). Ich habe Angst, meine wichtigsten und unersetzlichen Notizen, Dokumente und Bücher in der Wohnung zurückzulassen, und trage sie ständig bei mir (was, wie ich noch schildern werde, in zwei Fällen nicht hilfreich war). Aber manche der Kleinigkeiten, die ich nicht mitnahm, gingen wahrscheinlich verloren. Wir vermuteten, daß die Milizionäre ohne besondere Umstände jeden KGB-Mann in die Wohnung ließen. Dies hat sich wohl bis heute nicht geändert (vielleicht hat jedoch nicht jeder der wachhabenden Milizionäre die Hände im Spiel, sondern nur diejenigen, welche das Vertrauen des KGB genießen oder einfach mit ihm zusammenarbeiten). Aber in den ersten sechs Monaten benutzte man, wie wir herausfanden, eine andere Methode. Ich habe schon erwähnt, daß eines der Zimmer gewissermaßen ein Dienstraum war; die Schlüssel besaß die Frau, die sich selbst als »Hauswirtin« bezeichnete. Tatsächlich gab sie uns manchmal neue Bettwäsche und Handtücher, die sie bei sich im Schrank verwahrte. Aber im wesentlichen waren ihre Aufgaben für uns undurchschaubar. So saß sie, wie erwähnt, fast jeden Tag ohne sichtbare Beschäftigung im »Dienstraum«, wobei sie die Tür ein wenig geöffnet ließ. Wenn sie dann fortging, versperrte sie die Tür mit ihrem eigenen Schlüssel. Der eigentliche Grund dieses ganzen Verhaltens offenbarte sich uns rein zufällig.

Im Juli 1980 kam eines Abends gegen 19 Uhr, als wir uns nach dem Essen ausruhten, ein Mädchen von der Post keuchend bei uns herein: Gerade sei eine telegrafische Aufforderung zu einem Telefonat mit New York gekommen. Es konnte sich um einen Anruf der Kinder handeln, und wir eilten natürlich zur Post. Das KGB hatte zweifellos mit unserer Eile gerechnet; es interessierte sich wohl in erster Linie für die Tasche mit meinen Manuskripten und Dokumenten, die ich bei mir hatte, und vielleicht noch für einige andere Dinge. Als wir die Mitteilung später noch einmal lasen, sahen wir, daß sie um 11 Uhr morgens in Gorkij eingetroffen war, also acht Stunden beim KGB »gehortet« worden war. Wir wissen bis heute nicht, von wem die Aufforderung stammte, und haben auch keine weiteren Anrufe aus dem Ausland erhalten.

Ich erreichte die Post als erster. Ljusja folgte mir; sie hatte meine Tasche ergriffen, aber irgend etwas – offenbar Zigaretten – vergessen. Deshalb kehrte sie noch einmal in die Wohnung zurück. Und hier erblickte sie in unserem Schlafzimmer und in dem danebenliegenden Raum zwei KGB-Angehörige: Der eine von ihnen wühlte in meinen Papieren, der andere stellte etwas mit dem Tonband an (später zeigte sich, daß eine Aufnahme, die ich für die Kinder gemacht hatte, gelöscht war). Ljusja schrie die KGB-Beamten an, worauf sie sofort davonrannten.

Sie liefen jedoch nicht zur Wohnungstür, sondern in das Zimmer der Hauswirtin, dessen Tür und Fenster geöffnet waren. Die KGB-Angehörigen sprangen auf die Couch, so daß sie umstürzte, dann auf die Fensterbank, auf der sie Spuren hinterließen, und sprangen hinaus. Ljusja rief sofort den Milizionär herbei und zeigte ihm die ganze Unordnung. Er wirkte etwas verstört.

Ljusja selbst erzählte später, daß die Ereignisse ein unangenehmes Gefühl in ihr geweckt hätten. Nun wurde uns die Aufgabe der »Hauswirtin« klar. Sie mußte, wenn sie sich aus ihrem Zimmer entfernte, das Fenster offen lassen (alle Fenster in unserer Wohnung werden von innen mit einem Riegel verschlossen, und wenn er vorgelegt ist, kann kein Fenster von außen geöffnet werden). Wenn die KGB-Beamten von der Straße aus in das Zimmer der »Hauswirtin« geklettert waren, öffneten sie die Tür mit ihrem Schlüssel ganz einfach von innen, machten in der Wohnung, was sie wollten, und gelangten dann auf demselben Wege hinaus. Auf diese Weise brauchte der Milizionär nichts von ihren Besuchen zu erfahren (er wäre ein zusätzlicher Zeuge gewesen, und wahrscheinlich sind die wenigsten Milizionäre KGB-Mitarbeiter).

Ich schickte Andropow, dem damaligen KGB-Vorsitzenden, am nächsten Tag ein Telegramm mit einem Protest gegen diesen ungesetzlichen Akt. Ljusja hielt in Moskau eine Pressekonferenz ab, bei der sie von dem neuen Rechtsbruch des KGB berichtete, und schickte ebenfalls ein Telegramm an den Präsidenten der Akademie der Wissenschaften, in dem sie ihn von dem Vorfall unterrichtete. Entsprechende Telegramme sandte sie an die Präsidenten der amerikanischen Akademien, deren Mitglied ich bin.

Einige Tage später kam ein KGB-Bote in die Wohnung; er überbrachte eine Vorladung zu einem Gespräch über mein Telegramm an Andropow. Ich leistete der Vorladung Folge. Daraufhin fand eine Unterhaltung mit zwei KGB-Angehörigen statt, von denen sich der eine als KGB-Chef des Gebiets von Gorkij und der andere als Major Rjabinin aus Moskau vorstellte. Rjabinin begegneten wir später noch einmal (während des Hungerstreiks von 1981).

Leider führte ich dieses Gespräch wenig offensiv, wodurch ich die psychologische Wirkung der entstandenen Situation weitgehend »verwischte«. Zum Abschluß meiner Schilderung dieser Episode möchte ich unterstreichen, daß das heimliche Eindringen von KGB-Angehörigen (gleichgültig, ob durch das Fenster oder durch die Tür) einen unverhüllten Bruch des Rechtes auf Unantastbarkeit der Wohnung und anderer

Rechte darstellt sowie eine Bedrohung für Ljusjas und mein Leben: Zum Beispiel könnte man uns ohne weiteres irgendeine Substanz ins Essen streuen. Dieser Gedanke wird (auf meine Person bezogen) in Ljusjas Brief an Alexandrow und an die Präsidenten der amerikanischen Akademien vorgebracht.

Was die »Hauswirtin« betraf, so ließ ich sie nicht mehr in die Wohnung. Sie (und das KGB) fanden sich leicht damit ab. Ihre Funktion war aufgedeckt worden, was die Frau entbehrlich machte.

Nachträglich wird mir klar, daß das KGB es in allen folgenden Monaten weiterhin auf meine Aktentasche abgesehen hatte. Leider nahm ich diese Gefahr allzu leicht und hatte nur ein einziges Exemplar von vielen Dokumenten (dazu noch an einem einzigen Ort). Achteinhalb Monate später erreichte das KGB sein Ziel, indem es meine Unaufmerksamkeit beim Besuch einer Poliklinik nutzte – auf folgende Weise:

Ich habe in Gorkij nicht die Möglichkeit, mich ärztlicher Hilfe zu bedienen, da all meine behandelnden Ärzte in Moskau sind. Im September 1980 war ich durch Zahnprobleme jedoch gezwungen, mich an eine zahnärztliche Poliklinik zu wenden. Man kurierte einige Zähne, entfernte andere und verschrieb mir Zahnersatz. Anfang Februar schliff man einige Zähne ab und nahm Maß. Darauf wartete ich eineinhalb Monate ungeduldig auf eine Postkarte von der Prothetikerin, und als ich sie am Morgen des 13. März 1981 (Ljusja war damals in Moskau) erhielt, eilte ich in die Sprechstunde. Ich muß hinzufügen, daß ich gerade in diesen Tagen einen Fehler in einer meiner wissenschaftlichen Arbeiten entdeckt hatte; deshalb hatte ich gleichsam »abgeschaltet« und dachte mehr an Formeln als an alles andere.

In der Poliklinik eingetroffen, wollte ich die Treppe zur ersten Etage, zum Sprechzimmer, hinaufsteigen, doch in diesem Moment kam mir die Prothetikerin K. entgegen und bedeutete mir, in ein anderes Zimmer im Erdgeschoß zu gehen. Dies kam mir sehr zustatten, da ich meines Herzens wegen Treppen nur mühsam bewältige. Ein in der Nähe stehender Mann bemerkte, daß oben Reparaturen durchgeführt würden. Vor dem Zimmer sagte K., daß dies ein Operationsraum sei und daß ich laut strengster Anweisung der Chefärztin meine Tasche am Eingang zurücklassen müsse (die reinste Dummheit oder – besser gesagt – ein einfacher Trick: Natürlich kann von Sterilität keine Rede sein, wenn Zähne abgeschliffen werden, die Fußböden schmutzig sind u. ä.). Ich hätte selbstverständlich auf die Behandlung verzichten oder darauf bestehen sollen, daß die Anweisung geändert würde. Statt dessen bat ich eine neben uns stehende Krankenschwester, auf meine Tasche aufzupassen oder sie in einen Abstellraum zu bringen.

Die Krankenschwester sagte: »Machen Sie sich keine Sorgen, bei uns geht nie etwas verloren.«

Ich überzeugte mich, daß auf dem Flur Patienten saßen, die auf ihre Behandlung warteten, und nun machte ich den entscheidenden Fehler, weil ich annahm, daß vor den Augen so vieler Menschen nichts mit meiner Tasche angestellt werden könne. Wen Gott strafen will, dem raubt er den Verstand. K. widmete sich meinen Zähnen. Ich saß mit dem Rücken zum Eingang. Die Tür knarrte, und plötzlich rief sie: »Wer ist da?« Dann, nach einer Pause: »Ah, Sie sind's.«

Die Chefärztin trat ein. Sie ging sofort wieder hinaus, kam aber etwa fünf Minuten später unter irgendeinem Vorwand von neuem ins Zimmer. Weitere zehn Minuten später beendete K. ihre Arbeit, ich trat auf den Flur hinaus und fand dort meine Tasche nicht mehr vor! Einer der Patienten berichtete, daß sich zwei Männer um die Tasche herumgedrückt und ins Behandlungszimmer hineingeblickt hätten. Dann habe einer von ihnen die Tasche genommen und sie ins Zimmer gestellt. Niemand sei mißtrauisch geworden, denn schließlich habe er die Tasche nicht gestohlen, sondern sie im Gegenteil dorthin gebracht, wo ihr Besitzer sich aufhielt. Das weitere läßt sich erraten. Wahrscheinlich betrat ein KGB-Beamter das Zimmer mit einer größeren Tasche, in die er meine, hinter meinem Rücken, hineinlegte. Dann konnte er sich seelenruhig entfernen. Welche Rolle die Chefärztin dabei spielte, kann ich nicht in allen Einzelheiten nachvollziehen. Aber zweifellos gab sie die Anweisung, mich nicht mit der Tasche ins Zimmer zu lassen, ganz bewußt und in voller Kenntnis der Sachlage.

Das KGB hatte mir dadurch einen außerordentlich schweren Schlag versetzt. Eine Vielzahl meiner Unterlagen war verlorengegangen: Aufzeichnungen politischen wie auch rein wissenschaftlichen Charakters, zahlreiche Dokumente, an mich gerichtete Schreiben und Kopien meiner Briefe (auch die Kopien von Ljusjas Briefen an die Kinder), drei dicke, großformatige Tagebuch-Hefte über einen Zeitraum von vierzehn Monaten und drei ebensolche Hefte mit dem Manuskript meiner Erinnerungen. Das erste Heft der »Erinnerungen« war im November 1978 bei einer heimlichen Haussuchung abhanden gekommen. Beide Male hatte ich viel Mühe aufgewendet, die nun weitgehend verschwendet war.

Der Diebstahl zwang mich, viele Pläne grundlegend zu ändern und einige vorgesehene wissenschaftliche Arbeiten zeitweilig zurückzustellen.

Nun mußte ich eilig aufs neue meine »Erinnerungen« niederschreiben, bevor das KGB sie mir wieder entriß oder mich auf andere Art hinderte, sie zu vollenden. Sehr verbittert waren Ljusja und ich auch über den Verlust der Tagebücher, in die ich nicht nur alltägliche Ereignisse, sondern auch alle möglichen Überlegungen, Eindrücke von Büchern, darunter auch von wissenschaftlicher Lektüre, von Filmen, Gesprächen u. ä. notiert hatte. Die Tagebücher enthielten auch vier kurze Essays über literaturphilosophische Themen, zwei über Gedichte Puschkins: »Schon lang sann sehnend ich auf Flucht, der Knechtschaft müd'« und »Drei Quellen«; in dem zweiten Essay ging ich auch auf das Gedicht »Arion« ein, das meiner Meinung nach in innerem Zusammenhang mit den »Drei Quellen« steht; es spielt eine wichtige Rolle sowohl für das Verständnis von Puschkins Seelenzustand und Werk wie auch für mich selbst, der ich auf dem Felsen von Gorkij saß, während viele meiner Freunde in den Strudel geraten waren.

Ich versuchte später, diese Essays (zu einem einzigen Artikel vereint) von neuem in mein Tagebuch einzutragen, aber die Arbeit fiel beim zweitenmal, wie so häufig, schlechter aus – sie wirkt trockener und irgendwie mechanischer. Die beiden anderen Essays – über William Faulkners *Absalom, Absalom*! und über Tschingis Aitmatows bemerkenswerte Novelle *Ein Tag länger als ein Leben* – versuchte ich gar nicht erst zu rekonstruieren.

Ein Schreiben, das in der Tasche gelegen hatte, gaben mir die KGB-Leute zurück. Als ich, verzweifelt und verstört, aus der Poliklinik nach Hause kam, lag auf dem Tisch ein Brief, den ich unterwegs an das Allunionsinstitut für wissenschaftliche Information hatte abschicken wollen (mit der Bitte, mir Kopien wissenschaftlicher Artikel zu senden). Anscheinend hinterließen sie auf diese Weise ihre »Visitenkarte« (indem sie an dem Milizionär vorbei in die abgeschlossene Wohnung eindrangen), und vielleicht wollten sie ganz nebenbei auch noch zeigen, daß sie meine wissenschaftliche Arbeit nicht behinderten, was aber nicht zutrifft.

Der Diebstahl der Tasche erschütterte mich und ich ärgerte mich meiner Unachtsamkeit wegen über mich selbst und bedauerte zutiefst, ganz unersetzliche Briefe und Dokumente sowie schwer oder nur teilweise zu rekonstruierende Manuskripte verloren zu haben; mich schmerzte der Verlust von Kostbarkeiten rein persönlicher Art, und ich empfand Widerwillen, weil vertrauliche Briefe und Aufzeichnungen in fremde, feindselige Hände geraten waren. Auch Ljusja war erschüttert. Sie sagt, ich wäre damals so schockiert gewesen, daß ich am ganzen Leib gezittert hätte.

Aber wir waren trotzdem nicht gebrochen, nicht einmal für kurze Zeit. Meine Aktivität nahm in diesen Tagen vielleicht sogar noch zu (damit meine ich meine politische Tätigkeit; ich war gezwungen, meine wissenschaftliche Arbeit sehr lange zurückzustellen).

Ljusja traf am Abend dieses 13. März ein. Ich »überfiel« sie schon auf dem Bahnhof mit der Schilderung des Diebstahls. Sie kehrte am 24. März nach Moskau zurück. Bei der Durchsicht meiner Papiere finde ich sechs Schriften, die damals entstanden:

1. Ein Aufruf zur Verteidigung Anatolij Martschenkos, der kurz zuvor verhaftet worden war;
2. ein Curriculum vitae für eine Festschrift, die Freunde zu meinem sechzigsten Geburtstag vorbereitet hatten;
3. der Artikel »Die Verantwortung der Wissenschaftler« (die Rohfassung des Artikels war in der Tasche, und ich mußte den gesamten Text neu schreiben);
4. eine Erklärung über den Diebstahl;
5. ein präzises Verzeichnis meiner öffentlichen Aktionen für die Festschrift;
6. ein Brief über Wallenberg[1].

In den ersten beiden Tagen nach Ljusjas Ankunft ruhten wir uns jedoch erst einmal aus, das heißt, wir versuchten, das Gefühl des Alptraums zu überwinden: Wir fuhren durch die ganze Stadt, um uns irgendeinen erfolgreichen Film mit Belmondo anzusehen, und froren sehr. So ging das Leben weiter.

Ich werde hier Raoul Wallenbergs Geschichte nicht wiederholen, denn sie ist der ganzen Welt bekannt. Vor kurzem hörte ich im Rundfunk, daß die sowjetischen Behörden eine Anfrage des schwedischen Außenministeriums wiederum mit der Antwort bedachten, daß Wallenberg im Jahre 1947 gestorben sei und man seine Akte nicht vorweisen könne, da sie verbrannt sei. Zumindest der letzte Teil der Antwort ist eine Lüge. Auf allen Untersuchungsakten von NKWD und KGB steht der Vermerk »Aufbewahren für alle Zeit«; dieser Vermerk wird und wurde befolgt, mit wenigen Ausnahmen, wenn man auf Befehl der allerhöchsten Führung einzelne Seiten aus den Akten entfernt, doch auch diese Unterlagen bleiben in irgendeiner Form erhalten. (Ich hörte im Objekt von G. einem KGB-Mitarbeiter, der an der Durchsicht alter Akten aus den dreißiger und vierziger Jahren beteiligt war, wie diese Dinge gehandhabt wurden: In allen Akten sind die ersten Seiten erhalten; in Fällen, in denen jemand erschossen wurde, muß eine Bescheinigung darüber vorliegen, daß man das

Urteil vollstreckt hat; diese Bescheinigungen enthalten eine Spalte, in die die Kennziffer der Pistole einzutragen ist.)

Zweifellos wird eine Akte, in der von einem ausländischen Staatsbürger die Rede ist, unter allen Umständen (und für alle Fälle) vollständig aufbewahrt. Raoul Wallenberg ist einer jener Menschen, auf die nicht nur Schweden, sondern die ganze Menschheit stolz ist. Die diplomatischen Anstrengungen müssen unvermindert anhalten, damit die sowjetischen Behörden endlich das Geheimnis um das Schicksal dieses vortrefflichen Mannes enthüllen. Wenn Wallenberg noch am Leben sein sollte, würde seine Freilassung die Autorität der jetzigen Führung der UdSSR ganz erheblich aufwerten, der es nicht anstehen sollte, die Verbrechen vergangener Jahre als Ballast zu übernehmen.

Durch die Erfahrung gewitzter, schrieb ich nun alles mit Durchschlagpapier in zwei Exemplaren. Ljusja nahm ein- oder zweimal im Monat ein Exemplar meiner »Erinnerungen« mit nach Moskau und schickte es dann weiter in die USA zu Efrem und Tanja. Wie sie das fertigbrachte, ist eine Geschichte für sich; sie in allen Einzelheiten zu erzählen, wäre vorläufig noch verfrüht. Aus Furcht vor Diebstählen und heimlichen Haussuchungen trennte sich Ljusja in Moskau und im Zug keine Sekunde lang von den Manuskripten, die häufig sehr voluminös waren.

Im April 1982, etwas über ein Jahr nach dem Diebstahl, beendete ich den Manuskriptentwurf und begann, auf der Grundlage meines eigenen Exemplars eine Fassung für die Abschrift auf der Maschine anzufertigen (das Abtippen des Textes wurde in Moskau von Ljusja arrangiert, denn in Gorkij gab es dazu keine Möglichkeit). Bis September hatte ich die Hälfte dieser Arbeit erledigt, und im Laufe des Monats bereitete ich die zweite Hälfte vor – rund neunhundert Manuskriptseiten.

Anfang Oktober brachte Ljusja mir zwei Exemplare des abgetippten ersten Teils. Doch am 11. Oktober wurde uns wieder alles gestohlen: fünfhundert auf der Maschine geschriebene Seiten und neunhundert Manuskriptseiten. Diesmal organisierte man den Diebstahl auf sehr dramatische Weise, nach »Gangsterart«. Offenbar hatte es das KGB schon seit längerem wieder auf die Tasche abgesehen, in der ich die Manuskripte der »Erinnerungen«, das Tagebuch, wichtige Dokumente sowie einen Fotoapparat und einen Transistorempfänger verwahrte, die ich nicht in der leeren, wenn auch von der Miliz »bewachten« Wohnung zurücklassen konnte; schließlich war schon mehrere Male eingebrochen worden.

Als ich ein paar Tage vor Ljusjas Ankunft unseren vor dem Haus stehenden »Shiguli« anließ, schlugen Flammen aus dem Motor. »Unbekannte« hatten während der Nacht den Deckel der Benzinpumpe abgeschraubt und daneben mit einem Draht einen getrennten Zündkontakt hergestellt. Die KGB-Leute rechneten wahrscheinlich damit, daß ich die Fassung verlieren und meine Tasche aus den Augen lassen würde. Aber ich schaltete den Motor sofort ab, und die Flammen erstickten von selbst (allerdings mußte ich die angebrannten Zündkabel auswechseln).

Am 9. Oktober fuhren Ljusja und ich in die Stadt. Ich ließ sie am Markt im Wagen zurück und ging zur zahnärztlichen Poliklinik. Ljusja saß auf dem Vordersitz, die Tasche lag hinten auf dem Boden. Eine unbekannte Frau trat heran und sagte leise zu Ljusja: »Seien Sie vorsichtig, hier sind sehr viele von denen. Ich weiß nicht, was sie mit Ihnen anstellen wollen, aber ich habe sie erkannt.«

Ljusja legte sich die Tasche unter die Beine, drehte alle Fensterscheiben hoch und wartete ab. Ein Mann in Milizuniform näherte sich dem Auto und forderte sie auf, sich auszuweisen. Die Dokumente waren in der Tasche, aber Ljusja wollte sie nicht hervorholen, da sie fürchtete, daß man ihr die Tasche abnehmen könne. Deshalb erwiderte sie: »Mein Mann hat die Ausweise. Er kommt gleich.«

Der »Milizionär« entfernte sich. Danach kam niemand mehr zum Auto. Anscheinend hatte das KGB damit gerechnet, daß Ljusja sich anders, weniger vorsichtig, verhalten würde, oder irgend jemand hatte die Aktion gestört.

Am 11. Oktober fuhren Ljusja und ich wiederum in die Stadt und parkten auf dem Platz vor dem Hafengebäude. Nebenan liegt die Vorverkaufsstelle der Eisenbahn. Ljusja ging hinein, um sich eine Karte zu besorgen. Wie immer holte sie ihren Ausweis einer Versehrten des Vaterländischen Krieges aus der Tasche, der sie berechtigt, Fahrkarten außerhalb der Reihe und mit einem Preisnachlaß zu kaufen. Ich blieb im Auto zurück und klemmte die Tasche wie gewöhnlich hinter den Fahrersitz.

Es war 16 Uhr und noch ganz hell. Ein Mann von etwa 35 Jahren mit dunklem Gesicht und schwarzen, lockigen Haaren kam auf den Wagen zu. Die Scheibe an der Fahrerseits war zur Hälfte heruntergekurbelt. Er blickte über die Scheibe hinweg in den Wagen und fragte: »Sie haben eine Moskauer Nummer, fahren Sie nach Moskau?«

»Nein, ich fahre nach Schtscherbinki.«

Was das weitere betrifft, so habe ich eine mir unverständliche Gedächtnislücke. Als nächstes erinnere ich mich daran, daß jemand die Tasche durch ein Türfenster (ich weiß nicht, ob es die Hinter- oder die Vordertür war) hinauszerrte. Ich versuchte auszusteigen, konnte aber mehrere Minuten (oder Sekunden?) lang den Türgriff nicht finden, was gewöhnlich eine automatische Bewegung ist. Als ich endlich ausgestiegen war, sah ich drei Frauen in der Nähe stehen; eine von ihnen hatte einen länglichen Koffer bei sich, der einer Ärztetasche glich.

Eine der Frauen sagte: »Die sind zur Balustrade gelaufen und darübergesprungen.«

Eine andere erkundigte sich: »Weshalb sind Sie so lange im Wagen geblieben?«

»Ich konnte den Türgriff nicht finden ...«, erwiderte ich.

»Ach so«, meinte eine von ihnen ganz beruhigt. »Wissen Sie, daß die Ihnen die Scheibe eingeschlagen haben?«

Ich drehte mich zum Auto und sah, daß die Scheibe der Hintertür tatsächlich ganz ausgeschlagen war; im Auto und auf der Straße lagen zahlreiche Splitter. So etwas läßt sich nicht in Sekundenschnelle und ohne Lärm bewerkstelligen, aber *ich hatte nichts gehört.* Meine einzige Erklärung ist, daß ich blitzschnell betäubt wurde, vielleicht mit einer Art Rauschnarkose. Ich habe keine »handfesten« Beweise für diese Hypothese, aber sonst wäre das Ganze völlig unbegreiflich, besonders meine Erinnerungslücke und die Tatsache, daß ich das Splittern der Scheibe nicht gehört hatte.

Die Frauen standen immer noch da, und eine von ihnen sagte: »Wir haben die Miliz gerufen. Warten Sie, gleich kommt jemand.«

Heute bin ich der Ansicht, daß diese Frauen Mitarbeiterinnen des Gesundheitswesens waren: eine Ärztin und zwei Krankenschwestern – für den Fall, daß mir von der Narkose schlecht würde. Wie sich bald herausstellte, war ihre Behauptung, Hilfe gerufen zu haben, eine Lüge. Sie hatten niemanden gerufen, sondern sollten nur aus irgendeinem Grunde dafür sorgen, daß ich nicht sofort zur Miliz ging (vielleicht fürchteten sie, daß ich unterwegs stürzen könnte). Dann gingen die Frauen davon; ich konnte sie nicht mehr bitten, noch etwas zu warten und sich als Zeuginnen zur Verfügung zu stellen. Da kehrte Ljusja zurück. Sie bemerkte schon aus der Ferne, daß ich mich irgendwie seltsam bewegte, wie ein Betrunkener, und daß ich Blut am Arm hatte. (Ich roch einen merkwürdigen Geruch, wie von verfaulendem Obst.)

Ljusja war am Fahrkartenschalter aufgehalten worden, weil man alle Kassiererinnen plötzlich in ein Zimmer gerufen hatte; etwa zehn Minuten lang wurden keine Karten verkauft. Das KGB hatte Ljusja offensichtlich auf diese Weise hingehalten, damit ich für die Durchführung der »Operation« lange genug allein war.

Ich ging zum nächsten Milizrevier und zeigte den Diebstahl an. Ein Ermittlungsleiter schrieb ein Protokoll, besichtigte den Ort des Geschehens und fotografierte den Wagen – alles, wie es sich gehört (aber natürlich fand man nichts heraus, womit ich auch nicht gerechnet hatte). Wieder war das Gestohlene (vielleicht wäre es, juristisch gesehen, richtiger, nicht von »Diebstahl«, sondern von »Raub« zu sprechen) für mich von größter Bedeutung und wieder verfaßte ich eine Presseerklärung über dieses neue Verbrechen des KGB.

Ljusja nahm die Erklärung mit nach Moskau, um sie dort den ausländischen Korrespondenten zu übermitteln. Am Morgen des 30. Oktober ging sie auf unsere Wohnungstür zu und entdeckte dort einen Milizposten. Die Milizionäre ließen niemanden außer ihr in die Wohnung, so daß sie die Korrespondenten nicht zu uns nach Hause einladen konnte. Doch Ljusja selbst wurde hinausgelassen. Sie vereinbarte von einem öffentlichen Telefon aus ein Treffen mit dem Korrespondenten der Agentur Reuter; die Begegnung fand auf der Straße statt. Dabei wurde Ljusja von Ida Petrowna Milgrom, Anatolij Schtscharanskijs Mutter, begleitet. Ida Petrowna erzählte von ihren Bemühungen, bei der Hauptverwaltung der Arbeits- und Besserungslager etwas über Antatolijs Zustand zu erfahren – er hielt schon seit mehr als einem Monat einen Hungestreik ab, um sein Recht auf Korrespondenz und Besuche seiner Mutter durchzusetzen –, und Ljusja übergab meine Erklärung über den Diebstahl der Tasche.

Am nächsten Tag stellte Ljusja ihr Radio an. Zu ihrem Entsetzen hörte sie, daß die »Stimme Amerikas« und danach auch »Radio Liberty« den reinsten Unsinn sendeten: Sacharows Tochter (?) sei zu ihm gekommen, seine Frau habe die Wohnung (?) verlassen. Er sei allein zurückgeblieben (?), und seine Tasche mit Manuskripten und Dokumenten sei ihm abhanden gekommen (wo unterdessen die Tochter ,war, bleibt ungeklärt).

Millionen sowjetischer Hörer vernahmen dieselbe Meldung wie Ljusja. Am nächsten Tag wurde der richtige Text durchgegeben, doch man erwähnte mit keiner Silbe, daß die erste Meldung falsch gewesen war. Der erste Eindruck, der stets am stärksten ist, prägte sich zahlreichen Menschen ein; viele hörten sich den korrigierten Text vermutlich nicht mehr an, weil sie ja schon im Bilde zu sein glaubten. Es unterliegt keinem Zweifel, daß das KGB den Sendern den falschen Text untergeschoben hatte, um die Spuren seines Verbrechens unkenntlich zu machen und gleichzeitig Ljusja wenigstens ein bißchen zu kompromittieren, denn der Meldung konnte man entnehmen, daß die Tasche deshalb abhanden gekommen sei, weil Ljusja »wegen der Ankunft der Tochter« das Haus verlassen habe. Leider interessierte sich auch in diesem vielleicht charakteristischsten Fall kein einziger westlicher Aufklärungsdienst dafür, wer den falschen Text »eingeschleust« hatte.

Noch ein anderes Ereignis wirft ein Licht auf mögliche Aktionen von prosowjetischen Agenten, die bei ausländischen Rundfunkstationen auf die Sendung meiner Erklärungen und auf Mitteilungen über mich Einfluß nehmen.

Im Januar 1983 wurde in Moskau zu meiner Verteidigung ein Dokument mit dem Titel »Ein Brief an ausländische Kollegen« verbreitet. Das Dokument war anonym; die Verfasser gaben zu verstehen, daß sie es nicht unterzeichnet hätten, weil sie sich um ihre Familien und ihre Arbeitsplätze fürchteten. Bei der Verlesung des Dokuments im ausländischen Rundfunk wurde erklärt, daß in Moskau umlaufenden Gerüchten zufolge Sacharow selbst der Autor sei. Soweit mir bekannt ist, berichtete keiner der ausländischen Korrespondenten in Moskau, daß ich anonym einen Brief zu meiner eigenen Verteidigung verfaßt hätte. Ich bin überzeugt, daß die ganze Mitteilung vom KGB inspiriert wurde. Wahrscheinlich kannte es die wahren Verfasser des Dokumentes und konnte sicher sein, daß sie ihre Urheberschaft nicht enthüllen würden.

Ende Oktober sollten meine Physikerkollegen aus dem FIAN zu mir kommen, doch diesmal fand die Reise nicht statt. Wie ich indirekt erfuhr, hatte jemand verfügt, daß solche Reisen zur Zeit nicht ratsam seien. Vermutlich verriet sich das KGB dadurch selbst, denn bis dahin hatte es noch keine öffentliche Erklärung über den Diebstahl meiner Tasche gegeben. Die nächste Reise der Physiker kam erst Mitte Januar zustande, vier Monate nach dem vorhergehenden Treffen und kurz vor dem dreijährigen »Jubiläum« meines Aufenthalts in Gorkij. Auch dies war höchstwahrscheinlich kein Zufall.

Am 4. November erhielt ich eine Vorladung in die Gebietsstaatsanwaltschaft. Dort verwies man mich an den stellvertretenden Gebietsstaatsanwalt Perelygin, mit dem ich schon im Jahre 1980 zu tun gehabt hatte. Ich erkannte ihn jedoch nicht sofort und begrüßte ihn höflich mit Handschlag. Er sagte: »Bürger Sacharow, ich habe Sie in Zusammenhang mit Ihrer verleumderischen Anzeige vorgeladen.«

Danach kam es zu einer langen Auseinandersetzung, in deren Verlauf Perelygin mir verschiedene Aussagen zuschrieb, die ich nie gemacht hatte; zudem versuchte er, mich bei Widersprüchen zu ertappen, und gab sich, was die Hauptsache war, alle Mühe, mich zur Unterzeichnung einer

»Warnung« zu zwingen. Ich weigerte mich kategorisch, irgend etwas zu unterzeichnen, und beharrte darauf, daß das KGB für den Diebstahl verantwortlich sei. Schließlich gab Perelygin den Plan auf, von mir eine Unterschrift zu erlangen. Er erhob sich und erkärte »feierlich«, daß man mich neuerlich vor dem ernsten Bruch der »Vollzugsbedingungen« warne, »die ein sehr hohes Machtorgan mir auferlegt hatte«.

»Das Präsidium des Obersten Sowjets der UdSSR?« fragte ich.

Perelygin antwortete zögernd: »Ja.«

»Bis jetzt sind all meine Versuche zu erfahren, wer mir diese Bedingungen auferlegt hat, ergebnislos geblieben.« Rekunkow hatte mir nur den Erlaß über die Aberkennung meiner Auszeichnungen gezeigt – und lediglich dieser Erlaß wurde später veröffentlicht –, auf meine schriftlichen Anfragen hatte ich keine Antwort erhalten, und in der *Iswestija* war von den »zuständigen Organen« die Rede gewesen, wobei jeder an das KGB denkt.

Perelygin nahm einen dicken Band von einem Regal und wies auf eine Seite, die durch ein Lesezeichen gekennzeichnet war. »Ich erklärte Ihnen im Jahre 1980, daß Ihre Vollzugsbedingungen vom Präsidium des Obersten Sowjets der UdSSR festgelegt wurden, und Sie unterschrieben eine entsprechende Mitteilung. Hier ist sie.«

»Sie erwähnten das Präsidium des Obersten Sowjets damals nicht, und ich erinnere mich nicht, eine so formulierte Mitteilung unterschrieben zu haben. So etwas würde ich nicht vergessen.«

In dem Text der Warnung, zu deren Unterzeichnung Perelygin mich eine Viertelstunde zuvor hatte nötigen wollen, war jedenfalls keine Rede vom Präsidium des Obersten Sowjets gewesen. Ich begann das Dokument zu mustern, das Perelygin mir hinhielt, aber er zog es rasch zurück. Das Format schien sich von dem des früheren Dokuments zu unterscheiden; im Jahre 1980 war es ein halber Bogen gewesen. Damals hatte ich den Text nicht nur unterschrieben, sondern auch hinzugefügt, daß ich ihn zur Kenntnis genommen hatte. Meine Einstellung dazu hatte ich auf einem separaten Bogen niedergeschrieben. Nun aber war nichts als eine Unterschrift zu sehen, die nicht mit einem Kugelschreiber geleistet worden war, sondern eher einem Faksimile glich. Dies alles veranlaßt mich zu dem Schluß, daß Perelygin mir eine Fälschung zeigte.

Endgültige Klarheit darüber, wie meine Ausweisung – besser gesagt, meine Deportation – und die Vollzugsbedingungen im Jahre 1980 »verfügt« wurden, habe ich mir nicht verschaffen können. Laut sowjetischer Verfassung werden die Erlasse des Präsidiums des Obersten Sowjets mit der Unterschrift des Vorsitzenden und des Sekretärs veröffentlicht. Nur so haben sie Gesetzeskraft. In meinem Falle kam es zu keiner Veröffentlichung. Deshalb liegt weiterhin die Vermutung nahe, daß der Beschluß über die Deportation, über die Wahl des Ortes und, vor allem, über die ungesetzliche Isolation auf weniger hoher Ebene getroffen wurde, nämlich auf der des KGB. Indirekt bestätigt wird dies auch dadurch, daß man zunächst von mir eine regelmäßige Registrierung verlangte; doch als ich mich widersetzte, wurde diese Bestimmung gleichsam fallengelassen. Mit einem Erlaß des Präsidiums hätte man schwerlich so verfahren können.

Nach dem Diebstahl am 11. Oktober 1982 machte ich mich, wie schon 1981, von neuem verstärkt an die Arbeit, um noch einmal ein druckreifes Manuskript herzustellen. Diese Arbeit wurde jedoch dadurch extrem erschwert, daß ich weder die Ergänzungen, die ich bei der Vorbereitung des nun gestohlenen Manuskripts (von 200 bis 300 Seiten Umfang) gemacht hatte, noch den ursprünglichen Manuskripttext zur Hand hatte, der ebenfalls vieler wichtiger Korrekturen, Änderungen und Umstellungen bedurfte. Es war fast unmöglich, eine Kopie des in die USA geschickten Manuskripts sowie der neu getippten (nun gestohlenen) Teile zu erhalten und zu redigieren. Dies hätte im günstigsten Falle viele Monate gedauert, und dann wären neue Diebstähle und Durchsuchungen möglich gewesen!

Heute, da ich diese Zeilen schreibe, weiß ich nicht, welche Lösung sich finden wird. (Spätere Ergänzung: Im April 1983 schickte mir Efrem unter großer Mühe einen Teil des ursprünglichen Manuskripts, wobei jedoch etwa ein Drittel »unterwegs« verlorenging. Ich versuche wieder, eine druckreife Vorlage herzustellen, aber ich bin durchaus nicht sicher, daß es uns gelingen wird, sie unversehrt an Efrem zu senden.)

Am 6. Dezember brachte Ljusja einen Teil der von mir angefertigten Manuskriptfragmente nach Moskau. Ein paar Tage vor ihrer Abreise litt sie unter sehr starken Herzschmerzen (vielleicht war dies ihr erster Infarkt), aber wie immer in unserem Leben war ein Aufschub unmöglich. Ich begleitete Ljusja zum Bahnhof. Wir hatten die Fahrkarte schon vorher gekauft, und sie hatte einen Platz in einem Viererabteil.

An jenem Abend deutete nichts auf Unannehmlichkeiten hin. Doch als der Zug um 7 Uhr morgens in Moskau hielt und Ljusja sich anschickte, einen Träger für ihr recht schweres Gepäck zu finden, traten zwei Ermittler, ein Mann und eine Frau, ins Abteil. Sie hielten zwei der drei anderen Passagiere zurück, da sie Zeugen bei einer Durchsuchung zu sein hätten.

Die Passagiere schienen zu protestieren, doch vergeblich. In Wirklichkeit bin ich davon überzeugt, daß sie bereits eingeweiht waren und nur »schauspielerten«. Bei allen uns bekannten Durchsuchungen Andersdenkender sind die Zeugen stets KGB-Mitarbeiter, und dies dürfte keine Ausnahme gewesen sein. Eine Zeugin nannte unser Nachbarhaus in Schtscherbinki, Gagarinstraße 216, als Adresse; dorthin werden Festgenommene gebracht, wahrscheinlich wohnen dort auch einige der mir »zugeordneten« KGB-Angehörigen. Die »Zeugin« verriet sich auch dadurch, daß sie vorgab, einen Sacharow nicht zu kennen, obwohl ich in der ganzen Umgebung bekannt bin.

Ljusja, die das Verfahren abkürzen und nicht mit dem Zug auf ein Abstellgleis gebracht werden wollte, händigte sofort mein Manuskript aus, da sie annahm, daß die Ermittler nur daran interessiert seien. Aber danach dauerte die Durchsuchung noch drei Stunden; dazu gehörten eine Leibesvisitation (was bedeutet, daß der Betroffene sich nackt ausziehen muß) durch die Ermittlerin, eine Kontrolle des gesamten Gepäcks und eine ausführliche Bestandsaufnahme. Man hatte die Waggons auf einen anderen Bahnhof gebracht, und Ljusja mußte ihre schweren Taschen eigenhändig zum Vorortzug schleppen. Sie setzte sich unterwegs mehrere Male hin, weil sie starke Herzschmerzen hatte. Auf einer Brücke über die Gleise verlor sie eine Zeitlang das Bewußtsein. Ein junger Mann half ihr, den Rest der Strecke zu bewältigen. Ich glaube, daß die Verschlechterung ihrer Gesundheit in den letzten Monaten durch all die gegen uns gerichteten Maßnahmen ausgelöst wurde, zumal dann, wenn sie im November einen Infarkt gehabt hatte. Damals hatte Maja (Felix' Frau) mit einem tragbaren Apparat ein EKG angefertigt, das nur geringfügige Abweichungen anzeigte, und erklärt, daß Ljusja in gutem Zustand sei. Vielleicht erhöhte dies die »Kühnheit« des KGB.

In Moskau besuchte Ljusja die Poliklinik der Akademie und ließ ein neues EKG anfertigen. Doch auch dort stellte man kaum Abweichungen fest und entdeckte keine Spuren eines Infarkts. Später (im März 1984) prüfte Professor Syrkin dieses EKG. Ljusja kennt seine genaue Meinung nicht, aber er entdeckte offenbar einige beunruhigende Veränderungen.

Bei der Durchsuchung wurden rund 250 Seiten meines Manuskripts und vieles andere beschlagnahmt, darunter Kassetten mit entwickelten Amateurfilmen, von mir besprochene Tonbandkassetten, Ljusjas persönliches Notizbuch und vieles andere.

Offiziell stand die Durchsuchung in Zusammenhang mit der Sache der Anwältin S. W. Kalistratowa, was natürlich ein Vorwand war. Kein einziges der beschlagnahmten Dokumente und Objekte hatte das geringste mit der Kalistratowa zu tun (davon abgesehen, daß sich ihre Telefonnummer in Ljusjas Notizbuch befand, was kein Verbrechen ist). Wir können nur raten, welches Ziel das KGB wirklich verfolgte. Vielleicht ist es ein neuer Versuch, meine Arbeit an den »Erinnerungen« zu stören. Vielleicht will man psychischen Druck auf Ljusja und mich ausüben oder es handelt sich um die Vorbereitung strengerer Maßnahmen gegen Ljusja – diese Möglichkeit ist nicht auszuschließen. Vor diesem Zeitpunkt hatte das KGB nur mich bestohlen und inoffizielle Aktionen gegen mich eingeleitet, doch nun hat es eine offizielle Handlung durchgeführt, was gewöhnlich auf eine starke Bedrohung hindeutet. Ich hoffe, daß dieser Aspekt jenen begreiflich ist, die sich um unser Schicksal sorgen. (Geschrieben im Jahre 1983.)

Wie auch immer, die Durchsuchung vom 7. Dezember und der Diebstahl zwei Monate vorher zeigen eine weitere Verschärfung der Aktionen, mit denen das KGB gegen uns vorgeht.

Wie ich erfuhr, kamen ausländische Journalisten ein paar Tage nach der Durchsuchung bei irgendeiner Veranstaltung mit Roy Medwedjew zusammen. Die Journalisten fragten ihn, wie er den Vorfall beurteile. Medwedjew antwortete: »Diese Durchsuchung war völlig legal. Sacharow hat kein Recht, seine Erinnerungen zu schreiben, denn er war früher mit geheimen Arbeiten beschäftigt. Ich habe das Recht, meine Erinnerungen zu schreiben, Sacharow jedoch nicht.«

Die Äußerung Medwedjews trug vielleicht dazu bei, daß die Durchsuchung in der ausländischen Presse und im ausländischen Rundfunk kaum erwähnt wurde. Ich erlaube mir die Anmerkung, daß ich mich für völlig berechtigt halte, meine Erinnerungen zu schreiben, wobei ich natürlich auf alle Mitteilungen verzichte, die ein Staats- oder Militärgeheimnis darstellen könnten.

Ich komme jetzt zur Beschreibung meiner politischen Tätigkeit in jenen letzten Jahren in Gorkij. Meine Ausweisung war, davon bin ich überzeugt, ein Teil der allgemeinen Politik zur Verschärfung der Repressionen gegen Andersdenkende. Sie fiel nicht zufällig mit dem Einmarsch in Afghanistan und meinen Stellungnahmen gegen diese Aktion zusammen. Später kamen die Ereignisse in Polen hinzu. Dies alles sorgte für eine sehr unruhige, gespannte Situation und bestimmte den Ton und die Thematik meiner Äußerungen. Deshalb trug einer meiner ersten wichtigen Artikel aus Gorkij den Titel »Unruhige Zeiten« (veröffentlicht im *Time Magazine*).

Vorher kam es zu einem »Ferninterview« mit dem Korrespondenten der *Washington Post*, Kevin Klose (ich beantwortete die von ihm gestellten Fragen, die Ljusja mitbrachte, in brieflicher Form[2]), und zu einem entsprechenden brieflichen Interview mit dem italienischen Rundfunk und Fernsehen. Diese Art des Interviews war nun die einzig mögliche Interviewform geworden.

Im April 1980 machte Ljusja eine Filmaufnahme von mir und nahm meine fünfminütige Erklärung auf Tonband auf. Diese Bilder liefen über die Fernsehschirme vieler Länder.

Mir selbst erscheinen folgende meiner Schriften aus diesen Jahren wesentlich:

1. Der Brief zu Afghanistan an die Staatsoberhäupter der ständigen Mitgliedstaaten des UN-Sicherheitsrates. In diesem Dokument erläuterte ich die Tragödie Afghanistans und die Folgen des Einmarsches für die innen- und außenpolitische Lage der UdSSR, für das internationale Vertrauen und die internationale Sicherheit, für die Entwicklung des Friedens auf der ganzen Welt. Ich unterstrich die Notwendigkeit, die Probleme durch einen Kompromiß zu lösen, der meiner Meinung nach den Abzug aller sowjetischen Truppen und, um Blutvergießen zu vermeiden, ihre Ablösung durch UNO-Soldaten verlangte; dazu freie Wahlen mit gleichen politischen Rechten für die Partisanen und für Babrak Karmal; freie Emigration aus dem Lande und Wirtschaftshilfe.

2. Der Artikel »Von der Verantwortung der Wissenschaftler«[3]. Ich schrieb über die große Verantwortung, die Wissenschaftler auf ihrem Spezialgebiet ebenso wie im Rahmen allgemeiner Probleme des Fortschritts tragen: über die Möglichkeiten und Gefahren des Fortschritts, über Ökologie, Krieg und Frieden, die Verteidigung der Gerechtigkeit, der Informationswahrheit und anderer Menschenrechte, über die Verteidigung der Unterdrückten. In dem Artikel führe ich die Namen vieler Gewissensgefangener der UdSSR an, die infolge gewaltlosen Einsatzes für die Menschenrechte Repressionen zum Opfer gefallen sind.

3. Der Artikel »Wie der Weltfrieden zu bewahren ist«[4]. In diesem Beitrag entwickle ich die Gedanken, die mich seit vielen Jahren bewegen. Ich versuche, die Ursachen zu analysieren, die das internationale Vertrauen und die internationale Sicherheit sowie den Frieden bedrohen, und beschäftige mich mit den Wegen zu ihrer Überwindung. Ich bekräftige, daß ein allmählicher Übergang von dem gefährlichen, labilen Gleichgewicht der nuklearen Abschreckung zum Gleichgewicht konventioneller Rüstung unerläßlich ist. Der Artikel schließt mit den Worten: »Doch nur ein

auf Vernunft – nicht auf Furcht – beruhendes Gleichgewicht ist eine echte Garantie für die Zukunft.«

4. »Das gestörte strategische Gleichgewicht. Offener Brief an die Teilnehmer der Pugwash-Konferenz« [5].

5. »Die Gefahr eines thermonuklearen Krieges. Offener Brief an Dr. Sidney Drell« [6].

6. »Von der Verantwortung der Wissenschaftler um die Erhaltung des Friedens« (anläßlich der Verleihung des Leo-Szilard-Preises) [7]. (Dieser Preis, auf den ich sehr stolz bin, wurde mir von der Federation of American Scientists [FAS] verliehen; Tatjana Jankelewitsch nahm ihn in meinem Namen bei der Sitzung der FAS am 19. April 1983 entgegen. Es gelang, den Text der Rede rechtzeitig nach Baltimore zu schicken; was dies Ljusja kostete, will ich hier nicht erläutern.)

In den drei letztgenannten Arbeiten entwickelte ich im Prinzip die gleichen Gedanken wie in dem Artikel »Wie der Weltfrieden zu bewahren ist«, ging die Thematik aber präziser und konkreter an. Besondere Bedeutung messe ich dem Brief an Drell zu. Er hatte mir durch Ljusja, die er im Januar 1982 besuchte, den Text seiner Erklärungen und Kopien seiner Artikel über die nukleare Gefahr und die Probleme der atomaren Abrüstung zugehen lassen. Mein Brief ist in gewisser Weise eine Antwort auf seine Artikel.

Die in den letzten Jahren verstärkten Repressionen gegen Andersdenkende – Verhaftungen und brutale Urteile sowie bedrohliche Durchsuchungen –, die viele mir nahestehende achtenswerte Menschen betrafen, veranlaßten mich, Aufrufe zu ihrer Verteidigung herauszugeben, die an die Weltöffentlichkeit und an die sowjetische Führung gerichtet waren.

Einer der entsetzlichsten Fälle war der Anatolij Martschenkos. Ich habe diesen wunderbaren Menschen, seine Tapferkeit und seinen Edelmut bereits erwähnt. Die Repressionsorgane konnten ihm die Treffsicherheit seines Buches *Meine Aussagen* (über die heutigen Lager und Gefängnisse) sowie seinen ruhigen und unerschütterlichen Nonkonformismus nicht verzeihen. Im März 1981 wurde er zum fünftenmal verhaftet! Die Verhandlung fand einige Monate später statt. Im Grunde gab es nichts, für das man ihn hätte verurteilen können – außer seiner Standhaftigkeit und Unabhängigkeit. Die wichtigsten und nahezu einzigen Anklagepunkte bildeten ein Brief, den er zu meiner Verteidigung an das Akademiemitglied Kapiza gerichtet hatte, und der Essay »Tertium datur«. Aber Martschenko galt als »Rückfalltäter«, weshalb man ihn zu zehn Jahren Haft und fünf Jahren Verbannung verurteilte. Diese grundlose Bestrafung kam für einen Mann, der bereits die Hälfte seines Lebens in Haft verbracht hatte und schwerkrank war, einem »Lebenslänglich« gleich! Er wurde von seiner Frau Larissa Bogoras und seinem geliebten Sohn Pawel getrennt. Ich wandte mich mit der Bitte, in das Schicksal Martschenkos einzugreifen, an das Akademiemitglied Kapiza, denn schließlich war Anatolijs Brief an ihn gerichtet gewesen, doch ich erhielt keine Antwort.

Im Mai 1980 verhaftete man das Mitglied der Helsinki-Gruppe Tatjana Ossipowa, die Frau Iwan Kowaljows (des Sohnes von Sergej Kowaljow). Sie wurde zu fünf Jahren Lagerhaft und fünf Jahren Verbannung verurteilt. Ein Jahr später wurde auch ihr Mann, ebenfalls Mitglied der Helsinki-Gruppe, verhaftet und zu fünf Jahren Lagerhaft und fünf Jahren Verbannung verurteilt. Die Tragödie dieser jungen Familie ist erschütternd. Im Jahre 1982/83 hielt Tatjana Ossipowa einen langen Hungerstreik ab, um das Recht auf Begegnungen mit ihrem Mann zu erlangen. Nach sowjetischer Gesetzgebung sind solche Begegnungen von Häftlingen nicht verboten, aber sie sind im Besserungs-Arbeitskodex nicht vorgesehen. Die Behörden behandeln diesen Umstand wie ein Verbot. Ich wandte mich mit der Bitte, die Erlaubnis der Begegnungen zu fördern, an den damaligen Generalsekretär des ZK der KPdSU, Jurij Andropow, und an die Weltöffentlichkeit. Ein ähnliches Schicksal ereilte das Ehepaar Rudenko und Matussewitsch. Schon früher hatte Ljusja sich bemüht, Begegnungen zwischen Eduard Kusnezow und seiner Frau Silva Salmanson durchzusetzen, doch ebenfalls ohne Erfolg. Es gelingt nicht, den Widerstand der Behörden gegen dieses natürliche Menschenrecht zu überwinden. Auch der hervorragende ukrainische Dichter Wassyl Stus wurde von neuem verhaftet und zu zehn Jahren Gefängnis und fünf Jahren Verbannung verurteilt (kurz nach seinem Eintritt in die Helsinki-Gruppe der Ukraine). Er starb im Lager.

Kurz vor dem Ende der Verbannung von Merab Kostawa (Ende 1981) kam es zu einer empörenden Provokation. Kostawa wurde von einem Unbekannten besucht, der sich als verbannter Künstler ausgab. Plötzlich tauchte die Miliz auf und nahm den Besucher unter dem Vorwand fest, daß er keine Dokumente bei sich habe. Kostawa ging aufs Milizrevier, um den Grund der Festnahme zu klären, und wurde dort selbst verhaftet. Man verurteilte ihn von neuem zu fünf Jahren Haft, weil er Milizangehörige angegriffen haben soll.

Ich schickte ein Telegramm mit der Bitte, in den Fall Kostawa einzugreifen, an Schewardnadse, den Ersten Sekretär des Zentralkomitees von Georgien. Ich wies darauf hin, daß Kostawa infolge seiner Gastfreundschaft, die der Tradition des georgischen Volkes entspricht, verhaftet worden war. Wie gewöhnlich wurde auch dieses Telegramm nicht beantwortet und blieb ergebnislos.

Dies war meine erste öffentliche Äußerung nach dem Hungerstreik des Jahres 1981, von dem ich im nächsten Kapitel berichte. Ljusja, die sich noch nicht ganz von dem Hungerstreik erholt hatte, schaffte es mit großer Mühe, sich der Verfolgung für gewisse Zeit zu entziehen, in Moskau anzurufen und den Text des Telegramms einem ausländischen Korrespondenten zu übermitteln. In Presse und Rundfunk wurde von meinem Eintreten für Kostawa berichtet, aber man gab den Text des Telegramms nicht bekannt und erwähnte nicht einmal, daß ich es an Schewardnadse geschickt hatte (was meiner Meinung nach wichtig gewesen wäre). Im Jahre 1986 wurde Kostawa zum drittenmal verurteilt! Man ließ ihn erst im Jahre 1987 frei[8].

Jurij Orlow und Anatolij Schtscharanskij waren in der Haft Repressionen und Verhöhnungen ausgesetzt. Schtscharanskij hielt einen langen Hungerstreik ab, um das Recht auf Korrespondenz und Begegnungen mit seiner Mutter durchzusetzen.

Malwa Landa wurde von neuem verhaftet und in die Verbannung geschickt. Diese traurige Liste könnte fortgesetzt werden ...

In den siebziger Jahren in Moskau sowie später in Gorkij beschäftigte ich mich weiterhin mit Physik und Kosmologie. Es gelang mir damals nicht, grundlegende neue Ideen herauszuarbeiten; ich entwickelte die Ansätze meiner Arbeiten der sechziger Jahre weiter. Wahrscheinlich ist dies das Los der meisten Wissenschaftler, wenn sie ein gewisses Alter erreicht haben. Aber ich hege trotzdem die Hoffnung, daß mir noch ein »Geistesblitz« beschieden ist. Ich muß hinzufügen, daß auch die Verfolgung eines wissenschaftlichen Prozesses, an dem man selbst nicht teilnimmt, den man jedoch durchschaut, tiefe innere Freude bereitet. In diesem Sinne bin ich nicht »gierig«.

Ich will noch etwas aus dem Jahre 1978 erzählen. Im Frühjahr, kurz nach Aljoschas Abreise, fuhren Ljusja, Ruth Grigorjewna, die wir nicht allein in Moskau zurücklassen wollten, und ich nach Leningrad. Wie immer wurden wir in der Puschkinstraße aufgenommen. Kurz darauf erkrankte ich an Grippe, ich wurde in Sojas Zimmer, das an Regina übergegangen war, isoliert. Doch trotz dieser Vorsichtsmaßnahmen wurde Ruth Grigorjewna ebenfalls krank, zudem viel schwerer als ich. Während ich mit geringem (oder gar keinem) Fieber im Bett lag, dachte ich mir verschiedene Aufgaben aus, die ich wie in den sechziger Jahren als mein »Hobby« bezeichnete. Hier sind ein paar Beispiele.

1. Wir betrachten eine unendliche Zahlenreihe der Art $a_u = n! + 1$. Es gilt zu beweisen, daß die Reihe eine unendliche Menge von Primzahlen enthält. Man bestimme die Primzahlen in den ersten Gliedern der Reihe. Bei der heuristischen Betrachtung dieser Aufgabe (sowie ihrer Varianten und Verallgemeinerungen) kam ich halbintuitiv darauf, welche Zahl eine Primzahl sein könnte; außerdem muß berücksichtigt werden, daß eine Zahl der Art auf keinen Fall öfter durch eine Primzahl teilbar sein darf als 1. Diese Gedankengänge sind natürlich weit von streng mathematischen Anforderungen entfernt. Ich weiß nicht, ob eine strenge Untersuchung des Problems vorliegt.

2. Wir betrachten die Fibonacci-Serie ($a_n = a_{n-1} + a_{n-2}$, wobei $a_1 = 0$ und $a_2 = 1$ sind). Zu beweisen ist, daß unter den Ziffern a_n Vielfache jeder ganzen Zahl b sind und daß dies bei Änderung der Grundzahlen a_1, a_2 nicht unbedingt zutrifft.

3. Hier ist eine weitere »Hobby«-Aufgabe, die ich im Jahre 1985 ersann, als man mich zur Zeit meines Hungerstreiks im Gebietskrankenhaus von Gorkij festhielt und zwangsernährte. Häufig betrachtete ich die an der Wand hängende Uhr, manchmal nachts, im Halbdunkel des Krankenhauses, und die Zeiger schienen mir bald länger, bald kürzer, so daß ich kaum auseinanderhalten konnte, welches der Stunden- und welches der Minutenzeiger war:

Der zerstreute Uhrmacher. Versehentlich brachte ein Uhrmacher an einer Uhr zwei Zeiger von gleicher Länge an. Deshalb ist in gewissen Momenten unklar, welche Zeit angezeigt wird. Wann treten diese »besonderen« Stellungen auf? Später erfuhr ich, daß diese Aufgabe bereits in einer populärwissenschaftlichen Zeitschrift beschrieben worden war.

Eine letzte »Hobby«-Aufgabe der jüngeren Zeit:

4. Zwei Personen spielen »Eierkampf«. Vor ihnen steht ein Korb mit Eiern; sie nehmen wahllos jeweils ein Ei heraus und schlagen sie mit dem schmalen Ende aneinander. Das zerbrochene Ei wird weggeworfen, der Besiegte nimmt ein neues, während der Sieger sein Ei für die nächste Runde behält (dabei wird angenommen, daß das »siegreiche« Ei seine Festigkeit bewahrt und daß der Ausgang jeder Runde nur von der relativen Qualität der Eier abhängt). Die Frage ist: Welche Wahrscheinlichkeit des Sieges besteht in der Runde b + 1 nach dem Sieg in den b vorhergehenden Runden?

Ich kehre zu Ljusjas und meinem Leben in Gorkij zurück. Hier bildete sich bald eine gewisse Regelmäßigkeit heraus. Ungefähr einmal in vier oder sechs Wochen fuhr Ljusja nach Moskau, und ich blieb allein in der Wohnung zurück (mit dem vor der Tür wachenden Milizionär). Gewöhnlich blieb sie zehn bis fünfzehn Tage fort (im ersten Jahr waren die Intervalle weit kürzer, was sie natürlich noch viel stärker erschöpfte). Jede Reise forderte eine schlaflose Nacht in einem schwülen oder eisigen Wagen, häufig nicht einmal in einem Abteil, sondern in der überfüllten allgemeinen Klasse. Aber ihre Reisen waren unerläßlich, da sie fast unsere einzige Verbindung mit der Außenwelt, auch mit den Kindern in Übersee, darstellten. Außerdem waren die Reisen notwendig, damit sie den ausländischen Journalisten meine Erklärungen, Aufrufe und Interviews zu aktuellen, häufig bedrohlichen Anlässen übergeben und das Manuskript dieser »Erinnerungen« verschicken konnte. Dies alles unternahmen wir natürlich »eigenmächtig«, was von Ljusja nicht nur gewaltige Anstrengungen, sondern auch Entschlossenheit verlangte. Sie kam stets mit schweren Taschen zurück, die mit Lebensmitteln gefüllt waren: mit Quarkpäckchen, Butter, Fleisch und vielem anderen, was in Gorkij, einer Stadt mit anderthalb Millionen Einwohnern, praktisch nicht vorhanden ist. Der Objektivität halber muß ich erwähnen, daß sich die Versorgung in Gorkij – zum Beispiel mit Gemüse – etwas verbesserte, während sie sich in Moskau verschlechterte. Einige Mangelwaren, zum Beispiel Wurst, wurden in den Betrieben intern verkauft, was uns kaum betraf; im offenen Verkauf waren Mangelwaren fast nie zu bekommen.

Übrigens verbreitete das KGB angestrengt Gerüchte, daß man mir in Gorkij irgendwelche Rationen ins Haus liefere (zum Beispiel finnische Cervelatwurst und andere Spezialitäten des »Gebietskomitees«). Viele schenkten diesen Gerüchten Glauben, die natürlich reine Hirngespinste waren. Allerdings konnte ich einmal in der Woche, freitags, durch das Fenster beobachten, wie den KGB-Angehörigen, die ihre geheime Arbeit in meiner Nähe verrichteten, »nicht allzu ausgefallene« Rationen gebracht wurden. An der Zahl der Päckchen wurde deutlich, daß es sich um etwa 35 Mann handeln mußte. Dies waren die »Wächter«; ihre Vorgesetzten hielten sich nicht in der Nähe auf.

In Ljusjas Abwesenheit versuchte ich, so intensiv wie möglich zu arbeiten, und ich verließ das Haus nur, um Brot und Gemüse zu kaufen, wobei ich mir die Tasche mit den Dokumenten und Manuskripten – sie wog an den besten Tagen, vor dem Diebstahl, zehn bis zwölf Kilogramm – über die Schulter hängte. Ich bemühte mich, die Tasche nie loszulassen; nicht einmal wenn ich aus dem Auto stieg, um die Benzinbezugsscheine an der Kasse der Tankstelle abzugeben, ließ ich sie auf dem Sitz zurück.

Wenn Ljusja zurückkehrte, tauschten wir am ersten Tag gewöhnlich Neuigkeiten aus, und ich las die »inoffiziellen« Briefe von Ruth Grigorjewna, den Kindern und Enkeln. »Inoffiziell« deshalb, weil sie irgend jemand überbracht hatte; natürlich enthielten die Briefe nichts, was zu verbergen gewesen wäre – es war nur so, daß alles, was mit der normalen Post geschickt wurde, nicht ankam! Die einzige Ausnahme waren kurze Postkarten von Ruth Grigorjewna, doch später wurden nicht einmal die mehr alle ausgeliefert.

Ljusja brachte auch einige Bücher mit (darunter wissenschaftliche Veröffentlichungen). Ihre Erzählungen, ihre direkte, emotionale, doch gewöhnlich treffende Einschätzung von Menschen und Ereignissen sowie die von ihr mitgebrachten Papiere gaben in vieler Hinsicht den Ausschlag für die Priorität meiner Schriften.

Am folgenden Tag begann stets wieder die Arbeit, die vor Ljusjas Abreise zum »Großeinsatz« wurde. Aber in der Zeitspanne dazwischen sahen wir uns abends Fernsehprogramme an oder gingen, wenn auch selten, ins Kino. 1980/81 machten wir manchmal Spaziergänge (innerhalb der »erlaubten« Grenzen) am Ufer der Oka, von dem man einen herrlichen Blick in die Ferne oder über herbstliche Felder hat. Diese Augenblicke, in denen wir uns der Stadt und der Unfreiheit halbwegs entzogen, sind mir im Gedächtnis geblieben. Aber im Jahre 1982 reichten die Kräfte und die Zeit schon nicht mehr für solche Spaziergänge.

Das Recht, die Familie Chajnowskij – alte Freunde und ferne Verwandte Ruth Grigorjewnas und Ljusjas – zu besuchen, setzten wir eigenmächtig durch. Sie lebten seit langem in Gorkij, und es war reiner Zufall, daß wir in ihrer Nähe einquartiert waren. In den fünfziger Jahren hatte Ruth Grigorjewna mit der damals dreijährigen Enkelin Tanja bei den Chajnowskijs gewohnt. Die Chajnowskijs standen uns sehr nahe; die Seele der Familie war Jurij Chajnowskij, ein lebhafter, verständnisvoller, mitteilsamer und herzlicher Mann. Sein Leben war alles andere als leicht gewesen. Er hatte seine Kindheit und Jugend in der Familie eines politisch Verbannten verbracht, war an der Front verwundet, wegen unvorsichtiger Gespräche inhaftiert worden und hatte viele Jahre lang unter materiellen Mängeln gelitten. Und trotzdem führte die Familie ein einmütiges, menschliches, geselliges Leben. Man läßt keinen der Familienangehörigen zu uns, doch unsere Fahrten zu ihnen werden nicht behindert. Zuerst wurden die KGB-Leute »nervös« und blickten in die Fenster hinein.

Danach erhielten sie anscheinend die Genehmigung, während unserer Besuche still und leise in einem Auto unweit des Hauses zu sitzen.

Seit April 1980 waren meine Physikerkollegen aus dem FIAN zu mir gekommen, dann, nach drei Besuchen, wurden die Reisen unterbrochen, aber bereits 1982 wiederaufgenommen; nach dem Diebstahl der Tasche kam es, wie oben erwähnt, zu einer weiteren Unterbrechung. Solche Besucher sind für mich in meiner fast völligen Isolation natürlich sehr wichtig, aber sie können den normalen wissenschaftlichen Austausch nicht ersetzen: die Seminare und Konferenzen, die ungezwungenen Gespräche auf dem Korridor, die Teilnahme (und sei sie auch passiv) an wissenschaftlichen Diskussionen, bei denen man Fragen stellen kann, deren Beantwortung dem Referenten oder Autor selbstverständlich erscheint, und bei denen manchmal ein einziges aufklärendes Wort weiterhilft (jeder wissenschaftlich Arbeitende weiß, wie notwendig dies ist). Außerdem bedrückt mich, daß die Besuche der Physiker bei mir »gelenkt« sind und offensichtlich genutzt werden sollen, um die Kampagnen zu meiner Verteidigung zu dämpfen.

Unter allen Physikern der UdSSR war nur ein einziger, der zweimal ohne Genehmigung der Behörden nach Gorkij reiste und sich nach vorheriger Absprache mit mir auf der Straße traf. Dies war mein früherer Kommilitone Mischa Lewin. Man hatte ihn in den vierziger Jahren verhaftet und aus einem der bekannten politischen Anlässe jener Zeit verurteilt. Nach der Haftentlassung wohnte und arbeitete er mehrere Jahre lang in Gorkij, solange es zu keinem »Temperaturanstieg« kam und er nicht nach Moskau zurückkehren durfte. Mischas Schicksal war dem Ljusjas, wie sie durch ihren gemeinsamen Freund Sjowa erfuhr, schon in der Vorkriegszeit seltsam ähnlich! Wie mit Mischa konnten wir uns noch mit zwei anderen Personen treffen, nämlich mit Natascha Hesse und Slawa Lapin, einem Kommilitonen Ljusjas. Wir verabredeten uns entweder auf dem Hauptpostamt oder in einem Café, gingen spazieren, unterhielten uns und besuchten die Chajnowskijs zusammen mit Natascha. Was Slawa betraf, so kam es einmal zu einem Mißverständnis; er wartete nicht auf uns, sondern fuhr nach Schtscherbinki, wo das KGB ihn festhielt und ein zweistündiges Gespräch mit ihm führte (er bestritt alles in seinem gewohnten, trefflich »naiven« Stil). Danach begegneten wir ihm zufällig auf der Straße, nachdem wir schon jede Hoffnung auf ein Treffen aufgegeben hatten.

Jedesmal, wenn ausländische Wissenschaftler, die sich für mein Schicksal interessieren, in die UdSSR kommen, überreichen ihnen die offiziellen

Vertreter der Akademie, nämlich Alexandrow (der Präsident), Skrjabin (der Wissenschaftliche Sekretär) und Welichow (der Stellvertreter des Präsidenten), einen ganzen Strauß von Unwahrheiten. Angeblich habe ich eine herrliche Wohnung; mein Gehalt entspricht dem eines Ministers; ich habe eine Sekretärin, eine Hausangestellte, genieße medizinische Privilegien und erhalte Sonderrationen. Dies sind Lügen, wie meine Schilderung gezeigt hat. Die Rolle der Sekretärin erfüllt in gewissem Sinne Ljusja (neben all ihren anderen Pflichten). Sie säubert die Wohnung, bereitet das Essen zu und kauft ein; in ihrer Abwesenheit übernehme ich diese Aufgaben. Was die medizinische Versorgung betrifft, so läuft sie bisher auf drei Vorgänge hinaus: auf meinen Besuch in der zahnärztlichen Poliklinik, wo mir die Tasche gestohlen wurde; auf die Zwangseinweisung in ein Krankenhaus zur Zeit des Hungerstreiks und die sofortige Entlassung, nachdem ich einen Herzanfall erlitten hatte, und auf die »Narkosebehandlung« durch die Ärzte, die sich während des letzten Diebstahls bei meinem Auto aufhielten.

Vor ihrer Abreise beginnt Ljusja, in der Küche zu werkeln. Sie bereitet so viel Essen zu, daß ich zumindest während der ersten Woche ihrer Abwesenheit nicht zu kochen brauche. Die Mahlzeiten werden im Kühlschrank untergebracht, und ich begleite sie zum Bahnhof. Der Zyklus beginnt von neuem . . .

* * *

Manch einem wird unser Leben nach dieser Beschreibung wohl gar nicht so schwierig vorkommen. Tatsächlich ist es nicht so gespenstisch wie das Leben in den Lagern und Gefängnissen. Doch die Praktiken mir gegenüber sind völlig illegal, und das halte ich für das eigentlich gefährliche. Dadurch, daß die Behörden mich in illegaler Isolation festhalten, verstärken sie die Möglichkeit, auch für andere Gewissensgefangene eine »legale Illegalität« zu schaffen.

(Eine lächerliche Parallele: In den ersten Nachkriegsjahren, als es kaum Wohnraum gab, erklärten die Beamten der Wohnungsbehörde den Wohnungssuchenden: »Was regen Sie sich auf? Bei uns wohnt sogar ein Akademiemitglied im Badezimmer.« Ein solches Akademiemitglied ist mir nie bekannt gewesen. Wahrscheinlich handelt es sich um eine Fabel, doch nun spiele ich selbst ohne eigene Schuld eine ähnliche Rolle.)

Und ich muß hinzufügen: Unser äußerlich (mit Ausnahme der KGB-Ausschreitungen) ruhiges Leben fordert in Wirklichkeit gewaltige physische und psychische Energie. Dies gilt besonders für Ljusja, und nicht allein wegen der Reisen. In Moskau wurde ihr die nun ungeteilte Last des Umgangs mit den ausländischen Korrespondenten, mit in die UdSSR reisenden ausländischen Kollegen und anderen Personen aufgebürdet, die sich um mein Schicksal sorgten; mit Andersdenkenden aus Moskau und aus sonstigen Gebieten und mit gewöhnlichen Besuchern. Man muß es erlebt haben, um die Belastung zu begreifen, die durch solche Kontakte entsteht. Natascha, die bei Ljusja in Moskau wohnte, sagte einmal: »So kann man einfach nicht leben. Du verschleißt dich.« (Ergänzung 1987: Leider sollten sich diese Worte sehr bald bestätigen.)

Die Angelegenheiten, mit denen sich Ljusja beschäftigt, haben keineswegs ausschließlich mit mir zu tun. Vielmehr hat sie den gesamten Kampf für die Menschenrechte übernommen, den wir früher zu zweit führten: die Übergabe von Materialien über neue Verhaftungen und Prozesse, über Verbannte, über die Bedingungen an den Haftorten, über alle möglichen Verletzungen der Menschenrechte; die Organisation von Pressekonferenzen für diejenigen, die nicht selbst dazu in der Lage sind, die aktive Teilnahme an der Arbeit der Helsinki-Gruppe; die Verschickung von Paketen und Päckchen – alles läßt sich hier gar nicht aufzählen! Ljusja ist wie ich durchaus kein gesunder Mensch. Ihre Verwundung und vieles andere machen sich bemerkbar, besonders die Operation der Schilddrüse vor neun Jahren. Und natürlich ist sie nicht mehr jung und hat sich nie geschont. Die größte Tragödie ihres Lebens war die Trennung von den Kindern und Enkeln, die vor fünf Jahren gezwungen waren, aus der UdSSR in eine unendlich ferne und komplizierte Welt auszureisen, wonach jede normale Verbindung – durch Post und Telefon – fehlte. Als sie ausreisten, wußten wir, daß uns schwere Zeiten bevorstanden, aber wir ahnten nicht, wie schwer sie sein würden. Inzwischen sind schon fast drei Jahre vergangen; dazu kommt die Trennung von Ruth Grigorjewna, Ljusjas Mutter. Dies alles hat sich zu einem festen, unlösbaren Knoten verschlungen.

Es heißt, daß ein Mensch, der auf die Verbindung mit der Außenwelt verzichten muß, zu einem lebenden Leichnam wird. Mir scheint, daß ich in meiner Isolation in Gorkij noch nicht zum Leichnam geworden bin, und dies ist nur Ljusja zu verdanken. Ich spreche in gleichem Maße von meiner politischen Tätigkeit, von der Wissenschaft und vom rein menschlichen Umgang. Ljusja erhält mich am Leben – ich habe versucht zu schildern, um welchen Preis. Dies gilt für sämtliche Tage unseres Lebens in Gorkij.

XXVIII. Der Fall Lisa Alexejewa

Aljoscha war am 1. März 1978 ausgereist. Im Mai dieses Jahres war Lisa zu uns gezogen und zum Familienmitglied geworden. Im Frühjahr ließ man sie unter einem weithergeholten Vorwand nicht zum Staatsexamen zu und entzog ihr damit die Möglichkeit, ihre Ausbildung formal zu beenden und ein Diplom zu erwerben. Im Juli des folgenden Jahres wurde sie – offensichtlich auf Befehl von oben hin – von ihrem Arbeitsplatz als Programmiererin in einem Rechenzentrum entlassen. Später, besonders nach meiner Verbannung, machte man ihr noch mehr Schwierigkeiten; zudem blieben alle Bemühungen um eine relativ rasche Ausreise – wie bei vielen anderen, die äußerlich in einer vergleichbaren Situation sind – erfolglos. Lisas Ausreise wurde erst nach vieljährigen Bemühungen möglich, die in Ljusjas und meinem Hungerstreik im November/Dezember 1981 kulminierten.

Ich bin in diesem Buch wiederholt auf sowjetische Verstöße gegen das Recht auf die freie Wahl des Aufenthaltslandes und auf jene Tragödien eingegangen, die sich daraus ergeben. In Lisas Fall potenzierten sich die Probleme noch durch ihre Verbindung zu mir; im Grunde war Lisa Alexejewa zur Geisel meiner gesellschaftlichen Tätigkeit geworden.

Einer der erschwerenden Umstände ergab sich aus der Position, die Lisas Eltern bezogen. Die jahrzehntelange Isolation unseres Landes von der übrigen Welt und die zweckgerichtete Propaganda haben bei vielen verzerrte Vorstellungen vom Leben und den Zielen anderer Staaten geschaffen und zu Vorurteilen gegen jedes Verlassen des Landes geführt. Die Emigration erscheint ihnen als Vaterlandsverrat, Emigranten werden in ihrer Phantasie unausweichlich zu Agenten der CIA oder irgendeines anderen ausländischen Geheimdienstes. Lisas Eltern waren hier keine Ausnahme. Ihre Position wurde auch dann noch weithin und demagogisch ausgenutzt, als sie sich faktisch geändert hatte.

In den ersten Monaten des Jahres 1978, als Lisas Eltern noch nichts von ihrer Beziehung zu Aljoscha und ihrem Wunsch, zu ihm zu reisen, wußten, fand ihre Mutter zufällig in Lisas Manteltasche einen Brief von

Aljoscha (damals war eine Korrespondenz noch möglich). Lisas Mutter machte ihr eine große Szene, denn allein die Tatsache des Briefwechsels mit einem Menschen, der das Land verlassen hatte, schien ihr ungeheuerlich und gefährlich. Lisas Vater arbeitete als Ingenieur in einer Fabrik bei Moskau und war früher Soldat gewesen (heute ist er schon im Ruhestand); er ist ein zweifellos aufrichtiger und ehrlicher, doch jähzorniger und hartnäckiger Mann. Es war völlig klar, daß sich die Haltung von Lisas Eltern nicht ohne Einwirkung ganz extremer Faktoren ändern würde.

Lisa war volljährig, und laut Gesetz hätten ihre Eltern ihre Ausreise nicht verhindern können, doch in Wirklichkeit war es ohne ihre Einwilligung äußerst schwierig, auch nur die Dokumente zum Antrag auf Ausreise einzureichen. Zu den erforderlichen Unterlagen gehört nämlich auch eine Bescheinigung der Eltern darüber, ob sie materielle Ansprüche an ihr Kind haben. Wenn sie gegen die Ausreise sind, können sie die Abgabe der Dokumente blockieren, indem sie diese Bescheinigung verweigern (und es gibt keine juristische Möglichkeit, sie zur Vorlage der Bescheinigung zu zwingen). Ein gewisser Ausweg, den Menschen in solcher Lage gefunden haben, besteht darin, die Unterlagen an den Obersten Sowjet zu schicken, von wo sie gewöhnlich ans OWIR weitergeleitet werden; bei dieser Methode hofft man darauf, daß sich bis zur Prüfung der Papiere im OWIR etwas zum Besseren gewendet hat. So war auch Lisa vorgegangen, die ihre Unterlagen an den Obersten Sowjet gesandt hatte; unter den Dokumenten war zudem eine Einladung von Tomar Fejgin (Efrems Mutter) aus Israel, das heißt, auch diese formale Anforderung – die illegal ist – wurde erfüllt. Später kamen zu diesen Unterlagen noch die Mitteilungen Aljoschas hinzu, in denen er sie zuerst als seine Verlobte, dann als seine Frau zu sich einlud.

Im April 1979, kurz nach Ljusjas Rückkehr aus Italien, wurden überraschend mehrere der »Leningrader Flugzeugentführer« ein Jahr früher entlassen, und zwar jene, die man zu zehn Jahren Haft verurteilt hatte: Altman, Butman, Wulf Salmanson, Penson und Chnoch. Dies war wahrscheinlich eine Geste des guten Willens vor den zwischen Breschnew und Carter anberaumten Gesprächen über SALT-II, ebenso wie der anschließende Austausch von fünf Personen. Ljusja, die sich in dieser Sache so sehr engagiert hatte und alle daran Beteiligten fast wie Verwandte betrachtete, fuhr sofort nach Riga, wo die Gefangenen freigelassen wurden, um sich mit ihnen zu treffen. Später hatte sie den Einfall, daß einer der Entlassenen, der keine anderen Bindungen hatte, Lisa als seine Verlobte bezeichnen und ihre gemeinsame Ausreise verlangen solle, denn die »Flugzeugentführer« würden das Land aufgrund eines hohen internationalen Abkommens verlassen. Dies bot eine fast hundertprozentige Erfolgschance, aber natürlich mußte man Beharrlichkeit und Festigkeit zeigen. Ljusja erörterte diesen Plan mit ihnen während der Zugfahrt von Riga nach Moskau, und später redeten wir ihnen gemeinsam in unserer Küche zu. Leider hatten die »Flugzeugentführer« Angst davor, unsere Bitte zu erfüllen – sowohl aus persönlichen Motiven wie auch besonders durch den Einfluß »kluger« Ratgeber. Sie reisten aus, ohne sich von uns verabschiedet zu haben.

In diesen Tagen hatte ich ein starkes Schwindelgefühl, das offenbar von einer Gefäßkrankheit herrührte. Ich lag im Bett. Im Rundfunk hörten wir von einer neuen sensationellen Freilassung im Austausch gegen zwei sowjetische Spione: Diesmal handelte es sich um Mark Dymschitz und Eduard Kusnezow, die beiden Hauptangeklagten in der »Flugzeugentführeraffäre«, die zunächst zum Tode und dann zu fünfzehn Jahren Haft verurteilt worden waren, um Alexander Ginsburg, Valentin Moros und den Baptistenpastor Georgij Wins, der damals gerade aus dem Gefängnis in die Verbannung geschickt worden war. Zusammen mit Wins sollte seine ganze Familie emigrieren, darunter auch sein Sohn Pjotr, der ebenfalls gerade aus der Haft entlassen worden war. Ich hatte mich viele Male in der Öffentlichkeit sowohl für Georgij wie für Pjotr Wins eingesetzt und beschloß, mich mit der Bitte, die wir an die »Flugzeugentführer« herangetragen hatten, an Pjotr zu wenden. Im Bett liegend, schrieb ich einen Brief an ihn, und Malwa Landa nahm das Schreiben mit nach Kiew, wo die Familie Wins lebte. Doch am Bahnhof in Kiew wurde sie von der »Miliz« (sprich: dem KGB) festgenommen, weil sie eines Diebstahls im Zug verdächtigt werde (angeblich hatte sie einen Brillanten gestohlen – all das war natürlich eine Posse).

Man durchsuchte Malwa, nahm ihr meinen Brief ab und zwang sie sofort, mit dem Zug nach Moskau zurückzukehren. Übrigens wäre es ihr vermutlich ohnehin nicht gelungen, bis zur Familie Wins vorzudringen, denn deren Haus war von KGB-Beamten »eingekreist«, die niemanden durchließen. Pjotr Wins emigrierte allein. Dies war ein weiterer Fehlschlag nach dem Scheitern des Plans mit den »Flugzeugentführern«. In diesen Tagen unternahm Lisa einen Selbstmordversuch. Sie schluckte eine tödliche Dosis irgendeines Medikaments, das ihr in die Hände geraten war. Zum Glück bemerkte Ljusja rechtzeitig ihren ernsten Zustand, rief die Erste Hilfe an, und Lisa konnte gerettet werden. Dies war die unbedachte, impulsive Tat eines noch ganz lebensunerfahrenen jungen Menschen. Später empfand Lisa heftige Reue. Ich erwähne diesen Vorfall hier, weil das Interesse des KGB an Lisas Schicksal bei dieser Gelegenheit besonders ins Auge fiel und weil er die folgenden Ereignisse und, wie ich glaube, auch die Pläne des KGB beeinflußte.

Lisa verbrachte mehrere Tage im Krankenhaus. Kurz vor ihrer Entlassung kam W. J. Feinberg, der Sekretär der Parteiorganisation der theoretischen Abteilung, im FIAN nach einem Seminar zu mir. Er wirkte etwas verstört und begann ein Gespräch mit mir, das er später bei uns in der Tschkalow-Straße fortsetzte. Wie sich herausstellte, war Lisas Vater im FIAN erschienen, hatte mit dem Sekretär der Parteiorganisation des gesamten Instituts gesprochen und war vorher auch beim Rayonskomitee gewesen. Der Vater verlangte, man solle Lisa vor meinem verderblichen Einfluß schützen und sie zwingen, nicht mehr bei uns zu wohnen. Am erstaunlichsten war, daß man im Rayonskomitee schon von Lisas Selbstmordversuch wußte. Ich legte Feinberg den wahren Sachverhalt in kurzen Zügen dar. Daraufhin wurde er noch verwirrter und übermittelte mir die Bitte des Bezirkskomitees, daß ich das, was Lisa zugestoßen war, nicht an die Öffentlichkeit bringen möge. Er versprach auch, daß man mit Lisas Vater reden und sich bemühen werde, ihn irgendwie zu beruhigen; sogar ein vager Hinweis darauf, daß man bei der Ausreise helfen wolle, klang in der Unterhaltung an. Aber keines dieser Versprechen wurde erfüllt. Wir gingen jedoch auf die Bitte des Bezirkskomitees ein, zumal eine Veröffentlichung dieser Angelegenheit für Lisa bedrückend gewesen wäre. Deshalb hatten wir auch gar nicht vorgehabt, etwas zu veröffentlichen; gerade nach der »Warnung« hätten wir es allerdings tun sollen. Ein oder zwei Monate später stellte sich heraus, daß das Bezirkskomitee in dieser Sache einfach als Übermittler des KGB gewirkt hatte! In der Sonntagsbeilage *Nedelja* (Die Woche) der Zeitung *Iswestija* erschien ein Feuilleton, das ausschließlich Lisa gewidmet war; gerade der Selbstmordversuch nahm darin einen zentralen Platz ein (auch Ljusjas und Lisas Reise zu dem verbannten Glusman wurde ausgeschlachtet). Die Tatsache, daß wir nichts veröffentlicht hatten, war vorteilhaft für die Autoren, da ihre Darstellung den Lesern nun den ersten Eindruck vermittelte. Die Verfasser gehörten eindeutig dem KGB an, was insbesondere dadurch unterstrichen wurde, daß man in dem Feuilleton auf meinen Brief an Pjotr Wins, der Malwa Landa bei der Durchsuchung abgenommen worden war, einging und sogar ein Faksimile abdruckte (natürlich kümmerte sich niemand darum, daß es unwürdig ist, persönliche Briefe ohne

Genehmigung des Verfassers und des Adressaten zu veröffentlichen). Lisa wurde in dem Feuilleton in der übelsten Weise als rauschgiftsüchtige und moralisch labile Person geschildert. Man bezeichnete sie mit dem Buchstaben N., während man Ljusjas (sie war das Hauptziel der Verleumdung) und meinen Namen vollständig nannte.

Später erfuhren wir, daß der Artikel, ungeachtet aller Bemühungen der Verfasser, auf viele einen anderen Eindruck gemacht hatte als den von den Autoren und den »Auftraggebern« erhofften. Viele Leser (und besonders viele Leserinnen) fragten: »Wenn die Liebe so stark ist, warum kann das Mädchen dann nicht ohne all diese Komplikationen zu dem geliebten Mann reisen?« Ja, warum eigentlich nicht?

Man druckte dies und ein zweites Feuilleton in der Lokalzeitung von Gorkij, vielleicht auch in anderen örtlichen Ausgaben, und in abgekürzter Form im Ausland nach. Damals erschien auch in der italienischen Zeitung *Sette giorni* ein Artikel, der speziell Ljusjas »Verbrechen« gewidmet war. Diese Ausgabe der Zeitung wurde mit der Post an eine Reihe von Personen in der UdSSR und möglicherweise auch im Ausland geschickt. Dem Leiter der theoretischen Abteilung des FIAN, dem Akademiemitglied Vitalij Ginsburg, der sich auf einer Dienstreise in Italien befand, legte man die Nummer in einen Wagen des sowjetischen Konsulats (was ich nicht von Ginsburg selbst, sondern von Dritten erfuhr). Der Verfasser des Artikels bezog sich auf denselben Semjon Slotnik, den ich im Zusammenhang mit den »gelben Schreiben« erwähnt habe, also auf ein Fabelwesen des KGB. Angeblich war es dem Verfasser gelungen, sich mit Semjon Slotnik (offenbar in Nizza) zu treffen, und dieser habe sensationelle Fakten aus dem Leben von Jelena Bonner, der Frau des Akademiemitglieds Sacharow, enthüllt. Der Artikel war im minderwertigsten Boulevardstil geschrieben und enthielt schamlose Verleumdungen und Lügen über Ljusja, aber er zeigte eine detaillierte Kenntnis von Ljusjas Leben sozusagen von Kindesbeinen an. Dies war zweifellos das Ergebnis eines sorgfältigen Studiums ihrer Biographie durch ein ganzes Heer von KGB-Leuten.

So war in dem Artikel davon die Rede, daß man in Ljusjas Schule Dumas' *Drei Musketiere* nachgespielt habe und Ljusja als Mylady (eine dämonische Schönheit) aufgetreten sei. Dadurch versuchte der Autor bei den Lesern den Eindruck zu erwecken, daß Ljusjas Charakter dieser Rolle entspreche. Tatsächlich hatte in Ljusjas Klasse in Leningrad ein solches Spiel stattgefunden, aber ein Jahr bevor Ljusja nach der Verhaftung ihrer Eltern nach Leningrad gekommen war, und ein ganz anderes Mädchen hatte die Mylady gespielt (es ist nicht ausgeschlossen, daß das KGB von ihr diese Information bekam). Der Artikel ging auf dieselben Themen ein, die auch in den »gelben Schreiben« berührt wurden: Ljusja habe mit dem Tode der Frau Slotniks und der Frau Wsewolod Bagrizkijs zu tun (später, im Jahre 1983, wurde diese Lüge von neuem in Jakowlews Schmähschrift *CIA contra UdSSR* und in seinem Artikel in der Zeitschrift *Smena* aufgewärmt. Es war unmöglich, den Verfasser des Artikels wegen Verleumdung zu belangen, da er sich auf Semjon Slotniks Erzählung bezog, bei dem man natürlich keine Erkundigungen einziehen kann, weil er nicht existiert. Der Artikel endete mit einer Drohung. Es sei Jelena Bonner gelungen, sich der Verantwortung für zwei Verbrechen zu entziehen – für zwei Morde oder die Anstiftung zu ihnen –, wenn sie jedoch ein drittes Verbrechen begehe, werde sie dafür büßen müssen. Darin lag eine gewisse Pointe: Das KGB, das Lisa zur Verzweiflung und vielleicht zu einem neuen Selbstmordversuch trieb, bereitete die psychologische Grundlage vor, um Ljusja für eine solche Tat verantwortlich zu machen! (So ist auch die Bemerkung in dem Feuilleton der *Nedelja* zu erklären, daß Ljusja sich bemühe, Lisa ins Ausland abzuschieben, da diese eine Zeugin ihrer Verbrechen sei.)

Ende Februar 1980 reiste Olja, Aljoschas erste Frau, mit ihrer Tochter Katja in die USA aus. Dies war nicht nur für uns, sondern auch für alle Bekannten und Freunde Oljas eine Überraschung, und wir kennen bis heute nicht alle Umstände, welche diesem Ereignis vorausgingen. Die Scheidung von Aljoscha und Olja wurde ein paar Monate nach Oljas Emigration in die USA vollzogen. Das Gericht setzte Alimente und die Tage fest, an denen Aljoscha seine Tochter besuchen durfte. Mit der Zeit gewöhnte Katja sich von neuem an Aljoscha, und beide gingen unbeschwert miteinander um; sie freundete sich auch mit Motja und Anja an. Dies alles war ein wichtiger, positiver Aspekt von Oljas Ankunft. Inzwischen hat Katja Boston verlassen, weil Olja wieder geheiratet hat; die Verbindung Katjas zu Aljoscha und Lisa, die Ende 1981 eintraf, und zu ihren anderen Verwandten in Boston besteht jedoch weiter.

Erst nach der Scheidung konnte Aljoscha Lisa als seine Verlobte zu sich einladen, doch das sowjetische Konsulat weigerte sich entgegen der üblichen Praxis, ihr ein Visum zu erteilen. Unterdessen spitzte sich Lisas Situation weiter zu. Bis Mai 1980 hatte sie ungehindert (mit Ljusja oder Ruth Grigorjewna) zu mir nach Gorkij reisen können. Aber am 16. Mai, als sie mich gemeinsam mit Ruth Grigorjewna zu meinem Geburtstag besuchen wollte, wurde sie daran gehindert. Sie hatte sich von Ruth Grigorjewna entfernt, um sich Zigaretten zu kaufen, als Männer in Zivil sie packten und in ein Zimmer der Eisenbahnmiliz schleppten. Sie hatte nicht einmal Zeit, um Hilfe zu rufen. Die Männer – es waren natürlich KGB-Beamte – erklärten: »Sie wissen, wer wir sind. Wir machen keine leeren Worte. Es ist Ihnen verboten, nach Gorkij zu fahren. Sie dürfen nicht in der Tschkalow-Straße wohnen, sondern müssen zu Ihren Eltern zurückkehren!« (Das letztere war unter den inzwischen entstandenen Verhältnissen völlig ausgeschlossen.) Einige Tage später lud man Lisa zum KGB vor (zu »einem Organ des KGB«, wie es in der Vorladung hieß). Man verwarnte sie offiziell, daß sie sich nach Artikel 190-1 strafbar mache, wenn sie sich weiter so verhalte wie bisher. Dies ist die sogenannte »Verwarnung laut Erlaß«, denn das KGB wurde durch einen Erlaß des Präsidiums des Obersten Sowjets ermächtigt, solche Verwarnungen auszusprechen.

Im weiteren wiederholten sich die Bedrohungen Lisas häufig, und wir durften tatsächlich nicht annehmen, daß es sich nur um leere Worte handelte. Einmal fuhr Lisa zusammen mit Ljusja nach Leningrad und ging mit Natascha Hesse zum Markt. Dort kamen mehrere KGB-Angehörige auf Lisa zu, und einer von ihnen drohte: »Wir bringen dich um.«

Im Sommer 1980 sandte ich ein Telegramm an Breschnew, in dem ich bat, Lisa die Ausreise zu ihrem Verlobten zu gestatten, und unterstrich, daß sie wie eine Geisel für meine politische Tätigkeit behandelt werde.

Im August wandte ich mich mit einem langen, ausführlichen Brief an den Stellvertretenden Präsidenten der Akademie, das Akademiemitglied Jewgenij Pawlowitsch Welichow. Ich schrieb unter anderem deshalb an Welichow, weil ich wußte, daß er für meine Angelegenheiten verantwortlich war, insbesondere für die Reise von Physikern zu mir, und weil seine persönliche wissenschaftliche Tätigkeit mit der gelenkten Thermonuklearsynthese zu tun hatte, für die I. J. Tamm und ich die Grundlagen geschaffen hatten. Welichow ließ meinen Brief und wiederholte Telegramme zwei Monate lang unbeantwortet und schickte mir dann am 14. Oktober ein Telegramm folgenden Inhalts (ich zitiere aus dem Gedächtnis): »Ich treffe Maßnahmen, um die Möglichkeit zu prüfen, ob sich Ihre Bitte erfüllen läßt. Wenn die Ergebnisse vorliegen, mache ich Ihnen Mitteilung.« Danach teilte Welichow mir jedoch überhaupt nichts mit und reagierte weder auf meine weiteren Telegramme noch auf zwei zusätzliche Briefe.

Am 20. November 1980 wandte ich mich mit einem großen Offenen Brief an den Präsidenten der Akademie der Wissenschaften der UdSSR, das Akademiemitglied A. P. Alexandrow. In dem Brief wird eine Reihe allgemeiner und privaterer Themen berührt. Unter anderem bat ich Alexandrow und durch ihn das Präsidium um Hilfe in Lisas Angelegenheit. Ich erhielt keine Antwort.

Im Sommer 1980 und im Winter 1980/81 richtete Ljusja ihrerseits eine Bitte um Unterstützung an verschiedene Vertreter von Staat und Gesellschaft im Westen. Ich schrieb damals meinen ersten Brief an Bundeskanzler Helmut Schmidt.

Am 3. Februar 1981 schickte ich lange und ausführliche Briefe mit der eindringlichen Bitte um Hilfe für Lisa an Jakow Borissowitsch Seldowitsch und Julij Chariton. Ich meinte (und meine), daß ich in einer Angelegenheit, die von so entscheidender Bedeutung für mich war, ein moralisches Recht auf ihre Hilfe hatte, und zwar aufgrund unserer mehr als zwanzigjährigen Zusammenarbeit und in Jakow Borissowitsch Seldowitschs Fall auch aufgrund unserer freundschaftlichen Beziehungen. Ich betonte, daß ich ihre Hilfe ausschließlich in der Sache von Lisas Ausreise und in keinem anderen Zusammenhang erbäte. Von Chariton erhielt ich überhaupt keine Antwort. Man teilte mir mündlich mit, daß seine Antwort mit der Jakow Borissowitschs übereinstimmen werde. Tatsächlich bekam ich von Seldowitsch einen Brief, in dem er schrieb, daß er meine Bitte nicht erfüllen könne, da seine eigene Lage sehr unsicher sei; dies zeige sich darin, daß man ihn nicht weiter als bis nach Ungarn reisen lasse. Das waren die Worte eines Akademiemitglieds und dreifachen Helden der Sozialistischen Arbeit, der das »Limit« seiner Stellung nie genutzt noch ausgeschöpft hat. Dabei hatte ich weder ihn noch Chariton um offene und öffentliche Aktionen gebeten, sondern nur um ihre Hilfe hinter den Kulissen.

Lisas Situation war bis zum äußersten zugespitzt. Nun konnten wir vom KGB nur noch zwei Dinge erwarten: Entweder würde es Lisa auch weiter erpressen und den Druck auf sie verstärken, um sie zur völligen Verzweiflung zu treiben und dies irgendwie gegen uns auszunutzen, oder es würde sie verhaften, nunmehr schon nach Artikel 70, was eine siebenjährige Strafe bedeutete. Deshalb beschloß ich, mich noch einmal an Breschnew zu wenden, diesmal mit einem ausführlichen Brief (den ich am 26. Mai abschickte). Darin legte ich Lisas Situation von neuem dar und erläuterte, weshalb die Ablehnung unzulässig war. Zum Schluß schrieb ich: »Ich wende mich an Sie als Präsidiumsvorsitzenden des Obersten Sowjets der UdSSR, dessen Unterschrift unter der Schlußakte von Helsinki wie unter anderen wichtigen Dokumenten steht, und als Menschen, der mich seit 1958 persönlich kennt. Ich bin überzeugt davon, daß Sie keinen Grund haben, an meiner subjektiven Ehrlichkeit und Aufrichtigkeit zu zweifeln. Ich bin bereit, mich in Übereinstimmung mit den Gesetzen des Staates für meine politische und publizistische Tätigkeit zu verantworten. Aber das, was mit mir und den Menschen aus meiner Umgebung geschieht, ist völlig ungesetzlich: Aussiedlung ohne Gerichtsbeschluß, vierundzwanzigstündige Überwachung und Isolierung, Diebstahl persönlicher und wissenschaftlicher Aufzeichnungen durch KGB-Organe. Besonders unwürdig ist die Tatsache, daß das KGB das Schicksal meiner Schwiegertochter nutzt, um sich an mir zu rächen und auf mich Druck auszuüben. Dies ist eine unverhohlene Geiselnahme, von der ich Sie hiermit in Kenntnis setze. Vertreter der UdSSR haben wiederholt verkündet, daß jede Geiselnahme unzulässig sei. Wenn die Behörden Lisa ausreisen ließen, würden sie beweisen, daß ihre Beteuerungen ernst gemeint sind. Ich bin überzeugt, daß die Genehmigung für Jelisaweta Alexejewa, aus der UdSSR zu emigrieren, nicht nur das langjährige Leid des getrennten Paares beenden würde, sondern auch ein Akt der Gerechtigkeit wäre, welcher dem Ansehen der UdSSR förderlich wäre. Ich wende mich mit der Bitte um Hilfe in der Angelegenheit von Alexejewas Ausreise auch an die Oberhäupter einer Reihe ausländischer Staaten. Hochachtungsvoll (Unterschrift).« Wie auf das Telegramm des Jahres 1980 erhielt ich auch auf diesen Brief keine Antwort.

Damals – im Mai oder Juni 1981 – sagte ich zu Ljusja: »Ich glaube, daß alle Mittel außer dem eines Hungerstreiks ausgeschöpft sind.« Sie stimmte mir im Prinzip zu.

Unterdessen gelang es, eine Aktion abzuschließen, die, für sich genommen, die Probleme von Lisas Ausreise zwar nicht lösen konnte, jedoch sehr große indirekte Bedeutung hatte, vor allem in moralischer Hinsicht, da sie bewies, daß Aljoscha und Lisa ihre Liebe zueinander bewahrt hatten. Am 14. Juni schloß Aljoscha im Gericht der Stadt Bute (Montana) mit Lisa die Ehe in Abwesenheit. In den USA gibt es mehrere Staaten, deren Gesetzgebung die Eheschließung in Abwesenheit zuläßt; einer von ihnen ist der im Nordwesten des Landes gelegene Staat Montana.

Nachdem Lisas Eltern von der Eheschließung erfahren hatten, änderten sie ihre Einstellung zu Lisas Ausreise – für sie war sehr wichtig, daß Aljoscha seine Treue Lisa gegenüber bestätigt hatte. Lisas Vater Konstantin Alexandrowitsch Alexejew schrieb deshalb im Sommer 1981 ebenfalls einen Brief an Breschnew, in dem er darum bat, seine Tochter ausreisen zu lassen. Leider war uns dies damals nicht bekannt. Das KGB dagegen, das unzweifelhaft von dem Brief des Vaters wußte, bezog sich noch in den allerletzten Tagen vor der endgültigen Entscheidung auf die frühere Position der Eltern, wie insbesondere ein Artikel in der *Iswestija* vom 4. Dezember 1981 zeigte.

Im September 1981 fand in Moskau die große Internationale Konferenz zur gelenkten Thermonuklearsynthese statt. Ich sandte Briefe an viele ausländische Konferenzteilnehmer mit der Bitte um Unterstützung für Lisa. Doch die Mehrheit derjenigen, denen ich geschrieben hatte, kam aus Boykottgründen nicht zu der Konferenz. Leider hatte ich dem Vorsitzenden der Europäischen Physikalischen Gesellschaft, Professor Engelmann, der gemeinsam mit Welichow die Konferenz leitete, keinen Brief geschickt. Wie man mir mitteilte, weigerte sich Engelmann zwei Tage lang, die Konferenz zu eröffnen; er forderte die Anwesenheit Sacharows, einer der Pioniere dieses Sachgebiets, und des jüdischen *otkasnik* Dr. Alpert, eines Experten für die Ionosphäre. Dann gelang es Welichow, ihn mit irgendwelchen falschen Behauptungen zu einem Sinneswandel zu bewegen. Anscheinend wußte Engelmann nichts von Lisas Problemen und brachte sie deshalb Welichow gegenüber nicht zur Sprache.

Ich schickte meine Briefe nicht nur an die ausländischen, sondern auch an die sowjetischen Konferenzteilnehmer: an die Akademiemitglieder P. L. Kapiza und B. B. Kadomzew[1] und, wie erwähnt, an Welichow. Keiner von ihnen reagierte in irgendeiner Weise auf meine Schreiben. Im September 1981 erfuhren wir, daß L. I. Breschnew im November in die Bundesrepublik Deutschland reisen würde, um wichtige Gespräche mit Bundeskanzler Helmut Schmidt und anderen hohen Regierungsvertretern zu führen. Damals war uns bereits klar, daß es außer einem Hungerstreik keine reale Möglichkeit gab, Lisas Ausreise zu ihrem Mann zu erreichen (was der weitere Gang der Ereignisse nur bestätigte). Breschnews Auslandsreise schuf die psychologischen und politischen Bedingungen, unter denen ein Hungerstreik die größten Erfolgsaussichten hatte. Eine solche Gelegenheit würde sich nicht wieder bieten. Sehr wesentlich war auch, daß unsere vorhergehenden zweijährigen Bemühungen – Briefe, Dokumente und Appelle – sich zwar als unzureichend erwiesen, aber Lisas Fall weithin bekannt gemacht hatten. Unter diesen Umständen erschien unser Entschluß, einen Hungerstreik abzuhalten, nicht als Torheit, sondern stellte sich sehr vielen (natürlich nicht allen) als erzwungene und einzig mögliche Maßnahme dar.

Zuerst verständigten Ljusja und ich uns schriftlich – mit Hilfe von

Notizen – über den Hungerstreik, denn wir wollten nicht, daß unsere Überlegungen dem KGB, das unsere Wohnung abhörte, sogleich bekannt wurden. Wir brauchten unser Vorgehen nicht lange zu erörtern, sondern kamen zu einer gemeinsamen Entscheidung, die sich auf unser beider Einsicht stützte, daß uns moralisch und faktisch keine andere Wahl blieb. Natürlich konnte keine Rede davon sein, daß einer von uns irgendeinen Druck, direkt oder indirekt, auf den anderen ausgeübt hätte. Diese Einmütigkeit und innere Nähe war während der gesamten Dauer des Hungerstreiks eine sehr große Hilfe für uns – sowohl in der Zeit, die wir gemeinsam in der Wohnung verbrachten, wie in den letzten entscheidenden Tagen, als man uns hospitalisiert und gewaltsam getrennt hatte.

Nachdem wir die endgültige Entscheidung getroffen hatten, hielten wir es nicht mehr für nötig, sie zu verbergen. Im Gegenteil, uns schien, daß wir dem KGB eine Chance gäben, sich ohne Aufsehen, ohne einen Skandal oder Gesichtsverlust aus der Affäre zu ziehen und Lisa stillschweigend ausreisen zu lassen. Es ist nicht unsere Schuld, daß man diese Chance nicht nutzte.

In der ersten Oktoberhälfte schrieben und verschickten wir eine Vielzahl von Briefen und Dokumenten, in denen wir um Unterstützung für unsere Forderungen baten; darunter waren auch mein Brief – faktisch der zweite – an Bundeskanzler Schmidt und der an viele Adressen gesandte und später weithin publizierte »Brief an meine ausländischen Kollegen«.

Ljusja und ich schrieben für uns schwierige Briefe an Ruth Grigorjewna und die Kinder, in denen wir ihnen unsere Entscheidung mitteilten. Natürlich wußten wir, wie qualvoll und bedrückend die Situation für sie sein würde – viel beschwerlicher als für uns. Aber wir rechneten damit, daß sie, in erster Linie Aljoscha, uns richtig verstehen würden; wir hofften auf die innere Verbundenheit, die sich durch unser ganzes Leben herausgebildet hatte. Nicht weniger Mut und Verständnis mußte Lisa aufbringen. Zum Glück hatten wir uns nicht getäuscht. Obwohl sie während des Hungerstreiks keine direkte Verbindung zu uns hatten, verzichteten die Kinder nicht nur auf jede Handlung, die den Erfolg hätte verhindern können, sondern waren sogar in der Lage, viel mehr positive Maßnahmen zu ergreifen, als wir vermutet hatten. Davon wird noch ausführlich die Rede sein.

Ich bereitete auch Telegramme an Breschnew und Alexandrow vor, in denen ich sie über unseren Hungerstreik unterrichtete, wartete jedoch, auf Ljusjas Bitte hin, noch mit der Absendung – dies war der Schritt, nach dem es kein Zurückweichen mehr gab. Ljusja fuhr mit diesen Telegrammen nach Moskau; sie nahm auch Hefte mit dem Manuskript meiner »Erinnerungen« – ich hatte nach dem Diebstahl der Tasche vieles neu geschrieben – sowie neue Tagebuchhefte, Dokumente u. ä. mit. Ich wollte nicht, daß dies alles dem KGB in die Hände fiel. Eine Woche später traf ein Telegramm von ihr ein: »Unbedingt mit Träger abholen. Bringe Wasser, Batterie.« Bei dem Wasser handelte es sich um das alkalische Mineralwasser »Borshomi«, das wir vom dritten Tag des Hungerstreiks an neben normalem Wasser tranken. In Gorkij hatten wir es uns nicht beschaffen können, in Moskau war es ebenfalls nicht einfach, doch auf Ljusjas Bitte hin »besorgte« – das sowjetische Lieblingswort – Jurij Schichanowitsch hundert Flaschen, von denen der größte Teil übrigens ungetrunken blieb. Die Batterie war für unseren »Shiguli« bestimmt, denn die alte funktionierte nicht mehr. Das war vielleicht auf »natürliche Weise« zu erklären, doch dies ist im Licht der folgenden Ereignisse zu bezweifeln (auch früher schon, seit dem Sommer, als Ljusja den Wagen aus Moskau mitgebracht hatte, waren ihm einige »seltsame« Dinge zugestoßen).

Länger als bis zum 20. Oktober durfte die Absendung der Telegramme an Breschnew und Alexandrow nicht hinausgezögert werden. Am Morgen des 21. Oktober schickte ich sie ab; darin nannten wir auch den Beginn des Hungerstreiks: den 22. November 1981, also den Tag vor Breschnews Ankunft in der Bundesrepublik Deutschland. Wir hatten alle Brücken hinter uns abgebrochen.

Natürlich blieb dem KGB immer noch die Frist von einem Monat, in der es sich um einen »friedlichen Ausgang« hätte bemühen können. Aber es schlug diesen Weg nicht ein. Schon zwei Tage nach der Absendung der Telegramme gab man uns ein eindringliches Signal: Unser Auto wurde gestohlen! Alle Umstände und die damit verbundenen folgenden Ereignisse zeigen eindeutig, daß das KGB den Diebstahl beging. Während einer Fahrt funktionierte die neue Batterie nicht mehr; vielleicht war noch etwas anderes defekt, denn ein Taxifahrer, den wir um Hilfe baten, konnte den Motor auch mit seiner eigenen Batterie nicht anlassen. Wir stellten den abgeschlossenen Wagen auf den Hof einer Schule (auf den Rat des früheren Direktors hin, der mir versicherte, daß nichts weiter geschehen werde). Eine halbe Stunde später war das Auto gestohlen. Der Unterricht in der Schule war noch im Gange, und zwei Schulangestellte hatten, wie sich später herausstellte, zu ebendieser Zeit auf der Straße gestanden, aber angeblich nichts gesehen (vielleicht hatte man sie eingeschüchtert). Ein Auto ist für unsere und überhaupt für sowjetische Verhältnisse ein kostbarer Besitz. Trotzdem bleibt erstaunlich, wieso das KGB meinte, es könne uns mit Hilfe eines Autodiebstahls veranlassen, irgendwelche wesentlichen Pläne zu ändern, dazu noch in einer Angelegenheit, in der wir beschlossen hatten, bis zum äußersten – zum Hungerstreik – zu gehen. Zweifellos wollte das KGB durch diese Tat seine »Beziehung« zu uns verdeutlichen. Später erwies sich, daß auch taktische Überlegungen mit dem Diebstahl zu tun hatten.

Anfang November, als die halbjährige Frist nach der Ablehnung verflossen war, schickte Lisa einen neuen Antrag an das OWIR und legte die Urkunde über die in Abwesenheit geschlossene Ehe bei. Am 16. November lud man sie ins OWIR. Äußerlich betrachtet, war der Anlaß unbedeutend: Man verlangte wiederum Bescheinigungen der Hausverwaltung und ihrer Eltern. Als sie erklärte, daß sie keine Bescheinigung der Eltern vorlegen könne, verließ der Inspektor für längere Zeit das Zimmer und war nach seiner Rückkehr bereit, auf dieses Papier zu verzichten. Dies sahen wir als gutes Zeichen an – vielleicht wollte das KGB sich eine Rückzugsmöglichkeit schaffen.

Am 15. November fuhr Ljusja zum letztenmal vor dem Hungerstreik nach Moskau. In ihrer Abwesenheit kam überraschend mein entfernter Verwandter Sascha B. – er war mit der Schwester meiner früheren Frau Klawa verheiratet – zu mir. Vorher hatte er mich nie in Gorkij besucht, und auch in Moskau waren wir einander nur alle paar Jahre einmal begegnet. Natürlich war er gekommen, um mich von dem Hungerstreik abzubringen. Man hatte ihn ohne jede Schwierigkeit zu mir gelassen, und ich schließe nicht einmal aus, daß sein Besuch offen oder verdeckt vom KGB sanktioniert worden war. Sascha B. hatte seine Argumente der *Nedelja* entliehen. Er meinte insbesondere, daß ich die Rechte von Lisas Eltern verletzte, die ihrerseits durchaus legal handelten, wenn sie ihre erwachsene Tochter nicht ausreisen lassen wollten. Den Hungerstreik bezeichnete er als völlig aussichtslos und fügte hinzu, daß die Kinder (womit er nur die Kinder aus meiner ersten Ehe meinte) einen lebenden, nicht einen toten Vater benötigten.

Ich fürchtete, daß das KGB die verständliche Aufregung meiner Kinder während des Hungerstreiks für seine eigenen Ziele nutzen könnte, und schickte ihnen ein Telegramm, in dem ich nachdrücklich erklärte, daß sie während des Hungerstreiks nur in Lisas Begleitung zu mir kommen sollten; sonst würde ich sie nicht einlassen. Ich nahm an, daß sie meine Gründe verstehen würden, wie auch die scharfe Form des Telegramms, die auf eine »doppelte Lektüre« – durch die Kinder und das KGB – abzielte.

In den Wochen vor dem Hungerstreik wurde Ljusja in Moskau deutlich, daß viele Bekannte und Freunde – insbesondere viele Andersdenkende – unsere Entscheidung nicht billigten und nicht verstanden. Ihre Argumente unterschieden sich zwar von denen, die Sascha B. vorgebracht hatte, doch der Sinn – daß ein Hungerstreik völlig falsch sei – war der gleiche. Erst nach Beendigung des Hungerstreiks erhielt ich zwei schon früher geschriebene Briefe – von Revolt Pimenow und Pjotr Grigorenko, die scharfe Einwände gegen unseren Plan erhoben.

Ljusja übermittelte mir vor dem Hungerstreik Lydia Kornejewna Tschulowskajas Worte: »Ich hätte nicht gedacht, daß Andrej Dmitrijewitsch so hart sein kann.« Ich wußte nicht, was diese Worte bedeuten sollten. Vielleicht meinte Lydia Kornejewna die Unruhe, die unseren Verwandten und Freunden bevorstand. Ich kann sagen, daß unsere Entscheidung in dieser Hinsicht gewiß schwierig war, aber dadurch wurde sie nicht weniger unausweichlich

Unter denen, die besonders energisch gegen einen Hungerstreik eintraten, war auch Felix Krassawin. Er verwies auf seine Lagererfahrung und betonte sowohl vorher wie während des Hungerstreiks, daß er unsinnig (»Das KGB weicht um keinen Preis zurück!«) und unser Tod unvermeidlich sei. Zehn oder zwölf Tage vor dem Beginn des Hungerstreiks trafen wir uns mit ihm bei der Familie Chajnowskij. Felix erzählte von einem Gespräch, das er mit seinem KGB-»Betreuer« geführt hatte. Er, dessen Namen zu nennen Felix sich weigerte, habe gesagt, daß Sacharow infolge des Hungerstreiks sterben werde, und genau dies sei das Ziel seiner Frau, die sich so ihres nutzlos gewordenen Mannes entledigen wolle (um, wie angedeutet wurde, in die USA zu emigrieren). Felix Krassawin habe während des Hungerstreiks nichts bei den Sacharows zu suchen, es sei ihm verboten, zu ihnen zu gehen. Wir verstanden diese Worte als Drohung des KGB, mich (ohne Zeugen) zu ermorden und *die Schuld auf Ljusja abzuwälzen*. Übrigens kam Felix auch während des Hungerstreiks, solange wir in unserer Wohnung waren, ungehindert zu uns und versuchte weiter, uns umzustimmen. Bei einem dieser Besuche sagte er, daß auch er nach unserem Tode nicht mehr lange zu leben habe, denn das KGB werde ihn als unerwünschten Zeugen beseitigen. In dem Gespräch zwischen Felix und dem KGB-»Betreuer« fielen auch beiläufig folgende Bemerkungen: »Anscheinend ist Sacharows Auto verlorengegangen. Vielleicht hat seine Frau es versteckt oder es nach Moskau bringen lassen. Na, im Frühling findet es sich wahrscheinlich wieder.«

Ich will versuchen, die Einwände der Gegner des Hungerstreiks zu formulieren. Sehr viele, darunter auch Grigorenko, meinten, daß ich aufgrund meiner besonderen Position in der Bürgerrechtsbewegung (andere sprachen von der Wissenschaft oder der Verteidigung des Friedens oder sonstigen »erhabenen« Dingen) nicht das Recht hätte, für etwas so Unbedeutendes wie das Schicksal meiner Schwiegertochter mein Leben zu riskieren, in den fast unausweichlichen Tod zu gehen. Später gab Alexander Sinowjew diesen Gedanken in satirischer Form in einem seiner Werke wieder. Grigorenko schrieb von den Repressionen in der Ukraine – die in der Tat entsetzlich waren – und schloß kategorisch: »Sie haben einen großen Fehler gemacht und sollten ihn korrigieren, indem sie den Hungerstreik einstellen.« Pimenow unterstrich, daß familiäres, persönliches Glück nicht um den Preis »der Leiden eines großen Menschen« (das heißt meiner Leiden) erkauft werden könne. Außerdem hatte Pimenow die ganz seltsame Idee, daß ein Sieg über die Behörden niemals ohne Folgen sei, daß sie danach immer irgendwie Revanche nähmen. Er schreibt: »In solchen Angelegenheiten wirkt ein ganz eigenes Gesetz der Erhaltung.« Zur Untermauerung dieser These führt er an, daß man für das Zugeständnis, das Breschnew machte, als er Bukowski gegen Luis Corvalan austauschte, bald darauf Rache an Orlow und Schtscharanskij genommen habe.

Der erste Teil der Argumentation ist allgemein. Wenn Pimenow aber recht hätte, was das »Gesetz der Erhaltung« betrifft, so wäre jeder Kampf gegen die Ungesetzlichkeit *stets* schädlich. *Ich glaube, daß das Leben in seinen Kausalzusammenhängen so kompliziert ist, daß pragmatische Kriterien häufig nutzlos sind und nur moralische Kriterien übrig bleiben.* Später, schon lange nach dem Hungerstreik, gab Pimenow zu, daß seine Einwände ungerechtfertigt gewesen seien!

Besonders schlimm war, daß viele der mit uns befreundeten Dissidenten Druck auf Lisa ausübten – nicht nur vor dem Hungerstreik, sondern auch nach seinem Beginn, als wir die Tür, im wörtlichen und übertragenen Sinn, schon hinter uns zugeschlagen hatten. Lisa *sollte*, so hieß es, den Hungerstreik, der »ihretwegen« geführt werde, verhindern oder (danach) beenden! Diese Nötigung Lisas war äußerst brutal und völlig ungerecht. Eigentlich hätte klar sein müssen, daß Lisa in keiner Weise auf unsere Entscheidungen eingewirkt hatte und es auch nicht konnte. Was die Behauptung angeht, daß der Hungerstreik Lisas (und Aljoschas) wegen geführt wurde, so stimmt auch dies nur eingeschränkt. Von einem umfassenderen Standpunkt aus war der Hungerstreik die notwendige Folge unseres ganzen Lebens und unserer Lebenseinstellung, die Fortsetzung meines Kampfes für die Menschenrechte, für das Recht auf die Freiheit, im Lande der eigenen Wahl zu leben. Zudem – und das ist sehr wesentlich – handelte es sich um eine Angelegenheit, für die Ljusja und ich von Anfang an die persönliche Verantwortung trugen. Dies war, in kurzen Zügen, meine Entgegnung an alle Kritiker.

Im Jahre 1974 faßte ich den freien Entschluß, zur Verteidigung Bukowskis und anderer politischer Gefangener in den Hungerstreik zu treten, und damals hatte kaum jemand Einwände. Diesmal aber waren unsere Gründe noch zwingender und ganz kategorischer Art.

Und noch etwas: In den Vorhaltungen mancher Kritiker entdecke ich so etwas wie einen »Personenkult«, oder vielleicht ist es richtiger, von einer »Konsumentenhaltung« zu sprechen. Man übertreibt meine mögliche Bedeutung, wobei ich nur als Mittel zur Lösung irgendwelcher Aufgaben – sagen wir, bürgerrechtlicher Art – betrachtet werde. Außerdem sticht ins Auge, daß die Kritiker gewöhnlich nur von mir reden, als hätten sie Ljusja vergessen. Doch Ljusja und ich hungerten zu zweit, gingen das Risiko zu zweit ein, obwohl wir beide nicht sehr gesund und nicht mehr jung waren. Und wer weiß, wem es schwererfiel? Wir faßten unseren Entschluß als freie Menschen, wir waren uns seines Ernstes vollauf bewußt, und wir beide – nur wir beide – trugen die Verantwortung für ihn. In gewisser Hinsicht war dies unsere ganz persönliche, ganz intime Sache. Und noch ein letztes: Ich begann den Hungerstreik, als ich der Verbannung von Gorkij »ausgeliefert« war. Unter diesen Umständen war der Sieg besonders nötig und kostbar. Überhaupt sind Siege so selten, daß man jeden von ihnen gebührend würdigen muß! Ljusja erinnerte mich am Abend vor unserem Hungerstreik an das Goethe-Zitat: »Nur der verdient sich Freiheit wie das Leben, der täglich sie erobern muß.« Wir beide fühlten, daß wir nicht allein für Lisas Ausreise kämpften (dies wäre als Grund durchaus ausreichend – was ist wichtiger als das Schicksal und die Liebe eines Menschen?), sondern für die Freiheit überhaupt! Aber das verstand auch in unserer engsten Umgebung kaum jemand.

* * *

4. Dezember (der 15. des Hungerstreiks). Der Tag begann mit unserer gewohnten Prozedur. Wir erinnerten uns daran, daß es der Hochzeitstag der Kinder war. Mark wollte am Abend kommen, um mit uns anzustoßen – wir mit Mineralwasser, er mit Wodka. Um 13 Uhr gingen wir auf dem Balkon spazieren. Der diensthabende Milizionär näherte sich und

sagte: »Jemand von der Staatlichen Automobilinspektion möchte mit Ihnen sprechen, wegen Ihres Wagens.«

»Er soll hierherkommen. Wir gehen spazieren.«

Derselbe Milizleutnant, der uns zwei Tage zuvor besucht hatte, erschien und behauptete wieder, daß man den Wagen ohne uns nicht identifizieren könne usw. Aus seinen Worten ging hervor, daß das Auto in einer Garage im Prioksker Revier stehe, dort aber nicht ewig bleiben könne. Wir wimmelten ihn irgendwie ab, und als wir uns umdrehten, sahen wir plötzlich, daß im Zimmer hinter uns ein Mann stand (vom KGB – wir hatten ihn schon früher einmal gesehen). Ljusja ging vom Balkon in die Wohnung und rief: »Wie sind Sie hier herein gekommen?«

»Die Tür war offen.«

Wir gingen in die Wohnung und entdeckten in den Zimmern und auf dem Flur acht Männer, von denen einige, wenn nicht alle, zum KGB gehörten. Die meisten trugen weiße Kittel. Während wir durch den Flur gingen, sagte Ljusja: »Sie sind gekommen, um uns zu ermorden.«

Die Türkette war, wie schon zwei Tage vorher, abgerissen, und der Schlüssel lag auf einem Hocker. Einer der Männer erklärte: »Ich bin vom städtischen Gesundheitsamt. Sie müssen unbedingt ins Krankenhaus gebracht werden. Wir bekommen viele Briefe von Bürgern, von Ihren Kindern.« (Nichts als Lügen, ebenso wie die Behauptung, daß die Tür offen gewesen sei.)

Ljusja fragte: »Werden wir gemeinsam untergebracht?« Man bejahte, allerdings etwas unsicher. Wir zogen uns an, weil wir spürten, daß physischer Widerstand nutzlos war, und auch, weil unsere Kräfte dazu nicht mehr ausgereicht hätten. Die KGB-Beamten gingen hinaus. Wir machten uns für die Fahrt fertig und küßten einander. Ich weinte ein wenig. Ljusja sagte bitter: »Und das an Tanjas Hochzeitstag ...«

Als wir auf die Straße hinaustraten, sahen wir zwei Krankenwagen. Man zog uns in verschiedene Richtungen und stieß uns in verschiedene Wagen. Ich setzte mich physisch fast gar nicht zur Wehr, sondern rief Passanten zu, mir zu helfen. Das minderte die Gewaltanwendung für kurze Zeit. Als man Ljusja von mir fortzerrte, quetschte man ihr die Hand. Sie konnte mir noch zurufen: »Atme ganz tief durch.« Das war ein Ratschlag für die Zwangsernährung.

Ich hatte eine Tasche mit Dokumenten bei mir – darin waren auch unsere Zahnpasta und Ljusjas Zahnbürste –, während Ljusja meine Hemden, Unterhosen und Socken mitnahm. Wir hatten die Sachen nicht getrennt gepackt. Als wir in die Beketow-Straße einbogen, sah ich, daß ein

Sanitätskleinbus nach links abdrehte, während wir nach rechts fuhren. Ich schrie: »Haben die meine Frau weggebracht?«

»Nein, das war doch ein ganz anderer Wagen.« Man brachte mich in das Gebietskrankenhaus von Gorkij und Ljusja in das sehr verwahrloste Krankenhaus Nr. 10 im Kanawin-Rayon am linken Ufer der Oka. Doch bis zu meiner Begegnung mit Ljusja glaubte ich, daß wir in verschiedenen Stationen desselben Krankenhauses untergebracht seien. Ich kam in ein Doppelzimmer. Neben mir lag ein Mann, der sich als Sekretär irgendeines Bezirks im Gebiet von Gorkij bezeichnete. Den Flur erreichte man durch ein Durchgangszimmer, in dem noch ein Mann lag. Die beiden waren tatsächlich krank und kannten einander.

Ein paar Minuten später erschien der behandelnde Arzt Ruljow; ich ließ ihn meinen Puls und meinen Blutdruck messen, hatte aber beschlossen, alle weiteren Untersuchungen und Behandlungen zu verweigern und die Zusammenführung mit Ljusja zu fordern. Ich machte mir große Sorgen um sie und wußte, daß sie meinetwegen genauso besorgt war. Natürlich war jeder von uns überzeugt, daß der andere den Hungerstreik nicht abbrechen würde, aber die Trennung machte es uns in moralischer und physischer Hinsicht weitaus schwerer, worauf das KGB sicherlich abzielte. Bis zum letzten Tag unseres Hungerstreiks hoffte es, unseren Willen brechen zu können! Ein weiteres Ziel der Hospitalisierung bestand darin, die Welt und unsere Freunde mit der Nachricht, daß wir im Krankenhaus seien, zu »beruhigen« (das heißt zu betrügen!).

Am 4. Dezember, dem Tag unserer Zwangseinweisung ins Krankenhaus, erschien in der *Iswestija* ein Beitrag mit dem Titel »Eine neue Provokation«. Man berichtete in widerwärtigstem Tonfall von unserem Hungerstreik – genau dies sollte die Provokation sein. Lisas Angelegenheit wurde im Stil der *Nedelja*-Feuilletons behandelt, die Position ihrer Eltern wurde so dargestellt, als habe sie sich seit der Eheschließung nicht geändert, und man behauptete, daß eine Eheschließung in Abwesenheit in der UdSSR nicht gültig sei. In einer Anmerkung hieß es, daß die Sacharows gegenwärtig im Krankenhaus seien und daß ihnen medizinische Hilfe geleistet werde. Man hatte den Artikel offenbar schon gedruckt, bevor die KGB-Leute bei uns einbrachen. Auf die internationale öffentliche Meinung übte er weniger Einfluß aus, als die Initiatoren erwartet hatten.

Ljusja las den Artikel schon am ersten Tag – im Sprechzimmer, wohin man sie offenbar zu diesem Zweck gerufen hatte. Als man sie aufforderte, die Zeitung zurückzugeben, zerriß Ljusja sie, rief: »Gehen Sie mit Ihrer *Iswestija* zum ...«, und schleuderte sie gegen einen der Ärzte. Mir zeigte der Chefarzt den Artikel erst am Montag. Er machte auf uns beide sehr starken Eindruck. Ljusja sagte später, sie habe besonders unter dem Gedanken gelitten, daß Ruth Grigorjewna, Aljoscha und Tanja den Artikel sehen würden. Ljusja konnte sich mit viel Lärm und Energie das Recht sichern, das Zimmer zu verlassen, auf den Flur zu gehen und Bäder zu nehmen; mir gelang dies nicht. Sie zerschlug demonstrativ eine am Bett hängende Tafel mit der Aufschrift: »Bettruhe«. Am Abend des 4. Dezember, als alle Kranken schon in ihren Zimmern waren, ging Ljusja auf den Flur hinaus und begann zu weinen. An diesem und an den nächsten Tagen schrieb sie eine Vielzahl kurzer Mitteilungen über unsere Lage auf Papierfetzen und versah sie mit der Bitte, sie an die Chajnowskijs weiterzuleiten. Diese Fetzen warf sie durch das Fenster auf den Hof, wo viele Besucher vorbeikamen, und steckte sie Kranken und Besuchern im Flur zu. Keine einzige dieser Mitteilungen wurde abgeliefert.

Ich machte am ersten Tag den Versuch, das Zimmer zu verlassen, ging bis zum Ende des Flurs und wandte mich mit der Frage, wo Ljusja sei, an einen mir unbekannten Arzt. Er sagte, daß er nichts wisse, doch wenn er etwas erfahre, werde er mich unterrichten. Ich ging auf mein Zimmer zu, in dessen Nähe rund zehn Patienten fernsahen, und wollte ihnen die gleiche Bitte vortragen. In diesem Moment drängten sich der behandelnde Arzt, eine Krankenschwester und meine Zimmernachbarn (die besonders eifrig waren) dicht an mich heran und stießen mich mit dem Hinweis, daß ich im Bett zu liegen hätte, ins Zimmer. Ich rief den Patienten, die fernsahen, etwas zu, doch sie wandten sich ab. Einen Teil der ersten Nacht im Krankenhaus verbrachte ich damit, daß ich, neben die Nachtlampe gekauert, Nabokows Erinnerungen las, mit deren Lektüre ich schon in der Wohnung begonnen hatte. Am Morgen machte ich eine Eingabe an den Chefarzt. Ich schrieb, daß man meine Frau und mich gewaltsam ins Krankenhaus gebracht und getrennt habe, daß ich die Zusammenführung mit ihr forderte, bis dahin alle Untersuchungen und Behandlungen verweigerte und daß der Abbruch des Hungerstreiks nur möglich sei, wenn man Lisa ausreisen lasse.

An diesem Morgen entdeckte ich in meinem Nachttisch meine Sachen, die Ljusja mitgenommen hatte. Ich kam zu dem Schluß, daß Ljusja in der Nähe sein müsse – was ein Irrtum war, aber dieses Gefühl ermunterte mich sehr und motivierte mich zu dem richtigen Verhalten. Ich bat eine Krankenschwester, Ljusja Zahnpasta und Zahnbürste sowie Nabokovs Buch zu bringen. Auf den Rand der Seiten 114 und 115 hatte ich geschrieben: »Ljusja, ich verweigere das Gespräch mit den Ärzten, die Behandlung und Untersuchung, solange Du nicht bei mir bist. Ich küsse Dich innig und denke stets an Dich. In unendlicher Dankbarkeit, A.« Die Schwester versprach, die Sachen zu überbringen, und – verwunderlich genug – sie tat es tatsächlich. Allerdings fand Ljusja meine Notiz erst am Montag, dem 7. Dezember. Die Schwester sah ich nicht wieder.

Man brachte mir jede Mahlzeit ans Bett, ich trug sie hinaus ins Durchgangszimmer und verlangte, nicht mehr versorgt zu werden, aber die Schwestern wechselten dauernd, und es wiederholte sich von neuem. Meine Nachbarn aßen auf meine Bitte hin im Durchgangszimmer, und ich schloß unterdessen die Tür. Aber eigentlich wäre das gar nicht nötig gewesen. Ich bemühte mich, nicht ständig im Bett zu liegen, sondern im Zimmer auf und ab zu gehen. Zwei-, dreimal am Tag kam ein in Gorkij sehr bekannter Mediziner, Professor Wagralik. Früher hatten wir nur Gutes über ihn gehört, später hörten wir auch anderes ... Er wurde von seiner Assistentin, Maria Timofejewna, die ebenfalls den Professorentitel trug, dem behandelnden Arzt Ruljow und mehrere Male von einem Neuropathologen – in Wirklichkeit wohl ein Psychiater – begleitet. Ruljow kam noch häufiger. Wagralik und der Psychiater redeten beharrlich auf mich ein, jeder auf seine Art. Der Professor sagte, ich sei kein junger Mann mehr und könne jederzeit in einen Zustand geraten, aus dem es keine Rettung mehr geben werde. Schon jetzt hätte ich irreversible Veränderungen durchgemacht – er sehe es deutlich –, die sich sehr rasch weiterentwickeln würden. Außerdem sprach er von seiner Pflicht als Arzt. Der Psychiater äußerte sich noch düsterer über meinen psychischen Zustand und versuchte, mich einzuschüchtern, indem er mir suggerierte, daß ich schon nicht mehr im Vollbesitz meiner geistigen Kräfte sei, daß meine Gedanken sich verwirrten und ich »ganz am Ende« sei. Ich müsse den Ärzten die Möglichkeit geben, ihren hippokratischen Eid zu erfüllen und mir zu helfen. Auf all diese Worte und Ruljows Versuche, meinen Blutdruck und Puls zu messen, reagierte ich mit Standardformulierungen, die ich endlos wiederholte (wie beim Verhör, dachte ich): »Ich verweigere jede Untersuchung, solange meine Frau nicht zu mir gebracht wird.« Oder: »Versetzen Sie sich in meine Lage. Ich weiß nichts von meiner Frau, von dem, was mit ihr geschehen ist.«

Später stellte sich heraus, daß Wagralik und Maria Timofejewna auch Ljusja besuchten und sowohl ihr wie mir gegenüber vortäuschten, daß sie nicht das geringste von dem Menschen wüßten, nach dem wir uns erkundigten und um den wir uns Sorgen machten. Das ist sie, die »gesteuerte Medizin«.

Am Morgen des 8. Dezember sagte Ruljow zu mir: »Ich gebe Ihnen ein paar Stunden Bedenkzeit. Sie müssen den Hungerstreik abbrechen.« Vorher hatten Wagralik und Maria Timofejewna sich ähnlich ultimativ geäußert, allerdings ohne eine bestimmte Frist zu erwähnen. Diese Worte enthielten eine Warnung, doch als ich direkt fragte: »Drohen Sie mir mit künstlicher Ernährung?« erwiderten sie sofort: »Aber natürlich nicht.«

Mehrere Stunden nach diesem Ultimatum kam ein Mann ins Zimmer, den ich auf den ersten Blick als KGB-Angehörigen erkannte. Und als er sich vorstellte, fiel mir ein, daß ich im Jahre 1980, nach dem Eindringen des KGB in die Wohnung, mit ihm zu tun gehabt hatte. »Ich bin vom Komitee für Staatssicherheit. Sie kennen mich. Ich heiße Rjabinin. Man hat mich bevollmächtigt, Ihnen zu sagen, daß Ihre Forderung in positivem Sinne geprüft werden kann, aber zunächst müssen Sie Ihren Hungerstreik beenden.« Ich antwortete, daß ich das Versprechen des KGB ernst nähme, daß aber meine Frau und ich gemeinsam beschlossen hätten, den Hungerstreik zu beginnen, und daß wir nur gemeinsam beschließen könnten, ihn abzubrechen. »Ich werde Ihre Antwort weitermelden. Wir sehen einander wieder.«

Am Morgen desselben Tages brachte man Ljusja in ein Zimmer, das mit Geräten zur Zwangsernährung versehen war, und setzte sie demonstrativ auf einen Tisch in der Ecke des Raumes, um sie einzuschüchtern (wobei kein Wort gesprochen wurde). Ljusja erklärte, daß man sie nur gewaltsam ernähren könne, und sie werde sich mit allen Kräften zur Wehr setzen, auch wenn dies zu ihrem Tod führen sollte. Einige Stunden nach diesem letzten Versuch, ihren Willen zu brechen, kam Rjabinin mit der gleichen Nachricht zu ihr. Ljusja verlangte, mich zu sehen. Gegen 19 Uhr brachte man sie mit einem Wagen in das Gebietskrankenhaus, in dem ich lag. Man sagte mir, daß ich ins Zimmer des Chefarztes gehen solle, wo meine Frau und Rjabinin mich erwarteten. Ich machte mich in Begleitung von Ärzten und Schwestern dorthin auf. Am Ende des Flurs stand eine fahrbare Krankenbahre, und darauf beförderte man mich zu Ljusja ins Zimmer (was sie sehr erschreckte). Wir umarmten einander zum erstenmal nach der viertägigen, so bedrückenden Trennung. Dann verlangten wir, daß sich Rjabinin – als Garantie für das Versprechen des KGB – in unserer Anwesenheit mit dem Präsidenten der Akademie der Wissenschaften verbinden ließ, und gaben unser Einverständnis, den Hungerstreik abzubrechen. Ich kehrte in mein Zimmer zurück, und Ljusja wurde mit demselben Auto, mit dem sie gekommen war, wieder ins Krankenhaus Nr. 10 gebracht. In diesem Wagen fuhr auch Rjabinin mit. Ljusja fragte ihn: »Warum schreiben Sie solche Lügen über Sacharow, zum Beispiel in der *Iswestija* in dem Artikel ›Cäsar blieb ungekrönt‹?«

Rjabinin erwiderte: »Aber Jelena Georgijewna, so etwas wird doch nicht für Sie und uns geschrieben.«

»Das heißt also, es wird für das Arbeitsvieh geschrieben.« Sie wandte sich an den Arzt, der ebenfalls mit ihnen fuhr, und an den Chauffeur: »Hören Sie, all diese Lügen sind für Sie bestimmt.«

Rjabinin bemühte sich, dem Gespräch seine Schärfe zu nehmen. Aber seine Antwort ist wirklich sehr interessant. Sie zeigt etwas, was tief in der Psyche des KGB verborgen ist, dieses Staats im Staate (des »Ordens« oder der »Inneren Partei«, wie bei Orwell). Das KGB kann und muß über wahrheitsgetreue und vollständige Informationen verfügen, während die ganze Bevölkerung, die »einfachen Menschen« (die »Proles« bei Orwell) mit einem gefilterten und gesüßten Informationsbrei zu füttern sind. Uns stellte Rjabinin gleichsam auf eine Stufe mit dem KGB, wenn auch auf verschiedene Seiten der Barrikade.

Am Morgen des nächsten Tages (am Mittwoch, dem 9. Dezember) machte Ljusja eine neue, entschlossene Eingabe und bestand darauf, daß man uns sofort zusammenbrachte – ursprünglich waren wir einverstanden gewesen, bis zum Samstag, für den man die Zusammenführung versprochen hatte, zu warten. Am Mittag waren wir schon zusammen! Meine Nachbarn wurden sofort in andere Zimmer gelegt.

Nun hatten wir also dreizehn Tage in der Wohnung und vier Tage im Krankenhaus gehungert. Währenddessen war die Kampagne zu unserer Unterstützung ständig gewachsen. Tanja und Efrem hatten sich sehr aktiv in Europa eingesetzt, während Aljoscha sich auf die USA und Kanada konzentriert hatte. Der Westen insgesamt begriff unsere Motive und die Richtigkeit unseres Standpunktes. Viele Emigranten und Dissidenten waren dazu weniger imstande (das lag am Kult der Idee, des Kampfes, der Politik, meiner Persönlichkeit u. a.). Die Briefe von Pjotr Grigorenko und Revolt Pimenow sowie Lydia Kornejewnas Position sind dafür bezeichnend. In der labilen und gefährlichen Situation, in der wir uns während des Hungerstreiks befanden, waren die Bemühungen aller unserer Freunde und Verwandten, aller, die Anteil an unserem Schicksal nahmen, außerordentlich wichtig. Niemand kann sagen, welcher Tropfen das Faß zum Überlaufen brachte, was sich als entscheidender Faktor erwies. Ich beschränke mich auf einige Beispiele.

In der UdSSR setzten sich Wladimow, Schichanowitsch und Chodorowitsch sowie eine Gruppe von Wissenschaftlern mit öffentlichen Aufrufen für mich ein.

Besonders möchte ich die Rolle hervorheben, welche die Ankunft der französischen Akademiemitglieder Michel und Pecker spielte. Sie kamen in den entscheidenden Tagen in die UdSSR, setzten Begegnungen mit dem Akademiepräsidenten Alexandrow und dem Akademiemitglied Skrjabin durch und berichteten danach auf mehreren Pressekonferenzen von diesen Begegnungen. Von großer Bedeutung ist, daß die erste dieser Pressekonferenzen in Moskau stattfand und deshalb ein besonders starkes Echo hatte.

An einem der ersten Tage des Hungerstreiks rief Lisa in Leningrad bei Natascha Hesse an und bat sie, zu ihr zu kommen. Lisa sagte: »Bitte, kommen Sie, es geht mir sehr schlecht.« Solche Worte sind ganz untypisch für Lisa. Natascha reiste sofort nach Moskau; ihre Unterstützung und ihr Rat bedeuteten Lisa sehr viel. In dieser für uns in moralischer Hinsicht unbeschreiblich schweren Zeit ließ Natascha manche Angriffe von Freunden und Dissidenten über sich ergehen, die gefühllos und unvernünftig auf Lisa einwirken wollten, damit sie etwas zur Beendigung des Hungerstreiks unternehme. Einer von ihnen sagte in jenen Tagen (und auch später), daß er nicht verstehe, weshalb Lisa nicht selbst in den Hungerstreik trete. Aber wenn sie so gehandelt hätte, wären wir alle zum Untergang verurteilt gewesen – ihre Standhaftigkeit, ihr Verständnis und ihr aktives Vorgehen während des Hungerstreiks und danach, also bis zu dem Moment, als sie das Visum in Händen hielt, waren ganz unerläßlich. Überhaupt gilt Lisa meine Hochachtung.

Manche fragten, wie es Ruth Grigorjewna – die inzwischen in die USA ausgereist war – fertiggebracht habe, zu bleiben und nicht sofort dorthin zu eilen, wo ihre Tochter hungerte. Aber ihr Eintreffen wäre nur nachteilig gewesen. Wie ich schon ausgeführt habe, waren Lisa, Ruth Grigorjewna, Aljoscha, Tanja und Efrem fähig, in einer äußerst schwierigen und qualvollen Situation moralisch durchzuhalten, energisch und klug zu handeln.

Am 12. Dezember kamen Lisa und Natascha nach Gorkij. Nach einigen Verschleppungsmanövern (in deren Verlauf wir übrigens entdeckten, daß wir unter einem anderen Namen registriert waren) ließ man sie zu uns. Zuerst wollte man sie sehr rasch wieder hinausführen, aber wir leisteten erfolgreich Widerstand, und sie verbrachten etwa drei Stunden bei uns. Dies war das letzte Mal, daß ich Lisa vor ihrer Abreise sah. Natürlich weinte sie, aber ich sah gleichzeitig einen mir neuen Ausdruck in ihren Augen: das erste Zeichen von Glück in diesen vier schrecklichen Jahren. Allein deshalb hatte es sich gelohnt, all das durchzumachen, was hinter uns lag. Ich schrieb an diesem Tag eine Dankadresse an alle, die uns geholfen hatten, und gab sie Lisa mit auf den Weg:

> »Wir sind all denen zutiefst dankbar, die uns in dieser schwierigen Situation unterstützt haben: den Staatsmännern, den Religionsführern und Vertretern der Öffentlichkeit, den Wissenschaftlern und Journalisten, unseren Freunden, denen, die wir kennen, und denen, die wir nicht kennen. Es waren so viele, daß unmöglich alle genannt werden können.
>
> Es war ein Kampf nicht nur für das Leben und Glück unserer Kinder, nicht nur für meine Ehre und Würde, sondern auch für das Recht eines jeden Menschen auf Freiheit und Glück, für das Recht, nach den eigenen Idealen und Überzeugungen zu leben, und letztlich war es ein Kampf für alle Gewissensgefangenen.
>
> Wir sind erleichtert darüber, daß wir unseren Freunden in aller Welt das Weihnachts- und Neujahrsfest nicht verderben werden.
>
> Ich wünsche Lisa eine glückliche Reise und hoffe, daß sich alle voneinander Getrennten wiederfinden mögen. Und ich erinnere an Mihajlo Mihajlovs wunderbare Worte, daß Heimat kein geographischer oder nationaler Begriff ist; Heimat ist Freiheit.«

Am 14. Dezember fuhr Ljusja zu unserer Wohnung, um einige Sachen zu holen, die sie und ich benötigten. Die Wohnung war versiegelt, und die Miliz öffnete sie unter Aufnahme eines Protokolls. Auf dem Rückweg fuhr sie bei den Chajnowskijs vorbei (nachdem sie den sie begleitenden Milizionär galant mit dem Taxi vor seinem Revier abgesetzt hatte). Die Chajnowskijs waren glücklich darüber, daß alles gut ausgegangen war und daß sie Ljusja sahen. Jurij hatte versucht, uns in der Wohnung und später im Krankenhaus zu besuchen, aber man hatte ihn nicht zu uns gelassen. Doch schon nach dem Versuch, in unsere Wohnung zu kommen, hatte ein KGB-Beamter sich mit Jurij unterhalten und ihm gesagt: »Sie werden sie wieder bei sich sehen.« Dieses »Versprechen« war nicht bis zu uns durchgedrungen.

Jurij, der vor Freude strahlte, begleitete Ljusja zum Auto. Sie sollte ihn zum letztenmal sehen. Sechs Tage später starb Jurij Chajnowskij.

Am 15. Dezember verließ Ljusja das Krankenhaus und fuhr nach Moskau, um Abschied von Lisa zu nehmen. Ljusja war nach dem Hungerstreik noch sehr geschwächt und ging zweifellos ein Risiko ein – was sich bald darauf bestätigte –, aber sie konnte einfach nicht anders, als Lisa zur Abreise zu begleiten. In Ljusjas Abwesenheit legte man wieder meine früheren Nachbarn in das Zimmer; sie führten mit mir nun lange Gespräche über meine Haltung und über Polen, wo am 13. Dezember das Kriegsrecht verhängt worden war. Sie argumentierten durch und durch orthodox, wenn auch respektvoll mir gegenüber. Damals wurden von der sowjetischen Presse und vom Rundfunk täglich Fälschungen verbreitet: die Gewerkschaft Solidarität habe einen konterrevolutionären bewaffneten Umsturz, die Ermordung Tausender von Partei- und Staatsvertretern nach schon vorbereiteten Listen u. ä. geplant. Meine Gesprächspartner griffen solche Mitteilungen gierig auf und versuchten, mich mit diesen »unwiderlegbaren Fakten« in die Enge zu treiben.

Meine Nachbarn schrieben in das »Danksagungs- und Vorschlagsbuch« ein paar Dankesworte an die Ärzte und Schwestern, unterzeichneten den Text und ließen Platz für meine Unterschrift. Aus Schwäche (und Siegeseuphorie) konnte ich ihre Bitte nicht abschlagen und unterschrieb ebenfalls. Ich schämte mich meiner Dummheit so sehr, daß ich Ljusja erst zwei Jahre später davon erzählte. Danach, im Jahre 1986, benutzte Chefarzt Obuchow eine Fotokopie dieses Blattes, um psychologischen Druck auf mich auszuüben.

Ljusja machte in Moskau vor Lisas Abreise einige sehr anstrengende Tage durch; sie war ständig auf den Beinen. Am 19. Dezember flog Lisa nach Paris, wo Tanja und Efrem sie erwarteten, und von dort in die USA, wo sie Aljoscha endlich wiedersah.

Lisa hatte mir vom Flugplatz aus ein Telegramm geschickt, das die Worte enthielt: »Ich reise ab, glücklich und mit Tränen in den Augen.«

Sofort nach Lisas Abflug mußte Ljusja sich ins Bett legen – die allzu großen Strapazen der letzten Tage in Moskau und des Hungerstreiks machten sich bemerkbar. Am schlimmsten war, daß der Zustand ihrer Nieren sich gefährlich verschlechtert hatte. Trotzdem blieb sie nur zwei oder drei Tage liegen und kam dann, immer noch nicht ganz gesund, am 25. Dezember nach Gorkij zurück.

Ich hatte vorher mit den Ärzten und mit Ljusja vereinbart, daß ich bis zu ihrer Rückkehr im Krankenhaus bleiben würde. Es kam jedoch etwas anders. Am 22. Dezember erlitt ich einen Herzinfarkt, und am 23. Dezember fertigte man ein Kardiogramm an. Aber am 24. Dezember wurde ich plötzlich aus dem Krankenhaus entlassen, da man das Zimmer angeblich benötigte. Gleichzeitig entließ man meine beiden Nachbarn, die sich sehr verwundert zeigten. Man versicherte mir, die Entlassung sei mit Professor Wagralik abgesprochen, er habe keine Einwände (am Tag zuvor hatte er mich bei der Untersuchung gefragt, wie viele Mikroinfarkte ich bisher gehabt hätte. Auf meine Antwort hin, daß es zwei gewesen seien, murmelte er: »Das habe ich mir gedacht«, sagte kein weiteres Wort und ging hinaus). Meine Entlassung war natürlich ein weiterer Akt der »gesteuerten Medizin« (nicht der letzte in unserem Leben). Denn nun konnte es Unannehmlichkeiten geben, die nach Meinung des KGB besser dann eintreten sollten, wenn niemand dafür verantwortlich gemacht werden konnte. Und es hatte richtig gerechnet. Am 26. Dezember erlitt ich einen weiteren, noch schwereren Herzinfarkt, von dem ich mich länger als einen Monat lang nicht erholte.

Man händigte mir die Unterlagen über meine und Ljusjas Krankengeschichte nicht aus, obwohl dies die übliche Praxis ist und obwohl es der behandelnde Arzt Ruljow Ljusja früher versprochen hatte. Diese Dokumente, welche die Ergebnisse detaillierter Untersuchungen enthielten, wären uns sehr nützlich gewesen. Auf unsere Bitte hin, uns die Unterlagen mit der Post zu schicken, antwortete man, daß sie an die Rayonspoliklinik weitergeleitet worden seien, mit der weder Ljusja noch ich etwas zu tun hatten.

Mitte Januar 1982, als ich immer noch starke Herzschmerzen hatte, wandte ich mich an den Präsidenten der Akademie der Wissenschaften mit der Bitte, mich in einem der Sanatorien der Akademie behandeln zu lassen. Ich erhielt keine schriftliche Antwort, sondern Ljusja wurde von einer Sekretärin mündlich mitgeteilt: »Anatolij Petrowitsch läßt ausrichten, daß dies absolut ausgeschlossen ist.« Im Jahre 1983 sollte sich das wiederholen, als Ljusja einen Infarkt erlitt.

In Paris und in den USA war Lisa in den Mittelpunkt der Aufmerksamkeit von Presse und Fernsehen geraten. Sie gab eine Reihe kluger Interviews, in denen sie nicht nur auf unsere Angelegenheiten, sondern auf die allgemeine Bürgerrechtssituation einging – hier gibt es immer sehr viel mitzuteilen, denn ein Unglück folgt dem anderen. Manche Emigranten waren verblüfft über Lisas Sachkenntnis, dabei hatte Lisa sich im »Epizentrum« der Bürgerrechtsbewegung befunden und durchaus keine passive Rolle gespielt; zudem hatte sie sehr viele Dokumente abgetippt.

Im Januar 1982 lud der Staat Montana, wo ein halbes Jahr zuvor die Eheschließung in Abwesenheit stattgefunden hatte, Lisa und Aljoscha als Staatsgäste zu den »Sacharow-Tagen« ein – vor gar nicht so langer Zeit hatte man hier nicht einmal meinen Namen gekannt. Es war ein sehr herzliches, freundschaftliches und gleichzeitig feierliches Ereignis. Dies war das »Happy-End«, und so ging diese Geschichte für die Außenwelt zu Ende. Natürlich setzte sie sich für Lisa und Aljoscha fort, und vieles in ihr wird für die beiden, wie für alle Menschen auf der Welt, nicht einfach sein.

(Ergänzung vom 21. Februar 1983: Heute kam ein Telegramm aus den USA: »Ein Töchterchen, Alexandra, zur Welt gekommen, Gewicht 3370, sie ist sehr schön, Lisa fühlt sich gut, wir haben sie gesehen. Wir küssen Euch. Mutter und die Kinder.« Als Ljusja seinerzeit ihr zweites Kind erwartete, wollte sie es, falls es ein Mädchen würde, Alexandra nennen – zu Ehren ihrer Tante Alexandra Konstantinowa, die sich in den ersten Tagen des Vaterländischen Krieges den Partisanen angeschlossen hatte und unter unbekannten Umständen gestorben war. Dann wurde ein Junge geboren, nämlich Aljoscha. Nun aber, in der nächsten Generation, ist Ljusjas Wunsch in Erfüllung gegangen. Allein die Mitteilung darüber, daß Lisa, für deren Ausreise wir vor nicht so langer Zeit hungerten, Tausende von Kilometern von uns entfernt, jenseits des Ozeans, eine Tochter geboren hat, erscheint wie ein Wunder, irgendwie unwirklich.)

Ich habe so ausführlich über Lisas Fall geschrieben, weil er viele andere Probleme widerspiegelt. Vielleicht war diese Zeit, als Ljusja und ich unseren Hungerstreik abhielten und jedem Ausgang gefaßt entgegensahen, unsere »Sternstunde« – durch die Kraft unserer Überzeugung, daß unsere Tat die einzig richtige war, durch unsere innere Verbundenheit.

Dritter Teil *

* Die im Dritten Teil zusammengefaßten Kapitel entstanden 1983, 1987 und 1989 jeweils als Schlußkapitel. Deshalb tragen sie teilweise einen resümierenden Charakter. (Anm. d. Verlages)

I. Gorkij 1983

Im Februar 1983 hatte ich endlich den im Oktober 1982 gestohlenen Text wiederhergestellt (genauer gesagt, ich hatte das neu geschrieben, was nun mit den Fragmenten, die in Efrems Besitz waren, zusammengefügt werden mußte). Als Beendigungsdatum des Buches nannte ich den 15. Februar, den sechzigsten Geburtstag meiner Frau.

Ljusja hatte Glück in mein Leben gebracht und ihm tieferen Sinn verliehen. Ihr eigenes Leben gestaltete sich dabei schwierig und tragisch, erhielt aber, wie ich hoffe, ebenfalls einen neuen Sinn.

Irgendwann einmal erzählte mir Ljusja eine Geschichte aus dem Leben Jurij Karlowitsch Oleschas (des berühmten Schriftstellers) und seiner Frau Olja Gustavowna, der Schwester Lydia Gustavowna Bagrizkajas.

Sie saßen eines Tages in einem Restaurant, und Jurij Karlowitsch sagte zu der schönen Kellnerin: »Du bist meine Königin!«

Als sich die Kellnerin entfernt hatte, fragte Olja Gustavowna: »Wenn dieses Mädchen deine Königin ist, wer bin ich dann?«

Jurij Karlowitsch betrachtete sie etwas erstaunt und verwirrt. »Du?« Dann sagte er völlig ernst: »Du bist ich.«

Diese Geschichte gefällt mir sehr, und ich glaube, daß auch ich das Recht habe, zu Ljusja zu sagen: »Du bist ich.« Im Glück, in den alltäglichen Sorgen, in Schwierigkeiten und in der Not (und meine »Königin« ist sie auch!).

Ljusja ist eine der Hauptpersonen meiner »Erinnerungen«; es ist ihr Verdienst, daß sie geschrieben und publiziert wurden. Dieses Buch ist ihr liebevoll gewidmet.

Ich habe versucht, in meinen »Erinnerungen« die verschiedenen Sphären zu beschreiben, durch die mich das Schicksal führte: meine Familie, die Universität in Moskau und Aschchabad, den Rüstungsbetrieb in den Kriegsjahren, das wissenschaftliche Forschungsinstitut zwischen 1945 und 1948, die Jahre der Arbeit an der thermonuklearen Waffe, die Menschenrechtsbewegung, die Verbannung nach Gorkij. Und ich wollte in dem Buch jene Menschen darstellen, die mir teuer sind oder überhaupt diese oder jene Rolle in meinem Leben gespielt haben; deshalb beschreibe ich ihre Arbeit, ihre Gedanken und Zweifel, ihre Erfolge und Mißerfolge. Was dem einen Leser interessant erscheint, mag dem anderen langweilig und überflüssig vorkommen, oder umgekehrt. Jeder soll sich das heraussuchen, was ihn berührt!

Zwanzig Jahre meines Lebens hindurch – zwischen dem 27. und dem 47. Lebensjahr – arbeitete ich aktiv an der Entwicklung der thermonuklearen Waffe mit. Wir begannen diese Arbeit in der Überzeugung, daß sie für die Sicherheit unseres Landes und die Erhaltung des Friedens absolut notwendig sei, und wir waren fasziniert von der grandiosen Bedeutung der vor uns liegenden Aufgabe. Mit der Zeit kam mir vieles nicht mehr so eindeutig vor. Ende der fünfziger und Anfang der sechziger Jahre war ich zutiefst bedrückt über die Folgen der Kernwaffenexplosionen. Ich konnte dann meinen Teil zur Vorbereitung des Moskauer Abkommens über das Verbot von Kernwaffenexplosionen in der Atmosphäre, im Wasser und im Weltall beitragen.

Das, was ich in den Jahren der Arbeit an der Waffe sah und erfuhr, zwang mich, mit besonderer Schärfe über die ungeheure Gefahr eines thermonuklearen Krieges, des kollektiven Selbstmordes der Menschheit, und über die Wege zu seiner Verhinderung nachzudenken. Im Jahre 1968 veröffentlichte ich dazu meinen ersten Artikel – mit dem Ziel, offen meine Position zu diesen und anderen wichtigen Fragen zu vertreten. Die Zweifel, die Unruhe, die ich gegenwärtig (1983) angesichts dieser Problematik empfinde, sind in meinem Offenen Brief an Dr. Sidney Drell ausgedrückt. Über viele Jahre hinweg war Drell Berater der amerikanischen Regierung zu Fragen von Nuklearpolitik und Abrüstung. In einer Reihe von Artikeln und Reden der letzten Jahre hat er seine Position formuliert. Ich teile Drells prinzipielle Thesen völlig, kann aber jenen Aussagen nicht ganz uneingeschränkt zustimmen, die sich auf die nächsten Aktionen, die Bewertung der gegenwärtigen militärischen und politischen Lage und die Wege zur Beseitigung der thermonuklearen Gefahr beziehen, ein Ziel, das allen vernünftigen Menschen gemeinsam ist.

Ebenso wie Drell sehe ich ein, daß die reale Strategie des Westens heute nicht jenem Prinzip entspricht, das wir für so wichtig halten, nämlich das Prinzip, Kernwaffen und die atomare Abschreckung nur zu dem einen Ziel einzusetzen: der Ausschaltung der ebenfalls atomaren Bedrohung von seiten des potentiellen Gegners. Seit 1946 haben sowohl Europa wie die USA versucht, ihre relative Schwäche auf dem Gebiet konventioneller Rüstung durch ihre Überlegenheit auf dem Gebiet der nuklearen Rüstung auszugleichen. Diese Strategie hat vielleicht eine gewisse mäßigende Rolle gespielt, aber sie ist äußerst gefährlich und hat nach und nach in eine »nukleare Sackgasse« geführt. Man darf auf keinen Fall – nicht einmal indirekt – mit dem Einsatz von Kernwaffen drohen, wenn dieser Einsatz prinzipiell unzulässig ist – davon bin ich überzeugt. Und heute ist der Westen auf dem Gebiet nuklearer Rüstung nicht mehr überlegen. Seit einer Reihe von Jahren plädiere ich dafür, daß es notwendig ist, ein Gleichgewicht auf dem Gebiet der konventionellen Rüstung herzustellen, damit ein Verzicht auf die Kernwaffen möglich wird, die eine unmittelbare Bedrohung für die Existenz der Menschheit darstellen.

Die kardinale Lösung des Problems der internationalen Sicherheit besteht darin, das internationale Vertrauen auf der Grundlage einer offenen Gesellschaft und der Einhaltung der Menschenrechte zu stärken. Doch sogar im besten Falle – wenn die Entwicklung in diese Richtung geht – ist zweifellos eine lange, äußerst gefährliche Übergangsphase zu erwarten. Ich messe den Verhandlungen über die nukleare Abrüstung gewaltigen Wert zu und meine, daß der Westen dabei keinen wirklichen Erfolg erwarten kann, wenn er nichts »abzugeben« hat. Deshalb muß der Westen insbesondere bereit sein, MX-Raketen zu bauen, damit er die UdSSR zwingen kann, ihre mächtigen Silo-Raketen zu liquidieren, die infolge ihrer Vernichtungskraft besonders gefährlich sind und objektiv – nach Entwicklung getrennter Gefechtsköpfe – zu einer Erstschlagswaffe geworden sind. Der Westen muß auch bereit sein, in Europa Pershings und Marschflugkörper zu stationieren. Wenn die UdSSR aber eine reale Verminderung (kontrollierte Vernichtung) ihrer gefährlichsten Waffen vornimmt, dann muß auch der Westen seinerseits genauso umfassende Maßnahmen des guten Willens einleiten!

Die Fortsetzung des Wettrüstens (der »Vorrüstung«) ist in der Übergangsphase unvermeidlich. Dies ist ein entsetzliches Übel in einer Welt, in der es so viele unaufschiebbare Probleme gibt, aber es ist immer noch ein geringeres Übel als das Abgleiten in einen allgemeinen thermonuklearen Krieg, in den allgemeinen Untergang. (Ergänzung 1988: Heute, nach dem Abschluß des Vertrages über Flugkörper mittlerer und geringerer Reichweite sowie nach anderen ermutigenden Ereignissen gibt es anscheinend Grund zu optimistischeren Prognosen. Neue Möglichkeiten der Abrüstung bieten sich an, und ich hoffe, daß man sie nutzen wird.)

Ich war mir darüber im klaren, daß nicht alle im Westen meinen Standpunkt akzeptieren würden, schon gar nicht jene Kreise, in denen die Idee des »Einfrierens« der Kernrüstung populär ist. Außerdem wußte ich, daß meine Haltung in der UdSSR neue Angriffe auf mich auslösen würde.

Das Volk unseres Landes, davon bin ich überzeugt, akzeptiert und schätzt in seiner Mehrheit die sowjetische Lebensweise und das sowjetische System – und nicht nur deshalb, weil die meisten Menschen wenig Möglichkeiten zum Vergleich und keine Wahl haben, sondern auch aus tiefergehenden Gründen. Ohne die sowjetische Wirklichkeit im geringsten idealisieren zu wollen, sehe auch ich wesentliche Erfolge des Sowjetsystems. Es geht mir um die *Annäherung*, die Konvergenz des kapitalistischen und des sozialistischen Systems, um die Notwendigkeit pluralistischer Änderungen (*Reformen*) in den sozialistischen Ländern, damit ihre Bevölkerung gedeiht und damit der Frieden in der ganzen Welt gesichert ist. Ich bin ein überzeugter Evolutionist und Reformist und ein prinzipieller Gegner gewaltsamer Revolutionen. Deshalb begann die Verteidigung von Menschen, die Opfer einer Ungerechtigkeit, eines Bruchs der grundlegenden Bürgerrechte geworden waren, in meinen Äußerungen immer größeren Platz einzunehmen. In den letzten Jahren war dies der Angelpunkt meiner Position. Ich unterstütze den internationalen Kampf für die Freilassung von Gewissensgefangenen in der ganzen Welt und die Haltung von Amnesty International, auch was den Kampf gegen Todesstrafe und Folter angeht. Die Verteidigung der Menschenrechte ist die einzige Grundlage, um Menschen unabhängig von ihrer Nationalität, ihren politischen Überzeugungen, ihrer Religion und ihrer gesellschaftlichen Stellung zu vereinen, wie Ljusja es in einem ihrer Interviews formulierte.

Bei der Verteidigung der Opfer von Ungesetzlichkeit und Brutalität – unter ihnen viele, die ich kenne, achte und liebe – wollte ich das ganze Maß meines Schmerzes, meiner Bedrücktheit, meiner Empörung und meines beharrlichen Wunsches, den Leidenden zu helfen, deutlich machen. Ihre Namen werden in diesem Buch genannt.

Meine Äußerungen zu allgemeinen Fragen betrachte ich als Diskussionsbeiträge und bin geneigt, viele Gedanken und Meinungen in Zweifel ziehen oder präzisieren zu lassen. Ich stehe Kolakowskis Position nahe, der in seinem Essay »Lob der Inkonsequenz« schreibt: »Die Inkonsequenz entspringt letztlich dem geheimen Bewußtsein von den Widersprüchen dieser Welt. [...] Es ist das permanente Gefühl, daß man möglicherweise einen Fehler begangen oder der Gegner recht haben könnte.« [1] Dennoch mußte ich mich zu politischen Problemen äußern, als würde nicht auch ich manchmal von Zweifeln geplagt. Dazu brachte mich mein ganzes Leben und Schicksal, und ich möchte, daß dies aus meinem Buch deutlich wird. Dieser Wunsch ist einer der Gründe, die mich veranlaßten, es niederzuschreiben. Ich rechne nicht mit schnellen praktischen Folgen meiner politischen Bemühungen. Aber vielleicht prägt sich etwas davon in den Herzen der Menschen ein. Und das allerwichtigste ist, daß ich mir selbst, meinem Schicksal treu sein muß.

Das 20. Jahrhundert ist das Jahrhundert der Wissenschaft. Ich hatte die Freude, zwei der von unseren großen Zeitgenossen geschaffene Theorien zu studieren: die geometrisch herrliche Relativitätstheorie und die Quantentheorie – dies ist die profundeste Schöpfung des menschlichen Genies, welche die Möglichkeit bietet, einen riesigen Kreis von Naturerscheinungen (wir kennen seine Grenzen noch nicht) zu verstehen und zu beschreiben. Als ich vor vierzig Jahren in die theoretische Abteilung von I. J. Tamm kam, hatte die Epoche der großen Erfolge in der Quantenfeldtheorie und der Theorie der Elementarteilchen begonnen. Damals hatten viele den Eindruck, daß die tiefschürfende, echte Entwicklung dieser Theorien ohne grundlegend neue – »verrückte«, wie N. Bohr einmal sagte – Ideen nicht möglich sei. Vorläufig ist die Entwicklung jedoch eine andere – und äußerst erfolgreiche; sie nutzt die nicht verrückten, wenn auch keineswegs trivialen Ideen der genauen und gestörten, «kalibrierten« Symmetrie und der gestörten Supersymmetrie, der »gefangenen« Quarks, der verborgenen (»verdichteten«) Dimensionen des physischen Raumes und der Zeit – sowie der sogenannten »Saiten« – im alten Rahmen der Relativitätstheorie und der Quantenfeldtheorie (dies schreibe ich als dankbarer Zuschauer, leider jedoch nicht als Beteiligter.)

In unseren Tagen hat sich die Physik der Elementarteilchen an die Geheimnisse der Kosmologie, die Instabilität des Protons, die Erklärung der Gravitationsgesetze »herangetastet«. Ich bin froh darüber, daß ich bis zu einem gewissen Grade an diesen umfassenden Forschungen beteiligt war, aber andererseits erfüllt es mich mit leisem Bedauern, daß ich nicht alles tat, was ich tun wollte und was ich der Logik der Sache nach hätte tun oder zumindest rechtzeitig begreifen müssen.

In den fünfziger Jahren legten Igor Tamm und ich die Grundlagen für die Arbeiten über die gesteuerte Thermonuklearrekation – dies sind vielleicht die Grundlagen der zukünftigen Energiewirtschaft. Bekanntlich werden in der ganzen Welt Untersuchungen großen Maßstabs zu dem von uns vorgelegten Prinzip der magnetischen Thermoisolation durchgeführt. Zu Beginn der sechziger Jahre machte ich den Vorschlag, Laserimplosionen zur Realisierung der gesteuerten Thermonuklearreaktion einzusetzen. Diese Methode wird heute ebenfalls mit Nachdruck erforscht.

In einigen meiner Arbeiten zollte ich der Futurologie Tribut, dem Wunsch, in die Zukunft zu blicken (zum Beispiel in den *Gedanken über Fortschritt, friedliche Koexistenz und geistige Freiheit* und in einem Artikel des Sammelbandes *Die Zukunft der Wissenschaft*). Im Jahre 1974 schrieb ich einen rein futurologischen Artikel, nämlich »Die Welt in fünfzig Jahren«. Ich bin in dem entsprechenden Kapitel nicht ausführlich auf ihn eingegangen, weil ich mir dieses Vergnügen für den Schluß aufbewahren wollte. In dem Artikel schildere ich, wie ich die wissenschaftlich-technische, die ökologische und soziale Gestalt der Zukunft sehe – vorausgesetzt, es gelingt der Menschheit, die sie bedrohenden globalen Gefahren eines thermonuklearen Krieges, der Vergiftung der Umwelt und der Einbuße des ökologischen Gleichgewichts auf dem Planeten, der Erschöpfung der Ressourcen sowie die Gefahr der Überbevölkerung zu überleben und nicht zu degenerieren. Die zeitliche Begrenzung des Titels ist rein zufällig – in Wirklichkeit behandelt der Artikel einfach die Zukunft. Ich schreibe von der Einteilung der Erdoberfläche in zwei Zonen: eine Produktions- und Wohn- sowie eine ausgedehnte Erholungszone mit unberührter Natur. Daneben beschreibe ich ein Weltinformationssystem, das jedem alle Wunder von Wissenschaft und Kunst zugänglich macht und die Menschheit zu einem einheitlichen Ganzen vereinigt; die umfassende Computerisierung des Alltagslebens, der Produktion und Wissenschaft; die Nutzung der Forschungsergebnisse im Grenzgebiet von Biologie, Chemie und Physik; den Verzehr von Nahrung aus synthetischem Eiweiß (genauer gesagt, aus Aminosäuren), was die Einschränkung der Viehwirtschaft ermöglicht und die Hälfte der Äcker und Wiesen schont, etc. Ich gebe auch einige konkrete Prognosen, auf denen ich nicht beharre, die ich aber trotzdem erwähnen möchte: die mögliche Nutzung von »schreitenden« Transportmitteln, das nukleare »Breeding« auf der Mondoberfläche. Ich nehme an, daß man in der Zukunft das All weitgehend für irdische Ziele nutzen und in die Tiefe des Sonnensystems vordringen wird, und ich erwähne, wie wichtig die Entdeckung außerirdischer Zivilisationen ist.

Meine offenen Äußerungen riefen große Erbitterung bei den Behörden – beim Partei- und Staatsapparat sowie beim KGB – hervor. Im Jahre 1968 wurde ich von der Arbeit im Objekt entfernt. Seit 1971, sobald Ljusja meine Frau geworden war, konzentrierte sich der Druck vor allem auf sie und sehr bald auch auf unsere Kinder und Enkel. Verleumdung,

Drohungen, Schikanen waren die offensichtlichen Erscheinungsformen dieses Drucks. 1977/78 waren unsere Kinder und Enkel zur Emigration gezwungen, es kam zur tragischen Trennung unserer Familie. Im Jahre 1970 entzog man mir alle staatlichen Auszeichnungen, deportierte mich illegal, ohne Verhandlung, nach Gorkij und setzte mich der Isolation aus. Diese Aktion war vermutlich seit langem vorbereitet worden, sie ereignete sich aber wohl nicht zufällig sofort nach der Invasion der UdSSR in Afghanistan und nach meinen Stellungnahmen dagegen. Im Jahre 1981 konnten Ljusja und ich durch unseren Hungerstreik erreichen, daß Lisa, die nach der Emigration unserer Kinder und Enkel zur Geisel meiner gesellschaftlichen Tätigkeit geworden war, zu ihrem Mann ausreisen durfte.

Nun zu den Ereignissen der jüngsten Zeit, die sich nach dem 15. Februar 1983 abspielten. Am 25. April erlitt Ljusja einen Infarkt. Anscheinend handelte es sich schon um den zweiten; der erste war in der Poliklinik der Akademie der Wissenschaften nicht diagnostiziert worden. In den folgenden Wochen kam es zweimal zu neuen Verschlechterungen, die von einer Erweiterung der befallenen Zone begleitet waren. Die allgemeine und wichtigste Ursache des Infarkts war zweifellos jene unermeßliche psychische und physische Belastung, die Ljusja während ihres Lebens mit mir, besonders nach der Deportierung, auf sich genommen hatte und die Trennung von ihrer Mutter, ihren Kindern und Enkeln. Der Infarkt mit all seinen klinischen Merkmalen ereignete sich in Gorkij. Am 10. Mai fuhr sie nach Moskau, und am 14. Mai wurde der Infarkt durch ein Kardiogramm in der Poliklinik der Akademie der Wissenschaften bestätigt. Man schlug ihr sogleich vor, sich ins Krankenhaus der Akademie einweisen zu lassen, doch sie verlangte unsere gemeinsame Aufnahme in ein Zimmer im Krankenhaus oder im Sanatorium der Akademie. So begann ein Kampf, in dem wieder ihre Gesundheit der Einsatz war. Unglücklicherweise unterstützte ich sie in diesem Kampf nicht hinreichend. Ljusja kämpfte natürlich auch für die Änderung meines Status. Doch kaum jemand begriff die Dimension ihres Kampfes, nur wenige wußten um die Schwere ihrer Krankheit.

Zwischen dem 10. und 14. Mai fand die Verhandlung gegen Alexej Smirnow statt, mit der Ljusja sich beschäftigt hatte. In Smirnows Fall traten einige Symptome zutage, die unbedingt geschildert werden müssen. Man führte eine Haussuchung bei ihm durch, nach der man ihn zum Ermittlungsleiter brachte. Dieser sagte: »Hier ist der Haftbefehl gegen Sie.

Sie haben zwei Möglichkeiten; Wenn Sie niederschreiben, was Sie über die *Chronik der laufenden Ereignisse* wissen, wer sie herausgibt und verbreitet, dann zerreiße ich diesen Befehl; wenn nicht, dann werden Sie verhaftet.«

Wie Smirnow während der Verhandlung erklärte: »Ich wählte die zweite Möglichkeit.«

Er wurde in eine »Preßkammer« gebracht. Wir hatten dieses Wort auch früher schon oft gehört, aber immer nur im Zusammenhang mit Menschen, die krimineller Delikte angeklagt worden waren. Natürlich handelt es sich auch in diesen Fällen um eine schreckliche, schändliche Ungesetzlichkeit. Die »Preßkammer« ist ein Zimmer, in dem man einen Untersuchungsgefangenen verprügelt, damit er die für die Ermittlung notwendigen Aussagen macht. Die Schläge werden von Untersuchungshäftlingen oder von verurteilten Verbrechern auf Befehl der Leitung verabreicht. Gamsachurdia veröffentlichte seinerzeit ausführliche Informationen darüber, wie dies in Georgien vor sich geht.

Früher wurde die Folterung von politischen Gefangenen weithin praktiziert, dann aber tauchten keine neuen Informationen darüber auf (jedenfals nicht in Moskau). Smirnows Fall lieferte das erste Beispiel. Es gelang Alexej, die von ihm erlittenen Peinigungen während des Prozesses ebenso wie die Umstände der Verhaftung bekanntzumachen. Man verprügelte ihn jeden Tag im Verlaufe eines ganzen Monats. Der Leiter dieser Aktion forderte ständig von Smirnow, er solle sein Verhalten ändern, da er sonst nicht überleben werde. Alexej sagte während der Verhandlung: »Ich weiß nicht, wie ich es aushielt, aber ich schaffte es.«

Er verlangte, seine Erklärung über die Verprügelungen ins Protokoll aufzunehmen, doch dies wurde ebenso abgelehnt wie seine Anträge, Zeugen zur Sache aufzurufen.

Man verurteilte Smirnow zu sechs Jahren Haft und mehreren Jahren Verbannung. Die Hauptanklage stützte sich auf die Aussagen eines falschen Zeugen. Angeblich hatte der Mann eine gewisse Zeit bei Schichanowitsch gewohnt und gesehen, wie Smirnow (begleitet von Lisa Alexejewa) mit einem großen Stapel von Nummern der *Chronik* eintraf und sie an die Anwesenden verteilte. In Wirklichkeit ist das alles erlogen. Der Zeuge wohnte nie bei Schichanowitsch, und Alexejewa besuchte Schichanowitsch kein einziges Mal. Man schlug Smirnow eine Gegenüberstellung mit dem Mann ab, und er trat auch nicht bei der Verhandlung auf, sondern man benutzte nur schriftliche Aussagen. Smirnow bekam ihn überhaupt nie zu Gesicht.

Der Fall Alexej Smirnow, die wiederholten brutalen und ungesetzlichen Urteile gegen viele Gewissensgefangene und die harten Bestrafungen neuer Gefangener fallen in die jüngste Vergangenheit. Ich möchte hoffen, daß dies keine neuen Tendenzen widerspiegelt und daß wir bessere Zeiten erwarten dürfen.

Sobald man bei Ljusja einen Infarkt diagnostiziert hatte, wurden an den Wohnungstüren und auf der Straße Milizposten aufgestellt – insgesamt etwa sechs Mann, zudem ein Milizfahrzeug mit einem Sprechfunkgerät. Eine der Aufgaben der Posten war es, keine ausländischen Korrespondenten und Besucher zu ihr zu lassen. Alle sowjetischen Besucher wurden registiert, was viele abschreckt. Deshalb haben keine Ärzte, außer denen der Akademie, sie untersucht. Faktisch war sie auf sich allein gestellt. Die Gefahr verstärkte sich dadurch, daß das Telefon seit 1980 abgeschaltet ist, ebenso wie der öffentliche Fernsprecher in der Nähe des Hauses. Auch aus der Wohnung der Nachbarin konnte Ljusja nicht telefonieren, da dies schon einmal zur Abschaltung auch ihres Apparates geführt hat. Bei einem plötzlichen Anfall wäre es also für Ljusja schwierig gewesen, die Erste Hilfe zu benachrichtigen. Daher kommt mir der Gedanke, daß auch dies eines der Ziele war, die man mit den Posten verfolgte. Das KGB fürchtete vielleicht, daß ich einen Versuch machen würde, heimlich zu der schwerkranken Ljusja nach Moskau zu gelangen, aber hier hatte man mich leider überschätzt. Ich nahm eine viel zu passive Haltung ein und bemühte mich, nach außen hin so zu leben, als sei nichts geschehen, wobei ich mir natürlich große Sorgen um Ljusjas Gesundheit machte. Zu der Frage einer gemeinsamen Krankenhauseinweisung mit Ljusja in Moskau verhielt ich mich fatalistisch. Ich meinte, daß man meine Einweisung nur dann gestatten würde, wenn dies den Behörden politisch zweckmäßig erschiene – schließlich hatten wir ihnen die Möglichkeit gegeben, in unserer Angelegenheit »ohne Gesichtsverlust« zurückzuweichen. Wenn die Behörden jedoch meinen Status nicht ändern wollten, dann würden sie, wie ich glaubte, ohnehin eine Methode finden, die Aufnahme in ein Krankenhaus zu verhindern. Im Grunde hätte ich, sobald ich die Nachricht von Ljusjas Infarkt erhielt, den Entschluß fassen müssen, mich um ihre Behandlung im Ausland zu bemühen und zu diesem Zweck einen unbefristeten Hungerstreik zu erklären. Wenn das KGB meinen Tod nicht wollte, hätte ein solches Vorgehen Aussicht auf Erfolg gehabt – jedenfalls eine größere Aussicht als die für viele kaum verständliche und nicht eindeutige Verknüpfung von Ljusjas Krankheit mit meiner Krankenhausaufnahme in Moskau. Wie aus dem weiteren hervorgeht, nutzte das KGB diese Zweideutigkeit und die von mir gemachten Fehler glänzend aus.

Ohne mich konnte Ljusja nicht die Entscheidung treffen, sich auf einen Kampf um die Reise ins Ausland umzuorientieren. Sie dachte nicht einmal an eine solche Möglichkeit. Diese Entscheidung hätte von mir ausgehen müssen, aber ich war dafür noch nicht »reif«. Zudem unterschätzte auch ich aus der Entfernung, wegen der schlechten Verbindung und aus einer gewissen psychischen Selbstverteidigung heraus die Dringlichkeit der Situation.

Am 20. Mai hielt Ljusja eine Pressekonferenz ab, bei der sie unsere Forderung nach einem gemeinsamen Krankenhausaufenthalt bekanntgab. Man ließ die ausländischen Korrespondenten nicht in die Wohnung; sie versammelten sich deshalb auf der Straße am Hauseingang. Die Miliz und irgendein KGB-Mann in Zivil versuchten, Ljusja zurückzuhalten, doch sie drängte sich, fast mit Gewalt, auf die Straße; in der einen Hand hatte sie Nitroglyzerin, in der anderen ihre Erklärung und meinen Brief an den Präsidenten der Akademie der Wissenschaften. Sie setzte sich auf den Sims eines Schaufensters und gab die Erklärung ab. Dies war 25 Tage nach dem Beginn des Infarktes.

Eine Woche später schickten Ljusja und ich neue Telegramme an Alexandrow, und Ende Mai teilte er uns mit, daß er befohlen habe, Fachärzte zu mir zu schicken, welche die Frage meiner Einweisung ins Krankenhaus klären sollten. Am 2. Juni trafen die Mediziner ein. Sie untersuchten mich und fertigten ein Elektrokardiogramm an. Auf meine beharrlichen Fragen hin bestätigte der Delegationsleiter, Professor Pylajew, daß sie die Zweckmäßigkeit eines Krankenhausaufenthaltes bestätigen würden. Die Mediziner reisten noch am selben Tag ab. Einige Tage lang meinte ich, daß die Behörden vielleicht doch meine Einweisung ins Krankenhaus wünschten, und brachte sogar – wobei ich mir selbst etwas vormachte – einige Lebensmittel aus dem Kühlschrank zu den Chajnowskijs, damit die Sachen im Falle einer plötzlichen Einweisung nicht verdarben.

Im Juni 1983 hatte die Zeitschrift *Foreign Affairs* meinen Offenen Brief an Dr. Sidney Drell mit dem Titel »Die Gefahr eines thermonuklearen Krieges« veröffentlicht. Am 3. Juli erschien in der *Iswestija* ein Artikel mit der Unterschrift von vier Akademiemitgliedern, nämlich A. A. Dorodnizyn, A. M. Prochorow, G. W. Skrjabin und A. N. Tichonow; der Titel lautete »Wenn man Ehre und Gewissen verliert«. Ich vermute, daß dieser Artikel von einem der Spezialisten für internationale Politik bei

APN oder beim KGB geschrieben wurde, von einem professionellen Journalisten und Meister der propagandistischen Manipulation. Im Oktober wurde bekannt, daß auch ein fünftes Akademiemitglied (seinen Namen teilte man mir nicht mit) ins Zentralkomitee geladen wurde, damit er den Artikel in der *Iswestija* unterzeichne. Er erwiderte, daß er sich mit meinem Beitrag in *Foreign Affairs* vertraut machen und selbst etwas für die *Iswestija* schreiben wolle. Der Mann – wahrscheinlich vom KGB –, der das Gespräch mit ihm führte, lehnte diese Möglichkeit ab, da der Artikel in der *Iswestija* sehr rasch erscheinen müsse. So bedeckte dieses Akademiemitglied sich nicht mit Schande. (Ergänzung 1988: Es war W. I. Goldanskij, wie er selbst berichtet.) Außerdem erfuhr ich, daß die vier unterzeichnenden Akademiemitglieder nicht nur meinen Artikel, sondern auch das nicht sahen, was sie unterschrieben. Es heißt, daß Prochorow sich den Vorfall sehr zu Herzen nahm. Es wäre gut, wenn er öffentlich seine Unterschrift zurückzöge.

Der Artikel in der *Iswestija* ist ein Beispiel für äußerste journalistische Gewissenlosigkeit. Im Grunde handelt es sich um eine Provokation, deren Ziel darin besteht, den Zorn der Menschen auf mich zu lenken, denn ich werde als Feind des Friedens und des eigenen Landes dargestellt, als Verräter, der sein Volk verachtet und haßt. Bezeichnenderweise wird in der *Iswestija* der Titel meines Beitrags, »Die Gefahr eines thermonuklearen Krieges«, nicht erwähnt, denn dies hätte Zweifel daran wecken können, ob ich wirklich einen Atomkrieg und das Wettrüsten so sehr wünsche, ob ich ein solcher Gegner von Verhandlungen bin, wie die *Iswestija* vorgibt.

Ich erhielt innerhalb von zwei Monaten mehr als 2300 Briefe und mehrere Dutzend Telegramme mit schärfsten Verurteilungen meiner »menschenverachtenden« Position. Dabei muß man berücksichtigen, daß rund die Hälfte der Briefe Kollektivschreiben sind, womit die Gesamtzahl der Unterzeichner zigtausend Menschen umfaßt.

So traurig es ist, ich muß zugeben, daß die Provokation diesmal erfolgreicher war als in früheren Jahren. Zudem richtete sich der Schlag nicht nur – wie vorher – gegen mich, sondern vor allem gegen Ljusja. Und es war ein gemeiner und brutaler Schlag! Zwar wurde Ljusjas Name nicht ausdrücklich genannt (dies wäre eine Beeinträchtigung des »Niveaus« gewesen), doch die sowjetische Propagandamaschine hatte den dafür aufnahmebereiten Geistern schon seit langem mit verschiedenen Methoden die Vorstellung vermittelt, daß Ljusja die Hauptschuldige an meinem »Sturz« sei. Neben den Andeutungen im Boulevardstil spielt dabei die

Hervorhebung Ljusjas jüdischer Abstammung eine besondere Rolle – ihre armenische Abstammung wäre natürlich weniger ergiebig. So waren alle Bedingungen dafür geschaffen, auch meinen Artikel in *Foreign Affairs* auf denselben unheilvollen und heimtückischen Einfluß zurückzuführen. (Kaum jemand überlegt sich, daß schließlich ich der Spezialist für thermonukleare Waffen bin, während Ljusja Fachärztin für Kleinkinder ist.)

Bereits Anfang des Jahres war die dritte (ergänzte und überarbeitete) Ausgabe des Buches von N. N. Jakowlew, *CIA contra UdSSR*, herausgekommen. Diese Ausgabe ist um einen langen Abschnitt erweitert, der sich auf Ljusja und mich bezieht. Das wurde offenbar vom KGB für nötig gehalten.

Jakowlew ist den Umschlagtexten seiner Bücher zufolge Doktor der historischen Wissenschaften. Er ist einer der schamlosesten Autoren, die über sogenannte ideologische Themen – unter anderem über Dissidenten – schreiben. Vor kurzem, schon nach den unten beschriebenen Ereignissen, erfuhr ich von einem Bekannten einige Einzelheiten über Jakowlew, die ich hier wiedergeben möchte.

Er wurde in früher Jugend (zusammen mit seinem Vater, einem General) verhaftet und machte Aussagen gegen seine Kommilitonen, was zu zahlreichen Verhaftungen führte; man verurteilte ihn, und er befand sich für eine gewisse Zeit in Haft. Anscheinend begann er während der Ermittlungen oder im Lager mit dem KGB zusammenzuarbeiten. Mit seiner Karriere ging es sofort nach der Entlassung zügig voran; eine unsichtbare Hand schützte ihn unweigerlich, wenn er in größere Unannehmlichkeiten, auch krimineller Art, geriet. In Privatgesprächen soll Jakowlew sich äußerst freimütig, oppositionell geäußert haben ... Ich beschreibe unten meine eigene Begegnung mit ihm. Mich überraschte an ihm die Kombination von Unverschämtheit mit einer fast physisch spürbaren Demutshaltung, von unzweifelhaftem literarischen Talent und literarischer Bildung, von Zynismus, völliger Prinzipienlosigkeit und Verlogenheit.

In dem Buch *CIA contra UdSSR* ist den Bürgerrechtlern und Andersdenkenden (Orlow, Welikanowa u. a.) viel Raum gewidmet. Sie werden von Jakowlew (wie von anderen Verfassern derartiger Literatur) als nichtswürdige, habgierige und eitle Gestalten, als käufliche Agenten ausländischer Geheimdienste, als Schachfiguren in einem provokatorischen Spiel mit dem Titel »Menschenrechte« geschildert – ein Spiel, das in den Tiefen der CIA ausgeheckt und unter Vermittlung des NTS[2] verwirklicht worden sei. Die meisten von ihnen streben – laut Jakowlew, Siws u. a. –

danach, den Ruhm von »Kämpfern« zu erwerben und die Früchte ihrer Arbeit im Ausland zu verzehren.

Ebenfalls im Jahre 1983 erschien in der Illustrierten *Smena*, die sich an den breitesten Leserkreis richtet, eine Reihe von Artikeln mit Jakowlews Unterschrift; sie stellten ein kurzes, doch äußerst »saftiges« Konzentrat aus den »dissidentischen« Abschnitten seines Buches dar. Der letzte dieser Artikel, »Der Weg nach unten«, handelt von Ljusja und mir. Das Buch hat eine Auflage von 200000, die Zeitschrift *Smena* eine Auflage von mehr als 1700000 Exemplaren, so daß Millionen von Menschen diese skandalösen Lügen gelesen haben müssen! Jakowlews Wortklaubereien lassen sich folgendermaßen resümieren: Ich bin ein von den Wahnideen einer Weltregierung, von der Technokratie und vom Haß auf den Sozialismus besessener Trottel, ein psychisch unausgeglichener Mensch, den die westlichen Geheimdienste ihrem Interesse gemäß lenken, wobei sie die »Besonderheiten meines persönlichen Lebens«, das heißt Ljusja, ausnutzen. Ljusja dagegen ist eine kriminelle, gewinnsüchtige Abenteurerin, die Schuldige am Tod von zwei Frauen (hier wiederholt Jakowlew die Lüge der »gelben Schreiben« und der Zeitschrift *Sette giorni*), und heute ist »Madame Bonner Sacharows böser Geist«. Jakowlew zitierte sowohl in seinem Buch wie in seinem Artikel beifällig das von mir erwähnte lügnerische und gemeine Feuilleton mit dem gleichen Titel aus der ausländischen Zeitung *Russkij golos* (Russische Stimme):

> »Wahrscheinlich wurde Sacharow zur Geisel der Zionisten, die ihm mit Hilfe der zänkischen und labilen Bonner ihre Bedingungen diktieren.«

Jakowlew drückte sogar eine Art »scheinheiliges Mitgefühl« mit mir aus, denn ich sei zwar schuldig, aber im Grunde sei ich ein Opfer, der »leidende Teil«:

> »Man bemerkt bei ihm regelmäßige Stimmungsumschwünge. Es gibt ruhige Perioden, wenn Bonner nach Moskau reist, und depressive, wenn sie aus der Hauptstadt zu ihrem Gatten kommt. [...] Dann folgt die gemeinsame Abfassung irgendeiner Schmähschrift durch das Paar, zuweilen unterbrochen von stürmischen Szenen, bei denen *Schläge* verteilt werden. [...] Auf diesem Hintergrund sehe ich die üblichen Offenbarungen *im Namen* Sacharows, die von westlichen Rundfunkstationen verkündet werden. [...] Vieles entsteht nach Diktat oder unter dem Druck eines fremden Willens.«

Diese Unverschämtheiten über die Unselbständigkeit meiner öffentlichen Äußerungen sind nicht einfach Lügengeschichten. Unzweifelhaft dient Jakowlew in seinem Buch und seinem Artikel als Sprachrohr des KGB, als Vermittler der vom KGB eingeschlagenen »Generallinie« zur »Lösung« des Problems Sacharow.

(Ergänzung vom 3. November). Heute kam die stellvertretende Leiterin der Post (vielleicht im Auftrag), um mir eine Nummer der populären Zeitschrift *Tschelowek i Sakon* (Mensch und Gesetz) zu zeigen. Diese Zeitschrift druckt Skizzen von Gerichtsverhandlungen, Detektivgeschichten und erteilt juristische Auskünfte; sie hat eine Auflage von 8700000 Exemplaren! Die Oktobernummer brachte – immer noch auf der Grundlage seines Buches – einen neuen Artikel von Jakowlew. Er heißt »Die CIA gegen das Land der Sowjets«, und der Abschnitt über Ljusja und mich trägt den Titel »Firma ›Bonner and Children‹«. Auffallend ist, daß alle Kennzeichnungen und Attribute der ursprünglichen Publikation von *Smena* noch weiter zugespitzt sind: Ljusja ist nun nicht mehr ein »liederliches«, sondern ein »lasterhaftes« Frauenzimmer, eine »sexuelle Räuberin«; dem Witwer Sacharow hat sich eine *entsetzliche* Frau aufgedrängt; ich schreibe unter dem Druck eines fremden *bösen* Willens usw. Aber wichtiger ist etwas anderes: Jakowlew formuliert nun all das klar und unzweideutig, was vorher im Namen »Dritter« (zum Beispiel ungenannter »Physikwissenschaftler» in *Russkij golos*) oder nicht ganz unverhohlen ausgedrückt worden war. Ich zitiere (*Tschelowek i Sakon*, Nr. 10, 1983, S. 105):

> »Bei ihren Versuchen, das sowjetische System von innen her zu untergraben, bediente sich die CIA weiterhin auch der Dienste des internationalen Zionismus. Man setzt nicht nur das Agentennetz. [...] und das damit verbundene jüdische Freimaurerorgan [!] 'B'nai Brith dazu ein, sondern auch Elemente, die der Wirkung der zionistischen Propaganda ausgesetzt sind. *Eines der Opfer der zionistischen CIA-Organisation wurde das Akademiemitglied A. D. Sacharow* (Hervorhebung von mir – *A. S.*).«

Aus dem Zusammenhang wird deutlich, daß Jakowlew (also dem KGB) zufolge Ljusja eine solche zionistische CIA-Agentin ist. Vor drei Monaten äußerte sich Jakowlew noch nicht *so definitiv.* Seitdem müssen sich irgendwelche Umstände geändert haben! (In demselben Artikel schämt er sich nicht, Sinjawskij als »heimatlosen Kosmopoliten« zu bezeichnen; er weiß gewiß, daß dieser Ausdruck aus den Pogromfeldzügen der letzten Jahre Stalins stammt.)

Der Abschnitt »Firma ›J. Bonner and Children‹« endet folgendermaßen:

> »Nachdem ich seine Artikel und so weiter (zum Glück sind sie nicht sehr voluminös) einer sorgfältigen, wenn man so will: textologischen Analyse unterzogen habe, kann ich mich nicht von dem Gefühl freimachen, daß vieles unter Druck eines fremden bösen Willens geschrieben wurde. Aber diese Einschätzung der in ihrem Kern antisowjetischen [gleichsam unselbständigen – *A. S.*] Tätigkeit Sacharows gilt keineswegs für die Renegaten allgemein, die mit Hilfe der CIA und, von ihr angestiftet, im Namen einer ungeteilten bourgeoisen Herrschaft nach dem Tode der sozialistischen Ideologie trachten.«

Das heißt, wir, das KGB, »bemitleiden« Sacharow, während alle übrigen, darunter auch Ljusja, gnadenlos bestraft werden müssen!

Ein *solches* Mitleid weise ich angewidert und zornig zurück!

Alles, was Jakowlew schreibt, ist buchstäblich von Lügen durchtränkt. Um seinen Standpunkt emotional zu untermauern, schwärzt er Ljusja auf jede erdenkliche Weise an und baut einen Berg von Verleumdungen auf – nach dem Prinzip, daß schon irgend etwas haften bleiben wird. Ljusja wird als böse Stiefmutter gezeichnet, die meine Kinder aus der ersten Ehe »aus dem elterlichen Heim« geworfen habe. In Wirklichkeit wohnen meine Kinder heute immer noch dort, während Ljusja keinen einzigen Tag in meiner alten Wohnung verbrachte. Sie sei lernunwillig und habe ihr Studium nur mit gefälschten Unterlagen aufnehmen können. Früher

> »... erreichte das lasterhafte Frauenzimmer fast professionelles Geschick in der Verführung und späteren Ausplünderung bejahrter Männer. [...] Sie machte einer kranken Freundin den Mann abspenstig und trieb sie mit Erpressung und scheußlichen telefonischen Mitteilungen in den Tod. [Was denn nun: Wurde der Mann »abspenstig« gemacht oder wurde die Freundin »in den Tod getrieben«? – *A. S.*] Sie erreichte ihr Ziel und wurde fast die Frau des Dichters Wsewolod Bagrizkij. Welche Enttäuschung, daß er im Krieg fiel.«

Das Wort »Enttäuschung« ist eine gemeine Beleidigung für alle, deren Verwandte oder Freunde im Krieg umkamen. Wsewolod Bagrizkij war kein »bejahrter und wohlhabender Mann«, er starb im Alter von zwanzig Jahren an der Front. Daß sein Name, seine Kindheits- und Jugendbeziehung zu Ljusja für schmutzige Andeutungen mißbraucht werden, ist widerlich und blamabel. Ich habe bereits in Zusammenhang mit dem Artikel in *Sette giorni* und den »gelben Schreiben« erläutert, wie es sich wirklich verhielt. Im Archiv des Literaturmuseums oder im Zentralen Staatsarchiv der Literatur und Kunst wird Wsewolods Paß verwahrt; er wurde von einem Granatsplitter durchbohrt, der Bagrizkij das Leben kostete. Der Paß enthält Eintragungen über Wsewolods Ehe mit M. Filatowa und die Scheidung von ihr. Der Historiker Jakowlew hätte sich, wenn es ihm um die Darstellung der Wahrheit gegangen wäre, an diese Archive wenden können. Jakowlew wiederholt auch eine andere »Geschichte« aus *Sette giorni* und den meisten »gelben Schreiben«: Ljusja sei dafür verantwortlich, daß Moissej Slotnik seine Frau Jelena Dolenko ermordete. Allerdings schmückt Jakowlew die Geschichte mit neuen Erfindungen und Andeutungen aus. Um nicht als Mordkomplizin zur Rechenschaft gezogen zu werden, habe Ljusja sich als Sanitäterin in einem Sanitätszug versteckt. Doch der Mord ereignete sich im Oktober 1944, während Ljusja schon seit den ersten Kriegstagen in der Armee war, und zwar nicht als Sanitäterin, sondern zuerst als Sanitätsausbilderin und dann als Oberschwester. Während der Ehe Slotniks und Jelena Dolenkos hatte sie keine Verbindung zu den beiden. Jakowlew bezieht sich wie seine Vorgänger auf die Erzählung Schejnins, doch aus ihr ergibt sich bei allen Ungenauigkeiten und literarischen »Freiheiten« (auf die ich bereits eingegangen bin) völlig eindeutig, daß Ljusja mit dem Mord nicht das geringste zu tun hatte. Als Quelle für die Ausführungen über Bagrizkijs Frau diente natürlich dessen postum erschienenes Buch. Aber weder Jakowlew noch die Verfasser der »gelben Schreiben«, noch des Artikels in *Sette giorni* erwähnen das Buch – nicht nur deshalb, weil es ihr Lügengespinst faktisch zerstört hätte (in dem Buch wird mitgeteilt, daß Ljusja vor der Scheidung nichts von Bagrizkijs Ehe wußte und seine Frau nie gesehen hatte), sondern auch deshalb, weil es mit den Anschuldigungen »psychologisch unvereinbar« ist. Dies ist Ljusjas und meine Überzeugung. Der reine Geist des Buches und seiner Helden steht im krassen Gegensatz zu dem Schmutz und der Gemeinheit der erwähnten Schmierereien.

Jakowlew weitete seine Verunglimpfung auch auf Ljusjas Kinder Tanja und Aljoscha (sie »erzog sie nach ihrem Bilde«) sowie auf Efrem und Lisa aus. Sie alle seien Nichtstuer und Gauner, während »Sacharows drei leibliche Kinder« in Moskau »arbeiten und studieren«.

Offenbar hat es das KGB aus irgendeinem Grunde nötig, die Kinder von Mann und Frau einander auf so unmoralische und lügenhafte Weise gegenüberzustellen (was den sittlichen Lebensnormen aller Völker widerspricht!). Zur Sache kann ich sagen, daß Efrem sein Studium nicht vorzeitig abbrach – es gelang ihm noch, die Hochschule im Jahre 1972 abzuschließen, bevor das KGB gegen ihn zuschlug. Aljoscha zeichnete sich in der Schule und an der Universität aus und erledigt ebenfalls jede Arbeit mit Feuereifer. Tanja wurde durchaus nicht wegen schlechter Leistungen oder wegen »gefälschter Dokumente« im Jahre 1976 von der MGU relegiert, sondern auf Befehl des KGB im Jahre 1972.

Jakowlew entstellt auf niederträchtige Weise die Tragödie der erzwungenen Emigration unserer Kinder und Enkel sowie die Geschichte von Ljusjas und meinem Hungerstreik. Ich hoffe allerdings, daß diese Dinge dem Leser meines Buches hinreichend klar sind.

Außerdem hoffe ich, daß es mir gelungen ist, in diesem Buch ein wahrheitsgetreues Bild Ljusjas mit ihrer tätigen Güte, ihrer Entschlossenheit und Opferbereitschaft und ein Bild ihres arbeitsamen und heldenhaften Lebens zu zeichnen, das Jakowlews Verleumdung so sehr widerspricht.

Der Artikel in der Zeitschrift *Smena* wurde im Juli 1983 veröffentlicht. Ein paar Tage davor, als ich allein in der Wohnung war, tauchte Jakowlew unerwartet bei mir auf (Ljusja war damals in Moskau). Er erklärte, daß er aus Moskau gekommen sei, um im Auftrag der Zeitschrift *Molodaja gwardija* (Junge Garde) ein Interview mit mir über meinen Artikel in *Foreign Affairs* zu führen. Was versprach er sich von dem Besuch bei einem Mann, den (und vor allem dessen Frau) er so niederträchtig und gewissenlos verleumdet und beleidigt hatte? Wahrscheinlich hoffte er, daß mich seine beispiellose Unverschämtheit aus der Fassung bringen würde und daß ich den Wunsch hätte, mich in den Augen von Millionen sowjetischer Leser irgendwie zu rehabilitieren, mich in der sowjetischen Presse gegenüber den Verunglimpfungen des Artikels in der *Iswestija* zu verteidigen. Vielleicht war dieses Gespräch auch eine Falle, die auf weitreichenden Plänen beruhte. Ich hoffe, daß es mir gelang, ihr zu entgehen. Es folgt eine Aufzeichnung des Gesprächs, die ich kurz danach anfertigte:

Jakowlews Besuch

Am 14. Juli gegen 14 Uhr klingelten zwei Personen unerwartet an der Tür: ein gebrechlich wirkender, mittelgroßer Mann von fünfzig bis sechzig Jahren und eine junge Frau, die im weiteren kein einziges Wort sagte, sondern nur ununterbrochen rauchte. Ich hielt die beiden für KGB-Angehörige (was nicht allzuweit von der Wahrheit entfernt war) und fragte: »Wer sind Sie? Was wollen Sie?«

Der Mann holte eine Nitroglyzerintablette aus der Tasche und legte sie sich unter die Zunge; er antwortete: »Ich bin Professor Jakowlew, von Beruf Historiker, und dies ist meine Mitarbeiterin. Wir wohnen im Hotel ›Nishnegorodskaja‹, und es hat lange gedauert, bis wir zu Ihnen vordringen konnten. Ich komme im Auftrag von APN und der Redaktion von *Molodaja gwardija.* Dort wird man aus Anlaß ihres Artikels in *Foreign Affairs* mit Briefen überhäuft, und da man nicht weiß, wie man sie beantworten soll, wurde ich zu Ihnen geschickt, um Ihre wahre Meinung zu erfahren. Haben Sie einen Bogen Papier? Ich muß gestehen, daß ich im Gegensatz zu Ihnen kein Experte in diesen Fragen bin. Ich bin Historiker. Wenn Sie wollen, schreibe ich Ihnen die Titel meiner Bücher auf.« Dies war also der Verfasser des Buches *CIA contra UdSSR*, das abscheuliche Verleumdungen vieler Menschenrechtskämpfer – vornehmlich gegen Ljusja, mich selbst, Tanja, Aljoscha und Efrem gerichtet – enthielt.

Ich gab zurück: »Nicht nötig, unsere Beziehungen sind anderer Art. Im 19. Jahrhundert hätte ich Sie zum Duell fordern müssen.« (Ich sprach diese Worte völlig ernst aus, ohne Lächeln oder Ironie.) Dann ging ich ins Nachbarzimmer, nahm Jakowlews Buch *CIA contra UdSSR* vom Regal und holte ein Blatt Papier. Ein leichtes Zittern schüttelte mich, doch es verflog nach ein ein paar Minuten. Während des Gesprächs mit Jakowlew war ich nicht von Zorn oder Empörung erfüllt, sondern von einem ständig wachsenden Ekel.

Ich kehrte in das Zimmer zurück, in dem Jakowlew mit seiner Begleiterin saß. »Sie erlauben sich in Ihrem Buch zahlreiche Lügen und Verleumdungen über meine Frau, meine Freunde und mich selbst. Ich weigere mich, irgend etwas mit Ihnen zu besprechen, bevor Sie nicht eine Entschuldigung schreiben und veröffentlichen. Eine Kopie Ihres Briefes, sagen wir, an die Redaktion der *Literaturnaja gaseta*, lassen Sie bei mir zurück. Hier ist das Papier.«

»Gut, ich bin bereit, darüber nachzudenken. Ich dachte mir, daß es zu Unannehmlichkeiten – vielleicht sogar gerichtlichen – kommen würde. [Mir war nicht ganz klar, wovon er redete; anscheinend wollte er mich damit einschüchtern, daß er einflußreiche Freunde »in der Hinterhand« habe.] Ich schrieb mein Buch mit größtem Respekt vor Ihnen, ja geradezu liebevoll.«

»Ich kann auf Ihre Gefühle verzichten, sie beleidigen mich. Lassen Sie uns nicht von Ihren Gefühlen und Einschätzungen reden, sondern von den Tatsachen, die Sie bewußt verfälschen.« Ich schlug das Buch auf und zitierte die Stellen, an die ich mich erinnerte oder auf die ich während des Gesprächs stieß: »›Die Stiefmutter kam und warf ihre Kinder hinaus.‹ Meine Kinder aus der ersten Ehe wohnen bis heute noch dort, wo sie auch früher wohnten, während ich nach der Trauung zu meiner Frau und ihrer Mutter in deren überfüllte Wohnung übersiedelte.«

»Ja, das weiß ich«, antwortete Jakowlew.

»Weshalb schreiben Sie dann das Gegenteil? Weshalb schreiben Sie, daß meine Frau in die Armee eintrat, um sich einer Anklage wegen Anstiftung zum Mord zu entziehen? Sie trat in den ersten Kriegstagen in die Armee ein, lange vor der Ermordung von Slotniks Frau.«

»Davon erfuhr ich erst nach Veröffentlichung des Buches.«

»Und worauf stützten Sie sich, als Sie über diese Angelegenheit schrieben, woher nahmen Sie diese Lüge?«

»Ich sprach mit dem Staatsanwalt, der den Fall Slotnik bearbeitete. Er lebt noch.«

»Der Staatsanwalt hätte Ihnen nichts anderes sagen können, als daß meine Frau nicht das geringste mit dem Mord zu tun hatte. Sie wurde nicht einmal als Zeugin vorgeladen.«

»Ja, das weiß ich.«

»Sie wiederholen die Verleumdung, die Semjon Slotnik über diesen Fall und über den Tod von Bagrizkijs Frau äußerte.«

»Den Mann kenne ich nicht. Wo wohnt er?« fragte Jakowlew.

»Das ist schwer zu beantworten, da es sich um das Pseudonym irgendeines KGB-Angehörigen handelt. Bagrizkijs Frau war mehrere Wochen vor dem Krieg mit ihm verheiratet. Wsewolod Bagrizkij, den Sie als reichen alten Mann darstellen, fiel mit zwanzig Jahren an der Front.«

»Ja, das weiß ich.«

»Und Bagrizkijs Frau starb einige Jahre später, ohne je etwas mit meiner Frau zu tun gehabt zu haben. Und obwohl Sie dies alles wußten, schreiben Sie Ihre gemeinen, vorsätzlichen Lügen.«

Ich benutzte absichtlich beleidigende Ausdrücke, doch Jakowlew reagierte überhaupt nicht, so als verfolge er nur sein eigenes Ziel. »Und weshalb schreiben Sie im Stil der Skandalpresse über die Beziehungen zwischen meiner Frau, Kisselman und Semjonow? Das ist die persönliche Angelegenheit von drei Menschen, und Sie haben kein Recht, sich damit zu beschäftigen.«

»Bei uns wird der Begriff ›Skandalpresse‹ nicht richtig verwendet. Ich kenne da einen Witz ...«

»Ihre Witze sind überflüssig«, unterbrach ich.

»Alles was ich schreibe, ist zu Ihrem Vorteil. Denn Jankelewitsch und Alexej Semjonow, diese Tagediebe und Nichtstuer, haben sich Ihre westlichen Honorare angeeignet. Und Sie sind so schwachköpfig, daß Sie es nicht einmal merken.«

»Noch eine gemeine Lüge. Ich bin nicht so schwachköpfig ...« (»daß ich nicht über mein Geld verfügen könnte, wie ich es für nötig und richtig halte«, wollte ich hinzufügen, aber dieses chaotische Gespräch lenkte mich ab. Überhaupt ist das finanzielle Thema für Jakowlew, der seinen Körper und seine Seele für sehr stattliche Honorare verkauft – allein im Jahre 1983 erschienen drei seiner Bücher –, offensichtlich von größter Bedeutung; und dies gilt für das gesamte Establishment: Es achtet jeden, der Geld hat.) Ich fuhr fort: »Es ist eine Gemeinheit, meinen Schwiegersohn, meinen Bevollmächtigten im Ausland, und Aljoscha als Tagediebe zu bezeichnen. Schon der verstorbene Professor Rem Chochlow erkannte an, daß Aljoscha einer der besten Studenten am Moskauer Pädagogischen Institut war.«

Womit beschäftigt sich Alexej Semjonow jetzt?«

»Er beendet seine Dissertation.«

Jakowlew schien plötzlich Leutseligkeit auszustrahlen. »Mein Sohn beendet auch gerade seine Dissertation.«

»Welches Recht haben Sie, so über Tatjana Welikanowa zu schreiben?«

»Ich bin überzeugt, daß Welikanowa eine gute, ehrliche Frau ist. Aber wer sich mit einer solchen Sache befaßt, darf nicht alle erhaltenen Briefe aufbewahren – von Litwinow und anderen. Ist das etwa eine Verschwörung? Ich habe die Briefe gesehen, und hier konnte ich nichts tun.«

»Welikanowa hat nichts Ungesetzliches getan. Weshalb reden Sie von einer Verschwörung? Und warum schreiben Sie, daß meine Frau mich verprügelt und mir das Fluchen beibringt? Können Sie etwa an mir Prügelspuren entdecken, oder hören Sie wüste Schimpfwörter von mir? Allerdings habe ich nicht übel Lust, meine Prinzipien zu ändern, was Sie betrifft.«

»Das stammt nicht von mir, aber ich hörte auf der Staatsanwaltschaft ...« (Wieder die Lüge über die Staatsanwaltschaft.) Und mit gespieltem Entsetzen: »Jelena Georgijewna ist doch nicht hier, oder ...?«

»Sie wissen sehr gut, daß sie nicht hier ist. Deshalb sind Sie ja gekommen.«

Jakowlew versuchte erneut, mich zu einem Interview zu provozieren: »Was halten Sie von den Plänen Reagans zu ...«

»Ich werde mich nicht mit Ihnen unterhalten. Aber wenn diejenigen, die Sie geschickt haben, meine Meinung wissen wollen, können Sie sich direkt an mich wenden. Dann schreibe ich einen Artikel, und Sie können ihn veröffentlichen.«

»Sie wollen, daß man die Katze im Sack kauft.«

»Nein. Aber ich behalte mir das Recht zur Publikation vor, wenn sie es nicht tun.«

»Ich werde es übermitteln. Aber trotzdem, was halten Sie ...«

Ich unterbrach ihn wiederum: »Sie treten in die Fußstapfen dieses Tschechen – Řezáč –, der von mir ein Interview über die Neutronenbombe haben wollte. Wo ist es?«

»Ich kenne ihn nicht.«

»Sie haben dieselben Chefs.«

»Ich bin parteiloser Historiker.«

»Und was besagt das? Unter Parteimitgliedern sind manchmal prinzipientreue, Respekt verdienende Personen – ganz im Gegensatz zu Ihnen. Verbreiten Sie in Ihrer Geschichtswissenschaft ebensolche Lügen?«

»Sie können mich ja vor Gericht bringen. Aber ich habe Zeugen und die Angaben der Staatsanwaltschaft. Das Gericht wird die Sache schon klären.«

»Ich glaube in diesem Fall nicht an die Objektivität eines Gerichts, ich werde Ihnen einfach eine Ohrfeige geben.« Mit diesen Worten ging ich rasch um den Tisch herum, doch er sprang auf, krümmte sich und bedeckte die Wange mit der Hand, so daß er den ersten Schlag parieren konnte. Bei meinem zweiten Schlag mit der linken Hand (was er nicht erwartet hatte) erreichten meine Finger seine aufgedunsene Wange. Ich schrie: »Und nun verschwinden Sie, sofort!« Dann riß ich die Tür auf, und Jakowlew und seine Begleiterin eilten hinaus. Sie hatte kein einziges Wort gesagt und keine Bewegung gemacht, um Jakowlew zu schützen. Natürlich konnten alle Unterstellungen Jakowlews in einer zwanzigminütigen Unterhaltung nicht auf gebührende Weise ausgeräumt werden, und meine Ohrfeige war eine schwache »symbolische« Vergeltung für einen professionellen Lügner.

Im September 1983 beschloß Ljusja, Strafantrag gegen Jakowlew zu stellen. Sie reichte eine Zivilklage »über den Verlust von Ehre und Würde« (die Formulierung des Gesetzes) ein, den sie durch Jakowlews Publikationen erlitten hatte. Der Antrag wurde am 26. September vorgelegt, und laut Gesetz mußte das Gericht im Laufe eines Monats beschließen, die Klage zu prüfen oder sie abzulehnen, wobei es seine Gründe in schriftlicher Form zu nennen hatte. Bis heute (3. November) liegt keine Antwort vor.

Der Artikel in der *Iswestija* und die verleumderischen Publikationen über Ljusja machten, wie wir merkten, starken Eindruck auf viele unserer Nachbarn in Gorkij und veranlaßten einige von ihnen, ihre Meinung über uns zu ändern. Schon im Juli kam es zu mehreren scharfen Auseinandersetzungen auf der Straße, und einige Nachbarn, die früher freundlich gewesen waren, begannen, bei Begegnungen den Blick abzuwenden.

Am 15. Juli kam eine mir unbekannte Frau mit zorniger Miene auf mich zu; sie hielt die Nummer der *Iswestija* mit dem Artikel in der Hand. Ich wollte gerade das Auto abschließen und ins Haus gehen. Die Frau begann sofort zu brüllen: »Ah, Sacharow, die ganze Woche bin ich schon hinter dir her. Wir Frauen reißen dich in Stücke und hängen dich an ... [Ich weiß nicht mehr, wie sie sich ausdrückte.] Wie kannst du es wagen, die Amerikaner zum Krieg, zur Aufrüstung gegen uns aufzufordern? Wie kannst du es wagen, dich an diesen Drell und Reagan zu wenden? Die sind sowieso bis an die Zähne bewaffnet, und du Verräter forderst sie auf, sich noch stärker zu bewaffnen. Ich weiß, was Krieg ist, ich habe gesehen, wie Kinder starben. Wir Frontkämpferinnen werden dir und deiner Jüdin Bonner zeigen, was es heißt, zum Krieg aufzurufen. Sie hat dich zu allem angestiftet. Konntest du etwa keine russische Frau finden? Wenn es Krieg gibt, kommen alle um, wird keiner gerettet. An der Front wurden solche Verräter umgebracht, und wir werden dich umbringen, du Schuft, und dich in Stücke reißen.«

Ihre Stimme war sehr laut. Auf einer Bank neben dem Haus saßen zehn bis zwölf Mieter und der wachhabende Milizionär, die offensichtlich zuhörten. Ich hatte das Gefühl, etwas zur Sache entgegnen zu müssen.

Ich antwortete: »Die Zeitung hat etwas Verlogenes und Provozierendes geschrieben, was jeden empören muß. Mein Artikel hieß ›Wie der Weltfrieden zu bewahren ist‹. Die *Iswestija* verschweigt diesen Titel.«

»Was steht in dem Artikel?«

»Ich schreibe, daß ein Atomkrieg Selbstmord wäre. Der Westen muß auf nukleare Zurückhaltung verzichten, denn ein Gleichgewicht in der konventionellen Rüstung ist notwendig. Die größte Gefahr stellen Raketen mit Mehrfachgefechtsköpfen dar, und die gibt es zur Zeit nur in der UdSSR. Solange die UdSSR auf diesem Gebiet ein Monopol hat, besteht keine Hoffnung, daß sie auf solche Waffen verzichtet. Der Rüstungswettlauf ist ein großes Übel, doch ein geringeres Übel als das Abgleiten in einen allgemeinen Atomkrieg. Der Artikel soll ein Diskussionsbeitrag sein.«

Die Frau rief ironisch: »Ach, ein Diskussionsbeitrag!« (Aus ihren Antworten ging hervor, daß sie begriff, wovon ich sprach, was einen seltsamen Kontrast zu ihren hetzerisch-vulgären Ausrufen bildete.)

»Ich habe es mir zehnmal überlegt, bevor ich diesen Artikel schrieb. Und ich erwarte dafür weder Lob noch Geld. Ich bin Kernphysiker, und ich weiß, wovon ich schreibe. Meine Frau hat mit dem Artikel nicht das geringste zu tun.«

»Und was ist mit Jelena Bonner, welche Rolle spielt sie?«

»Sie ist eine treue Frau.«

»Eine Jüdin kann keine treue Frau sein.«

»Antisemitin bist du also auch noch.«

»Nein, durchaus nicht. Im Krieg rettete ich Kinder zusammen mit Juden – das waren die besten Menschen. Ich bin nur gegen alle, die zu diesem Faschisten Begin reisen wollen. Ich habe den Krieg erlebt. Aber du und deine Bonner, ihr eßt russisches Brot, und den Krieg habt ihr nur im Kino gesehen. Ich wurde 1924 geboren und war mit achtzehn Jahren an der Front.«

»Meine Frau war seit den ersten Tagen an der Front, mit achtzehn Jahren; sie wurde 1924 [hier versprach ich mich] geboren. Sie wurde verwundet und ist Invalide der zweiten Kategorie.«

»An welcher Front kämpfte sie, als was? Vielleicht kenne ich sie?«

»An mehreren Fronten. Zuerst als Sanitätsausbilderin, sie trug Verwundete vom Schlachtfeld, dann in einem Sanitätszug. Du sagst, sie sei Jüdin; sie ist halb Jüdin, halb Armenierin – hat das irgendeine Bedeutung?«

»Nein.«

»Und unser Brot mußten wir beide erarbeiten.«

»Ja, ich verstehe. Und als was arbeitete deine Frau nach dem Krieg?«

»Als Ärztin mit doppelter Belastung.«

Sie fragte ungläubig: »Aber wie konnte sie das Medizinstudium vor dem Krieg abschließen?«

»Sie schloß es nach dem Krieg ab.«

»Ach so. Und weshalb hat sie auf ihre alten Tage begonnen, sich mit einer so schmutzigen Sache abzugeben?«

»Auch ich beschäftige mich mit dieser Sache, die du als schmutzig bezeichnest – weil mein Gewissen es mir befiehlt, um der ganzen Menschheit willen.« (Ich benutzte absichtlich so pathetische Worte.)

Sie ging wieder zu einem aggressiven Tonfall über, als habe sie sich plötzlich besonnen: »Du bist schizophren! Ich beobachte dich seit langem. Dein Verhalten zeigt klare Merkmale von Abnormität.«

»Vielen Dank, eine gute Diagnose.«

Ich schloß das Auto ab und schob die Frau leicht beiseite.

Sie schrie hinter mir her: »Wenn du noch was schreibst, werden wir Frauen dich und deine Bonner in Stücke reißen. Dann werden deine Milizionäre dir nicht helfen.«

»Stell mir keine Ultimaten. Wenn es nötig ist, werde ich meine Artikel schreiben.«

Ich ging an den Mietern vorbei und grüßte sie; sie erwiderten den Gruß sehr herzlich.

Am 17. August erschien in der Lokalzeitung *Gorkowskaja prawda* eine Auswahl von Briefen mit Reaktionen auf den von den Akademiemitgliedern unterzeichneten Artikel und auf Jakowlews Publikationen. Die für die Auswahl Verantwortlichen schrieben:

> »Zorn und Empörung der Briefautoren, einfacher sowjetischer Menschen, sind verständlich. Denn kann man etwa gleichgültig und ruhig dem gegenüber bleiben, der das Allerheiligste – seine Heimat, sein Volk – schmäht, der seinen Landsleuten unverhüllt Kummer, Leid und Not wünscht, die sie in so schrecklichem Maße erlebt haben ... Wer von den üblen Abenteuern und Unterstellungen der Madame Bonner gelesen hat [...] wird das Akademiemitglied dazu aufrufen, ›von seinem eigenen Geist, nicht von dem Bonners zu leben‹. Er wird auch dazu aufrufen, daß die erforderlichen Maßnahmen getroffen werden, um die Kuriertätigkeit von Bonner einzustellen.«

Ausschnitte aus den zitierten Briefen:

> »... In unserem Dorf gibt es keine einzige Familie, die der Große Vaterländische Krieg unversehrt gelassen hätte. Deshalb verstehen wir nicht, wie ein sowjetischer Mensch zum nuklearen Wettrüsten aufrufen kann. [...] Wir sind empört darüber, daß Sie, Sacharow, der Sie auf unserem Boden leben und sich von dem Brot nähren, das wir mit unserer Hände Arbeit geschaffen haben, Ihre Heimat verleumden ... Für Menschenhasser ist bei uns kein Platz ...«

Der Kandidat der technischen Wissenschaften Grischunow schreibt:

»Die Frage erhebt sich, wie ein sowjetischer Mensch, dessen Begabung sich dank der unermüdlichen Fürsorge von Partei und Regierung entfaltet hat, [...] für die militärische Überlegenheit der USA über die UdSSR streiten kann ...«

Die Auswahl trägt den Titel »Besinnen Sie sich, Bürger Sacharow!« Den Angaben der Verantwortlichen war zu entnehmen, daß der Artikel der vier Akademiemitglieder am 3. Juni in der *Gorkowskaja prawda* erschienen war – am selben Tag wie in der *Iswestija*. Offensichtlich hatte das KGB den Text des Artikels extra nach Gorkij geschickt, wo die allgemeine Volksempörung über Sacharow und seine Aufhetzerin Bonner besonders stark geschürt werden sollte.

Als ich am 19. August das Haus verließ, entdeckte ich, daß alle Scheiben und die Motorhaube unseres Autos mit Ausschnitten des Artikels aus der *Gorkowskaja prawda* und Zetteln mit handschriftlichem Text beklebt waren. Ein großer Teil der Plakate war aber schon wieder abgerissen worden; ich konnte nur einzelne Wörter ausmachen: »Sacharow ist ein Provokateur ...«, »Verachtung des Volkes ...«, »Schande dem Verräter ...«

Die Zettel waren mit einem speziellen Synthetikklebstoff (den man nur sehr selten kaufen kann!) angebracht; dieser Klebstoff war nicht wasserlöslich, und auch ein Gemisch zur Scheibenreinigung konnte ihm kaum etwas anhaben. Ljusja und ich feuchteten die Klebstoffschicht mehrere Stunden lang mit einem Lösungsmittel an und kratzten sie mit scharfen Messern ab. Ich bin überzeugt, daß das KGB für die Beklebung des Autos verantwortlich war.

Während wir das Auto zu säubern versuchten, gingen viele Menschen, darunter auch Nachbarn, an uns vorbei. Zwei oder drei Personen drückten Mitgefühl aus und schimpften auf die Rowdys, doch die meisten blickten zur Seite. Einige gaben uns sogar zu verstehen, daß wir diese Unannehmlichkeit durch unser Benehmen vollauf verdient hätten. Zu ihnen gehörte eine bejahrte Nachbarin, eine Rentnerin. Diese Frau bezichtigte uns in nicht sehr artikulierter Rede irgendwelcher Verbrechen, über welche die Zeitungen schrieben und »die Leute reden«. Sie wiederholte den Vorwurf, daß Ljusja mich »aufhetzt« und »das Vaterland an die jüdische Kirche verkauft«. Ljusja fragte: »An die Synagoge?« »Ja, ja, an die Synagoge.« Als Ljusja das Haus am nächsten Tag verließ, drohte ihr eine andere Nachbarin mit der Faust. Insgesamt entsteht ein trauriger Eindruck von der Unbedenklichkeit, mit der man den wildesten Verleumdungen Glauben schenkt, besonders wenn eine Jüdin von ihnen betroffen ist. Für Ljusja mit ihrer Sensibilität allen sie umgebenden Menschen gegenüber ist es qualvoll, in dieser Atmosphäre fast allgemeinen Hasses zu leben. Auch für mich, der ich physisch gesünder und weitaus »introvertierter« bin, ist es sehr schwer.

Am 3. September, als Ljusja und ich mit dem Auto fortfahren wollten, kam eine junge Frau auf uns zu und überhäufte uns mit den gleichen scharfen, hysterischen Vorwürfen; sie konzentrierte sich besonders auf Ljusja, die – als Jüdin – mich aufhetze.

Ljusja beabsichtigte, am frühen Morgen des nächsten Tages nach Moskau zu reisen. Als ich sie zum Zug bringen wollte, entdeckten wir, daß ein Autoreifen platt war, weil man das ganze Ventil herausgerissen hatte. Ich wechselte den Reifen, und wir erreichten den Zug noch. Ljusja sagte traurig: »Laß uns einen Moment im Wagen sitzen bleiben. Das ist unser einziges Heim.«

Nachdem ich sie zum Zug begleitet hatte, kehrte ich nach Schtscherbinki zurück. Doch Ljusja stand ein peinigendes Erlebnis bevor. Sobald sich der Zug in Bewegung gesetzt hatte, begannen die Passagiere in Ljusjas Abteil auf sie einzuschreien; sie verlangten, Ljusja unverzüglich aus dem Zug hinauszusetzen, da sie eine Verräterin, Kriegshetzerin und Zionistin sei, mit der ehrliche sowjetische Menschen nicht fahren könnten. Den Abteilnachbarn schlossen sich fast alle übrigen im Wagen an, auch die Schaffnerin – die einen gern und freiwillig, weil sie die provokatorischen Artikel gelesen hatten, die anderen wahrscheinlich aus Furcht, abseits zu stehen und »zur Notiz« genommen zu werden, die dritten einfach aus Lust an Pogromen. Und es war ein echtes Pogrom, mit hysterischem Geschrei, Anklagen und Drohungen. Zuerst widersprach Ljusja, doch als sie merkte, daß dies völlig nutzlos war und ihr niemand zuhörte, zog sie es vor zu schweigen. In dem begrenzten Raum des Wagens konnte sie sich nirgendwohin wenden, um dem quälenden Geschrei zu entgehen. In einem Telegramm an mich schrieb sie: »Das war sehr schrecklich, und deshalb blieb ich ganz ruhig.«

Aber was muß diese Ruhe sie gekostet haben, dazu noch nach einem unlängst erlittenen Infarkt! Wir vermuteten, daß die Anstifter des Pogroms KGB-Leute waren, was sich allerdings nicht mit Bestimmtheit behaupten läßt. Ist es möglich, daß das KGB versuchte, Ljusja umzubringen?

Schließlich, nachdem das Geschrei und die hysterischen Vorwürfe länger als eine Stunde gedauert hatten, sagte die Schaffnerin: »Ich kann einen Passagier mit gültiger Fahrkarte nicht hinaussetzen«, und führte Ljusja ins Dienstabteil, wo sie endlich allein war.

Etwas später blickte eine Frau mittleren Alters – eine Russin, die wie eine Lehrerin wirkte – ins Abteil. Sie küßte Ljusja und sagte: »Kümmern Sie sich nicht darum. Das sind alles Pogromhetzer.«

Ljusjas innere Spannung ließ nach, sie begann zu weinen. Auch unsere Freundin Bela Kowal, die Ljusja am Moskauer Bahnhof abholte, weinte beim Anblick ihrer gequälten Miene. In der Tschkalow-Straße wartete schon der gewohnte Milizposten an der Wohnungstür auf Ljusja. Die Rückreise nach Gorkij und die nächste Fahrt nach Moskau verliefen ohne Zwischenfälle. Doch bei der darauffolgenden Ankunft Ljusjas in Gorkij kam es zu einem Ereignis, das eher den Charakter einer Posse hatte und offensichtlich vom KGB inszeniert worden war: Der Träger am Bahnhof weigerte sich, Ljusjas Gepäck aus dem Abteil zu holen und es zum Auto zu bringen, da sie »Papiere bei sich hat«. Ich holte die Sachen selbst heraus, nahm einen freien Gepäckwagen (mit Erlaubnis des diensthabenden Milizionärs, der anscheinend nicht »auf dem laufenden« war) und brachte alles mit Hilfe eines anderen Passagiers, eines jungen Juden aus Batumi, zum Auto. Da sprang ein anderer Träger auf uns zu, packte den Gepäckwagen und versuchte, die Sachen zurück auf den Bahnsteig zu zerren. Nach diesem Geplänkel brachte man unser Gepäck schließlich doch zum Auto und schleppte unseren Begleiter zur Miliz, da man wohl annahm, daß er zu uns gehörte. Auch ich ging zur Miliz. Der Revierleiter entschuldigte sich bei mir und ließ den jungen Mann frei, schrieb sich jedoch seine Personalien auf. Der Mann aus Batumi fragte mich, während wir das Revier verließen: »Sind Sie wirklich Sacharow?«

Am 20. Juni veröffentlichte die amerikanische Zeitschrift *Newsweek* ein Interview ihres Korrespondenten R. Cullen mit Alexandrow, dem Präsidenten der Akademie der Wissenschaften. Es war offenbar ein paar Wochen früher geführt worden, als die Diskussion über meine Krankenhauseinweisung das entscheidende Stadium erreicht hatte. Leider warf der Korrespondent diese Frage nicht auf. Er stellte Fragen nach meiner Verbannung, nach den Möglichkeiten einer Emigration, nach meiner Mitgliedschaft in der Akademie. Die Redaktion der Zeitschrift strich einige Schärfen in Alexandrows Antworten für die Veröffentlichung. Zu diesen »geglätteten« Stellen gehörte ein Vergleich des »Sacharow-Tages« in Amerika mit der hypothetischen Situation, daß in der UdSSR ein

Ehrentag für einen amerikanischen Präsidentenmörder ausgerufen würde. Es fehlte der Hinweis, daß Sacharow infolge von Aktionen wie der Erklärung des »Sacharow-Tages« aus der Akademie ausgeschlossen werden könnte. Und man ließ die Behauptung aus, daß Sacharow den Ausbau der für die heutige Rüstung verwendeten thermonuklearen Waffen *bis in alle Einzelheiten* kenne.

Am Ende des Interviews äußerte sich Alexandrow dahingehend, daß ich an einer ernsten Neurose litte. Ljusja schrieb im Zusammenhang mit dieser Erfindung einen ausgezeichneten Offenen Brief.

Alexandrows Interview ist bemerkenswert, nicht nur was mich betrifft. Er erklärt inbesondere, daß die UdSSR sich verpflichtet habe, auf den nuklearen Erstschlag zu verzichten. Das sei von prinzipieller Bedeutung; aber Computerfehler könnten nicht ausgeschlossen werden. In diesem Fall würden die amerikanischen Raketenstützpunkte in Europa zum Ziel eines sowjetischen Schlages (faktisch eines Erstschlages!) werden; deshalb erhöhe die Stationierung dieser Raketen die Gefahr eines nuklearen Krieges in ungeheurem Maße. Im Grunde bedrohte der Präsident der Akademie den Westen hier nicht weniger scharf, als dies Ustinow oder Gromyko in ihren schroffsten Erklärungen taten.

Im Juli oder August wiederholte J. W. Andropow, Generalsekretär des Zentralkomitees der KPdSU und Staatschef, die Behauptung von meiner »psychischen Unpäßlichkeit«. Dies erklärte er während eines Gespräches mit einer Gruppe amerikanischer Senatoren, die gekommen waren, um die Möglichkeiten einer Verbesserung der sowjetisch-amerikanischen Beziehungen zu »sondieren«, und die sich nach mir erkundigt hatten. Vielleicht drückten die Aussagen von Alexandrow eine neue Tendenz mir gegenüber aus?

Haben die Behörden (konkret gesagt, das KGB) irgendeinen »Generalplan« zur Lösung des »Problems Sacharow«? Wahrscheinlich werden wir nie erfahren, ob ein solcher Plan in schriftlicher Form existiert, aber in den letzten Jahren enthüllen viele Maßnahmen mir und Ljusja gegenüber gewisse Tendenzen äußerst unheilvollen Charakters. Die Zeit wird erweisen, ob Ljusja und ich uns in ihrer Einschätzung täuschen.

Offenbar wollen die Behörden mich nicht des Landes verweisen. Sie wollen gegen Ljusja und mich auch nicht mit einem Prozeß, einer Gefängnis- oder Lagerstrafe vorgehen. Sehr vieles – vor allem Jakowlews Schmierereien, von denen ich in diesem Kapitel berichtet habe – spricht dafür, daß sich das KGB anschickt, meine gesamte politische Tätigkeit in Zukunft als Verirrung hinzustellen, die unter einem fremden Einfluß zustande gekommen sei – dem Einfluß Ljusjas, einer Agentin des internationalen Zionismus. Mich dagegen will man wieder zu einem prominenten sowjetischen (russischen, was wesentlich ist) Wissenschaftler machen, der sich unschätzbare Verdienste um seine Heimat und die Weltwissenschaft erworben hat. So soll mein Name nach Belieben für die Aufgaben des ideologischen Krieges ausgenutzt werden.

Dies will man entweder nach meinem Tode oder zu meinen Lebzeiten mit Hilfe von Fälschungen, falschen Zeugnissen oder dadurch erreichen, daß man meinen Willen bricht, zum Beispiel in einem psychiatrischen Gefängnis (Andropows und Alexandrows Erklärungen deuten auf eine solche Taktik hin) oder unter Ausnutzung meiner Kinder – nicht umsonst stellt Jakowlew sie so betont Ljusjas Kindern gegenüber. Das Wichtigste an diesem Plan ist, wenn wir ihn richtig verstehen, die moralische – und vielleicht auch physische – Beseitigung Ljusjas. Diesem Ziel dient die vieljährige massive Verleumdungskampagne gegen sie und die lügnerische Verunglimpfung ihrer Vergangenheit; deshalb fälscht Jakowlew in seinem Buch und seinen Artikeln die Angaben über die Länge meiner Bekanntschaft mit Ljusja und übertreibt ihren Einfluß auf meine politische Tätigkeit. Natürlich hat sie Einfluß auf diese Tätigkeit, sogar sehr großen, aber er ist ganz anders, als er von der Propaganda dargestellt wird. Ljusja hatte keinen Einfluß auf meine Position in Fragen von Krieg und Frieden, in Fragen der Abrüstung – hier haben sich meine Ansichten im Laufe vieler Jahre herausgebildet, und sie beruhen auf speziellen Kenntnissen und Erfahrungen. Aber Ljusja mit ihrer offenen und reinen Menschlichkeit trug dazu bei, daß sich die konkrete humanistische Zielrichtung meiner politischen Tätigkeit verstärkte, weil sie mich in all diesen schwierigen Jahren beharrlich und entsagungsvoll unterstützt, häufig den heftigsten Schlag auf sich genommen und mir mit Wort und Tat geholfen hat. Die Verleumdung verfolgt das Ziel, Ljusjas Gesundheit zu schaden und dadurch schon heute meine politische Tätigkeit zu lähmen sowie mich in Zukunft empfänglicher für jeden Druck zu machen. Demselben gnadenlosen Ziel dienen Provokationen wie die Ausschreitungen während der Zugfahrt am 4. September oder, vor einem Jahr, die Durchsuchung nach einem Herzinfarkt. Aber ich kann nicht ausschließen, daß man auch andere, kriminelle Methoden anwendet oder anwenden wird, zum Beispiel gefäßverengende Mittel in unseren Speisen und Getränken. Und ich weiß überhaupt nicht, wie es sich auf die Gesundheit auswirkt, wenn man ständig der mächtigen Radiofrequenzstrahlung eines individuellen Störsenders ausgesetzt ist. Eines steht außer Zweifel: Der Hauptschlag des KGB richtet sich gegen Ljusja, die heute sehr krank ist und deshalb in der größten Gefahr schwebt.

Seit ihrem Infarkt im April ist mehr als ein halbes Jahr vergangen. Ihr Zustand hat sich nicht normalisiert: Die Schmerzen halten an, sie muß weiterhin neben Mitteln mit Langzeitwirkung auch große Dosen von Nitroglyzerin zu sich nehmen. Von Zeit zu Zeit kommt es zu Verschlechterungen; die letzte – sie war am ernstesten und längsten – ereignete sich am 16. Oktober. Am 17. Oktober bat Ljusja mich, das Haus nicht zu verlassen. Am Mittag sagte sie: »Wir müssen miteinander reden.«

Ich setzte mich auf die Bettkante. Ljusja sprach von den Kindern und Enkeln, von der Freude, der Zufriedenheit und dem Glück, das sie in ihr Leben gebracht haben, sie sprach von ihrer Mutter und von mir. Meine letzte größere Äußerung (der Offene Brief an Sidney Drell) sei notwendig gewesen; sie machte mir keine Vorwürfe. Aber ich müsse mir uneingeschränkt darüber Rechenschaft geben, was diese Aktion sie gekostet habe. Dann sprach sie von dem Druck, der mir in Zukunft bevorstehe. Ich erwiderte: »Ich werde dich, mich selbst und die Kinder nie verraten.«

»Ja, das weiß ich.«

Am Ende meines futurologischen Artikels von 1974 schrieb ich:

> »Ich glaube, daß die Menschheit eine vernünftige Lösung der schwierigen Aufgabe finden wird, einen großartigen, notwendigen und unvermeidlichen Fortschritt zu verwirklichen und gleichzeitig das Menschliche im Menschen und das Natürliche in der Natur zu bewahren.«

Mit diesen Worten möchte ich auch mein Buch beenden. Was mich betrifft, so ist für mich heute, in meinem siebten Jahrzehnt, das Menschliche, der Sinn des Lebens, in meiner lieben Frau, in meinen Kindern und Enkeln, in allen beschlossen, die mir teuer sind.

Gorkij ANDREJ SACHAROW
15. Februar 1983

II. 1985–1987

Ljusjas Herzoperation. Rückkehr nach Moskau. Das Moskauer »Forum«

In den Jahren 1984–86 bereiteten Efrem, Ed Kline, die Lektorin der englischen Ausgabe, Ashbel Green, und Ljusja zur Zeit ihres Aufenthalts in den USA die in den Westen geschickten Manuskriptteile des Buches in meinem Auftrag zum Druck vor. Unsere Isolation in Gorkij hatte zur Folge, daß es keine Möglichkeit gab, mir das Manuskript zur Durchsicht zurückzuschicken oder sich mit mir telefonisch oder schriftlich über Unklarheiten zu beraten.

Gegen Ende 1986 waren die Arbeit an dem Manuskript sowie die Übersetzung des Buches ins Englische im wesentlichen beendet, und man plante die Publikation für 1987. Aber im Dezember konnten Ljusja und ich nach Moskau zurückkehren, und nun bot sich mir die Möglichkeit, selbst an der Fertigstellung des Buches teilzunehmen. Darauf konnte ich nicht verzichten, obwohl ich einsah, daß eine erhebliche Verzögerung der Publikation unvermeidlich sein würde.

Nun liegt das gesamte Manuskript zum erstenmal vor mir. Ich sehe es durch, trage Korrekturen, Änderungen und Ergänzungen ein, die in den drei Jahren seit der Absendung des Textes notwendig geworden sind.

Einen großen Teil der dramatischen Ereignisse, in die wir seit Frühjahr 1984 verwickelt waren, hat Ljusja bereits in ihrem Buch *In Einsamkeit vereint*[1] beschrieben. Ljusja schildert darin, wie sie am 2. Mai 1984 auf dem Flugplatz von Gorkij festgehalten wurde; seit jenem Tag brach die Verbindung zur Außenwelt, die durch ihre Reisen nach Moskau aufrechterhalten worden war, bis Ende Oktober 1985 völlig ab. Von Mai bis Juli 1984 wurden Ermittlungen gegen Ljusja geführt, und am 10. August verurteilte man sie nach Artikel 190–1 des Strafgesetzbuches der RSFSR. 1984 und 1985 hielt ich einen Hungerstreik ab, um ihre Reise ins Ausland zur Begegnung mit ihrer Mutter, ihren Kindern und Enkeln und zu ihrer Behandlung durchzusetzen. Von Mai bis September 1984 wurde ich im Semaschko-Gebietskrankenhaus von Gorkij festgehalten und auf qualvolle Weise zwangsernährt. Am 25. April 1985 brachte man mich wiederum unter Anwendung von Gewalt in dasselbe Krankenhaus, um mich zwangszuernähren.

Am 11. Juli 1985 hielt ich die Folter der völligen Isolation von Ljusja, der Gedanken über ihre Einsamkeit und über ihren körperlicher Zustand nicht mehr aus und schrieb dem Chefarzt des Semaschko-Krankenhauses, O. A. Obuchow, einen Brief, in dem ich die Beendigung meines Hungerstreiks erklärte. Einige Stunden später wurde ich aus dem Krankenhaus entlassen und zu Ljusja gebracht. Meine Entscheidung war zweifellos ein »Geschenk« für das KGB, und es zog großen Nutzen daraus. Aber fast sofort faßte ich den Entschluß, den Hungerstreik wiederaufzunehmen, um den Jahrestag des Helsinki-Abkommens im Krankenhaus zu begehen und den Kampf so lange fortzusetzen, wie meine Kräfte und mein Wille reichten. Zwei Wochen lang führten Ljusja und ich unser gewohntes Leben: Wir fuhren auf der uns gestatteten Route hinaus, sammelten Pilze, gingen ins Kino und auf den Markt, sahen abends fern und erinnerten uns an Remarques denkwürdiges Buch *Zeit zu leben und Zeit zu sterben* – dies war für uns eine »Zeit zu leben«. Ljusja widersetzte sich meinem Plan zunächst, doch nicht so entschieden und so energisch wie im April. Am 25. Juli begann ich den Hungerstreik. Ich trank Mineralwasser und ging hinaus zu Ljusja auf den Balkon, wo sie in einer Ecke hinter üppig wachsenden Blumen saß und versuchte, durch die Störungen hindurch einen westlichen Sender »einzufangen«. Sie sagte: »Ich glaube, du hast recht.«

Ich küßte sie und erwiderte: »Hab Dank. Ich habe schon begonnen.«

Zwei Tage später lieferte man mich wieder gewaltsam ins Semaschko-Krankenhaus ein. Ljusja hatte mir einen Rundfunkempfänger mitgegeben, und zwei oder drei Tage später hörte ich von einem KGB-Film, der angeblich bewies, daß ich überhaupt keinen Hungerstreik abhielte und mich zumindest seit Mitte Juli zusammen mit meiner Frau in unserer Wohnung befände.

In den letzten Julitagen schickte ich aus dem Krankenhaus zwei Briefe an M. S. Gorbatschow und A. A. Gromyko. In beiden Briefen bat ich, Ljusja nach vielen Jahren der Trennung die Möglichkeit zu einem Wiedersehen mit ihren Kindern und ihrer Mutter zu geben. Ich schilderte die gegen sie gerichtete Verleumdung, die ungerechte Behandlung, ihre Teilnahme am Zweiten Weltkrieg, ihre Invalidität und ihre Krankheit. Das Ziel der Reise beschränke sich auf die Begegnung mit ihren Familienangehörigen und die Behandlung ihrer Krankheit. Da Ljusja zu einer Verbannungsstrafe verurteilt worden war, könne die Reise nur durch Aufhebung des Urteils oder durch Begnadigung gemäß dem Antrag vom März 1985 oder durch Außerkraftsetzung des Urteils für die Zeit ihrer Abwesenheit ermöglicht werden. Über mich selbst schrieb ich in dem Brief an Gorbatschow, daß ich die gegen mich getroffenen Maßnahmen für ungerecht und illegal hielte, jedoch bereit sei, die Verantwortung für meine Handlungen zu tragen. Diese Verantwortung dürfe jedoch nicht auf meine Frau oder irgendeinen anderen ausgeweitet werden.

In beiden Briefen versicherte ich: »Ich will meine öffentlichen politischen Äußerungen, von Ausnahmefällen abgesehen, einstellen.«

Diese Erklärung, derentwegen mir von vielen Vorwürfe gemacht wurden, hielt ich aus folgenden Gründen für notwendig:

1. Sie entsprach völlig meinem Wunsch, mich nicht mehr zu relativ zweitrangigen politischen Fragen zu äußern und mich auf die Wissenschaft und mein Privatleben zu konzentrieren. Nach vielen Jahren intensiven Engagements schien mir eine solche Selbstbeschränkung gerechtfertigt.

2. Unter den Bedingungen der Verbannung und Isolation waren meine Möglichkeiten zu offener Tätigkeit ohnehin sehr begrenzt, weshalb meine Erklärung in gewissem Sinne überflüssig war.

3. Ich hielt es für meine Pflicht, alles in meinen Kräften Stehende zu tun, um Ljusjas Reise zu ermöglichen.

In beiden Briefen schrieb ich auch, daß ich den Behörden die Kompetenz zuerkannte, nach ihrem Ermessen über meine Ausreise oder Reisen ins Ausland zu entscheiden, da ich früher Zugang zu militärischen Geheimnissen hatte und ein Teil meiner Informationen vielleicht immer noch von Belang sei.

Wenn mich mein Gedächtnis nicht trügt, wurden die Briefe am 29. Juli 1985 abgesandt.

Im Gegensatz zu 1984 fand ich eine gewisse Form der »Koexistenz« mit der »Ernährungsbrigade«, die mir die Möglichkeit gab, meinen Hungerstreik unbegrenzt fortzusetzen. Ich leistete gewöhnlich zu Beginn der Zwangsernährung Widerstand, während ich die letzten Löffel freiwillig aß (diese Momente werden in den Filmmontagen des KGB gezeigt). Wenn die Ernährungsbrigade nicht in voller Besetzung erschien, sagte ich stets: »Heute werden Sie keinen Erfolg haben.« Dann stellten sie das Essen schweigend auf den kleinen Tisch und gingen hinaus. Natürlich berührte ich das Essen nicht, aber ich bedeckte es mit einer Serviette, damit mich sein Anblick nicht beunruhigte. Um zu bekräftigen, daß ich Herr der Lage war, widersetzte ich mich manchmal mit ganzer Kraft, spuckte das

Essen aus und »blies« es von dem zum Mund erhobenen Löffel. In diesen Fällen wandten die »Ernährer« schmerzhafte Griffe an, meine Wangenhaut war abgeschürft, und im Wangeninneren entstanden Blutergüsse, welche die »fürsorglichen« Ärzte dann mit Salbe einrieben.

Im August begann mein Gewicht rasch zu fallen und erreichte am 13. August ein Minimum von knapp 63 Kilo (vor dem Hungerstreik hatte es 78 bis 81 Kilo betragen). Von diesem Tag an gab man mir neben der Zwangsernährung subkutane (in beide Oberschenkel) und intravenöse Infusionen, insgesamt fünfundzwanzig im August und September. Jede Infusion dauerte mehrere Stunden, meine Beine schwollen schmerzhaft an, und ich konnte an diesem und zuweilen auch am nächsten Tag nicht gehen, weil meine Beine nachgaben.

Am Morgen des 5. September erschien plötzlich S. I. Sokolow, ein Vertreter des KGB der UdSSR. Anscheinend war er einer der Chefs jener KGB-Abteilung, die Ljusja und mich »behandelte«. Im November 1973, vor dem ersten Verhör Ljusjas durch Syschtschikow, hatte Sokolow in mahnendem Ton mit ihr »geplaudert«. Im Mai 1985 war er gekommen, um (nacheinander) mit Ljusja und mir zu sprechen. Damals redete Sokolow sehr schroff auf mich ein; offenbar wollte er mich zur Einstellung des Hungerstreiks zwingen, indem er ihn als völlig hoffnungslos hinstellte. Fast hätte ich mich gefügt. Dabei waren die Nachrichten über den am 16. April begonnenen Hungerstreik gerade in den Westen gedrungen, und die Äußerungen zu unserer Verteidigung nahmen trotz der heftigen Desinformationskampagne, die das KGB mit Hilfe gefälschter Briefe, Postkarten, Telegramme und Bildtelegramme führte, umfassende Ausmaße an. Sokolow war wohl auch einer der beiden »Besucher«, die Obuchow, der Chefarzt des Semaschko-Krankenhauses, in der Nacht vom 10. auf den 11. Mai 1984 zu mir gebracht hatte. Sie hatten vorgegeben, sich für meine Gesundheit zu interessieren. Am nächsten Tag wurde ich zum erstenmal zwangsernährt und erlitt einen leichten Schlaganfall.

Diesmal war Sokolow sehr liebenswürdig, geradezu sanft. Das Gespräch fand im Beisein Obuchows statt. Sokolow sagte, daß Michail Sergejewitsch (Gorbatschow) meinen Brief gelesen habe (von Gromyko war keine Rede). Michail Sergejewitsch habe eine Gruppe von Genossen – Sokolow sprach wahrscheinlich von einer »Kommission« – beauftragt, meine Bitte zu prüfen. (Ich glaube, daß die Frage von Ljusjas Reise in Wirklichkeit bereits auf höchster Ebene entschieden worden war, doch das KGB, das seine eigenen Ziele verfolgte, schob die Ausführung noch hinaus.) Die Genossen, fuhr Sokolow fort, hätten eine Reihe von Befürchtungen. Eine bestehe darin, daß Ljusja im Ausland bleiben und im Rahmen der »Familienzusammenführung« meine Ausreise fordern könnte. Ich solle schriftlich bestätigen, daß ich dem aus Geheimhaltungsgründen verhängten Ausreiseverbot der Behörden zustimme. Ich antwortete, daß diese Befürchtungen völlig haltlos seien. Meine Frau werde auf jeden Fall zurückkehren. Sie und ich seien prinzipiell gegen solche Aktionen! Außerdem wisse meine Frau ganz genau, daß ich, wenn sie dort bliebe, niemals – selbst bei heftigsten Kampagnen im Westen – eine Ausreisegenehmigung erhalten würde. Ich hätte die genannten Bedingungen schon in dem Brief an Gorbatschow anerkannt, aber natürlich könne ich ein separates Dokument anfertigen.

»Die zweite Frage betrifft ihre Frau«, sagte Sokolow. »Sie muß sich schriftlich verpflichten, sich im Ausland nicht mit westlichen Korrespondenten zu treffen und keine Pressekonferenzen abzuhalten.«

»Das müssen Sie mit ihr besprechen. Im übrigen hat sie sich schon in ihrem Gnadengesuch, das nicht beantwortet wurde, in diesem Sinne geäußert.«

»Ich kann mich nicht mit Ihrer Frau treffen. Aber sie können sich selbst mit ihr unterhalten.« Er erkundigte sich bei Obuchow, ob es medizinische Einwände dagegen gebe, daß Andrej Dmitrijewitsch sich mit Jelena Georgijewna treffe.

Obuchow versicherte hastig: »Nein, nein! Ich werde eine Krankenschwester zur Begleitung abordnen und ein Auto bereitstellen.«

»Na, ausgezeichnet«, sagte Sokolow. »Die Genossen haben noch folgende Frage: Sie schreiben, Sie seien bereit, auf öffentliche Äußerungen, abgesehen von Ausnahmefällen, zu verzichten. Aber Ihre Vorstellung von dem, was ein ›Ausnahmefall‹ ist, könnte sich stark von unserer unterscheiden! [In seinen Worten lag eine gewisse Ironie, doch sie war gedämpft.] Oder haben Sie diesen Vorbehalt nur gemacht, um ›Ihr Gesicht zu wahren‹?«

»Mein Vorbehalt hat prinzipiellen Charakter, ich messe ihm große Bedeutung zu. Es ist für mich belanglos, ›mein Gesicht zu wahren‹. Aber ich kann Ihnen nicht konkret sagen, welche Ausnahmefälle im Leben und auf der Welt auftreten werden, in denen ich, um mit Tolstoj zu sprechen, *›nicht schweigen kann‹*.«

Sokolow grinste, verfolgte das Thema aber nicht weiter und bekräftigte noch einmal, daß er von mir eine Bestätigung hinsichtlich der Geheimhaltung und von Ljusja die erwähnte Erklärung erwarte. Gegen 13 oder 14 Uhr wurde ich von Obuchows schwarzem »Wolga« zu unserem

Haus gebracht und betrat die Wohnung, ohne zu klingeln (Ljusja hatte den Schlüssel stecken lassen, damit das KGB bei einem Eindringen in unserer Abwesenheit nicht das Schloß aufbrach, und auch, um ihn nicht zu verlieren). Ljusja hatte sich auf dem Sessel vor dem Fernsehgerät zusammengerollt und schaute sich irgendein Programm an (später merkte ich, wieviel Gewicht sie verloren hatte). Sie drehte sich zu mir um und sagte leise: »Andrej! Ich habe auf dich gewartet!« Wir umarmten einander, setzten uns aufs Sofa, und ich berichtete ihr, daß ich den Hungerstreik nicht abgebrochen hätte und nur für drei Stunden entlassen worden sei, um Sokolows Forderungen zu übermitteln. Ljusja war sofort einverstanden: »Gut, diese Briefe kann ich rasch für dich tippen, das ist kein Problem. Aber was hat das alles zu bedeuten?«

»Ich wage es noch gar nicht recht zu glauben, aber vielleicht ist das Problem gelöst.«

Auch Ljusja wagte nicht, daran zu glauben. Sie berichtete mir, daß Aljoscha ungefähr eine Woche zuvor einen Hungerstreik vor der sowjetischen Botschaft in Washington begonnen habe, um meine Forderung nach Ljusjas Ausreise zu unterstützen. Wenn ich mich recht erinnere, war damals schon der neunte Tag des Hungerstreiks angebrochen; Ljusja und ich wußten sehr gut, wie schwer eine solche Aktion ist (wahrscheinlich noch schwerer für einen jungen Menschen als für einen alten). Ljusja sagte: »Ich denke dauernd darüber nach: Wenn ich Aljoscha bitten würde, den Hungerstreik abzubrechen, dann würde mein Telegramm ihn zwar erreichen, aber als Sohn würde ich ihn verlieren.«

Ich pflichtete ihr bei. Aljoschas Hungerstreik war im Rahmen der allgemeinen Versuche zu unserer Unterstützung sehr wichtig. Dadurch wurde die von den lügenhaften KGB-Filmen beabsichtigte Beruhigung über unsere Lage im Westen erschüttert. Aljoscha brach den Hungerstreik Mitte September auf Bitten amerikanischer Regierungsvertreter ab, nachdem der Kongreß eine wichtige Resolution zu unserer Unterstützung verabschiedet hatte. Vielleicht gab Aljoschas Hungerstreik den Ausschlag ...

Ich kehrte ins Krankenhaus zurück und ließ Sokolow durch Obuchow einen Umschlag mit unseren Erklärungen übergeben. Wiederum begann eine lange, qualvolle Zeit des Wartens, vielleicht die in jenem Jahr für uns schwierigste. Am 6. Oktober schickte Ljusja mir eine Postkarte mit der verabredeten Wendung (einem Vers Puschkins), mit der sie um den Abbruch des Hungerstreiks und meine Rückkehr aus dem Krankenhaus bat. Die Postkarte wurde erst nach zwölf Tagen überbracht; neben der verabredeten Wendung hatte man sie säuberlich eingerissen. Weshalb hielt das KGB die Postkarte zurück, um sie dann doch auszuliefern? Ich kann nur Vermutungen anstellen. Vielleicht wollte man, daß ich das Krankenhaus erst dann verließ, als die Reisegenehmigung schon erteilt war, weil man annahm, daß Ljusja abreisen würde, ohne auf mich zu warten. Wenn dies der Fall ist, so hatte man sich wieder einmal in Ljusja getäuscht. Nachdem ich die Karte mit solchem Verzug erhalten hatte, bat ich telegraphisch um eine Bestätigung (wieder in Form eines Puschkin-Zitats). Am 23. Oktober verließ ich endlich das Krankenhaus.

Zwei Tage zuvor war Ljusja ins OWIR geladen worden, um die Papiere auszufüllen, und am 24. teilte man ihr mit, daß die Reise genehmigt sei!

Eine »Schlacht« stand noch bevor. Gussewa, die Chefin des OWIR von Gorkij, und ein MWD-Vertreter erklärten, Ljusja müsse innerhalb von zwei Tagen abreisen. Sie weigerte sich, da sie nach unserer sechsmonatigen Trennung zumindest einen Monat mit mir verbringen und sich von meiner Erholung nach dem Hungerstreik überzeugen müsse. Keiner von uns könne wissen, »welche Trennung uns nun bevorsteht«, denn auf sie warte eine möglicherweise gefährliche Operation. Es kam zu einer scharfen Auseinandersetzung. Der MWD-Vertreter drohte, daß Ljusja überhaupt nicht fahren dürfe. Ljusja schrieb eine Eingabe. Am nächsten Tag teilte Gussewa mit, daß die Abreise um einen Monat verzögert werden dürfe. Sie war sichtlich verstört – anscheinend hatte sie noch nie eine solche Hartnäckigkeit eines Antragstellers und auch noch nie eine solche »Nachgiebigkeit« der Vorgesetzten erlebt.

So endete unser dreijähriger Kampf um Ljusjas Reise mit einem Sieg (heute glaube ich, daß dieser Sieg in gewissem Sinne vieles andere vorherbestimmte, auch unsere Rückkehr nach Moskau ein Jahr später). Zum erstenmal seit langem fühlte ich mich psychisch ausgeglichen – mir schien, daß ich alles getan hatte, was mir irgend möglich war.

Gewiß, auch damals war ich nicht völlig zufrieden mit mir; mich plagte der Gedanke, daß ich in den letzten Tagen vor meiner Entlassung einem der Patienten eine Mitteilung gegeben hatte – mit der Bitte, sie in Moskau zu einer von mir genannten Adresse zu bringen – und ihn dadurch verantwortungslos und ohne jeden Nutzen in Gefahr gebracht hatte. Der Patient erklärte sich bereit, meine Mitteilung mitzunehmen, und trug sie ungehindert aus dem Krankenhaus hinaus, aber ich bin nahezu überzeugt, daß unsere Kontakte von den mich aufmerksam beobachtenden KGB-Leuten bemerkt worden waren. (Die Übergabe der Mitteilung ging folgendermaßen vonstatten: Wir unterhielten uns, konnten uns für einen Moment aus dem Blickfeld des KGB-Mannes entfernen, und ich steckte dem Patienten den Zettel zu. Doch unser Verhalten erregte vermutlich den Argwohn des KGB-Mannes und er begriff – im Gegensatz zu einigen anderen meiner [teils erfolgreichen] Versuche, mit mir geneigten Patienten zusammenzuarbeiten –, daß wir uns bewußt seinem Blick entzogen hatten.)

Ich weiß nicht, welche Unannehmlichkeiten dieser hilfsbereite Mann später hatte – vielleicht waren sie langwierig und führten sogar zu seiner Entlassung vom Arbeitsplatz. Ich bin ihm dankbar und fühle mich in seiner Schuld. Auf jeden Fall werde ich seinen Namen nicht nennen. Meine einzige Rechtfertigung ist, daß »man im Krieg mit kriegerischen Mitteln operieren muß«.

Ljusja fuhr am 25. November nach Moskau. Am 2. Dezember traf sie Aljoscha und Efrem in Italien, und sechs Tage später sah sie alle anderen in den USA wieder. Am 13. Januar 1986 wurde bei Ljusja eine Bypass-Operation am offenen Herzen durchgeführt. Am 2. Juni kehrte sie in die UdSSR und am 4. Juni nach Gorkij zurück. Hinter diesen wenigen Zeilen verbergen sich umwälzende Ereignisse unseres Lebens.

Im Dezember 1985 nahm man bei Ljusja im Bostoner Mass General Hospital eine schwierige und relativ gefährliche Katheterisierung der Herzgefäße vor, und obwohl die Ergebnisse alles andere als gut waren, versuchte der sie behandelnde Arzt, Dr. Hutter, wie dies in den USA üblich ist, mehrere Wochen lang eine konservative Behandlungsmethode; erst im Januar entschied er sich, zusammen mit Dr. Austin, dem Chef der kardiologischen Abteilung, und dem Herzchirurgen Dr. Atkins, zu einer Bypass-Operation. Doch in diesen Wochen brachte die Presse voreilige Gerüchte darüber, daß Jelena Bonner keine Operation benötige; man behauptete sogar, daß »sie anscheinend absichtlich die Schwere ihrer Erkrankungen übertrieb, um die Reise ins Ausland durchzusetzen«! Ich bin mir sicher, daß dabei die »Hand Moskaus« mit im Spiel war.

Die Operation wurde im Mass General Hospital von Dr. Atkins durchgeführt und war äußerst kompliziert. Am 14. Januar teilte Tanja mir telefonisch mit, daß Ljusja die Bypass-Operation hinter sich hatte. Erst nachträglich wurde mir – durch Ljusjas Briefe und ihre Erzählungen nach der Rückkehr – klar, wie schwierig und gefährlich diese Operation ist. Gleichwohl war sie unerläßlich. Die Operation verläuft unter starker Hypothermie und unter »Ausschaltung« des Herzens (bei Ljusja kam die Länge dieser Phase dem extrem Möglichen nahe). Sie war mehr als anderthalb Tage lang bewußtlos. Auch die postoperative Phase ist – physisch und psychisch – sehr schwierig: bei Ljusja wurde sie durch eine Herzbeutel- und Brustfellentzündung noch verschlimmert.

Ein solches medizinisches »Programm«, wie Ljusja es in diesen sechs Monaten durchmachte, hätte wohl fast jeden völlig in Anspruch genommen. Aber Ljusja tat noch vieles andere.

Sie schrieb ein ganzes Buch (mit dem russischen Titel *Postskriptum*, doch der amerikanische Titel lautet *Alone Together* und der deutsche *In Einsamkeit vereint*; zunächst waren Ljusja und ich sehr empört, aber es heißt, daß diese Titel für amerikanische und deutsche Ohren besser klingen). Ich habe bereits erwähnt, daß Ljusja auf literarischem Gebiet kein Neuling ist. Sie schreibt rasch, intuitiv, in einem »improvisierten« Stil. Gewöhnlich gelingt ihr die erste Fassung eines Satzes oder sogar einer ganzen Erzählung am besten (was bei mir nie der Fall ist). Anscheinend förderte Ljusjas emotionaler Zustand ihre Arbeit. Laut den meisten mir bekannten Rezensionen (ausländischen wie sowjetischen) ist das Buch ein Erfolg.

Ljusja besuchte fast alle wichtigen amerikanischen Universitäten, hielt zahlreiche Vorträge und sprach mit vielen politisch Verantwortlichen. Besonders wichtig waren ihre Reden vor der National Academy und vor dem amerikanischen Kongreß (die letztere scheint mir nicht nur der Form, sondern dem Gehalt nach sehr gelungen). Ihre gesamte Tätigkeit war vielleicht einer der Faktoren, die zu ihrer Freilassung im Dezember 1986 beitrugen. Zum Beispiel bemühte sie sich, den Gedanken zu verbreiten, daß man die Hilfsanstrengungen für mich auf die Beendigung der Deportation, nicht auf den Kampf um Ausreise konzentrieren sollte.

Die Jahre, die ich in Gorkij verbrachte, waren durch wichtige Ereignisse auf dem Gebiet der Hochenergiephysik gekennzeichnet. Man hoffte, daß die sogenannte »Saitentheorie«, die eine kleine Gruppe von Enthusiasten über eine Reihe von Jahren entwickelt hatte, zu einer adäquaten Beschreibung aller bekannten Wechselwirkungen und Felder und vielleicht sogar zu einer Beschreibung sämtlicher physikalischer Hauptgesetzmäßigkeiten (TOE: »Theory of Everything«) werden könnte.

Man muß anmerken, daß die »Saitentheorie« (ebenso wie die in sie eingegangene Konzeption der Supersymmetrie) nicht experimentell untermauert werden konnte (noch nicht?). Deshalb ist die Einstellung zu dieser Theorie nicht einheitlich; einige halten sie überhaupt für eine Verirrung, und manche arbeiten »für alle Fälle« parallele, sehr ähnliche Varianten aus (zum Beispiel »Membranentheorien« wie Caluzzi und

Klein, Theorien mit höheren Spins u. a.). Meiner Meinung nach ist die »Saitentheorie« der Prototyp einer raffinierteren und – im besten (durchaus wahrscheinlichen) Fall – adäquaten Theorie für einen sehr großen Kreis von Fakten. Was die TOE betrifft, so denke (oder, besser gesagt, glaube) ich, daß der Weg zur Erkenntnis der grundlegenden physikalischen Naturgesetze nie ein Ende haben, daß jede physikalische Theorie stets nur auf einem begrenzten Gebiet anzuwenden sein und daß das Überschreiten dieser Grenzen die Verallgemeinerung prinzipieller Begriffe und Ideen fordern wird. So war es bisher – was allerdings kein Beweis ist.

Ich werde nicht auf die Geschichte der »Saitentheorie« eingehen (obwohl sie ungewöhnlich interessant und dramatisch ist) und auch die Namen ihrer Schöpfer nicht nennen, sondern mich nur bemühen, eine ungefähre Vorstellung von der Grundidee zu geben. Im Unterschied zu der schon seit mehr als fünfzig Jahren bekannten Quantenfeldtheorie, nach der die Teilchen für punktförmig gehalten werden, ist die Saite ein *gedehntes und lineares* Objekt, wenn auch von sehr geringen Ausmaßen. Die Saiten können »offen« (etwa in Gestalt eines Würmchens) oder geschlossen (wie ein Rädchen) sein; diese Formen gehen ineinander über, und die Saiten treiben auch Knospen oder verschmelzen miteinander. Die Saiten verfügen über Spannung, während angenommen wird, daß der Raum keine dynamischen Ureigenschaften besitzt, sich diese vielmehr durch Wechselwirkung mit den Saiten aneignet. Die »Saitentheorie« erscheint also als Verwirklichung – auf neuem Niveau – meiner alten Idee von der induzierten Schwerkraft! Ich kann meinen Stolz darauf nicht verhehlen. Eine eindeutige Quantentheorie der Saiten läßt sich nur in einem Raum formulieren, der über mehr Dimensionen verfügt, als uns aus dem Alltagsleben und den bisherigen Experimenten bekannt sind. Die zusätzlichen Dimensionen gelten als in sich abgeschlossen (»verdichtet«), so daß sie an jedem Punkt des uns bekannten dreidimensionalen Raumes so etwas wie eine vieldimensionale Sphäre oder eine andere geschlossene Oberfläche bilden. Zur Veranschaulichung benutze man ein »Spielmodell«, wie es in den USA heißt: einen Raum mit einer normalen und einer in Form eines Rädchens verdichteten Dimension. Ein solcher Raum bildet ein langes, dünnes Röhrchen. Der Maßstab des verdichteten Raums wird in der Saitentheorie für sehr klein gehalten; man nennt die Größenordnung 10^{-33} bis 10^{-32} Zentimeter. Für alle Prozesse größeren Maßstabs treten die verdichteten Dimensionen überhaupt nicht in Erscheinung (die Größe eines Atoms liegt bei 10^{-8}, die eines Atomkerns bei 10^{-12} und die eines Protons bei 10^{-13} Zentimetern; bei Versuchen mit den größten modernen Beschleunigern werden Größenordnungen von 10^{-15} bis 10^{-18} Zentimetern »ertastet«).

Ich machte es mir zur Aufgabe, die »Saitentheorie« sowie die mit ihr verwandten Theorien und auch die theoretischen Arbeiten zu studieren, die an der »Nahtstelle« zwischen Kosmologie und Hochenergiephysik angesiedelt sind. Ich hoffe dabei nicht auf einen persönlichen schöpferischen Erfolg, doch ich muß unbedingt versuchen, das Wesen dessen zu verstehen, was vielleicht die nächste Revolution in der Physik verkörpert!

Von Dezember 1985 bis Mai 1986 beschäftigte ich mich intensiv mit dieser Aufgabe. Leider hinderten mich ernste Lücken in meinen Kenntnissen daran, mein Ziel zu erreichen. Ich bemühte mich in dieser Zeit, mich von nichts anderem ablenken zu lassen. Insbesondere hörte ich mir keine westlichen Rundfunksendungen mehr an. Dies führte allerdings auch wieder zu großen Versäumnissen, auf die ich unten eingehen werde.

Die Besuche der Physiker aus der theoretischen Abteilung des FIAN, die in den Jahren 1984 und 1985 unterbrochen worden waren, wurden von Dezember 1985 bis Mai 1986 wiederaufgenommen. Mitte Dezember kamen J. L. Feinberg und J. S. Fradkin. Fradkin ließ mir wichtige Vorabdrucke von Arbeiten zur »Saitentheorie« zurück, die er und Zejtlin angefertigt hatten. Der zweite Besuch kam, für mich überraschend, Ende Januar 1986 zustande. Ich führte interessante wissenschaftliche Gespräche mit D. A. Kirshniz und A. D. Linde. Sie verabschiedeten sich um 21 Uhr, und ich ging hinaus, um sie zum Autobus zu begleiten. Auf der Straße führte Linde mich zur Seite und sagte: »Bei der Instruktion vor dieser Reise wurde ich nach Ihren Plänen für den Fall gefragt, daß man Ihnen die Rückkehr nach Moskau gestattet. Die Instrukteure unterstrichen jedoch, daß sie selbst derartige Fragen nicht lösen können – damit beschäftige man sich weiter oben. Zwei Dinge interessierten sie: Haben Sie vor, sich in Moskau mit dem MTR [magnetischer thermonuklearer Reaktor] zu befassen? Und das zweite: Sie schrieben, daß Sie beabsichtigen, auf öffentliche politische Äußerungen zu verzichten.«

»Von Ausnahmefällen abgesehen!« warf ich ein.

»Man fragt, ob diese Verpflichtung bei Ihrer Rückkehr nach Moskau in Kraft bleiben würde?«

Mir war klar, daß KGB-Vertreter mit Linde Kontakt aufgenommen hatten; deshalb schien es mir am besten, so wenig wie möglich zu versprechen. »Ich habe nicht vor, mich mit dem MTR zu beschäftigen, sondern möchte mich völlig auf Feldtheorie und frühe Kosmologie konzentrieren. Ich will mich nicht verzetteln. Mit dem MTR befasse ich mich schon seit mehr als dreißig Jahren nicht mehr; es gibt ausgezeichnete Experten, die hier ein ganz neues Wissenschaftsgebiet geschaffen haben. Zu den öffentlichen politischen Äußerungen: Meine Verpflichtungen bezogen sich – im Zusammenhang mit dem Reiseproblem meiner Frau – auf das Leben in Gorkij. Bei einer Rückkehr nach Moskau würde sich eine ganz neue Situation ergeben, und ich hätte eine völlig andere politische Verantwortung. Deshalb müßte dieser gesamte Problemkomplex neu erwogen werden.«

»Darf ich dies alles sagen, wenn man mich fragt?«

»Ja, aber ich betone, daß solche Dinge direkt, ohne Vermittler, besprochen werden müssen. Teilen Sie dies unbedingt mit.«

Ich weiß nicht, wie sich diese Offenheit Linde (faktisch also dem KGB) gegenüber auf den Termin unserer Rückkehr nach Moskau auswirkte. Ljusja erzählte mir nach ihrer Ankunft, daß viele westliche Wissenschaftler, die auf dem Gebiet der Thermonuklearsynthese tätig seien, sich weigerten, mit der UdSSR zusammenzuarbeiten, solange ich in Gorkij sei und nicht an den Besprechungen teilnehmen könnte (bei ihren Kontakten im Westen bestärkte sie diese Position). In gewissem Sinne wich meine Unterhaltung mit Linde von diesem Kurs ab. Später hielt ich es für nötig, meine Position zu präzisieren: Ich drückte meinen Wunsch aus, an Beratungen zum Problem der gelenkten Synthese teilzunehmen (wobei ich allerdings nicht an eine Teilnahme an der konkreten Arbeit dachte, denn ich verfüge weder über die Zeit noch über die Kräfte, noch über das Wissen um die Gesamtheit aller in den letzten dreißig Jahren durchgeführten Forschungen). Auf lange Sicht war meine Haltung in dem Gespräch mit Linde wahrscheinlich kein Fehler.

Im Februar 1986 verfaßte ich eine meiner wichtigsten Schriften: einen Brief an M. S. Gorbatschow mit dem Aufruf, alle Gewissensgefangenen freizulassen. Den Anstoß lieferte ein Interview Gorbatschows mit der französischen kommunistischen Zeitung *L'Humanité*, das am 8. Februar erschien. In diesem Interview sprach Gorbatschow von der Lage der Juden in der Sowjetunion, von dem Fall Sacharow und – was meine besondere Aufmerksamkeit erregte – von den politischen Gefangenen (die Punkte, die meine Frau und mich selbst betrafen, erregten natürlich auch meine Aufmerksamkeit, aber hier hielt ich eine Antwort nicht für unerläßlich). Gorbatschow erklärte, es gebe in der UdSSR keine politischen Gefangenen, und niemand werde seiner Überzeugung wegen verfolgt. In meinem Brief ging ich auf diese Behauptung ein und zeigte im Detail, daß Menschen, die man nach den Artikeln 70 und 190–1 des Strafgesetzbuches der RSFSR verhafte und verurteile, praktisch immer ihrer Überzeugung wegen verfolgt würden; das gleiche gelte häufig für eine Verurteilung nach den »religiösen« Artikeln 124 und 227, für die Einweisung in eine psychiatrische Anstalt aus politischen Motiven und die ebensolchen Zielen dienende Verwendung gefälschter Anklagen aufgrund eines kriminellen Delikts. Als kurze Beispiele nannte ich die Fälle und Schicksale einiger mir persönlich bekannter Gewissensgefangenen; insgesamt nannte ich vierzehn (oder dreizehn – der Name eines der Gefangenen war in einigen Exemplaren irrtümlich ausgelassen worden) Personen und forderte die bedingungslose Freilassung aller Gewissensgefangenen. An erster Stelle erwähnte ich Anatolij Martschenko. Der Brief, den ich am 19. Februar absandte, wurde am 3. September (also sechs Monate nach dem Datum der Auslieferungsbescheinigung) auf meine Bitte hin im Ausland veröffentlicht. Ich nehme an, daß die Freilassung von Gewissensgefangenen in den ersten Monaten des Jahres 1987 in gewissem Maße – im Rahmen der verkündeten »Glasnost« sowie Ljusjas und meiner Rückkehr nach Moskau – von diesem Brief eingeleitet wurde. Jedenfalls würde ich es mir wünschen.

Am 26. April ereignete sich die entsetzliche Katastrophe in Tschernobyl. Ich erfuhr erst mit großer Verspätung davon: aus einem zwei Tage alten Papierfetzen, der eine kurze (und ungenaue) TASS-Mitteilung enthielt (wahrscheinlich war es am 6. Mai).

In dieser Zeit hörte ich, wie erwähnt, weder westlichen Rundfunk noch las ich regelmäßig Zeitungen. Ebenso entging mir die erste Pressekonferenz im Fernsehen, bei der Welichow auftrat. Sonst hätte ich vielleicht einen anderen Eindruck gehabt als den, der sich nach den ersten Zeitungsmeldungen herausbildete.

Zu meiner Schande versuchte ich mit aller Kraft, mir den Glauben zu bewahren, daß nichts allzu Entsetzliches geschehen sei. Die quantitative Information, auf die ich mich dabei stützte, war die Anfang Mai von der sowjetischen Presse genannte radioaktive Verseuchung: 10 bis 15 Milliröntgen pro Stunde, und dies angeblich nur in den ersten Tagen nach der Havarie in der Umgebung des Reaktors. Weitere quantitative Angaben wurden nicht gemacht. Auf der Grundlage dieser Ziffern entstand tatsächlich ein relativ günstiges Bild. Gewiß, es blieb unbegreiflich, woran die Feuerwehrleute gestorben waren (dies war schon gegen Mitte des Monats bekannt). Aufgrund der angeführten Ziffern hielt ich wesentliche radioaktive Niederschläge auf einem großen Gebiet – wie etwa bei Kernwaffenexperimenten – für völlig ausgeschlossen; ich dachte kaum an ernstliche Folgen für Menschen und Umwelt, die von schwellenüberschreitenden biologischen Effekten verursacht werden würden (zusätzliche Krebsfälle und genetische Schäden). Dies war ein beschämender Irrtum! Eine seiner Ursachen bestand darin, daß die von der sowjetischen Presse veröffentlichten Angaben (bewußt?) um das Hundertfache oder mehr gesenkt worden waren! Ich verfügte nicht über korrekte Informationen. Leider gab es noch eine weitere Ursache: die bekannte Voreingenommenheit, die Trägheit des Denkens, das Widerstreben, sich gräßlichen Tatsachen zu stellen. Am 21. Mai, meinem Geburtstag, kamen die Physiker J. L. Feinberg und A. A. Zejtlin aus Moskau und erzählten mir einiges über das Unglück. Aber in den zwei Wochen vor ihrem Besuch hatte das KGB es schon geschafft, meinen Irrtum erschöpfend auszunutzen. Vom 7. bis zum 19. Mai traten auf der Straße »zufällige Passanten« an mich heran und befragten mich über Tschernobyl; ich beschwichtigte sie (wenn auch mit dem Vorbehalt, daß es mir an Informationen fehle). Dies alles wurde heimlich aufgenommen, auf ein Tonband überspielt und (mittlerweile ohne meine Vorbehalte) in den Westen geschickt. Das KGB notierte die unklugen Worte, die ich am 15. Mai während eines Telefonats mit Ljusja aussprach, und veröffentlichte sie im Westen: »Das ist keine Katastrophe, das ist eine Havarie!«

Am 20. Mai, einen Tag vor dem Eintreffen der Physiker, kam ein Mann auf mich zu, der sich als Korrespondent der Zeitung *Gorkowskij rabotschij* (Arbeiter von Gorkij) vorstellte. Das Gespräch, das zunächst nicht wie ein Interview wirkte, verlief neben dem Balkon, wo ich gerade unsere Blumen goß. Als Anlaß für den Besuch des Korrespondenten diente eine (nicht unterzeichnete) Postkarte von mir, in der ich die Zeitung auf irgendwelche Ungenauigkeiten aufmerksam gemacht hatte. Ich sprach wiederum allzu beschwichtigend über Tschernobyl und nicht allzu überzeugend über die Probleme der Abrüstung. Ein paar Tage später, als ich mich besonnen hatte, schickte ich der Redaktion des *Gorkowskij rabotschij* (das heißt dem KGB) einen Brief, in dem ich forderte, mein Interview entweder mit Berichtigungen oder überhaupt nicht zu veröffentlichen; andernfalls würde ich mich direkt an den Westen wenden. Natürlich war ich ein Rufer in der Wüste. Eine Woche später übergab Victor Louis der *Bild-Zeitung* eine Videobandmontage mit meinem »Interview« und teilte der westlichen Presse seine Kommentare mit. Ihr Sinn war ungefähr folgender: Sacharow ist auf unserer Seite der Barrikade (?!). Er kann jedoch nicht nach Moskau zurückkehren, weil er eine schlechte Frau hat (sie hat sich im Westen schlecht benommen). Bei einer Rückkehr nach Moskau würde sie sofort eine Pressekonferenz einberufen!

Am 2. Juni kehrte Ljusja in die UdSSR zurück. Die letzte Woche ihres Aufenthalts im Westen hatte sie in Großbritannien und Frankreich verbracht. In diesen Ländern traf sie mit Premierministerin Margaret Thatcher, mit Präsident Mitterrand und Ministerpräsident Jacques Chirac zusammen, wobei sie hervorhob, es gehe nicht darum, meine Emigration, sondern meine Rückkehr nach Moskau durchzusetzen.

In Moskau verzögerte sich die Ankunft von Ljusjas Gepäck, und sie beschloß, für zehn Tage nach Gorkij zu fahren, um mich nach unserer halbjährigen Trennung wiederzusehen. Doch sobald sie den Boden von Gorkij betrat, schnappte die Mausefalle zu: Sie konnte bis zu unserer Freilassung im Dezember nicht mehr nach Moskau fahren. Schon auf dem Bahnhof demonstrierte das KGB seine unbegrenzten Möglichkeiten, indem es den Gepäckträgern verbot, Ljusjas Sachen aus dem Abteil zu holen. Ein paar Tage später lud man sie aufs OWIR und forderte sie auf, ihren Auslandspaß abzugeben (der in Moskau geblieben war) und sich als Verbannte registrieren zu lassen.

In den ersten Stunden unseres Wiedersehens erzählte Ljusja mir über die Kinder, die Enkel und Ruth Grigorjewna, über die Operation und andere medizinische Angelegenheiten, über das Buch, das sie geschrieben hatte, über ihre Rede vor dem amerikanischen Kongreß, über die zahlreichen Aktionen, die das Ziel hatten, meine Lage zu ändern. Sie erzählte auch von den im Westen aufgetauchten KGB-Filmen (die mit einer verborgenen Kamera Jahre vor dem Hungerstreik, während des Hungerstreiks und danach aufgenommen worden waren: zum Beispiel auf der Straße sowie in den Arbeitszimmern des Chefarztes des Semaschko-Krankenhauses, Dr. O. A. Obuchows, und seiner Frau, der Kardiologin Dr. A. A. Obuchowa, auf dem Bahnhof in Gorkij, auf der Post und anderswo). Bei unseren Telefonaten von Dezember bis Mai hatte Ljusja häufig versucht, auf die Filme einzugehen, doch jedesmal, wenn sie dieses Thema berührte, war die Verbindung abgebrochen worden.

In höchstem Grade erschütterten mich die mir neuen Fakten, die Ljusja über die Katastrophe von Tschernobyl mitzuteilen hatte. Sie hatte auf der Jahresversammlung der amerikanischen National Academy von dem Unfall erfahren, also viel früher, als wir von der sowjetischen Presse unterrichtet worden waren. In den USA zeigte man im Fernsehen Satellitenaufnahmen, auf denen der brennende Reaktor zu erkennen war. In allen europäischen Ländern verzeichnete man eine Zunahme des Strahlungsniveaus. In den ersten Tagen nach dem Unfall hatten die Tschechoslowakei, Schweden, Polen und Ungarn von den sowjetischen Behörden eine Erklärung verlangt, doch eine Antwort war lange ausgeblieben. In Polen wurden Jodtabletten an die Bevölkerung verteilt, um die Entfernung des radioaktiven Jodisotops zu beschleunigen (damit stellte sich die Frage, was in der UdSSR unternommen wurde, wo die Radioaktivität natürlich höher war). Schwangeren Frauen wurde in der Ukraine und in Belorußland zu einer Abtreibung geraten! Dies alles war fürchterlich und zerstörte das relativ günstige Bild, das ich mir gemacht und mir teilweise sogar nach dem Besuch der Physiker noch erhalten hatte.

Ich hoffe, daß ich in der Lage war, aus meinem Fehler zu lernen. In den folgenden Monaten dachte ich jedenfalls ausgiebig darüber nach, wie ich mich so hatte irren können. Aber noch wichtiger war, daß ich – zunächst für mich selbst – zu einer Entscheidung darüber gelangte, wie mit der Kernenergiewirtschaft umgegangen werden muß.

Im Juli gab mir Dr. A. A. Obuchowa einen Termin für eine medizinische Untersuchung. Vorher war ich dreimal bei ihr gewesen, aber als ich von Ljusja erfahren hatte, daß man sämtliche Untersuchungen mit einer verborgenen Kamera aufgenommen hatte, schickte ich ihr folgendes Telegramm: »Ich verzichte auf Ihre Untersuchungen. Illegale Aufnahmen mit verborgener Kamera in Ihrem Behandlungszimmer und dem ihres Mannes widern mich ebenso an wie die Übergabe der Filme an die ganze Welt. Eine solche ›Medizin‹ brauche ich nicht. Sacharow.« Ich erhielt eine beispiellose Antwort: »Sie tun mir aufrichtig leid, Akademiemitglied. Natürlich rechne ich nicht mit Ihrer Dankbarkeit. Professor Obuchowa.« Ljusja und ich waren entschlossen, die Dienste der Medizin von Gorkij unter keinen Umständen wieder in Anspruch zu nehmen.

Nach Ljusjas Rückkehr ging unser Leben seinen Gang.

Ljusjas Gespäck wurde unter Verletzung aller offiziellen Regeln nach Gorkij gebracht. Ljusja packte fünfzehn bis zwanzig Geschenkpakete, die wir sofort abschickten, für Verwandte und Freunde. Fast wie zur Zeit des Hungerstreiks hatten wir mit niemandem mehr Verbindung. Unser Freund Emil Schönberg, der zu uns unterwegs war (wir hatten uns an einem bestimmten Tag und zu einer bestimmten Stunde in einem Restaurant verabredet), wurde auf halber Strecke aus dem Zug geholt. Das Restaurant war voll von KGB-Angehörigen. Die einzige erfreuliche Ausnahme war das Treffen am 15. August mit meinem Kommilitonen Mischa Lewin und seiner Frau Natascha. Sie waren auf der Durchreise in Gorkij und spazierten an unserem Fenster vorbei. Ich ging zufällig auf den Balkon, bemerkte sie und lief auf die Straße hinaus. Danach verbrachten wir einen halben Tag mit ihnen, ohne daß das KGB uns behindert hätte. Aber ich konnte mich nicht entschließen, sie in unsere Wohnung zu bringen, wo man sie vielleicht sofort festgenommen hätte. Ich bin Mischa für dieses und frühere Treffen zutiefst dankbar.

Ljusja und ich fuhren häufig mit dem Auto im Rahmen der uns gesteckten engen Grenzen hinaus (wir sprachen vom »kleinen« oder »großen Ring«; der letztere schloß einen kleinen Teil der Kasaner Chaussee und die Fahrt zur Wolga ein), lasen Bücher, sahen abends fern, saßen morgens lange bei Tee oder Kaffee und plauderten, wobei wir versuchten, historische und literarische Streitfragen mit Hilfe eines enzyklopädischen Wörterbuchs zu lösen. Wie sich herausstellte, waren wir der Prüfung, welche die Isolierung von der Außenwelt uns abverlangte, gut gewachsen. Man kann sagen, daß wir glücklich waren. Natürlich, wenn Ljusja weniger Probleme mit den Beinen, mit dem Herzen, überhaupt mit der Gesundheit gehabt hätte ...

Im Unterschied zu den vergangenen Jahren konnten wir regelmäßig mit den Kindern und Ruth Grigorjewna telefonieren. Zur Kennzeichnung unserer paradoxen Existenz sollte noch erwähnt werden, daß Ljusja einmal pro Monat bei der örtlichen MWD-Verwaltung erscheinen mußte, um sich als Verbannte zu melden. Wir übergaben dem MWD eine Verordnung von Dr. Hutter, die Ljusja aus den USA mitgebracht hatte. Darin wurde ihr verboten, das Haus bei kaltem und windigem Wetter zu verlassen, was bedeutete, daß sie ihrer Meldepflicht nicht immer genügen konnte. Wir erfuhren jedoch nicht mehr, ob aus diesem Anlaß irgendeine Entscheidung getroffen worden war.

Anfang Oktober lud mich die Gebietsstaatsanwaltschaft »in Zusammenhang mit Ihrer Eingabe« zu Andrejew vor, dem Stellvertretenden Generalstaatsanwalt der UdSSR. Ljusja und ich wußten, daß mein Brief über die Freilassung der Gewissensgefangenen, den ich Gorbatschow im Februar geschickt hatte, gemeint war. Wir erörterten das bevorstehende Treffen und entschieden, daß ich versuchen sollte, Andrejew (also unter Umgehung des KGB von Gorkij) einen Brief an Gorbatschow mitzugeben, um meine Freilassung aus Gorkij zu erreichen. Ich schwankte lange, ob es mir anstand, einen solchen Brief zu schreiben, oder ob ich warten sollte, bis die Entscheidung über meine Freilassung auch ohne mein Eingreifen »gereift« war. Was mich zudem zögern ließ: Ein Jahr zuvor hatte ich Gorbatschow geschrieben, daß ich neben der Genehmigung von Ljusjas Reise keine anderen persönlichen Wünsche hätte (gewiß, seitdem hatte sich die Situation in vieler Hinsicht verändert). Ich hoffte, mich in den nächstem Monaten endlich in Ruhe der Physik widmen zu können, und wußte, daß ich in Moskau dazu für lange Zeit keine Gelegenheit haben würde, daß wir mit neuen Sorgen und Verpflichtungen zu rechnen hätten. Aber mir schien andererseits, daß mein Aufenthalt in Gorkij oder, umgekehrt, meine Rückkehr nach Moskau nicht nur meine persönliche (oder meine und Ljusjas) Angelegenheit sei, sondern ein Faktor, der den »Standort« des gesamten Problems der Menschenrechte in der UdSSR bestimmen konnte. Unter anderem beeinflußte mich das Gefühl der Verantwortlichkeit für das unvorsichtige Gespräch mit Linde: ich wollte meine Äußerungen präzisieren. Letzten Endes beschloß ich, alles mir Mögliche für meine Freilassung zu tun; vielleicht würde mein Appell, im Verein mit den Anstrengungen so vieler Menschen, das uns unbekannte Kräftegleichgewicht »dort oben« verschieben. Als unsere Freilassung zu einer Tatsache geworden war, traten die Wechselwirkung meines Schicksals mit dem anderer, mit den Menschenrechten und »Glasnost« sowie meine eigenen Schwierigkeiten und die Verantwortlichkeit meines Moskauer Lebens sogar noch stärker in den Vordergrund, als ich es hätte ahnen können.

Am 3. Oktober fuhr Ljusja mich zu dem Treffen mit Andrejew. Sie selbst wartete vor dem Café »Drushba« (im Jahre 1984, als Ljusja zu den Verhören gefahren war, hatte sie ebenfalls dort den Wagen abgestellt), und ich ging in die Staatsanwaltschaft.

Andrejew war tatsächlich aufgrund meines Briefes an Gorbatschow über die Gewissensgefangenen nach Gorkij gekommen. Seine Mitteilung läßt sich jedoch kaum als Antwort auf meinen Brief bezeichnen. Man habe die Staatsanwaltschaft beauftragt, die Fälle zu prüfen, wobei sich herausgestellt habe, daß alle von mir erwähnten Personen völlig legal verurteilt worden seien (er sprach auch, anscheinend in Zusammenhang mit psychiatrischen Fällen, von der Überprüfung medizinischer Gutachten). Auf all meine Fragen hin, die ihn zu konkreten Angaben bewegen sollten, äußerte er sich nur sehr vage. Insbesondere ließ er offen, ob Gorbatschow meinen Brief gesehen hatte. Erst aus meinem späteren Telefonat mit dem Generalsekretär erfuhr ich, daß dies der Fall war. Ich kam auf Martschenko zu sprechen, doch Andrejew ließ sich auf keine Erörterung ein. Am Ende des einstündigen Gesprächs machte ich meine Unzufriedenheit deutlich, denn ich hatte in meinem Brief eine allgemein *politische* Entscheidung über die Freilassung aller Gewissensgefangenen und die Ausräumung der Ungerechtigkeiten verlangt (ich wiederholte die Abschlußformulierung des Briefes). Andrejew weigerte sich kategorisch, meinen neuen Brief entgegenzunehmen – er sei kein Kurier.

In den folgenden Wochen überarbeitete ich den Brief ein wenig und schickte ihn am 23. Oktober an den Generalsekretär. Ljusja meinte, daß ich mich nicht beeilen sollte, den Brief abzusenden, da ihr irgend etwas daran nicht gefiel. Aber nachdem ich meinen Entschluß gefaßt hatte, hielt ich es nicht für nötig, noch zu warten. Es ist möglich, daß mein Brief an Gorbatschow für unsere Freilassung nicht die geringste Rolle spielte. Es gibt Gerüchte, daß die Frage schon seit Sommer 1986 – oder vielleicht schon länger – debattiert wurde. Aber andererseits ist nicht auszuschließen, daß der Brief den kleinen Anstoß darstellte, durch den eine Lawine ausgelöst wurde. Allerdings neige ich eher der ersten Vermutung zu.

Ich schrieb in meinem Brief, daß ich vor sieben Jahren ohne Gerichtsbeschluß, das heißt illegal, deportiert worden sei. Ich hätte kein Gesetz gebrochen, noch ein Staatsgeheimnis preisgegeben; zusammen mit meiner Frau müsse ich in beispielloser Isolation leben. Die verleumderische Presse mache sie für meine Handlungen verantwortlich. Im weiteren ging ich auf unseren Gesundheitszustand ein. Auch hielt ich folgenden Zusatz für unerläßlich: »Ich wiederhole, daß ich mich verpflichte, meine öffentlichen politischen Äußerungen einzustellen, abgesehen von Ausnahmefällen, in denen ich, um mit L. Tolstoj zu sprechen, *›nicht schweigen kann‹*.«

Dies stimmte mit der mündlichen Formulierung überein, die ich am 5. September 1985 in dem Gespräch mit Sokolow vorgebracht hatte. Heute, nach Moskau zurückgekehrt, kann ich von einem geringeren Umfang meiner politischen Tätigkeit nur träumen. Am Ende des Briefes ging ich auf meine früheren Verdienste ein, darunter auf den Abschluß des Moskauer Vertrages über ein Verbot von Atomwaffentests in der Atmosphäre, im Weltraum und unter Wasser. Ich erinnerte an meinen Brief über die Freilassung der Gewissensgefangenen (was mir äußerst wichtig schien) und an meine gemeinsamen Arbeiten mit I. J. Tamm zum MTR; ich sei bereit, an der Entwicklung von Programmen zur internationalen Kooperation auf diesem Gebiet mitzuwirken (wodurch ich meine Äußerung Linde gegenüber korrigierte). Der Brief schloß mit den Worten: »Ich hoffe, daß Sie es für möglich halten, meine Isolation und die Verbannung meiner Frau zu beenden.« Nachdem ich das Schreiben abgeschickt hatte, dachte ich in den nächsten anderthalb Monaten nicht mehr daran.

Die Fragen der Kernenergiewirtschaft und ihrer Sicherheit hörten nicht auf, mich zu beunruhigen. Zweifellos kann die Menschheit nicht auf die Nutzung der Kernenergie verzichten. Deshalb müssen technische Lösungen gefunden werden, die völlige Sicherheit gewährleisten und jede Möglichkeit einer ähnlichen Katastrophe wie in Tschernobyl ausschließen. Eine solche Lösung wäre meiner Ansicht nach der Bau von Kernreaktoren tief unter der Erde. (Sie müßten in so großer Tiefe angelegt werden, daß es bei dem maximalen denkbaren Unfall nicht zur Freisetzung radioaktiver Produkte kommen könnte). Natürlich würde der Bau von Reaktoren unter der Erde erhöhte Kosten mit sich bringen, doch diese Erhöhung wäre in Anbetracht der heutigen Baggertechnik akzeptabel (wie mir nun bekannt ist, gibt es konkrete Projekte für unterirdische Reaktorbauten; sie werden als durchaus konkurrenzfähige Varianten in den USA, in Frankreich, anscheinend auch in der Schweiz und vielleicht in anderen Ländern diskutiert). Ich meine, daß es notwendig ist, *durch Gesetzgebung den Bau neuer Reaktoren nur unter der Erde zuzulassen, und nicht nur in einzelnen Ländern, sondern im internationalen Rahmen*, denn radioaktive Niederschläge kennen keine Grenzen! Was alte Reaktoren anbetrifft, so müssen sie mit zuverlässigen Schutzhauben bedeckt werden. In erster Linie gilt es, die Reaktoren von atomaren Wärmekraftwerken, die gewöhnlich in der Nähe von Großstädten liegen (ein solches Kraftwerk wird am Rande von Gorkij gebaut), Reaktoren mit Graphitmoderator (wie in Tschernobyl) sowie Schnelle Brüter zu sichern.

Ein anderes Problem, das mich in jenen Monaten interessierte, war die hypothetische Möglichkeit, die katastrophalen Folgen von Erdbeben mit Hilfe spezieller unterirdischer, thermonuklearer Explosionen in seismischen Gefahrengebieten erheblich zu verringern. Gegenwärtig existiert keine Methode, den Moment von Erdbeben präzise vorherzusagen. Man darf jedoch vermuten, daß eine hinreichend starke, unterirdische, thermonukleare Explosion in der Nähe des vermuteten Erdbebenepizentrums – und zwar in dem Augenblick, da die Spannungen in der Erdrinde den kritischen Punkt errreichen – einen sofortigen oder raschen (nach mehreren Tagen oder Wochen) Bruch der Erdrinde bewirken können. Wenn dies zutrifft (und wenn die erforderlichen Ladungen nicht allzu groß sind), wird die Menschheit imstande sein, den Moment eines Erdbebens zu steuern. Man könnte die Anwohner rechtzeitig evakuieren und vor dem Untergang retten. Auch materielle und kulturelle Schätze könnten in Sicherheit gebracht werden. Natürlich müßte die Explosion so durchgeführt werden, daß keine radioaktiven Produkte freigesetzt würden (in einer Tiefe von mehreren Kilometern).

Möglicherweise ist diese Idee schon von den Seismologen erörtert worden, aber ich weiß nicht, ob ihnen die technischen und wirtschaftlichen Voraussetzungen für die Schaffung superstarker thermonuklearer Ladungen bekannt sind (im Jahre 1961 fand in der UdSSR, wie damals mitgeteilt wurde, ein Test mit einer 100-Megatonnen-Ladung statt – und dies ist natürlich noch nicht das Maximum). Außerdem könnte der künftige Fortschritt auf dem Gebiet der Seismologie die Berechenbarkeit der vorgeschlagenen Methode zur Lenkung des Erdbebenzeitpunkts und der nötigen Explosionsstärke erleichtern.

Anfang Dezember sandte ich G. I. Martschuk, dem Präsidenten der Akademie der Wissenschaften, einen Brief mit einer Darlegung der beiden Ideen und der Bitte, auf ihre Untersuchung hinzuwirken.

Am Abend des 9. Dezember drehte Ljusja wie immer am Knopf des Rundfunkempfängers. Die Störungen waren an diesem Tag besonders stark, so daß kaum etwas »aufgefangen« werden konnte. Wir benutzten wie üblich Kopfhörer, um nicht die Aufmerksamkeit unserer persönlichen »Störer« zu erregen. Durch das Knistern hindurch hörten wir beide gleichzeitig den Namen »Martschenko«. Einen Moment lang hatten wir den Eindruck, daß von der Freilassung Anatolij Martschenkos die Rede war. Ungefähr zehn Tage zuvor hatten wir gehört, daß man seiner Frau Larissa Bogoras vorgeschlagen hatte, Formulare für die Ausreise nach Israel auszufüllen. Sie antwortete, daß sie sich zunächst mit ihrem Mann besprechen müsse, und bemühte sich um ein Treffen. Wir sahen in dem Angebot der Behörden ein Anzeichen dafür, daß der Fall Martschenko »in Bewegung kam«, und Ljusja hatte Larissa eine freudige Karte geschrieben. Seit dem 4. August befand sich Martschenko im Gefängnis von Tschistopol im Hungerstreik; er forderte Erleichterung für die politischen Gefangenen, Aufmerksamkeit für ihr Schicksal und ein Ende der Repressionen. Anatolij selbst hatte man das Recht auf Besuche für fast drei Jahren entzogen; er war häufiger Isolationshaft ausgesetzt. Ich möchte daran erinnern, daß das KGB ihm während der Zeit zwischen seiner letzten und vorletzten Haftstrafe immer wieder vorgeschlagen hatte, »zur Familienzusammenführung nach Israel« zu emigrieren. Aber er hatte sich geweigert, denn er wollte das Land nicht verlassen, in dem er lebte, in dem er Mensch (im höchsten Sinne des Wortes) sein konnte, und er wollte sich nicht in die »Spiele« und Betrügereien des KGB verwikkeln lassen. Nach seiner Weigerung war er verhaftet worden. Nun, da

Anatolij an der Schwelle des Todes stand, schlug man Larissa das gleiche vor.

Einige Minuten später begriffen wir jedoch, daß nicht von seiner Entlassung die Rede war. Vielmehr hatte man Larissa Bogoras mitgeteilt, daß ihr Mann gestorben sei. Sie fuhr noch am selben Abend mit ihren Söhnen und ihrer Schwiegertochter nach Tschistopol. Da man ihr nicht gestattete, den Leichnam ihres Mannes nach Hause überführen zu lassen, wurde Anatolij in Tschistopol begraben. Larissa erfuhr kaum Einzelheiten über die Umstände seines Todes und seiner letzten Tage. Bekannt ist nur, daß er sich bis zum Abend des 8. Dezember in seiner Zelle befand. Er war zur Tür gegangen und hatte um einen Arzt gebeten; danach brachte man ihn, schon in hoffnungslosem Zustand, ins Krankenhaus. An Anatolijs Körper waren Spuren von Mißhandlungen zu erkennen, die man ihm vielleicht bei der Zwangsernährung zugefügt hatte. Ob er den Hungerstreik bis zum Moment seines Todes fortsetzte oder ihn mehrere Tage vorher abbrach, ist nicht bekannt. Als unmittelbare Todesursache wurde ein Schlaganfall angegeben. Anatolij war 48 Jahre alt.

Der Tod Anatolijs erschütterte uns wie ebenso viele Menschen auf der ganzen Welt. Es war das heroische Ende eines erstaunlichen, tragischen, aber auch glücklichen Lebens. Heute wissen wir, daß es auch das Ende einer ganzen Epoche der Menschenrechtsbewegung war, an deren Beginn auch Martschenko gestanden hatte, mit seinem Buch *Meine Aussagen*.

Am Sonntag stellten Ljusja und ich zufällig den Fernsehapparat an, was wir gewöhnlich nicht tun. Man zeigte Radsinskijs Stück *Lunin oder Jacques Tod*. Uns verblüffte die Übereinstimmung zwischen den Grundsätzen des Dramas und dem Schicksal und der Tragödie Martschenkos. Der Dekabrist Lunin sitzt vor seinem Tod in der Zelle – er weiß, daß die Mörder bald kommen werden –, läßt sein Leben vor seinem inneren Auge noch einmal ablaufen und vergleicht es mit dem eines anderen Aufrührers, den er aus einem Buch kennt. Er entsinnt sich, wie Konstantin (der Bruder des Zaren) ihm anbot, sich durch Flucht der Verhaftung zu entziehen. Aber er ging nicht auf das Angebot ein, sondern gedachte der Worte des Buches: »Der Herr meint, daß der Sklave stets davonlaufen will« (wenn er die Möglichkeit dazu hat). Und weiter: »Aber es gibt im Reich immer einen Menschen, der ruft: Nein!« Das ist Lunin! Und das ist Martschenko!

Aus meinem Tagebuch in jener Zeit: »Meine Gedanken kehren ständig zu dieser Tragödie zurück, zu seinem (Anatolijs) ganzen Leben, zu Larissas und Pawels Schicksal. Das Gefühl der Schuld läßt nicht nach (weder bei mir noch bei Ljusja).«

Aus Anlaß des »Tages der Menschenrechte« stellte Ljusja am 10. Dezember (dem Aufruf von Amnesty International folgend) Kerzen in die Fenster. Dies war das Symbol für den Appell zur Freilassung der Gewissensgefangenen. In einem der Fenster standen drei Kerzen, zum Zeichen der Trauer um Anatolij (drei Kerzen werden bei Beerdigungen aufgestellt).

Der 15. Dezember war der fünfundzwanzigste Todestag meines Vaters. Am Abend sahen Ljusja und ich wie gewöhnlich fern; wir saßen nebeneinander in unseren Sesseln, und Ljusja stopfte etwas. Um 22 oder 22.30 Uhr klingelte es plötzlich an der Tür. Für die Post war es zu spät, und außer dem Briefträger kam niemand zu uns. Vielleicht eine Durchsuchung? Es waren zwei Elektriker, begleitet von einem KGB-Mann. Sie hatten Anweisung, bei uns ein Telefon anzuschließen. (Wir spielten mit dem Gedanken, das Angebot abzulehnen, da es sich um eine Provokation handeln mochte. Aber wir schwiegen.) Die Elektriker stellten den Anschluß her, und der KGB-Mann sagte zum Abschied: »Morgen wird man Sie gegen 10 Uhr anrufen.«

Ljusja und ich rätselten, was vorgehen mochte. War es vielleicht ein Versuch, ein Zeitungsinterview abzuhalten? Vorher hatte es zwei solcher Versuche gegeben: im September durch einen Brief von *Nowoje wremja* und Anfang November durch eine schriftliche Anfrage der *Literaturnaja gaseta*. Ich weigerte mich, da ich kein Interview unter Bedingungen geben wollte, unter denen ich die Übermittlung meiner Worte nicht im geringsten kontrollieren konnte. Überhaupt bin ich nicht bereit, »mit der Schlinge um den Hals« ein Interview zu geben. Auch diesmal würde ich mich weigern.

Wir warteten am 16. Dezember bis 15 Uhr auf einen Anruf, und ich wollte mich gerade aufmachen, um Brot zu holen. – Weiter auf der Grundlage meiner Tagebuchnotizen (mit einigen Kommentaren):

Um 15 Uhr klingelte das Telefon. Ich nahm den Hörer ab. Eine Frauenstimme: »Michail Sergejewitsch wird mit Ihnen sprechen.«

»Ich höre.« (An Ljusja gewandt: »Es ist Gorbatschow.« Sie öffnete die Tür zum Korridor, wo sich der übliche »Klub« um den Milizionär versammelt hatte, und rief: »Leise, Gorbatschow hat angerufen.« Auf dem Korridor wurde es still.)

»Guten Tag, hier spricht Gorbatschow.«

»Guten Tag.«

»Ich habe Ihren Brief erhalten. Wir haben ihn geprüft und uns beraten.« Ich entsinne mich nicht an seine genauen Worte oder daran, mit wem er sich beriet, aber er nannte keinen Namen und keine Instanzen. »Sie bekommen die Möglichkeit, nach Moskau zurückzukehren. Der Erlaß des Präsidiums des Obersten Sowjets wird aufgehoben. [Oder vielleicht sagte er: Die Wirkung des Erlasses wird rückgängig gemacht.] Auch hinsichtlich Jelena Bonners ist eine Entscheidung getroffen worden.«

Ich warf schroff ein: »Das ist meine Frau!« Dies war eine emotionale Reaktion weniger auf die falsche Betonung des Namens Bonner als auf eine gewisse Voreingenommenheit meiner Frau gegenüber, die ich zu spüren glaubte. Ich bin mit meiner Replik zufrieden!

»Sie können gemeinsam nach Moskau zurückkehren. Eine Wohnung haben Sie dort ja. In nächster Zeit wird Martschuk Sie besuchen. Kehren Sie an Ihre patriotische Arbeit zurück!«

»Ich bin Ihnen dankbar! Aber vor ein paar Tagen wurde mein Freund Martschenko im Gefängnis umgebracht. Ich habe ihn in dem Brief, den ich Ihnen schickte, an erster Stelle genannt. In dem Brief bat ich darum, die Gewissensgefangenen – Menschen, die ihrer Überzeugung wegen verfolgt werden – freizulassen.«

»Ja, ich erhielt Ihren Brief zu Beginn des Jahres. Wir haben viele entlassen, und die Situation anderer ist erleichtert worden. Aber es sind sehr unterschiedliche Fälle.«

»Alle, die man nach diesen Artikeln verurteilt hat, sind illegal, ungerecht verurteilt worden. Sie müssen freigelassen werden!«

»Ich kann Ihnen nicht zustimmen«, sagte Gorbatschow.

»Ich flehe Sie an, die Freilassung der Menschen, die ihrer Überzeugung wegen verurteilt wurden, noch einmal zu erwägen. Das ist ein Gebot der Gerechtigkeit und sehr wichtig für unser Land, für das internationale Vertrauen Ihnen gegenüber, für den Frieden, für Sie, für den Erfolg all Ihrer Initiativen.«

Gorbatschow antwortete ausweichend; ich erinnere mich nicht an den genauen Wortlaut.

»Ich möchte Ihnen noch einmal danken! Auf Wiederhören!« Damit beendete ich – nicht er, wie es der Etikette entsprochen hätte – das Gespräch. Anscheinend hielt ich die Spannung nicht mehr aus und fürchtete innerlich, daß zuviel gesagt werden könnte. Gorbatschow blieb nichts anderes übrig, als sich ebenfalls zu verabschieden.

Drei Tage später kam es zu der Begegnung mit Martschuk, dem Präsidenten der Akademie der Wissenschaften, von der Gorbatschow gesprochen hatte (allerdings nicht in unserer Wohnung, sondern im Physikinstitut, wohin ich mit dem Dienstwagen des Direktors gebracht wurde). Das Gespräch fand unter vier Augen statt. Ich sah den kurz zuvor gewählten Präsidenten zum erstenmal, ein gedrungener Mann mittleren Alters: sachlich, zupackend, ein typischer Wissenschaftsorganisator neuen Zuschnitts. Martschuk sagte: »Ihr Brief machte sehr großen Eindruck auf Michail Sergejewitsch. Ich habe vom Präsidium des Obersten Sowjets die Texte der Erlasse zu Ihrem Fall erhalten.« Damit zog er aus der Brusttasche seiner Jacke ein zerknülltes, an den Rändern eingerissenes Stück Papier und las mir vor (ich notierte den Text später wörtlich: »1. Wirkung des Erlasses über die administrative Aussiedlung Sacharows aus Moskau, am 8. Januar [1980] vom Präsidium des Obersten Sowjets der UdSSR verabschiedet, wird aufgehoben. 2. Erlaß des Präsidiums des Obersten Sowjets der UdSSR über die Begnadigung von J. G. Bonner, der sie von der weiteren Abbüßung ihrer Strafe freistellt.«

Martschuk setzte hinzu, daß man ihm den Text der Erlasse telefonisch mitgeteilt habe, weshalb ich mich nicht darauf berufen solle. Ich bemerkte, daß ich dazu gezwungen sei, weil ich über keine andere Information verfüge. Auf meine Fragen hin erwiderte Martschuk, daß er das Datum der Erlasse nicht kenne und nichts über eine Rückgabe meiner Auszeichnungen wisse. (Die Rückgabe der Auszeichnungen wäre ein indirektes Eingeständnis der Behörden gewesen, daß ihre Aktionen mir gegenüber im Jahre 1980 falsch gewesen waren. Aber anscheinend war die Zeit dafür noch nicht reif.)

Martschuk erklärte, er wolle meine Rückkehr zu aktiver wissenschaftlicher Arbeit und meine politische Position kennenlernen. »Ich möchte Ihr politisches Credo verstehen. Sie verfügen über große Autorität, viele lauschen Ihrer Meinung.«

Ich antwortete ihm recht ausführlich, und Martschuk hörte aufmerksam zu. In einigen Punkten machte er seine abweichende Meinung deutlich, insbesondere was den politischen Kurs der UdSSR an sogenannten Krisenherden (ich sagte, daß die Politik der Sowjetunion manchmal objektiv provozierend wirke), das Afghanistan-Problem und das Prinzip eines Abkommens betraf, das Interkontinental- und Euroraketen mit einer Abmachung über SDI verknüpft. Vor allem betonte ich mein Interesse am Schicksal der Gewissensgefangenen.

Martschuk antworete: »Da man mit dieser Frage rechnete, wurde mir von Präsidium des Obersten Sowjets folgendes mitgeteilt: Viele der Sie interessierenden Verurteilten sind entlassen oder unter Bewährung entlassen oder in die Verbannung überstellt worden; einige erhielten die Genehmigung zur Emigration. Die Überprüfung der Fälle einiger anderer Personen wird fortgesetzt. Eine notwendige Voraussetzung der Freilassung ist, wie man mich unterrichtete, der erklärte Verzicht auf die Fortsetzung der antigesellschaftlichen Tätigkeit.«

Ich warf heftig ein: »Das ist ein Anschlag auf die Meinungsfreiheit, ein Versuch, den Menschen zu brechen. Es ist unrechtmäßig und ungerecht.«

»Eine übermäßige Konzentration auf negative Erscheinungen könnte zu Ihrer Isolierung in der Akademie führen. Das ist die Ansicht vieler Akademiemitglieder, mit denen ich gesprochen habe.« Er erwähnte das in Moskau bevorstehende Forum zu Abrüstungsfragen, und ich versprach, über meine Teilnahme nachzudenken. Ich sagte auch, daß ich ein Treffen zwischen mir und Edward Teller für zweckmäßig hielte. Dies wäre eine Begegnung von zwei unabhängigen und kompetenten Männern, die unterschiedliche prinzipielle Ansätze zu den Problemen der Abrüstung, zu SDI u. ä. klären könnten.

Der letzte Teil des Gesprächs betraf meine Mitwirkung am MTR, die Sicherheitsprobleme in der Kernenergiewirtschaft und die Warnung vor Erdbeben. Ich äußerte meinen Wunsch, im FIAN zur Arbeit B. L. Altschulers herangezogen zu werden.

Am Abend desselben Tages (des 19. Dezember) erwiderte der Stellvertretende Außenminister Petrowskij bei einer vom Fernsehen übertragenen Pressekonferenz, die einem Moratorium von Kernversuchen gewidmet war, auf eine entsprechende und natürlich inszenierte Frage: »Vor einiger Zeit trug das Akademiemitglied Sacharow die Bitte vor, ihm den Umzug [!] nach Moskau zu gestatten. Diese Bitte wurde, insbesondere von der Akademie der Wissenschaften der UdSSR, unter dem Gesichtspunkt geprüft, daß Sacharow sich lange außerhalb Moskaus befand. Gleichzeitig wurde ein Beschluß zur Begnadigung der Bürgerin J. G. Bonner gefaßt. Auf diese Weise erhält Sacharow die Möglichkeit, zu seiner wissenschaftlichen Arbeit zurückzukehren – nun nach Moskauer Ausrichtung.« Der Stil ist unvergleichlich, ebenso wie die »Rhetorik des Verschweigens«! Der Hinweis auf die Akademie und auf die Länge meines Aufenthalts »außerhalb Moskaus« wird hervorgehoben, als sei dies der Grund meiner Rückkehr. Über einen mich betreffenden Erlaß fiel kein Wort.

Ljusja und ich empfanden in jenen Tagen weder Glück noch Triumph. Uns quälte der Gedanke an Anatolijs Tod. Außerdem hatte ich ein vages, doch unangenehmes Gefühl, das durch meinen Brief an M. S. Gorbatschow vom 23. Oktober verursacht wurde – obwohl ich intellektuell begriff, daß ich mich in keiner Weise gedemütigt und keine juristischen Verpflichtungen auf mich genommen hatte, als ich die Freiheit meiner Äußerungen auf wichtige Fragen, zu denen ich »nicht schweigen kann«, beschränkte. Zudem hatte ich Gorbatschow im Grunde nicht irregeführt, was meine Absichten betraf: ich wollte mich tatsächlich nur auf wichtige gesellschaftliche Fragen beschränken. Nichtsdestoweniger hatte ich sehr viel Verständnis für die Gewissensgefangenen, denen die Verpflichtung schwerfällt, daß sie sich nach ihrer Entlassung keiner »antigesellschaftlichen Tätigkeit« widmen werden (viele weigerten sich, diese Verpflichtung zu unterschreiben, und blieben in Haft). Doch all meine »Reflexionen« traten bald in den Hintergrund, denn der unerbittliche Strom des »freien« Lebens schlug über uns zusammen, forderte tägliche Anstrengungen und die Bereitschaft, neue Verantwortungen auf uns zu nehmen. Dabei haben wir beide heute viel weniger Kraft als noch vor sieben Jahren.

Am 22. Dezember verließen wir Gorkij, nachdem wir in aller Eile ein paar Taschen gepackt und den größten Teil unserer Sachen in der Wohnung zurückgelassen hatten. Zum erstenmal seit sieben Jahren setzte ich mich gemeinsam mit Ljusja in einen Zug – vorher hatte ich sie nur zum Bahnhof begleitet, bis auch sie in Gorkij »steckengeblieben« war.

Am Morgen des 23. Dezember stiegen wir auf dem Jaroslawer Bahnhof aus, auf dem sich Korrespondenten aller Länder drängten (auch sowjetische, wie sich später herausstellte). Ich brauchte etwa vierzig Minuten, um mir langsam einen Weg durch die Menge zum Auto zu bahnen (Ljusja war von mir getrennt worden). Während mich Hunderte von Blitzlichtern blendeten, beantwortete ich unaufhörlich hastige Fragen in die Mikrofone, die man mir vor den Mund hielt. Diese informellen Interviews waren die Vorboten vieler weiterer, die ganze Situation war gleichsam »Modell« für das uns erwartende unruhige Leben. Ich sprach von den Gewissensgefangenen – und rief zu ihrer Freilassung auf, wobei ich zahlreiche Namen nannte –, von der Notwendigkeit, die sowjetischen Truppen aus Afghanistan abzuziehen, von meiner Einstellung zu SDI und zum »Paket-Prinzip«, von »Perestroika« und »Glasnost«, von ihrer Widersprüchlichkeit und den Komplikationen dieser Prozesse.

Ende Dezember und den Januar hindurch (sowie in den folgenden Monaten, wenn auch mit geringerer Intensität) gab ich Zeitungen, Zeitschriften und Fernsehgesellschaften aus vielen Ländern mehrere Interviews pro Tag. Besonders hat sich mir ein Fernsehinterview eingeprägt, das aus dem Studio in Ostankino direkt über einen Sputnik gesendet wurde: Da war die ganze Weltraumsupertechnik, eine Vielzahl von Bildschirmen mit meinem seltsam fremden Gesicht auf dem Hintergrund des blauen Himmels – und das Allerschrecklichste, das »Schwarze Loch« der Fernsehkamera. Bei der ersten derartigen Übertragung dolmetschte Alexander Goldfarb, wie einst auf den Pressekonferenzen in der Tschkalow-Straße. Schon die Möglichkeit solcher Übertragungen war verblüffend, gewissermaßen ein Kennzeichen der neuen »Glasnost«-Periode.

Auf Ljusja und mir lag in diesen ersten Monaten eine kaum erträgliche Bürde, aber wir hatten keine Wahl ... Unser Leben in Moskau: Fast für jedes große Interview muß ich die Antworten schriftlich vorbereiten (anders kann ich es nicht), und Ljusja tippt sie ab. Das Haus ist ständig voll von Menschen, und wir möchten so gern zu zweit sein; Ljusja hat in der Küche zu tun, und nicht nur für zwei Personen wie in Gorkij, sondern für eine ganze Schar. Um 2 Uhr morgens schrubbt Ljusja, trotz all ihrer Infarkte und des Bypasses, die Treppe (im Haus herrscht »Selbstbedienung«!), und ich schreibe schon wieder hastig etwas für den nächsten Tag. Neben den Interviews muß noch so vieles andere geschafft werden: der Brief an Gorbatschow, auf den ich unten eingehen werde, das Vorwort zu dem Buch Martschenkos, die intensive Vorbereitung auf das Moskauer Forum. Und dann Menschen, Menschen, Menschen: Freunde, Bekannte, solche, die sich mit mir bekannt machen wollen, solche, die emigrieren möchten, Ausländer, die nach Moskau gekommen sind und es für ihre Pflicht halten, Sacharow zu besuchen, Botschafter aller europäischen Länder, die im Auftrag ihrer Regierung bei Sacharow vorsprechen, jeden Tag auch Verrückte, während und nach dem Forum sehr viele westliche Teilnehmer. Als die massenhafte Freilassung politischer Gefangener begann, stellte Ljusja Verzeichnisse zusammen, informierte die Agenturen (gleichzeitig zwei oder drei) über die neu Entlassenen und auch über die noch bestehenden Hindernisse. Leider verdrehen die ausländischen Korrespondenten oder Rundfunkkommentatoren vieles: Nachdem Ljusja bekanntgegeben hat, daß Mykola Rudenko im Hungerstreik ist und fordert, über den Verbleib seines bei einer Durchsuchung beschlagnahmten schriftstellerischen Archivs informiert zu werden, hören wir im westlichen Rundfunk, das Akademiemitglied Sacharow habe mitgeteilt, Rudenko sei im Hungerstreik, um seine Emigration durchzusetzen, und die Frau des Nobelpreisträgers habe erklärt, daß dieser Fall die Kehrseite der gegenwärtigen Kreml-Politik zeige – was sie nie gesagt hat und auch nie hätte sagen können, weil es einfach nicht ihr Stil ist. Fast jeden Tag herrscht ähnliche Verwirrung, auch meine Aussagen zu SDI werden sehr entstellt wiedergegeben.

Dies ist der Alltag unseres Lebens. Vielleicht leide ich unter Größenwahn, doch ich möchte hoffen, daß dies alles keine unnütze Geschäftigkeit ist, sondern – zumindest in Grenzen – realen Einfluß auf zwei Schlüsselprobleme hat: die Freilassung der Gewissensgefangenen und die Erhaltung des Friedens durch Abrüstung.

Im Dezember und Januar wiederholte ich unaufhörlich, daß die Tiefe, Aufrichtigkeit und Unumkehrbarkeit der demokratischen Prozesse im Lande an der Freilassung der Gewissensgefangenen zu messen sei; die Widersprüchlichkeit der gegenwärtigen Situation zeige sich schlagend daran, daß diejenigen, die früher für Glasnost eingetreten seien, sich in der Glasnost-Epoche weiterhin in Haft befänden. Gewöhnlich nannte ich fünf bis zwölf Namen von Personen, deren Fälle mir gut bekannt waren.

Mitte Januar gab es die ersten Anzeichen, daß man viele Gewissensgefangene freilassen würde. Gleichzeitig kam die Befürchtung auf, daß dieser Prozeß keineswegs so ablaufen würde, wie wir es erträumt hatten: nämlich in Form einer umfassenden und bedingungslosen Entlassung. Mir fielen meine Gespräche mit Staatsanwalt Andrejew und Akademiepräsident Martschuk ein, die den »Verzicht auf antigesellschaftliche Tätigkeit« als notwendige Voraussetzung erwähnt hatten.

Ich beschloß, M. S. Gorbatschow noch einen Brief mit meinen Gedanken und Besorgnissen zu schicken. Ich schrieb unter anderem: »Ohne Amnestie ist in unserem Lande eine entscheidende moralische Wende unmöglich, welche die ›Trägheit der Angst‹ [ich benutzte den Titel des bekannten Buches von V. Turtschin], die Trägheit der Gleichgültigkeit und Heuchelei überwindet. Natürlich reicht eine Amnestie allein nicht aus . . . Lassen Sie mich offen sein: Man kann diese Sache nicht völlig jenen Behörden anvertrauen, die bis heute Illegalität und Ungerechtigkeit praktiziert oder sanktioniert haben (KGB, Staatsanwaltschaft, Gerichte, MWD-Organe) . . . Es wäre sehr schlecht, wenn alles auf die Erpressung von Reuebekenntnissen und von Verzichtserklärungen auf sogenannte ›antigesellschaftliche Tätigkeit‹ wie auf die Verteidigung der Amtsehre solcher Behörden hinausliefe . . . Es scheint mir zweckmäßig, beim ZK der KPdSU eine Spezialkonferenz zu Amnestiefragen einzuberufen, vielleicht unter Einbeziehung von Vertretern der Menschenrechtsbewegung in der UdSSR sowie Vertretern der schöpferischen und wissenschaftlichen Intelligenz (ich nannte mehrere Namen: S. W. Kalistratowa, L. I. Bogoras, M. J. Gefter, S. A. Kowaljow).«

Ich erhielt keine Antwort auf diesen Brief.

Mittlerweile begann die langerwartete Massenentlassung von Gewissensgefangenen. Heute, während ich diese Zeilen schreibe (April 1987), sind rund hundertsechzig Menschen freigelassen worden. Ist das eine große oder kleine Zahl? Gemessen an dem, was vorher geschah (man konnte die Freigelassenen und Ausgetauschten an den Fingern abzählen), gemessen an unseren früheren leidenschaftlichen Träumen, ist sie unglaublich hoch. Aber dies sind nur zwanzig bis fünfunddreißig Prozent aller Gewissensgefangenen. (Ergänzung November 1988: Mittlerweile ist die Mehrheit der bekannten Gewissensgefangenen entlassen worden. Von den Personen, deren Namen ich kenne, sind einige jedoch weiterhin in Haft. Auch in den psychiatrischen Anstalten und in den Gefängnissen gibt es weiterhin nicht so prominente Gewissensgefangene, die aufgrund unrechtmäßiger Anklagen verurteilt wurden: wegen Wehrdienstverweigerung aus religiösen Gründen, illegaler Grenzüberschreitung, wegen gefälschter Anklagen u. a.) Von prinzipieller Wichtigkeit ist, daß es sich *nicht* um eine bedingungslose Entlassung von Gewissensgefangenen, also eine Amnestie, handelt. Zudem ist keine Rede von Rehabilitierung, was implizieren würde, daß die Urteile ungerecht waren. Meine Befürchtungen haben sich bestätigt. Das Schicksal jedes Gefangenen wird individuell geprüft, und die Behörden verlangen von jedem eine schriftliche Erklärung über den Verzicht auf angeblich rechtswidrige Tätigkeit. Das heißt, die Menschen müssen sich ihre Freiheit »erkaufen«, indem sie (indirekt) ihre Schuld eingestehen (viele hätten dies früher – während der Ermittlungen oder vor Gericht – tun können, doch sie waren nicht dazu bereit gewesen). Die Tatsache, daß sie recht häufig in der Lage waren, ein inhaltloses Papier zu verfassen, ist für den einzelnen von Belang, aber es ändert nichts am Prinzip. Dagegen bleibt die »Dienstehre« der Behörden unberührt, die sich ungerecht und rechtswidrig verhalten haben. Offiziell wird dies alles als Begnadigung bezeichnet. Bei solchen Entlassungen wird keine Garantie dafür gegeben, daß sich die Ungesetzlichkeit nicht wiederholen kann; die moralische und politische Bedeutung eines im Grunde mutigen Schrittes der Behörden wird so erheblich beeinträchtigt. Vielleicht ist dieses Verfahren das Ergebnis eines Kompromisses an der Spitze (etwa zwischen Gorbatschow und dem KGB, von dessen Unterstützung vieles abhängt. Oder wurde Gorbatschow einfach irregeführt? Oder durchschaut er die Lage nicht?). Der Kompromiß ist auch an den Haftorten wirksam, denn die Gefangenen haben oft eine gewisse Freiheit bei der Wahl der »vereinbarten« Formulierungen. Mit weitergehenden Schritten ist in nächster Zeit offenbar nicht zu rechnen.

In diesen Wochen leiteten Ljusja und ich sowie Sofja Wassiljewna Kalistratowa, die unsere Einschätzung der realen Situation teilte, eine Reihe von Maßnahmen ein, um den Gefangenen die Wahl zu erleichtern. Eine umfassende Freilassung, selbst in dieser geschmälerten Form, ist von gewaltiger Wichtigkeit. Unsere Initiativen wurden jedoch keineswegs von allen gutgeheißen. In den ersten Februartagen besuchten uns Larissa Bogoras und Boris Altschuler. Es kam zu einem schwierigen, qualvollen Gespräch. Wir mußten uns des Kompromißlertums bezichtigen lassen, da wir andere Menschen zu einer Kapitulation drängten, die für ihr ganzes weiteres Leben eine Tragödie sein werde. Die gleichen Beschuldigungen wurden noch schärfer gegen Sofja Wassiljewna erhoben. Es war für Ljusja und mich sehr schwer, solche Worte von Menschen zu hören, die wir doch achten und die uns nahestehen, was ihre Anschauungen und ihre moralische Position betrifft. Aber in der objektiv zwiespältigen Lage, in der wir alle uns befanden, sind solche Meinungsverschiedenheiten unvermeidlich. Immerhin scheinen sie vorübergehender Art zu sein, denn sie haben inzwischen ein wenig an Schärfe verloren.

Zu einigen Ereignissen und Begegnungen.

In den ersten Januartagen gab ich einem sowjetischen Presseorgan, nämlich der *Literaturnaja gaseta*, ein Interview. Es wurde jedoch nicht gedruckt. Folgendes hatte sich abgespielt: Am 30. Dezember kamen nach einem Seminar im FIAN zwei Korrespondenten der *Literaturnaja gaseta* auf mich zu: Oleg Moros und Jurij Rost, ein bekannter Fotojournalist. Sie baten, mich zu Hause besuchen und interviewen zu dürfen. Ich überlegte ein paar Minuten lang und akzeptierte unter der Bedingung, daß man mir den endgültigen, von allen Instanzen genehmigten Text – möglicherweise mit einigen Kürzungen und Korrekturen – zur Unterzeichnung vorlegen würde. Wenn ich mit dem Interviewtext einverstanden sei, würde ich ihn unterschreiben, und dann könne er ohne jede Änderung in den Druck gehen; andernfalls dürfte überhaupt nichts veröffentlicht werden. Nur ein solches Vorgehen konnte mich vor möglichen Entstellungen meiner Position schützen. Moros und Rost willigten ein und überreichten mir sofort ein Blatt mit Fragen. Ich arbeitete angestrengt an der Beantwortung der Fragen; wie gewöhnlich tippte und redigierte Ljusja den Text. Die Fragen stimmten im wesentlichen mit denen der ausländischen Korrespondenten überein, und auch meine Antworten waren etwa die gleichen (zu Afghanistan, den Gewissensgefangenen, dem »Paket-Prinzip«, zu Kernwaffentests), aber bei meinem Debüt in der sowjetischen Presse wollte ich mich besonders klar und logisch ausdrücken.

Am Abend des 30. Dezember hatte ich ein »Fernsehinterview« zu absolvieren. Da ich in Eile war, nahm ich Rosts und Moros' Angebot an, mich mit ihrem Auto zum Studio zu fahren. Während sie sich miteinander unterhielten, erwähnten sie respektvoll einen gewissen Jakowlew, versicherten mir jedoch: »Keine Sorge, es ist nicht der, den Sie offenbar geschlagen haben.« Ich bestätigte, daß ich ihn geschlagen hatte. Diese jungen Leute ähnelten, außerdienstlich gesehen, vielen anderen mir bekannten Moskauer Intellektuellen; jedenfalls hörten sie regelmäßig westliche Rundfunksendungen.

Die erste Fassung des Interviews schrieben Moros und Rost am 3. Januar (nach einigen Zusatzfragen) nieder; danach besuchten sie mich im Januar noch zwei- oder dreimal. Sie nahmen einige für mich akzeptable Änderungen und Kürzungen vor und stellten noch drei oder vier weitere Fragen, die meine schärfsten Antworten polemisch aufgriffen. Sie erzählten, daß die Ressortchefs, nicht jedoch der Chefredakteur Tschakowskij, das Interview gebilligt hätten; nun durchlaufe es immer höhere Instanzen und habe die »vorletzte« Stufe erreicht (sie deuteten an, daß damit das Politbüromitglied Ligatschow gemeint war; die letzte und höchste Stufe repräsentierte Gorbatschow). Bei unserer vorletzten Begegnung sagten sie, daß die Veröffentlichung des Interviews auf unbestimmte Zeit verschoben werde, zumindest bis zum ZK-Januar-Plenum, »auf dem vieles entschieden werden soll«. In Wirklichkeit kam die Publikation nicht zustande. Ein solches Niveau hatte Glasnost noch nicht erreicht, was schade war. Das Erscheinen meines Interviews in der sowjetischen Presse wäre ein Markstein für die Perestroika gewesen, da ich auf Selbstzensur (wodurch das Interview »durchgängiger« geworden wäre) verzichtet hatte.

Obwohl das Interview nicht erschien, brachte es doch einen gewissen Nutzen. Ljusja schrieb in meinem Namen einen von mir unterzeichneten Brief an den Mitarbeiter der *Literaturnaja gaseta,* Arkadij Waksberg – er ist auf ethische und juristische Themen spezialisiert – über den Fall eines kurz zuvor in Kiew verhafteten Mannes und bat Rost und Moros, ihn dem Adressaten auszuhändigen. Der Bibliothekar Prozenko war verhaftet und angeklagt worden, ein Manuskript religiös-historischen Inhalts zusammengestellt zu haben; das Gericht gab den Fall an die untersuchende Behörde zurück, beließ Prozenko jedoch im Untersuchungsgefängnis. Waksberg machte den Staatsanwalt auf diesen Verstoß aufmerksam (ohne sich auf mich zu beziehen), und Prozenko wurde aus dem Gefängnis entlassen. Später stellte man die Untersuchung ein.

Eine der Hauptfragen aller Interviews mit ausländischen Korrespondenten und mit der *Literaturnaja gaseta* betraf meine Einstellung zu Gorbatschow und zur Perestroika-Politik. In der Tat war es sehr wichtig, daß Ljusja und ich diese Fragen für uns selbst klärten.

Schon in Gorkij waren uns erstaunliche Veränderungen in der Presse, im Kino und im Fernsehen aufgefallen. In der *Literaturnaja gaseta* konnte man in einer Reportage A. Waksbergs über eine Plenarsitzung des Obersten Gerichtshofes Dinge lesen, derentwegen der Verfasser noch unlängst nach Artikel 109–1 oder nach Artikel 70 verurteilt worden wäre: darunter eine dokumentarische Übersicht, nach der auf siebzig Prozent aller an die Staatsanwaltschaft gerichteten, abgelehnten Revisionsanträge der Vermerk fehlt, daß die Akten überhaupt angefordert wurden, das heißt, die Staatsanwaltschaft stempelt sie sofort mit dem Standardbeschluß »Revisionsgründe liegen nicht vor« ab. Ein anderer Fall betraf vierzehn Personen, die ein Mordgeständnis abgelegt hatten, verurteilt und hingerichtet worden waren, jedoch, wie sich später herausstellte, nicht das geringste mit dem Verbrechen zu tun hatten; das heißt, ihre Aussagen müssen das Ergebnis von Mißhandlungen gewesen sein. Glasnost erstreckt sich wirklich auf immer neue Bereiche, was sehr ermutigend ist! Am stärksten hat sie sich auf dem Gebiet des Journalismus entwickelt.

Allerdings bedeutet die Veröffentlichung von Materialien, Informationen oder Ideen nicht unbedingt, daß es zu realen Veränderungen kommt. Während die Perestroika weiter fortgeschritten ist, verfügt Glasnost immer noch über Tabuthemen, zum Beispiel was die Darlegung nichtoffizieller Standpunkte in der Außenpolitik, die Kritik an hohen Parteiführern (Minister dürfen bereits kritisiert werden!), einen großen Teil der statistischen Angaben, das Schicksal der Gewissensgefangenen u. a. betrifft. (Ergänzung Dezember 1988: Inzwischen hat sich Glasnost in mancher Hinsicht stärker ausgeweitet, doch gleichzeitig gibt es prinzipiell neue Einschränkungen. Größte Besorgnis erregt die unvollständige und einseitige Berichterstattung über die dramatischen Ereignisse in Aserbaidshan und Armenien sowie über einige andere heikle Fragen. Hier gerät Glasnost leider »ins Rutschen«, und zwar gerade in den Fällen, die von besonderer politischer Tragweite sein könnten. Im Jahre 1988 wurde die Möglichkeit zum Abonnement von »Perestroika-Zeitschriften« überall verringert, anscheinend infolge eines Kompromisses mit den konservativen Kräften; inzwischen ist dieses Problem etwas entschärft worden.)

Neben Glasnost sind andere Aspekte der neuen Politik – auf sozialem und wirtschaftlichem Gebiet – überaus bedeutsam: die erhöhte Selbständigkeit der Betriebe, die Dezentralisierung der Verwaltung, die verstärkte Rolle örtlicher Sowjetorgane, die bisher noch von den Parteiorganen in den Hintergrund gedrängt werden. (Ergänzung Juli 1988: Im Juni fand das ZK-Plenum der KPdSU statt, das speziell der Wirtschaftsreform gewidmet war: dem Übergang zu völliger Eigenfinanzierung, wobei die zentrale Planung und die limitierte, also vom Zentrum festgelegte Belieferung abgeschafft werden. Die Entscheidungen zu diesen Fragen, die natürlich stufenweise realisiert werden müssen, sind von ungeheurer Tragweite. Eine besondere Rolle spielen die vorgesehenen Änderungen bei der Nominierung und Wahl von Kadern in führende Ämter der Partei, der Sowjets und der Landwirtschaft. Auf dem Januar-Plenum war auch von Reformen des Strafgesetzbuches und anderer Gesetzgebungen die Rede. Auf die Neuerungen in der Außenpolitik werde ich noch detaillierter eingehen.)

Insgesamt muß gesagt werden, daß es immer noch an realen Veränderungen entsprechend den verbalen Bekundungen der neuen Politik fehlt. Hier kommt noch stärker als auf dem Gebiet der Glasnost eine gewisse Unvollkommenheit, Halbherzigkeit und sogar Widersprüchlichkeit zum Ausdruck. Zum Beispiel ist das wichtige Gesetz über individuell-private Arbeitstätigkeit sehr behutsam und vage formuliert; in ihm sind überhaupt keine aktiven Anreize vorgesehen, und der Kreis der Personen, die individuell tätig werden können, ist stark eingeengt. Fast gleichzeitig wurde ein Gesetz über sogenannte nichterarbeitete Einkünfte verabschiedet, das der Bezeichnung zum Trotz ermöglicht, gerade individuell-private Arbeitstätigkeit zu verfolgen. In den ersten Monaten nach Verabschiedung des Gesetzes wurde es in einer Vielzahl völlig alberner Fälle angewandt. Ich habe bereits ausgeführt, daß die Freilassung der Gewissensgefangenen unzureichend und widersprüchlich ist – dies beunruhigt mich ganz besonders.

Bei der Verabschiedung des Genossenschaftsgesetzes legte das Finanzministerium gleichzeitig ein so hohes Steuerniveau (bis zu neunzig Prozent der Einnahmen) fest, daß die Entwicklung von Genossenschaften praktisch unmöglich gemacht wurde. Das Gesetz über Staatsbetriebe enthält keine präzisen Garantien für die Selbständigkeit der Unternehmen auf planerischem und finanziellem Gebiet (insbesondere was die Verwendung der Einnahmen angeht). Vorbehaltlos unterstütze ich den Kampf gegen den Alkoholismus, diese grausame Heimsuchung unseres Volkes. Wie sich jedoch zeigt, ist auch hier vieles nicht durchdacht worden.

Im Jahre 1985, als ich im Semaschko-Krankenhaus einer der ersten vom Fernsehen übertragenen Reden Gorbatschows zuhörte, sagte ich zu meinen Zimmernachbarn: »Anscheinend hat unser Land Glück gehabt. Ein kluger Generalsekretär ist aufgetaucht.« Dieses Urteil wiederholte ich im Dezember während des Fernsehinterviews aus dem Studio in Ostankino. Meine erste Reaktion hat sich bis heute im wesentlichen nicht geändert. Mir scheint, daß Gorbatschow (wie früher Chruschtschow) ein wirklich überdurchschnittlicher Mensch ist, weil er die unsichtbare »Verbotsgrenze« in dem Bereich, in dem ein großer Teil seiner Karriere verlief, zu überschreiten imstande war. Aber womit ist die Inkonsequenz und Halbherzigkeit der »neuen Politik« zu erklären? Die Hauptursache scheint mir in der allgemeinen Trägheit des gigantischen Systems zu liegen, in dem passiven und aktiven Widerstand einer kaum zu zählenden Armee von bürokratischen und ideologischen Schwätzern, denn bei einer unverfälschten Perestroika würden die meisten von ihnen arbeitslos werden. Gorbatschow hat in einigen seiner Reden von diesem bürokratischen Widerstand gesprochen – es klang fast wie ein Hilferuf. Aber es gibt noch tiefere Gründe: Das alte System funktionierte trotz aller Mängel. Bei einem Wechsel zu einem neuen System sind »Übergangsschwierigkeiten« unvermeidlich (da noch Erfahrung gesammelt werden muß und es an Führungspersonal neuen Typs fehlt). Das alte System sorgte für psychologischen Komfort und für einen garantierten, wenn auch niedrigen Lebensstandard. Wer weiß, was das neue System bringen wird! Zudem ist nicht auszuschließen, daß selbst Gorbatschow und seine engsten Mitarbeiter sich noch nicht völlig von den Vorurteilen und Dogmen des Systems, das sie umgestalten wollen, freigemacht haben.

(Ergänzung 1988: Eine Umgestaltung der Planwirtschaft, die sich in unserem Land herausgebildet hat, ist äußerst schwierig. Ohne die Entwicklung von Markt- und Konkurrenzbedingungen sind gefährliche Mißverhältnisse, Inflation und andere negative Erscheinungen unvermeidlich. Unser Land macht bereits ökonomische Schwierigkeiten durch. Überall hat sich die Versorgung der Bevölkerung mit Lebensmitteln und unbedingt notwendigen industriellen Erzeugnissen verschlechtert. Die »Zickzackbewegungen« auf dem Weg der Demokratisierung beunruhigen mich besonders. Es entsteht der Eindruck, daß Gorbatschow bemüht ist, die politische Kontrolle durch Kompromisse mit den Perestroika-Gegnern zu erringen, und daß er seine persönliche Macht durch unbürokratische Formen des politischen Systems festigen will. Das eine wie das andere wäre überaus gefährlich! Die Demokratisierung ist ohne umfassende Initiative des Volkes unmöglich, aber darauf scheint man »an der Spitze« nicht eingestellt zu sein. Dies zeigt sich vor allem an verfassungswidrigen Gesetzen, die gegen die Versammlungs- und Demonstrationsfreiheit gerichtet sind. All das mahnt mich sehr zur Vorsicht!)

Die Situation ist also ungewöhnlich verworren. Die größte Hoffnung gilt einer allmählichen Ablösung aller Kader und der objektiven Notwendigkeit der Perestroika für das Land: damit die Stagnation überwunden wird, damit »das Neue stets das Alte besiegt« (dies sind berühmte Worte Stalins, die uns in der Jugend eingepaukt wurden).

Gorbatschow verfügt über vier Hebel: Glasnost (die bereits in Gang gesetzt ist und ihre eigene Dynamik entwickelt); eine neue Kaderpolitik; eine neue Außenpolitik mit dem Ziel, das Wettrüsten abzuschwächen; die allgemeine Demokratisierung. In all meinen Interviews für den Westen und in dem für die *Literaturnaja gaseta* äußerte ich mich 1987 in diesem Sinne. Neben den erwähnten Fernsehinterviews (zwei mit den USA, jeweils eines mit Kanada und der Bundesrepublik Deutschland) haben sich mir ein gelungenes Telefoninterview mit Zora Safire, der Korrespondentin der »Stimme Amerikas«, ein ausführliches Interview mit dem italienischen Fernsehen aus Anlaß der Rede Gorbatschows auf dem Januar-Plenum sowie ein Interview für die Zeitschrift *Der Spiegel* eingeprägt. Ich schickte dem *Spiegel* zudem eine kurze Korrektur von Ungenauigkeiten, die in einem Interview derselben Zeitschrift mit Roy Medwedjew erschienen waren. Dabei erlaubte ich mir jedoch selbst eine Ungenauigkeit. Ich schrieb, daß das Akademiemitglied Pjotr Leonidowitsch Kapiza sich, im Gegensatz zu Medwedjews Erklärung, während meiner Verbannung nach Gorkij nie für mich eingesetzt habe. Vor kurzem erfuhr ich jedoch durch Kapizas Frau, daß er einen langen Brief an Andropow und ein Telegramm an Breschnew gesandt hatte.

Meine Position zur Perestroika wird nicht von allen akzeptiert, etwa in hiesigen Dissidenten- und in Emigrantenkreisen im Westen. In einer in den USA herausgegebenen russischen Zeitung erschien ein Artikel unter der Überschrift: »Der Sklave, dem Vergebung zuteil wurde, hilft seinem Herrn.« Stärker berührte mich ein in den Westen übermittelter Artikel Malwa Landas, jener mutigen und ehrlichen Frau, von der in diesem Buch etliche Male die Rede war. Es ist traurig, aber nicht zu ändern. Ich hoffe, daß sich dieses Mißverständnis aufklären wird.

Wie bereits erwähnt, wurden wir in den ersten Monaten nach unserer Rückkehr aus Gorkij von den Botschaftern der meisten westlichen Länder besucht. Wir empfingen sie wie all unsere anderen Gäste in Ruth

Grigorjewnas Zimmer. Sehr interessant war eine Begegnung mit einer Gruppe amerikanischer Politiker: Kissinger, Kirkpatrick, Vance, Brown u. a. Meine Gesprächspartner machten starken Eindruck auf mich – es handelt sich zweifellos um scharfsinnige, kluge, durchaus nicht »oberflächliche« Menschen mit eindeutigen Ansichten und Positionen. Die Tatsache ihres Besuchs bei mir wertete ich als ein Zeichen dafür, daß man mir Respekt entgegenbringt und mich als internationale Autorität anerkennt. Sie stellten mir viele Fragen und ich versuchte, meine Einstellung zu Gorbatschows Perestroika so präzise wie möglich darzulegen und zu erläutern, wie sich der Westen verhalten sollte. Außerdem sprachen wir über Abrüstung, SDI, Menschenrechte und Glasnost (einen großen Teil von alledem verwendete ich später für meine Reden während des Moskauer Forums). Einer der Grundgedanken, die ich im Gespräch verteidigte, ist folgender: Der Westen hat ein vitales Interesse daran, daß die UdSSR zu einer offenen und demokratischen Gesellschaft mit einer sich normal entwickelnden Wirtschaft, einem normalen sozialen und kulturellen Leben wird. Mit diesem Thema waren viele Fragen der Gäste verknüpft. Insbesondere Kissinger formulierte seine Fragen sehr klar und freimütig (ich zitiere aus der Erinnerung): »Besteht nicht die Gefahr, daß die UdSSR demokratische Reformen vornimmt, daß die Bedingungen für eine beschleunigte wissenschaftlich-technische Entwicklung geschaffen werden, daß die Wirtschaft auflebt, doch daß der Staat danach die expansionistische Tendenz seiner Außenpolitik von neuem verstärkt, womit er auf neuem Entwicklungsniveau eine noch größere Bedrohung des Weltfriedens darstellen würde?« Sinngemäß ähnliche Fragen stellte Vance, Brown und andere. Ich antwortete, daß man sich meiner Überzeugung nach nicht vor einer normalen Entwicklung der UdSSR – mit einer offenen und stabilen Gesellschaft und einer starken, im Prinzip friedlichen Wirtschaft – fürchten solle, sondern vor dem Verlust der internationalen Stabilität und vor der einseitigen militärindustriellen Entwicklung einer geschlossenen, expansionistischen Gesellschaft.

(Ergänzung 1988: Wenn ich heute analoge Fragen beantworte, halte ich es für notwendig zu betonen, daß der Westen den Perestroika-Prozeß aktiv unterstützen und umfassend mit der UdSSR auf den Gebieten der Abrüstung, der Wirtschaft, der Wissenschaft und Kultur zusammenarbeiten müsse. Doch bei dieser Unterstützung habe man »mit offenen Augen« und nicht bedingungslos vorzugehen. Die Perestroika-Gegner müßten begreifen, daß jeder ihrer Erfolge, jedes Zurückweichen der Perestroika, gleichzeitig ein Ende der westlichen Hilfe bedeute.

Brown und Vance stellten außerdem Fragen zum SDI-Problem. Auf meine Gegenfrage hin, ob der Kongreß die militärische Entwicklung des SDI-Systems sanktionieren werde, wenn die UdSSR das »Paket-Prinzip« ablehne, erwiderten meine Gäste mit einiger Überzeugung, daß der Kongreß in einer derartig veränderten politischen Situation die Entwicklung von SDI nicht bestätigen werde. Ich sprach auch über die notwendige Freilassung der Gewissensgefangenen und die Emigrationsfreiheit. Besonders aufmerksam lauschte Mrs. Jeanne Kirkpatrick, die sich viele Notizen machte, diesem Teil der Unterhaltung; sie wirkte auf mich wie eine sehr kluge und standhafte Frau.

Wir hatten die Foto- und Fernsehreporter nicht ins Haus gelassen, ihnen jedoch gestattet, auf der Straße Aufnahmen zu machen. Ljusja hatte für die Amerikaner neben dem traditionellen Kaffee ihr »Hausgericht« zubereitet: Käsekuchen. Er war sehr gut gelungen, und die Gäste wußten ihn zu schätzen. Henry Kissinger sagte, daß nur seine jüdische Mutter in seiner Kindheit so schmackhaften Käsekuchen gebacken habe.

Ende Januar, Anfang Februar fand auch eine Begegnung mit den Präsidenten amerikanischer Universitäten statt. Ihre Reise nach Moskau war lange zuvor, als wir uns noch in Gorkij befanden, geplant worden, und nun kam sie unter normalen Umständen zustande. Alle besuchten Moskau für drei Tage mit einem Touristenvisum und machten sich dann nach Wien zu einer Menschenrechtskonferenz auf. In ihrer Begleitung fuhr, ebenfalls mit einem Touristenvisum, Aljoscha, um für die Gruppe zu dolmetschen und – natürlich – um uns wiederzusehen. Dies war für uns alle ein großartiges Ereignis. Aljoscha war vor neun Jahren ausgereist, und es hatte den Anschein gehabt, daß er nie wieder in die UdSSR würde zurückkehren können.

Ich führte zwei ausführliche Gespräche mit den Präsidenten und hatte zudem eine sehr aufschlußreiche Unterhaltung mit dem Physiker Herman Feshbach, die im wesentlichen dem SDI-Problem gewidmet war. Herman war seit langem mit unseren Kindern befreundet und hatte ihnen sehr geholfen. Ljusja war ihm 1979 und 1985/86 in den USA begegnet, doch ich kannte ihn nur vom Hörensagen. Allerdings war ich seit langem mit seinem Buch *Die mathematischen Methoden der Theoretischen Physik* und einem gemeinsam mit Weisskopf verfaßten Werk zur Kernphysik vertraut.

Nach der Abreise der Präsidenten blieb Aljoscha noch sechs Tage bei uns. Er erzählte uns viel Interessantes über das amerikanische Leben, das wir nun gleichsam von innen her kennenlernten. Er schilderte uns zum

Beispiel, wie er sich als Doktorand Geld hinzuverdiente. Er erschien jeden Morgen um sechs Uhr bei einer Arbeitsvermittlung und nach drei oder dreieinhalb Stunden stellte ihn jemand für eine vorübergehende (eintägige) Arbeit ein: als Müllsammler, Ladenverkäufer, Lastträger, Maler, Putzer u. ä. Bald wurde man auf ihn aufmerksam (Aljoscha führt jede Arbeit rasch und gewissenhaft aus) und betraute ihn immer als einen der ersten mit einer Aufgabe, so daß er kaum zu warten brauchte. Der durchschnittliche Tagesverdienst betrug anfangs 29 Dollar und stieg dann auf 35 Dollar an – nicht schlecht nach sowjetischen Maßstäben. Aljoscha berichtete auch von anderen Aspekten des amerikanischen Lebens: von Volksabstimmungen über umstrittene ethische und staatliche Fragen, von der Organisation des Gesundheits- und Bildungswesens u. ä.

In den letzten Tagen waren wir sehr bedrückt über die Symptome nervlicher Überanstrengung, die wir an Aljoscha beobachten konnten. Hier wirkten sich die systematische Überlastung und der fast unnatürliche Streß jenes Lebens aus, das er (und überhaupt alle unsere Kinder) in den letzten Jahren geführt hatte: beginnend von dem Moment unserer Verbannung nach Gorkij bis hin zu dem Hungerstreik für Lisas Ausreise, zu Ljusjas Infarkt, meinen Hungerstreiks und der Bekanntgabe meines angeblichen Todes im Jahre 1984, den Fälschungen des KGB und dem ständigen Kampf für uns, den Reisen durch die ganze Welt und der schrecklichen Sorge um Ljusja während ihrer Operation am offenen Herzen. Für mich war es durch die Distanz leichter, ich erfuhr erst nachträglich von allem, während Aljoscha außerdem noch angestrengt arbeitete: an seiner Dissertation, im Büro und am Haus . . .

Das sogenannte »Forum für eine atomwaffenfreie Welt, für das Überleben der Menschheit« fand vom 14. bis zum 16. Februar 1987 in Moskau statt. Einer der »Dirigenten« des Forums war der Vizepräsident der Akademie der Wissenschaften, Jewgenij Pawlowitsch Welichow, der mich zur Teilnahme eingeladen hatte.

Den ersten Kontakt zu Welichow hatte ich Anfang Januar. Der italienische Physiker Sicici war mit der Idee, ein »weltweites Laboratorium« zu organisieren, nach Moskau gekommen; er dachte an ein internationales, breit angelegtes wissenschaftliches Forschungszentrum, das sich mit zehn bis dreißig besonders wichtigen Problemen – theoretischer oder praktischer Art – in verschiedenen Wissenschaftsbereichen beschäftigen sollte. Es steht mir nicht an, ein Urteil darüber abzugeben, ob dieses Projekt vom Gesichtspunkt der Wissenschaftsorganisation aus günstig ist oder ob es eher ein Element der Reklame oder der Biertischpolitik enthält. Eine Analogie, die mir einfällt, ist die von M. A. Lawrentjew organisierte sibirische Abteilung der Akademie der Wissenschaften. Dort war zweifellos ein Element der Reklame vorhanden, doch im großen und ganzen scheint sich die Idee bewährt zu haben (aber auch in diesem Fall steht mir kein Urteil zu). Unter Sicicis Projekten war auch die Arbeit an einem magnetischen thermonuklearen Reaktor, weshalb man mich eingeladen hatte. In Welichows Arbeitszimmer saßen Sicici, das Akademiemitglied Kadomzew (ein theoretischer Physiker und einer der Leiter der MTR-Arbeiten) und ein Dolmetscher. Kadomzew berichtete kurz, doch aufschlußreich von den Ergebnissen der letzten Jahre auf dem Gebiet der gelenkten thermonuklearen Reaktion und über die existierenden Projekte. Dies war für mich überaus interessant, da ich mich seit Ende der sechziger Jahre nicht mehr mit der Thematik befaßt hatte. Offenbar gibt es die Möglichkeit, mit Hilfe eines entsprechend angelegten Hochfrequenzfeldes einen ständigen Kreisstrom zu schaffen (vorläufig allerdings nur bei relativ niedriger Plasmadichte; in Japan wurden erfolgreiche Experimente durchgeführt). Es gibt auch Methoden, den thermonuklearen Brennstoff ohne Unterbrechung auszutauschen. Auf diese Weise verliert das »Tokomaksystem« anscheinend seinen Hauptanteil: die Impulsfunktionsweise.

Danach schilderte Sicici seine Projekte und erörterte sie mit Welichow. Ich stellte einige Fragen, verzichtete jedoch im wesentlichen darauf, meine Meinung zu äußern. Am Ende des Gesprächs schlug ich Sicici vor, uns zu Hause zu besuchen.

Nach dem Treffen (das im Präsidium der Akademie der Wissenschaften stattgefunden hatte) fuhr Welichow mich mit seinem Auto nach Hause. Während der Fahrt unterhielten wir uns zum erstenmal über das bevorstehende Forum. Ich umriß kurz meine negative Haltung zum »Paket-Prinzip«. Welichow vertrat einen anderen Standpunkt und schlug mir vor, an den Besprechungen zu Abrüstungsfragen teilzunehmen, die im engen Kreis unter Mitwirkung der Forscher Sagdejew, Goldanskij und Rauschenbach abgehalten würden.

Am Abend besuchte uns Sicici mit seiner Frau; sie wurden überraschend von Welichow begleitet (anscheinend konnte er Sicici nicht allein zu uns lassen). Alle begaben sich in die Küche, und bei Tisch entspann sich ein lebhaftes Gespräch. Welichow entkorkte als »echter Mann« eine Flasche Wein und benahm sich überhaupt ungezwungen und nahezu freundschaftlich, gleichzeitig aber auch taktvoll. Dies alles war recht amüsant, besonders wenn man bedenkt, daß Welichow, wie auch andere leitende Akademiemitglieder, nicht allzulange vorher nie um eine Antwort verlegen gewesen war, wenn es darum ging, über mein Wohlbefinden, sogar während der Hungerstreiks, zu fabulieren. Gegenüber einem unserer ausländischen Freunde (offenbar wußte Welichow nichts über unsere Beziehung) stellte er eine Art Rekord in diesem Genre auf, denn er bezog sich auf Informationen, die er angeblich von meiner ersten Frau – sie wohne im selben Haus wie er – erhalten habe. (Klawa starb im Jahre 1969, und Welichow wohnt in einem Einfamilienhaus.)

Eine Woche später lud die Sekretärin des Organisationskomitees des Forums zu einer Konferenz ein. Sie fand unter Leitung von Welichow und Sagdejew im Institut für Kosmische Forschungen (dessen Direktor Sagdejew ist) statt. In einem kleinen Saal hatten sich zwanzig bis fünfundzwanzig Menschen versammelt. Welichow erläuterte das Programm des Forums, und ich stellte während des größten Teils der übrigen Zeit Fragen, die von den Anwesenden beantwortet wurden. Ich hatte den Eindruck, daß die Besprechung allein meinetwegen veranstaltet worden war. Die Auskünfte, die ich erhielt, waren sehr nützlich für die Vorbereitung meiner Reden und verliehen mir größere Sicherheit.

Zehn oder zwölf Tage später fand eine zweite Konferenz hauptsächlich organisatorischer Art im Präsidium der Akademie statt. Im Anschluß daran bat Welichow mich, noch zu bleiben, da »Gurij Iwanowitsch« (Martschuk) mit mir sprechen wolle. Wir warteten in Welichows Arbeitszimmer vierzig Minuten lang auf das Eintreffen des Akademiepräsidenten. An den Wänden hingen Karikaturen, die dem Vizepräsidenten wohl zu irgendeinem Jubiläum geschenkt worden waren, und auf den Schrankregalen standen alle möglichen Nachschlagewerke und Souvenirs. Welichow erzählte von seiner Arbeit in der energiewirtschaftlichen Kommission, von den Schwierigkeiten und Absurdidäten, die sich aus dem Fehlen vernünftiger Wirtschaftsregulatoren ergäben. Schließlich meldete die Sekretärin, daß der Präsident eingetroffen sei, und wir gingen zu ihm hinauf.

Welichow berichtete in kurzen Zügen von dem bevorstehenden Forum. Martschuk fragte, ob ich auf dem Forum reden wolle; wenn ja, solle ich meine Position umreißen. Gurij Iwanowitsch betonte, wie schon bei unserem Gespräch im Dezember, daß ich auf der ganzen Welt über große Autorität verfügte, weshalb meine Unterstützung der sowjetischen Friedensbemühungen sehr wichtig sei. Er deutete an, daß es um die Außen- und Innenpolitik von »Michail Sergejewitsch« gehe, »der große

Mühe hat«. Ich erwiderte, daß ich an dem Forum teilnehmen würde und beschrieb kurz meine Position. Dabei unterstrich ich die Notwendigkeit, das Abkommen über eine Verringerung der strategischen Flugkörper nicht mit einem Vertrag über SDI zu verknüpfen (Verzicht auf das »Paket-Prinzip«). Dies stieß auf den heftigen Widerspruch Welichows, der von Martschuk unterstützt wurde. Ich sagte, daß ich von der Richtigkeit meines Standpunktes überzeugt sei und daß meine Teilnahme am Forum nur deshalb Sinn habe, weil sich meine Vorstellung von dem, was für Frieden und Abrüstung zu tun sei, von der offiziellen Haltung unterscheide. Diese Diskussion war nützlich für mich, da sie mir half, die Argumente der »Paket-Befürworter« klarer zu sehen und meine eigenen präziser zu formulieren.

Die ersten beiden Sitzungen des Forums waren nach Sektionen (Wissenschaftler, Geschäftsleute, Kirchenvertreter, Kulturschaffende, Politologen und Politiker u. a.) getrennt; danach fand eine allgemeine Sitzung im Kreml mit einer Rede Gorbatschows und einem Abschlußbankett statt. Die Wissenschaftlersektion – sie tagte im Hotel »Kosmos« – wurde offiziell von dem Forums-Präsidenten Hippel geleitet, faktisch jedoch von Welichow.

Ich erschien vielen westlichen Teilnehmern als »Hauptattraktion«, weshalb man mich während des Forums und danach ständig auf den Gängen und zu Hause »überfiel«. Aber auch für mich selbst war die Teilnahme am Forum sehr wichtig, weil sie mein erstes öffentliches Auftreten nach vielen Jahren der Isolation markierte und mir die Möglichkeit gab, meinen Standpunkt vor einem breiten Publikum darzulegen.

In der Wissenschaftlersektion wurden bei vier Treffen folgende Themen behandelt: Begrenzung der strategischen Rüstung, europäische Sicherheit, Raketenabwehr, Verbot unterirdischer Kernwaffentests.

Ich sprach zum ersten, zweiten und vierten Thema [2].

Die letzte konkrete Frage meiner ersten Rede lautete: »Bis zu welcher Obergrenze kann strategisches Potential abgebaut werden, wenn strategische Stabilität gewahrt bleiben soll? [3]« Ich verwies darauf, wie schwierig es sei, eine Antwort zu finden, und unterstrich, daß diese Frage (nach dem zulässigen Höchstschaden) nicht mit Hilfe der Psychologie einer friedlichen Epoche gelöst werden könne. Die Situation, von der die Rede sei, kenne keine Präzedenzfälle. Das anzustrebende Rüstungsniveau könne vielleicht demjenigen nahe- oder gleichkommen, das gegenseitige Vernichtung garantiere! Die Rückkehr zu dieser Frage sei nach einer fünfzigprozentigen Abrüstung ratsam.

»Eine atomwaffenfreie Welt ist das Wunschziel. Sie ist nur in der Zukunft möglich, als Ergebnis einer Vielzahl radikaler Veränderungen in der Welt. Die Bedingungen für eine friedliche Entwicklung heute und morgen sind: Lösung regionaler Konflikte; Gleichgewicht der konventionellen Rüstung; Liberalisierung, Demokratisierung, große Offenheit der sowjetischen Gesellschaft, Respektierung der Bürgerrechte und der politischen Rechte des Menschen; Kompromißlösung des Problems der Raketenabwehr, ohne Junktim (›Paket‹) mit anderen Fragen der strategischen Rüstung.«

Ich schloß mit der Formulierung:

»Die Kardinal-, die endgültige Lösung des Problems der internationalen Sicherheit ist die Konvergenz der Weltsysteme Sozialismus und Kapitalismus.«[4]

Die im Saal Anwesenden bedachten mich wie einige andere Redner mit langem Applaus. Wie es heißt, war Dobrynin, der frühere sowjetische Botschafter in den USA und Stellvertretende Außenminister, an jenem Tag im Saal; er soll sofort nach meiner Rede hinausgegangen sein.

Am nächsten Tag sprach ich über SDI. Die Rüstungsverhandlungen seien in eine Sackgasse geraten:

»Abrüstungsabkommen, insbesondere über einen bedeutenden Abbau von ICBM, von Mittelstrecken- und Gefechtsfeldraketen, müssen so bald wie möglich geschlossen werden, unabhängig von SDI und in Übereinstimmung mit den Verständigungslinien, die sich in Reykjavík abgezeichnet haben. Ein Kompromißabkommen über SDI kann, meiner Meinung nach, an zweiter Stelle geschlossen werden. Damit wäre die gefährliche Sackgasse überwunden.

Ich will mich bemühen, die Überlegungen zu analysieren, die zum »Paket«-Prinzip geführt haben, und ihre Haltlosigkeit zeigen. Und ich will zu zeigen versuchen, daß auch die Argumente der SDI-Anhänger haltlos sind. Hiermit möchte ich beginnen.

Ich bin überzeugt, daß das SDI-System für den Zweck, zu dem es, nach den Worten seiner Anhänger, geschaffen wurde, ineffektiv ist. Im Weltraum stationierte Raketenabwehrobjekte können noch im nichtnuklearen Stadium des Krieges, besonders aber im Augenblick des Übergangs zum nuklearen Stadium, kampfunfähig gemacht werden: durch Antisatellitenwaffen, Weltraumminen und andere Mittel. Auch viele Schlüsselobjekte der landgestützten Raketenabwehr können zerstört werden. Der Einsatz von Raketen mit leichtem Kopfteil sowie von ballistischen Raketen mit festem Treibstoff und kürzerer Zeit der Antriebsphase erfordert eine unverhältnismäßige Vergrößerung der Zahl von SDI-Weltraumstationen. Raketenabwehrsysteme sind besonders ineffektiv gegenüber Cruise-Missiles und Kurzstreckenraketen. Raketenabwehrsysteme jeder Art, darunter SDI, können überwunden werden, indem man einfach die Zahl von Attrappen und Sprengköpfen erhöht, ferner durch Störungen und verschiedene Tarnverfahren. Aus all diesen und noch vielen anderen Gründen wäre SDI – eine Art »kosmische Maginot-Linie« – teuer und wirkungslos. SDI-Gegner behaupten, sie würde gleichwohl als Schild für den Erstschlag dienen; den schwächeren Zweitschlag nämlich könne sie wirkungsvoll abwehren. Ich halte das für falsch. Erstens muß der Zweitschlag nicht unbedingt viel schwächer sein. Zweitens gelten fast alle Argumente gegen die Effektivität der SDI auch im Hinblick auf den Zweitschlag.

Dennoch kann offenbar keine Seite zur Zeit auf SDI-Forschung verzichten, da unverhoffte Erfolge keineswegs ausgeschlossen sind und da – wichtiger noch und wahrscheinlicher – die forcierte Entwicklung neuer Technologien wertvolle Nebenergebnisse einbringen kann, geeignet zur friedlichen wie zur militärischen Nutzung: etwa auf dem Gebiet der Computerwissenschaft. Trotzdem halte ich all diese Erwägungen und Möglichkeiten für zweitrangig angesichts der ungeheuren Kosten und des negativen Einflusses von SDI auf die strategische Stabilität und auf Abrüstungsverhandlungen. SDI-Anhänger in den USA rechnen vielleicht damit, daß ein durch SDI beschleunigter Rüstungswettlauf die UdSSR wirtschaftlich erschöpfen und zerrütten könnte. Ich sagte gestern schon, daß eine solche Politik aussichtslos ist und hochgefährlich für die internationale Stabilität. Was SDI angeht, so würde vor allem eine »asymmetrische« Antwort (vorrangige Entwicklung von Angriffs- und Vernichtungswaffen) dergleichen Hoffnungen zunichte machen. Falsch ist auch die Behauptung, die Existenz des SDI-Programms habe die UdSSR zu Abrüstungsverhandlungen veranlaßt. Im Gegenteil: Das SDI-Programm erschwert diese Verhandlungen.« [5]

Außerdem muß unterstrichen werden, daß die gegenwärtige Vernichtung der teils weltraumgestützten Raketenabwehrsysteme im nichtnuklearen

Stadium eines »großen« Krieges den Übergang zu einem »globalen thermonuklearen Krieg«, das heißt zur Auslöschung der Menschheit, provozieren kann.

Alles, was ich während des Forums und davor gegen SDI sagte, wurde ausgiebig zitiert. In der sowjetischen Presse, in den Zeitungen einiger sozialistischer Länder sowie in der westlichen kommunistischen und linken Presse wurde nur dieser Aspekt hervorgehoben (allerdings war ohnehin erstaunlich, daß ich von der sowjetischen Presse überhaupt erwähnt wurde, und dann noch achtungsvoll). Aber vom politischen Standpunkt aus ist der Aspekt meiner Position, der das »Paket-Prinzip« betrifft, weitaus wichtiger! In diesem Punkt waren die Mitteilungen der Presse viel zurückhaltender und ungenau. Ich mußte sogar einige Male spezielle »klärende Dementis« herausgeben. Bei meiner Ablehnung des Junktims stütze ich mich auf die von mir vermutete geringe Effektivität der SDI, nicht nur was den »Erstschlag«, sondern auch was den »Vergeltungsschlag« angeht, und auf die gewaltigen Möglichkeiten der sogenannten »asymmetrischen Antwort«. Gleichzeitig bin ich der Ansicht, daß keine der beiden Seiten völlig auf Forschungsarbeiten in einem Bereich verzichten kann, der bestimmte Fortschritte verheißen mag (so ungewiß sie sein mögen). Der Verzicht der UdSSR auf das »Paket-Prinzip« wird meines Erachtens eine neue politische und strategische Situation schaffen, in der die USA die Entwicklung weltraumgestützter Raketenabwehrsysteme aufgeben werden (soviel ich weiß, stimmte Reagan in Reykjavík bereits einem Moratorium der SDI-Entwicklung zu). Wenn jedoch nach einem Abrücken der UdSSR von dem Junktim die SDI-Befürworter in den USA die Oberhand erhalten sollten, wird die Welt einfach zu der jetzt bestehenden Lage zurückkehren, doch mit einem politischen Gewinn für die Sowjetunion. Die UdSSR wird den Abbau strategischer Flugkörper einstellen und überaus schlagkräftige Raketen mit unverletzlichen Abschußbasen sowie Systeme zur Vernichtung und Überwindung von SDI entwickeln. Die USA können an einem solchen Gang der Ereignisse schwerlich interessiert sein.

Dies sind die Argumente für die Aufschnürung des Pakets, die ich während des Forums – ebenso wie zuvor und danach – vertrat.

Zwei Wochen nach dem Forum verzichtete die UdSSR auf das Junktim im Hinblick auf Flugkörper mittlerer Reichweite, und danach machte sie einen Vorschlag, der Flugkörper von geringer Reichweite und taktische Raketen einschloß. Ich halte diese Schritte für überaus wichtig und hoffe weiterhin auf eine Aufschnürung des Pakets im Bereich strategischer Interkontinentalraketen. Ein solches Vorgehen der UdSSR und eine positive Reaktion der USA würden das Gesicht der Welt verändern.

Später sprach Welichow, der meine Haltung zum »Paket-Prinzip« angriff. Wissenschaftler müßten sich davor hüten, auf das Gebiet der Politik vorzudringen. Aber welchen Zweck hatte dann das Forum? Seit langem hatte ich »Ratschläge« gehört, mich nicht in die Politik einzumischen – von Nedelin, Chruschtschow, Slawskij –, und immer dann, wenn ich einen wichtigen Schritt tat. Ich denke, daß ich auch mit meinen Reden auf dem Forum zu Recht in die Politik »vordrang«.

Am Abend des 15. Februar äußerte ich mich noch einmal zur Frage von unterirdischen Kernwaffentests. Ich halte die Einstellung dieser Tests für relativ zweitrangig, da sie sich nicht entscheidend auf eine Beendigung des Kosmoswettlaufs auswirken.

> »Atomrüstung spaltet und bedroht die Menschheit. Es gibt aber auch die friedliche Nutzung der Kernenergie, und diese soll zur Einigung der Menschheit beitragen. Erlauben Sie mir einige Worte zu diesem Thema, das mit dem eigentlichen Ziel des Forums zusammenhängt.
>
> In diesen Tagen haben wir Redner sehr oft die Katastrophe von Tschernobyl erwähnt, als Beispiel für eine tragische Wechselwirkung von Technik und menschlichem Versagen. Dennoch darf die berechtigte Abneigung gegen militärisch genutzte Kernenergie nicht auch auf friedlich genutzte übertragen werden. Die Menschheit kann ohne Kernkraft nicht auskommen. Wir sind daher verpflichtet, das Sicherheitsproblem so zu lösen, daß Katastrophen wie die von Tschernobyl – verursacht durch Versehen, Verstoß gegen Instruktionen, Konstruktionsfehler, technische Defekte – schlechthin unmöglich werden.«

Im weiteren erläuterte ich meine Idee unterirdischer Kernreaktoren und schloß: »Meiner Meinung nach sollte die Weltöffentlichkeit, besorgt wegen möglicher Folgen der friedlichen Nutzung von Kernenergie, nicht deren Verbot anstreben, sondern garantierte, volle Sicherheit.« [6]

Bei den Vorbereitungen auf das Forum hatte ich Zweifel gehabt, ob die Behandlung dieses Themas zweckmäßig sei. Ljusja überzeugte mich, darauf einzugehen, und sie hatte natürlich recht! Sie drängte mich auch, meine Vorstellung über ein internationales Gesetz zu formulieren, das alle Staaten verpflichtet, neue Kernreaktoren unter Wahrung absoluter Sicherheitserfordernisse zu bauen, das heißt unter der Erde, und das die allmähliche Schließung aller an der Oberfläche liegenden Kernreaktoren vorsieht. Ich konnte mich damals nicht zur Aufnahme dieser These entscheiden, was natürlich ein Fehler war; inzwischen schreibe und spreche ich stets von der Notwendigkeit eines solchen internationalen Gesetzes.

Am 16. Februar fand im Kreml die Abschlußsitzung des Forums statt. Die Leiter aller Sektionen ergriffen das Wort, und nach ihnen sprach Gorbatschow. Hippel erwähnte meine Teilnahme in seiner Rede. Dieser Passus wurde in dem von der *Iswestija* veröffentlichten Text wiedergegeben; allerdings ließ man die Tatsache aus, daß ich Friedensnobelpreisträger bin.

Ich applaudierte an einigen Stellen der Rede Gorbatschows, und jedesmal richtete man eine Vielzahl von Fernsehkameras, auch sowjetische, auf mich. Ljusja, die zu Hause saß, sah mich während der Übertragung.

Nach Gorbatschows Rede folgte ein großes Bankett. Wie alle Gäste hatte ich eine Karte für einen bestimmten Tisch, den mit den Medizinern ganz am Ende des Saals. Auf dem Tisch standen Speisen und Getränke (trotz der Anti-Alkoholkampagne auch georgischer Wein), und die Forumsteilnehmer bedienten sich. Ich wurde sofort von einer Menge ausländischer und sowjetischer Teilnehmer umgeben, die keine Minute lang von mir abließen. Während ich bald mit dem einen, bald mit dem anderen sprach, entging mir (ich hatte gar keine Zeit, daran zu denken), daß sich Gorbatschow und weitere Regierungsmitglieder am anderen Ende des Saals aufhielten. Wenn ich rechtzeitig darüber informiert gewesen wäre, hätte ich versucht, mich dorthin durchzudrängen und vielleicht ein paar Worte über die mich bewegenden Probleme zu sagen (über die Gewissensgefangenen und das »Paket-Prinzip«).

Im März und Mai traf ich mit der britischen Premierministerin Thatcher und dem französischen Ministerpräsidenten Chirac zusammen, die zu offiziellen Besuchen in der UdSSR weilten.

Anfang April schickte ich Außenminister Eduard Schewardnadse einen Brief mit der Bitte, auf die Freilassung Merab Kostawas hinzuwirken. Einige Wochen später wurde Merab entlassen. Im Mai rief mich Iwanow an, der Kanzlersekretär des Außenministeriums. Er sagte: »Sie haben dem Außenminister einen Brief über den Verurteilten Kostawa geschrieben. Ich kann Ihnen mitteilen, daß Kostawa begnadigt worden ist und sich gegenwärtig in Freiheit befindet.«

Ich fragte: »Hat mein Brief dabei eine Rolle gespielt?«

»Darüber kann ich Ihnen nichts sagen.«

Allein die Tatsache des Anrufs scheint mir jedoch eine indirekte Bestätigung dessen, daß Merabs Freilassung in gewissem Grade mit meinem Brief zu tun hatte.

Für mich war im Mai das in Moskau stattfindende internationale Symposium zu Problemen der Quantengravitation ein wichtiges Ereignis. Ich sah John Wheeler wieder (zum erstenmal nach der denkwürdigen Begegnung in Tbilissi im Jahre 1968), der mich zu Hause besuchte. Unsere Begegnung war einprägsam und herzlich – dank Ljusja und natürlich dank unseren bemerkenswerten Gästen. Wir sprachen sowohl über gesellschaftliche wie über wissenschaftliche Probleme. Unter den ersteren war wie stets auch SDI. Wheeler ist zutiefst beunruhigt über prinzipielle Interpretationsprobleme der Quantenmechanik und überhaupt über philosophische, epistemologische Fragen, die infolge der revolutionären Entwicklung der Physik und der Kosmologie im 20. Jahrhundert solche Aktualität gewonnen haben. Ich verstand wahrscheinlich nicht alle seine Argumente und war nicht in jedem Punkt mit ihm einverstanden. Aber seine ungewöhnlich lebhafte wissenschaftliche Individualität und seine anregende Persönlichkeit machten starken Eindruck auf mich. Wheeler sagte, daß er Bücher und Artikel über die Interpretation der Quantenmechanik sammele. Wie sich herausstellte, kannte er L. I. Mandelstams Vorlesungen über indirekte Dimensionen nicht. Auf meine Bitte hin schickte J. L. Feinberg ihm ein Exemplar.

Außerdem lernte ich Stephen Hawking kennen. Ich war über seine Arbeiten, zum Beispiel über die Quantenstrahlung Schwarzer Löcher (die berühmte Hawking-Strahlung), über seine Krankheit und seine Aktionen zu meiner Verteidigung informiert. Nun hat sich, wie ich glaube, zwischen uns eine innere Beziehung entwickelt, etwas Tieferes als eine flüchtige Bekanntschaft und ein Austausch wissenschaftlicher Sentenzen. Ich weiß nichts über die medizinischen Ursachen von Hawkings Krankheit, doch ich sehe ihre schrecklichen Symptome: Die überaus starke Myopathie, die ihn an den Rollstuhl fesselt und ihn der Rede beraubt. Stephen macht sich mit Hilfe einer Computeranlage verständlich. Ein Display läßt Wörterbuchzeilen vor seinen Augen vorbeilaufen, und er überträgt die benötigten Wörter mit einem kaum merklichen Druck seiner kraftlosen Finger auf den Bildschirm. Dann spricht eine mechanische Stimme den Satz aus (mit »amerikanischem Akzent«, wie Stephen »sagt«, denn der Apparat wurde in den USA hergestellt). Nur wenige Wörter, etwa »yes«, kann Stephen ohne vorherige Auswahl äußern. Auf diese Weise nimmt er an wissenschaftlichen Diskussionen teil, verständigt sich mit Freunden und Verwandten und schreibt einen tiefsinnigen und originellen Artikel nach dem anderen. Er ist verheiratet und hat Kinder. Die geistige Kraft dieses Mannes ist erstaunlich, er hat sich seine Menschenfreundlichkeit, seinen Humor, seine unerschöpfliche Neugierde und seinen gewaltigen wissenschaftlichen Aktionsdrang bewahrt. Hawking reist durch die ganze Welt und nimmt an zahlreichen wissenschaftlichen Seminaren teil. Ich sprach mehrere Male mit Hawking, als er mit seinem mechanischen Rollstuhl aus dem Sitzungssaal hinausfuhr, und einmal beteiligte ich mich an einer allgemeinen Unterhaltung, die er mit etwa einem Dutzend Seminarbesuchern führte. Es war eine Art Pressekonferenz über Grundfragen der Interpretation der Quantentechnik, insbesondere die von Hawking (gemeinsam mit Hartley) eingeführte »Wellenfunktion des Weltalls«.

Bei unserem ersten Gespräch gab Hawking mir Abzüge seiner letzten Arbeiten: über den Verlust der Kohärenz in komplizierten topologischen Strukturen, über die Richtung des Zeitpfeils u. a. Er trug die erste Arbeit auf der Tagung vor und sagte in Anlehnung an Einstein: »Gott spielt nicht nur mit Würfeln, sondern er wirft sie auch so weit, daß sie unerreichbar werden.«

Am folgenden Tag teilte ich Stephen mit, ich hätte seine Arbeiten über den Zeitpfeil gelesen und sei sehr froh, daß er nun die Kritik von Page (seinem Mitarbeiter) an der fehlerhaften These, daß sich der Zeitpfeil im Moment der maximalen Expansion des Weltalls und der *maximalen* Entropie umkehre, als gerechtfertigt anerkenne. Die Umkehrung des Zeitpfeils ist nur im Zustand *minimaler* Entropie möglich. Aus Schüchternheit führte ich das einfachste und klarste Beispiel nicht an: das geschlossene Weltall im Zustand eines falschen Vakuums mit positiver Energie und nullwertiger Entropie. In diesem Moment machte Hawking eine Bewegung mit den Fingern, und der Computer sagte leidenschaftslos »Yes!« Leider erwähnte ich nicht, daß ich die Idee von der Umkehr des Zeitpfeils (im Zustand minimaler Entropie) bereits 1966 zum erstenmal geäußert hatte und hin und wieder zu diesem Thema zurückgekehrt war.

Während des Gesprächs stand ein mir unbekannter Mann neben uns. Danach trat er auf mich zu und sagte: »Ich heiße Page.« Er öffnete eine englische Bibel an einer markierten Stelle im Matthäusevangelium. Page bot mir die Bibel offenbar als Geschenk an. Ich wurde verlegen und beschloß, sie nicht anzunehmen, weil ich immer noch schlecht Englisch lese und weil wir eine russische Bibel besitzen und gut kennen ...

Ich erinnere mich immer wieder an Hawkings Gesicht und seine Augen.

Ende Juni fand in der französischen Botschaft eine Zeremonie statt, bei der mir Diplome der Académie des Sciences und der Académie des Sciences Morales et Politiques sowie die Medaille des Instituts de France überreicht wurden. Die französischen Wissenschaftler hatten sich seit vielen Jahren dafür eingesetzt, doch die Zeremonie konnte erst nach unserer Rückkehr nach Moskau abgehalten werden. Doch auch diesmal hatte man die Franzosen übervorteilt. Bei seinem Besuch der UdSSR hatte Chirac den Akademiepräsidenten Martschuk gebeten, die Durchführung der Zeremonie entweder in Frankreich oder, wenn dies schwierig sei, in Moskau zu ermöglichen. Natürlich »wählte« Martschuk das letztere. Das Amt für internationale Beziehungen der Akademie gestattete, daß man mir und dem hervorragenden Mathematiker W. I. Arnold, der ebenfalls in die Académie de Sciences gewählt worden war (Wladimir Arnold ist der Sohn meines Mathematikprofessors Igor Wladimirowitsch Arnold), die Medaille und die Diplome in der französischen Botschaft überreichte.

Zu der Zeremonie waren Martschuk und früher in das Institut de France gewählte Gelehrte eingeladen worden. Gleichzeitig gaben Vertreter des Amtes für internationale Beziehungen eine mündliche Zusage, daß im FIAN gemäß der Absprache zwischen Martschuk und Chirac zu meinen und Arnolds Ehren ein wissenschaftliches Seminar unter Beteiligung sowjetischer und ausländischer Referenten stattfinden solle. Aber im letzten Moment benachrichtigte Martschuk die französische Botschaft, daß das Seminar ausfallen müsse, weil es einen »unliebsamen Präzedenzfall« (?!) schaffen würde. Zwei Mitglieder der französischen Delegation, die Physiker Dr. Michel und Dr. Martin, beschlossen, zum Zeichen des Protests gegen das unkorrekte Verhalten der sowjetischen Akademie und ihrer »Hintermänner« auf die Reise in die UdSSR und die Teilnahme an der Zeremonie zu verzichten. Die übrigen französischen Wissenschaftler entschieden sich, die seit langem hinausgezögerte Zeremonie trotz der Absage des Seminars durchzuführen.

Die Feier fand am 20. Juni statt. Nachdem uns die Diplome und Medaillen ausgehändigt worden waren, trugen Arnold und ich unsere Dankadressen vor.

Ich wiederholte meine These von der Verantwortung der Wissenschaftler in der modernen Welt, was die Probleme des Friedens, die Sicherheit des für die Menschheit notwendigen Fortschritts, die Schaffung einer Atmosphäre von Vertrauen und Offenheit in der Gesellschaft und die Verteidigung von Menschen betrifft, die Opfer von Ungerechtigkeit geworden sind.

Meine Rede enthielt schwere Vorwürfe, die sich an die Akademie der Wissenschaften der UdSSR und ihre Mitglieder richteten. Im Gegensatz zu den meisten ausländischen Akademien hatte die sowjetische im Jahre 1980 nicht gegen meine Deportation Stellung genommen. Vier ihrer Mitglieder, darunter der Wissenschaftliche Sekretär Skrjabin, veröffentlichten sogar einen provokatorischen und verleumderischen Artikel über meine Person. Ich äußerte die Hoffnung, daß sie sich irgendwann von ihm distanzieren würden. Außerdem verurteilte ich die Weigerung der Akademie, die Durchführung des wissenschaftlichen Seminars zu fördern.

Ich nehme an, daß die Absage des Seminars auf eine KGB-Forderung zurückging (es wäre eine allzugroße Ehre für mich gewesen!). Vor dem Seminar sahen wir einen KGB-Mann neben unserem Auto, und ein paar Minuten später zeigte sich, daß eine der Kontaktbürsten gestohlen worden war. Am Abend, nach der Zeremonie und meiner Rede, hatten »unbekannte Personen« (zweifellos vom KGB) die hintere Scheibe des Autos zertrümmert. Das KGB wollte mir offenbar zu verstehen geben, daß ich gewisse Grenzen zu wahren hätte; es schien die Akademie – und namentlich Skrjabin – zu »verteidigen«.

Zu einer unheilvolleren Erinnerung an die Zwiespältigkeit unserer Lage war es ein paar Tage zuvor gekommen. Ein gewisser Muchamedjarow (ein uns nicht persönlich bekannter Mann, der offenbar in den siebziger Jahren im Gefängnis und in einer psychiatrischen Anstalt gesessen und Gerüchten zufolge schwer durchschaubare Spiele mit dem KGB getrieben hatte) rief an und erklärte mir: »Ich habe gestern mit Ihrer Frau gesprochen. Sie sagte, daß man alles am Telefon besprechen könne. Ich hätte es vorgezogen, mich mit Ihnen persönlich zu treffen, aber da Sie dagegen sind, werde ich alles am Telefon sagen, ohne Namen zu nennen. In letzter Zeit hatte ich Kontakte zu vielen KGB-Mitarbeitern, auch zu sehr hohen Vertretern. Sie erzählten mir, daß Ende 1981, Anfang 1982 der Beschluß gefaßt wurde, Jelena Georgijewna zu liquidieren. Der Beschluß sei jedoch nicht auf höchster Ebene [gemeint war wohl das Politbüro] bestätigt worden.«

Muchamedjarow nannte die Daten auf meine Frage hin etwas zögernd. Ich sagte, daß ich im Fall der Ermordung Jelena Georgijewnas Selbstmord begehen würde, und erkundigte mich, von wem er das alles erfahren habe. Er nannte einen KGB-General, der sich, wenn ich mich recht erinnere, mit Kulturfragen befaßte.

Muchamedjarows Anruf war unzweifelhaft vom KGB veranlaßt worden: als Mahnung und Drohung. Ich weiß nicht, was folgen wird – höchstwahrscheinlich nichts. Muchamedjarows Mitteilung entnehme ich, daß das KGB in irgendeinem Stadium in der Tat mit dem Plan einer physischen Beseitigung (Ermordung) Ljusjas gespielt hat, haben diejenigen, die Ljusjas Verleumdung verbreiteten, selbst an ihre Lüge zu glauben begonnen? Beim KGB hatte sich offenbar ein »jakowlewsches« Stereotyp von Ljusja und unseren Beziehungen durchsetzen können: die Vorstellung von einer herrschsüchtigen, ehrgeizigen und habgierigen Frau, die einen willenlosen, lebensfremden »stillen Alten« manipuliert, der früher ein genialer Wissenschaftler war, jetzt jedoch zum Sklerotiker geworden ist. Es gibt eine Vielzahl von Beweisen für den Haß des KGB auf Ljusja. Ein Erlebnis ist mir besonders in Erinnerung: Während meines Krankenhausaufenthalts fuhr Ljusja einmal zu einem Lebensmittelgeschäft, um Brot und andere Dinge einzukaufen. Beim Aussteigen aus dem Auto rutschte sie auf einem Lehmhügel aus, stürzte und verletzte sich schmerzhaft (später erwies sich, daß sie sich das Steißbein gebrochen hatte). Ljusja konnte sich mehrere Minuten lang nicht erheben und blieb auf der Erde liegen. KGB-Leute aus zwei sie begleitenden Autos umringten Ljusja und lachten schadenfroh. Keiner machte auch nur den geringsten Versuch, der verletzten Frau zu helfen.

Ljusjas Ermordung hätte irgend jemandem als Weg zur Lösung des »Sacharow-Problems« erscheinen können. Wenn dieser Plan existierte, dann offenbar nicht in einfachster Form. Aber vieles von dem, was ich in früheren Kapiteln geschildert habe, deutet nur allzusehr auf einen solchen Plan hin. Nach ihrem Infarkt mochte man gehofft haben, daß sich alles von selbst lösen werde. In diesem Fall durfte man natürlich keine Ärzte zu Ljusja lassen und mußte sie vor allem an einer Reise ins Ausland hindern. Genauso sah die ihr gegenüber angewandte Taktik aus. Der Milizposten vor unserer Moskauer Wohnung, der die Ärzte abschreckte, war wohl nicht zufällig gleich nach dem Zeitpunkt eingerichtet worden, als man in der Poliklinik der Akademie bei Ljusja einen Herzinfarkt diagnostiziert hatte. Ein geringfügigeres, doch typisches Detail: Im Jahre 1983, als Ljusja in besonders schlechtem Gesundheitszustand nach Moskau fuhr, bestellte ich über die Sanitätsstelle einen Rollstuhl für sie. Damit sollte sie in Moskau auf dem Bahnhof empfangen werden. Aber »jemand« machte die Anweisung rückgängig.

Versuche, Ljusja moralisch zu vernichten, waren die »gelben Schreiben«, die 1983 in einer Auflage von 11 Millionen veröffentlichten Schmierereien Jakowlews sowie andere verleumderische Publikationen.

Leider fielen sie häufig auf fruchtbaren Boden; die Menschen suchen nur zu gern bei denen nach schwachen Punkten, die allzusehr im Rampenlicht stehen. Viele hielten Ljusja für die Initiatorin der Hungerstreiks und glaubten nicht, daß sie nach der Auslandsreise zu ihrem Mann und in die Verbannung zurückkehren würde. Und auch jetzt vermuten manche den »verderblichen« Einfluß Ljusjas, wenn sie diesen oder jenen Aspekt meiner Aussagen (meine Haltung zur Frage der Gewissensgefangenen, meine Teilnahme am Forum, meine Einstellung zur Perestroika und zu Gorbatschow, meine Kritik an SDI oder, umgekehrt, am »Paket-Prinzip«) nicht billigen. Erst gestern (geschrieben im Juli 1987) teilte einer der *otkasniki* Ljusja mit, sie habe auf mich unbegrenzten Einfluß, und er empfahl, ich solle mich »politischer« zum SDI-Problem äußern, um nicht jede Unterstützung einzubüßen (meine früheren Freunde behaupteten angeblich, Sacharow sei bereits nicht mehr Sacharow). In Wirklichkeit ist Ljusjas Einfluß gewaltig, doch nicht unbegrenzt, und er bezieht sich auf ganz andere Dinge als auf SDI, Abrüstung u. ä., nämlich in erster Linie auf menschliche Beziehungen. Zudem hat er nichts damit zu tun, daß sie Druck auf mich ausübte, sondern mit unserer gegenseitigen Liebe in einem trotz aller Prüfungen glücklichen Leben.

Ende Mai 1987 kamen einige Krimtataren zu mir. Ihr Landsmann Umerow hielt seit ungefähr einem Monat einen Hungerstreik ab, damit Gorbatschow eine Delegation von Krimtataren zur Lösung ihrer nationalen Frage empfing. Ich schickte Gorbatschow ein Telegramm, in dem ich ihn auf die Dringlichkeit der Situation aufmerksam machte; in einem weiteren Telegramm bat ich Umerow, den Hungerstreik abzubrechen. Er erfüllte meine Bitte. Am 7. Juli besuchte mich der Parteiinstrukteur des Shdanow-Rayonskomitees, Resnikow; er sei beauftragt, mir folgendes zu übermitteln: »Vor einigen Tagen wurde eine Delegation von Krimtataren von Genosse Demitschew empfangen, der den Angehörigen versicherte, daß die sowjetische Regierung die Frage der Wiederherstellung der Autonomie der Krimtataren prüfen wird.« Ich möchte hoffen, daß diese Mitteilung tatsächlich eine Wende im Schicksal der Krimtataren anzeigt.

Von Februar bis Mai 1987 waren Ljusja und ich (in geringerem Maße) gezwungen, dem Umzug aus Gorkij viel Kraft und Aufmerksamkeit zu widmen: Tausende – ohne Übertreibung – von Vorabdrucken, Büchern, Zeitschriften und Briefen mußten sortiert, unsere Sachen gepackt und zwei Wohnungen renoviert werden. Man hatte mir über die Akademie, offensichtlich auf Anweisung höherer Instanzen, eine Wohnung zugeteilt! Mit der Wohnung Ruth Grigorjewnas, in der auch Ljusja gemeldet ist, haben wir nun zwei Zweizimmerwohnungen im selben Treppenhaus. Wenn uns ein solcher Segen nur vor zehn oder zwölf Jahren zuteil geworden wäre! Wie der Dichter Meshirow schreibt: Alles kommt zu spät ...

Am 6. Juni kam Ruth Grigorjewna, begleitet von Tanja, Motja und Anja. Tanja und die Kinder hatten ein Visum für einen Monat, doch sie reisten schon am 2. Juli ab. Es waren Tage voll aufregender Eindrücke für sie und die Kinder. Und für uns war es eine große Freude, sie bei uns zu haben und Kinderstimmen in unserer »Doppelwohnung« zu hören.

Ein halbes Jahr lang lebten wir zu dritt. In diesen Monaten bildete sich bei uns eine Lebensweise heraus, in deren Mittelpunkt auch Ruth Grigorjewna stand. Ljusja und ich hofften, daß sie noch recht lange, wenigstens ein paar Jahre, bei uns leben würde. Das Schicksal wollte es anders.

Am Abend des 24. Dezember aß Ruth Grigorjewna mit allen in der Küche und beteiligte sich lebhaft an dem Gespräch über die Wechselfälle der Akademiewahlen. Danach scheint sie eine ruhige Nacht verbracht zu haben, aber am Morgen konnte Ljusja sie nicht wecken ... Am späten Abend starb Ruth Grigorjewna in den Armen Ljusjas und ihrer Nichte Sorja. Im Laufe des Tages glitt mehrere Male so etwas wie ein Lächeln über ihr Gesicht, im letzten Moment öffnete sie die Augen ein wenig und schloß sie sofort wieder ...

Ich glaube, daß Ruth Grigorjewna bei allem Leid ein glückliches Leben gehabt hat. Sie lebte es mit großer Würde, fand stets Wege, sich Nahe- und Fernerstehenden nützlich zu machen, und besaß die Fähigkeit, das Gute an den sie umgebenden Menschen und die Schönheit der Welt zu sehen. Sie lebte in Harmonie mit ihrer Tochter und den anderen ihr nahestehenden Menschen. Ihre Urteile waren klar und präzise. Jeder, der ihr begegnete, brachte ihr Achtung entgegen, und sehr viele liebten sie. Was mich betrifft, so hatte ich seit unseren ersten Begegnungen im Herbst 1971 ein sehr enges Verhältnis zu Ruth Grigorjewna.

Ljusja hatte stets sehr herzliche Beziehungen zu ihren Kindern, und die erzwungene Trennung von ihnen ist für alle ein großes Leid. Die unerträgliche Belastung, der die Kinder während »unserer sieben Jahre in Gorkij« ausgesetzt waren, hat ihre Spuren hinterlassen. Von Aljoscha habe ich bereits geschrieben. Efrems berufliche Arbeit wurde langfristig unterbrochen, was natürlich große Schwierigkeiten bereitet.

Noch komplizierter und tragischer sind die Umstände, was meine Kinder aus erster Ehe, besonders meinen jüngsten Sohn Dmitrij, angeht. Der Widerstand seiner Schwestern hinderte mich daran, in den Jahren seiner Kindheit und Jugend mit ihm zusammen zu leben. Aber die Schwestern widmeten ihm nicht genug Aufmerksamkeit. Er konnte sich weder an der Physikalischen Fakultät, wo er bis zur Mitte des zweiten Jahres gelangte, noch an der medizinischen Hochschule »behaupten« (dort war er nur ein einziges Semester lang immatrikuliert). An keinem Arbeitsplatz konnte er sich lange halten. Wie wird sich sein Leben und das seines Sohnes (Dmitrij heiratete in diesen Jahren und ist nun geschieden) entwickeln? Diese Fragen sind für mich und Ljusja am quälendsten.

Was erhoffe ich noch für unser künftiges Leben?

Da ist natürlich der Traum von der Wissenschaft. Vielleicht wird er sich nicht erfüllen, denn ich habe in den Jahren der Arbeit an der Waffe und danach durch meine politische Tätigkeit und die Isolierung in Gorkij allzuviel versäumt. Die Wissenschaft verlangt ungeteilte Aufmerksamkeit, und ich wurde zu oft abgelenkt. Und doch ist allein schon die Anwesenheit bei den Großtaten der Hochenergiephysik und Kosmologie ein so tiefgehendes Erlebnis, daß es sich gelohnt hat, geboren worden zu sein (um so mehr, als das Leben soviel anderes zu bieten hat, was allen Menschen gemeinsam ist).

Vielleicht werde ich auch dort mitwirken (und sei es in einem formellen Sinne), wo mein Name eine Rolle spielt: im Bereich der gelenkten thermonuklearen Synthese, des Baus unterirdischer Kernreaktoren, der Lenkung von Erdbeben.

Wahrscheinlich werden Ljusja und ich nicht völlig auf unsere politische Tätigkeit verzichten können, selbst wenn die Probleme der Gewissensgefangenen und der freien Wahl des Aufenthaltslandes gelöst werden – vorläufig ist kein Ende in Sicht. Das Leben beschert uns stets etwas Neues und verlangt geistige Wendigkeit – aber auch Prinzipientreue.

Moskau — ANDREJ SACHAROW
Dezember 1987

III. Nachtrag 1989
Wahl in den Kongreß der Volksdeputierten und andere politische Aktivitäten

Die bis zum Erscheinen des Buches noch verbleibende Zeit möchte ich nutzen, um einige jüngere Ereignisse zu beschreiben, darunter meine Mitwirkung an dem herausragenden Geschehnis der letzten Jahre: dem Kongreß der Volksdeputierten der UdSSR.

Es war eine Zeit großer Wandlungen im öffentlichen Bewußtsein des ganzen Landes und aller Schichten. Auch ich selbst betrachte vieles anders als vor zwei Jahren oder sogar als vor sechs Monaten. Dies ist einer der Gründe, die mich veranlassen, diesem Buch noch ein weiteres »Schlußkapitel« hinzuzufügen.

Im Juli/August 1987 verbrachten wir einen Monat in dem estnischen Dorf Otepja. Es war mein erster Aufenthalt im Baltikum, nicht gerechnet zwei kurze Besuche in Tallinn (Reval) zu einer Konferenz und in Vilnius (Wilna) zur Verhandlung gegen Kowaljow. Wir waren erstaunt über den hohen Lebensstandard – besonders verglichen mit dem europäischen Rußland –, die gute Organisation und die wirtschaftliche Aktivität. Bereits der Zustand der Landstraßen machte, nach den jahrelang nicht ausgebesserten Straßen im benachbarten Gebiet von Pskow, einen verblüffenden Eindruck auf uns. Wir sahen gepflegte, weit voneinander entfernte Bauernhöfe und Bauern, die mit Hilfe ihrer *eigenen* Mähmaschinen Futter für ihre *eigenen* Kühe (jeder Hof hat mehrere) vorbereiteten und die Felder mit ihren *eigenen* Traktoren bestellten. Am Straßenrand waren unter einem kleinen Schutzdach Kübel mit frischer Milch aufgestellt, die von Spezialfahrzeugen eingesammelt und in die Molkerei gebracht wurden.

Die Menschen in Estland erklärten uns, daß sie schwerer und intensiver arbeiteten und folglich ein besseres Leben führten. Dies ist natürlich nur ein Teil der Wahrheit. Die tiefere Ursache besteht darin, daß der Sozialismus diese Gegend später und weit weniger heftig überrollte, denn er hatte weniger Zeit für seine vernichtende Tätigkeit. In den Republiken, die von Anfang an der UdSSR angehörten, ging die tragische – auch psychische – Vernichtung der aktiven Mitglieder der Bauernschaft viel weiter. Gleichzeitig vollzog sich in der Gesellschaft eine stärkere Abgrenzung, die zur Schaffung parteibürokratischer, im Grunde parasitischer Strukturen führte. Es ist kein Zufall, daß sich Pacht-, Kooperativ- oder gar private Wirtschaftsformen in diesen »alten« Republiken so langsam und unter fast unverhülltem Widerstand der örtlichen Partei- und Staatsorgane entwickeln.

Heute ist es das Baltikum, das dem ganzen Land als Vorbild für eine echte, nicht vorgetäuschte Perestroika-Bewegung, für eine radikale Lösung der nationalen Probleme (etwa mit Hilfe eines Republiks- und Unionsvertrags zur Eigenfinanzierung) dient.

Im Sommer 1987 erschien zum erstenmal seit den sechziger Jahren ein Interview mit mir in der sowjetischen Presse, und zwar in der Zeitschrift *Teatr* über Bulgakows Drama *Hundeherz*. Diese mehr oder weniger zufällige Veröffentlichung erregte große Aufmerksamkeit. Obwohl mir die Druckfahnen vorgelegt wurden, bestand ich leider nicht auf der Streichung einiger mißglückter Passagen.

Im Herbst 1987 kam in der Zeitung *Moskowskije nowosti* mein zweites Interview – über den Fernsehfilm *Risk* (Das Risiko) – heraus. Es folgte ein weiteres Interview mit *Moskowskije nowosti*, doch diesmal über gesellschaftliche und politische Fragen. Hier erwähnte ich zum erstenmal die Notwendigkeit und die Möglichkeit, den Wehrdienst um die Hälfte zu kürzen. Dieser Gedanke wurde von zahlreichen Leserbriefen befürwortet. Aber im Dezember 1987 druckte die Zeitung *Argumenty i fakty* einen Artikel von mir (ebenfalls in Interviewform) nicht, in dem ich detaillierter auf die Abrüstungsprobleme einging.

Im Oktober 1987 kehrten Ljusja und ich ins Baltikum zurück, und zwar nach Vilnius, wo, organisiert vom Institut für Weltraumforschung (mit Sagdejew an der Spitze), ein Treffen im engen Kreis zwischen amerikanischen Wissenschaftlern (geleitet von Panovsky) und sowjetischen Wissenschaftlern aus der Gruppe für Abrüstungsprobleme stattfand. Bei dieser Begegnung verteidigte Panovsky seine Idee, daß es notwendig sei, sämtliche Arbeiten auf dem Gebiet der neuesten Technologie, die für die Schaffung neuer Waffentypen benutzt werden könnten (zum Beispiel die Entwicklung von hochintensiven Laserstrahlen), in aller Offenheit durchzuführen. Panovsky unterstrich zudem, daß eine wissenschaftliche Analyse zur Festlegung der Kriterien solcher Arbeiten erforderlich sei.

Ende 1987 unternahm ich zwei Schritte, die dem Prinzip widersprachen, individuell zu handeln und keine administrativen Verpflichtungen auf mich zu nehmen. Später bereute ich diese Schritte.

Ich meine – erstens – meine Entscheidung, als Vorsitzender der Kommission für Kosmomikrophysik, die dem Präsidium der Akademie der Wissenschaften der UdSSR beigeordnet war, zu fungieren. Die wirklichen Organisatoren dieser Kommission, M. J. Chlopowa und A. D. Linde, versicherten mir, meine Pflichten würden rein ehrenamtlicher Art sein und mir nicht die geringste Anstrengung abverlangen. Dies bewahrheitete sich natürlich nicht. Immerhin könnte etwas Interessantes aus dieser Arbeit hervorgehen, besonders was die Unterstützung wichtiger Projekte betrifft, etwa die Gründung eines internationalen Observatoriums und die Schaffung eines weltraumgestützten Radiointerferometers. Dies könnte zu einer Annäherung an die wissenschaftliche Arbeit (die seit langem für mich zu einem unerreichbaren Traum geworden ist) führen.

Der zweite, viel betrüblichere Fall betraf die »Internationale Stiftung für das Überleben und die Entwicklung der Menschheit«. Die Idee zu dieser Organisation stammt von Welichow und möglicherweise seinem Mitarbeiter Rustem Chairow. Bereits in den Tagen des Moskauer Forums hatte Welichow Jerome Wiesner und ein paar andere Ausländer für dieses Projekt gewonnen, und in den USA sowie in Moskau hatten mehrere Organisationstreffen stattgefunden. Ich erfuhr erst Ende 1987 durch Wiesner von dem Projekt; er besuchte mich zu Hause und redete mir zu, der Stiftung beizutreten (später setzte Chairow diese Bemühungen fort). Da ich die im Grunde rein administrativ-finanziellen Aufgaben der Stiftung nicht völlig durchschaute, nahm ich an, daß ich durch meinen Eintritt in das Direktorium endlich in der Lage sein würde, Forschungsarbeiten und Maßnahmen zu fördern, die dem Überleben der Menschheit dienen und die globalen Gefahren im Geiste der von mir über viele Jahre hinweg entwickelten Ideen beseitigen würden. Deshalb hielt ich meinen Eintritt in die Stiftung für die logische Fortsetzung meiner früheren Tätigkeit. Dies war ein großer Fehler, der sich zum Teil daraus ergab, daß Wiesner und besonders Chairow mir ein völlig utopisches Bild von der künftigen Arbeit der Stiftung und jener Möglichkeiten malten, die durch meine Mitwirkung geschaffen werden könnten.

Am 13. und 14. Januar 1988 fanden die ersten organisatorischen Sitzungen des Direktoriums statt, und am 15. Januar kam es zu einem Treffen mit Michail Gorbatschow (es war im voraus anberaumt worden, was uns zwang, das organisatorische Stadium in aller Eile hinter uns zu bringen). Auf der ersten Sitzung stellte sich heraus, daß Wiesner und

Welichow dreißig Mitglieder aus verschiedenen Ländern ins Direktorium aufgenommen hatten – also viel mehr, als ursprünglich geplant war (vier oder fünf hätten wahrscheinlich ausgereicht). Dieses Direktorium erwies sich von Beginn an als äußerst schwerfällig und wenig effektiv.

Am schlimmsten war, daß die Stiftung im wesentlichen keine Aufgaben hatte, die sich nicht mit internationalen Arbeiten zu den Problemen der Abrüstung und Ökologie und zu anderen globalen Problemen überschnitten. Seit der Gründung der Organisation sind nun bereits mehr als anderthalb Jahre vergangen, aber sie hat immer noch kein Wirkungsfeld gefunden, das ihren anspruchsvollen Namen, die weiterhin verbreiteten Absichtserklärungen der Gründer sowie die komplizierte und kostspielige Struktur rechtfertigen könnte. Der gepriesene internationale Charakter der Stiftung und ihres Aufbaus erhöhte ihre Arbeitsfähigkeit keineswegs, sondern erschwerte im Gegenteil die Auswahl und Formulierung ihrer Projekte.

Die Sitzungen des Direktoriums sollen abwechselnd in der UdSSR, in den USA und anderen Ländern – unter Hinzuziehung von Experten, Stiftungsmitarbeitern und anderen – stattfinden. Jede derartige Sitzung ist unglaublich teuer. In der UdSSR, in den USA und in Schweden wurden Hauptquartiere mit einem aufgeblähten Apparat eingerichtet, natürlich unter enormen Ausgaben für die Instandsetzung der Gebäude und die Unterkünfte der Mitarbeiter. Der geschäftsführende Direktor und mehrere Angehörige des Moskauer Personals sind Ausländer, deren hohes Gehalt in Rubeln und in harter Währung bezahlt wird. Auch die sowjetischen Mitarbeiter beziehen ein nach hiesigen Maßstäben sehr großzügiges Gehalt. Die an der Ausführung der Stiftungsprojekte Beteiligten müssen ständig Dienstreisen ins Ausland unternehmen. Wenn ich die Stiftung als Ganzes charakterisieren sollte, so würde ich sie – wobei ich einige nützliche, doch nicht hinreichend umfassende Initiativen außer acht lasse – als eine typisch bürokratische Organisation bezeichnen, die nur *zu ihrem eigenen Vorteil* (und dem ihres Personals) existiert.

Kurz vor der ersten Sitzung schrieb ich ein Papier über drei Projektvorschläge und übergab es dem geschäftsführenden Direktor. Die Themen waren folgende:

1. Erforschung der Möglichkeiten einer Verkürzung des Wehrdienstes in der UdSSR sowie der Folgen einer solchen Maßnahme.

2. Bau unterirdischer Kernreaktoren für Atomkraftwerke.

3. Ausarbeitung der Voraussetzungen für ein Abkommen über offene wissenschaftliche und konstruktionstechnische Forschungen, aus denen

besonders gefährliche Waffensysteme hervorgehen könnten (gemäß Panovskys Vorschlag).

4. Gesetzgeberische Garantien für die Gewissensfreiheit.

5. Gesetzgeberische Garantien für die Freiheit der Wahl des Aufenthaltslandes.

6. Humanisierung des Strafvollzugssystems.

Leider wurden nur die drei letzten Themen vom Direktorium akzeptiert (keineswegs sofort, und sie sind bis heute noch nicht als Projekte formuliert worden). Im Januar 1988 hatte ich gehofft, daß die Stiftung die Verabschiedung neuer Gesetze zur Gewissensfreiheit, zur Freizügigkeit und zur Frage des Strafvollzugssystems beeinflussen könnte. Dabei schwebte mir eine Zusammenarbeit zwischen den Projektvertretern und dem Institut für Staat und Recht sowie anderen Institutionen vor, die mit dem Entwurf von Gesetzen zu tun haben. Diese Hoffnungen waren unbegründet, denn das Institut für Staat und Recht hatte, wie sich herausstellte, keinen direkten Einfluß auf die endgültige Fassung von Gesetzen (und natürlich war es nicht realistisch anzunehmen, daß wir in höhere Sphären vordringen könnten).

Aber das Rad des im Westen so populären Themas »Menschenrechte« begann, sich zu drehen und immer neue Menschen anzuziehen. Das Dogma des internationalen Charakters der Stiftung hatte zur Folge, daß alle drei Themen im internationalen Rahmen behandelt wurden, daß man sich nicht mehr auf die Frage einer neuen Gesetzgebung, sondern nur noch auf das vergleichende Studium von Gesetzgebung und Praxis konzentrierte. Ich wurde zum Vorsitzenden des Stiftungskomitees für Menschenrechte gemacht, und man organisierte eine »Projektgruppe« für diesen Bereich. Die Projektgruppe enthält drei Untergruppen mit den Schwerpunkten:

1. Die UdSSR und die USA zum Thema der Gewissensfreiheit.

2. Die UdSSR und die USA zum Thema der freien Wahl des Aufenthaltslandes.

3. Die UdSSR, die USA und Schweden im Strafvollzugssystem.

Auf sowjetischer Seite traten mehrere »Dissidenten«, darunter Sergej Kowaljow und Boris Tschernobylskij, in die »Projektgruppe« ein. Die Tatsache, daß gerade diese Themen am stärksten (wenn auch vorläufig rein formell) gefördert wurden, ging auf das gewaltige Interesse des Westens an der Frage der Menschenrechte und auf den Wunsch Welichows und Wiesners zurück, dies mit Hilfe meiner persönlichen Popularität auszunutzen und das – vor allem finanzielle – Wohlbefinden der Stiftung zu stärken. Dadurch geriet ich in eine sehr zwiespältige Lage, zumal mir das Thema der Menschenrechte in seiner »klassischen« Form heute nicht mehr so entscheidend vorkommt wie noch vor ein paar Jahren. Inzwischen bestehen in vielen Bereichen Möglichkeiten des Wandels, die Mehrheit der Gewissensgefangenen ist freigelassen worden, das Problem der Emigrationsfreiheit, wiewohl immer noch aktuell, ist weniger akut, und es gibt hier gewisse Fortschritte zu verzeichnen, während zahlreiche Probleme, an die wir früher nicht einmal zu denken gewagt hätten, in den Vordergrund gerückt sind: die nationale und konstitutionelle Umgestaltung des Landes und der gesamte Komplex der Nationalitätenprobleme; eine radikale Wirtschaftsreform unter Einschluß eines Vielparteiensystems; die reale Lösung ökologischer Schwierigkeiten; soziale Fragen; das Schicksal der Armen; Gesundheits- und Bildungswesen. Als Direktoriumsmitglied bin ich nicht verpflichtet, die konkrete Projektarbeit – also auch nicht die Arbeit der Projektgruppen für Menschenrechte – zu verfolgen. Aber da man mich auch zum Vorsitzenden des Komitees für Menschenrechte gemacht hat, habe ich gewisse Pflichten. Ich erfülle sie höchst oberflächlich und nur der Form halber, denn ich habe weder die Kraft noch den Wunsch, mehr zu tun. Dadurch mache ich mich vielleicht gegenüber jenen schuldig, die ich in diese Arbeit hineingezogen habe, aber es ist nicht zu ändern.

Am 15. Januar fand das Treffen mit M. S. Gorbatschow statt. Wir wurden gebeten, in dem Nachbarzimmer des Sitzungssaals zu warten. Fünf Minuten vor dem offiziellen Beginn kam Gorbatschow mit seiner Begleitung heraus, schüttelte allen Anwesenden die Hand und tauschte mit manchen ein paar Worte aus. Ich sagte, ich sei ihm dankbar für sein Eingreifen, was mein Schicksal und das meiner Frau betreffe: »Mit der Freiheit erhielt ich gleichzeitig ein Gefühl größerer Verantwortung. Freiheit und Verantwortung sind unteilbar.«

Gorbatschow antwortete: »Ich bin sehr froh, daß Sie diese beiden Begriffe miteinander verbinden.«

Wir betraten den Sitzungssaal. Nach der Begrüßung durch Gorbatschow hielten Welichow, Wiesner, einige »einfache« Direktoren (darunter auch ich) und mehrere der geladenen Gäste kurze Reden. Ich erklärte, die Wichtigkeit der Stiftung beruhe darauf, daß sie vom Staatsapparat jeglichen Landes und von allen Organisationen, die private Ziele verfolgten, unabhängig sei. Daneben erwähnte ich die von mir vorgeschlagenen Themen (in der Rede konnte ich nur auf den Bau unterirdischer Kernreaktoren eingehen, doch später ging ich zu Gorbatschow hinüber und informierte ihn persönlich). Der Schwerpunkt meiner Rede lag auf der Verkürzung des Wehrdienstes. Ich übergab Gorbatschow die auf meine Bitte im Dezember und Januar zusammengestellte Liste von Gewissensgefangenen, die sich damals immer noch im Gefängnis, in der Verbannung oder in psychiatrischen Anstalten befanden. Leider war diese Liste recht nachlässig und weniger überzeugend angefertigt worden, teils weil es sehr schwierig war, zuverlässige Informationen zu erhalten, teils weil die früheren Gewissensgefangenen, welche die Arbeit geleistet hatten, nicht ernsthaft genug bei der Sache gewesen waren – meiner Ansicht nach zeigt diese traurige Episode, wie stark sie unter den neuen Bedingungen psychisch desorientiert sind. Die Liste enthielt keine konkreten Einzelheiten über die Fälle der genannten Personen. Ich erwähnte das Verzeichnis in meiner Rede und wollte es um den Tisch herum an Gorbatschow weiterleiten lassen.

Ein nicht weit von mir sitzender Mann gab die Liste jedoch nicht weiter; Gorbatschow bemerkte meinen überraschten Blick und erklärte, es handle sich um seinen Berater (später erfuhr ich dessen Namen: Frolow). Die Liste gelangte zur Staatsanwaltschaft der UdSSR, der Stellvertretende Generalstaatsanwalt Wassiljew rief uns mehrere Male im Zusammenhang damit an. Vielleicht spielte sie eine Rolle für das Schicksal einiger Gewissensgefangener, die im Jahre 1988 freigelassen wurden.

Am Ende des Treffens hielt Gorbatschow eine Rede. Nachdem er kurz auf die Wichtigkeit eingegangen war, die er der Stiftung als einer internationalen, im Geiste des neuen politischen Denkens geschaffenen Organisation zumesse, widmete er einen großen Teil seiner Worte einer verhüllten und manchmal auch unverhüllten Auseinandersetzung mit mir (und mit anderen Befürwortern einer radikaleren Politik). Er unterstrich, wie gefährlich es sei, zu hastig voranzuschreiten und notwendige Übergangsphasen zu überspringen. Im Zusammenhang mit dem Projekt zur Kürzung des Wehrdienstes sprach er von dem Risiko und der Sinnlosigkeit einseitiger sowjetischer Schritte auf dem Gebiet der Abrüstung und verwies auf die kürzliche Erfahrung mit dem Test-Moratorium. (Meiner Meinung nach war dies kein überzeugendes Beispiel. Es gibt keine Analogie für die Folgen eines so gigantischen, nie dagewesenen Schrittes, wie ihn die Halbierung des Wehrdienstes und der sich daran anschließende Übergang zu einer Berufsarmee darstellen.)

Dies war meine erste persönliche Begegnung mit M. S. Gorbatschow. Zuvor hatte ich ja nur im Dezember 1986 telefonisch mit ihm gesprochen. Mein erster persönlicher Eindruck von Gorbatschow war im wesentlichen positiv. Er erschien mir als kluger und beherrschter, in der Diskussion schlagfertiger Mann. Seine allgemeine Linie empfand ich damals als konsequent liberal, mit einem allmählichen, qualitativ wachsenden Hang zu Reformen und Demokratie.

Natürlich war ich unzufrieden über die Halbherzigkeit, den manchmal widersprüchlichen Charakter von Aktionen der Führung und die Unzulässigkeit gewisser Gesetze, zum Beispiel des Gesetzes über nichterarbeitete Einkommen. Aber dies schrieb ich hauptsächlich den Beschränkungen zu, die für jeden führenden Politiker, zumal für einen Reformer, unvermeidlich sind; ich machte die »Spielregeln« jenes Milieus verantwortlich, in dem Gorbatschow seine Karriere vorangetrieben hatte und in dem er sich immer noch befand. Insgesamt betrachtete ich ihn als den Initiator und den würdigen Führer der Perestroika. Gorbatschows Einstellung mir gegenüber schien von Respekt und sogar von einer Nuance persönlicher Sympathie geprägt.

Ich hatte Vorbehalte, was die Satzung der Organisation betraf, und verfaßte einen alternativen Entwurf, der vermutlich nicht realistisch war. Zum Beispiel machte ich den Vorschlag, daß die Direktoren fünfzig Prozent der Kosten von Auslandsreisen übernehmen sollten. Obwohl alle Direktoren hohe Positionen bekleideten und über ein gesichertes Einkommen verfügten, schien man mich für einen Verrückten zu halten (ich selbst hatte meine Dienstreisen früher, selbstverständlich in den Grenzen der UdSSR, stets aus eigener Tasche bezahlt.) Ich meine immer noch, daß vieles ins Lot gekommen wäre, wenn man meinen Vorschlag angenommen hätte. Soweit ich weiß, hat die Stiftung bis heute keine vom Direktorium gebilligte Satzung.

Im Februar/März 1988 überschlugen sich die mit dem Problem von Nagornyj Karabach verknüpften Ereignisse. Sie entlarvten die ganze Heuchelei der offiziellen Propaganda über die angeblich »unverbrüchliche Freundschaft der Völker unserer Landes« und enthüllten das tragische Ausmaß der nationalen Widersprüche, die durch den Terror und das Fehlen von Glasnost verschüttet worden waren. Diese Widersprüche haben, wie wir nun wissen, allgemeinen Charakter und betreffen das ganze Land. Mehr als sechzig Jahre lang war die armenische Bevölkerungsmehrheit von Nagornyj Karabach durch die aserbaidshanischen Behörden national unterdrückt worden. Unter den neuen Bedingungen der Perestroika hofften die Armenier auf eine Änderung der unerträglichen Lage. Im Februar verabschiedete der Gebietssowjet der Volksdeputierten einen Aufruf an den Obersten Sowjet von Aserbaidshan und von Armenien, Nagornyj Karabach aus der Aserbaidshanischen SSR in die Armenische SSR zu überführen. Aserbaidshan antwortete mit einer Weigerung, und danach (sehr bald danach) kam es zu dem Pogrom gegen die Armenier in Sumgait. Die zentrale Führung des Landes schien mir unverzeihlich unschlüssig, prinzipienlos und von ständigen Verspätungen gekennzeichnet. Mehr noch, sie schien mir ungerecht, einseitig und provozierend. Genauso einseitig und tendenziös gebärdeten sich – mit wenigen Ausnahmen – die zentrale Presse und das Fernsehen. Unter diesen kritischen Bedingungen geriet die Glasnost ins Stocken, was sich noch viele Male wiederholte.

Im Zusammenhang mit dem Problem von Nagornyj Karabach und den Verbrechen in Sumgait begann ich, zum erstenmal über die negativen Aspekte der Politik der neuen Landesführung, über ihre möglichen offenen und verborgenen Ursachen nachzudenken.

Um den 20. März schrieb ich einen Offenen Brief an Gorbatschow über das Problem der Krimtataren und über Nagornyj Karabach. Ich brachte ein Exemplar in die Redaktion der *Moskowskije nowosti*, wo sich nach der Veröffentlichung meines Interviews über den Fernsehfilm *Risk* ein gutes Verhältnis zu Gennadij Shaworonkow entwickelt hatte. Er leitete den Brief sofort an Chefredakteur Jegor Jakowlew weiter, den wir damals ebenfalls persönlich kannten. Ein weiteres Exemplar übergab ich der Briefabteilung des Zentralkomitees der KPdSU, was eher eine formale Geste war, da Jakowlew das ZK seinerseits über meinen Brief informiert und ihm eine Kopie geschickt hatte. Am Morgen des nächsten Tages wurde ich von APN-Chef Valentin Falin angerufen und zu einem Gespräch um 12 Uhr eingeladen. Er nannte mir die Nummer des Wagens, der mich abholen sollte. Kurz nach meiner Abfahrt rief der Sekretär des Politbüromitglieds A. N. Jakowlew an und teilte Ljusja mit, er wünsche mich um 17 Uhr zu sehen.

Was den Hauptanlaß unseres Gesprächs – meinen Brief – betraf, so versuchte Falin, mich von der Veröffentlichung abzuhalten, indem er auf die extrem zugespitzte Situation hinwies. Der Brief sei Gorbatschow unverzüglich übergeben worden, und er habe ihn gelesen.

Falin bat mich, wenigstens bis zum 26. März auf eine Publikation zu verzichten. Für jenen Tag habe man in Jerewan angeblich Streiks, Demonstrationen und Versammlungen geplant, und es sei sehr gefährlich, die Emotionen anzuheizen. Über die Ereignisse in Sumgait sagte Falin, daß »wir die prinzipielle Entscheidung getroffen haben, gefährliche Informationen manchmal zurückzuhalten oder sie unvollständig wiederzugeben, jedoch niemals Falschinformationen zu veröffentlichen«. (Dies war ein indirektes Eingeständnis dessen, daß man früher bewußt Falschinformationen veröffentlicht hatte; ich erinnere mich in diesem Zusammenhang an die Zahlen über die radioaktive Verseuchung nach dem Unfall von Tschernobyl.) Falin (wie auch mehrere Stunden später Jakowlew) verteidigte die Richtigkeit der offziellen Mitteilungen über die Ereignisse in Sumgait. Später stellte sich jedoch heraus, daß diese Mitteilungen nicht zutrafen.

Ein schwarzer »Wolga« brachte mich kurz darauf mit heulender Sirene – und manchmal auf der Gegenspur – zum ZK-Gebäude.

Jakowlew, ein etwas fülliger Mann von mittlerer Größe mit einem runden Gesicht, lebhafter Mimik und unerwartet raschen Bewegungen, wandte sich sofort den armenisch-aserbaidshanischen Problemen zu, und ich fragte: »Warum konnten Sie nicht sofort erklären, daß die Forderung der Sowjets der Volksdeputierten des NKAO [Autonomes Gebiet Nagornyj Karabach] berechtigt ist und erfüllt werden wird, denn dadurch wäre die Situation geklärt worden. Die Tragödie von Sumgait hätte sich nicht ereignet. Solche Dinge geschehen nicht, wenn man eine Entscheidung beeinflussen kann, aber auch jetzt ist es nicht zu spät, Nagornyj Karabach der Herrschaft Aserbaidshans zu entziehen.«

Jakowlew erwiderte: »An der administrativ-nationalen Struktur kann nichts geändert werden. Überhaupt ist das ein sehr gefährlicher Präzedenzfall, denn wir haben zahlreiche Krisenherde, an denen die nationalen Leidenschaften explodieren können. Und dieser spezielle Fall ist über alle Maßen kompliziert. 400 000 Armenier in Aserbaidshan sind in der Position von Geiseln. Transkaukasien starrt von Waffen; sie gelangen in ungeheuren Mengen über die Grenze. Ein Funke genügt, um das in Brand zu setzen.«

Ich entgegnete, die Armenier in Aserbaidshan seien nach meinen Informationen bereit, das Risiko auf sich zu nehmen, solange die zentrale Führung eine feste Position beziehe. Die konstitutionellen Schwierigkeiten seien nicht ausschlaggebend, sie könnten in der nächsten Sitzungsperiode des Obersten Sowjets überwunden werden.

Inzwischen hat sich herausgestellt, daß Jakowlew in vielen Punkten unrecht hatte. Bald darauf, im Juli und noch einmal im Januar, mußten Schritte unternommen werden, aber sie kamen zu spät und boten deshalb keine Lösung. Diese Schritte führten zu keiner Explosion der Gewalt. Aber eine völlig erlogene Provokation über die Schändung eines heiligen Hains in einem Teil des von Aserbaidshanern besiedelten NKAO löste tatsächlich einen Sturm, massenhafte Gewalttaten, eine Demonstration von 500 000 Menschen in Baku unter nationalistischen und islamisch-extremistischen Parolen sowie die erzwungene Flucht von mehr als 130 000 Armeniern aus Aserbaidshan aus. Als Reaktion darauf kam es in Armenien zu Vertreibungen von Aserbaidshanern, zu Mißhandlungen und Morden. Bis dahin hatten die Armenier sich beherrscht (mehr als acht Monate lang), doch in jenen Tagen wurden über zwanzig Aserbaidshaner getötet. Dies ist eine ungeheure Tragödie. Die Zahl der aserbaidshanischen Flüchtlinge beträgt – laut Wesirows Rede auf dem Kongreß der Volksdeputierten – 160 000. Wahrscheinlich ist die Gesamtzahl der armenischen Flüchtlinge, wenn man sämtliche »Ströme« betrachtet, nicht geringer. Damit liegt auf der Hand, daß sich stets ein Anlaß finden oder fingieren läßt, wenn es hinreichend starke Kräfte gibt, die an blutiger Anarchie interessiert sind, zumal wenn die Zentralbehörden untätig bleiben und die örtlichen Behörden indirekte Hilfe leisten (dies gilt für die Ereignisse in Sumgait, Fergana und den anderen Orten).

Ein Teil meines Gesprächs mit Jakowlew war dem Problem der Krimtataren gewidmet. Jakowlew behauptete, daß fast alle meine Forderungen bereits durch die Arbeit einer Regierungskommission erfüllt worden seien. Dies bestritt ich. Die Entscheidungen der Kommission seien unvollständig und würden schlecht in die Praxis umgesetzt. An manchen Orten der Krim setzten die Behörden ihre unverhüllt diskriminierende Politik fort. Meine Forderung richte sich auf die *freie* und *organisierte* Rückkehr der Krimtataren in ihre Heimat, das heißt auf die Rückkehr *aller*, die es wünschten, und zwar mit *staatlicher* Hilfe. Nur so könne die historische Gerechtigkeit wiederhergestellt werden. Eine organisierte Rückkehr dürfe jedoch nicht bedeuten, daß die Behörden zum Beispiel Verzeichnisse von »guten« Tataren anlegten. Ich hatte in meinem Brief die Frage einer Wiederherstellung einer autonomen Krimtatarischen SSR nicht angeschnitten, was die Empörung unserer krimtatarischen Freunde und sogar den Bruch einiger Krimtataren mit mir hervorrief. Aber ich bin überzeugt, daß die Wiederherstellung der Krimtatarischen SSR schon aus rein demographischen Gründen unmöglich wäre, selbst wenn alle Krimtataren auf die Krim zurückkehrten. Es wäre vielleicht realistischer, ein viel kleineres nationales Territorium mit kompakter Besiedlung durch die Krimtataren – natürlich auf ganz und gar freiwilliger Basis – zu schaffen. Bei meinem Treffen mit Jakowlew kam ich auf das Schicksal Raoul Wallenbergs zu sprechen. Leider hatte ich damals fehlerhafte Informationen, was meine Bemühungen zunichte machte und vielleicht das psychologische Klima der Suche für eine gewisse Zeit verschlechterte. Ich muß ein Jahr zurückgehen.

Im März oder Februar 1987 hatte mich Raouls Halbbruder Guy Dardell aus Genf angerufen, um mir mitzuteilen, daß Raoul ungeachtet der häufigen Bekräftigungen seines Todes durch die sowjetischen Behörden am Leben sei und sich in einem rund dreihundert Kilometer von Moskau entfernten Lager befinde. Ich bat ihn, mir rasch vollständigere Angaben zu schicken. Ende Mai erhielt ich tatsächlich aus dem physikalischen Institut der Akademie der Wissenschaften einen geöffneten Brief Dardells, der von der schwedischen Botschaft dorthin geschickt worden war (ich weiß nicht, weshalb man ihn nicht direkt an meine Adresse sandte). Der Brief enthielt einige Überlegungen über Experimente mit Mü-Mesonen (was nur der Tarnung diente) und einen handgeschriebenen Zusatz von nur wenigen Zeilen. Darin hieß es, Raoul Wallenberg sei in einem Lager in dem Dorf Mirnyj, achtzehn Kilometer südlich von Torshok. Er werde dort zusammen mit polnischen Gefangenen aus dem Zweiten Weltkrieg festgehalten. Ende 1986 sei im Lager eine schwere Grippeepidemie ausgebrochen, die viele Polen das Leben gekostet habe; Wallenberg sei ebenfalls erkrankt, habe jedoch überlebt. Man wisse nicht, ob er in dem Lager unter seinem eigenen Namen oder einem Pseudonym gefangengehalten werde. Der Text von Dardells Brief war in deutscher Sprache getippt und der handgeschriebene Zusatz in gebrochenem Russisch verfaßt worden. Ich erfuhr, daß der Überbringer (dessen Namen ich bis heute nicht kenne) den Zusatz erst in der UdSSR niederschrieb, da er die Zollkontrolle gefürchtet hatte.

Ich bat Dardell um weitere Einzelheiten. Außerdem bestand ich darauf, die Richtigkeit der Angaben so schnell wie möglich zu überprüfen, damit wir, falls sie zutrafen, die schwedische Regierung veranlassen konnten, energische Maßnahmen zur Rettung Raoul Wallenbergs einzuleiten. Jede weitere Verzögerung schien mir unerträglich. Wenn Wallenberg noch lebte, so wäre es eine schreckliche Vorstellung gewesen, daß er nach so vielen Jahren des Leids, das die sowjetischen Behörden ihm zugefügt hatten, infolge der Saumseligkeit seiner Freunde auch nur einen Moment länger in Haft bleiben würde! Und wenn er tot war, so mußten wir endlich alle Details seines Schicksals erfahren, indem wir bei den sowjetischen Behörden Einsicht in seine Akte verlangten. Erst wenn erschöpfende Dokumente und verläßliche Augenzeugenberichte vorlagen, konnte der Fall abgeschlossen werden.

Wir hörten jedoch im weiteren Verlauf des Jahres 1987 und Anfang

1988 nichts mehr von Dardell – er war einfach aus unserem Blickfeld verschwunden. Gewiß, einer der Juristen des Wallenberg-Komitees erschien bei uns, doch auch von ihm erfuhren wir nichts Neues. Damals wurde mir zum erstenmal klar, wie desorganisiert die Suche nach Wallenberg ist. Später gelangte ich zu dem traurigen Schluß, daß dieses ganze komplizierte und kostspielige System von Komitees und Kommissionen im wesentlichen leerläuft. Zwar hat man viele Aussagen von Zeugen gesammelt, die behaupten, Wallenberg nach dem Datum seines offiziellen Todes gesehen zu haben. Aber ein Teil dieser Aussagen ist unzweifelhaft gefälscht, und die aufrichtigen Zeugnisse, wenn es solche gibt, gehen in der Menge der Fälschungen unter.

* * *

Bei unserer Rückkehr aus Estland im Herbst 1987 machten Ljusja und ich einen Abstecher nach Mirnyj. Allein die Suche nach diesem Ort glich einer Odyssee. In Mirnyj standen zwar ein paar verdächtig wirkende Gebäude, doch sie erinnerten schwerlich an ein Lager. Später machte Ljusja noch zwei weitere Reisen nach Mirnyj, einmal mit Jurij Schichanowitsch und Bela Kowal, beim zweitenmal mit mir. In meinem Gespräch mit Jakowlew bat ich ihn, überprüfen zu lassen, ob Wallenberg in Mirnyj sei. Es kam zu einer allgemeinen Erörterung des Falles, und Jakowlew gab seiner Überzeugung Ausdruck, daß alle Gerüchte über das Überleben Wallenbergs weithergeholt seien und wahrscheinlich von den westlichen Geheimdiensten geschürt würden, um die sowjetisch-schwedischen Beziehungen zu beeinträchtigen (dies hatte natürlich zur Folge, daß ich seine gesamte Äußerung mit Argwohn betrachtete). Jakowlew behauptete auch, Wallenberg sei verhaftet worden, weil er Juden gegen schwedische Militärfahrzeuge »eingetauscht« habe. Dies sei eine feindliche Aktion gewesen, und man könne die Zahl der sowjetischen Soldaten, die infolge dieses Handelns umgekommen seien, gar nicht zählen. Außerdem erklärte er, die Schweden hätten den Deutschen geholfen, ihre von den Engländern und Amerikanern bombardierten Kugellagerfabriken wiederaufzubauen, ohne die Deutschland nicht in der Lage gewesen wäre, den Krieg fortzusetzen (dafür seien die Schweden mit Geld, nicht mit jüdischen Leben bezahlt worden).

Ich glaube keineswegs, daß wirklich ein Austausch von Juden gegen Lastwagen stattfand oder daß Wallenberg, wenn es einen solchen Austausch gab, daran beteiligt war. Die Geschichte erinnert allzusehr an

Meschiks Erzählung, daß Timofejew-Ressowskij in die nationalsozialistischen Experimente an Menschen verwickelt gewesen sei. In der gesamten Literatur über Wallenberg ist nirgends die Rede von einem Austausch schwedischer Lastwagen gegen Juden. Zudem ist sehr gut bekannt, daß die Briten einen solchen Austausch bereits vor Wallenbergs Eintreffen in Budapest abgelehnt hatten. Im Unterschied zu Jakowlew bin ich ohnehin nicht der Ansicht, daß die Rettung vieler Menschenleben durch Transportmittellieferungen für die Deutschen (nicht Waffen!) tatsächlich ein Verbrechen oder auch nur ein Fehler gewesen wäre – um so weniger, als der Krieg damals bereits zu Ende ging. Viel schlimmer scheint mir, daß die Briten und wohl auch die Amerikaner sich in diesen letzten Kriegsmonaten weigerten, die Zufahrtsstraße nach Auschwitz zu bombardieren, weil sie die Bomben für militärisch-industrielle Objekte sparen wollten.

Am Ende unserer Begegnung fragte Jakowlew mich, was Ljusja während des Krieges getan habe, und trug mir beim Abschied auf, die Sanitätsausbilderin und Oberschwester zu grüßen. Diese und spätere Begegnungen mit Jakowlew vermittelten mir den Eindruck eines klugen, sehr gut über innen- und außenpolitische Fragen informierten Mannes, dessen Standpunkt zur Perestroika zweifellos »ein wenig links von Gorbatschow« ist. Ich halte ihn für einen Mann, der keine Ansprüche auf den ersten Platz im Staat erheben wird, doch ohne weiteres die Nummer zwei sein kann und sollte. Gleichwohl spürte ich, daß Jakowlew (wahrscheinlich auch alle übrigen Perestroika-Verfechter) sich einen »unantastbaren Vorrat« an Dogmen bewahrt hat. Woraus dieser Vorrat besteht, ist recht schwer zu formulieren, aber an seiner Existenz gibt es keinen Zweifel.

Eine Woche später bestellte Falin mich wiederum zur Nachrichtenagentur APN und händigte mir eine Antwort hinsichtlich Mirnyjs aus. Es handelte sich um ein wunderbares Panoramafoto des Dorfes und ein Dokument, in dem die Einwohnerzahl sowie die Zahl des Viehs und der anderen Tiere aufgeführt waren. Am Schluß hieß es, daß der Name Wallenberg den alteingesessenen Bewohnern unbekannt sei und kein Mann dieses Namens je in dem Bezirk gewohnt habe. Ein paar Monate darauf, im Sommer, wurden wir endlich von Guy Dardell besucht. Und nun erfuhren wir etwas ganz Erstaunliches: Mirnyj hatte nicht das geringste mit Wallenberg zu tun. Die Lageradresse war Guy telefonisch übermittelt worden, er hatte Norden und Süden verwechselt, auf der Landkarte von Torshok achtzig Kilometer in Richtung Kalinin abgemessen und war auf einen winzigen Ort namens Mirnyj gestoßen. Dieser Irrtum führte dazu, daß man sechs Monate lang einer falschen Fährte folgte. Es war eine absurde Situation, die sich als tragisch herausstellen könnte, wenn Wallenberg noch am Leben ist. Aber damit hat die Absurdität noch kein Ende. Dardell und die Mitglieder des Wallenberg-Komitees kannten nämlich die Nummer des Lagers, um das es in der Mitteilung ging: ON-55. Sie hatten es jedoch nicht für nötig gehalten, die Nummer uns gegenüber zu erwähnen.

Kurz darauf fuhren Ljusja und ich (zum viertenmal) mit unserem Auto in den Bezirk Torshok. Ljusja saß wie immer am Steuer. Auch diesmal traf die Adresse nicht zu, doch wir fanden das Lager anhand der Nummer. Ich näherte mich dem Eingang, an dem ein Schild mit der Nummer ON-55 angebracht war. Eine Gruppe von Offizieren, die offenbar gerade ihre Schicht beendet hatten, stieg in ein Auto. Ich erklärte, daß ich auf der Suche nach einem Polen, einem alten Mann, sei; meinen Informationen zufolge gebe es mehrere Polen in diesem Lager. Ein Hauptmann entgegnete schroff: »Hier sind keine Polen. Sie irren sich. Dies ist nicht der richtige Ort.«

Es hatte keinen Zweck, das Gespräch fortzusetzen. Ich kehrte zum Wagen zurück, und wir fuhren wieder nach Moskau. – Wir hatten also ein Lager mit der uns genannten Nummer gefunden, was zeigte, daß nicht alle Mitteilungen erlogen waren. Aber natürlich konnten wir keinen Zutritt zu dem Lager erhalten. Anscheinend müssen wir wieder dort anfangen, wo wir schon vor zwei Jahren waren: die Verläßlichkeit der Informationsquelle zu prüfen und einen Appell der schwedischen Regierung an Gorbatschow zu verlangen. Zwei Jahre sind vergeudet worden – das ist ein bitterer Gedanke.

Im März oder April trat der Verlag *Progress* mit der Bitte an mich heran, einen Beitrag über die Probleme der Perestroika für eine Anthologie mit dem Titel *Inogo ne dano* (Es gibt keine Alternative zur Perestroika) zu schreiben. Viele bekannte Autoren arbeiteten an der Anthologie mit, und als Herausgeber fungierte Jurij Nikolajewitsch Afanasjew, der Rektor des Historischen Instituts. Wir lernten ihn bald als einen in politischer Hinsicht tatkräftigen, kühnen Mann mit klaren progressiven Überzeugungen kennen. Ich verfaßte einen Beitrag mit dem Titel »Die Unvermeidbarkeit der Perestroika«. Ljusja gelangte nach der Lektüre zu dem Schluß, daß man den Artikel auf keinen Fall drucken werde, weil er allzu scharf im Ton sei (wie immer hatte ich zur Bedingung gemacht, daß der Artikel entweder ungekürzt oder überhaupt nicht zu drucken sei –

und dieses Versprechen wurde nicht nur mir, sondern auch allen anderen Autoren gegeben). Ljusja hatte sich geirrt: Das Buch erschien im Juni, kurz vor der Parteikonferenz, und mein Artikel war keineswegs der interessanteste und kühnste. Ich habe das deutliche Gefühl, daß mein Beitrag ganz anders ausgefallen wäre, wenn ich ihn ein paar Monate später, von heute ganz zu schweigen, geschrieben hätte. Wir alle legen zur Zeit den Weg der »politischen Aufklärung« mit unglaublicher Geschwindigkeit zurück.

Aber vom März bis Juni 1987 wurden wir nicht nur Zeugen des Fortschritts von Perestroika und Glasnost, sondern wir erlebten im Lande auch widersprüchliche, gefährliche Prozesse. Der berüchtigte stalinistische Artikel von Nina Andrejewa [1] erschien, und Ende Februar 1988 ereignete sich die Tragödie von Sumgait. Die Wahlen zur XIX. Parteikonferenz verliefen nicht demokratisch, so daß die Gegner der Perestroika eine erdrückende Mehrheit erhielten. Afanasjew war der Initiator eines Kollektivschreibens zu diesem Thema. In dem Brief wurde insbesondere vorgeschlagen, die Parteikonferenz um ein halbes Jahr zu verschieben, so daß demokratischere Wahlen stattfinden könnten (in Wirklichkeit wußten die Autoren, wie illusorisch der Vorschlag war). Auch ich unterschrieb den Brief.

Im späten April und im Mai benutzten Ljusja und ich die »Kurschecks«, die wir zum erstenmal von der Akademie erhalten (das heißt natürlich, gekauft) hatten und verbrachten drei Wochen in Pizunda. Es waren wunderbare Tage: frei, produktiv und glücklich. Wir waren zu zweit, und fast niemand störte uns. Wir hatten nur ein winziges Zimmer, doch es bot von der Höhe der zwölften Etage aus einen großartigen Blick aufs Meer. Ich arbeitete am Eßtisch, während Ljusja den Nachttisch mit der Schreibmaschine auf den Balkon stellte. Auf diese Weise hatten wir Platz. Ljusja begann die Arbeit an ihrem zweiten Buch über ihre Kindheit bis 1937. Ich selbst bereitete eine Rede vor, die ich etwa einen Monat später auf einer Konferenz zum hundertsten Geburtstag des sowjetischen Mathematikers und Geophysikers Alexander Fridman halten sollte. Ich hatte mich seit langem bereit erklärt, einen Überblick über die Baryonenasymmetrie des Universums zu geben, doch da ich kaum noch über die aktuelle, sehr umfangreiche Literatur orientiert war, mußte ich mich in Moskau und Pizunda ausgiebig mit den Artikeln beschäftigen, die mir von Freunden großzügig zugeschickt worden waren. Im Verlauf der Arbeit wurde ich mit vielen Entwicklungen vertraut, und mein Vortrag wurde, wie ich glaube, recht interessant (zu einigen Einzelheiten konnte ich sogar neue Ideen präsentieren). Aber die Grundfrage – nach dem konkreten Prozeß, der die Baryonenasymmetrie des Universums hervorbrachte – bleibt weiterhin ungeklärt.

In Pizunda mußten wir in das Schicksal von zwei jungen Menschen eingreifen. Ljusja hatte im Speisesaal bemerkt, wie verstört die uns bedienende Kellnerin, eine Abchasierin, wirkte. Sie war mit einem jungen Mann befreundet, der schon einmal eine Gefängnisstrafe hatte absitzen müssen; die beiden wollten heiraten, aber der Vorsitzende des Bezirksexekutivkomitees schob die Registrierung der Ehe unter verschiedenen Vorwänden hinaus. Er hatte den jungen Mann zu einem Gespräch geladen, weil dieser kein ständiger Einwohner von Pizunda war, sondern als Mitglied einer geologischen Gruppe nur eine vorübergehende Anmeldung besaß. Wenn er jedoch eine Ortsansässige heiratete, würde er eine ständige Anmeldung erhalten. In Pizunda, wie in allen Kurorten, gelten besonders strenge Meldebeschränkungen. Wahrscheinlich wird in den entsprechenden Anweisungen empfohlen, früheren Häftlingen keine Anmeldung zu gewähren. Ich schickte dem Vorsitzenden des Bezirksexekutivkomitees ein sehr höfliches Telegramm, in dem ich ihn daran erinnerte, daß das Recht der Eheschließung keinen außergesetzlichen Beschränkungen unterworfen werden kann. Das Telegramm erfüllte seinen Zweck. Kurz darauf kamen die glücklichen Neuvermählten mit Blumen in unser Zimmer und dankten uns für unser Eingreifen.

Von Pizunda aus fuhren wir mit dem Zug eine wunderschöne Strecke nach Tbilissi. Dort fand eine sehr interessante Konferenz über die Physik der Elementarteilchen statt. Es war ja nicht unser erster Besuch in Tbilissi, doch diesmal erschien es uns besonders ruhig, elegant und von seiner Atmosphäre her irgendwie westlich. Wir betrachteten den über den Fluß ragenden Balkon eines alten Hauses und fragten uns, wer dort wohl wohnen mochte. Natürlich ahnten wir nicht, daß wir weniger als ein Jahr später unter tragischen Umständen wieder in Tbilissi sein und in ebendiesem Haus wohnen würden.

Einen Teil des Junis verbrachten wir in Leningrad, wo wir in einer geräumigen Wohnung des »Leningrader Hauses für auswärtige Wissenschaftler« lebten und arbeiteten. Dort gab es keinen Speisesaal, und wir mußten feststellen, daß die Lebensmittelversorgung in Leningrad, wie im ganzen Land, schlecht war – und in letzter Zeit ist sie nicht besser geworden.

Die Konferenz überschnitt sich mit einer Zusammenkunft der Stiftung, und ich mußte von einem Ende der Stadt zum anderen eilen. Meine Desillusionierung über die Stiftung wuchs ständig. Nach der Konferenz nahm ich für eine populärwissenschaftliche Fernsehsendung sowie für das Leningrader Programm »Das fünfte Rad« an einem Gespräch am runden Tisch über kosmologische Probleme teil. Dies war mein erster Auftritt im sowjetischen Fernsehen. »Das fünfte Rad« wurde nicht nur in Leningrad, sondern auch in dessen Umgebung und in Moskau empfangen. Leider kürzte man die Sendung um alle Äußerungen, die sich auf Nagornyj Karabach bezogen.

Im Juli kam es zu der langerwarteten Sitzung des Präsidiums des Obersten Sowjets zum Problem von Nagornyj Karabach. Sie wurde im Fernsehen übertragen, was schon für sich genommen ein Ereignis war. Am Vortag – ein wenig verspätet – organisierten wir eine massenhafte Absendung von Telegrammen, in denen die Herauslösung von Nagornyj Karabach aus der aserbaidshanischen Verwaltung und seine Überführung in die Moskauer Administration unterstützt wurden. Die Idee zur Absendung der Telegramme hatte Ljusja gehabt (wie überhaupt die Mehrzahl organisatorischer Ideen in den Jahren unseres gemeinsamen Lebens von ihr stammte). Wir riefen mehrere Personen in Moskau und Leningrad an, die unsere Ansichten teilten, baten sie, Telegramme zu schicken und ihrerseits andere Gleichgesinnte anzurufen, die den Gedanken verbreiten sollten. Wir vermuten, daß infolgedessen mehrere Dutzend Telegramme abgesandt wurden.

Ljusja und ich besuchten am Vortag der Präsidiumssitzung auch den gerade in Moskau eingetroffenen Rassul Gamsatow in seinem nach östlicher Sitte luxuriös eingerichteten Haus und baten ihn, diese Idee zu unterstützen. Das Gespräch war schwierig, er antwortete ausweichend, und Ljusja hielt es für fruchtlos. Doch während der Präsidiumssitzung sprach Gamsatow sehr überzeugend. Übrigens hatten wir den Eindruck, daß die nächste Generation, seine Tochter und sein Schwiegersohn, in Gamsatows Haus eine sehr positive Rolle spielten.

Unser Vorschlag wurde nicht verabschiedet, sondern ging in die Prinzipien der sogenannten besonderen Regierungsform ein, die man ein halbes Jahr später akzeptierte. Aber zu der Zeit, im Januar 1989, war selbst dieser Vorschlag unzureichend geworden. Im Juli 1988 verabschiedete man eine Resolution, die sich darauf beschränkte, die wirtschaftliche und kulturelle Entwicklung von Nagornyj Karabach sowie seine wirtschaftlichen und kulturellen Beziehungen zu Armenien zu fördern. Dies wäre im Februar sehr wichtig gewesen und hätte die Spannung vielleicht mindern können, doch inzwischen wurde die Resolution des Präsidiums dem Bewußtseinswandel der Menschen nicht mehr gerecht und war deshalb nahezu nutzlos. Trotzdem glaube ich, daß unsere Telegramme keineswegs überflüssig gewesen waren.

Die Übertragung der Präsidiumssitzungen im Fernsehen (sie wurde vom ganzen Land empfangen, ebenso wie die Übertragung vom Volksdeputiertenkongreß im folgenden Jahr) machte auf uns – und wie ich meine, auf sehr viele andere – einen deprimierenden Eindruck. Gorbatschow vertrat seine schon vorher festgelegte Position; es war klar, daß er (und kein anderer) bereits eine unverhüllt proaserbaidshanische Entscheidung getroffen hatte. Er leitete die Sitzung auf diktatorische, antidemokratische Weise, mißachtete die Meinung anderer Präsidiumsmitglieder, besonders der Armenier, und war bisweilen geradezu unhöflich. Immer wieder unterbrach er die Redner und gab Kommentare zu deren Äußerungen ab. Einem der Präsidiumsmitglieder, dem Rektor der Jerewaner Universität S. Ambarzumjan, fiel er mit der Frage ins Wort: »Wer gibt Ihnen das Recht, im Namen des Volkes zu sprechen?«

Ambarzumjan erbleichte, brachte jedoch die würdevolle Antwort: »Meine Wähler« hervor und setzte seine Rede fort.

Wir wissen nicht, womit die antiarmenische und proaserbaidshanische Haltung Gorbatschows, die sogar nach der Tragödie des Erdbebens zum Ausdruck kam, zu erklären ist. Gorbatschow hätte in Armenien über eine Vorhut der Perestroika, über die treuesten und arbeitsamsten Freunde verfügen können. Die Parolen, die in den ersten Monaten der nationalen Bewegung in Armenien ausgegeben wurden, beweisen dies mit aller Klarheit. Die Armenier hätten rasch alles aufgeholt, was während der Streiks verlorengegangen war. Aber er entschied sich für einen anderen Weg. Warum? Manche sagen, hier handle es sich um die »große Politik«, um die Widerspiegelung der nicht zu bestreitenden gewaltigen Rolle, die der Islam in der Welt (und im Lande) spielt. Andere wie Jakowlew, argumentieren mit der Furcht vor weiteren Vorfällen wie der in Sumgait. Und noch andere meinen, daß in einem Land mit so vielen Krisenherden kein Präzedenzfall für territoriale Veränderungen geschaffen werden dürfe. All diese Argumente überzeugen mich nicht, und sie dürfen nicht den Vorrang vor prinzipiellen Erwägungen nationaler Gerechtigkeit haben. Es gibt auch einige, die Gorbatschows Position mit seinen angeblichen Beziehungen zur aserbaidshanischen (oder irgendeiner anderen) »Mafia« oder mit irgendwelchen Familienbanden erklären. Solange die wirklichen Biographien der Spitzenpolitiker unseres Landes unbekannt sind und alles, was den höchsten Kreis unserer Gesellschaft betrifft, der Glasnost verschlossen bleibt, tauchen solche Mutmaßungen jederzeit auf, ob sie nun begründet sind oder nicht, und es ist weder möglich, sie zu bestätigen, noch zu widerlegen.

Vor der Sitzung am 18. Juli und kurz darauf versuchte ich, Gorbatschow anzurufen, um ihm in meinem eigenen Namen und in dem meiner Gesinnungsfreunde die Idee einer »besonderen Regierungsform« (damals benutzte man diesen Begriff noch nicht, sondern man sprach von einer Präsidialregierung) zu erläutern. Ich konnte nicht zu ihm vordringen, und sein Sekretär empfahl mir, auf seinen Anruf zu warten. So verbrachten wir eine Woche voll nervlicher Anspannung. In Moskau war es zu jener Zeit unerträglich heiß und schwül. Schließlich sah ich ein, daß Gorbatschow einfach nicht mit mir sprechen wollte, da er den Grund meines Anrufs kannte. Ich gab meine Versuche auf, und wir verließen die Stadt, was wir bereits eine Woche zuvor geplant hatten.

Im Juli begann eine Generalüberholung unseres Hauses, ohne daß die Mieter ausquartiert wurden. Man erneuerte die Heizkörper und Rohre, den Putz, die Farbe usw. Der Schmutz, der täglich, hauptsächlich von Ljusja, ausgefegt werden mußte, sowie die Umstellungen und Schutzmaßnahmen für die Möbel und Tapeten waren unbeschreiblich.

Im Juli und August gelang es uns, für ungefähr drei Wochen nach Protwino, unweit von Serpuchow, zu entkommen, wo sich die größten Elementarteilchenbeschleuniger der UdSSR – ein bereits bestehender und mehrere, die noch gebaut oder geplant werden – befinden. Man hatte mich seit langem eingeladen, das Zentrum für experimentelle Forschung auf dem Gebiet der Hochenergiephysik zu besuchen, und als ich die Einladung schließlich annahm, organisierte man eine Besichtigung der großartigen Hörsäle sowie der Zentren für Informationsverarbeitung und schilderte mir die Fähigkeiten des künftigen Beschleunigers. Im Jahre 1988 war vorgesehen, daß die Einrichtung zwei Protonenbündel mit einer Energie von drei Tev und zwei Beschleuniger-Akkumulationsringe umfassen würde, die in einem unterirdischen ringförmigen Tunnel von einundzwanzig Kilometer Länge untergebracht werden sollten. Der Tunnel wurde von U-Bahnarbeitern gebaut, und im Jahre 1988 war er bereits zur Hälfte fertiggestellt. Die Protonen bewegen sich in entgegengesetzten Richtungen und neigen sich mit Hilfe eines Magnetfeldes, geschaffen durch Spezialmagneten mit Spulen aus supraleitender Legierung, zum Kern des Ringes. Die Spulen werden mit flüssigem Helium gekühlt (die Temperatur von flüssigem Wasserstoff ist für die heutigen industriellen

Supraleiter zu niedrig). Die Akkumulationsringe haben gemeinsame gradlinige Abschnitte, wo sich der Zusammenstoß der einfallenden Bündel mit einer allgemeinen Energie der kollidierenden Teilchen von sechs Tev vollzieht.

Zur Zeit unseres Besuches im CERN-Forschungszentrum im Juni 1989 hörte ich von Direktor Carlo Rubbia, daß ein Projekt existiert, demzufolge die CERN in Protwino eine Antiprotonenquelle installieren wird. Die Anlage wird mit der Kollision von Protonen- und Antiprotonenbündeln arbeiten, was die beiden Beschleuniger-Akkumulationsringe überflüssig macht. Dieses gesamte Projekt ist billiger und kann vor allem erheblich früher realisiert werden.

Einen großen Teil der Zeit konnten wir unseren eigenen Arbeiten nachgehen. Abends fuhren wir in die sehr malerische Umgebung von Protwino hinaus und sammelten Pilze, die Ljusja später briet. Dieses friedliche Leben mußten wir für zwei Tage unterbrechen, um im Zusammenhang mit den Reparaturen ins schwüle Moskau zurückzukehren.

Eines Tages erhielten wir in Protwino überraschenden Besuch von Jurij Afanasjew, Leonid Batkin, Len Karpinskij, Jurij Korjakin und noch zwei oder drei anderen. Sie schlugen vor, einen Diskussionsclub zu gründen, der die Hauptprobleme – wirtschaftlicher, gesellschaftlicher, juristischer, ökologischer und internationaler Art – der Perestroika erörtern sollte. Wir ließen uns einen Namen für den Club einfallen: »Moskauer Tribüne«. Für die Gründung eines solchen Clubs als Keimzelle der legalen Opposition sprach unsere Einschätzung der sehr widersprüchlichen politischen Lage des Landes. Es gab gefährliche Symptome eines »Rechtsrucks«, etwa die Aufhebung uneingeschränkter Abonnements von Zeitungen und Zeitschriften, die Verabschiedung von Gesetzen, welche die Freiheit der Kooperativen beschnitten, die schwere steuerliche Belastung der Kooperativen, die faktische Einstellung der Wirtschaftsreformen, die Behinderungen von Glasnost, der undemokratische Charakter der XIX. Parteikonferenz, das Fehlen einer Lösung für das Problem Nagornyj Karabach und später (bereits nach unserem ersten Treffen) die Verabschiedung antidemokratischer Erlasse über Versammlungen und Demonstrationen und über eine Bevollmächtigung der Spezialtruppen des Innenministeriums. Die erste Fassung des Aufrufs für die Initiativgruppe der »Moskauer Tribüne« wurde angenommen, und die Gruppe entstand ein paar Monate später auf dieser Basis. Ich trat der Initiativgruppe zwar bei, doch Batkin und die anderen Mitglieder sind viel aktiver für die »Tribüne« tätig. Im Anfangsstadium tauchten einige Schwierigkeiten auf, doch insgesamt ist die »Moskauer Tribüne« ein wichtiges und faszinierendes Vorhaben.

In jenen Monaten wurde ich noch in eine andere, sehr komplexe politische Sache hineingezogen. Sie hat eine dramatische Entstehungsgeschichte und noch unklare, doch potentiell sehr große Perspektiven, was den Einfluß auf das öffentliche Leben und das öffentliche Bewußtsein betrifft. Ich rede von »Memorial«. Schon lange vor der XIX. Parteikonferenz hatte eine Gruppe junger Leute – darunter Ponomarjow, Samochwalow, Igrunow, Leonow, Roginskij und andere – den Einfall, eine Gedenkstätte für die Opfer ungesetzlicher Repressionen zu schaffen; zunächst dachten sie offenbar nur an ein Denkmal, doch dann planten sie einen ganzen Gebäudekomplex mit einem Museum, einem Archiv, einer Bibliothek u. ä. Die Idee griff sehr schnell im ganzen Land um sich. In Moskau und an anderen Orten entstand eine Massenbewegung für den Bau von Gedenkstätten, und zwar auch dort, wo Stalins wichtigste Sklavenarbeits- und Vernichtungslager gelegen hatten. Die Bewegung setzte sich nicht nur historisch-aufklärerische Ziele, sondern beabsichtigte auch, den noch lebenden Repressionsopfern juristische und moralische Hilfe zu leisten. Auf der XIX. Parteikonferenz legte Afanasjew eine Petition der Bewegung mit mehreren tausend Unterschriften vor. Die Konferenz verabschiedete eine Resolution über die Errichtung eines Denkmals für die Repressionsopfer (lediglich eines Denkmals – womit praktisch nur ein seit siebenundzwanzig Jahren unerfüllter Beschluß des XXII. Parteitags bestätigt wurde). Die Bewegung nahm organisatorische Gestalt an, und die sogenannten schöpferischen Verbände – der Verband der Filmschaffenden, der Verband der Architekten, der Verband der Designer und andere – sowie die *Literaturnaja gaseta* traten ihr bei. Sie wurden als »Gründungsmitglieder« bezeichnet, aber es wäre natürlich korrekter, sie »Kollektivmitglieder« zu nennen. Man eröffnete ein Bankkonto für »Memorial«, auf das Spenden sowie Gewinne aus Konzerten, Vorträgen und Filmvorführungen eingezahlt wurden. Schließlich wurde mit Hilfe von schriftlichen Umfragen auf den Plätzen Moskaus der Öffentliche Rat von »Memorial« gebildet. Man forderte Passanten auf, ihre Kandidaten – in beliebiger Zahl – für den Öffentlichen Rat zu nennen. Diejenigen mit dem größten Stimmenanteil wurden gebeten, sich dem Rat anzuschließen. Ich war einer dieser Kandidaten und gab – für die Mehrheit derjenigen, die mit dem Vertrauen der Menschen bedacht worden waren – mein Einverständnis.

Alexander Solschenizyn weigerte sich, dem Öffentlichen Rat beizutreten. Im Dezember, als ich bereits in den Vereinigten Staaten war, rief ich ihn an, um ihm zu seinem siebzigsten Geburtstag zu gratulieren. Während des Gesprächs nannte Solschenizyn zwei Gründe für seine Weigerung. Der erste bestand darin, daß die sowjetischen Behörden ihn wegen seines *Archipel GULag* aus der Heimat ausgewiesen hätten. Dies schien mir ein untaugliches Argument zu sein, denn »Memorial« ist nicht für die Aktionen der Behörden verantwortlich.

Der zweite Grund für Solschenizyns Ablehnung leitete sich aus seiner Besorgnis her, daß der ideologische Kurs von »Memorial« nicht seinen Vorstellungen von der historischen Wissenschaft entspreche. Er halte es für prinzipiell unzulässig, die Kritik nur auf die Stalinschen Repressionen zu beschränken, zumal auf Repressionen gegen diejenigen, die in Wirklichkeit an den Verbrechen mitgewirkt hätten. Die Verbrechen des Regimes hätten im Jahre 1917 begonnen und setzten sich bis zum heutigen Tag fort. Die physische Vernichtung des Volkes und seiner besten Vertreter, die Korrumpierung der Menschen, der Betrug, die Brutalitäten, Heucheleien und Demagogien um der Macht und um der falschen Ziele des Kommunismus willen, dies alles sei eine ununterbrochene, von Lenin begonnene Kette. Deshalb sei Lenins persönliche Schuld vor dem Volk und vor der Geschichte ungeheuer groß, doch das Thema der Leninschen Verbrechen gelte in der UdSSR immer noch als tabu, und solange dies der Fall sei, wolle er, Solschenizyn, nichts mit »Memorial« zu tun haben.

Zum Schluß wünschte er mir Erfolg für den Kampf, den ich in der UdSSR meinen Umständen und Möglichkeiten entsprechend führte. Natürlich gebe ich hier Solschenizyns Worte aus dem Gedächtnis wieder, wobei sicher auch seine mir bekannten öffentlichen Äußerungen einfließen.

Was läßt sich über den Kern von Solschenizyns Einwänden sagen? In zahlreichen Diskussionen auf den »Memorial«-Versammlungen, den verschiedenen Satzungsentwürfen und in persönlichen Gesprächen klingt ständig der Gedanke an, daß der zeitliche Rahmen der »Memorial«-Interessen nicht nur die Stalin-Zeit umfassen dürfe, daß ein präziseres und historisch einwandfreies Programm geschaffen werden müsse. Gleichwohl darf man nicht vergessen, daß »Memorial« eine Massenorganisation ist, die – unter der Voraussetzung gegenseitiger Toleranz in anderen Fragen – auf der Basis zahlreicher Grundideen, Ziele und Vorstellungen aller Mitglieder gebildet wurde. Zudem agiert »Memorial« in der sowjetischen Realität und wird von offizieller Seite äußerst mißtrauisch, wenn nicht gar feindselig betrachtet. Deshalb halte ich die vorsichtige Satzung für angemessen, in der von den Opfern der Stalinschen Repressionen sowie von anderen Opfern terroristischer und illegaler Methoden des Staates die Rede ist. Daß die Verfasser der Satzung und »Memorial« als Ganzes nicht dem Konformismus anheimgefallen sind, ist aus der Reaktion der Behörden und des Zentralkomitees wie aus allen Schwierigkeiten im Zusammenhang mit der Legalisierung von »Memorial« zu ersehen.

Am Ende des Gesprächs mit Solschenizyn beantwortete ich seine Erfolgswünsche mit ein paar Worten über die Wichtigkeit seiner schriftstellerischen Arbeit und fügte hinzu: »Alexander Issajewitsch, es sollte zwischen uns nichts Unausgesprochenes geben. In Ihrem Werk *Die Eiche und das Kalb* haben Sie mich zutiefst verletzt und beleidigt. Es geht um Ihre Äußerungen über meine Frau, die Sie teils offen und an einigen Stellen ohne Namensnennung machten. Meine Frau hat nichts mit dem Menschen gemeinsam, den Sie darstellen, und ihre Rolle in meinem Leben ist völlig anders. Sie ist ein unendlich loyaler, entsagungsvoller und heldenhafter Mensch, der nie jemanden verraten hat, sich von allen Salons – seien es die der Dissidenten oder andere – fernhält und mir nie irgendwelche ›Neigungen‹ aufgezwungen hat.«

Alexander Issajewitsch schwieg ein paar Sekunden lang; offenbar war es es nicht gewohnt, so direkt angegriffen zu werden. Dann erwiderte er: »Ich würde gern glauben, daß Sie recht haben.« Dies war nach normalen Maßstäben natürlich keine Entschuldigung, aber für Solschenizyn war es wohl ein erhebliches Zugeständnis.

Im Herbst 1988 rief »Memorial« zu einer Kundgebung auf. Die versammelten Menschen – mehrere hundert, vielleicht über tausend – erkannten mich, und ich mußte nach mehreren anderen Rednern das Wort ergreifen. Es war meine erste Ansprache bei einer solchen Veranstaltung. Natürlich war ich unvorbereitet, doch ich glaube, daß die Rede ein Erfolg war – im Gegensatz zu meinem nächsten Auftritt im Oktober auf der »Memorial«-Konferenz, wo ich als erster sprach und einen vorbereiteten Text verlas, was sich als beschämend langweilig erwies.

Diese Konferenz war als Gründungsveranstaltung geplant; dort sollte die Satzung verabschiedet und die Schaffung der historisch-aufklärerischen Allunions-Gesellschaft »Memorial« bekanntgegeben werden. Aber etwa eine Woche zuvor begann das Zentralkomitee aus verschiedenen, wenig einsichtigen Motiven Einwände gegen die Durchführung der Gründungskonferenz zu erheben. Diese Einwände wurden insbesondere bei einem Treffen Judins (eines hohen Vertreters des ZK-Apparats) mit den Sekretären der »schöpferischen Verbände« vorgebracht. Die Sekretäre erschraken und forderten das Exekutivkomitee (das Arbeitsorgan von »Memorial«) auf, die Gründungskonferenz zu verschieben. In Wirklichkeit hatte das Zentralkomitee einfach Angst vor einer unabhängigen (schwer zu kontrollierenden) öffentlichen Massenorganisation, der zudem viele berühmte Personen angehörten. Das Exekutivkomitee fürchtete einen Bruch mit den »Gründungsmitgliedern«, von denen wir materiell abhingen, und änderte den Charakter der Konferenz mit dem Einverständnis des Öffentlichen Rates.

Man beraumte die Gründungskonferenz von neuem für den 17. Dezember an, doch die Durchführung wurde wiederum verhindert, und sie fand erst Ende Januar statt. Gleichzeitig kam es zu einem Angriff auf »Memorial« aus einer anderen Richtung: Mitte Dezember wurde den »Memorial«-Vertretern der Zugang zu ihrem Bankkonto entzogen (offenbar nach einer mündlichen Anweisung des erwähnten Judin an den Bankdirektor). Als formeller Vorwand diente die Tatsache, daß »Memorial« nicht offiziell registriert war. Eine Woche vor der für Januar geplanten Gründungskonferenz wurden Mitglieder des Öffentlichen Rates, darunter Afanasjew, Baklanow und Jewtuschenko, ins Zentralkomitee bestellt. Ich war zunächst nicht eingeladen worden, doch die anderen erklärten, daß sie ohne mich nicht erscheinen würden, und Ponomarjow holte mich in letzter Minute mit dem Auto ab. Unterwegs schilderte er mir die Schwierigkeiten mit dem Bankkonto und warnte mich, daß man Druck ausüben werde, um die Gründungskonferenz wiederum verschieben zu lassen. Aber das sei unmöglich, wir hätten kein Recht, einer nochmaligen Verzögerung zuzustimmen. Die Mitglieder der örtlichen »Memorial«-Gruppen seien großen Belastungen ausgesetzt, und die Situation werde gefährlich. Wir müßten bekanntgeben, daß wir die Konferenz in irgendeiner Privatwohnung durchführen würden, wenn man uns keinen Saal zur Verfügung stellte. Ich stimmte ihm zu, verabschiedete mich am Eingang des ZK-Gebäudes von Ponomarjow und ging nach oben.

Das Treffen wurde von Degtjarjow geleitet, dem Stellvertreter des neuen Chefs der ideologischen Abteilung, der A. N. Jakowlew abgelöst hatte. Vadim Medwedjew hatte Degtjarjow aus Leningrad geholt, wo dieser, wie ich hörte, ein aktiver Befürworter der Gruppe »Pamjat«[2] gewesen war. Degtjarjow begann mit einer sehr aggressiven Vorrede. Er erklärte, daß »Memorial« kein Recht habe, über das Bankkonto zu verfügen, denn durch eine Resolution des Zentralkomitees und des Ministerrats, die kurz nach der XIX. Parteikonferenz verabschiedet worden sei, habe man das Kulturministerium der UdSSR mit der Errichtung eines

Denkmals für die Opfer der Stalinschen Repressionen beauftragt; folglich gehörten dem Ministerium alle gesammelten Mittel. Die Mitglieder des Öffentlichen Rates widersprachen heftig, da die Mittel einzig und allein für »Memorial« gesammelt worden seien, was alle Spender wüßten und was die Presse bestätigt habe. Die Übergabe der Gelder an das Kulturministerium sei völlig illegal und werde einen Proteststurm auslösen.

Daraufhin milderte Degtjarjow seinen Tonfall ein wenig und behauptete, daß »Memorial« kein Konto besitzen könne, da es nicht registriert sei. Dann ließ er sich darüber aus, daß man bald eine Resolution verabschieden werde, welche die Bildung von Kommissionen – diese würden den Bezirksexekutivkomitees (?!) unterstellt sein – zum Studium der Stalinschen Verbrechen vorsehe. Die örtlichen »Memorial«-Gruppen würden sich diesen Kommissionen anschließen, weshalb es nicht nötig sei, eine »Memorial«-Gesellschaft zu schaffen und eine Gründungskonferenz durchzuführen.

Degtjarjows Assistent fügte hinzu, daß der Satzungsentwurf juristisch völlig unsolide sei; außerdem sei er als Kommunist entsetzt darüber, daß das Wort »Sozialismus« nirgends erwähnt werde. Wir spürten Gefahr und wiesen die Vorwürfe schroff zurück. Ich sagte, daß ein großer Unterschied zwischen einer offiziellen Kommission und einer gesellschaftlichen Vereinigung bestehe. Die Bedeutung einer gesellschaftlichen Vereinigung liege in ihrer Unabhängigkeit, und wir würden dem Verlust dieser Unabhängigkeit um keinen Preis zustimmen. Sollte man uns die Unterstützung und eine Versammlungsstätte verweigern, so würden wir die Gründungskonferenz in einer Privatwohnung abhalten (ich folgte Ponomarjows Ratschlag). Was das Wort »Sozialismus« betreffe, so sei die Satzung kein Parteiprogramm, und sie biete keinen Platz für theoretische Erörterungen.

Als wir nach der Besprechung hinausgingen, fragte ich Afanasjew: »Nun?« (Ich meinte die Situation im allgemeinen und die Haltung des Zentralkomitees im besonderen, was Afanasjew natürlich sofort begriff.)

Er antwortete: »Es sieht sehr schlecht aus.«

Anscheinend war dies eine psychologische Attacke gewesen, die einer definitiven Entscheidung vorausging, und wir hatten ihr standgehalten. Solche Vorgefechte sind typisch für die Behörden, und wir hatten Ähnliches häufig genug erlebt.

Kurz vor der Konferenz bestellte mich V. Medwedjew ins Zentralkomitee. Wir besprachen dieselben Themen, doch in einer viel freundlicheren Tonart. Ich kehrte nach Hause zurück und erfuhr, daß der Druck des *Westnik Memoriala* (Memorial-Bote) auf Befehl des Zentralkomitees gestoppt worden war (es war vorgesehen, die Exemplare an die Konferenzteilnehmer zu verteilen). Den Anlaß lieferten zwei »aufrührerische« Beiträge: die Forderung, A. I. Solschenizyn die sowjetische Staatsbürgerschaft zurückzugeben und seinen *Archipel GULag* zu veröffentlichen sowie mein Wahlkampfprogramm.

Ich rief zunächst Degtjarjow und dann Medwedjew an und äußerte mich für meine Verhältnisse sehr heftig (Ljusja bestätigt, daß sie mich noch nie in dieser Weise hatte reden hören). Ich fragte: »Ist dies ein Verbot oder eine Empfehlung? Wenn es ein Verbot ist, dann nehmen Sie eine sehr schwere Verantwortung auf sich. Wenn es eine Empfehlung ist, dann haben wir das Recht, ihr nicht zu folgen.«

Medwedjew antwortete: »Wir verbieten Ihnen nicht zu drucken, was Sie wollen, das ist nicht unsere Aufgabe. Aber unsere Einstellung »Memorial« gegenüber wird von Ihrem Verhalten abhängen.«

»Wir haben dies alles erwogen und beschlossen, den vorbereiteten Text zu drucken. Geben Sie Anweisung, das Druckverbot aufzuheben!«

»Wir haben ein solches Verbot nicht erteilt.«

»Sie wissen sehr gut, daß dies nicht stimmt! Heben Sie das Verbot auf!«

Medwedjew blieb stumm, aber zwanzig Minuten später wurde weitergedruckt. Allerdings stellte sich heraus, daß Afanasjew bereits am Vorabend eingewilligt hatte, den Beitrag über Solschenizyn zu streichen, so daß die Zeitung einen weißen Fleck enthielt. Die Gründungskonferenz bestätigte diese Entscheidung.

Im April führte ich ein weiteres Telefongespräch mit Medwedjew. Vier Frauen in Iwanowo hatten einen Hungerstreik erklärt; sie forderten die Rückgabe einer Kirche, die in den dreißiger Jahren geschlossen und in einen Speicher verwandelt worden war, an die Gläubigen. Ich rief Medwedjew an und bat ihn, sich einzuschalten. Er erklärte, nichts über die Angelegenheit zu wissen. Doch ein ZK-Mitarbeiter rief das Stadtexekutivkomitee von Iwanowo an (ich weiß nicht, ob vor oder nach meinem Telefonat mit Medwedjew) und verlangte, daß den »Extremisten« (dieser Begriff wurde in der örtlichen Presse verwendet) unter keinen Umständen nachgegeben werden dürfe. Man zwang die Frauen durch Betrug und Drohungen, ihren Hungerstreik einzustellen. Der Vorsitzende des Komitees für Kirchenangelegenheiten, der dazu geneigt hatte, den Wunsch der Gläubigen zu erfüllen, mußte kurz darauf in den Ruhestand treten.

Die Position von »Memorial« ist auch nach der Gründungskonferenz schwierig und ungewiß. Bis heute wird »Memorial« die Registrierung verweigert, weil das einzige Gesetz (1932 verabschiedet) zur Regelung der Registrierung gesellschaftlicher Organisationen nur im Rahmen einzelner Republiken, nicht jedoch für die gesamte Union gilt[3]. Alle bestehenden Allunions-Organisationen wurden durch Regierungsbeschlüsse geschaffen und bedürfen angeblich keiner Registrierung. Somit hat »Memorial« weiterhin keinen Zugang zu seinem Bankkonto. Die örtlichen Gruppen und ihre Mitglieder sind Verfolgungen ausgesetzt. Einige »Memorial«-Vertreter beabsichtigten, vor dem Präsidium des Obersten Sowjets Streikposten aufzustellen, wovon sie nur mit Mühe abgehalten werden konnten. Ich sprach während des Volksdeputiertenkongresses mit Medwedjew und Lukjanow, und sie versicherten, daß der neue Oberste Sowjet bald ein Registrierungsgesetz verabschieden werde. Aber wann wird das der Fall sein? Man könnte dann auch Konflikte mit der »Memorial«-Satzung absichtlich heraufbeschwören.

Im Oktober nahm ich auf Einladung Witalij Goldanskijs (des Leiters der sowjetischen Delegation) zum erstenmal an der Pugwash-Konferenz teil. Auch Ljusja war als Gast geladen worden. Die Konferenz fand in Dagomys, unweit von Sotschi, statt. Die Teilnehmer und zahlreiche Gäste waren in einem eleganten Intourist-Hotel untergebracht, wo man auch die Sitzungen abhielt. Sämtliche Aufwendungen, auch die Reise- und Verpflegungskosten, wurden von den Organisatoren der Konferenz getragen. Die Saison ging ihrem Ende entgegen, das Meer und der Swimmingpool standen den Gästen zur Verfügung. Abends gab es Cocktailparties, auf denen kostenloser Whisky und Wodka reichlich flossen, so daß einige das rechte Maß verloren.

Für Ljusja und mich kam es hauptsächlich darauf an zu erfahren, was in den Arbeitsgruppen (über Ökologie, die Beschränkung der strategischen Waffen, das Gleichgewicht der konventionellen Waffen in Europa, das Verbot chemischer Waffen, die Abrüstungskontrolle, die Entwicklungsprobleme der Dritten Welt, die Kontrolle von Nukleartests) und in den Plenarsitzungen vorging. Meine Position zu alledem ist folgende: Wenn der Nützlichkeitskoeffizient der Pugwash-Teilnehmer sehr gering, doch höher als Null ist, so halte ich die Existenz der Pugwash-Bewegung aufgrund der gewaltigen Bedeutung dieser globalen Probleme für gerechtfertigt. Wir wurden Zeugen des recht niedrigen Diskussionsniveaus (insbesondere was die Ökologie betraf). Dies ist wahrscheinlich ein Ergebnis der Tatsache, daß so viele zu Berufskämpfern (für den Frieden, für die Umwelt, für die Abrüstung, wofür auch immer) geworden sind, was für eine objektive und wissenschaftliche Betrachtungsweise nicht förderlich ist. Noch mehr betrübte mich der Umstand, daß die Bewegung gleichsam für sich selbst arbeitet, da sie keinen direkten Zugang zu Regierungskreisen und zu den Massenmedien besitzt. Nichtsdestoweniger glaube ich, daß sie indirekt etwas bewirkt, das heißt durch die persönlichen Kontakte der Teilnehmer zu wissenschaftlichen und politischen Kreisen. Mag die Bewegung also ihrer Arbeit nachgehen. Aber ohne mich!

Ich bezog nach dem Vortrag des Sekretärs der Bewegung Stellung, wobei ich meine besondere Aufmerksamkeit auf ökologische Probleme richtete, etwa auf die Gefahr für das Genreservoir, die von den vielfachen schädlichen Mutationen infolge der Chemisierung des Lebens auf der Erde ausgelöst wird. Ljusja machte einen sehr interessanten Vorschlag zur Erhaltung der Regenwälder: Alle Staaten sollten den Ländern, die über tropische Regenwälder verfügen, einen bestimmten Prozentsatz ihres Bruttosozialprodukts zukommen lassen, so daß diese Länder auf die Abholzung verzichten (und mit der Aufforstung beginnen) könnten. Dies wäre eine gerechte Bezahlung für den so produzierten Sauerstoff und letztlich für das Leben an sich. Die bereitgestellten Summen müßten hoch genug sein, um die Abholzung der Wälder nicht nur für die betreffenden Regierungen, sondern auch für die Bürger unprofitabel werden zu lassen. Vorläufig wird Ljusjas Idee noch nicht in dem Maße unterstützt und verbreitet, wie sie es verdient hätte.

Bereits im Juli war ich zu einem Gespräch am runden Tisch in der Redaktion der Zeitschrift *XX wek i mir* (Das 20. Jahrhundert und der Frieden) eingeladen worden; es ging um das Thema »Weltrevolution, Konvergenz und andere globale Konflikte«. Ich hatte einen Beitrag vorbereitet, der offenbar positiv aufgenommen wurde. Im einzelnen widmete ich mich der Wechselbeziehung zwischen den entscheidenden globalen Problemen und vertiefte den Gedanken, daß das Überleben der Menschheit nur durch die Konvergenz der Systeme – also durch die Gesamtheit gegenläufiger pluralistischer Veränderungen in der kapitalistischen und in der sozialistischen Welt – gesichert werden könnte. Ich erklärte, daß es nun sinnlos sei, sich noch weiter über die Realisierbarkeit der Konvergenz zu streiten, denn sie sei bereits im Gange und werde in der sozialistischen Welt als »Perestroika« bezeichnet. Im Januar oder Februar publizierte die Zeitschrift das Gespräch.

Ein weiteres Gespräch am runden Tisch, bei dem ich mitwirkte, fand im November auf Initiative der Zeitschrift *Ogonjok* (Flämmchen) statt.

Das Thema bildeten »die politischen, kulturellen und wirtschaftlichen Aspekte der Perestroika«. Die Gesprächsteilnehmer kamen aus den Vereinigten Staaten und aus der Sowjetunion; die sowjetischen Beiträge hatten ein weit höheres Niveau.

Mitte Oktober 1988 kam J. L. Feinberg zu mir. Sagdejew hatte ihn gebeten, meine Bereitschaft, Präsidiumsmitglied der Akademie der Wissenschaften zu werden, zu erkunden. Sagdejew selbst scheute sich aus irgendeinem Grunde, mit mir über dieses Thema zu sprechen. Laut Feinberg sei es sehr wichtig, jemanden im Präsidium zu haben, der fähig wäre, die gegenwärtigen Mitglieder von allen möglichen Gemeinheiten abzuhalten. Ich erwiderte, daß ich mir die Sache überlegen wolle, aber im tiefsten Inneren war ich bereits zu dem Schluß gekommen, daß diese Aufgabe viel wesentlicher (und weniger belastend) wäre als meine Arbeit in der Stiftung. Natürlich erörterte ich die Frage mit Ljusja. Sie zeigte sich gleichgültig (mit einem negativen Einschlag) und gab mir keinen definitiven Rat.

Am folgenden Tag teilte ich Feinberg mit, ich sei bereit, mich für das Präsidium nominieren zu lassen. Kurz darauf rief Sagdejew persönlich an, um mir für meine Entscheidung zu danken. Er selbst sei für das Präsidium nominiert worden, könne die Nominierung jedoch aus einer Vielzahl von Gründen nicht annehmen und wolle statt dessen meine Kandidatur vorschlagen. Sagdejew bezog sich während unseres Gesprächs kein einziges Mal auf Feinberg. Nach Meinung vieler Beobachter hatte Sagdejews Entschluß damit zu tun, daß er sich bei der nächsten Wahl um den Posten des Akademiepräsidenten bewerben wollte. In diesem Fall sei es wenig vorteilhaft für ihn, »unter Martschuk« zum Präsidium zu gehören.

Einige Tage später, am 20. Oktober, fanden die Nachwahlen zum Präsidium statt, durch die aus Altersgründen ausgeschiedene Mitglieder ersetzt werden sollten. Sagdejew zog seine Kandidatur zurück und schlug mich unter dem Beifall des Saals vor. Dadurch brachte er einen anderen Präsidiumskandidaten, das Akademiemitglied Gapanow-Grekow, in eine schwierige Lage, denn dieser hatte seinen Platz ein paar Tage zuvor an Sagdejew abgetreten, war aber keineswegs bereit, nun mir seinen Platz zu überlassen. Er blieb unschlüssig und zog seine Kandidatur erst nach der Pause zurück, als die Listen und Stimmzettel bereits gedruckt waren. Danach forderte er alle Anwesenden auf, seinen Namen zu streichen und für mich zu stimmen. Mehr als achtzig Personen folgten seiner Empfehlung nicht und stimmten gegen mich. Aber ich erhielt trotzdem eine Stimmenmehrheit. Außer mir wurde auch das Akademiemitglied Woronzow, ein Geologe, gewählt – dies ist eine sehr positive Tatsache.

Auf der ersten Präsidiumssitzung, an der ich teilnahm, konzentrierte ich mich auf die Wahl eines neuen Direktors im Institut für Wasserwirtschaft der Akademie der Wissenschaften. Dieses Institut und sein früherer Direktor waren für viele ökologische Verbrechen verantwortlich, und die Position des neuen Direktors schien unklar. Auf meinen Vorschlag hin, der von Woronzow unterstützt wurde, beschäftigte sich das Präsidium auf einer späteren Sitzung (leider ohne mich) mit dieser Frage. Im weiteren versuchte ich einige Male, das Präsidium zu einer korrekteren Haltung in einer Reihe von Schlüsselfragen – ökologisch-wirtschaftlicher wie organisatorischer Art – zu veranlassen. Insbesondere ging es um Erörterungen darüber, ob der Bau eines Wolga-Tschograj-Kanals sowie eines Atomkraftwerkes auf der Krim und anderer besonders gefährlicher Kraftwerke zweckmäßig seien, um eine Reihe von Fragen hinsichtlich der Wahl von Institutsdirektoren der Akademie der Wissenschaften und schließlich um die Wahl von Volksdeputierten aus den Reihen der Akademie. Leider fehlt mir die Fähigkeit, Unterstützung und – in noch größerem Maße – Publizität zu organisieren. Trotzdem hoffe ich, daß ich einen nützlichen Beitrag leisten kann.

Zufällig erhielt ich am 20. Oktober eine weitere sehr wichtige Mitteilung: Das Politbüro des Zentralkomitees der KPdSU hatte das über mich verhängte Verbot von Auslandsreisen aufgehoben. Diese Entscheidung war von größtem Interesse für Welichow und die anderen Leiter der »Internationalen Stiftung für das Überleben und die Entwicklung der Menschheit«. Welichow hatte sich aus diesem Anlaß zweimal schriftlich an Gorbatschow gewandt und diesen sogar persönlich auf einem Empfang für den brasilianischen Präsidenten an die Sache erinnert. Gorbatschow erwiderte, er werde die Frage im Politbüro erörtern. Entscheidend dürfte jedoch die Tatsache gewesen sein, daß Julij Borissowitsch Chariton auf Bitten Welichows damals eine schriftliche Bürgschaft für mich leistete (offenbar gab er auch während der Politbürositzung vom 20. Oktober eine mündliche Erklärung für mich ab). Ich weiß nicht genau, was Chariton schrieb: entweder daß ich nach zwanzigjähriger Abwesenheit von geheimen Arbeiten nicht mehr über nennenswerte Informationen verfügen konnte oder daß ich ein Mensch bin, dem man unbedingt vertrauen kann und der unter keinen Umständen ihm bekannte Geheimnisse enthüllen würde. Jedenfalls hatte seine Bürgschaft den gewünschten Effekt. Dieser ungewöhnliche Schritt Charitons verriet zweifellos Zivilcourage und großes Vertrauen zu mir persönlich.

Am 6. November reiste ich zum erstenmal in meinem Leben ins Ausland, um an einer Sitzung der Stiftungsdirektoren teilzunehmen. Gleichzeitig nutzte man meine Anwesenheit bei zahlreichen Begegnungen mit potentiellen und tatsächlichen Spendern der Stiftung. Wiesner legte besonderen Wert auf solche Aktivitäten. Die Stiftung benötigte dringend materielle Unterstützung, denn sie war durch teure Auslandsreisen ständig am Rande des Bankrotts, und ebenso war sie auf moralische Hilfe angewiesen. Ich hörte oft, daß die gesamte Autorität der Stiftung auf meiner persönlichen Mitwirkung beruhe. Es kam auch zu vielen Treffen, die auf frühere Einladungen oder auf meine persönliche Initiative zurückgingen, sowie zu Gesprächen mit führenden Staatsmännern. Diese erste Auslandsreise machte ich ohne Ljusja. Wir hatten oft erklärt, daß wir nicht auf gemeinsamen Reisen bestanden – um mich betreffende Entscheidungen nicht zu erschweren. Nun konnten wir unser Wort nicht mehr zurücknehmen. Außerdem mußte Ljusja an ihrem zweiten Buch arbeiten. Nach meiner Abreise verbrachte sie mehrere Tage damit, eine Reisegenehmigung für die Menschenrechtsgruppe (Kowaljow, Tschernobylskij u. a.) durchzusetzen. Das Personal des Moskauer Stiftungsbüros erwies sich als völlig unfähig, einfache organisatorische Arbeiten dieser Art durchzuführen.

Bei meiner Ankunft in New York und danach in Boston empfingen mich Scharen von Reportern mit Blitzlichtern und Mikrofonen. Auf der Pressekonferenz in Boston erläuterte ich den widersprüchlichen Charakter der sich in unserem Lande vollziehenden Entwicklung, die Erlasse vom August, die Mängel der Verfassungsreformen und des Wahlsystems. Außerdem sprach ich über die Krimtataren, über Nagornyj Karabach sowie über Mejlanow und Kukobaka, die damals noch in Haft befindlichen Gewissensgefangenen (inzwischen sind sie in Freiheit). Dies blieben mit die Hauptthemen meiner öffentlichen Auftritte während dieser und der nächsten Auslandsreise. Auf den Stiftungsversammlungen gab ich meinen Zweifeln Ausdruck (im Metropolitan Museum verglich ich die Stiftung mit dem berühmten Tausendfüßler, der nicht weiß, welches Bein er zuerst bewegen soll – ich dachte an die große Zahl der Direktoren und des Personals – und deshalb auf der Stelle verharrt; übrigens fand im Metropolitan Museum eine herrliche Degas-Ausstellung statt, die Tanja und ich besichtigen konnten). Wiesner war sehr enttäuscht, weil ich nicht genug Reklame für die Stiftung machte, aber ich konnte nur das sagen, wovon ich wirklich überzeugt war. Welichow und Wiesner hatten erwartet, mehrere Millionen Dollar – vielleicht sogar zehn Millionen – einzunehmen. Da noch nicht einmal eine Million zusammenkam, war ich offensichtlich ein schlechter »Köder« für potentielle Spender.

Auch das Treffen der Direktoren deprimierte mich. Es gab keine faszinierenden Themen oder Diskussionen; das einzige neue Thema betraf die Schaffung eines Mechanismus zur Zerstörung von nuklearen Flugkörpern für den Fall eines versehentlichen Abschusses. Doch dies hat im Grunde nichts mit den von der Stiftung finanzierten Forschungsgruppen zu tun, sondern es ist ein Problem, das die Politiker und die Ingenieure lösen müssen, die an Flugkörpern, ihrer Lenkung und ihren Kommunikationssystemen arbeiten.

Auf der Sitzung wurde beschlossen, eine Projektgruppe zu gründen, welche die Probleme der Freizügigkeit und der Meinungsfreiheit in der UdSSR und in den Vereinigten Staaten sowie die Strafvollzugssysteme in der UdSSR, den Vereinigten Staaten und Schweden untersuchen sollte. Ich habe bereits erwähnt, wie enttäuschend der rein akademische Charakter dieser Arbeiten sowie die feierliche Überschätzung ihrer Rolle für mich sind. Ob ich hier etwas falsch verstehe?

Auch bei meinen Treffen mit führenden Politikern – Reagan, Bush (der damals gerade zum Präsidenten gewählt worden war), Shultz und Margaret Thatcher – wurde die Frage der Menschenrechte immer wieder aufgeworfen. Anscheinend ernte ich hier die Früchte meiner eigenen Tätigkeit in den siebziger und achtziger Jahren. Völlig berechtigt war die Frage, ob die Bedingungen für eine internationale Konferenz über die Menschenrechte in der UdSSR gegeben seien. Meine Gespräche mit Außenminister Shultz und Premierministerin Thatcher konzentrierten sich auf dieses Thema. Zu jenem Zeitpunkt waren die neuen Ereignisse in der UdSSR, insbesondere die Verhaftung von Mitgliedern des Karabach-Komitees, noch nicht eingetreten. Gewiß, sie wurden sechs Monate später (vor der Verhandlung) aus der Haft entlassen, doch diese Ereignisse verdeutlichen den widersprüchlichen Charakter und die Unberechenbarkeit der Prozesse in unserem Land, und sie zeigen, daß Vorsicht geboten ist, zumal wenn langfristige Entscheidungen getroffen werden.

Reagan machte auf mich den Eindruck eines sehr sympathischen Mannes. Ich versuchte, mit ihm über das SDI-Problem im Rahmen der internationalen strategischen Stabilität und der allgemeinen Abrüstungsperspektiven zu sprechen. Mir schien, daß Reagan bei meinen Argumenten irgendwie abschaltete und nur das wiederholte, was er stets vorbrachte: daß SDI die Welt sicherer machen werde. Leider hörte ich das gleiche von Teller, mit dem ich an seinem Geburtstag zusammentraf. Wir unterhielten uns etwa dreißig Minuten lang vor Beginn der offiziellen Veranstaltung, in einem gewaltigen Saal, wo zahlreiche formell gekleidete Menschen bereits an ihren Tischen saßen und auf die Redner warteten. Teller hatte im Halbdunkel in einem tiefen, weichen Sessel Platz genommen. Ich sagte ein paar Worte über die Parallelen in unserem Schicksal und über die Achtung, die ich vor seiner prinzipientreuen Haltung empfände – unabhängig davon, ob ich diese Haltung teilte oder nicht. Später wiederholte ich meine Worte – leicht umformuliert – in der offiziellen Rede. Teller gab einige Kommentare zur Kernenergiewirtschaft, und wir fanden rasch eine gemeinsame Sprache. Danach lenkte ich die Unterhaltung auf SDI, denn mein Erscheinen hatte hauptsächlich den Zweck, seine Position in dieser Frage auszuloten. Wenn ich ihn richtig verstand, wurde er von einem tiefen und unerschütterlichen Mißtrauen zur Sowjetunion motiviert. Technische Probleme könnten stets gelöst werden, wenn es dringend notwendig sei. Nun stehe die Entwicklung eines Verteidigungssystems vor sowjetischen Raketen auf der Tagesordnung, und auch dieses Problem sei zu lösen. Der Schild sei besser als das Schwert: »Wir müssen einen solchen Schild als erste errichten, denn Sie versuchen, uns zu verwirren, uns abzulenken, uns vom richtigen Weg abzubringen, während Sie selbst bereits seit vielen Jahren stillschweigend an dem gleichen Projekt arbeiten.«

Ich hatte keine Zeit zu einer Antwort, denn wir wurden in den Saal gerufen. Teller konnte sich nur mit Mühe bewegen und wurde von jemandem gestützt. Tanja wartete im Saal und warnte mich: »Die Rede muß in genau fünfzehn Minuten beendet sein, sonst verpassen wir das letzte Flugzeug.«

Während der zweiten Hälfte meines Aufenthalts in den USA versuchte ich, offizielle Gespräche zu vermeiden, und wohnte abwechselnd bei Tanja und Efrem in Newton und bei Lisa und Aljoscha in Westwood (bei Boston), um mich den Kindern und Enkeln widmen zu können. Es war das erste Mal, daß ich Sascha, Lisas und Aljoschas Tochter, zu Gesicht bekam. Sascha gefiel mir sehr gut – sie ist lebhaft, klug, kühn, doch gleichzeitig sanft und zärtlich. Ihr Erscheinen auf der Welt wurde – der Leser wird sich erinnern – durch den Kampf ermöglicht, den wir für die Ausreise ihrer zukünftigen Mutter zu Aljoscha führten.

Zu jener Zeit verschärfte sich der aserbaidshanisch-armenische Konflikt. In Kirowobad kam es zu Pogromen und anderen Gewalttaten. Dort ergab sich eine schreckliche Situation: Hunderte von Frauen und Kindern suchten Zuflucht in einer Kirche, die nur mühsam von Soldaten –

sie waren (wie es in den Nachrichten hieß) lediglich mit Pionierspaten ausgerüstet – verteidigt wurde. Die Soldaten kämpften heldenhaft, und mehrere verloren ihr Leben. Bald darauf hörte man, daß eine große Zahl von Armeniern ermordet worden sei. Diese Nachrichten gelangten durch verschiedene Kanäle nach Moskau und schienen der Wahrheit zu entsprechen. Ljusja vertraute den Mitteilungen und gab sie mir telefonisch durch. Daraufhin verwandte ich die Zahlen in einer Nachricht an Mitterrand (er war gerade in Moskau zu einem offiziellen Besuch eingetroffen, und ich rief die französische Botschaft nachts an) sowie in einer öffentlichen Erlärung. Später stellte sich heraus, daß die Berichte von einer einzigen Person stammten, die sich, milde ausgedrückt, nicht völlig verantwortungsbewußt verhielt. Dies war einer von mehreren ärgerlichen Fehlern, die mir in den letzten Jahren unterlaufen sind. Zumindest hätte ich auf die Nennung konkreter Zahlen verzichten sollen.

In den ersten Dezembertagen reiste M. S. Gorbatschow in die USA. Er hielt vor der UN-Generalversammlung eine große Rede, in der er den Entschluß der sowjetischen Regierung bekanntgab, ihre Streitkräfte um zehn Prozent zu verringern und einen Teil der Truppen aus Osteuropa abzuziehen. Dies war eine ungeheuer wichtige Erklärung und ein Akt von staatsmännischer Kühnheit. Trotzdem glaube und behaupte ich weiterhin, daß eine noch viel stärkere Verringerung der Streitkräfte (mit unvergleichlich bedeutenderen innen- und außenpolitischen Konsequenzen) möglich wäre, eben um fünfzig Prozent, was nur durch eine Kürzung des Wehrdienstes erreicht werden kann. Heute, während ich diese Zeilen schreibe, wird bekanntgegeben, daß der Oberste Sowjet beschlossen hat, alle im letzten Jahr einberufenen Studenten des zweiten Studienjahres aus der Armee zu entlassen (in diesem Jahr wurden sie bereits nicht mehr einberufen). Dies ist eine wunderbare Nachricht. Zu denen, die man entlassen wird, gehört auch mein Neffe Wanja Rekubratskij, Maschas Sohn.

Am 7. Dezember, während Gorbatschow noch in den USA weilte, ereignete sich das tragische Erdbeben in Armenien – eine Katastrophe, die eine enorme Zahl von Menschenleben kostete und ungeheure Schäden anrichtete. Gorbatschow brach seinen Besuch ab und flog sofort von Moskau aus an den Ort des Geschehens.

Am 8. Dezember sollte ich auf Einladung Mitterrands zu einem feierlichen Empfang nach Paris fliegen, der dem vierzigsten Jahrestag der Allgemeinen Deklaration der Menschenrechte durch die Vereinten Nationen gewidmet war. Nachdem Ljusja mich am Vortag telefonisch über das Erdbeben unterrichtet hatte, schrieb ich einen Aufruf zu internationalen

Hilfeleistungen für Armenien, den ich den Reportern in den Flughäfen übergab und auf Pressekonferenzen verlas. Am Morgen des 9. Dezember traf ich in Paris ein.

Auf einer Pressekonferenz in der sowjetischen Botschaft erklärte ich, der Westen müsse *mit offenen Augen* mit der Sowjetunion zusammenarbeiten, um die Perestroika zu fördern und die neuen Kräfte zu unterstützen. Danach sagte Burlazkij – es sollte wie ein Resümee meiner Worte klingen –, der Westen habe die Perestroika mit allen Mitteln und *bedingungslos* zu unterstützen. Mir blieb nichts anderes übrig, als ihn zu unterbrechen und zu betonen, daß der Sinn meiner Erklärung genau entgegengesetzt gewesen sei: Es dürfe keine (langfristige) *bedingungslose* Unterstützung geben, sondern nur eine Politik, die keinen Zweifel daran lasse, daß eine Abkehr von der Perestroika das Ende der Zusammenarbeit des Westens mit unserem Land bedeute.

Am nächsten Tag hatten wir ein gedrängtes offizielles Programm. Ljusja und ich führten aufschlußreiche, inoffizielle Gespräche mit dem Ministerpräsidenten und dem Präsidenten von Frankreich. Man erklärte uns, wir seien Gäste der Republik, weshalb die Marseillaise gespielt und eine prächtige Zeremonie abgehalten wurde. Es war schwierig, eine hinreichend bedeutungsvolle Miene aufzusetzen, während wir durch zwei Reihen von Gardisten in Paradeuniform geführt wurden, die ihre Schwerter gezogen und zu unseren Füßen gesenkt hatten.

Die Hauptthemen der Gespräche waren die Tragödie in Armenien und die Notwendigkeit internationaler Hilfe, das Problem von Nagornyj Karabach sowie das Schicksal der Kurden im Irak. Wir hielten es für unerläßlich, die letztgenannte Frage zu erörtern, da wir wußten, daß der Irak einen Teil seiner Streitkräfte, die nach dem Waffenstillstand im iranisch-irakischen Krieg freigesetzt worden waren, gegen die Kurden ins Gefecht schickte. Besondere Sorgen machte uns die Mitteilung, daß man mit Giftgas gegen kurdische Dörfer vorgegangen sei. Wir sprachen über das Kurdenproblem in Frankreich, wobei zu berücksichtigen war, daß das Land enge Beziehungen zum Irak unterhält. Ministerpräsident Rocard und Präsident Mitterrand bestätigten, daß die französische Regierung beunruhigt über die Ereignisse im irakischen Kurdistan sei. Allerdings brachte Rocard Zweifel am Wahrheitsgehalt der Berichte über den Einsatz von Giftgas zum Ausdruck (im Unterschied zu Mitterrand). Es handle sich um ein heikles Problem, das komplizierte internationale Beziehungen und Interessen berühre. Der Führer der irakischen Kurden, Masoud Barzani (der Sohn des berühmten ehemaligen Kurdenführers), habe während des Krieges angeblich mit dem Iran kollaboriert. Rocard und Mitterrand versicherten uns, daß die Frage für sie vorrangig sei und man bereits beschlossen habe, die Militärhilfe an den Irak einzustellen. Was andere Sanktionen betreffe, so sei dies eine komplizierte Angelegenheit, deren indirekte Folgen berücksichtigt werden müßten.

Die Gespräche wurden während des Mittagessens bei Mitterrand und während des Diners nach der feierlichen Begrüßungszeremonie fortgesetzt. Beim Diner saß ich neben Madame Mitterrand, die von ihren Hilfsplänen für die Erdbebenopfer und die Flüchtlinge des armenisch-aserbaidshanischen Konflikts berichtete. Ljusja saß zwischen Mitterrand und UN-Generalsekretär Pérez de Cuéllar. Sie versuchte, die Gelegenheit zu nutzen, um dem Generalsekretär die armenisch-aserbaidshanischen Probleme zu erklären. Die Dolmetscherin war in meiner Nähe, so daß Ljusja sich bemühen mußte, englisch zu sprechen (sie erzählte mir später, daß sie nach diesen eineinhalb Stunden völlig erschöpft gewesen sei). Am Ende des Diners kamen Pérez de Cuéllar und Ljusja an unseren Tisch, und der UN-Generalsekretär sagte, er hätte Gorbatschow bei ihrer Begegnung in New York präzisere Fragen stellen können, wenn er damals bereits von Ljusja über die armenischen Probleme informiert gewesen wäre. Später äußerte Aljoscha einige Zweifel an der Unwissenheit des Generalsekretärs, da ihm armenische Organisationen in den USA kurz vor dem Treffen mit Gorbatschow Material über Nagornyj Karabach geschickt hätten.

Vor Ljusjas Ankunft besichtigte ich mit Ed und Jill Kline sowie mit den mir zugewiesenen französischen Sicherheitsbeamten unter anderem Notre Dame, diese erstaunliche Schöpfung der menschlichen Hand und des menschlichen Geistes. Man kann sich gut vorstellen, was ein Mensch des 12. oder 13. Jahrhunderts empfand, wenn er diese hochragenden Gewölbe betrat, die sich so sehr von seiner alltäglichen Umgebung unterschieden. Natürlich hatten wir alle in unserer Kindheit Victor Hugo gelesen, und die Bilder seines Buches leben in unserer Phantasie weiter.

Am 11. Dezember setzten Ljusja und ich die Besichtigung fort. Ljusja hatte im Jahre 1968 rund einen Monat in Paris verbracht und war völlig frei in ihren Entscheidungen gewesen. Nun jedoch waren wir von den Sicherheitsvorkehrungen nahezu gefesselt. Immerhin stiegen wir zu Montmartre hinauf, schauten uns Sacre Cœur an und sahen die berühmten Straßenmaler. Wir wollten zur Place Pigalle hinuntergehen und dort Lurexstrümpfe für unsere modebewußten Mädchen in Moskau kaufen, doch die Sicherheitsbeamten ließen es nicht zu, da sie Angst vor der Menschenmenge und etwaigen Verbrechern hatten.

Wir kauften die Strümpfe schließlich in einem unglaublich teuren Geschäft. Während wir durch eine Straße mit Sexläden und Kinos fuhren, die Filme entsprechenden Inhalts zeigen, entdeckten wir plötzlich ein vertrautes Paar, das friedlich spazierenging: Es waren Bulat Okudshawa und seine Frau. Daß wir nach Paris hatten reisen müssen, um ihnen wieder zu begegnen ...

Wir aßen in einem italienischen Restaurant Mittag, gemeinsam mit Irina Alberti, der Chefredakteurin der Zeitung *Russkaja Mysl*, und Cornelia Gerstenmaier, die extra aus der Bundesrepublik Deutschland angereist war. Übrigens stellten wir fest, daß die Preise in Frankreich im allgemeinen höher waren als in den USA, was nicht durch höhere Gehälter ausgeglichen wurde. Damals herrschten überall in Paris gewaltige Verkehrsstaus. Das Metro-Personal streikte, so daß viel mehr Menschen Autos benutzen mußten. Uns half eine Polizeieskorte aus kühnen Motorradfahrern, die mit Signalstäben ausgerüstet waren und sich mit hoher Geschwindigkeit zwischen den Autos hindurchlavierten, wobei ihre Maschinen um mehr als fünfundvierzig Grad geneigt waren.

Am Abend trafen wir mit uns befreundete französische Wissenschaftler (hauptsächlich Mathematiker und Physiker). Zu dieser Begegnung, die in der Wohnung eines der Wissenschaftler stattfand, kam auch Jurij Orlow. Die Franzosen hatten uns in unseren schwierigen Jahren wahrscheinlich mehr als alle anderen geholfen, und dafür bin ich ihnen zutiefst dankbar. Die Wohnung des Wissenschaftlers befand sich in der fünften oder sechsten Etage eines alten Pariser Hauses, und es war schön, unter Freunden zu sein. Wir führten ein interessantes Gespräch »über das Leben«, das heißt über die Lage in der Sowjetunion und »über die Zukunft«. Als wir am späten Abend auseinandergingen, sagte Jurij Orlow: »Ich bin froh, daß meine Vorstellungen sich noch nicht ganz von der Realität gelöst haben.«

In jenen Tagen trafen wir uns auch mit Wladimir Maximow. Das Gespräch wandte sich Gorbatschow zu, und Wladimir sagte: »Das KGB hat ihn ›ausgerechnet‹, seine positiven und seine negativen Eigenschaften gegeneinander abgewogen. Nun hat Gorbatschow keine Alternative mehr, und wir müssen dies berücksichtigen.«

Außerdem trafen wir mit Lech Walesa, mit dem französischen Staatssekretär für humanitäre Angelegenheiten und mit Garry Kasparow zusammen.

Am 13. Dezember flogen wir zurück in die UdSSR. In Moskau kam eine Gruppe von Wissenschaftlern mit einem Entwurf für die Lösung des armenisch-aserbaidshanischen Konflikts zu uns. Das mag übertrieben klingen, aber sie hatten wirklich interessante, wenn auch nicht unanfechtbare Ideen. Alle drei – einer von ihnen hieß Andrej Subow – arbeiteten am Institut für Orientalistik. Sie wurden von der uns bekannten Galina Wassiljewna Starowojtowa begleitet, einer Mitarbeiterin des Instituts für Ethnographie, die sich seit langem mit Nationalitätenproblemen beschäftigt. Subow entrollte eine Karte und legte die Grundzüge des Plans dar. Der erste Schritt war die Durchführung eines Referendums in aserbaidshanischen Gebieten mit hohem armenischen Bevölkerungsanteil und in armenischen Gebieten mit hohem aserbaidshanischen Bevölkerungsanteil. Das Referendum würde die Frage betreffen, ob diese Gebiete der jeweils anderen Republik unterstellt werden oder im Bereich der bisherigen Verwaltung bleiben sollten. Die Verfasser des Entwurfs vermuteten, daß annähernd gleiche Territorien mit annähernd gleicher Bevölkerung von Armenien an Aserbaidshan und umgekehrt übergehen würden. Zudem meinten sie, daß allein die Bekanntgabe des Projekts und die Erörterung der Einzelheiten die Menschen von der Konfrontation zum Dialog hinlenken könnten, so daß die Bedingungen für einen friedlicheren Umgang der Republiken miteinander geschaffen werden würden.

Allerdings meinten sie, daß die Stationierung von Spezialtruppen in den Krisenzonen während einer Übergangszeit notwendig sei, um Gewaltausbrüche zu verhindern. Insbesondere würde das Gebiet Nagornyj Karabach von Aserbaidshan an Armenien übergehen – mit Ausnahme des von Aserbaidshanern besiedelten Bezirks Schuscha und des hauptsächlich von Armeniern bewohnten Bezirks Schaumjanowsk.

Das Projekt schien mir einer Erörterung wert zu sein. Am nächsten Tag rief ich A. N. Jakowlew an und bat ihn um eine Gelegenheit zur Diskussion des Entwurfs. Unser Gespräch fand bereits ein paar Stunden später in Jakowlews Arbeitszimmer statt. Ich hatte am Vorabend ein kurzes Resümee des recht wortreichen und allzu wissenschaftlichen Textes angefertigt. Dieses Resümee übergab ich Jakowlew zur Lektüre.

Er meinte, das Dokument sei eine interessante Diskussionsvorlage, doch es müsse unter den gegenwärtigen gespannten nationalen Beziehungen als unrealisierbar betrachtet werden. »Es wäre nützlich, wenn sie selbst nach Baku und Jerewan reisen und sich an Ort und Stelle von der Situation überzeugen könnten ...«

In diesem Moment klingelte das Telefon. Jakowlew nahm den Hörer ab und bat mich, ins Vorzimmer hinauszugehen. Zehn oder fünfzehn Minuten später trat ich wieder in sein Büro ein und erfuhr, daß er mit Gorbatschow gesprochen hatte, der jegliche territorialen Änderungen ebenfalls für unmöglich halte. Michail Sergejewitsch habe – unabhängig von Jakowlew – den Gedanken geäußert, daß ich nach Baku und Jerewan reisen sollte. »Sie könnten jemanden von Ihrer Volkstribüne [Jakowlew entstellte die Bezeichnung der Gruppe ganz bewußt] und einen der Verfasser des Entwurfs mitnehmen.«

Ich erwiderte, daß meine Frau der Delegation angehören sollte und daß ich die anderen Namen mit ihm absprechen würde. Wenn man uns Reisedokumente ausstellte, könnten wir sehr bald aufbrechen.

»Natürlich, natürlich. Übrigens ersehe ich aus dem Zusatz über das Karabach-Komitee, daß Sie das Resümee geschrieben haben.«

»Ja.«

Dieser Zusatz betraf die Mitglieder des Karabach-Komitees, die man in Armenien verhaftet hatte. Das Komitee war in Jerewan gegründet worden, um die Forderungen der Armenier von Nagornyj Karabach zu unterstützen, und es hatte enormen Einfluß in der Republik gewonnen. Es hielt gewaltige Kundgebungen ab, und als die einseitige, proaserbaidshanische Haltung der Moskauer Behörden deutlich wurde, beteiligte es sich an der Organisation von Streiks. Im November, als die Vertreibung von Aserbaidshanern aus Armenien – infolge der Aktionen Aserbaidshans – begann, hielt das Karabach-Komitee die Menschen von Exzessen ab; wenn seine Vertreter rechtzeitig an Ort und Stelle erschienen, wurde niemand geschlagen oder getötet. In den ersten Stunden und Tagen nach dem Erdbeben, als allgemeine Verwirrung herrschte, organisierte das Komitee Rettungsarbeiten und Hilfe für die Opfer. Und es war allein das Komitee, das die Landgebiete nicht vergaß und auch dort Hilfe leistete.

Folgender Bericht eines meiner Kollegen ist charakteristisch: Sein Sohn, ein Student, bemühte sich zusammen mit zahlreichen Freunden in den ersten Stunden nach der Tragödie, nach Armenien vorzudringen, um an den Rettungsarbeiten teilzunehmen, doch man beschied ihn, daß dort ohnehin bereits zu viele Menschen seien (das gleiche ereignete sich in Charkow, Kiew und anderen Städten). Sie nahmen Kontakt mit den Komiteemitgliedern in Moskau auf und erhielten nun endlich die Möglichkeit, Hilfe zu leisten. Der Sohn meines Kollegen wirkte persönlich an der Rettung von drei Verschütteten in Spitak mit; alle Teilnehmer an den Rettungsarbeiten erklärten bitter, daß Tausende von Menschen hätten gerettet werden können, wenn die Hilfsaktionen früher und effektiver organisiert worden wären.

Gorbatschow mußte sich auf seiner Reise in das Katastrophengebiet viele Vorwürfe von den unglücklichen, zu äußerster Verzweiflung getriebenen Menschen anhören, die nichts mehr zu verlieren hatten. Möglicherweise dachte er, daß die Tragödie das Karabach-Problem von der Bildfläche verschwinden lassen würde, aber dies war natürlich nicht der Fall. Leider war Gorbatschows Reaktion unter diesen tragischen Umständen allzu gereizt und ohne Verständnis für die Schwierigkeit der Situation. Er ließ sich verärgert über irgendwelche bärtigen Männer aus und bedachte nicht, daß ein Bart in Armenien ein Zeichen der Trauer ist. Sobald er abgereist war, wurden die Mitglieder des Karabach-Komitees verhaftet. Dies geschah am 10. Dezember im Haus der Schriftsteller Armeniens, wo man gerade Vorbereitungen traf, um Päckchen in die Dörfer des Katastrophengebietes zu schicken. Die Verhaftung der Mitglieder des Karabach-Komitees löste in ganz Armenien gewaltige Empörung aus (sogar bei denen, die das Programm des Komitees ablehnten). Danach wurde die »Moskauer Tribüne« sehr aktiv. Zunächst hieß es in den Zeitungen, daß die Komiteemitglieder verhaftet worden seien, weil ihre Tätigkeit die Rettungsarbeiten gestört habe. Später war von diesem Argument nicht mehr die Rede, aber man fand andere Gründe.

In meinem Gespräch mit Jakowlew versuchte ich zu beweisen, daß die Freilassung der Komiteemitglieder unerläßlich sei, um die Menschen in Armenien (soweit überhaupt möglich) zu beruhigen. Er antwortete, dies sei eine Sache der Rechtsorgane, und niemand könne sich einmischen. Ich kam auf die Gesetze über Kundgebungen und Demonstrationen und die Vollmachten der Spezialtruppen zu sprechen. Er bemühte sich, diese Gesetze zu rechtfertigen. Besonders interessant war Jakowlews Reaktion auf meine Frage nach Verfassungsänderungen und nach dem neuen Wahlgesetz: »Was soll die Eile?«

Die »Moskauer Tribüne« hatte vier Fragen formuliert und schlug vor, aus diesem Anlaß ein Referendum abzuhalten. Jakowlew rief aus: »Wir können keine Zeit auf ein Referendum verschwenden. Wenn wir uns nicht beeilen, *wird man uns zermalmen*!« Er erklärte nicht, wer dies tun könne, doch anscheinend meinte er die rechtsgerichteten Gegner der Perestroika und Gorbatschows. Er setzte hinzu, er habe zunächst Einwände gegen ein paar Details im Entwurf der Verfassungsänderung und des Wahlgesetzes gehabt, sei dann jedoch zu dem Schluß gekommen, daß der von Gorbatschow vorgeschlagene Weg unter den konkreten Umständen der Gefahr von rechts und der unzureichenden politischen Erfahrung mit demokratischen Wahlen der einzig mögliche sei. In Zukunft werde jedoch unzweifelhaft vieles geändert werden müssen – das sei schließlich nicht verboten. Insbesondere erwähnte er ein Zwei-Kammer-System und die Direktwahl des Präsidenten nach dem Prinzip »Eine Person, eine Stimme«. Zum Abschluß des Gesprächs gab Jakowlew mir eine Kopie seiner Rede in Perm, die er ein paar Tage zuvor gehalten hatte und die noch nicht von der zentralen Presse veröffentlicht worden war. Offenbar wollte er mir zu verstehen geben, daß niemand in der obersten Führung sich stärker für die Perestroika einsetzte als er.

Die Gruppe, die nach Aserbaidshan und Armenien reisen sollte, bestand aus Andrej Subow, Galina Starowojtowa und Leonid Batkin von der »Moskauer Tribüne«, Ljusja und mir selbst. Das Treffen mit Jakowlew hatte am Montag stattgefunden. Am Dienstag erhielten wir unsere Reisedokumente und die Flugkarten im ZK-Büro und flogen bereits am selben Abend nach Baku ab. Am Flughafen von Baku wurden wir vom Präsidenten der Akademie von Aserbaidshan und einem seiner Vizepräsidenten (dem Direktor des Physikalischen Instituts, wenn ich mich recht erinnere) empfangen. Sowohl in Armenien als auch in Aserbaidshan behandelte man mich infolge eines Anrufs aus dem Zentralkomitee als einen offiziellen Gast der Akademie, wobei mir vielleicht zuviel Ehre erwiesen wurde. Ein Vertreter der Militärkommandantur stellte uns Passierscheine aus, damit wir uns nachts auch nach der Sperrstunde, die während der Kundgebungen und Unruhen im November verhängt worden war, frei bewegen konnten. An diesem Abend war die Sperrstunde bereits angebrochen. Während wir mit zwei Autos in die Stadt fuhren, sagte unser Begleiter, der Direktor des Physikalischen Instituts: »Neun Monate lang war bei uns alles ruhig. Aber letzten Endes hielten wir es nicht mehr aus, im November verschärfte sich die Situation, und wir mußten den Notstand und eine Sperrstunde ausrufen. Die Bezirke mit armenischer Bevölkerung werden besonders sorgfältig überwacht.«

Auf der Fahrt zum Hotel wurden wir mehr als ein dutzendmal von Patrouillen angehalten. Die Straßensperren bestanden aus jeweils zwei Panzern oder Panzerfahrzeugen, die fünf bis zehn Meter voneinander entfernt standen; zu jeder Sperre gehörten eine Gruppe von Soldaten mit Maschinenpistolen und mehrere Offiziere (alle trugen Helme und kugelsichere Westen). Die Offiziere traten auf uns zu, musterten unsere Passierscheine sehr gründlich und winkten uns durch. Die Soldaten standen schweigend dabei. Sie alle hatten erschöpfte russische Gesichter –

es war seltsam, hier so viele blonde Burschen aus Zentralrußland zu sehen.

Man brachte uns in einem großen, offensichtlich für privilegierte Gäste bestimmten Hotel unter (es war nahezu leer). Wir aßen in einem gerade renovierten, vor Gold funkelnden Speisesaal zu Abend (dort nahmen wir auch alle folgenden Mahlzeiten ein, sämtlich auf Kosten der Akademie). Am nächsten Tag trafen wir mit Vertretern der Akademie, der Wissenschaft und der Intelligenzija zusammen. Dieses Treffen machte auf uns einen deprimierenden Eindruck. Ein Akademiemitglied oder Schriftsteller nach dem anderen sprach wortreich – bald sentimental, bald aggressiv – über die Völkerfreundschaft und ihren Wert. In Nagornyj Karabach gebe es überhaupt kein Problem, das Territorium habe von alters her zu Aserbaidshan gehört; Aganbegjan und Balajan hätten sich ein »Problem« ausgedacht, das von Extremisten aufgegriffen worden sei. Nun, nach den Sitzungen des Präsidiums des Obersten Sowjets vom Juli, seien alle früheren Fehler korrigiert worden, und um völlige Ruhe herzustellen, brauche man nur Pogosjan (den neuen ersten Sekretär des Gebietskomitees der KPdSU von Nagornyj Karabach) zu inhaftieren.

Die Versammelten hatten keine Neigung, Batkin und Subow zuzuhören, die den Referendumsplan erläuterten, und unterbrachen sie ständig. Besonders angriffslustig war Akademiemitglied Bunijatow – sowohl in seiner eigenen Rede als auch während der Äußerungen von Batkin und Subow. (Bunijatow ist Historiker, Kriegsteilnehmer und Held der Sowjetunion; seine antiarmenischen, nationalistischen Statements sind bekannt; vor kurzem veröffentlichte er einen Artikel, in dem er Ljusja und mich scharf attackierte.) Er versuchte, die Ereignisse in Sumgait als Provokation von seiten armenischer Extremisten und Spekulanten hinzustellen, die es auf eine Zuspitzung der Situation abgeshen hätten. Auf demagogische Weise brachte er vor, daß ein Mann mit armenischem Familiennamen an den Greueltaten von Sumgait beteiligt gewesen sei. Während Batkin sprach, unterbrach Bunijatow ihn in grober und beleidigender Manier. Ich schaltete mich ein und verwies darauf, daß wir alle gleichberechtigte Mitglieder der Delegation seien, die das Zentralkomitee zur Diskussion und Untersuchung der Lage entsandt habe.

Ljusja unterstützte mich energisch. Bunijatow griff sie und Starowojtowa an und brüllte, daß es ihre Aufgabe sei, Protokoll zu führen: »Also sitzt still und schreibt, mischt euch nicht in das Gespräch ein!« Ljusja wurde wütend und antwortete ihm mit noch heftigeren Worten, etwa folgender Art: »Halt den Mund, ich habe Hunderte wie dich aus dem feindlichen Feuer herausgezogen.«

Bunijatow wurde blaß – eine Frau hatte ihn in aller Öffentlichkeit beleidigt. Ich weiß nicht, welche Möglichkeiten und Verpflichtungen ein Orientale in einem solchen Fall hat. Er wandte sich jäh um und verließ den Saal ohne ein Wort. Später, im Rauchzimmer, sagte er mit einem gewissen Respekt zu Ljusja: »Du magst Armenierin sein, aber du mußt begreifen, daß du unrecht hast.« Ein solches Publikum konnte Subows Vorschlag natürlich nicht wohlwollend aufnehmen; man weigerte sich einfach, die Existenz des Problems anzuerkennen.

Am selben Tag hatten wir eine nicht weniger spannungsgeladene Begegnung mit aserbaidshanischen Flüchtlingen aus Armenien. Man brachte uns in einen großen Saal, in dem mehrere hundert Aserbaidshaner – Männer und Frauen von bäuerlicher Erscheinung – saßen. Die Redner waren zweifellos vorher ausgewählt worden. Sie berichteten einer nach dem anderen über die Schrecken und Grausamkeiten, die sie während der Vertreibung durchgemacht hätten, über die Ermordung von Erwachsenen und Kindern, über Brandschatzung und Plünderei. Einige äußerten sich so hysterisch, daß eine gefährliche Unruhe im Saal entstand. Ich erinnere mich an eine junge Frau, die schrie, daß die Armenier Kinder in Stücke geschnitten hätten, und die mit dem triumphierenden Ruf endete: »Allah hat sie gestraft!« Sie meinte das Erdbeben! Wir wußten, daß die Nachricht von dem Erdbeben bei vielen in Aserbaidshan Jubel ausgelöst hatte; angeblich hatte man auf der Apscheron-Halbinsel sogar ein Freudenfest gefeiert.

Wir baten die Redner, nur das wiederzugeben, was sie persönlich erlebt hatten, aber es war sinnlos, und die Atmosphäre heizte sich noch weiter an. Wir bemühten uns um einen Dialog und fragten: »Gibt es irgend jemanden unter euch, der zurückkehren möchte?« Die Antwort war ein einmütiges Nein. Danach fragten wir alle Redner in diesem und in einem kleineren Saal, in den wir kurz darauf überwechseln mußten: »Was wollt ihr nun, welche Schwierigkeiten habt ihr?« Typische Antworten lauteten: Entschädigung für das verlorene Eigentum, für ein Haus; Hilfe bei der Neuausstellung von Dokumenten, die man nicht hatte mitnehmen können oder die bei der Vertreibung verlorengegangen waren; Hilfe bei der Wohnungs- und Arbeitssuche, bei der Suche nach Verwandten. Ein bejahrter Milizionär bat um Hilfe bei der Erlangung einer Pension für seine fünfunddreißig Arbeitsjahre in Armenien (seinen Worten zufolge hatte man versucht, auch ihn zu ermorden). Sehr viele sprachen davon, daß die örtlichen armenischen Behörden – die Miliz und die Partei – an den Vertreibungen, den Brutalitäten und Drohungen beteiligt gewesen seien. Insgesamt hatten wir trotz der offensichtlichen Fingiertheit vieler Erzählungen den klaren Eindruck einer Massenkatastrophe.

Am selben Tag wurden wir von Generalleutnant Tjagunow, dem Militärbefehlshaber von Baku, empfangen. Tjagunow selbst hatte weniger als eine halbe Stunde für uns Zeit (wovon er einen großen Teil für Komplimente an Galina verwandte); danach sprachen wir weitere dreißig Minuten lang mit seinem politischen Stellvertreter. Vor der Ausrufung des Kriegsrechts hatte es in Baku und an anderen Orten der Republik zahlreiche Ausschreitungen gegeben. Man nannte uns Beispiele von Gewalttaten gegen Armenier und von Brutalitäten der anderen Seite (laut Flüchtlingsberichten). Nun sei es in Baku mehr oder weniger ruhig, aber man habe viel Arbeit, und es widerstrebe den Offizieren und Soldaten, ständig in Alarmbereitschft schlafen zu müssen. Sehr gespannt sei die Lage während der Demonstrationen gewesen, an denen bis zu 500 000 Menschen teilgenommen hätten. Die Parolen auf den Kundgebungen seien antiarmenischer und nationalistischer Art gewesen, doch man habe auch grüne moslemische Fahnen, panislamische Parolen und ein paar Porträts von Chomaini gesehen. Man zeigte uns ein rotes Pioniertuch, das in ein Kopftuch mit einem darauf eingestickten Bild Chomainis verwandelt worden war.

Am Abend wurden wir im Hotel von zwei Aserbaidshanern aufgesucht, die man uns als Vertreter des progressiven Flügels der aserbaidshanischen Intelligenzija (die sich auf der morgendlichen Versammlung nicht habe äußern können) und als künftige Parteiführer der Republik vorstellte. Unsere Besucher sprachen begeistert von den Novemberkundgebungen, über deren hohe Organisiertheit und Volksnähe, über den nationalen Aufschwung. Die Kundgebungsteilnehmer seien von zwei Ketten umringt worden: einer inneren aus Afghanistan-Veteranen in voller Paradeuniform und mit ordensgeschmückter Brust und von einer äußeren aus Milizionären. Es habe mehrere Durchgänge für die Menschen gegeben. Hier und dort habe man auf dem Platz Hammel nach schiitischem Ritus geschlachtet, Feuer angezündet und Pilau gekocht. Die Parolen seien hauptsächlich progressiver Art gewesen: gegen Korruption und gegen die Mafia, für soziale Gerechtigkeit. Die persönliche Einstellung unserer Besucher zu den akuten nationalen Fragen unterschied sich von Bunijatows Position, doch nicht so grundlegend, wie wir es uns gewünscht hätten. Auch sie betrachteten Nagornyj Karabach als ein ureigenes aserbaidshanisches Gebiet, und sie sprachen enthusiastisch von den Mädchen, die sich mit dem Ruf »Wir sterben, bevor wir Karabach aufgeben!« vor die Panzer geworfen hätten.

Am nächsten Tag hatte man ein Treffen mit Wesirow, dem Ersten Sekretär des Republik-Komitees der KPdSU, für uns vorbereitet. Wesirow ließ uns kaum zu Wort kommen. Es war eine Darbietung orientalischen Stils: Er schauspielerte, änderte seinen Tonfall und seine Mimik, gestikulierte. Der Kern seiner Rede war, daß er sich ungeheure Mühe gebe, die Beziehungen zwischen den Republiken zu stärken, und daß er in der kurzen Zeit, die er auf seinem Posten sei, bereits große Erfolge erzielt habe. Die Mehrheit der Flüchtlinge – Armenier wie Aserbaidshaner – wolle zurückkehren. (Dies widersprach allem, was wir von den Aserbaidshanern gehört hatten und kurz darauf von Armeniern hören sollten. In Wirklichkeit sind die Probleme der unzulässigen Zwangsrückkehr der Flüchtlinge, der Arbeits- und Wohnungsbeschaffung heute, im Juli 1989, noch genauso akut.) Wir fragten Wesirow nach seiner Meinung zu unserem Projekt. Zunächst reagierte er negativ: »Es gibt keine Probleme, alles ist entschieden, die Fehler werden korrigiert.« Doch dann schien er es sich anders zu überlegen und rief: »Ob es ein Projekt gibt oder tausend – wir werden alle prüfen.«

Gegen Ende des Gesprächs sagte Ljusja: »Die Armenier, die Sie als Ihre Freunde bezeichnen, machen eine nationale Tragödie durch. Tausende von Menschen haben ihre Angehörigen und alles Lebensnotwendige verloren. Sogar die Existenz der Nation ist bedroht. Orientalische Menschen sind für ihre Großzügigkeit und ihren Edelmut berühmt. Also machen Sie einen großzügigen Schritt: Geben Sie ihnen Nagornyj Karabach als Geschenk für einen Freund in der Not. Die ganze Welt wird begeistert sein, man wird diese Tat viele Generationen lang nicht vergessen!«

Wesirows Miene wurde kalt und distanziert. Er zischte: »Land wird nicht verschenkt, sondern erobert.«

Wir baten Wesirow, ein Treffen mit dem Arbeiter Pulatow, einem der Führer der Kundgebungen, für uns zu arrangieren. Pulatow war verhaftet worden und befand sich weiterhin in Gewahrsam. Wesirow antwortete, unser Ansinnen liege außerhalb seiner Kompetenz. Daneben baten wir ihn, Nagornyj Karabach sofort besuchen und dann nach Armenien fliegen zu dürfen. Er erwiderte, daß ein Flug von Baku nach Nagornyj Karabach nicht wünschenswert sei; es empfehle sich, aus Jerewan anzureisen.

Wesirow ließ uns Flugkarten besorgen, und kurz darauf trafen wir in Jerewan ein. Offiziell hatten wir ein ähnliches Programm wie in Aserbaidshan (Akademie, Flüchtlinge, Erster Sekretär), aber das gesamte Leben in Jerewan war von der schrecklichen Katastrophe überschattet. Bereits im Hotel waren nur Menschen untergebracht, die direkt oder indirekt mit dem Erdbeben zu tun gehabt hatten. Ministerpräsident Ryschkow war am Vortag abgereist; er hatte die Regierungskommission geleitet und einen guten Eindruck hinterlassen. Trotzdem merkten wir bald, daß unmittelbar nach dem Erdbeben viele organisatorische und sonstige Fehler gemacht worden waren. Natürlich war Ryschkow nicht allein an allem schuld. Eines der Probleme, denen ich mich widmen mußte, betraf das armenische Atomkraftwerk. Dieses Problem war technischer, seismologischer und wirtschaftlicher Art, denn das Kraftwerk spielte leider eine wichtige Rolle für die Energiewirtschaft der Republik und ihren Energietransfer an das benachbarte Georgien. Hinzu kam, daß das armenische Volk sich in einem Schockzustand – fast einer Massenpsychose – befand, der von der Erdbebenkatastrophe im Verein mit den vorhergehenden dramatischen Ereignissen herrührte. Die Furcht vor einem Unfall in dem Atomkraftwerk verstärkte die Spannung – es war unbedingt notwendig, sie zu mildern.

Im Hotelfoyer begegneten wir Kejlis-borok, den ich bereits von Diskussionen über die Möglichkeit der Auslösung eines Erdbebens mit Hilfe einer unterirdischen Kernexplosion kannte (zwei Monate zuvor hatte ich an einer Konferenz in Leningrad teilgenommen, wo diese Frage erörtert wurde); ohnehin hatte ich von ihm gehört, weil er mit den Eltern von Aljoschas erster Frau zusammenarbeitete. Kejlis-borok war in Eile, doch er erklärte mir in kurzen Zügen die seismologische Situation im nördlichen Armenien, wo zwei breite Bruchlinien verlaufen, an deren Schnittpunkt Spitak liegt, und im südlichen Armenien, wo eine weitere Bruchlinie in der Nähe des armenischen Atomkraftwerks und der Stadt Jerewan verläuft. Man muß wirklich verrückt sein, um an einer solche Stelle ein Kernkraftwerk zu bauen! Und dies ist keineswegs die einzige Wahnsinnstat der für Tschernobyl verantwortlichen Behörde. Auch die Frage der Errichtung eines Kernkraftwerks auf der Krim ist noch nicht entschieden.

Im Büro Ambarzumjans, des Präsidenten der armenischen Akademie der Wissenschaften, wurde das Gespräch in Anwesenheit Welichows und des Akademiemitglieds Lawerow fortgesetzt. Auch Ljusja war dabei.

Welichow sagte: »Wenn die Arbeit des Atomkraftwerks eingestellt wird, muß das Elektrizitätswerk in Rasdan die Hauptaufgabe übernehmen. Aber das ist ebenfalls eine seismische Krisenzone, und das Werk könnte ebenfalls durch ein Erdbeben außer Betrieb gesetzt werden.«

»Wie lange würde es in diesem Fall dauern, die stillgelegten Reaktoren des Kernkraftwerks von neuem in Betrieb zu nehmen?« fragte Ljusja.

Welichow und Lawerow blickten sie an, als habe sie den Verstand verloren. Doch ihre Frage war nicht unbegründet, denn in extremen Situationen muß bis an die Grenze des Möglichen gegangen werden, das war Ljusjas Erfahrung.

Bei dem Treffen in der Akademie fand Subows Projekt kaum Zuspruch. Schon der Vorschlag, den Bezirk Schuscha (also den von Aserbeidshanern bewohnten Teil von Nagornyj Karabach) weiterhin Aserbeidshan zu überlassen, führte zu heftigen Protesten. Die Armenier erklärten, daß das Problem von Arzach (armenische Bezeichnung von Nagornyj Karabach) in der gegenwärtigen Situation nicht an Wichtigkeit verloren habe, und es sei völlig undenkbar, Aserbaidshan irgendwelche Territorien zu überlassen. Nur Akademiepräsident Ambarzumjan sprach von der Notwendigkeit, Kompromisse zu suchen. Alle beklagten sich über die empörende Verhaftung der Mitglieder des Karabach-Komitees; deren sofortige Freilassung könne die Spannung im Lande erheblich verringern. Silva Kaputikjan, eine armenische Dichterin und langjährige Bekannte Ljusjas, fand sehr überzeugende und bewegende Worte. Man ging auch auf die seismische Gefahr in Jerewan und die Notwendigkeit ein, das Kernkraftwerk zu schließen.

Am Ende der Versammlung wurde ich in ein Hinterzimmer geführt, wo ich mit R. Kasarjan, einem der aktiven Mitglieder des Karabach-Komitees, sprechen konnte. Er war am 10. Dezember zusammen mit den anderen verhaftet, doch dann mit der Auflage, im Lande zu bleiben, entlassen worden. Ein paar Tage nach unserer Unterhaltung verhaftete man ihn von neuem. Er schilderte mir die Haltung und die Arbeit des Komitees, besonders nach dem Erdbeben. Kasarjan äußerte zu den Anklagen gegen das Karabach-Komitee, es strebe die Machtergreifung und die Beseitigung der existierenden Regierungsorgane an: »Wer kann denn glauben, daß mir oder einem anderen, der eine interessante Arbeit hat und diese vorübergehend zum Nutzen der Nation aufgibt, je der Gedanke kommen könnte, nach der Macht zu streben?« Am Abend desselben Tages trafen sich Batkin und Starowojtowa mit den im Untergrund befindlichen Führern von Karabach. Das Ganze vollzog sich wie in einem Spionageroman: mit Parolen, Kennzeichen und Geheimpassagen. Ihre Eindrücke unterschieden sich nicht von denen, die ich aus meinem Gespräch mit Kasarjan gewonnen hatte, doch sie waren detaillierter.

Gleichzeitig trafen Subow, Ljusja und ich mit Flüchtlingen zusammen, die Entsetzliches erzählten. Am stärksten prägte sich mir der Bericht einer mit einem Armenier verheirateten Russin über die Ereignisse in Sumgait ein. Die Probleme der Flüchtlinge entsprachen denen der Aserbaidshaner: Ohne amtliche Anmeldung gab es keine Wohnung oder Arbeit; sie hatten ihre eigenen Wohnungen verlassen müssen, ihre Dokumente und ihren Besitz verloren. Vielleicht waren die Schwierigkeiten noch größer, weil gleichzeitig Flüchtlinge aus dem Kastastrophengebiet herbeistömten und weil sie in der Mehrheit Stadtbewohner waren. Keiner von ihnen wollte nach Aserbaidshan zurückkehren – schon der Gedanke, sich wieder in einer Atmosphäre des Hasses und der Gewalt, der Drohungen und der Gefahr für das Leben von Erwachsenen und Kindern aufzuhalten, war ihnen unerträglich.

Am folgenden Tag besuchte ich den Ersten Sekretär des Zentralkomitees von Armenien, Arutjunjan. Er war nicht bereit, auf unser Projekt einzugehen, sondern er sprach über die Flüchtlinge, über die angebliche Bereitschaft einiger, nach Aserbaidshan zurückzukehren (was ich bestritt), und darüber, wie mühsam es ist, das Leben in der Republik nach dem Erdbeben wieder zu ordnen. Arutjunjan erwähnte auch die Gewalttaten und Morde, die an Aserbaidshanern verübt worden waren; er nannte die Zahl von zwanzig oder zweiundzwanzig ermordeten Aserbaidshanern, acht Menschen (eine ganze Familie mit ihren Kindern) nicht mitgerechnet, die ohne warme Kleidung auf einem Gebirgspaß erfroren waren. All diese Exzesse hätten sich Ende November ereignet, als der Flüchtlingsstrom aus Aserbaidshan begann. Batalin, ein Mitglied der Regierungskommission, nahm an unserem Gespräch teil. Ich kam wiederum auf die Frage des Atomkraftwerks zu sprechen. Übrigens rief ich auch das Akademiemitglied A. P. Alexandrow in Moskau an und bat, bei der Entscheidung über das armenische Atomkraftwerk meine Meinung, daß es unbedingt geschlossen werden müsse, zu berücksichtigen.

Gegen Mittag flogen wir fünf nach Stepanokert. Dort stießen Jurij Rost (der Fotoreporter der *Literaturnaja gaseta*, zu dem wir gute Beziehungen hatten) und Sorij Balajan (ein Journalist und einer der ersten, die das Problem Nagornyj Karabach aufgeworfen hatten) zu uns.

In Stepanokert wurden wir bereits an der Gangway von Genrich Pogosjan empfangen, dem Ersten Sekretär des Gebietskomitees der KPdSU (er war derjenige, dessen Verhaftung die aserbaidshanischen Akademiemitglieder sich wünschten), einem mittelgroßen Mann mit sehr lebhaftem, gebräuntem Gesicht. Er fuhr mit uns zum Gebäude des Gebietskomitees, wo wir Arkadij Iwanowitsch Wolskij trafen, den damaligen

Bevollmächtigten des Zentralkomitees für Nagornyj Karabach (später, im Februar, wurde er Vorsitzender des Sonderverwaltungskomitees). Wolskij informierte uns über die Situation in Nagornyj Karabach. Er sagte unter anderem: »In den zwanziger Jahren wurden zwei große Fehler begangen: erstens, daß die autonomen Nationalgebiete Nachitschewan und Nagornyj Karabach gegründet, und zweitens, daß sie Aserbaidshan unterstellt wurden. Aus Nachitschewan stammte die Alijew-Mafia, die in Aserbaidshan an die Hebel der Macht gelangte. Und Nagornyj Karabach wurde für die dort lebenden Menschen zu einem unlösbaren Problem.«

Er berichtete uns von Zusammenstößen zwischen Aserbaidshanern und Armeniern, von der Blockade der armenischen Bezirke, von den Versorgungsschwierigkeiten (sogar die Wasserzufuhr war gesperrt, da sich die Quellen im aserbaidshanischen Bezirk Schuscha befinden), von der Verödung Schuschas, nachdem die Armenier – und damit ein großer Teil der Baumeister und Handwerker – vertrieben worden waren. (Zu Beginn des Jahrhunderts war Schuscha die drittwichtigste Stadt in Transkaukasien, während es heute nur noch ein abgelegenes Dorf ist.)

Wir trafen mit Vertretern der Armenier und der Aserbaidshaner in Stepanokert und in Schuscha zusammen. Diese Begegnungen hatte große Ähnlichkeit mit den entsprechenden Veranstaltungen in Jerewan und Baku. Bevor wir nach Schuscha aufbrachen, fragte Wolskij Ljusja und mich, ob wir vielleicht auf diese Fahrt verzichten wollten. Es sei »unruhig«. Natürlich lehnten wir diesen Vorschlag ab. Wolskij und wir saßen auf dem Rücksitz, und neben dem Chauffeur hatte ein bewaffneter Wächter Platz genommen. Batkin und Subow fuhren in einem zweiten Auto, ebenfalls mit einem bewaffneten Begleiter. Wolskij hatte sich geweigert, Starowojtowa und Balajan mitzunehmen, da sie zu »verrufen« seien.

Am Gebäude des Bezirkskomitees hatte sich bei unserer Ankunft eine Gruppe von erregten Aserbaidshanern versammelt. Wolskij stieg aus, sagte eine paar Worte und schaffte es, die Menschen zu beruhigen. Während des eigentlichen Treffens leitete Wolskij das Gespräch sehr geschickt und zügelte die Leidenschaften, indem er die Aserbaidshaner daran erinnerte, daß auch sie nicht ohne Schuld seien. Eine Armenierin war von Frauen mit Stöcken zu Tode geprügelt worden; eine andere furchtbare Geschichte handelte von zwölfjährigen Jungen, die einen armenischen Altersgenossen in einem Krankenhaus so lange mit elektrischen Stromstößen gequält hatten, bis dieser aus dem Fenster sprang.

Zu Beginn des Treffens hatte Ljusja erklärt: »Damit keine Unklarheit besteht, möchte ich sagen, wer ich bin. Ich bin die Frau des Akademiemitglieds Sacharow. Meine Mutter war Jüdin, mein Vater Armenier.« (Im Saal erhob sich Lärm; später sagte eine Aserbaidshanerin zu Ljusja: »Du bist eine mutige Frau.«) Ljusja kommentierte den Bericht über die Jungen: »Ich glaube, hier sind beide Seiten Opfer, derjenige, der gefoltert wurde, und diejenigen, die ihn folterten. Es ist gräßlich, daß der Nationalitätenhaß an die Kinder weitergegeben wird und ihre Seele verstümmelt.«

Wir machten einen Abstecher in den Bezirk Tonchana, wo die Armenier angeblich begonnen hatten, einen heiligen Hain zu zerstören und eine der Umwelt schädliche Fabrik zu bauen. Diese hetzerische Erfindung wurde von den aserbaidshanischen Zeitungen gedruckt und führte im Oktober und November zu einer neuen Verschärfung der aserbaidshanisch-armenischen Beziehungen. Wir sahen prächtige Hügel und rechts davon die Datschas führender Aserbaidshaner. Seit vielen Jahren hatten die »großen Tiere« (darunter auch Akademiemitglieder) hier ihren Urlaub verbracht. Dies also war der heilige Hain, den sie bis zum Tode verteidigen würden (natürlich nicht bis zu ihrem eigenen Tode). Direkt vor uns lag ein hoher Hügel – ohne jeden Hain –, auf dem eine Aufenthaltsstätte für die Kinder der Mitarbeiter einer kleinen Stanzfabrik, weit unten im Tal, gebaut werden sollte. Niemals war von dem Bau einer umweltschädigenden Fabrik oder von der Abholzung eines (gar nicht existierenden) Hains die Rede gewesen. Die Gebirgsluft und die herrliche Aussicht veranlaßten Ljusja zu dem Vorschlag, daß es viel vernünftiger sei, hier ein Allunions- oder internationales Zentrum für asthmatische Kinder, ein Rehabilitationszentrum für junge Erdbebenopfer und vielleicht auch eine Reihe von Sanatorien für Erwachsene zu bauen. Dies alles könnte mit Hilfe der internationalen Spenden, die Armenien so großzügig erteilt wurden, durchgeführt werden; es würde Arbeitsplätze für Armenier wie für Aserbaidshaner schaffen, die Wirtschaft des Bezirks ankurbeln und den nationalen Streit entschärfen.

Als wir uns von Wolskij verabschiedeten, wiederholte er, der einzige Ausweg bestehe darin, eine besondere Verwaltungsform einzuführen; zudem müsse man unbedingt die Mafia bekämpfen: »Die Mafia ist international. Ihre Angehörigen finden leicht eine gemeinsame Sprache.« (Er meinte die Armenier wie die Aserbaidshaner.) Die illegale Wirtschaft verfüge in Aserbaidshan über ein Kapital von 10 Milliarden, in Armenien über ein Kapital von 14 Milliarden Rubeln. Sein Assistent bemerkte (nachdem Wolskij bereits gegangen war), daß die Freilassung der Mitglieder des Karabach-Komitees seiner Ansicht nach dazu beitragen könnte, die Mafia aus der Partei- und Staatsstruktur Armeniens zu entfernen.

Am Abend desselben Tages kamen wir im Wohnheim einer Seidenweberei, wo man uns untergebracht hatte, mit den örtlichen Führern der Gruppe »Krunk« zusammen (dies ist das armenische Wort für Kranich, das Symbol des Strebens nach der Heimat. Das Karabach-Komitee in Armenien ist die Parallelorganisation zu Krunk in Nagornyj Karabach). Beim Abendessen äußerten sie große Sorge über den Plan zur Schaffung einer besonderen Verwaltungsform. Das Komitee wolle alle bestehenden Partei- und Staatsstrukturen auflösen, aber man wisse nicht, ob es dabei dem Druck Aserbaidshans gewachsen sein würde. Außerdem erklärten sie, daß die Abtrennung Schuschas von Nagornyj Karabach nicht in Frage komme.

Am Morgen flogen wir in das Katastrophengebiet. Zunächst hatten wir mit dem Flugzeug nach Leninakan fliegen und von dort mit dem Auto nach Spitak fahren wollen. Aber die Wetterverhältnisse ließen keine Landung in Leninakan zu, und wir mußten unsere Pläne ändern. Wir flogen weiter nach Jerewan und stiegen in einen Hubschrauber um, der uns ins Katastrophengebiet bringen sollte. Ljusja und ich saßen zum erstenmal in einer dieser erstaunlichen Maschinen, die aus einem Science-Fiction-Roman zu stammen scheinen. Aber dies war die Realität – und eine sehr tragische. Wir warteten fünfzehn bis zwanzig Minuten, während die Studenten, die freiwillig auf dem Flugplatz arbeiteten, den Hubschrauber mit Kisten beluden, die Lebensmittel und warme Kleidung enthielten. Dann nahmen wir Kurs auf Spitak und erreichten die Erdbebenzone fast unmerklich. Hier und dort zogen sich Streifen durch den Schnee, unter denen sich die Erdspalten verbargen. Einmal fiel mein Blick auf ein zerstörtes Dorf. Von oben wirkte es alltäglich und überhaupt nicht schrecklich – aber es war schrecklich: halb zerfallene Häuser und Wirtschaftsgebäude, sämtlich von frischem Schnee bedeckt, unter dem vereinzelte Balken wie Streichhölzer hervorragten. Menschen waren nirgends zu sehen.

Wir näherten uns Spitak und flogen einen Kreis. Unter mir lag das Gerippe eines Hochhauses, das während des Erdbebens eingestürzt war. Auf weiten Flächen stand kein einziges unversehrtes Haus; man sah nur die von Trümmern gefüllten Umrisse der Viertel. Die Straßen zwischen den Vierteln waren größtenteils intakt. An einigen Stellen machten sich Gruppen von Menschen an den Ruinen zu schaffen. Aber es waren nur wenige, die meisten Flächen unter uns schienen leer. Hier und da arbeiteten Kräne. Es war ein Bild des Todes und der Verwüstung. Der Hubschrauber drehte jäh ab und flog in Richtung des Dorfes, wo wir unsere Fracht abliefern sollten. Unweit der Stadt überflogen wir eine große Ortschaft, die völlig zerstört war. Balajan sagte: »Dies ist das Epizentrum des Erdbebens. Elf Punkte auf der Richter-Skala. Hier kamen zweieinhalbtausend Menschen um.«

Endlich waren wir am Ziel. Der Hubschrauber landete auf einem verschneiten Feld, etwa hundertfünfzig Meter von dem zerstörten Dorf entfernt. Wir erblickten Menschen, die winkend über das Feld liefen. Sie hatten den Hubschrauber offenbar schon bemerkt. An der Spitze liefen einige kräftig wirkende Männer. Die Hubschrauberbesatzung entlud die Kisten und stellte sie in den Schnee, während die Menschen – ungefähr vierzig Personen – dicht beieinander standen, die kräftigen Männer vorn. Wir sprachen mit mehreren Frauen. In ihrem Dorf waren fast alle Schulkinder umgekommen (das Erdbeben ereignete sich fünf Minuten vor dem Pausenzeichen). In den Häusern könne man nicht wohnen, die Menschen schliefen nachts in Heuschobern.

Unterdessen hatte die Hubschrauberbesatzung ihre Arbeit beendet und war zur Seite getreten. Brüllend und einander wegstoßend stürzten sich die Menschen auf die Kleidung und die Lebensmittel. Es kam zu häßlichen Szenen, denn einige rafften zuviel an sich, während andere nichts bekamen. Unsere Gesprächspartnerinnen schnappten sich Bündel warmer Decken und rannten unter Gelächter (es war schrecklich anzuhören) ins Dorf. Ein Lastwagen kam heran, und zwei kräftige Männer warfen die Kisten mit den Lebensmitteln auf die Ladefläche. Wir versuchten, ihnen ins Gewissen zu reden, und sie gaben die Kisten zögernd zurück, doch dann lud jemand die Lebensmittel von der anderen Seite des Wagens wieder auf. Ein Mann öffnete eine Büchse mit Babynahrung – einer Mangelware sogar in Moskau –, steckte den Finger hinein und leckte ihn ab. Es schmeckte ihm offenbar nicht, denn er warf die Büchse in den Schnee. Ein anderer Mann stand mit tränenroten Augen beiseite. Einer von uns fragte ihn: »Sie sind ärmlich angezogen, weshalb nehmen Sie sich nichts?«

»Ich habe meine Frau vor zwei Tagen begraben, ich kann mich nicht in eine Schlägerei einlassen«, erwiderte er und ging davon.

Eine Frau mit zwei kleinen Kindern, die nichts erhalten hatte, schimpfte wüst auf die Bonzen und die Sowjetmacht. Die Männer der Hubschrauberbesatzung sagten uns, daß sich solche Szenen täglich in allen Dörfern wiederholten. »Man hält sich hier ja noch zurück, weil Sie dabei sind. Manchmal kommt es zu wilden Schlägereien. Es gibt keine Verzeichnisse, man weiß nicht, wer überlebt hat und wer was benötigt. Die Parteiführung ist verwirrt oder hat sich aufgelöst, und sie stiehlt mehr als alle anderen.« Als der Hubschrauber wieder gestartet war, brach Balajan vor Erschütterung in Tränen aus.

Wir landeten am Stadtrand von Spitak. Freiwillige Helfer, Studenten aus Moskau, arbeiteten an einem zerstörten Gebäude. Sie waren an Ort und Stelle in einem Wohnwagen untergebracht. Etwa hundert Meter weiter gruben Soldaten, tief unter den Trümmern, Leichen aus. Es war der siebzehnte Tag nach der Katastrophe. Viele Menschen waren immer noch unter den Ruinen verschüttet; die meisten kamen wahrscheinlich sofort um, doch andere riefen tagelang um Hilfe, bis ihre Stimmen verstummten. Ein entsetzlicher Tod. Die Luft war von Leichengeruch geschwängert. Die Soldaten und einige Studenten trugen Gasmasken. Noch ein paar Tage zuvor hatte einer der Soldaten eine Frau gefunden, die noch am Leben war.

Vom Hubschrauber aus hatten wir helle Flecke gesehen. Es war verstreute Kinderkleidung, bunte Mäntel, Fausthandschuhe, Ranzen und Schulhefte. Der Wind bewegte die Blätter der Hefte; auf einer Seite erkannten wir eine Eins unter einer Hausaufgabe oder einer Klassenarbeit und das Datum: den 5. Dezember 1988. Niemand konnte die Tränen unterdrücken. Ein paar Schritte weiter lagen Puppen und anderes Spielzeug und wiederum bunte Kinderkleidung. Wir hörten, daß fast alle Kinder in der Schule und im Kindergarten umgekommen waren.

Ljusja betrat ein Zelt, in dem ein Ehepaar lebte. Georgier aus einer Bürgerwehreinheit, die in den ersten Stunden nach der Katastrophe unter dem Befehl eines entschlußschnellen Oberst hierher gekommen waren, hatten die Frau und ihren Sohn gerettet. Die Tochter des Ehepaars war tot, den Sohn hatte man zur Behandlung nach Georgien geschickt. Alle – die Bewohner wie die Retter – klagten über die schlechte Versorgung; sogar Wasser werde nur in unregelmäßigen Abständen herbeigeschafft. Niemand hatte bisher die versprochene Entschädigung (fünfzig oder hundert Rubel) erhalten.

Auf dem Flughafen von Jerewan, wohin wir aus Spitak zurückkehrten, sahen wir zu unserer Enttäuschung, wie schlecht die Verteilung und Lagerung der aus aller Welt eintreffenden Hilfspakete organisiert war. Das Ganze hatte etwas Hochmütiges und Unmoralisches an sich.

Am nächsten Tag, vor dem Abflug nach Moskau, sprachen Ljusja und ich mit dem Stellvertretenden Ministerratsvorsitzenden von Armenien. Wir berichteten ihm, was wir auf dem Lande und in Spitak gesehen hatten, und schlugen eine Reihe von Maßnahmen zur Verbesserung der Situation vor. Insbesondere regten wir an, vernünftige Leute aus den Instituten und Betrieben, am besten Studenten der höheren Jahrgänge, in die Dörfer zu schicken, wo sie Verzeichnisse der Bedürftigen aufstellen und die Hilfspakete sinnvoller verteilen könnten. Zur Zeit gelangten die Güter entweder in die falschen Hände oder gingen überhaupt verloren. Der Stellvertretende Ministerratsvorsitzende hörte uns aufmerksam zu, aber ich fürchte, daß kaum eine unserer Empfehlungen befolgt wurde. Jurij Rost, der noch lange in Armenien blieb, erzählte uns später, daß sich bei der Verteilung von Zelten die gleichen Gemeinheiten abgespielt hätten. Ein Teil der Zelte – wie auch Medikamente und anderes – gelangte auf den schwarzen Markt.

Nach Moskau zurückgekehrt, rief ich sofort Jakowlew an und informierte ihn über das, was wir in Aserbaidshan, Armenien und Nagornyj Karabach erlebt hatten. Später legten alle Delegationsteilnehmer schriftliche Berichte vor, welche die Behörden allerdings kaum zu interessieren schienen. Ich äußerte den Wunsch, noch einmal mit Ljusja nach Armenien zu reisen, damit wir bei der Organisation der Hilfsleistungen mitwirken könnten. Dies teilte ich Ryschkow telefonisch mit, und er schien geneigt, unseren Wunsch zu erfüllen, doch später – vielleicht unter dem Druck Gorbatschows – überlegte er es sich anders.

Ende Dezember hielt ich eine Rede auf einer Generalversammlung der Akademie der Wissenschaften, die Fragen der Ökologie gewidmet war. Ich erklärte, daß die Allmacht der Behörden – etwa des Ministeriums für Wasserwirtschaft, des Ministeriums für Energieversorgung, des Ministeriums für Holz- und Papierwirtschaft – die Hauptursache der schlechten ökologischen Situation in unserem Land sei. Die Akademie der Wissenschaften vernachlässige ihre Verantwortung, denn sie habe keine prinzipielle, wissenschaftlich begründete Position im Umweltschutz und sei im wesentlichen nur ein gehorsamer Bestandteil des administrativen Kommandosystems. Eine der Hauptaufgaben der Akademie bestehe darin, von den Behörden unabhängige, wissenschaftlich untermauerte ökologiewirtschaftliche Gutachten über Großprojekte und staatliche Pläne im allgemeinen zu erstellen. Ich nannte zwei konkrete Probleme: die Notwendigkeit, das armenische Atomkraftwerk zu schließen sowie den Bau und die Finanzierung des Wolga-Tschograj-Kanals einzustellen.

Auf das erste Problem und meine Mitarbeit an einer Lösung bin ich bereits eingegangen. Gerade in jenen Tagen wurde auf der Sitzung einer

Sonderkommission über die Schließung des armenischen Atomkraftwerks entschieden, und ich möchte hoffen, daß auch meine Intervention dabei eine gewisse Rolle gespielt hat. Jedenfalls kam Alexandrow in einer Pause der Generalversammlung auf mich zu und sagte, er habe meine Meinung unverändert weitergegeben, obwohl er selbst einen anderen Standpunkt vertrete.

Was den Bau des Wolga-Tschograj-Kanals betrifft, so ist dieses Projekt in wirtschaftlicher Hinsicht absurd (es soll 4 Milliarden Rubel kosten; dafür könnte man Getreidespeicher und Straßen bauen und vieles andere finanzieren, was insgesamt weitaus nützlicher wäre, zumal die Region Stawropol keinen erheblichen Wassermangel hat). In ökologischer Hinsicht ist das Projekt überaus schädlich (in Kalmückien droht die Gefahr einer Versalzung des Bodens, die Abführung von Wasser aus der Wolga wird den Stör vernichten und könnte sogar die aus ökologischen Gründen bereits abgelehnte Umlenkung der nördlichen Flüsse erforderlich machen, die das Ministerium für Wasserwirtschaft immer noch betreibt). Das Projekt wurde vom Präsidium der Akademie der Wissenschaften erörtert. Da drei andere Akademiemitglieder (Jablokow, Woronzow, Janschin) und ich kein Vertrauen zur Bürokratie unserer Organisation hatten, schickten wir ein Telegramm an Gorbatschow und Ryschkow, um unseren Standpunkt darzulegen.

Anfang Januar 1989 lud Gorbatschow Vertreter der Intelligenzija – namhafte Schriftsteller, Wissenschaftler und Künstler – zu einem Gespräch ein. Solche Gespräche hatten schon mehrere Male stattgefunden, doch dies war meine erste Einladung. Neben Gorbatschow war auch Ryschkow anwesend, der jedoch nicht das Wort ergriff. Das Treffen begann mit einer recht langen Rede Gorbatschows. Er sagte, die Perestroika trete in ihre entscheidende Phase ein; man müsse ihre Aufgaben konsequent lösen und gleichzeitig allzu große Eile sowie das Überspringen unerläßlicher Zwischenstadien vermeiden. Die Gefahr von links und die Gefahr von rechts sei gleichermaßen ernst zu nehmen. Unter diesen Umständen komme es darauf an, alle gesunden Kräfte im Lande zu konsolidieren und sie zur gemeinsamen Unterstützung der Hauptziele zu bewegen. Dabei seien Meinungsverschiedenheiten in den Details durchaus zulässig und sogar nützlich, solange sie sich nicht zu Intrigen und persönlicher Feindschaft auswüchsen.

Gorbatschow versuchte offensichtlich, die verschiedenen Gruppierungen unter den Schriftstellern und in anderen kulturellen Kreisen miteinander zu versöhnen. Aber bereits aus den ersten Reden von Schriftstellern des russophil-antiintellektuellen Flügels und ihrer ideologischen Gegner ging hervor, daß die Gegensätze zu ausgeprägt waren und sich nicht mehr auf so einfache Weise überwinden ließen. Die Redner beschränkten sich keineswegs auf kulturelle Fragen, sondern berührten auch wirtschaftliche, soziale, ethnische und juristische Probleme. Eine kurze Zusammenfassung der Reden erschien später in der Presse, doch die schärfsten Äußerungen allgemein politischen wie auch persönlichen Charakters wurden ausgelassen. Auch ich wollte das Wort ergreifen, aber da ich zu lange zögerte, war die Rednerliste bereits geschlossen, als ich mich endlich zu einer Entscheidung durchgerungen hatte.

Das Akademiemitglied Abalkin zeichnete ein eindrucksvolles Bild der Wirtschaftskrise und zog den Schluß: »Der Kavallerieangriff auf das administrative Kommandosystem ist mißlungen, nun müssen wir zu einer planmäßigen Belagerung übergehen.« Dieser Satz fehlte in der publizierten Zusammenfassung. Abalkin hatte sich auf der XIX. Parteikonferenz ähnlich geäußert. Mir schien damals, daß seine Position für Gorbatschow allzu radikal und kritisch war. Ein paar Monate später merkte ich, daß ich mich geirrt hatte.

Der Schauspieler Michail Uljanow beschäftigte sich in seiner Rede auch mit der Gruppe »Memorial«, speziell mit der Frage des Bankkontos. Der Schriftsteller Viktor Astafjew erklärte, die Gesetze über Kundgebungen und Demonstrationen sowie über die Vollmachten der Spezialtruppen seien antidemokratisch und ließen so weite Auslegungen zu, daß man auch gegen friedliche Demonstrationen und Kundgebungen mit Gewalt einschreiten könne – und genau dies sei bereits in Minsk, Kuropaty, Krasnojarsk und an anderen Orten geschehen. Dies war eine der wichtigsten Reden der Veranstaltung, und sie traf Gorbatschow an einem wunden Punkt. Er widersprach Astafjew und führte die Ereignisse in Sumgait an, um zu beweisen, wie notwendig eine rasche und energische Reaktion sei: »In Sumgait verspäteten wir uns um drei Stunden, und es kam zu einer Tragödie. Die Arbeiter verlangen von uns, keine Anarchie zuzulassen.«

Mir war klar, daß Gorbatschow ganz unterschiedliche Dinge über einen Kamm schor: nämlich die Morde und sonstigen Greueltaten in Sumgait einerseits und die verfassungsmäßigen friedlichen Demonstrationen und Kundgebungen andererseits. Ohne eine demokratische Bewegung an der Basis ist die Perestroika nicht zu verwirklichen, deshalb sollte man keine Angst vor den Meinungsäußerungen des Volkes haben (Gorbatschows Verweis auf die Wünsche der Arbeiter war natürlich eine reine Erfindung.) Ich hatte begonnen, mich von meinem Platz in der letzten Reihe zum Podium vorzuarbeiten, da ich hoffte, das Wort ergreifen zu können. Als ich jedoch Gorbatschows Behauptung hörte, daß man sich in Sumgait um drei Stunden verspätet habe, hielt ich es nicht mehr aus und rief mit lauter Stimme: »Nicht um drei Stunden, sondern um drei Tage. Am Busdepot wartete ein ganzes Bataillon, aber es erhielt keinen Befehl einzugreifen. Die Fahrzeit nach Baku beträgt eine halbe Stunde.«

Gorbatschow war verärgert über meinen Einwurf und entgegnete: »Sie haben diesen Demagogen offenbar zu lange zugehört.« (Aus seinen weiteren Worten ging hervor, daß er armenische Demagogen meinte, doch später änderte er seine Formulierung etwas.) Ein armenischer Schriftsteller redete sehr überzeugend über Nagornyj Karabach, und ein litauischer Autor behandelte die wirtschaftliche Rechnungsführung der Republik.

Während der Pause ging ich zu Gorbatschow und Ryschkow hinüber und schnitt das Thema der armenisch-aserbaidshanischen Probleme an: Die Flüchtlinge dürften nicht zur Rückkehr gezwungen werden, weil es sonst zu neuen Tragödien kommen könne; es sei unbedingt notwendig, die Mitglieder des Karabach-Komitees freizulassen. Gorbatschow hörte mir sehr gereizt zu, während Ryschkow sehr konzentriert schien. Der Ministerpräsident sagte, er könne mich nicht nach Armenien mitnehmen, weil dies zu einer unerwünschten Reaktion in Aserbaidshan führen würde (er bezog sich auf mein Angebot, bei der Organisation der Hilfsleistungen mitzuwirken). Ryschkow erwähnte auch, daß er das Telegramm der vier Akademiemitglieder zum Wolga-Tschograj-Kanal erhalten habe. Ihm sei nicht bekannt gewesen, daß die Baukosten des Kanals 4 Milliarden Rubel betragen würden; er habe nur mit der Hälfte gerechnet. Ich bemerkte, daß die Kosten noch höher sein würden, wenn man die Wasserreinigung über die gesamte Kanallänge sichern wolle, was vom ökologischen Standpunkt aus ganz unerläßlich sei. Mit Ryschkow verlief das Gespräch in sehr freundschaftlichem Ton.

* * *

Nun möchte ich mich dem letzten Thema dieses Kapitels und dieser Erinnerungen insgesamt widmen: den Wahlen zum Kongreß der Volksdeputierten und dem Kongreß selbst. Zunächst – im Sommer und Herbst 1988 – hatte ich alle Vorschläge abgelehnt, für den Obersten Sowjet zu kandidieren (dies war noch vor der Verabschiedung der Verfassungsänderungen). Später, im Januar, als zahlreiche Institutionen mich als Kandidaten für den Volksdeputiertenkongreß nominierten (noch dazu häufig mit überwiegender Stimmenmehrheit), kam ich zu dem Schluß, daß ich mich nicht weigern konnte. Allerdings war ich aus irgendeinem Grunde überzeugt, daß mit der Nominierung bereits alles sein Bewenden habe und man mich weder in den Kongreß einziehen noch überhaupt am Wahlkampf beteiligen lassen würde. Was den zweiten Punkt betraf, so schien ich in eine Kristallkugel geblickt zu haben. Meine Zusage hatte natürlich auch mit dem Gedanken zu tun, daß ich als Volksdeputierter vielleicht in der Lage sein würde, echten Einfluß auf die Unterstützung fortschrittlicher Initiativen auszuüben.

Das im Dezember 1988 verabschiedete Wahlgesetz ist sehr kompliziert, doch ich komme nicht umhin, es in groben Zügen zu erläutern, weil sonst im weiteren vieles unklar wäre. Von den 2250 Delegierten wird ein Drittel (750) in den territorialen Wahlkreisen, ein Drittel in den national-territorialen Wahlkreisen und ein Drittel von den sogenannten öffentlichen Organisationen gewählt, zu denen auch die KPdSU (100 Sitze) und die Akademie der Wissenschaften (30 Sitze) gehören. Formell werden die Kandidaten auf den Versammlungen der Arbeitskollektive nominiert, doch das Gesetz ist so abgefaßt, daß jemand nur dann Kandidat werden kann, wenn er von seiner Bezirksversammlung (im Fall der territorialen und national-territorialen Wahlkreise) oder von einem Plenum des Zentralorgans (im Fall der öffentlichen Organisationen) bestätigt wird. Diese Klausel ist äußerst reaktionär und verschafft dem Apparat, den örtlichen Partei- und Sowjetorganen sehr oft die Möglichkeit, unliebsame Kandidaten auszuschalten. Zum Glück gelang es ihnen nicht immer, doch es ist sehr wichtig, daß diese Klausel gestrichen wird.

Was ein »Plenum« ist, geht aus dem Wahlgesetz nicht deutlich hervor. Im Dezember und Januar verabschiedete das Präsidium der Akademie der Wissenschaften eine Resolution, die besagte, daß ein Plenum aus den Angehörigen des Präsidiums sowie den Mitgliedern des Büros (der Leitung) aller Akademieabteilungen besteht. Dieses Plenum sollte die Kandidaten für fünfundzwanzig Sitze im Volksdeputiertenkongreß am 18. Januar bestätigen. Die Wahl selbst war auf den 21. März angesetzt; an ihr sollten auf Beschluß des Präsidiums sämtliche Akademiemitglieder und korrespondierenden Mitglieder (rund 900 Stimmen) sowie ungefähr 550 »Wahlmänner« (jeweils einer für sechzig Institutsmitarbeiter) teilnehmen. Die Zahl der Sitze war auf fünfundzwanzig herabgesetzt, da man fünf Sitze an wissenschaftliche Vereinigungen übertragen hatte.

Das Ergebnis war verblüffend: Nur dreiundzwanzig Personen erhielten die erforderliche Stimmenmehrheit. Keine Mehrheit erhielten in der Öffentlichkeit bekannte Kandidaten wie etwa Sagdejew, Lichatschow, Popow und ich, die von den meisten Instituten (sechzig in meinem Fall) nominiert worden war. Damit die Zahl der Sitze nicht die Zahl der Kandidaten überstieg, entschied das Plenum, noch weitere fünf Sitze an wissenschaftliche Vereinigungen zu übertragen, das heißt, die Akademie verfügte nur noch über zwanzig Sitze. Die Bekanntgabe der Plenumsergebnisse löste in allen Instituten einen Sturm der Entrüstung aus. Die Mitarbeiter der Akademie meinten zu Recht, daß das Plenum die Ansicht der Institute mißachtet hatte (dem Gesetz zufolge ist das Plenum verpflichtet, die Ansicht der Arbeitskollektive, in diesem Fall der Institute, zu »berücksichtigen«, was es jedoch versäumte). In den Institutsversammlungen hieß es, die Plenumsergebnisse zeigten die allgemeine bürokratische Entfremdung zwischen der Akademieführung, also dem Präsidium, und den »einfachen« Mitarbeitern der wissenschaftlichen Einrichtungen, von deren Leistungen schließlich alles abhänge. Eine gesellschaftliche Bewegung entstand, die – wie so häufig – über das ursprüngliche Ziel hinausging. In den Moskauer Instituten wurde eine Initiativgruppe gegründet, die es übernahm, alle mit den Wahlen an der Akademie zusammenhängenden Bemühungen zu koordinieren. Im Physikalischen Institut waren es Anatolij Schabad und Sobjanin, die sich der Initiativgruppe anschlossen.

Ähnlich dramatische Ereignisse wie in der Akademie trugen sich auch in den anderen öffentlichen Organisationen und in fast allen territorialen und national-territorialen Wahlkreisen zu. Neben den Funktionären und den von ihnen »handverlesenen« und »gefügigen« Kandidaten wurden nahezu überall Alternativkandidaten aufgestellt, die eigene Programme und einen unabhängigen Standpunkt vertraten. Zum erstenmal seit langen Jahren entwickelte sich in unserem Land ein echter politischer Wahlkampf. Und nun geschah etwas, das sogar wir, die wir früher einen einsamen und aussichtslos scheinenden Kampf mit sehr begrenzten Zielen führten, nicht zu hoffen gewagt hatten: Das immer wieder betrogene, unter den Bedingungen allgemeiner Heuchelei, Korruption, Vetternwirtschaft und Gesetzlosigkeit dahinvegetierende Volk erwies sich plötzlich als *lebendig*. Das Licht möglicher Wandlungen glomm vorläufig nur, doch die Herzen der Menschen waren von Hoffnung, von dem Willen zu politischer Tätigkeit erfüllt. Und diese politische Tätigkeit des Volkes ermöglichte die Wahl jener neuen, kühnen und unabhängigen Menschen, die wir auf dem Kongreß beobachten konnten. Gebe Gott, daß diese

Hoffnungen nicht enttäuscht werden. Historisch gesehen ist keine Chance die letzte, aber psychologisch gesehen könnte die Enttäuschung der Hoffnungen für unsere Generation zu einer unüberwindlichen Katastrophe werden.

Natürlich wurde nur ein kleiner Teil der progessiven Kandidaten in den Kongreß gewählt. Der Apparat erholte sich von den Überraschungen der ersten Wochen und setzte alle ihm zur Verfügung stehenden Mittel ein, bis hin zu Fälschungen und dem Austausch von Stimmzetteln – von der Kontrolle über den Zugang zu den Massenmedien gar nicht zu reden. Aber diejenigen, die in den Kongreß gelangten, waren abgehärtete Kämpfer.

Nach dem 18. Januar wurde ich (sowie einige andere in der Akademie erfolglose Kandidaten) in den territorialen und den national-territorialen Wahlkreisen nominiert. Ich habe kein vollständiges Verzeichnis dieser Wahlkreise, weshalb ich nur einige nennen kann. Das Physikalische Institut der Akademie der Wissenschaften der UdSSR nominierte mich »dem Arbeitsplatz gemäß« im Moskauer territorialen Oktjabrskij-Wahlkreis, und andere Institute dieser Gegend unterstützten die Nominierung. Ich sprach auf einer Wahlversammlung im Physikalischen Institut sowie auf einer Versammlung des Oktjabrskij-Bezirkskomitees der KPdSU, wo ich anderen Kandidaten aus diesem Bezirk begegnete. Unter ihnen war Ilja Saslawskij, ein junger, körperbehinderter Mann, dessen Wahlprogramm den Schutz der Rechte von Behinderten in der UdSSR einschloß. Paradoxerweise wurde die Behindertenvereinigung nicht zu den öffentlichen Organisationen gezählt, die Kandidaten nominieren durften. Vor der Versammlung im Physikalischen Institut verfaßte ich, wie alle anderen Kandidaten, ein Wahlprogramm, das ich später noch präziser formulierte.

Eine weitere sehr wichtige Nominierung meiner Person wurde in dem Moskauer national-territorialen Wahlkreis Nummer 1 vorgenommen, dessen Grenzen mit denen der Stadt Moskau zusammenfallen. Zuerst wurde ich von »Memorial« und dann von zahlreichen Moskauer Einrichtungen und Organisationen als Kandidat aufgestellt. Ich sprach auf einer von »Memorial« abgehaltenen Versammlung, die im »Haus des Kinos« stattfand. Bereits als ich an das Gebäude heranfuhr, sah ich eine mehrere hundert Meter lange Schlange von Menschen, die Einlaß begehrten. Überwiegend waren es Menschen eines Typs, den ich sehr gut kannte: ehrliche und intelligente, aufgeklärte, überwiegend um Geld verlegene Proletarier der geistigen Arbeit, die sich auch nach einer Chagall-Ausstellung oder nach Filmfestspielen anstellen. Aber unter ihnen waren zweifellos auch neue Akteure auf der historischen Bühne. Sie sollten einige Monate später das gigantische Stadion in Lushniki füllen, Arbeiter und Angestellte – die breite Masse der Intelligenzija –, die durch die Hoffnungen der Perestroika aus ihrer Passivität aufgerüttelt worden waren. Ich wurde erkannt und stürmisch begrüßt. Dann betrat ich den Saal, wurde der Versammlung von Ponomarjow vorgestellt, verlas mein Programm und beantwortete viele, manchmal sehr schwierige Fragen. Im Anschluß daran stimmten alle über meine Nominierung ab: mehr als sechshundert Menschen im Saal und mehrere tausend in anderen Räumen und auf der Straße, wo Lautsprecher aufgestellt waren und wo man Petitionen für meine Kandidatur unterzeichnen konnte.

An jenem Tag hatte ich, wie mir schien, das moralische Mandat erhalten, als Deputierter in den Kongreß einzuziehen.

Zum zweitenmal hatte ich diesen Eindruck am 2. Februar auf einer Kundgebung der Akademie-Institute. Doch vorher spielten sich noch mehrere andere Ereignisse ab. Eines davon war eine Versammlung in der Moskauer Staatsuniversität (MGU), wo ich als Kandidat für den Moskauer territorial-nationalen Wahlkreis Nummer 1 aufgestellt wurde. Gleichzeitig nominierte die MGU ihren Rektor Logunow sowie zehn andere Personen, unter ihnen Boris Jelzin, für denselben Wahlkreis. Jelzin rief mich in jenen Tagen an und sagte, wir sollten versuchen, einander nicht in die Quere zu kommen. Ich stimmte ihm zu, allerdings mit dem Vorbehalt, daß ich die endgültige Entscheidung darüber, wo ich mich zur Wahl stellen würde, erst dann treffen wolle, wenn die Versammlungen in jedem einzelnen der Wahlkreise, die mich nominiert hatten, abgeschlossen wären.

Ich wurde außerdem in zwei Moskauer territorialen Wahlkreisen und zwei Gebietswahlkreisen, in einem Leningrader territorialen Wahlkreis, auf der Kamtschatka, auf der Halbinsel Kola und in einer Reihe anderer Gebiete (wie gesagt, ich habe kein vollständiges Verzeichnis) nominiert. Auch das Kollektiv des »Objekts« schloß sich an; Adamskij und einige andere reisten an, um mein Programm und meinen Lebenslauf abzuholen. Sie versicherten, daß die Bestätigung meiner Kandidatur auf der Wahlversammlung so gut wie garantiert sei. Aber es schien mir nicht richtig, infolge meiner Arbeit im »Objekt« und praktisch aufgrund meiner Bekanntschaft, in diesem Bereich gewählt zu werden.

Am 2. Februar fand eine beispiellose Kundgebung der Mitarbeiter der Akademie-Institute statt. Sie war von der Initiativgruppe für die Wahlen an der Akademie organisiert worden. Die Gruppe hatte vom Moskauer

Stadtsowjet die Erlaubnis erhalten, die Veranstaltung auf dem großen Platz vor dem Gebäude des Präsidiums durchzuführen, wo sich mehr als dreitausend Menschen (in einigen Schätzungen war von über fünftausend Menschen die Rede) versammelten. Auf den Stufen des alten Palastgebäudes des Präsidiums wurden Mikrofone für die Organisatoren und die Redner der Kundgebung aufgestellt. Präsident Martschuk, der Vorsitzende der Wahlkommission der Akademie, Kotelnikow, und einige andere befanden sich im zweiten Stock des Gebäudes und zogen manchmal den Vorhang zurück, um hinauszuschauen.

Meine Frau und ich trafen in einem Wagen der Akademie ein; ich ging nach vorn durch und blieb in der Nähe des Podiums stehen, ergriff jedoch nicht das Wort. Ljusja war recht weit von mir entfernt. Das von der Initiativgruppe formulierte Ziel der Kundgebung bestand darin, die Meinung der Wissenschaftler zu den Beschlüssen des Akademieplenums vom 18. Januar sowie zur Haltung des Präsidiums und der Akademieleitung im allgemeinen bekanntzugeben und den Menschen zu verdeutlichen, daß es möglich und notwendig war, die unerträgliche Situation zu verbessern. Die Mitarbeiter der Institute kamen in Gruppen und trugen Transparente mit Parolen. Man spürte die freie, freudige Erregung Tausender von Menschen, die plötzlich erkannt hatten, was für eine gewaltige Kraft sie darstellten. Es war wahrhaftig eine Atmosphäre der Befreiung!

Zu Beginn der Kundgebung las Anatolij Schabad die Parolen der Transparente laut vor, und die Menge wiederholte jeweils das letzte, entscheidende Wort.

»In den Kongreß – würdige Deputierte!«

»Deputierte!«

»Den Bürokraten des Präsidiums – Schande!«

»Schande!«

»Sacharow, Sagdejew, Popow, Schmeljow – in den Kongreß!«

»Den Kongreß!«

»Das Präsidium – in den Ruhestand!«

»Den Ruhestand!«

»Der Präsident – in den Ruhestand!«

»Den Ruhestand!«

»Der Akademie einen würdigen Präsidenten!«

»Präsidenten!«

Während der Kundgebung wurden mehrere Aufrufe verabschiedet; man beschoß, die Wahl vom 21. März zu sabotieren, um eine Neuwahl ansetzen zu lassen (zunächst war ein Boykott der Wahl vorgeschlagen worden, doch dann faßte man den taktischen Entschluß, zur Abstimmung gegen sämtliche Kandidaten aufzurufen).

Nach der Kundgebung, noch im Auto, sagte Ljusja: »Ich war überzeugt, du würdest erklären, daß du die Nominierung durch die Akademie anstrebst und alle Nominierungen der territorialen und nationalen Wahlkreise ausschlägst, um so die Kundgebung zu unterstützen.«

Ich antwortete: »Natürlich weiß ich, wie wichtig es ist, den Kampf in der Akademie und die Beschlüsse der Kundgebung zu unterstützen.« (In der Presse und auf Versammlungen hieß es: Was macht es schon aus, daß Sacharow und Sagdejew nicht unter den Kandidaten der Akademie sind? Schließlich hat man sie bereits in territorialen Wahlkreisen nominiert.) »Aber ich fühle mich auch vor denen verantwortlich, die mich in den territorialen Wahlkreisen nominieren und unterstützen. Deshalb fällt es mir schwer, mich für die Akademie zu entscheiden.«

Ich schwankte noch mehrere Tage lang. Sämtliche Vertreter des Physikalischen Instituts – Schabad, Feinberg, Fradkin und Ponomarjow – sowie einige andere baten mich, die Nominierungen der territorialen Wahlkreise nicht zurückzuweisen. Schließlich traf ich meine endgültige Entscheidung (im Einklang mit Ljusja) und schrieb einen Brief an die *Moskowskije nowosti*, in dem ich mitteilte, nicht in den territorialen oder national-territorialen Wahlkreisen kandidieren zu wollen.

Daneben mußte ich noch einen weiteren Knoten entwirren. Anfang Januar hatte ich mich bereit erklärt, mit dem französischen Schriftsteller Barou zu sprechen, der früher für uns eingetreten war. Ich schob die Begegnung lange hinaus, doch irgendwann schien es mir unhöflich, ihn weiter zu vertrösten. Wir führten ein recht langes Gespräch in der Küche, an dem auch Ljusja teilnahm. Während sie unsere gemeinsame Ansicht über die Notwendigkeit einer Direktwahl des Staatsoberhaupts erläuterte, benutzte sie irgendeine Metapher, die verdeutlichte, daß die Position eines nicht direkt gewählten Staatsoberhaupts sehr labil sei.

Es hatte sich nur um einen Versuch gehandelt, unser Konzept anschaulich darzulegen. Doch dann geschah folgendes: Barou veröffentlichte Bruchstücke unserer Unterhaltung in mehreren Zeitungen in Form eines Interviews. Aus diesem Text zogen zahlreiche Kommentatoren den Schluß, daß wir den baldigen Sturz Gorbatschows vorausgesagt hätten. Heute, sechs Monate später, scheint diese Episode albern, doch damals war sie äußert unangenehm für uns. Die Redaktion der *Iswestija* forderte mich auf – vielleicht auf Veranlassung Gorbatschows –, eine Erklärung zu schreiben. Dies tat ich und übermittelte den Text mit Hilfe Shawaronkows (eines Mitarbeiters der *Moskowskije nowosti*) an die Redaktion der *Iswestija*.

Am selben Tag trat ich meine zweite Auslandsreise an, diesmal mit Ljusja. Am Abend landeten wir in Rom, wo wir von Irina Alberti-Ilowajskaja empfangen wurden. Wir verbrachten sechs Tage in Italien, während derer ich mit vielen Politikern sprach (mit Spadolini, dem früheren Präsidenten, der sich häufig für uns eingesetzt hatte, mit Craxi, dem ehemaligen Ministerpräsidenten und Führer der Sozialistischen Partei, sowie mit dem amtierenden Ministerpräsidenten). Wir besuchten die berühmte Accademia Nazionale dei Lincei, wo mich das Diplom eines ausländischen Mitglieds seit langem erwartete. Dies ist eine der ältesten Akademien der Welt; mit ihrem Namen ist die Abkehr von der mittelalterlichen Scholastik und die Hinwendung zur experimentellen Naturwissenschaft verbunden.

Im Mittelpunkt unseres kurzen Aufenthalts in Rom stand eine Audienz beim Papst. Ljusja war bereits im Dezember 1985 von ihm empfangen worden und hatte ihn damals gebeten, zu meiner Befreiung aus Gorkij beizutragen. Sie war sehr gerührt von der Menschlichkeit und Anteilnahme dieses Mannes. Inzwischen hatten sich unsere persönlichen Umstände erheblich gebessert. Wir sprachen mit dem Papst über die schwierigen und widersprüchlichen Probleme des Lebens in unserem Land, und ich versuchte, meine politischen Grundprinzipien hinsichtlich der Perestroika und für das Land im allgemeinen zu formulieren. Ich gehe in all meinen öffentlichen Reden und meinen Begegnungen mit Staatsmännern auf diese Themen ein, doch im Gespräch mit dem Papst spürte ich ein besonders nachhaltiges Interesse und intuitives Verständnis.

Der Besuch im Vatikan – dieses erstaunlichen Stadtstaates mit seinen Sammlungen, welche die wertvollsten Kunstschätze enthalten – machte starken Eindruck auf mich. Ein Priester, Pater Serge, fuhr uns mit seinem Wagen zum Vatikan und durch dessen herrliche Gärten. Während der Audienz beim Papst war Irina Alberti als Dolmetscherin anwesend. Überhaupt spielte sie bei all unseren Gesprächen in Italien eine wichtige Rolle.

Nach der Audienz beim Papst trafen wir mit dem Kardinal der ukrainischen katholischen Kirche zusammen und fuhren im Anschluß daran nach Florenz. Von dort aus machten wir mit dem Auto Tagesausflüge nach Bologna und Siena, wo mir Ehrendoktorate verliehen wurden. Dort hielt ich auch Pressekonferenzen ab und sprach mit Studenten und Dozenten, die mir sehr interessante Fragen stellten. Unvergeßlich waren die Verleihungszeremonien in diesen altehrwürdigen Universitäten (die von Bologna ist die älteste der Welt) – mit der Prozession der Doktoren in ihren mittelalterlichen Talaren, mit Herolden und Amtsstäben, mit erhabener Musik und feierlichen Ansprachen.

Von Italien flogen wir nach Kanada, in eine ganz andere Welt – eine wohlhabende Welt der Gegenwart, doch nicht selbstzufrieden, nicht in sich verschlossen, eine Welt mit hohem Lebensstandard, dabei nicht sehr reich an Ereignissen der Vergangenheit. In Ottawa wurden Ljusja und mir Ehrendoktorate verliehen. Auf einer Pressekonferenz fragte mich ein APN-Korrespondent, der speziell aus Moskau eingeflogen war: »Morgen werden Sie mit dem kanadischen Ministerpräsidenten und dem Außenminister zusammentreffen. Beabsichtigen Sie, die beiden zu bitten, sich für die Freilassung unserer Soldaten, die in Afghanistan und Pakistan in Kriegsgefangenschaft sind, einzusetzen?«

Ich erwiderte: »Die Entlassung der Kriegsgefangenen ist nicht Sache Kanadas. Nur die Anerkennung der Mudjaheddin als einer kriegführenden Partei und Direktverhandlungen mit ihnen über den Austauch von Kriegsgefangenen – schließlich gibt es in Kabul und Taschkent gefangene Mudjaheddin – können die Entlassung der sowjetischen Kriegsgefangenen bewirken! Unser Land hat in Afghanistan einen brutalen, entsetzlichen Krieg geführt. Wir bezeichnen unsere Gegner als Banditen und erkennen sie nicht als Kriegsgegner an. Aber Banditen haben keine Kriegsgefangenen, sondern Geiseln. Es gibt Informationen, daß aus unseren Hubschraubern umzingelte sowjetische Soldaten erschossen worden sind, um sie nicht in Gefangenschaft geraten zu lassen.«

Der letzte Satz wurde in der sowjetischen Presse mehrmals, zunächst von der Militärzeitung *Krasnaja swesda* (Roter Stern), zitiert und rief sehr heftige Reaktionen hoher Militärbefehlshaber, vieler Leser und Afghanistan-Veteranen hervor. Manche Leser berichteten über heldenhafte Aktionen von Hubschrauberbesatzungen, die ihr Leben aufs Spiel gesetzt hätten, um eingekesselte Kameraden zu retten (was allerdings dem entgegengesetzte Aktionen nicht ausschließt). Man bezichtigte mich, die Sowjetarmee und das Andenken der sowjetischen Soldaten beleidigt zu haben, die in Erfüllung ihrer internationalen Pflicht umgekommen seien. Diese Vorwürfe wurden während der Wahlen in der Akademie und im Volksdeputiertenkongreß gegen mich erhoben.

Die westlichen Journalisten nahmen meine Bemerkung kaum zur Kenntnis, denn ihre Aufmerksamkeit konzentrierte sich auf eine andere Aussage, die auf derselben Pressekonferenz fiel. Ljusja beantwortete eine

Frage nach der jüdischen Emigration aus der UdSSR und nach den *otkasniki*, und ihre letzten Sätze lauteten: »Es gibt die Tendenz, alle jüdischen Emigranten aus der UdSSR als politische Flüchtlinge einzustufen. Das ist falsch und ungerecht. Wir haben immer für das Recht *eines jeden* auf die Freiheit zur Emigration und zur Rückkehr in seine Heimat gekämpft. Aber keineswegs jeder jüdische Emigrant aus der UdSSR – zumal wenn er sich nicht für Israel, sondern die USA oder Kanada entscheidet – ist ein politischer Flüchtling. Man kann andere, völlig legitime Motive haben: zum Beispiel den Wunsch, besser zu leben oder die Hoffnung, seine Fähigkeiten weiter entwickeln zu können. Aber weshalb haben diese Menschen ein größeres Recht auf die Bezeichnung ›politische Flüchtlinge‹ (und die damit verbundenen Vergünstigungen) als viele Flüchtlinge aus Vietnam, Kambodscha oder Lateinamerika?«

Ljusjas Erklärung, die ich hier mit meinen eigenen Worten wiedergegeben habe, wurde von allen westlichen Zeitungen aufgegriffen und löste einen Sturm der Empörung aus. Ljusja wurde des Antisemitismus und anderer schwerer Sünden bezichtigt, und man warnte uns, daß wir in Winnipeg, wohin ich zu einem kernphysikalischen Seminar eingeladen worden war, mit Demonstrationen aufgebrachter Juden rechnen müßten. Aber die Demonstrationen blieben aus.

Den zweiten Teil unseres Auslandsaufenthalts verbrachten wir bei unseren Kindern und Enkelkindern in den USA. Ljusja und ich waren fünf Tage lang mit allen Enkeln in Florida. Es waren herrliche Tage mitten in der Natur, an der Küste des Atlantischen Ozeans, in denen wir diese kleinen Bürger der Vereinigten Staaten besser kennenlernen konnten. Übrigens sahen wir in der Wildnis auch einen Alligator.

Am 18. März kehrte ich in die UdSSR zurück, um mich in der Akademie zur Wahl zu stellen. Am ersten Tag der Wahlversammlungen fanden Diskussionen über das Verfahren und über die Kandidaten statt. Am zweiten Tag wurden die eigentlichen Wahlen abgehalten und die Stimmen gezählt. Einer der Zähler hatte in seinem Bündel von Stimmzetteln viel mehr Ja-Stimmen als die übrigen Zähler. Einige Mitglieder der Initiativgruppe, die als Beobachter bei der Stimmenzählung zugegen waren, wurden auf diesen Umstand aufmerksam. Sie bemerkten auch, daß der Mann seine Aktentasche auf den Tisch mit den Stimmzetteln gestellt hatte (was sämtlichen Vorschriften widersprach). Akademiemitglied Kotelnikow, der Kommissionsvorsitzende, wurde rasch herbeigerufen, doch er meinte, solche Abweichungen vom Durchschnitt seien keineswegs erstaunlich.

Gegen Abend wurde das Ergebnis »inoffiziell« bekannt: Acht Kandidaten hatten die erforderlichen fünfzig Prozent der Stimmen erzielt und waren damit zu Volksdeputierten geworden, während fünfzehn weniger als die Hälfte bekommen hatten und folglich durchgefallen waren (vielleicht hatten ein oder zwei der acht ihren Sieg dem Zähler mit der Aktentasche zu verdanken). Damit blieben zwölf Sitze leer.

Am nächsten Tag gab man die Resultate auf einer Versammlung bekannt. Danach wurde der Beschluß gefaßt, am 13. April Neuwahlen – mit neu von den Instituten nominierten Kandidaten – durchzuführen. Außerdem beschloß man, daß das Plenum nur aus Präsidiumsmitgliedern, nicht aus Angehörigen der Abteilungsbüros bestehen solle (was die Möglichkeit von Überraschungen einschränkte). Das Präsidium hatte eine neue Wahlkommission zu ernennen, die Institute begannen, neue Kandidaten vorzuschlagen, und die Initiativgruppe beobachtete diesen Prozeß. Sie stellte eine Liste von Kandidaten auf, die von mehreren Instituten unterstützt wurden, und übergab sie dem Präsidium. Diesmal setzten sich fast alle (mehr als zweihundert) wissenschaftlichen Institute der Akademie für mich ein. Das Präsidium versuchte noch einmal, die Situation in den Griff zu bekommen, indem es neue Regeln für die Nominierung von »Wahlmännern« durch die Institute verteilte: Ihre Zahl sollte um hundertvierzig Personen verringert werden. Aber dies spielte bereits keine große Rolle mehr. Das Plenum (das heißt das Präsidium) zeigte, daß es ein gehorsamer Abstimmungsapparat in den Händen des Präsidenten war, indem es alle von ihm vorgeschlagenen Kandidaten bestätigte und sämtliche Kandidaten zurückwies, die von anderen Versammlungsteilnehmern und mir vorgeschlagen worden waren. Immerhin hatte Martschuk, der eine neue Konfliktsituation vermeiden wollte, in seiner Liste die Empfehlungen der Initiativgruppe weitgehend (wenn auch mit einigen keineswegs zufälligen Ausnahmen) berücksichtigt. Am 12. oder 13. April fand die Generalversammlung der Akademiemitglieder statt, auf der die vom Plenum bestätigten Kandidaten ihr Programm präsentierten und Fragen beantworteten. Eine Gruppe junger Leute stand am Eingang der Universität und forderte die Wähler auf, gegen das Akademiemitglied Arbatow zu stimmen. J. Korjakin trat für Arbatow ein und erklärte, dieser habe früher, als er das Vertrauen der Regierung besessen habe, einigen unschuldig Verurteilten geholfen. Diejenigen, die auf der Straße zur Stimmabgabe gegen Arbatow aufriefen, seien Mitglieder der Gruppe »Pamjat«.

Auch Sagdejew sprach davon, daß Arbatows frühere Lobbytätigkeit in den höchsten Sphären sehr progressiv und nützlich gewesen sei, wofür dieser damit habe bezahlen müssen, daß er die amtlichen Erklärungen in der Öffentlichkeit unterstützte und manchmal die schwere Last der Schmach auf sich nahm. Ich hatte Sagdejew schon ein paar Tage vorher gefragt, weshalb er hinter Arbatow stehe; dabei hatte er mir genau die gleiche Antwort gegeben.

Jemand aus dem Publikum wollte von Arbatow wissen, ob es zutreffe, daß er kürzlich einige wissenschaftliche Mitarbeiter des USA- und Kanada-Instituts entlassen habe, darunter auch einen Jakowlew. Ob dies derselbe Jakowlew sei, der Sacharow einmal Schaden zugefügt habe? Arbatow erwiderte: »Ja, es ist derselbe.«

Leider mischte ich mich nicht in diese Diskussion ein; mir war nicht sofort klar, wie ich zu reagieren hatte. Im nachhinein glaube ich, daß es sich um ein gut geprobtes Schauspiel gehandelt hatte. Besonders unsicher machte mich Sagdejews Haltung. Hätte ich mich gegen Arbatow gewandt, so wäre dadurch impliziert worden, daß ich Sagdejew nicht vertraute.

Ein zweiter Vorfall betraf meine eigene Kandidatur. Nach zahlreichen Lobreden auf mich trat Koptug, Mitglied der Akademie und des Präsidiums, ans Rednerpult. Er sagte: »Ich werde häufig von Wählern gefragt, ob ich am 18. Januar im Plenum gegen Sacharow gestimmt habe. Ich verberge nicht, daß ich *gegen* ihn stimmte, und ich will dies gern erläutern. Die wissenschaftlichen Verdienste des Akademiemitglieds Sacharow verdienen meinen Respekt, doch einige Punkte in seinem Wahlprogramm sind meiner Ansicht nach nicht richtig, sogar gefährlich. Er schrieb über einen freien Arbeitsmarkt. Dies ist im wesentlichen ein Aufruf zur Schaffung einer Reservearmee von Arbeitslosen, was sehr schwere soziale Erschütterungen nach sich zöge. Sacharow schrieb auch, daß der Boden unrentabler Kolchosen sofort, noch vor Beginn der Saatkampagne, verpachtet werden müsse. Es liegt auf der Hand, wie unrealistisch diese Forderung ist (denn die Saatkampagne hat bereits begonnen). Dies ist gefährlicher Extremismus. Später änderte Sacharow die entsprechenden Punkte, womit er seinen Irrtum eingestand. Aber ursprünglich waren dies seine Forderungen.« (Ich zitiere hier natürlich – wie an vielen Stellen des Buches – aus dem Gedächtnis.)

Einer der Koptug folgenden Redner erklärte: »Wir haben dem Akademiemitglied Koptug für seine Erläuterungen dankbar zu sein. Unzweifelhaft werden bei der Wahl Stimmen gegen Sacharow abgegeben werden. Wenn ihn alle einmütig lobten, würde die Abgabe von Gegenstimmen unschön wirken.«

Erst am Abend wurde mir klar, daß Koptugs Behauptung, mein Programm habe ihm während des Plenums nicht zugesagt, nicht der Wahrheit entsprechen konnte. Denn am 18. Januar besaß ich noch gar kein schriftliches Programm; ich verfaßte es erst ein paar Tage vor der Versammlung im Physikalischen Institut.

Die Wahlen wurden am nächsten Tag abgehalten. Wer mehr als die Hälfte der Stimmen und mehr als die übrigen Kandidaten erhielt, hatte gesiegt. Ich wurde gewählt, doch keineswegs mit der größten Stimmenzahl – vielmehr war ich ungefähr in der Mitte der Liste erfolgreicher Kandidaten. Nahezu am Ende der Liste stand Arbatow. Insgesamt wurden viele verdienstvolle und tatkräftige Personen gewählt.

Nach der Wahl löste sich die Initiativgruppe nicht auf, sondern übernahm verschiedene organisatorische Funktionen, um den zu Volksdeputierten gewählten Akademiemitgliedern zu helfen. Zum Beispiel versuchte sie, Kontakt zwischen ihnen und den progressiven Deputierten aus anderen Gebieten des Landes herzustellen, indem sie einen Brief mit einer Reihe von Thesen (als Grundlage für eine Vereinigung) verfaßte und zirkulieren ließ. Während des Kongresses der Volksdeputierten hatten Vertreter der Gruppe ständig im »Haus der Wissenschaftler« einen Bereitschaftsdienst geleistet und Besprechungen abgehalten.

Noch vor den Wahlen in der Akademie, Ende März, begann eine Gruppe von Deputierten aus Moskau und aus dem Moskauer Gebiet, im »Haus für politische Bildung« auf dem Trubnaja-Platz zusammenzukommen. Zunächst waren es zwanzig oder dreißig Personen. Nach den Wahlen in der Akademie schloß ich mich dieser Gruppe an, der viele radikale Ökonomen (etwa Popow, Schmeljow, Jemeljanow, Tichonow und Petrakow) angehörten. Sie bemühten sich, zur Vorlage an die Deputierten Entwürfe auszuarbeiten, die ein Konzept für wirtschaftliche und gesellschaftliche Reformen und für die unerläßlichen Maßnahmen zur Verhinderung einer drohenden Wirtschaftskatastrophe enthielten. Andere Deputierte arbeiteten eine vorläufige Tagesordnung für den Kongreß, Vorschläge für die Verfassungsregeln des Kongresses und des Obersten Sowjets, ein Wahlverfahren für die Deputierten des Obersten Sowjets sowie Vorschläge für andere Verfahrens- und Konzeptionsfragen aus, die unbedingt auf dem Kongreß erörtert werden müßten. Ich nahm an diesen Diskussionen teil und verfaßte ein Papier, das begründete, warum die gesamte gesetzgeberische Macht sich auch hinsichtlich der Nationalitätenfrage in den Händen des Kongresses zu konzentrieren habe.

Aber ich muß zunächst zu den Ereignissen in Georgien zurückkehren, die ebenfalls eine wichtige Rolle für uns spielten. In den ersten Apriltagen war es in Tbilissi zu Kundgebungen gekommen, die durch die Forderung der Abchasier nach einer Abtrennung Abchasiens von Georgien (und offenbar nach einem Eintritt in die RSFSR) ausgelöst worden waren. Die Abchasier sind in ihrer eigenen Heimat eine Minderheit – hauptsächlich, wie sie behaupten, infolge einer Politik der »Georgisierung«. Sie sind unzufrieden mit der gegenwärtigen Situation und brachten ihre Forderungen auf einer vieltausendköpfigen Kundgebung in Lachny, dem alten Zentrum Abchasiens, zum Ausdruck. Doch die Mehrheit der Georgier hält (wovon wir uns überzeugen konnten) eine Änderung der gegenwärtigen Situation für unzulässig – aus wirtschaftlichen Erwägungen, aber auch aus Furcht um das Schicksal der georgischen Mehrheit in Abchasien. Mir scheint die Position der Abchasier eher gerechtfertigt, denn ich meine, daß die Probleme der kleinen Nationen besonderer Aufmerksamkeit bedürfen, daß die Freiheit und die Rechte der größeren Nationen nicht auf Kosten der kleinen verwirklicht werden sollten. Aber im gegebenen Fall war entscheidend, daß die Kundgebungen in Tbilissi friedlichen und verfassungsmäßigen Charakter hatten. Gleichwohl wurden sie zum Objekt ungewöhnlich brutaler Aktionen. Anzumerken ist auch, daß die Parolen der Kundgebungen sich nach Überzeugung vieler Menschen nicht nur auf das abchasische Problem beschränkten, sondern weit darüber hinausgingen. Die Hauptthese ist in dem Begriff »Souveränität« enthalten. Selbst der Aufruf zum Ausscheiden aus der UdSSR widerspricht nicht der Verfassung.

In der Nacht auf den 9. April spielten sich Ereignisse ab, die die Welt erschütterten. Am Morgen erschienen mit Panzern ausgerüstete und mit Kampfanzügen bekleidete Militäreinheiten, die am Abend zuvor eingetroffen waren, auf den Straßen von Tbilissi. Diese Parade bewirkte genau das Gegenteil dessen, was die Veranstalter geplant hatten: Am Abend kamen mehr als zehntausend Menschen (vorher waren es weniger als tausend gewesen) auf den Platz. Um vier Uhr morgens fielen die Truppen über die Menge her. Man schlug Menschen mit Pionierspaten auf Kopf und Rücken, was ihnen schwere Rißwunden zufügte, und man setzte chemische Substanzen ein. Junge Frauen, die einen Hungerstreik »für die Souveränität« durchführten, hatten besonders zu leiden. Einundzwanzig Menschen wurden umgebracht, tödlich verletzt oder vergiftet (darunter sechzehn junge Frauen). Bei der Mehrheit der Toten fand man durch Giftgas beeinträchtigte Atemwege, und wenigstens zwei wiesen keine äußeren Verletzungen auf, so daß Vergiftung die einzige Todesursache gewesen sein muß.

Auf einer Wahlversammlung der Akademie bat mich das Akademiemitglied Gamchrelidse, einer in Georgien gegründeten Öffentlichen Kommission zur Untersuchung der Ereignisse vom 9. April beizutreten. Ich willigte ein. Kurz darauf erfuhr ich, daß einige nach den Gewaltaktionen ins Krankenhaus eingelieferte Personen einen Hungerstreik erklärt hatten, weil sie erfahren wollten, welche Giftsubstanzen die Militärs gegen sie eingesetzt hatten; außerdem verlangten sie die Entsendung einer Delegation des Roten Kreuzes. Ich rief A. N. Jakowlew an, berichtete ihm von diesen Forderungen und fragte natürlich auch, wer befohlen hatte, die Truppen einzusetzen. Jakowlew antwortete, daß Patiaschwili, der frühere Erste Parteisekretär von Georgien, die Truppen mobilisiert habe, weil er ein Panikmacher sei; neben Tränengas der Marke »Tscherjomucha« sei auch CS-Gas verwendet worden, das auf »unbekannte Weise aus Afghanistan eingetroffen war«. Ich gab die Nachricht über das CS-Gas mit Hilfe von Gamchrelidses Bruder weiter, doch offenbar maß damals niemand meiner Nachricht große Aufmerksamkeit zu.

Am 3. Mai wurde ich zu einem Treffen der Moskauer Volksdeputierten mit den Partei- und Regierungsführern in den Moskauer Stadtsowjet eingeladen. Gorbatschow, Lukjanow, Sajkow und andere waren erschienen. Ich begründete in kurzen Zügen die Tagesordnung, die von den Deputierten im »Haus der politischen Bildung« erarbeitet worden war, das heißt den Vorschlag, zunächst alle prinzipiellen Probleme eingehend zu erörtern und dann den Obersten Sowjet und dessen Vorsitzenden zu wählen. Wie W. I. Kirillow, ein Deputierter aus Woronesch, einmal sagte: »Der amerikanische Cowboy schießt erst und denkt später. Wir müssen das Gegenteil tun, nämlich erst denken und dann schießen, denn wir haben in den letzten siebzig Jahren zur Genüge geschossen.« Daneben sprach ich über die Notwendigkeit, die Gesetze über Kundgebungen und Demonstrationen sowie über die Vollmachten der Spezialtruppen außer Kraft zu setzen, und ging auf die unvollständige Formulierung der Gesetze vom 8. April ein, welche die Artikel 70 und 190–1 ersetzen sollten. Ich wiederholte meine Hauptthese, daß es unzulässig sei, Menschen ihrer Überzeugungen und ihrer mit diesen Überzeugungen verbundenen Handlungen wegen strafrechtlich zu verfolgen, wenn diese gewaltlos seien und kein Aufruf zur Gewalt vorliege. »Verfassungswidrige Aktion« sei eine nicht hinreichend klare Formulierung. Später sprach ich auch auf dem Kongreß über dieses Thema.

In seiner Antwort sagte Gorbatschow: »Die Demokratie muß sich verteidigen.«

Ich fragte von meinem Platz aus: »Sogar wenn dies die Demokratie verletzt?«

Gorbatschow reagierte sehr mißbilligend auf diese Vorgänge.

Die Ökonomen Gawriil Popow[4] und Nikolaj Schmeljow argumentierten überzeugend und kenntnisreich. Zum Beispiel widersprach Schmeljow mit beißendem Spott einem der Redner, der die Gründung einer neuen Tscheka zum Kampf gegen nichterarbeitete Einkünfte und gegen die Mißbräuche von Kooperativen vorgeschlagen hatte: Die Zerstörer der Wirtschaft seien jene, die fünfundneunzig Prozent von ihr kontrollierten. Die Tscheka habe mit dem Kampf gegen Schieberei begonnen und mit den Greueln von 1937 geendet. – Gorbatschow erklärte in seiner Antwort, daß man das KGB mit dem Kampf gegen Geschäftemacherei beauftragen werde.

Den dramatischen Höhepunkt der Versammlung bildete Gdljans Rede. Dazu ein paar Erläuterungen: Die Einführung einer Baumwoll-Monokultur in Usbekistan hatte in der Republik eine sehr schwierige Situation geschaffen, auf die ich noch eingehen werde. Eine der Konsequenzen war die Entstehung der sogenannten usbekischen Mafia, einer Gruppe von Veruntreuern und korrupten Partei- und Staatsfunktionären, an deren Spitze Raschidow, der Erste ZK-Sekretär von Usbekistan, sowie der Sadist und Henker Jachjajew, der Innenminister der Republik, standen. Das Haupteinkommen der Verbrecher leitete sich aus falschen Berichten über die Baumwollproduktion der Republik her. Eine ganze Hierarchie korrupter Mafiosi bereicherte sich an einem Teil der »illegalen« Gelder. Die Verbrecher verfügten natürlich über hohe Protektion in Moskau, denn sonst wären sie nicht so viele Jahre straffrei ausgegangen. Mit der Untersuchung dieses Falles wurde der Chefermittler der Staatsanwaltschaft der UdSSR, Telman Gdljan, betraut, der eine ganze Gruppe von Ermittlern leitete. In den Zeitungen hieß es, daß ihre Arbeit, jedenfalls zu Beginn ihrer Tätigkeit, recht gefährlich gewesen sei.

Strafrechtliche Ermittlungen unterliegen in der UdSSR praktisch keinerlei Kontrolle. Ein Grund dafür ist der Umstand, daß Untersuchungen von der Staatsanwaltschaft durchgeführt werden, die gleichzeitig für die Einhaltung von Recht und Gesetz zu sorgen hat. Das Ergebnis sind systematische Gesetzbrüche und Verletzungen der elementaren Menschlichkeit in der Arbeit der Ermittlungsorgane. Häufig bringen sich die Ermittler mit barbarischen Methoden in den Besitz der erforderlichen Aussagen. In politischen Fällen sind solche Ausschreitungen seltener (schließlich stehen diese Fälle im Mittelpunkt der öffentlichen Aufmerksamkeit), aber auch hier kommen sie zuweilen vor. Man kann voraussetzen, daß Gdljan über besonders weitgehende Vollmachten verfügte, so daß auch die Gesetzbrüche und Unmenschlichkeiten besondere Ausmaße annahmen.

Das breite öffentliche Interesse an Gdljans Arbeit ging auf die Mitteilung zurück, daß seine Gruppe im Laufe der Ermittlungen Material gesammelt habe, das hochgestellte Moskauer Gönner – »örtliche« Verbrecher – entlarve. Darüber wurde zum ertenmal kurz vor der XIX. Parteikonferenz in der Zeitschrift *Ogonjok* berichtet; danach erschienen andere Veröffentlichungen, die Gdljan und seinem Assistenten Iwanow als kühnen Kämpfern gegen die Korruption gewaltige Popularität, besonders bei den Arbeitern, einbrachte.

Anfang April hörte ich im Physikalischen Institut eine Rede von Olja Tschajkowskaja, einer Redaktionsangehörigen der *Literaturnaja gaseta*. Sie erklärte, ihr stünden Unterlagen zur Verfügung, denen zufolge Gdljan die Erlaubnis gehabt habe, die Untersuchungshäftlinge unter ungewöhnlich schweren Bedingungen in einem unterirdischen Gefängnis festzuhalten. Sechs Untersuchungshäftlinge seien während der Ermittlung gestorben, sechs hätten Selbstmord verübt. Unzweifelhaft waren die Veröffentlichungen auf höchster Ebene sanktioniert worden, ebenso wie man die Überschreitung der zulässigen Untersuchungshaft sanktioniert hatte. Damals durfte Tschajkowskaja nichts publizieren, doch Ende April änderte sich die Lage ganz erheblich. Manche meinen, dies habe mit dem gerade stattfindenden ZK-Plenum zu tun gehabt, auf dem viele hochgestellte Gegner der Perestroika gezwungen wurden, in den Ruhestand zu gehen. Wenn unter ihnen Empfänger von Bestechungsgeldern waren, so entfiel nun die Notwendigkeit, ihnen weiterhin mit Entlarvung zu drohen; wir können nicht einmal ausschließen, daß mit ihnen eine Art »Gentlemen's Agreement« getroffen wurde. Wie auch immer, über Gdljans Haupt ballten sich düstere Wolken zusammen.

Unter diesen Umständen erschien er am 3. Mai im Moskauer Stadtsowjet. Er begann seine Rede damit, daß er die Vorwürfe des Gesetzesbruchs und der Verleumdung zurückwies. »Man klagt mich an, Staatsverbrechen begangen zu haben. Sehen Sie, vor Ihnen steht ein Staatsverbrecher!« rief er pathetisch aus.

»Das ist durchaus möglich!« erwiderte Boris Pugo aus dem Publikum. Er war Vorsitzender der Kommission für Parteikontrolle und Nachfolger

Solomenzews, den Iwanow unter anderen »in den Fall verwickelt« hatte (eine sehr zweideutige Formulierung).

Gdljan sagte im weiteren, daß der Generalstaatsanwalt der UdSSR Sucharew, sein Stellvertreter Wassiljew und Oberst Duchanin vom KGB ein paar Tage zuvor (bereits nach dem April-Plenum) die Zelle eines Untersuchungshäftlings, des früheren Ministerratsvorsitzenden von Usbekistan, aufgesucht und dort lange mit dem Häftling gesprochen hätten. Am Morgen habe der Untersuchungshäftling eine schriftliche Erklärung abgegeben, in der er eine Reihe früherer Aussagen, speziell über die Zahlung großer Bestechungssummen an hochgestellte Personen in Moskau, widerrufen habe. Gdljan fuhr fort: »Ich habe Dokumente, die den Tatbestand von Verbrechen, verübt durch hohe Funktionäre des Partei- und Staatsapparates, beweisen. Ich bitte Sie, Michail Sergejewitsch, mich zu empfangen, damit ich Ihnen diese Dokumente vorlegen kann. Außerdem bitte ich Sie, eine Kommission aus Deputierten des Volkskongresses zu ernennen, welche die Aufgabe hat, die Materialien des Falles und die gegen mich vorgebrachten Beschuldigungen zu prüfen. Ich vertraue keiner anderen Kommission und werde vor keiner anderen Aussagen machen.«

Gorbatschow hörte schweigend und mit finsterer Miene zu, ohne Gdljan zu unterbrechen. Schließlich erwiderte er: »Dies ist eine überaus ernste Angelegenheit. Ich werde Sie empfangen. Aber wenn Sie keine Beweise für Ihre Behauptungen haben, so beneide ich Sie nicht.«

Am nächsten Tag flogen Ljusja und ich nach Tbilissi.

Wir nahmen an einer Sitzung der Öffentlichen Kommission und der Präsidiumskommission des Obersten Sowjets von Georgien teil. Hier hörten wir entsetzliche Berichte von Augenzeugen über die Ereignisse des 9. April. Ein Unfallarzt sagte uns, daß Soldaten eine schwangere Krankenschwester, die in dem Unfallwagen (natürlich durch ein rotes Kreuz gekennzeichnet) Dienst hatte, aus dem Auto gezerrt und zu Tode geprügelt hätten. Sie habe nicht einmal an der Kundgebung teilgenommen, sondern sei nur dort gewesen, um gegebenenfalls Erste Hilfe zu leisten. Die Mutter der Krankenschwester sei, nachdem sie vom Tod ihrer Tochter erfahren habe, am selben Tag an einem Herzinfarkt gestorben. Nach der Sitzung sprachen wir mit einem Afghanistan-Veteranen, der das Gemetzel auf dem Platz miterlebt hatte. Er sagte, einer der Soldaten habe zwei mißhandelte Mädchen zu einer Mauer getragen und ihnen hinübergeholfen. Daraufhin habe ein Offizier gegrölt: »Andrejewskij, zurück!« Der Soldat sei umgekehrt, worauf man ihn sofort zu Boden geschlagen und verprügelt habe.

Der Innenminister von Georgien teilte uns mit, er habe sich gegen den Truppeneinsatz gewandt und versprochen, er werde der Situation mit seinen eigenen Kräften Herr werden. Aber Patiaschwili und dessen Stellvertreter, darunter Nikolskij (der Zweite ZK-Sekretär von Georgien – dieses Amt wird in sämtlichen Unionsrepubliken von einem »Mann Moskaus« bekleidet), hätten seine Meinung nicht geteilt.

Wir besuchten eines der Krankenhäuser, in dem vergiftete und verprügelte Patienten lagen. Viele waren in einem kritischen Zustand, wobei der psychologische Faktor eine wichtige Rolle spielte. Aber entscheidend waren die Vergiftungen und Verletzungen. Wir gingen in das Zimmer eines am Tropf hängenden Mädchens. Sie gehörte zu den am schwersten Verletzten. Die Ärztin erzählte ihre Geschichte: Sie war von Soldaten zusammengeschlagen worden, kam jedoch zu sich und kroch halb bewußtlos davon. Die Soldaten riefen: »Du lebst also noch, du Luder!« und traten sie mit Füßen, vor allem in den Bauch. Einer hielt einen Gasbehälter an ihr Gesicht und bespritzte sie aus nächster Nähe.

In dem Krankenhaus trafen wir auch Studenten, die den Hungerstreik der Kranken »stellvertretend« fortsetzten. Sie drohten, den Hungerstreik auf andere Städte Georgiens auszuweiten. Es gelang uns, die Kranken und die Studenten zum Abbruch des Hungerstreiks zu bewegen, indem wir ihnen versprachen, mit allen Kräften auf die Erfüllung ihrer Forderungen hinzuwirken, besonders was die Hinzuziehung westlicher Ärzte betraf. Noch am Morgen riefen wir auf Ljusjas Initiative hin die amerikanische Vertretung an und baten Botschafter Matlock, Erkundigungen über CS-Gas einzuziehen. Zwei Tage später erhielten wir Nachricht vom Botschafter.

Ljusja kannte einige französische Angehörige der Organisation »Ärzte ohne Grenzen«, die in alle Katastrophengebiete der Welt reisen. Sie nahm über Irina Alberti Kontakt mit ihnen auf, und ich rief Schewardnadses Assistenten im Außenministerium der UdSSR an, der versprach, bei der Ausstellung der Visa zu helfen. In unserer Bürokratie geht bekanntlich kaum etwas reibungslos vonstatten, und wir (hauptsächlich Ljusja) mußten noch häufig bei Irina, im Außenministerium und in der georgischen Vertretung anrufen. Nicht weniger schwierig war die Organisation der Einreise amerikanischer Spezialisten (einige waren bedeutende Toxikologen), ebenfalls auf Ljusjas Initiative hin. Das Eintreffen dieser beiden Ärztegruppen (außerdem kamen, ohne unsere Mitwirkung, auch Ärzte des Roten Kreuzes) trug dazu bei, die Menschen zu beruhigen und die Atmosphäre zu entschärfen. Die amerikanischen Ärzte bestätigten, daß Giftgas eingesetzt worden war; neben den bereits identifizierten Gasen habe man wahrscheinlich auch Chlorpikrin verwendet.

Vor unserer Abreise aus Tbilissi trafen wir mit dem Patriarchen Ilja und dem neuen Ersten ZK-Sekretär Georgiens, Gumbaridse, zusammen, der Patiaschwili abgelöst hatte.

Ich fragte den Patriarchen, ob die Berichte zuträfen – Gorbatschow hatte dies am 3. Mai wiederholt –, daß die Teilnehmer der Kundgebung ihn mit Beleidigungen überschüttet hätten, als er ihnen auf dem Platz zuredete, die Demonstration aufzugeben. Der Patriarch bestritt dies energisch.

Von Gumbaridse wollte ich wissen, wer dafür verantwortlich sei, daß die Ereignisse am 9. April eine so tragische Wendung genommen hatten. Er antwortete: »Lesen Sie die Materialien des Plenums.« Er bezog sich auf das April-Plenum des Zentralkomitees und gab dadurch zu verstehen, daß die inzwischen pensionierten ZK-Mitglieder verantwortlich seien. Damals hielt ich seine Antwort für aufrichtig, doch mittlerweile scheint mir vieles weniger eindeutig.

In Moskau wurden die vorbereitenden Gespräche für den Kongreß fortgesetzt. Man wählte mich zu einem der »Vertreter«, das heißt, ich gehörte zu den zwanzig Prozent der Deputierten, welche die Tagesordnung erörtern sollten. Bis zum letzten Tag blieb unklar, wann dies geschehen würde, weshalb ich gezwungen war, auf eine seit langem geplante Reise zu einer wissenschaftlichen Konferenz nach Frankreich zu verzichten. Meine Teilnahme an der Konferenz, wenigstens für einen Tag, wäre ein Zeichen der Höflichkeit den französischen Wissenschaftlern gegenüber gewesen, die mich eingeladen hatten (und in den Tagen von Gorkij energischer als viele andere für uns eingetreten waren). Später stellte sich allerdings heraus, daß der Apparat des Präsidiums des Obersten Sowjets uns in der Frage der Tagesordnung »übergangen« und dem Kongreß ohne vorherige Diskussion eine seit langem ausgearbeitete Tagesordnung auferlegt hatte, die mit der Wahl des Vorsitzenden des Obersten Sowjets begann. Diese Entwicklung hatten wir nicht voraussehen können.

Nach einer Sitzung des Akademiepräsidiums kam das Akademiemitglied Kudrjawzew, Direktor des Instituts für Staat und Recht, auf mich zu und teilte mir mit, er gehöre einer Kommission des Obersten Sowjets an, welche die Aussage im Fall Gdljan prüfe. Es handle sich um zahlreiche Aussagen, und in ihnen sei von schweren Gesetzesbrüchen Gdljans die Rede.

Ich fragte: »Von Mißhandlungen der Untersuchungshäftlinge?« »Nein, darüber gibt es keine Angaben. Aber wir haben Hinweise auf erhebliche Überschreitungen der zulässigen Haftzeit und auf andere ernste Vergehen sowie auf die Unhaltbarkeit vieler Anklagen. Ich möchte, daß Sie darüber auf dem laufenden sind. Wahrscheinlich wird man unsere Kommission auflösen und ein Gremium aus Deputierten ernennen.« Kudrjawzew machte mir keine Vorschläge, doch dieses Gespräch fand gewiß nicht zufällig statt.

Am 19. Mai flog ich für einen Tag nach Syktywkar (die Hauptstadt der Komi-ASSR), wo ich die Kandidatur Revolt Pimenows unterstützen wollte, des Mannes, durch den ich neunzehn Jahre zuvor zum erstenmal auf Prozesse gegen Andersdenkende aufmerksam wurde. Im Zusammenhang mit jener Verhandlung hatte ich auch Ljusja kennengelernt. Nachdem Pimenow die Verbannung hinter sich gebracht hatte, war er in Syktywkar geblieben und hatte dort in seinem Beruf (er war Mathematiker) gearbeitet. Man hatte ihn als Kandidaten für den Volksdeputiertenkongreß nominiert; nach dem ersten Wahlgang waren zwei Kandidaten übriggeblieben. Ich sprach in Syktywkar auf mehreren sehr gut besuchten Versammlungen, von denen eine in der größten Fabrik der Stadt abgehalten wurde. Man stellte mir viele Fragen, nicht nur über Pimenow. Am häufigsten fragte man nach Gdljan, denn alle sorgten sich, daß die Ermittlungen über die Korruptionsaffäre im Zusammenhang mit der gegen ihn gerichteten Kampagne eingestellt werden würden (damals war gerade bekanntgegeben worden, daß man ihm die Untersuchungen entzogen hatte). Natürlich wollte man auch hören, wie ich zu Jelzin und Gorbatschow stand.

Ich war und bin der Meinung, daß es in dieser wichtigen Periode in der Geschichte unseres Landes keine Alternative zu Gorbatschow in der Führung gibt. Er war der Initiator vieler Entscheidungen, die im Laufe von vier Jahren die gesamte Situation im Lande und die Haltung der Menschen änderten. Gewiß, die Geschichte hatte unser Land unaufhaltsam zu diesen Entscheidungen gedrängt, doch die Rolle Gorbatschows kann nicht übersehen werden. Ich idealisiere seine Persönlichkeit keineswegs, und ich glaube nicht, daß er alles unternimmt, was getan werden muß. Zudem halte ich es für sehr gefährlich, unbeschränkte Macht in den Händen eines einzigen Mannes zu konzentrieren. Aber das alles ändert nichts an der Tatsache, daß es keine Alternative zu Gorbatschow gibt. Ich habe mich auf vielen Versammlungen ähnlich geäußert. Gorbatschows Miene erhellte sich vor Freude und Triumph, als ich diese Worte in seiner Anwesenheit auf einer Versammlung der Deputierten wiederholte.

Nun zu Jelzin. Ich habe Respekt vor ihm, aber er ist meiner Ansicht nach keine Persönlichkeit von Gorbatschows Kaliber. Jelzins Popularität ist in gewissem Sinne die »Antipopularität Gorbatschows« – das Ergebnis dessen, daß man ihn für die Verkörperung der Opposition und für das »Opfer« des bestehenden Regimes hält. Dies ist die Haupterklärung für Jelzins phänomenalen Erfolg (fünf oder sechs Millionen Stimmen, 88 Prozent der Gesamtzahl) bei der Wahl im Moskauer national-territorialen Kreis.

Jelzin nahm an der Arbeit der Gruppe teil, die sich im »Haus der politischen Bildung« versammelte. Er schwieg meist, doch zuweilen machte er sehr vernünftige Bemerkungen. Möglicherweise war Jelzin in erster Linie dafür verantwortlich, daß die Sitzungen des Kongresses im Fernsehen (und zwar »live«) gezeigt wurden. Dieses Verfahren hatte Gorbatschow zwar am 3. Mai während des Treffens mit den Moskauer Deputierten versprochen, aber Jelzin stand während einer der letzten Versammlungen vor dem Kongreß in Anwesenheit Lukjanows und Sajkows auf und sagte: »Vor mir liegt eine Zeitung mit dem Fernseh- und Rundfunkprogramm für die nächste Woche. In ihr ist keine Direktübertragung aus dem Kongreßsaal vorgesehen, sondern es heißt nur, daß man Informationen über die Arbeit des Kongresses und Interviews mit Deputierten senden wird. Dies ist ein Versuch, uns alle – das ganze Land – zu betrügen. Wenn daran X [ich habe den Namen vergessen] schuld ist, so muß er bestraft werden. Das Komitee für Fernsehen und Rundfunk hat sofort Maßnahmen zu treffen, um den Fehler zu korrigieren.« Lukjanow begann sofort zu telefonieren, und am nächsten Tag versicherte er uns, daß das Mißverständnis ausgeräumt sei.

Am 21. Mai fand im Stadion Lushniki eine große Kundgebung statt, die von der »Moskauer Tribüne« (offenbar von Batkin) organisiert worden war. Sie hatte den Zweck, eine Antwort auf die Ereignisse in Tbilissi zu erteilen, die als Versuch der Reaktionäre zur Durchsetzung ihrer »Spielregeln« betrachtet wurden. Allerdings hatten sich die Dinge bis zur Kundgebung ein wenig geändert, und die Idee schien etwas vage. Ich sagte meine Teilnahme an der Kundgebung zu, obwohl Ljusja mir abgeraten hatte. Jelzin und Gdljan waren ebenfalls anwesend. Vor Beginn der Reden trat Gdljan auf mich zu und erklärte, wie froh er sei, meine persönliche Bekanntschaft zu machen. Ich begrüßte ihn und erwiderte, daß ich die gegen ihn gerichteten Vorwürfe mit Vorsicht betrachtete, wobei ich allerdings nicht weniger Zweifel an seinen eigenen Behauptungen hätte. Gdljans Miene verfinsterte sich und er ging davon.

Batkin hatte eine Rednerliste vorbereitet und mich, auf meine eigene Bitte hin, als dritten notiert. Als erster sollte ein Arbeiter aus einer Moskauer Fabrik, als zweiter ein Vertreter der Initiativgruppe sprechen. Aber der Arbeiter erschien nicht, und in diesem Moment kam Jelzin aufs Podium. Batkin und die anderen Organisatoren berieten sich kurz und forderten ihn dann auf, als erster das Wort zu ergreifen. Jelzin sprach über die von der Moskauer Gruppe ausgearbeitete Tagesordnung des Kongresses und erweckte den Eindruck, die Gruppe zu repräsentieren (später sagten viele, die Kundgebung sei abgehalten worden, um Jelzin zu unterstützen). Auch ich wollte auf die Tagesordnung eingehen, doch viele Thesen waren bereits von Jelzin vorweggenommen worden. Ich konnte nicht mehr umdisponieren, und meine Rede verunglückte ein wenig. Der 21. Mai war mein Geburtstag, aber die Stimmung war verdorben.

Weitaus erfolgreicher und notwendiger waren zwei andere Kundgebungen in Lushniki, an denen ich ebenfalls als Redner teilnahm. Am 28. Mai erschienen 200 000 Menschen, und ich sprach dort im Sinne meiner ersten Erklärung auf dem Kongreß.

Der Kongreß wurde am 25. Mai um 10 Uhr morgens im großen Kremlpalast eröffnet. Wir erhielten Karten mit genauen Sitzangaben. Die Delegierten waren nach territorialer Zugehörigkeit verteilt, und innerhalb der Delegationen galt eine alphabetische Sitzordnung. Neben mir saß Galina Semjonowa, die Chefredakteurin der Zeitschrift *Krestjanka* (Bäuerin). Sie gab unablässig Kommentare ab, wie etwa: »Na, mein Lieber, was redest du denn da!« Auch mich nannte sie einige Male »mein Lieber«. Ich hatte schon um sechs Uhr nicht mehr schlafen können und mir seither überlegt, ob ich das Wort ergreifen sollte. Da ich all meine Thesen im Kopf hatte, bereitete ich keinen schriftlichen Text vor. Dies war wahrscheinlich ein Fehler, denn ich überschätzte meine Fähigkeiten. Später sah ich, daß alle Redner einen Text verlasen, und ich brachte mein letztes Statement, mit Ausnahme der einleitenden und abschließenden Sätze, ebenfalls zu Papier.

Zu Beginn des Kongresses sprach der Deputierte Tolpeshnikow aus Lettland. Er forderte zu einer Gedenkminute für die in Tbilissi Umgekommenen auf (alle Anwesenden erhoben sich) und brachte eine Anfrage ein: »Ich verlange Aufklärung darüber, wer den Befehl erteilte, die friedlichen Demonstranten in der Stadt Tbilissi zusammenzuschlagen und

Giftgas gegen sie einzusetzen.« Er erhielt keine Antwort. Von der ersten Minute an hatte der Kongreß einen überaus dramatischen Charakter, den er bis zum Ende bewahrte.

Nachdem ein Tagesordnungsvorschlag, der sich auf den Entwurf des Präsidiums gründete, verlesen worden war, bat ich ums Wort. Gorbatschow erteilte es mir auf der Stelle. Nach mir kam ein Mitarbeiter des Sekretariats auf mich zu und bat mich, den stenographischen Text zu korrigieren und zu unterzeichnen. Ich nahm zwei kleine stilistische Korrekturen vor, die allerdings in dem von der *Iswestija* und im Kongreß-Bulletin abgedruckten Text nicht berücksichtigt wurden. Schon in den ersten Sekunden meiner Rede kam es im Saal zu Lärm, Klopfen und Zwischenrufen, und am Ende ging dies alles in unverhüllte Obstruktion über.

Sacharow, Moskau, Akademie der Wissenschaften der UdSSR (korrigierter Text):

> »Verehrte Deputierte, ich möchte zwei prinzipielle Thesen verteidigen, die zur Grundlage des in langwieriger Arbeit von der Moskauer Deputiertengruppe hergestellten Tagesordnungsentwurfs wurden. Dieser Entwurf wurde auch von einer Reihe von Deputierten aus anderen Landesteilen befürwortet.
>
> Wir gehen davon aus, daß dieser Kongreß ein historisches Ereignis in der Biographie unseres Landes ist. Die Wähler – das Volk – stimmten für uns und entsandten uns hierher, damit wir die Verantwortung für das Schicksal des Landes, für seine gegenwärtigen Probleme und für seine Entwicklungsperspektiven übernehmen. Deshalb kann unser Kongreß nicht mit Wahlen beginnen, denn dadurch würde er sich in einen Kongreß der Wahlmänner verwandeln. Er darf seine gesetzgeberische Macht nicht an ein Fünftel seiner Mitglieder übertragen. Daran ändert die vorgesehene Rotation nichts, zumal sie in offenkundiger Eile so abgefaßt wurde, daß nur sechsunddreißig Prozent der Deputierten – ich stütze mich auf die Verfassung – die Aussicht haben, dem Obersten Sowjet anzugehören. Hierauf gründet sich die erste Hauptthese des von der Moskauer Gruppe erarbeiteten Entwurfs.
>
> Ich schlage vor, als einen der ersten Tagesordnungspunkte ein Dekret des Kongresses der Volksdeputierten der UdSSR anzunehmen. Wir erleben eine Revolution, denn genau dies ist die Perestroika, und das Wort ›Dekret‹ erscheint in diesem Zusammenhang durch-

aus angemessen. Es ist das ausschließliche Recht des Kongresses der Volksdeputierten der UdSSR, die Gesetze der UdSSR zu verabschieden und die höchsten Amtsträger der UdSSR zu ernennen, darunter den Vorsitzenden des Ministerrats der UdSSR, den Vorsitzenden des Komitees für Volkskontrolle der UdSSR, den Vorsitzenden des Obersten Gerichtshofes der UdSSR, den Generalstaatsanwalt der UdSSR und den Staatlichen Hauptschiedsmann der UdSSR. Dementsprechend müssen Veränderungen jener Artikel der Verfassung der UdSSR vorgenommen werden, welche die Rechte des Obersten Sowjets der UdSSR berühren. Dies gilt insbesondere für Artikel 108 und 111.

Die zweite prinzipielle Frage, die sich erhebt, ist die Frage, ob wir das Recht haben, das Staatsoberhaupt, den Vorsitzenden des Obersten Sowjets der UdSSR, vor einer Diskussion all jener politischen Probleme zu wählen, die das Schicksal des Landes bestimmen und die wir zu prüfen haben. Stets gilt folgende Ordnung: Am Anfang stehen die Diskussionen und die Vorstellung des Programms der Kandidaten, danach schließt sich die Wahl an. Wir bedecken uns vor unserem Volk mit Schande – das ist meine tiefe Überzeugung – wenn wir anders verfahren. Dies dürfen wir nicht tun. [Beifall]

Ich habe in meinen Reden immer wieder die Kandidatur von Michail Sergejewitsch Gorbatschow unterstützt. [Beifall] Diese Position vertrete ich auch heute, denn ich sehe keinen anderen, der unser Land führen könnte. Aber solche Personen könnten erscheinen. Meine Unterstützung hat bedingten Charakter. Ich meine, daß die Diskussion und der Vortrag der Kandidaten unerläßlich sind, denn wir müssen ein alternatives Prinzip für alle Wahlen, auch für die Wahl des Vorsitzenden des Obersten Sowjets der UdSSR, im Blick behalten. Die Kandidaten müssen ihr politisches Programm vorstellen. Michail Sergejewitsch Gorbatschow, der Begründer der Perestroika, mit dessen Namen der Beginn des Prozesses der Perestroika und die Führung des Landes seit vier Jahren verbunden sind, muß erklären, was während dieser vier Jahre in unserem Land geschehen ist. Er muß die Leistungen und die Fehler selbstkritisch erläutern. Und auch davon wird unsere Position abhängen. Vor allem müssen er und die anderen Kandidaten erklären, was sie in nächster Zukunft zu unternehmen gedenken, um die überaus schwierige Lage zu überwinden, die sich in unserem Lande herausgebildet hat, und was sie auf lange Sicht unternehmen werden.« (Die Obstruktion im Saal hat ihren Höhepunkt erreicht.)

M. S. Gorbatschow:

> »Einigen wir uns darauf, daß jeder, der sich in der Diskussion äußern will, seinen Vortrag auf maximal fünf Minuten beschränkt. Kommen Sie zum Ende, Andrej Dmitrijewitsch.«

Sacharow:

> »Ich bin fast am Ende. Ich werde nicht alle Fragen aufzählen, deren Erörterung ich für nötig halte. Sie stehen in unserem Entwurf, mit dem die Deputierten, wie ich hoffe, vertraut sind. [Mit lauter Stimme, um den Lärm im Saal zu übertönen] Ich hoffe, daß der Kongreß sich der großen, vor ihm stehenden Mission würdig erweist, daß er auf demokratische Weise an die vor ihm liegenden Aufgaben herangeht.«

Ich zählte nicht alle prinzipiellen Hauptfragen auf, da ich annahm, daß die wesentlichen Punkte – die nationale Verfassungsreform, das Problem des Grundeigentums, die Ausarbeitung eines einheitlichen Betriebsgesetzes – von späteren Rednern angeschnitten werden würden. Außerdem fühlte ich mich durch die zeitliche Begrenzung psychisch unter Druck.

Nach mir sprach Gawriil Popow. Er versuchte, eine Kompromißformel für die Tagesordnung zu finden (ausgehend von der bekannten These, daß die Politik die Kunst des Möglichen sei). Aber die Mehrheit des Kongresses war zu keinem Kompromiß bereit, was den Teilnehmern ebenso wie den Fernsehzuschauern sehr bald deutlich wurde.

Im weiteren führten die dramatischen Diskussionen und Ereignisse zu einer Radikalisierung des Standpunktes vieler Deputierter. Im Laufe des Kongresses wuchs die Zahl derjenigen Deputierten ständig, die in den Hauptfragen, die den Kongreß in zwei gegnerische Lager teilten, »mit uns« stimmten. Gewiß, es gab eine erhebliche Gruppe von Konservativen, die sich weder von Argumenten noch von Fakten beeindrucken ließen, doch sehr viele Deputierte erwiesen sich als fähig, ihre Haltung zu revidieren. Wenn der Kongreß eine Woche länger gedauert hätte, so wäre die »linke« Minderheit vielleicht zu einer Mehrheit geworden. Weit wichtiger ist jedoch, daß sich im ganzen Volk, das damals wie gebannt den Fernsehübertragungen folgte, eine ähnliche Entwicklung vollzog. Die Menschen sahen sich die Übertragungen zu Hause und am Arbeitsplatz an; manche nahmen sich sogar zu diesem Zweck Urlaub. Überall diskutierte man über die Ereignisse auf dem Kongreß. Was war das politische Hauptergebnis des Kongresses? Er löste die Probleme der Macht nicht, denn dazu wurde ihm infolge seiner Zusammensetzung und der Position Gorbatschows keine Gelegenheit geboten. Deshalb konnte er auch keine Grundlage für durchgreifende Lösungen wirtschaftspolitischer, sozialer und ökologischer Fragen schaffen. Dies alles muß in nächster Zukunft vollbracht werden, denn es gibt keinen anderen Ausweg. Aber der Kongreß zerstörte bei *allen* Menschen in unserem Lande *sämtliche* Illusionen, mit denen man uns und die ganze Welt eingelullt hatte. Die Reden von Deputierten aus allen Teilen des Landes – und nicht nur von »Linken«, sondern auch von »Rechten« – schufen innerhalb von zwölf Tagen für Millionen Menschen ein klares und unbarmherziges Bild des realen Lebens in unserer Gesellschaft. Es war ein Bild, wie es deutlicher weder durch persönliche Erfahrung, wie tragisch sie auch gewesen sein mochte, noch durch Zeitungen, Fernsehen und andere Massenmedien, durch Literatur oder Filmkunst in allen Jahren der Glasnost hätte entstehen können. Die psychologischen und politischen Auswirkungen waren gewaltig und werden noch lange anhalten. Der Kongreß machte jede Umkehr unmöglich. Nun wissen *alle*, daß es nur den Weg nach vorn oder den Untergang gibt.

In den Tagen des Kongresses paßten Ljusja und ich uns den Ereignissen an. Morgens wurde ich von einem Wagen der Akademie zum Spasskij-Turm des Kreml gebracht, ich entließ den Chauffeur und ging innerhalb der Kremlmauern zum Kongreßpalast. Ljusja stellte den Fernsehapparat an und folgte unablässig allen Übertragungen des Geschehens. (Ab und zu riefen ihre Cousine Sorja oder sonst jemand aus Moskau oder Leningrad an und fragte aufgeregt: »Hast du gehört, was sie gesagt haben? Was bedeutet das?«) Wenn die Sitzung unterbrochen wurde, fuhr Ljusja mit dem Auto zum Spasskij-Turm und wartete an der Kette auf mich, mit der der Hauptteil des Roten Platzes abgesperrt war (in den Kongreßtagen konnten nur die Teilnehmer den Platz betreten). Wir fuhren gemeinsam zum Mittagessen ins Restaurant des Hotels »Rossija«, wonach sie mich zum Kreml zurückfuhr und dann an den Fernsehapparat zurückkehrte. Abends holte sie mich wiederum ab. In diesen angespannten Tagen waren wir im Geist stets beieinander.

Am ersten Kongreßtag konzentrierte sich alles auf die Wahl des Vorsitzenden des Obersten Sowjets. Während der Pause, als ich mir irgendwelche Unterlagen holte, trat A. N. Jakowlew auf mich zu und sagte: »Sie haben eine gute Rede gehalten, aber jetzt ist es die Hauptsache, Michail

Sergejewitsch zu unterstützen. Er hat eine gewaltige Verantwortung auf sich genommen, und es ist, menschlich gesehen, sehr schwer für ihn. Praktisch muß er allein das ganze Land in neue Bahnen lenken. Seine Wahl garantiert die Fortsetzung der Perestroika.«

»Ich weiß, daß es keine Alternative zu Gorbatschow gibt, und dies wiederhole ich ständig. Aber meine Einstellung zu ihm ist in letzter Zeit nicht mehr frei von Bedenken.«

Jakowlew erwiderte: »Das ist sehr schade! Sie irren sich sehr und ...« Plötzlich sammelten sich Menschen um uns, Jakowlew beendete seinen Satz nicht und ging davon.

In der Diskussion erkärte ich später: »Ich möchte zu dem zurückkehren, was ich heute morgen gesagt habe. Meine persönliche Unterstützung Gorbatschows bei der heutigen Wahl hat bedingten Charakter. Ich habe sie davon abhängig gemacht, wie die Diskussion über die entscheidenden politischen Fragen verläuft ... Wir dürfen nicht zulassen, daß diese Wahl eine reine Formalität ist. Unter solchen Umständen halte ich es für unmöglich, an der Wahl teilzunehmen.«

Danach wurden einige – zu wenige – Fragen an Gorbatschow gerichtet; die wichtigste politische Frage betraf die Verknüpfung des Generalsekretärspostens mit dem Amt des Vorsitzenden des Obersten Sowjets. Die Alternativkandidaten kamen nicht zum Zug. (Obolenskij wurde infolge des »Abstimmungsapparats« nicht auf die Liste gesetzt, und Jelzin zog seinen Namen zurück. Er erklärte, daß er im Einklang mit der Resolution der XIX. Parteikonferenz und des ZK-Mai-Plenums handle.)

Als man begann, die Frage der Zählkommission zu erörtern, stand ich von meinem Platz auf und verließ den Saal, wobei ich die Blicke Tausender von Menschen auf mir spürte. Am nächsten Tag fragte Gorbatschow mich, weshalb ich während der Abstimmung hinausgegangen sei. Ich entgegnete, die Ursache seien die von mir dargelegten prinzipiellen Überlegungen gewesen.

»Aber es gab doch eine Diskussion.«

»Das konnte man kaum so nennen.«

An einem der ersten Kongreßtage kam der Präsident der Akademie der Wissenschaften von Usbekistan auf mich zu und sagte: »Die sogenannte usbekische Affäre ist von Lügen umrankt, die das usbekische Volk beleidigen und zutiefst verletzen. Wir alle kennen ihre Aufrichtigkeit und Autorität. Es wäre sehr zu begrüßen, wenn Sie der Kommission zur Untersuchung des Falles Gdljan angehören könnten.«

Ich gab zurück: »Das ist unmöglich. Ein Außenseiter würde viele

Monate benötigen, um sich in diesen Fall einzuarbeiten. Sonst würde er den Verlust seiner eigenen Autorität riskieren.«

Am 26. oder 27. Mai hörte ich von Gdljan: »Als Sie den Saal verließen, statt für Gorbatschow zu stimmen, hätten Iwanow und ich uns Ihnen am liebsten angeschlossen. Aber da Ermittlungen gegen uns laufen, haben wir uns zurückgehalten.«

Ich antwortete: »Wenn es Ihnen nichts ausmacht, möchte ich Ihnen ein paar Fragen stellen. Man behauptet, daß viele Aussagen über den Empfang von Bestechungsgeldern infolge von Drohungen, psychischem Druck und unverhältnismäßig langer Untersuchungshaft unter unmenschlichen Bedingungen gemacht wurden und daß diese Personen inzwischen ihre Aussagen widerrufen.«

»Diejenigen, die jetzt widerrufen, lebten unter luxuriösen Bedingungen in Taschkent. Gerade hier in Moskau sind die Bedingungen schlechter. Die lange Untersuchungshaft war notwendig. Aber nicht ich erteilte die Genehmigung dazu, sondern dies tat Moskau.«

»Welche Meinung haben Sie von Galkin?« (Dies war der neue Chefermittler, der Gdljan in der »usbekischen Angelegenheit« abgelöst hatte; er bremste die Untersuchungen zu Sumgait.

»Galkin ist ein alter Freund von mir. Seine Schwäche ist, daß er dem Druck der Vorgesetzten nicht standhält. Ich lasse mich nie durch Druck einschüchtern.«

Ein paar Tage später wurde ein Brief durch die Reihen an mich weitergegeben. Auf dem Umschlag stand: An A. D. Sacharow, T. Ch. Gdljan. Ich riß den zugeklebten Umschlag auf und fand einen anonymen Brief. Er nannte den Namen eines Mannes, der angeblich bestätigen konnte, daß Gorbatschow zur Zeit seiner Arbeit in Stawropol Bestechungsgelder in Höhe von 160 000 Rubeln erhalten habe. Dieser Mann sei ein Chauffeur (oder Lehrer), und seine beiden Telefonnummern waren angegeben. Außerdem wurde behauptet, daß Gorbatschow Bestechungsgelder von in der Stadt beschäftigten armenischen Bauarbeitern bekommen habe; dies sei allgemein bekannt.

Anonyme Briefe, in denen die Namen und Telefonnummern anderer Personen genannt werden, lassen stets eine Provokation vermuten. Trotzdem beschloß ich, den Brief an den zweiten Adressaten weiterreichen zu lassen. Gdljan nahm den Umschlag mit gleichgültiger Miene entgegen.

Am 30. Mai erörterte der Kongreß die Frage einer Kommission »zu Gdljan«. Das Präsidium hatte eine lange Mitgliederliste aufgestellt und Roy Medwedjew als Vorsitzenden genannt (ich selbst stand nicht auf der

Liste). Ein Usbeke (ich glaube, Muchtarow) rief aus: »Medwedjew ist einer dieser Schreiberlinge. Ein solcher Vorsitzender kann nicht objektiv sein.«

Muchtarow begriff offenbar nicht, daß Medwedjews Kandidatur – wie auch meine – unzweifelhaft vorher »geprüft« worden war. Der Versammlungsvorsitzende fand einen Ausweg und schlug vor, die Diskussion der Liste zu verschieben. »Und die Kommissionsmitglieder sollen selbst ihren Vorsitzenden bestimmen.«

Zwei Tage danach wurde die an einigen Stellen korrigierte Liste dem Kongreß vorgelegt. R. Medwedjew war wiederum als Kommissionsvorsitzender genannt, und Muchtarow hatte keinen Einwand mehr.

Ich schildere diese Episode aus dem Gedächtnis. Die im Bulletin veröffentlichte Version sieht etwas anders aus. Ihr zufolge erhob Muchtarow keine Einwände gegen Medwedew, sondern gegen zwei Journalisten aus der alternativen Liste; angeblich verlangte er zunächst, die gesamte Liste abzuwählen, forderte dann jedoch nur, die Journalisten auszuschließen, »da Gdljan und Iwanow herzlich von meinen lieben Kollegen aus Moskau umarmt werden«. Dies alles wirkt unlogisch. Wenn meine Version zutrifft, so ist der Versuch, die Diskussion hinsichtlich Medwedjews zu verfälschen, äußerst symptomatisch.

Gleichzeitig schlug eine Gruppe von Deputierten aus Swerdlowsk eine alternative Kommissionsliste für den Fall Gdljan vor. Diese Liste enthielt auch den Namen Leonid Kudrins, eines ehemaligen Richters, der auf sein Amt und auf sein Parteibuch verzichtet hatte, weil er den auf die Gerichte ausgeübten Druck nicht akzeptieren wollte; er arbeitete mittlerweile als Lastwagenfahrer und war nach einem erbitterten Kampf in den Kongreß gewählt worden. Ich hatte ihn bereits am Vortag für den Kommissionsvorsitz nominieren wollen, und nun erklärte ich: »Der Fall Gdljan hat zwei Seiten. Es geht nicht nur darum, die Tätigkeit einer Ermittlergruppe zu untersuchen, die möglicherweise schwere Verfehlungen auf sich geladen hat. Vielmehr geht es auch darum, die Bezichtigungen zu untersuchen, die gegen die höchsten Vertreter unseres Apparats und unserer Gesellschaft erhoben wurden. In unserem Land gibt es eine ernste Vertrauenskrise der Partei, der Führung gegenüber. [Dieser Satz ist im Stenogramm nicht enthalten!] Beide Seiten dieses Konflikts müssen objektiv geprüft werden ... Das Volk und die Arbeiterklasse müssen dem Kommissionsvorsitzenden Glauben schenken können. [Auch dieser Satz fehlt im Stenogramm.] Deshalb scheint mir ein Mann mit Kudrins Biographie für den Posten des Kommissionsvorsitzenden geeignet.«

Am 30. Mai kam es auf dem Kongreß noch zu anderen sehr dramatischen Ereignissen. Kaipbergenow, ein Deputierter aus der Karakalpakischen ASSR, sprach über die Tragödie am Aralsee. Sie ist in ihren Ausmaßen und langjährigen Folgen mit anderen Weltkatastrophen zu vergleichen. Alljährlich gelangen 540 Kilo Sand und Salz vom ausgetrockneten Bett des Aralsees auf jeden Hektar Boden in Karakalpakien, Choresmien und im Gebiet Taschaus. Die Wissenschaft hat es bisher nicht vermocht, auch nur einen Flecken Erde in Karakalpakien von den Herbiziden, Pestiziden und giftigen Chemikalien zu reinigen, die sich tonnenweise auf jedem Hektar abgelagert haben. Die Menschen in der Gegend des Aralsees sind bedroht durch ganz spezifische tödliche Krankheitssymptome. Unter den Neugeborenen ist die Zahl der Mißbildungen stark gestiegen. Von jeweils drei in der ASSR Untersuchten leiden zwei an Typhus, Speiseröhrenkrebs oder Hepatitis. Die Mehrheit der Betroffenen sind Kinder. Ärzte raten davon ab, Säuglinge mit Muttermilch zu ernähren.

Kaipbergenow erklärte: »Erstens: Ich fordere, eine Gruppe von Volksdeputierten mit Sondervollmachten zu bilden. [Bisher hängt dieser tragische Aufruf unbeantwortet in der Luft – wie so vieles andere auf dem Kongreß!] Zweitens: Die Aussaat von Baumwollstauden muß rasch und einschneidend gekürzt werden. Der Handel mit Baumwolle ist im buchstäblichen Sinne ein Handel mit der Gesundheit unserer Mitbürger. Man muß das Aralgebiet offiziell zu einer ökologischen Katastrophenzone erklären und die Welt um Hilfe bitten. Aber bisher sind die Ufer des Aralsees als geheimes Territorium klassifiziert.«

Diese Rede gehörte zu den aufwühlendsten auf dem Kongreß, ebenso wie die Berichte über die Katastrophen in Usbekistan, das Aussterben der nördlichen Völker, die von dem Unfall in Tschernobyl strahlenverseuchten Zonen, die Vergiftung von Wasser und Luft in den Zentren der Chemie- und Stahlindustrie. Die ökologische Situation unseres Landes ist äußerst bedrohlich. Sie hängt in erheblichem Maße – wie so viele andere Schwierigkeiten unseres Landes – mit dem Egoismus und der Straffreiheit der behördlichen Supermonopole zusammen.

Der Kongreß ging zum georgischen Problem über. Gamchrelidse, der erste Redner, sagte: »Wenn die Schuldigen nicht bestraft werden, so wird die öffentliche Meinung dies als Beweis für die Allmacht der Parteispitze und der Militärführung interpretieren. Geplante Aktionen solchen Maßstabs, mit derartigen politischen Konsequenzen, müssen der höchsten Führung des Landes im voraus bekannt gewesen sein.«

Danach sprach Rodionow, der Befehlshaber des Transkaukasischen Militärbezirks. Er behauptete, daß die Kundgebungen in Tbilissi keineswegs friedlichen Charakter gehabt, sondern die Stabilität des Landes erheblich bedroht hätten. Er leugnete den Einsatz von chemischen Substanzen mit Ausnahme von Tränengas, was er mit der Erklärung zu belegen suchte, daß »Miliz- und KGB-Mitarbeiter in Zivil« in der Menge gewesen seien und keinen Schaden davongetragen hätten. Alle Aktionen der Soldaten seien rein defensiver Art gewesen und durch den unerwartet heftigen bewaffneten Widerstand von Extremisten ausgelöst worden. »Wir beziehen uns heute so häufig auf das Jahr 1937, *aber die Lage ist jetzt schwieriger als* 1937. Jetzt darf jeder über dich sagen, was ihm einfällt, und du kannst dich nicht rechtfertigen.«

Rodionows Rede wurde von einem Teil der Deputierten und der »Gäste« mit einer langen Ovation gefeiert; viele spendeten stehend Beifall. Andere jedoch riefen: »Eine Schande!« Und »Hinaus aus dem Kongreß!« Im Bulletin heißt es verschämt: »Anhaltender Beifall.«

Einen der dramatischsten Momente des Kongresses bildete die Rede Patiaschwilis, des zurückgetretenen Ersten ZK-Sekretärs von Georgien. Er verkündete: »Ich persönlich wies – und weise – die Verantwortung nicht von mir. Es wurde für einen schweren Fehler gehalten [er sagte nicht, von wem], daß wir die Leitung der Operation General Rodionow übertrugen. Aber dies geschah erst, nachdem Generaloberst Rodionow und General Kotschetow, der Erste Stellvertreter des Verteidigungsministers der UdSSR, am Morgen des 8. April zu mir gekommen waren und erklärt hatten, daß General Rodionow mit der Leitung der Operation betraut sei.« (Wie ich mich erinnere, erwähnte Patiaschwili auch, daß Tschebrikow[5] aus Moskau angerufen habe, was allerdings nicht im Bulletin steht.)

Patiaschwili fuhr fort: »Als um 5 Uhr morgens mitgeteilt wurde, daß zwei Menschen umgekommen seien, berief ich das Büro ein und erklärte meinen Rücktritt, denn ich hielt mich nicht für berechtigt, die Parteiorganisation weiter zu leiten. In jenem Moment ahnte ich nicht, daß Spaten und chemische Substanzen eingesetzt worden waren, denn sonst wäre ich, offen gesagt, auf keinen Fall zurückgetreten. Vielleicht – und sehr wahrscheinlich – wäre ich danach stärker bestraft worden, aber ich selbst hätte unter keinen Umständen meinen Rücktritt erklärt ... Genosse Rodionow bestritt die Verwendung von Spaten ganz energisch. Sogar nachdem Mitglieder des Politbüros in die Republik gekommen waren, gaben die Genossen es nicht zu. Erst am dritten Tag gestanden sie.«

(Bis dahin hatten die zentrale Presse und das Fernsehen mitgeteilt, daß Menschen im Gedränge gestorben seien.)

Dies alles wird im Bulletin ganz anders wiedergegeben. Darauf kam es zu folgender Szene: Patiaschwili, unter großer emotionaler Spannung, hatte am Ende seiner Rede offensichtlich beschlossen, dem ganzen Land etwas sehr Wichtiges mitzuteilen. Aber gleichzeitig war der psychische Druck von seiten des Publikums, besonders des rechten Flügels, immer stärker geworden. Man ließ Patiaschwili nicht sprechen und überschüttete ihn mit beleidigenden Fragen (es wirkte wie ein Versuch, ihm den Mund zu stopfen). Er war gezwungen, das Rednerpult zu verlassen, machte ein paar Schritte, blieb in qualvoller Verwirrung stehen und kehrte ans Pult zurück. Der Lärm im Saal verschärfte sich und wuchs zu einem Brüllen an. Patiaschwili blieb am Pult von neuem stehen. Dann schrumpfte er gleichsam zusammen, drehte sich um und verließ fast fluchtartig den Saal.

Am 30. Mai wurde auch die Zusammensetzung der Tbilissi-Kommission erörtert. Mein Name stand auf der Liste, doch ich schrieb dem Präsidium eine Notiz mit der Bitte, mich nicht in die Kommission aufzunehmen, da ich früher ausgiebige und komplexe Kontakte zu einigen der georgischen »Inoffiziellen« gehabt hätte. Ich dachte insbesondere an Gamsachurdia und Kostawa (ich war häufig für Merab Kostawa eingetreten, zum letztenmal im Jahre 1987). In den Sitzungen der Kommission würde sich zwangsläufig die Frage nach ihrer Rolle erheben, was mich in eine schiefe Lage bringen würde. Aber ich hatte noch einen anderen Grund, den ich in einem Interview mit dem georgischen Fernsehen nannte. Auch Tawchelidse, der Präsident der georgischen Akademie der Wissenschaften, kam vor dem Kongreß auf diesen Grund zu sprechen: Die Bildung einer Kommission war überflüssig. Nur eine einzige Frage, formuliert in einem Deputiertenantrag, mußte beantwortet werden: Wer hatte den Befehl erteilt, auf friedliche Demonstranten einzuschlagen und Giftgas einzusetzen, also eine Strafaktion durchzuführen? Wenn die Frage nicht beantwortet und nur eine neue Kommission geschaffen wurde, so würden wir der Lösung nicht näherkommen.

Während des Kongresses sprach ich zweimal über juristische Probleme, zuerst in der Diskussion über die Kandidatur A. I. Lukjanows für das Amt des Stellvertretenden Vorsitzenden des Obersten Sowjets: »Im Laufe des letzten Jahres wurden in unserem Land zahlreiche Gesetze und Erlasse verabschiedet, die große öffentliche Besorgnis auslösen. Wir sind nicht völlig über den Mechanismus zur Ausarbeitung dieser Gesetze und über die gesetzgeberische Tätigkeit in unserem Land unterrichtet. Viele Juristen schreiben sogar, daß sie nicht wüßten, in welchem Stadium und wo die endgültige Fassung eines Gesetzes formuliert wird. Aber die gesetzgeberischen Akte, von denen ich spreche, haben wirklich sehr große öffentliche Bedenken verursacht. Es handelt sich um die Erlasse über Kundgebungen und Demonstrationen, über die Pflichten und Rechte der Truppen des Innenministeriums bei der Wahrung der öffentlichen Ordnung; diese Erlasse wurden im Oktober des vergangenen Jahres verabschiedet.

Meiner Ansicht nach stellen diese Erlasse einen Rückschritt für die Demokratisierung unseres Landes sowie für jene internationalen Verpflichtungen dar, die unser Staat übernommen hat. Sie reflektieren die Furcht vor dem Willen des Volkes, vor der freien demokratischen Tätigkeit des Volkes und sie enthalten jenen Sprengstoff, der in Minsk, in dem Dorf Lenino auf der Krim, in Krasnojarsk, Kuropaty und an vielen anderen Orten explodierte – wobei die Ereignisse in Tbilissi, von denen jetzt die Rede ist, den Höhepunkt bildeten. Ich möchte wissen, welche Rolle Genosse Lukjanow bei der Ausarbeitung dieser Erlasse spielte, ob er sie sanktionierte und was seine persönliche Einstellung zu ihnen ist. Das ist die erste Frage.

Die zweite Frage betrifft den am 8. April verabschiedeten Erlaß des Präsidiums des Obersten Sowjets der UdSSR. Meiner Meinung nach widerspricht er ebenfalls den Prinzipien der Demokratie. Es gibt ein ganz wesentliches Prinzip, das 1948 in der Allgemeinen Deklaration der Menschenrechte der Vereinten Nationen und später von Organisationen wie Amnesty International formuliert wurde. Es besagt, daß Aktionen, die dem Ausdruck von Überzeugungen dienen – vorausgesetzt, diese haben nichts mit Gewalt und dem Aufruf zu Gewalt zu tun –, niemals zum Gegenstand strafrechtlicher Verfolgung werden dürfen. Dies ist ein entscheidendes Prinzip, das dem demokratischen Rechtssystem zugrunde liegt. Im Text des Erlasses vom 8. April wird der notwendige Begriff ›Gewalt‹ nicht erwähnt, weshalb die Formulierung mir unbefriedigend erscheint. Außerdem gibt es nun Zusatzartikel 11, der uns allen gut bekannt ist und nach dem bereits Menschen verurteilt werden. Dieser Artikel bedürfte einer Erläuterung durch das Plenum des Obersten Gerichtshofes der UdSSR, denn auch er ist meines Erachtens nicht vollständig und unbefriedigend. Vor allem aber ist es von Übel, wenn ein Gesetz oder ein Erlaß einer Erläuterung bedarf. Ein Gesetz darf keine zweideutige Interpretation zulassen, denn solche bergen gewaltige Gefahren. Ich habe das Recht, über dieses Thema zu sprechen, weil es von vielen Wählern und Wählergruppen gefordert wird. Aber ich möchte den Genossen Lukjanow wiederum fragen, was er von diesen Erlassen hält und ob er an ihrer Ausarbeitung beteiligt war.«

Danach sprach ich in der Debatte über die Kandidatur Sucharews für das Amt des Generalstaatsanwalts der UdSSR. Ich stellte folgende Fragen (ich zitiere aus dem Gedächtnis): »Erstens. Zur Zeit wird in der Presse lebhaft über die Frage diskutiert, ob ein Anwalt vom Moment der Anklageerhebung bei den Ermittlungen zugegen sein soll. Man erörtert die Frage, ob die Staatsanwaltschaft von der Durchführung der Ermittlungen entbunden werden solle, da diese Praxis zu schweren Verletzungen der Legalität und der Menschlichkeit führe, und ob die Staatsanwaltschaft sich nur darauf zu konzentrieren habe, die Einhaltung der Gesetze zu überwachen. Was ist Ihre Haltung?«

Sucharew: »In beiden Fällen bin ich dafür.«

»Drittens. Ich habe zahlreiche Briefe von Menschen erhalten, die ihrer Meinung nach illegal verurteilt wurden; häufig stammen die Briefe auch von Verwandten der Häftlinge. Diese Menschen teilen mir mit, daß sie sich an die Staatsanwaltschaft gewandt und ihr Beweise für die Ungerechtigkeit des Urteils geschickt haben. In einer Reihe von Fällen waren die Argumente sehr ernst zu nehmen. Aber die Staatsanwaltschaft erteilte in sämtlichen Fällen die stereotype Antwort: ›Es gibt keine Grundlage für eine Revision des Urteils‹, ohne die Argumente des Beschwerdeführers konkret zu analysieren. In der Presse wurde berichtet, daß die Staatsanwaltschaft in den meisten Fällen nicht einmal die Akten angefordert habe. Auch ich erhielt eine stereotype Antwort auf meine Dienstaufsichtsbeschwerde, die ich im Zusammenhang mit dem Fall meiner Frau J. G. Bonner einreichte. [Lärm im Saal] Wie stehen Sie zu dieser Praxis?«

Sucharew: »Die Staatsanwaltschaft muß sich bemühen, derartige Erscheinungen zu vermeiden. Meine Position ist in diesem Punkt sehr bestimmt und eindeutig.«

»Viertens. Was ist Ihre Meinung über Ihre Mitarbeiter Katussew und Galkin?«

Sucharew: »Positiv.«

»Aber Katussew löste durch seine Erklärung, die falsche Angaben enthielt, die Ereignisse in Sumgait praktisch aus oder verschärfte sie zumindest. Und Galkin ruinierte die Untersuchung der Geschehnisse in Sumgait, die Entlarvung der Organisatoren und ihrer Beschützer.«

Sucharew: »Sie haben unrecht.«

An einem der Kongreßtage stand die Schaffung einer Kommission zur Ausarbeitung einer neuen sowjetischen Verfassung zur Debatte. Dem Kongreß war eine Liste der Kommissionsmitglieder mit M. S. Gorbatschow als Vorsitzendem unterbreitet worden. Die Diskussion begann, und einer der Redner fragte: »Alle Kommissionsmitglieder auf dieser Liste sind Angehörige der KPdSU. Was werden sie ausarbeiten: einen Verfassungsentwurf oder ein neues Parteistatut?«

Daraufhin nominierte Sagdejew mich als Kandidaten, denn dies bedeute, daß wenigstens eine Person in der Kommission nicht der Kommunistischen Partei angehören werde. Gorbatschow stellte den Deputierten die Frage, wer den Vorschlag unterstütze. Viele applaudierten, und Gorbatschow sagte, ohne die Frage nach einer Abstimmung zu stellen: »Ich sehe, daß Sie die Kandidatur unterstützen. Nehmen wir den Vorschlag an.« Er wünschte offensichtlich, daß ich der Kommission beitrat, und fürchtete, daß ich die für die Aufnahme in die Liste erforderlichen fünfzig Prozent der Stimmen nicht erhalten würde.

Ich ging ans Rednerpult und sagte: »Die Zusammensetzung der Kommission zeigt deutlich, daß ich in jeder prinzipiellen Frage in der Minderheit sein werde. Deshalb kann ich der Kommission nur unter der Bedingung beitreten, daß ich berechtigt bin, alternative Formulierungen und Prinzipien vorzuschlagen, und daß ich alles, womit ich nicht einverstanden bin, nicht zu unterstützen brauche.«

Als ich wieder meinen Platz eingenommen hatte, kam jemand von Gorbatschows Personal auf mich zu und fragte: »Bedeutet Ihre Erklärung, daß Sie sich weigern, in der Kommission mitzuarbeiten?« – »Nein, ich bin bereit, mich der Kommission unter den Bedingungen anzuschließen, die ich erwähnt habe.« – »Ausgezeichnet, Michail Sergejewitsch war sehr besorgt.«

Am 31. Mai sprachen mich mehrere Soldaten während einer Sitzungspause an. Viele von ihnen seien beunruhigt über mein Interview in Kanada, in dem ich behauptet hatte, daß aus sowjetischen Hubschraubern eingekreiste sowjetische Soldaten erschossen worden seien, um sie nicht in Gefangenschaft geraten zu lassen. Wenn dies der Fall gewesen wäre, wüßte die ganze Armee davon. Sie selbst hätten in Afghanistan gedient und nie etwas Derartiges gehört. Sie seien überzeugt, daß man mich irregeführt habe. »Wir möchten Sie warnen, daß man auf dem Kongreß bald eine öffentliche Erörterung und Verurteilung Ihrer Aussagen fordern wird.« – Ich erwiderte, meine Haltung sei völlig klar, und ich hätte nichts dagegen, sie in jedweder Form zu erörtern.

Im Laufe des letzten Jahres hat sich meine Besorgnis über den allgemeinen innenpolitischen Kurs Gorbatschows verstärkt. Mich beunruhigt die enorme Kluft zwischen Worten und Taten auf wirtschaftlichem, sozialem und politischem Gebiet. Im Grunde hat die Wirtschaftsreform, die sich auf eine Veränderung der Eigentumsstruktur in der Landwirtschaft und in der Industrie und auf die Beseitigung der Allmacht von Partei und Staat und die Beendigung der Behördenkorruption stützen sollte, noch gar nicht begonnen.

Im ideologischen Bereich beunruhigen mich die führende Rolle der Perestroika-Gegner Vadim Medwedjew und Degtjarjow sowie die zahlreichen Rückschläge hinsichtlich der Informationsfreiheit.

Im politischen Bereich beunruhigt mich das offenkundige Streben Gorbatschows nach unkontrollierter persönlicher Macht. Mich beunruhigt, daß Gorbatschow sich ständig an den »gehorsamen« und kontrollierbaren Kräften, selbst wenn sie reaktionär sind, orientiert, nicht aber an den progressiven, die Perestroika unterstützenden Kräften. Dies zeigte sich in seiner Einstellung gegenüber »Memorial« und an seinem Verhalten auf dem Kongreß. Das gleiche gilt für die nationalen Probleme, wo er eine negative, voreingenommene Position den Armeniern und Balten gegenüber vertritt.

Im sozialen Bereich beunruhigt mich das Fehlen realer Verbesserungen in der Situation fast aller Bevölkerungsschichten. Ich entschied, daß ein freimütiges Gespräch mit Gorbatschow – ohne Zeugen – sehr ratsam wäre. Zu Beginn der Morgensitzung am 1. Juni trat ich ans Präsidium und übermittelte Gorbatschow meinen Wunsch, unter vier Augen mit ihm zu sprechen. Den ganzen Tag über saß ich wie auf Kohlen. Nach der Abendsitzung erinnerte ich einen von Gorbatschows Sekretären an meine Bitte; dieser kehrte ein paar Minuten später zurück und ließ mich wissen, daß Michail Sergejewitsch mit den Mitgliedern einer georgischen Delegation konferiere, was noch lange dauern könne. Wahrscheinlich sei es besser, unser Treffen auf den nächsten Tag zu verschieben. Ich gab zurück, daß ich bereit sei zu warten, zog einen Stuhl heran und setzte mich neben die Tür des Raumes, in dem sich Gorbatschow aufhielt. Von dort aus überblickte ich den ganzen riesigen Saal des Kongreßpalastes, der inzwischen in Halbdunkel getaucht und leer war.

Endlich, ungefähr nach einer halben Stunde, erschien Gorbatschow zusammen mit Lukjanow. Dies entsprach nicht meinem Plan, aber es war nicht zu ändern. Gorbatschow sah müde aus (ebenso wie ich selbst). Wir rückten drei Stühle in die Bühnenecke hinter dem Präsidiumstisch. Während des gesamten Gesprächs war Gorbatschow sehr ernst. Das Lächeln – halb wohlwollend, halb herablassend –, mit dem er mich gewöhnlich bedachte, war kein einziges Mal zu beobachten.

Ich begann: »Michail Sergejewitsch, ich brauche Ihnen nicht zu sagen, wie schwierig die Situation im Lande ist, wie unzufrieden die Menschen sind und wie sie sogar mit noch Schlimmerem rechnen. Im Land herrscht eine Vertrauenskrise der Führung, der Partei gegenüber. Ihre persönliche Autorität ist fast bis auf Null gesunken. Die Menschen können nicht länger warten und wollen sich auch nicht länger mit Versprechungen begnügen. Unter solchen Umständen ist ein mittlerer Kurs praktisch unmöglich. Das Land und Sie persönlich stehen an einem Scheideweg; die Wahl ist folgende: entweder die maximale Beschleunigung des Veränderungsprozesses oder der Versuch, das administrative Kommandosystem *mit allen* Eigenarten zu bewahren. Im ersten Fall müssen Sie sich auf die ›linken Kräfte‹ stützen, und Sie können sicher sein, daß es im Lande viele kühne und energische Menschen gibt, auf die Sie sich verlassen können. Im zweiten Fall wissen Sie selbst, wessen Unterstützung Sie haben werden, aber diese Seite wird Ihnen Ihre Bemühungen um die Perestroika niemals verzeihen.«

Gorbatschow antwortete: »Ich vertrete unerschütterlich die Position der Perestroika. Daran bin ich für immer gebunden. Aber ich lehne Panik und zu hastige Schritte ab. Wir haben viele ›große Sprünge‹ gesehen, und das Ergebnis waren unweigerlich Tragödien und Rückschritte. Ich weiß, was über mich gesagt wird. Aber ich bin überzeugt davon, daß das Volk meinen Kurs verstehen wird.«

»Auf dem Kongreß wird die politische Hauptaufgabe nicht gelöst – alle Macht den Sowjets, das heißt, die ungleiche Doppelherrschaft der Partei und der Sowjets muß beseitigt werden. Wir benötigen ein ›Dekret über die Macht‹, das die gesamte gesetzgeberische Gewalt und das Recht zur Nominierung der wichtigsten Amtsträger auf den Kongreß konzentriert. Nur so werden die Volksherrschaft und die Freiheit von den Raffinessen des Apparats gesichert, der zur Zeit sowohl die gesetzgeberische wie die Personalpolitik bestimmt. Der gewählte Oberste Sowjet ist in seiner Mehrheit kein hinreichend kompetentes und arbeitsfähiges Organ. Das Land wird immer noch von denselben Personen, von demselben Behörden- und Ministerialsystem gelenkt, während der Oberste Sowjet nahezu machtlos ist.«

»Der Kongreß kann sich nicht allen Gesetzen widmen – es gibt zu viele«, erwiderte Gorbatschow. »Deshalb brauchen wir einen ständig tagenden Obersten Sowjet. Aber Sie, die Moskauer Gruppe[6], wollten Demokratie spielen, und dadurch gelangten viele der dringend benötigten Personen nicht in den Obersten Sowjet; wir hatten bereits geplant, ihnen Posten in den Kommissionen und Komitees zu übertragen. Sie haben vieles verdorben. Aber wir werden uns trotzdem bemühen, einiges zurechtzurücken, zum Beispiel, indem wir Popow zum stellvertretenden Komiteevorsitzenden machen. Es gibt überall neue Leute, beispielsweise wird Abalkin Ryschkows Stellvertreter.«

»Im Fall Gdljan geht es nicht nur um Gesetzesbrüche. Das ist zwar sehr wichtig, aber für das Volk handelt es sich um eine Frage des Vertrauens, um die Vertrauenskrise der Führung gegenüber. Es ist schade, daß Kudrins Kandidatur zurückgewiesen wurde; er ist ein Arbeiter, ein früherer Richter, ein früheres Parteimitglied – ihm hätte das Volk geglaubt.«

Lukjanow warf ein: »Kudrin gründete seine Wahlkampagne auf den Fall Gdljan. Er kann nicht unvoreingenommen sein.« (In Wirklichkeit stand der Fall Gdljan nicht im Mittelpunkt von Kudrins Kampagne.)

Ich fuhr fort: »Große Sorge macht mir, daß das einzige politische Ergebnis des Kongresses Ihre Übernahme unbegrenzter persönlicher Macht ist – der 18. Brumaire in moderner Form. Sie erreichten diesen Gipfel, ohne gewählt worden zu sein. Sie stellten sich nicht einmal zur Wahl in den Obersten Sowjet und wurden dessen Vorsitzender, obwohl Sie ihm gar nicht als Mitglied angehörten.«

»Wäre es Ihnen etwa lieber gewesen, wenn man mich nicht gewählt hätte?« fragte Gorbatschow.

»Nein, Sie kennen meine Meinung, daß es keine Alternative zu Ihnen gibt. Aber ich rede nicht von Personen, sondern von Prinzipien. Außerdem könnten diejenigen, die Informationen über Sie besitzen, Druck auf Sie ausüben oder Erpressungsversuche machen. Schon jetzt wird behauptet, daß Sie in Stawropol Bestechungsgelder genommen hätten – man redet von 160000 Rubeln. Nur eine Provokation? Aber man wird etwas anderes finden. Wenn Sie nicht vom Volk gewählt sind, kann niemand Sie schützen.«

»Ich habe eine reine Weste. Und ich werde mich Erpressungsversuchen niemals beugen – weder von rechts noch von links!« Gorbatschow sprach mit fester Stimme, ohne erkennbaren Zorn.

So endete unser Gespräch. Ich hatte es nicht sofort aufgezeichnet, aber ich glaube, daß ich Gorbatschows entscheidende Äußerungen sehr genau im Gedächtnis behalten habe.

Unser Treffen hatte keine konkreten Folgen, was auch nicht möglich gewesen wäre. Aber mir scheint, daß ein Gespräch von so hoher Freimütigkeit manchmal erforderlich ist – aber natürlich nur, wenn beide Seiten einander respektieren.

Am nächsten Tag, dem 2. Juni, geschah das, wovor mich die Soldaten gewarnt hatten. Tscherwonopiskij, ein Teilnehmer am Krieg in Afghanistan und Komsomol-Sekretär der Stadt Tscherkassy, warf mir in seiner Rede vor, ich hätte mich durch mein Interview mit der kanadischen Zeitung der Verleumdung schuldig gemacht. Tscherwonopiskij hatte im Krieg in Afghanistan beide Beine verloren. Ein erheblicher Teil seiner Rede war den wirklich sehr schwierigen materiellen und moralischen Problemen gewidmet, denen die Afghanistan-Veteranen ausgesetzt sind. Dann erwähnte er »die verantwortungslosen Erklärungen des Deputierten Sacharow«. Er verlas im Zusammenhang mit meinem Interview einen Appell von Angehörigen der Landetruppen. Sein Schlußsatz lautete: »Ich nenne nun die drei Begriffe, für die wir alle kämpfen müssen: Staat, Heimat, Kommunismus.« – (Im Bulletin steht: »Beifall. Alle erheben sich.« Ich selbst hätte diese drei Begriffe nicht miteinander verbunden. »Ich liebe die Heimat, doch mit einer seltsamen Liebe«, schrieb Lermontow. Mir scheint, daß die Verknüpfung von »Staat« und »Kommunismus« auch für einen überzeugten Kommunisten unannehmbar ist.)

Sobald Tscherwonopiskij seine Rede beendet hatte, drängte ich mich zum Podium durch, um ihm zu entgegnen. Bereits meine ersten Worte lösten, wie es im Bulletin taktvoll heißt, Lärm im Saal aus. Ich sagte: »Auf keinen Fall wollte ich die Sowjetarmee beleidigen ... Es geht darum, daß der Krieg in Afghanistan ein verbrecherisches Abenteuer war, und niemand weiß, wer die Verantwortung für dieses ungeheure Verbrechen trägt. Ich protestierte gegen den Einmarsch sowjetischer Truppen nach Afghanistan und wurde dafür nach Gorkij verbannt ... Und zweitens: Das Thema des Interviews war ein ganz anderes – wir sprachen über die Rückkehr der sowjetischen Kriegsgefangenen aus Pakistan. Und ich sagte, die einzige Methode seien direkte Gespräche mit den afghanischen Partisanen ... Ich erwähnte die Berichte, die ich aus dem ausländischen Rundfunk kannte: über die Tatsache von Erschießungen »mit dem Ziel, eine Gefangennahme zu verhindern«, wie es in einem Brief heißt, der mir vor kurzem geschickt wurde [leider erklärte ich nicht, daß es sich um eine Anfrage an das Präsidium handelte, die von zahlreichen Offizieren, welche als Deputierte am Kongreß teilnahmen, unterzeichnet worden war, auch von General Gromow, dem früheren Oberbefehlshaber der sowjetischen Streitkräfte in Afghanistan. In dieser Anfrage, die das Sekretariat an mich weiterreichte, wurde gefordert, der Kongreß möge mein Interview mit der kanadischen Zeitung verurteilen; hier wurde die Formulierung »mit dem Ziel, eine Gefangennahme zu verhindern« verwendet.] Dieser Versprecher war rein zufälliger Art und stammte aus Geheimdokumenten. Ich habe weder die Sowjetarmee noch den sowjetischen Soldaten beleidigt, sondern ich habe jene angeklagt, die den verbrecherischen Befehl erteilten, sowjetische Truppen nach Afghanistan zu entsenden.« (Im Bulletin ist verzeichnet: Beifall, Lärm im Saal.)

In Wirklichkeit tobte – fünf Minuten lang vor Millionen Fernsehzuschauern – ein Sturm; die meisten Deputierten und »Gäste« waren aufgesprungen, brüllten: »Eine Schande, weg mit ihm!« und stampften mit den Füßen, während ein kleinerer Teil applaudierte. Dann folgten weitere Reden – es handelte sich offensichtlich um eine geplante Kampagne –, in denen ich verurteilt wurde. T. D. Kasakowa, eine Mittelschullehrerin aus der Stadt Gasalkent, rief: »Genosse, Akademiemitglied, Sie haben durch einen einzigen Akt Ihre gesamte Tätigkeit zunichte gemacht. Sie haben die ganze Armee, das ganze Volk, sämtliche Gefallenen beleidigt. Und ich übermittele Ihnen unsere allgemeine Verachtung.« (Beifall)

Am Ende der Sitzung ging ich zu Gorbatschow hinauf. Er sagte verärgert: »Schade, daß Sie so lange geredet haben.«

»Ich bestehe darauf, daß mir während der Erörterung Ihres Vortrags das Wort erteilt wird.«

Gorbatschow blickte mich erstaunt an und fragte nur: »Sind Sie registriert?«

»Ja, schon seit langem.«

Ich ging hinaus. Ljusja wartete wie immer am Spasskij-Turm auf mich. Sie sagte: »Du hast natürlich eine schlechte Rede gehalten, aber du bist ein Prachtkerl. Ich war nur einen Moment lang besorgt, während du zum Podium gingst und ich deinen Rücken sah. Aber als du dich umdrehtest und ich dein Gesicht erkennen konnte, beruhigte ich mich sofort.«

Ich selbst war viel weniger nervös gewesen als am ersten Tag. Zwar war ich durch das Fehlen konkreten Beweismaterials (es liegt bis heute nicht vor) in einer etwas unbehaglichen Lage, aber ich fühlte mich moralisch gerechtfertigt. Deshalb ließen mich der Lärm und das Toben im Saal völlig kalt. Aber auf alle anderen, welche die Vorgänge im Fernsehen oder direkt im Saal beobachteten, machte diese Szene einen bleibenden Eindruck. Innerhalb einer Stunde hatte ich die Unterstützung von Millionen Menschen gewonnen und war in unserem Lande so populär wie nie zuvor geworden. Das Kongreßpräsidium, die Redaktionen sämtlicher Zeitungen, Rundfunk und Fernsehen, das Physikalische Institut und das Präsidium der Akademie der Wissenschaften erhielten in den folgenden Tagen Zehntausende von Telegrammen und Briefen, deren Absender meinen Standpunkt teilten. Unser eigenes Telefon verstummte im Laufe des Tages keine Minute lang, der Briefträger und der Telegrammbote liefen sich die Füße ab und brachten uns Stöße von Post.

Bis zum Ende des Kongresses blieb noch eine Woche. Viele von uns hätten seine Fortsetzung für sehr wünschenswert gehalten, aber Gorbatschow und die anderen Präsidiumsmitglieder teilten diesen Gedanken offensichtlich nicht. Dabei war der Kongreß durch den Gedenktag, den man nach der Katastrophe in Baschkirien – zwei Züge waren infolge einer defekten Gasleitung verbrannt, viele Menschen zu Tode gekommen – ausgerufen hatte, sogar verkürzt worden. Am selben Tag spielten sich noch andere tragische Ereignisse ab, von denen wir bald erfuhren.

In China setzte die Regierung militärische Gewalt gegen Demonstranten – Studenten und Arbeiter – ein. In der Nacht auf den 4. Juni (wie der 9. April war es ein Sonntag) rückten Panzer gegen die Demonstranten vor. Die Zahl der Opfer auf dem Platz des Himmlischen Friedens und in anderen Städten ist nicht genau bekannt, doch es handelte sich unzweifelhaft um einige tausend Menschen. Die Kämpfe in Peking und in den Provinzen zogen sich über mehrere Tage hin. Dann gelang es den Behörden, den Widerstand der Studenten und Arbeiter zu brechen. Verhaftungen, Prozesse und Hinrichtungen begannen.

In den ersten Tagen nach dem 4. Juni verabschiedete der Kongreß einen Appell an das chinesische Volk, der im Grunde nichts als einen vagen Aufruf zur friedlichen Lösung des Konflikts enthielt; zudem blieb unklar, wer zu friedlichem Verhalten aufgefordert wurde – jene, die Panzer und Maschinengewehre gegen gewaltlos demonstrierende Menschen einsetzten, oder jene, die sich bemühten, ihnen Widerstand zu leisten. Nur ein paar Deputierte stimmten gegen den Appell. Leider war mir die Schändlichkeit des Textes bei seiner Verlesung nicht deutlich geworden, doch ich versuchte später, meinen Fehler zu korrigieren. Dann hörte ich, daß der Appell auf Bitten der chinesischen Regierung verabschiedet worden sei! Er sollte offenbar ein Gegengewicht gegen die internationalen Proteste darstellen.

Ebenfalls in jenen Tagen kam es zu einem schrecklichen Blutbad in Usbekistan. Zuerst hörte man nur bruchstückhafte Informationen, die jedoch keinen Zweifel daran ließen, daß etwas Entsetzliches vorging. An einem der Kongreßtage blieben wir nach 18 Uhr zu einer geschlossenen Sitzung im Saal; Tschebrikow und Innenminister Bakatin teilten uns vieles – wenn auch keineswegs alles – über die Tragödie mit. Die meisten Opfer waren Mescheten (neben Russen, Tataren, Juden, Armeniern und Ukrainern). Die Mescheten lebten bis 1944 in Georgien, an der Grenze zur Türkei. Sie wurden zur selben Zeit wie die Krimtataren und unter großen Opfern nach Usbekistan zwangsumgesiedelt und fordern seit langem hartnäckig eine Rückkehr in ihre Heimat. In den sechziger und siebziger Jahren wurden viele Aktivisten verurteilt. Während des Pogroms im usbekischen Fergana wurden mehr als hundert Menschen ermordet und mehrere hundert verletzt. Die Morde waren besonders bestialisch und sadistisch (Verbrennung bei lebendigem Leibe, Kreuzigung, Aufspießen von Kindern mit Heugabeln und andere unbegreifliche Greueltaten), und sogar Kinder wurden vergewaltigt.

Tschebrikow sagte, man habe die Mescheten zu ihrer eigenen Sicherheit in ein Lager gebracht, das von Truppen bewacht werde. Es gebe dort kein Wasser und keine Zelte; Kinder und alte Menschen seien der brennenden Sonne ausgesetzt. Unter den Unruhestiftern war laut Tschebrikow der »extremistische Flügel Birlik« (eine nationalistische, inoffizielle Gruppe der usbekischen Intelligenzija). Später hörte man diesen Vorwurf nicht mehr. Es ist mir nicht klar, was einen solchen Anfall des Rassenhasses und der Brutalität ausgelöst haben kann (obwohl wir etwas Vergleichbares in Sumgait erlebten). Jedenfalls kommen religiöse Motive nicht in Betracht, denn sowohl die Usbeken wie die Mescheten sind sunnitische Moslems. Das Bodenproblem wird erwähnt. Tatsächlich brachte die Baumwollmonokultur viele Usbeken um ihr Land und setzte sie dem Hunger aus. Vielleicht besaßen ein paar Mescheten dort winzige Grundstücke, und die gegenseitige Hilfe, die man sich innerhalb einer verfolgten Minderheit stets leistet, sorgte dafür, daß ihr Leben ein wenig besser war als das der Urbevölkerung (erinnern wir uns an die Juden in Europa, in Rußland und der Ukraine oder an die Chinesen in Indonesien). Aber wenn es wirklich um den Boden ging, so hätte sich der Haß nicht in erster Linie gegen die unerwünschten Nachbarn, sondern gegen weiter entfernte und höhergestellte Personen richten müssen. So muß man annehmen, daß der Haß der Menge gelenkt wurde.

Am Tag nach der geschlossenen Sitzung fuhren Ljusja und ich wie immer zum Mittagessen in das Hotel »Rossija«. Am Eingang stand eine Gruppe von Mescheten, die als Abgesandte aus Fergana eingetroffen waren. Sie umringten uns und baten uns inständig um Hilfe. Die Männer weinten, und eine der Frauen kniete nieder. Sie waren nur unter großer Mühe nach Moskau vorgedrungen, denn sie waren am Bahnhof und am Flughafen zurückgehalten und von Milizbeamten geschlagen worden. Die Abgesandten erklärten, daß die Pogromanstifter mit den örtlichen Behördenvertretern unter einer Decke steckten; ihnen würden Busse und Benzin zur Verfügung gestellt und man liefere ihnen die Adressen der Mescheten – genau wie die Adressen von Armeniern in Sumgait.

Am nächsten Tag besuchte uns eine Gruppe von Mescheten in der Tschkalow-Straße. Sie waren am Abend zuvor mit Tschebrikow zusammengekommen und hatten ihn gebeten, ein Treffen mit Gorbatschow zu arrangieren, sonst könnten sie nicht abreisen, dies sei der Auftrag des Volkes. Ich rief mehrere Male in Gorbatschows Sekretariat an. Er selbst war nicht anwesend, doch ich bat einen der Sekretäre, Kontakt mit ihm aufzunehmen und ihm mitzuteilen, daß ich angesichts der überaus zugespitzten Situation dringend zu einem Gespräch mit der Mescheten-Delegation riete. Ich nannte dem Sekretär die Namen der Abgesandten. Eine halbe Stunde darauf rief er mich seinerseits an, um mich wissen zu lassen, daß Michail Sergejewitsch die Delegation nicht empfangen könne, weil er sich auf eine Reise in die Bundesrepublik Deutschland vorbereite. Ich explodierte – vieleicht war ich wütender als je in meinem Leben – und schrie: »Teilen Sie Michail Sergejewitsch mit, daß er nirgendwohin reist. Ich werde mich an Kohl wenden, damit er den Besuch Gorbatschows in der Bundesrepublik absagt. Man kann unmöglich ein Staatsoberhaupt empfangen, das einen Völkermord zuläßt!«

Am anderen Ende der Leitung wurde gezögert, und schließlich sagte der Sekretär: »Warten Sie. Wir werden Sie anrufen.«

Zwanzig Minuten später meldete der Sekretär sich wieder und informierte mich, daß Ryschkow die Delegation der Mescheten empfangen werde. Am Abend kehrten die Abgesandten zu uns zurück. Sie berichteten empört, daß Ryschkow sie über den Beschluß unterrichtet habe, die Mescheten aus Usbekistan in das Gebiet Smolensk und in andere russische Gegenden zu evakuieren, wo man bereits Unterkünfte für sie vorbereite. »Aber das ist eine zweite Verbannung! Wir haben seit Jahrzehnten um die Rückkehr in unsere Heimat gekämpft und würden dafür unser Leben opfern. Wenn wir nun einwilligen, nach Rußland überzusiedeln, werden wir nie mehr nach Georgien zurückkehren – das ist uns völlig klar!«

Ljusja und ich versuchten, sie zu überzeugen, daß die Rettung von

Menschenleben Vorrang vor allem anderen haben müsse. Deshalb dürfe man die Evakuierung aus Usbekistan nicht ablehnen, denn sonst werde man neue Opfer zu beklagen haben. Den Kampf um die Rückkehr in ihre Heimat könnten sie auch in Rußland fortsetzen, und irgendwann würden sie ihr Ziel erreichen. Die Mescheten stimmten nicht mit uns überein und entfernten sich gekränkt.

Ich sprach mit zahlreichen Georgiern über die Möglichkeit, die Mescheten nach Georgien zurückkehren zu lassen. Aber sie waren meinen Argumenten in keiner Weise zugänglich (ebensowenig wie im Hinblick auf Abchasien und Ossetien). Später unterhielt ich mich mit Lukjanow darüber, der sagte, man habe versucht, Gumbaridse in Georgien zur Aufnahme der Mescheten zu bewegen. Dieser habe jedoch erklärt, daß dies in der gegenwärtigen Lage in Georgien einen Bürgerkrieg auslösen würde.

Ein weiteres – allerdings ungesichertes – Detail zum Bild der Ereignisse in Fergana: Wir erhielten die Information, daß auf den Videobändern der Bluttaten von Usbekistan in der tobenden Menge eine Gruppe von Mitarbeitern des armenischen KGB zu erkennen sei, die man ein paar Tage vor den Ereignissen hastig nach Moskau beordert habe. Wenn diese Information stimmt, darf vermutet werden, daß das KGB an der Provokation in Fergana beteiligt war. Aber derartige Informationen sind mit größter Vorsicht zu behandeln.

Eine der dramatischsten Diskussionen der letzten Kongreßtage betraf das Komitee für Verfassungsaufsicht. Das Kongreßpräsidium hatte eine Mitgliederliste für dieses Komitee vorgelegt und wollte dadurch gleichzeitig dessen Gründung durchsetzen. Eine Reihe von Deputierten, vornehmlich aus dem Baltikum, lehnte jegliche Diskussion der Frage ab, da es keine Vorschriften gebe, welche die Funktionen und Vollmachten eines solchen Komitees festlegten. Zum Beispiel bestehe die Möglichkeit, daß dieses Komitee sich in die gesetzgeberische Tätigkeit der Republiken einmischen werde. Die Debatte wurde immer schroffer. Eine Gruppe von Deputierten aus dem Baltikum verließ den Kongreß. Das Präsidium war gezwungen, nachzugeben und die Diskussion über das Komitee für Verfassungsaufsicht aufzuheben.

Einigen »linken« Deputierten gelang es auf dem Kongreß immerhin, konzeptionelle Thesen zu entwickeln. Am 31. Mai sprachen Bunitsch und Wlassow, am 1. Juni ergriff Tschernitschenko das Wort, am 8. Juni äußerten sich Schmeljow, Jemeljanow und Jablokow. Ich selbst hielt am

Schlußtag des Kongresses eine programmatische Rede. Afanasjew und Tichonow mußten auf eine solche Möglichkeit verzichten.

Pawel Bunitsch sagte, daß unsere Veränderungen im wirtschaftlichen Bereich rein kosmetischer Art seien. Wir hätten vergessen, daß jeglicher Handel ein Angebot voraussetze, das größer sei als die Nachfrage. Man könne eine Welle rückschrittlicher Verbotsmaßnahmen beobachten, etwa die Festlegung eines normativen Verhältnisses zwischen dem Wachstum der Arbeitsproduktivität und dem Durchschnittslohn sowie den »Abschuß der Kooperativen«. Wenn ein Betrieb heute Verluste mache, bezahle er die gleichen Löhne wie ein rentables Unternehmen. Wir verzehrten das Erbe unserer Kinder, denn wir lebten besser, als wir es durch unsere Arbeit verdient hätten (obwohl wir ein elendes Leben führten). Der Sozialismus sei kein Sozialversicherungssystem. *Eine wirtschaftliche Rechnungsführung sei dann gegeben, wenn jeder wisse, daß alles, was er erarbeitet habe, abzüglich der Steuer, ihm gehöre.* Wenn eine Braut mit einem anderen davonlaufe, dann seien wahrscheinlich die verborgenen Laster des ersten Bräutigams daran schuld (über den staatlichen Sektor und das Genossenschaftssystem). Wir benötigten ein einheitliches Betriebs- und Genossenschaftsgesetz.

Jurij Tschernitschenko argumentierte: »Ein landwirtschaftliches Zwangssystem kann das Volk niemals ernähren. Die Armut der Menschen und das Sterben des Ackerlandes haben rein politische Ursachen. Unser schändlicher Export ist erniedrigend: 200 Millionen Tonnen Erdöl, hauptsächlich in Form von Rohöl. Ich weiß nicht, was ich meinem Enkel hinterlassen werde. Unser Import ist erniedrigend. Warum kaufen wir 21 Millionen Tonnen Weizen, obwohl das Land zweimal mehr Weizen produziert, als es selbst benötigt?«

Nikolaj Schmeljow erklärte: »Ich mache mir Sorgen über die nächsten zwei, drei Jahre: die Inflation, den Zerfall des Verbrauchermarktes, das Haushaltsdefizit. Im Falle eines Wirtschaftsbankrotts erwarten uns ein allgemeines Bezugsscheinsystem, eine Abwertung des Rubels, die Entfesselung des schwarzen Marktes und der Schattenwirtschaft, die erzwungene Rückkehr zu einer strengen administrativen Kommandodisziplin auf unabsehbare Zeit. Es ist nicht fair, daß der rasche Lohnanstieg an allem schuld sein soll. Der Ausbeutungsgrad der Arbeitskräfte ist in der UdSSR höher als in sämtlichen anderen Industrieländern. Der Lohn- und Gehaltsanteil unseres Bruttosozialproduktes beträgt 37 bis 38 Prozent, während er in der übrigen industrialisierten Welt bei mindestens siebzig Prozent liegt. Unsere Arbeiter haben das moralische Recht, ihren Anteil am Bruttosozialprodukt zu erhöhen, und sie gehen mit allen verfügbaren Mitteln an die Lösung dieser Aufgabe heran.« Schmeljow machte außerdem zahlreiche wirtschaftspolitische Vorschläge.

Dieser Prozeß kann nicht gestoppt werden. Wer die Kooperativen, die bargeldlose Transaktionen in Bargeldzahlungen verwandeln, für die Misere verantwortlich macht, beweist wirtschaftliches Analphabetentum. Das Bevölkerungseinkommen beläuft sich auf 430 Milliarden Rubel. Die Kooperativen sind nur für ein Viertelprozent (1 Milliarde Rubel) dessen verantwortlich, was die Druckmaschine produziert.

Neben unserem schweren Erbe haben wir vier Fehler zu überwinden: 1. das völlig unqualifizierte Vorgehen beim Verkauf alkoholischer Getränke; 2. die Kampagne gegen nichterarbeitete Einkommen von 1986; 3. die Tatsache, daß wir nach dem Sinken des Ölpreises nicht den Import von Geräten und Getreide, sondern den Import von Konsumartikeln verringerten; 4. die Erhöhung der Kapitalinvestitionen.«

Schmeljow schlug ein Sanierungssystem vor:

»1. Rückkehr zu einem normalen Spirituosenhandel (gegenwärtig wird die Hälfte der alkoholischen Getränke im Lande von Schwarzbrennern hergestellt, und zwar aus Zucker). Die Menschen trinken aus Wehmut oder weil sie die Lügen nicht ertragen oder aus Untätigkeit.

Wir benötigen 15 Milliarden Dollar zum einmaligen Import von Konsumartikeln sowie 5 bis 6 Milliarden Dollar jährlich für unsichtbare Einfuhren, um die Handelsbilanz für zwei oder drei Jahre zu stützen. Insgesamt also 30 bis 35 Milliarden Dollar – woher sollen wir diese Summe nehmen?

2. Den Kolchosen muß gestattet werden, einen Teil ihrer Produktion gegen harte Währung zu verkaufen und diese nach Belieben auszugeben. Unsere Menschen sind bescheiden. Man braucht ihnen für eine Tonne nicht zweihundert Dollar zu zahlen, sie sind mit 75 Dollar zufrieden.

3. Fünf- bis zehnjähriger Einfuhrstopp, was Apparaturen für unsere Riesenprojekte betrifft.

4. Man darf fragen, was uns unsere Interessen in Lateinamerika kosten. Nach amerikanischen Schätzungen jährlich 6 bis 8 Milliarden Dollar.

5. Internationale Kredite. Wir werden die Zinsen zahlen können, doch nicht unbedingt den Rest.

6. Wir müssen uns entscheiden, Land zu verkaufen oder es für immer zu verpachten.

7. Wir müssen uns entscheiden, nicht nur darüber zu reden, sondern

tatsächlich Wohnungen, Lastwagen, Traktoren und alles zu verkaufen, was wir an Vorräten haben.

8. Aktien und hochprozentige Staatsanleihen für einen Zeitraum von dreißig Jahren. Die Gelder, die wir durch erhöhte Importe erhalten, müssen abgeschrieben werden.

9. Wir müssen begreifen, daß der Staat bankrott ist, daß wir nur das bauen können, was einen raschen Konsumeffekt erzielt.

10. Wir haben das lächerlichste und unwirksamste Subventionssystem für die Landwirtschaft erfunden. Wenn jemand gut arbeitet, zahlen wir ihm für ein Kilo seiner Produktion einen Rubel, wenn er schlecht arbeitet, zahlen wir ihm jedoch zwei Rubel. Dieser Unsinn muß beseitigt werden!«

A. M. Jemeljanow sprach über die Macht und die Rolle der Partei. Heute werde oft unterstrichen, daß die Partei die Garantie der Perestroika darstelle. Aber das Volk sei nicht von allein in die jetzige Krisensituation geraten, sondern unter der Führung der Partei. Das Einparteiensystem ziehe die Monopolisierung der Macht nach sich, und durch die Vereinigung von Ämtern werde das Monopol sogar noch verstärkt. Die Ämtervereinigung auf der Ebene des Generalsekretärs und Präsidenten sei vorläufig nicht zu vermeiden, doch dies dürfe nicht auf allen unteren Ebenen zum Prinzip erhoben werden, sondern sei zu verbieten.

Das Akademiemitglied A. W. Jablokow widmete sich ökologischen Problemen. Zwanzig Prozent der Bevölkerung lebten in ökologischen Notstandsgebieten und weitere fünfunddreißig bis vierzig Prozent in ökologisch ungünstigen Verhältnissen. Jeder dritte Mann in diesen Gegenden erkranke an Krebs. Die Kindersterblichkeit sei in einzelnen Gebieten höher als in einer Reihe afrikanischer Länder. Die durchschnittliche Lebenserwartung liege um vier bis acht Jahre unter jener der entwickelten Länder. Die Ursache: Die Sowjets hätten die reale Macht im lokalen Bereich eingebüßt. In den Behörden fehle der wirtschaftliche Anreiz zum sparsamen Umgang mit den Ressourcen, was die übermäßige Ausbeutung der Naturschätze begünstige. Das Behördenmonopol habe zur Folge, daß man jeden Industriezweig entwickele, ohne den Druck der Nachbarbehörden auf die Umwelt zu berücksichtigen. Ein Fünftel der im Jahre 1987 hergestellten Wurstwaren habe giftige Chemikalien in gesundheitsschädlicher Menge enthalten, ebenso wie 42 Prozent der für Kinder bestimmten Milchprodukte.

Überhaupt fehle es an der nötigen ökologischen Information. Erforderlich seien, die Rückgabe der Macht an die örtlichen Sowjets, die finanzielle Verantwortung der Verschmutzer, der Übergang zu einer ökologisch ungefährlichen Technologie und obligatorische unabhängige Gutachten.

Die Behauptung, daß die »linken« Deputierten keine konstruktiven Programme besäßen ist, wie sich zeigt, aus der Luft gegriffen. Auch die Reden von Deputierten, die insgesamt einen konservativeren Standpunkt einnehmen, enthielten viele wertvolle Gedanken. Die auf dem Kongreß geäußerten Ideen gingen nur teilweise in die Schlußresolution (»Über die Grundrichtungen der Innen- und Außenpolitik der UdSSR«) ein, und viele Thesen wurden in diesem Dokument nicht konkret genug formuliert. Nichtsdestoweniger ist diese Resolution ein sehr wichtiges programmatisches Dokument, das die Prinzipien der Perestroika zusammenfaßt und zahlreiche neue und wertvolle Aussagen enthält.

Die sozialpolitischen Vorstellungen der Resolution sind am stärksten konkretisiert, während die Anhebung der Mindestaltersrenten auf das Niveau des Mindestlohns; Angleichung der Rente für Invaliden der ersten und zweiten Klasse, für Witwen und Eltern von gefallenen Soldaten an das Niveau der Kriegerrenten; die Zusage, die Erhöhung des Mindesturlaubs auf 24 Tage und Mutterschaftsurlaub bis zum dritten Lebensjahr des Kindes zu gewähren; die Zusage, einen Mechanismus zur jährlichen Angleichung der Renten – unter Berücksichtigung der Lebenshaltungskosten – einzuführen.

Ryschkow erwähnte meiner Ansicht nach in seiner Rede den Beschluß, jegliche Rentenkürzungen für arbeitende Rentner, unabhängig von ihrem Einkommen, aufzuheben. Entweder mißverstand ich ihn, oder man überlegte es sich anders, denn im Entwurf des Schlußdokuments stand: »... für Rentner, die als Arbeiter und Meister tätig sind.« Ich übergab dem Präsidium und dem Redaktionskollegium eine Notiz, in der ich auf die Notwendigkeit hinwies, diesen Beschluß im Interesse der sozialen Gerechtigkeit und des Staates auf Landbewohner und Angestellte auszuweiten. Sehr viele – zum Beispiel Ärzte und Krankenschwestern oder Lehrer im Pensionsalter – würden es bei einer solchen Einengung des Beschlusses vorziehen, nicht weiterzuarbeiten. Der Rentenfonds werde weniger sparen können, und die Gesellschaft werde auf die Dienste vieler erfahrener und wertvoller Kräfte verzichten müssen. Leider wurden meine Bemerkungen (und die vieler anderer natürlich) in dem endgültigen, veröffentlichten Text der Resolution nicht berücksichtigt. Immerhin erwähnte man die Invaliden der ersten und zweiten Klasse, was natürlich auch sehr wichtig ist.

Die wirtschaftlichen Thesen der Resolution sind sehr allgemein formuliert. Die Hauptideen der Perestroika spiegeln sich wider, doch fehlt jeder Hinweis auf zeitliche Vorgaben oder politische Garantien. Fast alle vorgeschlagenen Maßnahmen – etwa die Schmeljows – bleiben in der Resolution unerwähnt, doch einige machen sich indirekt bemerkbar. In der Resolution wird angeregt, das allgemeine Volumen der Kapitalinvestitionen im Herstellungsbereich stark zu verringern sowie die Zweckmäßigkeit der im Bau befindlichen und geplanten Projekte von Kommissionen des Obersten Sowjets analysieren zu lassen. Der Ministerrat solle ein Experiment durchführen und die zusätzliche Lieferung hochwertiger Waren durch die Betriebe stimulieren – und zwar mit Hilfe der harten Währung, die infolge des verringerten Getreide- und Lebensmittelimports gespart werden könne. (Dies entspricht zwar nicht genau dem Vorschlag Schmeljows, ist jedoch ein Schritt in die erforderliche Richtung.) Keine Rede ist von Maßnahmen, welche den Aufwand an harter Währung für außenpolitische Zwecke einschränken würden, vom freien Verkauf von Wohnungen, Geräten und Produktionsmitteln, von der Erlangung internationaler Kredite und der Ausgabe von Innenanleihen, vom Ende der Hilfsleistungen für unrentable Betriebe auf Kosten der rentablen.

Das Schlußdokument nimmt zahlreiche juristische Forderungen der Deputierten auf. In dem veröffentlichten Text heißt es: »Der Kongreß setzt Artikel 11[7] außer Kraft und hält es für nötig, die Formulierung von Artikel 7[8] des Erlasses vom 8. April zu präzisieren sowie den Obersten Sowjet zu beauftragen, die Verfassungsmäßigkeit der Erlasse über Kundgebungen und Demonstrationen und über die Rechte der Truppen des Innenministeriums zu prüfen.« (Ich werde noch darauf eingehen, wie diese Entscheidung am letzten Kongreßtag bekanntgegeben wurde.) Andere wichtige Ideen, die in der Resolution berücksichtigt werden, sind: der Übergang zu Geschworenengerichten und die Zulassung eines Rechtsanwalts von Ermittlungsbeginn an (nicht erwähnt wird der Vorschlag, den Organen der Staatsanwaltschaft die Ermittlungen zu entziehen; allerdings ist davon die Rede, sie »aus der Sphäre des Behördeneinflusses« zu entfernen).

Im Bereich des nationalen Verfassungssystems werden die »Leninschen föderativen Prinzipien« sowie die Prinzipien »der wirtschaftlichen Selbständigkeit der Republiken und Regionen in Verbindung mit einer aktiven Mitwirkung an einer gesamtsowjetischen Arbeitsteilung« in allgemeiner Form (zu allgemein, meines Erachtens) bestätigt. Zudem wird formell festgehalten, daß in der UdSSR die gesamte staatliche Macht dem

Volk gehöre und von ihm durch die Sowjets der Volksdeputierten ausgeübt werde. Doch was die Funktionsteilung zwischen dem Obersten Sowjet und dem Volksdeputiertenkongreß betrifft, so wird das Prinzip zurückgewiesen, daß der Kongreß das ausschließliche Recht habe, Gesetze von einmaliger und kurzfristiger Wirkung zu verabschieden und die höchsten Amtsträger zu ernennen. Auch fehlt die Forderung vieler Deputierter, daß die Sowjets nicht mehr den Parteiorganen unterstellt werden dürften, daß Artikel 6 der Verfassung zu streichen[9] und die Ämterverbindung des Vorsitzenden eines Organs der Sowjetmacht und eines Parteikomiteesekretärs (wenn auch mit einer vorläufigen Ausnahme für den Vorsitzenden des Obersten Sowjets und Generalsekretärs des Zentralkomitees der KPdSU) zu verbieten sei. Ich bin überzeugt, daß es nötig ist, auf der nächsten Sitzungsperiode des Kongresses für die Verabschiedung weitaus konkreterer und radikalerer Beschlüsse zu kämpfen.

In den letzten Kongreßtagen hielten die »linken« Deputierten mehrere Besprechungen ab, deren Ziel die Gründung einer »Interregionalen Gruppe der Volksdeputierten« war. Diese Besprechungen fanden hauptsächlich abends, nach der Arbeit des Kongresses, in einem Konferenzsaal des Hotels »Moskwa« statt, wo die meisten der zugereisten Deputierten wohnten. Es gab stürmische Diskussionen über die Erklärung der Gruppe, doch letzten Endes fanden wir Formulierungen, die für alle akzeptabel waren. Rund hundertfünfzig Deputierte unterzeichneten die Erklärung. Die Ziele der »Interregionalen Gruppe« sind folgende: Ausarbeitung von Vorschlägen und Prinzipien hinsichtlich der Hauptprobleme, die das Land und der Kongreß zu bewältigen haben und Förderung einer freien Aussprache über diese Probleme auf dem Kongreß und in der Öffentlichkeit. Man beschloß, daß die Gruppe weder einen Vorsitzenden noch eine Satzung haben solle.

Während der letzten Besprechung verfaßte Galina Starowojtowa den Text eines Aufrufs aus Anlaß der Ereignisse in China. Dieser alternative Aufruf – im Gegensatz zu dem auf dem Kongreß verabschiedeten inhaltslosen Appell, der den chinesischen Machthabern mehr oder weniger in die Hände spielte – diente dazu, die blutige Abrechnung mit den Studenten und Arbeitern unzweideutig zu verurteilen und die Beendigung des Blutvergießens zu fordern. Der Text wurde von den Mitgliedern der »Interregionalen Gruppe« unterzeichnet – dies war ihre erste gemeinsame Aktion. Ljusja und ich nahmen an sämtlichen Besprechungen teil und unterzeichneten den Aufruf natürlich ebenfalls.

Der letzte Tag des Kongresses brach an. Nach mehreren Reden wurde beschlossen, die Diskussion über Ryschkows Vortrag abzubrechen und den Entwurf der Resolution »Über die Hauptrichtungen der Innen- und Außenpolitik der UdSSR« als Grundlage für die weitere Arbeit der Redaktionskommission zu billigen. In diesem Moment sagte Lukjanow erleichtert zu Gorbatschow: »Na, Michail, das wär's!« Diese Worte waren im Saal nicht zu vernehmen, doch die Fernsehzuschauer hörten sie, da die auf dem Präsidiumstisch liegenden Mikrofone an das Übertragungssystem angeschlossen waren. Offenbar glaubte Lukjanow, daß alle mit dem Kongreß verbundenen Schwierigkeiten und Aufregungen vorüber seien. Aber er irrte sich. In den letzten Stunden spielten sich spannende Ereignisse ab, die das psychologische und politische Ergebnis des Kongresses in vieler Hinsicht verändern sollten.

Die Deputierten bestanden darauf, die Diskussion über das Schlußdokument – mit einer maximalen Redezeit von fünf Minuten – fortzusetzen. Im Gang bildete sich eine lange Schlange von Deputierten, von denen viele noch kein einziges Mal gesprochen hatten. In kurzen, energischen Reden gingen sie auf die Probleme ihrer Region ein, übten scharfe und begründete Kritik an einzelnen Thesen des Dokuments, brachten wesentliche Ergänzungen und konkrete Vorschläge zu wirtschaftlichen und besonders zu sozialen Fragen ein. Als einer der letzten trat Schapowalenko, ein Deputierter aus Orenburg, ans Pult. Völlig überraschend für Gorbatschow und das Präsidium verlas er die Erklärung über die Gründung einer unabhängigen »Interregionalen Gruppe«. Wenn Gorbatschow die Absicht Schapowalenkos im voraus gekannt hätte, wäre er möglicherweise irgendwie eingeschritten.

Gorbatschow war offensichtlich erschrocken und sagte rasch: »Uns bleiben nur noch rein interne Angelegenheiten. Wir können die Übertragung aus dem Kongreß einstellen. Wer unterstützt diesen Vorschlag?«

Einige Hände hoben sich, irgend jemand rief: »Ja!«, doch die Mehrheit starrte Gorbatschow entgeistert an. Ich stürzte an den Präsidiumstisch und protestierte aufgeregt (schließlich hatte Gorbatschow persönlich eine ununterbrochene Übertragung versprochen). Die Kameras wurden gerade in dem Moment ausgeschaltet, als ich mich dem Tisch näherte. Auf den Bildschirmen erschien vor Millionen Zuschauern eine völlig verstörte Sprecherin und gab bekannt, daß die Übertragung aus dem Kreml-Kongreßpalast beendet sei (sie nannte keine Ursache und vergaß sogar den in diesen Fällen üblichen Zusatz »aus technischen Gründen«). Dann begann die Übertragung irgendeines Fußballspiels, das seit langem im Gange war.

Was hatte Gorbatschow derart erschreckt? Er muß befürchtet haben, daß Schapowalenkos Rede andere unberechenbare Geschehnisse folgen würden und daß er, Gorbatschow, zu Maßnahmen gezwungen sein könnte, die er der Weltöffentlichkeit nicht unbedingt demonstrieren wollte. Selbst wenn diese Annahme nicht zutrifft, zeigte er dennoch, daß Glasnost für ihn nur innerhalb bestimmter Grenzen akzeptabel ist.

In seiner Verwirrung hatte Gorbatschow vergessen, daß er den Kongreß noch zu schließen und daß er eine angenehme Überraschung für die Deputierten vorbereitet hatte. Nachdem er sich ein wenig beruhigt und gemerkt hatte, daß keine »Palastrevolution« bevorstand, ließ er das Fernsehen von neuem einschalten und erteilte Lukjanow das Wort. Dieser erklärte, das Präsidium halte es im Einklang mit den Wünschen von vier Deputierten für erforderlich, Artikel 11 des Erlasses vom 8. April zu streichen, da der Text keine eindeutige Interpretation zulasse.

Ich lief wieder zum Präsidiumstisch und rief: »Aber was ist mit Artikel 7 – und mit dem Prinzip, daß nur Gewalt und Aufruf zur Gewalt strafrechtlich verfolgt werden dürfen?«

Lukjanow lächelte und sagte: »Warten Sie, gleich ...« Er fuhr fort: »Das Präsidium hält es ebenfalls für erforderlich, die Formulierung von Artikel 7 zu revidieren und die Worte ›antikonstitutionelle Handlungen‹ durch die Worte ›gewaltsame Handlungen‹ zu ersetzen. Die derartig geänderte Formulierung (den endgültigen Text werden die Juristen vorbereiten) dürfte alle zufriedenstellen, obwohl wir meinen, daß die ursprüngliche Formulierung das gleiche ausdrückte.«

Die Deputierten – und ich mit ihnen – begannen zu applaudieren, und viele erhoben sich. Dies mußte natürlich im Fernsehen gezeigt werden.

Der Kongreß näherte sich seinem Ende. Ich versuchte weiterhin, das Wort zu erhalten, und ganz zum Schluß erfüllte Gorbatschow meine Bitte. Er wollte meine Rede auf fünf Minuten beschränken, doch ich forderte fünfzehn Minuten, da meine Aussagen grundlegender Art seien. Gorbatschow lehnte ab.

Ich begann zu sprechen und hoffte, meine Redezeit verlängern zu können, wenn ich nur hartnäckig genug wäre. Tatsächlich sprach ich dreizehn oder vierzehn Minuten lang. Nach meiner Rede wandte ich mich an Gorbatschow mit der Bitte, Starowojtowa das Wort zu erteilen, damit sie den Text des Aufrufes über die Ereignisse in China, der von mehr als hundertzwanzig Deputierten unterzeichnet worden sei, verlesen könne. Ich merkte jedoch, daß dies nicht gelingen würde, und sagte meinerseits ein paar Worte zu dem Thema. Unterdessen hatte Gorbatschow angeordnet, alle Mikrofone im Saal auszuschalten. Die Mehrheit der Deputierten (außer denen, die in den ersten Reihen saßen) hörten nichts, ebensowenig wie die Stenographen. Aber die Fernsehcrew hatte ihre Mikrofone nicht abgestellt, und Gorbatschow wollte die Übertragung entweder nicht zum zweitenmal am selben Tag unterbrechen, oder er vergaß es einfach. Jedenfalls war im Fernsehen und im Rundfunk jedes Wort meiner Rede zu hören.

Ich hatte den Text des Dekrets über die Macht mit einigen Freunden, darunter Anatolij Schabad, erörtert, doch den endgültigen Text hatte ich kurz vor dem Kongreß geschrieben und aus Zeitmangel mit niemandem mehr besprechen können, also auch nicht den ersten Punkt über die Streichung von Artikel 6 der Verfassung der UdSSR (»die führende und lenkende Kraft der sowjetischen Gesellschaft, der Kern ihres politischen Systems, der staatlichen und öffentlichen Organisationen, ist die Kommunistische Partei der Sowjetunion ...). Unter den Amtsträgern, die vom Kongreß (unter Nominierung mehrerer Kandidaten) gewählt werden sollten, hätte ich vielleicht auch den Außenminister und den Verteidigungsminister nennen müssen. Der Punkt über die Funktionen des KGB hätte den Satz enthalten sollen: »Jegliche Unterstützung des Terrorismus, der Drogenhandel und andere mit den Prinzipien des neuen Denkens unvereinbaren Handlungen sind verboten.« Ljusja bestand darauf, daß ich im Text die Forderung erwähnte, alle im Vorjahr einberufenen Studenten aus der Armee zu entlassen. Genau dies geschieht zur Zeit.

Kurz nach dem Ende der letzten Sitzung bat mich einer der Mitarbeiter, das Sekretariat im zweiten Stock aufzusuchen und die Fehler im Stenogramm zu korrigieren. Ich trug das Ende meiner Rede, das die Stenographinnen nicht gehört und nicht verzeichnet hatten, handschriftlich in den Text ein. Der Sekretariatsleiter sagte, ich dürfe nur das hinzufügen, was ich wirklich vorgetragen hätte. Ich versicherte, daß dies der Fall sei. Aber im Bulletin und in der *Iswestija* fehlt das Ende der Rede trotzdem, also auch meine Bemerkung über China.

»Verehrte Volksdeputierte, ich muß erklären, weshalb ich gegen die Bestätigung des Kongreß-Abschlußdokuments gestimmt habe. Dieses Dokument enthält viele richtige und sehr wesentliche Thesen, viele prinzipiell neue, progressive Ideen. Aber ich meine, daß der Kongreß seine entscheidende politische Aufgabe, die von der Parole ›Alle Macht den

Sowjets!‹ verkörpert wird, nicht gelöst hat. Der Kongreß verzichtete sogar darauf, das ›Dekret über die Macht‹ auch nur zu erörtern.

Vor der Bewältigung dieser politischen Aufgabe aber ist es im Grunde unmöglich, konkrete Lösungen für den gesamten Komplex unaufschiebbarer wirtschaftlicher, sozialer, nationaler und ökologischer Probleme zu finden.

Der Kongreß der Volksdeputierten der UdSSR wählte bereits am ersten Tag den Vorsitzenden des Obersten Sowjets ohne breite politische Diskussion und ohne eine wenigstens symbolische Alternative. Meiner Ansicht nach beging der Kongreß einen schweren Fehler, denn er schränkte seine Möglichkeiten, auf die Gestaltung der Politik des Landes Einfluß zu nehmen, erheblich ein und leistete damit auch dem gewählten Vorsitzenden einen schlechten Dienst.

Laut geltender Verfassung verfügt der Vorsitzende des Obersten Sowjets der UdSSR über absolute, praktisch unbegrenzte persönliche Macht. Eine solche Machtkonzentration in den Händen einer einzigen Person ist überaus gefährlich, selbst wenn es sich bei dieser Person um den Initiator der Perestroika handelt. Insbesondere besteht die Möglichkeit, hinter den Kulissen Druck auszuüben. Was aber, wenn einmal ein anderer dieses Amt innehat?

Man hat den Bau des staatlichen Hauses vom Dach her begonnen, was offenkundig nicht das beste Verfahren ist. Das gleiche wiederholte sich bei den Wahlen zum Obersten Sowjet. In den Delegationen wurden mehrheitlich Personen, von denen viele für gesetzgeberische Tätigkeit ungeeignet sind, einfach nur ernannt und dann formell vom Kongreß bestätigt. Die Mitglieder des Obersten Sowjets sollen ihre bisherige Arbeit ›in der Regel‹ aufgeben – eine bewußt verschwommene Formulierung, durch die ›Strohmänner‹ in den Obersten Sowjet gelangen können. Ein solcher Oberster Sowjet wird, wie zu befürchten ist, nur als Deckmantel für die reale Macht des Vorsitzenden und des Partei- und Staatsapparats dienen.

Eine wirtschaftliche Katastrophe bahnt sich an, und die Beziehungen zwischen den Nationen der UdSSR spitzen sich auf tragische Weise zu – dies sind machtvolle und gefährliche Prozesse, zu deren Erscheinungsformen auch die allgemeine Vertrauenskrise des Volkes hinsichtlich der Führung des Landes zählt. Wenn wir mit dem Strom schwimmen und uns in der Hoffnung auf allmähliche Verbesserungen in ferner Zukunft wiegen, kann die wachsende Spannung zu einer Explosion unserer Gesellschaft führen.

Genossen Deputierte, auf Ihnen ruht heute – gerade heute! – eine gewaltige historische Verantwortung. Erforderlich sind politische Entscheidungen, die es möglich machen, die Macht der Sowjetorgane an der Basis zu stärken und die wirtschaftlichen, sozialen, ökologischen und nationalen Probleme zu lösen. Wenn der Kongreß der Volksdeputierten der UdSSR jetzt nicht die Macht ergreift, gibt es nicht die geringste Hoffnung, daß die Sowjets in den Republiken, Gebieten, Bezirken und Dörfern die Macht in die Hände nehmen. Doch ohne starke örtliche Sowjets ist eine Bodenreform und überhaupt jegliche effektive Agrarpolitik, die nicht nur sinnlose Wiederbelebungsversuche an unrentablen Kolchosen vornimmt, unmöglich. Ohne einen starken Kongreß und ohne starke, unabhängige Sowjets kann es nicht gelingen, das Diktat der Behörden zu überwinden, ein Betriebsgesetz auszuarbeiten und zu verwirklichen sowie den ökologischen Wahnsinn zu bekämpfen. Der Kongreß ist aufgerufen, die demokratischen Prinzipien der Volksherrschaft und dadurch die Unumkehrbarkeit der Perestroika und die harmonische Entwicklung des Landes zu verteidigen. Ich fordere den Kongreß von neuem auf, das ›Dekret über die Macht‹ zu verabschieden.

Dekret über die Macht

Ausgehend von den Prinzipien der Volksherrschaft, erklärt der Kongreß der Volksdeputierten:

1. Artikel 6 der Verfassung der UdSSR wird aufgehoben.
2. Die Verabschiedung von Gesetzen ist das ausschließliche Recht des Kongresses der Volksdeputierten. Auf dem Territorium einer Unionsrepublik erlangen die Gesetze der UdSSR erst nach Bestätigung durch das höchste Gesetzgebungsorgan dieser Republik Rechtskraft.
3. Der Oberste Sowjet ist das Arbeitsorgan des Kongresses.
4. Kommissionen und Komitees, die Gesetze über den Staatshaushalt sowie andere Gesetze vorbereiten und die Tätigkeit der Staatsorgane und die wirtschaftliche, soziale und ökologische Situation des Landes ständig kontrollieren, werden vom Kongreß und vom Obersten Sowjet auf paritätischer Basis gebildet und sind dem Kongreß verantwortlich.
5. Der Kongreß hat das ausschließliche Recht, die höchsten Amtsträger der UdSSR zu wählen und abzuberufen, und zwar
   a) den Vorsitzenden des Obersten Sowjets der UdSSR,

b) den Stellvertretenden Vorsitzenden des Obersten Sowjets der UdSSR,
c) den Vorsitzenden des Ministerrats der UdSSR,
d) den Vorsitzenden und die Mitglieder des Komitees für Verfassungsaufsicht,
e) den Vorsitzenden des Obersten Gerichtshofes der UdSSR,
f) den Generalstaatsanwalt der UdSSR,
g) den Obersten Schiedsmann,
h) den Vorsitzenden der Zentralbank,

sowie

i) den Vorsitzenden des Komitees für Staatssicherheit der UdSSR [KGB],
j) den Vorsitzenden des Staatlichen Komitees für Fernsehen und Runkfunk,
k) den Chefredakteur der Zeitung *Iswestija*.

Die genannten Amtsträger sind dem Kongreß verantwortlich und unabhängig von den Beschlüssen der KPdSU.

6. Die Kandidaten für das Amt des Stellvertretenden Vorsitzenden des Obersten Sowjets sowie des Vorsitzenden des Ministerrats der UdSSR werden vom Vorsitzenden des Obersten Sowjets und alternativ von den Volksdeputierten vorgeschlagen. Das Vorschlagsrecht für alle übrigen Kandidaturen liegt bei den Volksdeputierten.
7. Die Funktionen des KGB beschränken sich darauf, die äußere Sicherheit der UdSSR zu schützen.

Anmerkung: In Zukunft müssen direkte, allgemeine Wahlen für das Amt des Vorsitzenden des Obersten Sowjets der UdSSR und seines Stellvertreters vorgesehen werden.

Ich bitte die Deputierten, den Text des Dekrets gründlich zu prüfen und auf einer außerordentlichen Sitzung des Kongresses über ihn abzustimmen. Zudem bitte ich um die Bildung eines Redaktionsausschusses aus Personen, welche die Grundidee des Dekrets teilen. Ich wende mich an die Bürger der UdSSR mit dem Ersuchen, das Dekret individuell und kollektiv zu unterstützen, so wie sie es getan haben, als der Versuch gemacht wurde, mich zu kompromittieren, um die Aufmerksamkeit von der Frage abzulenken, wer für den Krieg in Afghanistan verantwortlich war.

Eine Entgegnung an jene, die zur Einschüchterung anführen, es sei unmöglich, Gesetze von zweitausend Menschen erörtern zu lassen: Kommissionen und Komitees werden Entwürfe vorbereiten, die man in den Sitzungen des Obersten Sowjets in erster und zweiter Lesung behandeln wird, und alle Stenogramme werden dem Kongreß zugänglich sein. Wenn nötig, setzt sich die Diskussion im Kongreß fort. Ganz unannehmbar ist jedoch, daß wir Deputierten, denen das Volk das Mandat zur Machtausübung erteilt hat, unsere Rechte und unsere Verantwortung einem Fünftel von uns übertragen, faktisch dem Partei- und Staatsapparat und dem Vorsitzenden des Obersten Sowjets.

Seit langem schon besteht keine Gefahr eines militärischen Überfalls auf die UdSSR. Wir besitzen die größte Armee der Welt, eine größere als die USA und China zusammengenommen. Ich schlage vor, eine Kommission zu gründen, die einen Beschluß über die Kürzung des Wehrdienstes faßt (ungefähr um die Hälfte für gemeine Soldaten und Unteroffiziere, mit entsprechendem Abbau aller Waffenarten, doch erheblich schwächerer Verringerung des Offizierskorps), und zwar im Hinblick auf den Übergang zu einer Berufsarmee. Ein solcher Beschluß hätte gewaltige internationale Bedeutung für die Stärkung des Vertrauens und der Abrüstung, darunter ein völliges Verbot von Kernwaffen; zudem hätte er überragende wirtschaftliche und soziale Bedeutung. Eine persönliche Bemerkung: Zu Beginn des kommenden Studienjahres sollten alle Studenten, die vor einem Jahr in die Armee einberufen wurden, entlassen werden.

Nationalitätenprobleme. Wir haben vom Stalinismus eine Nationalitäten- und Verfassungsstruktur übernommen, die vom imperialen Denken und von der imperialen Politik mit ihrem Leitsatz ›Teile und herrsche‹ geprägt ist. Die Opfer dieses Erbes sind die kleinen Unionsrepubliken und die kleinen Nationalgebilde, die nach dem Prinzip administrativer Unterstellung zu Unionsrepubliken gehören. Sie sind über Jahrzehnte hinweg nationaler Unterdrückung ausgeliefert gewesen. Heute sind diese Probleme auf dramatische Weise an die Oberfläche gedrungen. Aber auch die großen Völker sind in nicht geringem Maße zu Opfern geworden, darunter das russische Volk, das die Hauptbürde der imperialen Ambitionen und der Folgen des Abenteurertums und des Dogmatismus in der Innen- und Außenpolitik zu tragen hatte. In der jetzigen zugespitzten Lage zwischen verschiedenen Nationen sind dringende Maßnahmen erforderlich. Ich schlage den Übergang zu einer föderativen (horizontalen) Nationalitäten- und Verfassungsstruktur vor. Diese Stuktur sieht für alle Nationen mit eigenem Territorium, unabhängig von ihrer Größe und ihrem gegenwärtigen Status, einheitliche politische, juristische und wirtschaftliche

Rechte unter Wahrung der jetzigen Grenzen vor (mit der Zeit wird es möglich und wohl erforderlich sein, die Grenzen der Völkerschaften und der Föderationsbestandteile zu präzisieren, was zu einer ganz wesentlichen Aufgabe für den Nationalitätensowjet werden dürfte). Es wird eine Union gleichberechtigter Republiken sein, die durch einen Unionsvertrag vereinigt sind; darin wird die freiwillige Beschränkung der Souveränität jeder Republik im minimal erforderlichen Rahmen (das heißt, hinsichtlich Verteidigung, Außenpolitik und einiger anderer Punkte) festgelegt werden. Die unterschiedliche Größe und Bevölkerungszahl der Republiken sowie das Fehlen äußerer Grenzen sollten kein Befremden erregen. Die in einer Republik lebenden Menschen unterschiedlicher Nationalität müssen im politischen, kulturellen und sozialen Bereich – juristisch wie faktisch – gleichberechtigt sein. Mit der Kontrolle dieser Gegebenheiten muß der Nationalitätensowjet betraut werden. Ein wesentliches Problem der Nationalitätenpolitik ist das Schicksal der gewaltsam umgesiedelten Völker. Krimtataren, Wolgadeutsche, Mescheten, Inguschen und andere müssen die Möglichkeit zur Rückkehr in ihre Heimat erhalten. Die Arbeit der vom Präsidium des Obersten Sowjets zum Problem der Krimtataren eingesetzten Kommission war offenkundig unbefriedigend.

Mit den Nationalitätenproblemen sind religiöse Fragen eng verknüpft. Jegliche Einengung der Gewissensfreiheit ist unzulässig, ebenso wie die Tatsache, daß die ukrainische Katholische Kirche bis heute keinen offiziellen Status erhalten hat.

Eine höchst wichtige politische Frage betrifft die Rolle der Sowjetorgane und ihre Unabhängigkeit; beide müssen bestätigt werden. Deshalb sind die Wahlen für Sowjetorgane aller Ebenen auf unverfälscht demokratische Weise abzuhalten. Man muß das Wahlgesetz durch Präzisierungen ergänzen, welche die Wahlerfahrungen der Volksdeputierten berücksichtigen. Örtliche Wählerkonferenzen sind abzuschaffen, und alle Kandidaten müssen den gleichen Zugang zu den Massenmedien haben.

Der Kongreß sollte meiner Ansicht nach einen Beschluß verabschieden, der die Prinzipien des Rechtsstaates festlegt. Dazu gehören: Rede- und Informationsfreiheit; Möglichkeit von Bürgern und gesellschaftlichen Organisationen, die Handlungen und Entscheidungen aller Machtorgane und Amtspersonen vor einem unabhängigen Gericht anzufechten; Demokratisierung der Gerichts- und Ermittlungsverfahren (Zulassung eines Verteidigers mit Beginn der Ermittlung; Geschworenengericht; die Ermittlung ist der Zuständigkeit der Staatsanwaltschaft zu entziehen, die Staatsanwaltschaft hat allein über die Einhaltung der Gesetze zu wachen). Ich rufe dazu auf, die Gesetze über Versammlungen und Demonstrationen sowie über den Einsatz innerer Streitkräfte zu revidieren und den Erlaß vom 8. April nicht zu bestätigen.

Der Kongreß kann das Land nicht sofort ernähren. Er kann die Nationalitätenprobleme nicht sofort lösen. Er kann das Haushaltsdefizit nicht sofort beseitigen. Er kann uns nicht sofort saubere Luft, sauberes Wasser und saubere Wälder zurückgeben. Aber er kann eines, und dazu ist er verpflichtet: Er kann politische Garantien für die Lösung dieser Probleme abgeben. Genau das erwartet das Land von uns! Alle Macht den Sowjets!

Heute richtet sich die Aufmerksamkeit der ganzen Welt auf China. Wir müssen eine politische und moralische Position beziehen, die den Grundsätzen des Internationalismus und der Demokratie entspricht. Die vom Kongreß verabschiedete Resolution läßt diesen klaren Standpunkt vermissen. Die Teilnehmer an einer friedlichen demokratischen Bewegung und diejenigen, die ein Blutbad unter ihnen anrichten, werden über einen Kamm geschoren. Eine Gruppe von Deputierten hat einen Appell verfaßt und unterzeichnet, in dem die Regierung Chinas aufgefordert wird, das Blutvergießen einzustellen.

Die Anwesenheit eines sowjetischen Botschafters in Peking könnte so gedeutet werden, als würden die Aktionen der Regierung Chinas von der Regierung und dem Volk der UdSSR stillschweigend gebilligt. Unter diesen Bedingungen ist die Abberufung des sowjetischen Botschafters unerläßlich! Ich verlange die Abberufung des Botschafters der UdSSR aus China!«

Ich meine, daß meine Rede nicht nur vom Inhalt und von den in ihr gemachten Vorschlägen her wichtig war, sondern auch in psychologischem und politischem Sinne. Im Verein mit der Erklärung der »Interregionalen Gruppe«, dem Erfolg hinsichtlich der Frage eines Komitees für Verfassungsaufsicht und den Diskussionen der beiden letzten Tage beendete sie den Kongreß in einem radikaleren, konstruktiveren und hoffnungsvolleren Geiste, als man noch ein paar Tage zuvor hätte erwarten dürfen. Deshalb fühlten wir alle uns an jenem Abend als Sieger. Aber dieses Gefühl verband sich natürlich mit dem Wissen um die Tragik und Komplexität der Gesamtlage, um die Schwierigkeiten und Gefahren der nahen und der ferneren Zukunft.

Am nächsten Tag fuhr ich wiederum in den Kreml, um einen Beitrag zur Unterstützung der Opfer in Baschkirien zu zahlen, um die mir fehlenden Bulletins zu erhalten (was nicht gelang) und um die Sitzungstermine der Kommission zu erfahren, welche die neue Verfassung ausarbeiten sollte. Zu diesem Zweck ging ich in Lukjanows Sekretariat. Der Sekretär betrat Lukjanows Büro, kehrte kurz darauf zurück und ließ mich wissen, daß Anatolij Iwanowitsch in ein paar Minuten Zeit haben werde und mit mir sprechen wolle. Lukjanow kam mir entgegen und führte mich in sein Büro. Dort stand neben einem großen Schreibtisch mit mehreren Telefonen ein Bücherschrank, der offenbar Nachschlagewerke enthielt. An der Wand hing ein Bild irgendeiner Hochgebirgslandschaft. (Am Ende der Unterredung sagte Lukjanow, dort habe früher ein Porträt Breschnews gehangen. Dann habe er ein Porträt Gorbatschows aufgehängt, doch er sei von Michail Sergejewitsch gebeten worden, es abzunehmen. Lukjanow war früher Bergsteiger gewesen, weshalb er sich für die Berglandschaft entschieden hatte.)

Zu Beginn unseres Gesprächs erklärte Lukjanow, er habe großen Respekt vor mir. A. N. Jakowlew und er hätten meine Rückkehr aus Gorkij initiiert. Auf meine Frage nach den Terminen der Verfassungskommission erwiderte Lukjanow, daß vor der ersten Sitzung ein ZK-Plenum über die Nationalitätenfrage geplant sei, so daß die Kommission frühestens im September zusammentreten könne. Ich teilte ihm mit, daß ich zunächst nach Europa und dann in die USA reisen würde, um zusammen mit meiner Frau bei unseren Kindern Urlaub zu machen und zu arbeiten; insbesondere wolle ich über die Formulierung der Idee eines Unionsvertrags nachdenken, von dem ich auf dem Kongreß gesprochen hätte.

Lukjanow antwortete: »Sie können ruhig bis Ende August fortbleiben und arbeiten. Wir überlegen, wie unser Staat in nationalem Maßstab aufzubauen ist. Zweifellos ist irgendeine föderative Struktur erforderlich, doch andererseits haben wir nicht das Recht, den Zerfall der UdSSR zuzulassen. Heute verstärken sich überall auf der Welt die Integrationsprozesse, die wirtschaftliche, politische, kulturelle und militärische Aspekte umfassen. Die Integration in Europa, zum Beispiel, bringt in all diesen Bereichen große Vorzüge mit sich. Deshalb wäre es absurd, wenn wir, im Gegensatz dazu, auf den Zerfall, auf eine Konföderation, hinarbeiteten. Heute gibt es nirgends auf der Welt eine Konföderation, das ist ein nicht lebensfähiges System.«

Lukjanow erklärte nicht, was er unter einer Föderation und einer Konföderation verstand und worin er den Unterschied sah. Aber er erwähnte, daß es unannehmbar sei, in den Republiken separate Währungssysteme, Armeen und Gesetzgebungen einzuführen. Er fuhr fort: »Wir wissen Ihre

Unterstützung für Michail Sergejewitsch und die Perestroika, die Sie in all den Jahren nach Ihrer Rückkehr nach Moskau in Ihren Reden und Artikeln zum Ausdruck gebracht haben, sehr zu schätzen. Wir nehmen Ihre Äußerungen zur Kenntnis und sind Ihnen dankbar. Die Situation ist sehr kompliziert. Nach dem Plenum im April 1985 erörterten Michail Sergejewitsch und ich die ganze Nacht hindurch die Hauptprobleme der Entwicklung des Landes. Uns war klar, daß tiefgreifende Reformen und ein Demokratisierungsprozeß notwendig sind. Aber das ganze Ausmaß der Krise, in der sich das Land befindet, und der vor uns liegenden Schwierigkeiten kannten wir damals noch nicht.«

Ich fragte Lukjanow, was aus einer Notiz geworden sei, in der ich ihn gebeten hatte, sich in den Fall eines zu Tode Verurteilten einzuschalten. (Es handelte sich um einen Fall von Wirtschaftskriminalität – eine illegale Fabrik – in Alma-Ata. Ingenieur Rosenstein, der Hauptangeklagte, befand sich, wenn mich mein Gedächtnis nicht trügt, acht Jahre lang [!] unter sehr schweren Bedingungen in Untersuchungshaft und wurde zum Invaliden. Man hatte ihn zum Tode verurteilt, und er wartete nun in seiner Todeszelle auf die Hinrichtung. Auch sein Bruder, von Kindheit an schwerbehindert, war seit acht Jahren in Untersuchungshaft. Ich hatte diesen Fall am 1. Juni in einem Gespräch mit Gorbatschow und Lukjanow erwähnt und Lukjanow die Notiz mit meiner Bitte am nächsten Tag übergeben. Ich betonte, daß der Entwurf für die neue Gesetzgebung keine Todesstrafe für Wirtschaftsverbrechen vorsah. Deshalb sei es notwendig, die Vollstreckung sämtlicher Todesurteile im Lande auszusetzen, bis die neue Gesetzgebung verabschiedet sei.)

Lukjanow sagte, meine Notiz sei an die Rechtsabteilung des Zentralkomitees (der Sekretär gab mir die Telefonnummer) weitergereicht worden, und man werde den Fall natürlich aufmerksam prüfen. Was das Problem der Todesstrafe im allgemeinen betraf, so erklärte Lukjanow, das Präsidium des Obersten Sowjets bestätige nur noch Todesurteile, die für Mord unter erschwerenden Umständen, das heißt für besonders brutale und vielfache Morde, für die Vergewaltigung und Ermordung von Minderjährigen und ähnliche unmenschliche Verbrechen verhängt worden seien. Kein einziges Todesurteil für Wirtschafts- und Eigentumsverbrechen werde bestätigt. Insgesamt habe sich die Zahl der Hinrichtungen im Lande auf ein Achtel verringert. (Leider fragte ich ihn nicht nach den absoluten Zahlen.)

Was einen Vollstreckungsstopp für solche Verbrechen angehe, die auch nach der neuen Gesetzgebung unzweifelhaft die Todesstrafe nach sich ziehen würden, so sei nicht sicher, ob dies ein humaner Akt wäre, denn kaum etwas sei entsetzlicher als das Warten auf die Exekution. Er schlug mir vor, an einigen Sitzungen teilzunehmen, in denen das Präsidium des Obersten Sowjets sich mit der Frage von Begnadigungen beschäftigte. Ich war einverstanden, erinnerte ihn jedoch daran, daß ich ein prinzipieller Gegner der Todesstrafe sei.

Ein paar Tage nach dieser Unterredung mit Lukjanow fuhren Ljusja und ich zunächst nach Europa und dann in die Vereinigten Staaten. Dieses Kapitel schrieb ich in den Häusern unserer Kinder, in Newton und Westwood (Massachusetts). Ljusja sitzt neben mir und beendet die Arbeit an ihrem zweiten Buch. Die Beendigung eines Buches fordert dazu auf, Bilanz zu ziehen. Doch gleichzeitig wird man sich des gewaltigen Stroms des Lebens bewußt, der vor uns begann und nach uns weitergehen wird.

Das Wunder der Wissenschaft. Obwohl ich nicht glaube, daß rasch (oder überhaupt?) eine allumfassende Theorie geschaffen werden kann, sehe ich allein zu meinen Lebzeiten gigantische, phantastische Leistungen, und dieser Strom wird nicht austrocknen, sondern sich im Gegenteil erweitern und verzweigen.

Das Schicksal des Landes. Der Kongreß hat bewirkt, daß der Motor der Veränderungen eine höhere Drehzahl erreicht hat. Der Bergarbeiterstreik war etwas Neues, und er dürfte nur die erste Reaktion auf die Diskrepanz zwischen dem zügig wachsenden gesellschaftlichen Bewußtsein und der politischen, wirtschaftlichen, sozialen und nationalen Realität gewesen sein. Nur durch die Radikalisierung der Perestroika können die Krise überwunden und katastrophale Rückschläge vermieden werden. Die »Linken« deuteten in ihren Reden auf dem Kongreß die Umrisse dieser Radikalisierung an, aber die Hauptarbeit muß noch vom ganzen Volk geleistet werden.

Globale Probleme. Ich bin überzeugt, daß ihre Lösung die Konvergenz der Systeme voraussetzt, also den bereits beginnenden pluralistischen Wandel der kapitalistischen und der sozialistischen Gesellschaft – in der UdSSR in Gestalt der Perestroika. Das unmittelbare Ziel ist die Schaffung eines leistungsfähigen (was Marktwirtschaft und Wettbewerb voraussetzt), in sozialer Hinsicht gerechten und ökologisch verantwortungsbewußten Systems.

Familie, Kinder, Enkel. Ich habe vieles versäumt – aus Trägheit, durch rein physische Beschränkungen, durch den Widerstand meiner Töchter und meines Sohnes, den ich nicht überwinden konnte. Aber ich höre nicht auf, darüber nachzudenken.

Ljusja, meine Frau. Sie ist im Grunde der einzige Mensch, zu dem ich eine immer zuverlässige innere Beziehung spüre. Ljusja läßt mich vieles verstehen und tun, was ich sonst infolge meiner menschlichen Kälte unterlassen würde. Sie ist auch eine großartige Organisatorin und mein »intellektueller Motor«. Wir sind zusammen. Das gibt dem Leben einen Sinn.

Newton – Westwood ANDREJ SACHAROW
Juli/August 1989

Anhang

Bücher von Andrej Sacharow
(Auswahl)

A. D. Sacharow: Gedanken über Fortschritt, friedliche Koexistenz und geistige Freiheit. Possev Verlag, Frankfurt/Main 1968

A. D. Sacharov: Razmyšlenija o progresse, mirnom sosuščestvovanii i intellektual'noj svobode. Possev Verlag, Frankfurt/Main 1968

Andrej Dmitrijewitsch Sacharow: Stellungnahme. Verlag Fritz Molden, Wien–München–Zürich 1974

A. Sacharov: V bor'be za mir. Possev Verlag, Frankfurt/Main 1973

Andrej Sacharov: O pis'me Aleksandra Solženicyna »Voždjam Sovetskogo Sojuza«. Khronika Press, New York 1974

Andrej Dmitrijewitsch Sacharow: Mein Land und die Welt. Verlag Fritz Molden, Wien–München–Zürich 1975

Andrej Sacharov: O strane i o mire. Khronika Press. New York 1975

Andrej Dmitrijewitsch Sacharow: Furcht und Hoffnung. Verlag Fritz Molden, Wien–München–Zürich–Innsbruck 1980

Andrej Sacharov: Trewoga i nadežda. Khronika Press, New York 1978

Alexander Babjonyschew und Lew Kopelew (Hrsg.): Für Sacharow. Texte aus Rußland zum 60. Geburtstag. Mit einem Vorwort von Heinrich Böll. Deutscher Taschenbuch Verlag, München 1981

Sacharovskij Sbornik. Moskva 1981. Khronika Press, New York 1981

A. D. Sakharov: Collected Scientific Works. Edited by D. ter Haar, D. V. Chudnovsky, G. V. Chudnovsky. Verlag Marcel Dekker, New York–Basel 1982

Andrej Sacharow: Den Frieden retten! Ausgewählte Aufsätze, Briefe, Aufrufe 1978–1983 (Hrsg.: Cornelia Gerstenmaier), Burg Verlag, Stuttgart/Bonn 1983

Anmerkungen

Erster Teil
Kapitel I

1 Skobelew, Michail (1843–1882): russischer Infanteriegeneral im Russisch-Türkischen Krieg (1877–1878).
2 Muchanowa: weibliche Form des russischen Familiennamens tatarischer Herkunft Muchanow.
3 Die Verwechslung beruht auf der ähnlichen Lautung von *swjatoj, krepkij* (»heiliger, starker«) und *swjatyje greki* (»heilige Griechen«).
4 Goldenweiser, Alexander (1875–1961): Klavierpädagoge, Komponist; Professor und Direktor des Moskauer Konservatoriums.
5 Korolenko, Wladimir (1853–1921): Schriftsteller und Publizist.
6 L. N. Tolstoj schrieb seinen Artikel »Ich kann nicht schweigen« im Mai 1908 unter dem Eindruck der Hinrichtung von 20 Bauern, die das Gut eines Landbesitzers überfallen hatten. Der Artikel wurde im Sommer 1908 vorwiegend von ausländischen Zeitungen veröffentlicht. Legal erscheinen konnte er in Rußland erst 1917.
7 Tamm, Igor (1895–1971): Nobelpreisträger für Physik (1958); grundlegende Arbeiten zur Quantentheorie, zur Theorie der Kernkräfte und zur Plasmaphysik.
8 Aspirantur: seit 1925 bestehender Ausbildungsgang für den wissenschaftlichen Nachwuchs an Hochschulen und Universitäten, der drei bis vier Jahre dauert und in der Regel mit der Promotion zum Kandidaten der Wissenschaft abgeschlossen wird. Dieser Grad entspricht ungefähr dem an deutschen Hochschulen verliehenen Doktorgrad.
9 Standardstimmung: Seit dem 1. Januar 1936 ist in der Sowjetunion als Norm der Stimmton a′ = 440 Hertz gültig. Zuvor galt der Petersburger Kammerton a′ = 436 Hertz.
10 Sofronizkij, Wladimir (1901–1961): hervorragender Pianist, bekannt vor allem als Skrjabin-Interpret.
11 Lebedew, Pjotr (1866–1912): bedeutender Physiker, Begründer einer russischen Physikerschule.
12 Kutusow (Golenischtschew-Kutusow), Michail Fürst (1745–1813): Generalfeldmarschall, Gegenspieler Napoleons im Krieg von 1812.
13 Institut der Roten Professur: 1921 gegründete Einrichtung für die Ausbildung von Hochschullehrern im Bereich der Gesellschaftswissenschaften.
14 Swerdlow-Universität: ging aus der obersten Parteischule zur Ausbildung von Agitatoren und Instruktoren hervor, die Jakow Swerdlow (1885–1919), von 1917 bis 1919 Vorsitzender des Zentralexekutivkomitees der Sowjets, seit 1915 organisiert hatte. Sie ist Vorgängerin der Obersten Parteischule beim ZK der KPdSU (1938).
15 Pädagogisches Bubnow-Institut: benannt nach Andrej Bubnow (1883–1940), der von 1929 bis 1937 Volkskommissar für Volksbildung war. Er wurde 1937 verhaftet und später erschossen.
16 A. S. Puschkin, *Gesamtausgabe in sechs Bänden,* Bd. 2, 4. veränderte Auflage, Aufbau-Verlag (Berlin, Weimar, 1985), S. 286.
17 Der zweite Moskauer Schauprozeß gegen das »sowjetfeindliche trotzkistische Parallelzentrum«, auch »Prozeß der 17« genannt, fand vom 23.–30. Januar 1937 statt. Einige

1931 im Menschewistenprozeß verurteilte Angehörige der »Rechtsopposition« wurden von den Angeklagten schwer belastet.

18 Wyschinskij, Andrej Januarjewitsch (1883–1954): 1935–1939 Generalstaatsanwalt der UdSSR, Ankläger bei den drei Moskauer Schauprozessen (1936–1938) und im Prozeß gegen die Generale der Roten Armee (1937), dann Justizminister und von 1949 bis 1953 Außenminister.

19 Dubrowskij: Titelheld eines von Puschkin verfaßten (unvollendeten) Romans; er versucht als Räuberhauptmann, seinem Vater widerfahrenes Unrecht zu rächen.

20 Kapitän Hatteras: Jules Vernes Roman *Die Abenteuer des Kapitän Hatteras* wurde damals von sowjetischen Schülern viel gelesen. Hatteras unternimmt in geheimer Mission eine Fahrt zum Nordpol.

21 Torpin

22 Entkulakisierung: die zu Beginn der Kollektivierung der Landwirtschaft besonders von 1928 bis 1930 brutal durchgeführte Enteignung, Deportation und Liquidierung der Kulaken (Großbauern).

23 Schädlinge: Bezeichnung für Personen, die für die angebliche Organisierung von Mißerfolgen, Stör- und Unglücksfällen in der Produktion, bei der Eisenbahn und in der Landwirtschaft verantwortlich gemacht, angeklagt und verurteilt wurden.

24 Volksfeinde: Im Zuge der Vorbereitung der Moskauer Schauprozesse wurde am 13. Mai 1935 eine besondere Sicherheitskommission eingesetzt, die sich zusätzlich zu den bestehenden Organen mit der »Vernichtung der Volksfeinde« befaßte. Der von Stalin geprägte Begriff »Volksfeinde« ließ sich auf Mißliebige jeder Art anwenden.

25 Kosmopolitismus: Nach dem Zweiten Weltkrieg begann im sowjetischen Geistesleben eine Phase massiver Abgrenzung gegenüber westlichen Einflüssen. Sie stand im Zeichen des Kampfes gegen »Kosmopolitismus und Kriecherei vor dem Westen« und gegen »Formalismus« bzw. »Objektivismus«, der sich vorwiegend gegen jüdische Militärs, Intellektuelle und Künstler richtete. In allen Bereichen der Kunst, Wissenschaft und Technik wurde das Primat des Russischen nachgewiesen. Letzter Höhepunkt dieser Kampagne war die Aufdeckung einer »Ärzteverschwörung« Ende 1952. Die Tatsache, daß ihr sechs jüdische Ärzte angehörten, die angeblich den Tod führender sowjetischer Persönlichkeiten herbeigeführt hatten oder dies noch planten, wurde zu einer Kampagne gegen »Kosmopolitismus und Zionismus« genutzt, die nach dem Tode Stalins am 5. März 1953 ein Ende fand.

26 Anspielung auf Igor Schafarewitschs umfangreiche Untersuchung *Der Todestrieb in der Geschichte. Erscheinungsformen des Sozialismus* (russ. 1977, dt. 1980).

27 Gemeint ist Anna Achmatowa (eigentl. Gorenko, 1889–1966), die bedeutendste russische Dichterin. Ihre Gedichte wurden zwischen 1922 und 1940 nicht veröffentlicht. 1946 Ausschluß aus dem Schriftstellerverband. Erst seit 1958 wird sie in der UdSSR wieder publiziert. Das Zitat »Es war, als nur der Tote lächelte, der Ruhe froh« ist der Anfang der »Einleitung« aus dem Gedichtzyklus *Requiem*. Er wurde in der UdSSR erst 1987 ungekürzt veröffentlicht.

28 Suworow, Alexander (1729–1800): Feldherr und Militärtheoretiker, Generalissimus.

29 Pugatschow-Aufstand: Suworow wurde 1774 von Katharina II. zur Unterdrückung des von dem Donkosaken Jemeljan Pugatschow (1742–1775) geleiteten Kosaken- und Bauernaufstandes (1773–1775) in das Gebiet der Aufständischen entsandt. Bei seinem Eintreffen befand sich Pugatschow bereits in Gefangenschaft. Er wurde in Moskau hingerichtet.

Kapitel II

1 Tschukowskij, Kornej (1882–1969): beliebter Kinderbuchautor, bekannter Literaturkritiker und Übersetzer.

2 Reid, Thomas Mayne (1818–1883): irischer Jugendschriftsteller.

3 Jonathan Swift (1667–1745) verfaßte sein eigenes Epitaph in lateinischer Sprache. Der vom Autor frei zitierte Teil des Epitaphs lautet eigentlich: »Hier ruht der Leib des Jonathan Swift: hier, wo wilde Erbitterung sein Herz nicht mehr zerfleischen kann.«

4 Erlöser-Kathedrale: wurde 1837–1883 zum Gedenken an den Krieg von 1812 erbaut. Man sprengte diese größte Kirche Moskaus, die 15 000 Menschen Platz bot, im Jahre 1931. Heute bemühen sich private Kreise um ihren Wiederaufbau.

5 *Enzyklopädisches Wörterbuch* von Brockhaus und Jefron: das größte vorrevolutionäre russische Konversationslexikon in 86 Bänden, das bei der 1890 in St. Petersburg gegründeten Aktiengesellschaft F. A. Brockhaus und I. A. Jefron zwischen 1890 und 1907 erschien. Es besitzt wegen seines reichhaltigen Faktenmaterials auch heute noch großen Wert.

6 Radek (eigentl. Sobelsohn), Karl (1885–1939): Journalist, führender Parteipolitiker, Kominternfunktionär, wurde von Lenin zum Leiter der bolschewistischen Propaganda in Deutschland bestimmt; im 2. Moskauer Schauprozeß (Januar 1937), in dem er als wichtiger Belastungszeuge auftrat, wurde er zu zehn Jahren Haft verurteilt; er kam im Lager um.

7 Tscheljuskinzen: die aus drei Mann bestehende Besatzung des Forschungsschiffes »Tscheljuskin«, das auf der Nordroute von Murmansk nach Wladiwostok vom Treibeis eingeschlossen wurde und am 13. Februar in der Tschuktschensee sank. Die Besatzung flüchtete auf eine Eisscholle und wurde im April von sowjetischen Piloten gerettet.

8 Es handelte sich um das Transportschiff »Dshurma«, das mit 1200 Häftlingen von Wanino (Tatarischer Sund) nach Ambartschik (Ostsibirische See) unterwegs war und im Eis steckenblieb. Als die »Dshurma« nach der Überwinterung im Eis in Ambartschik ankam, lebte keiner der Häftlinge mehr.

9 Kirill Chenkin (*1916), seit 1973 im Westen lebender Journalist aus der Sowjetunion; er schildert in seinem Buch *Der kopfstehende Jäger* (russ. 1979) das Leben seines Freundes William Fischer (Willi) alias Rudolf Abel, des sowjetischen Spions, der 1962 gegen den U-2-Piloten Francis Gary Powers ausgetauscht wurde.

10 Kirow (eigentl. Kostrikow) Sergej (1886–1934): führender Parteipolitiker, seit 1926 auch Leningrader Parteisekretär; es gilt als sicher, daß Stalin für den Mord an ihm verantwortlich war. Dieser Mord lieferte den Vorwand für den Massenterror, die »Säuberungen« der folgenden Jahre.

11 Woroschilow, Kliment (1881–1969): Mitorganisator der Tscheka, arbeitete als Kommandeur im Bürgerkrieg mit Stalin zusammen; 1926–1952 Mitglied des Politbüros, 1934–1940 Volkskommissar für Verteidigung, seit 1935 Marschall der Sowjetunion und von 1953 bis 1960 Vorsitzender des Präsidiums des Obersten Sowjets.

12 Weißmeer-Ostsee-Kanal: verbindet auf einer Strecke von 227 Kilometern den Onega-See mit dem Weißen Meer. Beim Bau des Kanals (Ende 1930 – August 1933) wurden etwa 300 000 Häftlinge eingesetzt, von denen mehr als 100 000 unter den harten Arbeitsbedingungen den Tod fanden.

13 Majakowskij, Wladimir (1893–1930): einer der Hauptvertreter des Futurismus, bedeutendster Dichter der Revolution, geriet in Widerspruch zur offiziellen Kunstpolitik und beging Selbstmord.

14 Orlow, Jurij (*1924): Physiker, korrespondierendes Mitglied der armenischen Akademie der Wissenschaften, Vorsitzender der Moskauer Helsinki-Gruppe, wurde 1977 verhaftet und 1978 zu 7 Jahren Lagerhaft und 5 Jahren Verbannung verurteilt; 1986 im Zuge eines Austauschs freigelassen und ausgebürgert. Lebt heute in den USA.

15 Olympiade: Wettbewerb, bei dem die Leistungsbesten in einem Fach festgestellt werden. Beteiligen können sich Schüler von der fünften bis zur zehnten (und letzten) Klasse.
16 Lyssenkosche Pseudowissenschaft oder Lyssenkoismus: Der Agrarbiologe Trofim Lyssenko (1898–1976) vertrat ab Mitte der dreißiger Jahre die Ansicht, daß das Erbgut von Pflanzen durch zielgerichtete Einwirkung veränderbar und erworbene Eigenschaften vererbbar seien. Er machte sich dabei einige lamarckistische Hypothesen des Botanikers und Züchters Iwan Mitschurin (1855–1935) zu eigen. Lyssenko und seine Anhänger lehnten die Chromosomentheorie der Vererbung und die Existenz von Genen ab. Biologen, Agronomen und Genetiker, die sich dieser Pseudowissenschaft widersetzten, wurden aus ihren Ämtern entfernt oder degradiert; nicht wenige gerieten in Haft und kamen dort um. Erst nach Chruschtschows Sturz im Oktober 1964 gab man die Positionen des Lyssenkoismus auf, die Genetiker und die Lyssenko-Gegner wurden schrittweise rehabilitiert.
17 Häftlingsaustausch: Nach Unterzeichnung des deutsch-sowjetischen Nichtangriffspaktes und des Zusatzabkommens am 23. August 1939 wurde die Ausweisung deutscher Emigranten – Inhaftierte und Nichtinhaftierte, darunter auch Juden – in die Wege geleitet. Das NKWD übergab der Gestapo etwa 500 Menschen. Stalin wollte damit Hitlers Vertrauen erringen und seine Bündnistreue unter Beweis stellen.
18 *Materialismus und Empiriokritizismus* (1909): Lenins philosophisches Hauptwerk, in dem er die Ansicht vertritt, daß der Sozialismus durch plötzliches Umschlagen der Ereignisse eintreten werde.
19 Wahrscheinlich ist das Buch *Theorie der Wellenbewegung der Flüssigkeit* (1936) von Leonid Sretenskij (1902–1973) gemeint.

Kapitel III

1 Kim Il Sung (Kim Ir Sen, *1912): seit 1949 Vorsitzender bzw. Generalsekretär der Arbeiterpartei Koreas und seit 1972 Staatspräsident Nordkoreas. Am 25. Juli 1950 begann mit einem Vorstoß nordkoreanischer Truppen über den 38. Breitengrad der Koreakrieg (1950–1953), der als vaterländischer Befreiungskrieg deklariert wurde.
2 Russische Befreiungsarmee (ROA): Nach Gründung des »Komitees zur Befreiung der Völker Rußlands« begann man Ende 1944 auf deutscher Seite mit der Aufstellung einer russischen Freiwilligenarmee, die unter dem Befehl des 1942 in Gefangenschaft geratenen sowjetischen Generals Andrej Wlassow (1901–1946) stehen sollte. Sie kam jedoch nur noch teilweise zum Einsatz.
3 Die 1. Division der ROA war in Prag stationiert. Dort brach am 5. Mai 1945 ein Aufstand der Bevölkerung gegen die Deutschen aus, dem sich ROA-Verbände anschlossen; sie hatten jedoch nicht bedacht, daß die tschechischen Aufständischen nicht antibolschewistisch eingestellt waren und daß die Amerikaner nur bis Pilsen vorrücken und sich dann auf die deutsch-tschechische Grenze zurückziehen würden.
4 General Wlassow ging mit seinen Truppen in amerikanische Gefangenschaft, wurde aber am 12. Mai 1945 den Sowjets ausgeliefert und zusammen mit seinen Generälen im August 1946 in Moskau gehenkt. Die Wlassow-Soldaten wurden von den Amerikanern interniert und in Übereinstimmung mit dem Abkommen von Jalta (11. Februar 1945) ebenfalls an die UdSSR ausgeliefert, wo man sie hinrichtete oder zu langjährigen Haftstrafen verurteilte.
5 Subbotnik: freiwillige, kollektive und vorzugsweise an einem Samstag *(subbota)* geleistete unbezahlte Freizeitarbeit zugunsten des Staates.
6 Das zweibändige Werk *Wellenmechanik* von Jakow Iljitsch Frenkel (1894–1952) erschien 1933/34.
7 Ilf, Ilja (eigentl. Feinsilberg, 1897–1937) und Petrow, Jewgenij (eigentl. Katajew, 1903–

1942): Prosaiker, die ihre Hauptwerke gemeinsam schrieben. *Zwölf Stühle* und *Das goldene Kalb* sind Satiren auf die Zeit der Neuen Ökonomischen Politik (1921–1928) und den Beginn des ersten Fünfjahresplans (1929–1933).

Haltestellenkunde: In Anlehnung an eine Denksportaufgabe im Roman *Das goldene Kalb*, bei der es darum geht, den Personalbestand von drei Eisenbahnstationen zu bestimmen.

Korejko: Gauner, der mehrere Millionen erschwindelt hat, jedoch – um nicht aufzufallen – bescheiden als kleiner Angestellter lebt.

Sohn des Leutnants Schmidt: Personen die sich als Sohn des 1906 hingerichteten Revolutionärs Pjotr Schmidt (1876–1906) ausgeben und so ihren Lebensunterhalt ergaunern. Beide Figuren stammen aus *Das goldene Kalb*.

8 Siehe Kap. I, Anm. 14.

9 Sergej Kaftanow (*1905), 1946–1951 Minister für Hochschulbildung, tat sich besonders bei der Durchsetzung des Lyssenkoismus ab August 1948 hervor.

10 Leontowitsch, Michail (*1903): sowjetischer Physiker; bedeutende Arbeiten zur Theorie der nuklearen Lichtstreuung, zur Akustik, zur statistischen Physik u. a.

11 Mandelstam, Leonid (1879–1944): Mitbegründer der Schule sowjetischer Radiophysiker; seit 1925 Zusammenarbeit mit G. S. Landsberg; wichtige Arbeiten zu Optik, Theoretischer Physik, Radiophysik und Radiotechnik.

12 Timirjasew, Klement (1843–1920): Naturforscher; einer der Begründer der russischen darwinistischen Schule.

Kapitel IV

1 Stachanowsches Mittagessen: benannt nach dem Bergarbeiter Alexej Stachanow (1905–1977), der 1935 im Donbass-Gebiet in einer Schicht 102 statt der von der Norm geforderten 7 Tonnen Kohle abbaute. Er löste damit die »Stachanow-Bewegung« aus, d. h. die Selbstverpflichtung von Arbeitern und Arbeitsbrigaden, die Produktion in unrealistischem Maße zu erhöhen.

2 Ablieferungspflicht: Die Anfang 1919 per Dekret eingeführte bäuerliche Getreideablieferungspflicht wurde allmählich auf fast alle Agrarerzeugnisse ausgedehnt. Auf dem Höhepunkt des Kriegskommunismus (1918–1921) stellte man die Ablieferungen durch Requisitionen und Strafexpeditionen sicher.

3 Gontscharow, Iwan (1812–1891): Epiker und Essayist, wurde durch seinen Roman *Oblomow* berühmt. Das Steilufer der Wolga beschrieb der aus Simbirsk (Uljanowsk) stammende Schriftsteller in seinem letzten Roman *Die Schlucht*, der größtenteils in Simbirsk spielt.

4 Berija, Lawrentij (1899–1953): engster Vertrauter Stalins; seit 1938 Leiter des NKWD und MWD, 1945 Marschall der Sowjetunion; nach Stalins Tod als »imperialistischer Agent« hingerichtet.

Kapitel V

1 Mü-Meson: Der vom Autor gebrauchte Begriff ist veraltet. Heute wird auch in der UdSSR der Terminus Müon bevorzugt verwendet.

2 Malyschew, Wjatscheslaw (1902–1957): bedeutender Wirtschaftsführer, Generaloberst; seit 1939 als Volkskommissar und dann als Minister für verschiedene Industriezweige verantwortlich.

3 Wawilow-Preis: seit 1965 verliehene Auszeichnung, benannt nach dem Pflanzenzüchter und Genetiker Nikolaj Wawilow (1887–1943), einem entschiedenen Gegner des Lyssen-

koismus, der 1940 verhaftet und als »Schädling« verurteilt wurde. Er starb im Gefängnis von Saratow.

4 Die Zeitschrift *Erfolge der physikalischen Wissenschaften* erscheint seit 1958 in den USA auch in englischer Sprache.

5 Wawilow, Sergej (1891–1951): Physiker, ab 1932 Direktor des FIAN, 1945–1951 Präsident der Akademie der Wissenschaften der UdSSR.

6 Tschernyschewskij, Nikolaj (1828–1889): Kritiker, Schriftsteller, Theoretiker des Nihilismus und des atheistischen Sozialismus. In seinem bekanntesten Werk *Was tun?* zeichnete er das Bild eines kommunistischen Zukunftsstaates.

Kapitel VI

1 Das Laboratorium Nr. 2 der Akademie der Wissenschaften der UdSSR wurde 1943 gegründet. Ab 1947 hieß es LIPAN, 1955 wurde es in Institut für Atomenergie umbenannt und seit 1960 heißt es I.-W.-Kurtschatow-Institut für Atomenergie des Staatskomitees zur Nutzung der Atomenergie der UdSSR. Der bedeutendste Atomphysiker Igor Wassiljewitsch Kurtschatow (1903–1960) war von 1943 bis 1960 Leiter dieses Forschungsinstituts.

2 Die beiden »Objekte« des Wissenschaftszentrums befanden sich bei Suchumi. Ein anschaulicher Bericht über die dortige Arbeit findet sich bei Heinz und Elfi Barwich, *Das Rote Atom. Als deutscher Forscher in der UdSSR* (1967).

3 XX. Parteitag: fand vom 14. bis 25. Februar 1956 statt. Chruschtschow verurteilte damals in einer Geheimrede den Machtmißbrauch und den Personenkult Stalins.

4 Am 16. November 1918 wurde in Ungarn die Republik ausgerufen. Während der zahlreichen Demonstrationen bis März 1919 forderte der aus russischer Kriegsgefangenschaft heimgekehrte Kommunistenführer Béla Kun (1886–1939), der von den russischen Bolschewiki finanziell unterstützt wurde, die Arbeiterklasse zum bewaffneten Aufstand auf. Nach dem Zusammenschluß von Sozialdemokraten und Kommunisten wurde in der Nacht vom 21. auf den 22. März 1919 die Räterepublik ausgerufen, die jedoch infolge des Einmarsches rumänischer Truppen nur bis zum 31. Juli 1919 Bestand hatte.

5 Leningrader Affäre: In Leningrad wurde 1949–1950 eine »Säuberung« durchgeführt, bei der etwa 3000 Personen – Parteifunktionäre, Beamte, Gewerkschaftsfunktionäre und deren Familienangehörige – verhaftet und zu längeren Haftstrafen oder zum Tode verurteilt wurden.

6 Jeshowschtschina: der Höhepunkt des Massenterrors zwischen 1936 und 1938, als Nikolaj Jeshow (1895–1940), der Jagoda abgelöst hatte und seinerseits von Berija abgelöst wurde, Leiter des NKWD war. Jeshow wurde ohne Gerichtsverfahren erschossen.

7 Wannikow, Boris (1897–1962): Wirtschaftsführer, Generaloberst; von 1953 bis 1958 erster Stellvertreter des Ministers für Mittleren Maschinenbau.

Kapitel VII

1 Emka oder M-1: einfacher Fünfsitzer (50 PS), der zwischen 1936 und 1941 im Molotow-Automobilwerk (heute: Automobilwerk von Gorkij, GAS) hergestellt wurde.

2 *tolkatsch:* gerissene Person, die z. B. von einem Betrieb ausgeschickt wird, um die Lieferung ausstehender Teile zu sichern oder zu beschleunigen, wobei auch illegale Praktiken (Schmiergelder, Tauschgeschäfte) angewendet werden.

3 Zone: amtlicher Terminus vor allem zur Bezeichnung von Strafgefangenenlagern.

4 SIS: ein vom Moskauer Stalin-Automobilwerk (seit 1957 Lichatschow-Automobilwerk, SIL) hergestellter Personenwagen der oberen Klasse.

5 Gemeint ist das 1955 erschienene Buch *The Accident* von Dexter Masters.
6 Erste Abteilung: Sektion innerhalb der Personalabteilung größerer Institute und Betriebe; Verbindungsglied zwischen Betrieb und KGB.
7 Kissel: gallertartiges, aus Beeren, Obst (Beeren- oder Obstsaft) oder Milch gekochtes Gericht, dem Stärke beigemengt wird.
8 Regime: amtlicher Ausdruck für den Strafvollzug, von dem es vier Stufen gibt: das allgemeine, verschärfte, strenge und das Sonderregime.
9 OWIR: Paß- und Visabehörde.
10 Die Währungsumstellung erfolgte am 1. Januar 1961: Zehn alte entsprachen einem neuen Rubel.
11 Verwaltung des Inneren: die Behörde des Innenministeriums bei den Gebietsexekutivkomitees in den Gebietszentren.

Kapitel VIII

1 Jelisawetgrad: Seit 1924 heißt diese ukrainische Stadt Kirowograd.
2 Möglicherweise ist das Vorwort des Physikers Jewgenij Lwowitsch Feinberg (*1912) zu Tamms Buch *Materialien zur Bibliographie von Wissenschaften der UdSSR* (1974) gemeint.
3 Denikin, Anton (1872–1947): weißgardistischer General; im Bürgerkrieg von 1918 bis März 1920 Oberkommandierender der Freiwilligenarmee in Südrußland, emigrierte nach dem Sieg der Roten Armee.
4 Barkow, Iwan (um 1732–1768): Übersetzer und Dichter, der durch seine unflätigen Verse, die in Abschriften zirkulierten, bekannt wurde.
5 Dsershinskij, Felix (1877–1926): Gründer und Vorsitzender der Tscheka (1917–1926). Er organisierte in Lenins Auftrag den Roten Terror.
6 Moshajskij, Alexander (1825–1890): Konteradmiral; nach 1954 als Erfinder des Flugzeugs ausgegeben.
7 Kapiza, Pjotr (1894–1984): Physiker, arbeitete von 1921 bis 1934 bei E. Rutherford in Cambridge. Nach einem Besuch der UdSSR im Jahre 1934 durfte er nicht mehr ausreisen. Von 1935 bis 1946 und seit 1955 Direktor des von ihm gegründeten Instituts für Physikalische Probleme der Akademie der Wissenschaften; 1978 Nobelpreis für Physik.
8 Lepeschinskaja, Olja (1871–1963): Biologin der Lyssenkoschule. Die Lehrpläne der Hochschulen wurden entsprechend ihrer Pseudolehre von der »nichtzellulären Struktur der lebenden Materie« umgestellt, ihr »Soda-Bad« verlängerte angeblich das Leben der Menschen und besiegte den Alterungsprozeß.
9 Boschjan, Gewrok (*1908): Veterinär, erregte 1949–1951 internationales Aufsehen, als er über die Umwandlung von Viren in Bakterien (und umgekehrt) berichtete sowie ein Verfahren zur Kristallisation von Bakterien »entdeckte«; als Schwindler entlarvt.
10 »Ich wuchs heran und blühte auf«: ein von der Tatarin Rosa Boglanowa Anfang der fünfziger Jahre gesungenes Lied.
11 Die Kybernetik galt in der Sowjetunion bis 1955 als reaktionär.
12 Ansiedlungsrayon: Bezeichnung für 25 Gebiete im zaristischen Rußland (Bessarabien, Krim, Litauen, Polen, Weißrußland, Ukraine), wo Juden laut Anordnung Katharinas der Großen vom 21. Dezember 1791 ständig zu wohnen hatten. Außerhalb durften nur Privilegierte, z. B. Ärzte, leben. Der Ukas wurde 1917 von den Bolschewiki außer Kraft gesetzt.
13 Doktordissertation: entspricht, da sich die Ausbildungssysteme in Deutschland und in der UdSSR erheblich unterscheiden, ungefähr der Habilitationsschrift.
14 Sawenjagin, Awramij (1901–1956): 1941–1950 Stellvertreter des Volkskommissars

(Minister) des Innern, 1953–1954 stellvertretender Ministers für Mittleren Maschinenbau.

15 Ordshonikidse-Mannschaft: Grigorij Ordshonikidse (1886–1937) war als Vorsitzender des Obersten Volkswirtschaftsrats von 1930 bis 1932 und als Volkskommissar für Schwerindustrie seit 1932 für die Industrialisierung der UdSSR verantwortlich. Ordshonikidse wurde zum Selbstmord getrieben oder ermordet.

16 Magnitstroj: 1929 wurde mit dem Bau des Magnitogorsker Hüttenkombinats – des größten der UdSSR – begonnen. Sawenjagin war von 1933 bis 1937 Direktor dieses Werkes.

17 *Tjorkin im Jenseits:* Travestie des in den Kriegsjahren entstandenen populären Versepos *Wassilij Tjorkin*. Sie wurde 1963 veröffentlicht und ist eine Satire auf den Polizeistaat der Stalinzeit. Beide Verserzählungen stammen von Alexander Twardowskij (1910–1971), dem damaligen Chefredakteur der bekannten literarischen Zeitschrift *Nowyi mir* (Neue Welt), die er 1950–1954 und 1958–1970 leitete.

18 Galitsch, Alexander (1919–1977): Schauspieler, Dramatiker, Lyriker und Protestsänger. Nach Auftrittsverbot (1968) und Ausschluß aus dem Schriftstellerverband (1971) emigrierte er 1974 in den Westen.

19 Maximow, Wladimir (eigentl. Lew Samssonow, *1932): Prosaiker, wurde in den sechziger Jahren bekannt. 1973 Ausschluß aus dem Schriftstellerverband: 1974 Emigration nach Paris. Herausgeber der russischen Ausgabe der Zeitschrift *Kontinent*.

Kapitel IX

1 Tokamak: Abkz. für Toroidkammer (Ringkammer) mit Magnetspulen.

2 Turtschin, Valentin (*1931): Kybernetiker, Bürgerrechtler, emigrierte 1977 in die USA.

3 Medwedjew, Roy (*1925): Historiker, marxistischer Dissident, dessen zeitgeschichtliche Bücher auch ins Deutsche übersetzt wurden.

4 »Elektrosila« (»Elektrokraft«): Leningrader Elektromaschinenvereinigung, einer der größten Betriebe der sowjetischen elektrotechnischen Industrie.

Kapitel X

1 Schtscherbakow, Alexander (1901–1945): 1941 ZK-Sekretär, 1942 gleichzeitig Leiter der Politischen Hauptverwaltung der Sowjetarmee.

2 Shdanow, Andrej (1896–1948): Parteiideologe; 1939 Mitglied des Politbüros, 1946 ZK-Sekretär. Zwischen 1946 und 1948 verstärkte er die Abgrenzung gegenüber dem Westen. Dieser Zeitabschnitt nach dem Zweiten Weltkrieg wird oft als »Shdanowschtschina« bezeichnet.

3 Michoels (eigentl. Wowsi), Solomon (1890–1948): berühmter jüdischer Schauspieler und Regisseur, seit 1929 künstlerischer Leiter des Moskauer Jüdischen Staatstheaters, Vorsitzender des 1942 gegründeten »Jüdischen Antifaschistischen Komitees«, dem die meisten prominenten sowjetischen Juden angehörten. Wurde in Minsk durch einen von der Geheimpolizei inszenierten Autounfall ermordet.

4 Markisch, Perez (1895–1952): jüdischer Lyriker, Epiker und Dramatiker.

5 Farge, Yves (1899–1953): französischer Journalist und Politiker, Widerstandskämpfer im Zweiten Weltkrieg, Mitglied des von Moskau gelenkten Weltfriedensrates.

6 Die *Große Sowjetenzyklopädie* (3. Aufl.) gibt als Todesdatum die Nacht vom 30. auf den 31. März 1953, als Todesort Tbilissi und als Todesursache einen Autounfall an.

7 Slawskij, Jefim (*1898–1988): 1946–1953 stellvertretender Leiter der Hauptverwaltung beim Ministerrat, 1953–1957 Erster Stellvertretender Minister für Mittleren Maschinenbau, 1957–1963 und seit 1965 Minister für Mittleren Maschinenbau.

8 Es handelt sich um das Buch *Das Rätsel um Stalins Tod* (russ. 1976, dt. 1984) von Abdurachman Awtorchanow.

9 Malenkow, Georgij (*1902–1988): enger Vertrauter Stalins, 1953–1955 Vorsitzender des Ministerrats; 1957 als Mitglied der »antiparteilichen Fraktionsgruppe« (Molotow, Kaganowitsch, Schepilow) aus dem ZK ausgeschlossen.

10 Shukow, Georgij (1896–1974): 1943 Marschall der Sowjetunion; 1955–1957 Verteidigungsminister.

11 Moskalenko, Kirill (*1902): 1955 Marschall der Sowjetunion, 1962–1965 Stellvertretender Verteidigungsminister; gehörte dem Sondertribunal an, das Berija und seine Helfer aburteilte.

12 Konjew, Iwan (1897–1973): 1944 Marschall der Sowjetunion, 1955–1960 Oberbefehlshaber der Vereinigten Streitkräfte des Warschauer Pakts, 1955–1960 Oberbefehlshaber der sowjetischen Streitkräfte in der DDR, dann Generalinspekteur im Verteidigungsministerium.

13 Berija war Chef der NKWD-Truppen und während des Krieges auch für die Aufrechterhaltung der Ordnung im Lande sowie für das reibungslose Funktionieren der Rüstungsindustrie und des Transportwesens verantwortlich.

14 W. N. Merkulow (1900–1953): Leiter des Volkskommissariats für Staatssicherheit, zuletzt Minister für Staatskontrolle; W. G. Dekanosow: hoher NKWD-Funktionär, zuletzt Innenminister Georgiens; B. C. Kobulow: Stellvertretender Minister für Staatssicherheit, zuletzt Stellvertretender Innenminister der UdSSR; D. J. Mieschik: hoher NKWD-Funktionär, früherer Innenminister der Ukraine.

15 Laboka, Nestor (1893–1936): 1922 Vorsitzender des Rats der Volkskommissare, 1930–1936 Vorsitzender des Zentralexekutivkomitees Abchasiens.

16 Eiche, Robert (1890–1940): 1925–1937 Vorsitzender des Exekutivkomitees der Region Sibirien, Oktober 1937 Volkskommissar für Ackerbau; April 1938 verhaftet, verurteilt und erschossen.

17 Gemeint ist das Buch *Das Labyrinth* (russ. 1977) (dtsch. 1987) von Jewgenij Gnedin (eigentl. Helphand, 1898–1983), dem Sohn des Sozialdemokraten Parvus-Helphand (1867–1923).

18 Am 17./18. Mai 1944 wurde die gesamte krimtatarische Bevölkerung nach Mittelasien deportiert. Die Aktion wurde von Iwan A. Serow (NKWD), dem späteren Chef des KGB (1954–1958), geleitet; Generaloberst Kobulow war maßgeblich daran beteiligt. Von den rund 250000 Krimtararen kamen etwa 100000 ums Leben. Die Überlebenden durften trotz ihrer Rehabilitierung vom 28. April 1967 nicht in ihre Heimat zurückkehren. Erst ein Erlaß von 1989 sichert ihnen die Rückkehr zu.

19 1978 wurde der bulgarische Emigrant Georgij Markow in London an einer Bushaltestelle mit einem vergifteten Regenschirm verletzt und starb einige Tage später im Krankenhaus.

20 Keldysch, Mstislaw (1911–1978): Mathematiker, 1961–1975 Präsident der Akademie der Wissenschaften.

21 Wassilewskij, Alexander (1895–1977): 1943 Marschall der Sowjetunion, 1942 Chef des Generalstabs, 1949 bis März 1953 Kriegsminister, März 1953 bis 1956 Erster Stellvertretender Verteidigungsminister, seit 1958 in »leitender Stellung« im Verteidigungsministerium.

22 Koroljow, Sergej (1907–1966): Konstrukteur von Flugzeugen, Trägerraketen und Raumflugkörpern; unter seiner Leitung wurden ballistische Raketen, Satelliten (»Kosmos«, »Molnija«) und Raumschiffe (»Wostok«, »Woschod«) gebaut.

23 Secondelieutenant Kishe: Titelgestalt einer grotesken Satire des Prosaikers und Literaturwissenschaftlers Jurij Tynjanow (1894–1943), die während der Regierungszeit Pauls I. (1796–1801) spielt.

24 Scharaschka (Scharaga): Häftlingsjargon für die geschlossenen Sonderkonstruktions-

büros (OKB) oder Forschungsstätten, deren technisches und wissenschaftliches Personal aus Gefangenen bestand. Sie unterstanden dem NKWD. Die »Tupolewsche Scharaga«, in der Flugzeuge entwickelt wurden, befand sich zunächst in Moskau und wurde nach Kriegsbeginn nach Omsk verlegt. Andrej Tupolew (1888–1972), selbst Häftling, war einer der drei Chefkonstrukteure.

25 Ziolkowskij, Konstantin (1857–1935): Wissenschaftler und Erfinder auf dem Gebiet der Raketendynamik; gilt in der UdSSR als »Vater der modernen Raumfahrt«.

26 Alexandrow, Anatolij (*1903): Physiker; 1960 Leiter des Instituts für Atomenergie; 1975 Präsident der Akademie der Wissenschaften.

27 Kaganowitsch, Lasar (*1893): enger Vertrauter Stalins; 1946–1947 und 1948–1957 Stellvertretender Vorsitzender des Ministerrats; 1957 aller Ämter enthoben und 1961 aus der Partei ausgeschlossen.

Kapitel XI

1 Bulganin, Nikolaj (1895–1975): 1947 Marschall der Sowjetunion, 1948–1958 Mitglied des Politbüros bzw. des Präsidiums des ZK der KPdSU. 1955–1957 Vorsitzender des Ministerrats; Chruschtschow löste ihn in diesem Amt ab und bezichtigte ihn nachträglich der Verbindung zu der »antiparteilichen Fraktionsgruppe« [die den Sturz Chruschtschows herbeiführen wollte]. Bulganin übte Selbstkritik, wurde zum Generaloberst degradiert, seiner Ämter enthoben und 1960 in Pension geschickt.

2 Gorkin, Alexander (*1897): 1938–1957 Sekretär des Präsidiums des Obersten Sowjets; seit 1957 Vorsitzender des Obersten Gerichts der UdSSR.

3 Schepilow, Dmitrij (*1905): 1952 Chefredakteur der *Prawda*; 1956–1957 Außenminister. Da er sich 1957 der »antiparteilichen Fraktionsgruppe« anschloß, enthob ihn das ZK der KPdSU seiner Ämter.

Kapitel XII

1 Suslow, Michail (1902–1982): führender Parteiideologe, seit 1955 Mitglied des Präsidiums bzw. des Politbüros des ZK der KPdSU.

2 Propp, Wladimir (1895–1970): bekannte Ethnologe und Märchenforscher.

3 Lewitansche Intonation: Anspielung auf die feierliche und pathetische Art, in welcher der berühmte Rundfunksprecher Jurij Borissowitsch Lewitan (*1914) während des Zweiten Weltkriegs und danach im Rundfunk alle wichtigen Meldungen las und als Reporter aus dem Kreml und vom Roten Platz berichtete.

4 Nedelin, Mitrofan (1902–1960): 1959 Marschall der Artillerie; seit 1955 Stellvertretender Verteidigungsminister und seit Dezember 1959 auch Oberkommandierender der strategischen Raketentruppen.

5 A. I. Burnasjan: Generalleutnant und verantwortlich für die Gesamtleitung des radiobiologischen und radiologischen Zentrums im Ural, in dem der Radiobiologe Timofejew-Ressowskij und seine Gruppe arbeiteten.

6 *Owrag:* steilwandige Erosionsschlucht in Steppen- und Waldsteppengebieten Osteuropas, die bei starkem Regen und während der Schneeschmelze entsteht.

7 Georgadse, Michail (*1912–1982): seit 1957–1982 Sekretär des Präsidiums des Obersten Sowjets, 1966 Kandidat des ZK der KPdSU.

Kapitel XIII

1 Dubinin, Nikolaj (*1906): Genetiker, Lyssenko-Gegner; seit 1966 Direktor des Instituts für allgemeine Genetik der Akademie der Wissenschaften.
2 Nesmejanow, Nikolaj (*1899): Chemiker, 1951–1961 Präsident der Akademie der Wissenschaften.
3 Sorin, Leonid (*1924): Dramatiker; sein Stück *Gäste*, in dem Kritik am System geübt wird, entstand 1954 und wurde bald vom Spielplan abgesetzt.
4 »Tauwetter«: die Zeit nach Stalins Tod von Sommer 1953 bis etwa 1963, als es unter Chruschtschow zu einer gewissen Liberalisierung in der Sowjetunion kam. Diese inoffizielle Bezeichnung ist dem Titel einer Erzählung des Schriftstellers Ilja Ehrenburg (1891–1967) entlehnt.
5 Djilas, Milovan (*1911): führender jugoslawischer Parteitheoretiker, Partisanenführer im Zweiten Weltkrieg, Mitglied des ZK und des Politbüros; 1954 wegen seiner Kritik am jugoslawischen Kommunismus aller Ämter enthoben, war danach insgesamt neun Jahre in Haft. Er wurde vor allem durch sein Buch *Die neue Klasse* (1957) berühmt.
6 Nossow, Nikolaj (1908–1976): Filmregisseur und Kinderbuchautor.
7 Chruschtschow übernahm das Amt des Ministerratsvorsitzenden am 27. März 1958.
8 »Über die radioaktive Gefahr der Kernwaffenversuche«: Heft 20 (10. Juli 1958) der Zeitschrift *Sowjetunion heute.*
9 Furzewa, Jekaterina (1910–1974): 1956 ZK-Sekretär, 1957–1961 Mitglied des ZK-Präsidiums, 1960 Minister für Kultur.
10 Parteimaximum: bis 1934 maximaler, fixer Monatsverdienst von Parteimitgliedern, die in leitender Funktion bei Behörden und in Betrieben arbeiteten.

Kapitel XIV

1 Ustinow, Dmitrij (1908–1984): 1946–1953 Rüstungsminister, 1953–1957 Minister für Verteidigungsindustrie, bis 1965 Stellvertretender Vorsitzender des Ministerrats, 1965–1976 ZK-Sekretär der KPdSU, 1976 Verteidigungsminister und Politbüromitglied.
2 Jakowlew, Alexander (*1906): bekannter Flugzeugkonstrukteur (Jak-Flugzeuge); in dieser Funktion Referent bei Stalin.
3 Perwuchin, Michail (1940–1978): 1950–1955 Stellvertretender und nach dem XX. Parteikongreß (Februar 1956) Erster Stellvertretender Vorsitzender des Ministerrats; Ende Dezember 1956 Leiter der Staatskommission für laufende Wirtschaftsplanung (Gosekonomkomissija), 1957 Minister für Mittleren Maschinenbau.
4 Perwuchin wurde erst auf dem XXI. Parteitag (27. Januar – 5. Februar 1959) die Verbindung zu der »antiparteilichen Fraktionsgruppe« (Malenkow-Molotow-Kaganowitsch-Bulganin-Schepilow) vorgeworfen, die man, mit Ausnahme Bulganins, 1957 auf dem Juni-Plenum des ZK »entlarvt« hatte.
5 Ignatow, Nikolaj (1901–1966): Mitarbeiter der Tscheka und OGPU bis 1932, 1957–1960 ZK-Sekretär, später Stellvertretender Vorsitzender des Ministerrats.
6 Furzewa soll mit einer sechsstündigen Dauerrede bei der Präsidiumssitzung des ZK der KPdSU (18.–21. Juni 1957) den Sturz Chruschtschows durch die »antiparteiliche Fraktionsgruppe« verhindert haben, da durch den Zeitgewinn Anhänger Chruschtschows im ZK mit Shukows Hilfe nach Moskau eingeflogen werden konnten, was die Umfunktionierung der Präsidiumssitzung in eine Plenarsitzung des ZK (22. Juni –4. Juli) ermöglichte.
7 Der angedeutete, schon als klassisch zu bezeichnende Witz beruhte auf der in bestimmten Personalbogen enthaltenen Frage: »Gab es Schwankungen bei der Durchführung

der Parteilinie?« Die Antwort darauf lautete: »Ich schwankte zusammen mit der Linie.«

8 Jakir, Iona (1896–1937): rotgardistischer Kommandeur im Bürgerkrieg, General der Roten Armee, Kommandeur des Militärbezirks Ukraine; wurde zusammen mit anderen führenden Militärs (Tuchatschewskij) 1937 verhaftet und von einem Militärtribunal unter Vorsitz von Woroschilow abgeurteilt und erschossen.

9 Leonid Breschnew (1906–1982) war von 1954 bis 1956 während der von Chruschtschow in die Wege geleiteten Neulandgewinnung in Kasachstan Zweiter bzw. Erster ZK-Sekretär der Partei dieser Republik.

10 Mikojan, Anastas (1895–1978): unter Stalin und Chruschtschow Leiter verschiedener Wirtschaftskommissariate und -ministerien, 1964–1965 Vorsitzender des Präsidiums des Obersten Sowjets, dann Mitglied dieses Gremiums.

11 Titow, German (*1935): Kosmonaut des zweiten bemannten sowjetischen Raumflugs am 6. und 7. August 1961, kehrte nach 17 Erdumkreisungen und 25 Stunden Aufenthalt im Weltraum zur Erde zurück.

12 Malinowskij, Rodion (1898–1967): 1944 Marschall der Sowjetunion, 1957–1967 Verteidigungsminister.

13 Der XXII. Parteitag der KPdSU fand vom 17. bis zum 31. Oktober 1961 statt. Man beschloß unter anderem, die Parteiführung von Stalinisten zu säubern und die Leiche Stalins aus dem Mausoleum zu entfernen.

Kapitel XV

1 Penkowskij, Oleg (1919–1963): Oberst der Hauptverwaltung Aufklärung (GRU); am 19. Mai 1963 in Moskau hingerichtet. Seine Berichte an westliche Geheimdienste erschienen deutsch unter dem Titel *Geheime Aufzeichnungen* (1965).

2 Koslow, Frol (1908–1965): 1957–1964 Mitglied des ZK-Präsidiums, 1960–1964 ZK-Sekretär; seit Mai 1960 der zweite Mann in der Parteihierarchie.

3 Papaninzen: Besatzung der ersten driftenden sowjetischen Forschungsstation »Nordpol-1«, die von dem Arktisforscher Iwan Papanin (*1894) geleitet wurde und deren Drift vom 21. 5. 1937 bis zum 19. 2. 1938 dauerte. Der Geophysiker Jewgenij Fjodorow (*1910) war einer der vier Teilnehmer dieser Forschungsexpedition.

4 Petrowskij, Boris (*1908): bekannter Chirurg, seit 1965 Minister für Gesundheitswesen.

5 Malik, Jakow (*1906–1980): 1946–1953 und 1960–1968 Stellvertretender Außenminister; 1948–1953 sowie 1968–1976 ständiger Vertreter der UdSSR bei der UNO.

6 Moskauer Vertrag: Das Abkommen wurde am 5. August 1963 von den Außenministern der UdSSR, der USA und Großbritannien unterzeichnet und trat am 10. Oktober 1963 in Kraft.

Kapitel XVI

1 Iljitschow, Leonid (*1906): Redakteur der *Prawda* und *Iswestija*; 1958–1961 Leiter der ZK-Abteilung Propaganda und Agitation, 1961–1965 ZK-Sekretär, dann Stellvertretender Außenminister.

2 Das Buch von J. A. Medwedjew (*1925) erschien 1971 in deutscher Sprache unter dem Titel *Der Fall Lyssenko. Eine Wissenschaft kapituliert.*

3 Mitschurinsche Wissenschaft: offizielle Bezeichnung für die Pseudowissenschaft Lyssenkos.

4 Nikolaj Timofejew-Ressowskij (*1900) war von 1924 bis 1945 in der Genetischen Abteilung des Kaiser-Wilhelm-Instituts für Hirnforschung in Berlin-Buch tätig. Er veröffent-

lichte in dieser Zeit mehr als hundert wissenschaftliche Arbeiten über Strahlengenetik und Biophysik.

5 Pljuschtsch, Leonid (*1939): ukrainischer Mathematiker und Publizist, bekannter Bürgerrechtler, wurde 1972 verhaftet, 1973 in eine Gefängnispsychiatrie eingewiesen, konnte 1976 in den Westen ausreisen.

Zweiter Teil

Kapitel I

1 Bourbakismus: abgeleitet von dem Gruppenpseudonym Nicolas Bourbaki, unter dem führende französische Mathematiker eine Darstellung der Grundlagen der Mathematik veröffentlichen.

2 Erschießung bei Katyn: In diesem Gebiet nahe Smolenk fanden deutsche Truppen im Jahre 1943 Massengräber mit den Leichen von rund viertausend polnischen Offizieren, die 1940 von den Sowjets ermordet worden waren.

3 Alexander Sergejewitsch Puschkin, *Gesammelte Werke*, Erster Band, Gedichte, Insel Verlag (Frankfurt am Main, 1973), S. 439.

4 A. Ginsburg, J. Galanskow, V. Laschkowa und A. Dobrowolskij wurden 1967 im »Prozeß der Vier« wegen antisowjetischer Agitation und Propaganda verurteilt. W. Bukowski, V. Chaustow u. a. demonstrierten im Jahre 1967 auf dem Puschkin-Platz in Moskau gegen die Verhaftungen.

5 Andrej Sinjawskij und Julij Danijel publizierten in den fünfziger und sechziger Jahren unter Pseudonymen (Abram Terz bzw. Nikolaj Arshak) verschiedene literarische Werke im Westen. Sie wurden im Februar 1966 trotz weltweiter Proteste zu Haftstrafen verurteilt.

6 Nach zwei Verhaftungen publizierte Ginsburg Anfang Juni 1965 in *Wetschernjaja Moskwa* einen Widerruf, der sich auf eine frühere historische Arbeit bezog.

7 Scholochow, Michail (1905–1984): Hauptwerk *Der Stille Don* (192934), 1965 Nobelpreisträger. 1936 Abgeordneter des Obersten Sowjets, seit 1958 Präsidiumsmitglied des Schriftstellerverbandes der RSFSR; deutete auf dem XXIII. Parteitag (1966) an, daß Sinjawskij und Danijel die Todesstrafe verdient hätten.

8 Kirillin, Wladimir (*1913): Physiker; 1955 ZK-Abteilungsleiter, 1963–65 Vizepräsident der Akademie der Wissenschaften, 1965–80 Stellvertretender Vorsitzender des Ministerrates.

9 Boris Komarow, *Das große Sterben am Baikalsee:* der geheime Bericht eines hohen Funktionärs über die Umweltkrise der Sowjetunion, Rowohlt (Reinbek bei Hamburg, 1979).

Kapitel II

1 Gottwald, Klement (1896–1953): 1946–48 Ministerpräsident, seit 1948 Staatspräsident der Tschechoslowakei.

2 Die russische Ausgabe erschien 1971 in Amsterdam; engl. Übersetzung: *The Trial of the Four*, compiled by Parel Litrinov, ed. by Peter Reddaway, Longman (London, 1972).

3 Der Dichter Iossif Brodskij wurde 1964 wegen »Parasitentums« zu fünf Jahren Zwangsarbeit verurteilt. Heftige Proteste einiger sowjetischer Schriftsteller und der Weltpresse führten zu Brodskijs vorzeitiger Freilassung. 1987 Nobelpreis für Literatur.

4 In deutscher Sprache bei Posser Verlag (Frankfurt, 1973).

5 Meshirow, Alexander (*1923): Lyriker, dessen Werke durch den Krieg und die Beobachtung des Alltags geprägt sind.

6 A. Solschenizyn und andere, *Stimmen aus dem Untergrund. Zur geistigen Situation in*

der UdSSR, Luchterhand Verlag (Darmstadt, 1975). – Der Sacharows *Gedanken* gewidmete Essay trägt den Titel »Bei der Rückkehr von Atem und Bewußtsein«.

7 Gemeint ist Max Born, *Mein Leben: Die Erinnerungen eines Nobelpreisträgers*, Nymphenburger Verlagsbuchhandlung (München, 1975).

8 Anatolij Martschenko, *Meine Aussagen*, Fischer (Frankfurt, 1969).

9 Wutschetitsch, Jewgenij (1908–1974): vielfach ausgezeichneter sowjetischer Bildhauer.

Kapitel III

1 Blochin, Nikolaj (*1912): Krebschirurg, Mitglied der Akademie der Wissenschaften; Deputierter des Obersten Sowjets.

2 Skobelzyn, Dmitrij (*1892): Atomphysiker, 1951–72 Direktor des FIAN.

3 Trapesnikow, Vadim (*1905): Spezialist für automatische Systeme, 1960 Akademiemitglied, 1965 Held der Sozialistischen Arbeit.

4 Fok, Wladimir (1898–1974): theoretischer Physiker, 1939 Akademiemitglied, 1968 Held der Sozialistischen Arbeit.

5 *Meilensteine (Wechi)*: 1909 in Moskau erschienener »Sammelband von Artikeln über die russische Intelligenz«.

6 Eine der Sammlungen ist in Frankfurt (Possev, 1972) unter dem Titel *Neopublikowannoje* (Unveröffentlichtes) erschienen.

Kapitel IV

1 Pjotr Grigorenko, *Erinnerungen*, C. Bertelsmann Verlag (München, 1981).

2 Gemeint ist J. Medwedjews Buch *Der Fall Lyssenko. Eine Wissenschaft kapituliert;* vgl. Ersten Teil, Kap. XVII, Anm. 2.

3 Dudinzew, Wladimir (*1918): u. a. Autor des Romans *Der Mensch lebt nicht vom Brot allein* (1956), der im In- und Ausland Aufsehen erregte.

Kapitel V

1 Andrej Amalrik, *Kann die Sowjetunion das Jahr 1984 erleben?*, Diogenes (Zürich, 1970).

2 Anspielung auf den »Normannistenstreit«: Die Normannisten schreiben, auf schriftliche Quellen gestützt, dänischen und schwedischen Normannen eine entscheidende Rolle bei der Entstehung des Kiewer Reiches zu; in der UdSSR wurde der überwiegend auf archäologischen Forschungen beruhende »Antinormannismus« zur geltenden Lehre.

3 L. Uboshko wurde 1987 aus der Psychiatriehaft entlassen, wenige Monate später jedoch erneut in Tscheljabinsk vorübergehend zwangshospitalisiert.

4 Eduard Kusnezow, *Lagertagebuch. Aufzeichnungen aus dem Archipel des Grauens*, List Verlag (München, 1974).

5 Podgornyj, Nikolaj (1903–1983): 1960 Politbüromitglied, 1965–77 Präsidiumsvorsitzender des Obersten Sowjets der UdSSR (d. h. Staatspräsident).

Kapitel VI

1 Olescha, Jurij (1899–1960): Prosaschriftsteller und Dramatiker; sein Hauptwerk ist der Roman *Neid* (1927).

2 Daschnakzutjun: armenische bürgerliche nationalistische Partei, 1890 gegründet, strebte die Lösung Armeniens vom russischen Reich und nach 1917 die von der Sowjetunion an: organisierte 1921 einen Aufstand, der niedergeschlagen wurde.
3 Kamo (eigentl. Ter-Petrosjan), Simon (1882–1922): Mitglied der KPdSU seit 1901, 1917–20 Organisator von Partisanengruppen und einer Untergrundpartei im Kaukasus und in Südrußland.
4 Kommune von Baku: in Baku und einem Teil Aserbaidshans bestehende Sowjetregierung (24. 4.–31. 7. 1918) aus Bolschewiken und Sozialrevolutionären; von englischen und türkischen Truppen zerschlagen.
5 Ponomarjow, Boris (*1905): 1961 ZK-Sekretär der KPdSU, 1962 Mitglied der Akademie der Wissenschaften, 1972 Kandidat des Politbüros, 1975 Held der Sozialistischen Arbeit.
6 Marschak, Samuil (1887–1964): angesehener Lyriker, Kinderbuchautor und Übersetzer; Vorstandsmitglied des Sowjetischen Schriftstellerverbandes seit dessen Gründung (1934).
7 Bagrizkij (eigentl. Dsjubin), Eduard Georgijewitsch (1895–1935): einflußreicher revolutionärer Lyriker. – Sein Sohn Wsewolod (1922–1942) konnte zu Lebzeiten nur wenige Gedichte veröffentlichen.
8 Kassem, Abdul Karim (1914–1963): 1958–63 Ministerpräsident und Verteidigungsminister des Irak; ermordet.
9 Barzani, Mulla Al Mustafa (1903–1979): Führer der kurdischen Nationalbewegung.

Kapitel VII

1 »Husarenlied«: nach einem Lackbild /hat einer den Teppich bestickt: /Alexander Poleshajew /in schwarzer Burka hoch zu Roß.« Der Dichter Alexander Poleshajew wurde 1826 wegen seines satirischen Poems »Sascha«, das den Absolutismus angriff, zum Militär geschickt. Eine Burka ist ein kaukasischer Filzumhang.
2 Gribojedow, Alexander (1795–1829): russischer Schriftsteller und Diplomat; Autor der Verskomödie *Verstand schafft Leiden* (1824); 1828 russischer Botschafter in Persien, wo er ermordet wurde.
3 Schewtschenko, Taras (1814–1861): ukrainischer Nationaldichter; Vorkämpfer für die soziale und nationale Befreiung der Ukraine.
4 Sneshnewskij, Andrej (*1904–1987): führender Psychiater; 1962 Akademiemitglied, 1974 Held der Sozialistischen Arbeit.
5 Bulgakow, Michail (1891–1940): bedeutender Dramatiker und Prosaschriftsteller, dessen Werke lange von der sowjetischen Zensur unterdrückt wurden. Hauptwerk: *Der Meister und Margarita* (1928–40).

Kapitel VIII

1 Saman: Begründer der Samanider-Dynastie (874–999), die den größten Teil Persiens unter ihre Herrschaft brachte und ihre Residenz in Buchara hatte.
2 NTS: Norodno-Frudowoj Sojus Russkich Solidaristow (Volksbund für Arbeit russischer Solidaristen), 1930 gegründete, in Frankfurt/Main ansässige Emigrantenorganisation.

Kapitel IX

1 Die türkische Regierung ordnete im April 1915 Vernichtungsmaßnahmen gegen die armenische Bevölkerung an, denen 1,5 Millionen Menschen zum Opfer fielen.

Kapitel X

1 Petljura, Simon (1879–1926): 1919/20 Vorsitzender der Ukrainischen Volksrepublik; floh vor den bolschewistischen Truppen ins Ausland und wurde in Paris ermordet. War für Pogrome an Juden verantwortlich.

Kapitel XI

1 Obninsk: Stadt im Gebiet Kaluga, etwa hundert Kilometer von Moskau entfernt. Hier wurde 1955 das erste Atomkraftwerk der UdSSR errichtet.
2 Dt. in Alexander Solschenizyn: *Von der Unbeugsamkeit des Geistes*, Verlag Die Arche (Zürich, 1974).

Kapitel XII

1 Jackson-Vanik-Amendment: Der amerikanische Senator Henry Jackson bemühte sich, durch einen Gesetzeszusatz die Gewährung der kommerziellen Meistbegünstigung an die UdSSR von Zugeständnissen der sowjetischen Behörden in der Auswanderungsfrage (vor allem Juden gegenüber) abhängig zu machen..
2 Henry Kissinger, *Memoiren,* 1968–1973, C. Bertelsmann Verlag (München 1979).
3 Dt. Titel *Stellungnahme,* Molden (Wien–München–Zürich, 1974).

Kapitel XIII

1 Zitate nach der deutschen Ausgabe von *Die Eiche und das Kalb*, Hermann Luchterhand Verlag (Darmstadt und Neuwied, 1975).
2 Wilbur Mills' Korrekturvorschlag (oder Mills-Amendment): Mills wollte die Meistbegünstigung der UdSSR nicht nur von der sowjetischen Einhaltung des Rechtes auf Auswanderung, sondern von der Einhaltung der gesamten Menschenrechtskonvention abhängig machen.

Kapitel XIV

1 Anspielung auf ein Gedicht des großen russischen Lyrikers Nikolaj Nekrassow (1821–1877): »Die Eisenbahnstrecke« (1864); während der Bau der Eisenbahnlinie von Petersburg nach Moskau gefeiert wurde, erinnerte Nekrassow an die Mühen und Opfer der Arbeiter.

Kapitel XV

1 Dt. A. D. Sacharow, »Die Welt in fünfzig Jahren«, *Kontinent* 4/1976.

Kapitel XVI

1 Saltykow-Schtschedrin, Michail (1826–1889): großer russischer Satiriker und Gesellschaftskritiker.

2 Gelfand, Israil (*1913): Mathematiker; 1951 Staatspreis der UdSSR, 1953 Mitglied der Akademie der Wissenschaften.
3 Gemeint ist die Ausstellung zur Dreißigjahrfeier der Moskauer Abteilung des Künstlerverbandes von 1962 in der Moskauer Manege, bei der auch nonkonformistische Maler ihre Werke zeigten. Diese Werke lösten bei Chruschtschow, der die Ausstellung besuchte, einen Tobsuchtsanfall aus.

Kapitel XVII

1 Dt. A. D. Sacharow, *Mein Land und die Welt,* Verlag Fritz Molden (Wien–München–Zürich, 1975).
2 Ebenda, S. 109–113.
3 Sergej Kowaljow wurde im März 1990 zum Abgeordneten des Volksdeputiertenkongresses der Russischen Föderation (RSFSR) gewählt.

Kapitel XIX

1 Pasternak, Boris (1890–1960): Lyriker und Prosaschriftsteller. Sein Hauptwerk, der Roman *Doktor Schiwago* (1956), konnte in der Sowjetunion erst 1988 ercheinen; 1958 Nobelpreis, den Pasternak unter dem Druck der Literaturfunktionäre ablehnen mußte.

Kapitel XXI

1 A. D. Sacharow, *Furcht und Hoffnung,* Kampf für Freiheit und Menschenrechte, Verlag Fritz Molden (Wien-München-Zürich-Innsbruck, 1980), S. 95 f.

Kapitel XXII

1 Rjasanow, Eldar (*1927): Filmregisseur und Dramaturg; 1977 Staatspreis der UdSSR.
2 Anspielung darauf, daß der russische Dichter Alexander Puschkin einen Teil des Jahres 1830 in Quarantäne auf seinem Gut in Boldino verbringen mußte, da ihm die Rückkehr nach Moskau durch eine Choleraepedemie in der Provinz Nishnij Nowgorod verwehrt war.

Kapitel XXIV

1 Pobedonoszew, Konstantin (1827–1907): Jurist; 1880–1905 Oberprokuror des Synod; übte als Verfechter der Autokratie, des Zentralismus und großrussischen Nationalismus unheilvollen Einfluß auf den Zar Alexander III. aus.

Kapitel XXV

1 Sofja Wassiljewna Kalistratowa starb 1989 wenige Tage vor Sacharow, der noch ihre Grabrede hielt.

Kapitel XXVII

1 Wallenberg, Raoul (1912–1947 [?]): schwedischer Diplomat, der Abertausende ungarischer Juden nach der Besetzung Ungarns im Jahre 1944 durch deutsche Truppen vor nationalsozialistischer Verfolgung rettete, indem er ihnen schwedische Pässe ausstellen ließ. Im Januar 1945 wurde er unter Spionageverdacht von der Roten Armee verhaftet, die nach Budapest vorgerückt war. Laut offiziellen sowjetischen Angaben starb er 1947 im Moskauer Lubjanka-Gefängnis an einem Herzanfall, doch immer wieder auftauchenden Gerüchten zufolge soll er in einem sowjetischen Lager gefangengehalten werden.
2 Dt. in *Kontinent* 14, 3/1980.
3 Dt. in *Kontinent* 19, 4/1981.
4 Dt. in *Kontinent* 20, 1/1982.
5 Dt. in *Kontinent* 24, 1/1983.
6 Dt. in A. Sacharow, *Den Frieden retten!* Ausgewählte Aufsätze, Briefe, Aufrufe 1978–1983, herausgegeben von Cornelia Gerstenmaier, Burg Verlag (Stuttgart, Bonn, 1983).
7 Dt. in *Kontinent* 27, 4/1983.
8 Merab Kostawa starb 1989 an den Folgen eines Verkehrsunfalls.

Kapitel XXVIII

1 Kadomzew, Boris (*1928): Physiker, 1970 Akademiemitglied; Staatspreis der UdSSR.

Dritter Teil

Kapitel I

1 Kołakowski, Leszek (*1927): polnischer Philosoph und Publizist; führendes Mitglied der polnischen Reformbewegung von 1956; 1966 Parteiausschluß; lehrt seit 1970 in Oxford. – Zitat aus: Der Mensch ohne Alternative, Piper Verlag (München, 1964), S. 230 und 241.
2 Vgl. Kap. 8, Anm. 2.

Kapitel II

1 Bonner, Jelena, *In Einsamkeit vereint,* Piper (München, Zürich, 1986).
2 Andrej Sacharow, »Über Abrüstung und internationale Zusammenarbeit«, *Kontinent* 42, 3/1987, S. 21.
3 Ebenda, S. 22.
4 Ebenda, S. 23.
5 Ebenda, S. 23 f.
6 Ebenda, S. 26.
7 Jakowlew, Alexander: seit 1988 Leiter der ZK-Kommission für internationale Politik. Mitglied des 1990 neu gebildeten Präsidialrates, auf dem XXVIII. Parteitag der KPdSU aus dem Politbüro ausgeschieden.
8 A. Sacharow, »Über Abrüstung und internationale Zusammenarbeit«, a. a. O., S. 20.

Kapitel III

1 Nina Andrejewa, Leningrader Chemielehrerin und Vertreterin der stalinistisch-nationalistischen Reaktion, veröffentlichte am 13. März 1988 einen ganzseitigen Artikel in der Zeitung *Sowjetskaja Rossija,* der als »Anti-Perestroika-Manifest« unrühmlich bekannt geworden ist.
2 Pamjat ist eine chauvinistische, teils offen antisemitische Vorhut der Reaktion, in der sich stalinistisches, monarchistisches und national-sozialistisches Gedankengut mischt.
3 Die Moskauer (Haupt-)Filiale von »Memorial« wurde nach einer Intervention Jelena Bonners Ende Dezember 1989 registriert.
4 Gawriil Popow wurde im April 1990 zum Bürgermeister von Moskau gewählt.
5 Viktor Tschebrikow war zu jener Zeit Chef des KGB.
6 Die sog. Moskauer Gruppe war die Vorläuferin der im Juni/Juli 1989 gegründeten »Interregionalen Gruppe der Volksdeputierten« der »radikalen Reformer«, dessen Vorstand A. D. Sacharow bis zu seinem Tode angehörte.
7 Der vom Volksdeputiertenkongreß bzw. Obersten Sowjet aufgehobene Paragraph 11 (am 8. 4. 1989 anstelle des einstigen § 190 StGB RSFSR – »Verleumdung der sowjetischen Staats- und Gesellschaftsordnung« – dekretiert) stellte die »Beleidigung oder Diskreditierung staatlicher Organe und gesellschaftlicher Organisationen« unter Strafe (Freiheitsentzug bis zu drei Jahren oder eine Geldstrafe bis zu 2000 Rubeln).
8 Der vom Obersten Sowjet erheblich abgemilderte (gleichfalls am 8. 4. 1989 anstelle des früheren § 7 StGB RSFSR – »Antisowjetische Agitation und Propaganda« – dekretierte) Paragraph 7 sah ursprünglich für »Aufrufe zum Sturz oder zur Veränderung der sowjetischen Staats- und Gesellschaftsordnung« u. ä. ein Strafmaß von drei bis zehn Jahren Freiheitsentzug vor. In die Novellierung des Obersten Sowjets wurde die Ergänzung des »gewaltsamen Aufrufs« eingeführt.
9 Artikel 6 der Verfassung über die führende Rolle der KPdSU in Staat und Gesellschaft wurde im Februar 1990 weitgehend modifiziert, ohne indes zunächst Parteienpluralismus festzuschreiben.

Editorische Notiz

Anders als die russische Ausgabe, die zwei Bände umfaßt, enthält die deutsche Ausgabe die gesamten Erinnerungen Andrej Sacharows in einem Band. Der Text wurde von Cornelia Gerstenmaier (Bonn) behutsam gekürzt.

Der Verlag

Kommentiertes Personenregister

Bildnachweis:
Sämtliche Abbildungen entstammen dem Privatbesitz der Familie Sacharow, mit Ausnahme der beiden Fotos auf S. 23 des Bildteils (oben: © Norsk Telegrambyra A/S, Oslo, unten: © Associatead Press, Oslo) und des Fotos auf S. 32 (© Ottawa Citizen).

Johannes Grotzky

Herausforderung Sowjetunion

Eine Weltmacht sucht ihren Weg

463 Seiten mit 24 Abbildungen. Gebunden

Johannes Grotzky, bis 1989 Hörfunkkorrespondent der ARD in Moskau, hat sechs Jahre lang in Moskau gelebt und kennt die Probleme des Landes aus intensivster eigener Anschauung. Die Entstehung und den Verlauf der Perestrojka hat er vor Ort verfolgt, sämtliche Republiken und zahlreiche Autonomen Gebiete bereist. Dieses Buch ist die Summe seiner Erfahrungen. Grotzky analysiert den historischen Prozeß, der vom Machtmonopol der Kommunistischen Partei hin zum politischen Pluralismus führte und macht deutlich, warum die ökonomischen Reformprogramme Gorbatschows scheitern mußten. Er schildert den sowjetischen Alltag, die soziale Not, das unzureichende Gesundheitssystem, das rapide Anwachsen der Kriminalität, den Zusammenbruch des Transportsystems. Dank Glasnost ist auch längst jener Schleier zerrissen, mit dem man vordem die immer bedrohlichere Umweltzerstörung gnädig verhüllte. Tschernobyl, der Baikal- und Aralsee, die extreme Luftverschmutzung in allen Industrieregionen sind nur einige Stichworte der sich anbahnenden ökologischen Katastrophe.

Konflikt im Vielvölkerstaat

Die Nationen der Sowjetunion im Aufbruch

204 Seiten. Serie Piper 1409

Das Massaker in Vilnius Anfang 1991 war bereits der dritte Versucht der Sowjetarmee, die auseinanderstrebenden Völker der Sowjetunion gewaltsam zusammenzuhalten. An der Nationalitätenfrage hat sich das Schicksal der Perestrojka offensichtlich entschieden. Gestützt auf eine historische Analyse und eine detaillierte Darstellung der aktuellen Konflikte innerhalb des Vielvölkerstaates beschreibt Johannes Grotzky, warum die Sowjetunion in ihrer bisherigen Gestalt keine Überlebenschance hat.

Gebrauchsanweisung für die Sowjetunion

192 Seiten mit 20 Abbildungen. Kt.